农业科学技术理论研究丛书

植物病毒：病理学与分子生物学

谢联辉　林奇英　吴祖建　著

科学出版社
北京

内 容 简 介

本书汇集了福建农林大学植物病毒研究所30年来有关病毒研究的原创性论文，其中包括水稻、甘薯、马铃薯、甘蔗、烟草、番茄、黄瓜、水仙、香蕉、柑橘等植物病毒和其他水体病毒及对虾病毒的病理学及分子生物学的科研成果。

本书可供从事有关病毒病理学、分子生物学、检疫学及生物技术的科研人员、高校师生和农业推广人员参考。

图书在版编目(CIP)数据

植物病毒：病理学与分子生物学/谢联辉等著．—北京：科学出版社，2009

(农业科学技术理论研究丛书)

ISBN 978-7-03-024623-3

Ⅰ．植…　Ⅱ．谢…　Ⅲ．植物病毒-文集　Ⅳ．S432.4-53

中国版本图书馆CIP数据核字（2009）第080321号

责任编辑：甄文全／责任校对：钟　洋

责任印制：张　伟／封面设计：北极光视界

科学出版社 出版

北京东黄城根北街16号

邮政编码：100717

http://www.sciencep.com

北京凌奇印刷有限责任公司 印刷

科学出版社发行　各地新华书店经销

*

2009年6月第　一　版　　开本：A4（880×1230）

2023年7月第七次印刷　　印张：51 3/4

字数：1 450 000

定价：248.00元

（如有印装质量问题，我社负责调换）

前　言

福建农林大学植物病毒研究所，其前身为福建农学院植物病毒研究室（1979～1994）、福建农业大学植物病毒研究所（1994～2000），2000年改为现名。

本所成立30年来，先后获得植物病理学科的硕士学位授予点（1984）、博士学位授予点（1990）、博士后科研流动站（1994）、福建省211重点学科（1995）、农业部重点学科（1999）和国家重点学科（2001，2006），获准建设福建省植物病毒学重点实验室（1993）、福建省植物病毒工程研究中心（2003）、教育部生物农药与化学生物学重点实验室（2004）、财政部植物病原学特色专业实验室（2007）和农业部亚热带农业生物灾害与治理重点开放实验室（2008）。

30年来本所以一个中心（培养高层次人才）、三个推动（科技进步、经济发展和社会文明）为宗旨，以“献身、创新、求实、协作”为所训，以“敬业乐群、达士通人”为目标，主要从事以水稻为主的植物病毒和病毒病害的研究，期间随着学科发展和生产实际的需要，拓展了植物病害和天然产物的研究，先后主持和参加这些研究的有谢联辉、林奇英、吴祖建、周仲驹、胡方平、王宗华、欧阳明安、徐学荣和王林萍等教授，参与研究的博士后有蒋继宏等7位（已出站5位）、博士研究生有周仲驹等68位（已毕业51位）、硕士研究生有陈宇航等136位（已毕业94位），发表学术论文440多篇，出版专著、教材6部，为了及时总结、便于查阅，特将论文部分汇成三集出版，即《植物病毒：病理学与分子生物学》（其中2001年上半年以前发表的水稻病毒论文，已于2001年10月由福建科学技术出版社出版）、《植物病害：经济学、病理学与分子生物学》和《天然产物：纯化、性质与功能》。

考虑到全书格式的一致性，将原文中的作者简介和通讯作者予以删除。在编辑出版过程中，本所何敦春、高芳銮、张宁宁、欧阳明安、徐学荣、陈启建、庄军、出泽宏、蔡丽君、胡梅群、周剑雄、祝雯、丁新伦、林白雪、郑璐平、谭庆伟等同志做了大量工作，并得到科学出版社甄文全博士的指导和支持，谨此致以衷心的感谢！

谢联辉

2009年4月16日

目　　录

I　综述·评论

II　水 稻 病 毒

Ⅲ 甘薯病毒

Ⅳ 马铃薯病毒

Ⅴ　甘蔗病毒

Ⅵ　烟草病毒

Ⅶ　番茄病毒

Ⅷ　黄瓜病毒

Ⅸ 水仙病毒

Ⅹ 香蕉病毒

Ⅺ 柑橘病毒

Ⅻ 其他病毒

I　综述·评论

评述有关植物病毒病理学和分子生物学的研究现状、研究进展、问题和展望。主要内容包括：①植物病毒的分子群体遗传学、RNA 间重组和疫苗研制；②几个植物病毒属——植物呼肠孤病毒属（*Phytoreovirus*）、黄化丝状病毒属（*Closterovirus*）、纤细病毒属（*Tenuivirus*）、幽影病毒属（*Umbravirus*）——病毒的研究动态；③介体传播植物病毒的专化性；④植物病毒研究的若干方法与技术；⑤类病毒的分子结构及其复制。

植物病毒分子群体遗传学研究进展*

魏太云，林含新，谢联辉

（福建农林大学植物病毒研究所，福建福州 350002）

摘 要：植物病毒群体遗传学的2个中心任务是定量描述病毒种群内的遗传变异及阐明该变异的机制。植物病毒自然种群遗传结构通常包括1～2种优势的序列变异类型和一些低频率的序列变异类型，即具有准种遗传结构特征。植物病毒种群遗传多样性水平和病害暴发以及流行时间有一定的相关性。另外，植物病毒种群遗传结构中还存在超群种群类型。一些生物学特性可能取决于准种内的不同变种间的相互作用。如决定适应能力、寄主范围及致病性变异等。植物寄主—昆虫介体—病毒三者间的协同进化关系是植物病毒种群遗传结构保存相对稳定的主要因素。描述植物病毒种群遗传结构特征为构建更有效的病害防治策略提供了依据。

关键词：植物病毒；种群遗传；准种；互作

中图分类号：S432.4+1 **文献标识码**：A **文章编号**：1006-7817（2003）04-0453-05

Advance in molecular population genetics of plant virus

WEI Tai-yun, LIN Han-xin, XIE Lian-hui

(Institute of Plant Virology, Fujian Agriculture and Forestry University, Fuzhou 350002)

Abstract: The two main objectives of population genetics of plant virology are describing the genetic variation in virus population and their mechanisms. Generally, genetic structure of natural population of plant virus includes a main sequence type and many minor quantity sequence types caused by variation. That is characterized as quasispecies genetic structure. The level of population genetic diversity of plant virus is related to the outbreak of viral disease and its epidemic. Furthermore, the metapopulation structure also exists in natural population genetic structure of plant virus. Different sequences and their proportion in quasispecies may be some implications on biological function such as determining adapting ability, host range and pathogenicity variation and so on. The evolutional relationship among plant host-insect vector-virus cooperating with each other is the main factor that leads to the relative stabilization of population genetic structure of plant virus. Describing the population genetic structure of plant virus can provide effective control strategy for virus disease.

Key words: plant virus; population genetics; quasispecies; interaction

---

福建农林大学学报（自然科学版），2003，32（4）：453-457

收稿日期：2002-07-31

* 基金项目：国家自然科学基金（30000002）、高等学校全国优秀博士学位论文作者专项资金（200150）

在农业生态系统中，利用抗病品种控制植物病毒病害是针对病毒群体而言的。病毒群体是变化的，会随着人们的生产活动及其生存环境的变化而变化。因此，揭示植物病毒群体遗传结构及其动态演化规律，弄清两者相互作用的群体遗传机制，并从寄主—病毒互作的角度研究病毒在不同环境条件下适应寄主而导致寄主抗性丧失的原因，对植物病毒病害的流行监测和生态控制具有重要的指导意义。

群体遗传学的2个中心任务是定量描述种群内的遗传变异并阐明该变异的机制[1]。而病毒被认为是研究群体遗传学的最佳材料，这是因为：①病毒是地球上目前所有已知生物中结构最为简单的微生物；②病毒，特别是RNA病毒，在所有生物中具有最快的变异速度，这主要是因为RNA病毒依赖于RNA的RNA聚合酶（RNA-dependent RNA polymerase，RdRp）或复制酶缺乏校正功能，从而导致RNA基因组在复制过程中不可避免地频繁出错。据估计，RNA病毒的突变率约为每个复制循环10^{-4}nt[2]。

近10年来国外学者对植物病毒群体遗传学进行了大量的研究。然而，我国这方面的研究才刚开始。

1 植物病毒种群遗传结构分析方法

病毒种群遗传多样性可定义为，从种群中随机获取2个不同类型分离物的概率。估计病毒种群遗传多样性值至少需要3个参数：种群内单元型（haplotype）的数目、不同单元型在种群内的频率和单元型间的遗传距离。而植物病毒自然种群遗传结构内单元型的数目和频率2个参数通常采用以下方法来定性、定量评价：①dsRNA电泳图谱分析；②T1核酸酶酶切后寡核苷酸的双向电泳图谱分析，也称为RNA指纹；③核酸酶保护分析（ribonuclease protection assay，RPA）；④限制性酶切图谱分析（restriction fragment length polymorphism，RFLP）；⑤单链构象多态性分析（single-strand conformation polymorphisms，SSCP）；⑥异源双链分析（heteroduplex mobility assay，HMA）；⑦变性梯度凝胶电泳分析（temperature-gradient gel electrophoresis，TGGE）；⑧核苷酸序列分析。

这些方法中，核苷酸序列分析是最精确的方法，但种群结构分析需大量样品，而序列测定既耗时又昂贵，因此仅作为一种必要的补充手段。SSCP和RPA由于兼具快速简单、灵敏且价格低廉等优点，已在植物病毒种群遗传多样性分析中得到广泛应用，但RPA偏向于在分析卫星病毒或卫星RNA中应用[3]。

2 植物病毒种群遗传结构特征

RdRp产生的突变主要是点突变。而植物RNA病毒采用的变异方式或进化机制是多种多样的，除点突变外，主要还有缺失、插入、重组（recombination）和重配（reassortment）等[2,4]。这些因素导致了RNA基因组的高度多样性。值得注意的是，尽管所有的RNA病毒的突变率几乎都是一致的，但不同病毒之间，突变频率相差悬殊。有意思的是，变异上的差异反映出寄主范围的不同。有些病毒，如烟草花叶病毒（TMV）变异频率低，而黄瓜花叶病毒（CMV）的突变频率很高。CMV有很广的寄主范围，而TMV的寄主范围相对狭窄[2]。在黄症病毒属（*Luteovirus*）中，马铃薯卷叶病毒（PLRV）有一个相当窄的寄主范围和很小的变异，而甜菜西方黄化病毒（BWYV）具有较广的寄主范围和更高的变异[2]。这是容易理解的，因为所有的生物都是在与不同环境的相互作用中协同进化的。当寄主改变时，病毒的群体也随之改变，以克服这种选择压力。

通过归纳已有的植物病毒种群遗传结构分析数据，总结出目前植物病毒种群遗传结构分析有以下几个特点。

（1）最早被描述的植物病毒种群遗传结构是烟草轻型绿花叶病毒（TMGMV）[5]。通过十几年的研究，发现尽管RNA病毒的一个共同特征是可以快速地进化，但已分析过的植物病毒自然种群遗传结构在时空上的变异一般都较为稳定，包括植物DNA病毒和类病毒[6,7]。

（2）植物病毒的种群遗传结构通常包括1～2种优势的序列变异类型和一些低频率的序列变异类型，这种遗传结构已在动物病毒报道过，也就是通常所认为的准种遗传结构特征[6]。

（3）植物病毒种群遗传结构分析多集中于正单链RNA病毒，DNA病毒、类病毒和卫星RNA也有报道，但未见负单链RNA植物病毒种群遗传结构的报道。

（4）植物病毒种群遗传多样性值较低，尽管类病毒和卫星RNA在理论上存在较高的突变率，但其种群遗传多样性值也较低。

(5) 柑橘疱叶病毒（CLBV）的西班牙种群遗传多样性值在已报道的植物病毒中最低，可能与CLBV在西班牙属于单一起源，而且是刚引进有关[8]。

(6) 植物病毒种群遗传多样性水平和病害暴发、流行时间有一定的相关性。如水稻东格鲁病毒（RTV）种群在病害常发区内比暴发区内具有更高的遗传多样性[9,10]。Moya等[11]的试验结果也表明，柑橘速衰病毒（CTV）种群遗传多样性在病害引进地区最大，而在最近侵染的区域或病害不是特别普遍的区域则较低。

(7) 植物病毒种群遗传结构中还存在一类随机变异的现象。如西班牙的CMV种群遗传结构与采样的地区、年份和寄主植物种类没有相关，因此，CMV在西班牙被认为是一个超群种群（metrapopulation），即一个暂时的，要经过反复消亡（extinction）和再定殖（recolonization）的种群[12]。

3 植物病毒准种的遗传结构

单个病毒分离物不是单个序列，而是略有变异的序列群。病毒序列只能由病毒RNA或DNA的直接测序而获得。病毒生物学功能取决于突变群体或准种，这使自然选择得以发生。种群围绕着一个或几个最适峰中心变化，使适应能力大大提高的变异将从群体的周围产生。当环境发生较大变化时，如一种植物病毒传播到可以复制的介体昆虫中，将可能发生较大变化。植物病毒准种的本质生物学意义尚不清楚。一些生物学特性可能取决于种群内不同变种间的相互作用。

最常用于植物病毒准种遗传结构特征分析的方法是，将适应于某一特定寄主的病毒在不同寄主或不同抗性水平或类型品种上分别连续传递，由于瓶颈效应或寄主适应性（host adaptation）的改变导致了病毒准种遗传结构的变化。如植物寄主种类的改变或经昆虫介体连续传播后会迅速导致CTV[13]、玉米线条病毒（MSV）[14]、葡萄扇叶病毒（GFLV）[15]及小麦线条花叶病毒（WSMV）[16]准种遗传结构的变化。

突变可造成病毒复制、运动、聚集、介体传播及症状等性状的改变，因此突变体的构建是目前确定基因功能最常用的方法。对于负链RNA病毒，由于其RNA不能直接作为mRNA，不具备侵染性，无法采用直接突变或反向遗传学的技术来确定此类病毒的基因功能。但一些人工诱导的缺陷突变体为研究此类病毒的基因功能提供了极有价值的研究体系，并因此取得了一些突破。如水稻矮缩病毒（RDV）[17]在寄主植物上经多次的连续人工接种传代后，逐渐失去其介体传播特性，从而获得非介体传播的病毒准种，依此确定病毒基因组相应片段的功能。

最新研究结果表明，植物病毒所具有的准种结构是作物品种抗性丧失的主要原因之一[6]。如将MSV通过摩擦接种连续传递到抗性品种上后，会得到一个致病力较强的分离物，其准种遗传结构依然保持稳定，但含有几个亚种群，可能是病毒准种在耐病的环境中，新的突变有较强的适应能力[14]。这种在同一分离物内不同致病型的序列变异类型共存的现象已在菊花褪绿斑驳类病毒（CChMVd）[18]、甜菜曲顶病毒（BCTV）[19]、李痘病毒（PPV）[20]、桃潜隐花叶类病毒（PLMVd）[21]及马铃薯纺锤形块茎类病毒科（*Pospiviroidae*）的某些种中被报道过[22,23]。准种结构中的生物学暗示在*Pospiviroidae*的葡萄黄斑类病毒（GYSVd）准种中表现得最为明显[23]，GYSVd准种中的不同变异类型和黄斑及脉带症状是相关联的。其中，黄斑症状只在含有变异类型Ⅱ的GYSVd处在32℃和持续光照条件下才能被诱导出来，而无症状和脉带症状类型也分别与各自的变异类型相对应。

Schneider等[24]首先对植物病毒的准种变异特征进行了系统研究。将TMV、CMV和豇豆褪绿斑驳病毒（CCMV）这3种具有共同进化联系的病毒侵染同种寄主植物后分别分析其准种变异水平，结果发现这3种病毒准种变异水平与其寄主范围是相对应的。这表明病毒的准种特征具有重要的进化暗示，如CMV准种的高度多样性可以使其较易地适应新的选择压力进入新的生境，造成更大的危害。进一步的研究发现，准种变异水平随着侵染寄主的不同而相应地改变[25]。这表明，病毒的准种变异水平是由病毒与寄主互作控制的。

寄主植物的感病性和病原的致病性是由病原物和寄主的互作决定的。病毒作为一种生物大分子则是研究病原物与其寄主之间互作的最佳模式材料，因而受到极大的重视。因此，用病毒所具有的准种结构特征来研究植物病毒的致病性变异机理，将为农作物品种抗性丧失和病害流行提供理论依据。

4 植物寄主和昆虫介体对病毒种群遗传结构的影响

Garcia-Arenal 等[6]对植物病毒的进化机制进行了详尽的分析，认为植物病毒种群遗传结构的变异机制主要有奠基者效应（founder effect）、选择（selection）和互补（complementation）。而选择又可分为负选择（negative selection）和正选择（positive selection）。其中正选择和互补两种因素尚未有详细的试验证据，仅有用于解释可能的变异类型。影响植物病毒种群遗传结构的因素主要是负选择和奠基者效应，其中负选择主要是在维持病毒与寄主植物或介体昆虫的有效互作中起作用，而奠基者效应主要与病毒侵染新寄主或新地域后所造成的群体瓶颈（bottlenecks）有关，可用于解释某一病毒分离物在不同寄主植物或介体昆虫上经连续传递后所造成的准种变异类型改变的现象。

在一个侵染有性和无性泽芸属（*Eupatorium*）寄主植物群体的联体病毒属（*Geminivirus*）病毒群遗传结构的比较试验中，Ooi 等[26]发现，在有性寄主植物群体中，尽管由于存在可能的进化上的瓶颈致使病毒的侵染率较低，但其遗传多样性较高，暗示了病毒已进化出针对植物寄主群体遗传多样性的防卫策略。实际上，有关病毒和寄主间协同互作的一个方面内容就是，寄主植物对侵染性病毒存在防卫反应，其机制主要是通过转录后基因沉默（post-transcriptional gene silencing，PTGS）来实现的，植物利用其自身这一机制抑制外源基因的入侵[27]。而植物病毒与寄主植物长期协同进化过程中，形成了一种能抑制体内PTGS的机制。当植物病毒入侵植物细胞后，利用其编码的抑制因子（suppressor）来抑制PTGS，从而使该防卫机制遭到破坏，病毒在植物体内得以复制、运输[28]。

病毒与介体昆虫的互作对虫传病毒来说是至关重要的，植物虫传病毒的种群遗传多样性在很大程度上要受维持病毒与介体昆虫间的特异性互作关系所限制。最近一些有关虫传病毒及其介体昆虫的种群遗传结构的研究结果证实了这个结论。如棉花曲叶病毒（CLCuV）自然种群有较高的遗传多样性但不同植物寄主种类和地区间的分离物几乎没有遗传差别，而负责昆虫介体传播作用的基因变异率远低于复制酶基因的变异率，这表明与介体传播相关的基因变异决定了介体传播的特异性[29]。从这个角度看，CLCuV 的遗传多样性要受维持有效的昆虫介体传播所限制。系统进化关系分析也表明了长线病毒属（*Closterovirus*）[30]、菜豆金色花叶病毒属（*Begomovirus*）[31]病毒与它们的昆虫介体是共同化的。有趣的是，CMV 传毒介体蚜虫在西班牙也是一个超群种群，暗示了 CMV 极可能也是与其介体昆虫同进化的[32]。

5 研究植物病毒群体遗传学的意义及展望

植物病毒群体遗传学研究可为追踪病毒的起源、进化和流行途径提供重要依据。同样，认识植物病毒种群遗传结构特征对抗病育种、抗病基因的合理布局以及构建更为有效的病害防治策略也具有重要意义。特别是用植物病毒所具有的准种遗传结构特征来研究病毒的致病性变异机理，将为农作物品种抗性丧失提供必要的理论依据。

对于应用较广的弱毒株介导的交互保护和RNA 介导的转基因抗性策略，其机理与 PTGS 相似一般都要选择同源性较高的株系或分离物。而植物病毒自然种群遗传结构一般都较为稳定，因此，利用这两个策略防治病毒是可行的。但也有例外的情况，如西班牙 CMV 自然种群属于超群种群的特征则限制了这两个策略的应用。另外，在抗病毒转基因过程中，还有可能发生转基因片段和侵入病毒间由于组或重配而产生新病毒的危险。重组或重配在植物病毒自然种群遗传结构中并不占竞争优势，它们对转基因抗病毒策略一般不会造成很大的威胁。因此，这个策略也是可行的。

需要指出的是，对植物病毒种群遗传结构的研究远没有植物病原真菌和细菌深入。另外，在物病毒中，很大一类的病毒都属于虫传病毒，而在虫传病毒中，特别需要指出的是，有关循回型持久性虫传病毒在某种意义上，同时也是昆虫病毒[33]，对这类病毒种群遗传结构的研究需要涉及的问题更为复杂，难度也更大。目前国际上也仅对摩擦接种或非持久性虫传病毒进行过这类问题的研究。如何选择有效体系来研究不同寄主对循回型持久性虫传病毒种群遗传结构的影响是值得关注的问题。

当然，作为病毒生态系统的部分研究内容，

仅对植物病毒、寄主植物及介体昆虫种群遗传结构进行分析是不够的。如要深入地研究病毒的灾变规律，还需系统调查病毒病害和介体昆虫的发生规律以及种植结构和当地的地理气候等因素。只有在对所收集的数据进行系统分析的基础上，才有可能初步弄清病害流行因素间的内在联系和相互作用，为病害防治策略提供可行的科学依据。

参 考 文 献

[1] Nei M, Li WH. Mathematical model for studying genetic variation in terms of restriction endonuclease. PNAS, 1979, 76(9): 5269-5273

[2] Roossinck MJ. Mechanisms of plant virus evolution. Ann Rev Phytopathol, 1997, 35: 191-209

[3] 魏太云，林含新，吴祖建等. PCR-SSCP 技术在植物病毒学上的应用. 福建农业大学学报，2000，29(2)：181-186

[4] Aranda MA, Fraile A, Dopazo J. Contribution of mutation and RNA recombination to the evolution of a plant pathogenic RNA. J Mol Evol, 1997, 44(1): 81-88

[5] Rodryguez-Cerezo E, Garcya-Arenal F. Genetic heterogeneity of the RNA genome population of the plant virus U5-TMV. Virology, 1998, 170(2): 418-423

[6] Garcia-Arenal F, Fraile A, Malpica JM. Variability and genetic structure of plant virus populations. Ann Rev Phytopathol, 2001, 39: 157-186

[7] Holland JJ, Domingo E. Origin and evolution of viruses. Virus Genes, 1998, 16(1): 13-21

[8] Vives MC, Rubio L, Galipienso L, et al. Low genetic variation between isolates of citrus leaf blotch virus from different host species and of different geographical origins. J Genl Virol, 2002, 83(10): 2587-2591

[9] Azzam O, Arboleda M, Umadhayk ML. Genetic composition and complexity of virus populations at tungroendemic and outbreak rice sites. Arch Virol, 2000, 145(12): 2643-2657

[10] Azzam O, Yambao MLM, Muhsin M, et al. Genetic diversity of *Rice tungro spherical virus* in tungro-endemic provinces of the Philippines and Indonesia. Arch Virol, 2000, 145(6): 1183-1197

[11] Moya A, Arenal-Garcia F. Population genetics of viruses. Gibbs AJ, Calisher CH, Arenal-Garcia F. Molecular basis of evolution. Cambridge: Cambridge University Press, 1995, 213-223

[12] Garcia-Arenal F, Escriu F, Aranda MA, et al. Molecular epidemiology of *Cucumber mosaic virus* and its satellite RNA. Virus Res, 2000, 71(1-2): 1-8

[13] Ayllon MA, Rubio L, Moya A, et al. The haplotype distribution of two genes of *Citrus tristeza virus* is altered after host change or aphid transmission. Virology, 1999, 255(1): 32-39

[14] Isnard M, Granier M, Frutos R, et al. Quasispecies nature of three *Maize streak virus* isolates obtained through different modes of selection from a population used to assess response to infection of maize cultivars. J Gen Virol, 1998, 79(12): 3091-3099

[15] Naraghi-Arani P, Daubert S, Rowhani A. Quasispecies nature of the genome of *Grapevine fanleaf virus*. J Gen Virol, 2001, 82(7): 1791-1795

[16] Hall JS, French R, Morris TJ, et al. Structure and temporal dynamics of populations within *Wheat streak mosaic virus* isolates. J Virol, 2001, 75(21): 10231-10243

[17] Omura T, Maruyama W, Ichimi K. Involvement in virus infection to insect vector cells of the P2 outer capsid proteins of rice gall dwarf and rice dwarf phytoreoviruses. Phytopathol, 1997, 87: 72

[18] Delapena M, Navarro B, Flores R. Mapping the molecular determinant of pathogenicity in a hammerhead viroid: a tetraloop within the *in vivo* branched RNA conformation. PNAS, 1999, 96(18): 9960-9965

[19] Stenger DC, Mcmahon CL. Genotypic diversity of *Beet curly top virus* population in the western United States. American Phytopathological Society Monograph Series, 1997, 87(2): 737-744

[20] Saenz P, Quiot L, Quiot JB, et al. Pathogenicity determinants in the complex virus population of a plum pox virus isolate. MPMI, 2001, 14(3): 278-287

[21] Ambros S, Hernandez C, Flores R. Rapid generation of genetic heterogeneity in progenies from individual cDNA clones of *Peach latent mosaic viroid* in its natural host. J Gen Virol, 1999, 80(8): 2239-2252

[22] Gora-Sochacka A, Candresse T, Zagorski W. Genetic variability of *Potato spindle tuber viroid* RNA replicon. Acta Biochemistry Pol, 2001, 48(2): 467-476

[23] Szychowski JA, Credi R, Reanwarakorn K, et al. Population diversity in *Grapevine yellow speckle viroid*-1 and the relationship to disease expression. Virology, 1998, 248(2): 432-44

[24] Schneider WL, Roossinck MJ. Evolutionarily related Sindbis-like plant viruses maintain different levels of population diversity in a common host. J Virol, 2000, 74(7): 3130-3134

[25] Schneider WL, Roossinck MJ. Genetic diversity in RNA virus quasispecies is controlled by host-virus interactions. J Virol, 2001, 75(14): 6566-6571

[26] Ooi K, Yahara T. Genetic variation of geminivirus: comparison between sexual and asexual host plant population. Mol Ecol, 1999, 8(1): 89-97

[27] Li HW, Lucy AP, Guo HS, et al. Strong host resistance targeted against a viral suppressor of the plant genesilencing defense mechanism. EMBO J, 1999, 18(10): 2683-2691

[28] Voineet O, Pinto YM, Baulcomber DC. Suppression of gene silencing: a general strategy used by diverse DNA and RNA viruses of plants. PNAS, 1999, 96(24): 14147-14152

[29] Sanz AI, Fraile A, Gallego JM, et al. Genetic variability of natural populations of *Cotton leaf curl geminivirus*, a single-

stranded DNA virus. J Mol Evol, 1999, 49(5): 672-681

[30] Karasev AV. Genetic diversity and evolution of *Closterovirus*. Ann Rev Phytopathol, 2000, 38: 293-324

[31] Harrison BD, Robinson DJ. Natural genomic and antigenic variation in whitefly-transmitted Geminivirus (*Begomovirus*). Ann Rev Phytopathol, 1999, 37: 369-398

[32] Martynez-Torres D, Carrio R, Latorre A, et al. Assessing the nucleotide diversity of three aphid species by RAPD. J Evol Biol, 1997, 10(2): 459-477

[33] 谢联辉，魏太云，林含新等. 水稻条纹病毒的分子生物学. 福建农业大学学报，2001，30(3)：269-279

植物病毒 RNA 间重组的研究现状

王海河，谢联辉

（福建农业大学植物病毒研究所，福建福州 350002）

摘 要：根据近几年来研究的最新资料，从植物病毒 RNA 间的重组位点的特征以及重组体亲本链双方的来源的角度对植物病毒 RNA 的重组类型作了介绍，并对其重组机制作了综述。

关键词：植物病毒 RNA；RNA 重组；重组机制

中图分类号：S432.41

The RNA recombination between plant viruses

WANG Hai-he, XIE Lian-hui

(Institute of Plant Virology, Fujian Agricultural University, Fuzhou 350002)

Abstract: According to the latest data of the RNA recombination of plant viruses, the recombination types were illustrated on behalf of the sequence feature of crossover-sites and the resources of parent strands. In addition, the recombination mechanisms were also reviewed.

Key words: plant virus RNA; RNA recombination; recombination mechanism

由于植物病毒 RNA 聚合酶（RNA dependent RNA polymerase, RdRp）在 RNA 复制过程中没有校对功能[1,2]，因而在病毒基因组复制过程中容易出现较高频率的错误，从而产生相似基因组的新病毒[3,4]。有时候，这些变化导致病毒基因组功能丧失。有人认为病毒 RNA 在进化过程中产生的突变型与野生型基因通过重组来达到保持基因组功能的完整性[5]，从而保持病毒基因组的稳定性。由此可以推断，植物病毒在进化过程中可能有重组现象发生。虽然这种现象最初发现仅限于几种动物病毒，如流感病毒、蓝舌病毒[6,7]，但随着对植物病毒的不断深入研究，研究者们相继在雀麦花叶病毒（BMV）[8]、烟草脆裂病毒（TRV）[9]、苜蓿花叶病毒（AIMV）[10]、番茄丛矮病毒（ToBSV）[11,12]和烟草花叶病毒（TMV）[13,14]中发现了自然重组现象。因此，病毒 RNA 间的重组被认为是植物病毒进化的主要动力之一[15]。同时研究表明，通过重组产生的病毒在某些情况下比原来病毒具有更好的适应性[16]。本文根据近几年的研究成果对植物病毒 RNA 间重组的类型及重组机制等方面予以简要介绍。

1 植物病毒 RNA 重组的类型

病毒 RNA 的重组按重组区域的序列特征可分为同源重组（homologous recombination）、不正常同源重组（aberrant homologous recombination）和非同源重组（nonhomologous recombination）等 3 种类型[17]。

福建农业大学学报，1999，28（1）：47-53

收稿日期：1998-09-14

1.1 同源重组

发生重组的 2 条 RNA 链在重组位点（crossover site）附近具有相同的同源序列，而且重组后产生的子代重组体序列结构与 2 条亲本链相同。在植物病毒中，最初发现 RNA 重组现象的是 BMV[18]。在研究过程中发现，用 BMV-RNA1、BMV-RNA2 和 BMV-RNA3 的缺失突变体接种大麦，结果突变体 RNA3 可以成功复制。对新复制的 RNA3 进行序列分析表明 RNA3 与野生型 RNA3 的 3′端完全一致。很显然，突变体 RNA3 和 RNA1 或 RNA2 发生了重组，因为 BMV-RNA1、BMV-RNA2 和 BMV-RNA3 有共同的 3′端 200nt 非编码区序列[19]。在用 BMV-RNA2 的缺失突变体和野生型 RNA1 和 RNA3 侵染昆诺黎的试验中发现，缺失突变体 RNA2 与 RNA1 或 RNA3 的 3′端同源区发生了较高频率的重组[11,12]。另一个发生同源重组的例子是蚕豆褪绿斑驳病毒（CoCMV）。如同 BMV，它的 RNA3 的不同缺失体与野生型 RNA1 和 RNA2 共同接种植物时都可以引起系统症状。经过检测证明 RNA3 突变体与 RNA1 或 RNA2 发生了同源重组。

1.2 不正常同源重组

与 1.1 相似，发生重组的 2 条 RNA 序列的重组位点在重组附近有同源序列，但是重组位点并不在同源序列区域内，而是位于其下游非同源区，由此造成的重组体在重组位点附近含有重复或缺失的序列，这种重组方式易发生于缺陷型 RNA（defective RNAs）区域[11,12]。芜菁皱缩病毒（TCV）就是这方面的典型代表。TCV 是一个单链正义病毒 RNA，它含有卫星 RNA，其中一个卫星 RNAc（335nt）与 TCV 侵染的症状有关[20]。通过序列分析表明，5′端 189nt 与另一个卫星 RNAd 的全序列几乎完全一致，而其 3′端 166nt 的序列与 TCV-RNA 的 2 个不连续区域相同[9]。因此认为，RNAc 来源于卫星 RNAd 和 TCV-RNA 的重组。于是有人用 RNA 的不同突变体和 TCV-RNA（含卫星 RNAd）共同接种植物，结果发现 RNA 和 RNAd 之间发生了不同形式的重组。序列分析表明所有重组都发生在 RNAd 3′端附近，但重组位点不在 RNAd 与 RNAc 的同源区之内，而在其附近，这就导致重组体内插入了 RNAd 与 RNA。都不具有的 U、UU、UUU 或 AUU 碱基[21]。

1.3 非同源重组

发生重组的 2 条 RNA 没有任何同源序列。Lai[17]认为以这种方式发生重组的 2 条 RNA 在重组位点处可能具有相似的二级结构，发生这种重组的典型例子是 TRV。Robinson 等[9]研究发现 TRV 的 2 个分离物 16 和 NS 的 RNA2 3′端和 5′端具有 TRV 的特征序列，而在中间部位含有豌豆早期褐变病毒（PEBV）的部分序列。最近，Salanki 等[22]通过体外重组的方式把番茄不孕病毒（TAV）3′端 CP 部分序列与黄瓜花叶病毒（CMV）3′端序列发生交换，产生了一种成功侵染烟草并可引起系统症状的杂种病毒。这样就充分证明了非同源重组可能是推动病毒进化的一个主要原因。

2 植物病毒进化过程中 RNA 重组的方式

植物病毒间的重组方式按重组体的基因来源可以分为基因组内部重组、不同株系间重组、与其他病毒或寄主间的重组。

2.1 基因组内部重组

基因组内部重组主要发生在多基因组病毒之间。如前所述，BMV-RNA3 的缺失突变体与 RNA1、RNA2 之间的重组[18]就属于这种类型。同样在 AIMV[23] 和 TRV[24] 其 RNA2 3′端 400～1000nt 与 RNA1 3′端发生重组。另一个例子是大麦条纹花叶病毒（BSMV）。BSMV 由 RNAα、RNAβ 和 RNAγ 等 3 条组成，序列分析表明 BSMV 的 CV17 株系的 RNAγ 5′端 70nt 与典型株系的 RNAγ 5′端不符，而与 RNAα 5′端十分相似，似乎也说明了 CV17 是来源于重组方式[25]。

2.2 不同株系间重组

Javier 等[26]在研究热疹病毒（HSV）时发现 2 种无毒性的 HSV 在共同侵染宿主时通过重组方式产生一种很强的致病性病毒。同时 Katz 等[27]也发现伪狂犬病（pseudorabies）的疫苗在动物体内发生重组后也可产生一种新的株系。Angenent 等[28]在研究 TRV 时发现株系 PLB 的 RNA2 5′端与株系 PSG 5′端完全相同，而 3′端与 PSG-RNA1 3′端序列完全相同，这也说明了植物病毒间也存在株系间重组的现象。同样的现象也在李痘病毒（PPV）的06分离物发现[29]。最近，Fraile等[30]把从田间收集的217个CMV分离物进行核酸酶保护试验（RPA）分析时发现，自然条件下CMV株系间重组率可达7%。

2.3 与其他病毒或寄主间的重组

如前所述的TRV的分离物I6和N5就含有PEBV的部分序列[9]，显然TRV与PEBV间有过重组发生。为了证实这点，Muller等[31]在实验室条件下用TRV 5′端335nt序列替换PEBV-RNA2 5′端相应序列产生杂合RNA，这种杂合RNA可以分别支持TRV-RNA1或PEBV-RNA1复制。红三叶草坏死性花叶病毒（RCNMV）的CP序列经分析发现与香石竹斑驳病毒（CarMV）和TCV的外壳蛋白具有同样的序列[32]。Ishikawa等[33]把BMV-RNAs 3′端非编码区用TMV 3′端非编码区替换，然后和RNA1和RNA2共同接种，产生了新的RNA3重组体。通过核酸杂交试验证实，这种重组体发生在BMV和TMV-RNA3之间。Martin等[34]经过对植物黄化组病毒成员的分析证明，似乎在黄化组病毒的进化过程中包含许多重组现象。Mayo等[35]在对马铃薯卷叶病毒（PLRV）中进行序列分析时发现，其RNA5′端14～15nt与叶绿体mRNA相同，并通过Northern Blotting证实PLRV-RNA5′端含有植物叶绿体mRNA的部分序列，似乎说明PLRV在进化过程中与寄主发生过基因组间的交换。Valerian等[36]分析植物黄化组病毒基因组结构时发现，其在进化过程中也并入了寄主的部分基因，如*Hsp70r*。于是他认为植物黄化病毒进化的趋势是不断的插入外来的基因，从而导致其具有庞大的基因组序列（7000～20 000nt）。

3 RNA重组机制

为了阐明病毒RNA的重组机制，Cooper等[37]最先提出了RNA复制酶模板转换学说（RdRp switches templates theory）。后来Lai[17]又提出了RNA片段断裂重接学说（breakage and rejoint theory）。

3.1 断裂和重接学说

断裂和重接学说基本原理为：2条异源RNA重组时如同比病毒高等的生物种一样，进行RNA的剪切过程（splicing）。首先是2条亲本RNA链在重组处断裂，然后再重接，它包括顺式剪切（*cis*-splicing）和反式剪切（*trans*-splicing）2种形式。这种学说对于解释病毒RNA的非同源重组似乎更为合理，但迄今还未发现这种剪切方式发生在单链RNA之间，所以这种学说还不为大家接受。

3.2 复制酶模板转换学说

模板转换学说认为，RNA复制酶在合成新生RNA链过程中模板发生变化，从而导致新生RNA以2条不同的RNA链为模板而造成重组的结果。这种复制模式分为4个步骤。第1步，转录暂停在亲本链上的茎-环结构处；第2步，转录复合体与RNA模板（含茎-环结构的亲本链）分离；第3步，转录复合体结合到另一条RNA模板链上；第4步，如果新模板上有与原来模板上相同的二级结构和序列，就导致同源重组。若没有相同的结构或序列，就形成不正常同源重组[17]。

由于对BMV的基因组结构和功能有了充分的研究，所以它就成为研究病毒RNA重组机制的模式病毒[38]。Nagy等[39]研究发现，BMV-RNAs在发生同源重组时，其2条父本链在重组位点具有5～15nt同源序列时就可发生重组，证明这段序列与重组时形成茎-环结构（stem-loop structure）有关。他用BMV-RNAs的各种突变体与野生型RNAs共同接种时还发现，RNA序列中存在一个AU富足区（AU-rich sequence）的重组热点（hotspot）。Nagy等[40]发现重组热点上游附近具有高频率C/G序列时，会增加RNAs间的重组频率。但是，多AU区序列愈长，发生位点特异性重组的频率愈低[41]。含有AU富足序列的BMV-RNAS间的同源重组的模板转换模式解释如下：根据此学说认为，当合成BMV-RNA正链时，发生模板转换，并且在合成正链时的重组频率高于合成负链时的重组频率。弱配对的AU富足区序列可以促使新生不完全RNA链（复制中间型，RI）的释放以及促使受体模板（第2条模板链）形成泡状结构。RNA复制酶停止在第1条模板的AU富足区（位于R′区域的下游），不完整的RNA新生链3′端从原来模板上脱离。然后释放的新生RNA链3′端在受体链（第2条模板链）的泡状结构刺激下与受体链结合，结合部位在R′的上游区。最后病毒复制酶继续在受体链上进行子链的延长，这就导致了RNA间的同源重组。在这个重组过程中，R′上游序列对 BMV-RNA 间重组位点的准确选择有十分重要的作用[40]。

同时研究发现，BMV-RNAs 间还存在着没有确定重组位点的非同源重织。发生重组的位点一般位于 3′端能够形成异源双链（heteroduplexes）的区域[42]。根据模板转换学说认为，当 RNA 复制酶在复制过程中，遇到这种异源双链结构时，它就脱离原来的模板与另一条能和原来模板形成异源双链的另一条模板链结合，从而导致重组发生。Simon 等[38]认为，这是由于解旋酶（helicase）功能突变所致。当进行正常 RNA 复制途径时，解旋酶可以充分解开这种双链区域，使得 RNA 复制酶沿着原来模板进行。而当解旋酶发生变异时，异源双链结构阻止 RNA 聚合酶向前滑动，并与原来模板脱离，滑过此双链结构而与另一条异源模板结合，这样就导致了 RNAs 间的非同源重组。因此非同源重组造成的重组位点在异源双链区域的左侧。

TCV 卫星 RNAc 和 RNAd 间的重组为非同源重组。Cascone 等[44]研究发现，发生重组的区域有 3 个具有启动子特征的序列，分别记为基元 1、2、3（motif 1，motif 2，motif 3），这 3 个区域 RNAs 所形成的茎一环结构对重组是必须的。Simon 等[38]认为 TCV 卫星 RNAs c 和 d 间的重组也遵循 RdRp 驱动的模板转换学说，但它不同于 BMV-RNAs 间的重组情况。它在重组位点附近没有可以形成异源双链的序列，重组位点总是位于 3 个基元右侧。一种可能的解释是 TCV 复制酶对 3 个基元区域所形成的茎一环结构具有特异的识别作用[43,44]。根据模板转换学说认为，当 TCV 复制 RNA（＋）链时，遇到任何一个基元序列形成的茎-环结构时，RNA 复制酶就从 RNA（－）链模板上释放而与另一条模板结合，重新开始另一条 RNA 的合成从而形成 RNA 重组体。当聚合酶遇到位于 TCV 基因组中间的基元结构时它就脱离模板而跳过这个特定的二基级结构，使得新生 RNA 脱离聚合酶生成缺陷型 RNA[38]。其中间具体过程还不清楚。

4 研究病毒 RNA 重组的意义

（1）通过研究病毒 RNA 间的重组关系，人们能够从本质上了解 RNA 间的重组是病毒 RNA 进化的一种主要动力。对于研究无细胞结构生物及原始生命的起源和进化历程有着重要的启迪作用。

（2）随着病毒 RNA 间重组事例的不断发现，从理论上就证实了利用弱毒株系防治病毒病害的同时仍存在潜在的危险性，因而可以指导人们采取更加谨慎的态度，利用这种被动的防治方式。

（3）如果研究清楚了 RNA 间的重组机制，人们就可以应用病毒 RNA 作为外源基因载体，通过改造高等生物的 mRNA 达到治疗人类疾病及改造高等植物等目的。由于高等生物从 DNA 到 mRNA 的过程中包含着许多修饰剪切过程，因此仅通过改造某一端 DNA 序列不容易达到高效、目标性强的效果，但从 mRNA 水平上改造病变序列就能经济有效地达到治疗疾病的效果。

5 问题与展望

虽然，人们对植物病毒 RNA 间的重组过程，尤其是 BMV 和 TCV 有了一定的了解，但是还存在着不少问题。例如对 BMV 而言，它不仅包含同源重组，而且还包含非同源重组形式。在哪种情况下一定会发生同源重组，重组的精确位点是什么？哪种情况下会发生异源重组，其重组位点是否可以预测？又如 TCV，3 个基元结构和形成的二级结构之间是如何转化的？是否所有植物病毒的 RNA 重组都遵守模板转换学说？即使答案是肯定的，仅就 BMV 和 TCV 而言，就存在不同的详细机制，具体情况又是如何？这一切都需要进一步工作研究和证实。

随着植物病毒 RNA 重组工作的不断深入研究，人们将会发现更多的事例来证明植物病毒在进化过程中的重组现象，同时对其机制会有更进一步的深入了解及对现有假说进一步的修正完善。这一切都必将对人类产生巨大贡献。

参 考 文 献

[1] Steinhauer DA, Holland JJ. Direct method for quantitation of extreme polymerase error frequencies at selected single base sites in viral RNA. J Virol, 1986, 57: 219-228

[2] Holland JK, Spindler F, Horodyski F, et al. Rapid revolution of RNA genomes. Science, 1982, 215: 1577-1585

[3] Steinhauer DA, de la Torre JC, Holland JJ. Extreme heterogeneity in populations of vesicular stomatitis virus. J Virol, 1989, 63: 2072-2080

[4] Steinhauer DA, de la Torre JC, Holland JJ. High nucleotide substitution error frequencies in colonel pools of vesicular stomatitis virus. J Virol, 1989, 63: 2063-2071

[5] Makino S, Keck JG, Astohlman S, et al. High-frequency RNA

recombination of murine coronaviruses. J Virol, 1988, 57: 729-737

[6] Fields BN. Geneties of reorirus. Curr Top Microbiol Immunol, 1981, 91: 1-24

[7] Palese P. The genes of innuenza virus. Cell, 1977, 10: 1-10

[8] Bujarski JJ, Paesberg J. Genetic recombination between RNA components of a multipartite plant virus. Nature, 1986, 21: 528-531

[9] Robinson DJ, Hamilton WDO, Harrison BD, et al. Two anomalous tobravirus isolates: evidence for RNA recombination in nature. J Gen Virol, 1987, 68: 2551-2561

[10] Huisman MJ, Conelissen BJC, Groenendijk CFM, et al. *Alfalfa mosaic virus* temperature sensitive mutants V. the nucleotide sequence of TBTS7 RNA3 shows limited nucleotide changes and evidence far heterologous recombination. Virology, 1989, 171: 409-416

[11] White KA, Morris TJ. Nonhomologous RNA recombination in tombusvirus RNAs: generation and evolution of defective interfering RNAs by stepwise deletions. J Virol, 1994, 68: 14-24

[12] White KA, Morris TJ. Recombination between defective tombusvius RNAs generates functional hybrid genomes. PNAS, 1994b, 91: 3642-3646

[13] Raffo AJ, Dawson WO. Construction of *Tobacco mosaic virus* subgenomic replicons that are replicated and spread systemically in tobacco plants. Virology, 11991, 54: 277-259

[14] Beek DL, Dawson WO. Deletion of repeated sequences from *Tobacco mosaic virus* mutants with two coat protein genes. Virology, 1990, 177: 462-469

[15] Banner LR, Lai MMC. Random nature of corona virus RNA recombination in the absence of selection pressure. Virology, 1991, 185: 441-445

[16] Nagy PD, Bujarski JJ. Genetic recombination in *Brome mosaic virus*: effete of sequence and replication of RNA on accumulation of recombinants. J Virol, 1992, 66: 6824-6828

[17] Lai MMC. RNA recombination in animal and plant viruses. Microbiol Rev, 1992, 56: 61-79

[18] Rao ALN, Sulliran BP, Hall TC. Use of *Chenopodium hybridum* facilitates isolation of *Brome mosaic virus* RNA recombinants. J Gen Virol, 1990, 71: 1403-1407

[19] Rao ALN, Hall TC. Requirement for a viral trans-acting factor encoded by *Brome mosaic virus* RNA2 provides strong selection in vivo for functional recombinants. J Virol, 1990, 64: 2437-2441

[20] Simon AE, Howell SH. The virulent satellite RNA of *Turnip crinkle virus* has a major domain homologous to the 3′-end of the helper virus genome. EMBO J, 1986, 5: 5423-3425

[21] Caseone PJ, Carpenter CD, Li XH, et al. Recombination between satellite RNAs of *Turnip crinkle virus*. EMBO J, 1990, 9: 1709-1715

[22] Salanki K, Carere I, Jaequemond M, et al. Biological properties of pseudorecombinant and recombinant strains created with *Cucumber mosaic virus* and *Tomato aspermy virus*. J Virol, 1997, 71: 3597-3602

[23] van der Kuyl AC, Neeleman L. *Alfalfa mosaic virus* RNA3 mutants in tobacco plants. Virology, 1991, 183: 731-738

[24] Cornelissen BJC, Lintherst HJM, Brederede FT. Analysis of the genome structure of *Tobacco rattle virus* strain PSG. Nucleic Acids Res, 1986, 14: 2157-2169

[25] Edwards MC, Petty ITD, Jackson AO. RNA recombination in the genome of *Barley stripe mosaic virus*. Virology, 1992, 89: 389-392

[26] Javier RT, Sedarati F, Sterens JG. Two avirulent herpes simplex viruses generate lethal recombinants *in vivo*. Science, 1986, 234: 746-748

[27] Katz JB, Hendersow LM, Eriekson GA. Recombination in vivo of sudorabies vaccine strains to produce new virus strains. Vaccine, 1990, 8: 266-285

[28] Angenent GC, Posthumus E, Bol JF. Genome structure of RNA recombination among tabraviruses. Virology, 1990, 172: 272-274

[29] Cervera MT, Riechmann JI, Martin MT. 3′-terminal sequence of the *Plum pox virus* PS and 06 isolates: evidence for RNA recombination within the portyvirus group. J Gen Virol, 1993, 74: 329-354

[30] Fraile A, Prados JLA, Aranda MA, et al. Genetic exchange by recombination or resentment is infrequent in natural populations of a tripartite RNA plant virus. J Virol, 1997, 71: 934-940

[31] Muller AM, Mooney AL, Farlane CAM. Replication of *in vitro* tabravirus recombinants shows that the specificity of template recognition is determined by 5′non-coding but not 3′non-coding sequence. 1997, J Gen Virol, 78: 2085-2088

[32] Xiong Z, Lommel SA. The complete nucleotide sequence and genome organization of *Red clover necrotic mosaic virus* RNAI. Virology, 1989, 171: 543-554

[33] Ishikawa M, Kroner P, Ahlquist P, et al. Biological activities of hybrid RNAs generated by 3′-end exchange between *Tobacco mosaic virus* and *Brome mosaic virus*. J Virol, 1991, 65: 3451-3459

[34] Martin RR, Keese PK, Yong MJ, et al. Evolution and molecular biology of luteoviruses. Ann Rev Phytopathol, 1990, 28: 341-363

[35] Mayo MA, Jolly JA. The 5′-terminal sequence of *Potato leaf-roll virus* RNA: evidence of recombination between virus and host RNA. J Gen Virol, 1991, 72: 2591-2595

[36] Valerian VD, Alerander VK, Eugene VK. Molecular biology and evolution of closteroviruses: sophisticated build-up of large genomes. Ann Rev Phytopathol, 1994, 32: 261-285

[37] Cooper PD, Steiner PS, Scotti PD, et al. On the nature of poliovirus genetic recombinants. J Gen Virol, 1974, 23: 41-49

[38] Simon AE, Bugarski JJ. RNA-RNA recombination and evolution in virus-infected plants. Ann Rev Phytopathol, 1994, 32: 337-362

[39] Nagy PD, Bujarski JJ. Efficient system of homologous RNA recombination in *Brome mosaic virus*: sequence and structure requirements and accuracy of crossover. J Virol, 1995, 69: 131-140

[40] Nagy PD, Bujarski JJ. Engineering of homologous recombination hotspost with AU-rich sequence in *Brome mosaic virus*. J Virol, 1997, 71: 3799-3810

[41] Nagy PD, Bujarski JJ. Homologous RNA recombination in *Brome mosaic virus*: AU-rich sequences decrease the accuracy of crossovers. J Virol, 1996, 70: 415-426

[42] Bujarski JJ, Dzianott AM. Generation and analysis of nonhomologous RNA-RNA recombinants in *Brome mosaic virus*: sequence component sites at crossover sites. J Virol, 1991, 65: 4153-4159

[43] Carpenter DD, Caseone PJ, Simms AE. Formation of multimers of linear satellites RNAs. Virology, 1991, 183: 586-594

[44] Caseone PJ, Haydar TF, Simon AE. Sequence and structures required for recombination between virus associated RNAs. Science, 1993, 260: 801-804

植物呼肠孤病毒的基因组结构和功能

谢莉妍，吴祖建，林奇英，谢联辉

（福建农业大学植物病毒研究所，福建福州　350002）

摘　要：根据病毒的粒体形态、血清学关系、双链 RNA 片段数和介体昆虫的种类，将植物呼肠孤病毒分成植物呼肠孤病毒属、斐济病毒属和水稻病毒属。近年来，植物呼肠孤病毒的基因组结构和功能的研究取得了较快的进展，植物呼肠孤病毒属的 RDV、RGDV 和 WTV 各基因组具有共同的末端保守序列 5′GGU（C）A-U-GAU3′，并且三种病毒之间的核苷酸序列具有很高的相似性，说明它们具有类似的复制机制和很近的亲缘关系；斐济病毒属的 MRDV 各基因组具有相同的末端保守序列 5′AAGUUUUU-GUC3′；而水稻病毒属的 RRSV 和 ERSV 的基因组具有相同的末端保守序列 5′GAUAAA-GUGC3′。RDV、RGDV 和 WTV 的 12 个基因组片段中，S_2 和 S_5 编码病毒的外层衣壳，S_8 编码病毒的内层衣壳（WTV 的 S，也具有同样的功能），S_1、S_3 和 S_7 编码病毒的核心蛋白，其余片段编码非结构蛋白。

关键词：植物呼肠病毒；基因组；结构；功能

人们对呼肠孤病毒和植物病害之间的关系的认识已有相当长的一段时间，并发表了数量可观的论文。因为它们在寄主植物及其介体昆虫体内都能有效地复制和增殖，所以植物呼肠孤病毒特别适合进行病毒—介体、介体—植物之间相互作用本质的研究。它们在介体昆虫中是持久性的，且不会产生细胞病变，对寄主植物的侵染则只局限于特定组织，引起包括肿瘤等多种症状，因此，这类病毒就为人们从分子水平上研究植物界和动物界中病毒的持久性、细胞病理学和病害症状的表达提供了可能。

1　植物呼肠孤病毒的分类和特性

植物呼肠孤病毒的基因组为包含 10 或 12 个片段的双链 RNA（dsRNA）。按最新分类方法，根据其病毒粒体形态、血清学关系、dsRNA 片段数和介体昆虫种类可将它们分成三个属，即植物呼肠孤病毒属（*Phytoreovirus*）、斐济病毒属（*Fijivirus*）和水稻病毒属（*Oyzavirus*）[1-4]（表 1）。

表 1　植物呼肠孤病毒的分类和成员

病毒属	病毒成员	分属特性
植呼肠孤病毒属 *Phytoreovirus*	伤瘤病毒（*Wound tumor virus*，WTV） 水稻簇矮病毒（*Rice bunchy stunt virus*，RBSV） 水稻矮缩病毒（*Rice dwarf virus*，RDV） 水稻瘤矮病毒（*Rice gall dwarf virus*，RGDV）	球状 20 面体，65～70nm，有双层外壳，基因组有 12 个片段，有 7 种结构蛋白，由叶蝉持久性传播
斐济病毒属 *Fijivirus*	斐济病毒（*Fiji disease virus*，FDV） 玉米粗缩病毒（*Maize rough dwarf virus*，MRDV） 燕麦不孕矮缩病毒（*Oat sterile dwarf virus*，OSDV）	球状 20 面体，65～70nm，在外层衣壳和病毒核心上分别有 12 个 A 和 B 刺突，基因组有 10 个片段，有 6 种结构蛋白，由飞虱持久传播

福建省科协青年学术年会．福建省科协第二届青年学术年会论文集．福州：福建科学技术出版社，1995，603-608

续表

病毒属	病毒成员	分属特性
水稻病毒属 *Oyzavirus*	稗草锯齿叶矮缩病毒（*Echinochloa ragged stunt virus*，ERSV） 水稻锯齿叶矮缩病毒（*Rice ragged stunt virus*，RRSV）	球状 20 面体，65～70nm，在外层衣壳有 12 个 A 刺突，基因组有 10 个片段，由飞虱持久性传播

注：以前归入斐济病毒疆的马唐矮化病毒（*Pangola stunt virus*，PSV）、水稻黑条矮缩病毒（*Rice black streaked dwarf virus*，RBSDV）、禾谷分蘖病病毒（*Cereal tillering disease virus*，CTDV）和 *mal de Rio Cuarto virus*，现在都被认为是 MRDV 的株系；燕麦草蓝矮病毒（*Arrhenatherum blue dwarf virus*，ABDV）和黑麦草耳突病毒（*Lolium enation virus*，LEV）则被认为是 OSDV 的株系

2 植物呼肠孤病毒的基因组结构

2.1 基因组的末端核苷酸序列

对植物呼肠孤病毒基因组的末端序列的研究表明，同属各成员间的末端序列是非常保守的，但属间则具有明显的差异（表 2），这说明同属病毒间具有很近的亲缘关系，而属间的亲缘关系则较远。据推测正链的 3′端序列在负链 RNA 合成的起始中起了重要作用[5]，因此这种相同的末端序列表明同属的病毒可能具有类似的复制机制。

表 2 植物呼肠孤病毒基因组的末端核苷酸序列

病毒属	5′端末端序列	3′端末端序列
植呼肠孤病毒属	5′-GGU（C）A	U（C）GAU-3′
斐济病毒属	5′-AAGUUUUU	UGC-3′
水稻病毒属	5′-GAUAAA	GUGC-3′

2.2 基因组的组成

近年来，在植物呼肠孤病毒属的成员的基因组组成方面的研究取得了较大进展，至今已对 RDV 的 11 个 dsRNA 片段（除 S_2 外）、RGDV 的 S_3；S_8～S_{10}。及 WTV 的 S_4～S_{12}进行了全序列分析（表 3）[6-19]。

表 3 植物呼肠孤病毒属的基因组组成

片段	碱基数/bp			5′端非编码区（比例）			3′端非编码区（比例）			编码区比例/%		
	RDV	RGDV	WTV	RDV/%	RGDV/%	WTV/%	RDV/%	RGDV/%	WTV/%	RDV	RGDV	WTV
S_1	4423			35(0.8)			56(1.3)			97.9		
S_3	3195	3224		38(1.2)	35(1.1)		99(3.1)	125(3.9)		95.78	95.0	
S_4	2468		2565	63(2.6)		63(2.5)	221(8.9)		306(11.9)	8.5		85.6
S_5	2571		2613	26(1.0)		25(1.0)	141(5.5)		176(6.7)	93.5		92.3
S_6	1699		1700	48(2.8)		44(2.6)	123(7.2)		96(5.6)	90.0		91.8
S_7	1698		1726	25(1.5)		20(1.2)	154(9.1)		149(8.6)	89.4		90.2
S_8	1424	1578	1472	23(1.6)	20(1.3)	18(1.2)	140(9.8)	279(17.7)	173(11.8)	88.6	81.0	87.0
S_9	1305	1202	1182	24(1.8)	25(2.1)	25(2.2)	227(17.4)	207(17.2)	122(10.3)	80.8	80.7	87.5
S_{10}	1321	1198	1172	26(2.0)	21(1.8)	24(2.1)	235(17.8)	216(18.0)	107(9.1)	80.2	80.2	88.8
S_{11}	1067		1128	5(0.5)		21(1.8)	494(46.3)		168(15.0)	53.2		83.2
S_{12}	1065		851	41(3.8)		34(4.0)	87(8.2)		283(33.3)	88.0		62.7

3 植物呼肠孤病毒的基因组功能

3.1 植物呼肠孤病毒属

通过对 RDV、RGDV 和 WTV 的核苷酸和氨基酸序列的比较分析（表 4），可以看出它们在相应片段约 RNA 序列上具有相当水平的相似性（核苷酸 45.6%～56.5%），但在氨基酸序列上的相似性则较低（20.2%～52.0%）。此外，从各片段的核苷酸序列的报道中，还可以发现病毒间相应片段的序列相似程度在编码区和非编码区是不一致的。非编码区的序列几乎不同，但编码区则有较高的序列保守性。尽管 RDV、RGDV 和 WTV 在寄主范围、传播介体、症状表现和病毒分布的组织特异性等方面不同，但它们间的末端序列的保守性和序列相似性说明了这三种病毒具有一个共同的起源[1,5]。它们可能都起源于一种昆虫病毒，在昆虫取食寄主植物时，病毒也传播到寄主体内并定殖，然后在漫长的演化过程中逐渐表现出现在所见的不同特性[1]。因此，这种比较分析将有助于揭示植物呼肠孤病毒在分子水平上的相似性和生物学特性上的差异之间的关系。

表 4 植物呼肠孤病毒属的基因组功能

相关的基因组片段	氨基酸	编码蛋白分子质量/D	部位	RDV 和 WTV 的序列相似性/%	
				核苷酸	氨基酸
$RDV\text{-}S_1$	1444	164 142	核心		
$RDV\text{-}S_2$			外层衣壳		
$RDV\text{-}S_3$	1019	114 195	核心		
$RGDV\text{-}S_3$	1021	115 961	核心		
$RDV\text{-}S_4$	727	79 836	非结构蛋白	45.6	22.4
$WTV\text{-}S_4$	732	81 137	非结构蛋白		
$RDV\text{-}S_5$	801	90 352	外层衣壳	56.5	52.0
$WTV\text{-}S_5$	804	91 074	外层衣壳		
$RDV\text{-}S_6$	509	57 401	非结构蛋白	47.8	20.2
$WTV\text{-}S_6$	520	58 755	非结构蛋白		
$RDV\text{-}S_7$	506	55 339	核心	49.2	32.0
$WTV\text{-}S_7$	519	57 637	核心		
$RDV\text{-}S_8$	420	46 422	内层衣壳	54.1	48.3
$RGDV\text{-}S_8$	427	48 068	内层衣壳		
$RGDV\text{-}S_8$	426	47 419	内层衣壳		
$RDV\text{-}S_9$	351	38 930	非结构蛋白	53.3	31.9
$WTV\text{-}S_{11}$	313	35 611	外层衣壳		
$RGDV\text{-}S_9$	323	36 095	非结构蛋白		
$WTV\text{-}S_9$	345	38 614	非结构蛋白		
$RDV\text{-}S_{10}$	353	39 094	非结构蛋白	54.9	30.6
$WTV\text{-}S_{10}$	347	38 971	非结构蛋白		
$RGDV\text{-}S_{10}$	320	35 560	非结构蛋白		
$RDV\text{-}S_{11}$	189	20 759	非结构蛋白	46.6	25.8
WTV-12	178	19 240	非结构蛋白		
$RDV\text{-}S_{12}$	312	33 919	非结构蛋白		

对 WTV 的序列分析还发现各基因组片段的 5′端和 3′端有两个和末端保守序列相邻、长度为 6～10bp 的片段特异性反向重复序列[1]，对 RDV 的研究也得出了类似的结果，但这种反向重复序列更长，这种反向重复序列可能和基因组的排列和包装密切相关。此外，$RDV\text{-}S_1$ 还编码病毒的复制酶，S_4 编码的非结构蛋白含有锌指结构（Zinc finger）和 NTP 位点，这可能和病毒的复制调节或病毒在细胞间的移动有关[13-15]。对病毒基因组的类似功能的确证是今后研究的重点。

3.2 斐济病毒属和水稻病毒属

现已对斐济病毒属中的 $MRDV\text{-}S_6$ 和 $RBSDV\text{-}S_7$、S_8 和 S_{10} 进行了全序列测定[8,20]，结果发现 $RBSDV\text{-}S_7$ 和 $MRDV\text{-}S_6$，具有相当高的序列相似性（85%），它们都有两个不重叠的开放阅读（ORF），它们的氨基酸序列相似性高达 91%（ORFI 编码）和 85%（ORF2 编码）。而且 $RBSDV\text{-}S_8$ 和 $MRDV\text{-}S_7$ 的末端也有很高的序列相似性。加上 RBSDV 和 MRDV 在症状、传播介体、寄主范围、血清学关系及基因组电泳图谱等方面都非常相似，因此被认为是同一病毒的不同株系[2]。Azuhata 等[20]的研究结果也证实了这一点。

水稻锯齿叶矮缩病毒属的 $RRSV\text{-}S_9$ 的全序列分析也已完成，S_9 共 1132bp，有一个 ORF，编码 338 个氨基酸，其功能是和介体褐飞虱的传播有关[21]。

4 存在问题和展望

植物呼肠孤病毒的基因组含有10～12个dsRNA片段，分子质量大，使得其基因组难以克隆。因此，对植物呼肠孤病毒的分子水平的研究曾在一段时间里停滞不前。但随着cDNA合成PCR方法和体外无细胞翻译体系的建立等的成功引入，使得植物呼肠孤病毒的基因组的序列分析、结构和功能的研究取得了飞快的进展，并已在一些病毒，如RDV和WTV的研究上取得了令人瞩目的成果。但是，同一些单链（ss）RNA、ssDNA和dsDNA病毒的研究相比，植物呼肠孤病毒的研究还显得相对落后，目前对植物呼肠孤病毒基因组12个片段的识别、排序和包装、蛋白-蛋白、蛋白-RNA的关系、基因定点突变以及转基因植物的研究等方面还很少或尚未涉及，这些方面将是今后研究的重点。

尽管目前尚未见到有关通过体外定点突变来研究植物呼肠孤病基因功能的报道，但研究人员通过人工定向筛选，获得了一些致病性有分化的变异株系，如已筛选出不能由介体昆虫传播的WTV、RDV和RRSV的变异株，RDV的严重株系（相对于普通株系而言）等[22,23]。获得这些变异株的一个更为直接和有效的方法是搜集不同来源的病株，通过比较这些变异株的基因组结构和核苷酸序列，就可以从分子水平上阐明病毒的基因组同生物学特性之间的有机联系，这已在一些病毒的研究中得到了验证[21,24,25]。

由于植物呼肠孤病毒可以在植物和昆虫的体内有效增殖，因此，介体昆虫的组织培养为研究病毒的基因表达提供了方便。此外，cDNA克隆也可以用于单个病毒的基因产物的研究。这样就可以方便地将病毒基因产物同相应的基因一一对应起来，cDNA克隆还可结合基因定点突变技术，以揭示蛋白-RNA之间的相互作用。这些方法和技术的应用，将可能使植物呼肠孤病毒基因组的结构和功能的研究在不远的将来取得突破性的进展。

参 考 文 献

[1] Nuss NL, Dall DJ. Structural and functional properties of plant reovirus genomes. *In*: Advances in virus research. New York: Academic Press, 1990, 249-306

[2] Francki RIB, Fauquet CM, Knudson DL, et al. Classification and nomenclature of viruses. Archives of Virology, sup2, Spring-Verlag, 1991, 186-199

[3] 林奇英，谢联辉，谢莉妍. 水稻簇矮病毒的提纯及其性质. 中国农业科学，1991，24(4)：52-57

[4] Mayo MA. New families and genera of plant viruses. Archives of Virology, 1993, 133: 496-498

[5] Kudo H, Uyeda I, Shikata E. Viruses in the *Phytoreovirus* genus of the *Reoviridae* family have the same conserved terminal sequences. Journal of General Virology, 1991, 72: 2857-2866

[6] Uyeda I, Matsumura T, Sang T, et al. Nucleotide sequence of *Rice dwarf virus* genome segment 10. Proceedings of the Japan Academy, 1987, 63: 227-730

[7] Uyeda I, Kudo H, Takahashi T, et al. Nucleotide sequence of *Rice dwarf virus* genome segment 9. Journal of General Virology, 1989, 70: 1297-1300

[8] Uyeda I, Azuhata F, Shikata E. Nucleotide sequence of *Rice black-streaked dwarf virus* genome segment 10. Proceedings of the Japan Academy, 1990, 66: 37-40

[9] Omura T, Minobe Y, Tsuchizaki T. Nucleotide sequence of segments S10 of the *Rice dwarf virus* genome. Journal of General Virology, 1988, 69: 227-231

[10] Omura TJ, Ishikawa K, Hirano H. The outer capsid protein of rice dwarf virus is encoded by genome segment S8. Journal of General Virology, 1989, 70: 2759-2764

[11] Xu Z, Anzola JV, Nuss DL. Assignment of wound tumor virus non-structural polypeptides to cognate dsRNA genome segments by *in vitro* expression of tailored full-length cDNA clones. Virology, 1989, 168: 73-78

[12] Suzuki N, Watanabe Y, Kusano T, et al. Sequence analysis of rice dwarf phytoreovirus genome segments S4, S5, S6: comparison with the equivalent wound tumor virus segments. Virology, 1990, 179: 446-454

[13] Suzuki N, Watanabe Y, Kusano T, et al. Sequence analysis of rice dwarf phytoreovirus segments S3 transcripts encoding for the major structural core protein of 114kD. Virology, 1990, 179: 455-459

[14] Suzuki N, Harada M, Kusano T. Molecular analysis of rice dwarf phytoreovirus segment S11 corresponding to wound tumor phytoreovirus segment S12. Journal of General Virology, 1991, 72: 2233-2237

[15] Suzuki N, Sugawara M, Kusano T. Rice dwarf phytoreovirus segment S12 transcript is tricistronic *in vitro*. Virology, 1992, 191: 992-995

[16] Koganezawa H, Hibino H, Motoyoshi F, et al. Nucleotide sequence of segment S9 of the genome of *Rice gall dwarf virus*. Journal of General Virology, 1990, 71: 1861-1863

[17] Nakashima K, Kakutani T, Minobe Y. Sequence analysis and product assignment of segment 7 of the *Rice dwarf virus* genome. Journal of General Virology, 1990, 71: 725-729

[18] Yamada N, Uyeda I, Kudo H, et al. Nucleotide sequence of *Rice dwarf virus* genome segment 3. Nucleic Acids Research, 1990, 18: 6419

[19] Noda H, Ishikawa K, Hibino H. Nucleotide sequences of ge-

nome segments S8, encoding a capsid protein, and S10, encoding a 36K protein, of *Rice gall dwarf virus*. Journal of General Virology, 1991, 72: 2837-2842

[20] Azuhata F, Uyeda I, Kimura I, et al. Close similarity between genome structures of rice black-streaked dwarf and *Maize rough dwarf viruses*. Journal of General Virology, 1993, 74: 1227-1232

[21] 上田一郎. Genome structure of plant reoviruses. 蛋白质核酸酵素, 1992, 37(14): 2462-2466

[22] Kimura I. Loss of vector-transmissibility in an isolate of *Rice dwarf virus*. Annual Phytopathology Society of Japan, 1976, 42: 322-324

[23] Maoka T, Omura T, Harjosudarmo J, et al. Loss of vector-transmissibility by maintaining *Rice ragged stunt virus* in rice plants without vector transmission. Annual Phytopathology Society of Japan, 1993, 59: 185-187

[24] Kimura I, Minobe Y, Omura T. Changes in a nucleic acid and a protein component of *Rice dwarf virus* particles associated with an increase in symptom severity. Journal of General Virology, 1987, 68: 3211-3215

[25] Hillman BI, Anzola JV, Halpern BT, et al. First field isolation of *Wound tumor virus* from a plant host: minimal sequence divergence from the type strain isolated from an insect vector. Virology, 1993, 185: 896-900

呼肠孤病毒科的系统发育分析*

高芳銮[1]，范国成[1,2]，谢荔岩[1]，黄美英[1]，吴祖建[1]

（1 福建农林大学植物病毒研究所，福建福州　350002；
2 福建省农业科学院果树研究所，福建福州　350013）

摘　要：运用邻接法（neighbor-joining，NJ）、最大似然法（maximum likelihood，ML）对国际病毒分类委员会（International Committee on Taxonomy of Viruses，ICTV）第八次报告中所有已报道的呼肠孤病毒科外层衣壳蛋白序列进行了系统发育分析。结果表明：两种方法构建的系统树拓扑结构基本一致，尽管部分分支略有差异，但都能够反映出科内各属的系统发育关系，分析结果支持了该科的分类地位。同时还比较两种建树方法的异同点，并对建树产生的差异原因作了探讨。

关键词：呼肠孤病毒科；系统发育分析；邻接法；最大似然法

中图分类号：Q939.4　**文献标识码**：A　**文章编号**：1007-7146（2008）04-0486-05

Phylogenetic analysis of *Reoviridae*

GAO Fang-luan[1], FAN Guo-cheng[1,2], XIE Li-yan[1],
HUANG Mei-ying[1], WU Zu-jian[1]

(1 Institute of Plant Virology, Fujian Agriculture and Forestry University, Fuzhou　350002;
2 Pomology Institute, Fujian Academy of Agricultural Sciences, Fuzhou　350013)

Abstract: The outer coat protein gene was used as target gene for phylogenetic analysis of viruses in *Reoviridae* reported in the 8th ICTV report. Based on the amino acid sequences, phylogenetic analysis from the neighbor-joining (NJ) method and the maximum likelihood (ML) method were performed respectively. The results showed that the topology of phylogenetic tree of two methods was consistent with each other. Though there were differences between the two methods in partial branches of phylogenetic tree, the topology could reveal the phylogenetic relationship among genera and tribes, which supported the taxonomic position of the family *Reoviridae*. In addition, the similarities and differences between the two methods were compared and the reason for differences was discussed.

Key words: *Reoviridae*; phylogenetic analysis; neighbor-joining method; maximum-likelihood method; maximum-parsimony method

---

激光生物学报，2007，17（4）：486-490
收稿日期：2007-02-28
*　基金项目：福建省自然科学基金项目（2006J0065）

呼肠孤病毒科在自然界分布极广，包括侵染脊椎动物、无脊椎动物、植物、真菌等 12 个属，基因组为 10～12 条线性的双链 RNA，病毒粒体为等轴的二十面体结构，呈球形，直径约为 60～80nm，1～3 层衣壳包裹着病毒基因组的双链 RNA。该科病毒的最大特点就是其宿主极为广泛，大部分成员能使人、畜、植物致病。该科病毒分类学主要依靠经典的分类方法和体系，仅部分种的描述基于分子数据。目前，通过分子发育研究，该科各属内的系统发育关系已得到较好的解决，但由于病毒物种形成、分化以及采样不足等原因，导致对整个科的系统发育关系，至今还不完全清楚。

外壳蛋白是呼肠孤病毒科病毒的结构蛋白之一，主要功能是保护病毒基因组免遭各种理化因子及环境中各种不利因素的破坏，其外壳蛋白较为保守，进化缓慢，而且几乎所有属的外层衣壳蛋白序列都有登录，其覆盖面较广，极具代表性，可作为系统发育分析的分子标记。

基于外层衣壳蛋白的氨基酸序列构建呼肠孤病毒科的系统发育树，至今尚未见报道，本文主要探讨呼肠孤病毒科不同属之间的系统发育关系，为病毒的起源与进化研究奠定基础。

1 方法

选取所有已报道的呼肠孤病毒科外层衣壳蛋白序列（包括不同地理位置的分离物）作为目的序列（表 1）。使用 ClustalX1.83[1] 选择合适的参数和矩阵进行多重比对，弃去部分冗余序列，分别使用 MEGA3.1[2] 软件中的 NJ 法和 Mrbayes3.04b[3] 软件中的 ML 法建树。

表 1　建树所用到的呼肠孤病毒科病毒及其 GenBank 登录号

病毒及分离物	简写	登录号
Avian orthoreovirus 176	ARV_176	AAC18125
Avian orthoreovirus 89026 （番鸭呼肠孤病毒 Muscovy duck reovirus）	ARV_Md	CAA07058
Avian orthoreovirus NC98（火鸡分离物 turkey isolate）	ARV_Tu	AAM10637
Avian orthoreovirus 1133（家禽分离物 chicken isolate）	ARV1133	AAA67065
Avian orthoreovirus SK138a（家禽分离物 chicken isolate）	ARV_138	AAC18126
Baboon orthoreovirus	BRV_Ba	AAC18128
Mammilian orthoreovirus 3（迪林株系 Dearing strain）	MRV_3D	AAY21254
Mammilian orthoreovirus 4（*Ndelle virus*）	MRV_4N	AAL36031
Nelson Bay orthoreovirus（*Pulau reovirus*）	NBV_Pr	AAR13236
African horse sickness virus 6	AHSV6	O71027
Bluetongue virus	BTV_10	ABD34825
Epizootic hemorrhagic disease virus	EHDV	AAQ62563
Rotavirus A（*Simian rotavirus* A/SA11）	SIRV_A	AAO32085
Colorado tick fever virus（Florio strain）	CTFV	AAG00073
Eyach virus	EYAV	NP_690898
Banna virus-China（中国分离物）	BAV_Ch	AAC72061
Banna virus-Indonesia（印度尼西亚分离物）	BAV_In	AAC72044
Striped bass reovirus	SBRV	AAM93414
Diadromus pulchellus reovirus	DpIRV	AAO61786
Bombyx mori cypovirus 1	BmCPV	BAA92427
Dendrolimus punctatus cypovirus 1	DpCPV	AAO61786
Fiji disease virus	FDV	AAP57258
Rice black streaked dwarf virus	RBSDV	AAK74127
Nilaparvata lugens reovirus-Izumo（NLRV-日本出云株系）	NLRV	NP_619775
Oat sterile dwarf virus	OSDV	BAA25150

续表

病毒及分离物	简写	登录号
Rice dwarf virus（福建分离物 Fujian isolate）	RDV _ F	Q85439
Rice dwarf virus（日本分离物的强株系 isolate S）	RDV _ S	Q85451
Rice dwarf virus（日本分离物的普通株系 isolate O）	RDV _ O	P17379
Rice dwarf virus（日本秋田分离物 isolate A）	RDV _ A	Q85449
Rice gall dwarf virus RGDV-T	RGDV _ T	P29077
Rice gall dwarf virus RGDV-C	RGDV _ C	ABC75537
Wound tumor virus	WTV	P17380
Rice ragged stunt virus（菲律宾分离物 Philippines）	RRSV _ P	AAL96663
Rice ragged stunt virus（泰国分离物 Thailand）	RRSV _ T	AAA85465
Mycoreovirus 3	MYCV _ 3	YP _ 392471

使用 MEGA 软件 NJ 法建树时，氨基酸序列的分歧和进化速度的检测、计算采用 Poisson 分布模型，应用自举检验以估计各节点的自举值(bootstrap confidence level)，重复抽样的次数为 1000，随机种子数为 64 238。

使用 Mrbayes3.04 b 进行 ML 法分析时，替换模型为 nst=6（GTR 模型），位点间变异速率设置为 rates=invgamma，同时建立 4 个马尔可夫链，以随机树为起始树，共运行 5×10^6 代，每 100 代抽样一次。在舍弃老化样本后，根据剩余的样本构建一致树，并计算验后概率。

由于上述所有分析中没有选用外群，因此所构建的树均为无根树。

2 结果

2.1 呼肠孤病毒科系统发育树的构建

运用 MEGA3.1 软件构建了 NJ 树，结果见图 1。整个科 12 属 35 种大致形成 10 大簇，正呼肠孤病毒属（*Orthoreovirus*）九种病毒与水生呼肠孤病毒属（*Aquareovirus*）的纹斑鲈鱼呼肠孤病毒(SBRV) 聚成第一大簇 I；虫源肠道孤病毒属(*Idnoreovirus*) 属的美双缘姬蜂呼肠病毒(DpIRV) 独立成簇 II；质型多角体病毒属（*Cypovirus*）的家蚕质多角体病毒（*Bombyx mori cypovirus*，BmCPV）、马尾松毛虫质型多角体病毒(DpCPV) 两种病毒形成簇 III；斐济病毒属（*Fijivirus*）的斐济病病毒（FDV）、水稻黑条矮缩病毒（RBSDV）、稻褐飞虱呼肠孤病毒（NLRV）、燕麦不孕矮缩病毒（OSDV）聚成簇 IV；苍蝇呼肠病毒属（*Mycoreovirus*）的苍蝇呼肠病毒（MYCV）独立成簇 V；东南亚十二节段病毒属（*Seadornavirus*）的版纳病毒（BRV）聚成簇 VI；环状病毒属（*Orbivirus*）的非洲马瘟病毒（AHSV6）、蓝舌病毒（BTV-10）、流行性出血病病毒(EHDV) 聚成簇 VII；轮状病毒属（*Rotavirus*）的猴轮状病毒（SIRV）A 独立成簇 VIII；水稻病毒属

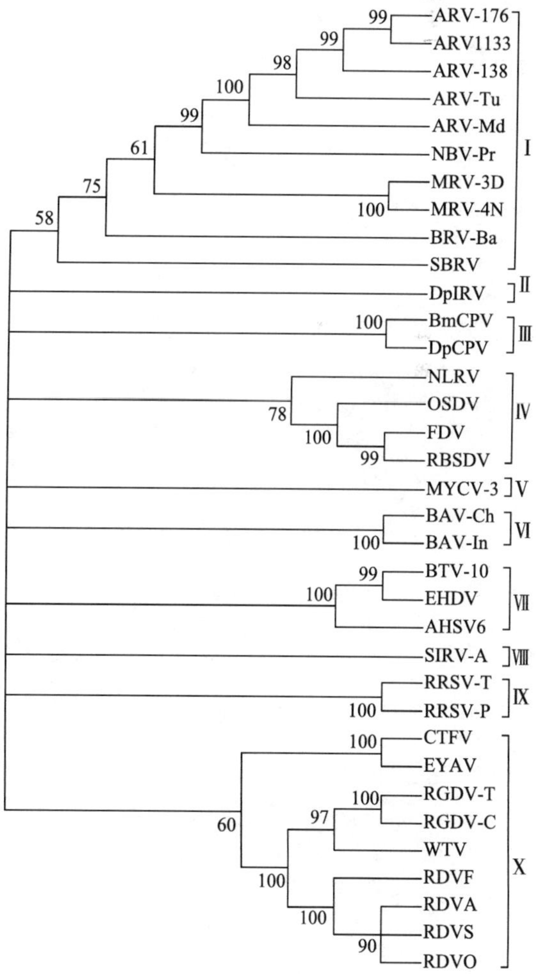

图 1 基于外层衣壳蛋白序列构建的呼肠孤病毒科 12 个属的 NJ 系统发育树分支的数值表示 100 次重复抽样的自举值（已剔除<50 %的值）

（*Oryzavirus*）的水稻草矮病毒（RRSV）两个不同分离物形成簇Ⅸ；科罗拉多蜱传热症病毒属（*Coltivirus*）的两种病毒［科罗拉多蜱媒热病毒（CTFV）、埃亚契病毒（EYAV）］与植物呼肠孤病毒属（*Phytoreovirus*）的三种病毒［水稻矮缩病毒（RDV）、水稻瘤矮病毒（RGDV）、三叶草伤瘤病毒（WTV）］六种分离物聚成大簇Ⅹ。除Ⅰ、Ⅹ两大簇外，其他八簇均与目前的分类地位相符。

采用ML法构建的呼肠孤科系统发育树（图2），从图中可以看出，正呼肠孤病毒属（*Orthoreovirus*）九种病毒与水生呼肠孤病毒属（*Aquareovirus*）的SBRV聚成一个大簇，科罗拉多蜱传热症病毒属（*Coltivirus*）的两种病毒（CTFV、EYAV）与植物呼肠孤病毒属（*Phytoreovirus*）的三种病毒（RDV、RGDV、WTV）六种分离物聚成大簇，质型多角体病毒属（*Cypovirus*）与斐济病毒属（*Fijivirus*）被聚成一簇，其他各簇也均与目前的分类地位相一致。

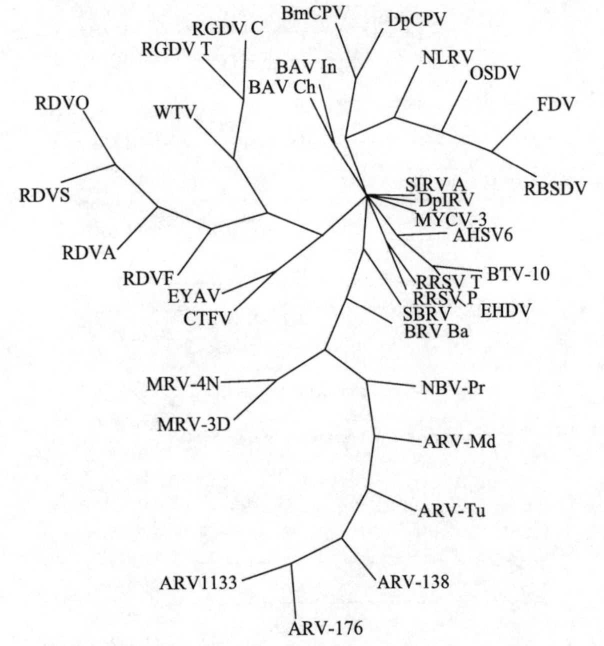

图2　使用ML法基于外层衣壳蛋白序列的呼肠孤病毒科12个属的系统发育树

2.2　NJ法和ML法的比较与分析

由图1、图2可以看出，NJ法和ML法构建的系统树拓扑结构基本一致，两种方法都将科罗拉多蜱传热症病毒属（*Coltivirus*）与植物呼肠孤病毒属（*Phytoreovirus*）并入一个簇，通过比较这两个属的基因组特点，我们可以看出，科罗拉多蜱传热症病毒属的基因组末端也具有植物呼肠孤病毒属相似的高度保守序列，这一相似性可能导致两个属被并入一簇而无法区分。此外，观察植物呼肠孤病毒属内的三种病毒，我们也可以看出RGDV与WTV以较高的置信值聚成一小簇，Boccardo等[4]研究表明植物呼肠孤病毒在韧皮部组织产生瘤，病毒粒子被局限在维管束相关细胞中，只有RDV不导致任何组织增生，并且不仅侵染维管束相关组织，还感染叶肉细胞。在这一特性上RGDV与WTV非常相似，系统发育分析也进一步说明了RGDV与WTV的亲缘关系较RDV更近。

两种建树方法的不同之处在于ML法中质型多角体病毒属（*Cypovirus*）与斐济病毒属（*Fijivirus*）被聚成一簇，而NJ法中质型多角体病毒属（*Cypovirus*）与斐济病毒属（*Fijivirus*）各自独立成簇。究其原因，NJ法是基于距离的算法，它是计算序列间的差异，而这一差异被视为进化距离，进化距离的准确大小取决于选择的取代模型。而ML法是对所有可能的系统发育树都计算似然函数，其中似然函数值最大的那棵树就是最有可能的系统发育树，ML法在进化模型确定的情况下，可以得到较为正确的系统发育关系。目前质型多角体病毒属（*Cypovirus*）新病毒种类鉴定主要是根据RNA序列同源性，斐济病毒属（*Fijivirus*）分组很大程度上也是依赖于序列间的同源性，但两属间的部分病毒仅仅依据序列同源性尚无法鉴定，故两种算法之间的差异可能导致两种不同的结果。

以上分析表明，同一属内病毒总是以较高的置信值优先相聚，属内差异小于属间差异。尽管部分分支的置信值不高，但基本能够反映出科内各属的系统发育关系。ICTV第8次报告中[5]，呼肠孤病毒科新增了三个属［苍蝇呼肠病毒属（*Mycoreovirus*）、虫源肠道孤病毒属（*Idnoreovirus*）和东南亚十二节段病毒属（*Seadornavirus*）］，而基于呼肠孤病毒科外层衣壳蛋白氨基酸序列构建的系统发育树所得结果与之完全一致，支持了目前的分类地位，说明以外层衣壳蛋白氨基酸序列作为分子标记来分析呼肠孤病毒科的系统发育是完全可行的。

3　讨论

目前在分子系统发育研究中的建树方法，最常用建树方法有NJ法，MP法（maximum parsimony，MP）和ML法。进化生物学认为，在进化模型确定的情况下，ML法是与进化事实吻合度最好的建树算法[6]，但ML法所需的计算强度非常高。NJ法是基于最小进化原理经常被使用的一种算法，它构建的树相对准确，计算速度快，但它的缺点就是把序列上的所有位点等同对待，且所分析的序列的进化距离不能太大。MP法是基于进化过程中碱基替代数目最少这一假说。对于病毒这样一种回复突变和平行突变普遍存在的物种，它并不是一种最适用的算法[7]。故目前没有哪种方法能在所有情况下都优于其他任何方法[8]。

由于本研究是分析整个呼肠孤病毒科的系统发育关系，序列间的相似性比较低，不适合使用MP法建树，故没有采用MP法，而采用NJ法和ML法同时进行。比较这两种方法所得到的系统发育树的拓扑结构表明，系统发育树尽管各分类单元在位置略有变化，但其间关系基本一致。由于呼肠孤病毒科的系统发育问题十分复杂，尤其在部分属和种的历史形成及进化事件上，完全了解呼肠孤病毒科的系统发育关系有待进一步的研究。

当前，病毒分类学研究的方向是多种生物技术与传统经典分类学相结合的综合应用。传统分类学是当前分类学的主流，但由于病毒的基因组小，易于测序，有利于分子生物学手段的应用；同时，由于病毒基因组的多样性，进化模式极为复杂，在研究病毒种内或种间不同地理位置不同分离物的进化上，传统分类学仍存在许多不足之处。与传统分类学相比，分子系统学可利用现代分子生物学技术在分子和基因水平上获得大量的遗传信息后，从基因密码直接推断和重建生物的进化历史和进化关系。因此，在病毒进化、起源及新编关系的研究中显示出广泛的应用前景。

参考文献

[1] Thompson JD, Gibson TJ, Plewniak F, et al. The ClustalX windows interface: flexible strategies for multiple sequence alignment aided by quality analysis tools. Nucleic Acids Research, 1997, 24: 4876-4882

[2] Kumar S, Tamura K, Nei M. MEGA3: integrated software for molecular evolutionary genetics analysis and sequence alignment. Briefings in Bioinformatics, 2004, 5: 150-163

[3] Hulsenbeck J, Ronqu ISTF. Bayesian inference of phylogeny and its impact on evolutionary biology. Science, 2001, 5550 (294): 2310-2314

[4] Boccardo G, Milne RG. Plant reovirus group. CM I/AAB descrip tions of plant virus, 1984, 294: 128

[5] Fauquet CM, Fargette D. International committee on taxonomy of viruses and the 3142 unassigned species. Virol J, 2005, 2: 64

[6] 黄原. 分子系统发育学. 北京：中国农业出版社，1998，342-343

[7] Nei M, Kumar S. 分子进化与系统发育. 北京：高等教育出版社，2002，100-101

[8] Takahshi K, Nei M. Efficiencies of fast algorithms of phylogenetic inference under the criteria of maximum parsimony, minimum evolution, and maximum likelihood when a large number of sequences are used. Mol Biol Evol, 2000, 17: 1251-1258

黄化丝状病毒属（*Closterovirus*）病毒及其分子生物学研究进展

徐平东[1,2]，谢联辉[2]

（1 厦门华侨亚热带植物引种园国家植物引种隔离检疫基地，福建厦门 361002；
2 福建农业大学植物病毒研究所，福建福州 350002）

黄化丝状病毒属（*Closterovirus*）由德国学者 Brandes 于 1965 年建立，并得到 1966 年在莫斯科召开的国际病毒命名委员会（ICNV）的承认。该属包括粒体长度为 1200～2200nm、直径 12nm、非常弯曲的一类丝状正链 RNA 病毒[1]。多数成员为单体基因组（monopartite genome），大小为 14～20kb。其外壳蛋白（Coat protein，CP）由单一亚基组成，分子质量为 23～43kD[1]。最近的研究发现莴苣侵染性黄化病毒（*Lettuce infectious yellows virus*，LIYV）为双分体基因组（Bipartite genome）[2]。本属多数病毒通过蚜虫以半持久方式传播，有些可通过粉虱（*Trialeurodes*，*Bemisia*）和粉蚧（*Planococcus* 和 *Pseudococcus*）传播[1]。主要引起植物黄化和木本植物的陷点和（或）沟[1]。一些能引起重要果树（如葡萄、柑橘等）和甜菜等的严重病害[3,4]。

近年来，随着 cDNA 合成、PCR 方法和体外无细胞翻译体系的建立等分子生物学技术的成功应用，黄化丝状病毒属分子生物学研究取得长足的进展，如基因组最大的植物病毒—柑橘衰退病毒（*Citrus tristeza virus*，CTV）的全序列已被测定[1]。

1 黄化丝状病毒属的成员和性质

“植物病毒描述”（CMI/AAB Descriptions of Plant Viruses）（1982）收录黄化丝状病毒组成员和可能成员 14 个，分为 3 个亚组，即以苹果退绿叶斑病毒（*Apple chlorotic leaf spot virus*，ACLSV，720nm）为典型成员的亚组 A；以甜菜黄化病毒（*Beet yellow virus*，BYV，1245～1450nm）为典型成员的亚组 B；以柑橘衰退病毒（CTV，2000nm）为典型成员的亚组 C[6]。但是，近年来黄化丝状病毒属的成员变化很大。国际病毒分类委员会（ICTV）“病毒分类与命名”第五次报告（1991）将苹果茎沟病毒（*Apple stem grooving virus*，ASGV）和马铃薯病毒 T（*Potatovirus T*，PVT）独立出来，建立了发样病毒组（*Capillovirus*）[7]。ICTV“病毒分类与命名”第六次报告（1995）又将苹果退绿叶斑病毒（ACLSV）等 5 种病毒分出来，重新建立一个新属，即鬓发病毒属（*Trichovirus*）[1]。在 ICTV“病毒分类与命名”第五和第六次报告中，黄化丝状病毒属成员及可能成员都有较大变动，在第五次报告中本属收录成员 10 个、可能成员 12 个，但在第六次报告中本属成员仅剩 6 个，可能成员则增至 19 个。第五次报告中属本属成员的葡萄病毒 A（*Grapevine virus A*，GVA）在第六次报告中被划入鬓发病毒属；LTV 和羊茅坏死病毒（*Festuca necrosis virus*，FNV）在第五次报告中为本属成员，但在第六次报告中被列为可能成员；在第五次报告中属本属成员的三叶草黄化病毒（*Clover yellows virus*，CYV），在第六次报告中却被排除在本属之外[1,7]。此外，在第五次和第六次报告中，黄化丝状病毒属均未分亚组[1,7]。表 1 列出 ICTV“病毒分类与命名”第六次报告收录为黄化丝状病毒属成员和可能成员的部分性质。

中国病毒学，1997，12（3）：193-202
收稿日期：1996-01-10 修回日期：1996-09-19

表1 黄化丝状病毒属的一些性质

病毒	粒体长度/nm	CP分子质量/kD	RNA大小/kb	BYV型泡囊	介体	引用文献
Beet yellows virus (BYV)*	1250-1450	22	15.5	有	AP	[8, 9]
Beet yellows stunt virus (BYSV)*	1400	25	16.1	有	AP	[10, 11]
Burdock yellows virus (BuYV)*	1600-1750	—	—	有	AP	[12]
Carnation necrotic fleek virus (CNFV)*	1400-1500	23.5	14.5	有	AP	[13]
Carrot yellow leaf virus (CYLV)*	1600	—	—	有	AP	[14]
Wlieat yellow leaf virus (WYLV)*	1600-1850	—	—	有	AP	[15]
Alligator-werd stunting virus (AWSV)**	1700	—	—	有	VU	[16]
Beet pseudoyelluws virus (BPYV)**	1500-1800	—	—	—	WF	[17]
Citrus tristeza virus (CTV)**	2000	26, 27-28	20	有	AP	[5, 18]
Cucumcber chlorotic spot virus (CCSV)**	—	28	17	—	WF	[19]
Cucumber yellows virus (CuYV)**	1000	—	—	有	WF	[20]
Dendrobium vein necrosis virus (DVNV)**	1865	—	—	无	AP	[21]
Diodia vein chlorosis virus (DVCV)**	—	—	—	有	WF	[22]
Festuca necrcsis virus (FNV)**	1725	—	—	—	VU	[23]
Grapevine corky bark-associated virus (GCBaV)**	1200-2000	24	—	—	VU	[24]
Grapevine leafroll associated virus 1 (GCBaV-1)**	1400-2200	39	15.6	有	VU	[25]
Grapevine leafroll associated virus 2 (GCBaV-2)**	1400-1800	26	15.6	3	VU	[25, 26]
Grapevine leafroll associated virus 3 (GCBaV-3)**	1400-2200	43	20	有	MB	[27, 28]
Grapevine leafroll associated virus 4 (GCBaV-4)**	1400-2200	36	15.6	有	VU	[29]
Grapevine leafroll associated virus 5 (GCBaV-5)**	1400-2200	36	—	—	VU	[26]
Heracleum virus 6 (HV-6)**	1400	—	—		AP	30
Letture infectious yellows virus (LIYY)**	1800-2000	28	16	有	WF	[2, 31]
Muskmelon yellows virus (MYV)**	—	—	—	—	WF	1
Pineepple mealyhug wilt-associated virus (PMWaV)**	1200	23.8	—	—	MB	[32]
Sogarcane mild mosaic virus (SMMV)**	1500-1600	—	—	—	MB	[33]

* 黄化丝状病毒属成员

** 黄化丝状病毒属可能成员

AP. 蚜虫；MB. 粉蚧；MF. 粉虱；VU. 介体不详

2 黄化丝状病毒属的基因组结构和功能

最近，甜菜黄化病毒（BYV），莴苣侵染性黄化病毒（LIYV）和柑橘衰退病毒（CTV）的基因组全序列已被测定[2,5,9]。比较分析这三种病毒的基因组，发现它们有非常相似的结构（图1）。它们包括一个编码木瓜蛋白酶类蛋白酶（papain-like proteinase，PRO）、甲基转移酶（methyltransferase，MTR）解旋酶（helicase，HEL）依赖于RNA的RNA聚合酶（RNA-dependent RNA polymerase，RdRp）（PRO-MTR-HEL-RdRp）和一个编码热休克蛋白70（heat shock protein，HSP70-HSP90）-外壳蛋白相关蛋白（coat protein related protein，CPr）-外壳蛋白（CP）（HSP70-HSP90-CPr-CP）的结构[2,5,9]。在产生HEL-RdRp融合多蛋白（fusion polyprotein）时，ORF 1a和ORF 1b之间是通过+1移码表达（frameshift）的[2,5,9]。此外，首先在BYV基因组中发现的编码HSP70的特异结构[34]，最近发现在CTV[19]、LIYV[2]、黄瓜退绿斑病毒（*Cucumber chlorotic spot virus*，CCSV）[19]、甜菜黄矮病毒（*Beet yellow stunt virus*，BYSV）[35]和香石竹坏死斑病毒（*Carnation necrotic fleck virus*，CNFN）[36]、葡萄卷叶病毒3

(*Grapevine leafroll-associated virus* 3，(GLRaV-3)(Ling，私人通讯）等病毒中均存在。图1表示BYV、CTV和LIYV基因组的结构。

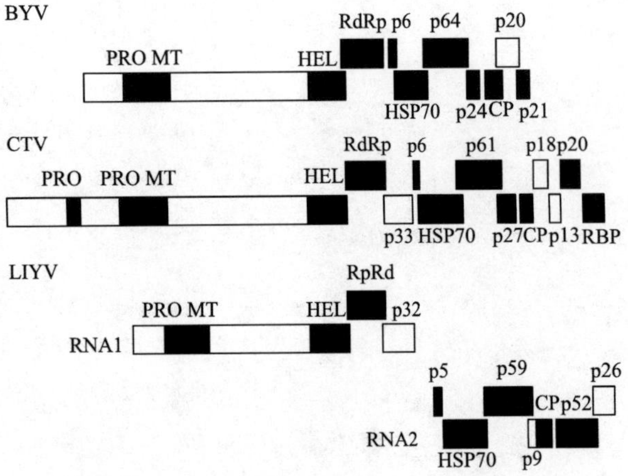

图1　BYV、CTV和LIYV基因组图解[2,5,9]

2.1　甜菜黄化病毒（BYV）

BYV基因组全长15 480nt，具5′帽式结构(capped structure)，但无3′ poly（A）尾[9,37]。序列分析表明BYV基因组包含9个开放读框(ORF)（图1）[9]。ORFla约占整个基因组长度的一半，起始于107nt，终止于8000nt位置，编码一个含2630个氨基酸残基、分子质量为295kD的蛋白质（p295），p295具甲基转移酶（MTR）、解旋酶（HEL）及木瓜蛋白酶类蛋白酶（papain-like proteinase，PRO）的活性。PRO类似于马铃薯Y病毒科（*Potyviridae*）的辅助成分蛋白酶(helper component-proteinase，HC-PRO)；HC-PRO与*Potyviridae*的蚜虫传染及病毒复制有关；PRO可能也有相似的功能[9]。ORF1b起始于ORFla中，重叠序列至少113nt，ORF1b编码一个含420个氨基酸残基、分子质量为48kD的蛋白质（p48），p48具依赖RNA的RNA聚合酶活性[9]。在ORF1a/1b之间，通过+1移码表达产生一个含3094个氨基酸残基、分子质量为348kD的融合多蛋白[9]。ORF2编码一个高度疏水的6.4kD蛋白质(p6)，p6具膜蛋白作用。ORF3起始密码重叠ORF2终止密码一个核苷酸，编码一个65kD的热休克蛋白（HSP70）[34]。HSP70普遍存在于从低等细菌到高等动物的细胞中，可能具移动蛋白作用[9]。ORF4与RF3重叠序列达92nt，编码一个64kD的蛋白质（HSP90）[34]。ORF5编码一个24kD蛋白质（p24），p24与病毒侵染时在细胞间的移动有关。ORF6编码一个22kD的外壳蛋白[34]。ORF7和ORF8分别编码20kD和21kD两个蛋白质（p20，p21），但这两个蛋白质的功能还不清楚[9,34]。BYV RNA包含一个181nt的3′端非编码序列，有86nt折叠形成茎-环结构（stem-loop)[34]。

2.2　柑橘衰退病毒（CTV）

CTV基因组全长19 296nt，与BYV相似，其基因组包括5′帽式结构，无3′poly（A）尾[5,35]。序列分析表明CTV基因组包含12个ORF（图1)[5]。ORF1a始于108nt，终止于9480nt，编码一个含3124个氨基酸残基、分子质量为348kD的蛋白质（p348）。p348具甲基转移酶（MTR），解旋酶（HEL）及木瓜蛋白酶类蛋白酸（PRO）的活性；ORF1b起始于9355nt，终止于10 855nt，重叠ORF1a为123nt，ORF1 b编码一个含500个氨基酸残基、分子质量为57kD的蛋白质（p57），p57具依赖RNA的RNA聚合酶活性。在ORF1a与1b之间，与BYV，LIYV相似，通过+1移码表达产生一个含3582个氨基酸残基、分子质量为401kD的融合多蛋白；ORF2编码一个，33kD蛋白质（p33）；ORF3编码一个含51个氨基酸残基、分子质量为6kD的疏水蛋白（p6）[5]；ORF4编码一个含594个氨基酸残基、分子质量为65kD的蛋白质（p65），即HSP70；ORF5编码一个535个氨基酸残基、分子质量为61kD的蛋白质(p61)，即HSP90；ORF6编码一个含240个氨基酸残基、分子质量为27kD的蛋白质；ORF7编码一个分子质量为27kD的蛋白质，即外壳蛋白(CP)；ORF8编码一个含167个氨基酸残基、分子质量为18kD的蛋白质（p18）；ORF9编码一个含139个氨基酸残基、分子质量为13kD的蛋白质（p13）；ORF10编码一个含182个氨基酸残基、分子质量为20kD的蛋白质（p20）；ORF1 l编码一个含209个氨基酸残基、分子质量为23kD的蛋白质（p23）。在3′末端还有一长为277nt的非编码序列[35]。

CTV、BYV和LIYV的序列比较研究发现，CTV有4个基因为BYV和LIYV所没有，即编码p33、p18、p13和p23的4个基因，这4个基因的功能尚不清楚。Karasev等将CTV基因组分为两个基因区域（Gene block)，第一区域包括编码MTR、

HEL 和 RdRp 的基因；第二区域包括 5 个 ORF，即编码 p33、p6、HSP70、p61、p27 的基因，第二区域在黄化丝状病毒属各成员中高度保守[5]。

2.3 莴苣侵染性黄化病毒（LIYV）

LIYV 为双分体基因组，RNA1 全长 8118nt，包括 3 个 ORF；RNA2 全长 7193nt，包括 6 个 ORF（图 1）。与 BYV、CTV 相似，LIYV 的基因组包含 5′帽式结构，无 3′poly（A）尾[2]。

LIYV RNA1 包含 3 个 ORF，即 ORF1a、ORF1b、ORF2。ORF1a 起始于 98nt，编码一个含 1873 个氨基酸残基、分子质量为 217kD 的蛋白质（p217）。p217 具木瓜蛋白酶类蛋白酶（PRO），甲基转移酶（MTR）、解旋酶（HEL）的活性；ORF1b 起始于 5808nt，编码一个含 515 个氨基酸残基、分子质量为 55.5kD 的蛋白质（p55），p55 具依赖于 RNA 的 RNA 聚合酶（RdRp）活性，在 ORF1a 和 1b 之间，LIYV 与 BYV、CTV 相似，具+1 移码表达；ORF2 起始于 7075nt，编码一个 32kD 的蛋白质（p32）。RNA1 的 3′端还包含一个 219nt 长的非编码序列[2]。

LIYV RNA2 包含 6 个 ORF，即 ORF1 至 6。ORF1 起始于 327nt，编码一个含 39 个氨基酸残基、分子质量为 4.65kD 的蛋白质（p5），p5 类似于 BYV、CTV 和 BYSV 的疏水蛋白；ORF2 起始于 693nt，编码一个含 554 个氨基酸残基、分子质量为 62.3kD 的蛋白质（p62）。即 HSP70，HSP70 具 ATP 酶活性，可能与蛋白质间相互作用有关；ORF3 起始于 2449nt，编码一个含 514 个氨基酸残基、分子质量为 59kD 的蛋白质（p59）；ORF4 重叠 ORF3 为 19nt，编码一个含 80 个氨基酸残基、分子质量为 9kD 的蛋白质（p9）；ORF5 起始于 4221nt，编码一个含 249 个氨基酸残基、分子质量为27.8kD 的蛋白质，即外壳蛋白。LIYV 的 CP 基因与 BYV，CTV 高度同源；ORF6 重叠 ORFS 为 7nt，起始于 4964nt，编码一个含 254 个氨基酸残基、分子质量为 52.3kD 的蛋白质（p52）；ORF7 起始于 6319nt，编码一个含 227 个氨基酸残基、分子质量为 26kD 的蛋白质（p26）。目前，p32、p9、p52、p26 等 4 种蛋白质的功能尚不清楚。RNA2 的 3′末端包含一个 187nt 长的非编码序列[2]。

2.4 黄化丝状病毒属病毒 HSP70 比较

黄化丝状病毒属病毒具编码 HSP70 相关蛋白的基因，在植物病毒中独一无二。该基因已发现存在于 BYV[34]、CTV[35]、LIYV[2]、CCSV[19]、BYSV[36]、CNFV[36] 及 GLRaV-3（Ling 等，私人通信）等病毒中。HSP70 分子包括一个 N 端 ATP 酶位点和 C 端蛋白质相互作用位点，而且 *HSP70* 基因在所有类型生物中均表现十分保守[4]。在黄化丝状病毒属中，HSP70 的 ATP 酶位点上表现高度同源，但 C 端则表现较大差异[2]。从 HSP70 氨基酸序列系统进化分析表明，BYV 和 BYSV 关系最近。CTV 与 BYV、BYSV 关系比 LIYV 近（图 2）。

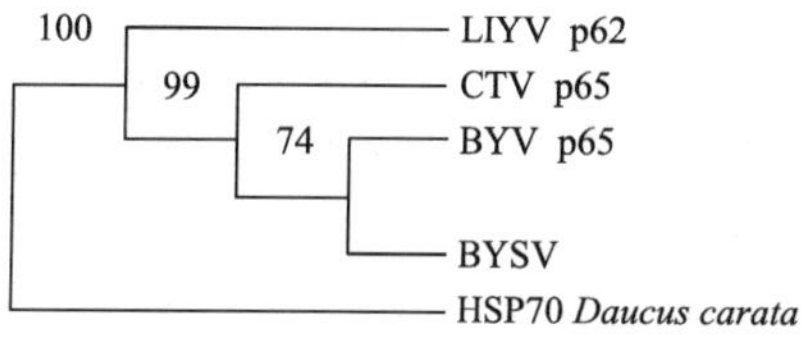

图 2 黄化丝状病毒属 HSP70 系统树[2]

3 黄化丝状病毒属基因组的表达机制

3.1 移码翻译（Translational frameshift）

BYV、LTV 和 LIYV 的序列分析表明，这三种病毒在 ORF1a 和 1b 之间，通过+1 移码翻译产生一个融合多蛋白[2,5,9]。研究发现，BYV 和 LTV 在 HEL 区位的 C 端氨基酸序列和 RdRp 区位的 N 端氨基酸序列具很高的保守性（图 3）[5]。

CTV-HEL P D S G N L H E P A R V

CIV-RcRp G V V R S Q A I P P R K A

CTV(9380-9455nt) ccT gAC TcG ggt AcC tta CAC GAaCCG gct CCc GTTc gCC gta gTa aGg TCa CAa CCa ATT CCT cca ACa AAA gCG

BYV(7358-7443nt) gtT aAC aaG tcg AgC gat CAc GAc CCG ccg CCc GTTt aGC tcg aTt cGc TCg CAg CCa ATT CTT aag ACg AAA cCG

BYV-HEL V N X S T D H D P Q R V

BYV-RcRp S S I R S Q A I P K R K P

图 3 BYV 和 LTV 基因组 RNA 的移码位点（ORF 1a/1b）[5]

＋1 移码翻译在植物病毒中仅存在于黄化丝状病毒属，但在大麦黄矮病毒属（*Luteovirus*）、香石竹病毒属（*Dzanthovirus*）等植物病毒中，存在－1 移码翻译机制[38]。在典型的－1 移码区存在茎-环（stem-loop）和假结（Pseudoknot）结构，这两种结构对移码有重要作用[38]。在 BYV 的移码区发现存在"滑动"（Slippery）序列（GCGOUUA）及茎-环和假结结构，但这些结构的功能尚不清楚[9]。

3.2 先导蛋白酶（Leader protease）策略

BYV、CTV 和 LIYV 的序和分析表明，BYV 和 LIYV 在 ORF1a 的 N 端包括一个木瓜蛋白酶类蛋白酶位点[2,9]，CTV 包括两个该酶位点[5]。此外，三种病毒在该区域的核苷酸序列相当保守[2,5,9]。定点诱变显示，催化的半胱氨酸（Cys 509）和组氨酸（His 569）残基能消除蛋白酶解，于是确证了蛋白酶特性[9]。BYV 的先导蛋白酶在两个 Gly 残基（G1y588～589）之间切割[9]；CTV 有两个先导蛋白酶，半胱氨酸残基位点为 Cys896 和 403，组氨酸残基位点为 His956～464，切割位点为 G1y976～977 和 G1y484～485 两个[5]。

3.3 亚基因组表达

BYV 的内开放读框（internal ORF，ORF2-8）产物通过形成一个亚基因组 RNA（subgenome RNA，sgRNA）的 3′共同末端的网状结构来表达。这些 sgRNA 存在于被病毒侵染的细胞中，但不被外壳蛋白所包被[37]。最大的 BYV sgRNA 可以直接合成 60kD 和 65kD 的两个蛋白质[9]。在感染 CTV 的植物中，发现了编码 p33、p65、p61、p27、p18、p20 和 p23 的 ORF 的 sgRNA，其中以编码 p20 的 ORF 的 sgRNA 最丰富[39]。LIYV 的 RNA2 也是通过 sgRNA 策略来表达的[2]。

4 分子生物学研究成果在黄化丝状病毒属分类中的应用

近年来，随着黄化丝状病毒属分子生物学研究的深入，已能在分子水平上研究这些病毒的系统进化关系。ICTV"病毒分类与命名"第六次报告（1995）便将原来的黄化丝状病毒组分成 3 个属，即发样病毒属（*Cupillovirus*），鬓发病毒属（*Trichovirus*）和黄化丝状病毒属（*Closterorrirus*）[1]。发样病毒属以 ASGV 为典型成员，包括两个成员柑橘碎叶病毒（*Citrus tatter leaf virus*，CTLV）、丁香褪绿叶斑病毒（*Lilac chlorotic leaf spot virus*，LCLV）和一个可能成员南天竹茎痘病毒（*Nandina stem pitting virus*，NSPV）；鬓发病毒属以 ACLSV 为典型成员，包括一个成员与马铃薯病毒 T（*Potato virus T*，PVT）和 3 个可能成员葡萄病毒 A（*Grapevine virus A*，GVA）葡萄病毒 B（*Grapevine virus B*，GVB）、白芷潜隐病毒（*Haracleum latent virus*，HLV）；黄化丝状病毒属的典型成员为 BYV，包括 25 个成员和可能成员（表 1）[1]。病毒基因组结构分析 20kb，难以应用基因组的体外重组、基因定点突变等一些成熟的分子生物学技术，其基因组难以克隆。最近，随着 cDNA 合成、PCR 方法和体外无细胞翻译体系的建立等分子生物学技术的成功应用，黄化丝状病毒属基因组的序列分析、结构和功能及表达机制的研究取得飞快的进展，并已在一些病毒，如 BYV、CTV 和 LIYV 的研究上取得了令人瞩目的成绩[2,5,9]。但是，同其他一些植物病毒（如马铃薯 Y 病毒科等）相比，黄化丝状病毒属的研究还显得相对落后，目前对多数该属成员和可能成员的基因组结构还不清楚，虽然 BYV 等几个病毒的基因组全序列已被测定，但对其中一些基因的功能尚不了解，还没有获得病毒基因组的全长克隆和具侵染性的 cDNA[2,5,9]。此外，本属的分类研究也存在一些困难，分类状况还很混乱。近年来由此类病毒引起的病害也越来越严重，但是其诊断还主要依靠传统方法[36]。

随着黄化丝状病毒属病毒分子生物学研究的深入，更多病毒的基因组序列将被测定，使本属分类更为合理，并能反映其系统进化，也使分子诊断（如 cDNA 探针、PCR 等）成为可能，分子生物学研究成果可进一步用于此类病害的防治。美国康奈尔大学 Gonsalves 博士领导的研究小组已将葡萄卷叶病毒 3（GLRaV-3）的 HSP90 基因片段通过 pBin19 转移到烟草植株中，并表达获得转基因烟草（Ling，私人通讯）。虽然迄今还没有将该属病毒的基因转到其寄主植物上，但随着研究的不断深入，相信在不远的将来会诞生能有效控制这类病害的转基因植株。

参 考 文 献

[1] Murphy FA，Fauquet CM，Bishop DHI，et al. Clarification and nomenclature of viruses：Sixth Report of the International Com-

mittee on Taxonomy of Viruses. Arch Virol, 1995, Suppl, 10

[2] Klaassen VA, Boeshore ML, Koonin EV, et al. Genome structure and phylogenetic analysis of *Lettuce infectious yellows virus*, a whitefly-transmitted, bipartite closterovirus. Virology, 1995, 208: 99-110

[3] Lister RM, Bar-Joseph M, Gosteroviruses. *In*: Kurstak E. Handbook of plant virus infections and comparative diagnosis. Amsterdam:Elsevier, 1981, 809-844

[4] Dolja VV, Karacev AV, Koonin EV. Molecular biology and evolution of closteroviruses:sophisticated build-up of large RNA genomes. Ann Rev Phytopathol, 1994, 32: 261-285

[5] Karasev AV, Boyko VP, Cowda S, et al. Complete sequence of the *Citrus tristeza virus* RNA genome. Virology, 1995, 208: 511-520

[6] Bar-Joseph M, Murrant AF. Closteroviruse, CMI/AAB description plant viruses, 1982, 260

[7] Francki RIB, Fauyuet CM, Knudson Dl, et al. Classification and nomenclature of viruses: Fifth Report of the International Committee on Taxonomy of Viruses. Arch Virol, 1991, Suppl 2,2-11

[8] Russell GE. *Beet yellows virus*, CMI/AAB description plant viruses, 1970, 13

[9] Agranovsky AA, Koonin EV, Boyko VP, et al. *Beet yellows closterovirus*: complete genome structure and identification of a papain-like thiol protease. Virology. 1994, 198: 311-324

[10] Duffus JE. *Beet yellows stunt virus*. CMI/AAB description plant virus, 1979, 207

[11] Reed RR, Falk BW. Purification and partial characterization of *Beet yellow stunt virus*. Plant Diseases, 1989, 73:358-362

[12] Nakano M, Inouye T. *Burdock yellows virus*, a closterovirus from *Arctium lappa* L. Ann Phytopathol Soc Japan. 1980, 46: 7-10

[13] Inouye T. *Carnation necrotic fleck virus*. CMI/AAB description plant viruses, 1976, 136

[14] Yamashita S, Ohki S, Doi Y, et al. Two yellows-type viruses detected from carrot. Ann Phytopathol Soc Japan, 1976, 42: 382-390

[15] Inouye T. *Wheat yellow leaf virus*. CMI/AAB description plant viruses, 1976, 157

[16] Hill HR. Zetter EW. A virus-like stunting of alligator weed from Florida. Phptopathobgy, 1973, 63: 443

[17] Liu HY. Duffus JE. *Beet pseudo-yellows virus*: puriification and serology. Phytopathology. 1990, 80: 866-869

[18] Bar-Joeseph M, Lee RF. *Citrus tristeza virus*, CMI/AAB description plant viruses, 1989, 353

[19] Woudt LP, de Rover AP, de Haan RT, et al. Sequence analysis of the RNA genome of *Cucumber chlorotic spot virus* (CCSV), a whitefly transmitted cbscerovirus. Int Congr Virol, 9th, Glasgow, 1993, 326

[20] Yamashita S, Dot Y, Yora K, et al. *Cucumber yellows virus*: transmission by the greenhouse whitefly, *Trialeoarodes vnporariorurn* (Westwood), and the yellowing disease of cucumber and muskmelon caused by the virus. Ann Phytopathol Soc Japan, 1979, 45: 484-496

[21] Lesemann DE. Long filamattous virus-like particles associated with vein necrosis of *Diendrobinm phalaenopsis*. Phytopathol, 1977, 89: 30-334

[22] Larsen RC, Kim KS. Scott HA. Properties and cytopathology of diodia vein chlorosis virus-a new whitefly transmitted virus. Phytopathology, 1991, 81: 227-232

[23] Schmidt HB, Richter J, Herrsch W, et al. Untersuchungen uber eine virus-bedingte Nekrose an Futtergrasern. phytopathol, 1963, 47: 66-74

[24] Namba S, Boscia D, Azzain O, et al. Purification and properties of clostrovirus-like particles associated with grapevine corky bark disease. Phytopathology, 1991, 81: 964-970

[25] Gugerli P, Bugger J, Bovey RL. Enroulempnt de la vigne: mise et evidence de particules virales et developement dune methode immuno-enzymatique pour le dignostic rapid. Rev Suisse Vitic Arboric Hort, 1984, 16: 299-304

[26] Zimmermann D, Bass P, Legin R, et al. Characterization and serological detection of four clostervirus-like particles associated with leafroll disease on grapevine. J Phytopathol, 1990, 130: 205-218

[27] Rasciglione B, Gugerli P. Maladies de 1 enroulemnt et du bois strie de la, vigne: analyse microscopique at serologique. Rev Suisse Vitic Arboric Hort, 1986, 18: 207-211

[28] Zee F, Gonsalves D, Goheen A, et al. Cytopathology of leafroll diseased grapevines and the purification and serology ossociated clasterovirus-like particles. Phytopathology, 1987, 77: 1427-1434

[29] Hu IS, Gonsalves D, Teliz D. Characterization of closterovirus-like particles associated with grapevine leafroll disease. J Phytopathol, 1990, 128: 1-14

[30] Bem F, Mutant AF. Transformation and differentiation of six virus infection hogweed(*Heracleum sphondylium*) in Scotland. Ann Appl Biol, 1979, 92: 237-242

[31] Duffus JE, Lateen RC, Lin HY. Lettuce infectious yellows virus-a new type of whitefly-transmitted virus. Phytopathology, 1986, 76: 97-100

[32] Gunasinghe UB, German TL. Purification and partial characterization of a virus from pineapple. Phytopathology, 1989, 79: 1337-1341

[33] Lockhart BEL, Autrey LJC, Comstock JC. Partial purification and serology of sugarcane mild mosaic-mealybug-transmitted clostero-like virus. Phytopathology, 1992, 82: 691-695

[34] Agranovsky AA, Boyko VP, Karasev AV, et al. Nucleotide sequence of the 3′-terminal half of *Beet yellows closterovirus* RNA genome: unique arrangement of eight virus genes. J Gen Virol, 1991, 72;15-23

[35] Pappu HR, Karasev AV, Anderson EJ, et al. Nucleotide sequence and organization of eight 3′ open reading frames of the citrustristeza closterovirus gene. Virology, 1994, 199: 35-46

[36] Karasev AV, Nikolaeva OV, Koonin EV, et al. Screening of

the closterovirus genome by degenerate primediated polymerase chain reaction. J Gen Virol, 1994, 75: 1415-1422

[37] Karasev AV, Granwsky AA, Rogov VV, et al. Viriod RNA of *Beet yellows closterovirus*: cell-free translation and some properties. J Gen Virol, 1989, 70: 241-245

[38] ten Dam EB. Pleij CW, Bosch L. RNA pseudoknots: translational frameshifting and readthrough on viral RNAs. Virus Genes, 1990, 4(2): 121-136

[39] Hilf ME, Karasev AV, Pappu HR, et al. Characterization of *Citrus tristeza virus* subgenomic RNAs in infected true. Virology, 1995, 208: 576-582

纤细病毒属病毒的分子生物学研究进展*

张春嵋，吴祖建，林奇英，谢联辉

（福建农业大学植物病毒研究所，福建福州　350002）

摘　要：纤细病毒属（*Tenuivirus*）病毒粒体呈丝状，由核衣壳蛋白和基因组 RNA 组成。到目前为止，水稻条纹病毒基因组所有 4 个片段、水稻草状矮化病毒所有 6 个片段以及水稻白叶病毒和玉米条纹病毒除 RNA1 外的其余片段的核苷酸序列已经测定。各成员所有 RNA 片段末端均具有共同的保守序列，并且两端互补配对形成锅柄结构。病毒基因组主要采取双义编码策略，但大部分可能编码蛋白的功能未知。mRNA 的转录可能采用了抓帽机制。纤细病毒属与白蛉热病毒属、番茄斑萎病毒属在基因组序列、结构和编码策略上的相似性表明，纤细病毒属可能归属于布尼安病毒科（*Bunyaviridae*）。

关键词：纤细病毒属；基因组；复制

中图分类号：S432.41

Advances in research on molecular biology of *Tenuiviruses*

ZHANG Chun-mei，WU Zu-jian，LIN Qi-ying，XIE Lian-hui

（Institute of Plant Virology，Fujian Agricultural University，Fuzhou　350002）

Abstract：The *Tenuiviruses* are thread-like and composed of a nucleocapsid protein and genomic RNA segments。By far 4 genomic RNA segments of rice stripe virus，6 of rice grassy stunt virus，3 of *Rice hoja blanca virus* and 4 of maize stripe virus have been sequenced. All the RNA segments share the conserved terminal sequences，each forming a stable base-paired panhandle structure by the complementarity between the 5′and 3′ termini. The genomic segments mainly use the ambisense coding strategy，but the functions of most putative proteins are unknown. Cap-snatching mechanism might be involved in the mRNA transcription. The similarity between tenuiviruses and phloboviruses，tospoviruses in genomic nucleotide sequences，structures and coding strategies suggests that *Tenuivirus* might be a new genus of *Bunyaviridae*.

Key words：*Tenuivirus*；genome；replication

纤细病毒在 1983 年被首次确认为植物病毒的一个组（Tenuivirus group），后在 1993 年召开的第六次国际病毒学分类委员会（ICTV）会议上，定名为纤细病毒属（*Tenuivirus*），归入无包膜的

福建农业大学学报，1999，28（4）：445-451

收稿日期：1998-07-06

*　基金项目：福建省科委资助项目（95-Z-4）

ssRNA病毒中，其成员包括水稻条纹病毒（*Rice stripe virus*，RSV）、水稻草状矮化病毒（*Rice grassy stunt virus*，RGSV）、玉米条纹病毒（*Maize stripe virus*，MStV）和水稻白叶病毒（*Rice hoja blanca virus*，RHBV），另有2个暂定成员稗草白叶病毒（*Echinochloa hoja blanca virus*，EHBV）和冬小麦花叶病毒（*Winter wheat mosaic virus*，WWMV）[1]。纤细病毒属病毒主要危害禾谷类植物，是一个与农业生产密切相关的植物病毒属。其中，代表成员RSV不仅一直是日本最重要的水稻病毒[2]，而且在中国、朝鲜和乌克兰等国的稻区局部流行，造成了较大损失[3]。RGSV引起的水稻草矮病，曾于70年代在南亚和东南亚部分地区严重发生，后在我国台湾和大陆也有发生的报道[4]。

进入20世纪90年代以来，纤细病毒属病毒的分子生物学研究进展很快，各病毒的基因组片段序列相继得到测定。本文综述已取得的研究进展，并就存在问题和发展前景作一探讨。

1　病毒的粒体形态与组分

电镜下，提纯的纤细病毒属病毒粒体呈丝状，通常弯曲，无包膜，宽3～8nm，长度不等。在不同缓冲液中的形态也不同，且常观察到环化的粒体形态[5,6]。病毒粒体实际为核糖核蛋白体（ribonucleoprotein，RNP），由一种核衣壳蛋白（nucleocapsid protein，NCP）和基因组RNA组成。核衣壳蛋白的相对分子质量在32 000～35 000[7]，基因组所包含的ssRNA片段数也因病毒而异（详见“病毒的基因组结构、功能及表达策略”部分）。在速度区带蔗糖梯度离心时，RNP可依沉降系数分成多个组分[5,6,8]，不同组分包含不同的RNA片段。此外，还发现有些病毒粒体含有与RNP相结合的依赖RNA的RNA聚合酶[9-11]。RSV的RdRp可在体外翻译含有病毒RNA 3′端保守序列的RNA模板[12]，RHBV的RdRp兼具转录和复制活性，并可能参与了mRNA转录中的抓帽（cap snatching）过程[13]。

纤细病毒属病毒的基因组由ssRNA构成，但在提纯RNP的非变性凝胶电泳中可见到与ssRNA相应的dsRNA[14-16]。利用极性特异的探针进行杂交发现，核衣壳蛋白内确实包被有2种极性的RNA，分别称为毒义链RNA（viral RNA，vRNA）和毒义互补链RNA（viral complementary RNA，vcRNA），只是vRNA的含量要远多于vcRNA[17]。

2　病毒的基因组结构、功能及表达策略

RSV的基因组包括4个片段，也有报道认为存在第5个片段[5]。RHBV和MStV分别含4和5个片段。至于RGSV，原先报道有4个片段[18]，最近的研究结果证实其含有6个片段。所有病毒的RNA片段两端均含有约17个碱基的保守序列：5′-ACACAAAGUCCA（/U）GGGYA-UXCCCA（/U）GACUUUGUGU-3′，且5′端和3′端的序列互补配对，但RSV的RNA1和MStV的RNA5在3′端的第6位以A代替了U。比较结果发现，纤细病毒属病毒基因组末端的保守序列中，有8个核苷酸序列与布尼安病毒科（*Bunyaviridae*）的白蛉热病毒属（*Phlebovirus*）病毒的末端保守序列完全一致[19]。

到目前为止，已测定序列的病毒基因组片段有RSV的M分离物的RNA3，RNA4[20,21]、T分离物的所有4个片段[22-25]，RGSV的所有6个片段[15,26]，MStV的RNA2～5[27-30]以及RHBV的RNA2～4[31-33]（表1）。对RHBV的RNA1，也已根据其mRNA测定了一段长1 781nt的RNA复制酶序列[32]。

表1　纤细病毒属病毒的基因组结构

病毒	片段	全长/nt	5′端非编码区/nt	(vRNA ORF/nt)/(编码蛋白分子质量/kD)	基因间非编码区/nt	(vcRNA ORF/nt)/(编码蛋白分子质量/kD)	3′端非编码区/nt	参考文献
RSV-M	RNA3	2 475	65	636/23.8	713	969/35.1	92	[21]
	RNA4	2 137	54	537/20.5	634	861/32.4	51	[20]

续表

病毒	片段	全长/nt	5′端非编码区/nt	(vRNA ORF/nt)/(编码蛋白分子质量/kD)	基因间非编码区/nt	(vcRNA ORF/nt)/(编码蛋白分子质量/kD)	3′端非编码区/nt	参考文献
RSV-T	RNA1	8970	57	—	—	8760/336.8	153	[22]
	RNA2	3514	80	600/22.8	299	2505/94.0	30	[23]
	RNA3	2504	65	636/23.8	742	969/35.1	92	[25]
	RNA4	2157	54	537/20.5	654	861/32.4	51	[24]
MStV	RNA2	3337	81	606/23.5	121	2499/93.9	30	[27]
	RNA3	2357	66	591/22.7	659	948/34.6	93	[28]
	RNA4	2227	62	531/20	732	852/31.9	50	[29]
	RNA5	1317	65	—	—	1128/44.2	124	[30]
RHBV	RNA2	3620	81	603/22.8	364	2505/94.0	67	[32]
	RNA3	2299	95	612/23	517	960/35	115	[31]
	RNA4	1991	54	525/20.1	524	852/32.5	36	[33]
RGSV	RNA1	9760	165	501/18.9	108	8778/339.1	208	[32]
	RNA2	4056	209	603/23.3	568	2469/93.9	207	[26]
	RNA3	3123	159	588/22.9	1382	819/30.9	175	[26]
	RNA4	2915	227	498/19.4	510	1578/60.4	102	[26]
	RNA5	2704	103	576/21.6	878	978/35.9	169	[15]
	RNA6	2584	74	540/20.6	913	978/36.4	79	[15]

对RSV的全长序列测定发现，RNA1采取负链编码策略，而较小的3个片段则采取双义编码策略。从其他病毒已测得的序列看，除MStV的RNA5为负链编码外，其余均为双义编码。可以认为双义编码是纤细病毒属病毒基因组的一种普遍的表达策略。在植物病毒中，目前发现采用双义编码策略的还有隶属于布尼安病毒科的番茄斑萎病毒属(*Tospovirus*)病毒[34]。

曾在MStV侵染的玉米植株中检测到分别相应于vRNA和vcRNA的亚基因组RNA3(sgRNA3)和sgRNA4[28,29]。在RHBV中也发现过类似情况。从序列相关性、分子大小和极性来看，这些sgRNA很可能就是各相应开放阅读框架(ORF)的mRNA，说明除双义编码之外，纤细病毒属病毒还采用了亚基因组的表达策略。

RSV的RNA1只在vcRNA上有一个大的ORF，编码一个分子质量为336.8kD的蛋白。该蛋白与白蛉热病毒属乌库尼米病毒(*Uukuniemi virus*，UUKV)的L蛋白之间有30%的序列同源性，且氨基酸序列中包含RNA聚合酶的基元，因此推断该蛋白即为与RNP结合的RdRp[22]。

RSV、MStV和RHBV的RNA2均含有2个ORF，分别位于vRNA2和vcRNA2的5′端，编码分子质量分别为22.8kD(23.5kD)和94kD的蛋白。虽然在RSV的核蛋白提纯物或RSV侵染的植物组织中没有检测到这些蛋白，但体外翻译实验已证实了这些基因产物的存在[35]。根据序列分析并与白蛉热病毒属病毒的相应蛋白进行比较，推断它们可能分别是与膜结合有关的成分和膜糖蛋白[23,27,32]。

3种病毒的vRNA3和vcRNA3上均有一个大的ORF，分别编码非结构蛋白NS3和核衣壳蛋白NCP。vRNA4编码一个主要的非结构蛋白NS4，在RSV和RGSV中称为病害特异蛋白(disease-specific protein，SP)[21,24,36]，这种蛋白被认为与其水稻寄主的抗性和症状严重度有关，在MStV和RHBV中则称为主要非外壳蛋白(major non-capsid protein，NCP)[37]。vcRNA4的ORF编码非结构蛋白NSvc4。

从表1及以上分析可以看出，各个病毒在基因组的结构和组成上具有较高的相似性，比较各个病毒相应片段的核苷酸序列和编码蛋白的氨基酸序列，同样也可以发现有较高的一致性。例如，RSV的SP与MStV和RHBV相应蛋白的氨基酸序列一致性分别为74%和59%。RGSV的基因组含有6个片段，均采用双义编码策略。从核苷酸序列、编码蛋白及表达策略看，其 RNA1，2，5 和 6 分别相应于其他病毒的 RNA1～RNA4，其编码蛋白的分子质量及性质均与其他病毒的相应蛋白相近，尤其是 RNA1，与 RSV 的 RNA1 在一段 2 140aa 的氨基酸序列上有 37.9%的一致性。但 RGSV 的 RNA3 和 4 却不与任何其他纤细病毒属成员的 RNA 片段相似，且除 RNA1 编码的 RNA 聚合酶具有较高的保守性外，其余编码蛋白的氨基酸序列的相似性均低于其他成员之间的相似性。此外，RGSV 的 RNA1 为双义编码，在 vRNA 和 vcRNA 上各有一个 ORF，也不同于 RSV 的 RNA1。根据以上特性，结合 RGSV 不同于其他纤细病毒属成员的生物学性质，Toriyama 提出将 RGSV 从纤细病毒属中划出而另归一个新属[15,26]。

3 病毒的复制

有关纤细病毒属病毒的复制机制了解甚少。虽然根据病毒基因组的双义编码策略，很容易理解，直接翻译自 vRNA 的蛋白如 SP，是病毒复制周期中早期阶段的成分；而由 vcRNA 编码的蛋白如 NCP，则可能是后期阶段所需。但是对于病毒是如何进行和调控其基因组的复制和转录，两者之间又是如何转换的，并不清楚。

在受到 RSV 和 RGSV 侵染的水稻植株中，SP 的累积量与水稻品种的抗性呈负相关，而与症状的表现呈正相关[36,38]，说明 SP 在寄主体内的表达可能受到了寄主与抗性有关的基因的调控。另一方面，虽然纤细病毒属病毒在介体体内和在寄主体内一样均能增殖，但在介体体内却检测不到 SP[39,40]，说明该蛋白可能对病毒在寄主体内的复制循环有重要作用，而且其表达可能受到了寄主体内某些因素的诱导。

目前已经积累了一些证据，表明基因组的某些结构可能在病毒的复制中起作用。例如，RSV 的 RNA 聚合酶可在体外翻译含有病毒 RNA 3′端保守序列的 RNA 模板，说明末端的保守序列可能作为 RNA 聚合酶的识别位点，充当了启动子的作用[12]。也有报道指出，对 RSV 不同分离株的 RNA4 序列进行比较，发现其前导序列完全一致，说明它可能在 RNA 复制及/或蛋白翻译中是一个重要因子[25]。此外，RSV 的 RNA3 和 RNA4 的基因间隔区（IR）含有多处 A 和 U 碱基富集带，这和白蛉热病毒属和番茄斑萎病毒属病毒的 S RNA 片段的情况一样。这类序列通过碱基配对形成茎-环或发夹结构，可在双义基因的转录终止时起作用[41]。RHBV RNA4 的 IR 区也有这种结构[33]，但 RNA3 则不同，虽然也富含 A 和 U，并不形成发夹结构[31]，因此参与转录终止的可能还有其他二级结构或信号。

RSV 基因组 RNA 的 5′端没有帽子结构[23]，而相应于 vRNA4 和 vcRNA3 编码的 NS4 和 NCP 的 mRNA 转录产物，其 5′端含有 10～23 个非病毒碱基，核苷酸序列相似性分析和 G+C 含量比较结果表明这些非病毒的异源序列可能来自宿主细胞的 mRNA [42]。在 MStV 中，NCP 的 mRNA 转录产物 5′端含有一段 10～15 个的异源核苷酸序列[43]。RHBV 的 RNA4 的 mRNA 5′端也发现了 10～17 个非病毒的附加核苷酸，且这些核苷酸是戴帽的[44]，研究者认为该附加序列可能是来自宿主细胞的 mRNA 寡聚核苷酸，作为引物被病毒 RNA 聚合酶利用来启动 mRNA 的合成。以上的这些实验结果表明，纤细病毒属病毒 mRNA 的转录可能采取了抓帽机制，或称戴帽 RNA 引导的转录（capped RNA-primed transcription），这种机制已在某些分段负链或双义 RNA 病毒中发现[45,46]。至于纤细病毒属病毒如何选择识别何种宿主 mRNA，病毒编码的蛋白中又是何者充当了切取宿主 mRNA 的 5′端戴帽寡核苷酸片段的内切核酸酶，目前还不清楚。研究结果表明，当与大麦条纹花叶病毒（BSMV）混合侵染大麦时，MStV 能够利用 BSMV RNA 的 5′端序列作为引物开始自身 mRNA 的合成[47]，这就使情况更加复杂化。总之，这一假设是否正确，尚待进一步研究。

4 问题与展望

虽然 RSV 4 个 RNA 片段的全序列已经测定，基因组结构和编码策略的框架基本清晰，但根据 ORF 推断的可能编码的蛋白中，除 RNA 聚合酶、NCP 和 SP 外，其余蛋白都还没有发现，功能也不清楚。通常，对基因功能的研究是通过获得假重组病毒或突变株并与天然病毒比较而进行的，对于负链 RNA 病毒，困难在于其 RNA 必须与 NCP 形成 RNP 复合体并带有 RdRp 才具有侵染力。因此，若想研究一个特定的蛋白，就需要建立一个反向遗传体系（reverse genetic system）。这种体系的建立难度很大，可能是纤细病毒属病毒的蛋白功能研究进展不大的主要原因。我们相信一旦在技术上取得突破，纤细病毒属病毒基因组及其编码蛋白的结构和功能定能最终得到阐明。

从 RNP 的形态（均为丝状）、介体专化性（均由昆虫传播）、基因组序列、结构和编码策略（具有平行对应关系）的种种证据表明，纤细病毒属有可能成为布尼安病毒科中除番茄斑萎病毒属之外的另一个植物病毒属。根据核衣壳蛋白和膜糖蛋白（或类似膜糖蛋白）的序列绘制的系统发育树更进一步表明，纤细病毒属与白蛉热病毒属之间的亲缘关系远甚于与番茄斑萎病毒属之间的关系[26]。虽然布尼安病毒科病毒在丝状的 RNP 外还有包膜构成球状的完整粒体，而至今还没有发现纤细病毒属病毒具包膜粒体的存在，但从纤细病毒属病毒 RNA2 编码的分子质量为 94kD 蛋白与白蛉热病毒属病毒膜糖蛋白之间的序列相似性，似可推测这种粒体存在的可能性。这种膜糖蛋白还可能与昆虫细胞识别病毒的能力有关，因此如果能在昆虫介体内发现具包膜的纤细病毒属病毒粒体，则不仅可为纤细病毒属归属于布尼安病毒科提供有力证据，而且有助于揭示病毒虫传的分子机制。

对于纤细病毒属病毒的分子生物学，尚待研究的内容还有很多。例如，关于病毒的复制机制，包括基因组的转录和调控策略；关于病毒的致病机制，包括病毒蛋白在致病过程中的作用及与症状表现的关系；关于病毒虫传的分子机理，包括病毒蛋白在昆虫细胞识别中的作用等；关于病毒的起源和系统进化。

研究病毒的分子生物学，可为有效检测病毒和控制病毒病害提供理论依据。在抗纤细病毒属病毒的基因工程方面，我国和日本的植物病毒学工作者都作了有意义的尝试[48-51]，培育出转外壳蛋白（CP）基因的工程植株，获得了对 RSV 具有一定程度抗性的水稻，但是结果并不理想。随着对纤细病毒属病毒分子生物学的深入研究，将有更多更有效的转基因策略，应用于病毒病害的防治中。

参考文献

[1] Murphy FA, Fauquet CM, Bishop DHL, et al. Virus taxonomy: Sixth Report of the International Committee on Taxonomy of Viruses. New York: Springer-Verlag, 1995, 586

[2] Hibino H. Biology and epidemiology of rice viruses. Ann Rev Phytopathol, 1996, 34: 249-274

[3] 林奇英，谢联辉，周仲驹等. 水稻条纹叶枯病的研究Ⅰ. 病害的分布和损失. 福建农学院学报，1990，19(4)：421-425

[4] 林奇英，谢联辉，谢莉妍等. 中非两种水稻病毒病的比较研究Ⅱ. 水稻草状矮化病的病原学. 农业科学集刊，1993，1(1)：203-206

[5] Ishikawa K, Omura T, Hibino H. Morphological characteristics of *Rice stripe virus*. J Gen Virol, 1989, 70: 3465-3468

[6] Hibino H, Usugi T, Omura T, et al. *Rice grassy stunt virus*: a planthopper-borne circular filament. Phytopathol, 1985, 75: 894-899

[7] Ramirez BC, Haenni AL. Molecular biology of tenuiviruses, a remarkable group of plant viruses. J Gen Virol, 1994, 75: 467-475

[8] Gingery RE, Nault LR, Bradfute OE. *Maize stripe virus*: characteristics of a new virus class. Virology, 1981, 182: 99-108

[9] Ramirez BC, Macaya G, Calvert LA, et al. *Rice hoja blanca virus* genome characterization and expression *in vitro*. J Gen Virol, 1992, 73: 1457-1464

[10] Toriyama S. An RNA-dependent RNA polymerase associated with the filamentous nucleoproteins of *Rice stripe virus*. J Gen Virol, 1986, 67: 1247-1255

[11] Toriyama S. Ribonucleic acid polymerase activity in filamentous nucleoproteins of *Rice grassy stunt virus*. J Gen Virol, 1987, 68: 925-929

[12] Barbier P, Takahashi M, Nakamura I, et al. Solubilization and promoter analysis of RNA polymerase from *Rice stripe virus*. J Gen Virol, 1992, 66: 6171-6174

[13] Nguyen M, Ramirez BC, Goldbach R, et al. Characterization of thein vitroactivity of the RNA-dependent RNA polymerase associated with the ribonucleoproteins of *Rice hoja blanca tenuivirus*. J Virol, 1997, 71: 2621-2627

[14] Toriyama S, Watanabe Y. Characterization of single-and double-stranded RNAs in particles of *Rice stripe virus*. J Gen Virol, 1989, 70: 505-511

[15] Toriyama S, Kimishima T, Takahashi M. The proteins encoded by *Rice grassy stunt virus* RNA5 and RNA6 are only distantly related to the corresponding proteins of other members of the genus *Tenuivirus*. J Gen Virol, 1997, 78: 2355-2363

[16] Falk BW, Tsai JH. Identification of single-and double-stranded RNAs associated with *Maize stripe virus*. Phytopathol, 1984, 74: 909-915

[17] Falk BW, Klaassen VA, Tsai JH. Complementary DNA cloning and hybridization analysis of *Maize stripe virus* RNAs. Virology, 1989, 173: 338-342

[18] Toriyama S. Purification and biochemical properties of *Rice grassy stunt virus*. Ann Phytopathol Soc Japan, 1985, 51: 59

[19] Bouloy M. *Bunyaviridae*: genome organization and replication strategies. Adv Virus Res, 1991, 40: 235-275

[20] Kakutani T, Hayano Y, Hayashi T, et al. Ambisense segment 4 of *Rice stripe virus*: possible evolutionary relationship with phleboviruses and uukuviruses (*Bunyaviridae*). J Gen Virol, 1990, 71: 1427-1432

[21] Kakutani T, Hayano Y, Hayashi T, et al. Ambisense segment 3 of *Rice stripe virus*: the first instance of a virus containing two ambisense segments. J Gen Virol, 1991, 72: 465-468

[22] Toriyama S, Takahashi M, Sano Y, et al. Nucleotide sequence

of RNA1, the largest genomic segment of *Rice stripe virus*, the prototype of the tenuiviruses. J Gen Virol, 1994, 75: 3569-3579

[23] Takahashi M, Toriyama S, Hamamatsu C, et al. Nucleotide-sequence and possible ambiences coding strategy of *Rice stripe virus*-RNA segment 2. J Gen Virol, 1993, 74: 769-773

[24] Zhu Y, Hayakawa T, Toriyama S, et al. Complete nucleotide sequence of RNA3 of *Rice stripe virus*: an ambiences coding strategy. J Gen Virol, 1991, 72: 763-767

[25] Zhu Y, Hayakawa T, Toriyama S. Complete nucleotide sequence of RNA4 of *Rice stripe virus* isolate T, and comparison among other isolates and *Maize stripe virus*. J Gen Virol, 1992, 73: 1309-1312

[26] Toriyama S, Kimishima T, Takahashi M, et al. The complete nucleotide sequence of the *Rice grassy stunt virus* genome and genomic comparisons with viruses of the genus *Tenuivirus*. J Gen Virol, 1998, 79: 2051-2058

[27] Estabrook EM, Suyenaga K, Tsai JH, et al. *Maize stripe tenuivirus* RNA2 transcripts in plant and insect hosts and analysis of pvc2, a protein similar to the Phlebovirusvirion membrane glycoproteins. Virus Genes, 1996, 12: 239-247

[28] Huiet L, Klaassen V, Tsai JH, et al. Nucleotide sequence and RNA hybridization analyses reveal an ambiences coding strategy for *Maize stripe virus* RNA3. Virology, 1991, 182: 47-53

[29] Huiet L, Tsai JH, Falk BW. Complete sequence of *Maize stripe virus* RNA4 and mapping of its subgenomic RNAs. J Gen Virol, 1992, 73: 1603-1607

[30] Huiet L, Tsai JH, Falk BW. *Maize stripe virus* RNA5 is of negative polarity and encodes a highly basic-protein. J Gen Virol, 1993, 74: 549-554

[31] de Miranda J, Hernandez M, Hull R, et al. Sequence analysis of *Rice hoja blanca virus* RNA-3. J Gen Vi-rol, 1994, 75: 2127-2132

[32] de Miranda J R, Munoz M, Wu R, et al. Sequence analysis of *Rice hoja blanca tenuivirus* RNA-2. Virus Genes, 1996, 12: 231-237

[33] Ramirez BC, Lozano I, Constantino LM, et al. Complete nucleotide sequence and coding strategy of *Rice hoja blanca virus* RNA4. J Gen Virol, 1993, 74: 2463-2468

[34] Kormelink R, Dehaan P, Meurs C, et al. The nucleotide-sequence of the m RNA segment of *Tomato spotted wilt virus*, a bunyavirus with 2 ambiences RNA segments. J Gen Virol, 1992, 73: 2795-2804

[35] Hamamatsu C, Toriyama S, Toyoda T, et al. Ambiences coding strategy of the *Rice stripe virus* genome-*in vitro* translation studies. J Gen Virol, 1993, 74: 1125-1131

[36] 林丽明，吴祖建，谢荔岩等. 水稻草矮病毒特异蛋白抗血清的制备及应用. 植物病理学报，1999，29(2)：123-129

[37] Falk BW, Morales FJ, Tsai JH, et al. Serological and biochemical properties of the capsid and major non-capsid proteins of maize stripe, rice hoja blanca, and Echinochloahoja blanca virus. Phytopathol, 1987, 77: 196-201

[38] 林奇田，林含新，吴祖建等. 水稻条纹病毒外壳蛋白和病害特异蛋白在寄主体内的积累. 福建农业大学学报，1998，27(3)：322-326

[39] Miranda GJ, Koganezawa H. Identification, purification, and serological detection of the major noncapsid protein of *Rice grassy stunt virus*. Phytopathol, 1995, 85: 1530-1533

[40] Falk BW, Tsai JH, Lommel SA. Differences of levels of detection for the *Maize stripe virus* capsids and major non-capsid proteins in plant and insect hosts. J Gen Virol, 1987, 68: 1801-1811

[41] Emery VC, Bishop DHL. Characterization of Punta Toro S mRNA species and identification of an inverted complementary sequence in the intergenic region of Punta ToroPhlebovirusambisense SRNA that is involved in mRNA transcription termination. Virology, 1987, 156: 1-11

[42] Shimizu T, Toriyama S, Takahashi M, et al. Non-rival sequences at the 5′ termini of mRNAs derived from virus-sense and virus-complementary sequences of the ambiences RNA segments of *Rice stripe tenuivirus*. J Gen Virol, 1996, 77: 541-546

[43] Huiet L, Feldstein PA, Tsai JH, et al. The *Maize stripe virus* major noncapsid protein mRNA transcripts contain heterogeneous leader sequences at their 5′termini. Virology, 1993, 197: 808-812

[44] Ramirez B-C, Garcin D, Calvert L A, et al. Capped nonviral sequences at the 5′end of the mRNAs of *Rice hoja blanca virus* RNA4. J Virol, 1995, 69: 1951-1954

[45] Kormelink R, Vanpoelwijk F, Peters D, et al. Non-viral heterogeneous sequences at the 5′ends of *Tomato spotted wilt virus* mRNAs. J Gen Virol, 1992, 73: 2125-2128

[46] Krug RM. Priming of influenza viral RNA transcription by capped heterologous RNAs. Current Topic in Microbiol and Immunol, 1981, 93: 125-149

[47] Estabrook EM, Tsai J, Falk BW. *In vivo* transfer of *Barley stripe mosaic hordeivirus* ribonucleotides to the 5′terminus of maize stripe tenuivirus RNAs. PNAS, 1998, 95: 8304-8309

[48] Yan YT, Wang F, Qiu BS, et al. Resistance to *Rice stripe virus* conferred by expression of coat protein in transgenic Indica rice plants regenerated from bombarded suspension culture. 中国病毒学，1997，12：260-269

[49] 刘力，陈声祥，邱并生等. 抗水稻条纹病毒核酶的设计、克隆及体外活性测定. 中国病毒学，1996，11：157-163

[50] 燕义唐，王晋芳，邱并生等. 水稻条纹叶枯病毒外壳蛋白基因在工程植株中的表达. 植物学报，1992，34：899-906

[51] Hayaski T, Usugi T, Nakano M, et al. Genetically engineered rice resistant to *Rice stripe virus*, an insect-transmitted virus. PNAS, 1992, 89: 9865-9869

纤细病毒属病毒病害特异蛋白的研究进展*

金凤媚，林丽明，吴祖建，林奇英

（福建农林大学植物病毒研究所，福建福州 350002）

摘 要：纤细病毒属的病害特异蛋白是由毒义链编码的非结构蛋白，由174～179个氨基酸组成。该蛋白的出现与病害症状密切相关。文章就近年来对纤细病毒属病害特异蛋白基因复制与表达及其在寄主体内的积累、血清学特性、同源性分析等相关方面的研究进展进行综述。

关键词：纤细病毒属；病毒；病害特异蛋白

中图分类号：S 432.41 **文献标识码**：A **文章编号**：1008-0384（2002）01-0026-03

Advances in research on disease-specific protein of *Tenuiviruses*

JIN Feng-mei，LIN Li-ming，WU Zu-jian，LIN Qi-ying

（Institute of Plant Virology，Fujian Agriculture and Forestry University，Fuzhou 350002）

Abstract：The disease-specific protein of *Tenuiviruses* is a non-structural protein. This protein is consisted of 174～179 amino acids and closely related to symptom development. The research advances on its gene replication and expression，accumulation in host，serological characteristics，sequence identities analysis of the disease-specific protein were reviewed.

Key words：*Tenuiviruses*；virus；disease-specific protein

纤细病毒在1983年被首次确定为植物病毒的一个组（Tenuivirus group），后来在1993年召开的第6次国际病毒学分类委员会（ICTV）会议上定名为纤细病毒属（*Tenuivirus*）[1]，其成员包括水稻条纹病毒（*Rice stripe virus*，RSV）、水稻草矮病毒（*Rice grassy stunt virus*，RGSV）、玉米条纹病毒（*Maize stripe virus*，MStV）、水稻白叶病毒（*Rice hoja blanca virus*，RHBV）、稗草白叶病毒（*Echinochloa hoja blanca virus*，EHBV）和尾稃草白叶病毒（*Urochloa hoja blanca virus*，UHBV）[2]。纤细病毒属的病毒粒体是由核衣壳蛋白（nucleocapsid protein）和基因组RNA组成，该属病毒的RSV、MStV和RHBV的RNA4的毒义链（vRNA4）（RGSV为vRNA6）均有一个大的开放阅读框（ORF）编码一个主要的非结构蛋白（non-structural protein，NS），即病害特异蛋白（disease-specific protein，SP），又称S-蛋白或主要非外壳蛋白（major non-capsid protein，NCP）。SP在植株体内的含量变化与病症的严重度呈密切相关[3]。鉴于此，近几年对SP的研究进展很快。本文就已取得的研究进展做一综述，并对存在问题和发展前景进行探讨。

福建农业学报，2002，17（1）：26-28

收稿日期：2002-02-02

* 基金项目：国家自然科学基金资助项目（A，39970486）、福建省自然科学基金资助项目（B，0010011）

1 *SP* 基因复制与表达策略

纤细病毒属中的 RSV 基因组 RNA 的 5′端没有帽子结构，而 vORF4（*SP* 基因）的 mRNA 转录产物，其 5′端含有 10～23 个非病毒来源碱基，核苷酸序列相似性分析和 G＋C 含量比较结果表明，这些非病毒的异源序列可能来自寄主细胞的 mRNA[4]。在 MStV 基因组中，*SP* 基因的 mRNA 5′端也有一段长 10～15nt 的异源序列[5]。在对 RHBV RNA4 的 mRNA 的引物延伸分析时发现，其 5′端具有 10～17 个非病毒核苷酸，且具帽子结构。上述结果表明，纤细病毒 mRNA 的转录采取的可能是加帽起始机制。

Nguyen 等[6]应用 Western 杂交分析 RHBV 在侵染大麦原生质体后 CP、SP 的表达结果表明，直接翻译自 vRNA 的 SP，是病毒复制周期的早期阶段的产物，而由 vcRNA 编码的 CP，是病毒复制周期的晚期阶段的产物。我国学者对 RSV 侵染水稻原生质体后的 CP、SP 的表达也得到类似的结果。

2 SP 在寄主体内的积累

对纤细病毒属的 RGSV 的研究表明，该病毒对不同水稻品种的致病性有差异。水稻病株病毒含量随品种抗性提高而下降，且不同抗性品种在症状表现、严重度上也有所不同。经 SDS-PAGE 及 SPA-ELISA 测定 SP 的浓度，表明 RGSV 的感染会导致 SP 的大量积累，且在不同抗性植株中，SP 的表达、积累的量存在明显的差异。一般感病品种，SP 含量高，病毒在寄主体内大量复制，严重破坏寄主组织的新陈代谢；在抗病品种中，SP 含量较少，病毒的复制可能受到了寄主某些基因的抑制作用，故对寄主的破坏力小，症状较轻[7]。这说明 SP 在病株体内的表达积累受到了寄主抗性基因及其产物的共同调控，随病毒寄主的变化而有所变化。对 RSV 不同感染期、不同部位病株体内 *SP* 的表达周期进行检测结果也发现，各时期及各部位 SP 含量明显不同[8,9]。

以上研究结果揭示了 SP 在病叶中的积累量与褪绿花叶症状的严重度密切相关，推测为致病相关蛋白。刘利华等[10]利用免疫胶体金标记技术，显示在病叶各部位的叶绿体、细胞质、细胞核和细胞壁上都有 SP 免疫胶体金标记的颗粒，且在病叶各部位中以叶绿体中标记的胶体金颗粒为多，暗示了叶绿体可能是 SP 蛋白的直接作用位点。刘利华等还发现，SP 不存在线粒体中，而存在叶绿体中，说明在叶绿体中可能存在一个识别 SP 的信号识别位点，找到这个识别体可能是弄清其致病机制的关键。明艳林等[11]发现 SP 可进入受侵水稻的叶绿体内，其浓度与病症的严重度成正相关。这些结果都从细胞病理学方面提供了证据。

3 SP 的血清学特性

纤细病毒属的 RSV、RGSV、MStV、RHBV 4 个成员之间，除 RSV 与 MStV、RGSV 之间有血清学关系外，其余都没有血清学关系。在 RSV 与 RGSV 复合感染的病株中，两种病毒对寄主表现出协生作用，但 RSV 的 SP 的含量比单独感染时显著减少，这暗示着 RSV 在复合感染植株中的复制和表达受到 RGSV 的影响。SPA-ELISA 测定结果发现，RSV 及 RGSV 的 CP 与 SP 之间都没有血清学关系，但 RSV-SP 抗血清与 RGSV-SP 之间有微弱的阳性反应。这反映了 RSV 与 RGSV 之间具有较远的血清学关系。核酸点杂交结果也发现，RGSV-SP 基因探针与 RSV-RNA 之间有较弱的杂交信号。这些结果，表明 RSV 与 RGSV 之间存在较远的但确定的进化关系[12]。Hibino 等[13]的研究也发现 RSV 与 RGSV 之间具有较远的血清学关系。

4 SP 同源性分析

利用分子生物学方法已将纤细病毒属的病害特异蛋白 *SP* 基因克隆并进行了序列分析。序列分析表明，RHBV 与 RSV、MStV 的 SP 在氨基酸水平的同源率分别为 60.9％和 61.8％，而 RSV 与 MStV 的同源率为 74.1％[14]，说明这种蛋白在寄主体内可能有相似的功能[15]。另外，同源性分析还发现 RSV 与 MStV 的亲缘关系较 RHBV 更近，而与 RGSV 最远。RGSV 与 RSV、MStV、RH-BV、EHBV、UH-BV 的 SP 在氨基酸水平的同源率仅分别为 25.7％、27.8％、30.5％、31.0％、31.0％。综合考虑 RGSV 的生物学特性及其基因组组成、结构、表达策略、序列同源性与其他成员的差异，Toriyama 等[14]认为 RGSV 应归入一个新的病毒属。

SP 是 RSV 株系划分的重要指标，日本方面已根据 SP 的分子质量差异划分了鸿巢、P、N、M、T、O 等多个株系[16,17]。因此，对病毒不同分离物

*SP*基因的变异情况做深入研究是很有必要的。林含新等[18]对我国云南YL分离物的RSV-SP基因进行克隆和测序的结果表明，*SP*基因由534个核苷酸组成，YL分离物*SP*基因和云南CX分离物之间有99%的核苷酸序列具同源性，但与T、M分离物的核苷酸只有94%左右表现一致，T和M的核苷酸和氨基酸序列同源率分别为97%和98%。通过比较可知，YL分离物与CX分离物具有较近的亲缘关系，而T、M分离物的亲缘关系也比较近。可见，不同分离物间*SP*基因的变异与其地理分布有密切的关系。碱基变异特征分析发现，相对于T分离物，YL分离物的*SP*基因在第330位上由G→C导致甲硫氨酸→异亮氨酸，而其他替换都是无意义变异。与CX分离物相比，只有4个碱基的差异，但第100位和第101位上由A→G导致第34位氨基酸由天冬酰胺→甘氨酸。

对同属的RGSV沙县（SX）和RGSV-菲律宾南方分离物（IR-S）、北方分离物（IR-N）的*SP*基因的核苷酸序列进行测序比较发现，SX与IR-N、IR-S的同源率分别为100.0%、98.1%。而3个分离物所编码的SP蛋白均具有100%的同源率，这可能是因为SX离开起源地的时间不长，尚未引起*SP*基因的变异[19]。

5 小结和展望

虽然纤细病毒属病毒在介体体内和寄主体内一样均能增殖，但在介体体内积累量却较低。说明其在病株体内的表达可能受到了寄主与抗性有关的基因的调控。该蛋白在病毒与寄主的相互作用中可能起着重要作用，而且基因的表达可能受到了植物体内某种因素的诱导。基于上述认识，我们可以通过构建编码该蛋白基因的植物表达载体并转入寄主植物中使其表达，并对转基因植株进行表型分析和病毒抗性评价，可以得到有关该基因功能的结论。目前已对纤细病毒属的RSV及RGSV的*SP*基因采用农杆菌介导的方法将其转入水稻，研究*SP*基因的功能及其与寄主相互作用的关系，并已培育出RGSV、RSV转*SP*基因工程植株，有望获取大量不同表型的转基因水稻植株，进一步研究转基因植株的表型与转入基因表达的关系并分析其分子机制。另外，对SP的研究还可以利用水稻原生质体和昆虫单层细胞培养体系，通过mRNA差异显示找出该属病毒所诱导的不同寄主基因表达的产物，弄清该蛋白在病毒复制循环中的作用，明确其与致病性的关系，从而揭示病毒与寄主互作的分子机制。

致谢：本文先后经魏太云博士生和谢联辉老师审订，特此致谢！

参考文献

[1] Murphy FA, Fanapuet CM, Bishop DH, et al. Classification and nomenclature of viruses: Sixth report of the international committee on taxonomy of viruses. Arch Virol, 1995, 10(Suppl): 316-318

[2] van Regenmortel MHV, Fauquet CM, Bishop D HL, et al. Virus taxonomy, classification and nomenclature of viruses, seventh report of the international committee on taxonomy of viruses. New York, San Diego: Academic Press, 2000, 622-627

[3] Toriyama S, Kojima M. Detection and comparison of *Rice stripe virus*, stripe disease specific protein and *Rice grassy stunt virus* by the enzyme-linked immunosorbent assay. Ann Phytopathol Soc Japan, 1985, 51: 358

[4] Shimizu T, Toriyana S, Takahashi M, et al. Non-rival sequences at the 5′-termini of the ambisense RNA sements of *Rice stripe tenuivirus*. J Gen Virol, 1996, 77: 541-546

[5] Huiet L, Feldstein PA, Tsai J H, et al. The *Maize stripe virus* major noncapid protein mRNA transcripts contain heterogeneous leader sequences at their 5′-termini. Virology, 1993, 197: 808-812

[6] Nguyen M, Ramirez BC, Goldbach R, et al. Characterization of the *in vitro* activity of the RNA-dependent RNA polymerase associated with the ribonucleoproteins of *Rice hoja blanca tenuivirus*. J Gen Virol, 1997, 71: 2621-2627

[7] 林丽明，吴祖建，林奇英等. 水稻草矮病毒与品种抗性的互作. 福建农业大学学报，1998，27(4)：444-448

[8] 林含新，吴祖建，林奇英等. 水稻品种对水稻条纹病毒的抗性鉴定及其作用机制的研究初报. 见：植物病毒与病毒防治研究. 刘仪. 北京：中国农业科技出版社，1997，188-192

[9] 林奇田，林含新，吴祖建等. 水稻条纹病毒外壳蛋白和病害特异蛋白在寄主体内的积累. 福建农业大学学报，1998，27(3)：322-326

[10] 刘利华，吴祖建，林奇英等. 水稻条纹叶枯病细胞病理变化的观察. 植物病理学报，2000，34(4)：306-311

[11] 明艳林. 水稻条纹病毒CP、SP进入叶绿体与褪绿症状的关系. 福建农业大学学报，2001，30(增刊)：147

[12] 林含新. 水稻条纹病毒的病原性质、致病性分化及分子变异. 福州：福建农业大学，1999

[13] Hibino H, Usugi T, Omura T, et al. *Rice grassy stunt virus*: a planthopper-borne circular filament. Phytopathology, 1985, 75: 894-899

[14] Toriyama S. The proteins encoded by *Rice grassy stunt virus* RNA5 and RNA6 are only distantly related to the corresponding proteins of other members of genus *Tenuivirus*. J Gen Virol, 1997, 78(9): 2355-2363

[15] Zhu Y, Hayakawa T, Toriyama S. Complete nucleotide sequence of RNA4 of *Rice stripe virus* isolate T and comparison with another isolate and with *Maize stripe virus*. J Gen Virol, 1992, 73: 1309-1312

[16] Hayashi T, Usugi T, Nakano M, et al. On the strains of *Rice stripe virus* (1) An attempt to detect strains by difference of molecular size of disease-specific proteins. Proceedings of the Association for Plant Protection of Kyushu, 1989, 35: 1-2

[17] Toriyama S, Watanabe Y. Characterization of single-and double-stranded RNAs in particles of *Rice stripe virus*. J Gen Virol, 1989, 70: 505-511

[18] 林含新，魏太云，吴祖建等. 水稻条纹病毒外壳蛋白基因和病害特异蛋白基因的克隆和序列分析. 福建农业大学学报，2001，30(1)：53-58

[19] 张春嵋，吴祖建，林丽明等. 水稻草矮病毒沙县分离株基因组第6片段的序列分析. 植物病理学报，2001，31(4)：301-305

幽影病毒属病毒的研究现状与展望*

李　凡[1,2]，林奇英[2]，陈海如[1]，谢联辉[2]

（1 云南农业大学农业生物多样性与病虫害控制教育部重点实验室，云南昆明　650201；
2 福建农林大学植物病毒研究所，福建福州　350002）

摘　要：幽影病毒是一类较为特殊的植物病毒，其基因组不编码外壳蛋白，因此不形成通常的病毒粒体结构。这类病毒可以通过机械摩擦方式传播，在黄症病毒的帮助下也可以通过蚜虫传播。幽影病毒属病毒由 7 个确定种和 3 个暂定成员组成，烟草丛顶病毒是目前国内发现的幽影病毒属唯一成员。幽影病毒的寄主范围较窄，体外抗性也较差。幽影病毒感病组织中含有大量 dsRNA。有些病毒还含有卫星 RNA。幽影病毒的基因组为单分体的＋ssRNA，编码 4 个非结构蛋白，其中的 ORF3 蛋白在病毒 RNA 的稳定性及寄主体内的长距离运输中起到非常重要的作用。文章综述了国内外幽影病毒的研究现状，并对未来的相关研究趋势和研究领域进行了展望。

关键词：幽影病毒；黄症病毒；生物学特性；dsRNA；基因组结构
中图分类号：Q939.46；S432.41

Current situation and prospect of studies on genus *umbravirus*

LI Fan[1,2]，LIN Qi-ying[2]，CHEN Hai-ru[1]，XIE Lian-hui[2]

（1 Key Laboratory of Agricultural Biodiversity for Pest Management，Ministry of Education，
Yunnan Agricultural University，Kunming　650201；
2 Institute of Plant Virology，Fujian Agriculture and Forestry University，Fuzhou　350002）

Abstract：Umbraviruses are a group of imperfectly characterized plant viruses，which are distinguished from most other viruses by their genomes lack of a gene for coat protein（CP），and as a result umbraviruses do not form conventional virus particles. Umbraviruses are mechanically transmissible，and can be aphid transmitted in the persistent manner by an unrelated assistor virus，which is always a member of the family Luteoviridae. In nature，each *umbravirus* depends for survival on one particular luteovirus. The genus *Umbravirus* comprises seven distinct virus specieses and three tentative members. Only tobacco bushy top virus（TBTV）has been reported in China as an *umbravirus*. Tobacco bushy top disease，caused by TBTV and its helper，*Tobacco vein distorting virus*（TVDV），which resulted in severe tobacco losses in western of Yunan.

微生物学报，1996，46（6）：1033-1037
收稿日期：2005-12-08　接受日期：2006-01-23　修回日期：2006-04-10
*　基金项目：国家自然科学基金（30060052）、云南省自然科学基金（2000C0013Q）

Umbraviruses had a restricted host range in nature, and their infectivity and longevity *in vitro* are not so stable. Plants infected umbraviruses contain abundant double-stranded RNA (dsRNA), and some umbraviruses possess one or more additional dsRNA species associated with the presence of a satellite RNA. The genomes of the umbraviruses consist of one linear segment of positive sense single-stranded RNA (ssRNA), and the nucleotide sequences possess ORFs for four potential non-structural protein products. The umbravirus-encoded ORF3 proteins play essential roles in stabilization of viral RNA and mediation of its long-distance movement. The current research progresses have been reviewed detailly, and the future research tendency and research fields about umbraviruses and umbravirus-caused diseases are put forward.

Key words: *Umbravirus*; *Lutoevirus*; biological characteristics; dsRNA; genome organization

幽影病毒（*Umbraviruses*）与其他植物病毒的不同之处在于，这类病毒的基因组不含编码外壳蛋白（coat protein，CP）的基因，在感病植株体内不形成病毒粒体结构。自然条件下，幽影病毒感染的植物体内常常发现有黄症病毒（luteoviruses）复合侵染，幽影病毒必须依靠黄症病毒进行蚜虫传播；另外，虽然幽影病毒的基因组为单分体的＋ssRNA，但被其感染的植物体内含有丰富的两条长约为4.5kb和1.4kb的与病毒相关的dsRNA，根据这些特征，1995年起将这类特殊的植物病毒归为幽影病毒属（*Umbravirus*，本文统称为“幽影病毒”）[1]。幽影病毒的属名*Umbravirus*源自拉丁语的*umbra*，即“影子、阴影”，借指幽影病毒在自然界的存活必须依赖一种辅助病毒的存在[2]，幽影病毒的辅助病毒通常为黄症病毒科病毒（*Luteoviridae*，本文统称为“黄症病毒”）。因此，自然条件下幽影病毒往往和黄症病毒复合侵染引起植物病害，如花生丛簇病毒（*Groundnut rosette virus*，GRV）和花生丛簇协助病毒（*Groundnut rosette assistor virus*，GRAV）复合侵染引起花生丛簇病[3]，烟草丛顶病毒（*Tobacco bushy top virus*，TBTV）与烟草扭脉病毒（*Tobacco vein distorting virus*，TVDV）复合侵染引起烟草丛顶病[4]。虽然有些幽影病毒的分布有一定的局限性，但病毒的感染往往给当地经济造成了极大的损失，如烟草丛顶病自1993年开始在我国云南发生以来，截至2001年，已累计发病51 300hm^2，直接经济损失高达2.1亿元[5]。虽然幽影病毒引起的植物病害在我国不常见，但由于这些病原物的特殊性，加之病害在局部地区几度流行并造成严重危害，国内外学者对幽影病毒开展了大量研究并取得很大进展，在此对其研究现状作一概述，并就未来幽影病毒及其所致病害的研究趋势和主要研究领域进行展望。

1　幽影病毒属成员

幽影病毒属病毒由7个确定种和3个暂定成员组成。7个确定种为：胡萝卜拟斑驳病毒（*Carrot mottle mimic virus*，CMoMV）、胡萝卜斑驳病毒（*Carrot mottle virus*，CMoV）、花生丛簇病毒（GRV）、莴苣小斑驳病毒（*Lettuce speckles mottle virus*，LSMV）、豌豆耳突花叶病毒2号（*Pea enation mosaic virus*-2，PEMV-2）、烟草丛顶病毒（TBTV）和烟草斑驳病毒（*Tobacco mottle virus*，TMoV），胡萝卜斑驳病毒为该属代表种；而向日葵皱缩病毒（*Sunflower crinkle virus*，SuCV）、向日葵黄斑病毒（*Sunflower yellow blotch virus*，SuYBV）和烟草黄脉病毒（*Tobacco yellow vein virus*，TYVV）为幽影病毒属的暂定成员[6]。PEMV-2、CMoV和/或CMoMV在很多国家均有发现[7,8]，而其他幽影病毒只在一些局部地区发生，如GRV只在一些非洲国家发生[9]，TBTV仅非洲和亚洲的部分国家有报道[10,11]，TBTV也是目前我国所报道的幽影病毒属的唯一成员。

目前幽影病毒属病毒尚未确定科的归属。由于幽影病毒属病毒基因组编码的ORF2蛋白的部分氨基酸序列与番茄丛矮病毒科（*Tombusviridae*）的香石竹斑驳病毒属（*Carmovirus*）、香石竹病毒属（*Dianthovirus*）、玉米褪绿斑驳病毒属（*Machlomovirus*）、坏死病毒属（*Necrovirus*）以及番茄丛矮病毒属（*Tombusvirus*）等病毒的RdRp的相似性最高。因此，Taliansky等[2]认为幽影病毒属病毒可能是番茄丛矮病毒科的成员，或与番茄丛矮病毒科病毒的亲缘关系较近。

2　幽影病毒的生物学特性

幽影病毒可以通过机械接种方式传染，在辅助病毒黄症病毒的帮助下还可以通过蚜虫以持久性(循回型,非增殖)方式传播,而单独的幽影病毒不能通过蚜虫传播[6]。病株粗汁液摩擦接种试验结果表明,GRV在室温或－20℃条件下的保毒期为1d,而在4℃条件下为3～15d,稀释限点为10^{-3}～10^{-2}[12]。在单独感染CMoV的克氏烟(*Nicotiana clevelandii*)叶片或汁液里,－14℃下冻存4h后CMoV的侵染性即丧失,而在CMoV及其辅助病毒胡萝卜红叶病毒(*Carrot red leaf virus*,CRLV)共同感染的细叶芹叶片里,－18℃冻存1个月后CMoV仍然可以保持侵染性[13]。室温条件下,TBTV的钝化温度为68～70℃,稀释限点为10^{-5}～10^{-4},体外保毒期为5～7d;TBTV的寄主范围较窄,仅限于茄科,未发现枯斑寄主[14,15]。

与体外抗性较差相反的是,幽影病毒虽然没有外壳蛋白保护,但裸露的病毒基因组RNA却可以在寄主植物体内稳定存在且大量增殖。这些特性显示幽影病毒RNA的稳定性可能与一些能对它们提供保护的结构有关。在CMoV、PEMV-2、GRV、LSMV和TBTV等感染的细胞质、液泡或部分病毒纯化产物中发现一些膜状结构,这些结构可能与病毒的复制有关和/或对裸露的病毒RNA提供保护作用[6,16,17,18]。

3 与幽影病毒相关的dsRNA

从幽影病毒感染的病组织中经常可以检测到丰富的与病毒相关的dsRNA,通常有两条dsRNA:dsRNA-1(4.2～4.8kb)和dsRNA-2(1.1～1.5kb)[6],这些dsRNA本身没有侵染性,但加热变性后可以侵染植株[5,19],表明具侵染性的是病毒的ssRNA。从感染GRV的病组织中可以检测到3条主要的dsRNA,分别是4.6kb的dsRNA-1、1.3kb的dsRNA-2和0.9kb的dsRNA-3,其他几条微量的dsRNA也常常出现在感病材料中,而健康植物检测不到这些dsRNA[12,20]。核酸杂交及生物学接种试验结果表明,dsRNA-1和dsRNA-2可能是GRV基因组、亚基因组ssRNA的双链复制型,而dsRNA-3可能是卫星RNA的双链复制型。缺少dsRNA-3(卫星RNA)的GRV在花生上不产生或仅在叶尖产生短暂的褪绿症状,而dsRNA-1和dsRNA-3同时接种的花生植株则表现出典型持久的丛簇症状,表明卫星RNA在GRV感染的花生植株中对症状的发生发展起着极其重要的作用[20],而且,不同的卫星RNA分离物可以在植株上产生不同的症状[21]。卫星RNA(dsRNA-3)对于GRV的蚜虫传播同样起着重要的作用,GRV的蚜虫传播除了必须有GRAV的参与外,GRV卫星RNA的存在也是一个重要的条件,GRV不能被蚜虫从同时感染了GRAV和GRV但缺少卫星RNA的植株传播到其他植株[22]。然而,并不是每一种幽影病毒的蚜虫传播都必须有卫星RNA的参与,如PEMV-2的RNA被其辅助病毒豌豆耳突花叶病毒1号(*Pea enation mosaic virus*-1,PEMV-1)的CP包裹或蚜虫传播均不需卫星的参与[23],而且有些幽影病毒如CMoMV至今尚未发现卫星。

有趣的是,在对真菌传的甜菜坏死黄脉病毒(*Beet necrotic yellow vein virus*,BNYVV)的研究中也发现,卫星RNA的存在显著改善了甜菜多粘菌(*Polymyxa betae*)传播BNYVV的效率[22]。从GRV和BNYVV的卫星对病毒介体传播的影响来看,卫星虽然对辅助病毒的增殖不是必须的,但对辅助病毒的其他一些重要生物功能还是具有一定的作用。因此,有的卫星和其辅助病毒之间也存在一种相互依赖的关系,GRV和BNYVV或许可以成为研究植物病毒及其卫星相互作用的一种模式病毒。

4 幽影病毒与黄症病毒的特殊关系

在大多数情况下,黄症病毒一些功能的发挥并不需要幽影病毒的存在。但幽影病毒对黄症病毒却是一种绝对的依赖关系,每一种幽影病毒都必须在一种特定的黄症病毒帮助下才能进行蚜虫传播,而蚜虫传播可能是幽影病毒在自然条件下最主要的传播方式。研究发现,黄症病毒可以将幽影病毒的RNA异源包裹进黄症病毒基因组编码的CP组成的衣壳里,从而形成可以被蚜虫传播的杂合病毒粒体,如CMoV、LSMV的RNA必须被相应的黄症病毒的外壳蛋白包裹后才可以由蚜虫传播[13,16],而只有GRV的基因组RNA及其卫星RNA同时被GARV的CP包装的情况下,GRV才能被黑豆蚜(*Aphis craccivora*)传播[22]。正是由于幽影病毒裸露的RNA被黄症病毒的外壳蛋白包裹,才使得幽影病毒的RNA在介体昆虫的消化道和体腔内免受RNA酶的攻击。

对CMoV的研究也显示了黄症病毒的CP对幽影病毒的蚜虫传播的必要性。无论是单独感染还是复合侵染,桃蚜(*Myzus persicae*)都不会传播CMoV和CRLV,但桃蚜却可以传播另外两种黄症病毒——甜菜西方黄化病毒(*Beet western yellows virus*，BWYV）和马铃薯卷叶病毒（*Potato leafroll virus*，PLRV）。令人惊奇的是，当植株中同时感染CMoV和BWYV或PLRV时，桃蚜也可以传播CMoV[13]。结果暗示，同为黄症病毒的BWYV或PLRV的外壳蛋白可以替代CRLV的外壳蛋白，包裹CMoV的基因组RNA从而被桃蚜传播。这种能够改换辅助病毒和蚜虫介体的能力，实际上扩大了能够传播幽影病毒的介体种类，这些对于幽影病毒在自然条件下的存活和传播都是非常有意义的，当然，这也增加了人们对这类病害进行防治的难度。

5　幽影病毒的基因组结构及其编码蛋白的可能功能

幽影病毒的基因组为单分体的线性＋ssRNA，目前已有4种幽影病毒的基因组全序列得到测定：分别是PEMV-2（4253nt，U03563）、CMoMV（4201nt，U57305）、GRV（4019nt，Z69910）和TBTV（4152nt，AF402620），它们的基因组结构都比较相似，均包含4个开放阅读框，但不含编码外壳蛋白的ORF，基因组RNA的3′端均无poly（A）[23-26]。幽影病毒基因组的5′端有一段非常短的非编码区，ORF1编码31～37kD的蛋白，已知的这4种幽影病毒的ORF1蛋白氨基酸相似性为22.6%～31.2%，但与其他已报道的病毒或非病毒编码的氨基酸均没有明显的同源性，因此，目前尚不清楚幽影病毒的ORF1编码蛋白的功能。ORF1的3′端与ORF2的5′端稍有重叠，ORF2编码63～65kD的蛋白，4种已知幽影病毒的ORF2蛋白氨基酸相似性为60.2%～69.5%，该蛋白的部分氨基酸序列与香石竹斑驳病毒属、香石竹病毒属、黄症病毒属（*Luteovirus*）、玉米褪绿斑驳病毒属、坏死病毒属以及番茄丛矮病毒属病毒RdRp的相似性最高，而且正链RNA病毒的RdRp中所有8个保守的基元序列（motif）都可以在幽影病毒ORF2蛋白中找到，因此，ORF2蛋白可能是幽影病毒的RdRp[2]。ORF2的5′端附近缺乏一个AUG起始密码子，但在紧接ORF1的终止密码子前有一段7个核苷酸的序列，GGAUUUU（PEMV-2、CMoMV和TBTV）或AAAUUUU（GRV），与其他植物病毒和动物病毒中发现的移码滑动位点（frameshift slippery site）非常相似，在CMoMV的这一段序列的两侧还发现与一些黄症病毒进行读码框漂移（frameshift）所必需的茎环结构（stem-loop），加之ORF1和ORF2部分重叠排列的结构，推测ORF2蛋白可能是通过1位的读码框漂移而翻译的[23-26]。在这种移码翻译机制下，ORF1与ORF2通读后产生一个94～98kD的融合多肽，该蛋白可能也是幽影病毒的RdRp。

ORF2与ORF3、ORF4之间有一段短的间隔区，ORF3与ORF4几乎完全重叠，各自编码26～29kD的蛋白。ORF3蛋白与ORF4蛋白可能是通过一种亚基因化策略而表达的，而且在感病植株中检测到的与病害相关的dsRNA-2可能是包含ORF3与ORF4以及3′端非编码区的亚基因组双链形式[24-26]。PEMV-2、CMoMV、GRV和TBTV相互间ORF3蛋白的氨基酸相似性为21.0%～38.3%，但与其他已报道的病毒或非病毒编码的蛋白没有明显的相似性。对GRV、PEMV-2或TMoV的ORF3的研究表明，ORF3蛋白具有帮助病毒进行长距离运输的功能，而且ORF3蛋白可能还可以控制病毒RNA进入维管束系统以及控制病毒RNA从韧皮部组织进入叶肉细胞进行系统侵染[27-29]。另外，ORF3蛋白还参与组成一种丝状的核糖核蛋白（ribonucleoprotein，RNP）颗粒，可以保护病毒RNA免受RNA酶的攻击和抵抗植物的RNA沉默反应，而且含有病毒RNA的RNP可能是病毒在韧皮部运输的一种形式[2,27]。而且ORF3蛋白可能还是一个核穿梭蛋白（nuclear shuttle protein）或者ORF3蛋白与寄主植物的细胞因子共同参与了核的穿梭[27]。因此，幽影病毒的ORF3是一个多功能蛋白，幽影病毒虽然不编码CP，但其ORF3蛋白除了不具备结构蛋白的功能外，可能具有其他植物病毒CP的其他相似功能。

对GRV的ORF3蛋白氨基酸序列和结构的分析结果显示，在ORF3蛋白最保守的中心区分别有一高亲水区和一疏水区，亲水区暴露在ORF3蛋白的表面，可能具有结合RNA的能力，使得ORF3蛋白可以结合幽影病毒的RNA并以一种非病毒粒体形式运送幽影病毒的RNA，这种运输方式与植物内源大分子物质的运输方式非常相似[28]。植物病毒的进化过程可能涉及了对寄主植物细胞基因的获得，鉴于幽影病毒ORF3序列的独特性（除幽影病毒之间ORF3有一定的相似性外，与其他已知序列没有明显的相似性），ORF3可能最初来源于操纵植物内部运输系统的一些推测中的植物细胞长距离运输因子。加之ORF3与ORF4几乎完全重叠，ORF3可能是ORF4“过量复制（overprinting)”并表达出一些类似于假定的植物细胞长距离运输因子的功能性或结构性产物的结果。因此，Ryabov等认为，幽影病毒可能是由含通常的*MP*和*CP*基因的病毒进化而来的，一旦幽影病毒的祖先在进化过程中获得了ORF3以及在与黄症病毒的协同进化中获得了可以被辅助病毒的CP包裹其RNA的能力，并进而可以被辅助病毒的介体传播，幽影病毒的*CP*基因就显得多余而浪费了[28]。

推测的ORF4编码产物在PEMV-2、CMoMV、GRV和TBTV间有43.4%～62.8%的相似性，具有其他植物病毒的移动蛋白（movement protein，MP）的许多特征[28,30,31]，应该是幽影病毒的MP，这种MP可以结合幽影病毒的RNA进行细胞间的运输，只是幽影病毒的ORF4蛋白对病毒RNA的结合是不完全的，而且也不需要其他蛋白的参与即可完成病毒RNA的胞间移动[31]。

6 展望

幽影病毒属病毒目前在我国仅有TBTV方面的报道，由TBTV和TVDV复合侵染引起的烟草丛顶病也是目前国内报道的唯一一个由幽影病毒属成员引起的病害，该病害曾给我国云南部分地区的烟草生产造成了严重损失。烟草丛顶病在云南早有发现，早期文献认为由植原体引起，病害的名称也一度被称为“烟草丛枝病”。在国家自然科学基金、云南省自然科学基金的支持下，云南农业大学联合云南省烟草科学研究所等多家单位，对云南烟草丛顶病的病原物及病害的综合控制进行了深入研究，排除了植原体致病的可能[32]，并于2002年确认云南发生的这类烟草病害与津巴布韦发生的烟草丛顶病是同一种病害[11]。长期以来烟草丛顶病的病原物并没有得到系统鉴定，2000年ICTV的第7次病毒分类报告，将TBTV归为幽影病毒属的暂定成员[33]；ICTV的第6次分类报告曾将TVDV列为黄症病毒科的暂定成员[34]，但由于很难获得单独的TVDV，对TVDV的研究非常少，因证据不足，在ICTV的第7次报告中，TVDV未被作为正式承认的病毒种类列入[33]。近年来，随着对烟草丛顶病病原物分子生物学研究的深入，TBTV和TVDV的分类地位已得到确认。对TBTV的全基因组序列分析，表明TBTV与幽影病毒属病毒的同源性最高[24]，而对TVDV部分基因组序列分析的结果也显示，TVDV与黄症病毒科病毒的同源性最高[35,36]。因此，2005年ICTV的第8次病毒分类报告，已正式将TBTV归为幽影病毒属的确定成员，将TVDV归为黄症病毒科的正式成员，但仍未将TVDV划归到相应的属[6]，我们的研究结果认为TVDV归为马铃薯卷叶病毒属的可能性最大[35,36]。

两种甚至多种植物病毒复合体引起一种植物病害的现象虽然不常见，但由于这些病原物的特殊性，加之病害在局部地区几度流行并造成严重危害，进一步深入开展病害的生物学及流行学、病原物的分子生物学等研究，分析病毒基因编码产物的功能，探明病毒在寄主体内增殖、移动以及致病的分子机理，探明幽影病毒与黄症病毒乃至病毒卫星在病害的生物学及流行学中的相互关系，明确传播介体对幽影病毒和黄症病毒的识别和传毒机制等，必将对这类病害的研究和控制提供重要的理论基础。另外，虽然幽影病毒的基因组RNA不编码外壳蛋白，在植物体内不形成通常的病毒粒体，但在与植物寄主、辅助病毒以及传播介体等的长期协同进化过程中，幽影病毒同样可以像其他植物病毒一样，在植物体内大量复制、移动和增殖并引起植物严重症状，在黄症病毒的协助下还可以通过蚜虫进行植物间的传播扩散。幽影病毒是否可以作为研究植物病毒与植物寄主、植物病毒与传播介体、植物病毒与植物病毒之间相互作用乃至协同进化的一种模式病毒，这是值得进一步研究的领域。

参考文献

[1] Murant AF, Robinson DJ, Gibbs MJ. Genus *Umbravirus*. *In*: Murphy FA, Fauquet CM, Bishop DHL, et al. Virus taxonomy: classification and nomenclature of viruses. Sixth Report of the International Committee on Taxonomy of Viruses. Vienna: Springer-Verlag, 1995, 388-391

[2] Taliansky ME, Robinson DJ. Molecular biology of umbraviruses: phantom warriors. Journal of General Virology, 2003, 84: 1951-1960

[3] Taliansky ME, Robinson DJ, Murant AF. Groundnut rosette disease virus complex: biology and molecular biology. Advances in Virus Research, 2000, 55: 357-400

[4] Gates LF. A virus causing axillary bud sprouting of tobacco in Rhodesia and Nyasaland. Annals of Applied Biology, 1962, 50: 69-174

[5] 李凡，吴建宇，陈海如. 烟草丛顶病研究进展. 植物病理学报，2005，35(5)：385-391

[6] Fauquet CM, Mayo MA, Maniloff J, et al. Virus taxonomy: classification and nomenclature of viruses, Eighth Report of the International Committee on Taxonomy of Viruses. New York: Elsevier Academic Press, 2005

[7] Skaf JS, de Zoeten GA. *Pea enation mosaic virus*, CMI/AAB

descriptions of plant viruses, 2000, 372

[8] Vercruysse P, Gibbs M, Tirry L, et al. RT-PCR using redundant primers to detect the three viruses associated with carrot motley dwarf disease. Journal of Virological Methods, 2000, 88: 153-161

[9] Naidu RA, Kimmins FM, Deom CM, et al. Groundnut rosette a virus disease affecting groundnut production in sub-Saharan Africa. Plant Disease, 1999, 83(8): 700-709

[10] Blancard D, Delon R, B1air BW, et al. Major tobacco diseases: virus diseases. *In*: Davis DL, Nielsen MT. Tobacco: production, chemistry and technology. Oxford: Blackwell Science, 1999, 198-215

[11] Mo XH, Qin XY, Tan ZX, et al. First report of tobacco bushy top disease in China. Plant Disease, 2002, 86: 74

[12] Reddy DVR, Murant AF, Raschke JH, et al. Properties and partial purification of infective material from plants containing *Groundnut rosette virus*. Annals of Applied Biology, 1985, 107: 65-78

[13] Waterhouse PM, Murant AF. Further evidence on the nature of the dependence of *Carrot mottle virus* on carrot red leaf virus for transmission by aphids. Annals of Applied Biology, 1983, 103: 455-464

[14] 李凡，周雪平，蔡红等. 云南烟草丛枝症病害初步研究. 植物病理学报，2001，31(4)：372

[15] 段玉琪，秦西云. 烟草丛顶病传毒特性及寄主范围研究. 中国烟草科学，2003，4：23-26

[16] Falk BW, Morris TJ, Duffus JE. Unstable infectivity and sedimentable dsRNA associated with *Lettuce speckles mottle virus*. Virology, 1979, 96: 239-248

[17] Cockbain AJ, Jones P, Woods RD. Transmission characteristics and some other properties of *Bean yellow vein banding virus*, and its association with pea enation mosaic virus. Annals of Applied Biology, 1986, 108: 59-69

[18] 李凡，洪健，周雪平等. 云南烟草丛枝症病害病株的细胞超微结构变化研究. 见：朱有勇，李健强，王惠敏. 植物病理学研究进展——中国植物病理学会第四届青年学术研讨会论文选编. 昆明：云南科学技术出版社，1999，170-171

[19] Kumar IK, Murant AF, Robinson DJ. A variant of the satellite RNA of *Groundnut rosette virus* that induces brilliant yellow blotch mosaic symptoms in *Nicotiana benthamiana*. Annals of Applied Biology, 1991, 118: 555-564

[20] Murant AF, Rajeshawi R, Robison DJ, et al. A satellite RNA of *Groundnut rosette virus* that is largely responsible for symptoms of groundnut rosette disease. Journal of General Virology, 1988, 69: 1479-1486

[21] Murant AF, Kumar IK. Different variants of the satellite RNA of *Groundnut rosette virus* are responsible for the chlorotic and green forms of groundnut rosette disease. Annals of Applied Biology, 1990, 117: 85-92

[22] Murant AF, Dependence of *Groundnut rosette virus* on its satellite RNA as well as on *Groundnut rosette assistor luteovirus* for transmission by *Aphis craccivora*. Journal of General Virology, 1990, 71(9): 2163-2166

[23] Demler SA, Rucker DG, de Zoeten GA. The chimeric nature of the genome of *Pea enation mosaic virus*: the independent replication of RNA 2. Journal of General Virology, 1993, 74: 1-14

[24] Mo XH, Qin XY, Wu JY, et al. Complete nucleotide sequence and genome organization of a Chinese isolate of *Tobacco bushy top virus*. Archives of Virology, 2003, 148(2): 389-397

[25] Taliansky ME, Robinson DJ, Murant AF. Complete nucleotide sequence and organization of the RNA genome of groundnut rosette umbravirus. Journal of General Virology, 1996, 77: 2335-2345

[26] Gibbs MJ, Cooper JI, Waterhouse PM. The genome organization and affinities of an Australian isolate of carrot mottle umbravirus. Virology, 1996, 224(1): 310-313

[27] Ryabov EV, Oparka KJ, Santa Cruz S, et al. Intracellular location of two groundnut rosette umbravirus proteins delivered by PVX and TMV vectors. Virology, 1998, 242: 303-313

[28] Ryabov EV, Robinson DJ, Taliansky ME. A plant virus-encoded protein facilitates long-distance movement of heterologous viral RNA. PNAS, 1999, 96: 1212-1217

[29] Ryabov EV, Robinson DJ, Taliansky ME. Umbravirus-encoded proteins both stabilize heterologous viral RNA and mediate its systemic movement in some plant species. Virology, 2001, 288: 391-400

[30] Nurkiyanova KM, Ryabov EV, Kalinina NO, et al. Umbravirus encoded movement protein induces tubule formation on the surface of protoplasts and binds RNA incompletely and non-cooperatively. Journal of General Virology, 2001, 82: 2579-2588

[31] Ryabov EV, Roberts IM, Palukaitis P, et al. Host-specific cell-to-cell and long-distance movements of *Cucumber mosaic virus* are facilitated by the movement protein of groundnut rosette virus. Virology, 1999, 260: 98-108

[32] Li F, Chen HR, Zhou XP, et al. A new kind of tobacco disease associated with a small molecular of RNA. *In*: Zhou GH, Li HF. Proceeding of the 1st Asian Conference on Plant Pathology. Beijing: Scientech Press, 2000, 167

[33] van Regenmortel MHV, Fauquet CM, Bishop DHL, et al. Virus taxonomy: classification and nomenclature of viruses. Seventh Report of the International Committee on Taxonomy of Viruses. San Diego: Academic Press, 2000

[34] Murphy FA, Fauquet CM, Bishop DHL, et al. Virus taxonomy: classification and nomenclature of viruses. Sixth Report of the International Committee on Taxonomy of Viruses. Vienna: Springer-Verlag, 1995

[35] 李凡，钱宁刚，杨根华等. 烟草扭脉病毒外壳蛋白基因克隆及序列分析. 云南农业大学学报，2002，17(4)：440-441

[36] 莫笑晗，秦西云，杨程等. 烟草脉扭病毒基因组部分序列的克隆和分析. 中国病毒学，2003，18(1)：58-62

幽影病毒引起的几种主要植物病害*

李　凡[1,2]，林奇英[2]，陈海如[1]，谢联辉[2]

（1 云南农业大学农业生物多样性与病虫害控制教育部重点实验室，云南昆明　650201；
2 福建农林大学植物病毒研究所，福建福州　350002）

摘　要：幽影病毒的基因组不编码外壳蛋白，不形成通常的病毒粒体结构。这类病毒往往和黄症病毒复合侵染引起植物病害，蚜虫传播是病害在田间传播流行的主要方式。本文对幽影病毒引起的胡萝卜杂色矮缩病、花生丛簇病以及烟草丛顶病等几种主要病害的症状、发生与危害、病原物特性以及病害的控制等进行了综述。

关键词：幽影病毒；胡萝卜杂色矮缩病；花生丛簇病；烟草丛顶病

中图分类号：S432.41　**文献标识码**：A　**文章编号**：0253-2654（2006）0-00-0

Main plant diseases caused by *Umbravirus*

LI Fan[1,2], LIN Qi-ying[2], CHEN Hai-ru[1], XIE Lian-hui[2]

(1 Key Laboratory for Agricultural Biodiversity for Pest Management, Ministry of Education, Yunnan Agricultural University, Kunming　650201;
2 Institute of Plant Virology, Fujian Agriculture and Forestry University, Fuzhou　350002)

Abstract: The genomes of umbraviruses do not encode a coat protein, and thus no conventional virus particles are formed in infected plants. Umbraviruses are always coinfected with an assistor virus, which is always a member of the family *Luteoviridae*, to cause most devastating diseases in some areas. The epidemiology of the umbravirus-caused disease is largely depended on aphid transmission. The symptomology, occurrence, characteristics of the causal agents, disease control of carrot motley dwarf, groundnut rosette and tobacco bushy top were reviewed detailedly in this article.

Key words: *Umbravirus*; carrot motley dwarf; groundnut rosette; tobacco bushy top

幽影病毒（*Umbraviruses*）是一类较为特殊的植物病毒，这类病毒的基因组不含编码外壳蛋白的基因，在感病植株体内不形成常规的病毒粒体结构[1]。自然条件下，幽影病毒往往和黄症病毒（*Luteoviruses*）复合侵染引起植物病害，如幽影病毒的胡萝卜斑驳病毒（*Carrot mottle virus*, CMoV）与黄症病毒的胡萝卜红叶病毒（*Carrot red leaf virus*, CRLV）复合侵染引起胡萝卜杂色

微生物学通报，2006，33（3）：151-156

收稿日期：2005-08-24　修回日期：2005-09-28

* 基金项目：国家自然科学基金资助项目（No. 30060052）、云南省自然科学基金资助项目（No. 2000C0013Q）

矮缩病，幽影病毒的花生丛簇病毒（*Groundnut rosette virus*，GRV）和黄症病毒的花生丛簇协助病毒（*Groundnut rosette assistor virus*，GRAV）复合侵染引起花生丛簇病，幽影病毒的烟草丛顶病毒（*Tobacco bushy top virus*，TBTV）与黄症病毒的烟草扭脉病毒（*Tobacco vein distorting virus*，TVDV）复合侵染引起烟草丛顶病等。由烟草斑驳病毒（*Tobacco mottle virus*，TMoV）和TVDV复合侵染引起的烟草丛簇病是第一个报道的由幽影病毒引起的病害，该病仅在津巴布韦和马拉维发现，目前该病已很少发现。胡萝卜杂色矮缩病和豌豆耳突花叶病等在大多数国家均有发生，花生丛簇病和烟草丛顶病等仅在少数几个国家发现，而烟草丛顶病是目前我国报道的由幽影病毒引起的唯一病害，另外，莴苣小斑驳病目前仅在美国的加利福尼亚发生。虽然幽影病毒属的成员不多，而且有些幽影病毒仅局限在一定地区发生，但病毒的感染往往引起较大的损失，有些地区甚至引起作物绝收，如1975年花生丛簇病在尼日利亚北部流行，造成700 000公顷花生绝产，经济损失高达2.5亿美元[2]；烟草丛顶病自1993年在我国云南爆发流行以来，截至2001年，全省累计发病面积达51 300公顷，其中8700公顷绝收，1400公顷改种，直接经济损失高达2.1亿元，烟草丛顶病已成为云南省20世纪90年代以来唯一导致大面积绝产的烟草病害。国内对幽影病毒及其所致病害的报道不多，鉴于这些病原物的特殊性以及病害的危害性，本文对幽影病毒所引起的几种主要病害的症状、发生与危害、病原物特性以及病害的控制等进行了综述。

1 幽影病毒的基本特征

自然条件下，幽影病毒感染的植物体内常常发现有黄症病毒复合侵染，幽影病毒必须依靠黄症病毒作为辅助病毒进行蚜虫传播；另外，虽然幽影病毒的基因组为单分体的＋ssRNA，但在被其感染的植物体内含有丰富的两条长约为4.5kb和1.4kb的dsRNA，根据这些特征，1995年起将这类特殊的植物病毒归为幽影病毒属（*Umbravirus*，本文统称为“幽影病毒”）[3]。幽影病毒属病毒有胡萝卜拟斑驳病毒（*Carrot mottle mimic virus*，CMoMV）、胡萝卜斑驳病毒（CMoV）、花生丛簇病毒（GRV）、莴苣小斑驳病毒（*Lettuce speckles mottle virus*，LSMV）、豌豆耳突花叶病毒2号（*Pea enation mosaic virus*-2，PEMV-2）、烟草丛顶病毒（TBTV）和烟草斑驳病毒（TMoV）7个确定成员，胡萝卜斑驳病毒为该属代表种；而向日葵皱缩病毒（*Sunflower crinkle virus*，SuCV）、向日葵黄斑病毒（*Sunflower yellow blotch virus*，SuYBV）和烟草黄脉病毒（*Tobacco yellow vein virus*，TYVV）为幽影病毒属的暂定成员[4]。目前幽影病毒尚未确定科的归属。

幽影病毒可以通过机械接种传播，虽然单独的幽影病毒不能通过蚜虫传播，但在其辅助病毒—黄症病毒的帮助下可以通过蚜虫传播，蚜虫传播对幽影病毒在自然界的存活及扩散是至关重要的。幽影病毒的RNA必须被黄症病毒的外壳蛋白异源包裹后，形成能被蚜虫识别的杂合病毒体才能被蚜虫传播。而幽影病毒在寄主植物体内的增殖和移动并不需要黄症病毒的参与。幽影病毒的寄主范围较窄，体外抗性也较差。幽影病毒属病毒的基因组结构比较相似，都包含4个ORF，但缺乏编码外壳蛋白的ORF，不形成通常的病毒粒体结构。

2 胡萝卜杂色矮缩病

胡萝卜杂色矮缩病（*Carrot motley dwarf*，CMD）是冷凉气候条件下发生在胡萝卜及伞形花科其他植物上的一种重要的病毒病，在胡萝卜种植区都有发生并引起重要损失。CMD最早由Stubbs 1948年报道在澳大利亚发生，苗期感病的植株严重矮缩，叶片颜色表现黄色到红色，类似营养缺乏症；生长后期感病的植株有的矮化有的不变矮，但叶片变红或黄化，或红黄结合，有些可能保持正常的绿色。最初Stubbs认为CMD是由单一病毒引起的病害，后来发现CMD是由两个不相关的病毒-CMoV和CRLV复合侵染引起。单独感染CMoV的植株不表现任何症状，而单独感染CRLV的胡萝卜表现为叶片发红或黄化且植株轻微矮化。CMoV是幽影病毒属的代表种，可以通过汁液摩擦传播，CMoV也可以被柳胡萝卜蚜传播，但只有CMoV和CRLV共同感染的植株才能被蚜虫传播。CRLV是一种黄症病毒，病毒粒体球形，直径约25nm，通过柳胡萝卜蚜以持久性（循回型、非增殖）传播，不能通过机械摩擦传播[5]。

近年来的研究表明，引起CMD的病原物较为复杂。Gibbs等从表现CMD症状的胡萝卜上分离到幽影病毒属的另一个成员—胡萝卜拟斑驳病毒

(CMoMV)[6]。无论是CMoV还是CMoMV，与CRLV复合侵染后都会引起胡萝卜杂色矮缩病。研究还发现，来自新西兰和美国加利福尼亚（太平洋周边国家）的CMD感染CMoMV，而来自英国和摩洛哥（大西洋周边国家）的CMD感染CMoV，而有些地区的CMD可能同时感染了CMoV、CMoMV及CRLV。Waston等还发现，来自美国加利福尼亚的CMD病株中除了感染CMoMV及CRLV外，还感染了第3种病毒，即一种长约2.8kb的dsRNA[5]，此2.8kb RNA依赖于CRLV的包衣壳作用进行蚜虫传播，被命名为CRLV相关的RNA（CRLV-associated RNA，CRLVaRNA）。CRLVaRNA不含编码CP的ORF，而且依赖CRLV进行蚜虫传播，但序列分析结果显示CRLVaRNA可能不是一种幽影病毒[5,7]，尚不清楚CRLVaRNA在病害中的作用。胡萝卜杂色矮缩病病原物的复杂性表明，相同的感病症状可能由不同的幽影病毒引起，而同一感病样品中也可能存在由两种以上病毒复合侵染的现象。

3 花生丛簇病

花生丛簇病（groundnut rosette）于1907年首次报道在坦桑尼亚发生，此后该病逐渐在亚撒哈拉非洲（sub-Saharan African，SSA）国家及周边岛屿如马达加斯加发生[2]。感病花生有两种主要症状，即褪绿丛簇和绿丛簇，褪绿丛簇是整个SSA地区的主要症状类型，而绿丛簇仅部分西部、南部及东部非洲国家有报道。无论是感染绿丛簇还是褪绿丛簇的花生植株均表现为严重矮缩，并由于节间缩短和叶片变小而成浓密的灌木状。感染绿丛簇的植株叶色深绿，有的叶片出现亮绿或深绿的花叶；感染褪绿丛簇的植株叶片卷曲和皱缩，有明亮的褪绿，通常还会出现一些绿岛。早期感病植株往往整株表现丛簇症状，而生长后期感病植株仅部分枝条表现为丛簇症状。除了绿丛簇和褪绿丛簇症外，在东部和南部非洲地区还通常出现发病率较低的花叶丛簇症状。

花生丛簇病由GRV、GRV的卫星RNA（sat RNA）以及GRAV等多种病原复合侵染引起[2]。GRV是幽影病毒属成员，GRAV为黄症病毒科成员。花生丛簇病的3种病原物在病害的发生发展和传播过程中存在着极为密切的相互依赖和相互作用的关系：卫星RNA必须依赖GRV进行复制，而GRV依赖卫星RNA进行蚜虫传播，但GRV和卫星RNA都必须依赖GRAV的CP进行RNA的包衣壳作用才能由蚜虫（主要是黑豆蚜）传播，缺少GRAV时蚜虫无法传播丛簇病，缺少GRV及其卫星RNA时花生植株不表现丛簇症状。显然，3种致病因子对病害的生物学和病害的传播都起着重要的作用。自然条件下，三者的共同存在是花生丛簇病能够通过蚜虫进行有效传播的必要条件，而GRV及其卫星RNA的存活除了必须依赖GRAV外，GRV及其卫星RNA也是一种相互依赖的关系，这就是为什么自然条件下感染了GRV的病株中总是发现还同时含有卫星RNA的原因。

GRV的卫星RNA除了对GRV的蚜虫传播有重要作用外，对花生丛簇病不同症状类型的表现同样起着至关重要的作用[8]。GRV或GRAV单独侵染花生时都不产生或仅产生很轻微的症状，但不同的卫星RNA分离物却可以在花生上产生不同的症状，如有的卫星RNA在花生上产生褪绿丛簇，有的卫星RNA产生绿丛簇，而有的卫星RNA仅产生轻微褪绿或斑驳症状[9]。对GRV卫星RNA不同分离物的序列分析表明，不同的卫星分离物核苷酸序列长度不一（895～903nt），各卫星分离物之间存在一定的变异，但至少有87%的一致性[10]。卫星RNA对症状的作用可能是通过一种RNA介导的方式来进行的，控制卫星RNA复制的功能域可以对GRV的复制和症状的产生进行负调节作用。

相对于绿丛簇来说，蚜虫传播褪绿丛簇似乎更为有效，如蚜虫在传播褪绿丛簇和绿丛簇时，最短获毒时间分别为4h和8h，最短传毒时间均少于10min，平均潜育期分别为26.4h和38.4h[11]。由于GRAV分布于韧皮部组织，而GRV及其卫星RNA主要分布于叶肉细胞，GRAV、GRV及其卫星RNA不可能总是在同一组织中出现，相对较长的饲毒时间对于蚜虫分别在叶肉细胞和韧皮部组织获取GRV及其卫星RNA和GRAV是非常必要的，而且GRV的RNA及其卫星RNA必须被GRAV的CP包裹成一定的粒体结构才能被蚜虫传播，因此，蚜虫的最短获毒时间都明显比最短传毒时间要长得多。值得注意的是，在研究丛簇病的蚜虫传毒特性以及病害的流行时，由于GRAV在花生植株上并不表现明显的症状，表现丛簇症状的植株并不一定表示GRAV的存在。当蚜虫在花生植株上试探性取食时，蚜虫的口针刺穿在叶肉细胞上并不需要很长时间就完全可以将GRAV、GRV及其卫星 RNA 传入花生植株，但只有 GRV 及其卫星 RNA 可以在叶肉细胞中复制和增殖（GRAV 只能在韧皮部细胞中增殖），植株上表现出来的丛簇症状实际上只是 GRV 及其卫星 RNA 在缺少 GRAV 的情况下产生的结果，这样的植株因此也不能再被蚜虫传播。同样的，由于 GRAV 必须被传入韧皮部才能进行复制和增殖，在传毒时间（inoculation access period，IAP）方面，GRAV 比 GRV 及其卫星 RNA 要长。如果 IAP 短于 120min，只有少数蚜虫的口针到达韧皮部，40%的接种植物可以表现丛簇症状，但这些表现症状的植株都不含 GRAV，说明蚜虫释放到植物中的 GRAV 量太少时，可能不足以启动 GRAV 的 RNA 进行复制；而当 IAP 达到 48h 时，95%的接种植物都可以表现丛簇症状，但只有 50%表现症状的植株含 GRAV[8]。

4 烟草丛顶病

烟草丛顶病（tobacco bushy top）最早于 1957 年在津巴布韦北部春克旺里发生，在终年种植烟草的赞比西河峡谷地区发病较重[12]。烟草丛顶病为系统侵染病害，烟草整个生育期均可感染。感病烟株腋芽过度生长，产生许多过细的枝条和脆弱的叶子，花小但能正常结籽，苗期感染导致严重矮化和畸形。目前该病已在津巴布韦及其邻国南非、马拉维、赞比亚等非洲南部地区，以及亚洲的巴基斯坦、泰国和中国的云南发现，主要在非洲的赞比西河峡谷地区以及云南的怒江、澜沧江和金沙江等三江流域烟区流行危害，而其他烟区只是零星发生[13]。烟草丛顶病由 TBTV 及 TVDV 复合侵染引起。近年来，随着对烟草丛顶病病原物分子生物学研究的深入[14,15]，TBTV 和 TVDV 的分类地位已得到确认，2005 年 ICTV 的第 8 次病毒分类报告，已正式将 TBTV 归为幽影病毒属的确定成员，TVDV 归为黄症病毒科的正式成员，但仍未将 TVDV 划归到相应的属[4]。TBTV 可以通过摩擦接种传播，当同时感染 TBTV 和 TVDV 时，TBTV 也可以通过蚜虫（主要是烟蚜）传播；而 TVDV 只能通过蚜虫传播，不经机械传播[16]。从烟草丛顶病感病烟株中可以检测到多条与病害相关的 dsRNA，其中 4.0～5.0kb、1.5～2.0kb 及 0.75～1.0kb 的 dsRNA 经常出现。在烟草丛顶病病株细胞质和液泡中还发现许多直径约 100～200nm内含纤维状物的多呈球形、卵圆形或椭圆形小囊泡，小囊泡内的纤维状物可能是病毒基因组 RNA 的 dsRNA 复制型[17]，这些小囊泡结构可能与病毒的复制和/或对裸露的病毒 RNA 提供保护有关。

烟草丛顶病在田间主要靠蚜虫传播，烟蚜迁飞高峰期是造成病害流行的重要时期，尤其是在烤烟苗期及大田移栽初期烟蚜的迁飞和消长量将严重影响病害的流行及危害程度[18]。目前生产上主要采取“预防为主，治（避）虫防病”为中心的综合防治措施，以防治媒介昆虫、培育无毒烟苗和控制大田流行为主，其次从保健栽培及淘汰病苗方面入手，通过控制传播源、切断传播途径和增强烟株抗病性以达到病害的有效防治目的[12]。

5 问题和展望

幽影病毒引起的病害是一类特殊的植物病害，目前国内仅云南发现有烟草丛顶病的发生。由于幽影病毒不编码外壳蛋白，不形成病毒粒体结构，因此传统的电镜技术和血清学方法不适用于这类病毒的检测。另外，由于幽影病毒引起病害的症状与植原体等病原引起的病害有一定的相似性，加之感病植株在电镜下检测不到病毒粒体，给病害的准确诊断和有效控制带来了不少困难，如我国云南发生的烟草丛顶病在早期就曾被误认为是植原体引起的烟草丛枝病。近年来，随着对幽影病毒引起病害研究的深入，一些快速、准确的病害诊断和鉴定方法已被用于幽影病毒引起病害的研究。首先，通过 dsRNA 技术，分析感染植株的 dsRNA 谱，可以初步判断病害是否由幽影病毒所致；其次，利用幽影病毒通用引物 Umbra-NNS/Umbra-FDQH，通过 RT-PCR 方法可以准确判断感染植株是否含有幽影病毒，对 RT-PCR 扩增产物进行序列分析即可断定病害由哪一种幽影病毒引起。另外，自然条件下幽影病毒总是伴随其相应的辅助病毒（黄症病毒）复合感染植株，可以通过制备幽影病毒相应辅助病毒的抗血清，对田间发病植株进行血清学检测而达到病害的早期诊断目的。两种甚至多种植物病毒复合体引起同一种植物病害的现象虽然不常见，但由于这些病原物的特殊性，加之病害在局部地区几度流行并造成严重危害，进一步深入开展病害的生物学及流行学、病原物的分子生物学等研究，探明幽影病毒的致病机理、传播介体的传毒机制等，将对这类病害的深入研究和有效控制提供重要的理论基础。

参考文献

[1] Taliansky ME, Robinson DJ. Molecular biology of umbraviruses: phantom warriors. J Gen Virol, 2003, 84: 1951-1960

[2] Naidu RA, Kimmins FM, Deom CM, et al. Groundnut rosette a virus disease affecting groundnut production in sub-Saharan Africa. Plant Disease, 1999, 83(8): 700-709

[3] Murant AF, Robinson DJ, Gibbs MJ. Genus *Umbravirus*. *In*: Murphy FA, Fauquet CM, Bishop DHL, et al. Virus taxonomy: classification and nomenclature of viruses. Sixth Report of the International Committee on Taxonomy of Viruses. Vienna: Springer-Verlag, 1995, 388-391

[4] Fauquet CM, Mayo MA, Maniloff J, et al. Virus taxonomy: classification and nomenclature of viruses, Eighth Report of the International Committee on Taxonomy of Viruses. New York: Elsevier Academic Press, 2005

[5] Watson MT, Tian T, Estabrook E, et al. A small RNA resembling the *Beet western yellows luteovirus* ST9-associated RNA is a component of the california carrot motley dwarf complex. Phytopathology, 1998, 88: 164-170

[6] Gibbs MJ, Cooper JI, Waterhouse PM. The genome organization and affinities of an australian isolate of *Carrot mottle umbravirus*. Virology, 1996, 224(1): 310-313

[7] Vercruysse P, Gibbs M, Tirry L, et al. RT-PCR using redundant primers to detect the three viruses associated with carrot motley dwarf disease. J Virol Methods, 2000, 88: 153-161

[8] Kumar IK, Murant AF, Robinson DJ. A variant of the satellite RNA of *Groundnut rosette virus* that induces brilliant yellow blotch mosaic symptoms in *Nicotiana benthamiana*. Ann Appl Biol, 1991, 118: 555-564

[9] Murant AF, Kumar IK. Different variants of the satellite RNA of *Groundnut rosette virus* are responsible for the chlorotic and green forms of groundnut rosette disease. Ann Appl Biol, 1990, 117: 85-92

[10] Blok VC, Ziegler A, Robinson DJ, et al. Sequences of 10 variants of the satellite-like RNA-3 of *Groundnut rosette virus*. Virology, 1994, 202: 25-32

[11] Misari SM, Abraham JM, Demski JW, et al. Aphid transmission of the viruses causing chlorotic rosette and green rosette diseases of peanut in Nigeria. Plant Diseases, 1988, 72(3): 250-253

[12] 杨程. 津巴布韦烟草丛顶病调查. 烟草科技, 2003, 2: 43-45

[13] 李凡, 吴建宇, 陈海如. 烟草丛顶病研究进展. 植物病理学报, 2005, 35(5): 385-391

[14] Mo XH, Qin XY, Wu JY, et al. Complete nucleotide sequence and genome organization of a chinese isolate of *Tobacco bushy top virus*. Arch Virol, 2003, 148(2): 389-397

[15] 李凡, 钱宁刚, 杨根华等. 烟草扭脉病毒外壳蛋白基因克隆及序列分析. 云南农业大学学报, 2002, 17(4): 440-441

[16] 李凡, 周雪平, 蔡红等. 云南烟草丛枝症病害初步研究. 植物病理学报, 2001, 31(4): 372

[17] 李凡, 洪健, 周雪平等. 云南烟草丛枝症病害病株的细胞超微结构变化研究. 见:朱有勇, 李健强, 王惠敏. 植物病理学研究进展——中国植物病理学会第四届青年学术研讨会论文选编. 昆明: 云南科学技术出版社, 1999, 170-171

[18] 秦西云, 杨铭, 段玉琪等. 云南烟草丛枝症病害研究Ⅰ田间发病规律. 云南农业大学学报, 1999, 14(1): 87-90

农杆菌介导的病毒侵染方法在禾本科植物转化上的研究进展

吴祖建，林奇英，谢联辉

（福建农业大学植物病毒研究所，福建福州　350002）

摘　要：综述了农杆菌介导的病毒侵染方法（agroinfection）在禾本科植物转化研究方面的进展。利用农杆菌的 Ti/Ri 质粒载体将病毒或类病毒的核酸导入植物细胞的方法，近年来在禾本科植物包括水稻、大麦、小麦和玉米等具有经济重要性的粮食作物的转化研究上取得了长足的进展。它具有直接、高效、灵敏等特点，在导入植物过程中不需制备病毒或类病毒的核酸，也不需通过介体昆虫的介导。因此，农杆菌介导的病毒侵染方法是人们研究农杆菌及其禾本科寄主的相互关系、病毒的生物学特性、病毒基因功能和核酸序列的很好的方法。

关键词：农杆菌介导的病毒侵染方法；禾本科植物；转化

中图分类号：S435.121.9

Advances on transformation of graminaceous monocots by agroinfection

WU Zu-jian，LIN Qi-ying，XIE Lian-hui

（Institute of Plant Virology，Fujian Agricultural University，Fuzhou　350002）

Abstract：Advances on the transformation of graminaceous monocots by agroinfection were summarized in this paper. Remarkble progress on the transformation of graminaceous plants，including the most economically important cereal crops（e. g. rice，barley，wheat，maize etc.），has been achieved by using the useful vector Ti/Ri plasmid to introduce viral or viroidal genomes into plant cells. Agroinfection has the advantage of directness，effectiveness and sensitiveness. Such as foreign DNA was introduced to plant without preparing viral or viroidal DNA，and was transmitted to plant without insect，therefore，it provides the possibilities to study the interaction between the bacteria and their graminaceous hosts，biological characteristics，gene function and nucleotide sequence of plant viruses.

Key words：agroinfection；graminaceous monocots；transformation

根癌农杆菌（*Agrobacteriurn tumefaciens*）和发根农杆菌（*A. rhizorenes*）分别带有 Ti 和 Ri 质粒，它们侵染植物的受伤部位并把带有肿瘤基因（oncogenes）的 Ti/Ri 质粒传导入植物细胞，其中的肿瘤基因整合到核 DNA 中并表达出来，从而引发冠瘿瘤或发根病。质粒中有两个区域决定了其致

福建农业大学学报（自然科学版），1994，23（4）：411-415

收稿日期：1994-01-08

病性：T-DNA，它被转化并整合到转化细胞的核基因组中，通过控制生长素和细胞分裂素合成而导致转化植物组织的肿瘤形成；Vir 区，至少包含 6 个操纵子，即 virA、virB、virC、virD、virE 和 virG，它编码 T-DNA 加工、转移和整合过程所需的酶，但不能转化到植物细胞内[1]。插入到 Ti/Ri 质粒 T-DNA 内的任何 DNA 片段可以被 *A. tumefaciens* 和 *A. rhizogene* 共同转化入植物细胞中，因此，Ti/Ri 质粒可以作为基因工程中，特别是将外源基因导入双子叶植物中的一个非常有用的载体。

一般认为，Ti/Ri 质粒只可作为双子叶植物的载体，这是因为根据是否形成肿瘤来判断农杆菌的寄主范围的缘故。农杆菌不能在单子叶植物上形成肿瘤或单子叶植物对其侵染后不形成肿瘤的原因可能是：①农杆菌不能附着单子叶植物的细胞壁；②单子叶植物细胞内生长素和细胞分裂素的平衡异常，大多不能有效地对 T-DNA 肿瘤基因的表达产物发生反应；③单子叶植物缺乏特异的信号分子以引发根癌农杆菌感染；④转化频率太低而不能导致冠瘿瘤或发根的形成；⑤单子叶植物中存在着抑制根癌农杆菌生长和 *vir* 基因活化的物质[2,3]。显然，农杆菌这种寄主范围的局限性制约了 Ti/Ri 质粒作为载体及其在单子叶植物包括在具有经济重要性的粮食作物的基因转化上的应用。

随着对农杆菌生物学研究的深入和研究人员的不断尝试，人们发现这些障碍并非不可逾越。近来有越来越多的证据表明，Ti/Ri 质粒也可以应用于包括禾本科植物在内的单于叶植物的基因工程研究中。Hooykaas 等[3] 用农杆菌白 LBA2347 株系（带有一个胭脂碱 Ti 质粒和一个 Ri 质粒）感染吊兰和水仙，在受伤部位生了不明显的肿瘤组织，并检测到胭脂碱。这是农杆菌对单子叶植物转化的首次报道。人们发现，克服农杆菌转化单子叶植物的困难的关键在于 *vir* 基因的激活。许多多酚类物质（特别是复合酚类化合物）、多糖（特别是酸性糖）和胭脂碱等物质都具有激活 *Vir* 基因的作用。此外，感染单子叶植物的敏感部位也是转化成功的关键，这些部位包括生长锥、叶鞘基部、盾片结节、中胚轴和分生组织等[4,5]。这说明了人们只要通过选择合适的转化途径和方法是可以实现农杆菌对单子叶植物的转化的。在这些方法中特别值得一提的是近年来发展起来的以农杆菌介导的病毒侵染方法。

1 农杆菌介导的病毒侵染及其原理

农杆菌介导的病毒侵染（*Agrobacterium*-mediated virus infection，agroinfection）方法，是指农杆菌 Ti/Ri 质粒载体将病毒或类病毒的核酸导入植物并形成侵染的过程[6,7]，它是由 Grimsley 等[8] 建立的。其原理是农杆菌 Ti/Ri 质粒上的 T-DNA 区能将插在其中的病毒或类病毒基因组转移整合到植物细胞中并表达出来，然后通过下面的两种方法之一导致转化植物的系统感染：①含有一个以上完整的病毒基因组串联插入 T-DNA 中后，重复的病毒基因组发生同源重组产生环状和完整的病毒 DNA，或通过 T-DNA 的复制产生完整的病毒粒子，从而在受体植株中发展成为系统侵染；②通过整合过程，即携带完整病毒基因的 T-DNA 整合到植物细胞中，转化的细胞增殖并分化形成转基因植株，其每个细胞核 DNA 都携带有病毒的基因，随着植物基因组的复制转录，病毒基因脱离植物基因组而产生具有活性的病毒粒子，从而使植物发生系统浸染[9]。

2 农杆菌介导的病毒侵染方法在禾本科植物转化上的应用

Grimsley 等[8] 首先用带有玉米条纹病毒（MSV）的根癌农杆菌的株系转化玉米获得成功。现在农杆菌介导的病毒侵染作为一个非常灵敏的方法，已成功地使农杆菌也同样能侵染禾本科植物，包括水稻、玉米、大麦、小麦、燕麦、黍、马唐和黑麦草，使用的病毒包括 MSV[1,7,10]，小麦矮缩病毒（WDV）[11,12]，马唐条纹病毒（DSV）[13]，狄草条纹病毒（MiSV）[14] 和水稻东格鲁杆状病毒（RTBV）[6]（表 1）。这些病毒都只能靠介体昆虫传播，但现在它们的病毒 DNA 可通过农杆菌传播到禾本科植物中，并产生典型的病毒侵染症状。

表 1　可用农杆菌介导的病毒感染方法转化的禾本科植物

病毒	农杆菌株系	已转化的禾本科植物	文献
玉米条纹病毒	*A. tumefaciens*	玉米 *Zea mays*	[7]
(MSV)	C58，LBA4301 (pTiC58)	大麦 *Hordeum vulgare*	[15]
	Ab，A136 (pTiAg63)，	小麦 *Triticum aestivum*	[1]
	A136 (pTiA6)，AT1		
	T37，pEHA101[8]	燕麦 *Avena sativ*	
	Bo542	黍 *Panicum miliaceum*	
	A. rkizogenes	马唐 *Digtaria sanguinalis*	
	A4，NCPPB3629	黑麦草 *Lotium temulentum*	
	LBA9402，NCPPB8196		
	R1000，ICPBTR7		
狄草条纹病毒	*A. tumefaciens*	玉米	[14]
(MiSV)	C58	黍	
	A. rizogenes		
	A4，LBA9402		
小麦矮缩病毒	*A. tumefaciens*	小麦	[12]
(WDV)	PC2669 (pTiC58)		
	C58		
马唐条纹病毒	*A. tumefaciens*	马唐	[13]
(wdv)	C58	玉米	
		燕麦	
水稻东格鲁杆状病毒	*A. tumefaciens*	水稻 *Oryza saliva*	[11]
(RTBV)	C58		
	A. rkizogenes		
	A4，LBA9402		

农杆菌介导的病毒侵染方法转化禾本科植物的过程和技术要点如下：①选择合适的农杆菌株系：不同的农杆菌株系具有不同的转化禾本科植物的能力。例如，*A. tumefaciens* 的胭脂碱株系和 *A. rhizogenes* 的农杆菌素与甘露糖碱两个株系都可以高效地把 MSV DNA 转化到玉米上[1,10]。②病毒 DNA 克隆：从病株中提取病毒，抽提出病毒 DNA，然后克隆到质粒中。③构建质粒：质粒中必须含有完整的或更长的病毒 DNA。④农杆菌共转化：用三亲株杂交法把 *Escherichia coli* 中的质粒共转化入农杆菌中。⑤农杆菌接种：带有 MSV-DNA 的农杆菌只有接种在植物的茎基部才能高效感染。⑥农杆菌接种的植株检测：检测的内容包括症状、病毒粒体、病毒 DNA 和外壳蛋白等。

尽管目前农杆菌介导的病毒侵染方法只在玉米、大麦、小麦和水稻等禾本科植物的转化上获得成功，而且其转化频率一般较低，但这一方法已在下列的研究中展示了光辉的前景：

(1) 为病毒传播提供新途径，由于农杆菌介导的病毒侵染方法可以不需借助介体传染或制备病毒核酸，因此它为单一介体昆虫传播的那些病毒提供了另外的一条重要的传播途径。这一方法的介导效率很高，比直接用核酸感染高许多个数量级[7]。此外，它也使人们大量繁殖病毒变得更容易。

(2) 研究病毒的基因功能及其生物学特性。通过农杆菌介导的病毒侵染方法可以方便地进行病毒基因的体外突变和重组，研究病毒的基因功能和生物学特性。如在 MSV 的两个正链基因 V1 和 V2 中进行插入和删除，抑制了病毒侵染症状的产生，表明 V1 和 V2 基因对系统侵染是必须的[10]；后来的研究表明 V1 和 V2 基因产物和病毒在植物体内的扩散有关[16,17]；在 WDV 的反义基因 C1 和 C2 上的突变影响了病毒的复制[18]。此外在病毒基因组上的突变会影响到病毒的生物学特性，包括寄主范围和症状等特性[10]。

(3) 研究病毒的核苷酸序列和基因组结构。农杆菌介导的病毒侵染方法已被用于 MiSV，WDV 和 RTBV 等病毒的核苷酸序列和基因组结构研究[6,11,14]。

(4) 作为 T-DNA 转移的标记。禾本科植物经农杆菌介导的病毒感染后，由于病毒核酸在寄主细胞内快速复制，并发生病毒的系统感染，形成肉眼可见的病毒感染症状，因此病毒症状可以作为T-DNA是否转移到寄主体内的灵敏标记，这就改变了以往的用形成肿瘤、冠瘿碱合成或一些特定功能的基因的表达等来作为判定T-DNA转移的方法。

（5）研究农杆菌寄主范围。长期以来，人们一直认为农杆菌不能感染单子叶植物，农杆菌介导的病毒感染方法使农杆菌也能侵染水稻、小麦等禾本科植物，这说明T-DNA是可以转移到禾本科植物体内。这就大大提高了农杆菌的应用范围。虽然对其机制尚不完全清楚，但农杆菌介导的病毒侵染方法为研究农杆菌和禾本科植物间的关系提供了可能。

3 展望

随着越来越多的禾本科植物被农杆菌成功地进行转化，人们对农杆菌介导的病毒侵染方法在禾本科植物的遗传转化充满了信心。许多禾本科植物作为重要的粮食作物，其经济重要性不言而喻。通过农杆菌来转化这些重要粮食作物，进行外源基因导入，以培育有实用价值的抗病毒工程植物是将来的发展方向。同时，这一方法在病毒的基因功能、农杆菌和禾本科植物的相互作用等基础研究上也将扮演一个重要的角色。

参考文献

[1] Raineri DM, Boulton MI, Davies JW, et al. virA, the plant-signal receptor, is responsible for the Ti plasmid-specific transfer of DNA to maize by *Agrobacterium*. PNAS, 1993, 90: 3549-3553
[2] Shafer W, Gare A, Kahl G. T-DNA integration and expression in a monocot crop plant after induction of *Agrobacterium*. Nature, 1987, 327: 529-532
[3] Hooykaas-Van Slogteren GMS, Hooykass, PJJ, Schilpcroort RA. Expression of Ti plasmid genes in monocotyledonous plants infected with *Agrobacterium tumefaciens*. Nature, 1984, 311: 763-764
[4] 陈思学，李洪泉. 农杆菌介导的单子叶植物遗传转化研究进展. 生物技术，1993，3(3):1-5
[5] 杨美珠，陈章良. 农杆菌介导的植物基因转化. 见：陈章良. 植物基因工程研究. 北京：北京大学出版社，1993，351-359
[6] Dasgupta I, Hull R, Eastop S, et al. Rice tungro bacilliform virus DNA independently infects rice after *Agrobacterium*-mediated transfer. J Gen Virol, 1991, 72: 1215-1221
[7] Grimsley NH, Hohn T, Davics JW, et al. *Agrobacterium*-mediated delivery of infectious maize streak virus into maize plants. Nature, 1987, 325: 177-179
[8] Grimsley NH, Hohn B, Hohn T, et al. Agroinfection, an alternative route for plant virus infection by using Ti plasmid. PNAS, 1986, 83: 3282-3286
[9] 施骏，许文耀. 农杆菌介导的病毒侵染(agroinfection)方法在植物和病毒分子生物学基础研究中的应用. 细胞生物学杂志，1993，15(2)：71-75
[10] Boulton MI, Steinkellner H, Donson J, et al. Mutational analysis of the virion-sense genes on *Maize streak virus*. J Gen Virol, 1989, 70: 2309-2332
[11] Woolston CD, Barker R, Gunn H, et al. Agroinfection and nucleotide sequence of cloned *Wheat dwarf virus* DNA. Plant Molecular Biology, 1988, 11: 35-43
[12] Hayes RJ, Macdonald H, Coutts RHA, et al. Agroinfection of *Triticum aestivum* with cloned DNA of *Wheat dwarf virus*. J Gen Virol, 1988, 69: 891-896
[13] Donson J, Aceotto GP; Boulton M I, et al. *Agrobacterium*-medieted infectivity of cloned *Digitaria streak virus* DNA. Virolog, 1988, 162: 248-250
[14] Chatani M, Matsumoto Y, Mizuta H, et al. The nucleotide sequence and genome structure of the gemnivirus miscanthus streak virus. J Gen Virol, 1991, 72: 2325-2331
[15] Boulton MI, Buchholz WG, Marks MS, et al. Specificity of *Agrobacterium*-mediated delivery of *Maize streak virus* DNA to members of the *Gramineae*. Plant Molecular Biology, 1989, 12: 31-40
[16] Boulton MI, Pallaghy CK, Chatani M, et al. Replication of *Maize streak virus* mutants in maize protoplasts: evidence for a movement protein. Virology, 1993, 192: 85-93
[17] Boulton MI, King DI, Markham PG, et al. Host range and symptoms are determined by specific domains of *Maize streak virus* genome. Virology, 1991, 181: 312-318
[18] Schalk HJ, Matzeit V, Schiller B, et al. *Wheat dwarf virus*, a geminivirus of graminaccous plants needs splicing for replication. EMBO J, 1989, 8: 359-364

介体线虫传播植物病毒专化性的研究进展

刘国坤，谢联辉，林奇英，吴祖建

（福建农林大学植物病毒研究所，福建福州　350002）

摘　要：介体线虫传播植物病毒专化性的研究已取得很大进展。对介体线虫与植物病毒的组合、专化性传播、传播遗传因子、传播的助蛋白策略等方面的最新研究进展进行了评述。

关键词：介体线虫；植物病毒；传播专化性

中图分类号：S436.67　**文献标识码**：A　**文章编号**：1006-7817（2003）01-0055-06

Advance in specificity in the transmission of plant virus by vector nematodes

LIU Guo-kun，XIE Lian-hui，LIN Qi-ying，WU Zu-jian

（Institute of Plant Virology，Fujian Agriculture and Forestry University，Fuzhou　350002）

Abstract：Study on the specificity in the transmission of plant virus by vector nematodes has made great progress. The research advances in vector and virus association，specificity of transmission，genetic determinants of transmission，helper protein for vector transmission are reviewed.

Key words：vector nematodes；plant virus；specificity of transmission

传播专化性（specificity of transmission）是植物病毒由介体线虫传播的一个重要特点。近十几年来，由于分子生物学技术在植物病毒学研究领域得到广泛应用，人们能够从分子水平来探讨介体线虫与病毒之间的专化性识别机制，本文着重介绍这方面研究的最新进展。

1　介体线虫与线虫传病毒

1.1　介体线虫与线虫传病毒的种类

能传播植物病毒的介体线虫仅隶属于毛刺线虫科（Trichodoridae）和长针线虫科（Longidoridae）线虫种，分别传播烟草脆裂病毒属（*Tobravirus*）和线虫传多面体病毒属（*Nepovirus*）的病毒[1,2]。这两个科已报道的有效种长针线虫属（*Longidorus*）有131种[3,4]，拟长针线虫属（*Paralongidorus*）72种[5]，剑线虫属（*Xiphinema*）211种（其中美洲剑线虫组有43种）[6-8]，毛刺线虫属（*Trichodorus*）48种，拟毛刺线虫属（*Paratrichodorus*）38种[9]，但属于病毒介体的仅有8种长针线虫、1种拟长针线虫、9种剑线虫以及4种毛刺线虫和9种拟毛刺线虫（表1）[2,10]，占全部种的6.2%。烟草脆裂病毒属病毒为杆状粒体，有3个确定种，都可由线虫传播[1,2,10]；线虫传多面体病毒属病毒为球状粒体，有27个确定种，14个暂定种[11]，但只有12种能由线虫传播[2,10]。

福建农林大学学报（自然科学版），2002，32（1）：55-61

收稿日期：2002-03-14

1.2 介体线虫与植物病毒的组合

Trugill 等[12]、Brown 等[13]提出了是由介体线虫传播植物病毒的标准，按照此标准，全世界已报道的所有介体线虫种与病毒（株系）组合只有 1/3 能符合标准而被确认（表 1）。

表 1 介体线虫种与植物病毒间专化性组合

介体线虫	病毒	血清型
长针线虫（*Longidorus* spp.）		
阿普尔长针线虫（*L. apulus*）	AILV（意大利菊芋潜隐病毒）	Italian
* *L. arthensis*	CRV（樱桃丛生病毒）	Swiss
渐窄长针线虫（*L. Attenuatus*）	TBRV（番茄黑环病毒）	English \ German
绕尾长针线虫（*L. diadecturus*）	PRMV（桃丛簇花叶病毒）	North American
伸长长针线虫（*L. elongatus*）	RpRSV（悬钩子环斑病毒）	Scottish
	TBRV	Scottish
*捆长针线虫（*L. fasciatus*）	AILV	Greek
巨体长针线虫（*L. macrosoma*）	RpRSV	English、Swiss（Grape）
*马氏长针线虫（*L. martini*）	MRSV（桑树环斑病毒）	Japanese
拟长针线虫（*Paralongidorus* spp.）		
*最大拟长针线虫（*Pa. maximus*）	RpRSV	German grapevine
剑线虫（*Xiphinema* spp.）	CRLV（樱桃锉叶病毒）	North American
美洲剑线虫（*X. americamum*）	PRMV	North American
	ToRSV（烟草环斑病毒）	North American
	TRSV（番茄环斑病毒）	North American
布里孔剑线虫（*X. bricolense*）	TRSV	North American
加洲剑线虫（*X. californicum*）	CRLV	North American
	ToRSV	North American
	TRSV	North American
异尾剑线虫（*X. diversicaudatum*）	ArMV（南芥菜花叶病毒）	English Barley
	SLRSV（草莓潜环斑病毒）	English、Italy olive、Italy peach、Italy rasberry
标准剑线虫（*X. index*）	GFLV（葡萄扇叶病毒）	North American
意大利剑线虫（*X. italiae*）	GFLV	North American
中间剑线虫（*X. intermedium*）	ToRSV	North American
里夫斯剑线虫（*X. rivesi*）	TRSV	North American
	CRLV	North American
	ToRSV	North American
	TRSV	North American
X. tarjanense	ToRSV	North American
	TRSV	North American
拟毛刺线虫（*Paratrichodorus* spp.）		
葱属拟毛刺线虫（*P. allius*）	TRV（烟草脆裂病毒）	North American
银莲花拟毛刺线虫（*P. anemones*）	PEBV（豇豆早枯病毒）	English
	TRV	PaY4
P. hispanus	TRV	Portuguese
微小拟毛刺线虫（*P. minor*）	PepRSV（辣椒环斑病毒）	Brazil
	TRV	North American
短小拟毛刺线虫（*P. nanus*）	TRV	PRN
厚皮拟毛刺线虫（*P. pachydermus*）	PEBV	Dutch
	TRV	PpK20（Scottish）、PaY4（English）、PRN

续表

介体线虫	病毒	血清型
多孔拟毛刺线虫（*P. porosus*）	TRV	North American
光滑拟毛刺线虫（*P. teres*）	PEBV	Dutch
	TRV	Oregon（Dutch）
*突尼斯拟毛刺线虫（*P. tunisiensis*）	TRV	Italian
毛刺线虫（*Trichodorus* spp.）		
圆筒毛刺线虫（*T. cylindricus*）	PEBV	English
	TRV	RQ（English）、TcB2-8（Scottish）
原始毛刺线虫（*T. primitivus*）	PEBV	TpA56（English）
	TRV	TpO1（English）
相似毛刺线虫（*T. similis*）	TRV	Ts（Greek）、Ts（Dutch）、Ts（Belgium）
具毒毛刺线虫（*T. viruliferus*）	PEBV	English
	TRV	RQ（Scottish）

*为介体线虫与相关病毒的唯一性类型，其余为互补性类型；线虫拉丁文中文译名引自参考文献［20］

2　介体线虫传播植物病毒的专化性

2.1　传播专化性

传播专化性是指“植物病毒与介体线虫之间的专化性关系，即病毒粒体与介体线虫体内病毒粒体保留位点之间可能的一种识别事件”[2]。介体线虫种与传播的病毒种或株系之间具有高度的专化性水平，可达到介体种的不同种群或血清学微小差异病毒血清型株系上的专化性程度[1,14,15]。Brown 和 Weischer[2]、Vassilakos 等[10]对传播专化性归纳为 2 个类型：①唯一性（exclusivity），指一种病毒/病毒株系与介体种之间存在唯一的传播关系；②互补性（complementarity），指一种病毒/病毒株系可由不同介体种传播，或一介体线虫种可传播几种病毒/病毒株系。

2.2　病毒在介体线虫体内保留与释放机制假说

病毒粒体在介体线虫食道处具有专化性保留位点[1,16-19]，病毒粒体在介体内的保留与释放机制可能与线虫属有关[1,2]。目前有关粒体保留和释放机制的假说主要有以下 2 种。

2.2.1　电荷假说

认为介体长针线虫齿针表面带有负电荷，被传播的病毒粒体可能带有正电荷，正负电荷吸引而使粒体保留在有效位点，如果一种病毒的不同株系具有不同表面电荷密度，则需要不同的介体线虫种来传播；而不同的病毒种如能由同一介体线虫种传播，则这些病毒可能具有相似的电荷密度。据推测，病毒粒体的释放推测可能是在线虫取食时食道腺分泌物进入植物细胞时调节食道腔内的 pH，通过改变粒体表面电荷释放粒体[1,2]。

2.2.2　分子识别假说

试验表明，介体裂尾剑线虫与厚皮拟毛刺线虫的食道内壁层上具有糖类物质粘层，而病毒外壳蛋白（CP）可能具有类似凝集素特性，二者之间存在着分子识别关系而进行结合，病毒粒体释放可能通过食道腺分泌物中的酶对病毒粒体在保留位点的调节而得到实现[1,2]。

2.3　传播专化性的遗传因子

近几年来分子生物学的研究表明病毒基因参与线虫专化性传播。目前通过构建可经线虫传播的烟草脆裂病毒属病毒的一些株系的侵染性克隆，鉴定与线虫传播有关的可能遗传因子。

2.3.1　病毒外壳蛋白基因

病毒外壳蛋白结构在线虫传播中起着重要的作用。烟草脆裂病毒属和线虫传多面体病毒属病毒都具有双分体基因组，各有一单链 RNA，其中小分子 RNA2 编码病毒外壳蛋白[1,10]。

假重组株系构建和传播实验表明决定线虫传播的遗传因子都位于病毒基因组 RNA2 片断中[18,21]，由于介体线虫种与病毒血清型株系之间存在着高度的传播专化性，因此病毒外壳蛋白结构在线虫传播中可能具有重要的作用[18,22]。核磁共振研究表明烟草脆裂病毒属病毒外壳蛋白 C 端具有一突出粒体表面的片断，可能其与病毒粒体在介体内保留位点起作用[1,23,24]。Macfarlane 等[25]也发现对于 PEBV-TpK56 株系，这个突出片断基因的部分缺失会影响介体线虫的传播。Hernandez 等[26]发现 TRV-PpK20 株系可由厚皮拟毛刺线虫传播，但它与不能由同种线虫传播的 TRV-PLB、TRV-PRN 株系相比，其外壳蛋白氨基酸序列具有 90%同源性，序列不同之处大多位于蛋白 C 端，表明蛋白 C 端其氨基酸序列可能与线虫传播能力有关。

2.3.2 非结构蛋白基因

外壳蛋白可能并不是决定传播专化性的唯一遗传因子。烟草脆裂病毒属病毒 RNA2 除了编码外壳蛋白，还编码 1～3 个的非结构蛋白[27-29]，这些非结构蛋白可能与线虫传播有关。

原始毛刺线虫可传播 PEBV-TpA56，但不能传播 PEBV-SP5 株系。2 个株系 RNA2 基因组除了编码外壳蛋白基因外，下游编码 3 个分子质量依次为 9kD、29.6kD、23kD 潜在非结构蛋白，序列分析发现二者核苷酸序列具有 99.6%同源性；只有 3 个序列因碱基不同而影响基因产物氨基酸序列（1 保守的氨基酸变化发生在外壳蛋白上，另外 2 个非保守的变化发生在 29.6kD 蛋白上）。以上结果表明编码 29.6kD 蛋白的基因与线虫传播有关[29]。MacFarlane 等[25]通过诱变实验发现 PEBV-TpA56 所有非结构基因可能都与线虫介体传播有关，9kD 蛋白基因发生移码突变，则线虫传播频率降低近 90%；29.6kD 基因的缺失和 23kD 基因移码突变使线虫无法传播；23kD 基因少量缺失导致线虫传播频率只有 4%。Schmitt 等[30]在随后的诱变实验表明 23kb 基因完全缺失的突变子能由线虫传播，但线虫传播频率大大降低，表明它不是线虫传播所必要条件的，但具有保持线虫传播频率的作用。

TRV-PpK20 株系 RNA2 除了编码病毒外壳基因外，还编码 40kD（原先定为 29.4kD）与 32.8kD的 2 种潜在非结构蛋白[27,28]。Hernandez 等[27]通过诱变试验发现 40kb 基因或非结构蛋白基因都受到影响的突变子，介体厚皮拟毛刺线虫无法传播，而 32.8kb 基因大部分缺失的突变子并不影响线虫传播。因此推断 40kb 基因与线虫传播有关，而 32.8kb 基因与线虫传播无关。TRV-TpO1 株系可由 PEBV-TpA56 株系介体原始毛刺线虫传播，但不能由 TRV-PpK20 株系介体厚皮拟毛刺线虫传播，其 RNA2 除编码外壳蛋白外，下游还分别编码 9kD、29kD、18kD 蛋白。氨基酸序列比较表明，由 TRV-TpO1 与 PEBV-TpA56 编码的 29kD 蛋白具有 45%等同性，而与 TRV-PpK20 编码的 40kD 蛋白的等同性小于 20%，同时前二者的 9kD 蛋白具有相似性（此蛋白在 TRV-PpK20 中缺乏），表明了非结构蛋白基因与线虫传播专化性可能有关[23]。

2.4 植物病毒专化性传播的助蛋白（helper protein）策略

Pirone 和 Blanc[31]提出了植物病毒由非循回性介体传播的 2 种不同策略：衣壳（capsid）策略和助蛋白（helper protein）策略。在助蛋白策略中，病毒粒体并不直接与介体起作用，而是通过粒体编码的助蛋白不同结构域在粒体外壳蛋白和介体内病毒保留位点表面分子间起作用，或助蛋白可能起促进或稳定病毒粒体在保留位点的直接保留作用[30]。

目前有关线虫传播病毒的机制主要基于助蛋白策略，烟草脆裂病毒 RNA2 编码的 1 个或多种非结构蛋白可能作为助蛋白，起着连接作用，并参与传播过程[31]。如 PEBV-TpA56 中的 29.6kD 蛋白和 TRV-PpK20 中的 40kD 蛋白可能起着助蛋白作用，该蛋白基因如发生缺失或突变，则线虫无法传播此突变子[25,26]. Schmitt 等[30]通过免疫检测发现 PEBV-TpA56 中 29.6kD、23kD 蛋白在受侵染的植株叶片与根部皆有表达，其中 29.6kD 蛋白与 CP 的表达时间上紧密相关，且在受侵染植株根部的大量存在，与其作为线虫传播因子的作用是一致。Viseer 和 Bol[28]发现 TRV-PpK20 40kD 蛋白也具有类似现象，且该蛋白与 CP 在次细胞中是同定位（co-localization），而 CP 端 19 个氨基酸的缺失会影响了 CP-40kD 蛋白二者之间的相互关系，但不影响 CP-32.8kD 蛋白或 CP-CP 之间相互关系，同时 40kD 蛋白的传播功能是作为单体起作用的，在病毒传播过程中可能在 CP 专化性结构域与病毒保留处之间起着连接作用。助蛋白在保持线虫传播频率方面也可能起着作用。PEBV-TpA56 23kb、9kb 两个非结构基因发生缺失或突变的突变子，其线虫传播的频率降低，表明这 2 个助蛋白具有保持线虫传播频率的作用[25]。Schmitt 等[30]认为23kD蛋白可能与粒体在保留位点处释放有关，其可能具酶促功能，在线虫取食时促使粒体释放；也可能具有保证病毒保留在根部特定细胞类型/位置而能被介体线虫获取的功能。

Pirone 和 Blanc[31]认为助蛋白策略的演化是与病毒存在准种（quasispecies）和介体传播的“瓶颈”（bottle-neck）（即只有相对少的病毒粒体可由

介体传播并侵染寄主植物）有关，该策略有利于病毒的有效传播与扩散。在此策略中，助成分能与介体与病毒粒体两者都起作用，同时介体一旦获取一变株编码的与传播有关的助蛋白，其他变株粒体即使不能编码此功能助蛋白，但由于该助蛋白的作用，也能被线虫所获取传播，同时助蛋白也有助于线虫从同一寄主不同部位或不同植株上获得病毒粒体，因此 Vassilakos 等[10] 认为助蛋白策略很符合线虫传多面体病毒寄主范围广，以及与介体线虫种的高度互补性的特性。烟草脆裂病毒却能以一种独特策略来运用瓶颈原则[32]。许多科的病毒会出现缺损分离物（isolates defective），在自然混合侵染中，其核酸通过可由介体传播的株系 CP 异质包衣壳作用后，也能由介体传播[32]。但 Hernandez 等[33]发现 TRV-PpK20 株系在烟草上连续人工传代，其病毒以 *CP* 基因和 RNA2 的非结构基因出现自发缺失，介体线虫无法传播病毒。Visser 等[32]发现该株系野生型 RNA2 与缺损干扰 RNA2 分别由各自编码的 CPs 顺式包衣壳，介体线虫只能传播具有野生型 CP 的病毒粒体，从而在自然条件下去除病毒种群中的缺损准种。

3 问题与展望

介体线虫传播病毒过程涉及线虫、病毒、植物寄主、环境之间复杂而微妙精细的相互关系。从生态因素考虑，线虫种群间近交，增加了种群的纯合性，病毒与介体之间形成了高度的专一性[34]。目前传播专化性机制的深入研究主要探讨植物病毒粒体在线传过程中可能涉及的遗传因子，但只局限于烟草脆裂病毒的一些株系，而不同的介体属之间以及由同种线虫传播的不同病毒之间专化性机制可能不同[1,2]。线虫传播病毒粒体过程中，病毒粒体如何被释放的分子机理研究很少，粒体的释放也可能具有专一性，如悬钩子环斑病毒的英国株系与苏格兰株系病毒粒体都可在巨体长针线虫中相同位点保留，但只有英国株系可传播，而苏格兰株系极少传播[1,2]。此外介体线虫的组分或寄主植物成分在传播专化性的作用和影响研究很少。分子生物技术的广泛应用与深入，介体线虫传播专化性机制也将会得到更深层次的揭示。

参 考 文 献

[1] Brown DJF, Robertson WM, Trudgill DL. Transmission of viruses by plant nematodes. Annu Rev Phytopathol, 1995, 33: 223-249

[2] Brown DJF, Weischer B. Specificity, exclusivity and complementarity in the transmission of plant viruses by plant parasitic nematodes: an annotated terminology. Fundam App Nematol, 1998, 21: 1-11

[3] Chen QW, Hooper DJ, Loof PAA, et al. A revised polytomous key for the identification of species of the genus *Longidorus* Micoletzky, 1922 (Nematoda: Dorylaimoidea). Fundam Appl Nematol, 1997, 20(1): 15-18

[4] Pieter AA, Chen QW. A revised polytomous key for the identification of species of the genus *Longidorus* Micoletzky, 1922 (Nematoda: Dorylaimoidea). Nematology, 1999, 1(1): 55-59

[5] Escruer M, Arias M. *Paralongidorus iberis* sp. n. and *P. monegrensis* sp. n. from Spain with a polytomous key to the species of the genus *Paralongidorus* Siddipi, Hooper, Rhan, 1963 (Nematoda: Longidoridae). Fundam Appl Nematol, 1997, 20 (2): 135-148

[6] Loof PAA, Luc M. A revised polytomous key for the identification of species of the genus *Xiphinema* Cobb, 1919(Nematoda: Longidoridae) with exclusion of the *X. americanum*-group. Systematic Parasitology, 1990, 16: 35-66

[7] Loof PAA, Luc M. A revised polytomous key for the identification of species of the genus *Xiphinema* Cobb, 1919(Nematoda: Longidoridae) with exclusion of the *X. americanum*-group: Supplement 1. Systematic Parasitology, 1993, 24: 185-189

[8] Loof PAA, Baujard P. A revised polytomous key for the identification of species of the genus *Xiphinema* Cobb, 1919(Nematoda: Longidoridae) with exclusion of the *X. americanum*-group: Supplement 2. Systematic Parasitology, 1996, 24: 185-189

[9] Decraemer W. The family Trichodoridae: stubby root and virus vector nematodes. Dordrecht: Kluwer Academic Publishers, 1995

[10] Vassilakos N, Macfarlane SA, Wischer B, et al. Exclusivity and complementarity in the association between nepo-and tobraviruses and their respective vector nematodes. Med Fac Landbouw Univ Gent. 62/3a. 1997, 713-720

[11] 谢联辉，林奇英，吴祖建. 植物病毒名称及其归属. 北京：中国农业出版社，1999，344

[12] Trudgilli DL, Brown DJF, Mcnamara DG. Methods and criteria for assessing the transmission of plant viruses by longidorid nematodes. Revue Nematol, 1983, 6: 133-141

[13] Brown DJF, Ploeg AT, Robinson DJ. A review of reported associations between *Trichodorus* and *Paratrichodorus* species (Nematoda: Trichodoridae) and tobraviruses with a description of laboratory methods for examining virus transmission by trichodorids. Revue Nematol, 1989, 12(3): 235-241

[14] Brown DJF, Ploeg AT, Robinson DJ. The association between serotypes of tobraviruses and *Trichodorus* and *Paratrichodorus* species. Bulletin OPPE/EPPO Bulletin, 1989, 19: 611-677

[15] Ploeg AT, Asjes CJ, Brown DJF. *Tobacco rattle virus* serotypes and associated nematode vector species of Trichodoridae in the bulb-growing areas in the Netherlands. Netherland J

Plant Pathol. 1991, 97: 311-319

[16] Brown DJF, Kunz P, Grunder J, et al. Differential transmission of cherry osette nepovirus by populations of *Longidorus arthensis* (Nematode: Longidoridae) with a description of the association of the virus with the odontostyle of its vector. Fundam Appl Nematol, 1998, 21(6): 673-677

[17] Brown DJF, Robertson WM, Neilson R, et al. Characterization and vector relation of a serologically distinct isolate of *Tobacco rattle tobravirus* (TRV) transmitted by *Trichodorus similis* in northern Greece. European Journal of Plant Pathology, 1996, 102: 61-68

[18] Brown DJF, Trudgill DL, Robertson WM. Nepoviruses: transmission by nematodes. *In*: Harrison BD, Murant AF. The plant viruses. Vol5. New York: Plenum Press, 1996, 187-209

[19] Wang S, Gergerich R. Immunofluorescent localication of tobacco ringspot nepovirus in the vector nematode *Xiphinema americanum*. The American Phytopathological Society, 1998, 88(9): 885-889

[20] 张绍升. 植物线虫病害诊断与治理. 福州: 福建科学技术出版社, 1999, 299-309

[21] Ploeg AT, Robinson DJ, Brown DJF. RNA-2 of *Tobacco rattle virus* encodes the determinants of transmissibility by trichodorid vector nematodes. J Gen Virol, 1993, 74: 1463-1466

[22] Pleog AT, Brown DJF, Robinson DJ. The association between species of *Trichodorus* and *Paratrichodorus* vector nematodes and serotypes of *Tobacco rattle tobravirus*. Ann Appl Biol, 1992, 121: 619-630

[23] Macfarlane SA, Vassilakos N, Brown DJF. Similarities in the genome organization of *Tobacco rattle virus* and *Pea early-browning virus* isolates that are transmitted by the same vector nematode. J Gen Virol, 1999, 80: 273-276

[24] Mayo MA, Brierley KM, Goodman BA. Developments in the understanding of the particle structure of tobravirus. Biochemie, 1993, 75: 639-644

[25] Macfarlane SA, Wallis CA, Brown DJF. Multiple virus genes involved in the nematode transmission of *Pea early browning virus*. Virology, 1996, 219: 417-422

[26] Hemandez C, Mathis A, Brown DJF, et al. Sequence of RNA2 of a nematode-transmissible isolate of *Tobacco rattle virus*. J Gen Virol, 1995, 76: 2847-2851

[27] Hemandez C, Visser PB, Brown DJF, et al. Transmission of *Tobacco rattle virus* isolate PpK20 by its nematode vector requires one of the two non-structural genes in the viral RNA 2. J Gen Virol, 1997, 78: 465-467

[28] Vissedr PB, Bol JF. Nonstructural proteins of *Tobacco rattle virus* which have a role in nematode-transmission: expression pattern and interaction with viral coat protein. J Gen Virol, 1999, 80: 3273-3280

[29] Macfarlane SA, Brown DJF. Sequence comparison of RNA2 of nematode-transmissible and nematode-non-transmissible isolates of *Pea early-browning virus* suggests that the gene encoding the 29kD protein may be involved in nematode transmission. J Gen Virol, 1995, 76: 1299-1304

[30] Schmitt C, Muetter AM, Mooney A, et al. Immunological detection and mutational analysis of the RNA2-encoded nematode transmission proteins of *Pea early browning virus*. J Gen Virol, 1998, 79: 1281-1288

[31] Pirone TP, Blanc S. Helper-dependent vector transmission of plant virus. Annual Review of Phytopathology, 1996, 34: 227-247

[32] Visser PB, Brown DJF, Brederode FT, et al. Nematode transmission of *Tobacco rattle virus* serves as a bottleneck to clear the virus population from defective interfering RNAs. Virology, 1999, 263: 155-165

[33] Hemandez C, Carette J, Brown DJF, et al. Serial passage of *Tobacco rattle virus* under different selection conditions results in deletion of structural and nonstructural genes in RNA 2. Journal of Virology, 1996, 70(8): 4933-4940

[34] Brown DJF, Halbrendt JM, Jone AT, et al. An appraisal of some aspects of the ecology of nematode vectors of plant viruses. Nematol Dedit, 1994, 22:253-263

植物病毒疫苗的研究与实践

陈启建，谢联辉

（福建农林大学植物病毒研究所，福建福州　350002）

摘　要：1985年植物病毒疫苗概念被正式提出之前，有关植物诱导抗性的研究已有不少报道，随着研究和实践的不断深入，植物病毒疫苗的内涵得到了不断完善和发展，其在植物病毒病防治实践中的作用也愈来愈受到人们的重视。本文介绍了植物病毒疫苗的种类、免疫作用机制及近年来的研究概况，并对其研究和实践的前景进行了展望。

植物病毒病是农业生产上的一类重要病害，其危害不仅造成植物产量的损失，而且能使农产品品质大为降低。据报道，全世界每年因病毒危害造成的植物损失竟达600亿美元[1]，其中仅粮食作物一项每年即因此损失高达200亿美元[2]。

由于植物病毒病危害损失如此之大，所以其防治工作一直备受关注。但迄今为止，除了免疫品种，世界上还难有单一措施能够根治某种植物病毒病害，因此，人们企图通过不同途径，或采用综合防治的办法来对付各种病毒病。可是即使如此，效果亦不理想，根本问题就在于植物病毒的本质及其作用机制、病毒—寄主互作机制、病毒病害发生流行及其生态机制未被弄清，而生产的发展，却要求尽快拿出有效的方法，本章仅就植物病毒疫苗的研究与实践作一评述。

一、植物病毒疫苗的研究概况

1　疫苗概念的提出

疫苗（vaccine）一词源于传染病免疫，与牛痘疫苗有关，其中“vacc”出自拉丁文，乃“牛”之意[3]。疫苗的本质是将某一抗原组分作用于生物体，激发机体对该抗原或抗原载体产生免疫反应，从而保护机体免受病原的侵染，这种抗原或抗原的载体形式即称疫苗[4]。疫苗的发现对人类历史的发展具有重要意义。威胁人类的天花病毒的消灭开辟了人类应用疫苗战胜疾病的新纪元，使人们更加坚信疫苗对控制和消灭疾病的作用。

从广义上讲，植物病毒疫苗不仅包括病毒及其组分，还包括那些抗病毒作用方式类似动物免疫疫苗，可诱导植物增强抗病毒能力的物质。

2　植物病毒疫苗的分类及其免疫机制

2.1　弱毒疫苗

早在1929年Mckinney就发现了植物病毒不同株系间存在相互干扰的现象[5]，1931年Thung证实了病毒株系的干扰现象，提出了交互保护作用[6]。迄今，国内外学者在这方面的研究已取得了重要进展，部分研究成果在生产实践中得以广泛应用，并取得了较好的效果。20世纪70年代后期，我国已开始研制并在农业中成功应用弱毒疫苗，如中国科学院微生物研究所田波等成功地利用TMV-N14和CMV-S52防治番茄和青椒上的病毒病，取得了防病和增产的双重效果[7-9]。

长期以来，人们对植物病毒强弱株系间的交互保护作用的机制做了大量的研究。Hamilton（1980）认为交互保护作用的机制主要有四个方面：①先侵入病毒的外壳蛋白隔离了后侵入病毒的核酸，使后侵入病毒无法完成增殖过程；②先侵入病毒的RNA复制酶与后侵入病毒的RNA结合，限制了后侵入病毒的RNA的复制，从而限制了后侵入病毒的增殖；③由于先侵入病毒引起寄主植物代谢异常，造成后侵入病毒缺少复制基础；④先侵入

邱德文．植物免疫与植物疫苗——研究与实践．北京：科学出版社，2008，19-32

病毒诱发寄主植物产生干扰类物质，提高了寄主植物的系统获得抗病性，从而抑制了后侵入病毒的侵染[10]。随着分子生物学的深入研究，人们发现在同一植株内两个相同或相似序列的基因间会产生相互作用，最终导致相同或相似基因不表达的现象，即基因沉默现象。Ratcliff 等（1999）以烟草脆裂病毒（TRV）和马铃薯 X 病毒（PVX）为研究材料，研究了不同株系的交互保护作用机制。结果表明，核酸序列相似的两个株系分别接种同一植株时，后接种的株系启动了植物体内的基因沉默机制，导致了接种植物的两个株系 RNA 的降解，从而表现出两个株系间的交互保护现象[11]。

2.2 细菌疫苗

一些被称为促进植物生长的根际细菌（plant growth-promoting rhizobacteria，PGPR）能诱导植物产生系统抗性，这种抗性可扩展到植物的地上部分，这种由根际细菌引起的抗性称为诱导系统抗性（induced systemic resistance，ISR）[12]。PGPR 诱导的 ISR 对病原物产生的抗性具有广谱性，不仅对一些病原真菌、细菌有效，而且对植物病毒也有抑制作用[13]。从抑制植物病害发生的抑菌土壤中分离得到的 PGPR 主要是荧光假单胞菌株，这些 PGPR 主要是通过与病原生物竞争营养、分泌水解酶类和水杨酸、产生抗生素等方式来实现抑制病原生物和促进植物生长的，ISR 的诱导作用是通过一条独立于系统获得抗性（SAR）的抗病途径，它不依赖水杨酸，而是依赖茉莉酸和乙烯[14,15]。

2.3 蛋白疫苗

核糖体失活蛋白（ribosome inactivating proteins，RIPs）是一类可使核糖体失活进而抑制蛋白质合成的蛋白总称。Duggar 和 Armstrong 首次报道了商陆蛋白（pokeweed antiviral protein，PAP）具有抑制烟草花叶病毒（TMV）的侵染作用，当与病毒混合接种时，PAP 对 TMV、马铃薯 X 病毒（PVX）、黄瓜花叶病毒（CMV）和马铃薯 Y 病毒（PVY）等多种机械传播的病毒都能表现出抑制作用[16]。之后，发现美洲商陆中还含有另 3 种具有相似生物特性的蛋白 PAPⅡ、PAP-S 和 PAP-R，它们都具有核糖体失活蛋白的特性，具有抑制病毒外壳蛋白合成的作用。一些研究[17-19]指出 RIPs 对植物病毒的抑制作用是多方面的，除能使核糖体失活外，还可直接作用于病毒的核酸，使病毒 RNA 脱去嘌呤而不能正常复制，还能诱导植物病程相关蛋白的表达和其他抗病毒物质的产生，使植物产生系统抗性。Verma 等（1996）从一种大青（*Clerodendrum culeatum*）叶片中提取了一种分子质量为 34kD、具有系统诱导抗性的碱性蛋白（CA-SRIP），这种蛋白能使植物获得系统抗性，且用蛋白酶处理后的 CA-SRIP 仍具有生物活性，不影响其诱导抗性的活性，该蛋白在枯斑寄主上对 TMV 的抑制率超过 90.0%[20]。

激活蛋白（activitor） 激活蛋白是从交链孢菌（*Alternaria* spp.）、纹枯病菌（*Rhizoctonia solani*）、黄曲霉菌（*Aspergillus* spp.）、葡萄孢菌（*Botrytis* spp.）、稻瘟菌（*Piricularia oryzae*）、青霉菌（*Penicillium* spp.）、木霉菌（*Trichoderma* spp.）、镰刀菌（*Fusarium* spp.）等多种真菌中筛选、分离纯化出的一类新型蛋白，该蛋白主要通过激活植物体内分子免疫系统，提高植物自身免疫力，通过激发植物体内的一系列代谢调控，促进植物根茎叶生长和叶绿素含量提高，从而达到提高作物产量的目的[21]。2001 年邱德文从植物病原真菌中提取获得了具有诱导植物抗病性的蛋白。韩晓光等以稀释 1000 倍的植物激活蛋白粗提液处理玉米，结果表明，在不同时期处理后，玉米体内苯丙氨酸解氨酶、过氧化酶、几丁质酶和多酚氧化酶等与抗病相关酶的活性均比对照有所提高，说明植物激活蛋白能诱导玉米抗病性[22]。邱德文等研究了植物激活蛋白对烟草花叶病的盆栽和田间诱抗效果以及对烟草生长和品质的影响。结果表明，植物激活蛋白能显著诱导烟草抑制花叶病的发生和发展，其枯斑抑制率达 70.2%，大田施药后 20d 和 45d 后的诱抗效果分别达 72.9%和 73.4%，且能明显促进烟草生长，烟草株高增长 7.4%，中上部叶面积分别增加 10.4%和 14.8%。此外，激活蛋白对烟叶品质也有较明显的改善，其中可溶性糖、还原性糖、蛋白质含量以及施木克值均比对照高[23]。陈梅等研究了植物激活蛋白对 TMV 的 RNA 及外壳蛋白的抑制效果，结果表明，烟草经植物激活蛋白处理后，植株体内 TMV 的 RNA 含量和外壳蛋白含量分别比对照减少 28.0%和 25.0%[24]。

病毒外壳蛋白 Powell-Abel 首次证明了病毒外壳蛋白在植物体内表达后可使植物获得对病毒的抗性[25]。受此启发，Sudhakar 等将接种 CMV 后出现典型症状的烟草叶片经研磨过滤后的滤液用臭氧处理，使病毒粒体中的 RNA 降解，获得无侵染性的病毒外壳蛋白提取液，并测定了该提取液诱导马铃薯对CMV的抗性。结果表明，马铃薯施用该提取液5d后可使其免遭CMV的侵染。田间试验表明，接种病毒28d后，处理植株体内CMV的含量（16.0%）明显低于未经处理的植株（89.5%）。处理5d后，植株体内可溶性酚类物质（phenolics）和水杨酸含量分别是未经处理的10倍和16倍[26]。这些结果说明了CMV病毒外壳蛋白可诱导马铃薯产生系统获得抗性，保护马铃薯免受CMV的侵染。

2.4 核酸疫苗

RNAi干扰技术是目前病毒病防治研究的热点，其抗病毒机制就是引起寄主体内病毒RNA的沉默，双链RNA（dsRNA）是诱发RNA沉默的因子。Tenllado等将辣椒轻斑驳病毒（PMMoV）、烟草蚀纹病毒（TEV）和苜蓿花叶病毒（AMV）基因组不同部位cDNA克隆转录成正义单链RNA和反义单链RNA，退火后使二者形成dsRNA，并将所获得的dsRNA分别与其同源病毒接种植物叶片。结果发现，与PMMoV核酸序列同源性高的dsRNA可使PMMoV在珊西烟和辣椒上产生的枯斑数减少，且PMMoV的596pb长的dsRNA对PMMoV在本氏烟上的系统侵染也具有干扰作用；TEV *HC-Pro* 的dsRNA和AMV RNAs3 1124bp的dsRNA也分别对TEV和AMV具有抗性。上述结果表明，寄主植物同时接种体外转录得到的dsRNA和目标病毒可引发RNA沉默，从而导致植物对病毒产生抗性[27,28]。Tenllado等采用农杆菌培养液接种植物组织来瞬时表达基因的方法进一步研究发现，用含有PMMoV 54kD区域dsRNA的农杆菌汁液接种本氏烟，接种叶对随后PMMoV的挑战接种产生抗性；用与PMMoV发夹RNA同源的PVX重组载体侵染被含有PMMoV发夹RNA的农杆菌浸汁接种过的植物，该植物对重组PVX表现出抗性[29,30]。

2.5 多糖疫苗

寡聚多糖是自然界中一类具有生物调节功能的复杂碳水化合物，一些寡聚糖可以增强植物抗病原微生物的能力，以其为诱导物使植物获得系统抗病性将成为有效的植物保护措施之一。海带多糖是一类水溶性的β-1,3-葡聚糖，可刺激烟草、葡萄和水稻细胞产生防御反应，将其施用于烟草和葡萄植株上可诱导植株体内植保素的积累和一系列病程相关蛋白的表达[31,32]。Rozenn等（2004）将β-1,3-葡聚糖通过化学硫酸化后获得β-1,3-葡聚糖硫酸盐，并比较了β-1,3-葡聚糖及其硫酸盐在烟草和拟南芥上诱导作用的程度与机制。结果表明，β-1,3-葡聚糖硫酸盐可诱导烟草对TMV的免疫，而β-1,3-葡聚糖仅诱导烟草对TMV的微弱抗性。β-1,3-葡聚糖硫酸盐在烟草上引起的诱导抗性是通过水杨酸信号途径，可引起植株体内水杨酸的积累以及乙烯依赖型和水杨酸依赖型PR蛋白的表达。而β-1,3-葡聚糖在烟草上不会引起水杨酸的积累，其引起表达的PR蛋白是乙烯依赖型[33]。郭红莲等（2002）研究表明，来源于甲壳动物外壳的壳寡糖对TMV侵染烟草具有良好的保护作用，在单独施用壳寡糖的情况下能够诱导出6条耐碱性的抗病相关蛋白，其中一条明显区别于TMV诱导产生的抗病相关蛋白[34]。商文静等研究了壳寡糖诱导对烟草体内TMV增殖的影响，结果表明，普通烟经50μg/mL壳寡糖溶液诱导处理后，其对TMV的侵染表现出高水平的系统抗病性，病毒病显症推迟4～7d，平均严重度降低了82.9%[35,36]。壳寡糖和壳聚糖的区别在于聚合度和分子质量的不同，Chirkov等（2002）研究了壳聚糖对几种植物病毒的诱抗作用，认为壳聚糖及其低聚物的诱抗效果与分子质量关系密切，推测壳寡糖的作用大大低于壳聚糖[37]。为此，商文静等比较了壳寡糖与壳聚糖的诱导抗病性，发现分子质量的差异不影响其诱导烟草对病毒增殖的抑制效果；进一步通过电镜观察结果表明，经壳寡糖诱导处理的烟草与未经寡糖处理的烟草相比，系统症状减轻，叶肉细胞和筛管中病毒粒体显著减少，叶肉中细胞器基本完好，液泡内和细胞间隙出现大量电子致密物质，这些差异是系统诱导抗病性在细胞和亚细胞水平的表现，从而在细胞水平上证实了壳寡糖可诱导烟草抵抗TMV的侵染[35,36]。

2.6 小分子疫苗

2.6.1 水杨酸及其衍生物

水杨酸被认为是许多化学物质诱导植物获得抗病性过程中防御信号传递的关键物质之一，其诱导了一整套系统获得抗性基因的表达[38,39]，且可影响植物的生长、蒸腾速率、光合速率、气孔关闭、膜渗透性和抗氧化能力等一系列生理过程。Radwan等对水杨酸诱导西葫芦抗西葫芦黄花叶病毒

(ZYMV) 作用进行了研究，结果表明，西葫芦叶片喷施 100μmol/L 的水杨酸后 3d 接种 ZYMV，与未经水杨酸处理的植株相比，植株感病率下降了 93.1%，病情指数降低了 99.7%，体内病毒浓度降低了 89.4%。研究还发现，水杨酸处理可刺激西葫芦体内超氧化物歧化酶的活性，抑制过氧化物酶、抗坏血酸过氧化物酶和过氧化氢酶的活性，从而抑制细胞中的脂质过氧化作用[40]。说明水杨酸诱导西葫芦抗病毒侵染的机制是通过其抗氧化系统来实现的[41]。Radwan 等还研究了水杨酸对大豆黄花叶病毒 (BYMV) 侵染蚕豆的保护作用，结果表明，蚕豆植株用 100μmol/L 的水杨酸处理 3d 后接种 BYMV，与对照相比，其叶片中叶绿体数目增加，病毒的侵染率降低，病害症状减轻，植物体内病毒浓度明显降低[42]。超微结构观察发现，经水杨酸处理的植株叶片中叶绿体发育正常，且含有许多淀粉粒。Alex 和 John (2002) 采用绿色荧光蛋白标记的烟草花叶病毒研究了水杨酸对烟草细胞中 TMV 的抑制作用，发现经水杨酸处理的烟草表皮细胞中 TMV 的复制不受明显影响，但其移动明显受阻，而叶肉细胞中的 TMV 复制却明显被抑制，说明水杨酸对相同病原在不同类型细胞中的作用明显不同[43]。

此外，一些水杨酸衍生物也可诱导植物抗病毒侵染和复制。如阿司匹林 (乙酰水杨酸)，研究表明，烟草叶片喷施 0.05%的阿司匹林溶液可保护叶片免遭 TMV 的侵染，通过茎部反复注射阿司匹林溶液可诱导烟草产生系统抗性，保护整株不受 TMV 的侵染，阿司匹林在烟草上诱导的系统抗性与 PR 蛋白无关[44]。Pennazio 等对水杨酸甲酯诱导烟草抗 TNV 进行了研究，结果表明，在病毒开始侵入或侵入之前，烟草植株经水杨酸甲酯反复处理，可强烈抑制病毒在烟草体内的复制与扩展。研究还发现水杨酸甲酯可诱导烟草体内 PR 蛋白的产生，但其抗病毒作用与 PR 蛋白间无明显的相关性[45]。

2.6.2 激素类

唑菌胺酯 (pyraclostrobin) 是一类激素型杀菌剂，Herms 等 (2002) 研究结果表明，唑菌胺酯可增强烟草抗 TMV 侵染能力[46]。0.25μmol/L 的唑菌胺酯处理烟草 24h 后接种病毒，可使处理烟草上枯斑的平均面积比对照减少 50.0%。采用转基因烟草进一步对其作用机制研究，结果表明，唑菌胺酯诱导烟草抗 TMV 作用是通过水杨酸信号传递途径以外的其他途径。精氨酸是生物体中一种碱性的小分子物质，可促进植物的生长发育，研究发现，使用外源的精氨酸处理烟草，不仅可诱导酸性 *PR*-1 基因的表达，而且还可诱导酸性 *PR*-2、*PR*-3 和 *PR*-5 基因的表达。烟草接种 TMV 前用精氨酸处理，可诱导烟草对 TMV 的抗性，使 TMV 引起的局部枯斑明显减小[47]。梁俊峰等 (2003) 研究了茉莉酸诱导辣椒抗 TMV 作用，结果表明，茉莉酸喷施后可诱导辣椒获得对 TMV 的抗性，其诱抗效果受浓度、作物的生育期所左右[48]。茉莉酸处理后 6～10d 接种 TMV，辣椒植株开始表达出高的诱导抗性，这种抗性可持续 15d 以上。此外，人类 α-2 干扰素和 β-羊水干扰素对 TMV、PVX 和番茄斑萎病毒 (TSWV) 也有明显的抑制作用，可减轻由病毒侵染引起的症状[49-51]。

2.6.3 其他小分子物质

研究表明，一些植物源次生代谢物质也可诱导植物产生抗病毒物质，从而提高植物对病毒的抵抗能力。多羟基双萘酚 (CT)、类槲皮素 (EK) 和类黄酮 (EH) 是 3 种从中草药中抽提出的黄酮类抗病毒物质，烟草于接种病毒前 12～24h 分别喷浓度为 80 mg/kg 的 CT、EK 和 EH，均能抑制 TMV 和 CMV 的侵染，使烟草前期不发病；喷 40 mg/kg 预防效果分别为 97.5%、94.0% 和 88.0%[52,53]。雷新云等[54,55]从菜籽油中提取的脂肪酸，包括二十二酸、顺-二十二烯-13 酸、花生酸、亚麻酸、亚油酸、油酸、二十四烯酸、花生烯酸、木焦油酸、硬脂酸和软脂酸，这些脂肪酸的混合剂可诱导植物提高抗、耐病性，且对 TMV 有体外钝化和抑制初侵染、降低植物体内病毒扩散的作用，此外，还可以用于防治 CMV、PVY、PVX 以及上述病毒的复合侵染。车海彦等和张建新等[56]从锦葵科植物中提取出多羟基双萘醛，并由其制成的抗病毒剂 WCT-Ⅱ不仅对 TMV 具有体外钝化作用，而且能诱导植物产生病程相关蛋白，提高烟草抵抗 TMV 的能力。目前，在生产上广泛应用的植物源抗病毒剂多数具有诱导抗性作用。如 NS-83、MH11-4、耐病毒诱导剂 88-D、VA 及 WCT-Ⅱ等均能诱导寄主产生病程相关蛋白，提高植物对病毒的抵抗能力[55,57-60]。对植物源抗病毒剂 VA 的诱导抗性机理研究表明，VA 不仅可以提高植株体内与抗病相关的酶活性，同时还可以诱导增加枯斑寄主三生烟产生的 PR 蛋白和水杨酸量[56,61]。

二、本研究组近年来的研究概况

1　蛋白质

核糖体失活蛋白的抗病毒作用除了使核糖体失活外，还可以诱导植物病程相关蛋白的表达和其他抗病毒物质的产生，使植物产生系统抗性。林毅等从葫芦科植物绞股蓝（*Gynostemma pentaphyllum*）中分离到一种新的核糖体失活蛋白，其分子质量为27kD，浓度为0.21μg/mL的该蛋白与浓度为10μg/mL的TMV同时接种烟草，可使烟草免受TMV的侵染。陈宁等[63]从灰树花子实体中分离获得一种热稳定蛋白GFAP，在浓度为32μg/mL时可完全抑制浓度为10μg/mL的TMV的侵染，浓度为4μg/mL时，对浓度为40μg/mL的TMV的侵染抑制率仍可达60.0%以上。孙慧等[64]从食用菌杨树菇（*Agrocybe aegeritu*）子实体中分离出一种分子质量为15.8kD的酸性蛋白，浓度为200μg/mL的该蛋白与病毒同时接种烟草时，其对TMV侵染的抑制率为84.3%。付鸣佳等[65]采用离子交换层析和凝胶层析方法，从杏鲍菇干样中分离得到多个蛋白组分，这些组分对TMV的抑制率均在70.0%以上，从其中一个组分纯化得到的分子质量为23.7kD的蛋白（Xb68Ab）对TMV侵染心叶烟和苋色藜的抑制率分别达到99.4%和98.9%。此外，还分别从榆黄菇（*Plearotus citrinopileatus*）、毛头鬼伞（*Coprinus comatus*）和金针菇等食用菌中分离得到分子质量为27.4kD的蛋白YP46-46、分子质量为14.4kD的碱性蛋白y3和分子质量为30kD的蛋白zb，这些蛋白对TMV侵染烟草均有较好的保护作用[66-68]。王盛等[69]从海洋绿藻孔石莼（*Ulva pertusa*）中分离出一种新的海藻凝集素UPL1，其分子质量约为23kD，该蛋白具有较高的热稳定性和较好的抗TMV侵染活性。

2　植物源小分子物质

沈建国等[70]等研究了臭椿和鸦胆子两种植物提取物抗TMV作用。结果表明，臭椿和鸦胆子提取物不仅能有效抑制TMV侵染，而且对TMV的增殖也有明显抑制作用，烟草接种TMV前分别喷施100μg/mL的两种植物提取物液，对烟草体内TMV的抑制率分别为76.8%和79.3%，并可使TMV的发病时间推迟9～10d。抗病毒作用机制研究结果表明，这两种植物提取物对TMV病毒粒体无直接破坏作用，可通过诱导寄主体内过氧化物酶、多酚氧化酶、苯丙氨酸解氨酶和超氧化物歧化酶等防御酶的活性，从而提高寄主植物防御病毒的侵染能力。采用活性跟踪法从其中一种植物——鸦胆子中分离获得了抗病毒活性比提取物更高的单体物质鸦胆子素D[71]。刘国坤等[72]测试了11种植物提取物的单宁对TMV的抑制活性，结果表明，大飞扬、杠板归、虎杖3种植物的单宁，在接种前先喷施心叶烟再接种TMV，可抑制病毒的初侵染，在接种前先喷施普通烟K326再接种TMV，烟草发病期推迟3～8d。刘国坤[73]还测定了丹皮酚和虎杖总蒽醌甙对TMV的防治效果，发现在烟草K326接种TMV前后用丹皮酚灌根处理和虎杖总蒽醌甙喷施处理，可提高烟草体内多酚氧化酶和过氧化物酶活性，提高叶片叶绿素含量，抑制烟草体内病毒的复制，从而降低病情指数。陈启建等[74,75]从新鲜大蒜中提取获得大蒜精油并研究了大蒜精油对TMV的抑制作用，结果表明，喷施大蒜精油可显著提高烟草体内过氧化物酶和多酚氧化酶活性，降低烟草体内病毒的含量，减轻病害症状。

3　多糖

吴艳兵等从毛头鬼伞子实体中提取到一种分子质量为234kD的多糖CCP60a，该多糖是由葡萄糖和半乳糖通过1，4-糖苷键连接的α-D-吡喃葡萄糖组成的[76,77]。对CCP60a多糖的抗TMV作用研究结果表明，该多糖对TMV粒体形态结构无直接破坏，烟草经该多糖喷施处理后，能诱导其体内POD、PPO、PAL、β-1，3-葡萄糖酶和几丁质酶等防御酶的活性，提高植物体内水杨酸的积累量，从而提高寄主植物抵御病毒侵染能力，减轻病毒对寄主植物造成的危害。Real-time PCR相对定量法测定结果表明，经CCP60a处理的烟草叶片中TMV外壳蛋白基因和复制酶基因的表达量分别比未处理的烟草下降了34.0%和32.0%。

4　微生物

连玲丽[78]从感染根结线虫的番茄根系中筛选分离出一种枯草芽孢杆菌SW1，该菌不仅对由青枯病菌和根结线虫复合感染的病害有较好的防治效果，而且还可诱导番茄和烟草体内与植物抗病相关酶POD、PPO、PAL的活性，增强烟草对TMV

的抗性。进一步研究发现，SW1可以诱导烟草叶片中多种PR蛋白的大量积累，其诱导蛋白谱与乙酰水杨酸的诱导蛋白谱相似，说明SW1对植物的诱导抗病性与植物体内病程相关蛋白的积累有关，其抗病性是广谱的。

三、展望

上述植物病毒疫苗中多数抗病毒作用机理类似动物免疫，是通过诱导植物产生抗病性，这种诱导抗病作用与传统的化学药剂防治相比，有其独特的优点：①无毒安全。多数激发子来源于动植物和微生物，如植物激活蛋白[24]和壳寡糖[34]，这些产品本身无毒，且在植物体内、土壤和水体中易分解，无残留，对环境无污染，对人畜等非靶标生物相对安全。②抗病促生。不仅能有效抑制植物病毒病，而且还能促进植物生长，提高植物产量。如300～500倍的寡聚半乳糖醛酸水溶液对苹果花叶病毒（ApMV）的田间防效可达87.8%～92.1%，其防效高于对照药剂20%的病毒A，产量比对照高20%～30%[79]；植物激活蛋白能明显促进烟草生长，使烟草株高增长7.4%，中上部叶面积分别增加10.4%和14.8%[23]。③经济实惠。疫苗的诱导抗性具有可传导的特点，在实际应用中使用量少，成本低廉。④持效较长。如植物激活蛋白对TMV的田间诱抗效果试验结果表明，大田施药后45天，其诱抗效果仍可达73.4%[23]。⑤抗性广谱，作用方式多样，不易产生抗药性。壳寡糖和水杨酸诱导的抗性不但对真菌病害和细菌病害有效，而且对植物病毒病害也有效，它们的抗病毒作用不仅表现在对病毒侵染的抑制，而且还可以抑制病毒的增殖和扩展[35,43]。

目前植物病毒疫苗在实际应用中尚存在一些不足之处，主要表现在以下两个方面。一是当病毒侵入寄主植物，在寄主中建立稳定的寄生关系后，疫苗的作用就显得很微弱。二是由于某些病毒可以忍受一些疫苗诱导的抗性，加上某些植物本身缺乏受激发产生防御的能力，使得疫苗对同一植物中的不同病毒，或同一病毒在不同植物及植物不同生长发育阶段的作用效果有明显的差别。针对上述存在的问题，植物病毒疫苗的使用必须建立在准确的病害预测预报基础上，在植物生长发育的关键时期或当植物处于最敏感的阶段施用，以期有效激发植物防御病害的能力，充分发挥病毒疫苗的抗病促生作用。

从目前植物病毒疫苗研究和实际应用现状来看，已有不少天然或人工合成的抗病毒诱导物的筛选及相关研究报道，一些产品业已进入实际应用，但总体上看，免疫性强、抗性持久、实用化程度高的疫苗还相当匮乏，大部分疫苗的诱抗作用机制尚未得到深入了解，疫苗作用于寄主植物的准确靶标以及疫苗、寄主、病毒间关系的微观认识还不全面，这些方面研究的滞后制约着高效新型植物病毒疫苗的研发及实用化进程，已明显成为影响植物病毒疫苗实用化进程的瓶颈，植物病毒疫苗实用化研发仍面临严峻的挑战。要打破这一“瓶颈”必须依赖多学科的发展和各种先进技术的应用，其中加强药理学和免疫学方面的研究尤其重要，动物病毒疫苗在这两方面的研究要比植物病毒疫苗更加全面深入，这也许就是动物病毒疫苗实用化进程比植物病毒疫苗快的原因。虽然植物是否和动物那样具有免疫能力尚存争议，但某些外部因子的激发可使植物产生抗病性的事实已无可辩驳，动物病毒疫苗研究中所取得的成功经验值得在植物病毒疫苗研发中借鉴。近年，随着相关学科的发展以及各种先进检测技术与手段的不断出现，给植物病毒疫苗的研发带来了前所未有的机遇。如结构生物学这一新兴学科的出现为药理学的深入研究增加了新的动力；生物质谱和生物核磁等技术的应用，使了解分子乃至原子间的微观互作成为可能[51]。相信随着分子生物学、生态学、植物生理学、药理学和免疫化学等学科的深入发展和不断渗透，人们对植物病毒疫苗作用的靶标、诱导抗性途径和抗病机制了解的不断深入，更多新型有效地激发子将被不断发现，采用混合激发子诱导植物产生由多种信号介导的复合抗性以控制不同病原及其复合侵染造成的危害将成为可能。

参考文献

[1] Cann AJ. Principles of molecular virology. 4th. London：Academic Press，2005

[2] Anjaneyulu A，Satapathy MK，Shukla VD. Rice tungro. New Delhi：Science Publishers，1995

[3] Parish HJ. Victory with vaccins. Edinburgh and London：E & S. Livingstone LTD，1968

[4] 张丽，孙原，吕鹏等. 肿瘤疫苗治疗肿瘤的前景. 医学与哲学（临床决策论坛版），2007，28(6)：62-63

[5] Mckinney HH. Mosaic diseases in the Canary Islands，West Africa and Gibraltar. Journal of Agriculture Research，1929，39：557-558

[6] Thung TH. Smetst of en plantencel bij enkele virusziekten van de tabaksplant. Handle. 6. Ned. -Ind. Natuurwetensch. Congr，1931，450-463

[7] 田波，张秀华，梁锡娴. 植物病毒弱株系及其应用Ⅱ. 烟草花叶病毒番茄株弱株系 N11 对番茄的保护作用. 植物病理学报，1980，10(2)：109-112

[8] 关世盘. 利用弱毒株系在番茄防治烟草花叶病毒的番茄株系试验初报. 中国农业科学，1980，4：70-73

[9] 张秀华，田波. 用弱毒株系防治番茄花叶病的效果. 中国农业科学，1981，6：78-81

[10] Hamilton RI. Defenses triggered by previous invaders：viruses. New York：Academic Press，1980

[11] Ratcliff F，MacFarlane S，Baulcombe DC. Gene silencing without DNA：RNA-mediated cross protection between viruses. Plant Cell，1999，11：1207-1215

[12] van Loon LC，Bakker PA，Pieterse CM. Systemic resistance induced by rhizosphere. Annu Review Phytopathology，1998，36：453-483

[13] Ramamoorthy V，Viswanathan R，Raguchander T. Induction of systemic resistance by plant growth promoting rhizobacteria in crop plants against pests and disease. Crop protection，2001，20(1)：1-11

[14] 戚益平，何逸建，许煜泉. 2003. 根际细菌诱导的植物系统抗性. 植物生理学通讯，2003，39(3)：273-278

[15] Gary EV，Robert MG. Systemic acquired resistance and induced systemic resistance in conventional agriculture. Crop Science，2004，44(6)：1920-1934

[16] Chen ZC，White RF，Antoniw JF，et al. Effect of pokeweed antiviral protein on the infection of plant viruses. Plant Pathology，1991，40：612-620

[17] Kubo S，Ikeda T，Imaizumi S，et al. A potent plant virus inhibitor found in *Mirabilis jalapa* L. Annals of the Phytopathological Society of Japan，1990，56：481-487

[18] Hudak KA，Wang P，Tumer NE. A novel mechanism for inhibition of translation by pokeweed antiviral protein depurination of the capped RNA template. RNA，2000，6(3)：369-380

[19] 付鸣佳，谢荔岩，吴祖建等. 抗病毒蛋白抑制植物病毒的应用前景. 生命科学研究，2005，9(1)：1-5

[20] Verma HN，Srivastava S，Kumar D. Induction of systemic resistance in plants against viruses by a basic protein from *Clerodendrum aculeatum* leaves. Phytopathology，1996，86:485-492

[21] 邱德文. 微生物蛋白农药研究进展. 中国生物防治，2004，20(2)：91-94

[22] 韩晓光，邱德文，吴静等. 植物激活蛋白对玉米抗病相关酶活性的影响. 安徽农业科学，2006，34(3)：1523-1524

[23] 邱德文，杨秀芬，刘峥等. 植物激活蛋白对烟草抗病促生和品质的影响. 中国烟草学报，2005，11(6)：33-36

[24] 陈梅，邱德文，刘峥等. 植物激活蛋白对烟草花叶病毒 RNA 复制及外壳蛋白合成的抑制作用. 中国生物防治，2006，22(1)：63-66

[25] Powell-Abel P，Nelson RS，De B，et al. Delay of disease development in transgenic plants that express the *Tobacco mosaic virus* coat protein gene. Science，1986，232：738-743

[26] Sudhakar N，Nagendra-Prasad D，Mohan N，et al. A bench-scale，cost effective and simple method to elicit *Lycopersicon esculentum* cv. PKM1(tomato)plants against *Cucumber mosaic virus* inoculum. Journal of Virological Methods，2007，146(1-2)：165-171

[27] Tenllado F，Díaz-Ruíz JR. Double-stranded RNA-mediated interference with plant virus infection. Journal of Virology，2001，75(24)：12288-12297

[28] 牛颜冰，郭失迷，宋艳波等. RNA 沉默——一种新型的植物病毒防治策略. 中国生态农业学报，2005，13(2)：47-50

[29] Tenllado F，Barajas D，Vargas M. Transient expression of homologous hairpin RNA can interference with plant virus infection and is overcome by a virus encoded suppressor of gene silencing. Molecular Plant-Microbe interactions，2003，16(2)：149-158

[30] Tenllado F，Liave C，Díaz-Ruíz JR. RNA interference as a new biotechnological tool for the control of virus disease in plants. Virus Research，2004，102(1)：85-96

[31] Klarzynski O，Plesse B，Joubert JM，et al. Linear beta-1，3 glucans are elicitors of defense responses in tobacco. Plant Physiology，2000，124：1027-1038

[32] Aziz A，Poinssot B，Daire X，et al. Laminarin elicits defense responses in grapevine and induces protection against *Botrytis cinerea* and *Plasmopara viticola*. Molecular Plant-Microbe Interact，2003，16：1118-1128

[33] Rozenn M，Susanne A，Patrice R，et al. β-1，3 glucan sulfate，but not β-1，3 glucan，induces the salicylic acid signaling pathway in tobacco and *Arabidopsis*. The Plant Cell，2004，16：3020-3032

[34] 郭红莲，李丹，白雪芳等. 壳寡糖对烟草 TMV 病毒的诱导抗性研究. 中国烟草科学，2002，(4)：1-3

[35] 商文静，吴云锋，赵小明等. 壳寡糖诱导烟草抗烟草花叶病毒的超微结构研究. 植物病理学报，2007，37(1)：56-61

[36] 商文静，吴云锋，赵小明等. 壳寡糖诱导烟草抑制 TMV 增殖的研究. 西北农林科技大学学报(自然科学版)，2006，34(5)：88-92

[37] Chirkov Y，Holmes A，Willoughby S，et al. Association of aortic stenosis with platelet hyperaggregability and impaired responsiveness to nitric oxide. The American Journal of Cardiology，2002，90(5)：551-554

[38] Phuntumart V，Marro P，Métraux JP，et al. A novel cucumber gene associate with systemic acquired resistance. Plant Science，2006，171(5)：555-564

[39] Wen PF，Chen JY，Kong WF，et al. Salicylic acid induced the expression of phenylalanine annonia-lyase gene in grape berry. Plant Science，2005，169(5)：928-934

[40] Radwan DEM，Fayez KA，Mahmoud SY. Physiological and metabolic changes of *Cucurbita pepo* in response to *Zucchini yellow mosaic virus*(ZYMV)infection and salicylic acid treatments. Plant Physiological and Biochemistry，2007，45：480-489

[41] Radwan DEM，Fayez KA，Mahmoud SY. Salicylic acid alleviates growth inhibition and oxidative stress caused by *Zucchini yellow mosaic virus* infection in *Cucurbita pepo* leaves. Physi-

ological and Molecular Plant Pathology，2006，69(4-6)：172-181

[42] Radwan DEM，Lu GQ，Fayez KA，et al. Protective action of salicylic acid against *Bean yellow mosaic virus* infection in *Vica faba* leaves. Journal of Plant Physiology，2007，164(5)：536-543

[43] Alex MM，John PC. Salicylic acid has cell-specific effects on *Tobacco mosaic virus* replication and cell-to-cell movement. Plant Physiology，2002，128：552-563

[44] Ye XS，Pan SQ，Kuc J. Pathogensis-related proteins and systemic resistance to blue mould and *Tobacco mosaic virus*，*Peronospora tabacina* and aspirin. Physiological and Molecular Plant Pathology，2004，35(2)：161-175

[45] Pennazio S，Roggero P，Lenzi R. Resistance to *Tobacco necrosis virus* induced by salicylate in detached tobacco leaves. Antiviral Research，1983，3(5-6)：335-346

[46] Herms S，Seehaus K，Koehle H，et al. A strobilurin fungicide enhances the resistance of tobacco against *Tobacco mosaic virus* and *Pseudomonas syringae* pv. *tabaci*. Plant Physiology Preview，2002，130：120-127

[47] Yamakawa H，Abe T，Saito T，et al. Properties of nicked and circular dumbbell RNA/DNA chimeric oligonucleotides containing antisense phosphodiester oligodeoxynucleotides. Bioorganic & Medicinal Chemistry，1998，6(7)：1025-1032

[48] 梁俊峰，谢丙炎，张宝玺等. β-氨基丁酸、茉莉酸及其甲酯诱导辣椒抗 TMV 作用的研究. 中国蔬菜，2003，3：4-7

[49] 李全义，王金生，姚坊等. 人 α 干扰素对烟草花叶病毒在植物体内症状的抑制作用. 病毒学报，1989，5(3)：274-276

[50] 杜春梅，吴元华，赵秀香等. 天然抗植物病毒物质的研究进展. 中国烟草学报，2004，10(1)：34-40

[51] 陈齐斌，沈嘉祥. 抗植物病毒剂研究进展和面临的挑战与机遇. 云南农业大学学报，2005，20(4)：505-512

[52] 吴云峰，曹让. 植物病毒学原理与方法. 西安：西安地图出版社，1999

[53] 朱述钧，王春梅，陈浩. 抗植物病毒天然化合物研究进展. 江苏农业学报，2006，22(1)：86-90

[54] 雷新云，裘维蕃，于振华等. 一种病毒抑制物质 NS-83 的研制及其对番茄预防 TMV 初侵染的研究. 植物病理学报，1984，14(1)：1-7

[55] 雷新云，李怀方，裘维蕃. 83 增抗剂防治烟草病毒病研究进展. 北京农业大学学报，1990，16(3)：241-248

[56] 车海彦，吴云锋，杨英等. 植物源病毒抑制物 WCT-Ⅱ控制烟草花叶病毒(TMV)的作用机理初探. 西北农业学报，2004，13(4)：45-49

[57] 雷新云，李怀芳，裘维蕃. 植物诱导抗性对病毒侵染的作用及诱导物质 NS83 机制探讨. 中国农业科学学报，1987，20(4)：1-5

[58] 刘学端，肖启明. 植物源农药防治烟草花叶病机理初探. 中国生物防治，1997，13(3)：128-131

[59] 孙凤成，雷新云. 耐病毒诱导剂 88-D 诱导珊西烟产生 PR 蛋白及对 TMV 侵染的抗性. 植物病理学报，1995，25(4)：345-349

[60] 李兴红，贾月梅，商振清等. VA 系统诱导烟草对 TMV 抗性与细胞内防御酶系统的关系. 河北农业大学学报，2003，26(4)：21-24

[61] 张晓燕，商振清，李兴红等. 抗病毒剂 VA 诱导烟草对 TMV 的抗性与水杨酸含量的关系. 河北林果研究，2001，16(4)：307-310

[62] 林毅，陈国强，吴祖建等. 绞股蓝抗 TMV 蛋白的分离及编码基因的序列分析. 农业生物技术学报，2003，11(4)：365-369

[63] 陈宁，吴祖建，林奇英等. 灰树花中一种抗烟草花叶病毒的蛋白纯化及其性质. 生物化学与生物物理进展，2004，31(3)：283-286

[64] 孙慧，吴祖建，谢联辉等. 杨树菇(*Agrocybe aegerita*)中一种抑制 TMV 侵染的蛋白质纯化及部分特性. 生物化学与生物物理学报，2001，33(3)：351-354

[65] 付鸣佳，林健清，吴祖建等. 杏鲍菇抗烟草花叶病毒蛋白的筛选. 微生物学报，2003，43(1)：29-34

[66] 付鸣佳，吴祖建，林奇英等. 榆黄菇中一种抗病毒蛋白的纯化及其抗 TMV 和 HBV 的活性. 中国病毒学，2002，17(4)：350-353

[67] 吴丽萍，吴祖建，林奇英等. 毛头鬼伞(*Coprinus comatus*)中一种碱性蛋白的纯化及其活性. 微生物学报，2003，43(6)：793-798

[68] 付鸣佳，吴祖建，林奇英等. 金针菇中一种抗病毒蛋白的纯化及其抗烟草花叶病毒特性. 福建农林大学学报(自然科学版)，2003，32(1)：84-88

[69] 王盛，钟伏弟，吴祖建等. 抗病虫基因新资源：海洋绿藻孔石莼凝集素基因. 分子植物育种，2004，2(1)：153-155

[70] 沈建国，张正坤，吴祖建等. 臭椿和鸦胆子抗烟草花叶病毒作用研究. 中国中药杂志，2007，32(1)：27-29

[71] 沈建国. 两种药用植物对植物病毒及三种介体昆虫的生物活性. 福建农林大学博士论文，2005

[72] 刘国坤，吴祖建，谢联辉等. 植物单宁对烟草花叶病毒的抑制活性. 福建农林大学学报(自然科学版)，2003，32(3)：292-295

[73] 刘国坤. 植物源小分子物质对烟草花叶病毒及四种植物病原真菌的抑制作用. 福建农林大学博士学位论文，2003

[74] 陈启建，刘国坤，吴祖建等. 大蒜精油对烟草花叶病毒的抑制作用. 福建农林大学学报(自然科学版)，2005，34(1)：30-33

[75] 陈启建，刘国坤，吴祖建等. 大蒜挥发油抗烟草花叶病毒机理. 福建农业学报，2006，21(1)：24-27

[76] 吴艳兵，谢荔岩，谢联辉等. 毛头鬼伞多糖抗烟草花叶病毒(TMV)活性研究初报. 中国农学通报，2007，23(5)：338-341

[77] 吴艳兵. 毛头鬼伞(*Coprinus comatus*)多糖的分离纯化及其抗烟草花叶病毒(TMV)作用机制. 福州：福建农林大学博士学位论文，2007

[78] 连玲丽. 芽孢杆菌的生防菌株筛选及其抑病机理. 福州：福建农林大学博士学位论文，2007

[79] 赵小明，李东鸿，杜昱光等. 寡聚半乳糖醛酸防治苹果花叶病田间药效试验. 中国农学通报，2004，20(6)：262-264

PCR-SSCP 技术在植物病毒学上的应用*

魏太云，林含新，吴祖建，林奇英，谢联辉

（福建农业大学植物病毒研究所，福建福州　350002）

摘　要： 聚合酶链式反应及单链构象多态性技术作为一种区分检测基因组之间微小差异的有效方法，具有快速、简便、灵敏和适用于大样品量筛选的特点。本文详细介绍了该技术的条件优化及改进策略。该技术在植物病毒学上主要应用于：①分子变异；②混合侵染的检测；③分子流行病学等方面。

关键词： 聚合酶链式反应及单链构象多态性；植物病毒；应用

中图分类号： S432.4+1　**文献标识码：** A　**文章编号：** 1006-7817-（2000）02-0181-06

Application of PCR-SSCP technique to plant virology

WEI Tai-yun，LIN Han-xin，WU Zu-jian，LIN Qi-ying，XIE Lian-hui

（Institute of Plant Virology，Fujian Agricultural University，Fuzhou　350002）

Abstract： Polymerase chain reaction-single-strand conformation polymorphism （PCR-SSCP） technique is a method feasible to detect minor sequence changes in PCR-amplified DNA. Because of its rapidness，simplicity，sensitivity and applicability to large-scale screening，it has been applied to plant virology including molecular variability，detecting mixed infections and molecular epidemiology. Its conditions optimization and improvement are reviewed in detail.

Key words： polymerase chain reaction-single-strand conformation polymorphism；plant virology；application

随着分子生物学技术的发展，检测鉴定基因变异的方法不断涌现。尤其是聚合酶链式反应（polymerase chain reaction，PCR）技术问世以后，各种与 PCR 相结合的基因检测技术进一步推动了基因变异研究。限制性片段长度多态性（restriction fragment length polymorphism，RFLP）、扩增片段长度多态性（amplified fragment length polymorphism，AFLP）、变性梯度凝胶电泳（denaturing gradient gel electrophoresis，DGGE）以及随机扩增片段长度多态性（random amplified polymorphic DNA，RAPD）等方法已成为基因变异分析的有力工具。但这些方法或实验条件要求较高，操作比较繁琐，局限性较大。1989 年问世的单链构象多态性（single-strand conformation polymorphism，SSCP）作为一种检测基因突变的方法[1]，经不断改进和完善，更为简便、快速、灵敏，不但

福建农业大学学报，2000，29（2）：181-186

收稿日期：1999-06-21

* 基金项目：国家自然科学基金（39670489）、福建省自然科学基金（C97031）

可用于检测基因点突变和短序列的缺失和插入，而且还被用于病毒的分子变异研究、监测 PCR 实验中的污染情况以及病原体传播途径的研究等。由于 SSCP 技术的突出优点，近年来已逐渐被大量应用。

1 影响 PCR-SSCP 分析的主要因素与条件优化

由于单链 DNA 的亚稳定构象受电泳条件的影响较大，故需对影响 SSCP 分析的各种条件进行优化。

1.1 变性剂的类型

一般用体积分数为 95%的去离子甲酰胺作为变性剂，也有用碱变性剂（0.5mol/L NaOH、10mmol/L EDTA）[2]，其变性效果反映不一。现也常用体积分数为 95% 的去离子甲酰胺与 20mmol/L EDTA 混合作为变性剂。

1.2 凝胶类型及质量浓度

一般采用 50～100g/L 聚丙烯酰胺凝胶（交联度为 49∶1）[2]。通常高凝胶质量浓度和低交联度可促进某些样品（<400bp）突变的检测，还可提高胶的传导性。近年来开始用突变检测增强（mutation detection enhancement，MDE）凝胶进行 SSCP 分析，MDE 凝胶可以最大限度地保持单链 DNA 亚稳定构象，使其不受影响，其突变检出率比用聚丙烯酰胺凝胶提高 50%左右[3]。最近 Paccoud 等[4]报道了利用横向甲酰胺梯度（transverse formamide gradients，TFG）凝胶可以快速而简便地对影响 SSCP 分析的各种条件进行优化。Monkton 等[5]还在琼脂糖凝胶上对小卫星等位基因进行 SSCP 分析鉴定取得成功。

1.3 电泳缓冲液的离子强度

电泳缓冲液的离子强度一般为 0.5×TBE[6]。但 Nakamura 等[7]对 300bp 左右的 DNA 片段进行 SSCP 分析时发现，原先在 80g/L 凝胶（0.5×TBE 电泳缓冲液）下不能区分的 2 个样品，在 100g/L凝胶（1×TBE 的电泳缓冲液）下，其 SSCP 带型却能明显区分开来。这说明了高离子强度的电泳缓冲液可以提高某些样品（<400bp）突变的检测率。

1.4 电泳温度

为了使单链 DNA 保持一定的稳定立体构象，SSCP 分析应在较低温度下进行（一般 4～18℃）。因为电泳温度过高可能会破坏序列中某些亚稳定的构象，从而改变了其非变性聚丙烯酰胺凝胶特定的迁移率[8]。在电泳过程中除环境温度外，电压过高也是引起温度升高的主要原因。因此，在没有冷却装置的电泳槽上进行 SSCP 分析时，开始的 5min 应用较高的电压（250 V），以后用低电压（100 V 左右）进行电泳。这主要是由于开始的高电压可以使不同立体构象的单链 DNA 初步分离，而凝胶的温度不会升高。随后的低电压电泳可以使之进一步分离。

1.5 甘油

甘油作为一种弱变性剂，对不同样品的 SSCP 条带的泳动影响效果不同，对某些条带的泳动有抑制作用；但另一方面，又可促进另一些条带的泳动[8]。其作用机理还不清楚，但很有可能是通过改变分析片段的单链 DNA 亚稳定的构象来实现的。所以分析时是否加甘油还需根据具体实验条件确定。

1.6 染色方法

凝胶的染色，从最初的放射自显影[5]已发展到用银染和 EB 染色，其中银染法以其敏感性高、结果便于长期保存等优点备受青睐[2]。但魏太云等[9]的实验结果表明，银染法具有成本较高、费时且背景值不易掌握等缺点。而 EB 染色法简便、速度快，在掌握好上样量的前提下，可获得清晰的 SSCP 电泳条带。

魏太云等[9]对水稻条纹病毒（*Rice stripe virus*，RSV）7 个分离物 RNA4 基因间隔区（intergenic region，IR）序列反转录-聚合酶链式反应（reverse transcription-polymerase chain reaction，RT-PCR）扩增产物（682bp）进行 SSCP 分析，结果表明，80g/L 非变性聚丙烯酰胺凝胶（电泳缓冲液为 0.5×TBE、交联度为 49∶1、不加甘油）在 4℃ 200 V 恒压电泳 19h，EB 染色 8min 后在紫外灯下的观察结果可以充分反映出序列间存在的变异。对影响 SSCP 分析的各种条件进行优化的结果表明：①100g/L 凝胶（1×TBE 电泳缓冲液、交联度为 29∶1）对 SSCP 分析的影响较小，SSCP

分析主要是与样品的电泳迁移速率有关。对于分子量大的样品（>400bp），不宜选择高质量浓度凝胶（高离子强度的电泳缓冲液及高交联度），其结果将导致有些条带无法分开或电泳时间过长。②18℃电泳温度、体积分数为5%的甘油对SSCP分析的影响最大，主要影响SSCP条带泳动的速率及其分离的程度，很可能与这2个条件会改变序列中某些亚稳定的构象有关。不同的报道对各自样品进行SSCP分析的条件优化的结果各不相同，但各种条件对SSCP分析效果的影响大小与魏太云等[9]的实验结果是一致的。所以，在一般条件下，主要是对SSCP分析结果影响最大的电泳温度（4℃、18℃）及甘油的体积分数（0、5%、10%）进甲酰胺与20mmol/L EDTA混合作为变性剂。

2 PCR-SSCP技术的发展

SSCP技术自创立以来，经历了自身发展和完善的过程。刚建立时是将同位素渗入PCR扩增物中，通过放射自显影来显示结果，这给该技术的推广造成一定的困难。近年来利用银染和EB染色方法检测，使得该方法大大简化。现介绍几种改进的方法：

（1）RNA-SSCP分析。其特点是RNA有着更多精细的二级和三级构象。这些构象对单个碱基的突变很敏感，从而提高了检出率，其突变检出率可达90%以上。另外，RNA不易结合成双链，因此可以较大量地进行电泳，有利于用EB染色。Sarkar等[10]用RNA-SSCP分析对全长为2600bp DNA片段的20处碱基点突变进行检测，发现用RNA-SSCP分析可检测出其中的70%，而DNA-SSCP分析只能检测出35%，显示了RNA-SSCP分析比DNA-SSCP分析有更高的灵敏性。

（2）限制性内切酶指纹SSCP（restriction endonunclease fingerprinting SSCP，REF-SSCP）分析。即用适当的限制性内切酶将长片段DNA酶解后再进行SSCP分析。REF-SSCP技术的建立，确保了1000bp片段内几乎所有突变的检测。1000bp含24个突变的DNA片段用5种限制性内切酶酶解后产生约150bp的片段再进行SSCP分析，发现检出率为96%[11]。

（3）双脱氧指纹（dideoxy fingerprinting，ddF）分析。是PCR-SSCP技术与Sanger双脱氧测序法的联用。PCR扩增产物经Sanger双脱氧测序反应后，再进行非变性聚丙烯酰胺凝胶电泳。其特点是假阳性率较低，还可确定突变位点[12,13]。双向双脱氧指纹（bi-directional ddF，BiddF）分析，即PCR扩增产物从5′端及3′端两个方向进行测序后，再分别进行SSCP分析。其特点是可以确定分析序列内的所有突变位点。用此方法对494bp含有20个突变的DNA片段的检出率达到100%[14]。

（4）单双链构象多态性（single-and double-strand conformation polymorphism，SDSCP）分析。其原理是自然复性的双链DNA在非变性聚丙烯酰胺凝胶上与经变性后的单链DNA的泳动速度不同，同样会表现出多态型的泳动图谱。实验要求同一样品在电泳槽不同孔道分别上样，控制电泳时间。电泳时间较短的单条带为复性双链DNA，电泳时间较长的可以分开的为单链DNA。SDSCP分析可以避免由于2条单链带泳动带型相似而无法区分的情况[3]。

（5）荧光标记PCR-SSCP（fluorescence-based PCR-SSCP，F-SSCP）分析。用经荧光标记的引物进行PCR扩增后在自动测序装置进行SSCP分析，由于可保证恒温，又可自动检测，故大大提高了检出率[15]。多重荧光标记PCR-SSCP（multiple F-SSCP，MF-SSCP）分析是用不同颜色的荧光染料对PCR扩增产物进行标记，再用适当的内切酶进行酶切后在自动测序装置进行SSCP分析。由于可对双链DNA变性后的正、负性单链DNA分别进行荧光标记，所以这种方法除了可辨别单链的正、负性外，还可区分对由于2条单链DNA空间构象相似在非变性聚丙烯酰胺凝胶上无法分离开的带型作出检测，从而提高了检出率[16]。另外，检测灵敏度和自动化程度更高的毛细管电泳荧光标记PCR-SSCP（capillary based electrophoresis-FSSCP，CEFSSCP）分析也被发展用于检测p53癌基因点突变[17]。

为了进一步提高SSCP分析的检出率，可将SSCP分析与其他突变检测方法相结合。其中与杂交双链（heterocluplex，Het）分析结合可以大大提高检出率。Het分析是用探针与要检测的单链DNA或RNA进行杂交，含有一对碱基对错配的杂交链可以和完全互补的杂交链在非变性聚丙烯酰胺凝胶上通过电泳被分离开。对同一靶序列分别进行SSCP和Het分析可以使点突变的检出率接近100%，而且实验简便[18]。

3 PCR-SSCP技术在植物病毒研究上的应用

植物病毒不同分离物（株系）的鉴别，传统的方法通常采用血清学方法、传播方式和介体种类、寄主范围和症状类型、鉴别寄主及交叉保护等。这些方法的有效性往往因病毒和寄主种类的不同而有差异。目前使用最广和较为可行的方法是血清学方法，但该方法对某些植物病毒并不适用，如RSV等一些变异较少的病毒。血清学方法也不能检测出混合侵染寄主中的病毒各分离物的类型。除了传统的方法外，分子生物学方法用的最多的是RFLP及核苷酸序列测定。RFLP虽能鉴定出具体碱基的变异，但也有不少不足之处，如较费时、需昂贵的内切酶以及无法检测出非酶切位点的变异等。当然，最准确的方法是核苷酸序列测定，但如果样品数多、生物学特性又不清楚，此法费用则十分昂贵、耗时且带有盲目性。而SSCP比RFLP更简便和灵敏地检测出序列的变异且操作简单、无需特殊的仪器较适合于一般实验室应用[8]。但PCR-SSCP技术除了在菌根真菌、柳锈菌[7,19]以及少量的植物病毒的研究上有应用外，在植物病理学上的应用还较少。下面着重介绍PCR-SSCP技术在植物病毒研究上的应用。

3.1 分子变异的研究

PCR-SSCP技术对于大样品量的植物病毒分离物，尤其是血清学技术难以区分的分子变异和株系分化的研究是一种理想的手段。

雷娟利等[20]应用PCR-SSCP技术对来自我国不同地区的真菌传小麦黄花叶病毒（*Wheat yellow mosaic virus*，WYMV）分离物进行了分析，发现血清学技术难以区分的各分离物，其SSCP图谱有明显的差异。同样的，施农农等[21]、Shi等[22]对用血清学技术难以区分的我国及英国大麦黄花叶病毒（*Barley yellow mosaic virus*，BaYMV）各分离物的特定片段分别进行PCR-SSCP分析，并根据SSCP图谱的多态性断定我国及英国的BaYMV分离物都存在株系分化。Rubio等[23]应用PCR-SSCP技术并结合生物学和血清学技术对柑橘衰退病毒（*Citrus tristeza virus*，CTV）不同分离物的外壳蛋白（coat protein，CP）基因进行分析，可有效地对CTV各分离物进行鉴定和分类。Stavolone等[24]对芜青花叶病毒（*Turnip mosaic virus*，TuMV）不同分离物的CP基因的RT-PCR扩增产物经酶切后进行SSCP分析，发现各分离物的SSCP图谱存在多态性，从而认为TuMV存在分子变异，并将SSCP图谱与各分离物的生物学特性及血清学特性进行了比较，发现各分离物的SSCP泳动带型与血清学反应结果一致，但和其生物学特性存在一定的差异。对RSV 7个分离物的RNA4 IR进行SSCP分析的结果表明，我国RSV各分离物存在分子变异及株系分化[9]。

3.2 混合侵染的检测

应用PCR-SSCP技术可对虫传病毒同一区段序列的不同变异类型在昆虫介体体内的传毒特性进行快速检测。

Suga等[25]的研究结果发现，水稻齿叶矮缩病毒（*Rice ragged stunt virus*，RRSV）第9片段RNA（segment 9 RNA，S9RNA）在843bp处存在一个碱基突变（A→C），从而导致不同类型S9RNA序列的PCR-SSCP条带的泳动速度不同。另外，对昆虫介体体内和水稻病株内所分离到的病毒S9 RNA分别进行PCR-SSCP分析，发现SSCP图谱可分成3类，其中有一类图谱的条带是另两类图谱的累加。因此，可根据这3类SSCP图谱对S9RNA在昆虫介体体内或在水稻体内是属于单独侵染还是混合侵染做出快速的判断。

PCR-SSCP技术还可对病毒在被侵染的植物体内的不同部位的序列变异类型进行快速检测。

Magome等[26]对侵染苹果茎沟病毒（*Apple stem grooving virus*，ASGV）的病株的不同枝条上的叶片分离到的病毒的V区（有2～4nt的差异）进行RT-PCR扩增，再进行SSCP分析，并根据SSCP图谱中条带的数目来确定其序列变异的程度。结果发现，不同枝条上叶片的RT-PCR扩增片段的SSCP图谱各不相同，从而认为ASGV在被侵染的植物体内是由不同变异类型的序列以混合侵染的形式存在的，而且，序列变异的类型在各枝条叶片中的分布是不均匀的。

3.3 分子流行病学

应用PCR-SSCP技术对不同地区、不同田块、同一田块的不同位置、不同寄主以及不同年度间所分离到的病毒分离物基因片段的分子变异进行快速检测，并根据SSCP图谱在群体水平和分子水平上对这种病毒时空分布进行监测，这将为揭示其分子演化规律及分子流行病学提供依据。

Koenig 等[27]对采自不同国家的甜菜坏死黄脉病毒（*Beet necrotic yellow vein virus*，BNYVV）的不同基因组组分的特定片段经扩增后进行 SSCP 分析，并根据 SSCP 图谱将不同分离物划分为 A、B、P 3 个株系群。其中 SSCP 图谱条带较少并仅发现于法国 Pithirers 地区的分离物称为 P 株系群，只发现于法国及德国部分地区的为 B 株系群，其余的则属于 A 株系群。古老的 BNYVV 由于在进化过程最有可能是失去而不是得到 RNA 区段，所以可推断认为 P 株系群有可能是种比 A、B 株系群更古老的种类。另外，在英国某些地区发现的分离物的 PCR-SSCP 图谱的条带是 A 和 B 两类株系群图谱的累加，故可断定这类分离物是由其他地区传到英国引起混合侵染的结果。

Mastari 等[28]分别对从法国某地区不同寄主（黑麦草、大麦）上分离到的大麦黄矮病毒（*Barley yellow dwarf virus*，BYDV）PAV 株系不同分离物的 CP 基因的 RT-PCR 扩增产物进行 SSCP 分析。结果发现，不同分离物的 SSCP 图谱可分成 3 类，其中有一类分离物的图谱是另两类图谱的累加，但这种序列变异类型与分离物的采集地并不相关，而与寄主植物的类型有密切相关。这说明了寄主植物的种类在 BYDV 和寄主的协同进化过程中起着重要的作用，为研究 BYDV 的分子流行病学提供了依据。

综上所述，PCR-SSCP 技术在植物病毒学的许多方面都得到了应用。相信随着该技术的发展，其在植物病毒研究上的应用将会有更广阔的前景。

参 考 文 献

[1] Orita M，Suzuki Y，Sekiya T，et al. Rapid and sensitive detection of point mutations and DNA polymorphisms using the polymerase chain reaction. Genomics，1989，5(4)：874-879

[2] 姚海军，曹虹，郭辉玉. PCR-SSCP 分析法及其研究进展. 生物技术，1996，6(4)：1-4

[3] Jiang C，Li C，Chi DS，et al. Combination of single-and double-stranded conformational polymorphism for direct discrimination of gastric helicobacter. J Microbiol Methods，1998，34(1)：1-8

[4] Paccoud B，Bourguingon J，Diarra MM，et al. Transverse formamide gradients as a simple and easy way to optimize DNA single-strand conformation polymorphism analysis. Nucleic Acids Res，1998，26(1)：1-9

[5] Monkton DG，Jeffreys A. Minisatellite isoalleles can be distinguished by SSCP analysis in agarose gels. Nucleic Acids Res，1994，22：2155-2157

[6] 蔡辉国，陈佩贞，张立冬等. PCR-SSCP 分析实践. 生物化学与生物物理进展，1995，22(5)：473-475

[7] Nakamura H，Kaneko S，Yamaoka Y，et al. PCR-SSCP analysis of the ribosomal DNA ITS regions of the willow rust fungi in Japan. Ann Phytopathol Soc Japan，1998，64(2)：102-109

[8] Orita M，Iwahana H，Kanazawa H，et al. Detection of polymorphisms of human DNA by gel electrophoresis as single-strand conformation polymorphisms. PNAS，1989，86(8)：2766-2770

[9] 魏太云，林含新，吴祖建等. 应用 PCR-RFLP 及 PCR-SSCP 技术研究我国水稻条纹病毒 RNA4 基因间隔区的变异. 农业生物技术学报，2000，8(1)：41-44

[10] Sarkar G，Yoon HS，Sommer SS. Screening for mutations by RNA single-stranded conformation polymorphism（rSSCP）：comparison with DNA-SSCP. Nucleic Acids Res，1992，20(4)：871-878

[11] Liu Q，Sommer SS. Restriction endonuclease fingerprinting (REF)：as sensitive method for screening mutations in long contiguous segments of DNA. Biotechniques，1995，18(3)：470-477

[12] Liu Q，Sommer SS. Parameters affecting the sensitivities of dideoxy fingerprinting and SSCP. PCR Methods Appl，1994，4(2)：97-108

[13] Sarkar G，Yoon HS，Sommer SS. Dideoxy fingerprinting (ddF)：a rapid and efficient screen for the presence of mutations. Genomics，1992，13(2)：441-443

[14] Liu Q，Feng J，Sommer SS. Bi-directional dideoxy fingerprinting(Bi-ddF)：a rapid method for quantitative detection of mutation in genomic regions of 300-600bp. Hum Mol Gen，1996，5(1)：107-114

[15] Makino R，Yazyu H，Kishimoto Y，et al. F-SSCP：fluorescence-based polymerase chain reaction-single-strand conformation polymorphism(PCR-SSCP) analysis. PCR Methods Appl，1992，2(1)：10-13

[16] Iwahana H，Fujimura M，Takahashi Y，et al. Multiple fluorescence-based PCR-SSCP analysis using internal fluorescent labelling of PCR products. Biotechniques，1996，21(3)：510-514

[17] Katsuragi K，Kitafishi K，Chilba W，et al. Fluorescence-based PCR-SSCP analysis of *p*53 gene by capillary electrophoresis. J Chromatogr A，1996，722(1/2)：311-320

[18] Lo Y，Patel P，Mehal WZ，et al. Analysis of complex genetic systems by ARMS-SSCP：application to HLA genotyping. Nucleic Acids Res，1992，20(5)：1005-1009

[19] Simon L，Leyesque RC，Lalonde M. Identification of endomycorrhizal fungi colonizing roots by fluorescent single-strand conformation polymorphism-polymerase chain reaction. Appl Environ Microbiol，1993，59：4211-4215

[20] 雷娟利，陈炯，陈剑平等. 我国真菌传线状小麦花叶病病原鉴定为小麦黄花叶病毒(WYMV). 中国病毒学，1998，13(1)：89-95

[21] 施农农，陈剑平. 应用单链构象多态性-聚合酶链反应研究我

国大小麦黄花叶病毒株系分化. 中国病毒学，1996，11(2)：170-175

[22] Shi NN，Chen J，Wilson TMAE，et al. Single-strand conformation polymorphism of RT-PCR products of UK isolates of *Barley yellow mosaic virus*. Virus Research，1996，44(1)：1-9

[23] Rubio L，Ayllqn M，Guerri J，et al. Differentiation of *Citrus tristeza closterovirus*(CTV)isolates by single-strand conformation polymorphism analysis of the coat protein gene. Ann Appl Biol，1996，129(2)：479-489

[24] Stabolone L，Alioto D，Ragozzino A，et al. Variability among *Turnip mosaic potyvirus* isolates. Phytopathology，1998，88(11)：1200-1204

[25] Suga H，Uyeda I，Yan J，et al. Heterogeneity of *Rice ragged stunt oryzavirus* genome segment 9 and its segregation by insect vector transmission. Arch Virol，1995，140：1503-1509

[26] Magome H，Yoshikawa N，Takahashi T. Single-strand conformation polymorphism analysis of apple stem grooving capillovirus sequence variants. Phytopathology，1999，89(2)：136-140

[27] Koenig R，Luddecke P，Haeberle AM. Detection of *Beet necrotic yellow vein virus* strains，variants and mixed infections by examining single-strand conformation polymorphisms of immunocapture RT-PCR products. J Gen Virol，1996，76：2051-2055

[28] Mastari J，Lapierre H，Dessens JT，et al. Asymmetrical distribution of *Barley yellow dwarf virus* PAV variants between host plant species. Phytopathology，1998，88(8)：818-821

PCR-SSCP 分析条件的优化*

魏太云，林含新，谢联辉

（福建农林大学植物病毒研究所，福建福州　350002）

摘　要： 聚合酶链式反应及单链构象多态性（PCR-SSCP）技术作为一种区分检测基因组之间微小差异的有效方法，具有快速、简便、灵敏和适用于大样品量筛选的特点。本研究从变性剂类型、电泳缓冲液的离子强度、交联度、电泳温度、甘油浓度及变性剂类型等方面对影响 PCR-SSCP 的电泳条件进行分析。以期对该方法的选用提供参考。

关键词： PCR-SSCP；条件摸索

中图分类号： S435　**文献标识码：** A　**文章编号：** 1006-7817（2002）01-0022-0

Optimization of the conditions affecting PCR-SSCP analysis

WEI Tai-yun, LIN Han-xin, XIE Lian-hui

(Institute of Plant Virology, Fujian Agriculture and Forestry University, Fuzhou　350002)

Abstract: Polymerase chain reaction-single-strand conformation polymorphism (PCR-SSCP) technique is a method feasible to detect minor sequence changes in PCR amplified DNA, with its characterization of rapidness, simplicity, sensitivity and applicability to large-scale screening. However, many factors could influence the results of SSCP analysis, and its optimization was highly empirical. In this paper, we compared and analyzed the experimental results under various controlled conditions such as the concentration of cross-linker、the concentration of PAG、the concentration of the electrophoresis buffer、the presence of glycerol in gels and temperature of the gel during electrophoresis. Results showed that it was common to run the samples under at least two different conditions because each fragment needs its own optimal running conditions.

Key words: PCR-SSCP; conditions optimization

聚合酶链式反应及单链构象多态性（polymerase chain reaction-single strand conformation polymorphism，PCR-SSCP）技术是一种检测 PCR 产物微小差异的有效方法，该技术能快速检测出短片段中单个碱基的变异，目前被广泛地应用于基因突变的鉴定、遗传病致病基因分析和基因诊断中[1]。但很少应用于植物病毒学中，而且，该技术目前尚不成熟，在所有的报道中，SSCP 分析所用的各种条件各不相同，且存在较大的分歧，特别是在电泳温度及甘油使用方面，且多采用进口的电泳装置和

福建农林大学学报（自然科学版），2003，31（1）：22-25

收稿日期：2001-07-23

* 基金项目：国家自然科学基金（30000002）

同位素或银染标记，限制了该技术的普遍应用[1]。本研究拟对影响 SSCP 分析的各种因素进行摸索，并采用北京六一仪器厂 DYY-Ⅲ型电泳槽进行操作和 EB 染色观察结果，使其在技术上更加完善，操作上更为简便，更能适合一般实验室的应用。

1 材料和方法

1.1 水稻条纹病毒（*Rice stripe virus*，RSV）分离物

病毒分离物由本所采自云南保山（BS）、云南宜良（YL）、福建龙岩（LY）、上海嘉定（JD）、山东济宁（JN）、辽宁盘锦（PJ）及北京双桥农场（SQ）等地病田，经分离纯化后保存于合系 28 水稻品种上。

1.2 病毒提纯及病毒 RNA 的提取

参照 Kakutani 等[2]的方法，略作修改。

1.3 引物、反转录-聚合酶链式反应（RT-PCR）扩增

参照文献［3］。

1.4 SSCP 分析

取纯化产物 7μL 加 12μL 载样缓冲液（95%去离子甲酰胺变性剂或碱变性剂即 0.5mol/L NaOH、10mmol/L EDTA、0.5% 溴酚蓝、0.5% 二甲苯氰 FF），混匀后在 95℃中变性10min，取出后立即冰浴 5min，迅速上样于 8% 或 10%非变性聚丙烯酰胺凝胶（交联度＝49∶1 或 29∶1、胶的尺寸为 10cm×8cm×0.1cm），不加甘油或加 5%甘油，电泳缓冲液为 0.5×TBE 或1×TBE，电泳槽为北京六一仪器厂（DYY-Ⅲ型）产品，在 4℃或 18℃下 200V 恒压电泳 19h，EB 染色 10min 后在 UV 下观察。

2 结果与分析

2.1 RT-PCR

RSV JD、LY、YL、BS、JN、SQ 和 PJ 7 个分离物的 RNA4 基因间隔区（IR）cDNA 经 PCR 扩增后，均产生一条 680bp 左右 DNA 片段（图 1）。

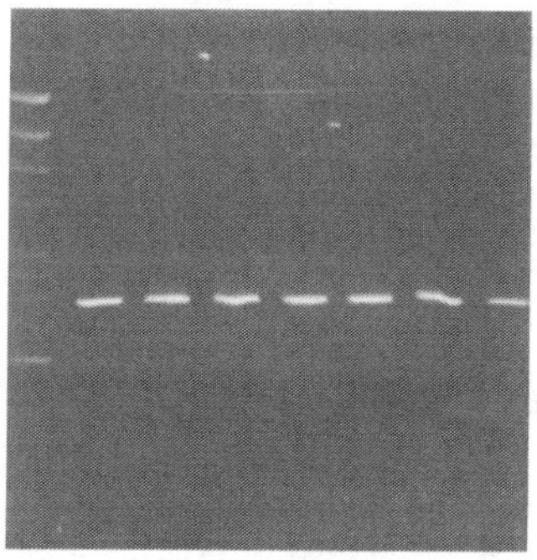

图 1 我国 RSV 7 个分离物 RNA4 IR PCR 扩增产物
1-7 分别为 BS、JD、JN、LY、SQ、PJ 和 YL 分离物

2.2 SSCP 技术的优化和应用

为了提高 SSCP 分析的检出率，对影响 SSCP 技术的各种因素进行了摸索（除了比较条件外，其他电泳条件一致），结果如下：

2.2.1 凝胶浓度

100g/L 与 80g/L 凝胶浓度相比最明显的差别是泳动速率，ssDNA 条带在 100g/L 凝胶中的泳动速率明显慢于 80g/L 凝胶；此外，在 100g/L 凝胶中，PJ 分离物的带型为单条带，无法分开（图 2A，B）。

2.2.2 电泳缓冲液的离子强度

1×TBE 电泳缓冲液条带的泳动速率明显慢于 0.5×TBE 电泳缓冲液的，PJ 分离物的条带也只有单条带，无法分开（图 2C）。

2.2.3 交联度

29∶1 与 49∶1 交联度最明显差别是 JN、PJ 分离物的带型在 29∶1 交联度下都为单条带，而其他分离物的分离效果都较好（图 2D）。

2.2.4 电泳温度

温度主要影响 SSCP 条带泳动的速率及其分离的程度，18℃电泳条件下的条带泳动速率明显快于 4℃的；JN 分离物条带的分离程度不受温度变化的影响，而其他分离物在 18℃下条带分得不够开，不如 4℃下，其中 PJ 分离物为单条带；此外，18℃的条带还有微笑效应（图 2E）。

2.2.5 甘油浓度

甘油对 SSCP 条带泳动的影响较为复杂，对某些条带的泳动有抑制作用，如 JN、PJ 分离物在 5%甘油 4℃电泳条件下的带型都为单条带；另一方面，甘油又可促进某些条带的分离，如 SQ 分离物的两条单链带在 5%甘油 4℃电泳条件下的分离效果比不加甘油 4℃下好得多；另外，在这种条件下可分开的两条单链带的亮度不同，BS、JD、LY

及 YL 4 个分离物中泳动速度快的条带较亮，而 SQ 分离物的情况则相反（图 2F）。5％甘油 18℃中，除 PJ 分离物的带型和 5％甘油 4℃一样仍为单条带外，其他六个分离物均为泳动速度相似的两条单链带，这表明了在其他条件下可明显区分的 SQ、JN、YL 分离物的带型在这种条件下却没有差异（图 2G）。

2.2.6　变性剂类型

碱变性剂对 SSCP 带型没有明显的影响，但其条带与 95％去离子甲酰胺为变性剂的相比较为模糊（图 2H）。另外，29∶1 交联度、18℃及 5％甘油（4℃、18℃）等条件的某些分离物的 SSCP 带型中还有多条模糊条带存在（图 2D-G）。

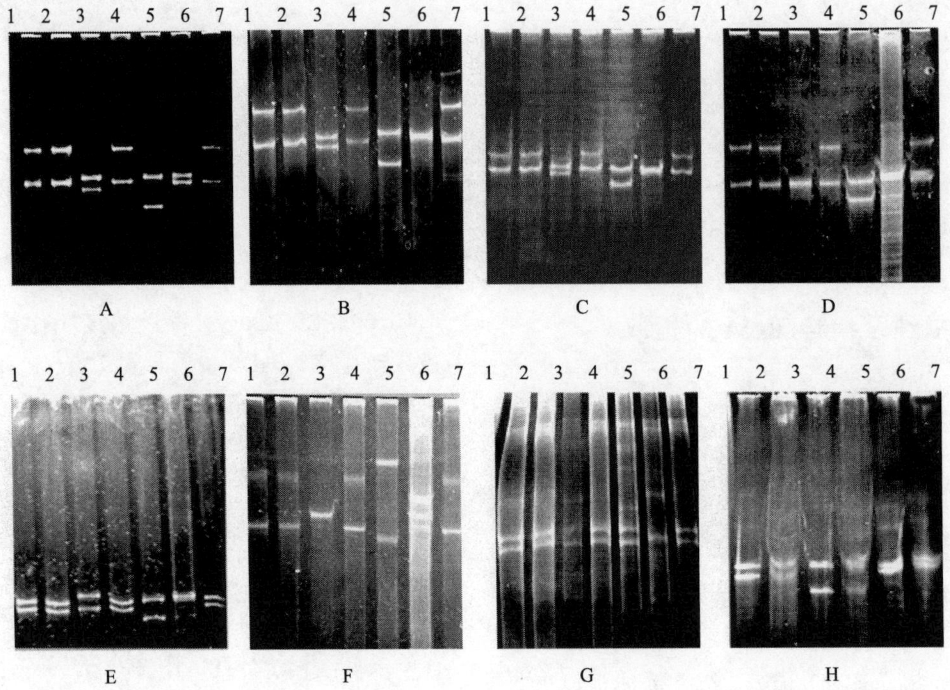

图 2　我国 RSV 7 个分离物 RNA4 IR RT-PCR 扩增产物的 SSCP 分析

A. 电泳条件为 80g/L 凝胶（交联度为 49∶1）、不加甘油、0.5×TBE 电泳缓液、4℃下 200 V 电泳 19h；B. 100g/L 凝胶中的 SSCP 图谱；C. 1×TBE 电泳缓冲液的 SSCP 图谱；D. 29∶1 交联度的 SSCP 图谱；E. 18℃下电泳的 SSCP 图谱；F. 凝胶中加入体积分数为 5％甘油的 SSCP 图谱；G. 凝胶中加入体积分数为 5％甘油、18℃下的 SSCP 图谱；H. 变性剂类型对 SSCP 分析的影响，其中 1、3、5 道分别为用 95％去离子甲酰胺处理的 BS、BJ、PJ 分离物，2、4、6 道为用碱变性剂处理的 BS、BJ、PJ 分离物。除了比较条件外，b-h 中的其他电泳条件均与图 1 所描述的相同．A-G 中 1-7 道分别为 BS、JD、JN、LY、SQ、PJ 和 YL 分离物

通过上述实验条件的摸索，结果发现 80g/L 非变性聚丙烯酰胺凝胶（交联度＝49∶1）、不加甘油、电泳缓冲液为 0.5×TBE，4℃下 200V 电泳 19h 为最佳条件组合，该组合可以充分反映出 7 个分离物 RNA4 IR 序列间存在的变异。重复实验证实了这个结果。

3　讨论

植物病毒各分离物变异的研究，主要通过以下一些方法来分析：①T_1 核酸酶酶切后寡核苷酸的双向电泳图谱分析，也称为 RNA 指纹（RNA fingerprinting）；②核酸酶保护分析（RPA）；③dsRNA电泳图谱分析；④限制性酶切图谱分析（RFLP）；⑤SSCP 分析；⑥核苷酸序列分析。这些方法中，核苷酸序列分析是最精确的方法，但对于大量样品而言，序列测定则是既耗时又昂贵，因此仅作为一种必要的补充手段。而 SSCP 技术可能是目前唯一一种兼具快速简单，灵敏且价格低廉的检测微小突变的方法，近 3 年来已陆续在植物病毒种群遗传结构分析中应用。

SSCP 的原理是当双链 DNA 经变性后，达到一种序列特异的亚稳定构象，不同构象在非变性聚丙烯酰胺凝胶中决定了特定的移动性[4]。Orita 等[5]、Hayashi 等[6] 认为 SSCP 分析对于小于 400bp 的 PCR 产物最有效。研究结果表明 SSCP 分析对于 682bp 的片段分离效果较好。应用 PCR-

SSCP分析我国RSV 7个分离物的病害特异性蛋白（SP）基因（595bp）、外壳蛋白（CP）基因（995bp）的分子变异的结果也表明，SSCP分析对于595bp片段的分离效果较好，而对于995bp片段的分离效果较差，各分离物的SSCP条带的分离效果不明[7]。

结果发现SSCP带型一致的BS、JD、LY及YL的RNA4 IR，其序列的确100％同源性，而SSCP带型不一致的序列也各不相同[8]。这表明SSCP分析确实是一种比较灵敏的检测序列变异的方法。但并不能从SSCP泳动带型的特征反映出序列的变异程度。如SQ、JN及PJ分离物RNA4 IR序列的同源性均为92％～94％[8]，但SSCP分析结果表明JN、PJ分离物的泳动带型相差不多，而与SQ分离物的泳动带型差异明显。由于SSCP是依据点突变引起单链DNA分子立体构象的改变来实现电泳分离的，这样就可能会出现当某些位置的点突变对单链DNA分子立体构象的改变不起作用或作用很小时，使聚丙烯酰胺凝胶电泳无法分辨造成漏检。

本研究对影响SSCP分析的各种条件进行了摸索，发现：①变性剂类型对SSCP带型没有影响，但95％去离子甲酰胺处理的样品的条带比碱变性剂处理的清晰，其作用机理还不清楚，但有报道认为不同的样品所采用的变性剂类型须根据具体的实验条件而定[1]；②凝胶浓度、电泳缓冲液的离子强度对SSCP的影响较小，主要是与样品的电泳迁移速率有关，对于分子质量较大的样品（＞400bp），不宜选择高浓度凝胶及高离子强度的电泳缓冲液，其结果将导致有些条带无法分开或电泳时间过长；但Nakamura等[9]对300bp左右的DNA片段进行SSCP分析时发现原先在80g/L凝胶浓度0.5×TBE电泳缓冲液下不能区分的两个样品，在10％凝胶浓度、1×TBE的电泳缓冲液下，其SSCP带型却能明显区分开来，这说明了高离子强度的电泳缓冲液可以提高某些样品（＜400bp）突变的检测率；③29∶1与49∶1交联度最明显差别是前者JN、PJ分离物的带型都为单条带，这表明了高交联度有可能会抑制某些SSCP条带的分离；④SSCP的效果受电泳温度和甘油浓度的影响最大，温度主要影响SSCP条带泳动的速率及其分离的程度，这可能是由于电泳温度过高会破坏序列中某些亚稳定的构象，从而改变了其非变性聚丙烯酰胺凝胶的特定的迁移率。而甘油作为一种弱变性剂，对不同样品的SSCP条带的泳动影响效果不同，对某些条带的泳动有抑制作用；但另一方面，又可促进另一些条带的泳动，其作用机理还不清楚，但很有可能是通过改变分析片段的ssDNA亚稳定的构象来实现的，所以分析时是否加甘油还需根据具体实验条件确定；Orita等[5]对影响SSCP分析的各种条件进行优化所得出的结论也证实了电泳温度和甘油浓度的这种影响效果。总之，对不同的样品需摸索不同的电泳条件以便提高检出率。

参考文献

[1] 姚海军，曹虹，郭辉玉. PCR-SSCP分析法及其研究进展. 生物技术，1996，6(4)：1-4

[2] Kakutani T，Hayano Y，Hayashi T，et al. Ambisense segment 4 of *Rice stripe virus* possible evolutionary relationship with phoeboviruses and uukuviruses(*Bunyaviridae*). J Gen Virol，1990，72(2)：465-468

[3] 魏太云，林含新，林奇英等. 水稻条纹病毒两个分离物*RNA*4基因间隔区的序列比较. 中国病毒学，2000，15(2)：156-162

[4] Orita M，Suzuki Y，Sekiya T，et al. Rapid and sensitive detection of point mutations and DNA polymorphisms using the polymerase chain reaction. Genomics，1989，5：874-879

[5] Orita M，Iwahana H，Kanazawa H，et al. Detection of polymorphisms of human DNA by gel electrophoresis as single-strand conformation polymorphisms. PNAS，1989，86：2766-2770

[6] Hayashi K，Yandell DW. How sensitive is PCR-SSCP. Hum Mut，1993，2：338-346

[7] 林含新，魏太云，吴祖建等. 应用PCR-SSCP技术快速检测我国水稻条纹病毒的分子变异. 中国病毒学，2001，16(2)：166-169

[8] 魏太云，林含新，吴祖建等. 水稻条纹病毒*RNA*4基因间隔区的分子变异. 病毒学报，2001，17(2)：144-146

[9] Nakamura H，Kaneko S，Yamaoka Y，et al. PCR-SSCP analysis of the ribosomal DNA ITS regions of the willow rust fungi in Japan. Ann Phytopathol Soc Jpn，1998，64：102-109

酵母双杂交系统在植物病毒学上的应用*

魏太云，林含新，谢联辉

（福建农林大学植物病毒研究所，福建福州 350002）

摘　要：酵母双杂交系统是研究蛋白质间相互作用的一种有效方法，具有操作简便，灵敏度高的特点。该技术在植物病毒学的如下领域得到应用：①病毒粒体的分子结构和装配；②病毒核酸复制以及病毒基因表达调控；③病毒介体传播的分子机制；④病毒运动模式；⑤病毒致病机制；⑥病毒编码蛋白的联系图谱。

关键词：酵母双杂交系统；植物病毒

中图分类号：S432.4+1　**文献识别码**：A　**文章编号**：1006-7817（2003）01-0050-05

Application of yeast two-hybrid system to plant virology

WEI Tai-yun，LIN Han-xin，XIE Lian-hui

（Institute of Plant Virology，Fujian Agriculture and Forestry University，Fuzhou 350002）

Abstract：Yeast two-hybrid system is a very effective method in studying protein-to-protein interactions，with the characteristics of convenience and high sensitivity. The technique has been applied to plant virology in the following aspects：①molecular structure and configuration constitution；②virus nucleic acid replication，genes expression and control；③the molecular mechanisms of insect vector transmission；④the movement mode of virus；⑤the mechanisms of virus pathogenesis；⑥the linkage maps of virus encoded proteins.

Key words：yeast two-hybrid system；plant virus

酵母双杂交系统（yeast two-hybrid system，YTHS）是由 Field 等[1]建立的一种灵敏的检测酵母细胞蛋白-蛋白互作的实验方法。其基本原理为：许多真核生物的转录激活因子都是由结构分离，功能独立的结构域，即 DNA 结合域（DNA-binding domain，DNA-BD）和转录激活域（transcriptional activation domain，AD）组成的，2 个待测蛋白可分别与这 2 个结构域形成融合蛋白。如果这两个待测蛋白能相互作用而结合在一起，则可使 DNA-BD 和 AD 结合在一起，形成一个完整的有活性的转录因子，从而激活下游报告基因的表达；反之，报告基因则无法表达。该系统能迅速、敏感地在真核细胞体内检测蛋白生理状态下的互作，并可快速获得目的蛋白的编码基因，已在研究疾病发病机制、细胞周期、基因调控、跨膜信号传导及药物设计等方面得到广泛地应用。本文就近 5 年来

福建农林大学学报（自然科学版），2003，32（1）：50-54

收稿日期：2001-12-28

* 基金项目：国家自然科学基金（30000002）

YTHS在植物病毒病毒粒体分子结构和装配、病毒核酸复制、病毒基因表达调控、病毒介体传播的分子机制、运动模式、致病机制及编码蛋白的联系图谱等方面的应用作一综述。

1 YTHS在研究病毒粒体的分子结构和装配中的应用

病毒的结构蛋白种类很少，应用YTHS对病毒粒体装配中结构蛋白的互作进行研究，可为电子显微镜重建等的研究提供重要补充。

Uyeda等[2,3]应用YTHS对水稻矮缩病毒（RDV）的粒体装配进行研究的结果表明，P3的C-端相互作用非常牢靠稳固，可在内衣壳表面形成二聚体，对核心结构保持起到重要作用；P8在粒体表面形成三聚体，且可诱导五邻体和六邻体的排列。Herzog等[4]发现，水稻东格鲁杆状病毒（RTBV）P2与P3的外壳蛋白域有很强的互作关系，这表明P2参与了RTBV外壳的组装。Himmelbach等[5]发现花椰菜花叶病毒（CaMV）病毒内含体蛋白（PVI）能特异性地与病毒外壳前体蛋白（PIV）连接，由于PVI在成熟病毒粒体中是不存在的，故推测认为PVI在CaMV的粒体装配中起附属作用。

2 YTHS在研究病毒核酸复制以及病毒基因表达调控研究中的应用

病毒核酸复制是病毒生活周期中的重要一环，病毒侵入细胞后，先翻译出复制所需的蛋白，这些蛋白和一种或多种寄主的蛋白共同组成复制酶复合体，复制过程中复杂的蛋白与蛋白间的互作，以前主要靠体外方法检测（如化学交联、Far-Western杂交试验等），而YTHS检测则不受纯化过程的限制，而且可以通过有目的的突变找到作用部位，这对于研究病毒复制机制很有意义。

应用YTHS可有效地检测出可能参与马铃薯Y病毒属病毒基因组复制的病毒蛋白。例如，Hong等[6]、Huali等[7]应用YTHS分别检测到烟草脉斑驳病毒（TVMV）、烟草蚀纹病毒（TEV）核内含体蛋白（NIb）与病毒连接蛋白（VPg）、病毒外壳蛋白（CP）间都有较强的互作关系，这种互作关系对马铃薯Y病毒属基因组的复制与扩增具有重要的作用。Guo等[8]的研究结果表明，马铃薯Y病毒属病毒基因组编码的P1、P3可能是复制酶复合体的亚基。

YTHS还被广泛地应用于参与马铃薯Y病毒属病毒复制的寄主细胞蛋白的调取与筛选。Tampo等[9]应用YTHS从寄主中筛选出一种能与芜菁花叶病毒（TuMV）内含体蛋白（CI）互作的寄主组蛋白（H3），这表明H3与CI的结合可能与马铃薯Y病毒属病毒复制有关。Wang等[10, 11]应用YTHS筛选可能与小西葫芦黄花叶病毒（ZYMV）复制酶结合的寄主蛋白，发现EF1-alpha延长因子、噬菌体DnaJ蛋白及多聚A结合蛋白b都是马铃薯Y病毒属复制酶复合体的组成部分。Leonard等[12]、Wittmann等[13]应用YTHS钓取可能与TuMV基因组连接蛋白（Vpg）结合的寄主成分，结果发现真核生物启动因子（eIF4E）及其异构体与Vpg都有极强的互作关系。Schaad等[14]发现，烟草蚀纹病毒（TEV）不同株系的核内含体蛋白a（NIa）与eIF4E间的结合程度相差较大，这表明eIF4E与NIa是以病毒株系特异性方式结合的。eIF4E在启动带帽mRNA的翻译，对马铃薯Y病毒属RNA复制以及病毒基因的翻译具有重要的作用。

双生病毒的基因组结构较为简单，但其复制和基因表达调控却相当复杂。该过程不仅涉及病毒自身编码蛋白的调控作用，还与寄主细胞密切相关。应用YTHS可有效地检测出病毒基因表达调控中所涉及的病毒蛋白与寄主蛋白的互作。Xie等[15]发现一种影响植物生长与衰老、富含NAC的蛋白与小麦矮缩病毒（WDV）复制蛋白间有较强的互作，表明复制蛋白可能会调控寄主植物生长和衰老的进程。Gábor等[16]、Liu等[17]以及Xie等[18]发现，玉米线条病毒（MSV）、菜豆黄矮病毒（BYDV）、WDV的复制蛋白均能特异性地与玉米的类成视网膜细胞瘤（retinoblastom，Rb）蛋白结合，表明双生病毒的复制蛋白可能会调控寄主的细胞周期。Collin等[19]发现，WDV的2个非结构蛋白C1和C1：C2均可与Rb蛋白结合，表明病毒互补链的表达必须依靠这2个蛋白与Rb蛋白的互作。

3 YTHS在研究病毒介体传播的分子机制中的应用

植物病毒及其介体传播的分子机制的研究，主要集中在病毒参与传播的基因及产物的确定和传播介体内的病毒特异性受体结合蛋白的分析。YTHS为研究参与介体传播的病毒蛋白提供了技术保证。

例如，烟草脆裂病毒（TRV）CP 在线虫传毒中起到重要作用，YTHS 检测结果表明，CP 与 RNA2 编码的 2 个非结构蛋白间存在互作关系，表明这两个非结构蛋白很可能也参与了线虫传毒过程[20]。马铃薯 Y 病毒属病毒的 CP 和辅助蛋白/蛋白酶（HC-Pro）参与了病毒的蚜传。Guo 等[21] 应用 YTHS 检测马铃薯 A 病毒（PVA）CP 和 HC-Pro 的互作关系，发现这 2 个蛋白都可在体内自我互作，但无论在蚜传株系和非蚜传株内，均未发现有 HC-Pro 和 CP 的互作发生。这表明 HC-Pro 与 CP 可能不是直接互作，而很有可能是通过蚜虫口针上的病毒受体起作用的。

目前研究病毒与传播介体关系常用的体外检测方法是蛋白印迹覆盖（overlay）技术。这种方法需要高浓度的蛋白和抗体，因纯化非常困难，会造成许多假阳性。而应用 YTHS 可有效地对病毒与传播介体的互作关系进行检测，且所有的操作均在核酸水平进行，无需纯化大量的蛋白。例如，Morin 等[22]研究发现，菜豆金色花叶病毒属中的虫传病毒番茄黄曲叶病毒（TYLCV）和非虫传病毒苘麻黄化病毒（AbMV）的 CP 均能与粉虱的公生细菌分泌的 GroEL 蛋白有效地结合。GroEL 与病毒粒体结合后，可以稳定病毒粒体在粉虱血腔中长期存留，故 GroEL 似乎与粉虱的传毒特异性无关。

4 YTHS 在研究病毒运动模式中的应用

YTHS 还可有效地调取参与植物病毒胞间运动和长距离转运的寄主蛋白。Soellick 等[23] 应用 YTHS 从烟草 cDNA 文库调取与番茄斑萎病毒（TSWV）的运动蛋白有互作关系的寄主成分，发现一种分子伴侣 Hsp70 的调控子 DnaJ 族蛋白可能参与了 TSWV 的胞间运动，并依此提出 TSWV 胞间运动模式。CMV 2b 蛋白在病毒的长距离转运中具有重要的作用。Ham 等[24] 应用 YTHS 从烟草 cDNA 文库中筛选出一种与 2b 蛋白具有明显互作关系的类似于原核生物 LytB 的蛋白，分析表明 2b 蛋白和寄主因子的协同互作在病毒长距离转运过程中是必要的。最近，Lin 等[25] 应用 YTSH 从拟南芥植物 cDNA 文库中调取与芜菁皱缩病毒（TCV）运动蛋白具有明显互作关系的蛋白，分析表明这种蛋白具有典型的跨膜螺旋酶结构。

5 YTHS 在研究病毒致病机制中的应用

应用 YTHS 还可将病毒致病过程中涉及的一系列病毒蛋白和细胞蛋白联系起来，充分应用已知的这些蛋白功能分析病毒的致病机制。例如，甜菜曲顶病毒（BCTV）C4 在转基因植物中可诱导产生与病症相似的症状。Davis 等[26] 应用 YTHS 从拟南芥植物 cDNA 文库中筛选出几种蛋白激酶家族的寄主成分，表明这种蛋白激酶与 C4 互作可能是病毒致病的原因。为了确定由 TMV 抗性基因（N 基因）介导的信号传导途径中的寄主蛋白，Bake 等[27] 通过 YTHS 从寄主中筛选出几种与 N 蛋白有互作关系的细胞蛋白成分。另外，TMV 螺旋酶可作为激发子可诱导寄主产生过敏性反应（HR），产生病程相关蛋白。通过 YTHS 可检测出螺旋酶和病程相关蛋白间有较强的相互关系。这些结果都为进一步研究 TMV 的致病机制提供直接的实验证据。

6 YTHS 在研究病毒编码蛋白联系图谱中的应用

YTHS 还可对病毒蛋白间可能的互作关系进行检测。Chomchan 等[28]、Choi 等[29] 及 Guo 等[30] 应用 YTHS 分别绘制了水稻草矮病毒（RGSV）、小麦线条花叶病毒（WSMV）及马铃薯 Y 病毒属基因组编码的各蛋白间的联系图谱，为进一步研究各编码蛋白的可能功能奠定基础。

当然，YTHS 中的缺失突变分析是鉴定病毒蛋白自身互作区域最有效的手段。已通过 YTHS 确认 CaMV 开放阅读框（ORF）Ⅲ编码的蛋白通过 N 端连接形成一个四聚体[31]、TSWV CP 亚基的 N 端和 C 端头尾连接形成一个多聚体的链[32]；苜蓿花叶病毒（AMV）CP 为同型二聚体[33]。另外，YTHS 的检测结果表明，马铃薯 Y 病毒（PVY）[34] 和莴苣花叶病毒（LMV）[35] 的 HC-Pro 以及椰子叶衰病毒（CFDV）[36] 可能的复制启动蛋白都能通过 N 端进行自我连接，并通过检测影响这种互作的变异体，寻找有效互作的区域。应用 YTHS 对柑橘速衰病毒（CTV）各编码蛋白间的互作，发现 P20 蛋白自身间具有高度的亲和关系，表明这个蛋白可能会在寄主植物中大量积累。病理学试验发现，P20 蛋白可能是 CTV 侵染寄主细胞后产生的无定形内含体的主要成分[37]。

7 讨论

综上所述，YTHS 已在植物病毒学研究中有广泛的应用。但这个系统本身也存在一些缺陷，如易出现假阳性、假阴性结果等；而且，YTHS 只能表明待测蛋白质间能发生互相作用的可能性，这种可能性还必须经过其他的试验方法验证，尤其要与病毒本身的一些生物学特征的研究相结合。另外，植物中发生的蛋白间的互作在 YTHS 中可能检测不到，其可能原因有转化效率偏低、不正确的翻译后修饰、蛋白在酵母细胞内的不恰当的折叠以及在 YTHS 中产生的融合蛋白的 DNA-BD 和 AD 被不正确掩盖等[38]。最新研究[39]发现，在 YTHS 的基础上，又产生了酵母三杂交系统、单杂交系统、双诱饵系统、哺乳动物双杂交系统及逆向双杂交系统等。其中，酵母三杂交系统已被应用于 RNA 病毒中 RNA 与蛋白质间的互作关系的研究。酵母三杂交系统是 Sengupta 等[40]在酵母双杂交思路基础上提出来的，其基本原理和试验操作与 YTSH 的非常相似，只需通过第 3 个分子的介导把 2 个杂交蛋白连到一起。这个系统不仅可用来研究更为复杂的 3 个蛋白质间的互作，而且成为研究体内 RNA-蛋白质间互作的新途径。例如，Guerra-Peraza 等[41]应用酵母三杂交系统研究发现，CaMV 35SRNA 的前导序列与其 CP 特异性地结合后，可以明显激活报告基因的转录，突变分析表明：前导序列中的富含嘌呤碱基的区域和 CP 中的锌指结构域是特异性互作的区域；Bailey-Serres 等[42]在酵母三杂交系统试验中发现，烟草坏死病毒卫星（STNV）mRNA 3′端非编码区的 100 个核苷酸序列可特异性地结合 eIF4E，表明这个区域在启动转录中起主要作用。

参考文献

[1] Fields S, Song O. A novel genetic system to detection protein-protein interaction. Nature, 1989, 340: 245-246

[2] Uyeda S, Masuta C, Uyeda I. Hypothesis on particle structure and assembly of *Rice dwarf phytoreovirus*: interactions among multiple structural proteins. J Gen Virol, 1997, 78(7): 3135-3140

[3] Uyeda S, Masuta C, Uyeda I. The C-terminal region of the P3 structural protein of *Rice dwarf phytoreovirus* is important for P3-P3 interaction. Arch Virol, 1999, 144(8): 1653-1657

[4] Herzog E, Guerra-Peraza O, Hohn T. The *Rice tungro bacilliform virus* gene II product interacts with the coat protein domain of the viral gene III polyprotein. J Virol, 2000, 74(5): 2073-2083

[5] Himmelbach A, Chapdelaine Y, Hohn T, et al. Interaction between *Cauliflower mosaic virus* inclusion body protein and capsid protein: implications for viral assembly. Virology, 1996, 217(1): 147-157

[6] Hong Y, Levay K, John F, et al. A potyvirus polymerase interacts with the viral coat protein and VPg in yeast cells. Virology, 1995, 214(1): 159-166

[7] Huali X, Valdez P, Olvera RE, et al. Functions of the *Tobacco etch virus* RNA polymerase(NIb): subcellular transport and protein-protein interaction with VPg/proteinase(NIa). J Virol, 1997, 71(4): 1598-1607

[8] Guo D, Järvekülg L, Saarma M. Biochemical and genetic evidence for interactions between *Potato A potyvirus*-encoded proteins P1 and P3 and proteins of the putative replication complex andresmerits. Virology, 1999, 263(1): 15-22

[9] Tampo H, Plante D, Laliberte J F, et al. The cytoplasmic inclusion protein of TuMV interaction with histone H3 of *Arabidopsis thaliana*. Phytopathology, 1999, 89(6): 76

[10] Wang X, Ullah Z, Crumet R, et al. Identification of host protein interacting with *Zucchini yellow mosaic potyvirus* replicase. Phytopathology, 1999, 89(6): 83

[11] Wang X, Ullah Z, Grumet R. Interaction between *Zucchini yellow mosaic potyvirus* RNA-dependent RNA polymerase and host poly-(A) binding protein. Virology, 2000, 275(2): 433-443

[12] Leonard S, Plante D, Wittmann S, et al. Complex formation between potyvirus VPg and translation eukaryotic initiation factor 4E correlates with virus infectivity. J Virol, 2000, 74(17): 7730-7737

[13] Wittmann S, Chatel H, Marc G. Interaction of the viral protein genome linked of *Turnip mosaic potyvirus* with the translational eukaryotic initiation factor (iso) 4E of *Arabidopsis thaliana* using the yeast two-hybrid system. Virology, 1997, 234(1): 84-92

[14] Schaad MC, Anderberg RJ, Carrington JC. Strain-specific interaction of *Tobacco etch virus* NIa protein with the translation initiation factor eIF4E in the yeast two-hybrid system. Virology, 2000, 273(2): 300-306

[15] Xie Q, Sanz-Burgos AP, Guo H, et al. GRAB proteins, novel members of the NAC domain family, isolated by their interaction with a geminivirus protein. Plant Mol Biol, 1999, 39(4): 647-656

[16] Gábor V, Horváth A, Nikovics K, et al. Prediction of functional regions of the *Maize streak virus* replication-associated proteins by protein-protein interaction analysis. Plant Mol Biol, 1998, 38(5): 699-712

[17] Liu L, Saunders K, Thomas CL, et al. *Bean yellow dwarf virus* RepA, but not rep, binds to maize retinoblastoma protein, and the virus tolerates mutations in the consensus binding motif. Virology, 1999, 256(2): 270-279

[18] Xie Q, Suarez-Lopez P, Gutierrez C, et al. Identification and

analysis of a retinoblastoma binding motif in the replication protein of a plant DNA virus: requirement for efficient viral DNA replication. EMBO J, 1995, 14(16): 4073-4082

[19] Collin S, Fernandez-Lobato M, Gooding PS, et al. The two nonstructural proteins from *Wheat dwarf virus* involved in viral gene expression and replication are retinoblastoma-binding proteins. Virology, 1996, 219(1): 324-329

[20] Visser PB, Bol JF. Nonstructural proteins of *Tobacco rattle virus* which have a role in nematode-transmission: expression pattern and interaction with viral coat protein. J Gen Virol, 1999, 80(6): 3273-3280

[21] Guo D, Merits A, Saarma M. Self-association and mapping of interaction domains of helper component-proteinase of *Potato A potyvirus*. J Gen Virol, 1999, 80(3): 1127-1131

[22] Morin S, Ghanim M, Sobol I, et al. The GroEL protein of the whitefly bemisia tabaci interacts with the coat protein of transmissible and nontransmissible begomoviruses in the yeast two-hybrid system. Virology, 2000, 276(2): 404-416

[23] Soellick TR, Uhrig JF, Bucher GL, et al. The movement protein NSm of *Tomato spotted wilt tospovirus* (TSWV): RNA binding, interaction with the TSWV N protein, and identification of interacting plant proteins. PNAS, 2000, 97(5): 2373-2378

[24] Ham BK, Lee TH, You JS, et al. Isolation of a putative tobacco host factor interacting with *Cucumber mosaic virus*-encoded 2b protein by yeast two-hybrid screening. Mol Cells, 1999, 9(5): 548-555

[25] Lin B, Heaton LA. An *Arabidopsis thaliana* protein interacts with a movement protein of *Turnip crinkle virus* in yeast cells and *in vitro*. J Gen Virol, 2001, 82(3): 1245-1251

[26] Davis KR, Bucjley K, Ware D. Molecular genetic studies of symptom development in *Arabidopsis-Geminivirus* interactions. Scotland: The 7th International Congress of Plant Pathology. 1998

[27] Baker B, Zambryski P, Staskawicz B, et al. Recognition and signaling in plant-microbe interactions. Science, 1997, 276(3): 727-733

[28] Chomchan P, Shifang L, Miranda G J, et al. Analysis on protein-protein interactions among 12 proteins encoded on *Rice grassy stunt virus* genome. Abstracts of 20th Annual Meeting of ASV, 2001

[29] Choi R, Stenger DC, French R. Multiple interactions among proteins encoded by the mite-transmitted *Wheat streak mosaic tritimovirus* Ⅱ. Virology, 2000, 267(2): 185-198

[30] Guo D, Rajamaki ML, Saarma M, et al. Towards a protein interaction map of potyviruses: protein interaction matrixes of two potyviruses based on the yeast two-hybrid system. J Gen Virol, 2001, 82(2): 935-939

[31] Leclerc D, Burri L, Kajava AV, et al. The open reading frame Ⅲ product of *Cauliflower mosaic virus* forms a tetramer through a N-terminal coiled-coil. J Biol Chem, 1998, 273(44): 15-21

[32] Uhrig JF, Soellick TR, Minke CJ, et al. Homotyic interaction and multimerization of nucleocapsid protein of *Tomato spotted wilt tospovirus*: identification and characterization of two interacting domains. PNAS, 1999, 96(1): 55-60

[33] Bol JF. *Alfalfa mosaic virus* and ilarviruses: involvement of coat protein in multiple steps of the replication cycle. J Gen Virol, 1999, 80(5): 1089-1102

[34] Lopez L, Urzainqui A, Dominguez E, et al. Identification of an N-terminal domain of the *Plum pox potyvirus* CI RNA helicase involved in self-interaction in a yeast two-hybrid system. J Gen Virol, 2001, 82(2): 677-686

[35] Merits A, Fedorkin ON, Guo D, et al. Activities associated with the putative replication initiation protein of *Coconut foliar decay virus*, a tentative member of the genus nanovirus. J Gen Virol, 2000, 81(8): 3099-3106

[36] Orozco BM, Kong LJ, Batts LA, et al. The multifunctional character of a geminivirus replication protein is reflected by its complex oligomerization properties. J Biol Chem, 2000, 275(9): 14-22

[37] Gowda S, Satyanarayana T, Davis CL, et al. The P20 gene product of *Citrus tristeza virus* accumulates in the amorphous inclusion bodies. Virology, 2000, 274(2): 246-254

[38] Dickinson M, Beynon J. Emerging technologies and their application in the study of host-pathogen interactions. Molecular Plant Pathology. Sheffield: Academic Press, 2000, 253-267

[39] 敖光明，冯晓燕. 酵母双杂交系统的研究进展. 农业生物技术学报，2001，9(1): 1-6

[40] Sengupta DJ, Zhang B, Kraemer B, et al. A three-hybrid system to detect RNA-protein interactions *in vivo*. PNAS, 1996, 93(8): 8496-8501

[41] Guerra-Peraza O, De Tapia M, Hohn T, et al. Interaction of the *Cauliflower mosaic virus* coat protein with the pregenomic RNA leader. J Virol, 2000, 74(5): 2067-2072

[42] Bailey-Serres J, Jean-David R, Michael W, et al. Plants, their organelles, viruses and transgenes reveal the mechanisms and relevance of post-transcriptional processes. EMBO J, 1999, 18(13): 5153-5158

天然砂与修饰砂对病毒的吸附与去除*

郑耀通[1]，林奇英[2]，谢联辉[2]

（1 福建农林大学资源与环境学院，福建福州　350002；
2 福建农林大学植物病毒研究所，福建福州　350002）

摘　要：分别在不同 pH、含有不同金属阳离子及腐殖酸的脱氯自来水与蒸馏水中，研究了砂与金属氢氧化物修饰砂吸附与去除 *Polivirus* $_1$（PV_1）和 Bacteroides fragilis phage（B. fp）的不同效果。结果显示，天然砂吸附病毒效率随水体 pH 的降低而增加，但当砂表面经氢氧化铝、氢氧化铁沉积修饰后，却在中性 pH 具有较高的吸附率。金属阳离子可促进天然砂吸附病毒，并随其浓度和价态的增加而增加，但对修饰砂作用不明显。腐殖酸对砂及修饰砂吸附病毒的影响也不同，修饰砂吸附病毒不受腐殖酸的存在及其浓度影响，而天然砂会因腐殖酸的存在及其浓度的提高而降低吸附病毒效率。在任一实验条件下，砂与修饰砂在自来水中的吸附病毒效率高于在蒸馏水中的吸附效率，扫描电镜观察显示砂与修饰砂具有明显不同的表面结构特征，这是两者具有不同吸附效率的基础。从砂与修饰砂吸附 PV_1 的效率高于 B. fp 的现象说明 B. fp 是一个更为合适的病毒去除指示生物。本实验结果表明了金属氢氧化物修饰砂可为传统的净水工艺提供高效的病毒去除过滤介质与途径。

关键词：病毒；砂吸附；氢氧化物修饰砂；*Poliovirus* $_1$；bacteroides fragilis phage
中图分类号：Q939，X17　**文献标识码**：A　**文章编号**：1003-5152（2004）02-0163-05

Absorption and removing of virus by sand and modified sand with metallic hydroxide

ZHENG Yao-tong[1]，LING Qi-ying[2]，XIE Lian-hui[2]

（1 College of Resources and Environment，Fujian Agriculture and Forestry University，Fuzhou　350002；
2 Institute of Plant Virology，Fujian Agriculture and Forestry University，Fuzhou　350002）

Abstract：The efficiency of adsorption and removing Poliovirus $_1$（PV_1）and bacteroides fragilis phage（B. fp）by nature and modified sand in the conditions of different environment pH、various mental salts and concentration variation、exist of humic acid in tap and distilled water were studied in this paper. The results showed：the lower pH of the water sample，the higher efficiency of natural sand adsorbed viruses. When natural sand was modified by hydroxide aluminum and hydroxide iron sunk to the sand surface and accumulated，the ability of modified sand absorption

---

中国病毒学，2004，19（2）：163-167
收稿日期：2003-11-03　修回日期：2003-12-16
*　基金项目：福建省科技计划项目资助（98-R-17）

viruses was higher in neutral pH. Natural sand adsorbed viruses increasing with the presence of metal cations、their contents and valence，but this positive role was not clear to modified sand adsorption viruses. The humic acid also had different influence regulation to natural and modified sand adsorbed viruses. Modified sand was not affected by humic acid，but natural sand adsorbed viruses would be reduced due to humic acid. The reason why the two kinds of sand had different ability adsorbed viruses may be due to the obviously different sand surface construction according to viewing the scanning electron microscope. The ability of natural and modified sand adsorb viruses was higher in distilled water than that in tap water at any experiment conditions. The results of these experiments showed the modified sand by metal hydroxide can provide a higher viruses removing efficiency way for the traditional drinking water treatment craft. The results also showed that the abilities of natural sand and modified sand adsorbed PV_1 were higher than that of B. fp at any conditions of adsorption，in other words，the rate of removing PV_1 was faster than B. fp. This behavior demonstrates that B. fp is a more suitable index creature used indicates virus's inactivation.

Key words：viruses；sand adsorption；modified sand；*Poliovirus*$_1$；bacteroides fragilis phage

目前，已从不同水环境中检出150余种人类致病性病毒[1]，水环境中的病毒对公众健康安全存在巨大威胁。已有研究指出我国饮用水处理工艺病毒去除效率低，有时甚至增大病毒污染量[2]。能有效去除病原微生物的水处理技术可以提高饮用水的质量并最大限度地防止和减少介水传播疾病的发生，以砂为过滤介质的快滤池是饮用水、食品与医药工业用水处理去除悬浮物和病原微生物的重要途径[3]，砂滤去除病原微生物主要依赖于砂吸附，而吸附效率因环境pH、可溶性盐的组成及其含量、有机物存在与组成及其含量而不同[4]。同时，限于经济和实验的可能性，目前常以病毒指示物来评价水处理过程去除病毒的效率[5]。研究显示用脆弱拟杆菌噬菌体（Bacteroides fragilis phage，B. fp）作为病毒污染与去除指示物更为合理和准确[6]，我们的实验结果也显示B. fp比肠道病毒模式种*Polivirus*$_1$（PV_1）在水环境中的存活时间更长[7]。然而有关B. fp对砂的吸附行为却没有见到报道，因此，本文主要探讨天然砂和金属氢氧化物修饰砂吸附与去除B. fp及PV_1的机制以及影响因素，以期为常规饮用水处理存在的病毒去除不彻底的状况提供改善方法。

1　材料与方法

1.1　实验材料

PV_1疫苗株由福州市卫生防疫站赠送。在Hep$_{-2}$细胞中于RPMI 1640（Gibco，含L-谷氨酰胺、25mmol/L HEPES生物缓冲剂及10%胎牛血清）基质中繁殖后，经3次反复冻融后离心收集待用，空斑形成单位法（PFU）定量[8]。

脆弱拟杆菌噬菌体（B. fp）由本实验室分离纯化，寄主为自我国典型感病人群盲肠分离的脆弱拟杆菌BH_8（bacteroides fragilis，BH_8，购于国内某医科大学），碱性焦性没食子酸厌氧罐法细菌培养，双夹层琼脂法噬菌斑定量[9]。

实验水样以蒸馏水与用硫代硫酸钠脱氯处理后的自来水为吸附实验介质。

1.2　砂修饰方法

将取于福建农林大学西区乌龙江砂滩具0.4～0.8mm直径的砂粒，用蒸馏水洗涤后烘干即为天然砂。天然砂用一定浓度$FeCl_3$、$AlCl_3$溶液浸泡1h后沥干并烘干燥，第二天用3mol/L氨水浸泡20min，烘干燥后即为修饰砂，于实验室保存备用。

1.3　影响天然砂和修饰砂吸附病毒的因素分析

在蒸馏水及脱氯自来水中探讨水质因子影响天然砂与修饰砂吸附病毒的不同效果。将2g砂与10mL约含2.56×10^5 pfu/mL病毒样品水样混合，并按设计要求加入适量的不同金属阳离子、腐殖酸或调节水样之pH。在4～5℃的恒温摇床上振荡吸附30min后，2000 *g*离心10min分离吸附的病毒，上清液用于确定未吸附的病毒含量，每处理两个重复取平均值。

1.4 砂及修饰砂表面形态结构观察

砂与修饰砂经氮气置换干燥，离子蘸射金属镀膜后在 Philips 扫描电镜上观察其表面结构。

2 结果与分析

2.1 水环境 pH 对天然与修饰砂吸附病毒影响

结果显示（表 1）：天然砂吸附 PV_1 和 B. fp 效率随水体 pH 的不同而不同，且与修饰砂吸附病毒的效果也明显不一样，在两种水样中天然砂吸附病毒效率都比修饰砂差，这在蒸馏水中尤为明显。天然砂吸附病毒随水体 pH 降低而增加，在 pH 4.0 的蒸馏水和自来水中可分别吸附 88.6%、92.4% PV_1。较高 pH 环境，砂吸附病毒效率变差，如在 pH 9.0，在蒸馏水中只吸附 2.7% PV_1。天然砂对 B. fp 的吸附规律也类似。由表 1 可知，在任何 pH 下，蒸馏水中的吸附都比自来水中差，可能是自来水中含有的离子促进了砂对病毒的吸附。然而，当砂表面经金属氢氧化铝、氢氧化铁沉积修饰后，没有表现出砂吸附病毒随 pH 降低而提高现象，相反在两种水体中修饰砂吸附病毒均在中性 pH 具有较高的吸附率，而在偏酸及偏碱 pH 吸附能力均变差，这种现象说明天然砂与修饰砂吸附病毒可能具有不同的机制。实验结果还表明了在绝大多数情况下，两种砂对 PV_1 的吸附能力都比 B. fp 高，说明 B. fp 作为病毒污染指示物的可靠性更高。

表 1 水样 pH 影响天然砂及修饰砂吸附病毒效果

pH	蒸馏水中吸附效率/%				自来水中吸附效率/%			
	天然砂		修饰砂		天然砂		修饰砂	
	PV_1	B. fp	PV_1	B. fp	PV_1	B. fp	PV_1	B. fp
4.0	88.6	90.2	89.9	91.2	92.4	89.3	95.4	93.4
5.0	59.4	40.3	86.8	81.3	91.8	73.4	96.7	92.1
7.0	8.9	7.2	92.1	89.4	47.8	40.1	98.5	96.4
9.0	2.7	4.1	79.6	70.6	24.3	21.9	87.3	81.2

在不同 pH 条件下，以不加砂水样设空白对照，病毒吸附率＝（1－各处理游离病毒浓度/空白病毒浓度）×100%

2.2 不同浓度和价态金属离子对砂吸附病毒的影响

金属离子对砂吸附病毒的影响列于表 2。结果显示，砂吸附病毒效率随水环境中金属离子的存在及浓度的增加而提高，并随其价态的增加而增加。两价阳离子可在其浓度是单价的 1/10 而具有相同或更高的提高砂吸附病毒的效果，而三价离子可在更低的浓度下起相同作用。除三价铝离子（10^{-4}mol/L）可提高天然砂吸附 B. fp 外，金属离子提高天然砂吸附 PV_1 的效果高于 B. fp。同水体 pH 影响砂吸附病毒效果相似，在任一实验水样中，修饰砂吸附病毒产生也远高于天然砂，而两种病毒在自来水中的吸附效率也总是高于在蒸馏水中的吸附率，显然这同两种水体所含的成分不同有直接的关系，自来水中含有一定浓度的可溶性盐可能是主要原因。实验结果还说明，砂或修饰砂吸附 PV_1 和 B. fp 的能力不同，天然砂的吸附差别两者更为明显，砂对 PV_1 的吸附能力高于 B. fp，可见 B. fp 在水体中具有较长的存活时间显然不是因为其对悬浮物质的吸附，而是本身结构和特性决定了其对环境压力具有较强的抗性，这种特性使 B. fp 作为病毒去除指示物更为可靠和科学。

表 2　金属离子种类和浓度影响天然砂与修饰砂对 PV_1 及 B. fp 的吸附

阳离子种类/(mol/L)	蒸馏水中吸附效率/%				自来水中吸附效率/%			
	天然砂		修饰砂		天然砂		修饰砂	
	PV_1	B. fp	PV_1	B. fp	PV_1	B. fp	PV_1	B. fp
对照	46.7	22.1	93.7	90.1	78.3	71.7	98.5	94.2
NaCl 0.5	61.7	40.2	97.8	93.2	92.1	82.3	98.2	97.5
0.05	58.6	31.7	95.4	91.3	87.1	78.6	97.6	93.2
CaCl 0.05	94.4	65.8	96.8	94.2	96.3	93.2	98.4	97.8
0.005	93.2	53.1	95.1	93.3	95.9	90.8	97.7	97.1
AlCl 10^{-4}	98.9	92.5	98.8	97.9	98.3	96.8	98.9	98.9
10^{-6}	97.6	67.4	98.3	96.3	81.7	88.6	97.9	97.3

2.3　有机悬浮物对砂吸附病毒的影响

天然水体中常见的悬浮性有机物—腐殖酸对砂吸附病毒的影响显示（表 3），腐殖酸对砂与修饰砂吸附病毒的影响也不同。修饰砂吸附病毒基本不受腐殖酸的存在及其浓度变化（0.1～100 mg/L）的影响，但腐殖酸的存在可阻碍天然砂吸附病毒，这种状况在自来水中更加明显，在蒸馏水中的效果并不是很明显，这同腐殖酸抑制砂吸附病毒的机制主要是螯合金属离子以降低水环境中的离子强度有关。事实上，从金属盐对砂及修饰砂吸附病毒的不同效果已经发现，金属离子对修饰砂吸附病毒影响不大，也决定了腐殖酸对修饰砂吸附病毒不会产生抑制作用。因此，天然砂经用金属氢氧化物原位沉淀修饰后可不受水质因子条件的限制而发挥高效的吸附病毒的作用，非常适宜用于饮水工业处理过程的过滤介质。

表 3　腐殖酸对砂与修饰砂吸附病毒影响

腐殖酸/(mg/L)	蒸馏水中吸附效率/%				自来水中吸附效率/%			
	天然砂		修饰砂		天然砂		修饰砂	
	PV_1	B. fp	PV_1	B. fp	PV_1	B. fp	PV_1	B. fp
100	44.3	36.4	93.3	90.7	56.7	31.9	96.5	93.5
10	43.2	38.5	92.8	92.2	74.3	44.8	97.4	91.4
1	53.9	44.6	91.9	90.9	81.2	54.7	94.6	95.8
0.1	42.1	45.6	92.1	92.5	83.4	56.4	96.2	94.2
0	42.0	47.3	91.5	90.8	84.6	56.8	95.8	95.1

2.4　天然砂与修饰砂表面扫描电镜观察

将天然砂与修饰砂颗粒砂干燥、真空镀膜后于扫描电镜上观察。结果发现天然砂与修饰砂表面具有完全不同的结构特征（图 1），连续观察了多个天然砂颗粒，其表面均光滑而平整，而金属氢氧化物修饰砂表面却粗糙、凹凸不平并具多孔结构，相信这些多孔结构为微生物的过滤去除提供了良好的空间结构。由此可见，一般的天然砂经用金属氢氧化物原位沉淀后，可大大提高对病原微生物的过滤去除能力，这为常规水与饮用处理提高对病原微生物的去除提供了一条有效的途径。

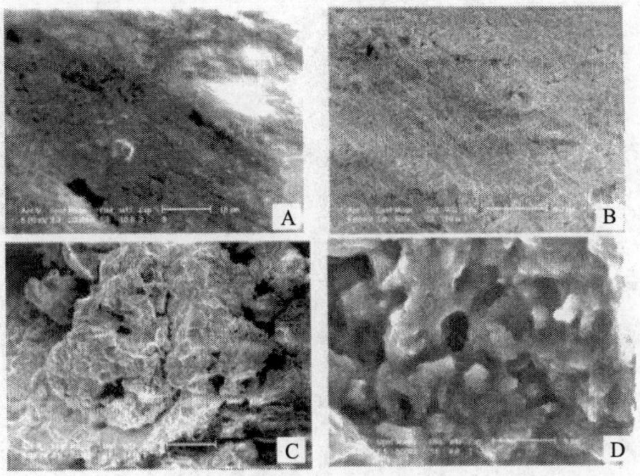

图 1　天然砂和修饰砂表面结构
A. 天然砂；B～D. 修饰砂

3 讨论

实验结果说明：水环境 pH、金属离子组成和浓度、有机悬浮物的存在及其含量等因素均明显影响天然砂吸附 PV_1 及 B. fp 效率，其中水环境 pH 对天然砂吸附病毒的效率影响很大，在最低 pH 环境下砂吸附病毒效率最高，而高于 7 时吸附效率显著下降。然而水体 pH 对修饰砂吸附病毒的影响却不明显（表 1），且 pH 低时吸附病毒的能力并不比 pH 高时强，显然金属氢氧化物修饰砂吸附病毒同天然砂有着不同的机制和规律。

除水体 pH 外，金属阳离子的种类和浓度也明显影响天然砂吸附病毒。二价或多价阳离子的存在显著增加了天然砂吸附病毒（表 2）。同时，在相同的条件如有单价或二价金属离子存在的蒸馏水及脱氯自来水中，砂吸附 PV_1 的能力均比 B. fp 强，这也说明作为病毒污染与灭活去除效率的指示物，B. fp 是可行的。在所有实验中，从病毒在自来水中的吸附率均高于蒸馏水中的现象（表 1，表 2，表 3），说明了介质阳离子强度对砂吸附病毒效率高低的重要性，自来水中较高的吸附率可能在于含有的金属阳离子，高离子强度压缩了病毒胶体双电层而脱稳，同时多价阳离子还可与病毒在固体颗粒物间形成盐桥[10,11]，或者使电荷性质发生逆转[12]。

已有的研究显示，在水与废水中存在的悬浮性有机质因可同病毒竞争吸附位点而妨碍砂吸附病毒[13,14]。然而有机物对病毒吸附的影响并不都是十分有效，当悬浮物表面特性十分有利于病毒吸附，有机物的吸附抑制影响就不明显，像本实验中的吸附剂—修饰砂就属于这种情况。同时，当病毒对砂的吸附是发生在吸附位点会饱和状态下是这样，而在吸附位点不会饱和的状况下有机质可能不会同病毒竞争吸附位点，如修饰砂因用金属氢氧化物修饰后，砂表面产生了明显不同的表面结构（图 1B，C，D），而使其表面比表面积大大提高，修饰砂表面吸附位点的大为增加，从而表现出其吸附位点远离饱和点，并使加入的腐殖酸有机物对砂吸附病毒没有多少抑制作用（表 3）。

在自然状态下，绝大多数的悬浮颗粒表面并不利于病毒的吸附（因同病毒带相同的净电荷而相斥），但当阳离子结合于负电荷的悬浮物表面而导致其表面电荷异质性时（常见的是铁离子、铝离子、镁离子）可大大改变这种情况，在吸附剂表面只要有微少程度的电荷异质性改变就可大大提高对病毒的吸附能力[15]，同时也发现表面特异的吸附剂比表面规则的吸附能力大为提高[10,11]。因此像腐殖质的存在影响病毒的吸附在于同病毒竞争吸附位点，如果吸附剂上的吸附位点很多，可能影响就不大，如砂经用金属氢氧化物沉积修饰后，表面结构发生很大变化，明显异质化后，吸附位点大大增加，有机物对其基本没有影响。

Farrah 等发现修饰诸如微孔膜、硅藻土等固体物质以及原位沉淀金属盐后可提高固体颗粒表面阳离子浓度并且提高在较宽的 pH 范围内对水中病毒的去除能力[16]。Lukasik 等还检查了修饰砂的物理和化学特性，确认砂经金属氧化物修饰后提高对病毒的吸附去除能力是由于砂表面的 Zeta 电动势提高[17]。如何在饮水处理工艺中选择更为有效的过滤介质，以提高病原微生物的去除率，并改善出水水体的外观及化学特质，减少人类受感染的机会等方面也进行了较广泛的研究，如采用阳离子多聚物修饰的藻土或多孔膜过滤[18]、金属氢氧化物饱和煤渣、砂表面原位结合金属氢氧化物作为水处理过滤介质等[16,17]。Lukasik 和 Mansoor 等也发现砂经金属氢氧化铁及氢氧化铝修饰后可有效地吸附并灭活水体中的微生物[17,19]。本实验的结果显示，砂及金属氢氧化物修饰砂对病毒的吸附与去除能力不同，金属氢氧化物修饰砂可为常规饮用水处理存在的病原微生物特别是病毒去除不彻底的状况提供改善方法，提高饮用水的卫生学安全性。

参考文献

[1] Gerba CP, Rose JR. Viruses in source and drinking water. *In*: Mcfeters GA. Drinking water microbiology. Brock/Sprinkger in Contemporary Biosciences, 1990, 380-396

[2] 李劲，李丕芬，丁建华等. 自来水常规工艺去除病毒效果的研究. 中国环境科学，1989，9(5)：348-351

[3] 世界卫生组织. 饮用水的质量标准(第二版). 第一卷. 建设性意见. 北京：人民卫生出版社，1997，123-129

[4] Bixby RL. Influence of fulvic acid on bacteriophage adsorption and complexation in soil. Appl Environ Microbiol, 1979, 38 (3): 840-845

[5] Gerba CP, Goyal MS. Quantitative assessment of the adsorption behavior of viruses in soil. Environ Sci Technol, 1981, 15: 940-944

[6] Tartera CJ. Bacteriophages active against bacteroides fragilis sewage polluted water. Appl Environ Microbiol, 1987, 53: 1632-1637

[7] 郑耀通. 闽江流域福州区段水体病毒污染、存活规律与灭活处理. 福建农林大学博士学位论文，2002

[8] 戴华生. 病毒学实验诊断技术(资料专辑). 南昌：江西省出版

事业管理局，1980
[9] 余茂效，司稊东. 噬菌体实验技术. 北京：科学出版社，1991
[10] Sobsey MD, Glass JS. Modifications of the tentative standard method for improved virus recovery efficiencies. Am Water Work Assoc, 1980, 72:350-355
[11] Moore RS, Tatlor DH, Sturman LS, et al. Poliovirus adsorption by 34 minerals and soils. Appl Environ Microbiol, 1981, 42(3): 936-975
[12] Grant SB, List EJ, Lidstrom ME. Kinetic analysis of virus adsorption and inactivation in batch experiments. Water Resource Res. 1993, 29:2067-2085
[13] Ouyang Y, Shiude D, Mausell RS. Collioid enhanced transport of chemicals in subsurface environments: a review. Crit Rev Environ Sci Technol, 1996, 26: 189-204
[14] Simizu Y, Sogabe H. The effects of colloidal humic substances on the movement of nonionic hydrophobic organic contaminants in groundwater. Water Sci Technol, 1998, 38: 159-167
[15] Ryan JN, Elimelech M. Colloid mobilization and transport in groundwater. Colloids Surfaces A: Physicochem Eng Aspects, 1996, 107: 1-56
[16] Farrah SR, Preston DR, Toranzos GA, et al. Use of modified diatomaceous earth for removal and recovery of viruses in water. Appl Environ Microbial, 1991, 57: 2502-2506
[17] Lukasik J, Truesdail S, Shah DO. Adsorption of microorganism to sand and diatomaceous earth particles coated with metallic hydroxides. Kona, 1996, 14: 87-91
[18] Preston DR, Vasudevan TV. Novel approach for modifying microporous filters for viruses concentration from water. Appl Environ Microbiol, 1988, 54: 1325-1329
[19] Mansoor AM. Sand based filtration/adsorption media. J Water SRTAqua, 1996, 45: 67-71

灰飞虱胚胎组织细胞的分离和原代培养技术*

陈　来，吴祖建，傅国胜，林奇英，谢联辉

（福建农林大学植物病毒研究所，福建福州　350002）

摘　要：为建立灰飞虱（*Laodelphax striatellus* Fallen）单层细胞株，以 Grace 培养基为基础，MM 培养基、水解乳清蛋白、酵母抽提物和胎牛血清（FBS）为营养添加因子，共配成 7 种全培养基，用以培养灰飞虱胚胎组织细胞。7 种培养基均可维持灰飞虱胚胎切块组织细胞的贴壁培养 1～4 周，而培养基 5（1Grace＋1MM＋20％FBS）则可维持贴壁培养达 2 个月以上；pH8.0 的 0.25％胰蛋白酶在 37℃下酶解组织块 5～10min 的分离效果较好。实验获得较适合灰飞虱胚胎组织细胞生长的配方和组织酶解分离方法。

关键词：灰飞虱；胚胎组织；细胞培养；培养基

中图分类号：Q962　**文献标识码**：A　**文章编号**：0454-6296（2005）03-0455-05

Development of an *in vitro* culture system of primary tissues and cells from embryo of *Laodelphax striatellus* Fallen

CHEN Lai, WU Zu-jian, FU Guo-sheng, LIN Qi-ying, XIE Lian-hui

(Institute of Plant Virology, Fujian Agriculture and Forestry University, Fuzhou　350002)

Abstract: To build cell layer line of *Laodelphax striatellus* Fallen, seven different full culture media, including MM medium, lactalbumin hydrolysate, yeast extract and fetal bovine serum (FBS) based on Grace medium, were developed and tested to culture the tissues and cells from embryo of *L. striatellus*. The results indicated that these tissues and cells could survive keeping close to the bottom of medium for at least 1-4 weeks, and for even 2 months in the medium No. 5, which was made up of one Grace medium, one MM medium respectively and 20% FBS. Furthermore, effective hydrolyzation of the tissues was reached when they were pretreated for 5-10min with 0.25% trypsin under the condition of pH 8.0 at 37℃. The suitable culture recipe to the tissues and cells from embryo of *L. striatellus* and a good method to separate tissues were proposed.

Key words: *Laodelphax striatellus*; embryonic tissues; cell culture; culture media

水稻条纹病毒（*Rice stripe virus*，RSV）作为纤细病毒属（*Tenuivirus*）的一个成员[1]，在生物学性质或基因组结构和表达策略等方面均具有许多独特的特性，是研究病毒-介体-寄主互作机制的

昆虫学报，2005，48（3）：455-459

收稿日期：2004-02-11　接受日期：2004-06-14

*　基金项目：国家自然科学基金项目（39900091）

理想材料[2]。水稻条纹病毒由灰飞虱以持久性方式经卵传播；在禾谷类作物上有很广的寄主范围，广泛分布于我国16个省市，曾造成严重损失；据本所1997～2003年实地调查表明，该病目前在辽宁、北京、河南、山东、上海、云南仍十分常见，特别是云南保山、楚雄、昆明，北京双桥，河南原阳，山东济宁及苏北等地，田间发病更为普遍，有的田块颗粒无收[3,4]。应用水稻原生质体等技术，对水稻条纹病毒基因及其编码蛋白的功能以及它们在植物寄主体内的表达策略已有较深入研究[5]，但对于病毒在介体昆虫灰飞虱体内复制与表达研究甚少，主要局限于细胞病理学的研究[6]。关于灰飞虱组织细胞培养仅见日本学者 Kimura 等[7]的报道。因此，我们试图通过细胞原代培养技术建立灰飞虱细胞株，以用于研究水稻条纹病毒在灰飞虱细胞内的复制与表达规律，希望能为从分子与细胞水平上揭示病毒-介体间的关系提供好的细胞培养方法。实验中我们首次应用显微银针解剖技术切取了灰飞虱胚胎组织块，优化了组织细胞分离方法，并进行了灰飞虱胚胎组织细胞培养。

1 材料与方法

1.1 材料

1.1.1 供试材料

本所人工饲养的健康灰飞虱种群。

1.1.2 培养基与添加因子

M氏培养基（MM medium）自配，戈氏培养基（Grace medium）购自美国 Sigma 公司，水解乳清蛋白购自美国 Hyclone 公司，酵母抽提物购自美国 Oxiod 有限公司，胎牛血清购自杭州四季青生物工程材料有限公司。

1.2 方法

1.2.1 虫卵获取与消毒

剪取带灰飞虱虫卵的小麦苗或水稻苗，经含1％次氯酸钠的70％乙醇溶液处理10min；在解剖镜下从苗上用小银针小心挑取虫卵，每次选取处于红眼期的灰飞虱卵12～20粒，挑到玻璃皿中，超纯水洗3次，然后挑入 Eppendorf 管中，用含1％次氯酸钠的70％乙醇溶液处理15min，再用超纯水洗3次。

1.2.2 胚胎组织块切取

将 Rinaldini 盐[8]滴入双凹片上，虫卵用银针移入 Rinaldini 盐中，在解剖镜下用解剖刀切除虫卵尾部共生菌团，并将胚胎切片移入另一双凹片中用银针挑除虫卵壳后，将切片挑入另一凹穴中小心剔除几丁质外壳及脂肪。

1.2.3 酶解分离

将胚胎切片挑入含0.5mL 0.25％胰蛋白酶液（pH8.0）[8]培养瓶中，分别置于室温（25℃）下15min，37℃下3min、5～10min和20min。

1.2.4 添加全培养基

滴加1mL的全培养基；经数小时待组织块沉淀后小心吸掉旧培养基，换上1～1.5mL新鲜培养基，用 Parafilm 封口后移入铝盒中置于（27.5±1）℃的光照培养箱中避光培养。每隔7～8天换一半培养基。

2 结果与分析

2.1 胚胎组织块切取技术比较

培养24h后观察，用显微银针解剖技术分离出的分离物，50瓶中9瓶有共生菌1～4个，其余未发现共生菌；而用显微玻璃微针分离技术分离出的分离物中共生菌数量较多，且残留有不少的玻璃碎片（图1A)。结果表明：采用银针和解剖刀在载玻片上切取组织块，操作准确性高，可彻底除去共生菌，而且，银针不易吸附组织块，操作方便，需时短，分离时组织块损失少。因此，显微银针解剖技术适合灰飞虱胚胎组织细胞的分离。

2.2 酶解分离方法比较

在室温（25℃）下处理15min，贴壁组织块及贴壁细胞少，悬浮组织块多，并多呈紧密团块状（图1C)，与37℃下酶解3min的效果相近；在37℃下酶解5～10min，贴壁细胞较其他对照组多，且梭形和聚落状（4～10个细胞）贴壁细胞较多（图1E)，贴壁组织块边缘游离细胞较多（图1B)；在37℃下酶解20min，单个圆形贴壁细胞增多（图1D)，组织块多呈半贴壁状且可见明显的细胞轮廓。因此，在37℃下酶解5～10min分离效果较好，表现为梭形聚落状贴壁细胞、贴壁组织块及其周围游离的细胞较多。胰蛋白酶较常用于组织细胞分离，其最适工作pH 8.0，温度为37℃。酶解作用时间过长、浓度和温度过高对离体组织细胞都有不利影响。本实验结果表明：

pH8.0、温度为37℃、胰蛋白酶浓度为0.25%的条件下，适合灰飞虱胚胎组织细胞分离的最佳酶解时间为5～10min。这样可以在较短的时间内获得细胞疏松度适当、大小适宜的细胞团块和贴壁细胞。

2.3 培养结果

2.3.1 分离物形态

培养24h后在Leica倒置显微镜下观察组织块和游离细胞。①组织块：有的组织块周围有细胞游离，酶解较强的组织块细胞轮廓清晰，一般呈半贴壁；贴壁的组织块有的细胞结合在一起分不清细胞界限、有的则伪足伸出成放射状（图1B）。②游离细胞：半贴壁的细胞呈圆形有大、中、小三类（图1I），小的圆形细胞在光学显微镜下呈较亮与较暗两类；贴壁的细胞呈梭形（图1B）、蝌蚪形、圆形（图1E）和长条形细胞（图1G），有些聚落，有些则结合成片分不清细胞界限（图1F），梭形细胞还通过伪足相连成网（图1H）；贴壁细胞有些随培养时间的延长伪足及细胞体表面出现小泡、变暗、萎缩，最后只剩下部分细胞痕迹，或边缘出现缺刻、变暗、浮起、死亡，有些细胞则连接成线。除小圆形、蝌蚪形贴壁细胞、未融合组织块的细胞外，其余细胞内均有明暗不等的颗粒。培养的组织细胞在形态学上与鳞翅目昆虫体外培养细胞相似[9]。贴壁细胞中以梭形、蝌蚪形和长条形贴壁细胞为主，属成纤维细胞型细胞，一般是起源于中胚层；其余分散内有颗粒的细胞大多是具有吞噬作用的单核巨噬细胞系统的细胞，如颗粒性白细胞、淋巴细胞、单核细胞或巨噬细胞等[8]。

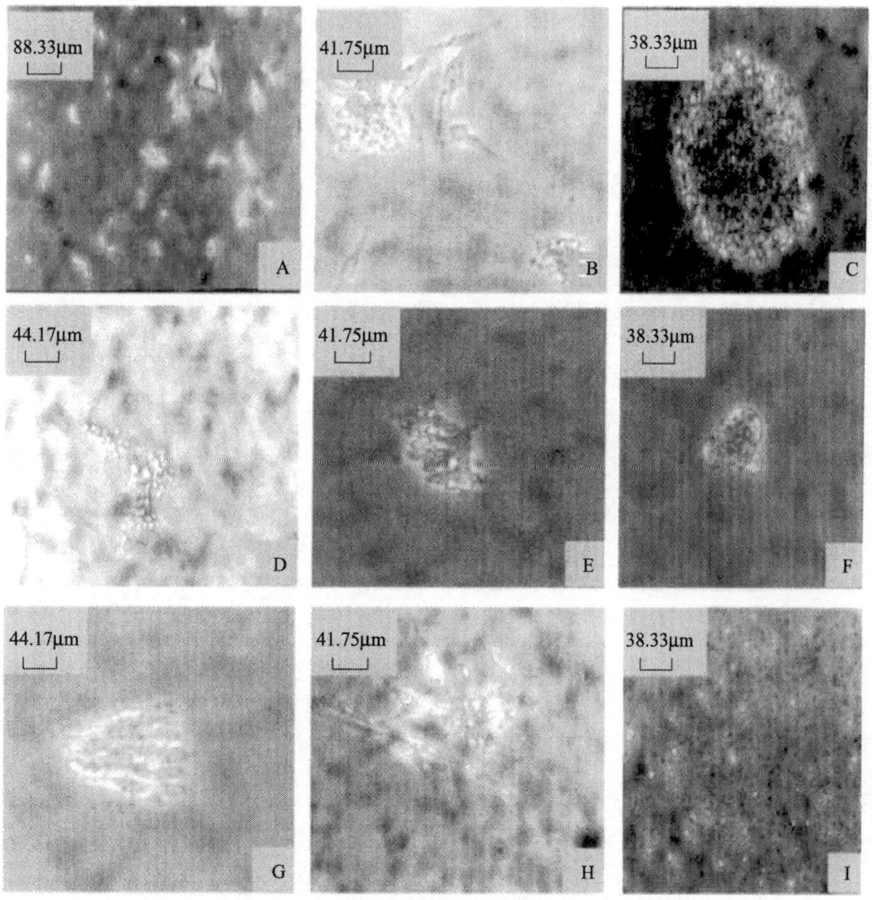

图1 培养物中的各种形态细胞

A. 用显微玻璃微针分离法所得分离物中的共生菌与玻璃碎片；B. 用显微银针解剖技术所得的组织块及其游离出的梭形贴壁细胞，没有共生菌；C. 室温（25℃）和pH8.0下0.25%胰蛋白酶酶解15min的组织块（25℃）；D. 组织块在37℃和pH8.0下0.25%胰蛋白酶酶解20min所分离的细胞；E. 圆形的聚落状贴壁细胞；F. 梭形贴壁细胞，内有亮颗粒，细胞粘连在一起，分不清细胞界限；G. 贴壁的长条形细胞；H. 梭形贴壁细胞通过伪足粘连成网；I. 圆形半贴壁细胞，有大、中、小三类

2.3.2 不同水平添加因子对细胞培养的影响

由于体外组织细胞对培养基的理化环境（如渗透压，pH 等）很敏感，因此应小幅调整添加因子。表 1 表明，添加 20％胎牛血清的 MM 培养基和配方 2 对分离物具有相同的培养效果；酵母抽提物有促进分离物贴壁的作用；MM 培养基与戈氏培养基组合可较明显地促进分离物贴壁生长，其中以 1：1 配比达较好的培养效果，是 7 种培养基组合中最适合灰飞虱离体组织细胞贴壁培养的配方。

表 1　7 种全培养基组合及其对分离物的培养情况

编号	配方	贴壁时间	生长情况
1	M 氏培养基中添加 20％胎牛血清 MM＋20％ FBS	2 周	小圆细胞有缓慢增殖
2	戈氏培养基添加 0.3％水解乳蛋白，0.3％酵母抽提物和 20％胎牛血清 Grace＋0.3％ HL＋0.3％ YE＋20％ FBS	2 周	小圆细胞有缓慢增殖
3	戈氏培养基添加 0.3％水解乳蛋白，和 20％胎牛血清 Grace＋0.3％ HL＋20％ FBS	3 周	小圆细胞有缓慢增殖
4	2 份戈氏培养基加 1 份 M 氏培养基再加 20％胎牛血清 2Grace＋1MM＋20％ FBS	1 月	小圆细胞有缓慢增殖
5	等份戈氏培养基和 M 氏培养基再加 20％胎牛血清 1Grace＋1MM＋20％ FBS	2 月以上	小圆细胞有缓慢增殖
6	戈氏培养基加 0.2％水解乳蛋白，0.2％酵母抽提物和 20％胎牛血清 Grace＋0.2％ HL＋0.2％ YE＋20％ FBS	3 周	小圆细胞有缓慢增殖
7	戈氏培养基加 0.33％水解乳蛋白，0.33％酵母抽提物和 20％胎牛血清 Grace＋0.33％ HL＋0.33％ YE＋20％ FBS	3 周	小圆细胞有缓慢增殖

MM. M 氏培养基；FBS. 胎牛血清；Grace. 戈氏培养基；YE. 酵母抽提物；HL. 水解乳清蛋白

3　讨论

昆虫幼虫或蛹的卵巢和胚胎由于分化程度较低，是建立细胞系较理想的材料。由于灰飞虱虫体仅 2～4mm 左右，若虫更小，而卵不足 1mm，且虫体腹部和虫卵内皆有共生菌，这给无菌分离组织块增加了困难。为了无菌获得较多的组织块，本实验采用了小银针（半寸针灸针）作为解剖工具，具有不易锈，不易粘，耐高压和易于操作等优点。一般昆虫细胞的原代培养不用酶液分离组织块，本实验应用低浓度的酶液在其最适 pH 和最适温度条件下作短时间消化，以大量获得疏松适当、大小适宜的组织团块和聚落细胞群。实验中采用的低幅调整营养因子添加浓度的方法获得了较适合灰飞虱胚胎组织细胞培养的培养基配方组合，其理化因子得到了优化。由于昆虫细胞系建立的工作需时较长（一般要 1～3 年或更长）[8,10,11]，培养基的更换时隔也值得探讨，本实验中采用每隔 7～8 天更换一半培养基的方法，可以尽量减低新鲜培养基对培养物的不利影响并利于空气更新。本实验结果为灰飞虱胚胎组织细胞的分离技术摸索出了一条较好的途径，初步找到了较适合灰飞虱胚胎组织细胞培养的培养基配方及培养条件，为建立灰飞虱细胞株乃至最终建立水稻条纹病毒与其媒介灰飞虱互作机制的新研究模式做了有意义的探索。

参 考 文 献

[1] Murphy FA，Fauquet CM，Bishop DHL，et al. Classification and nomenclature of viruses：Sixth report of the international committee on taxonomy of viruses. Arch Virol，1995，10：316
[2] 谢联辉，魏太云，林含新等. 水稻条纹病毒的分子生物学. 福建农林大学学报，2001，30(3)：269-279
[3] 林含新，林奇英，谢联辉. 水稻条纹病毒分子生物学研究进展. 中国病毒学，1997，12(3)：203-209
[4] 魏太云. 水稻条纹病毒的基因组结构及其分子群体遗传. 福建农林大学博士学位论文，2003
[5] 明艳林. 水稻条纹病毒在水稻原生质体中的复制和表达. 福建农林大学硕士学位论文，2001
[6] 吴爱忠，赵艳，曲志才等. 水稻条纹叶枯病毒(RSV)的 SP 蛋白在介体灰飞虱内的亚细胞定位. 科学通报，2001，46(14)：1183-1186
[7] Kimura I，Murao K，Isogai M，et al. Tissue culture of vector

planthopper, *Laodelphax striatellus* Fallen of *Rice black-streaked dwarf virus*(RBSDV), and inoculation of the virus to their cell monolayers. Annals of the Phytopathological Society of Japan, 1996, 62(3): 338.
[8] 薛庆善. 体外培养的原理与技术. 北京：科学出版社，2001，846-880
[9] 谢荣栋，刘栖干，杨淑艳等. 三种鳞翅目昆虫的血球细胞和卵巢细胞的体外培养. 昆虫学报，1980，23(3)：249-251
[10] Sudeep AB, Mourya DT, Shouche YS, et al. A new cell line from the embryonic tissue of *Helicoverpa armigera* Hbn. (Lepidoptera: Noctuidae). In Vitro Cell Dev Biol Anim, 2002, 38(5):262-264
[11] 李长友，郑桂玲，王晓云等. 八字地老虎血球细胞系的建立. 昆虫学报，2002，45(2)：279-282

一种实用的双链 RNA 病毒基因组克隆方法*

章松柏，吴祖建，段永平，谢联辉，林奇英

（福建农林大学植物病毒研究所，福建福州 350002）

摘 要：以克隆水稻矮缩病毒（*Rice dwarf virus*，RDV）基因组片段 S11、S12 为例，报道一种克隆植物 dsRNA 病毒基因组的方法。具体过程为：利用 T4 RNA 连接酶将 5′-磷酸、3′-氨基修饰的引物 primer 1 连接到 RDV 病毒基因组第 11、12 片段 dsRNA 的 3′-OH 端，经逆转录、退火、补齐形成全长双链 cDNA，使用单一的互补引物 primer 2 进行 PCR 扩增，扩增产物克隆在 pMD 18-T 载体上，对重组子进行两次限制性内切酶分析，结合序列测定分离鉴定 S11、S12。结果表明，这种方法能同时克隆 RDV 基因片段 S11、S12，是一种有效实用的 dsRNA 病毒基因组克隆方法。

关键词：dsRNA 病毒；基因组克隆；单引物扩增

中图分类号：Q785 **文献标识码：**A **文章编号：**1673-1409（2005）02-0071-03

dsRNA 病毒基因组结构为单组分或多组分 dsRNA。目前已知的双链 RNA 病毒有 6 科，分别命名为呼肠孤病毒科（*Reoviridae*）、双 RNA 病毒科（*Birnaviridae*）、囊状噬菌科（*Cystoviridae*）、单组分双链 RNA 球状真菌病毒科（*Totiviridae*）、双组分双链 RNA 球状真菌病毒科（*Partitiviridae*）和减毒病毒科（*Hypoviridae*）[1]。其中呼肠孤病毒科的一些病毒能感染动物、人类和植物，引起各种病害[2]。基因工程的快速发展为治疗这些病毒病害带来了希望。但对于 dsRNA 病毒来说，由于基因组核酸结构的特殊性，其基因组的克隆仍然是一个难题，特别是当 dsRNA 模板缺乏时，这种情况主要是因为病毒还不能被培养，或者对病毒的基因组一无所知。1992 年 Lambden 等[3]在克隆 dsRNA 病毒基因组技术方面取得了突破，首先用单引物扩增方法成功地扩增了人类轮状病毒基因组中较大的基因片段（3～4kb）。后来这种方法经过不断改进和完善，现在已经比较成熟，成为克隆 dsRNA 病毒基因组已知或未知基因片段的主要方法之一[4-6]，已经成功应用于多种动物 dsRNA 病毒的研究。尽管如此，这种方法在克隆植物 dsRNA病毒基因组方面还少有报道。本实验室应用这种方法成功克隆了水稻矮缩病毒（*Rice dwarf virus*，RDV）基因片段 S11、S12，水稻瘤矮病毒（*Rice gall dwarf virus*，RGDV）基因片段 S12 和水稻锯齿叶矮化病毒（*Rice ragged stunt virus*，RRDV）基因片段 S8 等 dsRNA 病毒已知或未知基因片段。笔者将以 RDV S11、S12 的同步克隆为例，介绍单引物扩增策略的过程和特点，同时对实验过程中存在的问题进行初步探讨。

1 材料与方法

1.1 试验材料

水稻矮缩病病株 2002 年 5 月于采自福建省松溪县发病稻田。扩增和连接引物引用 Vreede 等[4]和 Potgieter 等[6]设计的引物：

Primer 1（P1）：［5′ PO_4-GGATCCCGG-GAATTCGG（A）$_{17}$-NH_2 3′］

Primer 2（P2）：［5′ PO_4-CCGAATTCCCGG-GATCC-OH 3′］

由上海生物工程公司合成。相关试剂购自宝生物工程（大连）有限公司或 Amersham 公司。

长江大学学报（自科版），2005，2（2）：71-73

收稿日期：2004-09-02

* 基金项目：国家自然科学基金资助项目（39900091）

1.2 试验方法

（1）病毒基因组的提取和纯化。参照周雪平等[7]的方法提取 RDV 病毒的 dsRNA 基因组，用 10g/L 的低熔点琼脂糖电泳检测，回收 RDV S11/S12，因为 RDV S11、S12 分子大小几乎相等，琼脂糖电泳不易分开，所以一并回收纯化，回收纯化试剂盒用 MoBio Laboratories 公司的 UltraClean™ 15 DNA Purification Kit。

（2）全长 cDNA 链的合成。连接反应：20μL 的反应体系中含有：50mmol/L HEPES-NaOH（pH8.0），10mmol/L $MgCl_2$，10mmol/L DTT，T4 RNA 连接酶 10 U，1mmol/L ATP，0.006% BSA，200pmol Primer 1，1～10 ng 纯化的 dsRNA 基因组。17℃下连接 16h。连接产物用 10g/L 的低熔点琼脂糖电泳检测，用 UltraClean™ 15 DNA Purification kit 回收纯化。反转录：10μL 纯化的连接物中加入 30pmol 的引物 primer 2 或 oligo d（T）16，2μL DMSO，98℃变性 7min 后置冰浴 5min。依次加入 5μL 5×Reaction Buffer，1μL RNase Inhibitor，1μL dNTP（dATP、dTTP、dCTP、dGTP 各 2.5mmol/L），100 U RevertAid™ M-MuLV Reverse Transcriptase，加无菌水至 25μL，37℃反应 1.5～2h，95℃灭活 5min，置冰上 5min。RNA 降解和 cDNA 复性：向混合物中加入1mol/L NaOH 液 2.5μL，65℃ 1h，反应完成后置室温下冷却，再加入 2.5μL 1mol/L Tris-HCl（pH7.5），2.5μL 1mol/L HCl 溶液，65℃复性 1～16h。离心柱层析：按照文献［8］用 Sephacry S-200 进行离心柱层析纯化混合物，以除去降解的 RNA 小片段或单核苷酸及未反应的引物等。cDNA 链的修复：可单独用 Klenow Fragment 按照说明书进行，也可以用 Ex *Taq* 酶修复，与 PCR 扩增一并进行。

（3）单引物 PCR 反应体系如下：2.5μL 10×Buffer，1.5μL dNTP（dATP、dTTP、dCTP、dGTP 各 2.5mmol/L），0.125μL Ex *Taq*™ 酶（5 U/μL），2μL cDNA 溶液，加无菌水至 25μL。PCR 反应程序为：72℃ 10min，95℃预变性 5min，按 94℃变性 1min、50℃退火 1min、72℃延伸 90s 循环 40 次，最后 72℃延伸 10min。

（4）cDNA 克隆和酶切鉴定分离。PCR 产物经 10g/L 琼脂糖电泳检测，UltraClean™ 15 DNA Purification Kit 回收纯化，连接到 pMD 18-T 载体（TaKaRa）上，转化感受态大肠杆菌 DH5α，利用 Amp 抗性，蓝白斑筛选重组子，裂解法提取质粒，*Bam* HⅠ单酶切，10g/L 的琼脂糖凝胶电泳检测。对 RDVS11/S12 重组质粒中呈现阳性的克隆再用 *Bam* HⅠ和 *Hha*Ⅰ双酶切，以分离基因组 RDV S11、S12 克隆。

（5）序列测定。以阳性克隆子为模板引物，采用质粒载体上的 M13 通用引物正、反向测序。测定工作由上海博亚生物技术有限公司完成。

2 结果与分析

2.1 cDNA 合成和 PCR 扩增

将引物 P1 连接到 RDV S11/S12 dsRNA 的 3′端，用引物 P2 或 oligo d（T）16 反转录，碱解及复性后的 cDNA 溶液用 Sephacry S-200 进行离心柱层析除去降解的 RNA 和未反应的引物及其他因子。cDNA 两端的修复补平用 Klenow Fragment（TaKaRa）按说明书进行，或直接用 Ex *Taq*™与 PCR 扩增一并进行。扩增产物经 10g/L 的琼脂糖电泳检测，结果与预期大小相一致，为 1100bp（图 1）。

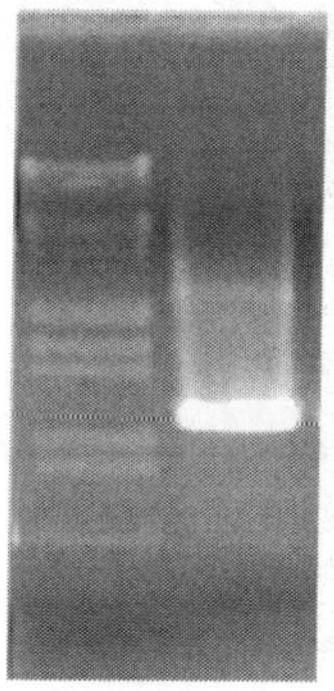

图 1 RDV S11/S12 PCR 扩增

M. marker（λDNA/*Eco*RⅠ+*Hin*dⅢ）；1. RDV S11/S12 PCR 产物

2.2 PCR 产物克隆、酶切鉴定和分离

由于引物 P1 上有众多酶切位点如*Bam*HⅠ、*Eco*RⅠ和*Sam*Ⅰ等，所以用上述酶的任何一种酶进行单酶切即能将插入片段切割下来。选用*Bam*HⅠ进行单酶切，然后经 10g/L 的琼脂糖电泳，结果如图 2。在图 2 中编号 1、4、6、9、10、11 为重组克隆子，为了分离 S11、S12 重组克隆子，根据已知 RDV S11、S12 中国福州分离物序列[9,10]和载体序列，选择*Bam*HⅠ和*Hha*Ⅰ对以上 6 个重组克

隆子剩余质粒再次酶切。载体因含 17 个 *Hha* Ⅰ 酶切位点被切割成小于 300bp 的片段而不可见，基因片段 S11、S12 只有后者在 729bp 处含 *Hha* Ⅰ 酶切位点（5′-GCGC-3′ 3′-CGCG-5′）而表现出不同的条带类型（如图 3），从而分离 S11、S12。选择编号为 6、10 的克隆子测序，测序结果与预测相符合。

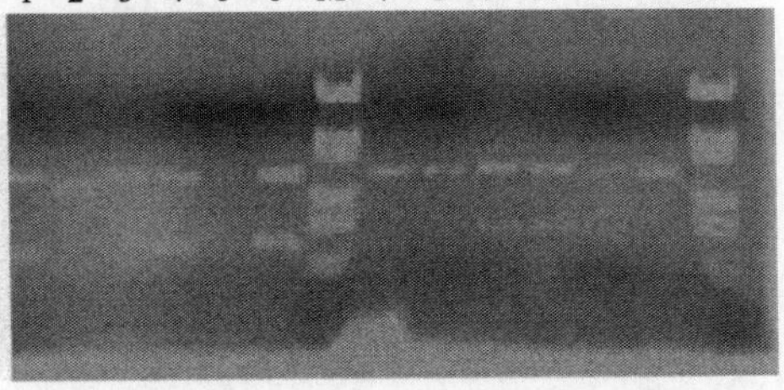

图 2　*Bam*H Ⅰ 单酶切分析

M. marker（λDNA/*Eco*R Ⅰ＋*Hind* Ⅲ）；1～12. 质粒单酶切

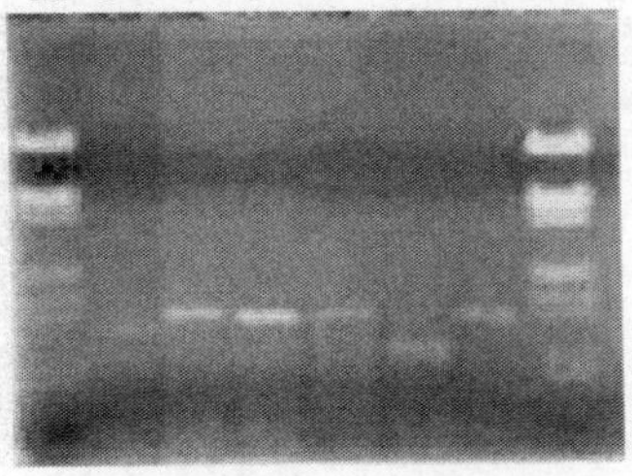

图 3　*Bam*H Ⅰ＋*Hha* Ⅰ 双酶切分析

M. marker（λDNA/*Eco*R Ⅰ＋*Hind* Ⅲ）；1、4、6、9、10、11. 重组子双酶切

3　讨论

由于 dsRNA 病毒基因组组成上的特殊性，其基因组的克隆策略与众不同[5,11]。目前单引物扩增策略是克隆 dsRNA 病毒基因组已知或未知基因片段的主要方法之一。其原理是利用 T_4 RNA 连接酶将一段 3′端用带氨基的寡核苷酸连接到 dsRNA 两条链的 5′端，用该寡核苷酸的部分互补序列 P2 或 oligo d（T）*n* 作引物进行反转录得到 cDNA 双链，经过 cDNA 复性，修复补平后用单引物 P2 进行 PCR 扩增，得到目的基因片段进行克隆。笔者在现有实验室条件下对单引物扩增策略进行了少许改动，如离心柱层析时用 Sephacry S-200 代替 Sephacry S-400、cDNA 两端的修复补平倾向于采用 Ex *Taq*™ 酶等，成功克隆了 RDV、RGDV、RRDV 等水稻 dsRNA 病毒较小的已知或未知基因片段。但扩增大的片段（RDV S2、RGDV S3）时却不容易成功，只得到 1.5kb 以下的非目的条带，与报道的扩增效果相差较大，而用已经报道的引物去扩增用以上方法得到较大基因片段的 cDNA 溶液时却能得到目的片段，其原因可能是实验条件与报道的有一定差异，需要进一步优化。另外这种方法主要是在克隆动物 dsRNA 病毒基因组取得了比较大的成功，在植物 dsRNA 病毒基因组的克隆中成功的很少，可能是由于植物 dsRNA 病毒基因组结构与动物 dsRNA 病毒基因组不同所致。

参考文献

[1] van Regenmortel MHV, Fauquet CM, Bishop DHL. Taxonomy, classification and nomenclature of viruses: Seventh report of the international committee on taxonomy of viruses. New York, San Diege: Academic Press, 2000, 622-627

[2] 徐耀先，周晓峰，刘立德. 分子病毒学. 武汉：湖北科学技术出版社，2001，23-24

[3] Lambden PR, Cooke SJ, Caul EO, et al. Cloning of noncultivatable human rotavirus by single primer amplification. J Virol, 1992, 66(3): 1817-1822

[4] Vreede FT, Cloete M, Napie GB, et al. Sequence-independent amplification and cloning of large dsRNA virus genome segments by poly(A)-oligonucleotide ligation. J Virol Methods, 1998, 72: 243-247

[5] Attoui H, Cantaloube JF, Biagini P, et al. Strategies for the sequence determination of viral dsRNA genomes. J Virol Methods, 2000, 89: 147-158

[6] Potgieter AC, Steele AD, Dijk AA. Cloning of complete genome sets of six dsRNA virses using an improved cloning method for large dsRNA genes. J Gen Virol, 2002, 83: 2215-2223

[7] 周雪平，李德葆. 双链 RNA 技术在植物病毒研究中的应用. 生物技术，1995，5(1)：1-4

[8] J. 萨姆布鲁克，弗里奇 EF，曼尼阿蒂斯 T. 分子克隆实验指南（第二版）. 金冬雁. 北京：科学出版社，1995，974-975

[9] 李毅，刘一飞，陈章良等. 水稻矮缩病毒第 12 号基因组分的 cDNA 合成与分子克隆及全序列分析. 病毒学报，1994，10(4)：341-366

[10] 肖锦，李毅，陈章良等. 水稻矮缩病毒第 11 号组分基因序列和编码蛋白的功能分析. 生物工程学报，1996，12(3)：361-366

[11] 胡建芳，张珈敏，杨娟等. 单引物法扩增马尾松毛虫 CPV 基因组第 8 片段及其序列分析. 中国病毒学，2003，18(1)：39-43

类病毒的分子结构及其复制

方　芳，吴祖建

（福建农林大学植物病毒研究所，福建福州　350002）

摘　要：类病毒是一类单链、共价环状小分子 RNA，其基因组约为已知最小 RNA 病毒基因组的 1/10。它是至今为止已知的唯一一类能自主复制的亚病毒。基于对已鉴定的类病毒的核苷酸序列和结构特征的比较，将类病毒划分为 *Avocado sunblotch viroid*（ASBVd）为代表的 Group A 和 *Potato spindle tuber viroid*（PSTVd）为代表的 GroupB 两组，分别循着非对称和对称的途径进行滚环复制，本文就类病毒的分子结构和复制作一综述。

关键词：类病毒；分子结构；滚环复制

中图分类号：S432.1　**文献标识码**：A　**文章编号**：1006-7817-（2001）增刊-0061-06

Molecular structure and replication of viroids

FANG Fang，WU Zu-jian

（Institute of Plant Virology，Fujian Agriculture and Fonestry University，Fuzhou　350002）

Abstract：Viroids，a single-stranded convalent circular small RNAs，do not code for protein. Their genome size approximately one-tenth that of the smallest known RNA virus. They are the only class of autonomously replicating subviral pathogen. According to nucleotide sequence and structure charateristics of indentified species，viroids are divided into two groups：Group A represented by *Avocado spindle viroid*（ASBVd）and Group B represented by *Potato spindle tuber viroid*（PSTVd）. Their replication occurs by rolling circle mechanism through either a symmetric or asymmetric pathway. Advances in structure and replication of viroids are reviewed in the paper.

Key words：viroid；molecular structure；rolling circle replication

1971 年 Diener[1] 确定第一个类病毒致病原 PSTVd，该发现改变了病毒是植物最小致病原这一观点。类病毒能够在如：马铃薯、番茄、啤酒花等多种经济植物和菊花等观赏植物中引起严重的疾病。因此类病毒在农业中具有非常重要的意义。20 年来，多种类病毒被分离鉴定，其核苷酸序列得到测定，复制模式也得到阐明。类病毒是一类由246～399nt组成的单链、共价环状小分子RNA[2] 其基因组约为已知最小 RNA 病毒基因组的 1/10。类病毒分子一个最明显的特点是不编码蛋白质，因此依赖宿主编码的酶类复制，广义地讲它编码一种能被宿主所识别和复制的结构。由

福建农业大学学报，2001，30（增刊）：61-66

收稿日期：2001-07-15

于它链内碱基高度配对，形成了一种短双链区和小单链环相互间隔的棒状结构。它们大致采用两种结构模式和循着两种复制途径。本文就其结构和复制进行综述。

1　类病毒的基因结构

1.1　27种类病毒已经被测序

它们的碱基对数目在246～399，同一类病毒不同株系之间序列长度也是不同。1974年Davies发现类病毒缺乏开放阅读框架，缺少信使活性[3]。1978年Gross证明PSTVd缺乏三联体起始密码AUG[4]，考虑到类病毒RNA分子为环状这一结构，因此一般认为类病毒不编码蛋白质。类病毒这些特性表明它们不仅在基因组大小而且在其结构功能上都与病毒有显著差异。

1.2　因为分子内的互补，类病毒RNA形成了高程度紧密结合的二级结构

现分别对PSTVd和ASBVd组进行讨论。

1.2.1　PSTVd组的结构特征

对PSTVd结构的分析，实际上早在PSTVd完整测序之前就已开始。在体外它们大多数采用一种棒状和半棒状的结构[4]。尽管在这种结构中还存在单链区，但它们并不相互作用形成更高级的球状结构。在体外的结构仍未知，但有资料显示某些类病毒至少存在部分棒状样结构。1985年Keese[5]等建议将PSTVd划分成5个区域：中央区（C），可变区（V），致病区（P），左末端区（T_L，T1），右末端区（T_R，T2）。在这些棒状结构中存在一些保守区域：a、C区中的中央保守区（CCR），它由两段核心序列和上游一段反向重复序列构成，根据核心序列CCR分为以PSTVd、ASSVd和CbVd1为代表的3种类型；b、TL上游末端保守区（TCR），它存在于PSTVd和ASSVd亚组所有成员和CbVd1亚组最大成员和cbvd3中，该区域有严格保守序列CNNGNGGUUCCU GUGG；c、T_L区最末端的保守区（TCH），保守序列为CCCCU-CU GGGAA，起初在HSVd、HLVd和CCCVd等小于300nt的类病毒中发现，后发现在CCCVd亚组其他成员中也存在。严格保守序列可能有着现今尚未知但是非常关键的功能。对CEVd和PSTVd致病性的研究已显示P区是感染病症的主要调节位点[6,7]。T_L区对病症的发展程度也有影响。而毒力调节区（VM）可能是由于结构的不稳定性，有利于形成单链RNA区与寄主成分的相互作用，发挥致病力。而T_R和V区与类病毒的复制与积累有关。在复制时，类病毒会形成一种半稳定状态——发夹状结构（hairpin）[8]，在1mol/L NaCl溶液中，PSTVd在77 ℃时才发生较重大的结构变化，同时形成3个新的发夹状结构（hairpin Ⅰ：核苷酸79～87位与102～110位，hairpin Ⅱ：核苷酸227～266位与319～328位，hairpin Ⅲ：核苷酸127～133位与162～168位）。hairpin Ⅰ存在于所有PSTVd组成员中，包括CCR中核心序列和其侧翼反向重复序列，而hairpin Ⅱ由CCR两旁的下链序列构成。形成这3个hairpin的核苷酸片段在PSTVd的自然棒状结构中并不临近。

1.2.2　ASBVd组的结构特征

与PSTVd完全不同，它不具有CCR等保守序列且相互之间序列同源性很小。人们将其二级结构描绘成带侧枝的棍棒状结构。然而它链的两级能形成锤头样结构，这种结构具有核酶的自我剪切功能，ASBVd自我切割位点是高度特异的，并且有部分已得到了鉴定，该结构由中央单链区和周围3个短双链区组成[9]。含13bp锤头样结构是在AS-BVd具有稍高能态状况下形成的，并不存在于它的天然二级结构中，自我切割活性的不存在保证了成为单体并环化的ASBVd不再被切割。

然而通过序列和计算机分析ASBVd组的另两成员PLMVd和CChMVd其RNA最稳定二级结构为具有多个分支的枝叶状结构。但PLMVd个变种之间在它们最稳定的结构中也有不同的变异。这不仅表现在它们的长度也表现在它们的初级结构上。这些变异[10]大部分集中在形成核酶的保守序列特别是中间单链区域loopA、loopB和*Pst*Ⅰ臂上。loopA一般是由12nt组成的，但在某些变种中却减少了3nt；而由4nt组成的loopB在某些变种却扩大到10nt。这表明PLMVd分子内的特殊区域能忍受一定不同的序列变异，这些变异并不影响该区域严格保守核苷酸序列的形成，有趣的是大多数的变异出现在该区域的环上而没有影响茎的稳定性，具体意义还不知道。

2　复制

2.1　模式

分子杂交研究已经揭示类病毒的复制只通过

RNA到RNA的途径中间并没有DNA中间物。在PSTVd感染的番茄中检测到多聚（－）RNA，相对感染性的RNA，称之为（＋）RNA。Branch[11]等提出类病毒滚环复制模式，环状单链（＋）RNA侵入宿主细胞后，首先转录成线形多单位长度的（－）RNA链（单位长即单个类病毒分子线形长度）。这个中间产物可能有两种去向：①非对称模式：多聚（－）RNA先转录成多聚（＋）RNA，再剪切成单位长度RNA，然后环化。②对称模式：多聚（－）RNA先自我剪切成单位长（－）RNA，环化后再以环化（－）RNA为模板进行第二轮的滚环复制成多聚（＋）RNA，后进行剪切，环化。在第二种途径中，单位长的（－）RNA（环状和线状）是特有的。1994年Daris在ASBVd感染的培养物中发现单链环状（－）RNA链直接支持上述假设。Branch[11]及Feldstein[12]先后确认PSTVd循第二种复制途径。而据报道，ASBVd、PLMVd和CChMVd RNA采取第二种策略。Northern杂交分析显示PLMVd侵染宿主细胞中同时出现环状和线状两种极性（＋、－）的单位长的RNA，且这两种RNA的水平相当[13]。

2.2 复制过程

2.2.1 复制酶

复制的全过程包括转录、加工和组装。3个步骤至少需要有3种酶的参与：RNA依赖的RNA聚合酶，RNase酶和RNA连接酶，类病毒由于其基因微小一般认为它不编码任何蛋白，因此，类病毒的复制是完全依赖于宿主转录系统。不同组的类病毒定位于寄主的不同部位，这意味它们采用不同宿主酶类进行复制。

现已确证PSTVd和其相关类病毒是在核中复制并积累的。对于PSTVd，早期采用a-A-maniti[14]抑制实验，显示RNA聚合酶Ⅱ在类病毒中起重要作用。Muehlbach等[15]1993年进一步报告，PSTVd无论从正链到负链复制中间物，还是从负链中间物到正链的转录过程均是RNA聚合酶Ⅱ催化的。Warrilow和Symons[16]从受CEVd感染的番茄染色质中分离一可溶性复制复合物，该复合物可溶解在$(NH_4)_2SO_4$中。他们用RNA聚合酶Ⅱ的最大亚基（8WG16）羧基端单克隆抗体进行抗原一抗体杂交，产生阳性斑点后从中提纯一核蛋白复合物。该复合物包含了正负性的RNA。这个结果提供了第一个直接证据宿主RNA聚合酶Ⅱ和CEVd在体内有直接联系，但是发现ASBVd、PLMVd对于高浓度的a-Amaniti并不敏感。它是在叶绿体中积累的，因此推测ASBVd、PLMVd和CChMVd在叶绿体中积累的一组类病毒依赖叶绿体RNA聚合酶类［或是依赖a-Amaniti不敏感的酶类（如聚合酶Ⅰ）复制后转运到叶绿体中］。两种不同RNA聚合酶转录叶绿体基因[17]：A. 核编码的噬菌体样RNA聚合酶（NEP）；B. 质粒编码的与大肠杆菌RNA多聚酶相关类似的一种多聚酶（PEP）。推测可能是上述两种酶之一与ASBVd组类病毒复制有关。但距今为止，没有直接证据能说明是单一酶类或是多种酶一起参与了类病毒的复制。

2.2.2 复制起始

细胞RNA多聚酶原以双链DNA为模板，却能识别并作用RNA模板。考虑到类病毒分子为环状结构，人们一直在证明它是有特异的起始位点或是随机起始复制，正如前文所述PSTVd组类病毒在变性时可形成两个新的发夹状结构，及hairpin Ⅰ和hairpin Ⅱ。棒状结构向这种多发夹结构转换需要很高的能量，称这类多发夹结构为类病毒的代谢稳定结构。人们认为线状单链在转录过程中形成多发夹结构是合理的，而这时要形成最稳定的棒状结构反而显得不可想象。Riener等研究显示在体内短时间的转录或低效率的转录中产生该代谢结构，当经过长时间或高效率转录该结构数量减少，不稳定，慢慢有一种棒状结构形成，最后取代它。在植物和动物体内，除了经典的“TATAA”启动子，还存在另一种富含G：C的启动子，且其中有一些的精确序列与hairpinⅡ惊人相似[18]。那么多发夹结构有没有可能作为复制的启动子。通过一系列研究和分析认为hairpinⅡ在（－）链复制中间物中存在不受影响才能是类病毒复制循环继续进行。同时还发现在（＋）链环状类病毒的棒状结构中也存在一个与hairpinⅡ类似的双链区，它的稳定存在对类病毒分子由（＋）链环状分子向（－）链复制中间体的转录有重要作用[19]。因此瞿峰等推测hairpinⅡ极可能在类病毒（－）链复制中间物中作为指导（＋）复制中间物转录的启动子，而在（＋）链环状分子的棒状结构中间的双链区则极可能作为由（＋）链环状分子向（－）链复制中间物转录的启动子（hairpinⅠ结构与双生病毒复制起始区类似，该病毒也采取滚环复制机制，且形成一类似含剪切位点的coop结构。因此有人认为hairpin Ⅰ是复制或剪切的起始区域)。Navarror 等[20]采用加帽和 RNase 保护的方法研究 ASBVd 的转录起始位点，发现其单一起始位点在 U121，位于 ASBVd 二级结构右 loopA+U 丰富区。线状（+、−）ASBVd RNA 由 UAAAA 序列开始，类似于其 A+U 丰富的半棒状二级结构的末端 loop 序列。该序列在 ASBVd 起始位点附近，与核编码叶绿体 RNA 多聚酶（NEP）启动子非常类似。该结果支持了 NEP 样酶参与了 ASBVd 的复制。

2.2.3　加工

从感染组织中发现的 5′端 ASBVd 和 CChMVd 线性 RNA 与在体外自我剪切产物是同样的。详细的研究结果显示 ASTVd 组的成员在多聚复制中间物的进一步转化中采取了一种独特的模式，这就是形成锤头样核酶进行自我剪切。该酶活性在复制循环中必须很好地调节，在复制起始它们必须有活性而在其他过程尤其当正环状 RNA 形成时它们必须失活，ASBVd 的锤头样结构是由 3nt 的 loop 和 2bp 的 helix Ⅲ形成，热力学不稳定，它只能在线性 RNA 中形成，而 PLMVd 在其最低自由能态时不具有锤头样结构，因此无法剪切。而这种结构可能存在于环状 RNA 中。在转录中低能结构被破坏，这给锤头样核酶结构形成提供一个机会并促进自我剪切。当 PLMVd 在聚合酶活性较低时，它倾向于构成锤头样结构，自我剪切活性大大提高（95%，标准条件下为 50%～60%）于是推测 PLMVd 在体内高水平的剪切有其他未知分子如宿主因子参与或其介导的结构改变有关。PSTVd 组不能采用锤头样结构，Diener[21]提出一个涉及中央保守区和 hairpin Ⅰ类病毒单体 RNA 加工切割模型。其核心内容是变性过程中中央保守区和 hairpin Ⅰ互补，这两区域的互补可在两类病毒单体分子间发生，而此时位于 hairpin Ⅰ loop 中的碱基之间也正好互补，形成一个含 28bp 的 Tris-helix 结构。这个反向重复的所谓回文结构参与类病毒的加工切割，一条链上特异位点的特异切割将也是另一条链上的对应位点，结果恰好产生一个单体线状类病毒 RNA。某些实验显示 PSTVd 加工位置在 CCR 的下链，它们的性质和确切位点现在仍未知。但推测它们采用宿主 RNase 催化加工过程。在体外进行的实验表明：不同来源甚至真菌的 RNase 都能催化这一反应。最近 Symons[22]发现在 CCCVd RNA 加工过程中，RNA 采用一种新的未知的核酶形式自我催化，而这种剪切位点在 CCR 下链中。该区域有潜在形成 hairpin 环的倾向，存在于 PSTVd 组所有类病毒中。

2.2.4　连接

自从在 ASBVd 等类病毒内发现核酶。人们普遍认为 ASBVd 科的类病毒的（+）及（−）的复制中间物是由核酶将之切割成单位长的线状分子。然后这种线状分子连接成环状分子。人们发现核酶具有连接活性，想象 ASBVd 的环化反应也是由核酶催化的，体外实验[23]显示单链 PLMVd 是自我环化的。Bussiere 等[13]发现 PLMVd 在体内自我剪切效率导致（−）、（+）单链线性 RNA 的积累（比环状为 14∶1，11∶1）。但为什么线性单链 RNA 大量积累呢？他们认为 PLMVd 单链环化效率低导致的，在体外自我连接的效率只有 0～10%，体内这种核酶连接活性仍待证明，于是推测是否这种单链 RNA 在类病毒的生活周期中起作用。Fabien 等[24]从感染的叶子上提取出在体内环化连接是 2′-5′ 的单链 PLMVd，这种连接封闭并稳定了线性中间产物。该连接在体内与在体外的效率一致（10%），连接点附近的序列保守表明了选择压力的存在，且 PLMVd 的复制场所为叶绿体，从叶绿体中并没有提取出叶绿体编码的 Rnase，于是他们推论该连接是自我催化的。

尽管类病毒的发现早在 20 世纪 70 年代，研究已经进行很久，取得了很大的成就，但在类病毒的结构与功能、复制加工的机制等环节我们获得信息还很少，例如类病毒启动子区如何与 RNA 聚合酶结合，PSTVd 组出现新颖核酶形式是否意味着该组可能存在自我剪切形式等问题还有许多工作要做。这些问题也是当前研究的热点，结构是其功能的基础，而复制是其类病毒生存的基础，相信进一步的研究将使我们对有效治疗和防御类病毒病更靠近一步。

参 考 文 献

[1] Diener TO. *Potato spindle tuber viroid*. Ⅳ. A replicating, low molecular weight RNA. Virology, 1971, 45: 411-428

[2] Ambr S, Hernandez C, Desvignes JC, et al. Genomie structure of three phenotypically different isolates of *Peach latent mosaic viroid*: implications of the existence of contraits limiting the heterogeneity of viroid quasispecies. J Virol, 1998, 72: 7397-7406

[3] Davies JW, Kaesberg P, Dierner TO. *Potato spindle tuber viroid*. Ⅻ. An investigation of viroid RNA as a messenger for protein synthesis. Virology, 1974, 61: 281-286

[4] Gross HJ, Domdey H, Lossow C, et al. Nucleotide sequence and secondary structure of *Potato spindle tuber viroid*. Nature 1978, 273: 203-208

[5] Keese p, Symons RH. Domain in viroids: evidence of intermoleeular RNA rearrangement and their contribute to viroid evolution. PNAS, 1985, 82: 4582-4586

[6] Gora A, Candresse T, Zagorski W. Use of intermolecular chimeras to map molecular determinants of symptom severity of *Potato spindle tuber viroid* (PSTVd). Archives of Virology, 1996, 141: 2045-2055

[7] Owens RA, Steger G, Hu Y, et al. RNA structure features responsible for *Potato spindle viroid* pathogenicity. Virology, 1996, 222: 144-158

[8] Hencok. Fines structure melting of viroids as studies by kinetic methods. NAR, 1979, 6(7): 3041-3059

[9] Uhiebeck OC. A small catalytic oligonucleotide. Nature, 328: 596-600

[10] Ambrs S, Hernandez C, Desvigens JC, et al. Genomic structure of three pheotyieally different isolates of *Peach latent mosaic viroid*: inplication of the existence of constraints limiting the heterogeneity of viroid quasispecies. J Virol, 72: 7397-7406

[11] Branch AD. Evidence for a sigle rolling circle in the replication of *Potato spindle tuber viroid*. PNAS, 1988, 85(19): 9128-9132

[12] Feldstein PA, Dopazo JJ, Flores R, et al. Precisely full length, circularizable, complementary RNA: an infectious form of *Potato spindle tuber viroid*. PNAS, 1991, 95: 6560-6565

[13] Bussiere F, Lehoux J, Thompson DA, et al. Subcellular localization and rolling circle replication of *Peach latent mosaic viroid*: hallmark of group a viroids. J Gen Virol, 1999, 73(8): 6353-6360

[14] Muehibach, HP, and Saenger, HL. Viroid replication is inhibites by a-Amanitin. Nature, 1979, 278: 185-188

[15] Schindler IM, Muhlbach IP. Involvment of nuclear DNA-depent RNA polymerases in *Potato spindle tuber viroid* replication: a reevaluation. Plant Sei, 1992, 84: 221-229

[16] Warrilow D, Symons RH. *Citrus exocortis viroid* RNA is associated with the largest subunit of RNA polymerase Ⅰ in tomato *in vivo*. 1999, 144: 2367-2375

[17] Link G. Green life: control of chloroplasts gene transcription. Bioassay, 1996, 18: 465-471

[18] Owens RA. Site-specific mutagenesis of *Potato spindle tuber viroid* cDNA: alternation within premeiting region that abolish activity. Plant Molecular Biology, 1986, 6(1): 179-192

[19] 翟峰. 定点突变研究揭示马铃薯纺锤状块茎病类病毒棍棒状结构的体内存在. 1992

[20] Navarro TA, Flores R. Characterization of the initiation sites of both polarity strands of a viroid RNA reveals a motif conserved in sequence and structure. EMBO J, 2000, 19(11): 2662-2670

[21] Diener TO. Viroid processing: a model involving the central conserved region and hairpin Ⅰ. PNAS, 1986, 83(1): 58-62

[22] Liu YH, Symons RH. Special RNA self-cleavagein *Coconut cadang-cadang viroid*: potential for a role in rolling circle mechanism. RNA, 1998, 4: 418-429

[23] Cóte F, Perrault JP. *Peach latne mosaic viroid* is locked by a 2′,5′-phosphodiester bond produced by *in vitro* self-ligation. J Mol Biol, 1997, 273: 533-543

[24] Cóte, Perrault JP. Natural 2′,5′-Phosphodiester bonds found at the ligation sites of *Peach latent mosaic viroid*. J Virol, 2001, 75(1): 19-25

Pathway tools可视化分析水稻基因表达谱*

张晓婷[1,2]，谢荔岩[1]，林奇英[1]，吴祖建[1]，谢联辉

（1 福建农林大学植物病毒学重点实验室，福建福州 350002；福建农林大学植物病毒研究所，福建福州 350002；2 河南农业大学植物保护学院，河南郑州 450002）

摘 要：后基因组时代的到来使基因转录组学、蛋白质组学和代谢组学等高通量、多层次的生物研究手段广泛应用于植物科学研究，从海量数据中有效挖掘必要的生物信息成为当今组学研究的瓶颈问题。RiceCyc（http：//www. gramene. org/pathway/）及其核心软件 Pathway tools 是水稻代谢途径分析的有效工具。本文通过搜索 TIGR（http：//www. tigr. org/tdb/e2k1/osa1/）数据库，用 Pathway tools 软件的 omics viewer 工具将耐盐品种 FL478 和其不耐盐亲本 IR29 在盐处理条件相对对照条件下的 110 个差异表达基因可视化展示在包含 362 条代谢途径信息的 RiceCyc 细胞代谢图上，从整体水平上分析了二者对盐胁迫反应的不同。结果表明，在相同的盐胁迫条件下，FL478 相对 IR29 反应明显较快，前者中被诱导的代谢途径主要是能量循环过程如磷酸戊糖途径、糖酵解和三羧酸循环（TCA 循环），以及核糖的分解、碳水化合物的利用途径；而后者中表达出现差异的基因主要涉及植物激素的生物合成，细胞结构组分代谢及次级代谢等途径；类黄酮合成途径在 IR29 中被明显诱导而在 FL478 中没有变化。

关键词：水稻；基因表达谱；代谢途径分析；RiceCyc；Pathway tools

中图分类号：Q786 **文献标识码**：A **文章编号**：1007-7146（2008）03-0371-07

Visualization of rice transcriptome data using pathway tools

ZHANG Xiao-ting[1,2], XIE Li-yan[1], LIN Qi-ying[1], WU Zu-jian[1], XIE Lian-hui[1]

（1 Key Laboratory of Plant Virology, Fujian Province, Fuzhou 350002；Institute of Plant Virology, Fujian Agriculture and Forestry University, Fuzhou 350002；2 College of Plant Protection, Henan Agricultural University, Zhengzhou 450002）

Abstract: Coming of post-genomic era announced the extensive application of high-throughput, non-linear analysis like transcriptomics, proteomics and metabonomics in plant science, which leaded biological mining of mass experimental data to be one of the key problems in "omics" research. Systematic bioinformatics software Pathway tools and RiceCyc（http：//www. gramene. org/pathway/）were excellent in rice metabolism pathway analysis. When searched against TIGR rice database（http：//www. tigr. org/tdb/e2k1/osa1/）, differently ex-

激光生物学报，2008，8（17）：371-377

收稿日期：2007-11-23 修回日期：2008-01-12

* 基金项目：国家"973 计划"项目（2006CB100203）、国家自然科学基金项目（30671357）、教育部博士点基金项目（20040389002，20050389006）

pressed genes in salt-tolerant genotype FL478 and its salt-sensitive parent genotype IR29 under salinity-stressed conditions comparing to control were visualized using Omics Viewer of Pathway tools and 110 of them were painted on the cellular metabolism diagram containing 362 rice metabolism pathways. A bird's eye view illustrated that genes involved in energy recycling processes like pentose phosphate pathway, fermentation and tricarboxylic acid cycle (TCA cycle), utilization pathways of ribose and carbohydrates were induced in salinity-stressed FL478, while in the samely treated IR29 genotype, genes related to biosynthesis pathways of plant hormones, cellular structural components and secondary metabolites were divergently expressed relative to control, which exhibited a swifter response to salinity stress of tolerant genotype FL478 than salt-sensitive genotype IR29. Significantly, flavonoid biosynthetic pathway was specifically induced in IR29 but not in FL478.

Key words: rice (*Oryza sativa*); expression profiling; pathway analysis; RiceCyc; Pathway tools

随着高通量研究手段在植物研究中的广泛应用，近年来有多个学者采用基因芯片技术对生物在盐胁迫下的基因表达谱进行了研究，为完善我们对盐胁迫机制的认识提供了海量的实验数据[1-3]。如何从这些纷繁的数据中挖掘出更有价值的信息，是当今组学研究所面临的重点和难点问题。

迄今为止，拟南芥和水稻等模式植物的基因组测序已经完成，其代谢途径相关信息也在逐步完善，尤其是一些组学数据分析软件如 Mapman、Pathway tools 和 Reactome 等的发展，更是大大促进了人们对组学数据的理解能力。各种代谢途径数据库，如 KEGG、GenMAPP、BioCarta 和 RiceCyc 等迅速崛起，收录了许多有价值的信息。但总体而言，植物的相关代谢途径不如动物清楚，GenMAPP 没有收录植物代谢的相关信息，BioCarta 中也没有水稻的相关信息，KEGG 虽然收集了 114 条拟南芥代谢途径和 89 条水稻代谢途径信息[4]，但它将多个物种的代谢途径整合在同一张代谢图谱上，根据相关酶类在某个物种的基因组中是否出现来判断某一代谢途径是否在此物种中存在，推测的代谢途径与实验证实的代谢途径混杂[5]。对于水稻这一禾本科模式植物而言，RiceCyc（http://www.gramene.org/pathway/）中收录了 362 个水稻代谢途径信息，涉及 1265 个基因，是第一个可以用于整体分析水稻组学数据相关代谢途径的工具[6]。有鉴于此，本文通过整合 RiceCyc 数据库信息，用 Pathway tools 分析了 Harkamal Walia 等 2005 年发表于 *Plant Physiology* 上的两个不同耐盐性水稻品种的基因表达谱比较数据，将其结果可视化显示在细胞代谢图谱上，从细胞代谢的整体水平上分析这些基因的差异，充分显示出了高通量研究的整体优势。

1 材料与方法

1.1 数据材料和实验设计

分析所用的芯片原始数据来自于 NCBI/GEO（www.ncbi.nlm.nih.gov/geo），系列登录号是 GSE3053。实验共用了 11 张 Affymetrix 水稻全基因组芯片，分别与正常条件下和盐胁迫条件下的 IR29 和 FL478 水稻的 RNA 进行杂交。盐胁迫下的 IR29 样品用 2 个生物学重复，其他三个处理均为三个生物学重复[2]。杂交后的芯片经扫描得到基因的杂交信号值，盐胁迫样品和正常样品中每个基因的信号比值取自然对数，得到其信号对数比值（signal log ratio，SLR）用于实验分析。

1.2 输入文件的准备

将实验数据转存为文本格式，其中第一列为搜索 TIGR 水稻基因组数据库（http://www.tigr.org/tdb/e2k1/osa1）得到的基因编号即基因位点号（Locus ID），后续列为信号对数比值（SLR）。

1.3 RiceCyc 数据的整合

首先注册安装 Pathway tools 分析软件，然后从 RiceCyc（ftp://ftp.gramene.org/pub/gramene/ricecyc/）下载 ricecyc.tgz 文件，解压缩后复制到 Pathway tools 的 PGDB 文件夹

1.4　Pathway tools 分析代谢途径

本地运行 Pathway tools 10.5 软件，选择水稻 "Oryza sativa japonica Nipponbare" 数据库，选择菜单栏上的 Overview→Omics Viewer：Overlay Experimental Data from→Text file，弹出 Omics Viewer 设置界面。上传数据文件（sample1. txt），数值类型选择相对 "Relative"，在 "Are data values log values，or do they use a zero-centered (as opposed to 1-centered) scale?" 前打勾，其他不做更改，选择默认参数后确认。

1.5　细胞代谢图谱的解析

Pathway tools 的分析结果是由点和线组成的细胞代谢图，不同表达变化趋势用不同的颜色标注。细胞代谢图上不同形状的点表示不同的化学组分，如三角形表示氨基酸、方块表示碳水化合物、菱形表示蛋白质等，点是否中空表示生化分子是否被磷酸化修饰[7]。点与点之间的连线代表生化反应或细胞转运过程。代谢途径按照其生物学功能分布在图的不同位置，如生物合成途径位于图的左侧部分，分解途径位于右侧，中部是能量代谢途径[7]。未归类的代谢反应呈线条状排列于细胞代谢图的最右边。代谢途径的详细信息可以通过鼠标点击查看，包括基因组定位、相关反应及文献等。

2　结果与分析

2.1　RiceCyc 数据的整合

通过本地化运行 Pathway tools 成功将 RiceCyc（version 1.1）数据库整合，信息涵盖了 43115 个粳稻基因，包括 42907 个基因组基因、71 个线粒体基因和 137 个叶绿体基因，共有 37270284660bp 核苷酸。用于组学分析的代谢途径有 323 条，分为生物合成（biosynthesis），降解、利用和组装（degradation，utilization，assimilation），解毒（detoxification），前体代谢物质和能量的产生（generation of precursor metabolites and energy）及超级代谢途径（superpathways）五个类别，涉及 1265 个组分，1687 个生化反应[8]。其中，超级代谢途径有 26 条，生物合成细分为胺及多胺、氨基酸、氨酰 tRNA、芳香族物质、细胞组分、脂肪酸和脂类、激素、代谢调节因子、核酸与核苷酸、多糖、次级代谢物质、糖类等15 类物质的生物合成途径，降解、利用和组装又包括了胺及多胺、氨基酸、芳香族物质、C1 组分、碳水化合物、脂肪酸和脂类、激素、无机营养物质、核酸与核苷酸、多糖、次级代谢物质、糖类等 14 类物质的降解和利用途径。生物解毒主要指精氨酸生物合成途径Ⅱ，前体代谢物质和能量的产生主要包括化能自养能量代谢（chemoautotrophic energy metabolism）、发酵（fermentation）、糖酵解（glycolysis）、甲烷生成途径（methanogenesis）、磷酸戊糖途径（pentose phosphate pathway）、光合作用（photosynthesis）、呼吸作用（respiration）、三羧酸循环（TCA cycle）、丙酮酸氧化（pyruvate dehydrogenase）等。

2.2　Pathway tools 分析 IR29 和 FL478 在盐胁迫下的细胞代谢途径

根据 Affymetrix 水稻全基因组芯片的探针注释（http://www.affymetrix.com/analysis/index.affx），搜索 TIGR 水稻基因组数据库，得到 702 个差异基因所对应的位点号（Locus ID），占 968 个差异表达基因的 72.5%。其中 528 个差异表达基因（54.5%）在 RiceCyc 的水稻代谢数据库中有记录，110 个基因所参与的代谢途径能够在细胞代谢图谱上显示。在 FL478 实验组与对照组的差异基因中，共有 27 个差异基因（17.6%）在细胞代谢图谱上得以显示，最高信号对数值为 1.92，即表达上调 21.92 倍，最低信号对数值为－1.67，即表达下调 21.67 倍；IR29 实验组与对照组的差异基因有 83 个（22.1%）在细胞代谢图谱上显示，最高信号对数值为 3.6，即表达上调 $2^{3.6}$ 倍，最低信号对数值为－1.94，即表达下调 21.94 倍（表 1）。

表 1 Pathway tools 分析 IR29 和 FL478 在盐胁迫下的差异基因表达谱数据统计表

水稻品种	基因在数据库中的收录情况	基因数目	信号对数最小值	信号对数最大值	信号对数中值	信号对数平均数	信号对数标准偏差
FL478	RiceCyc 中收录的基因数目	153	−3.17	3.86	−1.02	−3.46E-03	1.554 288
	代谢图谱中显示的基因数目	27	−1.67	1.92	−1.055	−0.270 741	1.240 967
	RiceCyc 中未收录的基因数目	79					
	差异基因总数	232					
IR29	RiceCyc 中收录的基因数目	375	−3.25	6.79	1.305	1.050 106 6	1.351 342
	代谢图谱中显示的基因数目	83	−1.94	3.6	1.335	1.088 433 7	1.282 495
	RiceCyc 中未收录的基因数目	95					
	差异基因总数	470					

应用 Omics Viewer 工具将 FL478 和 IR29 实验组相对对照组的差异基因显示于细胞代谢图谱上，颜色配置方案相同，均为 SLR 从＋3 到－3，颜色由黄到红，不同颜色表示相关基因的表达变化（图 1，图 2）。

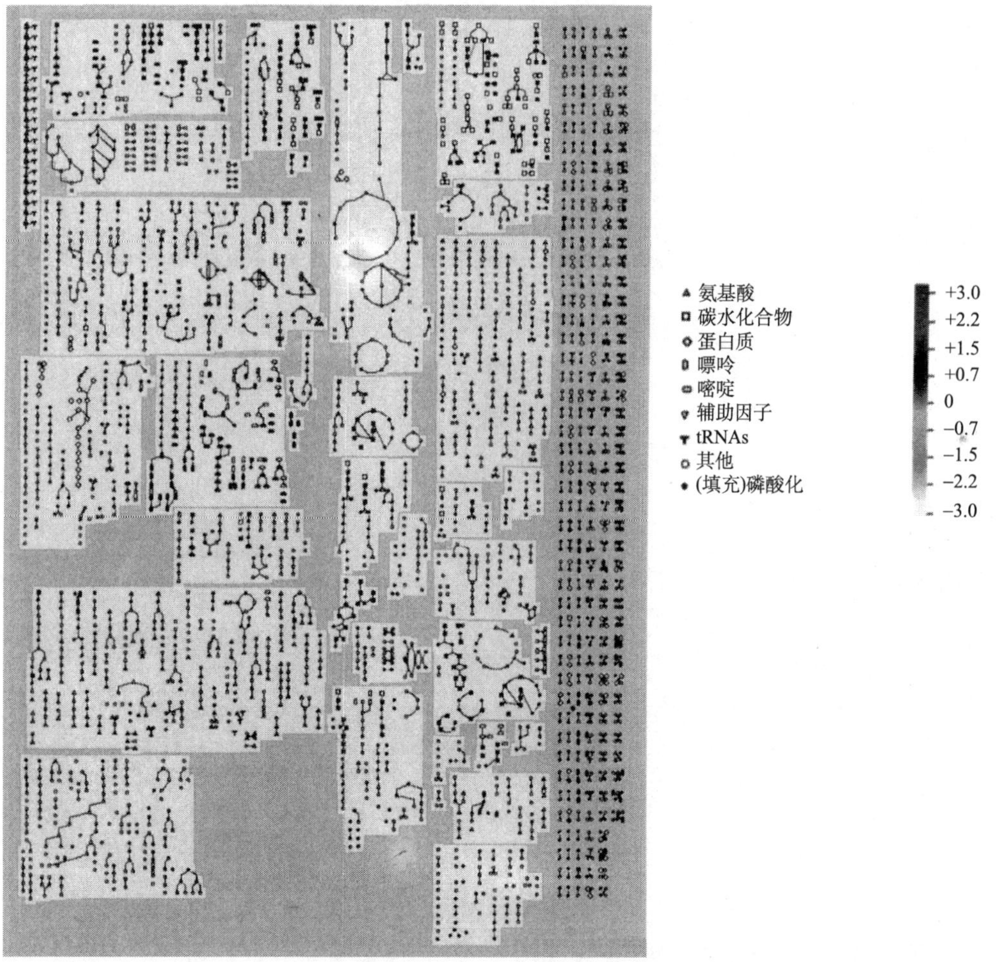

图 1 FL478 中盐诱导基因在细胞代谢图上的分布

2.3 IR29 和 FL478 在盐胁迫下的细胞代谢途径

比较盐胁迫下两品种差异基因在细胞代谢图上的分布可以看出，FL478 中的差异表达基因主要分布在代谢图的中部和右侧（图 1），即能量代谢和物质的分解利用途径，IR29 中的差异表达基因主要出现在左侧（图 2），即细胞结构组分、激素

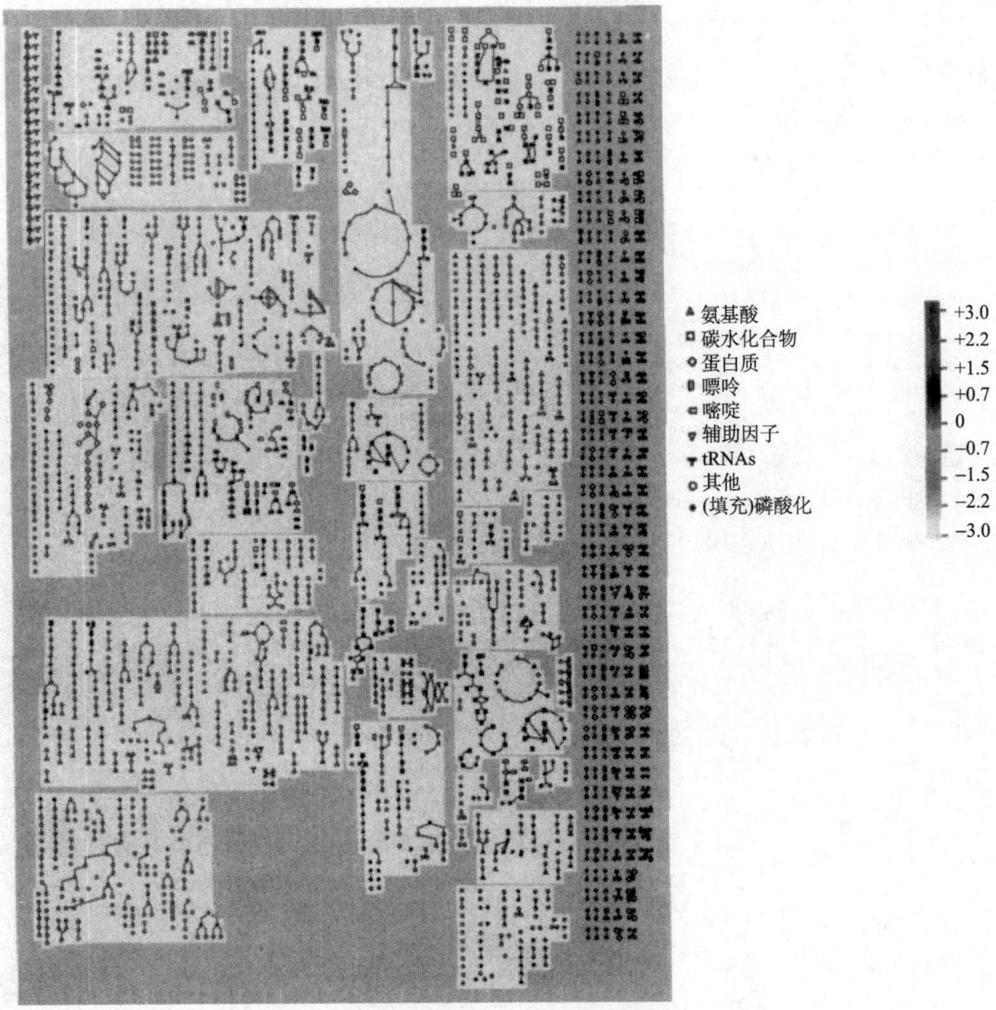

图 2　IR29 中盐诱导基因在细胞代谢图上的分布

和一些次生物质的生物合成途径。这说明，抗盐品种 FL478 在盐胁迫下反应迅速，戊糖磷酸途径、三羧酸循环明显加强，核糖的分解和 C1 组分的利用加速；而在相同的盐胁迫条件下，其不耐盐的亲本 IR29 尚处于初期防御阶段，差异表达基因多涉及细胞结构组分和次生代谢物质的合成途径，脂肪酸和脂类的分解利用途径相关酶类的基因表达也发生了上调。

次生代谢物质生物合成途径显示，类黄酮合成途径在盐敏感品种 IR29 中被明显诱导而在抗盐品种 FL478 中没有变化。类黄酮是花青素合成的前体物质，又参与植物对多种胁迫的防御反应，如植物与病原微生物的互作，伤诱导反应，植物对紫外线伤害的防御等[9]，是一类功能多样的植物次生代谢物质。其生物合成通过苯基丙酸类合成途径进行，其中 IR29 在盐胁迫下基因表达明显上调的 5 种酶类，苯基丙氨酸解氨酶（phenylalanine ammonia-lyase），NAD 依赖的异构/脱水酶（NAD dependent epimerase/dehydratase），O-转甲基酶（O-methyltransferase），细胞色素 P450（cytochrome P450）和查尔酮合成酶（chalcone synthase），在催化黄酮醇、芥子酸酯和花青素等多种类黄酮相关前体物质的合成中起关键作用（图 3）。

3　讨论

由于生物芯片的高通量性，差异基因的筛选过程对于后续分析的准确性至关重要。现有的生物信息挖掘工具多集中在差异基因的统计学分析上，多种数据分析模型都被广泛用于基因芯片等高通量组学数据的分析。对于 Affymetrix 公司的基因表达谱芯片而言，GCOS 软件由 Affymetrix 公司直接提供，用于去除芯片的背景噪音和对芯片上各个基因的表达与否做出信度判断十分可靠，具体算法见

http://www.affymetrix.com/。dChip（DNA-Chip Analyzer）软件针对Affymetrix全基因组芯片的PM/MM探针设计特点，对Affymetrix芯片的归一化处理和差异基因筛选有利。本文中所采用的数据是通过结合GCOS和dChip软件的优点，以耐盐水稻品种FL478和不耐盐水稻品种IR29在盐胁迫条件下相对于其在对照条件下基因表达变化在2倍以上，且在3个生物重复的t测验中P值小于0.05作为差异基因筛选标准得到的[2]，数据处理过程可靠。

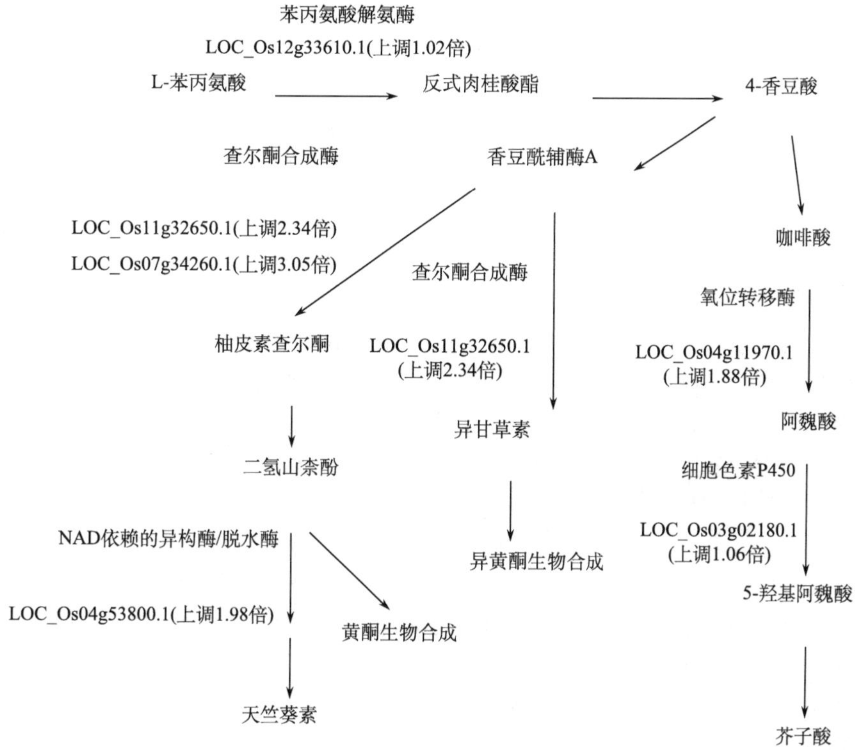

图3 IR29中参与类黄酮合成途径的盐诱导基因

但是统计学分析仅仅给出了在不同条件下的基因表达谱差异，其信息量之大不是一两个人能够解释清楚的，要进一步明确这些靶标基因所参与的生物学途径，深入反映差异基因的生物学本质，本文采用Pathway tools软件结合RiceCyc数据库信息对差异基因进行了细胞代谢的可视化比较。尽管当前水稻的代谢途径信息尚不完善，盐胁迫的信号传导途径错综复杂，通过本文的分析尚难发现新的盐胁迫相关途径，但从细胞代谢图上可以看出，在相同的盐胁迫条件下，FL478中受到诱导的代谢途径是能量循环过程如磷酸戊糖途径、糖酵解和三羧酸循环（TCA循环），以及核糖的分解、碳水化合物的利用途径；而在IR29中，表达出现差异的基因主要涉及植物激素的生物合成，细胞结构组分代谢及次级代谢等途径，类黄酮合成途径在IR29中被明显诱导而在FL478中没有变化。两品种在相同盐胁迫条件下表达发生变化的基因在细胞代谢图上的分布存在明显差异，说明耐盐品种FL478相对不耐盐品种IR29对盐胁迫的反应明显较快，具有较强的补偿能力。

在代谢途径分析之前，芯片等高通量研究技术的实验数据多停留差异基因的聚类分析和基于FunCat（http://mips.gsf.de/projects/funcat）、Gene Ontology（http://www.geneontology.org/）等分类系统的基因功能分类上。代谢途径分析始于20世纪90年代中期的大肠杆菌代谢图谱研究计划（EcoCyc project）[10]，Karp等开发了由代谢网络逻辑编辑器（PathoLogic）、代谢途径/基因组浏览器（Pathway/Genome Navigator）和代谢途径/基因组数据编辑器（Pathway/Genome Editors）三部分组成的Pathway tools代谢途径分析软件，构建了EcoCyc等生物代谢数据库。之后，他们将900多个物种中已证实的700多条代谢途径的生化反应详细信息和这些生化反应相关基因在细胞或基因组上的定位等收集在一起，构建了MetaCyc（http://metacyc.org），作为构建新物种数据库的非冗余代谢途径参照资源[11]。到2006年，BioCyc已在此基础上构建成包括Aracyc（http：//arabidopsis/tools/aracyc）和RiceCyc在内的200多个物种基因组数据和代谢途径信息数据库的集合，几乎涵盖了所有基因组测序已经完成的动物、植物和微生物信息[12]。最近，生物代谢数据库和组学数据代谢途径分析软件的开发更是风起云涌，KEGG推出了EGENE作为以EST为基础的植物代谢途径分析工具，现已包括了25种植物（2007年1月，41.0版本）[13]，Grafahrend-Belau等则在现有的研究基础上，通过手工整理，收集了6种植物的代谢途径信息，构建了MetaCrop（http：//metacrop. ipk-gatersleben. de/）[14]，也可以用于组学等高通量数据的代谢途径分析。

水稻是我国重要的粮食作物，其经济重要性是众所周知的，加之基因组测序的完成，推动了水稻科学的研究已经步入后基因组时代，越来越多的高通量研究手段应用到水稻科学的相关研究中来，海量数据的不断涌现为未来的科学发展提出了新的问题，要解决这个问题，必须借助于计算机科学这一有效的分析手段。正如2005年10月WTEC（World Technology Evaluation Center，世界技术评价中心）的报告中所言，“试图将生物领域自上半个世纪以来所获得的分子事件细节整合成一个动态的网络图画，这样一种行为在美国和世界其他国家才刚刚开始”。[15]在我国，这一领域的发展更是刚刚起步，最为突出的研究成果是北京博奥生物芯片公司于2006年开发出来的MAS芯片分析系统，其整合了Gene Ontology分类，KEGG、GenMAPP和BioCarta三个大型代谢途径数据库的信息，是芯片数据分析的有用工具。相对于其他代谢途径数据库和代谢分析工具而言，RiceCyc和Pathway tools便于交流和维护，操作灵活，仍是当今高通量研究数据代谢分析中能够用于水稻相关分析的最好的选择，本文通过分析水稻在盐胁迫条件下的基因表达谱数据，显现了代谢途径分析软件在高通量数据的解析中注重整体性分析，发挥高通量优势的特点，对我国相关领域的研究和数据分析具有推动作用。随着数据库信息的不断完善和芯片等高通量实验数据的不断充实，Pathway tools等相关软件的发展和分析必将给我们提供更多的令人振奋的新信息，我国系统生物学和生物代谢数据库的迅速发展也将进一步加强。

参考文献

[1] Ouyang B, Yang T, Li H, et al. Identification of early salt stress response genes in tomato root by suppression subtractive hybridization and microarray analysis. Journal of Experimental Botany, 2007, 58(3): 507-520

[2] Walia H, Wilson C, Condamine P, et al. Comparative transcriptional profiling of two contrasting rice genotypes under salinity stress during the vegetative growth stage. Plant Physiology, 2005, 139: 822-835

[3] 何新建，陈建权，张志刚等. 通过cDNA微阵列鉴定水稻盐胁迫应答基因. 中国科学(C辑)，2002，32(6)：488-493

[4] Ogata H, Goto S, Sato K, et al. KEGG: kyoto encyclopedia of genes and genomes. Nucleic Acids Research, 1999, 27: 29-34

[5] Green ML, Karp PD. The outcomes of pathway database computations depend on pathway ontology. Nucleic Acids Research, 2006, 34: 3687-3697

[6] Jaiswal P, Ni J, Yap I, et al. Gramene: a bird's eye view of cereal genomes. Nucleic Acids Research, 2006, 34: 717-723

[7] Paley SM, Karp PD. The pathway tools cellular overview diagram and omics viewer. Nucleic Acids Research, 2006, 34: 3779-3786

[8] Ravenscroft D, Ren L, Ware D, et al. RiceCyc, a metabolic pathway database for the rice community. Cellular Processes and Regulatory Networks, 2007, 827

[9] Winkel-Shirley B. Biosynthesis of flavonoids and effects of stress. Current Opinion on Plant Biology, 2002, 5: 218-223

[10] Keseler IM, Collado-Vides J, Gama-Castro S, et al. EcoCyc: a comprehensive database resource for *Escherichia coli*. Nucleic Acids Research, 2005, 33: 334-337

[11] Krieger CJ, Zhang P, Mueller LA, et al. MetaCyc: a multiorganism database of metabolic pathways and enzymes. Nucleic Acids Research, 2006, 32: 438-442

[12] Karp PD, Ouzounis CA, Moore-Kochlacs C, et al. Expansion of the BioCyc collection of pathway/genome databases to 160 genomes. Nucleic Acids Research, 2005, 33: 6083-6089

[13] Masoudi-Nejad A, Goto S, Jauregui R, et al. Egenes: transcriptome-based plant database of genes with metabolic pathway information and expressed sequence tag indices in KEGG. Plant Physiology, 2007, 144: 857-866

[14] Grafahrend-Belau E, Weise S, Koschützki D, et al. MetaCrop: a detailed database of crop plant metabolism. Nucleic Acids Research, advance access published on October 11, 2007, doi 10.1093/nar/gkm835

Ⅱ 水稻病毒

评述和研究有关水稻病毒及其所致病害的研究进展、诊断检测、品种抗性、病害控制和分子生物学。其中对水稻矮缩病毒（*Rice dwarf virus*）、水稻草矮病毒（*Rice grass stunt virus*）、水稻齿叶矮缩病毒（*Rice ragged stunt virus*）、水稻条纹病毒（*Rice stripe virus*）的病理学和分子生物学有较深入的研究。

我国水稻病毒病的回顾与前瞻

谢联辉，林奇英，段永平

（福建农学院植物病毒研究室，福建福州　350002）

本文从我国所处的地理位置，结合国外主要水稻病毒病发生流行的动向，联系我国水稻病毒病的实际，历史地回顾并总结了水稻黑条矮缩病和暂黄病六十年代前中期及其以后几次大的流行的主要原因和经验教训，概要地综述了水稻病毒病的现状，介绍了我国发生的 11 种水稻病毒及类似病害的病原、分布、介体、传播和发生流行的一些关键因素，指出在全国稻区仍以暂黄病和矮缩病的发病面积最大，为害最重。病害在品种间的抗性有显著差异，只有适合流行的年份栽培大量感病品种，遇上大量带毒介体，流行才成为可能。展望未来的 5 年，对水稻病毒病的前景是比较乐观的，要出现六十年代前中期那样接连几省、十几省大范围的暴发性流行是不大可能的；但如出现气候突变，或海外迁入某一种群的大量带毒介体，或某高产感病感虫新品种的盲目推广，或某一突然事件，破坏了自然生态平衡，造成介体昆虫的猖獗发生，则当另作别论。有鉴于此，今后继续对稻病毒病作进一步研究是完全必要的。

病虫测报，1987，1：41

福建水稻病毒病的诊断鉴定及其综合治理意见

谢联辉，林奇英

（福建农学院植物病毒研究室，福建福州　350002）

摘　要：在田间鉴别水稻病毒病首先要排除与其症状相似的非传染性生理病。然后根据不同症状特征，结合不同传染方式以及田间病株分布状况，可将目前福建发生的水稻病毒病加以区分。针对福建水稻病毒病的发生流行特点，提出采用抗病品种、结合测报、调整播种时间、避开介体传毒高峰，辅以必要的治虫防病工作，可达较好控制效果。

我省水稻病毒病过去未见正式报道，只是一九六五～一九六六年先后在闽南、闽西和闽北地区发生了黄叶病（黄矮病）的首次流行以后才引起重视。但当时的病原性质未经确认，一直有所谓生理病和病毒病之争。一九七三年起我们开展了水稻病毒病的调查和研究工作。十年来我们采用传统的生物学常规试验方法，辅以电镜和血清学等技术手段，先后发现鉴定了一种新的病毒病——水稻簇矮病（rice bunchy stunt）；诊断确证了七种水稻病毒及类菌原体病——黄叶病（transitory yellowing）、矮缩病（dwarf）、条纹叶枯病（stripe）、锯齿叶矮缩病（ragged stunt）、东格鲁病（tungro）、橙叶病（orange leaf）和黄萎病（yellow dwarf）在我省的发生。这些病害有的分布很广，有的仅在少数县市发生，有的只是零星发生，有的曾在一个县、一个地区甚至更大范围流行成灾，给水稻生产造成严重损失。例如水稻黄叶病，自一九六三年在龙岩初见以来，一九六五年在龙溪地区普遍发生，并在漳州、南靖、云霄、诏安等地流行成灾；一九六六年又在龙溪、龙岩、三明、建阳四个地区大面积流行；一九六九和一九七三年在三明、建阳两地区再次流行。流行年份一般减产 3～5 成，重的颗粒无收。近年来水稻簇矮病和东格鲁病曾在闽南的一些县市严重发生，前者于一九七九年在云霄、平和、南靖的一些社队，田间株发病率平均在 30%～40%，重者达 92%以上；后者于一九八一年在龙海普遍流行，其中发病严重的稻田达 22 700 多亩，损失稻谷在 230 万斤（1 斤＝0.5 公斤）以上。因此，正确诊断鉴定我省发生的水稻病毒病，针对其流行特点，及时采取防治措施，对确保我省水稻稳产、高产有重要意义。

水稻病毒病不像稻瘟病或白叶枯病，病部表面并无一定的病征（无真菌的霉状物或细菌溢脓），因此，田间诊断比较困难，被误诊为非传染性的生理病是常有的事。但只要深入察看，即可发现病毒病在田间的分布是很不均匀的，甚至往往还有一定的发病中心，或是田边重于田中间，或是同一丛稻苗里，一些植株发病了，一些植株却生长正常；在一株稻苗中，只要一个分蘖发病，则同一主茎抽生的所有分蘖也有相同病状，如将其剪断，则抽出的新叶能再现原来的病状。生理病就没有这些特点。

在田间一旦被确认为病毒病，就可以按下列特征结合传毒昆虫将我省目前发生的八种水稻病毒病加以鉴别：

1. 病株严重矮化，分蘖增生

（1）叶片、叶鞘绿色或者浓绿　①叶上有黄白色的虚线状条点，病毒可由电光叶蝉（*Recilia dorsalis*）和几种黑尾叶蝉（*Nephotettix* spp.）传播——矮缩病。②叶上无黄白色的虚线状条点，病毒不能由电光叶蝉传播（只能由黑尾叶蝉和二点黑尾叶蝉传播）——簇矮病

（2）叶片、叶鞘均匀黄化——黄萎病

2. 病株矮化，分蘖稍有减少

（1）心叶有断续的褪绿条斑，或带黄白色条纹，病毒可由灰飞虱（*Laodelphaa slriatellus*）传播——条纹叶枯病。

福建农业科技，1983，5：26-27

（2）叶片绿色，常有叶尖扭曲、叶缘缺刻，在叶鞘或叶片上常有脉肿出现，病毒可由褐飞虱（*Nilaparvata lugens*）传播——锯齿叶矮缩病。

（3）叶片黄化，叶鞘往往仍为绿色，病毒可由几种黑尾叶蝉传播　①病毒在介体内为持久性，电光叶蝉不传——黄叶病。②病毒在介体内为短暂性或半持久性，电光叶蝉也能传播——东格鲁病。

3. 病株轻度矮化，分蘖减少

叶片橙黄色，叶尖纵卷，株型直立，且常易早期枯死，病害只能由电光叶蝉传播——橙叶病。

水稻病毒病的发生发展与各种病毒的有效毒源、介体昆虫的数量及其传毒效能、品种抗性及外界条件有密切关系。针对我省耕作制度和水稻栽培特点，其防治重点应放在晚季水稻上。鉴于不同水稻品种对各种病毒的反应有显著差异，加之上述病害都以苗期和分蘖期最为感病。因此作为综合治理应以采用抗本地主要病害的高产品种为主；一般品种要做好测报，调节播种、插秧时间（晚稻宜先插抗病品种，后插一般品种和感病品种），使最感病的苗期和返青分蘖阶段，避开介体昆虫的迁飞高峰，并辅以必要的治虫防病工作，以期达到有效控制我省主要水稻病毒病的发生和流行。

热带水稻和豆科作物病毒病国际讨论会简介

谢联辉，林奇英

（福建农学院植物病毒研究室，福建福州 350002）

摘 要：本文介绍热带水稻和豆科作物病毒病国际讨论会的基本情况。针对大会报告、墙报及论文，着重评述了水稻病毒病和大豆病毒病的研究动态、进展和问题，并就如何加强两种作物病毒病的研究提出了作者的建议。

一、会议概况

热带水稻和豆科作物病毒病国际讨论会于1985年10月1～5日在日本筑波热带农业研究中心（TARC）举行。会议由TARC总所长KEN-lchi Hdyashi博士筹集召开。会议主席由各国主要代表轮流担任。来自19个国家和有关国际研究机构的156人参加了讨论会。有30名代表在全体会议上作了报告，依次为：

1. P. Amatya（尼泊尔）：尼泊尔水稻和豆类作物病毒病：现在状况和今后策略。

2. A. Anjaneyulu（印度）：印度水稻病毒病。

3. D. M. Taneyulu（印度尼西亚）：印度尼西亚水稻和豆类病毒病的现况。

4. A. K. A. Baker（马来西亚）：马来西亚水稻和豆科作物病毒病。

5. A. Chandrasrikul（泰国）：泰国水稻和豆科作物病毒病。

6. 谢联辉（中国）：中国水稻病毒病的研究现状和问题。

7. 四方英四郎（日本）：日本水稻和豆科作物病毒病。

8. 斋藤康夫（亚太粮食肥料技术中心）：亚洲地区水稻病毒病协作研究活动的进展和方向。

9. D. V. R. Reddy（国际半干旱热带地区作物研究所）：亚洲花生、鹰嘴豆和木豆的病毒病问题。

10. K. Hanada（日本）：黄瓜花叶病毒组RNA的假重组。

11. T. A. Hibi（日本）：几种植物病毒的物理化学特性。

12. M. Iwaki（日本）：大豆花叶病毒和豉豆轻性斑驳病毒。

13. T. Seabaku（泰国）：大豆黄脉病——大豆的一种新病毒病。

14. S. K. Green（亚洲蔬菜研究开发中心）：台湾大豆上一种未被发现的PVY组病毒的发生。

15. T. Tsuchizaki（日本）：从泰国豆科作物中分离出三种PVY组病毒的部分特性和血清学关系。

16. Y. Honda（日本）：绿豆黄花叶病毒。

17. N. Iizuka（日本）：印度和印度尼西亚花生的主要病毒病。

18. D. Michel（法国）：西非花生病毒病。

19. H. W. Rossel（国际热带农业研究所）：水稻黄斑驳病和非洲大豆矮缩病——西非新发现的两种经济上重要的病毒病。

20. 守中正（日本）：水稻瘤矮病毒的传播及其若干特性。

21. S. Disthapom（泰国）：泰国水稻锯齿叶矮缩病毒的特性。

22. H. Hibino（国际水稻研究所）：水稻草状矮化病毒。

23. R. C. Cabunagan（国际水稻研究所）：水稻东格鲁：有关病毒及其与寄主植物和介体叶蝉的关系。

24. T. Omura（日本）：用血清学方法检测植株和单一昆虫介体中的水稻病毒。

25. K. M. Makkouk（国际半干旱地区农业研

病毒学杂志，1987，(1)：85-88

究中心）：黎巴嫩菜豆中两个马铃薯Y病毒分离物的寄主范围和血清学特性。

26. O. Mochida（国际水稻研究所）：黑尾叶蝉化学防治对控制病毒病，特别是热带感病或中感水稻品种东格鲁病的作用。

27. S. Tsuyumachi（日本）：泰国褐飞虱群体增长模式。

28. H. Inoue（日本）：叶蝉、飞虱在水稻病毒传播中的介体专化性。

29. T. Takita（日本）：介体抗性的利用对控制水稻东格鲁病毒病和阻止马来西亚新生物型暴发的育种策略。

30. H. B. nba（日本）：大豆矮缩病毒的抗性育种。

会议着重讨论了各国水稻和豆科作物病毒病的种类、分布、病原性质、流行条件及控制措施等。

二、水稻病毒病

会上报告的水稻病毒及类菌原体病，在亚洲不同国家发生的有黑条矮缩（black-streaked dwarf）、簇矮（bunchy stunt）、矮缩（dwarf）、瘤矮（gall dwarf）、草矮（grassy stunt）、坏死花叶（necrosis mosaic）、橙叶（orange leaf）、齿矮（ragged stunt）、条纹（stripe）、暂黄（transitory yellowing）、东格鲁（tungro）和黄萎（yellow dwarf）12种，在热带非洲发生的有黄斑驳病（yellow mottle）1种。近年来在菲律宾、泰国和印度先后发生一种症状与东格鲁病相似的新病害，现已查明是草矮病毒的一个新株系（RGSV-2），这个新株系对带有抗RGSV基因的栽培品种表现致病性（Hibino，1985），值得重视。

关于病害传播，明确了二点黑尾叶蝉（*Nephotettix virescens*）是水稻矮缩病毒的一个新介体（谢联辉等，1980）。水稻瘤矮病毒除由电光叶蝉（*Recilia dorsalis*）和大斑黑尾叶蝉（*N. nigropictus*）传播外，尚能通过黑尾叶蝉（*N. cincliceps*）、二点黑尾叶蝉和马来亚黑尾叶蝉（*N. malayanus*）传播；并已查明除了矮缩病毒和条纹病毒能经卵传播，尚有瘤矮病毒，亦能通过大斑黑尾叶蝉的卵传给下一代（守中正，1985）。

关于毒源寄主明确提出了甘蔗、稗草、茼草、铺地黍、李氏禾、蟋蟀草和水蜈蚣是齿矮病毒的新寄主（林奇英等，1984）；野生稻、二棱大麦、小麦、黑麦和看麦娘是瘤矮病毒的寄主（守中正，1985）。东格鲁病毒能长期存在于稻桩、野生稻和少数杂草上（Anjaneyulu，1985）。会议比较集中地讨论了病害和介体群体的流行学和防治对策。水稻东格鲁病的流行学，已故植病学家林克治博士曾作过评论（1977，1983），这次会上印度学者谈到印度的一些试验农场对东格鲁病流行条件的人工模拟取得了进展（Anjaneyulu，1985）。会上有人从病毒病的生态学和流行学观点，提出了介体专化性的概念。认为亚洲由黑尾叶蝉传播的水稻病毒病例如热带的东格鲁病，亚热带的暂黄病和温带地区的矮缩病的流行，与高效率的介体种的种群优势和季节性流行有着密切的关系（Inoue，1985）。由于介体昆虫群体生态学的研究，所以取得了病毒防治的显著效果（四方英四郎，1985）。ELISA已被成功地应用于检测迁飞褐飞虱（*Nilaparvata lugens*）群体中RGSV的带毒介体（Hibino，1985）；采用乳胶凝集试验检测了带有RGDV或RDV的大斑黑尾叶蝉个体，带RGSV的褐飞虱个体和带RSV的灰飞虱个体（Omura，1985）。大量实践和人工试验表明，水稻品种间对病毒病的反应有显著差异。因此，病害防治的最有效的方法是选用抗病品种。鉴于水稻苗期到返青分蘖期最易感病，因此，调节播种、插秧时间，避开介体昆虫迁飞高峰，辅以育秧和返青分蘖阶段做好介体昆虫的防除工作，也是行之有效的（谢联辉，1985）。

三、豆科作物病毒病

会上报告了各种豆科作物，包括大豆、花生、绿豆、木豆、鹰嘴豆、豇豆、菜豆、豌豆、蚕豆等的病毒病的诊断鉴定、发生流行和防治问题。

一种由烟粉虱（Bemisiatabaci）传播的大豆皱叶病毒（*Soybean crinkle leaf virus*）和由接触传染的大豆黄脉病毒（*Soybean yellow vein virus*），被认为是大豆上的新病毒。两者均采自泰国。大豆皱叶病毒由烟粉虱以持久性方式传播，亦可通过嫁接传染，但蚜虫、病株汁液和病株种子不传。病原为类似双生病毒的粒体，大小在18nm×30nm。病毒能侵染菊科、豆科和茄科的11种植物（Iwaki，1985）。大豆黄脉病毒在大豆上呈系统感染，在苋色藜和昆诺阿藜的接种叶片上，表现明显的褪绿局斑。病毒不能通过大豆蚜和烟粉虱传播。其稀释限点为10^{-4}～10^{-3}，热钝化点为35～40℃，体外保毒期在2～3h（4℃）。病毒的提纯制品，在蔗糖密度梯度离心后，与紫外光（吸收带254nm）吸收曲线相对的突出部分，显示最高的侵染性。且含有大量的杆状病毒粒体，其大小在（500～550）nm×(15～20)nm（Senboku等，1985）。

西非报告的10种花生病毒病中，有5种是比较新的，它们是花生眼斑（*Groundnut eyespot virus*）、花生线条（groundnut steak）、花生斑驳（groundnut flecking）、花生金色花叶（groundnut golden mosaic）和花生皱缩（*groundnut crinkle virus*）（Michel et al.，1985）。

学者们认为，病毒鉴定和可靠的检测方法，对发展综合防治体系，保证搞好检疫服务，是必不可少的，积极采用病害抗源和综合防治措施，对限制一些豆科作物病毒病的发生是可能的，但经济、有效的防治实施，还有赖于对这些病害的许多具体因素开展深入的研究。

四、几点建议

1. 水稻病毒病的研究需要加强。鉴于水稻病毒病是叶蝉、飞虱传播，且具迁飞性，与我国东南部隔海相望的日本、菲律宾、马来西亚和印度尼西亚等国，十分关注我国水稻病毒病的发生流行动态，希望开展经常性的学术交流或资料、情报的不定期交换；实际上这些国家水稻病毒病至今仍是水稻生产的严重障碍，其发生流行也常波及我国东南沿海省份，加上水稻病毒病所具有的年际间的间歇性、暴发性和地区（国家）间的迁移性，机制不明，随时随地都有某一病毒流行的可能；而我国自20世纪60年代以来，水稻病毒病的研究队伍随病害的暴发与否而两起两落。现在是处于最低谷状态。如不加强这方面的研究，一旦病毒暴发或某一新病毒的出现，将难以对付。因此建议，我国应该保持一定研究力量，长期坚持深入研究。

2. 协调豆科作物病毒病的研究。目前我国豆科作物病毒病的研究是以大豆病毒病的队伍最大。且常有内容重复的情况，而对一些豆科蔬菜、牧草、饲料和观赏植物的研究却显得薄弱或无人问津，因此建议有关部门作些协调工作，以利加强这些方面的研究。

3. 在当前十分强调科研工作的经济效益时，希望不要忽视基础研究和应用研究中的基础性工作。这次会议讨论中认力，病毒病特别是水稻病毒病，一旦发生至今没有什么灵丹妙药可治，重要的是脚踏实地从基础工作做起，这些工作主要包括弄清已经发生或刚刚露头的病害、病原和传播途径，查明病毒及其株系变化，作好病毒的理论特性分析，揭示病毒及其介体种群关系的生态流行学本质，搞清寄主的免疫学机制等。基础研究和应用基础研究，具有从根本上揭露问题的动力，例如近几年菲律宾、泰国和印度在水稻上发生程度不同的草状矮化病（grassy stunt）流行，经研究确认是由于该病毒的一个新株系（RGSV-2）的产生，而使原来带有抗性基因的IR系列品种变成感病的。又如我国水稻病毒病研究，其所以会两起两落，就是病毒病暴发才引起重视组织力量加以研究，但已造成损失。而有些病害（如水稻簇矮病、锯齿叶矮缩病和东格鲁病等）刚刚露头即被查到，并及时弄清病原性质和传播途径，便可避免在生产上出大问题。

4. 在病毒科研上要赶超世界先进水平，我们的差距在于科研的设备和手段。在对日本的几个研究机构的参观访问中感到，他们的研究人员不多，但工作效率很高，主要就是工作条件好，有较先进的温室、实验室、仪器设备和研究手段；我国近年植物病毒研究队伍日益扩大，但仅极少数单位工作条件好些，远不能适应科研需要，如能在全国有代表性的地区，根据不同特色，扶持一批有一定研究力量的病毒研究室，改善科研条件，则将如虎添翼，有利于加速研究进度，攻下一些难度更大的病毒课题，促其早出成果，多出人才。在这些方面，我们还可根据我国实际情况，吸取国外温室、实验室的布局和仪器设备特点，尽快使我国病毒研究的设备规格化和富有实用价值。

水稻矮缩病毒的检测和介体传毒能力初步分析*

章松柏[1,2]，吴祖建[1]，段永平[1]，谢联辉[1]，林奇英[1]

（1 福建农林大学生物农药与化学生物学教育部重点实验室，福建福州　350002；
2 长江大学农学院，湖北荆州　434025）

摘　要：快速从水稻叶片和单头介体昆虫中检测水稻矮缩病毒的斑点分子杂交。与10％SDS-PAGE检测方法相比，不仅敏感、快速、简单，可以检测田间批量样品，用于病害流行研究和测报，而且可以用于介体叶蝉传毒能力的分析。研究表明：用本地黑尾叶蝉分别接种RDV本地分离物和云南分离物，斑点杂交显示介体带毒率相似，分别为84％、75％，但生物学接种结果差异相当大，分别为28.1％、3.8％，另外斑点杂交显示云南病区的黑尾叶蝉带毒率为88％，说明介体叶蝉的传毒能力具有地域性，介体叶蝉带毒率与传毒能力也存在一定差异。

关键词：水稻矮缩病毒；黑尾叶蝉；斑点杂交

中图分类号：S435.111.4+9　**文献标识码：**A　**文章编号：**0517-661（12005）12-2263-02

Research on the delection of *Rice dwarf virus*

ZHANG Song-bai[1,2], WU Zu-jian[1], DUAN Yong-ping[1], XIE Lian-hui[1], LIN Qi-ying[1]

（1 Key Laboratory of Biopesticide and Chemical Biology，Ministry of Education，
Fujian Agriculture and Forestry University，Fuzhou　350002；
2 College of Agriculture，Yangtze University，Jingzhou　434025）

Abstract：For the detection of *Rice dwarf virus*（RDV） from single leafhopper and leaf，the dot-blotted hybridization method based on molecular biology were established. Compared with 10％ SDS-PAGE detection，dot-blotted hybridization was fast，simple and sensitive，and could be applied for the study on epidemiology and prediction of diseases caused by RDV and also for the study on the transmitting ability of leafhopper. The results showed：after local leafhoppers were inoculated with RDV-SX isolate，RDV-LQ isolate，the vector viruliferous rates were similar as 84％ and 75％ respectively，but the rice incidence rates were dissimilar as 28.1％ and 2.8％ respectively. Otherwise the vectors from Yunnan endemic sites were 90％ viruliferous. These indicated the transmission ability of vector leafhopper was regional and varied with the vector viruliferous rates.

key words：*Rice dwarf virus*；*Nephotettix cincticeps*；*Nephotettix virescens*；dot-blotted hybridization

---

安徽农业科学，2005，33（12）：2263-2264，2287
收稿日期：2005-08-30
* 基金项目：国家自然科学基金（39900091）

水稻矮缩病毒（*Rice dwarf virus*，RDV）是隶属于呼肠孤病毒科中的植物呼肠孤病毒属成员[1]，主要由黑尾叶蝉（*Nephotettix cincticeps*）、电光叶蝉（*Recilia dorsalis*）和二条黑尾叶蝉（*N. nigropictus*）以持久方式且可经卵传播[2-4]。该病毒是水稻病毒病重要的毒源之一，广泛分布于中国、日本及菲律宾南部等水稻产区，造成水稻严重减产[5]。近年来在我国福建、云南、河南[6]等水稻产区有局部流行的趋势，田间调查发现云南有些水稻产区该病的矮化症状并不明显，并且可能和水稻条纹病一起混合侵染[7]。因此建立快速简单的检测方法来研究该病毒的循环和病害流行规律成为生产上亟待解决的问题。由于该病毒只能由特定的昆虫（黑尾叶蝉为主）带毒传毒，所以在该病毒的科学研究和生产预测预报中，测定介体昆虫黑尾叶蝉的带毒率和水稻植株发病率显得十分必要。前人运用生物学实验和 ELISA 技术研究了田间黑尾叶蝉带毒率和病害之间的关系，并建立了病害发生的预测模式[8-10]，为病害的短期预测提供了可能。但不同类型的 ELISA 方法测定的灵敏度与特异性存在相当大的差异，并且常遇到敏感性低和假阳性的问题。为解决这一问题，农药生物化学教育部重点实验室根据已报道引物[11]合成特异性探针，建立了快速检测水稻植株和介体叶蝉体内的水稻矮缩病毒的斑点杂交检测技术，为病毒的检测和流行规律研究提供了手段，并在此基础上对介体传毒能力进行初步分析。

1 材料与方法

1.1 试验样品

黑尾叶蝉分别采自福建农科院稻麦研究所水稻无病田间和云南禄劝水稻发病区，其中采自云南禄劝水稻发病区的黑尾叶蝉，收集于 1.5mL 的离心管中置于－70℃中保存。水稻矮缩病株分别采自福建松溪和云南禄劝等地。

1.2 生物学接种

2002 年 5～10 月对接种水稻矮缩病毒（云南禄劝、西山、武定、农大等 4 地）并度过循回期的本地黑尾叶蝉进行单管单苗接种 1 叶龄的水稻（台中 1 号），水稻植株在防虫温室中生长 56d 后调查发病情况；2003 年 6～10 月对接种水稻矮缩病毒（云南禄劝、福建松溪）并度过循回期的本地黑尾叶蝉进行单管单苗接种 1～2 叶龄的水稻，将接种 15d 后的叶蝉分别收集于 1.5mL 的离心管中置于－70℃中保存，调查在防虫温室中生长 56d 后的水稻植株的发病情况。

1.3 SDS-PAGE

参照周雪平等[14]方法，提取水稻矮缩病毒福建松溪分离物的 dsRNA 基因组，具体步骤：取 5g 水稻病株在液氮中研磨，酚氯仿抽提，CF-11 纤维素柱纯化，洗脱沉淀得到 dsRNA 后，用标准的 10% SDS-PAGE 电泳，硝酸银染色，或 1% 琼脂糖电泳，EB 染色，检测双链 RNA 的存在与否及带型差异。

1.4 探针的制备 PCR

采用文献的引物（S12-P1、S12-P2），模板采用实验室保存的带有 RDVS12 插入片段的重组质粒。

PCR 反应体系：质粒 2μL，10×缓冲液 5μL，dNTP 8μL（dATP、dGTP、dCTP 各 2.5mmol/μL，dTTP 1.36mmol/μL，DIGdUTP 1.14mmol/μL），引物 S12-P1、S12-P2 各 50pmol，1U *Taq* 酶（Sangon），加双蒸水至 50μL。95℃变性 4min，35 个循环的扩增（95℃ 1min；54℃ 1min；72℃ 1min），最后 72℃延伸 10min，产物经 1% 琼脂糖凝胶电泳，EB 染色后 BioRad 凝胶成像系统观察记录。回收目的片段用 UltraClean™ 15 DNA Purification Kit MoBio Laboratories，按照说明书进行。回收后的目的片段需要在 95℃变性 10min，快速置于冰上 5min，最后作为探针转移至杂交液中。

1.5 斑点杂交

总核酸的提取[12,13]：每个样品取水稻病叶 20mg，或冰冻昆虫 1 头，研磨后，加裂解溶液 600μL 或 180μL（含 1% SDS 的 1×TE 溶液），65℃水浴 1h，12 000r/min 离心 5min；取上清，加沉淀蛋白溶液 200μL 或 60μL（16mol/L 醋酸铵），振荡 20s，12 000r/min 离心 5min；取上清，加异丙醇 600μL 或 180μL，反复颠倒 50 次，12 000r/min 离心 5min；弃上清，沉淀用 70% 乙醇洗 1 次，真空干燥，加水 40μL，－20℃保存备用。

取 2μL 上述保存的核酸点膜，80℃烘干，紫外固定 3～5min；固定后的杂交膜在 50%DMSO 中煮沸 10min 以变性核酸，取出后迅速置入 20mL High SDS 杂交液（7%SDS，5×SSC，2%Blocking Reagent，50mmol/L 磷酸钠，pH 7.0，0.1% *N*-月桂酰基肌氨酸钠）中于 68℃ 预杂交 30min，转入 20mL 含有 5～30ng/mL DNA 探针的 High SDS 杂交液中 68℃杂交过夜。用 2×wash solution（含 0.1%SDS 的 2×SSC）室温洗膜 2 次，每次 5min；再用 0.1×wash solution（含 0.1%SDS 的 0.1×SSC）于 68℃下洗膜 2 次，每次 10min。最后按照 DIG DNA 标记和检测试剂盒（Boehringer mannheim）说明书进行免疫显色检测。

2　结果

2.1　SDS-PAGE

提取矮缩病毒的基因组，根据其特异性的电泳图谱，通过 10%SDS-PAGE 电泳可以直接检测到病原的有无，并且还可以用于比较病原基因组 dsRNA 的带型，特征研究其各分离物 dsRNA 基因组的多样性[15]（图 1）。但是该方法检测病毒需要大量的病叶，工作量较大，对于少量的病叶和单头介体及大批量的样品不适用。

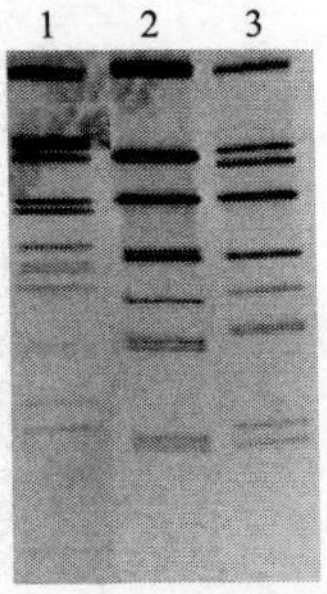

图 1　RDV、RGDV 基因组聚丙烯酰胺凝胶电泳图谱
1. 水稻瘤矮病毒；2，3. 水稻矮缩病毒分离物

2.2　生物学接种

2002 年为保存病株用本地黑尾叶蝉对采自云南 4 个地方的病株进行生物学接种试验（组合Ⅰ），但接种后的水稻无一发病。可能是黑尾叶蝉具有地域性，能带毒但传毒效力低甚至无传毒能力。为了验证这一点，2003 年 RDV 研究组同时对云南病株（禄劝）和本地病株（松溪）用本地黑尾叶蝉进行生物学接种试验。接种结果如表 1，组合Ⅱ（本地叶蝉＋禄劝病株）有 2 株发病，发病率为 3.8%，组合Ⅲ（本地叶蝉＋松溪病株）有 18 株发病，发病率为 28.1%。

表 1　生物学检测

组合	生物学接种		
	试验虫数/头	发病株数/株	发病率/%
Ⅰ	120	0	0
Ⅱ	53	2	3.8
Ⅲ	64	18	28.1

2.3　斑点杂交

用斑点杂交技术对生物学接种后保存的叶蝉和云南禄劝水稻发病区的黑尾叶蝉及水稻叶片进行检测，相关数据见表 2，部分结果见图 2。结果显示在病株上喂毒并度过循回期的黑尾叶蝉带毒率相似，分别为 75%和 84%，并接近云南禄劝水稻发病区的黑尾叶蝉带毒率 88%。

表 2　杂交检测结果

组合	杂交检测		
	试验虫数/头	阳性结果/头	阳性比率/%
Ⅱ	20	15	75
Ⅲ	25	21	84
Ⅳ	25	22	88

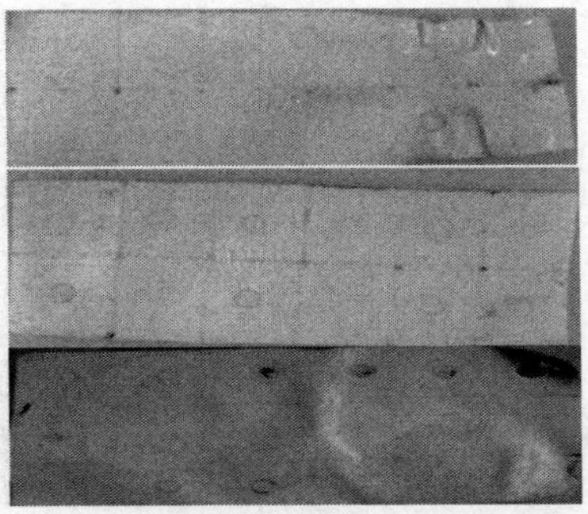

图 2　单头叶蝉和叶片斑点杂交检测结果

3　讨论

斑点杂交方法能从单头介体昆虫或 20mg 的水稻叶片提取的总核酸的 1/20 中检测到水稻矮缩病毒，可以批量处理样品，具有经济、灵敏、快速等优点，其结果可以反映介体昆虫的带毒率。尽管介体的带毒率一般大于传毒率，但可以根据实验来推导两者之间的线性关系，建立水稻矮缩病预测模型，从而指导农业生产，减少病害损失，提高经济

效益。

生物学接种试验和斑点杂交结果显示，采自福建农科院稻麦研究所的介体昆虫黑尾叶蝉接种RDV不同地方分离物后，带毒率都很高，分别为75%和84%，并接近流行区黑尾叶蝉的带毒率88%，但传毒能力存在很大差异，分别为3.8%和28.1%，分析其原因，可能是：①介体黑尾叶蝉种群存在地域性差异，不同的黑尾叶蝉种群接种同一病毒分离物后，带毒率可能差别不大，但传毒能力存在很大差异；②介体—病毒—寄主植物之间的关系非常密切，其相互亲和性是在长期的协同进化过程中形成的，而亲和性的高低可能直接影响病毒的传播和致病性等特征；③试验条件和气候因素也可能影响介体—病毒—寄主植物之间的互作，从而影响传毒；④水稻矮缩病毒的介体叶蝉有几种，可能在云南病害流行区中起主要传播作用的昆虫介体不是黑尾叶蝉。

参考文献

[1] van Regenmortel MHV, Fauquet CM, Bishop DHL. Virus taxonomy, Classification and Nomenclature of Viruses, Seventh Report of the International Committee on Taxonomy of Viruses. New York, San Diego: Academic Press, 2000, 622-627

[2] 林奇英，谢联辉. 传带水稻矮缩病毒的二点黑点叶蝉. 福建农业科技，1982(3)：24-25

[3] Lin QY, Xie LH. A new insect vector of *Rice dwarf virus*. IRRN, 1981, 65: 14

[4] 陈声祥. 水稻病毒病发生现状及研究进展. 浙江农业科学，1996，1：41-42

[5] 谢联辉，林奇英，陈昭炫等. 中国水稻病虫综合防治进展. 杭州：浙江科学技术出版社，1988

[6] 乔玉昌，王阳，黄雅柯等. 水稻矮缩病毒病及其防治. 湖北农业科学，2003,6：12

[7] 章松柏，吴祖建，段永平等. 水稻矮缩病毒基因组的遗传多样性研究初报. 云南农业大学学报，2003，1(84)：8-9

[8] 陈声祥. 水稻黄矮病和矮缩病流行预测模式的建立及验证. 浙江农业科学，1981，3:107-111

[9] 谢联辉，林奇英. 水稻黄叶病和矮缩病流行预测研究. 福建农学院学报，1980,2：32-43

[10] 吴祖建，林奇英，谢联辉等. 水稻矮缩病毒的提纯和抗血清制备. 福建省科协第二届青年学术年会论文集. 福州：福建科学技术出版社，1995

[11] 李毅，刘一飞，全胜等. 水稻矮缩病毒第十二号基因组分的cDNA合成与分子克隆及全序列分析. 病毒学报，1994，10(4)：341-366

[12] 雷娟利，吕永平，金登迪等. 水稻黑条矮缩病毒的RT-PCR检测. 浙江农业学报，2002，1(42):117-119

[13] 雷娟利，吕永平，金登迪等. 应用RT-PCR方法检测水稻植株和介体昆虫体内的水稻齿叶矮缩病毒. 植物病理学报，2001，3(14):306-309

[14] 周雪平，李德葆. 双链RNA技术在植物病毒研究中的应用. 生物技术，1995，51：1-4

[15] 王朝辉，周益军，范永坚等. 应用RT-PCR、斑点杂交法和SDS-PAGE检测水稻黑条矮缩病毒. 南京农业大学学报，2000，24(4)：24-28

水稻矮缩病毒的外壳蛋白的序列变异

吴祖建，郑　杰，谢联辉

（福建农林大学植物病毒研究所，福建福州　350002）

摘　要：通过对水稻矮缩病毒（RDV）重症株系以及茶坪分离物、龙岩分离物、元头分离物、福州分离物的外层外壳蛋白的核酸序列进行测定，将不同RDV分离物外壳蛋白基因核苷酸序列进行同源性比较。结果表明：福建RDV分离物与日本RDV分离物之间有较远的亲缘关系，核苷酸序列同源性约为94.5%；而福建分离物中RDV的DO、CP、LY、YT分离物有较近的亲缘关系（平均约99.5%）；而RDV-FZ分离物与其他福建分离物的同源性较小，约98.1%。

关键词：水稻矮缩病毒；外壳蛋白；序列变异

中图分类号：S432.4^{+}1　**文献标识码**：A　**文章编号**：1006-7817-(2001)S-0149-01

Sequence variability in the coat protein gene of different *Rice dwarf virus* isolates

WU Zu-jian, ZHENG Jie, XIE Lian-hui

(Institute of Plant Virology, Fujian Agriculture and Forestry University, Fuzhou　350002)

Abstract: The coat protein genes of five isolates of *Rice dwarf virus* (RDV), including RDV-O, RDV-CP, RDV-LY, RDV-YT and RDV-FZ, were cloned and sequence. All the coat protein genes were 1263bp. Sequence comparison results revealed that the nucleotide sequence identity between the Japan isolates which had been reported previously and the Fujian isolates was about 94.5%. All the Fujian isolates showed about 99.5% identity in the nucleotide level except that the Fuzhou isolate (RDV-FZ) only shared about 98.1% identity with others.

Key words: *Rice dwarf virus*; coat protein; sequence variability

福建农业大学学报，2001，30（增刊）：149

收稿日期：2001-07-01

单引物法同时克隆 RDV 基因组片段 S11、S12 及其序列分析*

章松柏[1,2]，吴祖建[1]，段永平[1]，谢联辉[1]，林奇英[1]

（1 福建农林大学生物农药与化学生物学教育部重点实验室，福建福州 350002；
2 长江大学农学院，湖北荆州 434025）

摘　要：水稻矮缩病毒（*Rice dwarf virus*，RDV）6 个地方分离物基因组的 10% SDS-PAGE 电泳图谱显示：松溪分离物基因片段 S11、S12 相对迁移速率明显不同。运用单引物法同时克隆该分离物的基因组片段 S11、S12，并测定它们的全序列，结果表明 S11、S12 全长分别是 1036bp、1066bp，基因结构和报道的 RDV 福州分离物基本一致，但分别突变了 34、24 个碱基，同源性分别为 97.01%、97.86%。同时单引物法也为 dsRNA 病毒基因组的克隆提供了一种方法。

关键词：单引物扩增；水稻矮缩病毒（RDV）；基因组片段

中图分类号：S435. 111. 49　**文献标识码**：A　**文章编号**：1001-3601（2005）06-0292-0027-03

Molecular cloning segment S11 and S12 of RDV synchronously by single primer amplification and sequence analysis

ZHANG Song-bai[1,2]，WU Zu-jian[1]，DUAN Yong-ping[1]，XIE Lian-hui[1]，LIN Qi-ying[1]

（1 Key Laboratory of Biopesticide and Chemical Biology，Ministry of Education，
Fujian Agriculture and Forestry University，Fuzhou， 350002；
2 College of Agriculture，Yangtze University，Jingzhou 434025）

Abstract：The 10% SDS-PAGE of dsRNA profiles from six RDV isolates showed; the relative velocity of segment S11，S12 from RDV-SX isolate was obviously dissimilar from others. The full length cDNAs of RDV-SX isolate genome segments S11，S12 were cloned by Single Primer Amplification and their sequences were determined. The result showed the full length of S11，S12 is 1036bp，1066bp respectively，and has the same organization with RDV in Fuzhou. The similarity of nucleotide was 97. 01%，97. 86 with Fuzhou isolate respectively. This study provided a good method for the sequence determination of viral dsRNA at the same time.

Key words：single primer amplification；*Rice dwarf virus*；gene segment

---

贵州农业科学，2005，33（6）：27-29

收稿日期：2005-09-28

* 基金项目：国家自然科学基金（39900091）

水稻矮缩病毒（*Rice dwarf virus*，RDV）是一种特殊的多组分双链 RNA（double strands RNA，dsRNA）病毒，隶属于呼肠孤病毒科（*Reoviridae*）中的植物呼肠孤病毒属（*Phytoreovirus*）[1]，是水稻病毒病重要的毒源之一，在中国、日本及菲律宾南部等水稻地区发生流行，造成水稻严重减产。其病毒粒体为二十面体，直径 70nm，有双层外壳蛋白，无刺突[2]。该病毒主要由黑尾叶蝉（*Nephotettix cineticeps*）、电光叶蝉（*Recilia dorsalis*）和二点黑尾叶蝉（*N. visescens*）以持久增殖型方式进行有效传播，并且可经卵传播给后代[1-5]。病毒能在饲毒介体和寄主植物中增殖，无组织局限性。RDV 基因组是线状 dsRNA，分为 12 片段，根据其在凝胶电泳中的迁移速度由慢到快依次命名为 S1～S12。在自然条件下，RDV 存在基因变异[6]，单个核苷酸的改变有时候也能使病株在症状上表现不同[7]。我们进行田间病害调查时发现，侵染 RDV 的水稻病株症状存在明显差别，有的呈现典型的矮化症状，高度低于健株的一半，而有的病株矮化症状并不明显。注射接种传播实验也证明了这种差异的存在[8]。用 10％的 SDS-PAGE 对采自云南和福建 6 个地方分离物进行多态性分析显示，其核酸也存在差异，主要体现在 S11、S12、S2、S3 四个基因片段上。为探索两者之间的某种相关性，有必要了解这些基因的组成、编码及差异等特性。我们用单引物扩增法同时克隆了 RDV 松溪分离物的 S11、S12 片段，结合传统生物学进行比较基因学研究，从而为相关分析奠定基础。

1 材料与方法

1.1 材料

水稻矮缩病病株于 2002 年 5 月采自福建省松溪县发病稻田。扩增和连接引物引用 Vreede 等[9]和 Potgiete 等[10]设计的引物：

primer 1（P1）：［5′PO_4-GGATCCCGGGAAT-TCGG（A)$_{17}$-NH_2-3′］；

primer 2（P2）：［5′PO_4-CCGAATTCCCGG-GATCC-OH3′］

由上海生工生物工程技术服务有限公司合成。相关试剂购自宝生物工程（大连）有限公司或 Amersham 公司。

1.2 方法

1.2.1 病毒基因组的提取、纯化和 10％ SDS-PAGE 电泳

参照周雪平等[11]的方法提取 RDV 病毒的 dsRNA 基因组，部分用 10％SDS-PAGE 电泳进行多态性分析，部分用 1％的低熔点琼脂糖电泳进行检测并回收 RDV S11、S12。因为 RDV S11、S12 分子大小几乎相等，琼脂糖电泳不易分开，所以一并回收纯化，回收纯化试剂盒用 MoBio Laboratories 公司的 MltraClean™15 DNA Purification Kit。

1.2.2 全长 cDNA 链的合成

连接反应：20μL 的反应体系中含有：50mmol/L HEPES-NaOH（pH 8.0），10mmol/L $MgCl_2$，10mmol/L DTT，T_4 RNA 连接酶 10U，1mmol/L ATP，0.006％BSA，200pmol primer 1，1～10ng 纯化的 dsRNA 基因组。17℃下连接 16h。连接产物用 1％的低熔点琼脂糖电泳检测，用 UltraClean™ 15 DNA Purification Kit 回收纯化。反转录：10μL 纯化的连接物中加入 30pmol 的引物 primer 2 或 oligo d（T)$_{16}$，2μL DMSO，98℃变性 7min 后置冰浴 5min。依次加入 5μL 5×Reaction Buffer，1μL RNase Inhibitor，1μL dNTP（dATP、dTTP、dCTP、dGTP 各 2.5mmol/L），100U RevertAid™ M-MuLV Reverse Transcriptase，加无菌水至 25uL，37℃反应1.5～2h，95℃灭活 5min，置冰上 5min。RNA 降解和 cDNA 复性：向混合物中加入 1mol/L NaOH 溶液 2.5μL，65℃ 1h，反应完成后置室温下冷却，再加人 2.5μL 1mol/L Tris-HCl（pH7.5)，2.5μL 1mol/L HCl 溶液，65℃复性1～16h。离心柱层析：按照文献[12]用 Sephacry S-200 进行离心柱层析纯化混合物，以除去降解的 RNA 小片段或单核醋酸及未反应的引物等。cDNA 链的修复：可单独用 Klenow Fragment 按照说明书进行，也可以用 Ex *Taq* 酶修复，与 PCR 扩增一并进行。

1.2.3 单引物 PCR

反应体系如下：2.5μL 10×Buffer，1.5μmol/L dNTP（dATP，dTTP、dCTP、dGTP 各 2.5mmol/L)，0.125μL Ex *Taq*™ 酶（5U/μL)，2μL cDNA 溶液，加无菌水至 25mL。PCR 反应程序为：72℃ 10min，95℃ 预变性 5min，按 94℃ 1min，50℃ 1min，72℃ 90min 循环 40 次，最后

72℃延伸 10min。

1.2.4 cDNA 克隆和酶切鉴定分离

PCR 产物经 1% 琼脂糖电泳检测，UltraClean™ 15 DNA Purifica-tion kit 回收纯化，连接到 pMD18-T 载体（TaKaRa）上，转化感受态 *E. coli* DH5α 利用 Amp 抗性，蓝白斑筛选重组子，裂解法提取质粒，*Bam*HⅠ 单酶切，1%琼脂糖凝胶电泳检测。对 RDV S11、S12 重组质粒中呈现阳性的克隆再用 *Bam*HⅠ 和 *Hha*Ⅰ 双酶切，以分离基因组 RDV S11、S12 克隆。

1.2.5 序列的测定

以阳性克隆子为模板引物采用质粒载体上的 M13 通用引物，正向、反向进行测序。测定工作由上海博亚生物技术有限公司完成。

2 结果与分析

2.1 RDV dsRNA 基因组多态性分析

对采自福建和云南省 6 个 RDV 地方分离物的基因组进行 10% SDS-PAGE 电泳，结果显示（图 1）：多态性主要体现在 S2、S3、S11、S12 等基因片段上，其中松溪分离物（SX）基因片段 S11、S12 相对迁移速率明显不同于其他分离物，值得进一步研究。

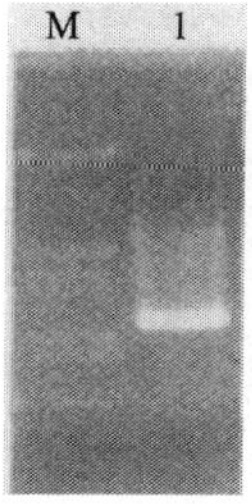

图 1 RDV 基因组 10% SDS-PAGE 电泳图谱

2.2 cDNA 合成和 PCR 扩增

用引物 P1 连接到 RDV S 11、S12 dsRNA 的 3′端，用引物 P2 或 olgo d（T）$_{16}$ 反转录，碱解及复性后的 cDNA 溶液用 Sephacry S-200 进行离心柱层析除去降解的 RN A 和未反应的引物及其他因子。cDNA 两端的修复补平用 Klenow Fragment（TaKaRa）按说明书进行，或直接用 Ex *Taq*™ 与 PCR 扩增一并进行。扩增产物经 1%的琼脂糖电泳检测，结果与预期大小相一致，分别为 1100bp（图 2）。

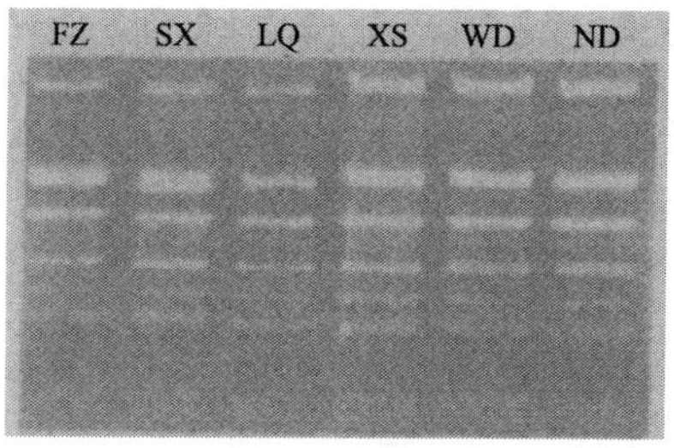

图 2 RDV S11，S12 PCR 扩增

2.3 PCR 产物克隆，酶切鉴定和分离

由于引物 P1 上有众多酶切位点如 *Bam*HⅠ、*Eco*RⅠ 和 *Sam*Ⅰ 等，所以用上述酶的任何一种酶进行单酶切即能将插入片段切割下来。选用 *Bam*HⅠ 进行单酶切，然后经 1%琼脂糖电泳，结果如图 3。在图 3 中编号为 1、4、6、9、10、11 为重组克隆子，为了分离 S11、S12 重组克隆子，根据已知 RDV S11、S12 中国福州分离物序列[9,10]和载体序列，选择 *Bam*HⅠ 和 *Hha*Ⅰ 对以上 6 个重组克隆子剩余质粒再次酶切。载体因含 17 个 *Hha*Ⅰ 酶切位点被切割成小于 300bp 的片段而不可见，基因片段 S11、S12 只有后者在 729bp 处含 *Hha*Ⅰ 酶切位点（5′-GCGC-3′，3′-CGCG-5′）而表现出不同的条带类型（如图 4），从而分离 S11、S12。选择编号为 6、10 的克隆子测序，测序结果与预测相符合。

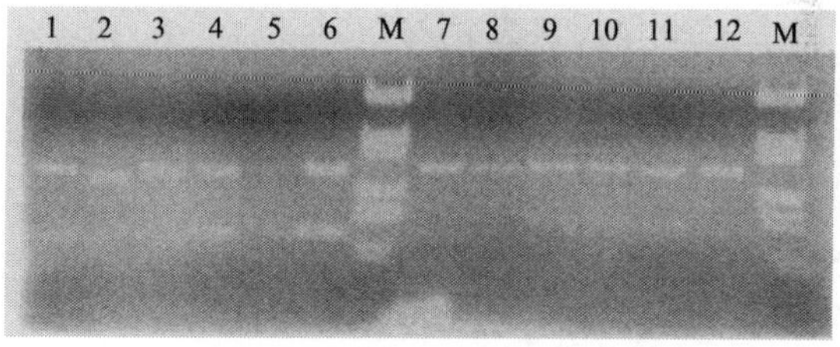

图 3 *Bam*HⅠ 单酶切分析

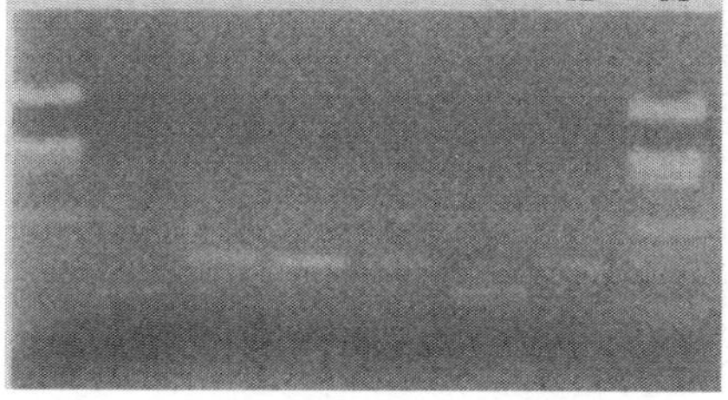

图 4 *Bam*HⅠ ＋*Hha*Ⅰ 双酶切分析

2.4 RDV S11、S12 全序列分析

测定的 RDV 分离物（RDV-SX）基因组 S11

片段全长共有1036bp，与已经发表的福州分离物（RDV-FZ）的碱基数相同，但突变了34bp，同源性为97.01%；测定的RDV云南分离物（RDV-SX）基因组S12片段全长共有1066bp，与已经发表的福州分离物（RDV-SX）的碱基数相同，但突变了24个碱基，同源性为97.86%。

3 讨论

结合电泳图谱和序列分析，对于RDV基因组S11、S12基因片段而言，无论不同来源（异省分离物），还是相同来源（省内分离物），其电泳迁移速率都有变化，但大小都是相似的，变异的方式都是碱基替换[13,15]。值得注意的是，无论哪一个中国地方分离物的S11都比日本分离物（RDV-JP）片段少了31bp，缺少部分皆位于日本流行株，588～618nt，同源性比较介于94%～98%。经过RNA二级结构分析，缺少部分对RNA二级结构可能影响不大，但在研究病毒进化及基因组非编码区的功能或许有重要的意义[14]。另外，在所有测定的植物呼肠孤病毒基因组片段中都存在特异性的末端保守序列和反向重复序列，我们所测的RDV S11、S12序列的末端也是如此[13]，这些高度保守的末端序列可能形成某种独特的二级结构，在病毒复制、翻译和粒子组装中起重要作用[16]，从而为病毒复制及基因的表达提供重要信息。

由于dsRNA病毒基因组因组成上的特殊性，其基因组的克隆策略与众不同[17,18]。本实验采用的单引物法是克隆dsRNA病毒基因组已知或未知基因片段的主要方法之一。其原理是利用T4 RNA连接酶将一段3′端用带氨基的寡核苷酸连接到dsRNA两条链的5′端，用该寡核苷酸的部分互补序列P2或oligo d（T）$_n$作引物进行反转录得到cDNA双链，经过cDNA复性，修复补平后用单引物P2进行PCR扩增，得到目的基因片段进行克隆。这种方法目前在克隆动物dsRNA病毒取得了比较大的成功[19,20]，在植物dsRNA病毒基因组的研究中应用较少。笔者所在实验室已经成功将这种方法用于RDV、RGDV、RRDV等植物dsRNA病毒基因组已知片段或未知片段的克隆，从而为dsRNA病毒基因组研究提供了一种实用的克隆方法。

参考文献

[1] van Regenmortel MHV, Fauquet CM, Bishop DHL. Virus taxonomy, classification and nomenclature of viruses. Seventh report of the international committee on taxonomy of viruses. New York, San Diego: Academic Press. 2000, 622-627

[2] 陈章良，李毅著. 水稻病毒的分子生物学. 北京：中国农业出版社，1999，1-16

[3] 林奇英，谢联辉. 传带水稻矮缩病毒的二点黑点叶蝉. 福建农业科技，1982，3：24-25

[4] Lin QY, Xie LH. A new insect vector of *Rice dwarf virus*. IRRN, 1981, 6(5): 14

[5] 陈声祥. 水稻病毒病发生现状及研究进展. 浙江农业科学. 1996，1：41-42

[6] Uyeda I, Ando Y, Murao K, et al. High resolution genome typing and genomic reassortment events of *Rice dwarf phytoreovirus*. Virology, 1995, (12): 724-727

[7] Kimura I, Minobe Y, Omura T. Changes in a nucleic acid and a protein compinent of rice dwarf particles associated with an increase in symptom severity. J Gen Viral, 1987, 68: 3211-3215

[8] 章松柏，吴祖建，段永平等. 水稻矮缩病毒基因组的遗传多样性研究初报. 云南农业大学学报，2003，11(4)：8-9

[9] Vreede FT, Cloete M, Napie G B, et al. Sequence-independent amplification and cloning of large dsRNA virus genome seg-menu by poly (A)-oligonucleotide ligation. *J Virol Method*, 1998, 72: 43-247

[10] Potgieter AC, Steele AD, Dijk AA. Cloning of complete genome sets of six dsRNA vitses using an improved cloning method for large dsRNA genes. J Gen Virol, 2002, 83: 2215-2223

[11] 周雪平，李德葆. 双链RNA技术在植物病毒研究中的应用. 生物技术，1995，5(1)：1-4

[12] 萨姆布鲁克J，弗里奇EF. 分子克隆. 第二版. 金冬雁. 北京：科学出版社，1995，974-975

[13] 章松柏. 水稻矮缩病毒的检测和部分基因组比较分析. 福建农林大学硕士论文，2004

[14] 肖锦，李毅，陈章良等. 水稻矮缩病毒第11号组分基因序列和编码蛋白的功能分析. 生物工程学报，1996，12(3)：361-366

[15] 李毅，刘一飞，陈章良等. 水稻矮缩病毒第十二号基因组分的cDNA合成与分子克隆及全序分析. 病毒学报，1994，10(4)：341-366

[16] Kudo H, Myeda I, Shikata E. Viruses in the *Phytoreovirus* genus of *Reoviridae* family have the same conserved terminal sequences. J Gen Virol, 1991, 72: 2857-2866

[17] Attoui H, Cantaloube JF, Biagini P, et al. Strategies for the sequence determination of viral dsRNA genomes. J Virol Methods, 2000, 89: 147-158

[18] 胡建芳，张咖敏，杨娟等. 单引物法扩增马尾松毛虫CPV基因组第8片段及其序列分析. 中国病毒学，2003，18(1)：39-43

[19] Anzola JV, Xu ZK, Asamizu T, et al. Segment-specific inverted repeats found adjacent to conserved terminal sequences inwound tumor virus genome and defective interfering RNAs. PNAS. 1987, 84(23): 8301-8305

[20] Lambden PR, Cooke SJ, Caul EO, et al. Cloning of noncul-tivatable human rotavirus by single primer amplification. J Virol, 1992, 66(3): 1817-1822

水稻瘤矮病毒基因组S8片段全序列测定及其结构分析*

范国成[1,2]，吴祖建[1]，林奇英[1]，谢联辉[1]

（1 福建农林大学植物病毒研究所，福建福州 350002；
2 福建省农业科学院果树研究所，福建福州 350013）

摘 要：应用RT-PCR技术克隆了水稻瘤矮病毒（*Rice gall dwarf virus*，RGDV）中国广东信宜分离物（RGDV-C）的基因组S8片段，并测定了全序列。结果表明RGDV-C基因组S8片段全长1578bp（GenBank登录No. AY216767），含有一个ORF，编码一个含有426个氨基酸的外层衣壳蛋白，基因结构与泰国的RGDV分离物基本一致，核苷酸和推导的氨基酸序列同源性分别为96.0%和99.1%，与植物呼肠孤病毒属（*Phytoreovirus*）的三叶草伤瘤病毒（*Wound tumor virus*，WTV）和水稻矮缩病毒（*Rice dwarf virus*，RDV）各分离物的核苷酸同源性分别为56.8%和55.3%～56.0%。从S8编码的外层衣壳蛋白亲缘关系、反向重复序列、病毒粒体被严格限制于薄壁细胞以及致瘤特性来看，RGDV与WTV比RGDV与RDV具有更近的亲缘关系。

关键词：水稻瘤矮病毒；基因组S8片段；序列分析

Complete sequence determination and structure analysis of genome segment S8 of *Rice gall dwarf virus*

FAN Guo-cheng[1,2]，WU Zu-jian[1]，LIN Qi-ying[1]，XIE Lian-hui[1]

（1 Institute of Plant Virology，Fujian Agriculture and Forestry University，Fuzhou 350002；
2 Pomology Institute，Fujian Academy of Agricultural Sciences，Fuzhou 350013）

Abstract：The full-length cDNA of S8 sequence of *Rice gall dwarf virus* Xinyi isolate（RGDV-C）which encodes the viral outer capsid protein was cloned and its complete nucleotide sequence was determined. The results showed that S8 sequence had 1578 nucleotides（GenBank accession No. AY216767）with a large open reading frame encoding a protein of 426 amino acids. The S8 sequence had the same genomic organization as that of RGDV thailand isolate（RGDV-T）sharing 96.0% nucleotide and 99.1% amino acid sequence identity. Sequence comparison also showed that it had some homology with *Wound tumor virus*（WTV）and *Rice dwarf virus*（RDV）at nucleotide level and amino acid level. RGDV and WTV showed a common characteristic feature，in that the virus particles were restricted to the phloem and gall cells of infected plants. Furthermore，the

---

农业生物技术学报，2005，13（5）：679-683
收稿日期：2004-10-26 修回日期：2005-03-14
* 基金项目：国家自然科学基金（39900091）

phylogenetic relationships of outer coat protein and the inverted repeat sequences of RGDV were more similar to those of WTV than those of RDV. These results suggested that RGDV might be more closely related to WTV than to RDV.

Key words: *Rice gall dwarf virus*; genome segment 8; sequence analysis

由水稻瘤矮病毒（*Rice gall dwarf virus*，RGDV）引起的水稻瘤矮病 1980 年首次在泰国中部发现[1,2]，随后在马来西亚[3]、日本、韩国[4]和中国的广东、广西也有报道[5,6]。近年来，福建的云霄、诏安和漳浦等市已有零星分布，并有进一步蔓延的趋势。据我们 2002 年和 2004 年的田间调查表明，该病在广东的信宜市普遍发生，发病率一般在 1%～5%，重者 30%以上。RGDV 主要由电光叶蝉（*Recila dorsalis*）和黑尾叶蝉（*Nephotettix cincticeps*）以持久性方式传播[7]，仅感染禾本科植物，病株严重矮缩，在叶背和叶鞘上长出淡黄绿色近圆形小瘤，引起水稻产量严重减产[5]，对南方稻区具有潜在危害。

RGDV 属于呼肠孤病毒科（*Reoviridae*）、植物呼肠孤病毒属（*Phytoreovirus*）的成员之一[8]。病毒粒体为球状二十面体，有双层衣壳，直径大约为 65～70nm。基因组包含 12 条双链 RNA（double-stranded RNA，dsRNA）片段，按照在聚丙烯酰胺凝胶电泳中迁移率从小到大的顺序，分别命名为 S1～S12。迄今，国外只完成水稻瘤矮病毒泰国分离物（RGDV-T）的 S2、S3、S5、S8、S9、S10 和 S11 片段的序列测定，有关 S1、S4、S6、S7、S12 片段的核苷酸序列及编码蛋白还没有报道，许多基因功能尚未明确，而国内 RGDV 的分子生物学研究还属空白。因此，有必要开展 RGDV 基因组结构及其功能研究，了解病毒基因组的转录、复制和表达策略，揭示病毒-介体-宿主三者之间的基因互作机制。

1 材料和方法

1.1 供试病毒

水稻瘤矮病毒（*Rice gall dwarf virus*，RGDV）中国广东信宜分离物（RGDV-C）采自广东省信宜市（2002-09），采集分离的病株种植于防虫网室，病叶保存在－70℃冰箱中。

1.2 试剂和菌株

Ex *Taq*™ 聚合酶为宝生物工程（大连）有限公司产品；pMD-18T 载体为日本 TaKaRa 公司产品；dNTPs、核酸标准分子质量（Lambda DNA/*Eco*R Ⅰ，*Hin*d Ⅲ marker）、内切酶 *Pst* Ⅰ 和 *Eco*R Ⅰ、M-MuLV 反转录酶和 RT-PCR 扩增试剂盒均购自 MBI Fermentas 公司；QIAquick Gel Extration Kit 为 Qiagen 公司产品。其余试剂为国产分析纯或化学纯。大肠杆菌 DH5α 为本实验室保存。

1.3 RGDV dsRNA 的抽提及纯化

RGDV dsRNA 的抽提及纯化参照周雪平等[9]方法。

1.4 RT-PCR 扩增

根据已报道的 RGDV 泰国分离物 S8 片段的末端序列设计合成引物（1～27nt 序列和 1552～1578nt 互补序列）分别为：

S8a 5′-GGTATTTTTGTACCAACACGATGTCGC-3′

S8b 5′-ATCATTTTTTGTGACCACACGACCCGC-3′

引物由上海生工生物工程技术服务有限公司合成。以 RGDV 全基因组 dsRNA 进行 RT-PCR 扩增，具体方法按 MBI Fermentas 公司试剂盒说明进行。反应条件为 95℃ 预变性 5min，之后 95℃ 1min，48℃ 1min，72℃ 1min，循环 30 次后 72℃ 延伸 10min，最后冷却至 4℃。

1.5 测序及序列分析

用 QIAquick Gel Extration Kit 回收 PCR 产物并克隆到大肠杆菌 DH5α 中，经 *Pst* Ⅰ 和 *Eco*R Ⅰ 双酶切鉴定后，委托上海 BIOASIA 公司测序。RGDV-S8 全长核苷酸序列和推导的氨基酸序列在 BLAST 数据库中查对并用 DNAMAN 软件进行比较分析。

2 结果与分析

2.1 RGDV S8 全序列分析

测定的 RGDV 中国广东信宜分离物（RGDV-C）基因组 S8 片段全序列已登录 GenBanK 数据库（AY216767），全长共有 1578bp，推测分子质量为

1010kD，GC含量为42.8%。与泰国分离物（RGDV-T）的全序列相比，它们的核苷酸长度相等，同源性为95.7%，在68处碱基突变中，以同类碱基之间的转换为主，占点突变的88.2%。RGDV的12个RNA片段中都存在保守的末端序列，RGDV-C S8末端序列为5′-GGUAUUUU…UGAU -3′，一个完整的反向重复序列紧挨着末段保守序列，分别位于5～21nt（UUUUUGUACCAACACGA）和1557～1573nt（UCGUGUGGUCACAAAAA）。该片段含有一个长的开放阅读框（ORF），由第21位核苷酸开始延伸至第1298位核苷酸，开放阅读框下游有一段280nt的3′非编码区域，这一开放阅读框编码一个由426个氨基酸残基组成的多肽，推测分子质量约47kD，等电点为7.91（图1）。现已证实这一多肽就是以前被命名为45kD的外层衣壳蛋白[10]。

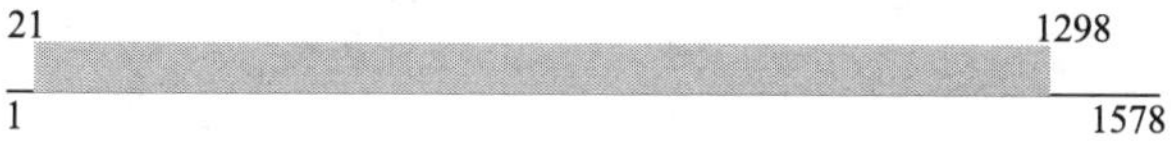

图1 RGDV S8片段基因结构图

2.2 S8片段编码的外层衣壳蛋白基因同源性比较

在编码区内RGDV-C与RGDV-T（D13410）核苷酸同源性为96.0%，氨基酸同源性高达99.1%。与同属植物呼肠孤病毒属的三叶草伤瘤病毒（*Wound tumor virus*，WTV）和水稻矮缩病毒（*Rice dwarf virus*，RDV）的日本S分离物RDV S-J（D13773）、日本A分离物RDV A-J（D10219）、日本O分离物RDV O-J（D00536）及中国福建分离物RDV-C（U36565）其核苷酸同源性分别为56.8%和55.3%～56.0%，氨基酸同源性分别为55.1%和51.1%～51.2%。这些结果表明，无论是从外层衣壳蛋白基因的核苷酸同源性还是氨基酸同源性来看，RGDV-C与WTV都比RGDV-C与RDV高，也就是RGDV-C与WTV具有更近的亲缘关系（表1）。

2.3 外层衣壳蛋白保守结构域分析

经NCBI/CDART：Conserved Domain Architecture Retrieval Tool保守结构域分析表明：在植物呼肠孤病毒属中，RGDV、RDV和WTV的基因组S8片段的编码产物具有相同的保守结构域（conserved domains），现已确认其基因产物都为病毒的主要外层衣壳蛋白[10]。这些蛋白的氨基端和羧基端结构域具有很强的保守性，即三种病毒中，N端的第1位到第19位氨基酸残基中的14个和C端最末25个氨基酸残基中的18个是完全一致的。这种一级结构的相似性也许导致亚基折叠组装成同样大小的外壳亚单位，从而使三种病毒在电镜下难以区分（图2）。

表1 RGDV-C、RGDV-T、WTV、RDV S-J、RDV O-J、RDV A-J和RDV-C 7个分离物S8片段外层衣壳蛋白基因核苷酸（上右）和氨基酸（下左）同源性

	RDV S-J	RDV A-J	RDV O-J	RDV-C	RGDV-C	RGDV-T	WTV-S8
RDV S-J		96.9	97.9	94.5	55.9	55.4	54.1
RDV A-J	99.8		97.3	94.2	55.6	55.8	54.0
RDV O-J	99.5	99.3		94.5	56.0	56.9	54.0
RDV-C	98.1	97.9	97.6		55.3	55.0	54.0
RGDV-C	51.2	51.2	51.1	51.2		96.0	56.8
RGDV-T	51.4	51.4	51.3	51.4	99.1		56.9
WTV-S8	49.2	49.2	48.8	49.4	55.1	55.8	

```
RGDV 1  MSRQAWIETSALIERISEY---------------------------- RKLIIRHLWVIMSFIAVFGRYYTVN 426
WTV  1  MSRQNWVETSALVECISEY-----------------------------RRLMVRHLWVIYSFIAVFGRYYNIN 427
RDV  1  MSRQMWLDTSALLEAISEY---------------------------- RKLIVRHLWVITSLIAVFGRYYRPN 420
```

图2 RGDV、WTV和RDV外层衣壳蛋白末端氨基酸比较

2.4　外层衣壳蛋白系统进化分析

在呼肠孤病毒科中，对侵染植物的呼肠孤病毒外层衣壳蛋白作系统进化分析的结果表明：各分离物按不同的病毒属可明显形成3簇（cluster），其中同属于斐济病毒属（*Fijivirus*）的水稻黑条矮缩病毒（*Rice black-streaked dwarf virus*，RBSDV）各分离物与非植物寄主-褐飞虱病毒（*Nilaparvata lugens reovirus*，NLRV）形成一簇，稻属（*Oryzavirus*）的水稻齿叶矮缩病毒（*Rice ragged stunt virus*，RRSV）2个分离物形成一簇，植物呼肠孤病毒属的RGDV、RDV和WTV各分离物又形成一簇；在属内，不同种的各病毒分离物又可单独成簇。这些结果支持了目前的分类地位（图3）。

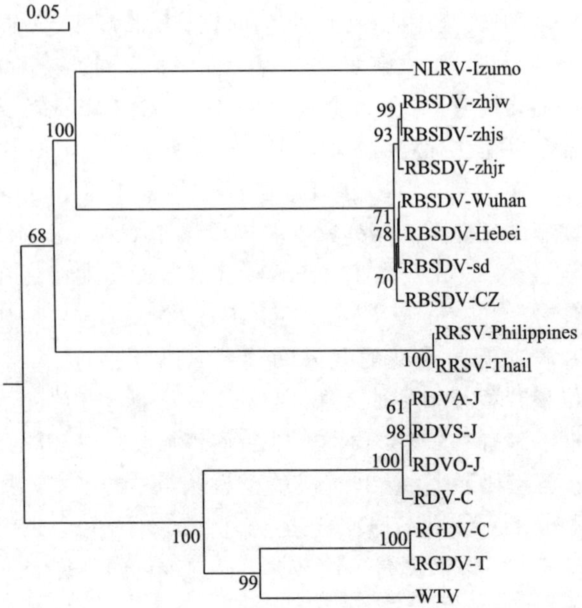

图3　基于侵染植物的呼肠孤病毒的外层衣壳蛋白所作的系统进化树

对同属于植物呼肠孤病毒属的3种病毒，从能综合反映序列间的同源性和碱基变异特征的指标遗传距离的分析结果表明，RGDV的2个分离物与WTV可形成一簇，遗传距离为0.447～0.454；RDV的4个分离物形成另一簇，RDV与RGDV、WTV间的遗传距离分别为0.583～0.589和0.607～0.611。说明RGDV与WTV的亲缘关系最近，其次是RGDV与RDV，而RDV与WTV的亲缘关系则最远（表2，图3）。

表2　RGDV中国分离物与同属成员外层衣壳蛋白的遗传距离比较

分离株	WTV	RDV A-J	RDV-C	RDV O-J	RDV S-J	RGDV-C	RGDV-T
WTV							
RDV A-J	0.610						
RDV-C	0.607	0.021					
RDV O-J	0.611	0.005	0.019				
RDV S-J	0.610	0.002	0.019	0.002			
RGDV-C	0.454	0.588	0.586	0.589	0.588		
RGDV-T	0.447	0.586	0.583	0.587	0.586	0.009	

RGDV. *Rice gall dwarf virus*；RDV. *Rice dwarf virus*；WTV. *Wound tumor virus*

3　讨论

本研究首次完成我国RGDV广东信宜分离物基因组S8片段的克隆及全序列分析，为我国RGDV的分子生物学研究奠定了基础。植物呼肠孤病毒基因组为不连续的dsRNA片段，在所测定的基因组片段中都存在特异性的末端保守序列和反向重复序列，在基因组片段包装时起着重要作用[11]。研究病毒基因组末端序列能为病毒复制及基因的表达提供重要信息。近年来，对动物呼肠孤病毒基因组末端非编码区的研究表明，末端非编码区参与病毒的复制、组装、基因表达以及病毒与寄主互作的调控。呼肠孤病毒的mRNA缺乏能启动寄主细胞mRNA翻译的多聚腺苷酸尾，采用一套独特的转录翻译机制，并且调节信号多位于末端非编码区。轮状病毒A型（*Rotavirus* A）基因组S9片段mRNA端包含3个顺式作用信号（*cis*-acting signal），分别为3′端的7个碱基小启动子（minimal promoter）序列、紧接于3′端小启动子上游27个碱基的增强合成序列以及5′端10个碱基的增强复制序列，它们共同调控着基因的复制，有趣的是7个碱基小启动子序列在所有轮状病毒A型基因组mRNA中都是保守的，暗示它们可能采用共同的复制信号[12]，进一步的研究还显示位于3′端非编码区的 RdRp（RNA- dependent RNA polymerase，RdRP）识别位点与调节负链合成的顺式作用信号位点明显不同[13]。哺乳动物正呼肠孤病毒（*Mammalian orthoreovirus*）基因组 S4 片段末端 3′ 非编码区与寄主细胞蛋白质互作共同调控着 mRNA 的翻译，并通过翻译操纵序列（translational operator sequence）调控着翻译的效率[14]。兰舌病毒（*Bluetongue virus*）的末端高度保守序列具有识别 NS2 结合蛋白的信号，并通过 NS2 结合蛋白从寄主细胞质中特异地征募（recruit）病毒的 mRNA 参与病毒的复制[15]。对只有 3 个 dsRNA 片段、基因组结构相对比较简单的囊状噬菌体科（Cystoviridae）噬菌体 6（Bacteriophage Φ6）的研究也表明，5′端非编码区具有基因组包装信号，3′端则是聚合酶结合位点，在维持 mRNA 的稳定性和负链合成延伸中起着重要作用[16]。RGDV S8 片段的非编码区也存在类似的末端保守序列和反向重复序列，可能具有类似于动物呼肠孤病毒基因组片段非编码区的功能；对 S8 片段非编码区的计算机分析还显示，末端序列能够形成复杂的茎环（stem-loop）结构，从而使 mRNA 免遭 RNA 酶的降解，维持了 mRNA 的稳定性。

通过对各病毒分离物的外层衣壳蛋白同源性比较和系统进化分析的结果表明，RGDV 与 WTV 的亲缘关系最近，其次是 RGDV 与 RDV，而 RDV 与 WTV 的亲缘关系则最远，并且各分离物可按种属特性单独成簇支持了目前的分类地位。从寄主范围和介体昆虫看，RGDV 和 RDV 比较相似，而不同于 WTV，但 RGDV 和 WTV 具有如下典型特征，即植株出现矮化症状、病毒粒子局限于韧皮部细胞和韧皮部细胞增生肿大致瘤，而且从末端序列来看，RGDV 和 WTV 比 RGDV 和 RDV 之间具有更大的相似性[11]；相反，RDV 与 WTV 无论是从寄主范围和介体昆虫还是从细胞病理学研究的结果来看，RDV 与 WTV 都不同。因此，从分子生物学分析和从传统生物学分析所得到的结论是一致的，即 RGDV 与 WTV 比 RGDV 与 RDV 具有更近的亲缘关系。

致谢 水稻瘤矮病毒的采集得到广东省信宜市农作物病虫测报站黄明华、练君、梁栋等同志的帮助，在此一并致谢。

参考文献

[1] Putta M, Chettanachit D, Morinaka T, et al. Rice gall dwarf: a new virus disease in Thailand. International Rice Research Newsletter, 1980, 5(3): 10-13

[2] Omura T, Inoue H, Morinaka T, et al. Rice gall dwarf, a new virus disease. Plant Disease, 1980, 64: 795-797

[3] Ong CA, Omura T. *Rice gall dwarf virus* occurrence in peninsular Malaysia. International Rice Research Newsletter, 1982, 7(2): 7

[4] Maruyama W, Ichimi K, Fukui Y, et al. The minor outer capsid protein P2 of *Rice gall dwarf virus* has a primary structure conserved with, yet is chemically dissimilar to, *Rice dwarf virus* P2, a protein associated with virus infectivity. Archives of Virology, 1997, 142: 2011-2019

[5] Fan HZ, Zhang SG, He XZ, et al. Rice gall dwarf: a new virus disease epidemic in the west of Guangdong province of south China. Acta Phytopathologica Sinica, 1983, 13(4): 1-6

[6] Wang SC, Huang LZ. Analysis on occurrent factors of rice gall dwarf in Bobai county of Guangxi province. Guangxi Plant Protection, 1989, 2: 29-30

[7] Omura T, Inoue H. *Rice gall dwarf virus*. CMI/AAB descriptions of plant viruses, 1985, 296

[8] Hibino H. Biology and epidemiology of rice viruses. Annual Review of Phytopathology, 1996, 34: 249-274

[9] Zhou XP, Li DB. Application of double-stranded RNA analysis on research of plant viruses. Biotechnology, 1995, 5(1): 1-4

[10] Noda H, Ishikawa K, Hibino H, et al. Nucleotide sequences of genome segments S8, encoding a capisd protein, and S10, encoding a 36K protein, of *Rice gall dwarf virus*. Journal of General Virology, 1991, 72: 2837-2842

[11] Kudo H, Uyeda I, Shikata E. Viruses in the *Phytoreovirus* genus of *Reoviridae* family have the same conserved terminal sequences. Journal of General Virology, 1991, 72: 2857-2866

[12] Wentz MJ, Patton JT, Ramig RF. The 3′-terminal consensus sequence of rotavirus mRNA is the minimal promoter of negative-strand RNA synthesis. Journal of Virology, 1996, 70(11): 7833-7841

[13] Tortorici M A, Broering TJ, Nibert ML, et al. Template recognition and formation of initiation complexes by the replicase of a segmented double-stranded RNA virus. Journal of Biological Chemistry, 2003, 278(35): 32673-32682

[14] Michelle MG, Dermody TS. The reovirus S4 gene 3′ nontranslated region contains a translational operator sequence. Journal of Virology, 2001, 75(14): 6517-6526

[15] Lymperopoulos K, Wirblich C, Brierley I, et al. Sequence specificity in the interaction of bluetongue virus non-structural protein 2 (NS2) with viral RNA. Journal of Biological Chemistry, 2003, 278(34): 31722-31730

[16] Mindich L. Precise packaging of the three genomic segments of the double-stranded-RNA bacteriophage Φ6. Microbiology and Molecular Biology Reviews, 1999, 63(1): 149-160

水稻瘤矮病毒基因组S9片段的基因结构特征*

范国成[1,2]，吴祖建[1]，黄明华[3]，练　君[3]，梁　栋[3]，林奇英[1]，谢联辉[1]

（1 福建农林大学植物病毒研究所，福建福州　350002；2 福建省农业科学院果树研究所，福建福州　350013；3 广东省信宜市农作物病虫测报站，广东信宜　525300）

摘　要：应用RT-PCR技术克隆了水稻瘤矮病毒（*Rice gall dwarf virus*，RGDV）中国广东信宜分离物（RGDV-C）的基因组S9片段，测定了全序列并进行了生物信息学分析。结果表明，RGDV-C S9片段全长共有1202bp（登录号AY556483），含有一个长的开放阅读框，这一开放阅读框编码一个由323个氨基酸残基组成的多肽，推测分子质量约35.6kD，与泰国分离物（RGDV-T）的全序列相比，它们的核苷酸长度相等，核苷酸同源性为98.1%，氨基酸同源性为98.5%。RGDV S9片段编码的Pns9蛋白在植物呼肠孤病毒属内未发现同源蛋白，其功能尚待确定。利用NCBI的Blast查找与比较，发现Pns9与伯氏疏螺旋体（*Borrelia burgdorferi*）ATP依赖的Clp蛋白水解酶组分［ATP-dependent Clp protease proteolytic component（clpP-1）］有21.8%的氨基酸序列同源性。

关键词：水稻瘤矮病毒；基因组S9片段；序列

中图分类号：S432.1　**文献标识码：**A　**文章编号：**1003-5125（2005）05-0539-04

Molecular characterization of the genome segment S9 of *Rice gall dwarf virus*

FAN Guo-cheng[1,2]，WU Zu-jian[1]，HUANG Ming-hua[3]，LIAN Jun[3]，LIANG Dong[3]，LIN Qi-ying[1]，XIE Lian-hui[1]

（1 Institute of Plant Virology，Fujian Agriculture and Forestry University，Fuzhou　350002；
2 Pomology Institute，Fujian Academy of Agricultural Sciences，Fuzhou 350013；
3 Station of the Monitoring and Forecasting of Crop Diseases and Pests，Xinyi　525300）

Abstract：The full-length cDNA of the genome segment（S9）of RGDV Xinyi isolate（RGDV-C）was cloned and its complete nucleotide sequence was determined. The results showed that S9 sequence had 1202 nucleotides（AY556483）encoding a polypeptide of 323 amino acids with an Mr of 35.6kD. The S9 sequence had the same genomic organization as that of RGDV Thailand isolate（RGDV-T）sharing 98.1% nucleotide and 98.5% amino acid sequence identity. No equivalent protein of Pns9 encoded by RGDV S9 ORF was found in other members of the genus *Phythoreovirus*. Pns9 shared 21.8% amino acid sequence identity with ATP-dependent Clp protease proteo-

中国病毒学，2005，20（5）：539-542

* 基金项目：国家自然科学基金（39900091）

lytic component from *Borrelia burgdorferi*.

Key words: *Rice gall dwarf virus*; genome segment 9; sequence

水稻瘤矮病毒（RGDV）是呼肠孤病毒科（*Reoviridae*）植物呼肠孤病毒属（*Phytoreovirus*）的成员之一[1]，与三叶草伤瘤病毒（*Wound tumor virus*，WTV）、水稻矮缩病毒（*Rice dwarf virus*，RDV）和水稻簇矮病毒（*Rice bunchy stunt virus*，RBSV）同属一类病毒[2]。RGDV 病毒粒体为球状二十面体，有双层衣壳，直径大约为 65～70nm。基因组包含 12 条双链 RNA 片段，按照在聚丙烯酰胺凝胶电泳中迁移率从小到大的顺序，分别命名为 S1～S12。由该病毒引起的水稻瘤矮病 1980 年首次在泰国发现[3,4]，随后在马来西亚[5]、日本、韩国[6]和中国的广东、广西也有报道[7,8]。据我们 2002～2004 年的田间调查，该病在广东的信宜市早稻和晚稻均普遍发生，发病株率一般在 1%～5%，重者 30%以上。福建的云霄、漳浦和诏安也有零星分布，且有进一步蔓延的趋势，对南方稻区具有潜在危害。

迄今，同属植物呼肠孤病毒属的 RDV 日本分离物和中国分离物已完成全基因组序列测定，WTV 的 S4～S12 片段的序列也已报道，并且它们部分基因组片段的基因功能已有所了解[9,10]。因此，通过比较基因组学的理论，利用数据库和生物软件来分析 RGDV 基因组片段的生物学功能已成为可能。本文就是在完成 RGDV 部分基因组片段序列测定的基础上，利用生物信息学的方法对水稻瘤矮病毒基因组 S9 片段的功能分析所作的尝试。

1 材料和方法

1.1 供试病毒

RGDV 中国广东信宜分离物（RGDV-C）采自广东省信宜市（2002 年 9 月），采集的病株种植于防虫网室，病叶保存在－70℃冰箱中。

1.2 试剂和菌株

Ex *Taq*™ 聚合酶为宝生物工程（大连）有限公司产品；pMD-18T 载体为日本 TaKaRa 公司产品；dNTPs、核酸标准分子质量（Lambda DNA/*Eco*RⅠ，*Hin*dⅢ marker）、内切酶 *Pst*Ⅰ和 *Eco*RⅠ、M-MuLV 反转录酶、RT-PCR 扩增试剂盒均购自 MBI Fermentas 公司；QIA Quick Gel Extration Kit 为 Qiagen 公司产品。其余试剂为国产分析纯或化学纯。大肠杆菌 DH5α 为本实验室保存。

1.3 RGDV dsRNA 的抽提及纯化

RGDV dsRNA 的抽提及纯化参照周雪平等[11]方法。

1.4 RT-PCR 扩增

根据已报道的 RGDV 泰国分离物 S9 片段（登录号 D01047）的末端序列设计合成如下引物：S9a 5′-GGTATTTTTCCCTTTTGAGTCATCATG-3′（1～28nt 序列）；S9b 5′-ATCATTTATTTTC-CCCAGCGCCGCCA -3′（1202～1177nt 互补序列）。引物由上海生工生物工程有限公司合成。以 RGDV 全基因组 dsRNA 进行 RT-PCR 扩增，具体方法按 MBI Fermentas 公司试剂盒说明进行。反应条件为 95℃ 预变性 5min，之后 95℃ 1min，50℃ 1min，72℃ 1min，循环 30 次后 72℃ 延伸 10min，最后冷却至 4℃。

1.5 测序及序列分析

用 QIA Quick Gel Extration Kit 回收 PCR 产物并克隆到大肠杆菌 DH5α 中，经 *Pst*Ⅰ和 *Eco*RⅠ双酶切鉴定后，委托上海 BIOASIA 公司测序。RGDV-S9 全长核苷酸序列和推导的氨基酸序列在 Blast 数据库中查对并用 DNAMAN 软件进行比较分析。

2 结果与分析

2.1 PCR 扩增及克隆鉴定

利用特异引物对 S9a/S9b 扩增 S9 片段，扩增产物在泳道中只有一条特异性的染色带，大小约 1.2kb，与预计的目的片段大小一致。PCR 扩增产物经回收、连接、转化克隆到 pMD-18T 载体上，经蓝白斑筛选，挑取白色菌落，用碱裂解法小量提取克隆质粒，酶切后的质粒经 1%琼脂糖凝胶电泳鉴定，酶切后重组质粒比空载体多了一条约 1.2kb 的条带，说明重组子中含有插入的目的片段。

2.2 全序列分析

测定的 RGDV 中国广东信宜分离物（RGDV-

C）基因组 S9 片段全长共有 1202bp（登录号为 AY556483），推测分子质量为 77.5kD，GC 含量为 41.4%。与泰国分离物（RGDV-T）的全序列相比，它们的核苷酸长度相等，同源性为 98.1%。在 23 处碱基突变中，其中 A/G 间的转变 7 次，C/T 间 13 次，A/C 间 1 次，A/T 间 1 次，G/C 间 1 次。同类碱基之间的转换（即 A/G，C/T）共 20 次，占总点突变的 87.0%，而且大多数变异发生在密码子的第三位碱基上，不引起蛋白质水平上的变化。

植物呼肠孤病毒属成员存在末端保守序列，在 WTV 和 RDV 基因组片段中，末端序列可能形成不完全的反向重复和茎环结构，这些结构也许在感染细胞中病毒基因组与基因表达相关蛋白相互作用的调节过程发挥功能。RGDV 的 12 个 RNA 片段中都具有属所特有的末端保守序列，S9 末端保守序列为 5′-GGUAUUUU…UGAU-3′，紧挨着末端保守序列的是一段 10 个核苷酸的不完全的反向重复序列（5′-AUUUUUUCCC-3′），其中 8 个核苷酸对与 WTV 基因组 S9 片段（登录号 M24115）末端的 11 个核苷酸的不完全反向重复序列（5′-AUUUUUCUCCU-3′）中的核苷酸对是相同的，而仅有 2 个核苷酸对与 RDV S9 片段（登录号 D13404）的 14 个核苷酸反向重复序列（5′-GUAAAAAUCGUGUG-3′）相同。

2.3 RGDV S9 编码的蛋白

S9 片段含有一个长的开放阅读框，由第 26 位核苷酸开始延伸至 997 位核苷酸，开放阅读框下游有一段 208 个核苷酸的 3′非编码区域，这一开放阅读框编码一个由 323 个氨基酸残基组成的多肽，推测分子质量约 35.6kD，等电点为 5.4。比较 RGDV-C 和 RGDV-T 基因组 S9 编码的蛋白质一级结构，氨基酸同源性为 98.5%，发现 5 处氨基酸变异中，其中 2 次是相似氨基酸之间的替换（Asn 与 Ser 之间 1 次，Lys 与 Glu 之间 1 次）。在 RGDV 粒子的主要蛋白组分中，没有发现分子质量与 S9 片段编码蛋白相当的组分，因此这个蛋白可能是非结构蛋白[12]。

在植物呼肠孤病毒属中，非结构蛋白之间的同源性一般比结构蛋白之间的同源性低，RGDV S9 片段编码的 Pns9 蛋白在植物呼肠孤病毒属内未找到同源蛋白，其功能也一无所知。利用 NCBI 的 Blast 查找表明，Pns9 蛋白与伯氏疏螺旋体（*Borrelia burgdorferi*）ATP 依赖的 Clp 蛋白水解酶组分（ATP-dependent Clp protease proteolytic component，ClpP-1）有显著的同源性，同源部位是 RGDV Pns9 的 182～267 个氨基酸与 ClpP-1 的 68～164 个氨基酸，包括 86 个氨基酸，同源率为 21.8%（图 1）。

```
Pns9    182 LNDP--NVLVERAVFDAMQYSRS--RGIGDRESYSMFCYMIHGYASLMR--------LAE      229
            LN P ++        A++D  MQY +   R I  ++   SM   +++    G  A    R     +
clpP-1  68  LNSPGGSITAGLAIYDTMQYIKPDVRTICIGQAASMGAFLLAGGAKGKRESLTYSRIMIH 127

Pns9    230 EPWSDGVSSNESEIHIKANDMKKSVGVTLTVKPNSLWV 267
            +PW   G+S    S+I+I+AN+ + +      + + +       N  +  V
clpP-1  128 QPWG-GISGQASDINIQANEILRLKKLIIDIMSNQIGV 164
```

图 1　RGDV Pns9 与 ATP 依赖的 Clp 蛋白水解酶组分氨基酸同源性分析

3　讨论

尽管 WTV、RGDV 和 RDV 三种病毒在寄主范围、组织特异性、传播介体以及病害症状上存在差异，但在所有的植物呼肠孤病毒属基因组片段中都存在相同的末端保守序列 5′-GG……UGAU-3′，这表明它们有共同的起源[13]。Anzola 等[14]对 WTV 基因组末端序列研究的结果表明，末端序列包含末端保守序列和片段特异性反向重复序列，片段特异性反向重复序列紧挨着末端保守序列，在基因组片段包装时，末端保守序列充当区别病毒和宿主基因组的信号，片段特异性反向重复序列充当挑拣每条病毒自身基因组片段的信号；末端序列在基因的转录和翻译过程中起着重要作用。RGDV 的寄主范围和介体昆虫都不同于 WTV，但它们在植株出现矮化症状、病毒粒子局限于韧皮部细胞以及韧皮部细胞增生肿大致瘤等方面是一致的，而且对于基因组 S9 片段末端类似反向重复序列而言，RGDV 与 WTV 比 RGDV 与 RDV 具有更大的相似性，这些信息表明 WTV 和 RGDV 基因组 S9 片段的末端类似反向重复序列包括一个病毒在韧皮部细胞限制性增殖的识别信号，从而诱导肿瘤形成[12]。

将获得的 RGDV-C S9 与 RGDV-T S9 序列比较表明，在 23 处点突变中，同类碱基之间的转换为 20 处，转换没有方向性。本实验室获得的 RGDV-C S3、S8、S10 和 S11 片段的变异中也有这一特点[15]。这一特性可能与 dsRNA 复制有关，因为依赖 RNA 的 RNA 聚合酶（RdRp）没有 3′→5′的外切酶活性，便不能在复制过程中校正错误配对的碱基，而在 RNA 分子中，除了 A-U、G-C 之间的正常配对外，G-U 之间也可能形成较弱的氢键配对，这样在转录和复制过程中发生错误配对的碱基对中 G-U 占多数，从而导致了 G-A、C-U 的突变较多。另外我们发现较多的突变发生在密码子的第三位碱基上，因而多数情况下不引起氨基酸序列的变化，使病毒在进化过程中保持相对稳定性。

对 RGDV S9 采用的密码子作偏爱性分析，发现 323 个密码子中 XYA 共有 101 个、XYT 118 个、XYG 57 个、XYC 47 个，（XYA＋XYT）/（XYG＋XYC）＝2.11，与碱基组成（A＋T）/（G＋C）＝1.46，两者差异较大。在水稻矮缩病毒中，基因组 S1 片段的 G＋C 含量（42％）以及利用密码子 XYG＋XYC 的频率（43％）基本持平，尚不清楚 RGDV 基因组这种明显的密码子偏爱性在进化中的意义。

参考文献

［1］Omura T，Inoue H，Saito Y. Purification and some properties of *Rice gall dwarf virus*，a new *Phytoreovirus*. Phytopathology，1982，72：1246-1249

［2］Xie LH，Lin QY，Xie LY，et al. *Rice bunchy stunt virus*：a new member of *Phytoreovirus*. 福建农业大学学报，1996，25(3)：312-319

［3］Putta M，Chettanachit D，Morinaka T，et al. Gall dwarf:a new virus disease in Thailand. International Rice Research Newsletter，1980，5(3)：10-13

［4］Omura T，Inoue H，Morinaka T. Rice gall dwarf，a new virus disease. Plant Disease，1980，64：795-797

［5］Ong CA，Omura T. *Rice gall dwarf virus* occurrence in peninsular Malaysia. International Rice Research Newsletter，1982，7(2)：7

［6］Maruyama W，Ichimi K，Fukui Y，et al. The minor outer capsid protein P2 of *Rice gall dwarf virus* has a primary structure conserved with，yet is chemically dissimilar to，*Rice dwarf virus* P2，a protein associated with virus infectivity. Archives of Virology，1997，142:2011-2019

［7］范怀忠，张曙光，何显志等. 水稻瘤矮病——广东湛江新发生的一种水稻病毒病. 植物病理学报，1983，13(4)：1-6

［8］王尚才，黄立志. 水稻瘤矮病在博白县的发生与发病因素分析. 广西植保，1989，2：29-30

［9］Anzola JV，Dall DJ，Xu ZK，et al. Complete nucleotide sequence of *Wound tumor virus* genomic segments encoding nonstructural polypeptides. Virology，1989，171(1)：222-228

［10］李毅，徐洪，程明非等. 水稻矮缩病毒基因组分析与部分基因片段的表达及功能研究. 北京大学学报，1998，34(2)：332-341

［11］周雪平，李德葆. 双链 RNA 技术在植物病毒研究中的应用. 生物技术，1995，5(1)：1-4

［12］Koganezawa H，Hibino H，Motoyoshi F，et al. Nucleotide sequence of segment S9 of the genome of *Rice gall dwarf virus*. Journal of General Virology，1990，71:1861-1863

［13］Kudo H，Uyeda I，Shikata E. Viruses in the *Phytoreovirus* genus of *Reoviridae* family have the same conserved terminal sequences. Journal of General Virology，1991，72：2857-2866

［14］Anzola JV，Xu ZK，Asamizu T，et al. Segment-specific inverted repeats found adjacent to conserved terminal sequences in *Wound tumor virus* genome and defective interfering RNAs. PNAS，1987，84(23)：8301-8305

［15］范国成，吴祖建，林奇英等. 中国水稻瘤矮病毒基因组片段 S3，S8～S11 克隆及其序列分析. 云南农业大学学报，2003，18(4)：6-7

水稻草矮病毒基因组 vRNA3 *NS3* 基因的克隆、序列分析及原核表达*

林丽明，吴祖建，谢联辉，林奇英

（福建农林大学植物病毒研究所，福建福州　350002）

摘　要：根据 RGSV（*Rice grassy stunt virus*）-IR 分离物的 RNA3 序列设计引物，采用 RT-PCR 技术扩增出 RGSV-SX 分离物的 *NS3* 基因，并进行序列测定及原核表达。结果表明 *NS3* 基因由 588 个核苷酸组成，编码 22.9kD 蛋白。构建了可在大肠杆菌 DH5α 中表达的质粒 pGT*NS3*，经 IPTG 诱导，SDS-PAGE 分离纯化得到分子量为 49.0kD 的 GST-*NS3* 融合蛋白，并制备抗血清。应用 Western 杂交分析寄主水稻（*Oryza sativa*）和介体昆虫体内 *NS3* 基因表达产物，仅在感病水稻植株中检测到 *NS3* 蛋白，而在提纯病毒、介体昆虫体内则未检测到。

关键词：水稻草矮病毒；*NS3* 基因；克隆；序列分析；表达

Cloning, sequence analysis and protaryotic expression of the vRNA3 *NS3* gene in *Rice grassy stunt virus* Shaxian isolate

LIN Li-ming，WU Zu-jian，XIE Lian-hui，LIN Qi-ying

（Institute of Plant Virology，Fujian Agriculture and Forestry University，Fuzhou　350002）

Abstrat：*Rice grassy stunt virus*（RGSV）is classified as a member of *Tenuivirus*. The filamentous particles of RGSV are ribonucleo-proteins（RPNs），which are composed of a single nucleocapsid（NC）protein and genomic ssRNA segment. RGSV caused rice yield to lose a lot in South and Southeast Asia during the 1970's. It also occurred in South of China，such as Fujian，Taiwan，Guangdong，Guangxi and Hainan Provinces. The whole sequence of RGSV genome was determined in 1998 by Toriyama et al，and the result revealed that RGSV has six genomic RNA segments，RNA segment 1，2，5 and 6 correspond to RNA 1～4 of other tenuiviruses. And all six RNA segments had an ambience coding strategy，which is unique not only in genus *Tenuivirus*. but also in plant viruses. The unique RNA segment 3 contains an ORF on each of vRNA and vcRNA. However，the functions of RNA3 are still unknown. The potential function of vRNA3 was studied by cloning，sequencing and expression of RGSV vRNA3 *NS3* gene. Based on the known RNA sequence of RGSV-IR isolate，the cDNA of the vRNA3 *NS3* gene was obtained by RT-PRC with genomic RNAs of RGSV-SX isolate as template. The cDNA was then cloned and

---

农业生物技术学报，2003，11（2）：187-191

收稿日期：2002-03-11　修回日期：2002-07-01

* 基金项目：国家自然科学基金（A，39970486）、福建省科委重点资助项目（95-Z-4）

sequenced. The results showed that *NS3* gene was composed of 588nt and the sequence identities were 99.1% and 96.2% at the nucleotide level, 98.4% and 96.4% at the amino acid level, comparing with those of RGSV-IR and SC published isolate. The 22.9kD protein encoded by RGSV-SX Vrna3 showed 33.0% identity between 80 amino acids compared with the 21.6kD protein encoded by Vrna5 of RGSV, and no other significant matches were found in GenBank. The similarity between the 22.9kD protein and the 21.6kD protein suggested that vRNA3 of RGSV might have sort of *Ecombination* with other RGSV RNA segments and/or unknown RNAs. Using *Ecombinant* plasmids containing vRNA3 *NS3* gene and vector of pGEX-2T, we constructed prokaryotic expression plasmids pGT*NS3* which produced 49.0kD fusion protein of GST-*NS3* in *E. coli*, prepared the antiserum against the fusion protein and used it for the detection of RGSV by Western blot. The encoded protein was detected only in infected rice (*Oryza sativa*), nothing in purified virus and viruliferous plantphopper vectors. These results would provide more information for the further study on the functions of the vRNA3 *NS3* gene and its encoded protein.

Key words: *Rice grassy stunt virus*; *NS3* gene; clone; sequence analysis; prokaryotic expression

水稻草矮病早在1963年在菲律宾被首次确认，由褐飞虱以持久性方式、不经卵传播病原为水稻草矮病毒（*Rice grassy stunt virus*，RGSV），是纤细病毒属（*Tenuivirus*）的一个成员[2]，病毒粒体丝状，由核衣壳蛋白和基因组RNA组成[3]。

该病于20世纪70年代曾在南亚、东南亚大面积发生，给当地的水稻生产造成严重损失[4,5]，在我国的福建、台湾、广东、广西和海南等地也有分布[6]。

与同属其他成员相比，RGSV分子生物学研究进展较为缓慢，直至1998年才报道病毒基因组全序列。RGSV基因组包含6个ssRNA片段，其中RNA1、RNA2、RNA5和RNA6分别对应于纤细病毒属其他病毒的RNA1～4。6个片段均采用双义编码策略。这不仅在纤细病毒属中，在植物病毒中也是独特的。且RGSV RNA3片段与纤细病毒属其他病毒成员的RNA片段均无相似之处，在RGSV的vRNA3及vcRNA3上各有一个ORF，分别编码22.9kD的NS3蛋白及30.9kD的NSvc3蛋白，目前这两个蛋白的功能尚不清楚。

因此，本研究对RGSV-SX的vRNA3 *NS3*基因进行克隆及序列分析，原核表达载体的构建及在大肠杆菌中的表达，并制备抗血清，为进一步开展*NS3*基因及其所编码蛋白的功能研究打下基础。

1 材料和方法

1.1 材料

1.1.1 供试毒源

经福建农林大学植物病毒研究所室内分离纯化，保存在水稻品种台中本地1号（TN1）上的水稻草矮病毒沙县分离物（*Rice grassy stunt virus* RGSV-SX）。

1.1.2 引物

根据RGSV-IR分离物的RNA3序列设计，由上海生工生物工程技术服务有限公司合成。A1：5′-CG GGATCC ATGTCACTTAGTTCAAGTAGTC 3′（为RNA3的160～181nt序列，划线处为*Bam*HⅠ酶切位点）；A2：5′-CGGAATTCATGCCTACTATCCAGATTTCAGG-3′（与RNA3的869～889nt互补，划线处为*Eco*RⅠ酶切位点）。

1.1.3 质粒与试剂

大肠杆菌DH5α为本所保存，质粒pGEX-2T为Pharmacia公司产品pGEM-T Easy Vector System、碱性磷酸酶标记羊抗兔IgG（IgG-AP）购自Promega公司，*Taq* DNA聚合酶、dNTPs、Lambda DNA/*Eco*RⅠ＋*Hind*Ⅲ marker、M-MuLV；反转录酶、*Eco*RⅠ、*Bam*HⅠ、RNasin、IPTG、X-Gal等购自上海生工生物工程技术服务有限公司，T_4 DNA连接酶购自宝生物工程（大连）有限公司，回收试剂盒Gel Extraction Kit为上海博亚生物技术有限公司产品，标准蛋白质购自北京欣经科生物技术有限公司。

1.2　方法

1.2.1　病毒的分离纯化和RNA的提取

病毒提纯参照文献[4,9]的方法，略作修改。提纯病毒经SDS和蛋白酶K处理，酚/酚-氯仿抽提，乙醇沉淀得到病毒RNA。

1.2.2　*NS3*基因的cDNA克隆

反转录M-MuLV反转录酶使用说明进行，以包含*NS3*基因克隆pTNSA$_2$P为模板，A1和A2为两端引物，PCR扩增出*NS3*片段。PCR扩增条件为：94℃变性7min；94℃变性1min，54℃退火2min，72℃延伸2min，共30个循环。PCR产物经1%琼脂糖电泳回收后，与pGEM-T连接（参照Promega的产品使用说明），转化大肠杆菌DH5α，经蓝白斑筛选，挑取白色菌落，进行质粒酶切鉴定，得到重组质粒pTNS3。

1.2.3　原核表达载体的构建及重组质粒的筛选与鉴定

由于质粒pGEM-T的克隆位点两侧各有一*Eco*RⅠ位点，又在*NS3*扩增片段通过引物设计引入*Eco*RⅠ、*Bam* HⅠ酶切位点，故以*Eco*RⅠ、*Bam* HⅠ酶切，得到约750bp片段。回收该片段，与经*Bam*HⅠ和*Eco*RⅠ酶切的质粒pGEX-2T连接，转化大肠杆菌DH5α，Amp筛选，提取质粒，酶切鉴定，获得重组质粒pGTNS3。

1.2.4　*NS3*基因诱导表达及变性聚丙烯酰胺凝胶电泳（SDS-PAGE）分析

含质粒pGTNS3的菌株诱导表达按pGEX-2T的说明书进行，设置未转化、转化质粒pGEX-2T的DH5α为对照。分别对诱导前后的培养液取样，于12% SDS-聚丙烯酰胺凝胶上电泳，电泳结束后，考马斯亮蓝R250染色。

1.2.5　NS3蛋白抗血清的制备

经SDS-PAGE分离得到GST-NS3蛋白，按常规方法免疫家兔[10]，制备抗血清。在首次注射前先静脉取血2mL，作正常兔血清，在效价检测时作为阴性对照。

1.2.6　Western杂交检测

病株、介体昆虫及提纯病毒中的NS3蛋白Western杂交参照文献[11]的方法。

1.2.7　序列测定及分析

序列测定由上海基康生物工程技术有限公司完成，序列分析采用NCBI-Blast及ProMSED软件进行。

2　结果和分析

2.1　PGSV-SX *NS3*基因的克隆

以RGSV-SX的基因组RNA为模板，RT-PCR得到长为750bp的包含*NS3*基因的cDNA片段，大小与预期结果相符。将其与载体pGEM-T Easy连接，得到含有插入片段大小的重组质粒pTNS3（图1）。

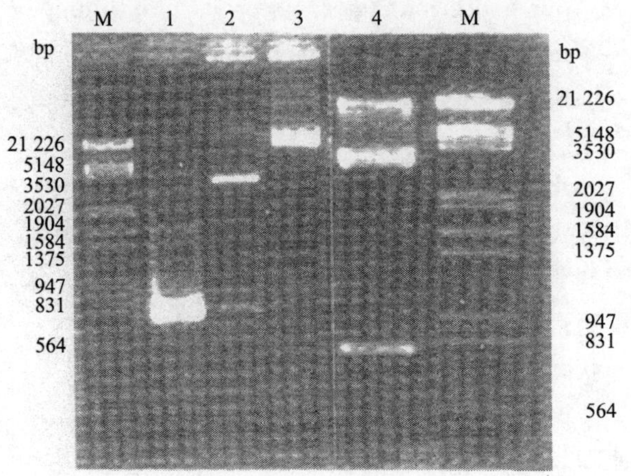

图1　RGSV-SX *NS3*基因的RT-PCR产物及重组质粒的酶切鉴定

1. *NS3*基因的PCR产物；2. 重组质粒的*Eco*RⅠ酶切；3. 重组质粒PT*NS3*；4. pGT*NS3*的*Bam*HⅠ/*Eco*RⅠ双酶切

2.2　原核表达载体的构建及重组pGNTS3的筛选与鉴定

pGEX-2T长4948bp，具Amp抗性，含有IPTG诱导、高效表达的tac启动子，有*Bam*HⅠ、*Sma*Ⅰ和*Eco*RⅠ 3个克隆位点，在克隆位点插入的外源基因可表达成与谷胱甘肽转移酶（glutathione S-transferase，GST）融合的蛋白。选用了*Bam*HⅠ和*Eco*RⅠ为多克隆位点，构建了含外源基因RGSV NS3的原核表达载体。经*Bam*HⅠ、*Eco*RⅠ酶切，获得含有插入片段大小的重组质粒pGTNS3（图2）。

2.3　序列测定及同源性分析

序列测定结果表明RGSV *NS3*基因编码区由588个核苷酸组成，各碱基组成为A34.4%，C15.0%，G19.9%，T30.8%。编码一个195个

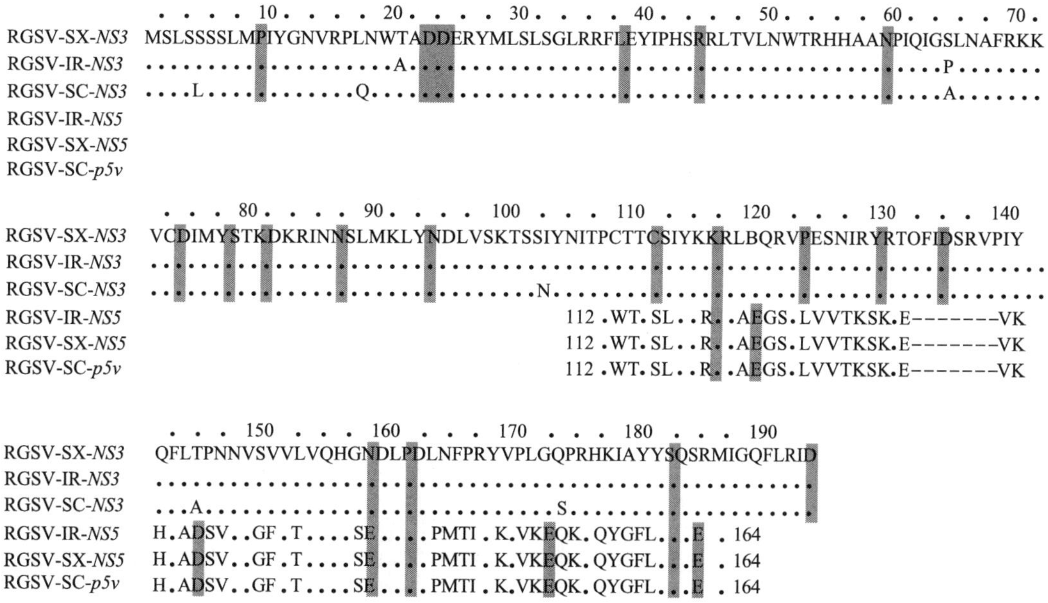

图 2 RGSV NS3 氨基酸序列比较

图中白色显示的为碱性氨基酸，黑色显示的为酸性氨基酸，其余氨基酸以灰色显示

氨基酸组成的 22.9kD 蛋白（GenBank 序列登录号为 AAK85271），蛋白等电点为 8.6，其中带电荷氨基酸（RKHYCDE）含量为 32.8%，酸性氨基酸（DE）为 10.7%，碱性氨基酸（KRH）为 14.3%，极性氨基酸（NCQSTY）为 32.8%，疏水性氨基酸（AILFWV）为 30.2%。与 RGSV-IR、SC 的 *NS3* 基因相比分别存在 5 个、22 个核苷酸的差异，且都表现为碱基替代。序列同源性分别为 99.1%、96.2%，分别仅有 3 个和 7 个位点引起氨基酸序列发生变异，氨基酸序列同源性分别为 98.4%、96.4%。碱基变异特征分析发现，相对于 IR 分离物，5 个核苷酸变异中有 3 处变异引起了氨基酸序列的变化，分别是 220 核苷酸的，G→A 导致丙氨酸→苏氨酸、352 核苷酸的 C→T 导致脯氨酸→丝氨酸、444 核苷酸的 A→T 导致谷氨酸→天冬氨酸；相对于 SC 分离物，大部分表现为 C、T 碱基互换，引起的 7 处氨基酸序列变化是：亮氨酸→丝氨酸、谷氨酰胺→亮氨酸、丙氨酸→丝氨酸、谷氨酸→天冬氨酸、天冬酰胺→酪氨酸、丙氨酸→苏氨酸、丝氨酸→脯氨酸，而其他碱基替换都是无义变异，未引起氨基酸的改变。3 个分离物相比，可见 RGSV-SX 分离物与 IR 分离物亲缘关系更近一些。对 RGSV *NS3* 基因推导的氨基酸序列比较结果发现，在整个数据库中，*NS3* 基因编码的 22.9kD 蛋白除与 RGSV-SX、IR、SC 分离物 vRNA5 编码的 21.6kD 蛋白仅在一段长 80 个氨基酸序列上有 33% 的同源性外，找不到与 RGSV *NS3* 基因编码蛋白相似的序列（图 2），进而与 RGSV vRNA5 编码区核苷酸序列进行比较（图 3），表明两个蛋白编码区的核苷酸序列同源性只有 47%，即在 *NS3* 基因编码区核苷酸序列 325～564 核苷酸间编码的氨基酸序列与 *NS5* 基因编码区核苷酸序列的 334～552 核苷酸间找到 33% 的氨基酸序列同源性。

2.4 融合蛋白的诱导表达

由 pGEX-2T 表达得到的融合蛋白前半部为质粒本身的谷胱甘肽转移酶（GST），后半部为外源基因 RGSV-NS3 编码的蛋白。GST 蛋白分子质量为 26.0kD，而从转化进去的 *NS3* 基因核苷酸序列推导出的蛋白分子质量约为 22.9kD，故融合蛋白的分子质量应约为 49.0kD。由 SDS-PAGE 电泳图谱分析可知，在 49.0kD 左右有诱导表达得到的融合蛋白条带（图 4 箭头所示），诱导后条带比诱导前深，这与预期结果一致，说明表达载体的构建正确。

2.5 GST-NS3 蛋白抗血清的制备与效价测定

含有质粒 pGTNS3 的大肠杆菌 DH5α 经 IPTG 诱导，SDS-PAGE 分离纯化得到 GST-NS3 蛋白，按照常规方法免疫家兔，获得了抗血清。采用间接

```
RGSV-NS3   ATGTC—ACTTAGTTCAAGTAGTCTA—ATGGATATCTATGGAAACGTTAGACCACTAAAC 57
RGSV-NS5   ATGTCTGGCATGAATTCAGAAGAGTACATGGTGCTCAACACCATGCTTCAAACAGTAGGG 60
           ******   * *    *  **  **   **  ****     ** *     *     **   * **  **
RGSV-NS3   TGGACABCTGATGATGAAAGGTATATGCTTTCC—TTATCAGGTCTGAGAAGGTTTTTAG 115
RGSV-NS5   TGTGATGGACACGAACTACTGAAAAAAACTCCAGGTTGTGAGAAGGCTGTGTATTTATTC 120
           **     **   * **    *   * * *     * *   ** * **    * *    *** *
RGSV-NS3   AGTACATACCTCACTCTGATAGATTGACTGTTCTGAATTGGACTAGGCATATGGCTGCAA 175
RGSV-NS5   TGTTGTAAGTCTACTATGATAGGTGAATTAGT—GACTGTGATCAGGAGTATTGATGAAA 178
            **     *     *** *****   *   * *   *   ** *  **   ***    *** * ** **
RGSV-NS3   ATGATATACAGATTGGGTCTCTAAATGCATTCAGAAAGAAGGTTTGTGATATCATGTATG 235
RGSV-NS5   ACACCATCAACGGTCAATTGCTATATTCTGTTTGCAGAGAGCTGCTAAAACTGATGTATC 238
           *     **   *    *    *  *** ** *   *   * *    ** *       *  * ******
RGSV-NS3   -AGACTAAGGACAAGAGAATAAATAATGAACTGATGAAGCTTTACAATGATCTGTGGAGC 294
RGSV-NS5   TGGAAGATGGCTCTGAGAACATAGCAATAATCAAACCATTGCTACTGTTACTCACTGAGA 298
             **  * **     ***** * *  *  **    *    *     ***  * *       ***
RGSV-NS3   AAGACTAG-TAGTATATACAAT----ATAACACCCTGCACTACTTGTGAAATTTATAAGA 349
RGSV-NS5   AAAATAAGATAGTGAACAAGGTCTCCACAAAGAACTGCTGGATCTGTAGCTTATACAAAA 358
            ** *  ** ****  * *    *     * **     ****   *   ***     * ** ** *
RGSV-NS3   AAGAGTTAAGTCAAAGGGTGCCTGAAAGTAATATAAGATATGAAACACAATTCATAGATA 409
RGSV-NS5   GAGAGTTG-GCGGAAGGGTCCCCTCTAGTTGT------------------------------TACTAAGA 397
             ******  *   ****** **     ***  *                          *   * *
RGSV-NS3   GTAGGGTACCAATTTATCAATTCTTGACTCCCAATAATGTTAGTGTTGTTCTTGTTCAAC 469
RGSV-NS5   GTAAGACTGAAGTCAAACACTTCGCGGACTCAGTGAATGTTGGTTTTGTCACTGTTCAAC 457
            *** *     * *  * ** ***   *     *      ****** ** ****    ********
RGSV-NS3   ATGGAAATGATCTACCAGATCTTAATTTTCCTAGATATGTTCCTTTGGGTCAACCAAGAC 529
RGSV-NS5   ATGGTTCAGAGTTACCAGACTTGCCTATGACAATATATAAGCCAGTTAAAGAACAGAAGC 517
            ****     **  *******   *    * *   * * ****    **   *       ***   *  *
RGSV-NS3   ACAAGATTGCTTATTATTCTGACTCAAGGATGAT-AGGACAGTTCTTAATAGATTAG 588
RGSV-NS5   ACCAATATBGGTTTCTBTCTGACTCTGAGCTAATCACTGCAGATTACGTTAG-AGTCTAG 576
            ** *    **  * *    ********    * * ** *    *** *        *  **  ***
```

图 3　RGSV-SX *NS3* *NS5* 基因核苷酸序列同源性比较

RGSV-RNA5 GenBank 登录号为 AF290947

* 表示相同残基

ELISA 方法测得抗血清效价为 1∶5120。

根据血清的效价，以 1∶100～1∶3200 成倍稀释度作为 NS3 蛋白抗血清第一抗体及第二抗体（碱性磷酸酶标记的羊抗兔 IgG 抗血清）的稀释度，以 1∶10、1∶20、1∶40、1∶80、1∶160 稀释的病汁液为抗原（健株对照也采用同样的稀释度），进行 ELISA 组合测定。结果表明：1∶800 和 1∶1000 为第一抗体和第二抗体的最适工作浓度。

2.6　水稻和虫体内 *NS3* 基因产物的 Western 杂交分析

以制备的 RGSV-NS3 蛋白抗血清为探针，进行 Western 杂交分析水稻植株和介体昆虫体内 *NS3* 基因表达产物，在感病水稻植株中检测到了 NS3 蛋白，而在提纯病毒、介体昆虫体内则未检测到（图 5）。说明 NS3 蛋白只是一种非结构功能蛋白而在病毒复制过程中起作用，其编码产物可能不直接参与病毒颗粒的组成，在介体昆虫体内可能

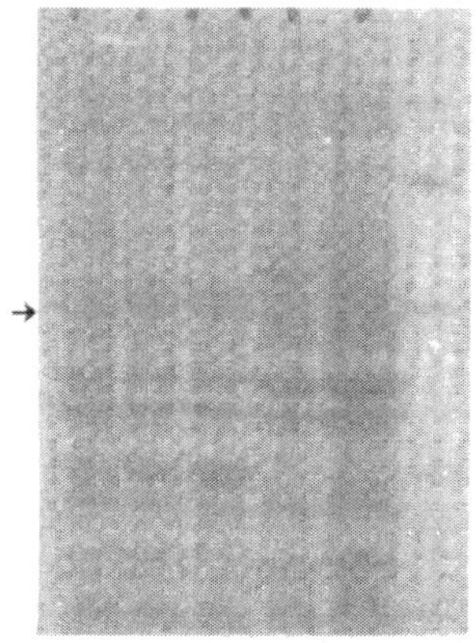

图 4 RGSV-SX *NS3* 片段在大肠杆菌 DH5α 中的表达

1. 融合蛋白诱导前；2. 诱导 2h；3. 诱导 4h；4. 诱导前大肠杆菌 DH5α；5. 诱导后大肠杆菌 DH5α

M. maker

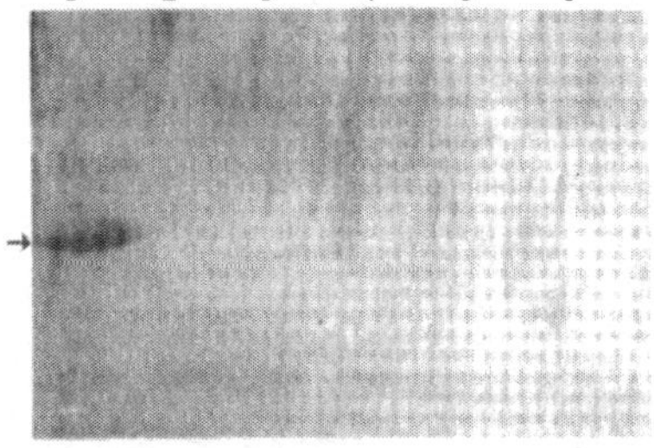

图 5 Western 杂交检测 RGSV 病毒粒体、感病植株及介体昆体体内的 NS3 蛋白

1. 病株汁液；2. 健康汁液；3. 提纯病毒；4. 带毒虫；5. 无毒虫；6. 空白对照

不表达或表达量过低而未能检测到，或是只在介体昆虫体内增殖的某个特定时期表达而未能检测到，有待进一步研究。

3 讨论

RGSV 的基因组包含 6 个 RNA 片段，其中 RNA3 和 RNA4 与纤细病毒属其他病毒成员的 RNA 片段均无相似之处，在生物学性质上 RGSV 也具有不同于纤细病毒属其他病毒的特性以及在基因组结构和表达策略等方面所具有的许多特性，使其成为研究病毒传播机制、病毒与寄主及介体互作以及共同演化机制的理想材料，这些都与病毒编码蛋白的功能密切相关。本研究结果表明，RGSV 的 vRNA3 编码的 22.9kD 蛋白除与 RGSV-SX、IR、SC 分离物 vRAN5 编码的 21.6kD 蛋白仅在一段含 80 个氨基酸序列上有 33%的同源性外，在 GenBank 数据库中没有与 RGSV 的 RNA3 编码蛋白相似的序列，而两个蛋白编码区的核苷酸序列同源性只有 47%，这两种蛋白之间的相似性可能说明了 RNA3 可能是 RGSV 的其他 RNA 片段之间（或与未知 RNA 之间）重组的结果。这与 Toriyama 等研究结果相类似。据此可进一步确认我们原来的推断[12]：我国水稻草矮病毒沙县分离物与菲律宾的 RGSV 同源，且很可能系通过介体褐飞虱由菲律宾远距离传播到我国。如能进一步明确 RGSV 不同分离物间 NS3 蛋白的氨基酸序列的变化与生物学变化之间的关系，进而通过水稻原生质体和介体褐飞虱单层细胞培养体系来确定该蛋白在病毒复制与介体褐飞虱传毒过程中的作用，将有较为重要的理论价值。因此，本研究对 RGSV vRNA3 *NS3* 基因的克隆、序列分析、原核表达载体的构建及抗血清的制备等工作，可为进一步深入研究该蛋白的功能及阐明 RGSV 病毒的侵染、复制和传播机制奠定基础。

参考文献

[1] Rivera CT, Ou SH, Ida TT. Grassy stunt disease of rice and its transmission by the planthopper *Nilaparvata lugens* (Stal.). Plant Disease Rep, 1966, 50: 453-456

[2] Murphy F, Fauquet CM, Bishop DHL, et al. Virus taxonomy: Sixth Report of the International Committee on Taxonomy of Viruses. Archives Virol, 1995, 10: Suppl: 586

[3] Ramirez BC, Haenni AL. Molecular biology of tenuiviruses, a remarkable group of plant viruses. J Gen Virol, 1994, 75: 467-475

[4] Hibino H, Cabauatan PQ, Omura T, et al. *Rice grassy stunt virus* strain causing tungro-like symptoms in the Philipplines. Plant Disease, 1985, 69: 538-541

[5] Iwasaki M, Shinkai A. Occurrence of rice grassy stunt disease in Kyushu, Japan. Ann Phytopathol Soci Japan, 1979, 45: 741-744

[6] 林奇英，谢联辉，谢荔岩等. 中菲两种水稻病毒病的比较研究：Ⅱ. 水稻草状矮化病的病原学. 农业科学集刊，1993，1：203-206

[7] Toriyama S, Kimishima T, Takahashi M. The proteins encoded by *Rice grassy stunt virus* RNA5 and RNA6 are only distantly related to the corresponding proteins of other members of genus *Tenuivirus*. J Gen Virol, 1997, 78: 2355-2363

[8] Toriyama S, Kimishima T, Takahashi M, et al. The complete nucleotide sequence of the *Rice grassy stunt virus* genome and genomic comparisons with viruses of the genus *Tenuivirus*. J Gen Virol, 1998, 79: 2051-2058

[9] Toriyama S. Ribonucleic acid polymerase activity in filamentous

nucleoproteins of *Rice grassy stunt virus*. J Gen Virol，1987，68：925-929

[10] 梁训生，张成良，张作芳. 植物病毒血清学技术. 北京：农业出版社，1985，103-138

[11] 萨姆布鲁克 J，弗里奇 EF，曼尼阿蒂斯 T. 分子克隆实验指南. 第二版. 金冬雁，黎孟枫. 北京：科学出版社，1989，888-897

[12] 张春嵋，吴祖建，林丽明等. 水稻草状矮化病毒沙县分离株基因组第六片段的序列分析. 植物病理学报，2001，31：301-305

农杆菌介导的水稻草矮病毒 *NS6* 基因的转化*

林丽明，张春嵋，谢荔岩，吴祖建，谢联辉

（福建农林大学植物病毒研究所，福建福州　350002）

摘　要：水稻草矮病毒（*Rice grassy stunt virus*，RGSV）RNA 6 片段毒义链编码的非结构蛋白 NS6，与病害症状密切相关，被称为病害特异蛋白。因此，应用农杆菌介导法，选取对 RGSV 表现不同抗性的台农 67、中花 6 号、中花 12 号、中花 15 号、台中 1 号、合系 28 和 06381 7 个水稻品种，以其未成熟胚或成熟胚预培养 4d 后，诱导生长旺盛的愈伤组织为外植体，将 *NS6* 基因导入其中，对影响水稻再生及农杆菌转化的主要因素进行了比较研究，并获得了转 *NS6* 基因工程植株。结果表明，以未成熟胚为受体，获得的抗性愈伤组织转化率明显高于成熟胚；水稻不同品种对农杆菌转化反应不同；添加一定浓度乙酰丁香酮和葡萄糖，可提高抗性愈伤组织形成率；选用 G418 进行抗性筛选能获得转 *NS6* 基因再生植株，用卡那霉素筛选产生的愈伤组织则未能获得再生植株。

关键词：水稻草矮病毒；农杆菌；基因转化

中图分类号：S435.111.4+9　**文献标识码**：A　**文章编号**：1006-7817（2003）03-0288-04

Agrobacterium-mediated transformation of *NS6* gene of *Rice grassy stunt virus*

LIN Li-ming，ZHANG Chun-mei，XIE Li-yan，WU Zu-jian，XIE Lian-hui

（Institute of Plant Virology，Fujian Agriculture and Forestry University，Fuzhou　350002）

Abstract: The non-structural protein encoded by *Rice grassy stunt virus* (RGSV) RNA 6 vRNA was found in large amount in infected rice tissues. Therefore the plant expression vector pCBTN Sv6harboring *NS6* gene of RGSV was transformed into the calli of rice by Agrobacterium mediation. After selection and regeneration, transgenic plants were obtained. PCR and southern blotting analysis showed that the *NS6* gene was integrated into the rice genome. By *Agrobacterium*-mediated method, *NS6* gene was transformed into varieties, which were different in resistance to RGSV. The methods were optimized, and the important factors which influence transformation including tissue-culture condition, variety explants were studied. Immature embryos of different rice varieties precultured for 4d were infected and transformed with *Agrobacterium* LBA 4404. The resistant calli were transferred into the differentiation medium and transformed plants

福建农林大学学报，2003，32（3）：288-291

收稿日期：2003-04-02

* 基金项目：国家自然科学基金（A，39970486）、福建省自然科学基金（B0010011）、福建省青年科技人才创新基金（2002J028）

were regenerated. The efficiencies of transformation and transgenic plant regeneration varied greatly with varieties. Adding acetosyringone (As) into co-cultivation medium could raise the transformation frequency. The stable transformation efficiency reached 35%, which was measured as numbers of Geneticin (G418) -resistant calli produced. Some G418-resistant plants were obtained, but no Kan-resistant plant regeneration was observed.

Key words: *Rice grassy stunt virus*; Agrobacterium-mediated; transformation

水稻草矮病毒（*Rice grassy stunt virus*，RGSV）侵染的水稻植株细胞内有大量的蛋白聚集，形成了不定形的内含体或针状结构。已经证实该蛋白即为 RGSV 2RNA 6 毒义链所编码的非结构蛋白 NS6，是纤细病毒属所特有的重要特征，是目前较为明确的致病相关蛋白[1-4]。在水稻条纹病毒（*Rice stripe* virus，RSV）中被称为病害特异蛋白 SP，在玉米条纹病毒（*Maize strie virus*，MSpV）和水稻白叶病毒（*Rice hoja blanca virus*，RHBV）中被称为主要非外壳蛋白 NCP，均为 RNA4 的正链所编码[5-10]。研究表明，NS6 蛋白在病株体内的积累与水稻品种的抗性呈负相关，与褪绿花叶症状的严重度密切相关，说明该基因的表达可能受到植物体内与抗性有关的某些因素的调控[1,11]，但到目前为止，还没有关于 NS6 蛋白或其相关蛋白功能的报道。

农杆菌介导的基因转化已逐渐成为禾谷类作物基因转化的首选方法[12,13]，为利用植物基因工程途径研究病毒基因功能提供了便利和保证。Duan 等[14]报道，联体病毒（*Gemini virus*）的致病性相关基因（*BC1*）在烟草中的表达可以使烟草植株表现出与病毒侵染类似的症状，这是利用植物基因工程的方法研究植物病毒基因功能的一个例证。但在水稻病毒的研究上还没有类似的报道，为深入探讨 NS6 蛋白的功能，本试验选用对 RGSV 表现不同抗性的几个水稻品种为外植体，经农杆菌介导的方法将其转入水稻，并获得转 *NS6* 基因再生植株，为进一步研究转化基因在病毒复制循环中的作用及与致病性的关系奠定基础。

1 材料与方法

1.1 材料

1.1.1 供试水稻品种

中花 6 号、中花 12 号、中花 15 号由福建农林大学遗传所提供，台农 67、台中 1 号、合系 28、06381 由本所繁殖保存。

1.1.2 供试菌株及质粒

含 *NS6* 基因的植物表达载体重组质粒 EHA 105/pCBTN S6 由张春嵋博士提供。

1.1.3 培养基

M_1：MS（N_6）+0.3g/L CH+1.15g/L Pro+3mg/L 2,4-D+30g/L 蔗糖+8g/L 琼脂；M_2：M_1+10g/L 葡萄糖+100μmol/L As；M_3：M_1+Cef_{500}+$G418_{100}$；M_4：MS（N_6）+0.1～1.0mg/L NAA+1.0～3.0mg/L 6-BA+Cef_{500}+$G418_{80}$（+8g/L琼脂）；M_5：1/2MS（N_6）+0.5g/L CH+20g/L 蔗糖+8g/L 琼脂+Cef_{250}+$G418_{50}$。

1.2 方法

1.2.1 水稻愈伤组织的诱导

成熟种子或水稻扬花后 15～20d 的未成熟种子去壳后，经体积分数为 75%乙醇、1g/L 升汞消毒，无菌水冲洗，剥取未成熟胚或成熟胚，除去少量的胚乳，接种在 M_1 培养基中，于 26℃暗培养至生长出适量的愈伤组织。

1.2.2 根癌农杆菌菌株活化

挑取含 *NS6* 基因的重组质粒农杆菌单菌落，接种于 10mL 含 50μg/mL 卡那霉素、50μg/mL 利福平的 LB 液体培养基中，于 28℃振荡培养 24h。4℃低速离心 10min，收集菌体，用 1/3 体积的菌株活化 AAM 液体培养基重新悬浮［密度达（3～5）×10^9 个细胞/mL］。

1.2.3 愈伤组织与农杆菌的共培养

预培养的愈伤组织在上述制备的农杆菌菌液中浸泡 10～20min 后取出，用无菌滤纸吸尽过多的菌液，随即转移到共培养基 M_2，于 26℃进行暗培养。同时以不经农杆菌处理的健康愈伤组织为对照。

1.2.4 抗性愈伤组织的筛选

经共培养后，愈伤组织用含 500mg/L 头孢噻肟钠的无菌水彻底冲洗 3～5 次，无菌滤纸吸干后，转入含抗生素 G418 的筛选培养基 M_3 中进行抗性愈伤组织的筛选，每 14 天继代 1 次。

1.2.5 抗性愈伤组织的分化培养

筛选 1 个月左右的抗性愈伤组织转至芽分化培养基 M_4 中，于 26℃、光照：暗＝16：8 周期培养，每 14 天继代 1 次。

1.2.6 转基因植株的再生及幼苗移栽

3～6 周后，上述分化的绿芽长至 2～3cm 时，转入再生培养基 M_5 中生根壮苗。在相同条件下，培养 2～3 周，待苗高 7～10cm 时，打开瓶盖于温室自然环境进行炼苗。5～7d 后，小心从培养瓶中取出幼苗，洗去附着于根部的培养基，移栽于温室铁盘中，并注意保湿 5～7d，以提高移栽成活率。

2 结果与分析

2.1 水稻不同外植体来源（成熟胚、未成熟胚）比较

本试验结果表明：直接利用未成熟胚，产生的愈伤组织生长状况良好，质地疏松，易于农杆菌转化，培养 4d 即可直接用于转化，且产生的抗性愈伤组织频率最高可达 45%；而成熟胚的转化率较低，其产生的愈伤组织周期长（指相对于未成熟胚在培养基中的培养时间而言），且形成的愈伤组织呈致密的黄豆状，可能更不易被农杆菌转化，故还需经继代、预培养阶段。但未成熟胚的繁殖周期较长（指水稻生育期而言，从播种到获得水稻扬花后 15～20d 的未成熟种子），且受季节限制，因此为保证试验的连续性，选用成熟胚进行试验。

2.2 转化频率与愈伤组织预培养的关系（成熟胚）

本试验预培养时间设为 0d、1d、2d、3d、4d、5d、6d。结果发现，预培养 4d 的愈伤组织，转化后产生抗性愈伤组织的频率最高（图 1 中数据以台农 67 为例）。

2.3 不同品种水稻愈伤组织的转化频率比较

表 1 结果表明，不同基因型的水稻品种对农杆菌转化有不同的反应，产生的抗性愈伤组织频率因水稻品种而异，台农 67、中花 6 号的转化频率较

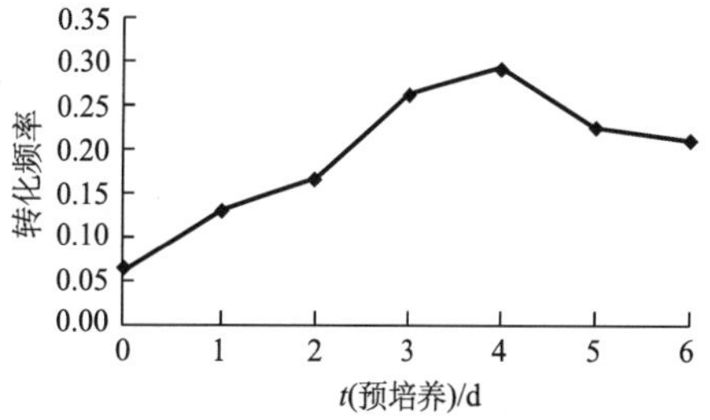

图 1 转化频率与愈伤组织预培养的关系

高，平均达 31.3% 和 27.5%。相对于粳稻（台农 67）而言，籼稻（台中 1 号）的胚性愈伤组织难以形成，且愈伤组织分裂速度也慢。因此，选择合适的基因型对提高农杆菌介导的水稻转化频率很重要。

2.4 酚类化合物和葡萄糖对农杆菌转化频率的影响

本试验比较了乙酰丁香酮、对羟基苯甲酸、对羟基苯甲酸＋葡萄糖、乙酰丁香酮＋葡萄糖、乙酰丁香酮＋对羟基苯甲酸、CK（不加乙酰丁香酮和对羟基苯甲酸）6 种不同诱导物组合对抗性愈伤组织转化频率的影响。结果（图 2）表明，乙酰丁香酮＋葡萄糖组合转化的抗性愈伤组织频率最高。表明转化水稻这一单子叶植物时，加入一定量的酚类化合物及单糖分子等诱导物，可能会提高抗性愈伤组织形成率，有促进水稻转化的作用。

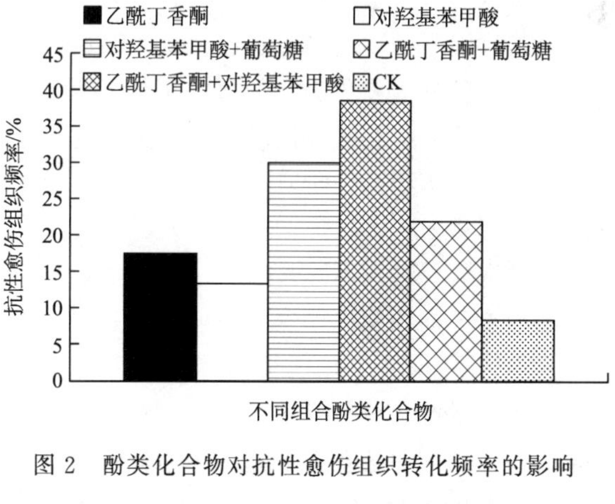

图 2 酚类化合物对抗性愈伤组织转化频率的影响

2.5 不同水稻品种分化培养基配方的筛选

我们已筛选到适用于几个水稻品种不同激素组合的分化培养基配方。于 26℃条件下，4 周后长出小芽。本试验结果表明，不同基因型水稻品种分化再生能力不同，其中，台农 67、中花 6 号再生能

力强，这可能与不同基因型间的遗传差异有关。

2.6 转化抗性愈伤组织再生植株

本试验结果表明，不同基因型水稻品种对农杆菌的敏感程度不同，植株再生频率与水稻品种有关。抗性愈伤组织的分化难度较大，部分品种（如合系 28、06381）只获得抗性愈伤组织，未获得抗性植株。本试验从多种受体材料中仅筛选获得了 2 个品种（台农 67、中花 6 号）的水稻转基因再生植株（表 1）。因此，还需进一步研究以提高抗性愈伤组织的频率，并在诱导植株前促进其尽可能分化。

表 1　不同品种水稻农杆菌介导的转化效率（成熟胚）

水稻品种	供试总愈伤组织数	抗性愈伤组织数	转化率/%	再生植株频率/%
台农 67	99	31	31.3	64.5
中花 6 号	69	19	27.5	26.3
中花 12 号	65	16	24.6	0
中花 15 号	72	14	19.4	0
合系 28	82	20	24.4	0
台中 1 号	65	10	15.4	0
06381	65	13	20.0	0

3　讨论

影响农杆菌转化水稻的因素很多，其转化涉及农杆菌菌株与植物细胞间相互作用的结果，凡是能够影响植物细胞转化和农杆菌侵染能力以及转化子再生能力的各种因素都会对其转化效率产生影响。因此，如何建立适宜的转化条件是试验取得成功的关键。另外，水稻品种间遗传差异很大，且对转化反应的基因型依赖性很强，从而增大了其转化技术的复杂性和随机性。不同基因型水稻品种对农杆菌的敏感程度不同，植株再生频率也严重依赖于基因型[15]。对不同基因型转化受体材料，选用的培养基成分也很关键。本试验选用 N_6、MS 为主的一系列选择、诱导、分化培养基，在筛选培养基中均加入了抑菌物质头孢霉素 500mg/L，但筛选 2 个月后，可不加头孢霉素，此时农杆菌已不再生长；同时还发现，头孢霉素对水稻愈伤组织分化作用抑制效果不明显。

转化的受体材料也直接影响转化效果。因农杆菌极少附着在刚分裂的新生细胞和具有大液泡的老化细胞表面，多附着于分生状态细胞表面，分生细胞分裂促进 T-DNA 的整合，使得容易被转化。因此，试验中尽可能选用未成熟胚预培养 4d 后作为转化受体材料也是基于此。

选用新霉素磷酸转移酶（neomycin phosphotransferase）基因（*npt*Ⅱ）作为选择标记，它能表达对氨基糖苷类抗生素的抗性。试验中发现，使用卡那霉素不利于筛选，筛选的愈伤组织随着培养时间的延长，慢慢变褐死亡，经卡那霉素筛选产生的愈伤组织均没有得到再生完整植株。而选用 G418 进行抗性筛选，获得的抗性愈伤组织频率高于经卡那霉素筛选的，且筛选的愈伤组织转入再生培养基中获得了再生植株（如台农 67）。

本试验以 RGSV 的 *NS6* 基因为对象，通过农杆菌介导的基因转化方法，将 RGSV 的致病基因转化到对 RGSV 具不同抗性的水稻愈伤组织中。目前，通过对影响根癌农杆菌转化条件多种因素的比较和摸索，不断改善愈伤组织培养、分化、植株再生条件，建立了较为优化的、适合本试验材料的水稻遗传转化系统。在试验中从多种受体材料仅筛选获得了 2 个水稻品种（台农 67、中花 6 号）的水稻转基因再生植株，经 PCR 扩增分析、Southern 点杂交检测，初步证实 *NS6* 基因已整合到水稻的基因组中，为进一步研究转基因植株的表型与转入基因表达的关系及分析其分子机制奠定基础。

致谢　福建农林大学生命科学学院 97 级马财富同学协助部分具体工作，谨致感谢！

参 考 文 献

[1] 林丽明，吴祖建，谢荔岩等. 水稻草矮病毒特异蛋白抗血清的制备及应用. 植物病理学报，1999，29(2)：123-129

[2] 林奇英，谢联辉，谢莉妍等. 中菲两种水稻病毒病的比较研究 II. 水稻草状矮化病的病原学. 农业科学集刊，1993，1(1)：203-206

[3] Gingery RE，Nault LR，Bradfute OE. *Maize stripe virus*：characteristics of a member of a new virus class. Virol，1981，112(1)：99-108

[4] 张春嵋，吴祖建，林奇英等. 纤细病毒属病毒的分子生物学研究进展. 福建农业大学学报，1999，28(4)：445-451

[5] Fal KBW，Tsa IJH. Assay for *Maize stripe virus*-infected plants by using antiserum produced to a purified non-capsid protein. Phytopathol，1983，73：1259-1262

[6] Ramirez BC，Haennia L. Molecular biology of *Tenuiviruses*，are markable group of plant viruses. J Gen Virol，1994，75：467-475

[7] Zhu Y，Hayakawa T，Toriyama S. Complete nucleotide sequence of RNA4 of *Rice stripe virus* isolate T，and comparison

among other isolates and *Maize stripe virus*. J Gen Virol, 1992, 73: 1309-1312
[8] 明艳林，吴祖建，谢联辉. 水稻条纹病毒 CP、SP 进入叶绿体与褪绿症状的关系. 福建农林大学学报，2001，30(增刊)：147
[9] 林含新，魏太云，吴祖建等. 水稻条纹病毒外壳蛋白基因和病害特异蛋白基因的克隆和序列分析. 福建农业大学学报，2001，30(1)：53-58
[10] 林奇田，林含新，吴祖建等. 水稻条纹病毒外壳蛋白和病害特异蛋白在寄主体内的积累. 福建农业大学学报，1998，27(3)：322-326
[11] 林丽明，吴祖建，谢荔岩等. 水稻草矮病毒与品种抗性的互作. 福建农业大学学报，1998，27(4)：444-448
[12] 刘巧泉，张景六，王宗阳等. 根癌农杆菌介导的水稻高效转化系统的建立. 植物生理学报，1998，24(3)：259-271
[13] 吴祖建，林奇英，谢联辉. 农杆菌介导的病毒侵染方法在禾本科植物转化上的研究进展. 福建农业大学学报，1994，23(4)：411-415
[14] Duan YP, Powell CA, Purcifull DE, et al. Phenotypic variation intransgenic tobacco expressing mutated geminivirus movement/pathogenicity (BC1) proteins. Mol Plant Microbe Interact, 1997, 10: 1065-1074
[15] Aldemita RR, Hodges TK. Agrobacterium tumefaciens-mediated transformation of *Japonica* and *Indica* rice varieties. Planta, 1996, 199: 612-617

农杆菌介导获得转水稻草矮病毒 *NS3* 基因水稻植株*

林丽明，吴祖建，林奇英，谢联辉

（福建农林大学植物病毒研究所，福建福州　350002）

摘　要：构建了包含水稻草矮病毒（*Rice grassy stunt virus*，RGSV）*NS3* 基因的植物表达载体 pCBTN Sv3，应用农杆菌介导法，将 *NS3* 基因导入水稻愈伤组织中，获得了转 RGSV *NS3* 的水稻转基因植株，总 DNA 经 PCR、Southern 点杂交鉴定，初步证实 *NS3* 基因已整合到水稻基因组中。

关键词：水稻草矮病毒；*NS3* 基因；植物表达载体；转化

中图分类号：S435.111.4⁺9　**文献标识码**：A　**文章编号**：1006-7817（2004）01-060-04

Agrobacterium-transformed rice plants harboring *NS3* gene of *Rice grassy stunt virus* were obtained

LIN Li-ming，WU Zu-jian，LIN Qi-ying，XIE Lian-hui

（Institute of Plant Virology，Fujian Agriculture and Forestry University，Fuzhou　350002）

Abstract：The plant expression vector pCBTN Sv3 containing vRNA 3 *NS3* gene was obtained by replacing the exterior segment of pCBTN Sv6 constructed by doctor Zhang Chunmei of our insititute. The recombinant plasmid of pCBTN Sv3 was introduced into *Agrobacterium tumefaciens* by triparentalmating. The positive clones were then used in the transformation of rice. By the *Agrobacterium*-mediated method，the transgenic rice plants were regenerated. PCR and Southern blotting analysis of the total DNA extracted from transgenic plants showed that the *NS3* gene of RGSV had been integrated into the rice genome.

Key words：*Rice grassy stunt virus*；*NS3* gene；plant expression vector；transformation

水稻草矮病毒（*Rice grassy stunt virus*，RGSV）是纤细病毒属（*Tenuivirus*）的一个成员，由昆虫介体褐飞虱（*Nilaparvata lugens*）以持久性方式、不经卵传播，寄主范围仅限于水稻等少数几种禾本科植物[1]。病毒基因组包含 6 个 ssRNA 片段，这 6 个片段均采用双义编码策略[2,3]。这在纤细病毒属及植物病毒中都是独特的；且 RGSV RNA 3 片段与任何其他纤细病毒属病毒成员的 RNA 片段不相似，在 RGSV 的 vRNA 3 及 vcRNA 3 上各有一个 ORF，分别编码 22.9kD 的 NS3 蛋白及 30.9kD 的 NSvc3 蛋白，目前这 2 个蛋白的功能尚未清楚。随着分子生物学技术的发

福建农林大学学报，2004，33（1）：60-63

收稿日期：2003-09-10　修回日期：2003-11-12

* 基金项目：国家自然科学基金（39970486）、福建省自然科学基金（C0310010）、福建省青年科技人才创新基金（2002J028）

展，农杆菌介导的基因转化已逐渐成为禾谷类作物基因转化的首选方法，为利用植物基因工程途径研究病毒基因功能提供了便利。为深入探讨 NS3 蛋白的功能，我们构建了包含 *NS3* 基因的植物表达载体，应用农杆菌介导法，将其转入水稻，并获得水稻转基因再生植株，这对进一步开展 *NS3* 基因及其编码蛋白的功能研究奠定了基础。

1 材料和方法

1.1 材料

1.1.1 菌株和质粒

农杆菌 LBA 4404 由福建农林大学遗传所陈平华博士赠送；大肠杆菌 DH5α、动员质粒 pRK2013 由福建农林大学植物病毒研究所提供；质粒 pCBTN Sv6 由福建农林大学植物病毒研究所张春嵋博士提供；含 *NS3* 目的片段的质粒 pTNSA 2P 由福建农林大学植物病毒研究所林丽明提供。

1.1.2 试剂

主要工具酶及生化试剂购自上海生物工程技术服务有限公司；G418、Kan、利福平、水解酪蛋白购自北京欣经科有限公司；硝酸纤维素滤膜（NC）、PVDF 膜为 PALL 公司产品；DIG DNA labeling mixture、抗 DIG 碱性磷酸酶标记 Fab 片段为 Roche Molecular Biochemicals 公司产品；杂交用封闭剂（blocking reagent）为吉泰科技有限公司产品。

1.1.3 PCR 检测引物

根据 RGSV-IR 分离物的 RNA 1 序列设计[3]，由上海生工生物工程技术服务有限公司合成。

A 1：5′-CGGGA TCCA TGTCACTTA GTTCAA GTA GTC-3′（划线处为 *Bam*HⅠ酶切位点）。

A 2：5′-CGGA GCTCA TGCCTACTA TCCAGA TTTCA GG-3′（划线处为 *Sac*Ⅰ酶切位点）。

1.1.4 水稻品种

台农 67 由福建农林大学植物病毒研究所繁殖保存。

1.2 方法

1.2.1 植物表达载体的构建

含目的片段 PCR 产物回收纯化后，与 pGEM-T Easy Vector 连接。转化大肠杆菌 DH5α，经蓝、白斑筛选，挑取白斑进行酶切鉴定，得到重组质粒 pT*NS3*。将重组质粒进行 *Bam*HⅠ、*Sac*Ⅰ双酶切，回收目的片段，与经 *Bam*HⅠ、*Sac*Ⅰ 双酶切的载体 pCBTN Sv6 连接（10μL 连接反应体系包含目的片段 6μL、质粒 2μL、T_4 DNA 连接酶 0.4μL、10× T_4 DNA 连接酶缓冲液 1μL、DDW 0.6μL；22℃连接 2～4h），转化大肠杆菌 DH5α，经 50μg/mL 卡那霉素（kanamycin，Kan）筛选，提取质粒经 *Bam*HⅠ、*Sac*Ⅰ双酶切或 *Eco*RⅠ单酶切鉴定，筛选重组质粒 pCBT*NS3*。

1.2.2 农杆菌的转化

将酶切鉴定为阳性的质粒 pCBT*NS3*，采用三亲交配法转入农杆菌 LBA 4404 中，参考文献［4］的方法进行。

1.2.3 农杆菌介导转化水稻

取授粉后 10～12d 的未成熟胚或水稻成熟种子去皮（成熟胚），经常规消毒处理，剥取其未成熟胚或成熟胚，接种在 N_6 或 MS 培养基上；预培养 4d 后，以诱导的生长旺盛的愈伤组织为外植体进行转化；在含目的基因 *NS3* 的新鲜农杆菌 LBA 4404 的 YEP 菌液（含 75μg/mL 卡那霉素和 75μg/mL 链霉素）中浸泡 10～20min 后，取出幼胚，并用无菌滤纸吸干多余菌液，随即转移到共培养基上；于 28℃暗培养 3d 后，转入筛选培养基中进行抗性愈伤的筛选培养，每 2 周继代 1 次；筛选4～5 周后转入分化培养基中，3～6 周分化出绿芽。

1.2.4 转化植株的再生及幼苗移栽

苗高达 2～3cm 时转入再生培养基上生根壮苗，在相同条件下，培养 2～3 周；待苗高达 7～10cm 时，打开瓶盖于温室自然环境中进行炼苗处理；5～7d 后从培养瓶中取出，洗去附着于根部的培养基，移栽于温室铁盘中。

1.2.5 DNA 探针的制备

以含 *NS3* 目的片段的 pGEM-T Easy Vector 重组质粒 pTNSA 2P 为模板，以 A1 和 A2 为引物进行 PCR 合成地高辛标记的 cDNA 探针。PCR 反应条件为：94℃变性 7min，然后 94℃变性 1min，52℃退火 1.5min，72℃延伸 2min，共 35 个循环，最后 72℃延伸 10min。所用的 dNTP 底物中，地高辛标记的 DIG-11-dUTP 与普通 dTTP 的分子数比为 1∶12。PCR 扩增产物经胶回收试剂盒（gel extraction kit）回收、纯化，PCR 反应在 Biometra T_3 Thermocycler 型 PCR 仪（华粤行仪器有限公司产品）上进行。

1.2.6　植物总 DNA 的提取

参照文献［5］中的方法进行（略作修改）。

1.2.7　PCR 及 Southern 点杂交

取上述制备的植物总 DNA 1～2μL，以其为模板进行扩增，方法同上。PCR 反应总体积为 25μL。Southern 点杂交按常规方法进行，向 NC 膜或 PVDF 膜的转移采用碱法转移。转移前先将胶置于变性液（0.5mol/L NaOH、1.5mol/L NaCl）中浸泡 2 次（每次 15min），并不时摇动，再置于中和液（0.5mol/L Tris-HCl，pH7.5，3mol/L NaCl）中浸泡 2 次（每次 15min）。之后，将胶置于 20×SSC 中平衡。预杂交和杂交温度为 42℃。其余步骤按文献［6］中的方法进行。

2　结果与分析

2.1　植物表达载体的构建

本试验采用三亲交配法，将 3 种有关的菌株（动员质粒的大肠杆菌、已构建植物表达载体的大肠杆菌及含受体 Ti 质粒的农杆菌），混合培养，通过杂交使动员质粒先转移到含有重组中间载体的菌株中，然后中间载体再被动员和转移到农杆菌 LBA 4404 中。随机挑取若干克隆，提取质粒酶切，进行 PCR 扩增，均得到了预期酶切结果和与目的片段相同大小的扩增产物。转化子在含 Kan（50μg/mL）和 Rif（50μg/mL）的 LB 平板上经多次划线纯化后，用于转化水稻。

2.2　重组农杆菌的酶切鉴定

先将 PCR 产物连接到 pGEM -T Easy Vector 上，然后提取质粒进行酶切鉴定，回收目的片段，再与经同样酶切处理的植物表达载体 pCBTN Sv6 连接。此时不要将酶切的载体回收，因为回收过程载体较长，很容易受损，很难同目的片段连在一起；应直接进行连接并增大目的片段的使用量，增强与原来载体中所连片段的竞争，以增大目的片段与载体连接的几率。转化大肠杆菌 DH5α 经 Kan 筛选、酶切鉴定，得到含有与插入片段大小相同的重组克隆（图 1）。

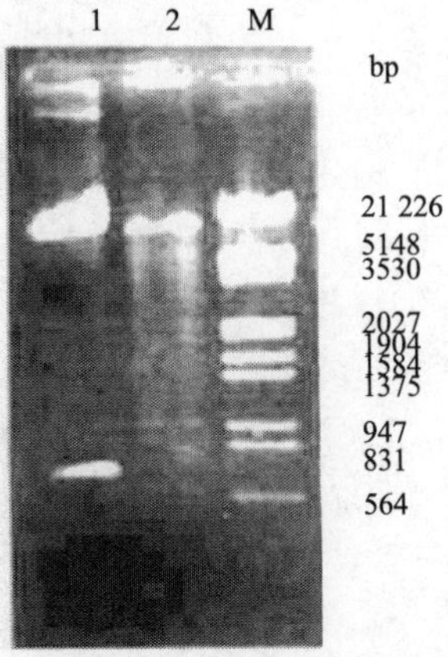

图 1　重组植物表达载体的酶切鉴定

1. 植物表达载体 pCBTNS3 的 *Bam*HⅠ和 *Sac*Ⅰ酶切；2. 重组质粒；M. maker

2.3　抗性愈伤的筛选、分化培养及转基因植株的再生

经不同浓度 G418 筛选培养 2 个月后，部分培养材料的生长明显受到抑制，变褐死亡。挑选色泽正常的抗性愈伤组织，转入分化培养基中继续筛选培养，部分抗性愈伤经分化培养 3～4 周后长出小芽，移入生根培养基中培养，获得再生植株。

2.4　目的基因的 PCR 及 Southern 点杂交检测

2.4.1　地高辛标记的 cDNA 探针

以 A1、A2 为 PCR 的两端引物，扩增得到约 750bp 大小的 *NS3* 片段（图 2）。

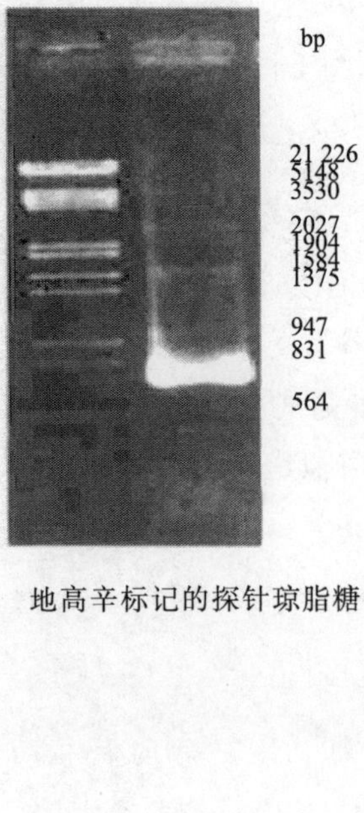

图 2　地高辛标记的探针琼脂糖电泳

2.4.2 转化植株的 PCR 分析

随机从转化水稻植株上取一小片叶片，以液氮研磨，采用 CTAB 法提取 DNA，作 PCR 分析，以质粒 pCBT*NS3* 为阳性对照，非转化植株为阴性对照。电泳结果显示转 *NS3* 基因片段的植株及质粒阳性对照均扩增出目的条带，而阴性对照株未扩增出相应的条带，初步证实目的基因片段已转入水稻中（图 3）。

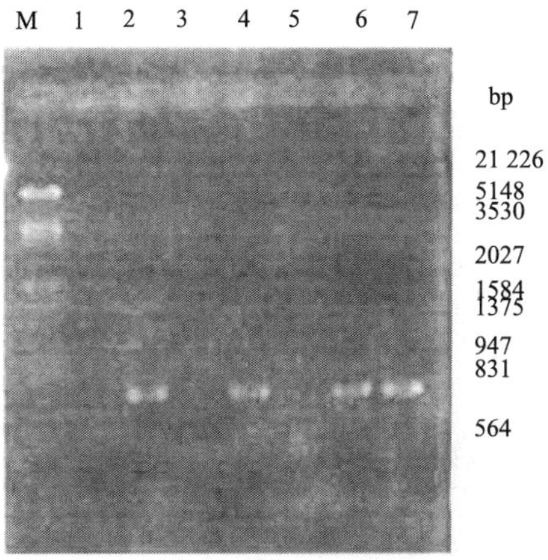

图 3 *NS3* 转基因水稻植株 DNA 的 PCR 检测
M. maker；1. 未转化阴性对照；
2. 质粒阳性对照；3～7. 被检测转化植株

2.4.3 Southern 点杂交检测转基因再生植株

对 PCR 扩增获得阳性克隆的转 *NS3* 片段水稻植株中提取的植物总 DNA 进行 Southern 点杂交检测。结果表明，PCR 阳性转化植株和阳性质粒均有杂交信号，而相应以从未转化水稻植株中提取的总 DNA 为阴性对照，则未见杂交斑点，这进一步证实目的基因已初步整合到水稻基因组中（图 4）。

图 4 转化植株的 Southern 点杂交检测
1. 质粒阳性对照；2～4. 被检测转化植株；5. 未转化阴性对照

3 小结

根癌农杆菌介导转化已成功地应用于少数单子叶植物的转基因研究[7-9]，在根癌农杆菌介导水稻转化方面也已取得了很大突破：Chan 等[10]将水稻幼胚经农杆菌感染后得到了一些转基因植株；随后 Hiei 等[11]也报道用农杆菌转化粳稻成熟胚诱导的愈伤组织，得到大量形态正常而且可育的转基因水稻植株；国内刘巧泉等[12]报道了对农杆菌介导的水稻转化系统的研究。这为水稻病毒单个基因功能及其作用的分子过程的研究提供了很好的方法。

RGSV 作为纤细病毒属的一个成员，在生物学性质、基因组结构和表达策略等方面均具有许多特性。在症状表现上，除了引起叶片褪绿、条纹外，还导致植株矮化、分蘖增多；与同属其他病毒成员相比，其 RNA3、RNA4 是 RGSV 所独有的，生物学性状上的差异可能与其病毒基因编码蛋白功能有关。而农杆菌介导转化水稻方法的建立，为利用植物基因工程的方法研究病毒与寄主基因互作以及病毒基因的致病性等提供了有利的工具。本试验对此做了初步尝试，构建了包含水稻草矮病毒 *NS3* 基因的植物表达载体 pCBTNSv3；应用农杆菌介导法将 *NS3* 基因导入水稻愈伤组织中，获得了转 RGSV *NS3* 的水稻转基因再生植株；总 DNA 经 PCR、Southern 点杂交鉴定，初步证实 *NS3* 基因已整合到水稻的基因组中，这为进一步探讨病毒基因功能、研究转化基因在细胞内的累积及其作用位点等奠定了基础。

参考文献

[1] Murphy FA, Fauquet CM, Bishop DHL, et al. Classification and nomenclature of viruses: Sixth Report of the International Committee on Taxonomy of Viruses. Archives of Virology, 1995, 10 (Supp 1): 316-318

[2] Toriyama S, Kimishima T, Takahashi M. The proteins encoded by *Rice grassy stunt virus* RNA 5 and RNA 6 are only distantly related to the corresponding proteins of other members of the genus *Tenuivirus*. J Gen Virol, 1997, 78: 2355-2363

[3] Toriyama S, Kimishima T, Takahashi M, et al. The complete nucleotide sequence of the *Rice grassy stunt virus* genome and genomic comparisons with viruses of the genus *Tenuivirus*. J Gen Virol, 1998, 79: 2051-2058

[4] 傅荣昭，孙勇如，贾士荣. 植物遗传转化技术手册. 北京：中国科学技术出版社，1994，88

[5] 奥斯伯 F，布伦特 R，金斯顿 RE 等. 精编分子生物学实验指南. 颜子颖，王海林. 北京：科学出版社，1998，37-38，55-60，141-144

[6] 萨姆布鲁克 J，弗里奇 EF，曼尼阿蒂斯 T. 分子克隆实验指南. 第二版. 金冬雁，黎孟枫. 北京：科学出版社，1989，888-897

[7] Ishida Y, Saita H, Ohta S, et al. High efficient transformation of maize (*Zea mays* L.) mediated. Nature BioTechnol, 1996, 14: 745-750

[8] 卢泳全，吴为人. 水稻遗传转化研究进展. 福建农林大学学报，2003，32(1)：27-31

[9] 林丽明，张春嵋，谢荔岩等. 农杆菌介导的水稻草矮病毒 *NS6* 基因的转化. 福建农林大学学报，2003，32(3)：288-291

[10] Chan MT，Chang HH，HO SL，et al. *Agrobacterium*-mediated production of transgenic rice plants expressing a chimeric α-amylase promoter β-glucuronidase gene. Plant Mol Biol，1993，22：491-506

[11] Hiei Y，Ohta S，Komar II，et al. Efficient transformation of rice (*Oryza sativa* L.) mediated by *Agrobacterium* and sequence analysis of the boundaries of the T-DNA. Plant J，1994，6(2)：271-282

[12] 刘巧泉，张景六，王宗阳等. 根瘤农杆菌介导的水稻高效转化系统的建立. 植物生理学报，1998，24 (3)：259-271

转 RGSV-*SP* 基因水稻植株的再生*

金凤媚，林丽明，林奇英，谢联辉

（福建农林大学植物病毒研究所，福建福州　350002）

摘　要：通过农杆菌介导将水稻草矮病毒（*Rice grassy stunt virus*，RGSV）编码病害特异蛋白基因 *sp* 导入台农 67 及中花 6 号品种。经过筛选，再生，获得转化植株。PCR 及 Southern 点杂交分析结果初步表明目的基因片段整合到水稻基因组中。RT-PCR Southern 点杂交结果表明目的片段已在植株体内进行了转录。

关键词：RGSV；*sp* 基因；转化

中图分类号：S435.111.4^{+}9　**文献标识码**：A　**文章编号**：1003-5152（2004）02-0146-03

Regeneration of transgenic rice with the *Rice grassy stunt virus SP* gene

JIN Feng-mei，LIN Li-ming，LIN Qi-ying，XIE Lian-hui

（Institute of Plant Virology，Fujian Agriculture and Foresrtry University，Fuzhou　350002）

Abstract：Rice grassy stunt virus *SP* gene was transformed into rice by *Agrobacterium* mediated transformation. PCR analysis and Southern blot hybridization by using the genomic DNA of regenerated plants showed that the *sp* gene was transformed into rice. By using RT-PCR Southern blot hybridization，it was confirmed that the *sp* gene had been transtripted into mRNA.

Key words：*Rice grassy stunt virus*；*SP* gene；Transformation

水稻草矮病毒（*Rice grassy stunt virus*，RGSV）是纤细病毒属（*Tenuivirus*）的一个成员，由它侵染的水稻植株细胞内有大量的蛋白聚集，形成了不定形的内含体或针状结构[1]，已经证实该蛋白为 RGSV 的 RNA6 所编码的病害特异性蛋白 SP（disease specific protein，SP）[2]。但到目前为止，对该蛋白的研究还仅限于血清学[3]，没有关于 SP 或相关蛋白功能的报道。通过对感染了 RGSV 的不同品种、不同感染期、不同部位的水稻植株体内该蛋白积累的检测，发现其在病株内的积累与水稻品种的抗性呈负相关，而与症状的表现呈正相关[3]，说明其在病株体内的表达可能受到了寄主与抗性有关的基因的调控，该蛋白在病毒与寄主的相互作用中可能起着重要作用。本研究利用农杆菌介导将 *SP* 基因转入水稻植株中，为进一步研究 *SP* 基因的功能及病毒与寄主互作的机制奠定了基础。

中国病毒学，2004，19（2）：146-148

收稿日期：2003-08-25　修回日期：2003-10-04

*　基金项目：国家自然科学基金资助项目（39970486）、福建省自然科学基金资助项目（0010011）、福建省青年科技人才创新基金资助（2002J028）

1 材料与方法

1.1 细菌培养

本试验所用的植物表达载体中含有 *NPT*Ⅱ基因，质粒图谱参见文献［4］。菌株在附加 50μg/mL 的卡那霉素和 50μg/mL 的链霉素的 LB 液体培养基中培养，在 26℃下振荡培养至细菌生长对数期时用于转化试验。

1.2 植物材料

水稻品种为台农 67 和中花 6 号。在无菌操作台上，将种子经 70％乙醇浸泡 3min 后，用 0.1％氯化汞消毒 10min，无菌水冲洗 3 遍，用滤纸吸干。然后用镊子将胚剥出，接种于 N_6 培养基上。4d 后挑取长势良好的愈伤浸入活化的农杆菌菌液静置 20min，用无菌滤纸吸去多余菌液后移到 N_6-AS（N6＋100μmol/L 乙酰丁香酮）培养基上，26℃暗培养 3d；用头孢霉素（500mg/L）清洗后在 N_6-DH（N6＋500mg/L 头孢霉素＋100mg/L G418）培养基上选择培养；筛选出的抗性愈伤在含 3mg/L 6-BA 和 1mg/L NAA 的 N_6 培养基上进行分化，待苗长至约 2～3cm 挑到 1/2 的 MS 培养基上，进行光照培养到得到再生小苗。

1.3 转化植株的 PCR 检测

用 CTAB 法提取转化植株总 DNA[5]，以此为模板，进行 PCR 扩增。其中引物序列为：

P621:5′-TGAGGATCCTGTTGTTAAGCCACTC-3′

P622:5′-GCGCATATGTCTAAATCTCATTCTGACG-3′

PCR 反应条件为：95℃变性 5min，60℃—58℃—55℃—53℃—50℃—48℃—45℃梯度退火各 2min，72℃延伸 2min，每个梯度 2 个循环（45℃进行 15 个循环）72℃保温 10min。反应结束后，PCR 产物进行 1％琼脂糖凝胶电泳分析。

1.4 转化植株的 Southern 点杂交检测

用 CTAB 法提取转化植株总 DNA。植株基因组总 DNA 经变性后直接点到硝酸纤维素滤膜上（吉泰公司产品），进行 Southern 点杂交。所用的探针为地高辛标记的 *SP* 基因的 PCR 扩增产物。

1.5 外源片段转录的初步检测

取再生的水稻叶片进行研磨，用 Purification Kit（上海生工生物工程技术服务有限公司产品）提取植物总 RNA，方法参照厂家说明。以所提的总 RNA 为模板进行 RT-PCR，并以 PCR 产物为样品进行 Southern 点杂交检测。

2 结果与分析

2.1 水稻植株的再生

将长势良好的愈伤组织（图 1），与农杆菌共培养 3d 后，经头孢霉素清洗（500mg/L）后，置于筛选培养基上选择培养 15～20d 左右可得到抗性愈伤，再经 20d 左右的分化培养便可长出小苗。将小苗经壮根培养长至约 10cm 后（图 2）移到土壤中自然生长。在分化培养时，试用了不同浓度激素的组合，结果表明 3mg/L 6-BA 和 1mg/L NAA 的组合对愈伤组织的再生效果最好。

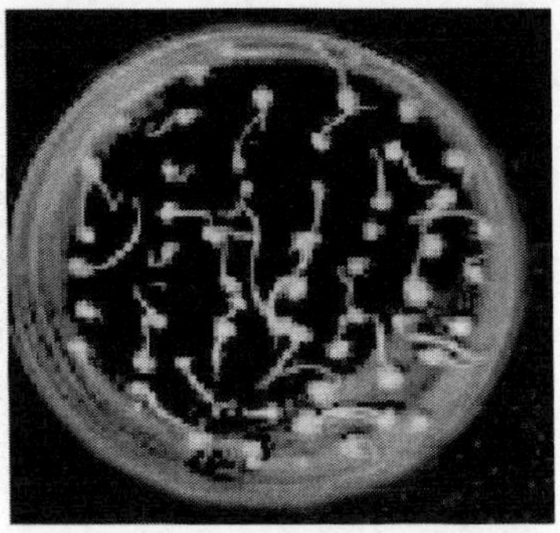

图 1　幼胚愈伤组织的诱导图

图 2　转化植株诱根

2.2 再生植株的检测

2.2.1 再生植株的 PCR 检测

以提取的再生水稻植株 DNA 为模板进行 PCR 分析，结果均扩增到 550bp 的特异性条带（图 3），证明目的基因已整合到了水稻的基因组中，即转化成功。

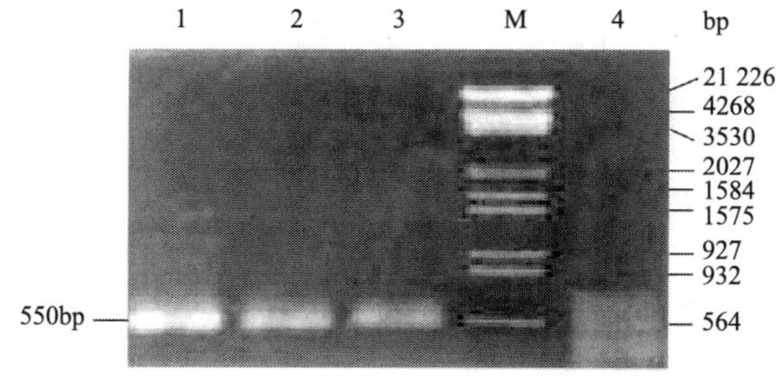

图 3 转基因植株 DNA 的 PCR 电泳图谱

2.2.2 转化植株的 Southern 点杂交检测

用所提取的 DNA 进行 Southern 点杂交检测，结果转化植株和阳性质粒均有杂交信号，而相应的阴性对照没有显色，进一步证明目的基因已整合到水稻基因组中（图 4）。在所检测的 33 株再生植株中，经 Southern 点杂交检测有 22 株呈阳性，阳性率为 66.7%。

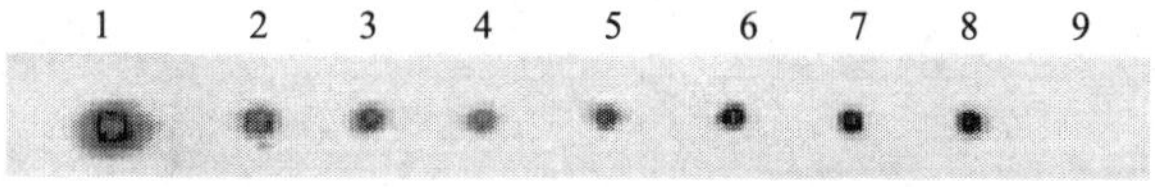

图 4 Southern 点杂交检测再生植株中的目的片段 *SP* 基因
1. 阳性对照；2～8. 转基因植株；9. 阴性对照

2.2.3 RT-PCR Southern 点杂交检测外源片段的转录

在检测 mRNA 时直接应用提取的总 RNA 进行 Northern 点杂交，信号很弱。所以我们参考王关林等的方法[5]采用 RT-PCR Southern 点杂交的方法来增强杂交信号。以所提取的总 RNA 为模板反转录成 cDNA，再进行 PCR 扩增，以扩增的产物进行点杂交，实验结果很明显。对随机挑取的 8 株经 Southern 点杂交检测为阳性的转化植株进行检测，结果表明在所检测的植株中有些植株未显色（图 5 中的 8、9）其余的均为阳性反应（图 5 中的 2～7），这表明转入的基因已在植株体内进行了转录。而其中未显色的植株则可能发生了转录水平的沉默。

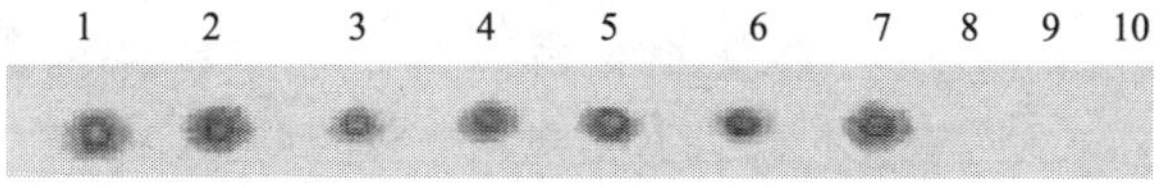

图 5 RT-PCR Southern 点杂交检测 *SP* 基因的转录
1. 阳性对照；2～9. 转基因植株；10. 阴性对照

3 讨论

农杆菌介导法进行外源基因转化时，感染后共培养的时间对转化影响较大，一般培养 3d 效果较好。在实验中发现菌液浓度及用滤纸吸菌的程度均会影响共培养中农杆菌的生长情况。若菌的浓度过大或菌吸得不干，共培养时菌会过多生长而不利于再生。

另外，如何选择适当的筛选标记以准确有效地区分转化与非转化细胞，产生选择压力，使未转化细胞不能生长，又不干扰细胞的正常生长与植株再生也是转化关键的一步。张春嵋曾用卡那霉素进行抗性筛选[6]，但没有再生出植株。在本研究中用 G418 进行抗性筛选，与卡那霉素相比，愈伤组织再生植株的频率较高。

在检测 *SP* 基因转录时发现了有些植株发生了转录水平的基因沉默，这种现象已早有报道，可能是因为启动子的甲基化或多拷贝重复序列等[7]。

本研究通过农杆菌介导的手段将 RGSV *SP* 基因转入水稻中，Southern 杂交证实目的基因已整合到水稻基因组中，并能正常转录，从而为研究 RGSV *SP* 基因在水稻中的作用及病毒与寄主互作机制奠定了坚实的基础。

致谢 张春嵋博士提供植物表达载体，魏太云博士对本试验提出宝贵意见，特此致谢。

参考文献

[1] 林丽明，吴祖建，谢荔岩等. 水稻草矮病毒特异蛋白抗血清的制备及应用. 植物病理学报，1999，29(2)：123-129

[2] Toriyama S，Kimishima T，Takahashi M，et al. The complete nucleotide sequence of the *Rice grassy stunt virus* genome and genomic comparisons with viruses of the genus *Tenuivirus*. J Gen Virol，1998，79：2051-2058

[3] 林丽明，吴祖建，谢荔岩等. 水稻草矮病毒与品种抗性互作. 福建农业大学学报，1998，27(4)：444-448

[4] 张春嵋，谢荔岩，林奇英等. 水稻草矮病毒 *NS6* 基因在大肠杆菌中的表达及植物表达载体的构建. 病毒学报，2001，17(1)：90-92

[5] 王关林，方宏筠. 植物基因工程原理与技术. 北京：科学出版社，1998

[6] 张春嵋. 水稻草矮病毒 RNA4-6 分子生物学研究. 福州：福建农林大学，1999

[7] Kumpatla SP，Teng W，Buchholz WG，et al. Epigenetic transcriptional silencing and 5-azacytidine-mediated reactivation of a complex transgene in rice. Plant Physiol，1997，115(2)：361-373

水稻草矮病毒在水稻原生质体中的表达*

林丽明，吴祖建，金凤媚，谢荔岩，谢联辉

（福建农林大学植物病毒研究所，福建福州　350002）

摘　要：通过建立水稻原生质体培养体系，经多聚鸟氨酸（PLO）介导将提纯的水稻草矮病毒（*Rice grassy stunt virus*，RGSV）接种到水稻原生质体内，利用酶联免疫吸附法（ELISA）及蛋白免疫印迹法（Western blotting），研究 RGSV 在水稻原生质体内的生长周期及其编码蛋白的表达情况。结果表明：RGSV 在接种后 24h 左右开始在原生质体内复制，36h 左右达到最大值。*NS6* 在 15h 左右开始表达，在 30h 左右达到最大值。

关键词：水稻草矮病毒；原生质体；表达

中图分类号：S435　**文献标识码**：A　**文章编号**：0001-6209（2004）04-0530-03

Expression of *Rice grassy stunt virus* in rice protoplasts

LIN Li-ming，WU Zu-jian，JIN Feng-mei，XIE Li-yan，XIE Lian-hui

（Institute of Plant Virology，Fujian Agriculture and Forestry University，Fuzhou　350002）

Abstract：With the rice protoplast infection system，the purified virus particles of *Rice grassy stunt virus* were delivered into rice protoplasts derived from suspension cells of rice cultivars Tainong 67 via PLO-mediated method. Using antisera prepared against the purified virus particles of RGSV，*NS3* fusion protein and purified *NS6* protein，expression profiles of RGSV and its encoded proteins in rice protoplasts were investigated by indirect ELISA and Western blotting. The results showed as follows：RGSV was detectable in rice protoplasts 24h after inoculation，and reached its highest level 36h after inoculation. *NS6* was detected 15h after inoculation，and reached its highest level 30h after inoculation.

Key words：*Rice grassy stunt virus*；protoplast；expression

水稻草矮病毒（*Rice grassy stunt virus*，RGSV）是纤细病毒属（*Tenuivirus*）的一个成员，基因组包含 6 个 ssRNA 片段，6 个片段均采用双义编码策略[1,2]。现有研究表明，RGSV vcRNA5 编码的外壳蛋白（CP）和 vRNA6 编码的病害特异性蛋白（specific-disease protein，SP 或 NS6 蛋白）是目前较为明确的致病相关蛋白，与褪绿花叶症状的严重度密切相关，可在 RGSV 侵染的水稻中大量积累，并在寄主细胞内形成形态不一的内含体[3]，且在不同抗性水稻病株体内的表达、积累量

微生物学报，2004，44（4）：530-532

收稿日期：2003-09-28　修回日期：2002-12-16

* 基金项目：国家自然科学基金（A39970486）、福建省自然科学基金（B0010011）、福建省青年科技人才创新基金（2002J028）

存在明显的差异，说明 CP、SP 在病株体内的表达积累受到了寄主抗性基因及其产物的共同调控，随病毒寄主的变化而有所变化[4-6]，这暗示了两种蛋白在病毒与寄主的互作中可能起重要作用，这为病毒基因的表达调控研究提供了材料。有鉴于此，本文通过建立水稻原生质体培养体系，经聚鸟氨酸（PLO）介导将提纯的水稻草矮病毒接种到水稻原生质体内，利用蛋白酶联免疫吸附法（ELISA）及蛋白免疫印迹法（Western blotting），研究 RGSV 及其编码蛋白在水稻原生质体内的表达周期，为进一步明确 RGSV 及其基因产物在水稻细胞中的致病机制打下了基础，对揭示病毒与寄主水稻间互作及病毒演化具有重要的理论价值。

1 材料和方法

1.1 材料

1.1.1 供试毒源

经福建农林大学植物病毒研究所室内分离纯化，保存在水稻品种台中本地 1 号（TN1）上的水稻草矮病毒沙县分离物（*Rice grassy stunt virus*，RGSV-SX）。

1.1.2 试剂

纤维素酶、果胶酶、聚 L-鸟氨酸（PLO）购自北京欣经科有限公司；MES 购自上海生工生物工程技术服务有限公司；硝酸纤维素滤膜（NC）为 PALL 公司产品；碱性磷酸酶标记羊抗兔 IgG（IgG-AP）为 Promega 公司产品；其余试剂均为国产分析纯或化学纯。RGSV 抗血清由菲律宾国际水稻研究所的 Hibino 博士赠送；RGSV NS3 融合蛋白及 SP 抗血清为本室制备[6,7]。

1.2 水稻愈伤组织诱导

取授粉后 10～12d（未成熟胚）或水稻成熟种子（台农 67）去皮（成熟胚），常规消毒处理后，无菌操作剥取未成熟胚或成熟胚，除去少量的胚乳，接种在 N_6 或 MS 培养基上诱导愈伤组织，愈伤组织每月继代一次。

1.3 悬浮细胞系的建立

参照文献[8]的方法，略有修改。

1.4 病毒提纯

参照文献[9，10]的方法，略作修改。

1.5 原生质体病毒侵染体系的建立

取继代 3～5d 的悬浮细胞在混合酶液中游离原生质体。在黑暗条件下保温 4～10h，然后用 45μm 的滤网过滤，低速离心收集原生质体，并用含 13%甘露醇盐液洗涤 2～3 次后收集原生质体。进行原生质体活性测定，用 0.5%台盼蓝色，后在光学显微镜下观察。活的细胞不被染色，死亡的细胞则被染成蓝色[11]。RGSV 接种原生质体参照文献［12］的方法。在接种前应先取出部分正常原生质体细胞设为阴性对照。

1.6 ELISA 和 Western 杂交检测 RGSV 对水稻原生质体的侵染

ELISA 参照文献［13］的方法进行，SDS-PAGE 按常规方法进行。经 SDS-PAGE 分离后，电转移到硝酸纤维素膜上（200mA，1h），Western 杂交参照文献［14］进行。

2 结果和分析

2.1 细胞悬浮培养系的建立及原生质体的分离和纯化

愈伤组织经多次继代后，挑选淡黄色，表面光滑，分裂旺盛、紧密颗粒状的胚性愈伤组织，用来分离原生质体或建立细胞悬浮培养物。愈伤组织加入 AAM 或 N_6 液体培养基中进行悬浮培养，每 5～7 天继代一次。继代培养期间，可用无菌滴管吸 1 滴培养液于载玻片上，在 Leica 倒置荧光显微镜下观察细胞形态，避免操作中吸取坏死细胞。大约 2～3 个月后便可建立分散性好，生长旺盛的细胞悬浮系，取刚继代 3～5d 的悬浮细胞（图 1A），此时细胞生长旺盛，可用于酶解制备原生质体（图 1B），制备好的原生质体必须立即进行病毒接种实

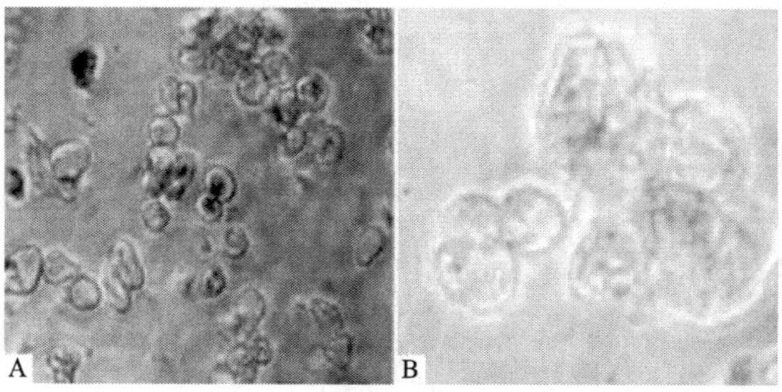

图 1 光镜下的悬浮细胞

A. 光镜下水稻胚性悬浮细胞（800×）；

B. 光镜下酶解后水稻原生质体（800×）

验，因细胞去壁后，如果酶液与细胞内的渗透压稍不平衡，极易引起原生质体破裂，因此，实验过程在分离原生质体酶液中加入 0.5%的牛血清白蛋白，有利于保护细胞膜免遭破坏。

2.2 RGSV 在水稻原生质体内的表达周期

经聚鸟氨酸介导，将 RGSV 导入水稻原生质体。以 RGSV 抗血清为探针，利用蛋白酶联免疫吸附法（ELISA），研究 RGSV 在水稻原生质体内的生长周期。结果表明：RGSV 在接种后 24h 左右开始在原生质体内复制，36h 左右达到最大值（图 2）。

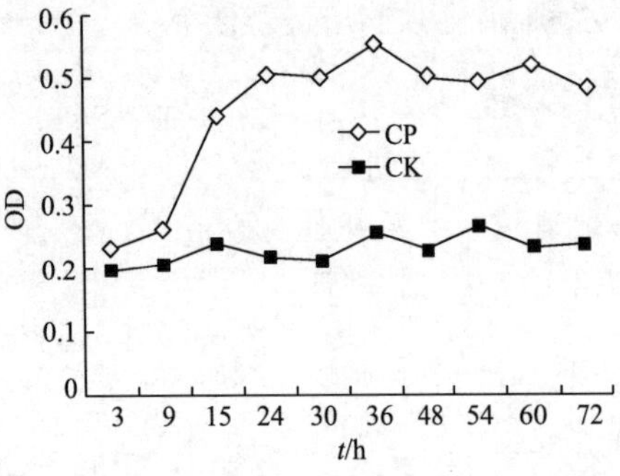

图 2　RGSV 在水稻原生质体内的一步增长曲线

2.3 RGSV 编码蛋白在水稻原生质体内的表达周期

RGSV 接种水稻原生质体，进行 SDS-PAGE 电泳，分别在 0h、3h、9h、15h、24h、30h、36h、48h、54h、60h 取样（以未接种 RGSV 的原生质体为对照），100*g* 离心 5min，去上清，加等体积 2×凝胶上样缓冲液煮沸 3min，1000*g* 离心 3min，尽量去除细胞碎片等杂质，取 20μL 上清于 12%聚丙烯酰胺分离胶，5%聚丙烯酰胺浓缩胶中电泳，结果表明，在病毒接种后不同时间，在 2116K 的 *NS6* 蛋白条带及 34kD 的 CP 条带处表达量有所不同，这表明病毒接种后 *CP*、*NS6* 已在水稻原生质体细胞中得到表达。

利用酶联免疫吸附法（ELISA），进一步研究 RGSV 在水稻原生质体内的生长周期及其编码蛋白的表达情况。对 RGSV 接种水稻原生质体不同时间内，分别以制备的 NS3、NS6 蛋白抗血清为探针，检测 RGSV 在侵染过程中 *NS3*、*NS6* 的表达情况。以接种后时间为横坐标，检测 OD 为纵坐标进行作图分析，结果表明，*NS6* 在 15h 左右开

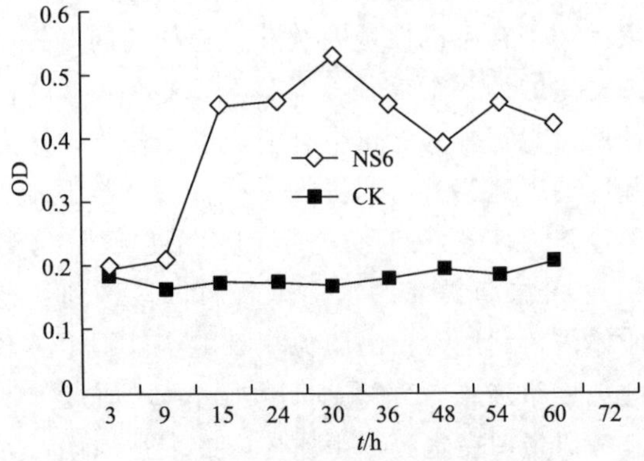

图 3　*NS6* 在水稻原生质体内的表达情况

始表达，在 30h 左右达到最大值（图 3），而在 RGSV 侵染 30h 后才检测到 NS3 蛋白的表达，在 36h 时还能检测到，但到 48h 后则检测不到 NS3 蛋白的存在。这表明 NS3 蛋白在体内表达量很低，或只在病毒复制的特定时期表达而未能检测到。Western 杂交检测结果与 ELISA 检测结果基本吻合，NS3 蛋白也只在病毒接种后 30h 有检测到目的条带，病毒接种后 15h NS6 蛋白在水稻原生质体中已开始得到表达，而未接种对照则无目的条带出现（图 4）。

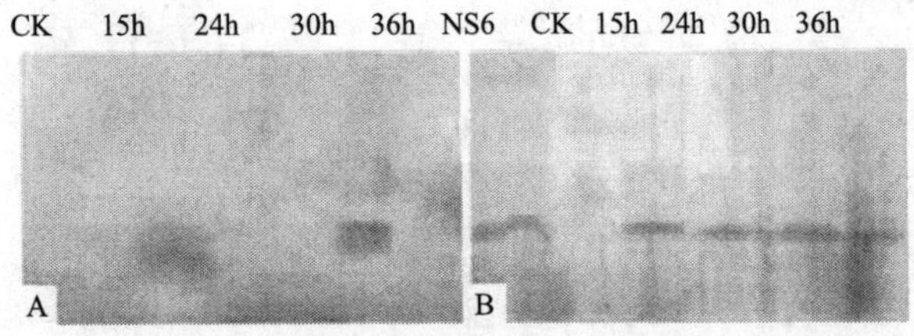

图 4　NS3 及 NS6 蛋白的 Western 杂交检测结果

A. NS3；B. NS6

3　结论

原生质体培养技术为研究病毒与寄主间的互作及其致病机制提供了一个理想模型。以水稻原生质体代替水稻植株来研究 RGSV 和寄主间的互作，从细胞水平研究病毒在寄主体内表达，这不仅简化了实验，而且缩短了研究周期。本研究以建立的水稻原生质体侵染体系为基础，经多聚鸟氨酸介导，对 RGSV 和寄主间的互作做了初步的探索。将 RGSV 导入水稻原生质体，研究 RGSV 在水稻原生质体内的生长周期及 NS3、NS6 蛋白的表达情况。研究结果表明，RGSV 在接种后 24h 左右开始在原生质体内复制，36h 左右达到最大值。*NS6*

在15h左右开始表达，在30h左右达到最大值，本所金凤媚等利用Northern点杂交，对RGSV接种原生质体后的不同时间取样检测的结果表明，病毒接种后需8h才能进行转录，而且从此以后持续上升，直到24～32h达到最高峰，以后又降到一个平台期（未发表数据），这进一步证实了RGSV已在原生质体中得到有效复制。该结果与病毒基因组采取的独特双义编码策略[1,2]是相对应的，即直接翻译自vRNA的NS6是病毒复制周期的早期阶段的产物，而由vcRNA编码的CP，是病毒复制周期晚期阶段的产物。对NS3蛋白的检测则发现，在RGSV侵染30h后才检测到NS3的表达，在36h时还能检测到，但到48h后则检测不到NS3蛋白的存在，这表明*NS3*在体内表达量很低，或可能只在病毒复制的特定时期表达而未能检测到。这表明RGSV所编码的各蛋白在病毒复制、繁殖中的表达似乎存在一个相互调控的过程。国内杨文定等[15]以RSV为抗血清研究RSV侵染水稻原生质体过程中RSV的增殖周期；另外，我所也已对RSV在原生质体内的复制与表达等方面进行了研究[16]，也得到类似的结果。

聚鸟氨酸是一种碱性氨基酸，为多价阳离子，具有高度促进病毒感染的作用。与其他病毒接种方法相比，其侵染率高、方法简单易行等优点。该方法已被广泛成功地应用于黄瓜花叶病毒（*Cucumber mosaic virus*，CMV）、马铃薯X病毒（*Potato X virus*，PVX）、豇豆花叶病毒（*Cowpea mosaic virus*，CpMV）、苜蓿花叶病毒（*Alfalfa mosaic virus*，AMV）等对烟叶原生质体的接种实验中[17,18]。因此，在实验过程中我们采用多聚鸟氨酸病毒接种法，经实验证明此方法在水稻原生质体侵染体系中确实可行，且接种效率高。

在本研究基础上，我们可进一步制备NS3-DNA、NS6-DNA探针，完成水稻原生质体中各基因的表达、积累及作用位点分析。为今后深入研究病毒在水稻原生质体细胞内的复制、细胞间的移动及细胞中的定位，明确RGSV基因产物在水稻细胞中的致病机制打下了基础。

参考文献

[1] Toriyama S, Kimishima T, Takahashi M. The proteins encoded by *Rice grassy stunt virus* RNA5 and RNA6 are only distantly related to the corresponding proteins of other members of the genus *Tenuivirus*. J Gen Virol, 1997, 78: 2355-2363

[2] Toriyama S, Kimishima T, Takahashi M, et al. The complete nucleotide sequence of the *Rice grassy stunt virus* genome and genomic comparisons with viruses of the genus *Tenuivirus*. J Gen Virol, 1998, 79: 2051-2058

[3] 林奇英，谢联辉，谢莉妍等. 中非两种水稻病毒病的比较研究 Ⅱ. 水稻草状矮化病的病原学. 农业科学集刊，1993，1(1)：203-206

[4] Toriyama S. An RNA-dependent RNA polymerase associated with the filamentous nucleoproteins of *Rice stripe virus*. J Gen Virol, 1986, 67: 1247-1255

[5] 林丽明，吴祖建，谢荔岩等. 水稻草矮病毒与品种抗性的互作. 福建农业大学学报，1998，27(4)：444-448

[6] 林丽明，吴祖建，谢荔岩等. 水稻草矮病毒特异蛋白抗血清的制备及应用. 植物病理学报，1999，29(2)：123-129

[7] 林丽明，吴祖建，谢联辉等. 水稻草矮病毒基因组vRNA3 *NS3*基因的克隆及序列分析. 农业生物技术学报，2003，11(2)：187-191

[8] 叶和春. 水稻细胞悬浮培养及再生植株的研究. 植物学报，1984，26(1)：52-59

[9] Hibino H, Usugi T, Omura T, et al. *Rice grassy stunt virus*: a planthopper borne circular filament. Phytopathol, 1985, 75: 894-899

[10] Toriyama S. Ribonucleic acid polymerase activity in filamentous nucleoproteins of *Rice grassy stunt virus*. J Gen Virol, 1987, 68: 925-929

[11] 陈浩明，颜长辉，姜晓芳等. 热激诱导烟草悬浮细胞的凋亡. 科学通报，1999，44(2)：196-200

[12] Samac DA, Nelson SE, Loesch-Fries LS. Virus protein an encapsidation of individual *Brome mosaic virus* infected alfalfa protoplasts. Virology, 1983, 131: 455-462

[13] 陆家珏，张成良，张作芳. A-蛋白酶联法检测植物病毒的研究. 植物检疫，1990，4(3)：161-163

[14] Sambrook J, Fritsch EF, Maniatis T. 分子克隆实验指南. 第二版. 金冬雁，黎孟枫. 北京：科学出版社，1989，888-897

[15] Yang W, Wang X, Wang S, et al. Infection and replication of a planthopper transmitted virus-*Rice stripe virus* in rice protoplasts. J Virol Met, 1996, 59:57-60

[16] 明艳林，吴祖建，谢联辉. 水稻条纹病毒CP、SP进入叶绿体与褪绿症状的关系. 福建农林大学学报，2001，30(增刊)：147

[17] Okano T. Infection of barley protoplasts with *Brome mosaic virus*. Phytopathol, 1977, 67: 610

[18] 田波，裴美云. 植物病毒研究方法(上册). 北京：科学出版社，1987，222-256，307-318

水稻齿叶矮缩病毒的研究进展*

郑璐平[1,2]，谢荔岩[1]，连玲丽[1,3]，谢联辉[1,2]

（1 福建农林大学植物病学重点实验室，福建福州　350002；2 福建农林大学生物农药与化学生物学教育部重点实验室，福建福州　350002；3 福建农林大学生命科学学院，福建福州　350002）

摘　要：水稻齿叶矮缩病毒（*Rice ragged stunt virus*，RRSV）及其所致的水稻齿叶矮缩病是东南亚、东亚和南亚一些国家的重要病害。本文综述了国内外有关 RRSV 的生物学、基因组结构及蛋白质功能的研究进展及其所致病害的控制策略。

关键词：水稻齿叶矮缩病毒；基因组；蛋白功能

中图分类号：S432.41　**文献标识码**：A　**文章编号**：

The advance research on the *Rice ragged stunt virus* (RRSV)

ZHENG Lu-ping[1,2], XIE Li-yan[1], LIAN Ling-li[1,3], XIE Lian-hui[1,2]

(1 Key Laboratory of Plant Virology, Fujian Province, Fuzhou　350002; 2 Key Laboratory of Biopesticide and Chemical Biology, Ministry of Education, Fujian Agriculture and Forestry University, Fuzhou　350002; 3 College of Life Science, Fujian Agriculture and Forestry University, Fuzhou　350002)

Abstract: *Rice ragged stunt virus* (RRSV) is a typical member of the *Oryzavirus* group of the family *Reoviridae*. RRSV has caused some severe rice diseases in many Asian countries. In this paper, the recent research on its biology, genome structure and protein functions were reviewed, and control measures of the disease were proposed.

Key words: *Rice ragged stunt virus*; genome structure; protein functions

水稻齿叶矮缩病毒（*Rice ragged stunt virus*，RRSV）是一种虫传病毒病害。1976 年，首次在印度尼西亚和菲律宾发现[1,2]，1978 年以来，我国福建、广东、台湾、江西、湖南和浙江等省也先后出现为害[3,4]；2007 年，笔者在福建龙岩地区和三明地区发现该病害发生严重。本文拟就 RRSV 的生物学、分子生物学、病害的流行与控制及存在的问题作一评述。

1　RRSV 的生物学特征

RRSV 属于呼肠孤病毒科（*Reoviridae*），但它的形态结构和基因组双链 RNA（dsRNA）的电泳图谱与该科另外两个属——植物呼肠孤病毒属（*Phytoreovirus*）和斐济病毒属（*Fijivirus*）的病毒存在有较大的区别，所以被单独列为水稻病毒属（*Oryzavirus*）[4,5]。

中国农业科技导报，2008，10（5）：8-12

收稿日期：2008-07-10　修回日期：2008-08-07

* 基金项目：福建省科技厅、教育厅资助项目（2007L2002，K03005）

1.1 RRSV 粒体的特性

RRSV 具有双层衣壳，呈二十面体结构，完整病毒粒体的直径约为 65nm，核心颗粒约 50nm。外壳附着“A”型刺突，呈乳头状，宽 10～12nm，长 8nm，基部与内壳之“B”型刺突相衔接，“B”型刺突基部宽 25～27nm，长 10～13nm[6,7]。电镜下可观察到直径 50～66nm 或是 40nm 的粒子分布在感病水稻叶片韧皮细胞的病毒质体（Viroplasm）中；带毒虫体内的器官或组织里也可观察到直径 40～45nm 或 50～75nm 两类球形结晶状粒子，聚集或是分散地排列在细胞质的病毒质体中[8]。

1.2 RRSV 与介体、寄主之间的互作

1.2.1 RRSV 的介体及其传毒特点

RRSV 的介体昆虫为褐飞虱（*Nilaparvata lugens*），是一种迁飞性昆虫，其传播特点是属持久性方式，但不经卵和稻种传播。

褐飞虱的若虫蜕皮而不失毒，对稻苗的传毒率为 2.6%～42.1%，病毒在虫体中的分布以唾液腺中含量最高[9]。褐飞虱最短的获毒时间为 0.5h，获毒率为 2%；饲毒 48h，获毒率最高，可达 42%；24.1℃条件下接种，循回期为 5～23d，平均 10.7d。获毒褐飞虱通过循回期后能终生传毒，传毒过程有间隙现象，间隙期为 1～6d，最多能连续传毒 8d。水稻感染病毒后，需 9～32d 潜育期才显症状，不同月份病毒潜育期不同，其长短与温度高低有关[3]。

1.2.2 RRSV 的寄主及其发病症状

RRSV 在自然条件下，只侵染稻属（*Oryza*）中的亚洲栽培稻（*O. sativa*）、宽叶野生稻（*O. latifolia*）和尼瓦拉野生稻（*O. nivara*）[10]。但经人工接种，也可侵染小麦（*Triticum aestivum*）、玉米（*Zea mays*）、大麦（*Hordeum distichum*）、燕麦（*Avena sativa*）、稗草（*Echinochloa crusgalli*）、甘蔗（*Saccharum sinensis*）、李氏禾（*Leersia hexandra*）、蟋蟀草（*Eleusine indica*）、看麦娘（*Alopecurus aequulis*）、水蜈蚣（*Kyllinga brevifolia*）和棒头草（*Polyplgon fugax*）等 13 种植物[11,12]。

RRSV 引发的水稻病症主要表现为病株浓绿矮缩，分蘖增多，叶尖旋卷，叶缘有锯齿状缺刻，叶鞘和叶片基部常有长短不一的线状脉肿[10]，脉肿即为叶（鞘）脉局部突出，呈黄白色脉条膨肿，长 0.1～0.85cm 以上，多发生在叶片基部的叶鞘上，但亦有发生在叶片的基部。RRSV 的病害症状在不同生育期、不同水稻品种表现不同[3,12]。同时，RRSV 还能与水稻矮缩病毒（*Rice dwarf virus*）、水稻暂黄病毒（*Rice transitory yellowing virus*）和水稻黄萎植原体（*Rice yellow dwarf*）等病原物发生二重、三重甚至四重感染[3]。

2 RRSV 的分子生物学

2.1 RRSV 的基因组

RRSV 的基因组由 10 个 dsRNA 组成，根据它们在聚丙烯酰胺凝胶电泳中的迁移率，依次命名为 S1～S10，其大小为 1.2～3.9 kb[13]。1991 年，在美国召开的由洛氏基金会支持的水稻工程国际会议上，澳大利亚专家 Upadhyaya 宣称已获得 RRSV S6～S10 五个 dsRNA 基因组片段的全序列，此后，该病毒基因组的研究不断深入。至今，已获得 RRSV 泰国分离株（RRSV-T）基因组全序列，RRSV 菲律宾分离株（RRSV-P）和印度分离株（RRSV-I）基因组部分序列也被测定，在 NCBI 网站上与 RRSV 相关的序列报道有 28 个，它们之间的同源性较高。其中，S1 片段最大，其泰国分离株为 3849bp，菲律宾分离株为 4233bp。S9 片段最小，其泰国、菲律宾和印度分离株均为 1132bp。

RRSV 的每条双链 RNA 末端都有一段保守序列：5′-GAUAAA…和…GUGC-3′，该保守的末端序列与呼肠孤病毒科的另外两个属的病毒完全不同[14]。该病毒具有 RNA 依赖的 RNA 聚合酶[15]，在聚合酶颗粒中，它能从已经包装好的正链基因组片段合成互补的互链[16]，但关于这一类病毒包装和装配的机制目前尚未阐明，仅知道其基因组是在细胞质中的病毒质体内复制，而外壳蛋白 mRNA 的翻译在细胞质中进行。

2.2 RRSV 的核酸及其编码的蛋白

已知该病毒编码 11 种蛋白（表 1），包含了 8 种结构蛋白和 3 个非结构蛋白[17,18]。

表1　水稻齿叶矮缩病毒（RRSV）的基因组结构与功能

基因组片断/bp	编码区	蛋白	分子质量/kD	功能
S1（3849）	30-3740	P1	1237（137.7）	B突起蛋白（B-spike protein）
S2（3810）	169-3744	P2	1192（133.1）	结构蛋白
S3（3699）	86-3604	P3	1173（130.8）	结构蛋白
S4（3823）	12-3776	P4a	1255（141.4）	依赖RNA的RNA聚合酶（RdRP）
	491-1468	P4b	327（36.9）	未知
S5（2682）	52-2475	P5	808（91.4）	加帽酶/鸟嘌呤转移酶（capping enzyme）
S6（2157）	41-1816	P6	592（65.6）	非结构蛋白
S7（1983）	20-1843	NS7	608（68）	非结构蛋白
S8（1814）	23-1810	P8	596（67.3）	结构蛋白
	23-694	P8a	224（25.6）	自剪切酶（self-cleavage proteinase）
	695-1810	P8b	558（41.7）	主要衣壳蛋白（coat protein）
S9（1132）	14-1027	P9	338（38.6）	介体传毒突起蛋白（spike protein）
S10（1162）	20-55	?	12	未知
	142-1032	NS10	297（32.3）	未知

其中，S4编码两种蛋白，较大的P4a存在RNA依赖的RNA聚合酶（RdRP）的保守区，较小的P4b是否在体内翻译、及其功能仍不清楚[19]。S5编码分子质量为91kD的结构蛋白，具有鸟苷酸转移酶活性，在病毒转录和复制过程中起戴帽作用[20]，但它与其他呼肠孤病毒的序列无明显的相似性。

S6编码非结构蛋白P6，具有非特异性的核酸结合活性，优先结合单链核酸，结合位点位于第201～273bp，该蛋白在病毒复制和装配的过程中起作用[21]，能激活和促进P8的自我聚合[23]。

S8编码大小为67kD的结构蛋白P8，该蛋白具有自我聚合和剪切功能，可以剪切成两种蛋白43kD和26kD。其中，完整蛋白67kD和自剪切产物蛋白43kD都可能参与病毒的装配。蛋白43kD还可能参与病毒内壳蛋白的组装；在某种程度上，它与P9存在着直接的相互作用；而蛋白26kD只起剪切作用[22,23]。另外，吕慧涓等[24]研究发现P8具有自聚集现象。

S9编码大小为39kD的刺突蛋白P9，该蛋白在昆虫细胞的病毒传播过程中起重要作用，常被用来观察病毒的分子生物学[25,26]。研究表明，P9可能通过与完整的病毒来竞争褐飞虱体内的受体，从而抑制病毒进入昆虫体内的增殖，因此，有可能利用它来控制病害的发生；S10编码大小为32kD的非结构蛋白P10，该蛋白具有ATPase活性，可能参与和促进双链RNA病毒的核酸包装和双层衣壳的装配[27]。

3　RRSV病害的控制

3.1　传统方法的控制

利用化学杀虫剂对植物病害进行控制和预防是最传统的方法。在防治RRSV时，泰国和越南两国早期主要是采用吡虫啉作为杀虫剂，但随使用年限和范围的增加，褐飞虱对该杀虫剂产生了高抗药性，这充分说明化学药物的长期使用必然会导致抗药性的产生[28]。因此，利用杀虫剂来除虫防病不但不能从根本上减轻病害的发生，而且还造成污染，应尽量避免。

选育和推广抗病品种是防治水稻病害最经济有效的方法。我国对抗RRSV水稻品种的研究于80年代就开始了[29]，而最近的关于该病害的抗病品种的相关报道是在1999年，雷娟利等[30]对57个转基因水稻品系进行了抗RRSV的筛选，得到4个抗性品系，其中2个品系（水稻转基因系315和316）表现出强的抗病性。

3.2　基因工程策略的控制

转基因是抗病毒基因工程常用的手段之一，但该方法耗时长，效率低，同时也存在一定的生物安全风险性。随着基因沉默技术（gene silencing technology）的逐步开展，利用RNA干扰的高效性和特异性来控制植物的病毒病已开始得到重视[31]。依据病毒来源的dsRNA可以激活和诱发植物体内的基因沉默系统抵御病毒侵染这一理论，将病毒基因同源序列的双链结构导入植物体内用以防御病毒的侵染。虽然目前还没有用这种策略来控制水稻病毒病害的相关报道，但它仍有可能成为水稻病毒病控制的新方法，同时也是植物病毒病防治的一种新趋势。

对水稻沉默抑制子的研究也在逐步进行中，已经发现了水稻矮缩病毒（RDV）和水稻瘤矮病毒（RGDV）的沉默抑制子[32,33]。这些沉默抑制子的鉴定对于寄主抗性和病毒反抗性就有重要的意义。因此，在防治 RRSV 病害时，可以从该病毒编码的抑制子入手，甚至可以结合不同水稻病毒抑制子，构建嵌合转基因降低抑制子的功能，从而使植物获得对多种病毒的高度抗性。

4 结语

许多国家的 RRSV 病害发病率普遍较低，未形成大的流行，导致 RRSV 的研究进展未得到重视，特别是 2005 年至今几乎处于停滞状态。但是，该病于 2006～2007 年在福建的一些地区普遍发生，有些地方还造成比较严重的损失，说明此病在我国仍有流行爆发的可能。因此，如何在目前研究的基础上，加强对该病的病理学，特别是生物学与生态学的研究，病毒的结构和功能，病毒的致病机制、病毒与寄主及介体昆虫之间的互作，病毒的流行灾变规律和培育出高抗的优良品种等作进一步的研究是十分必要的。

参考文献

[1] Hibino H, Roechan M, Sudarisman S, et al. A virus disease of rice (Kerdil Hampa) transmitted by brown planthopper, *Nilaparvata lugens* Stal. in Indonesia. Central Reaserch Insitute for Agriculuture Bogor, 1997, 35: 1-15

[2] Ling KC, Tiongco ER, Aguiero VM. Transmission of rice ragged stunt by biotypes of *Nilaparvata lugens*. International Rice Research Newsletter, 1977, 2 (6): 12

[3] 谢联辉，林奇英. 锯齿叶矮缩病毒在我国水稻上的发现. 植物病理学报，1980，10 (1)：59-64

[4] Francki RIB, Mattchcws REF. Classification and nomenclature of viruses. Fifth Report of the International Committee on Taxonomy of Viruses. Archives of Virology (suppl 2), 1991, 197

[5] Fauquet CM, Mayo MA, Maniloff J. Virus taxonomy eight report of the international committee on taxonomy of viruses. San Diego: Elsevier Academic Press, 2005

[6] Kawano S, Uyeda I, Shikata E. Particle structure and double stranded RNA of *Rice ragged stunt virus*. Journal of the Faculty of Agriculture, Hokkaido University, 1984, 61: 408-418

[7] 陈庆忠，陈脉纪，邱人璋. 水稻皱缩病毒具有外鞘及外鞘上之A突起. 植物保护会刊，1997，39：383-388

[8] 陈脉纪，陈庆忠. 稗草皱缩矮化病毒与水稻皱缩矮化病毒之电子显微镜比较研究. 电子纤维学报，1991，4：327-328

[9] 沈菊英，彭宝珍，龚祖埙. 水稻齿叶矮缩病毒在水稻病叶及传毒媒介昆虫组织内的形态. 上海农业学报，1989，5 (2)：15-18.

[10] Milne RG, Boccardo G, Ling LC. *Rice ragged stunt virus*. CMI/A-AB description of plant viruses, 1982, 248: 1-5

[11] 谢联辉，林奇英，王少峰. 水稻齿叶矮缩病毒抗血清的制备及应用. 植物病理学报，1984，14 (3)：147-151

[12] 林奇英，谢联辉，陈宇航等. 水稻齿叶矮缩病毒寄主范围的研究. 植物病理学报，1984，14 (4)：247-248

[13] Kawano S, Shikata E, Senboku T. Purification and morphology of *Rice ragged stunt virus*. Journal of the Faculty of Agriculture, Hokkaido University, 1983, 61: 209-218

[14] Yan J, Kudo H, Uyeda I, et al. Conserved terminal sequences of *Rice ragged stunt virus*. Journal of General Virology, 1992, 73: 785-789

[15] Bamford DH, Wickner RB. Assembly of double-stranded-RNA virus-bacteriophage f6 and yeast virus LA. Seminars Virology, 1994, 5: 61-69

[16] Gillian AL, Schmechel SC, Livny J, et al. Reovirus protein sigma NS binds in multiple copies to single-stranded RNA and shares properties with single-stranded DNA binding protein. Journal of virology. Virology, 2000, 74 (13): 5939-5948

[17] Upadhyaya NM, Ramm K, Gellatly JA, et al. *Rice ragged stunt oryzavirus* genome segments S7 and S10 encode non-structural proteins of Mr 68,025 (Pns7) and Mr 32,364 (Pns10). Archives of Virology, 1997, 142 (8): 1719-1726

[18] Lu HH, Wu JH, Gong ZX, et al. *In vitro* translation of 10 segments of the dsRNA of *Rice ragged stunt virus* (RRSV). Acta Biochim Biophys Sin, 1987, 19: 354-359

[19] Upadhyaya NM, Ramm K, Gellatly JA, et al. *Rice ragged stunt oryzavirus* genome segment S4 could encode an RNA dependent RNA polymerase and a second protein of unknown function. Archives of Virology, 1998, 143 (9): 1815-1822

[20] Li Z, Upadhyaya NM, Kositratana W, et al. Genome segment 5 of *Rice ragged stunt virus* encodes a virion protein. Journal of General Virology, 1996, 77: 3155-3160

[21] Shao CG, Lu HJ, Wu JH, et al. Nucleic acid binding activity of Pns6 encoded by genome segment 6 of *Rice ragged stunt oryzavirus*. Acta Biochimica et Biophysica Sinica, 2004, 36 (7): 457-466

[22] Lu HJ, Shao CG, Gong ZX. Self-aggregation of the structural protein encoded by *Rice ragged stunt oryzavirus* genome segment 8. Acta Biochim Biophys Sin, 2002, 34 (5): 565-570

[23] Upadhyaya NM, Zinkowsky E, Kositratana W, et al. The M (r) 43K major capsid protein of *Rice ragged stunt oryzavirus* is a posttranslationally processed product of a Mr 67,348 polypeptide encoded by genome segment 8. Archives of Virology, 1996, 141 (9): 1689-1701

[24] 吕慧涓，邵朝纲，龚祖埙. 水稻齿叶矮缩病毒 *S8* 基因编码的结构蛋白质及其自聚集性质. 生物化学与生物物理学报，

2002，34（5）：565-570

[25] Zhou GY，Lu XB，Lu HJ，et al. *Rice ragged stunt oryzavirus*：role of the viral spike protein in transmission by the insect vector. Annals of Applied Biology，1999，135：573-578

[26] Shao CG，Wu JH，Zhou GY，et al. Ectopic expression of the spike protein of *Rice ragged stunt oryzavirus* in transgenic rice plants inhibits transmission of the virus to insects. Molecular Breeding，2003，11（4）：295-301

[27] 邵朝纲. 水稻齿叶矮缩病毒的分子生物学研究及新城疫病毒检测技术. 中国科学院研究院博士论文，2004

[28] 梁桂梅，李永平，郭井泉. 今年泰国、越南稻飞虱发生态势及抗药性的发生与防治. 中国植物导刊，2007，27（6）：44-45

[29] 谢联辉，林奇英. 1982. 水稻品种对病毒病的抗性研究. 福建农学院学报，1982，11（2）：15-18

[30] 雷娟利，吕永平，金登迪等. 转基因水稻对水稻齿叶矮缩病毒（RRSV）抗性评价. 浙江农业学报，1999，11（5）：217-221

[31] Wang MB，Abbot DC，Waterhouse PM. A single copy of a virusderived transgene encoding hairpin RNA gives immunity to *Barelv yellow dwarf virus*. Molecular Plant Pathology，2000，（1）：347-356

[32] Cao XS，Zhou P，Zhang XM，et al. Identification of an RNA silencing suppressor from a plant double-stranded RNA virus. Journal of Virology，2005，79：13018-13027

[33] 刘福秀，赵芹，阮小蕾等. 水稻瘤矮病毒基因组第11片段编码一个RNA沉默抑制子. 科学通报，2008，53（1）：96-103

水稻条纹病毒的分子生物学*

谢联辉，魏太云，林含新，吴祖建，林奇英

（福建农林大学植物病毒研究所，福建福州　350002）

摘　要：综述了近年来国内外有关水稻条纹病毒在基因组结构、功能、复制、转录、表达策略及其分类地位、病毒分子变异和病害控制策略以及进化上的亲缘关系等方面的最新研究进展，并就如何进一步开展深入研究进行了讨论。

关键词：水稻条纹病毒；分子生物学；基因组结构及功能

中图分类号：S435.111.4+9　**文献标识码**：A　**文章编号**：1006-7817-（2001）03-0269-11

Advances in molecular biology of *Rice stripe virus*

XIE Lian-hui，WEI Tai-yun，LIN Han-xin，WU Zu-jian，LIN Qi-ying

（Institute of Plant Virology，Fujian Agriculture and Forestry University，Fuzhou　350002）

Abstract：The genome organization，replication，transcription，gene expression and function of *Rice stripe virus*（RSV），and its classification，molecular mechanism of virus variation，and the strategy for disease control，as well as its phylogenetic relationships in evolution of RSV were reviewed. Meanwhile，the approach for further research was discussed.

Key words：*Rice stripe virus*；molecular biology；genome organization and function

由水稻条纹病毒（*Rice stripe virus*，RSV）引起的水稻条纹叶枯病最早于1897年在日本关东发现，后在朝鲜、乌克兰和中国均有发生[1]。1997～2001年实地调查表明，该病目前在云南、辽宁、北京、河南、山东、江苏、上海仍十分常见，特别是云南保山、楚雄、昆明，北京双桥，河南原阳，山东济宁及苏北等地，田间发病更为普遍，有的甚至颗粒无收。

RSV是纤细病毒属（*Tenuivirus*）的代表种。根据传毒介体、寄主范围、RNA组分数目及大小和相应基因编码的蛋白的氨基酸序列的同源性（>85%）以及相应的基因间隔区（intergenic region，IR）序列的同源性（>60%），已将RSV、稗草白叶病毒（*Echinochloa hoja blanca virus*，EHBV）、玉米条纹病毒（*Maize stripe virus*，MSpV）、水稻白叶病毒（*Rice hoja blanca virus*，RHBV）、水稻草矮病毒（*Rice grassy stunt virus*，RGSV）和尾稃草白叶病毒（*Urochloa hoja blanca virus*，UHBV）等明确归入纤细病毒属[2]。

RSV作为纤细病毒属的代表种，近年来人们对其基因组结构、功能、复制、转录、表达策略及其分类地位、病毒分子变异和病害控制策略以及进

福建农林大学学报，2001，30（3）：269-279

收稿日期：2001-07-30

* 基金项目：国家自然科学基金资助项目（39900091、30000002）

化上的亲缘关系等作了较为全面的研究。本文就有关这些方面的进展作一综述，并就如何进一步开展深入研究谈谈我们的想法，供讨论参考。

1　RSV 基因组的结构与功能

RSV 具有独特的基因组结构和编码策略，其中 RNA1 采取负链编码策略，编码依赖 RNA 的 RNA 聚合酶（RNA -dependent RNA polymerase，RdRp），RNA 2、RNA 3、RNA 4 均采取双义（ambisense）编码策略，即在 RNA 的毒义链（vRNA）和毒义互补链（vcRNA）的靠近 5′ 端处各有一个开放阅读框（ORF），都可以编码蛋白质[3]（图 1）。

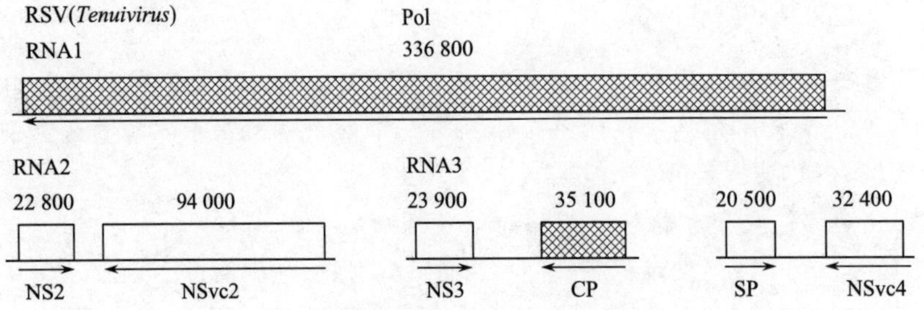

图 1　RSV 基因组结构（仿 Morozov 等[4]）

箭号：编码基因从 N 2 到 C2 的方向，阴影图表示已确定功能的基因片段

1.1　RdRp

Toriyama[5] 最早于 1986 年在纯化的 RSV 病毒粒体中检测 RdRp 活性的存在，其活性部分含有两个病毒结构蛋白，即分子质量为 35kD 的外壳蛋白（coat protein，CP）和一分子质量为 230kD 的蛋白，推测其即为病毒的复制酶蛋白（Pol）。分析日本 RSVT 分离物 vcRNA1 编码蛋白的氨基酸序列，推测其编码一个分子质量为 337kD 的具有 RdRp 结构特征的复制酶蛋白[6]。该蛋白的分子质量与 SDS-PAGE 检测到的复制酶蛋白的分子质量（230kD）相差较大。这种差异在布尼安威拉病毒（*Bunyamwera virus*，BUNV）和番茄斑萎病毒（*Tomato spotted wilt virus*，TSWV）的 RNA 聚合酶也有报道[7]。这暗示在不同的体系中，复制酶可能经历了不同的翻译后修饰。病毒核酸复制是病毒生活周期中的重要一环，病毒侵入细胞后，先翻译出复制所需的蛋白，这些蛋白和一种或多种寄主的蛋白共同组成复制酶复合体。在 RSV 的两种不同类型的寄主（植物与昆虫）中，RSV 的复制酶体系是否相同，复制酶体系各组分间的互作关系如何？了解 RSV 在上述两种寄主中的复制机制对于了解病毒与寄主植物及昆虫介体的互作关系以及可能的进化机制都具有重要意义。

1.2　CP、病害特异性蛋白（disease-specific protein，SP）

林奇田等[8] 的研究结果揭示 RSV vcRNA3 编码的 CP 和 vRNA4 编码的 SP 在病叶中的积累量与褪绿花叶症状的严重度密切相关，推测这两种蛋白都是致病相关蛋白。最近，刘利华等[9] 应用免疫胶体金电镜技术发现 RSV CP 和 SP 在叶绿体和细胞质中都有存在；明艳林等发现 CP、SP 可进入受侵水稻的叶绿体内，其浓度与病症的严重度成正相关，用完整游离叶绿体进行体外跨膜运输试验的结果表明，CP 能快速进入离体叶绿体（待发表资料）。这些结果都从细胞病理学方面提供了证据。我国 RSV 7 个分离物间存在致病性分化，它们之间无法用血清学加以区分，CP、SP 及核酸各组分的电泳迁移率也没有差异[10]，但这 7 个分离物的 *CP*、*SP* 基因序列间存在变异[11]，这从一个侧面暗示 RSV 各分离物的致病性分化与其 *CP*、*SP* 基因变异可能有一定的相关性。现在还不清楚 RSV 侵染后在水稻上表现的症状是由 CP 或 SP 单独作用所致，还是两者共同作用的结果，也不清楚诱发症状的过程。采用传统的病毒接种方法，因涉及病毒的所有基因，因此难以弄清病毒单个基因，特别是致病基因的功能，而这对揭示病毒与寄主互作的分子机制又是至关重要的。农杆菌介导的转基因技术已成为研究病毒的基因功能和生物学特性的重要方法。如通过农杆菌介导的基因转化方法，将RSV *CP*、*SP* 基因分别或同时转化到水稻的愈伤组织中，研究转化基因在细胞内的累积及其作用位点及转基因后代的症状，有可能提供进一步的证据。我们已经构建了含 *CP*、*SP* 基因的植物表达载体，并通过三亲融合法将该质粒转入土壤农杆菌LBA 4404，为进一步转化水稻，分析转基因后代的性状表现和病毒抗性，了解这两个基因的功能及其与致病性的关系奠定基础。

1.3 可能编码移动蛋白（movement protein，MP）的基因片段

Takahashim 等[12]认为，在 RSV 侵染的灰飞虱单层细胞培养体系中，vRNA2 编码的 NS2 蛋白可诱导形成胞间连丝状的管状结构，结合其瞬时表达等特征，推测其与病毒的胞间运动（cell-to-cell movement）有关。王晓红等[13]和 Takahashim 等[14]已分别在病毒粒体和病叶中检测到 NS2 蛋白。Melcher[15]认为 vcRNA 4 编码的 NSvc4 蛋白与植物病毒分子质量为 30kD 移动蛋白大家族的结构有相似性。Western 杂交分析可以在病叶和带毒虫体内检测到这个蛋白[16]。以上分析暗示 NS2 和 NSvc4 蛋白都有可能参与病毒的胞间运动。另外，免疫胶体金标记显示，在病叶叶肉组织细胞壁的胞间连丝中存在 CP[9]。这个结果暗示 RSVMP 极有可能是和 CP 协同起作用的。Soellick 等[17]认为TSWV MP 与 CP 及寄主蛋白间均存在明显的互作关系。而 RSV 与 TSWV 的亲缘关系较近，这两种病毒的胞间运动模式极可能是一致的。有趣的是，Chomchan 等[18]应用酵母双杂交系统对 RGSV 各编码蛋白间的互作关系进行检测的结果表明，RGSV NS2 蛋白与 CP 间有明显的互作关系，而与其他蛋白间的互作关系较弱。这也许意味着纤细病毒属种的 NS2 蛋白确实参与了病毒的胞间运动。

1.4 RSV 编码的其他蛋白

根据纤细病毒属 vcRNA2 编码的 NSvc2 蛋白与白蛉热病毒属（*Phlebovirus*）相应蛋白之间氨基酸序列的相似性，推断这个蛋白为膜糖蛋白[3]。Liang 等[19]在灰飞虱唾液腺和中肠的上皮细胞中检测到 NSvc2 蛋白，且可以和 SP 在中肠积累，形成纤维质状的电子质不透明（fibrillar electron-opaque，FEO）内含体，而 FEO 在植物组织中几乎不存在。这个结果暗示中肠中的 FEO 是由带毒虫本身产生的，而不是由昆虫从植物组织中吸取的。这意味着 NSvc2 蛋白和 SP 都有可能在病毒与昆虫介体的识别过程中起作用。RSV SP 在带毒虫体内的表达量很低，且只能在唾液腺、中肠、血腔和卵巢中检测到[20]。Stewart 等[21]在分析纤细病毒属这个特征后，推测 SP 可能在病毒与昆虫介体最初的识别过程中起作用。此外，序列比较结果发现，RHBV SP 与烟草脉斑驳病毒（*Tobacco vein mottling virus*，TVMV）编码的蚜虫传播辅助因子有一定的氨基酸序列相似性[22]，则进一步为这个推测提供了证据。RSV NS3 蛋白已在大肠杆菌中表达，并制备了相应的抗血清，Western 杂交分析可以在病毒粒体、病叶和带毒虫体内检测到这个蛋白，估计其与病毒的复制有关[16]。这意味着NS3 蛋白可能直接参与病毒粒体的形成，但其确切功能还未知。最近，Chomchan 等[23]通过酵母双杂交系统的检测结果表明，RGSV 相应区段编码的蛋白（NS5 蛋白）与其 RdRp 间有明显的互作关系，而且 NS5 蛋白可通过 N 端紧密连接，形成同型二聚体。这进一步表明了纤细病毒属的 NS3 蛋白（RGSV 为 NS5 蛋白）可能参与了病毒的复制。综上所述，RSV 基因组的结构与功能可归纳如表 1所示，但仍有必要应用酵母双杂交系统绘制病毒编码各蛋白联系图谱。

表 1 水稻条纹病毒基因组结构与功能

区段	核苷酸数/nt	编码链	编码蛋白（相对分子质量）	蛋白功能	引用文献
RNA 1	8970	vcRNA 1	Pol (336 800)	RNA 聚合酶	[5，6]
RNA 2	3514	vRNA 2	NS2 (22 800)	参与运动（?）	[12]
	3507	vcRNA 2	NSvc2 (94 000)	膜糖蛋白（?）	[3，19]
RNA 3	2745	vRNA 3	NS3 (23 900)	参与复制（?）	[15]
	2511	vcRNA 3	CP (35 100)	外壳蛋白	[8，9]

续表

区段	核苷酸数/nt	编码链	编码蛋白（相对分子质量）	蛋白功能	引用文献
	2504			致病相关蛋白（?）	
				参与运动（?）	
RNA 4	2137	vRNA 4	SP（20 500）	病害特异性蛋白	[8，9，19]
	2157			致病相关蛋白（?）	
	2235	vcRNA 4	NSvc4（32 400）	参与运动（?）	[6]

2 病毒基因组的复制、转录与表达调控

近几年并没对 RSV 复制、转录与表达策略进行深入的研究。但目前已经积累了一些资料，表明基因组的某些结构可能在病毒的复制和转录中起作用。例如，3′端的保守序列是 RNA 聚合酶的识别位点，充当了启动子的作用[24]。

应用 Western 杂交分析 RSV 侵染水稻原生质体后的 CP、SP 的表达结果表明，RSV CP 在接种后 16h 左右开始在原生质体内复制，38h 左右达到最大值；而 RSV SP 在 12h 左右开始表达，在 32h 左右达到最大值。这个结果与病毒基因组的双义策略是相对应的。即直接翻译自 vRNA 的 SP，是病毒复制周期的早期阶段的产物，而由 vcRNA 编码的 CP，是病毒复制周期的晚期阶段的产物。另外，研究结果还表明，除表达时间有差异外，二者的总体表达趋势很相似（待发表资料），因此，*CP*、*SP* 的表达极可能是相互调控的过程。Nguyen 等[25]通过对 RHBV 在大麦原生质体内侵染情况的观察，也得到相似的结果。

曲志才等[16]应用 Western 杂交分析研究带毒虫体内 CP、SP 两种蛋白积累量的结果表明，CP 可以在灰飞虱体内大量表达，但 SP 的表达量很低。从 RSV 已报道的 3 个分离物 RNA 3、4 序列比较结果发现，编码 SP 的 RNA4 序列的变异程度比编码 CP 的 RNA 3 大[26]。类似的情况在纤细病毒属其他种如 RHBV 或 RGSV 不同分离物的相应区段中表现得更为明显[27,28]。这进一步暗示 SP 在昆虫介体体内功能可能较小，在进化过程中允许其有较大的变异。

在冬季，症状表现明显的水稻叶片 SP 的含量十分低，与夏季相比，估计含量减少 30 倍左右。暗示 SP 在寄主体内的表达可能还受到了与植物寄主相关基因的调控。最近研究发现，SP 基因所在的 RNA4 与 CP 基因所在的 RNA3 所转录出的 mRNA 5′端前有一段 10～23bp 的非病毒的核酸序列[29]。进一步研究表明，纤细病毒 mRNA 的转录可能采取加帽起始机制，即病毒的 RdRp 利用寄主细胞的引物开始自身 mRNA 的合成，且这段序列是戴帽的（图 2）[30]。这说明 *CP*、*SP* 的转录或表达确实是受到了寄主基因的调控。在冬季，水稻生长不良，这是否导致了该基因的负调控作用而使 SP 基因的转录或表达量大大减少呢？

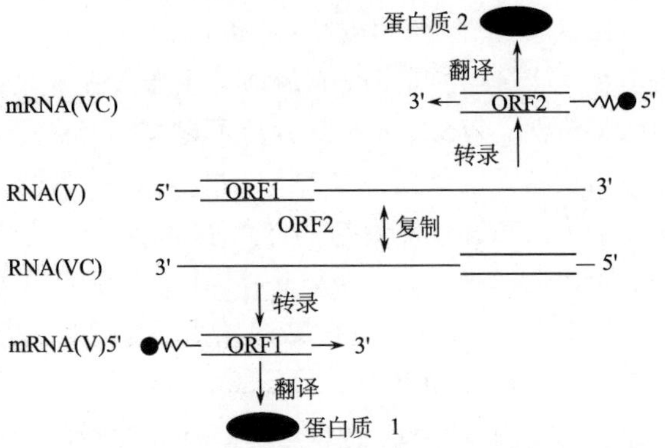

图 2 RSV 双义编码可能的表达策略

（仿 Ramirez 等[22]）

：非病毒序列；：帽化结构；

细线：RSV RNAs；粗线：IR；框盒：ORF

SP 基因的表达可能还与 IR 的发夹结构有关。对 RSV 7 个分离物 RNA 4 IR 序列分析结果表明，IR 序列中有两个发夹结构，其中一个发夹结构稳定，而另一个发夹结构的稳定性在各个分离物中差异较大[31]（图 3）。进一步分析结果表明，我国 RSV 7 个分离物的致病性差异与其 RNA4 IR 所形成的发夹结构的稳定性成正相关关系，vRNA4 编码的 SP 被认为是一种与病害症状有紧密相关的蛋白。因此，是否可以认为各个分离物正是通过这种稳定性不同的发夹结构影响 IR 两旁 ORF 的转录终止及 ssRNA 的稳定性，进而导致其生物学性状特别是致病性差异呢？此外，IR 还有可能在病毒

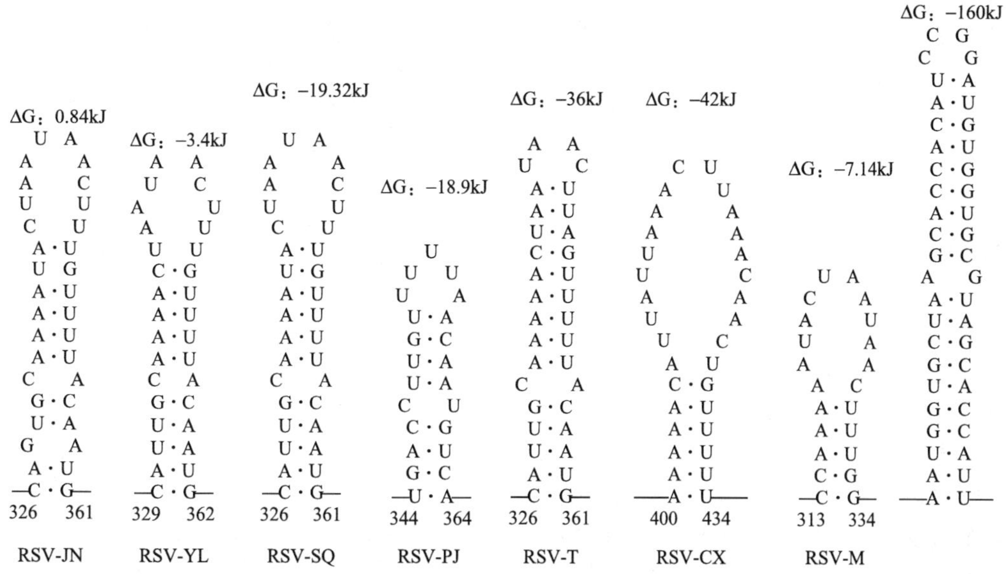

图 3 RNA4 基因间隔区内两个可能的发夹结构[31]

·：茎区的碱基配对；△G：最低自由能

复制和转录的转换过程中起到主要作用[32]。

3 RSV 分子变异

传统的生物学测定已发现 RSV 不同分离物之间存在致病性[33]或化学组成[34]上的差异。最近有报道表明，RSV 在核苷酸水平上同样存在分子差异。从已测定了 RSV 3 个分离物的 RNA3 和 RNA4 的核苷酸序列分析的结果表明，RSV 的基因序列和 5′端及 3′端非编码区序列相当保守，而变异主要发生在 IR[26]。对我国两个分离物 RNA4 序列的分析也有相似的结果[35,36]。对采自辽宁、北京、山东、上海、福建、云南等地 7 个分离物的 *CP*、*SP* 基因的序列进一步分析结果表明，所有这些分离物都可以分成两个群，第 1 群包含云南的 3 个分离物，其他分离物及日本的两个分离物归入第 2 群[37]。但对 RSV 自然种群和实验种群内的遗传变异情况还未进行系统的研究。

序列分析结果表明：RSV 主要采用点突变和缺失的变异方式；RSV 是否还采用其他变异机制尚不清楚。最近研究发现，与 RSV 同属的 RGSV 的自然种群中存在重配（reassortment）现象[28]。而在布尼亚病毒科（*Bunyaviridae*）中，无论是昆虫病毒还是植物病毒 TSWV 的实验种群中都存在重配现象，TSWV 种群中还存在缺陷干扰病毒和缺陷病毒[38]。这些与 RSV 具有亲缘关系的病毒种群中存在的变异现象启示我们，RSV 同样可能采用这些变异机制。此外，在目前已测定的中日两国 12 个分离物中，在 RNA 4IR 内的同一位点上，日本 T 分离物及我国 8 个分离物比日本 M 分离物多了一段长 19bp 插入序列，而云南楚雄、保山分离物比日本 M 昆明分离物多了一段长 84bp 插入序列[31]。这么长的插入序列很可能是重组所致。GenBank 检索结果发现，19bp 插入片段中第 4～19bp 的碱基与小麦 cDNA 文库中的一段序列是一致的，而 84bp 的插入片段中第 10～29bp 序列与大麦 cDNA 文库中的一段序列是一致的。大麦、小麦都是 RSV 的寄主，这说明了插入片段很有可能是病毒直接从寄主基因组中通过重组获得的。Nagy 等[39]在对雀麦花叶病毒（*Brome mosaic virus*，BMV）重组的一系列重要研究中发现，一个有效的同源重组热点应包括下游的 AU 碱基富集区和上游的 GC 碱基富集区，AU 区是中心区，而 GC 区是加强区。令人感兴趣的是，在 RNA 4 基因间隔区内也存在几个 AU 碱基富集区，因此，RSV 的 IR 很可能也是发生重组的重要区域。

4 病害控制策略

对病毒的研究，其最终目的是为了能有效而持久地控制病毒病的危害。目前，在转基因工程防治水稻条纹叶枯病的研究中，有采取 CP 基因及核酶策略的，但效果均不很理想[40,41]当然，还可以利用水稻基因组中的抗病毒基因及抗昆虫介体基因进行基因工程研究，培育出抗病毒或抗昆虫的水稻品种。值得注意的是，最近，日本学者通过分子标记的连锁分析，将水稻抗条纹叶枯病基因 *Stvb* Ⅰ定位于水稻染色体第 11 片段上，并构建了包含有 *Stvb*2Ⅰ基因的分子文库，为进一步分离抗性基因奠定基础[42,43]。

邓可京等[44]提出一种利用改造灰飞虱体内共生菌防治 RSV 的新思路。这一防治策略包括的主要步骤有：对灰飞虱体内的共生菌进行抗性基因的转化，并放回到昆虫体内；运用检测胞质不相容性诱导的生殖优势机制使工程昆虫的群体在自然界中扩大，抗体基因得以表达，并逐渐减弱昆虫介体的传毒能力，最终达到阻断其对病毒的传播。由于灰飞虱传毒是个复杂的过程，且不同地区的灰飞虱与病毒的亲和力，病毒在介体内的循回期均不同，灰飞虱种群还存在生物型和生态型分化；而且，RSV 的介体不只灰飞虱一种。因此，对工程灰飞虱防治 RSV 的效果，需要在实践中加以检验，在释放转基因昆虫前，还需进行介体昆虫的群体遗传学实验和安全性测定。

5　进化上的亲缘关系

RSV 不仅侵染包括水稻在内的禾本科植物，而且在灰飞虱体内复制并可由带毒雌灰飞虱经卵以较高比例传播给后代。因此，RSV 既是植物病毒，也是昆虫病毒。

有趣的是，最近，Castello 等[45]从云杉上分离出一种在理化特性和分子生物学特性方面都与纤细病毒属相似的病毒，其 RNA3 序列与 MSpV 相应区段的同源率达到 98%，可能是 MSpV 的一个株系。这是首次认为在木本植物上存在纤细病毒属病毒的相关报道。

根据 CP 和 NSvc2 蛋白的氨基酸序列同源性比较结果，Toriyama 等[46]描绘了纤细病毒属其他种及布尼亚病毒科的白蛉热病毒属、番茄斑萎病毒属（*Tospovirus*）的系统进化树（图 4）。认为在纤细病毒属内，RSV 与 MSpV 的亲缘关系较 RHBV 更近，而与 RGSV 最远。综合考虑 RGSV 的生物学特性及其基因组组成、结构、表达策略、序列同源性与其他成员的差异，认为 RGSV 应归入一个新的病毒属。各属之间，纤细病毒属与白蛉热病毒属间进化关系比番茄斑萎病毒属更近。最近，de Miranda 等[47]对 RHBV、EHBV、UHBV 各编码蛋白氨基酸序列同源性比较结果表明，EHBV、UHBV 可能是由它们的共同祖先 RHBV 的传毒介体扩大寄主范围，分别侵入到稗草、尾稃草后进化而来的。

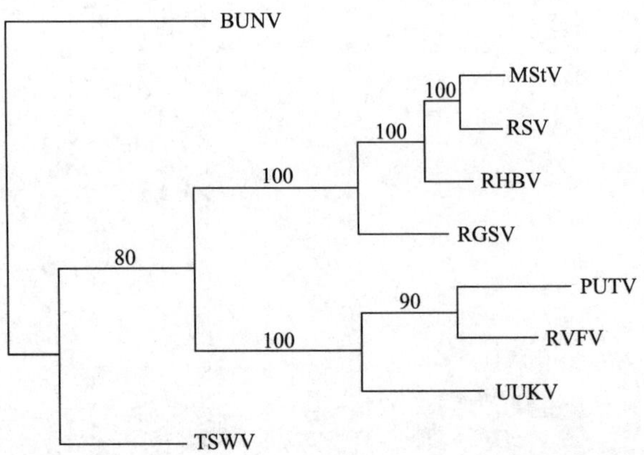

图 4　纤细病毒属（MSpV、RSV、RHBV 和 RGSV）、白蛉热病毒属（PUTV、RVFV 和 UUKV）、番茄斑萎病毒属（TSWV）和布尼安病毒属（BUNV）的系统进化关系[2]

van Poelwijk 等[48]认为，纤细病毒属和番茄斑萎病毒属都起源于昆虫感染的布尼安病毒科这一共同祖先，但沿着两条不同的途径各自进化。纤细病毒属和番茄斑萎病毒属生存于两个完全不同的生态位，前者是飞虱/单子叶植物，后者是蓟马/双子叶植物，这是昆虫在病毒进化中扮演关键角色的一个例子。

RSV 是少数几种在寄主植物及其昆虫介体内均可复制和增殖的病毒之一，从病毒基因组结构、表达策略和序列同源性等方面看，RSV 及其所属的纤细病毒属其他种似乎都应归入主要侵染节肢动物和脊椎动物的布尼安病毒科中，而且它们和该科中的白蛉热病毒属的种可能来源于一个共同的昆虫病毒祖先[2]。

6　展望

分子生物学技术在 RSV 研究上的应用，特别是 RSV 全长序列的测定、基因片段编码蛋白抗体的制备以及水稻原生质体和灰飞虱单层细胞培养体系等技术的应用，已使我们初步了解到 RSV 基因组的结构、功能、复制、转录、表达策略及其分类地位。但对于病毒所编码蛋白的功能、病毒粒体在机体内外的组装、病毒胞间运动和长距离转运、调控机制、致病机理、病毒与寄主（植物和昆虫）间的互作和共同演化的分子机制以及病毒的起源等问题仍缺乏深入的研究。

对于负链RNA病毒，由于其RNA不能直接作为mRNA，不具备侵染性，无法采用直接突变或反向遗传学的技术来确定此类病毒的基因功能。目前国际上已发展出一些新的技术体系来研究这类病毒的基因功能，如酵母双杂交系统已在植物病毒粒体的分子结构和形态建成、病毒核酸复制、病毒基因表达调控、病毒介体传播的分子机制、病毒运动模式以及病毒致病机制等方面得到广泛应用；重配交换已被应用于多分组植物病毒基因功能的研究，特别是在决定致病相关蛋白时，较为有效[49]；转基因技术也已被应用于植物病毒致病相关蛋白和移动蛋白基因功能的研究；一些人工诱导的缺陷突变体也为研究这类病毒的基因功能提供了极有价值的研究体系，并因此取得了一些突破，例如将水稻矮缩病毒（*Rice dwarf virus*，RDV）在植物寄主上经多次的连续人工接种传代后，逐渐失去其介体传播特性，从而获得非介体传播的突变体，进而确定了与昆虫介体传播有关的基因片段[50]。

RSV不同寄主的复制酶组分是否相同、CP和SP是否为致病相关蛋白、NSvc2蛋白和SP是否与昆虫细胞识别病毒的能力有关以及如何确定参与胞间运动的病毒蛋白和寄主蛋白等问题，都有望在这些技术体系应用后，得到很好的解决。另外，对RSV经植物寄主或昆虫介体连续传代后产生的突变体进行生物学性状，如病毒致病性、昆虫传毒特性等的测定，也可以确定与表现型相关的基因片段。

RSV是负链、双义及虫传病毒纤细病毒属的代表种，RSV及其介体的广泛分布以及广泛的寄主范围极可能导致其丰富的遗传多样性。病毒与植物寄主和介体昆虫间是如何互作和协同进化的？这种协同进化关系同病毒分离物的致病性差异是否存在相关性？作为经卵持久性虫传病毒，其防治的重要措施之一还是"治虫防病"，但是，作为同时也是昆虫病毒的RSV，有关病毒与介体昆虫的识别以及病毒在昆虫体内的复制、转录、表达及装配等一系列的生命活动的了解还是不甚了了。随着昆虫微针注射、昆虫单层细胞培养体系以及转基因昆虫等研究项目的启动，相信这些问题可逐步得到解决。

Miranda等[51]在RGSV侵染的病症较严重的病叶中检测到类似香石竹病毒属（*Dianthovirus*）的核酸存在，并认为这种核酸具有侵染性，用表达香石竹病毒属CP抗血清检测，发现病症重的病株才有，病症轻的没有，暗示这个病毒核酸与RGSV的关系可能类似于水稻东格鲁球状病毒（*Rice tungrospherical virus*，RTSV）与东格鲁杆状病毒（*Rice tung robacilliform virus*，RTBV）的关系，是一种协生关系，但也有可能是RGSV的卫星病毒或卫星RNA。香石竹病毒属的病毒粒体形态为直径34nm的球状病毒。RGSV的粒体形态，最初认为是35nm的球状病毒粒体，后被报道为10nm的球状粒体，但后来的研究发现RGSV粒体为分支丝状体[52]。这种在病叶中发现的核酸与早期所观察到的球状病毒粒体形态间是否存在一定的相关性？在国外，RSV于1975年以前一直被认为是30nm的球状病毒粒体，1975年以来则被认为是分支丝状或丝状病毒[52]。在RSV侵染所致的各种病症严重度不同的病叶中是否也存在这种核酸？它与早期发现的球状病毒粒体间是否存在相关性？这些都是值得注意的问题。

参考文献

[1] 林奇英，谢联辉，周仲驹等. 水稻条纹叶枯病的研究 I. 病毒的分布和损失. 福建农学院学报，1990，19(4)：421-425

[2] van Regenmortel MHV，Fauquet CM，Bisho PDHL，et al. Virus taxonomy. Classification and Nomenclature of Viruses，Seventh Report of the International Committee on Taxonomy of Viruses. New York，San Diego：Academic Press，2000，622-627

[3] Ramirez BC，Haennia L. Molecular biology of tenuiviruses：a remarkable group of plant viruses. Journal of General Virology，1994，75(1)：467-475

[4] Morozov S，Solovyev A. Genome organization in RNA viruses. *In*：Mandahar GL. Molecular biology of plant viruses. Boston：Kluwer Academic Publishers，1999，47-98

[5] Toriyama S. A RNA-dependent RNA polymerase associated with the filamentous nucleotide proteins of *Rice stripe virus*. Journal of General Virology，1986，67(7)：1247-1255

[6] Toriyama S，Takahashi M，Sano Y，et al. Nucleotide sequence of RNA 1，the largest genomic segment of *Rice stripe virus*，the proto type of the tenuiviruses. Journal of General Virology，1994，75(12)：3569-3579

[7] Elliotr M. Molecular biology of the *Bunyaviridae*. Journal of General Virology，1990，71 (3)：501-522

[8] 林奇田，林含新，吴祖建等. 水稻条纹病毒外壳蛋白和病害特异蛋白在寄主体内的积累. 福建农业大学学报，1998，27 (3)：322-326

[9] 刘利华，吴祖建，林奇英等. 水稻条纹叶枯病细胞病理变化的观察. 植物病理学报，2000，30(4)：306-311

[10] 林含新. 水稻条纹病毒的病原性质、致病性分化及分子变异. 福建农业大学博士论文，1999

[11] 林含新，魏太云，吴祖建等. 应用PCR-SSCP技术快速检测我国水稻条纹病毒的分子变异. 中国病毒学，2001，16 (2)：166-169

[12] Takhashi M, Goto C, Matsuda I, et al. Expression of rice stripe virus 22. 8 K protein in insect cells. Annuals of the Phytopathological Society of Japan, 1998, 65(3): 342

[13] 王晓红，叶寅，王苏燕等. 水稻条纹叶枯病毒基因组含vRNA-ORF片段的克隆、序列分析及其在原核中的表达. 科学通报，1997，42(4)：438-441

[14] Takahashi M, Toriyama S. Detect ion of the 22. 8 K protein encoded by RNA 2 of *Rice stripe virus* in infected plant. Annuals of Phytopathological Society of Japan, 1996, 62(3): 340

[15] Melcher U. The'30K' superfamily of viral movement proteins. Journal of General Virology, 2000, 81(1): 257-266

[16] 曲志才，沈大棱，徐亚南等. 水稻条纹叶枯病毒基因产物在水稻和昆虫体内的Western印迹分析. 遗传学报，1999，26 (5)：512-517

[17] Soellick TR, Uhrig JF, Bucher GL. The movement protein NSm of *Tomato spotted wilt spovirus* (TSWV): RNA binding, interaction with the TSWV N protein, and identification of interacting plant proteins. Proceedings of the National Academy of Sciences USA, 2000, 97(5): 2373-2378

[18] Chomchan P, Li S, Miranda GJ, et al. Interact ions among proteins coded on *Rice grassy stunt virus* genome. Annuals of Phytopathological Society of Japan, 2000, 66 (2): 164

[19] Lian GD, Ma X, Qu Z, et al. PVC2 of *Rice stripe tenuivirus* is a component of fibrillar electron opaque inclusion body. Abstracts of 19th American Society for Virology, Colorado, USA, 2000

[20] 吴爱忠，赵艳，曲志才等. 水稻条纹叶枯病毒(RSV)的SP蛋白在介体灰飞虱内的亚细胞定位. 科学通报，2001，46(14)：1183-1186

[21] Stewart MG, Banerjee N. Mechanism s of arthropod transmission of plant and animal viruses. Microbiology and Molecular Biology Reviews, 1999, 63(1): 128-148

[22] Ramirez BC, Lozano I, Constantino LM, et al. Complete nucleotide sequence and coding strategy of *Rice hoja blanca virus* RNA 4. Journal of General Virology, 1993, 74 (11): 2463-2468

[23] Chomchan P, Shifan GL, Miranda GJ, et al. Analysis on protein-protein interact ions among 12 proteins encoded on *Rice grassy stunt virus* genome. Abstracts of 20th Annual Meeting of ASV, Wisconsin, USA, 2001

[24] Barbier P, Takahashi M, Nakamura I, et al. Solubilization and promoter analysis of RNA polymerase from *Rice stripe virus*. Journal of Virology, 1992, 66(10): 6171-6174

[25] Nguyen M, Kormelink R, Goldbach R. Infection of barley protoplasts with *Rice hoja blanca tenuivirus*. Archives of Virology, 1999, 144(11): 2247-2252

[26] Qu ZC, Lian GDL, Harper G, et al. Comparison of sequences of RNA s 3 and 4 of *Rice stripe virus* from China with those of Japanese isolates. Virus Genes, 1997, 15(2): 99-103

[27] Demiranda JR, Ramirez BC, Muno ZM, et al. Comparison of Colombian and Costa Rican strains of *Rice hoja blanca tenuivirus*. Virus Genes, 1997, 15(3): 191-193

[28] Miranda GJ, Azzam O, Shirako Y. Comparison of nucleotide sequences between northern and southern Philippine isolates of *Rice grassy stunt virus* indicates occurrence of natural genetic reassortment. Virology, 2000, 266(1): 26-32

[29] Shimizu T, Toriyama S, Takahashi M, et al. Nonrival sequences at the 5′-termini of mRNA s derived from virus-sense and virus-complementary sequences of the ambisense RNA segments of *Rice stripe tenuivirus*. Journal of General Virology, 1996, 77(3): 541-546

[30] Falkb W, Tsai J. Biology and molecular bio logy of viruses in the genus *Tenuivirus*. Annual Review of Phytopathology, 1998, 36: 139-163

[31] 魏太云，林含新，吴祖建等. 水稻条纹病毒*RNA4*基因间隔区的分子变异. 病毒学报，2001，17 (2)：144-149

[32] Nguyen M, Ramirez BC, Goldbach R. Characterizat ion of the *in vitro* activity of the RNA -dependent RNA polymerase associated with the ribonucleo proteins of *Rice hoja blanca tenuivirus*. Journal of Virology, 1997, 71(4): 2621-2627

[33] Hayashi T, Usugi T, Nakano M, et al. On the strains of *Rice stripe virus* (1) An attempt to detect strains by difference of molecular size of disease-specific proteins. Proceedings of the Association for Plant Protection of Kyushu, 1989, 35(1): 1-2

[34] 吴祖建. 水稻病毒病诊断、监测和防治系统的研究. 福建农业大学博士论文，1996

[35] 林含新，魏太云，吴祖建等. 我国水稻条纹病毒一个强致病性分离物的RNA4序列测定与分析. 微生物学报，2001，41(1)：25-30

[36] 于群，魏太云，林含新等. 我国水稻条纹病毒北京双桥(RSV 2SQ)分离物RNA4片段序列分析. 农业生物技术学报，2000，8(3)：225-228

[37] Lin HX, Weit Y, Wu ZJ, et al. Molecular variability in coat protein and disease-specific protein genes among isolates of *Rice stripe virus* in China. Abstract for the International Congress of Virology, Sydney, Australia, 1999

[38] Qiu W, Moyerj W. *Tomato spotted wilt spovirus* adapts to the TSWV *N* gene-derived resistance by genome reassortment. Phytopathology, 1999, 89(7): 575-582

[39] Nagyp D, Simon AE. New insight into the mechanisms of RNA recombination. Virology, 1997, 235(1): 1-9

[40] Kisimoto R, Yamada Y. Present status of cont rolling *Rice stripe virus*. *In*: Hadid IA, Khetarpal RK, Koganezawa H. Plant Virus Disease Control. APS Press, The American Phytopathological Society, 1998, 470-483

[41] 刘力，陈声祥，邱并生等. 抗水稻条纹病毒核酶的设计、克隆及体外活性测定. 中国病毒学，1996，11(2)：157-163

[42] Hayano-Saito Y, Tsuji T, Fujii K, et al. Localization of the rice stripe disease resistance gene, *Stvb2I*, by graphical genotyping and linkage analyses with molecular markers. Theoretical and Applied Genetics, 1998, 96(8): 1044-1049

[43] Hayano-Saito Y, Saito K, Nakamura S, et al. Fine physical mapping of the rice stripe resistance gene locus, *Stvb2I*. Theoretical and Applied Genetics, 2000, 101(1): 59-63

[44] 邓可京，杨淡云，胡成业. 灰飞虱共生菌 *Wolbachia* 引起的细胞质不亲和性. 复旦学报，1997, 36 (5):500-506

[45] Castello JD, Rogers SO, Bachand GD, et al. Detection and partial characterization of tenuiviruses from black spruce. Plant Disease, 2000, 84(2): 143-147

[46] Toriyama S, Kimishima T, Takahshi M, et al. The complete nucleotide sequence of the *Rice grassy stunt virus* genome and genomic comparisons with viruses of the genus *Tenuiviurs*. Journal of General Virology, 1998, 79(8): 2051-2058

[47] Demiranda JR, Muno ZM, Wu R, et al. Phylogenetic placement of a novel tenuivirus from the grass Uroch loap lantaginea. Virus Genes, 2001, 22(3): 329-333

[48] Van Poelwijk F, Prins M, Goldbach R. Completion of the impatiens necrotic spot virus genome sequence and genetic comparison of the L proteins with in the family *Bunyaviridae*. Journal of General Virology, 1997, 78(3): 543-546

[49] Rao ALN. Molecular basis of symptomatology. *In*: Mandahar GL. Molecular Biology of Plant Viruses. Boston: Kluwer Academic Publishers, 1999, 201-210

[50] Omura T, Maruyama W, Ichimi K, et al. Involvement in virus infect ion to insect vector cells of the P2 outer capsid proteins of rice gall dwarf and rice dwarf phytoreoviruses. Phytopathology, 1997, 87: 72

[51] Miranda GJ, Aliyari R, Shirako Y, et al. Nucleotide sequence of a *Dianthovirus* RNA 12 like RNA found in grassy stuntdiseased rice plants. Archives of Virology, 2001, 146 (2): 225-238

[52] 谢联辉，林奇英. 我国水稻病毒病研究的进展. 中国农业科学，1984, 17(6): 204-211

Molecular variability in coat protein and disease-specific protein genes among seven isolates of *Rice stripe virus* in China

LIN Han-xin[1,2], WEI Tai-yun[1,2], WU Zu-jian[1,2], LIN Qi-ying[1,2], XIE Lian-hui[1,2]

(1 Institute of Plant Virology, Fujian Agriculture and Forestry University, Fuzhou 350002;
2 Key Laboratory of Plant Virology, Fujian Province, Fuzhou 350002)

A reverse transcriptional-polymerase chain reaction (RT-PCR) and single-stranded conformation polymorphism (SSCP) assay were developed to rapidly detect the molecular variability in coat protein (CP) and disease-specific protein (SP) genes among seven isolates of *Rice stripe virus* (RSV) in China. The PCR-SSCP analysis showed that there were seven and six patterns in CP and SP genes among these isolates, respectively. The PCR products were then cloned into pGEM-T vector and sequenced. CP and SP genes comprised 969 and 537 nucleotides and encoded a protein of 323 and 179 amino acids, respectively. These sequences were compared with those previously published data for two Japanese isolates (T and M). Comparisons of the sequence identity in the nine sequences showed that there were eight different sequence patterns. These could be grouped further into two clusters. RSV-BS and YL showed 96.5% and 100% nucleotide identities in CP and SP genes, respectively and formed one cluster; The other seven isolates (SH, FJ, PJ, B J, SD, M and T) had different sequences each other and formed another cluster in which these sequences shared 96.5%-98% and 97%-99% identities in CP and SP genes at the nucleotide level, respectively. Between the two clusters, there were only 93%-96% and 94%-95% nucleotide identities in CP and SP genes, respectively. Phylogenetic analysis of the sequences indicated that the isolates were grouped according to their geographical location.

Abstracts for the Ⅺth international Congress of Virology, 1999, 8, Australia, Sydney: 235-236

寄主植物与昆虫介体中水稻条纹病毒的检测*

魏太云，林含新，吴祖建，林奇英，谢联辉

（福建农林大学植物病毒研究所，福建福州　350002）

摘　要：通过两种方法对我国水稻条纹病毒（RSV）SQ、PJ 及 YL 等 3 个分离物侵染的水稻病叶及带毒灰飞虱的总核酸分别进行了提取，应用反转录-聚合酶链式反应（RT-PCR）技术对提取的总核酸进行了检测，检测的灵敏度分别为 30μg 水稻病叶及单头带毒虫。对这三个分离物的 RT-PCR 扩增产物进行单链构象多态性（SSCP）分析，结果发现其 SSCP 图谱为泳动带型不同的电泳条带，说明它们之间存在分子变异。从而建立了一套检测水稻病叶及介体昆虫灰飞虱体内 RSV 的有效方法。比较了 RT-PCR 与斑点印迹免疫法（DIBA）两种检测方法的优缺点。

关键词：水稻条纹病毒；RT-RCR；斑点印迹免疫法

中图分类号：S435.111.4+9　**文献标识码**：A　**文章编号**：1006-7817-（2001）S-0165-06

Detection of *Rice stripe virus* in host plants and insect vectors

WEI Tai-yun, LIN Han-xin, WU Zu-jian, LIN Qi-ying, XIE Lian-hui

(Institute of Plant Virology, Fujian Agriculture and Forestry University, Fuzhou　350002)

Abstract: The total nucleic acids were extracted from rice leaves and single vector insect *Laodelphax striatellus* infected by *Rice stripe virus* (RSV) isolate RSV-SQ、PJ and YL in China respectively with two methods. The total nucleic acids were detected by reverse-transcription polymerase chain reaction (RT-PCR). The detected consistencies were up to 30μg rice leaves or a single vector insect *L. striatellus* respectively. The RT-PCR products of the three isolates were detected by single-stand conformation polymorphism (SSCP) analysis. Results showed that there were different migration patterns between these isolates. Therefore, the effective method had been developed for the detection of RSV in rice leaves and its vector insects. We also compare this technique with DIBA.

Key words: *Rice stripe virus*; RT-PCR; dot immunobinding assay

水稻条纹病毒（*Rice stripe virus*，RSV）引起的水稻条纹叶枯病是水稻上的一种重要病毒病。在我国，该病从南到北广泛分布于 16 个省市，曾造成水稻严重减产[1]，我们的调查发现，此病仍在云南、江苏等地严重发生。

日本最早制备出 RSV 的多克隆抗血清和单克

福建农业大学学报，2001，30（增刊）：165-170

收稿日期：2001-07-01

* 基金项目：国家自然科学基金（30000002）

隆抗血清，并建立了快速、简便的方法成功地用于检测病稻中病毒的浓度、稻苗接种后不同时期病毒的浓度、灰飞虱饲毒后不同时期的病毒浓度以及寄主植物和介体昆虫的带毒率[2-4]；我国也制备了RSV的多克隆抗血清，用于检测不同抗性品种、病株不同部位中的病毒浓度以及灰飞虱带毒率的检测、病害的流行预测研究[5-8]。但血清学方法主要用于可大量提纯的抗原，如病毒粒体的检测，是一种蛋白水平的检测手段，灵敏度不高。对混合侵染水稻及昆虫介体的各种病毒分离物，血清学方法难以区分。从20世纪90年代起，国内外已广泛应用PCR检测多种植物病毒，并取得一些进展。本文对植物病毒检测中应用较广的（dot immunobinding assay，DIBA）和RT-PCR技术进行了比较，并对不同分离物的RT-PCR产物进行单链构象多态性（single-strand conformation polymorphism，SSCP）分析。

1　材料与方法

1.1　病毒分离物

病毒分离物由本所采自北京双桥农场（SQ）、辽宁盘锦（PJ）及云南宜良（YL）病田，经分离纯化并保存于合系28水稻品种上。

1.2　供试昆虫

供试昆虫为采自福州金山稻田，经饲养繁殖的无毒灰飞虱（*Laodelphax striatellus*）群体。2～4龄的灰飞虱若虫在病株上饲养3d后，移到健苗上饲养，使之通过循回期。

1.3　供试水稻品种

供试水稻品种为福建农林大学遗传育种研究所提供的粳稻品种06381。

1.4　总核酸的提取

方法Ⅰ：按照Nishiguchi等[9]的方法提取，简称CTAB法。取大约30mg的水稻病叶加入400μL RNA抽提缓冲液（10mmol/L EDTA，体积分数为1% 2-巯基乙醇，50mmol/L Tris-HCl、10g/L CTAB，pH 8.0）在研钵中研磨；或在单头已通过循回期的灰飞虱，加50μL的RNA抽提缓冲液，用玻棒在1.5mL的Eppendorf管将组织捣碎。研磨液中加入等体积TE饱和酚，振荡混匀，20 800*g*离心10min，取上清液，加入等体积氯仿：异戊醇＝24：1的液体，振荡混匀，20 800*g*离心5min，取上清液，加入1/10体积的3mol/L醋酸钠（pH 5.2）和2倍体积的无水乙醇，混匀后于室温静置10min，15 300*g*离心5min，取沉淀，用体积分数为70%乙醇洗两次，真空干燥，用20μL DDW溶解。

方法Ⅱ：用上海华舜生物工程有限公司核酸抽提纯化试剂盒提取，简称Trizol法。30mg水稻病叶或单头带毒虫各加入1mL Trizol Reagen研磨后，于室温静置5min，加入200μL氯仿再静置5min，20 800*g*离心5min，取上清液，加入250μL RNA沉淀试剂，混匀后再加入250μL的异丙醇，室温10min，15 300*g*离心5min，取沉淀，用体积分数为70%乙醇洗两次，真空干燥，用20μL DDW溶解。

1.5　引物

根据Kakutani等[10]报道的RSV RNA4序列，设计一对用于扩增RNA4基因间隔区（intergenic region，IR）的寡聚核苷酸引物。

P1：　5′-CCAACCTCTTCTACACAAGAC-3′（与RNA4 5′端567-587bp相对应）。

P2：　5′-GTAGGTGAGATAACCAGTTCC-3′（与RNA4 5′端1208-1228bp互补）。

1.6　RT-PCR

取上述两种方法提取的总核酸4μL为模板，在1μL P2引物的引导下，按Promega公司的cDNA合成试剂盒说明书进行cDNA第一条链的合成。PCR扩增是在25μL反应体系中进行，包括1μL反转录产物、10pmol/L P1和P2各2.5μL、0.5μL dNTP（每份10mmol/L）、2.5μL 10×buffer、1.5μL 25mmol/L $MgCl_2$、0.5μL 4U/μL *Taq* DNA聚合酶（Sangon公司产品）、14μL DDW。扩增条件为：94℃变性1min→37℃退火2min→72℃延伸2min，共30个循环，最后一个循环结束后，72℃保温10min；反应结果在20g/L的琼脂糖凝胶电泳上检测。

健叶及无毒灰飞虱作对照采用同法处理。

1.7　斑点印迹免疫法（DIBA）

参照秦文胜[6]的方法，略有修改。RSV抗血清由本所制备，效价约为1：6400。

1.8 SSCP 分析

参考毛新等[11]的非同位素方法，略作修改。取扩增产物 7μL，加 12μL 载样缓冲液（体积分数为 95%去离子甲酰胺、5g/L 溴酚蓝、5g/L 二甲苯氰 FF），混匀后在 95℃中变性 10min，取出后立即冰浴 5min，迅速上样于 80g/L 非变性聚丙烯酰胺凝胶（丙烯酰胺：二甲叉双丙烯酰胺＝49：1、胶的尺寸为 10cm×8cm×0.1cm、0.5×TBE、不加甘油）上样，4℃下 200V 恒压电泳 19h 后于 EB 中浸泡 30min，UV 下观察。

2 结果与分析

2.1 病叶中 RSV 的检测

从 30mg 水稻病叶中提取的总核酸溶解于 20μL DDW 中，作 10^0、10^{-1}、10^{-2} 系列稀释后各取 2μL 作为 cDNA 合成的模板，通过 RT-PCR 方法进行检测，并设置健株对照。结果 SQ、PJ 及 YL 分离物的扩增片段均约为 680bp，与预期相符，而健株对照未扩增出 DNA 条带。病叶样品稀释为 10^{-2}时，在 680bp 处仍可见微弱条带（图 1A）。经换算，可知 RT-PCR 的检测灵敏度约为 30μg 病叶。

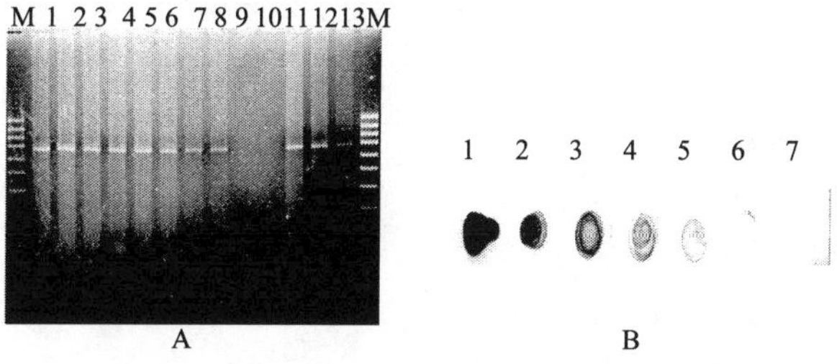

图 1 水稻病叶中 RSV 的检测

A. RT-PCR 检测结果；B. DIBA 检测结果

A 中 M 为 100bp marker；1、3、5 道为 CTAB 法提取总核酸的 RT-PCR 产物；2、4、6 道为 Trizol 法提取总核酸的 RT-PCR 产物；7～9：病叶总核酸稀释度依次为 10^{-1}、10^{-2}及 10^{-3}的 RT-PCR 产物；10：健株对照（10^0）；11-13：隐症病叶提取总核酸的 RT-PCR 产物，其中 1、4、7～9、11 道为 SQ 分离物；2、5、12 道为 PJ 分离物；3、6、13 道为 YL 分离物。B 中 1-6 稀释倍数分别为 40、80、160、320、640、1280 的 DIBA 检测结果，7 为健株对照

从 120mg 水稻病叶中提取的总核酸溶解于 500μL 的 PBS 缓冲液中，经 40、80、160、320、640、1280 倍稀释后各取 5μL 点样，结果表明，病叶样品稀释 640 倍时仍有微弱的阳性反应（图 1B）。经换算，可知 DIBA 的检测灵敏度约为 200μg 病叶。

采集原先有明显褪绿条纹症状，而后隐去症状的 SQ、PJ 及 YL 分离物的水稻病叶，经 CTAB 法提取总核酸后分别进行 RT-PCR 扩增，结果都呈阳性反应，但 DNA 条带较弱，与正常病叶提取的总核酸稀释 10^{-1}的 DNA 条带相当（图 1A）。说明了这些“无症”叶片中仍含有病毒，但浓度相对较低。

2.2 灰飞虱体内 RSV 的检测

应用 CTAB 及 Trizol 法从单头灰飞虱体内提取的总核酸。RT-PCR 扩增后，结果发现 SQ、PJ 及 YL 分离物的带毒虫内均能扩增到一条约 680bp 的 DNA 片段，大小与预期相符。两种方法提取的昆虫总核酸经 10 倍、20 倍稀释后分别进行 RT-PCR 扩增，结果发现经 10 倍稀释的仍可见微弱条带。上述两种方法提取的无毒虫的总核酸经扩增后均未发现有 DNA 条带（图 2A）。

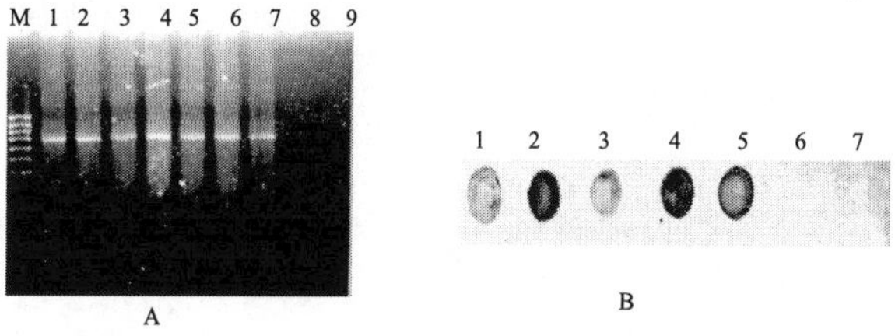

图 2 单头灰飞虱体内的 RSV 的检测

A. RT-PCR 检测结果；B. DIBA 检测结果

A 中 M 为 100bp marker；A 中 1、3、5 道为 CTAB 法提取总核酸的 RT-PCR 产物；2、4、6 道为 Trizol 法提取总核酸的 RT-PCR 产物；7-8 道为稀释度分别为 1/10、1/20 总核酸的 RT-PCR 产物；9 道为无毒虫对照；其中 1、4、7、8 道为 SQ 分离物；2、5 道为 PJ 分离物；3、6 道为 YL 分离物。B 中 1-6 为单头带毒灰飞虱的 DIBA 检测结果；7 为无毒虫对照

从侵染 SQ 分离物的越冬带毒虫子代中随机筛选 6 头高龄灰飞虱若虫，每虫加 30μL PBS 缓冲液研磨，离心后取 5μL 上清点样，DIBA 检测结果表明，除一头为阴性结果外，其余 5 头均有阳性结果，而无毒虫对照则为阴性结果（图 2B）。

从携带 SQ 分离物的带毒虫随机筛选 15 头昆虫，其中雌性成虫、雄性成虫、高龄若虫各 5 头。对每头昆虫进行编号，并用健苗传毒，随后调查发病情况。传毒后的昆虫用于 RT-PCR 扩增。结果表明，传毒后幼苗会显症的昆虫其 RT-PCR 扩增均为阳性结果（图 3A 中 2，图 3B 中 4），而传毒后不显症的昆虫其 RT-PCR 扩增结果既有阳性的

(图 3A 中 3、7、9、11，图 3B 中 6)，也有阴性的(图 3A 中 1、2、4-6、8、10、12，图 3B 中 1-5)。这个结果表明，有些带毒虫并不能将病毒传入寄主植物，或传入后寄主植物并不表现症状。

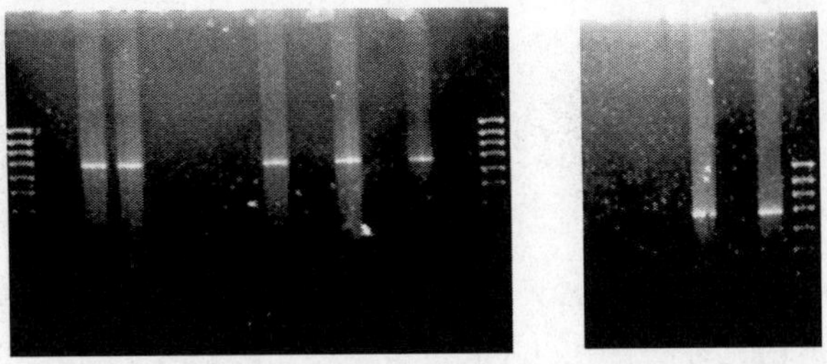

图 3 RT-PCR 检测带毒虫子代体内的 RSV
A. 成虫提取的总核酸的 RT-PCR 产物；B. 高龄若虫提取的总核酸的 RT-PCR 产物
M 为 100bp DNA maker；A 中 1-6 为单头雌虫；7～11 为单头雄虫（其中 1、12 为无毒虫对照）。B 中 1-6 为单头高龄若虫（其中 1 为无毒虫对照）

2.3 SSCP 分析

对 3 个分离物 RNA4 IR 的 RT-PCR 扩增产物进行 SSCP 分析，结果发现其 SSCP 图谱为 3 种泳动带型不同的电泳条带（图 4），说明这三个分离物 RNA4 序列间均存在变异。

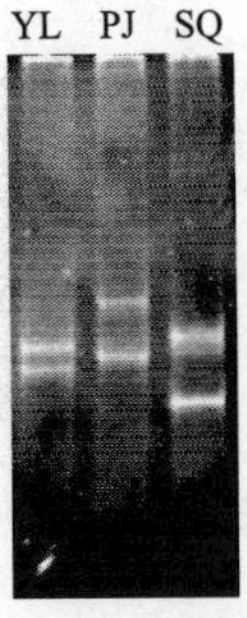

图 4 RT-PCR 扩增产物的 SSCP 分析

3 讨论

应用 RT-PCR 和 DIBA 技术检测水稻病叶及单头带毒灰飞虱体内的 RSV 的结果表明，两种检测方法速度都较快，DIBA 检测需费时 3～4h，而 RT-PCR 检测，从总核酸的提取、RT-PCR 扩增到凝胶电泳检测，整个过程也可在 4h 内结束；但 RT-PCR 技术仍体现出灵敏度高和特异性强两个优点，如 RT-PCR 技术可检测到 30μg 病叶，而 DIBA 技术可检测到约为 200μg 病叶；RT-PCR 检测时，病叶及带毒灰飞虱可在电泳凝胶中得到阳性反应带，且与预期的相符，而对照样品则未出现任何反应带，DIBA 技术检测的结果常受样品浓度影响，常有假阳性或假阴性现象出现。

但 DIBA 操作方便，将膜直接浸入缓冲液中即可，测试只需一些简单的器皿及 NC 膜，因此很适于基层测报单位应用。

本实验结果还发现，隐症叶片中仍含有病毒，而有些带毒昆虫传毒后，水稻并不表现症状，这些隐症水稻和带毒虫是水稻条纹叶枯病流行体系中不可忽视的两个因素，因为这些带毒昆虫仍可以 70％的比例经卵带毒传给后代[12]。这对于进一步研究 RSV 与寄主互作关系及对水稻条纹叶枯病进行准确及时的预测预报都具有重要的意义。

对 RSV SQ、PJ 及 YL 分离物的 RNA4 IR 的 RT-PCR 扩增产物进行 SSCP 分析的结果表明这 3 个分离物的 RNA4 序列间存在变异。因此这个技术可用于对混合侵染不同病毒，同一病毒不同株系或不同分离物的样品的灵敏、特异的检测。另外，由于本研究所采用的 RSV 分离物具有分布范围广，地理跨度极大，且存在致病性差异等因素[13]。而这些因素都为 RSV 产生分子变异提供了良好的条件。对其进一步的研究将为揭示 RSV 的分子演化规律及分子流行病学提供依据。

参 考 文 献

[1] 林含新，林奇英，谢联辉．水稻条纹病毒分子生物学研究进展．中国病毒学，1997，12(3)：202-209
[2] Omvra T. Detection of rice viruses in plants and individual insect vectors by serological methods. International Symposium on Virus Disease of Rice and Legumiinous Crops In The Tropics，1986，183-186
[3] Omvra T，Hibino H，Usugi T. Detection of rice viruses in plants and individual insect vectors by Latex Flocculation Test. Plant Disease，1984，68：374-378
[4] Omvra T，Takahashi Y，Shohara K，et al. Production of monoclonal antibodies against *Rice stripe virus* for the detection of virus antigen in infected plants and viruliferous insects. Annals of the Phytopathological Society of Japan，1986，52(2)：270-277
[5] 陈光堉．酶联免疫吸附实验检测水稻条纹叶枯病介体昆虫带毒率．植物保护学报，1984，11(2)：73-78
[6] 秦文胜，高东明，陈声祥．灰飞虱体内稻条纹叶枯病毒快速检测技术研究．浙江农业学报，1994，6(4)：226-229
[7] 林含新，吴祖建，林奇英等．应用 F(ab)'₂-ELISA 和单克隆抗体检测水稻条纹病毒．福建省科协青年学术年会会议文集．

福州：福建科学技术出版社，1995，613-616

[8] 谢晓慧，林莉，徐云等. A蛋白酶联吸附法检测水稻条纹叶枯病毒介体昆虫灰飞虱带毒率的研究. 西南农业学报，1994，5(3)：80-84

[9] Nishiguchi M, Mori M, Suzuki F, et al. Specific detection of a severe strain of *Sweet potato feathery mottle virus* (SPFMV-S) by reverse transcription and polymerase chain reaction (RT-PCR). Annuals of the Phytopathological Society of Japan, 1995, 61: 119-122

[10] Kakutani T, Hayano Y, Hayashi T, et al. Ambisense segment 4 of *Rice stripe virus* possible evolutionary relationship with phoeboviruses and uukuviruses (*Buuyaviridae*). Jouranl of General Virology, 1990, 72(2): 465-468

[11] 毛新，黄明生，牟庶华等. 非同位素PCR-SSCP方法的初步临床应用. 遗传，1995，17(4)：4-7

[12] 林莉，徐云，刘玉彬等. 灰飞虱传播水稻条纹叶枯病毒的特性. 植物保护学报，1996，23(3)：218-221

[13] 林含新. 水稻条纹病毒的病原性质、致病性分化及分子变异. 福建农业大学博士学位论文，1999

我国水稻条纹病毒7个分离物的致病性和化学特性比较*

林含新，魏太云，吴祖建，林奇英，谢联辉

（福建农林大学植物病毒研究所，福建福州 350002）

摘 要：对我国水稻条纹病毒（*Rice stripe virus*，RSV）7个分离物的致病性和化学组分进行了测定。结果表明，RSV各分离物之间存在明显的致病性差异，据此可分为3组，但组内分离物之间致病性又有所不同。第1组致病性最强，包括北京双桥（SQ）、辽宁盘锦（PJ）分离物，其中PJ所致病害发病率最高，而SQ所致病害症状最严重；第2组包括云南的宜良（YL）、保山（BS）分离物、上海嘉定（JD）、福建龙岩（LY）分离物，致病性次强，其中YL、BS分离物较JD、LY强；第3组为山东济宁（JN）分离物，致病性最弱。但各分离物之间的病害特异性蛋白、外壳蛋白和核酸各组分的电泳迁移率没有明显差异。

关键词：水稻条纹病毒；致病性分化；化学特性

中图分类号：S435.111.4+9 **文献标识码**：A **文章编号**：1006-7817（2002）02-0164-04

Comparison of pathogenetic and chemical properties among seven isolates of *Rice stripe virus* in China

LIN Han-xin, WEI Tai-yun, WU Zu-jian, LIN Qi-ying, XIE Lian-hui

(Institute of Plant Virology, Fujian Agriculture and Forestry University, Fuzhou 350002)

Abstract: Difference of pathogenicity and chemical components among seven isolates of *Rice stripe virus* in China was detected. The results indicated that these isolates could be divided into three groups. First group included PJ and SQ isolates, which showed the highest degree of pathogenesis. Second group contained YL, BS, LY and JD isolates, showed middle degree of pathogenesis, but among these four isolates, the degree of pathogenesis of YL and BS isolates was higher than that of LY and JD isolates. JN isolate belonged to third group, showed the lowest incidence and mildest symptom. Even though the pathogenic differentiation existed among seven isolates, there were no detectable differences in coat protein (CP), disease-specific protein (SP) and components of nucleic acid among these isolates.

Key words: *Rice stripe virus*; pathogenetic differentiation; chemical property

水稻条纹叶枯病由水稻条纹病毒（*Rice stripe virus*，RSV）引起，分布于我国16个省市，给水稻

福建农林大学学报（自然科学版），2002，31（2）：164-167

收稿日期：2001-05-11

* 基金项目：国家自然科学基金资助项目（39670489）、福建省自然科学基金资助项目（C97031）

生产造成严重的损失[1]。该病在20世纪70年代发生较轻，但自80年代末期以来，随着农村种植结构的调整、作物品种和种植制度的改变，发病率逐年提高，尤其在粳稻种植区发生普遍[2]。根据1997～2001年的实地调查，该病目前在云南、江苏、山东、河南、北京仍十分常见，特别是云南保山、楚雄、昆明、大理、北京双桥，河南原阳，山东济宁及苏北等地，田间发病更为普遍，有的甚至颗粒无收。实践证明，防治该病最经济有效的方法是种植抗病品种，但病毒株系的变异往往导致抗性丧失。为此，通过鉴定各水稻种植区主栽品种对RSV的抗性，以获得优良抗源；明确RSV的株系致病性变异，为培育和推行抗病品种奠定基础。本文报道了我国RSV 7个分离物的致病性及化学特性的比较结果。

1 材料与方法

1.1 试验材料

1.1.1 RSV分离物

1997～1998年分别于云南省宜良、保山，福建省龙岩，上海市嘉定，山东省济宁，北京市双桥农场和辽宁省盘锦采得田间病株，经室内虫传接种分离后，得到纯分离物。这些纯分离物分别命名为RSV-YL、BS、LY、JD、JN、SQ和PJ越冬时都保存在粳稻品种合系28上。

1.1.2 供试昆虫

采自福州市金山稻田，经人工分离饲养的无毒灰飞虱（*Laodelphax striatellus*）。

1.1.3 水稻品种

根据对40个水稻品种的抗性鉴定结果[3]，结合品种来源，选择IR36（高抗，广西）、台中1号（中抗，台湾）、06381（高感、不耐病，江苏）、明恢63（高感、耐病，福建）、合系28（高感、中等耐病，云南）、辽454-18（高感、不耐病，辽宁）等6个品种作为病毒分离物致病性测定的寄主。

1.2 试验方法

1.2.1 不同分离物病害特异性蛋白（disease-specific protein，SP）的电泳迁移率比较

取微量病叶，加入10倍加样缓冲液（10g/L SDS，体积分数为0.5% 2-巯基乙醇，2mmol/L EDTA，体积分数为4%甘油和5g/L溴酚蓝）研磨，100℃加热5min，12 000r/min离心5min，取上清3～10μL进行SDS-PAGE分析。

1.2.2 病毒提纯

参照Toriyama等[4]的方法进行病毒提纯，经紫外测定，$OD_{260/280}$约为1.59。

1.2.3 不同分离物外壳蛋白（coat protein，CP）和核酸组分的电泳迁移率比较

CP样品制备方法为取提纯病毒制剂0.5～1.0μL，加入5μL10加样缓冲液，100℃加热5min，离心后进行SDS-PAGE分析。核酸样品制备方法为取提纯病毒制剂2～10μL，加入等量10倍加样缓冲液，55～65℃加热10min后进行琼脂糖凝胶电泳分析。SDS-PAGE、琼脂糖凝胶电泳方法参照Sambrook等[5]的方法。

1.2.4 品种抗病性鉴定

品种抗病性鉴定参照谢联辉等[6]的方法。每个品种取30株二叶一心期幼苗，集团接种，每笼60头带毒若虫。接种24h后，将幼苗移植到防虫网室中，半个月后记载症状发展情况。每次接种均以集团接种筛选出的高感品种06381为对照。抗病性鉴定采用株发病率和症状严重度2个指标。以06381品种为对照，统计各个品种的相对发病率。症状严重度分级标准参照高东明等[7]的方法。品种抗性评价标准参照谢联辉等[6]的方法，按株发病率分为5级：0.00%为免疫；0.01%～5.00%为高抗；5.01%～30.00%为中抗；30.01%～60.00%为中感；60.01%～100%为高感。

2 结果与分析

2.1 不同分离物SP的电泳迁移率比较

由于SP在病叶中大量积累，微量病叶中的SP即可通过SDS-PAGE检测出来，因此在进行致病性测定之前，先取各分离物的病叶（品种为明恢63）进行SP电泳迁移率比较。结果表明，我国7个分离物的SP电泳迁移率均没有差异（图1）。

2.2 不同分离物的致病性差异

生物学人工接种测定结果表明，7个分离物致病性存在明显的差异（表1），可分为3组，且组内分离物致病性又有所不同。第1组致病性最强，包括SQ和PJ分离物，其中PJ所致病害发病率最高，在辽454-18、IR36和明恢63三个品种上表现

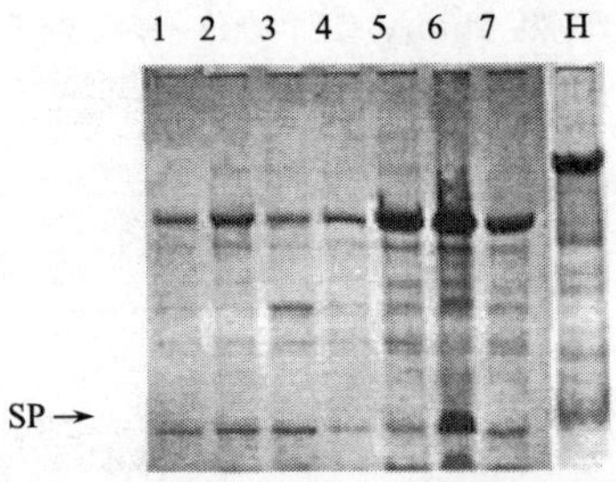

图 1　我国 7 个 RSV 分离物 SP 的 SDS-PAG 图谱
1～7 分别为 PJ、SQ、JN、YL、BS、LY 和 JD 分离物；H 为健叶

最明显。而 SQ 所致病害症状最严重，特别在 06381 上，在发病初期即造成病株全部死亡。第 2 组包括 YL、BS、JD 和 LY 分离物，致病性次强，其中 YL、BS 分离物较 JD、LY 强。在本试验中，LY 侵染 06381 后，发病初期表现为卷叶型症状，但随着病株的生长发育，症状逐渐减轻，最终消失。第 3 组为山东济宁（JN）分离物，致病性最弱。在本试验中，JN 分离物侵染 06381 后，症状发展与 LY 分离物相似，受侵寄主最后能正常生长发育、开花结穗。

表 1　我国 7 个 RSV 分离物在水稻 6 个品种上的致病性表现

品种	分离物	接种株数	发病株数	发病率/%	症状类型	
					卷叶型/展叶型	病症分级
06381	LY	30	1	3.3	0/1	1
	YL	30	2	6.7	2/0	5
	BS	30	4	13.3	3/1	5
	JD	30	4	13.3	4/0	5
	SQ	30	8	26.7	8/0	5
	PJ	30	8	26.7	8/0	5
	JN	30	2	6.7	0/2	1
辽 454-18	LY	30	2	6.7	1/1	5
	YL	30	2	6.7	2/0	5
	BS	non-test	0	0.0	0	0
	JD	non-test	0	0.0	0	0
	SQ	30	4	13.3	4/0	5
	PJ	30	12	40.0	12/0	5
	JN	30	0	0.0	0	0
明恢 63	LY	30	4	13.3	0/4	4
	YL	30	4	13.3	0/4	4
	BS	30	4	13.3	0/4	4
	JD	30	3	10.0	0/3	4
	SQ	30	7	23.3	1/6	4
	PJ	30	10	33.3	0/10	4
	JN	30	2	6.7	0/2	4
合系 28	LY	30	2	6.7	0/2	4
	YL	30	0	0.0	0	4
	BS	30	4	13.3	0/4	4
	JD	30	3	10.0	0/3	4
	SQ	30	5	16.7	1/4	4
	PJ	30	5	16.7	1/4	4
	JN	30	0	0.0	0	0
TN1 号	LY	30	0	0.0	0	0
	YL	30	0	0.0	0	0
	BS	30	0	0.0	0	0

续表

品种	分离物	接种株数	发病株数	发病率/%	症状类型	
					卷叶型/展叶型	病症分级
	JD	30	0	0.0	0	0
	SQ	30	1	3.3	0/1	3
	PJ	30	1	3.3	0/1	3
	JN	30	0	0.0	0	0
IR36	LY	30	1	3.3	0/1	3
	YL	30	0	0.0	0	0
	BS	30	0	0.0	0	0
	JD	30	0	0.0	0	0
	SQ	30	2	6.7	0/2	3
	PJ	30	5	16.7	0/5	3
	JN	30	0	0.0	0	0

2.3 不同分离物 CP 的分子质量比较

取提纯病毒制剂进行 SDS-PAGE 分析，结果表明，我国 7 个分离物 CP 的分子质量没有差异(图 2)。

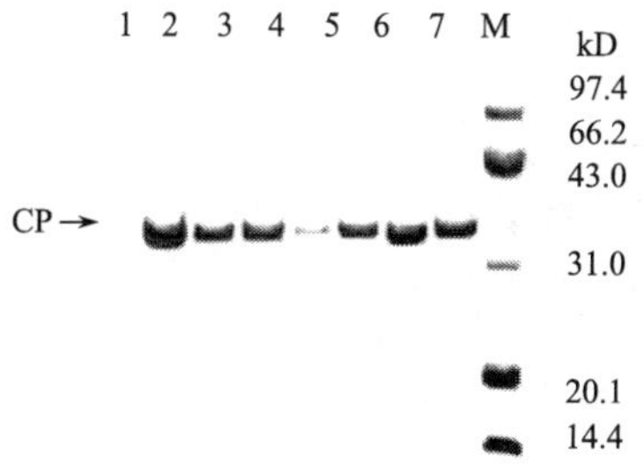

图 2 我国 7 个 RSV 分离物 CP 的 SDS-PAGE 迁移率比较

1～7 分别为 PJ、SQ、JN、YL、BS、LY 和 JD 分离物；M. marker

2.4 不同分离物核酸各组分的电泳迁移率比较

取提纯病毒制剂加入蛋白变性缓冲液，加热变性后，核酸从衣壳中释放出来。琼脂糖电泳结果表明，我国 7 个分离物的核酸各组分在凝胶上的迁移率没有明显差异（图 3）。

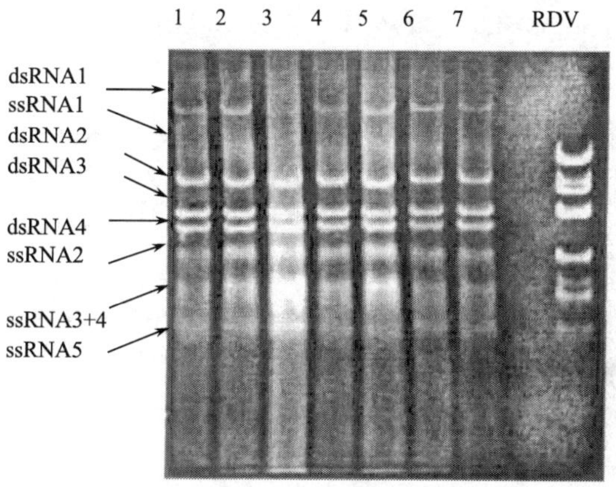

图 3 我国 7 个 RSV 分离物核酸组分电泳迁移率比较

1～7 分别为 PJ、SQ、JN、YL、BS、LY 和 JD 分离物；RDV 为水稻矮缩病毒（*Rice dwarf virus*，RDV）dsRNAs

3 结论与讨论

与其他植物病毒一样，RSV 在自然界中也存在广泛的变异。Kisimoto[8] 根据症状和经卵传播特性的差异报道了 2 个株系。此外，还有根据症状分为卷叶型和展叶型株系[9] 以及根据症状与致病性分为黄化型（弱毒型）和白化型（强毒型）株[10] 的报道。本试验中，根据各分离物在上述 6 个鉴定品种上的发病率和症状严重度高低，将我国 7 个分离物初步分为 3 组，但组内分离物间致病性表现又稍有不同。如第 1 组致病性最强，包括 SQ 和 PJ 分离物，但这两个分离物之间，PJ 所致病害发病率最高，而 SQ 所致病害症状最严重。第 2 组包括 YL、BS、JD 和 LY 分离物，致病性次强，而在这 4 个分离物中，YL、BS 分离物的致病性又较 JD、LY 稍强。第 3 组为 JN 分离物，致病性最弱。由于采用了集团接种法，因此无法测定昆虫介体对病毒分离物的亲和力差异。Ammar 等[11] 发现，玉米条纹病毒 US、CR 和 AF 3 个分离物的虫传特性，如昆虫介体在饲毒 1d、7d 后的获毒率、病毒在虫体内的循回期、增殖速率和经卵传递率都明显不同。那么，对我国这 7 个分离物而言，是否也存在这些方面的差异呢？如 PJ 侵染寄主后的高发病率是否缘于介体对 PJ 分离物的高度亲和力而 SQ 分离物则具有对水稻寄主的最强毒性呢？这些需要进一步研究。

除通过致病性和虫传特性差异来划分株系外，Hayashi 等[12]还根据不同分离物在病株内所产生的 SP 分子质量的差异，划分了鸿巢、P、N 3 个株系。吴祖建[13]比较了我国福建分离物（F）与日本各株系的 CP、SP 及核酸的差异，结果显示，福建分离物 ssRNA3 的分子质量与日本 O 株系相比有所不同，CP 分子质量与日本 O、M、L 株系一样，但 SP 的电泳迁移率各不相同。但本试验中，尽管各分离物间致病性存在明显差异，而且各分离物在地理上相隔遥远，其 SP、CP 和核酸各组分的电泳迁移率却没有差异。那么，这些分离物之间是否存在分子水平上的差异呢？

本文根据 40 个水稻品种的抗性鉴定结果[3]，结合品种来源，选择 IR36 等 6 个品种作为 RSV 分离物致病性测定的鉴别寄主。尽管从试验结果来看，该 6 个品种能区分出我国 RSV 7 个分离物的致病性差异，但没有品种对某个分离物免疫，所以这些分离物之间的致病性差异还不足以划分不同的株系。

参考文献

[1] 林奇英，谢联辉，周仲驹等. 水稻条纹叶枯病的研究 Ⅰ. 病毒的分布和损失. 福建农学院学报，1990，19(4)：421-425

[2] 陈声祥. 水稻病毒发生现状及研究进展. 浙江农业科学，1996，(1)：41-42

[3] 林含新，林奇田，魏太云等. 水稻品种对水稻条纹病毒及其介体灰飞虱的抗性鉴定. 福建农业大学学报，2000，29(4)：453-458

[4] Toriyama S, Watanabe Y. Characterization of single-and double-stranded RNAs in particles of *Rice stripe virus*. Journal of General Virology，1989，70(2)：505-511

[5] Sambrook J, Fritsch EF, Maniatis T. Molecular cloning：a laboratory manual. 2nd. New York：Cold Spring Harbor Laboratory Press，1998，304-342

[6] 谢联辉，林奇英. 水稻品种对病毒病的抗性研究. 福建农学院学报，1982，11(2)：15-18

[7] 高东明，李爱民，秦文胜. 江、浙两省主要粳、糯稻品种对条纹叶枯病的抗性测定. 浙江农业科学，1991，(2)：96-98

[8] Kisimoto R. Genetic variation in the ability of a planthopper vector, *Laodelphax striatelllus* Fallen to acquire the *Rice stripe virus*. Virology，1967，32：144

[9] Ishii M, Ono K. On strains of *Rice stripe virus*. Annuals of the Phytopathological Society of Japan，1967，32：83

[10] 岸本良一. 稻ひまはが水病の生态. 遗传，1972，12：34-40

[11] Ammar ED, Gingery RE, Aadden LV. Transmission efficiency of three isolates of *Maize stripe tenuivirus* in relation to virus titre in the planthopper vector. Plant Pathology，1995，44(2)：239-243

[12] Hayashi T, Usugi T, Nakano M, et al. On the strains of *Rice stripe virus* (1)：an attempt to detect strains by difference of molecular size of disease-specific proteins. Proceedings of the Association for Plant Protection of Kyushu，1989，35(1)：1-2

[13] 吴祖建. 水稻病毒病诊断、监测和防治系统的研究. 福建农林大学博士论文，1996

我国水稻条纹病毒种群遗传结构初步分析*

魏太云，王　辉，林含新，吴祖建，林奇英，谢联辉

（福建农林大学植物病毒研究所；福建福州　350002）

由水稻条纹病毒（*Rice stripe virus*，RSV）引起的水稻条纹叶枯病近年来在我国的发生呈上升趋势，2001年又在江苏、河南、山东、北京等省市的一些地区大范围暴发，而在云南省则持续流行。为了弄清水稻条纹叶枯病目前在我国的分布和发生态势，2001年6月至9月，我们赴福建、云南、浙江、上海、江苏、山东、河南、北京、辽宁等地，对水稻条纹叶枯病发生情况进行了田间考察，并采集了可用于病毒群体遗传结构分析的有代表性的病株。现将研究结果简报如下。

1　材料与方法

分别采集了福建三明，云南昆明、大理、巍山、保山、楚雄、玉溪、江川、宜良、富民，浙江杭州，上海嘉定，江苏洪泽、淮安、东海、大丰，山东济宁，河南原阳与开封，北京双桥与黑庄户，辽宁盘锦与大洼等地有代表性的RSV 80个病株，经ELISA检测为阳性结果后将病叶保存在－80℃冰箱中。

根据日本T分离物RNA3序列设计了一对用于扩增CP基因的引物。提纯病叶总RNA，经常规反转录-聚合酶链式反应（RT-PCR）后，用*Mse* Ⅰ将RT-PCR产物酶切成546bp和423bp 2个片段，再进行单链构象多态性（SSCP）分析。选择SSCP图谱中有变异条带样品的PCR产物直接测序。选择SSCP图谱中有差异的4个样品，利用*Pfu*聚合酶（高保真的聚合酶）对该样品的cDNA进行扩增，PCR产物进行A碱基加尾反应后连接到pGEM-T载体上，转化大肠杆菌，随机选择30个阳性克隆，根据SSCP图谱得出各个SSCP带型所代表的单元个体（haplotype）的发生频率。

2　结果与讨论

调查结果结合有关的报道表明，水稻条纹叶枯病目前在我国主要分布于江苏、河南、山东、北京、云南、上海、福建、浙江、辽宁、河北、四川和台湾等12个省市，其中江苏、河南、四川为病害暴发区，云南、山东、北京、辽宁、上海等地为病害常发区，福建、浙江、河北、台湾等地为病害偶发区。

我国RSV 80个田间样品*CP*基因的RT-PCR扩增产物的大小相同，均约为960bp。SSCP分析结果表明，分析的各样品至少有25种各不相同的图谱类型，其中有35个样品的图谱类型一致，为主要的优势序列类型；另外云南样品中有15个样品图谱类型一致，为另一种主要的优势序列类型；另有1～2个数目不等的样品显示相异的其他23种SSCP图谱类型。

对单个样品的RT-PCR扩增产物的30个阳性克隆的SSCP图谱进行分析的结果表明，各个样品一般都会显示3种不同图谱类型，其中有26～28个阳性克隆的SSCP图谱的条带一致，另有1～2个阳性克隆显示其他的SSCP图谱类型。以上结果表明，我国RSV自然种群遗传结构可能符合病毒准种（quasispecies）遗传结构特征分布。

对SSCP图谱表现差异的样品的PCR产物进行直接测序，测序结果表明，我国RSV各样品*CP*基因都由969bp组成。这些样品根据序列同源性可以分为2个组，其中云南楚雄部分样品和云南省以外的样品可以划为一个组，这些样品*CP*基因之间的同源率均在97％～99％；另一组包括云南省内除部分楚雄样品以外的样品，这些样品之间的

植物病理学报，2003，33（3）：284-285（研究简版）
收稿日期：2002-05-30　修回日期：2002-11-27
*　基金项目：国家自然科学基金（30000002、30240017）、全国优秀博士学位论文作者专项资金项目（200150）

同源率均在 97%～99%。2 组间的序列同源率在 92%～94%。日本 2 个分离物可划入第 1 组。

本研究结果表明，病害暴发区河南和江苏 RSV *CP* 基因和病害常发区中的北京、山东、盘锦的亲缘关系非常接近。这暗示了，尽管病害暴发区与病害常发区的水稻品种布局、种植结构和气候条件存在一定的差别，但这 2 个发病区间的 RSV 很可能具有共同的起源。我们的初步结果已证实，这些发病区的介体灰飞虱的种群遗传多样性非常接近。因此，近 2 年来水稻条纹叶枯病在河南和江苏的暴发很可能不是由病毒致病性提高或分子变异引起的，从近年有关水稻条纹叶枯病的发生和流行的大量调查结果表明，暖冬和耕作制度的改变导致灰飞虱种群数量的突增、感病水稻品种的单一化种植栽培、灰飞虱群体带毒率的上升、水稻最易感病生育期与灰飞虱迁移传毒高峰期吻合度高等因素都与病害流行暴发密切相关。

根据 *CP* 基因序列，云南 RSV 种群可明显划分为 2 个不同的组。这可能有 2 方面的原因：①由于云南省存在独特的生态条件和丰富的生物多样性，加上云南各水稻种植区间的水稻品种布局、种植结构及气候条件相差甚大，这些因素都造成了在复杂的生态环境下，RSV 与寄主在长期的协同进化过程中遗传多样性相对较高，比较明显的特征是 2 组间的样品在核苷酸序列同源性和碱基变异特征上都存在明显差别；②不同组样品在云南省共存的现象可能与奠基者效应（founder effect）有关，即不能排除携带 RSV 的灰飞虱从华东迁入云南的可能性。

我国水稻条纹病毒 RNA3 片段序列分析
——纤细病毒属重配的又一证据*

魏太云，王　辉，林含新，吴祖建，林奇英，谢联辉

（福建农林大学植物病毒研究所，福建福州　350002；福建省植物病毒学重点实验室，福建福州　350002）

摘　要：测定了来源于我国水稻条纹叶枯病常年流行区的辽宁盘锦（PJ）、云南昆明（KM）、云南宜良（YL）及病害暴发区的江苏洪泽（HZ）的水稻条纹病毒（RSV）4 个分离物 RNA3 全长序列，其长度分别为 2480bp、2509bp、2489bp 和 2497bp。与已报道的 RSV 云南 Y、日本 T 和 M 分离物 RNA3 序列进行比较的结果表明，这 7 个分离物可分为两组，其中，KM、YL 分离物为一组，PJ、HZ、Y、T 和 M 分离物为另一组。组与组之间，RNA3 的毒义链（vRNA3）及 RNA3 的毒义互补链（vcRNA3）上的 ORF 的核苷酸同源性分别为 97%～98%和 93%～94%，但在氨基酸水平上则没有明显差异。结合上述 RSV 分离物 RNA4 的核苷酸全序列比较结果，推测认为 RSV 自然种群中存在两个与地理因素相关的不同类型的亚群，Y 分离物不同片段具有不同来源可能是由重配引起的。

关键词：水稻条纹病毒；序列分析；病毒亚群；重配

Sequence analysis of RNA3 of *Rice stripe virus* isolates found in China: evidence for reassortment in *Tenuivirus*

WEI Tai-yun, WANG Hui, LIN Han-xin, WU Zu-jian, LIN Qi-ying, XIE Lian-hui

(Institute of Plant Virology, Fujian Agriculture and Forestry University, Fuzhou　350002; Key Laboratory of Plant Virology, Fujian Province, Fuzhou　350002)

Abstract: The RNA3 segments of four isolates of *Rice stripe virus* (RSV), isolated from endemic sites at Panjin (PJ), Liaoning Province, Kunming (KM) and Yiliang (YL), Yunnan Province, as well as from outbreak sites at Hongze (HZ), Jiangsu Province, were determined. RNA3 of these four isolates were 2480bp, 2509bp, 2489bp and 2497bp in length, respectively. Compared with RNA3 of T and M isolates from Japan and Y isolate from Yunnan Province of China, that had been previously reported, these seven isolates could be divided into two groups. KM and YL isolates formed group one, and PJ, HZ, Y, T and M isolates belonged to another group. The two groups shared 97%-98% and 93%-94% sequence homology in viral RNA3 (vRNA3) and viral complementary RNA3 (vcRNA3) at the nucleotide levels, respectively, and

---

生物化学与生物物理学报，2003，35（1）：97-102

收稿日期：2002-06-17　　接受日期：2002-08-14

* 基金项目：国家自然科学基金（No. 39900091、No. 30000002）、高等学校全国优秀博士学位论文作者专项资金（No. 200150）

there was no significant difference between the two groups at the amino acid levels. In the first group, Y isolate was significantly different from HZ, PJ and two Japan isolates in their RNA4 segment. These results show that there were two subgroups in RSV natural population related with geographical location, and reassorment may be the main factor leading to different segments of Y isolate belonging to different subgroups. The results may provide another evidence for reassortment variation in *Tenuivirus*.

Key words: *Rice stripe virus*; sequences analysis; virus subgroup; reassortment

由水稻条纹病毒（*Rice stripe virus*，RSV）引起的水稻条纹叶枯病是当前我国水稻上的分布广、危害大的重要病毒病，分布于我国 16 个省市[1]。1997～2001 年的实地调查表明，该病目前在江苏、河南、山东、云南、北京、辽宁、河北等省市的一些地区发生仍十分普遍[2]。据不完全统计，全国近年该病的发病面积已达 4000 万亩以上，病区发病率一般在 10%～20%，重者发病率达 50%～80%，仅江苏省 2001 年发病面积就超过 1500 万亩，失收面积超过 5 千亩，对农民的生计造成严重影响[3]。

RSV 是纤细病毒属（*Tenuivirus*）的代表成员，由灰飞虱（*Laodelphax striatellus*）以持久性方式经卵传播[4]。RSV 具有独特的基因组结构和表达策略，是研究植物病毒与寄主和介体互作及协同进化机制的理想模式对象。日本 T 分离物的全序列已测定，基因组全长为 17 418bp，由 4 种单链 RNA 组成，除 RNA1 采用负链编码外，RNA2～RNA4 皆采用双义（ambisense）编码策略[5-8]。其中，RNA3 毒义链（viral RNA3，vRNA3）上 ORF 编码 23.8kD 的 NS3 蛋白[6]，可能直接参与病毒粒的形成，估计其与病毒的复制有关[9]，毒义互补链（viral complementary RNA3，vcRNA3）上 ORF 编码 35.1kD 的外壳蛋白（coat protein，CP）[6]，该蛋白质在病叶中的积累量与症状的发展关系密切，认为与病毒的致病性相关[10,11]。

近两年，随着暖冬和种植结构的调整，由 RSV 引起的水稻条纹叶枯病在江苏省大面积暴发，而在云南省和辽宁省则持续发生。本研究选取有代表性的病害常年流行的辽宁盘锦大洼农场、云南宜良、昆明及病害暴发区的江苏洪泽所得病毒分离物的 RNA3 片段序列进行分析，以期为进一步研究病毒的演化关系及基因功能打下基础。

1 材料和方法

1.1 材料

RSV 分离物采自辽宁盘锦大洼农场、云南宜良、云南昆明及江苏洪泽的田间病株，经 ELISA 检测为阳性结果后，将病叶保存在－80℃冰箱中。另一部分病株经无毒昆虫饲毒接种分离纯化后，依病株产地获得 PJ、YL、KM、HZ 4 个分离物，保存于粳稻品种合系 28、台农 67 上。

1.2 方法

1.2.1 病叶总 RNA 提取

病叶总 RNA 提取采用上海生工生物工程技术服务有限公司的总 RNA 提取试剂盒，方法参照厂家说明。

1.2.2 RT-PCR

根据日本 T 分离物 RNA3 序列[6]，设计 3 对引物，分段扩增 RNA3，引物由上海生工生物工程技术服务有限公司合成（图 1，表 1）。3.5μL 总 RNA 模板和 10pmol 的 3′端引物先在 95℃处理 10min，再按 Promega 公司的 cDNA 合成试剂盒说明书进行 cDNA 第一条链的合成。PCR 扩增是在 25μL 反应体系中进行，包括 2μL 反转录产物，各 2.5μL 10pmol/L 的 5′端和 3′端引物、0.5μL 10mmol/L dNTP、2.5μL 10×缓冲液、13μL 双蒸水、1.5μL 25mmol/L $MgCl_2$、0.5μL 4U/μL *Taq* DNA 聚合酶（MBI 公司产品）。5′端区的扩增条件是，前 5 个循环，94℃变性 1min、50℃退火 2min、72℃延伸 2min；后 25 个循环，除退火温度改为 52℃外，其余同前，最后一个循环结束后，72℃保温 10min。3′端区的双退火扩增的条件为前 5 个循环 37℃，后 25 个循环 42℃，其余条件一致。基因间隔区（intergenic region，IR）的扩增条件是，94℃变性 4min 后、94℃变性1min、59℃退火 2min、72℃延伸 2min，共 30 个循环，最后一个循环结束后，72℃保温 10min。

1.2.3 测序及序列分析

采用 QIAquick Gel Extration Kit (Qiagen) 进行目的片段纯化，纯化产物直接测序。DNA 测序由上海基康生物技术有限公司进行。用 http://www.ncbi.nlm.nih.gov/blast、http://www.ebi.ac.uk/clustalw 和 DNASIS MAX Trial (Hitachi) 等软件进行序列分析。

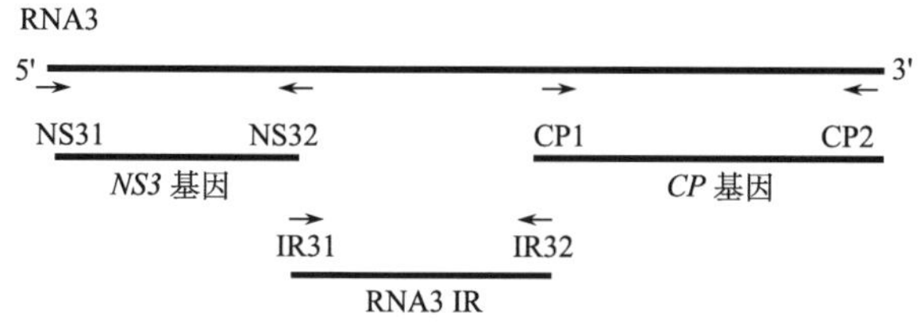

图 1 RT-PCR 法克隆 RSV RNA3 全长序列

2 结果

2.1 4 个分离物 RNA3 片段扩增及序列测定

应用 3 对引物分段扩增 PJ、KM、YL 及 HZ 分离物的 RNA3，得到的 3 个片段中 NS3 基因长约 700bp，RNA3 IR 长度为 720～750bp，*CP* 基因片段长约 1000bp (表 2)，将各片段直接测序拼接后，由此得到的 PJ、KM、YL 及 HZ 4 个分离物 RNA3 全长分别为 2480bp、2509bp、2489bp 及 2497bp，GenBank 登录号分别为 AF509500、AF508912、AF508913 及 AF508863。

2.2 7 个分离物 RNA3 不同区域序列同源性比较分析

将测定的 4 个分离物 RNA3 序列同已报道的云南 Y 分离物[12]、日本 T、M 分离物[6,13]、RNA3 序列比较结果表明，RSV RNA3 最保守的区域在 5′端非编码区 (untranslated region, UTR)，含有 65 个核苷酸序列，7 个分离物在这一区段的序列完全一致，3′UTR 的 92bp 也仅有云南 Y 分离物有一个碱基的差异，同源率为 98.8%。

测定的 RSV 4 个分离物 NS3 蛋白基因均长 636 个核苷酸，编码 211 个氨基酸。Blast 分析表明这些分离物与云南 Y、日本 T、M 分离物具有极高的序列同源性，且长度一致。序列比较表明分离物间的核苷酸和氨基酸序列同源性分别为 96%～99%和 97%～100%。编码区内发生的大部分碱基变异都是无义的，如 KM 分离物与 HZ 分离物相比有 8 个碱基的变异，但编码的氨基酸序列完全一致，其他分离物间则有 1～7 个氨基酸的差异，由于序列的高度相似性，很难根据 NS3 蛋白基因片段将这些分离物区分为可信的进化相关种群 (表 3)。

测定的 RSV 4 个分离物的 *CP* 基因都由 969 个核苷酸组成，编码 322 个氨基酸。Blast 分析表明这些分离物与云南 Y，日本 T、M 分离物根据核苷酸和氨基酸序列同源性可以分为两个组，第一组包括云南 YL、KM 分离物，这两个分离物 *CP* 基因的核苷酸和编码的氨基酸有 98%的同源性；第二组包括其他 5 个分离物，*CP* 基因的核苷酸有 96%～99%的同源性；编码的氨基酸同源性达 98%～100%，但在两个组之间，*CP* 基因仅有 93%～94%的核苷酸同源性，编码的氨基酸同源性为 97%～98% (表 3)。同样，*CP* 基因编码区内发生的大部分碱基变异也都是无义的，如与 HZ 分离物相比，分析的 6 个分离物共发生了 176 处碱基变异，但仅有 23 个氨基酸变异，因此其平均有义变异率仅为 13.1% (表 3)。这个结果同时表明，PJ、HZ 及 Y 分离物与日本 T、M 分离物的亲缘关系比同样来源于中国的 KM、YL 分离物的亲缘关系更近。值得注意的是，尽管 Y 分离物和 KM、YL 分离物都来自云南，但却分属于两个不同的组。在第二组中，根据序列同源性又可将这 5 个分离物划分为 2 个类群，其中，日本两个分离物可以划分为一个类群，其他 3 个分离物可以划分为另一个类群。

表 1 扩增 RSV RNA3 片段所需的引物

引物	位点/nt	序列	温度/℃	方向
NS31	1-21	5′-ACACAAAGTCCTGGGTAAAAT-3′	42	+
NS32	681-701	5′-CTACAGCACAGCTGGAGAGCTG-3′	42	−
IR31	678-698	5′-GGCAGCTCTCCAGCTGTGCTG-3′	59	+
IR32	1425-1445	5′-CGAGGATGAGGCAGAAGGTGC-3′	59	−
CP1	1437-1457	5′-GTTCAGTCTAGTCATCTGCAC-3′	52	+
CP2	2483-2504	5′-ACACAAAGTCTGGGTAATAAA-3′	52	−

表 2

	全长/nts	5′-UTR/nts	vORF		IR/nts	vcORF		3′-UTR/nts
			/nts	/kD		/nts	/kD	
YL	2489	65	636	23.8	727	969	35.1	92
KM	2497	65	636	23.8	733	969	35.1	92
Y	2511	65	636	23.8	749	969	35.1	92
PJ	2480	65	636	23.8	718	969	23.8	92
HZ	2509	65	636	23.8	747	969	35.1	92
T	2504	65	636	23.8	742	969	35.1	92
M	2475	65	636	23.8	713	969	35.1	92

表 3 （单位：%）

	YL	KM	Y	PJ	HZ	T	M
(a) *NS*3							
YL	*	99	98	97	98	97	97
KM	99	*	98	97	98	97	97
Y	99	99	*	98	99	97	98
PJ	97	97	98	*	97	96	96
HZ	99	100	99	97	*	97	97
T	98	98	99	97	98	*	98
M	99	99	99	97	99	99	*
(b) RNA3 IR							
YL	*	90	91	86	91	87	86
KM		*	90	86	90	86	86
Y			*	87	96	85	86
PJ				*	88	92	92
HZ					*	84	86
T						*	96
M							*
(c) *CP*							
YL	*	98	93	94	94	94	94
KM	98	*	94	94	94	94	94
Y	97	97	*	98	98	96	96
PJ	97	97	98	*	98	96	96
HZ	97	98	99	99	*	97	97
T	97	97	98	98	98	*	98
M	97	97	98	98	98	100	*

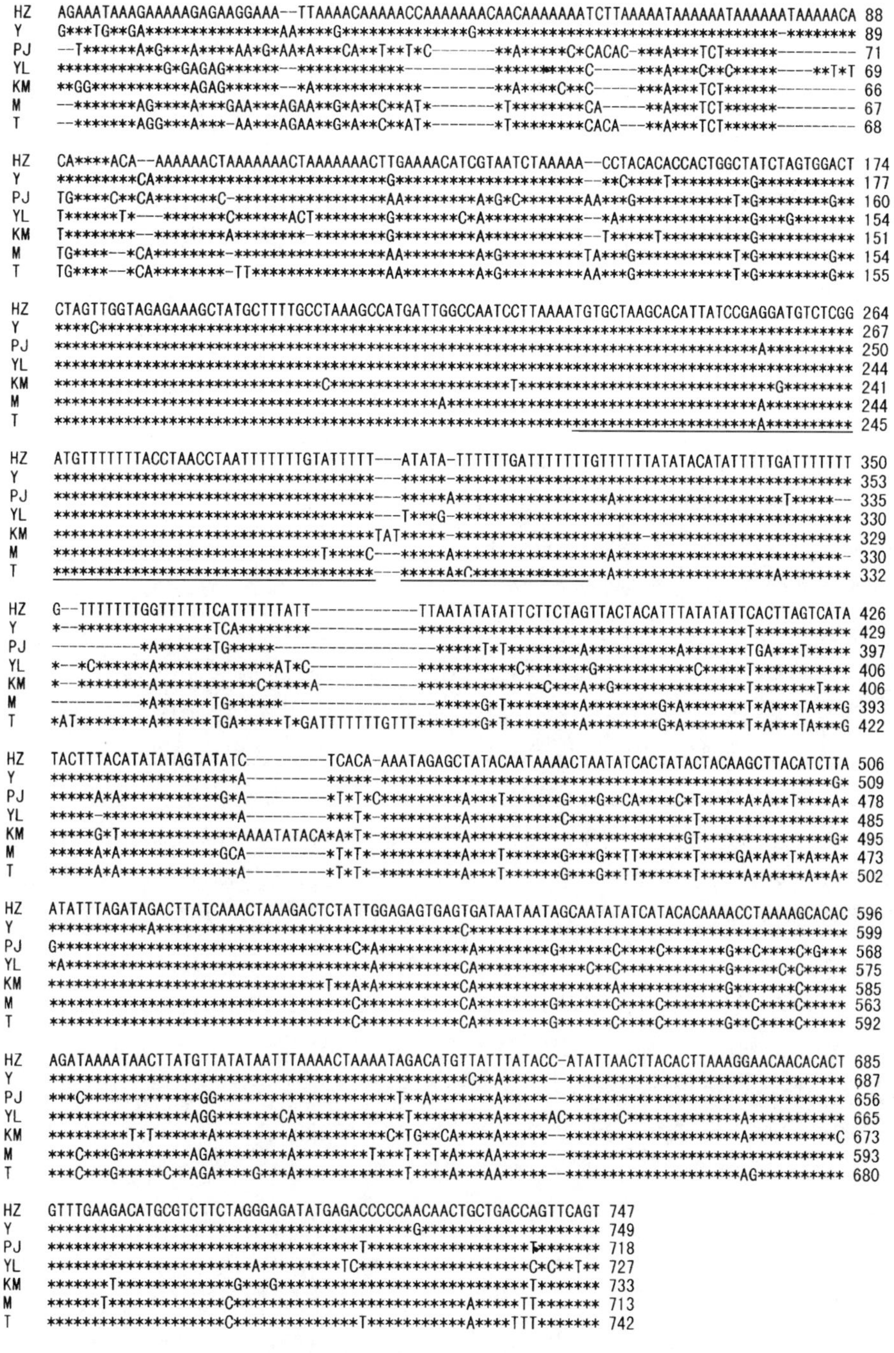

图 2 HZ、Y、PJ、YL、KM、M 和 T 分离株 RNA3 基因间隔区比对

* 为相同；一缺失

7 个分离物变异最大的区域在两个 ORF 之间的 IR，各分离物在此区域的片段长度各不相同，最长的是 Y 分离物，达到 749bp，最短的是 M 分离物，含有 713 个核苷酸序列。核苷酸同源性比较结果表明，HZ 与 Y 分离物、日本两个分离物在 IR 内的同源率较高，达到 96%，而同源率最低的是 HZ 与 T 分离物，仅 84%（表 3）。序列分析发现，IR 序列内具有两个重要的结构特征。第一是含有几个 U 和 A 碱基富集区，其中有多处是重复序列，一般为 7～9nt。RNA 二级结构预测表明，这些重复序列能形成稳定的发夹结构（结果未显示）。第二个重要特征是插入序列。各个分离物在不同的区域均有长短不一的插入或缺失片段存在，其中，最长的插入片段是 T 分离物相对于 PJ 分离物在第 1059～1076bp 处有一段 18bp 的插入序列。这也从一个侧面反映出 IR 区域变异较大（图 2）。

另外，Blast 分析结果表明，IR 有一段长 87bp 的序列在已报道的纤细病毒属（*Tenuivirus*）的 6 个确定种[14,15] 中较为保守（图 2），其确切的功能未知。

2.3　各分离物 RNA3 和 RNA4 序列同源性比较分析

HZ、PJ 分离物的 RNA4 片段序列已登录 GenBank（登录号分别为 AF513505、AF221834），分析结果表明，在已测定 RNA4 片段全长序列的 HZ、PJ、Y、T 及 M 5 个分离物中，Y 分离物在 RNA4 不同区段的核苷酸序列同源性均明显低于其他 4 个分离物间的核苷酸序列的同源性[12,16]。与这 5 个分离物在 RNA3 片段序列的高度一致性存在明显的区别。如 Y 与 HZ 分离物在 RNA3 各区段的变异的碱基数仅为 43 个，总变异率为 1.84%（43/ 2511），而在 RNA4 各区段存在变异的碱基数达到 277 个，总变异率达到 12.4%（277/2235）。这也从一个侧面暗示了 Y 分离物 RNA3 和 RNA4 片段可能有不同的亲缘关系，即 Y 分离物的 RNA3 片段属于以 HZ 分离物为代表的第二组，而 RNA4 片段则属于以云南分离物为代表的第一组。

3　讨论

对 RSV 7 个分离物的 RNA3 的序列分析结果表明，序列变异十分不均衡，5′端和 3′端非编码区的序列十分保守，而 IR 则易于突变，在两个编码区内，*NS*3 基因的保守性也略高于 *CP* 基因的保守性。这可能与这些区域的功能有关，末端序列的高度保守性说明它们在病毒 RNA 的转录、复制及蛋白质的转译方面具有重要的功能。3′端 15 个碱基是 RNA 聚合酶的识别位点，充当了启动子的作用，该段序列在 7 个分离物中也完全一致[17]；IR 序列内，各分离物由于存在不同插入和缺失片段，长度不一，存在较大的变异，而 IR 的发夹结构被认为具有终止 mRNA 转录及保持 ssRNA 稳定性的作用，与病毒复制和转录的调控有关[6,12,13]；*NS*3 基因可能参与了病毒的复制[9]，CP 是目前比较明确的病毒致病相关蛋白质[10,11]。基因组不同区域的保守性存在的明显差异很可能是病毒与寄主协同进化过程中不同区域由于功能差异导致其所承受的负选择压力不同引起的。

对 RSV 7 个分离物的 *CP* 基因的序列分析结果表明，所有这些分离物都可以分成两个组，第一组包含云南的 KM、YL 2 个分离物，HZ、PJ、云南 Y 分离物及日本的两个分离物归入第二组。而根据 RNA4 序列，第二组中的 Y 分离物和 HZ、PJ 及日本 T、M 分离物又存在明显的差别。因此，RSV 自然种群遗传结构中存在两种与地理因素相关的不同类型的亚群。Y 分离物 RNA3 和 RNA4 片段可能有不同的亲缘关系，特别是与 HZ 分离物 RNA3 和 RNA4 各区域的总变异率相差 15 倍左右，这很可能是由不同亚群的分离物的基因组相应片段经过交换重配（reassortment）引起的。与 RSV 同属的水稻白叶病毒（*Rice hoja blanca virus*，RHBV）、水稻草矮病毒（*Rice grassy stunt virus*，RGSV）不同分离物的相应片段的分析也提供了相似的证据。如 RHBV 两个分离物 RNA3 变异率为 1.36%、RNA4 的变异率为 4.90%[18]，RGSV 两个分离物 RNA5（相对于纤细病毒属其他成员 RNA3）的变异率为 0.26%、RNA6（相对于纤细病毒属其他成员 RNA4）的变异率为 3.63%[19]。这表明自然重配有可能是纤细病毒属病毒共有的变异机制。

序列分析结果说明，病害暴发区的江苏 RSV 很可能是从病害常年流行的辽宁等其他省份由介体灰飞虱迁飞引进的，而日本 RSV 和这些地区的 RSV 亲缘关系较近。从 RSV 发生的历史看，早在 20 世纪初，水稻条纹叶枯病即在日本关中、关东地区普遍流行[20]，而在我国，最早是 1963 年在江、浙、沪一带发生[21]。因此，我国 RSV 最可能起源于日本的关中、关东地区。Hoshizaki[22] 报道的我国东南沿海和日本的灰飞虱存在远距离迁飞的现象则从另一个侧面提供了证据。另外，序列分析结果也表明，由于存在独特的生态环境，云南 RSV 自然种群可能有独立的起源关系，而楚雄地区 RSV 则存在更为复杂的起源关系，不能排除携带 RSV 的灰飞虱从华东迁入楚雄，在新地域中造成不同亚群的 RSV 混合侵染，进而通过重配等变异机制产生新的病毒类型的可能性。

有关植物病毒自然重配的直接证据很少，最早被描述的是黄瓜花叶病毒属（*Cucumovirus*）病毒自然种群中发生的重配[23]。实际上，与纤细病毒属亲缘关系相近的布尼亚病毒科（*Bunyaviridae*）中，无论是昆虫病毒还是植物病毒番茄斑萎病毒（*Tomato spotted wilt virus*，TSWV）的实验种群中都存在重配现象[24,25]。而在水稻病毒中，植物呼肠孤病毒属（*Phytoreovirus*）病毒实验种群也存在重配现象，如中国和菲律宾水稻矮缩病毒（*Rice dwarf virus*，RDV）分离物混合侵染后可以通过重配交换基因片段产生新的后代[26]。因此，国际病毒分类委员会（ICTV）第7次报告已将重配作为多分体植物病毒分类的一个新指标[14]。

参考文献

[1] Lin Q Y, Xie LH, Zhou ZJ, et al. Studies on rice stripe: Ⅰ. Distribution and losses caused by the disease. Journal of Fujian Agricultural College,1990, 19(4): 421-425

[2] Xie LH, Wei TY, Lin HX, et al. Advances in molecular biology of Rice stripe virus. Journal of Fujian Agricultural University,2001, 30(3): 269-279

[3] Chen ZB, Yang RM, Zhou YJ. New law of rice stripe disease occurred in Jiangsu province. Agricultural Science of Jiangsu, 2002, 1: 39-41

[4] Ramirez BC, Haenni AL. Molecular biology of *Tenuiviruses*, a remarkable group of plant viruses. J Gen Virol , 1994, 75(3): 467-475

[5] Takahashi M, Toriyama S, Hamamatsu C, et al. Nucleotide sequence and possible ambisense coding strategy of rice stripe virus RNA segment 2. J Genl Virol , 1993, 74(4): 769-773

[6] Zhu Y, Hayakawa T, Toriyama S, et al. Complete nucleotide sequence of RNA3 of *Rice stripe virus* : an ambisense coding strategy. J Gen Virol , 1991, 72(4): 763-767

[7] Toriyama S, Takahashi M, Sano Y,et al. Nucleotide sequence of RNA1, the largest genomic segment of rice stripe virus, the prototype of the *Tenuiviruses*. J Gen Virol , 1994, 75 (12): 3569-3579

[8] Zhu Y, Hayakawa T, Toriyama S. Complete nucleotide sequence of RNA4 of rice stripe virus isolate T and comparison with another isolate and with maize stripe virus. J Gen Virol, 1992, 73(5): 1309-1312

[9] Qu ZC, Shen DL, Xu YA, et al. Western blotting of RStV gene products in rice and insects. Acta Genet Sin , 1999, 26 (5): 512-517

[10] Lin QT, Lin HX, Wu ZJ,et al. Accumulations of coat protein and disease specific protein of rice stripe virus in its hosts. Journal of Fujian Agricultural University, 1998, 27 (3): 257-260

[11] Liu LH, Wu ZJ, Lin QY, et al. Cytopathological observation of rice stripe. Acta Phytopathologica Sinica, 2000, 30(4): 306-311

[12] Qu Z, Liang D, Harper G, et al. Comparison of sequences of RNAs3 and 4 of *Rice stripe virus* from China with those of Japanese isolates. Virus Genes , 1997, 15 (2): 99-103

[13] Kakutani T, Hayano Y, Hayashi T, et al. Ambisense segment 3 of *Rice Stripe virus*: the first instance of a virus containing two ambisense segments. J Gen Virol , 1991, 72(2): 465-468

[14] van Regenmortel MHV, Fauquet CM, Bishop DHL, et al. Virus taxonomy, Classification and nomenclature of viruses. Seventh Report of the International Committee on Taxonomy of Viruses. San Diego, San Francisco, New York, Boston, London, Sydney, Tokyo: Academic Press, 2000

[15] de Miranda JR, Munoz M, Wu R, Espinoza AM. Phylogenetic placement of a novel Tenuivirus from the grass *Urochloa plantaginea*. Virus Genes, 2001, 22 (3): 329-333

[16] Lin HX, Wei TY, Wu ZJ, et al. Sequence analysis of RNA4 of a severe isolate of *Rice stripe virus* in China. Acta Microbiologica Sinica, 2001, 41 (1): 25-30

[17] Takahashi M, Toriyama S, Kikuchi Y, et al. Complementarity between the 5′-and 3′-terminal sequences of *Rice stripe virus* RNAs. J Gen Virol, 1990, 71(12): 2817-2821

[18] de Miranda JR, Ramirez BC, Munoz M, et al. Comparison of Colombian and Costa Rican strains of *Rice hoja blanca Tenuivirus*. Virus Genes, 1997, 15 (3): 191-193

[19] Miranda GJ, Azzam O, Shirako Y. Comparison of nucleotide sequences between northern and southern Philippine isolates of *Rice grassy stunt virus* indicates occurrence of natural genetic reassortment. Virology , 2000, 266(1): 26-32

[20] Kisimoto R, Yamada Y, Okada M, et al. Epidemiology of rice stripe disease. Plant Protection (Japan), 1985, 39 (11): 531-537

[21] Xie LH, Lin QY. Progress in the research of virus diseases of rice in China. Scientia Agriculture Sinica, 1984, 6: 58-65

[22] Hoshizaki S. Allozyme polymorphism and geographic variation in the small brown planthopper, Laodelphax striatellus (Homoptera: Delphacidae). Biochem Genet, 1997, 35 (11212): 383-393

[23] Fraile A, Alonso-Prados JL, Aranda MA, et al. Genetic exchange by recombination or reassortment is infrequent in natural populations of a tripartite RNA plant virus. J Virol,1997, 71(2): 934-940

[24] Rodriguez LL, Owens JH, Peters CJ, et al. Genetic reassortant among viruses causing hantavirus pulmonary syndrome. Virology, 1998, 242 (1): 99-106

[25] Qiu WP, Geske SM, Hickey CM, et al. *Tomato spotted wilt Tospovirus* genome reassortment and genome segment-specific adaptation. Virology , 1998, 244(1): 186-194

[26] Uyeda I, Ando Y, Murao K, et al. High resolution genome typing and genomic reassortment events of *Rice dwarf Phytoreovirus*. Virology,1995, 212(2): 724-727

水稻条纹病毒 RNA4 基因间隔区序列分析
——混合侵染及基因组变异证据*

魏太云，林含新，吴祖建，林奇英，谢联辉

（福建农林大学植物病毒研究所，福建福州 350002）

摘 要： 克隆和测定了我国水稻条纹病毒（RSV）22 个分离物 *RNA4* 基因间隔区（intergenic region，IR）序列，序列比较结果表明，我国 RSV RNA4 IR 在长度上存在 634bp、654bp 及 732bp 3 种不同的类型，其中 3 种不同类型的序列在云南省均有存在，而在其他省份仅存在 654bp 类型的序列，云南省还存在不同片段类型序列在同一分离物中混合侵染的现象。序列内部具有两个重要的结构特征。一是具有插入序列；二是有两处反向重复序列，可形成两个明显的发夹结构，其中一个序列比较保守，形成的发夹结构稳定；但另一个发夹结构由于碱基变异导致其稳定性在各个分离物中差异较大。本论文还讨论了插入片段特性、不稳定的发夹结构的形成最低自由能及病毒致病性分化的关系。

关键词： 水稻条纹病毒；RNA4 基因间隔区；重组；发夹结构

中图分类号： S432.41 **文献标识码：** A **文章编号：** 0001-6209（2003）05-0577-09

Sequence analysis of intergenic region of *Rice stripe virus* RNA4: evidence for mixed infection and genomic variation

WEI Tai-yun, LIN Han-xin, WU Zu-jian, LIN Qi-ying, XIE Lian-hui

(Institute of Plant Virology, Fujian Agriculture and Forestry University, Fuzhou 350002)

Abstract: The intergenic region (IR) of the RNA4 of 22 isolates of *Rice stripe virus* (RSV) in China was cloned and sequenced. The IR sequences were compared with one another and with that from Japan. Sequence comparison showed that these isolates could be divided into three different types, with the IR length of 634bp, 654bp and 732bp, respectively. It is interesting to note three different types all occurred in Yunnan RSV natural population, whereas other province only existed 654bp type length isolates. Mixed infections with different types of IR length coexisting in some isolates in Yunnan was observed. IR sequences were not more conserved (83%-100%) among the populations of RSV from China than with those of RSV isolates from Japan (83%-94%). There were two important structure characteristics in IRs sequences. Firstly, there was a-19nt insertion in 654bp type isolates and a-103nt in 732bp type isolates in comparison

---

微生物学报，2003，43（5）：577-585

收稿日期：2002-12-27

* 基金项目：国家自然科学基金（30000002 和 30240017）、高等学校全国优秀博士学位论文作者专项资金（200150）

to 634bp type isolates. This inserted sequences were rather highly conserved. Blast analysis indicates the 16nt (AGAAACATGAGAGTA) in 19nt insertation was very similar in sequence to wheat cDNA library; and the 20nt (AGAATTGCCTTGGTGTTAT) in 103nt insertion was identical to a stretch sequences of barley cDNA library. Recombination hot-spot sequences existed in RNA4 IR. Secondly, IRs sequence was rich in U and A residues where two distant hairpin structures could be formed with computer-assisted folding analysis. One was highly conserved and stable, but the other was rather unstable because of bases variation. It is believed that this stabilised hairpin structure, rather than a sequence motif, might serve as a transcription terminator during the synthesis of mRNAs from the ambisense segments. Negative selection constraints imposed by secondary structure might have maintained the conserved sequences. In this paper, the relationship between the lowest free energy of the unstable hairpin structures and the different pathogenesis among some isolates was also discussed in this paper.

Key words: *Rice stripe virus*; RNA4 intergenic region (IR); recombination; hairpin structure

由水稻条纹病毒（*Rice stripe virus*，RSV）引起的水稻条纹叶枯病是当前我国水稻上的一种分布广、危害大的重要病毒病，分布于我国 16 个省市[1]。1997～2002 年的实地调查表明，该病目前在江苏、河南、山东、云南、北京、辽宁、河北等省市的一些地区仍发生十分普遍[2]。

RSV 是纤细病毒属（*Tenuivirus*）的代表成员，由介体灰飞虱（*Laodelphax striatellus*）以持久性方式经卵传播[3]。RSV 具有独特的基因组结构和表达策略，是研究植物病毒与寄主和介体互作及协同进化机制的模式对象。日本 T 分离物的全序列已测定，基因组全长为 17 418bp，由 4 种单链 RNA 组成，除 RNA1 采用负链编码外，RNA2～RNA4 皆采用双义（ambisense）编码策略[3]。其中，RNA4 的毒义链（viral-sense strand）上的 ORF 编码 20.5kD 的病害特异性蛋白（disease specific protein，SP），与病毒的致病性相关[4,5]，毒义互补链（viral-complementary strand）上的 ORF 编码 32.4kD 的 NSvc4 蛋白，可能参与了病毒的胞间运动[6]。两个 ORF 间是一段非编码的基因间隔区（intergenic region，IR），IR 内存在 U 和 A 碱基富集带及可能的发夹结构，IR 的发夹结构可能具有终止 mRNA 转录及保持 ssRNA 稳定性的作用[7-9]，且还有可能在病毒复制和转录的转换过程中起到调控作用[10]。

RSV 及其介体的广泛分布以及广泛的寄主范围极可能导致其丰富的遗传多样性。本研究对有代表性的病害常发区云南、辽宁、北京和山东，病害偶发区福建、上海以及病害暴发区江苏、河南等地分离的病毒分离物的 RNA4 IR 片段序列进行系统分析，以期为进一步研究病毒的演化规律及其可能调控策略打下基础。

1 材料和方法

1.1 病毒分离物

分别采集了福建龙岩，云南昆明、大理、保山、楚雄、江川、宜良、富民，上海嘉定，江苏洪泽与淮安，山东济宁，河南原阳与开封，北京双桥和黑庄户，辽宁盘锦与大洼等地有代表性的 RSV 病株，经 ELISA 检测为阳性结果后将病叶保存在 −80℃冰箱中。另一部分病株经无毒昆虫饲毒接种分离纯化后，依病株产地分别得到 22 个分离物，保存于粳稻品种合系 28、台农 67 上（表 1）。

1.2 试剂

Taq DNA 聚合酶、dNTP、核酸标准分子量（Lambda DNA/ *Eco*RⅠ，*Hind*Ⅲ marker）、M-MuLV 反转录酶、RNasin 购自上海生工生物工程有限公司；QIAEX Ⅱ Gel Extraction Kit 为 QIAGEN 公司产品。其余试剂为国产分析纯或化学纯。

表 1 本研究 RSV 分离物来源

分离物	来源	分离日期	水稻品种
HZ	Huaian Jiangsu	2001	81692
HA	Huaian Jiangsu	2001	Wuyujing 3
BS	Baoshan Yunnan	1998	Jingguo 92
CX1	Chuxiong Yunnan	2000	Chujing 3

续表

分离物	来源	分离日期	水稻品种
CX2	Chuxiong Yunnan	2001	Hexi 28
DL	Dali Yunnan	2001	Dianxi 4
YX	Yuxi Yunnan	2001	Hexi serial
JC	Jiangchuan Yunnan	2001	Hexi serial
YL	Yiliang Yunnan	2001	Hexi serial
HM	Huming Yunnan	2001	Hexi 2-44
KM1	Kunming Yunnan	2002	Hexi 2-44
KM2	Kunming Yunan	2000	Hexi 2-22
PJ1	Panjing Liaoning	1998	liaojing 5
DW	Dawa Liaoning	2001	Panjing 5
PJ2	Panjing Liaoning	2001	Panjing 1
BJ1	Beijing	1998	Fuyue
BJ2	Beijing	2001	Qiuguang
JN	Jining Shandong	2001	Zaofeng 9
JD	Jiading Shanghai	2001	98110
LY	Longyan Fujian	2001	Fuyou158
KF	Kaifeng Henan	2002	Yuanyou 6
YY	Yuanyang Henan	2002	90247

1.3　病叶总 RNA 提取

病叶总 RNA 提取采用上海生工生物工程技术服务有限公司的总 RNA 提取试剂盒，方法参照厂家说明。

1.4　RT-PCR

根据 Kakutani 等[8]报道的 RSV M 分离物 RNA4 的基因序列，设计一对用于扩增 RNA4 IR 的寡聚核苷酸引物，由上海生工生物工程有限公司合成，序列如下：P1：5′-CCAACCTCTT CTACACAAGAC-3′（与 RNA4 5′端 567～587bp 相对应）；P2：5′-GTAGGTGAGATAACCAGTTCC-3′（与 RNA4 5′端 1208～1228bp 互补）。反转录程序如下：取总 RNA 5μL，3′端引物 1μL，DDW 4μL，95℃下变性 10min，冰上 5min，再依次加入下列试剂，5×M-MuLV 反转录酶缓冲液 5μL、dNTP 1μL、RNasin（40U/μL）1μL、M-MuLV 反转录酶（20U/μL）1μL、DDW 7μL。37℃水浴 1h，95℃灭活 5min，－20℃保存备用。PCR 扩增是在 25μL 反应体系中进行，包括 2μL 反转录产物，各 2.5μL 10pmol/L 的 5′端和 3′端引物、0.5μL dNTP、2.5μL 10×缓冲液、13μL DDW、1.5μL 25mmol/L $MgCl_2$、0.5μL 4u/μL *Taq* DNA 聚合酶。扩增条件是，94℃变性 4min 后，94℃变性 1min、37℃退火 2min、72℃延伸 2min，共 30 个循环，最后一个循环结束后，72℃保温 10min。

1.5　测序及序列分析

采用 QIAquick Gel Extration Kit（QIAGEN）进行目的片段纯化，纯化产物直接测序。DNA 测序由上海基康生物技术有限公司进行。http：//www.ncbi.nlm.nih.gov/blast、RNA draw（Hitachi，1990）和 DNAMAN（Lynnon BioSoft，1994～1998）等软件进行序列分析。

2　结果

2.1　各分离物同源性比较

分析结果表明，我国 RSV RNA4 IR 序列长度有 654bp、634bp 及 732bp 三种类型，其中长度为 634bp、732bp 的类型仅在云南 RSV 分离物中发现。结合已报道的 RSV 云南 Y[11]、日本 T 和 M 分离物[7,8] RNA4 IR 序列，25 个 RSV RNA4 IR 序列同源率在 83%～100%（表 2）。其中，上海 JD 与江苏 HZ 分离物序列一致，河南 YY 与 KF 分离物序列一致，其他分离物间的序列各不相同。云南 4 个 732bp 类型分离物间的同源率在 95%～98%，与其他两种类型分离物间均仅有 83%～85%的同源率；云南 6 个 634bp 类型分离物间的同源率在 95%～98%，与 13 个 654bp 类型分离物之间的同源率在 89%～93%；654bp 类型分离物在各个省份均有分布，其同源率在 90%～100%，其中北京 BJ1、辽宁 PJ2 与福建 LY 3 个分离物间的同源率均为 99%，辽宁 PJ1、北京 BJ2 2 个分离物间同源率为 95%，病害暴发区中的江苏、河南 4 个分离物间的同源率均为 95%，其余各分离物间的同源率都在 95% 以下，特别是北京 3 个分离物间、辽宁两个分离物间的同源率均仅为 90%（表 2）。3 种不同类型的分离物在云南省共存的现象表明了云南 RSV 分离物自然种群遗传结构多样性较为复杂，变异程度较高。另外，云南部分地区 RSV 分离物还存在不同类型片段在同一分离物共存的现象，其中，多数是 634bp 和 654bp 两种类型在同一分离物中共存，少数是 634bp 和 732bp 两种类型以及

654bp 和 732bp 两种类型在同一分离物中共存，没有 3 种不同类型片段在同一分离物中出现的现象。这些结果暗示云南 RSV 分离物还存在复合侵染（mixed infections）现象。

表 2 RSV 各分离物 RNA4 IR 核苷酸序列同源性（%）

	654bp													634bp						732bp			
	BJ1	BJ2	PJ1	DW	PJ2	JN	YY	HA	HZ	LY	BS	YX	T	CX1	CX2	DL	HM	KM1	M	YL	JC	KM2	Y
BJ1	100	93	94	91	99	91	90	90	99	99	92	92	92	90	91	89	90	89	89	83	83	84	84
BJ2			95	92	93	93	92	91	92	94	93	94	94	91	92	90	91	91	91	84	84	85	85
PJ1				91	94	92	90	90	91	94	93	94	94	90	91	90	91	91	90	84	84	84	85
DW					91	93	95	91	95	91	91	92	91	90	91	90	90	91	89	85	85	86	85
PJ2						91	90	90	90	99	92	92	92	90	91	89	90	89	89	83	83	84	84
JN							92	91	93	92	91	92	92	91	92	91	91	91	91	85	84	84	85
YY								91	95	90	92	92	90	90	91	90	91	90	89	85	85	85	85
HA									91	90	90	91	90	93	94	92	93	93	92	83	83	83	84
HZ										91	91	92	91	90	92	91	91	91	90	84	84	85	85
LY											92	93	93	90	91	89	90	90	90	83	83	84	84
BS												98	93	91	91	90	90	90	90	83	83	83	83
YX													94	91	92	91	91	91	91	83	83	84	84
T														90	91	89	90	90	90	84	84	85	85
CX1															96	96	98	95	95	84	84	84	85
CX2																97	96	96	96	84	84	85	85
DL																	96	95	95	84	84	84	85
HM																		95	95	84	85	85	85
KM1																			95	84	84	84	85
M																				83	83	84	85
YL																					98	95	95
JC																						96	96
KM2																							98
Y																							100

2.2 RSV RNA4 IR 结构特征分析

IR 序列内部具有两个重要的结构特征，其一是具有插入序列，相对于 6 个 634bp 类型分离物，13 个 654bp 类型分离物都有一段长 19nt 的插入序列，这段插入序列比较保守，各分离物之间仅有 1～2bp 的差异（图 1）。732bp 在这段区域内的插入序列长达 103nt，这段插入序列高度保守，4 个分离物仅 Y 分离物有一个碱基的差异。Blast 分析结果表明，这些插入序列和已有的病毒序列并没有任何相似性，但是 19nt 插入片段中第 4～19 个碱基（5′-AGAAACATGAGAGTA-3′）与小麦 cDNA 文库中的一段序列（GenBank 登录号为 BE416147）基本上是一致的，103nt 的插入片段中第 29～48nt 序列（5′-AGAATTGCCTTGGTGTTAT-3′）与大麦 cDNA 文库中的一段序列（GenBank 登录号为 BE420676）是一致的（图 1）。

```
CX1  ATACACGCA--------------------------------------------------------------------------------- 303
HM.  ATACACGCA--------------------------------------------------------------------------------- 302
DL   ATACACACA--------------------------------------------------------------------------------- 301
M    ATACACATA--------------------------------------------------------------------------------- 302
CX2  ATACACACA--------------------------------------------------------------------------------- 302
KM1  ATACACACA--------------------------------------------------------------------------------- 300
HZ   AAAC--ACATAAAACCATTAGAGTATCA-------------------------------------------------------------- 317
YY   AAAC--ACATAAAACCATTAGAGTATCA-------------------------------------------------------------- 315
PJ1  AAAC--GCATAAAACCATGAGAGTATCA-------------------------------------------------------------- 318
HA   ATACTCACATAGAAACATGAGAGTATCA-------------------------------------------------------------- 321
BJ1  ATACAAACATAGAAACATGAGAGTATCA-------------------------------------------------------------- 319
DW   ATACAAACATAGAAACATGAGAGTATCA-------------------------------------------------------------- 319
LY   ATACAAACATAGAAACATGAGAGTATCA-------------------------------------------------------------- 319
PJ2  ATACACACATAGAAATATGGGAGTATCA-------------------------------------------------------------- 319
BJ2  ATACACACATAGAAACATGAGAGTATCA-------------------------------------------------------------- 317
BS   ATACACACTTAGAAACATGAGAGTATCA-------------------------------------------------------------- 319
YX   ATACACACTTAGAAACATGAGAGTATCA-------------------------------------------------------------- 317
T    ATACACACATAGAAACATGAGAGCATTA-------------------------------------------------------------- 317
JN   ATAC--ACATAGAAACATGAGAGTATCA-------------------------------------------------------------- 316
YL   ACACAAAAATAGAAACATGAGAGTATCAATTAGAATTGCCTTGGTGTTATAAGCACAGATATAGCTGTGTGGAGAGAACACTCAAGGCTA 343
JC   ACACAAAAATAGAAACATGAGAGTATCAATTAGAATTGCCTTGGTGTTATAAGCACAGATATAGCTGTGTGGAGAGAACACTCAAGGCTA 343
Y    ACACAAACATAGAAACATGGGAGTATCAATTAGAATTGCCTTGGTGTTATAAGCACAGATATAGCTGTATGTAGAGAACACTCAAGGCTA 343
KM2  ACACAAACATAGAAACATGAGAGTATCAATTAGAATTGCCTTGGTGTTATAAGCACAGATATAGCTGTGTGTAGAGAACACTCAAGGCTA 342
     * **

CX1  ----------------------TACAAGAACCATTGTAAAAATACTAACAAC-CTTGCTTTTACAATATCAAAACTAAAAACTGAAATAC 368
HM   ----------------------TACAAGAACCATTGTAAAAATACTAACAAC-CTTGCTTTTACAATATCAAAACTAAAAACTGAAATAC 367
DL   ----------------------TACAAGAACCATTGTTAAAATACAAACAAC-CTTGCTTTTACAATATCAAAACCAAAAACTGAAATAC 366
M    ----------------------TACAAGAACCATTGCAAAAATACTAATAAC-TTTGCTTTTACAATATCAAAACCAAAAACTGAAATAC 367
CX2  ----------------------TACAAGAACCATTGCTAAAATACTAATAAC-TTTGCTTTTACAATATCAAAACCACAAACTGAAATAC 367
KM1  ----------------------TACAAGAACCATTGCAAAAATACTAATAAT-CTTGCTTTAACAATATCAAAACCAAAAACTGAAATAC 365
HZ   ----------------------TACAAGACCCATTGCAAAAATACCAATAAC-TTTGTTTTTACAATGTCAAAACTAAAAACTGAAATAC 384
YY   ----------------------TACAAGACCCATTGCAAAAATACCAATAACCTTTGTTTTTACAATGTCAAAACTAAAAACTGAAATAC 383
PJ1  ----------------------TACAAGACCCATTGCAAAAATACCAATAACTTTTGTTTTTACAATGTCAAAACTAAAAACTGAAATAC 386
HA   ----------------------AACAAGCCCCATTG-AAAAATACTAATAAT-TTTGCTTTTGCAATGTCAAAACCAAAAACTGAAATAC 387
BJ1  ----------------------TACAAGACCCATTGCAAA--TACTAATAAC-TTTGTTTTCACAATGTCAAAACTAAAACCTGAAATAC 384
DW   ----------------------TACAAGACCCATTGCAAA--TACTAATAAC-TTTGTTTTCACAATGTCAAAACTAAAACCTGAAATAC 384
LY   ----------------------TACAAGACCCATTGCAAA--TACTAATAAC-TTTGTTTTCACAATGTCAAAACTAAAACCTGAAATAC 384
PJ2  ----------------------TACAAGACCCATTGCAAA--TACTAATGAC-CTTGTTTT-ACAATGTCAAAACTAAAAACTGAAATAC 383
BJ2  ----------------------TACTAGACCCATTGCAAAAATACTAATAAC-TTTGTTTTTACAATGTCAAAACTAAAAATTGAAATAC 384
BS   ----------------------TACAAGACCCATTGCAAAAATACTAATAAC-TTTGTTTTTACAATGTCAAAACTAACAACTGAAATAC 386
YX   ----------------------TACAAGACCCATTGCAAAAATACTAATAAC-TTTGTTTTTACAATGTCAAAACTAACAACTGAAATAC 384
T    ----------------------TACAAGACCCATTGCAAAAATACTAATAAC-TTAGTTTTTACAATGTCAAAACTAAAAACTGAAATAC 384
JN   ----------------------TATAAGACCCAGTGCAAAAATACTAATAAC-TTTGTTTTTACAATGTCAAAACTAGAAACTGAAATAC 383
YL   AGAATTCTCTAACATCGCTTTATACAAGAACCATTATAAGAATACTAACAAC-TTTGTTTTCACAATGTCAACGCTAAAAACTGAAATGC 462
JC   AGAATTCTCTAACATCGCTTTATACAAGAACCATTATAAAAATACCAACAACCTTTGTTTTCACAATGTCAACGCTAAAAACTGAAATGC 463
Y    AGAATTCTCTAACATCGCTTTATACAAAAACCATTATTAAAATACTAACAAC-TTTGTTTTCACAATGTCAACGCTAAAAACTGAAATGC 462
KM2  AGAATTCTCTAACATCGCTTTATACAAAAACCATTATAAAAATACTAACAAC-TTTGTTTTCACAATGTCAACGCTAAAAACTGAAATGC 461
                           *      *** *   *   *** **   *   * * ***   **** ****   * *   *   ****** *

CX1  CAAAAA-CATGAGAAAATAGAAAATCAAAAACAATG-AATGGTGCTAAGCACCACATCCGGATGTGGTGCGTAGCACCATTTTCAT-AAC 426
HM   CAAAAA-CATGAGAAAATAGAAAATCAAAAACAATG-AATGGTGCTAAGCACCACATCCGGATGTGGTGCGTAGCACCATTTTCAT-AAC 425
DL   CAAAAA-CATGAGAAAATAGAAAATCAAAAACAATG-AATGGTGCTAAGCACCACATCCGGATGTG--GCGTAGCACCATTTTCAT-AAC 424
M    CAAAAA-CATGAGAAAATAGAAAATCAAAAACAATG-AATGGTGCTAAGCACCACATCCGGATGTG--GCGTAGCACCATTTTCAT-AAC 425
CX2  CAAAAA-CATGAGAAAATAGAAAATCAAAAACAATG-AATGGTGCTAAGCACCACATCCGGATGTG--GCGTAGCACCATTTTCAT-AAC 425
KM1  CAAAAA-CATTAGAAAATAGAAAATCAAAAACAATG-AATGGTGCTAAGCACCACATCCGGATGTGGTGCGTAGCACCATTTTCAT-AAC 423
HZ   CAAAAA-CATGAGAAAATAGAAAATCAAAAACAATG-AATGGTGCTAAGCACCACATCCGGATGTGGTGCGTAGCACCATTTTCAT-AAC 442
YY   CAAAAA-CATGAGAAAATAGAAAATCAAAAACAATGGAATGGTGCTAAGCACCACATCCGGATGTGGTGCGTAGCACCATTTTCATTAAC 442
PJ1  CAAAAA-CATGAGAAAATAGAAAATAAAAACAATTGGAATGGTGCTAAGCACCACATCCGGATGTGGTGCGTAGCACCATTTTCAT-AAC 445
HA   CAAAAA-CATGAGAAAATAGAAAATCAAAAACAATGGAATGGTGCTAAGCACCACTCCGGGATGTGGTGCGTAGCACCATTTTCAT-AAC 446
BJ1  CAAAAA-CATGAGAAAATATGAAATCAAAAACAATG-AATGGTGCTAAGCACCACATCCGGATGTGGTGCGTAGCACCATTTTCAT-AAC 442
DW   CAAAAA-CATGAGAAAATATGAAATCAAAAACAATG-AATGGTGCTAAGCACCACATCCGGATGTGGTGCGTAGCACCATTTTCAT-AAC 442
LY   CAAAAA-CATGAGAAAATATGAAATCAAAAACAATG-AATGGTGCTAAGCACCACATCCGGATGTGGTGCGTAGCACCATTTTCAT-AAC 442
PJ2  CAAAAA-CATGAGAAAATAGAAAATCAAAAACAATG-AATGGTGCTAAGCACCACATCCGGATGTGGTGCGTAGCACCATTTTCAT-AAC 441
BJ2  CAAAAA-CATGAGAAAATAGAAAATCAAAAACAATG-AATGGTGCTAAGCACCACATCCGGATGTGGTGCGTAGCACCATTTTCAT-AAC 442
BS   CAAAAA-CATGAGAAAATAGAAAATCAAAAACAATG-AATGGTGCTAAGCACCACATCCGGATGTGGTGCGTAGCACCATTTTCAT-AAC 444
YX   CAAAAA-CATGAGAAAATAGAAAATCAAAAACAATG-AATGGTGCTAAGCACCACATCCGGATGTGGTGCGTAGCACCATTTTCAT-AAC 442
T    CAAAAA-CATGAGAAAATAGAAAATCAAAAACAATG-AATGGTGCTAAGCACCACATCCGGATGTGGTGCGTAGCACCATTTTCAT-AAC 442
JN   CAAAAAACATGAGAAAATAGAAAATCAAAAACAATG-AATGGTGCTAAGCACCACATCCGGATGTGGTGCGTAGCACCATTTTCAT-AAC 442
YL   CAAAAA-CATGAGAAAATAGAAAATCAAAAACAATG-AATGGTGCTAAGCACCACATCCGGATGTGGTGCGTAGCACCATTTTCAT-AGT 520
JC   CAAAAA-CATGA-AAAATAGAAAATCAAAAACAATG-AATGGTGCTAAGCACCACATCCGGATGTGGTGCGTAGCACCATTTTCAT-AGT 520
Y    CAAAAA-CATGAGAAAATAGAAAATCAAAAACAATG-AATGGTGCTAAGCACCACATCCGGATGTGGTGCGTAGCACCATTTTCAT-AGT 520
KM2  CAAAAA-CATGAGAAAATAGAAAATCAAAAACAATG-AATGGTGCTAAGCACCACATCCGGATGTGGTGCGTAGCACCATTTTCAT-AGG 519
     *****   *** * ******   **** ****   * ** *****************   * *******   ***************** *
```

图1　23个RSV分离物RNA4 IR部分序列的多重序列比较

*为相同；—为缺失；下划线为稳定的发夹结构的位置

其二是具有发夹结构特征，IR序列内含有几个U和A碱基富集区，其中有两处是反向重复序列。RNA二级结构预测表明，这两处重复序列都能形成发夹结构。序列分析结果表明，各分离物在图1中划线处有一段长49nt的片段序列高度保守，除HA分离物有3个碱基差异、3个634bp类型分离物有两个碱基缺失外，各分离物在这段的序列完全一致，且能形成最低自由能（ΔG）相对较低的发夹结构，其中HA分离物发夹结构的ΔG为－102.1kJ，有两个碱基缺失的3个634bp类型分离物发夹结构ΔG为－122.2kJ，其他分离物形成发夹结构的ΔG均为－132.3kJ（图2）。因此，微小的变异总体上并没改变各分离物在这段序列所形成的发夹结构的稳定性。

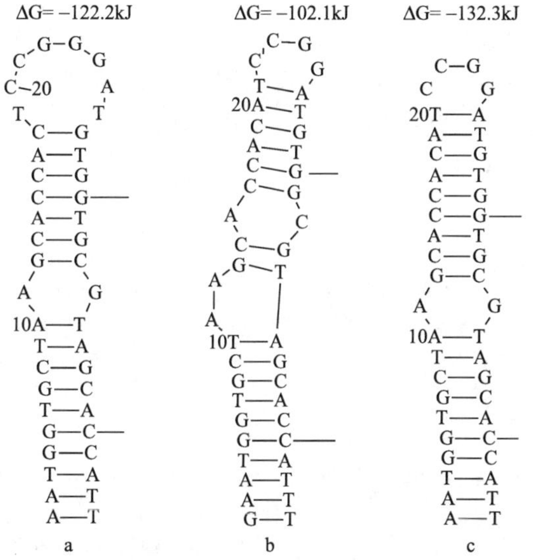

图2 RNA4基因间隔区3个预测的稳定的发夹结构
a. 3个634bp型分离株具2个剔除的发夹结构；b. HA分离株具3个变异的发夹结构；c. 19个分离株共有的稳定发夹结构

另外，23个分离物都能在插入序列后的60个碱基范围内形成一个稳定性各不相同的发夹结构，其中，732bp类型的云南JC分离物形成发夹结构ΔG最高，为－1.3kJ，日本T分离物形成发夹结构ΔG最低，为－25.6kJ。一般而言，发夹结构ΔG越低，其稳定性越高。这表明T分离物在这一区段形成的发夹结构最稳定，而732bp类型的JC分离物形成的发夹结构最不稳定；进一步分析表明，4个732bp类型分离物形成的发夹结构ΔG一般都较高，平均为－3.4kJ，暗示这4个分离物在这一区段形成的发夹结构很不稳定；6个634bp类型分离物发夹结构ΔG平均为－10.1kJ，最高为云南CX1分离物，为－1.7kJ，最低为云南HM分离物，为－18.1kJ；13个654bp类型分离物发夹结构的ΔG平均为－19.3kJ，最高为－8.4kJ（福建LY、山东JN分离物），最高为－25.2kJ（日本T分离物），其中有9个分离物发夹结构ΔG为－23.9kJ左右，有4个分离物发夹结构ΔG在－10.5kJ左右，表明这13个分离物在这一区段所形成的发夹结构的稳定性相对较高。

2.3 纤细病毒属病毒RNA4 IR同源性分析比较

与RSV同属的其他成员还有玉米条纹病毒（*Maize stripe virus*，MSpV）、水稻草矮病毒（*Rice grassy stunt virus*，RGSV）、水稻白叶病毒（*Rice hoja blanca virus*，RHBV）、稗草白叶病毒（*Echinochloa hoja blanca virus*，EHBV）和尾稃草白叶病毒（*Urochloa hoja blanca virus*，UHBV）[12]。分析结果表明各成员RNA4 IR（RGSV为RNA6 IR）序列在长度上各不同，最长的是RGSV，为913nt，最短的是UHBV，为394nt。其中，RGSV已有3个分离物全长序列登录GenBank，这3个分离物RNA6 IR的同源率在94%～99%。进一步分析表明纤细病毒属成员间的RNA4 IR（RGSV为RNA6 IR）同源率在33%～51%。其中，与RSV亲缘关系最近的MSpV同源率为47%；亲缘关系最为接近的RHBV、EHBV、UHBV之间的同源率均为50%左右，而与其他4种病毒的同源率较低，在33%～36%；RGSV虽然与其他成员间的亲缘关系较远，但与其他5种病毒间的同源率均为44%左右。这个结果表明，由于纤细病毒属IR变异较大，并不适合用于病毒系统进化的依据，但在一定的范围内，可作为一种借鉴。由于ICTV第7次报告已将IR序列60%的同源率作为纤细病毒属病毒种间分类标准[12]，因此，本研究分析的各分离物都属于RSV不同的分离物，并不属于不同的病毒种。

3 讨论

纤细病毒属病毒分类一般是根据编码区序列，如RNA2编码的94kD蛋白基因和外壳蛋白（coat protein，CP）基因等[12]。由于RSV RNA4 IR在长度上各不相同，且各分离物间序列变异较大，并不适合用于RSV系统进化关系研究。对纤细病毒属各成员的RNA4（其中RGSV为RNA6）IR进行比较结果也表明IR不适合于病毒种间分类的依据。

序列分析结果表明我国RSV云南分离物变异类型较为复杂，而云南以外的分离物变异类型比较单一。由于云南省存在独特的生态条件和丰富的生物多样性，加上各地区间的水稻品种布局、种植结构及气候条件相差甚大，这些因素都造成了在复杂的生态环境下，RSV与植物寄主及介体灰飞虱在长期的协同进化过程中遗传变异相对较高。

Blast分析结果暗示了插入片段很有可能是病毒直接从寄主（大、小麦）基因组中通过重组(recombination）获得的。Nagy等[13]在对雀麦花叶病毒（*Brome mosaic virus*，BMV）重组的一系列重要研究中发现，一个有效的同源重组热点(Hot-spot）应包括下游的AU碱基富集区和上游的GC碱基富集区，AU区是中心区，而GC区是加强区。令人感兴趣的是，在RNA4 IR内同样存在类似的AU和GC碱基富集区，因此，RSV RNA4 IR很可能是发生重组的热点区域。由于病毒基因组结构较为简单，其复制需寄主成分参与，当病毒在不同寄主内繁殖、复制时，很有可能获得寄主的基因组成分。本研究结果暗示了，RSV在大麦、小麦及水稻等寄主体内反复复制传代时，很有可能由于病毒不断适应不同的寄主而导致病毒基因组发生变异的情况，如插入一段寄主的序列，即发生了病毒与寄主间的重组。

结果表明，各分离物RNA4 IR序列碱基变异较大，同源性不高，在AU碱基富集处可形成两个发夹结构，其中一个序列比较保守，形成的发夹结构稳定（平均ΔG为－120kJ)，插入或缺失并没改变其稳定性；但另一个由于碱基变异导致其所形成的发夹结构的稳定性在各个分离物中差异较大，我国RSV各分离物这段序列所形成的发夹结构中，732bp片段发夹结构最不稳定（平均ΔG为－8.4kJ)，654bp片段发夹结构最为稳定（ΔG平均为－19.3kJ)，而634bp分离物的稳定性次之(ΔG平均为－10.1kJ)。这些发夹结构最可能的功能是对间隔区两旁基因编码区转录终止及ssRNA稳定性起到调控作用，从而影响病毒的生物学性质。因此，从某种角度上，应该是这种复杂的结构而并非核苷酸序列本身是参与病毒功能的重要因素。当然，稳定性较高的发夹结构的高度保守性最有可能是由于其在调控功能上的重要性，在病毒与寄主互作过程中所受到的负选择（negative effect）压力限制较高所致的。

初步实验结果表明1998年分离的我国RSV BJ1、PJ1、LY及JN 4个分离物之间存在致病性差异，其中BJ1、PJ1分离物致病性最强，LY分离物次强，而JN分离物致病性最弱[14]。进一步分析结果表明，各分离物的致病性差异与不稳定的发夹结构间似乎存在某种相关性。如在这4个分离物中，BJ1和PJ分离物稳定性相似（ΔG分别为－24.4kJ、－23.1kJ)，JN分离物最不稳定（ΔG为－8.4kJ)，LY分离物稳定性次之（ΔG为－11.8kJ)。因此，各分离物的致病性差异似乎与其发夹结构的稳定性成正相关关系，即其发夹结构的稳定性越强，致病性也越强，反之亦然。RSV RNA4 vRNA上的ORF所编码的SP被认为是一种与病症有紧密相关的蛋白，是否可以认为各个分离物正是通过这种稳定性不同的发夹结构影响IR两旁ORF的转录终止及ssRNA的稳定性，进而导致其生物学性状特别是致病性差异呢？这是值得进一步研究的地方。

参考文献

[1] 林奇英，谢联辉，周仲驹等. 水稻条纹叶枯病的研究Ⅰ. 病毒的分布和损失. 福建农学院学报，1990，19(4)：421-425

[2] 谢联辉，魏太云，林含新等. 水稻条纹病毒的分子生物学. 福建农业大学学报，2001，30(3)：269-279

[3] Ramirez BC, Haenni AL. Molecular biology of tenuiviruses: a remarkable group of plant viruses. J Gen Virol, 1994, 75(3): 467-475

[4] 林奇田，林含新，吴祖建等. 水稻条纹病毒外壳蛋白和病害特异蛋白在寄主体内的积累. 福建农业大学学报，1998，27(3)：257-260

[5] 刘利华，吴祖建，林奇英等. 水稻条纹叶枯病细胞病理变化的观察. 植物病理学报，2000，30(4)：306-311

[6] Melcher U. The '30K' superfamily of viral movement proteins. J Gen Virol, 2000, 81(1): 257-266

[7] Zhu Y, Hayakawa T, Toriyama S. Complete nucleotide sequence of RNA4 of *Rice stripe virus* isolate T and comparison with another isolate and with *Maize stripe virus*. J Gen Virol, 1992, 73(5): 1309-1312

[8] Kakutani T, Hayano Y, Hayashi T, et al. Ambisense segment 4 of *Rice stripe virus*: possible evolutionary relationship with phleboviruses and uukuviruses (*Bunyaviridae*). J Gen Virol, 1990, 71 (7): 1427-1432

[9] Auperin DD, Romanowski V, Galinski M, et al. Sequencing studies of pichinde arenavirus S RNA indicate a novel coding strategy, an ambisense viral S RNA. J Virol, 1984, 52 (3): 897-904

[10] Nguyen M, Ramirez BC, Goldbach R, et al. Characterization

of the *in vitro* activity of the RNA-dependent RNA polymerase associated with the ribonucleoproteins of *Rice hoja blanca tenuivirus*. J Virol, 1997, 71(4): 2621-2627

[11] Qu Z, Liang D, Harper G, et al. Comparison of sequences of RNAs 3 and 4 of *Rice stripe virus* from China with those of Japanese isolates. Virus Genes, 1997, 15(2): 99-103

[12] de Miranda J R, Munoz M, Wu R, et al. Phylogenetic placement of a novel tenuivirus from the grass *Urochloa plantaginea*. Virus Genes, 2001, 22(3): 329-333

[13] Nagy PD, Simon AE. New insight into the mechanisms of RNA recombination. Virology, 1997, 235(1): 1-9

[14] 林含新，魏太云，吴祖建等. 我国水稻条纹病毒 7 个分离物的致病性和化学特性比较. 福建农林大学学报(自然科学版), 2002, 31(2):164-167

水稻条纹病毒*NS2*基因遗传多样性分析*

魏太云，林含新，吴祖建，林奇英，谢联辉

（福建农林大学植物病毒研究所，福建福州 350002）

摘　要：应用单链构象多态性（SSCP）和序列分析方法研究了来自我国9个省份的水稻条纹病毒（RSV）80个田间分离物的*NS2*基因遗传结构特征。SSCP分析结果表明，我国RSV *NS2*基因遗传结构符合准种（quasispecies）结构特征。部分分离物的序列分析结果表明，RSV上述分离物和已报道的日本2个分离物可以归入2个组，云南的部分分离物划分为1个组，其他分离物及日本T、O的2个分离物为另1组。组与组之间，NS2蛋白基因核苷酸同源性为94%～95%，氨基酸同源性为95%～97%。遗传多样性分析结果表明，RSV种群存在地理隔离但在种群间可能发生了基因漂移（gene flow）。NS2蛋白可能的运动蛋白功能所造成的负选择压力和介体传播引起的奠基者效应可能是RSV种群内和种群间遗传多样性差别的主要因素。

关键词：水稻条纹病毒；*NS2*基因；遗传多样性

中图分类号：S432.41

Analysis of genetic diversity of *Rice stripe virus* in the *NS2* gene

WEI Tai-yun, LIN Han-xin, WU Zu-jian, LIN Qi-ying, XIE Lian-hui

(Institute of Plant Virology, Fujian Agriculture and Forestry University, Fuzhou 350002)

Abstract: The population structure and genetic variation of *Rice stripe virus* (RSV) isolates were estimated by single-strand conformation polymorphism (SSCP) and sequence analysis of the RSV *NS2* gene. SSCP analysis of 80 isolates collected from 9 different provinces in China showed that these isolates had a quasispecies structure. Sequence analysis showed that these isolates and two Japan isolates could be divided into two diverged groups. A part of Yunnan isolates formed one group and the other group contained the rest of the RSV isolates. The two groups shared 94%-95% and 95%-97% sequence identities at the nucleotide and amino acid levels, respectively. Phylogenetic studies based on the sequences confirmed the geographical isolation of RSV virus population, but showed that gene flow may occur between populations. Negative selection caused by NS2 protein possible movement protein function and founder effect due to vector transmission were proposed to explain the intra-and inter-population diversity observed.

Key words: *Rice stripe virus* (RSV); *NS2* gene, genetic diversity

---

中国生物化学与分子生物学报，2003，19（5）：600-605

* 基金项目：国家自然科学基金（No. 30000002、30240017）、2001年高等学校全国优秀博士学位论文作者专项资金项目（200150）

近年来，由水稻条纹病毒（*Rice stripe virus*，RSV）引起的水稻条纹叶枯病在我国的发生呈上升趋势，2002年又在江苏、河南等省市的一些地区大范围暴发，而在云南、山东、北京、辽宁、福建、浙江、上海等地则持续流行。

RSV是纤细病毒属（*Tenuivirus*）的代表成员，由介体灰飞虱（*Laodelphax striatellus*）以持久性方式经卵传播[1]。RSV具有独特的基因组结构和表达策略，是研究植物病毒与寄主和介体互作及协同进化机制的模式对象。日本T分离物的全序列已测定，基因组全长为17 418bp，由4种单链RNA组成，除RNA1采用负链编码外，RNA2～RNA4皆采用双义（ambisense）编码策略[2-5]。其中，RNA2毒义链（viral-sense strand）上的ORF编码22.8kD的NS2蛋白[2]。王晓红等[6]和Takahashi等[7]已分别在病毒粒体和病叶中检测到NS2蛋白。Takahashi等[8]认为，在RSV侵染的灰飞虱单层细胞培养体系中，NS2蛋白可诱导形成胞间连丝状的管状结构，结合其瞬时表达等特征，推测其与病毒的胞间运动（cell-to-cell movement）有关。

RSV及其介体的广泛分布以及广泛的寄主范围极可能导致其丰富的遗传多样性。本研究对采自有代表性的江苏、河南病害暴发区及云南、山东、北京、辽宁、福建、浙江、上海等病害常发区的RSV分离物NS2基因的遗传多样性进行比较分析，探讨RSV的分子变异与演化机制。

1 材料与方法

1.1 病毒分离物采集

分别采集了福建、云南、浙江、上海、江苏、山东、河南、北京、辽宁等地有代表性的RSV 80个病株，经ELISA检测为阳性结果后将病叶保存在－80℃冰箱中。部分病株经无毒昆虫饲毒接种分离纯化后，保存于粳稻品种合系28、台农67上。

1.2 病叶总RNA提取

病叶总RNA提取采用上海生工生物工程技术服务有限公司的总RNA提取试剂盒，方法参照厂家说明。

1.3 RT-PCR

根据日本T分离物RNA2序列[2]设计了1对用于扩增*NS2*基因的引物。引物由上海生工生物工程技术服务有限公司合成，序列如下：5′-ATGGCATTACTCCTTTTCAATG-3′（与RNA2 5′端81～102bp相对应）；5′-CCAAATTCACATTAGAATAGG-3′（与RNA2 5′端666～686bp互补）。3μL总RNA模板和10pmol的3′端引物先在95℃处理10min，再按Promega公司的cDNA合成试剂盒说明书进行cDNA第一条链的合成。PCR扩增是在25μL反应体系中进行，包括反转录产物2μL，5′端和3′端引物（10pmol/L）各2.5μL、dNTP（每份10mmol/L）0.5μL、10×Buffer 2.5μL、DDW 13μL、$MgCl_2$（25mmol/L）1.5μL、*Pfu* DNA聚合酶（4U/μL，MBI公司产品）0.5μL。扩增条件是，94℃变性4min后，94℃变性1min，50℃退火2min，72℃延伸2min，共30个循环，最后一个循环结束后，72℃保温10min。

1.4 单链构象多态性（SSCP）分析

SSCP分析参考Rubio等[9]的方法。取PCR产物2μL，加8μL载样缓冲液（95%去离子甲酰胺、0.5%溴酚蓝、0.5%二甲苯氰FF），混匀后在95℃中变性10min，取出后立即冰浴5min，上样于8%非变性聚丙烯酰胺凝胶（丙烯酰胺：二甲叉双丙烯酰胺＝30：0.8），在4℃下200V恒压电泳3h，电泳缓冲液为1×TBE，银染观察结果。

1.5 测序及序列分析

选择SSCP图谱中有变异条带样品的PCR产物直接测序。DNA测序由上海基康生物技术有限公司进行。用http：//www.ncbi.nlm.nih.gov/blast、http：//www.ebi.ac.uk/clustalw和DNASISMAX Trial（Hitachi）等软件进行序列分析。

1.6 利用群体遗传学的统计方法计算种群间和种群内的遗传多样性以及进化限制系数

两个单一类型之间的遗传多样性（平均核苷酸距离）D_{ij}利用GCG中的程序计算。种群内的遗传多样性：$D=2/[n(n-1)]\sum n_i n_j d_{ij}$，其中，$n$是种群内所分析的样品总数，$n_i$和$n_j$是单一类型i和单一类型j的样品数目，$d_{ij}$是单一类型i和j之间的核苷酸距离。两个种群间的遗传多样性：$D_{kl}=\sum X_i X_j d_{ij}-1/2(D_k+D_l)$，其中$d_{ij}$是种群k内单一类型 i 和种群 i 内单一类型 j 的核苷酸距离，X_i 和 X_j 分别是种群 k 内第 i 个单一类型和种群 i 内第 j 个单一类型的发生频率，D_i 和 D_j 分别是种群 k 和种群 i 内的遗传多样性。进化限制系数 $= d_{ns}/d_s$，由 GCG 计算，其中，d_{ns} 是非同义突变（nonsynonymous）的核苷酸数，而 d_s 是同义突变（synonymous）的核苷酸数。

2　结果

2.1　SSCP 分析

我国 RSV 各分离物 *NS2* 基因的 RT-PCR 扩增产物的大小相同均约为 600bp。SSCP 分析结果表明，分析的各分离物至少有 15 种各不相同的图谱类型，其中有 45 个样品的图谱类型一致，为主要的优势序列类型，另有 1～16 个数目不等的分离物显示相异的其他 14 种 SSCP 图谱类型（图 1，表 1）。这表明我国 RSV 种群符合病毒准种（quasispecies）遗传结构特征分布。

在供试的样品中，云南 7 个采样点的 40 个分离物共有 5 种序列变异类型，其中 20 个分离物的图谱类型一致，属于主要图谱类型，16 个分离物显示另一种图谱类型，另有 1～2 个数目不等的分离物共有 3 种图谱类型；上海、江苏、山东、河南、北京等病区分析的 32 个分离物中有 25 个分离物表现为主要的图谱类型，另有 1～2 个数目不等的分离物表现为其他 6 种图谱类型；浙江杭州、福建三明、辽宁盘锦分析的 8 个分离物表现为 4 种与主要图谱类型相异的序列变异类型（表 1）。

2.2　序列分析

对 SSCP 图谱表现差异的样品的 PCR 产物进行直接测序，测序结果表明，我国 RSV 分离物 *NS2* 基因都由 600bp 组成，编码 199 个氨基酸序列，分子质量均为 22.8kD（GenBank 登录号为：AF709500-AF709514）。Blast 分析表明，根据核苷酸和氨基酸序列同源性，可以将这些分离物与日本 T、O 分离物（GenBank 登录号分别为 NC003754 和 D13787）[2]分为 2 个组，第 1 组包括云南 JC、HM、CX 3 个分离物，这 3 个分离物 *NS2* 基因在核苷酸水平上的同源性为 96%～98%，在氨基酸水平上的同源性均为 99%；第 2 组包括日本 2 个分离物在内的其他 14 个分离物，它们之间在核苷酸和氨基酸水平上的同源性为 96%～99%；但在 2 个组之间，*NS2* 基因仅有 94%～95%的核苷酸同源性和 95%～97%的氨基酸同源性（表 2）。值得注意的是，代表不同 SSCP 图谱类型的来自云南的 5 个 RSV 分离物可归入 2 个不同的组，这表明云南分离物可能有更为复杂的进化关系。日本 2 个分离物间的核苷酸序列同源性为 97%，与中国分离物间的核苷酸序列同源性（94%～98%）相近，表明日本分离物与中国分离物的亲缘关系较近。编码区内发生的大部分碱基变异都是无义的，如相对于 KM 分离物，分析的 16 个分离物共发生了 194 处核苷酸变异，但仅有 32 处导致氨基酸变异，其核苷酸非同义突变（nonsynonymous）与同义突变（synonymous）的比率即进化限制系数（$\omega = d_N/d_S$）为 0.19753。另外，分析的所有分离物中序列发生变异的位点较为分散，没有明显的偏向性。

2.3　遗传多样性

为了比较不同点 RSV 种群遗传多样性的差异，对我国 RSV 在种群内和种群间的遗传多样性进行了分析，我国 RSV 种群遗传多样性值为 0.021；第 1 组内 RSV 种群遗传多样性值为 0.006，第 2 组内 RSV 种群遗传多样性值为 0.008，表明在组内，RSV 种群遗传多样性相对都较低。而在 2 组间，RSV 种群遗传多样性值却高达 0.038。由于分析的 RSV 种群样品数目较少，将我国 RSV 分为云南及云南以外地区 2 个亚种群分析。结果表明，云南由于存在 2 个不同组的 RSV 混合侵染，其遗传多样性相对较高，为 0.024，而云南以外地区 RSV 种群尽管分布于 8 个省市，地理跨度包括中国的东北、华北、华东及中原，但其遗传多样性相对较低，仅为 0.010。由于云南和云南以外地区 2 个 RSV 亚种群 50% 以上的样品都属于主要的优势序列类型，所以这 2 个亚种群间的遗传多样性也较低，仅为 0.009。

根据 RSV 种群遗传距离构建的系统进化分析结果表明，第 1 组中的云南 3 个分离物，不管是在核苷酸水平上，还是在氨基酸水平上，都可以形成 1 个相对集中的簇；在总体上，第 2 组 14 个分离物也可以形成一个相对集中的簇，特别是山东 2 个分离物，仅存在 1 个碱基的差异，也可以形成集中的簇（结果未显示）。

2.4　纤细病毒属病毒 NS2 蛋白同源性比较

纤细病毒属中 RSV、水稻白叶病毒（*Rice ho-*

ja blanca virus，RHBV)[10]、水稻草矮病毒(*Rice grassy stunt virus*，RGSV)[11]、玉米条纹病毒 (*Maize stripe virus*，MSpV)[12] NS2 蛋白氨基酸序列的同源性为 13%～60%。其中，RSV 与 MSpV 的同源率最高，达到 60%。RSV 与 RGSV 的同源性最低，仅为 16%。对这 4 种病毒 NS2 蛋白氨基酸序列位点特征进行分析的结果表明，RSV、RHBV 及 MSpV 3 种病毒至少存在 7 个保守的结构域序列，其中有 2 个结构域序列与膜连蛋白序列特征相似，但与 RSV、RHBV 及 MSpV 亲缘关系较远的 RGSV 仅存在其中的一个保守的结构域序列。本研究分析的 17 个分离物中尽管第一组中 3 个分离物在多处位点的变异特征与第 2 组中的 14 个分离物还是存在明显的差别，但这些结构域序列都较为保守。这些结果进一步表明了纤细病毒属 NS2 蛋白可能属于病毒的运动蛋白（movement protein)。

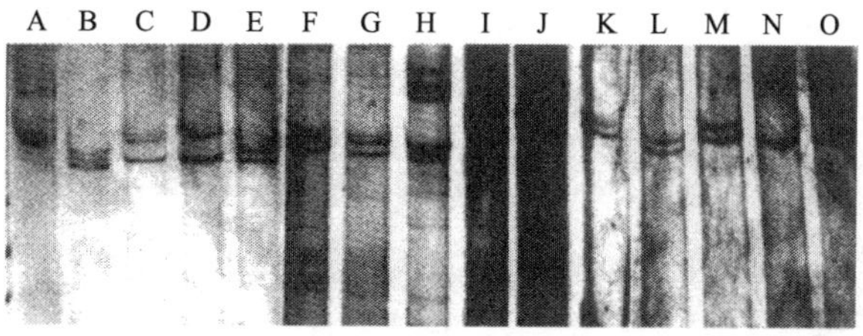

图 1 RSV 分离株 *NS2* 基因 RT-PCR 产物的 SSCP 分析

A. JC 分离株；B. KM 分离株；C. HM 分离株；D. DL 分离株；E. CX 分离株；F. HA 分离株；G. HZ 分离株；H. YY 分离株；I. JN1 分离株；J. SQ 分离株；K. JN2 分离株；L. SM 分离株；M. ZJ 分离株；N. DW 分离株；O. TF 分离株

JC，KM，HM，DL，JC，CX 来自云南；HA，HZ 来自江苏；ZJ 来自浙江；DW，TF 来自辽宁；YY 来自河南；JN1，JN 来自山东；SM 来自福建；SQ 来自北京．B 代表 45 个 SSCP 共有的模式

表 1 RSV 的来源与分离株数量显示出不同的 SSCP 模式

来源	分离株总数	SSCP 模式														
		A	B	C	D	E	F	G	H	I	J	K	L	M	N	O
Yunnan	40	16	20	2	1	1										
Fujian	2												2			
Zhejiang	2													2		
Shanghai	2		2													
Jiangsu	12		10				1	1								
Shandong	6		4							1		1				
Henan	6		5						1							
Beijing	6		4								2					
Liaoning	4														3	1
Total	80	16	45	2	1	1	1	1	1	1	2	1	2	2	3	1

表 2 RSV 的 *NS2* 基因在中国与日本分离株间核苷（右上）和氨基酸（左下）相似率（%）

	组Ⅰ			组Ⅱ													
	JC	HM	CX	KM	DL	HZ	HA	YY	JN1	JN2	SQ	ZJ	DW	TF	SM	T	O
JC		97	98	95	95	94	95	95	95	95	94	95	95	95	94	94	95
HM	99		96	95	95	94	95	95	95	95	94	95	95	94	94	94	95
CX	99	99		95	95	94	95	95	95	95	94	95	95	94	95	95	95
KM	97	97	97		98	97	98	99	98	98	97	98	99	98	97	97	98

续表

	组Ⅰ			组Ⅱ													
	JC	HM	CX	KM	DL	HZ	HA	YY	JN1	JN2	SQ	ZJ	DW	TF	SM	T	O
DL	96	96	97	99		97	99	98	99	97	97	99	98	98	98	97	97
HZ	95	95	96	98	97		97	97	97	97	98	97	97	97	96	97	97
HA	96	96	96	98	99	97		98	99	97	96	97	97	98	98	96	97
YY	97	97	97	99	99	98	98		98	98	97	98	99	98	97	97	97
JN1	96	96	97	99	99	97	99	99		99	97	99	98	99	98	97	98
JN2	96	96	97	99	99	97	99	99	99		97	97	98	99	98	97	98
SQ	95	95	96	98	97	99	97	98	97	97		96	97	96	96	97	97
ZJ	96	96	97	99	99	97	99	99	99	99	97		98	97	98	97	98
DW	96	96	97	99	98	97	98	99	98	98	97	98		97	97	97	97
TF	95	95	96	98	98	96	98	98	98	98	96	98	97		98	96	97
SM	96	96	96	98	99	97	98	98	99	99	97	99	98	98		96	98
T	97	97	97	99	99	98	98	99	99	99	98	99	99	98	98		97
O	97	97	97	99	99	98	98	99	99	99	98	99	99	98	98	99	

KM，JC，HM，DL，JC，CX 来自云南；HA，HZ 来自江苏；ZJ 来自浙江；DW，TF 来自辽宁；YY 来自河南；JN1，JN2 来自山东；SM 来自福建；SQ 来自北京；KM 分离株序列是主要的序列类型；T，O 来自日本

3 讨论

本研究首次明确了我国 RSV *NS2* 基因遗传结构符合准种（quasispecies）特征分布。实际上，植物病毒，特别是 RNA 病毒种群是个准种已被越来越多的实验证据所证明，即病毒种群不是单一的 RNA 序列，而是由一个主要的序列类型伴随着一些由突变产生的微小数量的序列变异类型的种群，即使是从一个单株病株上分离到的病毒也是如此[13]。准种结构中的各种序列变异类型一般都具有生物学功能暗示，如李痘病毒（*Plum pox virus*，PPV）同一分离物内存在不同致病性类型共存的现象[14]，准种变异水平是由病毒与寄主的互作控制的[15]。因此，有必要从病毒-植物寄主-介体灰飞虱三者互作的角度，在准种水平上阐明 RSV 的致病性及其变异机理。

RSV *NS2* 基因的遗传变异的稳定性可能与其功能有关。一般而言，植物病毒运动蛋白基因自然种群的遗传结构都较为稳定，这可能跟病毒与寄主协同进化过程中所受到的负选择（negative effect）压力限制有关。本研究所分析的 RSV *NS2* 基因 ω 仅为 0.1975，与已分析过的其他植物病毒运动蛋白基因类似[13]。由于运动蛋白在病毒生命活动中担负着至关重要的作用，因此，在某种意义上，植物病毒的种群遗传多样性在很大程度上受维持病毒胞间运动的作用所限制。另外，纤细病毒属病毒 *NS2* 基因中存在保守的与膜连蛋白相似的结构域特征也从一个侧面表明了，这些位点很有可能在运动蛋白与胞间连丝的互作中起到重要的作用。

本研究结果表明，病害暴发区河南和江苏 RSV *NS2* 基因种群遗传多样性和病害常发区中的北京、山东的种群遗传多样性非常接近。这暗示，尽管病害暴发区与病害常发区的水稻品种布局、种植结构和气候条件存在一定的差别，但这两个发病区间的 RSV 很可能具有共同的起源。我们的初步结果已证实这些发病区的介体灰飞虱的种群遗传多样性非常接近。因此，近两年来水稻条纹叶枯病在河南和江苏的暴发很可能不是由病毒致病性提高或分子变异引起的，从近年有关水稻条纹叶枯病的发生和流行的大量调查结果表明，暖冬和耕作制度的改变导致灰飞虱种群数量的突增、感病水稻品种的单一化种植栽培、灰飞虱群体带毒率的上升、水稻最易感病生育期与灰飞虱迁移传毒高峰期吻合度高等多因素都与病害流行暴发密切相关。

本研究结果也表明，日本 RSV 种群与上述地区 RSV 的亲缘关系较为接近。从 RSV 发生的历史看，早在 20 世纪初，水稻条纹叶枯病即在日本关中、关东地区普遍流行[16]，而在我国，最早是 1963 年在江苏、浙江、上海一带发生[17]。因此，我国 RSV 最可能起源于日本的关中、关东地区。

Hoshizaki[18]报道的我国东南沿海和日本灰飞虱存在远距离迁飞的现象暗示，携带 RSV 的灰飞虱从病害最早发生流行的日本远距离迁飞到中国沿海并在新地域中定殖下来的可能性，是造成新地域与日本 RSV 种群的遗传多样性相对较低的主要原因。

根据 *NS2* 基因序列，云南 RSV 种群可明显划分为 2 个不同的组。这可能有两方面的原因：①由于云南省存在独特的生态条件和丰富的生物多样性，加上云南各水稻种植区间的水稻品种布局、种植结构及气候条件相差甚大，这些因素都造成了在复杂的生态环境下，RSV 与寄主在长期的协同进化过程中遗传多样性相对较高，比较明显的特征是第一组分离物与第二组分离物在核苷酸序列同源性和碱基变异特征上都存在明显差别；②不同组分离物在云南省共存的现象可能与奠基者效应（founder effect）有关，即不能排除携带 RSV 的灰飞虱从华东迁入云南的可能性，万由衷等[19]认为福建与云南灰飞虱种群遗传结构比较接近的结论则为这个推测提供了证据。因此，地理隔离和奠基者效应很可能是造成云南 RSV 种群遗传多样性相对较高的主要因素。

本研究结果初步表明了我国 RSV 种群遗传结构都较为稳定，符合病毒准种遗传结构特征分布。这为我们构建更为有效的病害防治策略提供了根据。如 RNA 介导的转基因抗性策略一般都要选择同源性较高的株系或分离物。因此，采取必要的转病毒来源的基因抗 RSV 策略在理论上是可行的。

参考文献

[1] Ramirez BC, Haenni AL. Molecular biology of tenuiviruses, a remarkable group of plant viruses. J Gen Virol, 1994, 75(3): 467-475

[2] Takahashi M, Toriyama S, Hamamatsu C, et al. Nucleotide sequence and possible ambisense coding strategy of *Rice stripe virus* RNA segment 2. J Genl Virol, 1993, 74(4): 769-773

[3] Zhu Y, Hayakawa T, Toriyama S, et al. Complete nucleotide sequence of RNA3 of *Rice stripe virus*: an ambisense coding strategy. J Gen Virol, 1991, 72(4): 763-767

[4] Toriyama S, Takahashi M, Sano Y, et al. Nucleotide sequence of RNA1, the largest genomic segment of *Rice stripe virus*, the prototype of the tenuiviruses. J Gen Virol, 1994, 75(12): 3569-3579

[5] Zhu Y, Hayakawa T, Toriyama S. Complete nucleotide sequence of RNA4 of *Rice stripe virus* isolate T and comparison with another isolate and with *Maize stripe virus*. J Gen Virol, 1992, 73(5): 1309-1312

[6] 王晓红，叶寅，王苏燕等. 水稻条纹叶枯病毒基因组含 vRNA-ORF 片段的克隆、序列分析及其在原核中的表达. 科学通报，1997，42(4)：438-441

[7] Takahashi M, Toriyama S. Detection of the 22.8k protein encoded by RNA2 of *Rice stripe virus* in infected plants. Ann phytopathol Soc Japan, 1996, 62(3): 340

[8] Takahashi M, Goto C, Matsuda I, et al. Expression of *Rice stripe virus* 22.8k protein in insect cells. Ann phytopathol Soc Japan, 1999, 65(3): 337

[9] Rubio L, Abou-Jawdah Y, Lin HX, et al. Geographically distant isolates of the crinivirus *Cucurbit yellow stunting disorder virus* show very low genetic diversity in the coat protein gene. J Gen Virol, 2001, 82(4): 929-933

[10] de Miranda JR, Hull R, Espinoza AM. Sequence of the PV2 gene of *Rice hoja blanca tenuivirus* RNA-2. Virus Genes, 1995, 10(3): 205-209

[11] Toriyama S, Kimishima T, Takahashi M, et al. The complete nucleotide sequence of the *Rice grassy stunt virus* genome and genomic comparisons with viruses of the genus *Tenuivirus*. J Gen Virol, 1998, 79 (8): 2051-2058

[12] Estabrook EM, Suyenaga K, Tsai JH, et al. *Maize stripe tenuivirus* RNA2 transcripts in plant and insect hosts and analysis of PVC2, a protein similar to the *Phlebovirus* virion membrane glycoproteins. Virus Genes, 1996, 12(3): 239-247

[13] Garcia-Arenal F, Fraile A, Malpica JM. Variability and genetic structure of plant virus populations. Annu Rev Phytopathol, 2001, 39:157-186

[14] Saenz P, Quiot L, Quiot JB, et al. Pathogenicity determinants in the complex virus population of a *Plum pox virus* isolate. Mol Plant Microbe Interact, 2001, 14(3): 278-287

[15] Schneider WL, Roossinck MJ. Genetic diversity in RNA virus quasispecies is controlled by host-virus interactions. J Virol, 2001, 75(14): 6566-6571

[16] Kisimoto R, Yamada Y, Okada M, et al. Epidemiology of rice stripe disease. Plant Protection (Japan), 1985, 39 (11): 531-537

[17] 谢联辉，林奇英. 我国水稻病毒病研究的进展. 中国农业科学，1984，(6)：58-65

[18] Hoshizaki S. Allozyme polymorphism and geographic variation in the small brown planthopper, *Laodelphax striatellus* (Homoptera: Delphacidae). Biochemical Genetics, 1997, 35(11-12): 383-393

[19] 万由衷，曲志才，曹清玉等. 不同种群灰飞虱（*Laodelphax striatellus*）的 RAPD 分析. 复旦学报(自然科学版)，2001，40(5)：535-545

水稻条纹病毒中国分离物和日本分离物RNA2节段序列比较*

魏太云，林含新，吴祖建，林奇英，谢联辉

（福建农林大学植物病毒研究所，福建福州 350002）

摘 要：测定了来源于我国水稻条纹叶枯病常年流行区的云南楚雄（CX）及病害暴发区的江苏洪泽（HZ）的水稻条纹病毒（RSV）2个分离物RNA2全长序列，其长度分别为3506bp和3514bp。与已报道的日本T和O分离物RNA2序列进行比较的结果表明，这4个分离物可分为两组，其中，HZ，T和O分离物为一组，组内分离物之间，RNA2的毒义链（vRNA2）及RNA2的毒义互补链（vcRNA2）上的ORF的核普酸一致性分别为97.2%～98.0%和96.8%～97.1%，5′端和3′端非编码区的序列则完全一致。但HZ分离物与T分离物的亲缘关系更为密切，其基因间隔区（IR）与T和O分离物的等长。另一组为我国CX分离物，组与组之间，vRNA2及vcRNA2上的ORF的核苷酸一致性分别为95.0%～95.7%和93.9%～94.4%。CX分离物的IR与HZ分离物相比缺失了一段8nt的片段。5′端非编码区的序列完全一致，但3′端非编码区有一个碱基的差异。这些结果表明，RSV在自然界的分子变歹与其地理分布具有密切的关系。此外，非编码区序列的高度保守性暗示着它们在病毒基因转录和复制的调控方面具有重要的功能。本文还讨论了RSV的分子流行病学。

关键词：水稻条纹病毒；序列分析；亲缘关系

中图分类号：S432.41　**文献识别码**：A　**文章编号**：1003-5125（2003）04-0381-06

Comparison of the RNA2 segments between chinese isolates and Japanese isolates of *Rice stripe virus*

WEI Tai-yun, LIN Han-xin, WU Zu-jian, LIN Qi-ying, XIE Lian-hui

(Institute of Plant Virology, Fujian Agriculture and Forestry University, Fuzhou 350002)

Abstract: The complete nucleotide sequences of the RNA2 of two Chinese isolates of *Rice stripe virus* are determined. One is isolated from endemic sites at Chuxiong (CX), Yunnan Province, the other is isolated from outbreak sites at Hongze (HZ), Jiangsu Province. The total nucleotide sequences of the RNA2 of RSV CX and RSV HZ are 3506bp and 3514bp long, respectively. When compared with RNA2 of T and O isolates of Japan, we find that these four isolates could be divided into two groups. HZ, T and O isolates share 97.2%-98.0% and 96.8%-97.1% identities in vORF2 and vcORF2 at the nucleotide level, respectively and form one group. The sequences in 5′ and 3′ terminal non-encoding region are completely identical among these three isolates. In this

---

中国病毒学，2003，18（4）：381-386

收稿日期：2003-01-10　修回日期：2003-05-07

* 基金项目：国家自然科学基金资助项目（30000002，30240017）、高等学校全国优秀博士学位论文作者专项资金（200150）

group, HZ isolate is more closely related to T isolate than to O isolate. The length of intergenic region (IR) of HZ isolate is the same as those of T and O isolates. CX isolate belongs to another group, which shares only 95.0%-95.7% and 93.9%-94.4% sequences identities in vORF2 and vcORF2 between two groups at the nucleotide level, respectively. There is a deletion of 8nt in length in the IR of CX isolate compared with HZ isolate. Even though no base variation occurred in 5′ terminal non-coding region, there is one base substitution in 3′ terminal non-coding region between CX and HZ isolates. These results show that the isolates are grouped according to their geographical location. Additionally, highly consensus in 5′ and 3′ non-encoding region suggests that these regions play a very important role in transcription and replication of viral genome. Finally, the molecular epidemiology and gene functions of RSV are discussed in this paper.

Key words: *Rice stripe virus* (RSV); sequences analysis; evolutionary relationship

1 Introduction

Rice stripe disease caused by *Rice stripe virus* (RSV) had a trend of higher epidemiology in China in the last two years. This disease broken out in Jiangsu and Henan provinces, and also caused severe damage to rice production in Yunnan, Shandong, Liaoning and Hebei provinces.

RSV is the typical member of *Tenuivirus*, has a broad host range in the Gramineae[1]. RSV is transmitted by the small brown planthopper *Laodelphax striatellus* Fallen. The genome of RSV comprises four ssRNAs segments and the complete nucleotide sequences have been detected[1]. The results suggest that RNA2, RNA3 and RNA4 segments has ambisense coding strategies except for RNA1 segment's negative nature[2]. The RSV viral-sense RNA2 (vRNA2) encodes a 22.8kD protein (NS2), which is supposed to be related to virus cell-to-cell movement, and one large open reading frame (ORF) on the viral complementary-sense RNA2 (vcRNA2) encodes a 94.0kD protein (NSvc2), which is suggested to be closely related to membrane glycoprotein[2-8].

Broad distribution and broad host range of RSV resulted into likely rich virus genetic diversity. Here we analyzed the sequences of RNA2 segment of two isolates of RSV, which were isolated from endemic sites at Chuxiong (CX), Yunnan Province, as well as from outbreak sites at Hongze (HZ), Jiangsu Province in order to further discuss the molecular and evolution mechanisms of RSV.

2 Materials and Methods

2.1 Virus isolates

Diseased rice plants were collected from Chuxiong of Yunnan province in the southwestern China and Hongze of Jiangsu province in the eastern China in the fall of 2002, which are all maintained in a japonica rice variety (Hexi 28) by transmission via the viruliferous smaller brown planthopper, *L. striaterllus*. Infected rice leaves are stored in −70℃ and used for purification. The virus isolates are designated as CX and HZ isolates, respectively.

2.2 Total RNA isolation

The viral total RSV is extracted from diseased leaves as described previously [10].

2.3 RT-PCR

According to the sequences of T isolate[2], two pairs of primers are designed and synthesized to amplify CX and HZ isolates RNA2 sequences (Table 1), respectively. The location and orientation of primers are demonstrated in Fig. 1.

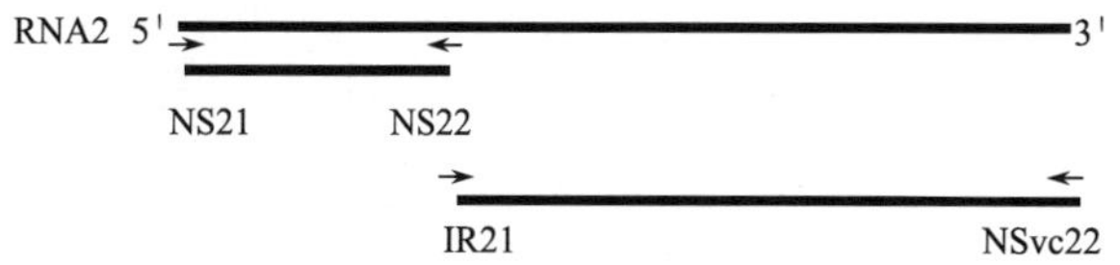

Fig. 1 Cloning strategy to cover the complete sequence of RSV RNA2 by RT-PCR

Table 1 Primers used for amplification of RSV RNA2 segment

Primer	Position (nt)	Sequences (5′……3′)	T/℃	Direction
NS21	1-21	5′-ACACAAAGTCCTGGGTAAAAT-3′	50	+
NS22	666-686	5′-CCAAATCACATTAGAATAGG-3′	50	−
IR21	641-660	5′-TGTCTTGGTCGGAGCACATG-3′	61	+
NSvc22	3495-3514	5′-ACACAAAGTCTGGGTATAAC-3′	61	−

cDNA first strand of RNA2 is synthesized from total RNA with MuLV reverse transcriptase (MBI), respectively. For the PCR, 2μL of cDNA solution is amplified in a 50μL reaction containing 5μL of each primer (10pmol/μL), 1μL of each dNTP (10mmol/L), 3μL $MgCl_2$ (25mmol/L), 1μL Taq DNA Polymerase (4U/μL, MBI), 5μL PCR X Buffer and 28μL distilled water. the T (℃) of different fragments is indicated in table 1.

2.4 Sequence analysis

PCR products is separated on a 1% agrose gel and desired fragments are recovered by PCR Gel Extraction Kit (Qiagen), ligated into pMD18-T vector (TaKaRa), and then used to transformed *E. coli* DH5α competent cells. Subsequently, inserts are sequenced from both ends by the GeneCore Company (Shanghai, China). Sequence and phylogenetic analysis are performed using DNAMAN software (Lynnon BioSoft, 1994-1998).

3 Results

3.1 Amplification, cloning and sequencing

Following RT-PCR, the amplification products are consistent with the expected sizes; the 5′ terminal fragment 600bp, the 3′terminal fragment 2800bp, respectively (data not showed). The complete of CX and HZ isolates RNA2 are 3506bp, 3514bp long, respectively. The sequences are deposited in GenBank databases, the assigned accession number are listed in Table 2.

Table 2 Organization of the corresponding fragments of RSV RNA2 of 4 isolates

	Total size /nt	5′-UTR /nt	vORF /nt	vORF /kD	IR /nt	vORF /nt	vORF /kD	3′-UTR /n)	GenBank accession numbers
HZ	3514	80	600	22.8	299	2505	94.0	30	AY186789
CX	3506	80	600	22.8	291	2505	94.0	30	AY186790
T	3514	80	600	22.8	299	2505	94.0	30	D13176
O	3514	80	600	22.8	299	2505	94.0	30	D13787

3.2 Sequence analysis, phylogenetic relationship analysis

Comparison of the nucleotide and deduced amino acid sequences of RSV RNA2 with those of two Japanese isolates shows that, the most conserved region of RNA2 locates in 5′-untranslated region (UTR), containing 80 nucleotide acid, all four isolates are the same [2]. 3′UTR terminal sequences of these four isolates are the same except for a base variation at the 26nt position from the 3′-end of RNA2 of CX isolate. Highly consensus in 5′ and 3′ non-encoding region suggests that these regions playe a very important role in transcription and replication of viral genome.

NS2 genes of four isolates comprise 600 nucleotide acids and encode a protein of 199 amino acids. There are not different in size among all isolates, including T and O isolates of Japan. Bases substitution is the primary ways in *NS*2 gene variation. Sequence analysis indicates that these four isolates could be divided into two groups according to *NS*2 genes. HZ, T and O isolates share 97.2%-98.0% identities at the nucleotide level and 99.5%-100% identities at amino acid level, respectively, and form one group. CX isolate belongs to another group. Between two groups, there are only 95.0%-95.7% and 97.5%-98.0% identities at nucleotide and amino acid level, respectively (Table 3).

*NSvc*2 genes of four isolates comprise 2505 nucleotide acids and encode a protein of 834 amino acids. According to *NSvc*2 genes, sequence comparison reveals that these four isolates could also fall into two groups. The first group also comprises HZ, T and O isolates, which share 96.8%-97.1% identities and 98.1%-99.2% identities in nucleotide and amino acid level, respectively. In this group, HZ isolate is more closely related to T isolate than to O isolate. CX isolate belongs to another group. Between two groups, there are only 93.9%-94.4% and 96.0%-97.1% identities in nucleotide and amino acid level, respectively (Table 3). These results show that these four isolates are grouped according to their geographical location.

Most of the nucleotide differences in the coding regions don't result in amino acid substitution. For the 361 nucleotide sites in *NSvc*2 genes variable between the four sequenced isolates, there are only 41 different in the amino acid sequences, a high proportion of the amino acid differences resides with N-terminal amino acid, and especially in CX isolate. The 63 nucleotides substitutions in *NS*2 genes between four isolates only result in five changes in the amino acid sequences, which mainly locate in C-terminal in CX isolate. This suggests that the amino acid compositions of NS2 protein are more conservative than those of NSvc2 protein.

The most variable region of the four isolates locates in intergenic region (IR), sequence comparison shows that IR sequences are more conserved (96.6%) among RSV from China, than when compared with those of RSV isolates from Japan (91.7%-94.3%) (Table 3), and there is a 8nt deletion in CX isolates compared to another three isolates. Computer-assisted folding analysis shows that distant hairpin structures could not be formed in RNA2 IR, while these kinds of distant hairpin structures could be formed in RNA3 and RNA4 IR of RSV.

Nucleotide distances (number of nucleotide differences persite) between pairs of sequences using the Kimura 2-parameter method are examined. The results show the nucleotide distance between the first group rang from 0.020 to 0.028 for *NS2* gene and from 0.023 to 0.032 for *NSvc*2 gene, while the nucleotide distance between two groups are 0.043-0.050 for *NS*2 gene and 0.056～0.061 for *NSvc*2 gene (Table 4). This suggests that the closer phylogenetic relationship between HZ and Japan two isolates than between CX and HZ isolates, even though both CX and HZ belong to Chinese isolates.

Two phylogenetic trees of tenuiviruses including RSV, *Rice hoja blanca virus* (RHBV)[6], *Maize stripe virus* (MSpV)[8] and *Rice grassy stunt virus* (RGSV)[7] are performed based on the NS2 and NSvc2 deduced amino acid sequences, respectively. The most likely trees for the two proteins are very similar both in branching pattern and branch lengths (Fig. 2). The phylogenetic trees indicat that RGSV is a monophyletic group and apparently apart from the other tenuiviruses, they also appear that RSV and MSpV are evolutionarily more closely related to each other than to RHBV.

Table 3 Percentage identical nucleotides (upper right) and amino acids (in italics) in different genomic regions of RSV RNA2 segment (%)

Isolates	CX	HZ	T	O
(a) *NS2*gene				
CX	*	95.0	95.2	95.7
HZ	97.5	*	97.2	98.0
T	98.0	99.5	*	97.2
O	98.0	99.5	100	*
(b) RNA2IR				
CX	*	96.6	93.4	91.7
HZ		*	94.3	94.3
T			*	91.6
O				*
(c) *NSvc2* gene				
CX	*	93.9	94.2	94.4
HZ	96.0	*	97.1	96.8
T	97.1	98.7	*	97.1
O	97.0	98.1	99.2	*

Table 4 Genetic distance between RSV isolates

	HZ	T	O
(a) *NS2* gene			
CX	0.050	0.048	0.043
HZ		0.028	0.020
T			0.028
(b) *NSvc2* gene			
CX	0.061	0.058	0.056
HZ		0.023	0.032
T			0.029

4 Discussion

Sequence analysis results show that the most conserved regions between the four isolates are the 5′and 3′non-coding sequences but the major differences are in the intergenic regions, in two encoding regions, the conserved degree of NS2 protein is slightly higher than NSvc2 protein. The different conservation degree of different regions of RSV RNA2 maybe related to the different function. High

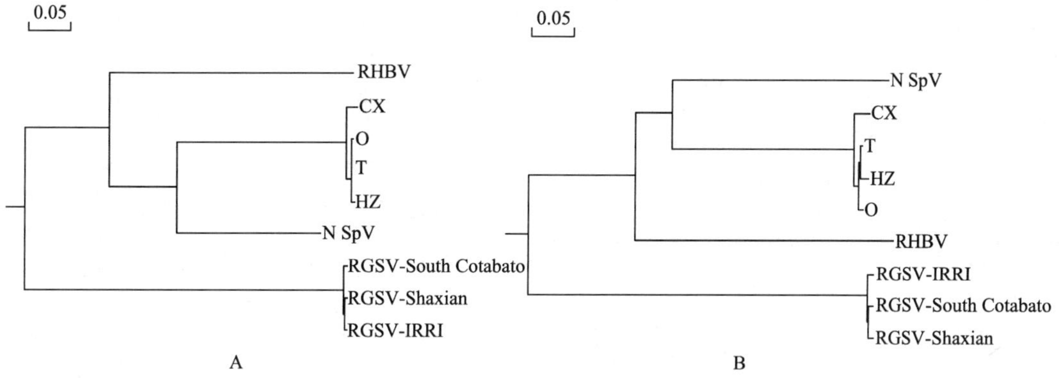

Fig. 2 Phylogenetic trees of *Tenuivirus* isolates

A. Nucleotide sequences identities of *NS2* gene; B. Nucleotide sequences identities of *NSvc4* gene. The scale bar represents distance of 0. 05 per site

consensus in 5′and 3′non-encoding region suggests that these regions plays a very important role in transcription and replication of viral genome[10]; IR is rather unstable because of bases variation, which might serve as a transcription terminator during the synthesis of mRNAs from the ambisense segments[2]; NS2 protein is related to virus cell-to-cell movement[3-5], while NSvc2 protein is closely related to membrane glycoprotein, which maybe participate in the interactions between virus and insects vector[2,6,7]. These results suggest that different negative selection constraints imposed by different functional regions might have maintained different conserved regions of RSV RNA2.

According to the sequences identities and characteristics of base variation of *NS2* and *NSvc2* genes, these four isolates could all be divided into two groups. Isolate HZ from Jiangsu province, southeast of China, T and O isolates from Japan share high identities and form group Ⅰ. Another isolate comes from Chuxiong, Yunnan province, locates along southwest of China formed group Ⅱ. These results suggest that there is close relationship between RSV of Japan and RSV of HZ isolate. RSV was already reported in the early 1900 and popularized in Kanto district [11]. However, it was only in 1963 when Zhu *et al* firstly reported in southeast of China, so we suggest that RSV maybe originated in Kanto district of Japan and transmitted to adjacent China. As for how RSV is transmitted from Japan to China, it may be related to Asian monsoon and insect vectors. East China and Japan both belong to temperature and subtropical monsoon zone where prevails southeast wind in summer and northwest wind in winter. Even though the long-distant emigration of *Laodelphax striatellus* was not verified till nowadays, long-distance emigration still recurred to the monsoon according to the fact that a large number of *Laodelphax striatellus* were captured in the East Sea of China[12,13]. Since RSV is not reported in the provinces locating between southeast provinces and Yunnan (southwest of China), together with the fact that group Ⅰ and Ⅱ shows comparatively lower homology of sequences, we suggest that RSV of group Ⅱ was independently originated from Yunnan province.

The results also show that NS2 and NSvc2 proteins could be used to differentiate tenuiviruses at species or genus level. The phylogenetic relationship among three isolates of RGSV also indicates that, Shaxian isolate, from Fujian province, is closer to North Philippines isolate than to South Philippines isolate[14]. RGSV is transmitted by *Nilaparvata lugens*, which has the ability of long-distance migration. Therefore, the high identities between RGSV Shaxian and North Philippines isolates may be caused by long-distance migration of viruliferous insect from Philippine to southeast coast of China. These data indicate that negative selection caused by NS2 and NSvc2 proteins and founder effects due to vector transmission are proposed to explain RSV and RGSV molecular variation observed.

References

[1] Ramirez BC, Haenni AL. Molecular biology of tenuiviruses, a remarkable group of plant viruses. J Gen Virol, 1994, 75 (3): 467-475

[2] Takahashi M, Toriyama S, Hamamatsu C, et al. Nucleotide sequence and possible ambisense coding strategy of *Rice stripe virus* RNA segment 2. J Genl Virol, 1993, 74(4): 769-773

[3] Wang XH, Ye Y, Wang SY, et al. Cloning, sequence analysis and expression in prokaryote of vRNA-ORF segment of *Rice stripe virus*. Chinese Science Bulletin,1997, 42(4): 438-441

[4] Takahashi M, Toriyama S. Detection of the 22. 8k protein encoded by RNA2 of *Rice stripe virus* in infected plants. Ann Phytopathol Soc Japan, 1996, 62(3): 340

[5] Takahashi M, Goto C, Matsuda I, et al. Expression of *Rice stripe virus* 22. 8k protein in insect cells. Ann Phytopathol Soc Japan, 1999, 65(3): 337

[6] de Miranda JR, Hull R, Espinoza AM. Sequence of the PV2 gene of *Rice hoja blanca tenuivirus* RNA-2. Virus Genes, 1995, 10(3): 205-209

[7] Toriyama S, Kimishima T, Takahashi M, et al. The complete nucleotide sequence of the *Rice grassy stunt virus* genome and genomic comparisons with viruses of the genus *Tenuivirus*. J Gen Virol, 1998, 79(8): 2051-2058

[8] Estabrook EM, Suyenaga K, Tsai JH, et al. *Maize stripe tenuivirus* RNA2 transcripts in plant and insect hosts and analysis of PVC2, a protein similar to the *Phlebovirus* virion membrane glycoproteins. Virus Genes, 1996, 12(3): 239-247

[9] Wei TY, Lin HX, Wu ZJ, et al. Molecular variability of intergenic regions of *Rice stripe virus* RNA4. Chinese Journal of Virology,2001, 17(2): 144-149

[10] Takahashi M, Toriyama S, Kikuchi Y, et al. Complementarily between the 5′-and 3′-terminal sequences of *Rice stripe virus* RNAs. J Gen Virol, 1990, 71(12): 2817-2821

[11] Kisimoto R, Yamada Y, Okada M, et al. Epidemiology of rice stripe disease. Plant Protection (Japan), 1985, 39 (11): 531-537

[12] Kisimoto R. Synoptic weather conditions during long-distance immigration of planthoppers, *Sogatella furcifera* Horvath and *Nilaparvata lugens* Stal. Ecol Entomol, 1976, 1: 95

[13] Hoshizaki S. Allozyme polymorphism and geographic variation in the small brown planthopper, *Laodelphax striatellus* (Homoptera: Delphacidae). Biochemical Genetics, 1997, 35 (11-12): 383-393

[14] Lin LM. Molecular biology of RNAI-3 of *Rice grassy stunt virus*. Fujian Agriculture and Forestry University PhD Thesis, 2002

水稻条纹病毒中国分离物和日本分离物 RNA1 片段序列比较*

魏太云，林含新，吴祖建，林奇英，谢联辉

（福建农林大学植物病毒研究所，福建福州 350002）

摘 要：首次测定了我国水稻条纹叶枯病常年流行区的云南楚雄（CX）及病害暴发区的江苏洪泽（HZ）的 RSV 2 个分离物 RNA1 片段的全长序列，这两个分离物 RNA1 片段的全长序列均为 8970nt。同源性分析结果表明，HZ 与日本 T 分离物的亲缘关系较 CX 与 T 分离物的亲缘关系更为接近。通过对纤细病毒属病毒 RNA1 编码的依赖于 RNA 的 RNA 聚合酶（RdRp）氨基酸序列分析的结果表明，该蛋白除了具有 RNA 聚合酶特征的基元序列结构外，还存在 mRNA 的转录过程中所采取的加帽起始机制的保守性结构域位点，这表明，纤细病毒属病毒和布尼安病毒科病毒及甲型流感病毒一样，都是采取加帽起始机制进行转录的。

关键词：水稻条纹病毒；RNA1 序列；加帽起始机制

中图分类号：S435.111.49 **文献标识码**：A

Comparison of the RNA1 segments between chinese isolates and Japanese isolates of *Rice stripe virus*

WEI Tai-yun, LIN Han-xin, WU Zu-jian, LIN Qi-ying, XIE Lian-hui

(Institute of Plant Virology, Fujian Agriculture and Forestry University, Fuzhou 350002)

Abstract: The complete nucleotide (nt) sequences of RNA1 of two isolates of *Rice stripe virus* (RSV), isolated from Chuxiong (CX), Yunnan Province, and Hongze (HZ), Jiangsu Province, were determined. RNA1 of both CX and HZ isolates were 8970nt, Comparison of the nucleotide and amino acid sequences of seven ORFs among these three isolates demonstrated that the closer phylogenetic relationship between HZ and T isolates than that between CX and HZ isolates. Comparison of the L proteins of *Tenuiviruses* RSV and *Rice grassy stunt virus* (RGSV) with those of Bunyaviruses indicated that *Tenuiviruses* were most closely related to the genus *Phlebovirus*. The alignment data showed that *Tenuiviruses* L protein shared with *Bunyaviruses* the three conserved regions corresponding to the so-called polymerase module. These comparisons also showed the existence of an additional fourth conserved region in the L protein of *Tenuiviruses* that contains at least two active sites, indicating that this region has an important role in the function of this protein. Further analysis showed that the two active sites were necessary for primer mRNA synthesis with cell-derived capped primers in influenza virus. The result indicated

---

植物病理学报，2004，34（2）：141-145

* 基金项目：国家自然科学基金（30000002、30240017、39900091）、高等学校全国优秀博士学位论文作者专项资金（200150）

that Tenuiviruses could also have the cell-derived capped primer mechanisms.

Key words: *Rice stripe virus*; RNA1 sequence; capped primer mechanisms

由水稻条纹病毒（*Rice stripe virus*，*RSV*）引起的水稻条纹叶枯病是当前我国水稻上的一种分布广、为害大的重要病毒病，分布于我国 16 个省市[1]。1997～2002 年的实地调查表明，该病目前在江苏、河南、山东、云南、北京、辽宁、河北等省市的一些地区发生仍十分普遍[2]。

RSV 是纤细病毒属（*Tenuivirus*）的代表成员，由灰飞虱（*Laodelphax striatellus*）以持久性方式经卵传播[3]。RSV 具有独特的基因组结构和表达策略，是研究植物病毒与寄主和介体互作及协同进化机制的模式对象。日本 T 分离物的全序列已测定，基因组全长为 17415nt，由 4 种单链 RNA 组成，除 RNA1 采用负链编码外，RNA2～RNA4 皆采用双义（ambisense）编码策略[3]，其中 RNA1 编码依赖于 RNA 的 RNA 聚合酶（RNA-dependent RNA polymerase，RdRp），又称为 L 蛋白。

近两年，随着暖冬和种植结构的调整，由 RSV 引起的水稻条纹叶枯病在江苏北部大面积暴发，而在云南的一些地区则持续发生。本研究选取我国有代表性的病害常年流行的云南楚雄和病害暴发区江苏洪泽所得 2 个分离物的 RNA1 片段序列进行分析，以期为进一步研究病毒的演化关系及基因功能打下基础。

1　材料和方法

1.1　病毒分离物

采自云南楚雄及江苏洪泽的田间病株，经 ELISA 检测为阳性结果后将病叶保存在－80℃ 冰箱中。另一部分病株经无毒昆虫饲毒接种分离纯化后，依病株产地获得 CX 和 HZ 2 个分离物，保存于粳稻品种合系 28、台农 67 上。

1.2　试剂

TaKaRa Ex *Taq* 酶、pMD-18-T 载体酶为日本 TaKaRa 公司产品；dNTP、核酸标准分子质量（Lambda DNA/*Eco*RⅠ，*Hin*dⅢ marker）、M-MuLV 反转录酶、RNasin 购自上海生工生物工程技术服务有限公司；QIAEX II Gel Extraction Kit 为 QIAGEN 公司产品。其余试剂为国产分析纯或化学纯。*E. coli* DH5α 为本实验室保存。

1.3　病叶总 RNA 提取

病叶总 RNA 提取采用上海生工生物工程技术服务有限公司的总 RNA 提取试剂盒，方法参照厂家说明。

1.4　RT-PCR

根据日本 T 分离物 RNA1 序列[4]，设计 3 对引物，分段扩增 RNA1，引物由上海生工生物工程技术服务有限公司合成（图 1，表 1）。反转录程序如下：取总 RNA 5μL，3′端引物 1μL，D D W 4μL，95℃下变性 10min，冰上 5min，再依次加入下列试剂，5×M-MuLV 反转录酶缓冲液 5μL、dNTP 1μL、RNasin（40U/μL）1μL、M-MuLV 反转录酶（20U/μL）1μL、D D W 7μL。37℃水浴 1h，95℃灭活 5min，－20℃保存备用。PCR 扩增是在 25μL 反应体系中进行，包括 2μL 反转录产物，各 2.5μL 10pmoL/L 的 5′端和 3′端引物、1.0μL dNTP（10mmol/L）、2.5μL 10×Ex *Taq* 缓冲液（Mg^{2+} Free）、13.5μL 双蒸水、1.5μL 25mmol/L $MgCl_2$、5U/μL TaKaRa Ex *Taq* 酶 0.5μL。各区段扩增退火温度如表 1 所示。

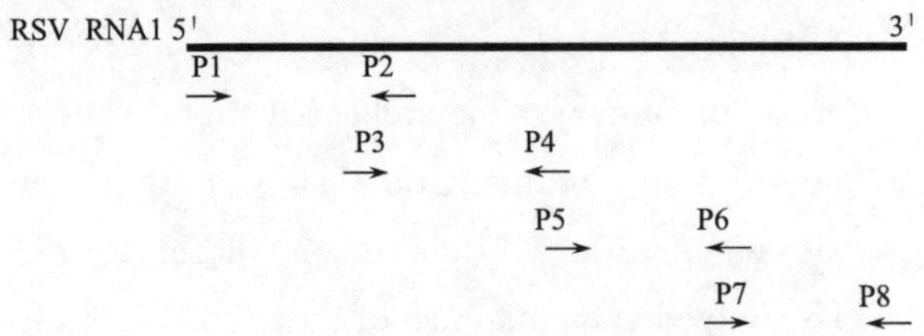

图 1　RVS 的 RNA1 测序策略

表 1 RVS RNA1 扩增用的引物

引物	位置	序列	T/℃	方向
P1	1-20	5′-ACACATAGTCAGAGGAAAAA′-3′	65	+
P2	2252-2271	5′-CTTTCTCTGCTCATCTCTGG-3′	65	−
P3	2252-2271	5′-CCAGAGATGAGCAGAGAAAG-3′	61	+
P4	5181-5180	5′-GCACTGCTGCATTGACCCAC-3′	61	−
P5	5181-5180	5′-GTGGGTCAATGCAGCAGTGC-3′	65	+
P6	7771-7790	5′-TCCCTGCACCATGTCTTCAG-3′	65	−
P7	7771-7790	5′-CTGAAGACATGGTGCAGGGA-3′	63	+
P8	8951-8970	5′-ACACAAAGTCCAGAGGAAAA-3′	63	−

1.5 测序及序列分析

采用 QIAquick Gel Extration Kit（Qiagen）进行目的片段纯化，取经纯化的 PCR 产物与 pMD-18-T（TaKaRa 公司）载体相连。用大肠杆菌 DH5α 制备感受态菌进行转化取 200μL 菌液涂布在含有 X-gal 和 IPTG 的氨苄青霉素平板上，过夜，挑出白斑，震荡培养，提取质粒 DNA 与空白 PMD-18-T 载体电泳对照，鉴定载体中是否有插入片段。DNA 测序由上海基康生物技术有限公司进行。用 DNAMAN 软件（Lynnon BioSoft，1994～1998）进行序列分析。通过 http：//psort. nibb. ac. jp、 http：//www. cbs. dtu. dk/services/TargetP、http：//www. inra. fr/predotar 等 3 个网站进行蛋白质的亚细胞定位预测。通过 http：//www. ncbi. nlm. nih. gov/structure/cdd/cdd. shtml 对氨基酸的保守活性位点进行预测。

2 结果与分析

2.1 遗传进化分析

应用 4 对引物分段扩增我国 CX 和 HZ 分离物的 RNA1，将各片段直接测序拼接后，由此得到的 CX 和 HZ 2 个分离物 RNA1 全长序列，这 2 个分离物 RNA1 长度均为 8970nt（GenBank 登录号分别为 AY186787 和 AY186788)。将测定的 2 个分离物 RNA1 序列同已报道的日本 T 分离物 RNA1 序列（GenBank 登录号为 D13176)[4] 比较结果表明，这 3 个分离物 RNA1 5′端非编码区（untranslated region，UTR）均含有 57 个碱基，序列完全一致；3 个分离物在 3′UTR 均含有 153 个碱基，其中，HZ 和 T2 个分离物序列完全一致，而 CX 分离物与这 2 个分离物均有 7 个碱基的差异。对 3 个分离物 L 蛋白核苷酸序列比较结果表明，HZ 分离物与日本 T 分离物有 97.5％的同源率，而 CX 分离物与这 2 个分离物之间的同源率分别为 92.7％和 93.1％。在氨基酸水平上，HZ 分离物与 T 分离物之间的同源率（99.6％）也高于 CX 与这 2 个分离物之间的同源率（均为 98.0％左右）（表 2）。

表 2 CX、HZ 和 T 3 分离株中 RSV RNA1 L 蛋白基因的相似率（％）

（右上为核苷酸，左下为氨基酸）

	CX	HZ	T
CX		92.7	93.1
HZ	98.0		97.5
T	98.2	99.6	

CX 来自楚雄；HZ 来自洪泽；T 来自日本

在纤细病毒属病毒中，水稻草矮病毒（*Rice grassy stunt virus*，RGSV）已测定了 3 个分离物的 RNA1 全序列[5-7]，RGSV RNA1 负链编码一个大小为 339.1kD 的蛋白，该蛋白也具有 RNA 聚合酶特征的基元序列结构[8]，与 RSV RNA1 的 L 蛋白相比，氨基酸序列一致性达 37.9％左右。水稻白叶病毒（*Rice hoja blanca virus*，RHBV）仅测定其 RNA1 3′端 1781nt 核苷酸序列；尾稃草白叶病毒（*Urochloa hoja blanca virus*，UHBV）也仅测定了 RNA1 3′ 端 1730nt 的核苷酸序列。由于病毒编码的 L 蛋白较为保守，更能反映出病毒间的遗传进化关系。本研究对纤细病毒属种和布尼安病毒科各属病毒 L 蛋白的亲缘关系进行分析的结果表明[9-11]，在纤细病毒属中，RHBV 与 UHBV 的同源率最高，为 89.8％，而 RSV 与这两个病毒的亲缘关系较 RGSV 与这 2 个病毒的亲缘关系更为接近；在不同属的亲缘关系比较中，纤细病毒属与白蛉热病毒属（*Phlebovirus*）可形成一簇，而汉坦病毒属（*Hantavirus*）、布尼安病毒属（*Bunyavirus*）、番茄斑萎病毒属（*Tospovirus*）3属可形成另一簇（图2）。

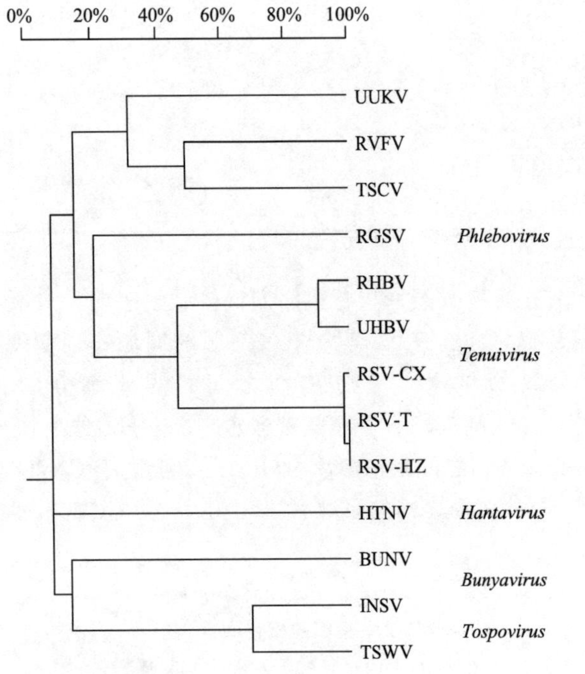

图2　*Tenuiviruses*、*Phleboviruses*、*Hantavirus*、*Bunyavirus*、*Tospovirus* 的系统发育关系分析

2.2　结构域分析

同源性比较结果发现，纤细病毒属与各属编码的L蛋白最保守的区域集中于N端第1650～2000位氨基酸区域内，RSV L蛋白在这一区域内存在Poch等[8]所认为的pre A、A、B、C、D、E 6个基元序列（motif），并有18个高度保守氨基酸有序排列于第120～210个氨基酸大小的区域内。RSV和RGSV在这一区段存在54.0%的同源率，而整个区段的同源率仅为37.9%；RSV L蛋白与白蛉热病毒属L蛋白有36%的同源性，和汉坦病毒属L蛋白同源性较低却有明显的相似性，与布尼安病毒属和番茄斑萎病毒属几乎不存在任何相似性[9-11]。

本研究应用3个可预测蛋白膜定位的网站对RSV L蛋白N端序列膜定位和跨膜特征进行分析的结果表明，L蛋白最有可能定位于植物细胞质中，在编码氨基酸N端第1531～1522位存在典型的具有与RNA结合功能的亮氨酸拉链状结构基序“LGDQLLQLFNQNSMLNDTTL”，除此之外，L蛋白中至少还存在23个“LL”基序。

3　讨论

本研究首次测定了我国RSV两个分离物RNA1全长序列，并与日本T分离物相应片段进行了比较。结果表明，HZ和日本T分离物之间的亲缘关系较HZ和CX分离物之间的亲缘关系更为接近。

根据L蛋白的氨基酸序列同源性比较结果，描绘了纤细病毒属与布尼安病毒科病毒的系统进化树，表明在纤细病毒属内，RSV与RHBV及UHBV的亲缘关系较RGSV更近。各属之间，纤细病毒属与白蛉热病毒属间进化关系比番茄斑萎病毒属更近。van Poelwijk等[11]认为，纤细病毒属和番茄斑萎病毒属都是起源于昆虫感染的布尼安病毒科这一共同祖先，但沿着两条不同的途径各自进化。纤细病毒属和番茄斑萎病毒属生存于两个完全不同的生态位，前者是飞虱/单子叶植物，后者是蓟马/双子叶植物，这是昆虫在病毒进化中扮演关键角色的一个例子。系统进化分析结果也进一步表明了纤细病毒属病毒似乎也可归入布尼安病毒科中去。

由于纤细病毒mRNA的转录采取的可能是和白蛉热病毒属及番茄斑萎病毒属一样的加帽起始机制，而这可能需要病毒的RNA聚合酶利用寄主细胞的引物来起始自身mRNA的合成[12]。而要完成这一过程，至少需要聚合酶5′端和3′端序列结合位点、戴帽引物产物的内切酶活性位点以及核苷酸附加催化活性位点等[13,14]。Aquino等[15]通过分析布尼安病毒科各属病毒聚合酶与甲型流感病毒聚合酶PB1氨基酸序列比较结果发现，在布尼安病毒科病毒中至少存在5′端和3′端序列结合位点和核苷酸附加催化活性位点，在5′端也存在有戴帽引物产物的内切酶活性位点所需要的一些保守位点。本研究通过对纤细病毒属病毒与白蛉热病毒属病毒聚合酶比较结果表明，在纤细病毒属病毒聚合酶蛋白中同样也存在这样的活性位点，如在pre motif A中存在3′vRNA结合位点，在基序C中存在Li等[14]所认为的核苷酸附加催化活性位点（SDD），另外，在基序E的下游序列中也存在Aquino等[15]所认为的聚合酶加帽引物延伸所需要的4个保守的氨基酸残基，G(1740位)、Y(1759位)、G(1784位）和G(1795位)。以上分析从一个侧面提供了纤细病毒属病毒转录同样采取加帽起始机制的证据。

参考文献

[1] 林奇英，谢联辉，周仲驹等. 水稻条纹叶枯病的研究Ⅰ. 病毒的分布和损失. 福建农学院学报，1990，19(4)：421-425

[2] 谢联辉，魏太云，林含新等. 水稻条纹病毒的分子生物学. 福建农业大学学报，2001，30(3)：269-279

[3] Ramirez BC, Haenni A L. Molecular biology of tenuiviruses, a remarkable group of plant viruses. J Gen Virol, 1994, 75(3): 467-475

[4] Toriyama S, Takahashi M, Sano Y, et al. Nucleotide sequence of RNA1, the largest genomicsegment of *Rice stripe virus*, the prototype of the tenuiviruses. J Gen Virol, 1994, 75(12): 3569-3579

[5] 林丽明. 水稻草矮病毒 RNA1-3 分子生物学. 福建农业大学博士论文，2002

[6] Miranda GJ, Azzam O, Shirako Y. Comparison of nucleotide sequences between northern and southern Philippine isolates of *Rice grassy stunt virus* indicates occurrence of natural genetic reassortment. Virology, 2000, 266(1): 26-32

[7] Toriyama S, Kimishima T, Takahashi M, et al. The complete nucleotide sequence of the *Rice grassy stunt virus* genome and genomic comparisons with viruses of the genus *Tenuivirus*. J Gen Virol, 1998, 79(8): 2051-2058

[8] Poch O, Sauvaget I, Delaure M, et al. 1989. Identification of four conserved motif among the RNA-dependent polymerase encoding elements. EMBO J, 1989, 8(12): 3867-3874

[9] Elliot RM. Molecular biology of the *Bunyaviridae*. J Gen Virol, 1990, 71(3): 501-522

[10] Elliott RM. Nucleotide sequence analysis of the large (L) genomic RNA segment of *Bunuamwera* virus, the prototype of the family *Bunyaviridea*. J Gen Virol, 1989, 171(2): 426-436

[11] van Poelwijk F, Prins M, Goldbach R. Completion of the impatiens necrotic spot virus genome sequence and genetic comparison of the L proteins within the family *Bunyaviridae*. J Gen Virol, 1997, 78(3): 543-546

[12] Ramirez BC, Garcin D, Calvert L A, et al. Capped nonviral sequences at the 5′ end of the mRNAs of *Rice hoja blanca virus* RNA4. J Virol, 1995, 69(3): 1951-1954

[13] Li ML, Ramirez BC, Krug RM. RNA-dependent activation of primer RNA production by influenza virus polymerase: different regions of the same protein subunit constitute the two required RNA-binding sites. EMBO J, 1998, 17(19): 5844-5852

[14] Li ML, Rao P, Krug RM. The active sites of the influenza cap-dependent endonuclease are on different polymerase submits. EMBO J, 2001, 20(8): 2078-2086

[15] Aquino VH, Moreli ML, Moraes-Figueiredo LT. Analysis of oropouche virus L protein amino acid sequence showed the presence of an additional conserved region that could harbour an important role for the polymerase activity. Arch Virol, 2003, 148(1): 19-28

中国水稻条纹病毒两个亚种群代表性分离物全基因组核苷酸序列分析*

魏太云，林含新，吴祖建，林奇英，谢联辉

（福建农林大学植物病毒研究所，福建福州　350002）

摘　要：首次测定了我国水稻条纹病毒（RSV）常年流行区的云南楚雄（CX）分离物及病害暴发区江苏洪泽（HZ）分离物全基因组核苷酸序列，其中CX分离物全长为17 093nt，HZ分离物全长为17 150nt。与已报道的日本T分离物全长序列（17 145nt）相比较，CX分离物变异较大，3个分离物基因组结构组成一致，5′端和3′端非编码区最为保守；7个编码区保守性次之；变异主要发生在IR上。同源性分析表明，HZ分离物与日本T分离物的亲缘关系中中国2个分离物间的亲缘关系更为接近，这表明HZ和CX分离物基本上能够代表病毒自然种群中存在的2个差异较为明显的亚种群。

关键词：水稻条纹病毒；全长序列；亚种群

Analysis of the complete nucleotide sequences of two isolates of *Rice stripe virus* representing different subgroups in China

WEI Tai-yun, LIN Han-xin, WU Zu-jian, LIN Qi-ying, XIE Lian-hui

(Institute of Plant Virology, Fujian Agriculture and Forestry University, Fuzhou　350002)

Abstract: The complete nucleotide sequences of RNA1-4 of two isolates of *Rice stripe virus* (RSV), isolated from Chuxiong (CX), Yunnan Province, and Hongze (HZ), Jiangsu Province, were determined. The complete nucleotide sequences of HZ and CX isolates were 17150nt and 17093nt in length, respectively. Compared with the complete nucleotide sequences of T isolate (17145nt) from Japan, CX isolate varid significantly. These three isolates had identical genomic characteristics. The most conserved regions of RNA1-4 among these three isolates located in 5′ and 3′ UTR, and the most variable regions of these three isolates located in the IRs of RNA2-4. Comparison of the nucleotide and amino acid sequences of seven ORFs among these three isolates demonstrated that the closer phylogenetic relationship between HZ and T isolates than that between CX and HZ isolates. These results showed that the HZ and CX isolates could represent two subgroups of RSV in natural population in China.

Key words: *Rice stripe virus*; The complete nucleotide sequences; subgroups

中国农业科学，2004，37（6）：846-850

* 基金项目：国家自然科学基金（30000002和30240017）、高等学校全国优秀博士学位论文作者专项资金（200150）

由水稻条纹病毒（*Rice stripe virus*，RSV）引起的水稻条纹叶枯病近年来在我国的发生呈上升趋势，2001～2003 年又在江苏、河南的一些地区大范围暴发，而在云南、山东、河北、辽宁的一些地区持续发生或流行。

RSV 是纤细病毒属（*Tenuivirus*）的代表成员，由灰飞虱（*Laodelphax striatellus*）以持久性方式经卵传播[1]。RSV 具有独特的基因组结构和表达策略，是研究植物病毒与寄主和介体互作及协同进化机制的模式对象。日本 T 分离物的全序列已测定，基因组全长为 17 145nt，由 4 种单链 RNA 组成，除 RNA1 采用负链编码外，RNA2～RNA4 皆采用双义编码策略[2-5]。

对我国 RSV 自然种群遗传结构分析的结果表明，RSV 在我国存在以云南和云南以外病区为代表的 2 个亚种群[6-8]。本研究对病害常年流行的云南楚雄及病害暴发区的江苏洪泽所得病毒分离物的全长片段序列进行分析，为进一步研究不同亚种群病毒分离物的基因组结构特征及其致病性变异机理奠定基础。

1 材料与方法

1.1 病毒分离物

2001 年分别采集了云南楚雄、江苏洪泽 RSV 病株，经无毒昆虫饲毒接种分离纯化后，依病株产地分别得到 2 个分离物，保存于粳稻品种合系 28 上（表 1）。

表 1 本研究分析的各分离物来源

分离物	地理来源	采样年份	水稻品种	GenBank No.
HZ	江苏洪泽	2001	81692	AY186787（RNA1） AY186789（RNA2） AF508913（RNA3） AY185501（RNA4）
CX	云南楚雄	2001	楚粳 3 号	AY186788（RNA1） AY186790（RNA2） AF508863（RNA3） AF513505（RNA4）
T	日本	1992	未知	NC003755（RNA1） NC003754（RNA2） X53563（RNA3） D10979（RNA4）

1.2 病叶总 RNA 提取

病叶总 RNA 提取采用上海生工生物工程技术服务有限公司的总 RNA 提取试剂盒，方法参照厂家说明。

1.3 RT-PCR

根据日本 RSV T 分离物 RNA1[2]、RNA2[3]、RNA3[4]、RNA4[5] 的序列，设计用于扩增 RSV RNA1～RNA4 的寡聚核苷酸引物（表 2、图 1），引物由上海生工生物工程技术服务有限公司合成，各个片段扩增策略和条件见表 2。由于设计的 4 对用于扩增 RNA1 片段的引物扩增的片段均大于 2200bp，因此，采用能扩增长片段的 TaKaRa Ex *Taq* DNA 聚合酶（TaKaRa 公司产品）。PCR 扩增是在 25μL 反应体系中进行，包括 2μL 反转录产物，各 2.5μL 10pmoL/L 的 5′端和 3′端引物、0.5μL dNTP（10mmol/L）、2.5μL 10×缓冲液、13μL 双蒸水、1.5μL 25mmol/L $MgCl_2$、4U/μL *Taq* DNA 聚合酶（MBI 公司产品）（或 5U/μL TaKaRa Ex *Taq* DNA 聚合酶）0.5μL。

1.4 测序及序列分析

采用 QIAquick Gel Extration Kit（Qiagen）进行目的片段纯化，取经纯化的 PCR 产物与 pMD-18-T（TaKaRa 公司）载体相连。用大肠杆菌 DH5α 制备感受态菌进行转化取 200μL 菌液涂布在含有 X-Gal 和 IPTG 的氨苄青霉素平板上，过夜，挑出白斑，震荡培养，提取质粒DNA与空白pMD-18-T载体电泳对照，鉴定载体中是否有插入片段。DNA测序由上海基康生物技术有限公司进行。用DNAMAN（Lynnon BioSoft，1994～1998）和RNA Draw等软件进行序列比较分析。

表2　扩增RSV RNA1～RNA4所采用的引物

	引物	位置	序列	T/℃	方向
RNA1	P1	1-15	5′-ACACATAGTCAGAGG-3′	65	+
	P2	2252-2271	5′-CTTTCTCTGCTCATCTCTGG-3′	65	−
	P3	2232-2251	5′-GAGCATAATAGACAAAGAGA-3′	61	+
	P4	5161-5180	5′-GCACTGCTGCATTGACCCAC-3′	61	−
	P5	5141-5160	5′-AATTCTTCTTTTCTGGTGAT-3′	65	+
	P6	7771-7790	5′-TCCCTGCACCATGTCTTCAG-3′	65	−
	P7	7751-7770	5′-ATAAAGTCTTGATGGGCCAT-3′	63	+
	P8	8951-8970	5′-ACACAAAGTCCAGAGGAAAA-3′	63	−
RNA2	NS21	1-15	5′-ACACAAAGTCCTGGGTA-3′	50	+
	NS22	664-686	5′-CCAAGTTCACATTAGAATAGGGC-3′	50	−
	IR21	641-660	5′-TGTCTTGGTCGGAGCACATG-3′	61	+
	NSvc22	3599-3514	5′-ACACAAAGTCTGGGT-3′	61	−
RNA3	NS31	1-15	5′-ACACAAAGTCCTGGGT-3′	42	+
	NS32	681-701	5′-CTACAGCACAGCTGGAGAGCTG-3′	42	−
	IR31	658-678	5′-GTGCACTAGAATCCTTACCAG-3′	59	+
	IR32	1460-1479	5′-TTCTTCGAGGATGAGGCAGA-3′	59	−
	CP1	1437-1457	5′-GTTCAGTCTAGTCATCTGCAC-3′	52	+
	CP2	2490-2504	5′-ACACAAAGTCTGGGT-3′	52	−
RNA4	SP1	1-15	5′-ACACAAAGTCCT（A）GGG-3′	52	+
	SP2	597-616	5′-GGTGGAAAATGTGATATGCAAT-3′	52	−
	IR41	567-587	5′-CCAACCTCTTCTACACAAGAC-3′	37	+
	IR42	1230-1251	5′-AATCTGAAGTTTCTGTCATCAT-3′	37	−
	NSvc41	1208-1228	5′-TGGAACTGGTTATCTCACCT-3′	59	+
	NSvc42	2143-2157	5′-ACACAAAGTCATGGC-3′	59	−

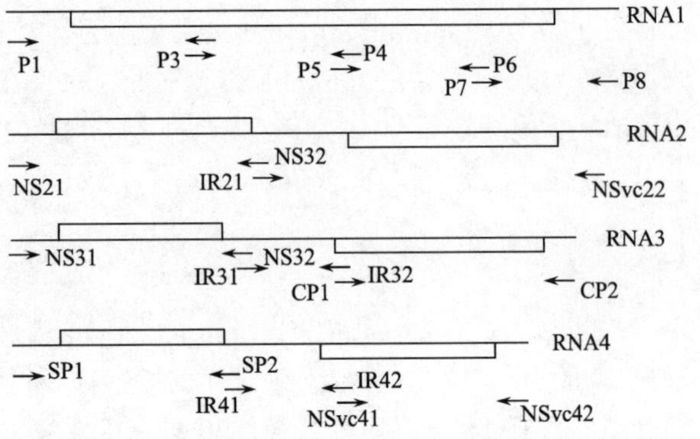

图1　覆盖RSV RNA1-RNA4全长的RT-PCR扩增策略

2　结果与分析

2.1　HZ、CX与日本T分离物全长序列比较

测定了我国RSV CX和HZ 2个分离物全长序列，其中CX分离物全长为17 093nt，HZ分离物全长为17 150nt；与日本T分离物全长17 145nt相比，CX分离物少了52nt，而HZ分离物则多了5nt（表3）。3个分离物在基因组结构组成上完全一致，均为RNA1采取负义编码策略，RNA2～RNA4为双义编码策略。进一步分析结果表明，CX和HZ分离物RNA1长度均为8970nt；RNA2

长度分别为3506nt和3514nt；RNA3长度分别为2489nt和2509nt；RNA4长度分别为2137nt和2157nt（表3）。与已报道的日本T分离物全长序列比较结果表明，T分离物和HZ分离物相比仅在RNA3片段基因间隔区（intergenic region，IR）上有5个碱基的缺失，其RNA3长度为2504nt（表3）。

2.2 3个分离物基因组同源性比较

3个分离物基因组全长序列同源性比较结果表明，在RNA1、RNA2、RNA4基因组区段上，HZ分离物与日本T分离物的同源性大于HZ与CX 2个中国分离物之间的同源性。但在RNA3片段上，这3个分离物间的同源性则相差不大（93.0%～94.0%）（表4）。对这3个分离物在7个编码区上的同源性进行比较的结果表明，除了在NS3基因片段上这3个分离物的同源性相差不大以外，在其他6个基因片段上，不管是在序列的核苷酸水平上，还是在其编码的氨基酸水平上，HZ分离物与日本T分离物的同源性也大于HZ与CX 2个中国分离物之间的同源性（表4）。这些结果表明，HZ分离物与日本T分离物的亲缘关系较中国两个分离物间的亲缘关系更为接近。

2.3 基因组末端保守序列

在5′和3′非编码区（untranslated region，UTR）序列上，除了CX分离物在RNA1 3′UTR序列上有7个碱基的差异，在RNA2 3′UTR第26位处有1个碱基变异外，3个分离物在这段区域内的序列一致（表3，表4）。RSV基因组的每一个RNA区段（segment）都有两个显著的特征，即末端序列的高度保守性和互补性。其中，RNA2、RNA3、RNA4的3′端具有共同的序列5′-GACU-UUGUGU-3′，而5′端则具有5′-ACACAAAGUCC-3′的相同序列，而且每种RNA的5′端和3′端都有20个碱基是互补配对的，形成了负链病毒特征性的锅柄（panhandle）结构[7]。5′和3′UTR序列的高度保守暗示了这一区域序列有可能在病毒基因组转录和复制过程中有重要的作用。

2.4 基因间隔区

HZ、T分离物RNA2 IR长度均为299nt，与CX分离物RNA2 IR（291nt）相比，有一段长8个碱基的插入片段（表3）。RNA二级结构预测结果表明，尽管RNA2 IR序列结构中存在UA碱基的富集区，但并不能形成明显的发夹结构。3个分离物在RNA3 IR长度上各不相同，最长的是HZ分离物，达到747nt，最短的是CX分离物，含有727个核苷酸序列（表3）。序列分析发现，RNA3 IR序列内具有两个重要的结构特征。第一是插入序列，各个分离物在不同的区域均有长短不一的插入或缺失片段存在；第二是含有几个UA碱基富集区，其中有多处是重复序列，这些重复序列能形成稳定的发夹结构。CX分离物RNA4 IR长度为634nt，HZ、T分离物RNA4 IR长度均为654nt（表3）。与RNA3 IR一样，RNA4 IR序列内同样具有2个重要的结构特征：①相对于CX分离物，HZ、T分离物都有一段长19bp的插入片段；②和RNA3 IR类似，在RNA4 IR内UA碱基富集区也可形成2个明显的发夹结构。

表3 RSV HZ、CX及T分离物的基因组不同区域片段比较

		HZ	CX	T
全长/nt		17150	17093	17145
RNA1		8970	8970	8970
	5′-UTR	57	57	57
	RdRp	8760	8760	8760
	3′-UTR	153	153	153
RNA2		3514	3506	3514
	5′-UTR	80	80	80
	NS2	600	600	600
	IR	299	291	299

续表

		HZ	CX	T
	NSvc2	2505	2505	2505
	3′-UTR	30	30	30
RNA3		2509	2489	2504
	5′-UTR	65	65	65
	NS3	636	636	636
	IR	747	727	742
	CP	969	969	969
	3′-UTR	92	92	92
RNA4		2157	2137	2157
	5′-UTR	54	54	54
	SP	537	537	537
	IR	654	634	654
	NSvc4	861	861	861
	3′-UTR	51	51	51

表 4　RSV HZ、CX 及 T 分离物基因组不同区域同源性比较（%）

		HZ v CX		CX v T		T v HZ	
		nt	aa	nt	aa	nt	aa
RNA1		92.8		93.2		97.6	
	5′-UTR	100		100		100	
	RdRp	92.7	98.0	93.1	98.2	97.5	99.6
	3′-UTR	95.4		95.4		100	
RNA2		94.5		94.5		97.0	
	5′-UTR	100		100		100	
	NS2	95.0	97.0	95.2	98.0	96.8	99.0
	IR	96.6		93.4		94.3	
	NSvc2	93.9	96.0	94.2	97.1	97.1	98.7
	3′-UTR	98.8		98.8		100	
RNA3		94.0		93.3		93.0	
	5′-UTR	100		100		100	
	NS3	98.0	99.0	97.6	98.9	97.7	98.9
	IR	91.2		87.1		84.4	
	CP	94.1	97.6	94.4	97.6	97.2	98.4
	3′-UTR	100		100		100	
RNA4			94.6		94.0		96.2
	5′-UTR	100		100		100	
	SP	93.9	97.8	95.0	97.4	96.3	98.3
	IR	94.8		91.5		91.7	
	NSvc4	94.3	97.9	94.5	98.3	97.4	99.2
	3′-UTR	100		100		100	

3 讨论

系统进化分析表明中国RSV 32个分离物根据*CP*基因核苷酸和氨基酸序列同源性可以分为2个组，第一组包括云南19个分离物，其*CP*基因核苷酸和编码的氨基酸序列分别有97.6%～99.9%和97.9%～99.9%的同源性；来自福建、河南、上海、江苏、浙江、山东、北京和辽宁等8个省市的13个分离物可形成第二组，其*CP*基因核苷酸有97.7%～99.9%的同源性，编码的氨基酸同源性为97.8%～100%。但2个组之间*CP*基因仅有93.7%～94.4%的核苷酸同源性，编码的氨基酸序列同源性为96.3%～97.6%[8]。对RSV其他3个基因片段序列系统进化分析也得出类似的结论[6-8]。这表明，中国RSV存在以云南和云南以外病区为代表的2个亚种群，而且，各分离物的变异及亲缘关系与其地理分布位置有一定的关系。本研究首次测定了这2个具有代表性的亚种群HZ、CX2个分离物全长序列，并与日本T分离物基因组全长序列进行了比较。同源性分析结果表明，Hz分离物与日本T分离物的亲缘关系较中国两个分离物的亲缘关系更为接近，HZ和CX分离物基本上能够代表病毒自然种群中存在的2个差异较为明显的亚种群。对这2个分离物生物学特性上的差异，特别是病致病性分化与基因组变异的关系进行深入研究，将为进一步研究水稻条纹叶枯病在我国的发生、演替规律奠定基础。

对3个分离物不同区域序列比较结果表明，它们在基因组结构组成上是一致的，其中，5′端和3′端非编码区最为保守，7个编码区保守性次之，变异主要发生在基因间隔区上。很可能是与这些区域在病毒与寄主互作过程中所受到的负选择压力(negative pressure)不同所导致的。

RSV 5′和3′UTR序列的高度保守暗示了这一区域序列有可能在病毒基因组转录和复制过程中有重要的作用，RSV 5′和3′UTR所形成的锅柄上的互补区域可能是RNA聚合酶的识别位点[8]。病毒末端序列的高度保守性和互补性在布尼安病毒科(*Bunyaviridae*)的白蛉热病毒属(*Phlebovirus*)和乌库病毒属(*Uukvirus*)的基因组中也存在[10]。纤细病毒属基因组共有的8个碱基的保守末端与白蛉热病毒属和乌库病毒属的末端完全一样，但与该科另一成员番茄斑萎病毒属(*Topsovirus*)的保守末端不同。这暗示着纤细病毒属与白蛉热病毒属在进化上的亲缘关系比与番茄斑萎病毒属更近[9]。

分析的结果表明，在RNA2-4 IR中，RNA3、4 IR可以形成明显的发夹结构。通常认为这种结构可能具有终止mRNA转录及保持ssRNA稳定性的作用[11,12]，是参与病毒功能的重要因素。因此，有必要对RSV基因间隔区的生物学功能进一步研究。另外，由于基因间隔区序列变异较大，并不适合于病毒的遗传进化亲缘关系分析。

参考文献

[1] Ramirez BC, Haenni AL. Molecular biology of tenuiviruses, a remarkable group of plant viruses. J Gen Virol, 1994, 75(3): 467-475

[2] Toriyama S, Takahashi M, Sano Y, et al. Nucleotide sequence of RNA 1, the largest genomic segment of *Rice stripe virus*, the prototype of the tenuiviruses. J Gen Virol, 1994, 75(12): 3569-3579

[3] Takahashi M, Toriyama S, Hamamatsu C, et al. Nucleotide sequence and possible ambisense coding strategy of *Rice stripe virus* RNA segment 2. Journal of General Virology, 1993, 74(4): 769-773

[4] Zhu Y, Hayakawa T, Toriyama S, et al. Complete nucleotide sequence of RNA3 of *Rice stripe virus*: an ambisense coding strategy. J Gen Virol, 1991, 72(4): 763-767

[5] Zhu Y, Hayakawa T, Toriyama S. Complete nucleotide sequence of RNA4 of *Rice stripe virus* isolate T and comparison with another isolate and with *Maize stripe virus*. J Gen Virol, 1992, 73(5): 1309-1312

[6] 魏太云,林含新,吴祖建等.我国水稻条纹病毒种群遗传结构初步分析.植物病理学报, 2003, 33(3): 284-285

[7] 魏太云,林含新,吴祖建等.水稻条纹病毒NS2基因遗传多样性分析.中国生物化学与分子生物学报,2003,19(5):600-605

[8] 魏太云. 水稻条纹病毒的基因组结构及其分子群体遗传. 福建农林大学博士学位论文,2003

[9] Takahashi M, Toriyama S, Kikuchi Y, et al. Complementarity between the 5′-and 3′-terminal sequences of *Rice stripe virus* RNAs. J Gen Virol, 1990, 71(12): 2817-2821

[10] Elliot RM. Molecular biology of the *Bunyaviridae*. J Gen Virol, 1990, 71(3): 501-522

[11] Auperin DD, Romanowski M, Galinski M, et al. Sequencing studies of Pichinde arenavirus SRNA indicate a novel coding strategy, an ambisense viral SRNA. J Virol, 1984, 52(2): 897-904

[12] Emery VC, Bishop DHL. Characterization of punta toro S mRNA species and identification of an inverted complementary sequence in the intergenic region of Punta Toro phleobovirus ambisense S RNA that is involved in mRNA transcription termination. Virology, 1987, 156(1):1-11

水稻条纹病毒病害特异性蛋白基因克隆及其与纤细病毒属成员的亲缘关系分析*

李　凡[1,2]，杨金广[2]，吴祖建[1]，林奇英[1]，陈海如[2]，谢联辉[1]

（1 福建农林大学植物病毒研究所，福建福州　350002；
2 云南农业大学农业生物多样性与病虫害控制教育部重点实验室，云南昆明　650201）

由水稻条纹病毒（*Rice stripe virus*，RSV）引起的水稻条纹叶枯病于20世纪初始发于日本关中一带，1963年在我国苏、浙、沪一带首次暴发成灾，现已扩展蔓延到全国18个省、市、自治区的水稻种植区[1]。从2000年该病害在江苏、河南等地再次暴发成灾，发病面积达50%以上，严重制约了当地的稻米生产，已成为该地区水稻主要病害之一[2]。RSV是纤细病毒属（*Tenuivirus*）的代表种，其RNA4编码的病害特异性蛋白（disease special protein，SP）在病叶的积累量与病害症状的严重度存在密切的关系[3]。本文对发生于云南和江苏不同稻区的RSV的*SP*基因进行了分子克隆和序列比较分析，并对纤细病毒属6种病毒之间的亲缘关系进行了分析。

1　材料与方法

呈典型水稻条纹叶枯病症状的稻株于2003年分别采自云南大理、陆良、禄劝、石林、玉溪、保山、宜良和江苏洪泽等地。根据已报道的RSV *SP*基因序列设计一对用于扩增*SP*基因的引物，SP5：5′-AGAATCGAAGATGCAAGACGTA-3′，SP3：5′-GGTGGAAAATGTGATATGCAAT-3′。以Trizol试剂提取病叶总RNA，以特异性引物对SP5/SP3进行RT-PCR扩增，并对扩增产物进行cDNA克隆及序列分析。通过http://www.ncbi.nlm.nih.gov/blast、http://www.ebi.ac.uk/clustalw和DNAMAN（Lynnon BioSoft，1994～1998）等网站和软件进行序列比较分析。

2　结果与分析

应用SP5/SP3引物对感病材料进行扩增后，均可得到一条550bp左右的DNA片段，与引物设计预期相符。PCR产物经克隆、序列测定，获得云南大理、陆良、禄劝、石林、玉溪、保山、宜良7个水稻种植区和江苏洪泽的RSV分离物（分别命名为RSV-DLi1、RSV-LLi1、RSV-LQu1、RSV-SLi1、RSV-YXi1、RSV-BSh2、RSV-YLi2和RSV-HZe1）的*SP*基因核苷酸序列（基因登录号分别为AJ620307、AJ620309～AJ620312、AJ780915、AJ780916和AJ620308），大小均为537nt，共编码178个氨基酸。以江苏洪泽分离物HZe1和两个日本分离物T、M作为对照，对云南近几年报道的27个RSV分离物的*SP*基因进行序列同源性比较分析。结果发现，这些RSV分离物*SP*基因的核苷酸同源性为93.5%～99.8%，推导的氨基酸同源性为94.9%～100%。云南RSV *SP*基因在不同地理来源和不同年际间存在着一定的分子变异，其中楚雄地区RSV分离物的*SP*基因变异较为复杂。

根据RSV SP蛋白氨基酸序列比较结果，选取有代表性的RSV-BSh2分离物与*Tenuivirus*其他5种成员水稻白叶病毒（*Rice hoja blanca virus*，RHBV）、稗草白叶病毒（*Echinochloa hoja blanca virus*，EHBV）、水稻草矮病毒（*Rice grassy stunt virus*，RGSV）、尾稃草白叶病毒（*Urochloa hoja blanca virus*，UHBV）和玉米条纹病毒（*Maize stripe virus*，MStV）相应蛋白氨基酸序列进行系统进化分析比较，发现RSV与MStV同源性最高，达73%，与RHBV、UHBV和EHBV同源性为60%，与RGSV同源性最小仅为25%。*Tenuivirus*属6种病毒中，RSV与MStV、RHBV、

植物病理学报，2005，35（增刊）：135-136.（研究简报）
* 基金项目：国家自然科学基金资助项目（编号：30240017）、云南省自然科学基金（编号：2003C0042M）

UHBV 和 EHBV 的亲缘关系最近，彼此之间的氨基酸同源性达 94%以上，RGSV 与其他 5 种病毒的亲缘关系最远。

参考文献

[1] 林奇英，谢联辉，周仲驹等. 水稻条纹叶枯病的研究Ⅰ. 病毒的分布和损失. 福建农学院学报，1990，19(4)：421-425

[2] 杨荣明，刁春友，朱叶芹. 江苏省水稻条纹叶枯病上升原因及防治对策. 植保技术与推广，2002，22(3)：9-10

[3] 林奇田，林含新，吴祖建等. 水稻条纹病毒外壳蛋白和病害特异蛋白在寄主体内的积累. 福建农业大学学报，1998，27(3)：322-326

水稻条纹病毒云南分离物CP基因克隆及序列比较分析*

李　凡[1,2]，杨金广[1]，吴祖建[2]，林奇英[2]，陈海如[1]，谢联辉[2]

（1 云南农业大学农业生物多样性与病虫害控制教育部重点实验室，云南昆明　650201；
2 福建农林大学植物病毒研究所，福建　福州　350002）

摘　要：对采自云南保山、楚雄、石林和宜良等4地的水稻条纹叶枯病感病稻株，提取病叶总RNA，经RT-PCR扩增，获得4个RSV云南分离物的*CP*基因片段。序列测定表明，该片段长999bp，其中*CP*基因由969个核苷酸组成，编码322个氨基酸。与其他已报道的RSV分离物*CP*基因进行同源性比较，发现我国RSV分离物可以划分为2个不同的组，大部分RSV云南分离物为一组，其他的RSV分离物为另一组。以RSV-CXi分离物的CP与纤细病毒属的其他5种病毒的CP进行氨基酸同源性比较，结果表明RSV与MStV亲缘关系最近，而与RGSV亲缘关系最远。

关键词：水稻条纹病毒；外壳蛋白基因；序列比较；纤细病毒属

Cloning and sequence comparison analysis of the coat protein gene of *Rice stripe virus* isolates in Yunnan

LI Fan[1,2], YANG Jin-guang[1], WU Zu-jian[2], LIN Qi-ying[2], CHEN Hai-ru[1], XIE Lian-hui[2]

(1 Key Laboratory of Agricultural Biodiversity for Pest Management, Ministry of Education, Yunnan Agricultural University, Kunming　650201;
2 Institute of Plant Virology, Fujian Agriculture and Forestry University, Fuzhou　350002)

Abstract: Rice stripe diseased rice plants were collected from Baoshan, Chuxiong, Shilin and Yiliang of Yunnan province. The cDNAs of coat protein gene of four isolates of *Rice stripe virus* (RSV) isolates were obtained by total RNA extraction and RT-PCR. The amplified cDNA fragments were then cloned and sequenced. Sequence analysis results showed that the cDNA fragments were consist of 999nt, including 969nt of *CP* gene encoding 322 amino acids. Comparison of the nucleotide sequences of the *CP* gene of these 4 isolates with that of other isolates demonstrated that all the RSV Chinese isolates could be divided into two groups. Most of the RSV isolates in Yunnan formed one group, and the other isolates belonged to another group. The amino acid sequence of the coat protein of the RSV-CXi isolate was chose to compared with those of other five virus in genuses *Tenuivirus*, results indicated that RSV is most closely related to MStV than to RHBV, EHBV, UHBV, and RSV is very distant related to RGSV in the genus *Tenui-*

云南农业大学学报，2006，21（1）：48-51
* 基金项目：国家自然科学基金（30240017）、云南省自然科学基金（2003C0042M）

virus.

Key word: *Rice stripe virus*; coat protein gene; sequence comparison; *Tenuivirus*

由水稻条纹病毒（*Rice stripe virus*，RSV）引起的水稻条纹叶枯病广泛分布于我国16个省、市、自治区，是水稻主要的病毒病之一，引起水稻的严重减产，至今仍在江苏、河南、云南、山东、北京等省市普遍发生。自2000年以来，该病害在江苏、河南等地再次暴发成灾，发病面积达50%以上，严重制约了当地的稻米生产，已成为该地区水稻主要病害之一[1,2]。水稻条纹叶枯病于1979年在云南大姚、姚安等地首次暴发，并逐步向滇中、滇西和滇东一带扩展蔓延。据笔者2002—2005年的实地调查，该病已广泛分布于滇中和滇西一带的粳稻种植区，在滇东北、滇东一带也零星分布，其中保山、大理、楚雄、昆明以及曲靖的陆良等地发生普遍，田间常年发病率在5%～10%，严重者可达20%以上，已严重影响了当地的水稻生产，成为仅次于稻瘟病的水稻主要病害之一。

RSV是纤细病毒属（*Tenuivirus*）的代表种，其基因组由4种ssRNA组成，具有独特的编码策略，其中，RNA1采用负链编码策略，而RNA2、RNA3、RNA4均采取双义（ambisense）编码策略[3-5]。其中RNA3的5′端毒义链（viral RNA3）编码一个35.1kD的蛋白，即外壳蛋白（coat protein，CP），该蛋白在病叶中的含量与病害症状有密切关系[6]。将RSV的*CP*基因转入水稻中，得到的工程植株对病毒的感染表现出一定的抗性[7,8]。RSV是由昆虫介体灰飞虱（*Laodelphax striatellus*）以持久方式经卵传播，选育和种植抗病品种是目前唯一有效的病害防治措施。然而，不同地区的RSV分离物常存在着分子变异，在致病性方面也有一定的差异，常造成水稻品种的抗性丧失。现已表明我国RSV自然种群中存在两个与地理相关的不同类型的亚种群[9]。本文对RSV 4个云南分离物的*CP*基因进行了分子克隆和序列分析，并与已经报道的其他RSV分离物*CP*基因进行了比较分析，进一步研究了云南不同RSV分离物间*CP*基因的分子变异，并对纤细病毒属6种病毒之间的进化关系进行了分析。

1 材料与方法

1.1 感病材料

分别从保山、楚雄、石林、宜良等发生水稻条纹叶枯病的稻田，采集呈典型水稻条纹叶枯病症状的病株，病叶于−20℃冰箱保存备用。

1.2 引物设计

根据已报道的RSV RNA3序列设计1对用于扩增*CP*基因的引物CP5/ CP3，由上海生工生物工程技术服务有限公司合成。序列如下：CP5：5′-GTTCAGTCTAGTCATCTGCAC-3′；CP3：5′-TTCCTCCAGTACCTCTTGCTA-3′。

1.3 总RNA提取及RT-PCR扩增

取冻存水稻病叶0.1g，于液氮条件下充分研磨，然后用Trizol试剂（上海生工生物工程技术服务有限公司产品）提取病叶总RNA，方法按公司提供的产品说明书进行。取3μL RNA模板与1μL 3′端引物混匀后，于70℃处理10min，采用TaKaRa公司的cDNA合成试剂盒进行cDNA第一链的合成。PCR扩增在50μL的反应体系中进行，包括反转录产物1μL，10×PCR buffer 5μL，$MgCl_2$（25mmol/L）3μL，dNTP Mixture（10nmol/L 1μL），CP5和CP3引物（20μmol/L）各1μL，*Taq* DNA聚合酶（5U/μL，Promega公司产品）0.5μL，ddH_2O 37.5μL。充分混匀后，进行以下循环：94℃变性4min后，94℃ 30s，55℃ 1min，72℃ 1min，共35个循环，最后一个循环结束后，72℃保温10min。

1.4 cDNA克隆及序列测定

PCR产物经电泳检测后，直接连接于pMD 18-T载体（TaKaRa公司产品）上的多克隆位点，转化大肠杆菌JM109感受态细胞，经红白斑筛选，PCR扩增和双酶切鉴定阳性重组子。DNA测序由上海博亚生物技术有限公司在Applied Biosystems 3730型测序仪上进行，所得DNA序列输入GenBank和DNAMAN（Lynnon BioSoft，1994～1998）进行同源性比较分析。

2 结果与分析

2.1 云南RSV 4个分离物的*CP*基因扩增

应用CP5/CP3引物分别从保山、楚雄、石林、宜良等地感病水稻植株中扩增到约 1000bp 大小的片段（图 1），片段大小与引物设计大小相符。

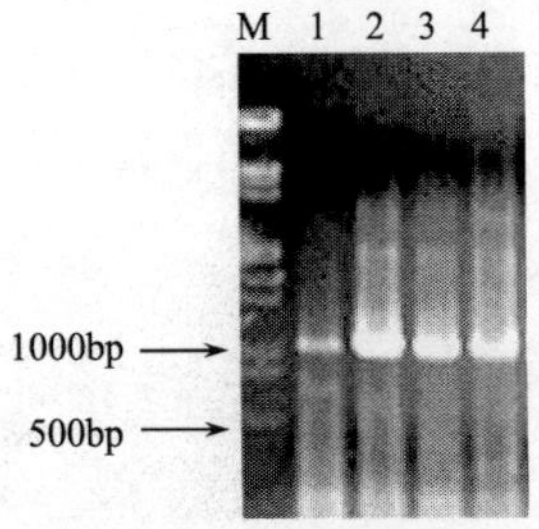

图 1　云南 4 个 RSV 分离物 *CP* 基因 PCR 扩增产物

M. maker；1～4 分别为采自保山、楚雄、石林、宜良等地的感病水稻植株

2.2　RSV 不同分离物的 *CP* 基因分析

PCR 产物经克隆、序列测定，获得云南四个水稻种植区的 RSV 分离物（分别命名为 RSV-BSh1、RSV-CXi1、RSV-SLi1、RSV-YLi1）*CP* 基因，均含 999nt，其中 *CP* 基因由 969 个核苷酸组成，编码 322 氨基酸，5′端和 3′端分别含 7 个核苷酸及 23 个核苷酸的非编码区（基因登录号分别为 AJ781025、AJ781026、AJ781027、AJ781028）。核苷酸序列同源性比较发现，CXi1、SLi1 和 YLi1 间的 *CP* 同源性较高，为 98.6%以上，而 BSh1 与前三者的同源性仅为 96%。将这 4 个 RSV 分离物的 *CP* 基因与其他已报道的 RSV 分离物的 *CP* 基因进行序列比较，发现目前已报道的 RSV 分离物可以划分为 2 个组，大部分 RSV 云南分离物为第 1 组，第 2 组包括日本的两个分离物 T 和 M，江苏洪泽的 HZ 分离物以及云南楚雄的 Chinese 和 CX2 分离物。而在第 1 组内又可以分为 4 个亚组，楚雄 12 个分离物中有 11 个分别分布于 4 个不同的亚组内，但云南 4 个亚组内的 RSV 分离物与其地理来源似乎没有一定的相关性，来自云南同一地区的不同年际间 RSV 分离物 *CP* 基因的变异似乎也不十分明显。第 2 组中，云南楚雄两个分离物 Chinese 和 CX2 与江苏洪泽分离物 HZ 组成 1 簇，而日本的两个分离物 T、M 组成 1 簇。

序列比对结果还表明，云南不同 RSV 分离物的 *CP* 基因年度间变异不大，同一地理来源的不同年份间 RSV 分离物 *CP* 基因都有较高的序列同源性。但云南 5 个代表性地区 RSV 分离物中，以楚雄分离物的 *CP* 基因变异最大，玉溪分离物 *CP* 基因变异最为稳定，昆明分离物、大理分离物和保山分离物 RSV *CP* 基因变异近似相同，变异频幅居中。

2.3　RSV 外壳蛋白与纤细病毒属其他 5 种病毒相应蛋白的进化关系分析

以 RSV-CXi1 分离物为代表，将 RSV 的 CP 氨基酸序列分别与纤细病毒属的水稻白叶病毒（*Rice hoja blanca virus*，RHBV）、稗草白叶病毒（*Echinochloa hoja blanca virus*，EHBV）、水稻草矮病毒（*Rice grassy stunt virus*，RGSV）、尾稃草白叶病毒（*Urochloa hoja blanca virus*，UHBV）和玉米条纹病毒（*Maize stripe virus*，MStV）相应的 CP 氨基酸序列相比较，发现它们具有一定的同源性。在 RSV 与 MStV 之间约有 65%的同源性（图 2），从系统发育树上可以看出 RSV 与 RHBV、UHBV 及 EHBV 相比较约有 42%的同源性，而与 RGSV 比较仅有 16%的同源性。6 种病毒的 *CP* 同源性分析表明，RSV 与 MStV 之间的亲缘关系较其与 RHBV、UHBV 及 EHBV 之间的亲缘关系近，而与 RGSV 亲缘关系最远。

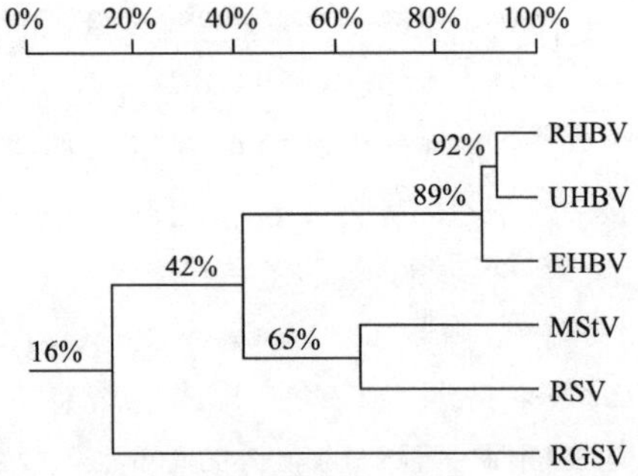

图 2　根据 *Tenuivirus* 不同病毒 CP 氨基酸序列的一致性建立的系统发育树

3　讨论

魏太云根据 RSV 的 *SP*、*CP*、*NS*2、*NS*3 等基因遗传多样性分析结果，认为我国 RSV 存在以云南和云南以外病区为代表的两个亚种群，各分离物的变异及亲缘关系与其地理分布位置有一定的关系[9]。我们对云南 RSV 不同分离物的 *CP* 基因的分析结果，也可以将 RSV 不同分离物分成两个组，绝大部分云南分离物组成一组，但云南 RSV 不同分离物间 *CP* 基因的变异及亲缘关系与其地理分布位置的关系不十分相关。分析其原因可能是云南独

特的生态环境造成的。云南省地处高原，各地生境千变万化，存在着丰富的生物多样性，并且水稻的栽培历史、耕作制度和品种布局各不相同，RSV及其介体的广泛分布以及寄主植物和地理气候的多样性极可能导致云南RSV病毒种群丰富的遗传多样性。

基于对RSV *CP* 的分析建立了纤细病毒属(*Tenuivirus*) 6种病毒的系统发育树，从系统发育树上可以看出RSV与MStV同源性最高，与同属其他病毒亲缘关系则相对较远。将6种病毒引起的病害的症状、病毒传播特性以及寄主范围进行比较，发现RSV与MStV均为灰飞虱以持久性方式传播，病害症状有一定的相似性，典型症状为叶片褪绿斑驳，形成不规则的褪绿条纹，而寄主范围也大致相同，都可以侵染水稻、大麦、小麦、玉米等禾本科植物。因此，相对于其他4种病毒，RSV与MStV的亲缘关系更近。

RSV基因组由4条ssRNA组成，编码7个蛋白，其他蛋白是否也存在广泛的变异，尚需进一步的研究。现已研究表明RSV RNA3和RNA4的基因间隔区存在着更广泛的变异，以云南为代表的亚种群变异尤为复杂[10]，同时，RSV不同分离物间存在着致病性的差异[11]。云南独特的地理气候条件和丰富的生物多样性为RSV的变异提供了良好的条件，RSV的分子变异是否与RSV的致病性分化具有相关性，这一部分工作需要深入研究，研究的可能结果可以为RSV蛋白的可能功能的推测提供依据，还可以为RSV基因组的转录、复制的研究打下基础。

参考文献

[1] 马学文，陈思宏，王兆伦. 洪泽县大面积发生水稻条纹叶枯病. 植物保护，2001，27(4)：52

[2] 杨荣明，刁春友，朱叶芹. 江苏省水稻条纹叶枯病上升原因及防治对策. 植保技术与推广，2002，(3)：9-10

[3] Takahashi M，Toriyama S，Hamamatsu C，et al. Nucleotide sequence and possible ambisense coding strategy of *Rice stripe virus* RNA segment 2. Journal of General Virology，1993，74(4)：769-773

[4] Zhu Y，Hayakawa T，Toriyama S，et al. Complete nucleotide sequence of RNA 3 of *Rice stripe virus*：an ambisense coding strategy. Journal of General Virology，1991，72 (4)：763-767

[5] Toriyama S，Takahashi M，Sano Y，et al. Nucleotide sequence of RNA1，the largest genomic segment of *Rice stripe virus*，the prototype of the tenuiviruses. Journal of General Virology，1994，75(12)：3569-3579

[6] 林奇田，林含新，吴祖建等. 水稻条纹病毒外壳蛋白和病害特异蛋白在寄主体内的积累. 福建农业大学学报，1998，27(3)：322-326

[7] 燕义唐，王晋芳，邱并生等. 水稻条纹叶枯病毒外壳蛋白基因在工程水稻植株中的表达. 植物学报，1992，34(12)：899-890

[8] Hayakawa T，Zhu Y，Itoh K，et al. Genetically engineered rice resistant to *Rice stripe virus*，an insect-transmitted virus. PNAS，1992，89(20)：9865-9869

[9] 魏太云. 水稻条纹病毒基因组结构与群体遗传结构分析. 福州：福建农林大学，2003

[10] 魏太云，林含新，吴祖建等. 水稻条纹病毒两个分离物RNA4基因间隔区的序列比较. 中国病毒学，2000，15(2)：156-162

[11] 林含新，魏太云，吴祖建等. 我国水稻条纹病毒7个分离物的致病性和化学特性比较. 福建农林大学学报(自然科学版)，2002，31(2)：164-167

利用酵母双杂交系统研究水稻条纹病毒三个功能蛋白的互作*

鹿连明，秦梅玲，谢荔岩，林奇英，吴祖建，谢联辉

（福建农林大学植物病毒研究所，福建福州 350002；福建省植物病毒学重点实验室，福建福州 350002）

摘 要：通过 RT-PCR 扩增获得了水稻条纹病毒（*Rice stripe virus*，RSV）*CP*、*SP* 和 *NSvc*4 基因，分别将其与酵母双杂交载体 pGADT7 和 pGBKT7 相连，构建了重组子 pGAD-CP、pG-BK-CP、pGAD-SP、pGBK-SP、pGAD-NSnv4、pGBK-NSnv4。利用酵母双杂交系统研究了 CP、SP、NSvc4 三个蛋白的自激活情况、蛋白自身以及三个蛋白两两之间的互作情况。结果发现：RSV CP、SP 和 NSvc4 三个蛋白都不具有自激活现象；CP 蛋白自身能够发生互作，SP 和 NSvc4 蛋白未发现自身互作能力；而 CP、SP 和 NSvc4 三个蛋白两两之间也未检测到互作现象的存在。该研究结果初步明确了 RSV CP、SP 和 NSvc4 三个蛋白之间的关系，为进一步研究这三种蛋白的功能及 RSV 的致病机制奠定了基础。

关键词：水稻条纹病毒；酵母双杂交；蛋白互作

中图分类号：S435. 111. 49 **文献标识码**：A

Studies on the interactions between three major runctional proteins of *Rice stripe virus* using yeast two-hybrid system

LU Lian-ming，QIN Mei-ling，XIE Li-yan，LIN Qi-ying，WU Zu-jian，XIE Lian-hui

（Institute of Plant Virology，Fujian Agriculture and Forestry University，Fuzhou 350002；
Key Laboratory of Plant Virology，Fujian Province，Fuzhou 350002）

Abstract：Recently the series of researches focusing on the biology and molecular biology of RSV have been performing，but the relationship among *CP*，*SP* and *NSvc*4 remains poorly understood. *Rice stripe virus* （RSV）*CP*，*SP* and *NSvc*4 gene were amplified by RT-PCR. PCR products were cloned by pMD18-T and then linked with yeast two-hybrid vectors pGADT7 and pG-BKT7 respectively，and recombinants pGAD-CP，pGBK-CP，pGAD-SP，pGBK-SP，pGAD-NSnv4 and pGBK-NSnv4 were constructed. By yeast two-hybrid，self-activation，self-interaction and interaction each other of RSV CP，SP and NSvc4 were studied. Results demonstrated：RSV CP，SP and NSvc4 don't self-activate；CP can self-interact，while SP and NSvc4 cannot self-interact；Interaction each other of RSV CP，SP and NSvc4 were also not detected. Based on these results，the relationship among RSV CP，SP and NSvc4 were definitude primarily，and the results

---

美国农业科学与技术，2007，1（1）：5-11

* 基金项目：国家 973 项目（2006CB100203）、国家自然科学基金（30671357）、教育部博士点基金（20040389002）、福建省科技厅项目（K03005）

obtained lay the foundation for further research on function of virus proteins and pathogenetic mechanism of RSV.

Key words: *Rice stripe virus*; yeast two-hybrid; protein interaction

水稻条纹叶枯病是近年来危害我国水稻生产的重要的病毒病，其病原为水稻条纹病毒（*Rice stripe virus*，RSV），是纤细病毒属（*Tenuivirus*）的代表成员。RSV 粒体为核糖核蛋白（RNP）。RSV RNP 由 RNA 和一种核衣壳蛋白（NCP）组成。RSV 是一种多组分 RNA 病毒，其基因组由 4 种单链 RNA（single-stranded RNA，ssRNA）组成。分别编码 RNA 聚合酶、P23（NS2）蛋白、NSvc2、NS3、外壳蛋白（coat protein，CP）、病害特异蛋白（disease-special protein，SP）和 NSvc4 蛋白。其中，CP 为外壳蛋白，由病毒的 RNA3 负链编码，其含量的高低与寄主所表现症状的严重度有着正相关的关系，并推测该蛋白是致病相关蛋白[1]；SP 是一种非结构性蛋白，由病毒的 RNA4 编码，由于该蛋白的存在与否及其含量变化与寄主的病程有紧密的联系，因而称之为病害特异蛋白[2]；NSvc4 蛋白由病毒的 RNA4 负链编码，与 30kD 运动蛋白大家族的结构具有相似性[3]，利用 Western-blotting 技术均可以在病叶和带毒虫体内检测到这个蛋白[4]，因此现有研究推测 NSvc4 蛋白有可能是 RSV 的运动蛋白。

研究表明，CP 和 SP 均存在于 RSV 侵染的水稻叶绿体中，且叶绿体中 CP、SP 的含量同植株褪绿程度呈正相关[1]。因此推测，RSV CP 和 SP 作为病毒致病相关蛋白，能侵染水稻叶绿体，从而引发寄主产生褪绿条纹症状。但是 CP 和 SP 是如何进入叶绿体，以及进入后如何破坏叶绿体，是 CP 和 SP 共同作用的结果？还是单独作用的结果？抑或有其他核酸或蛋白的介入？这些问题都尚不明确。另外，RSV 抗血清免疫胶体金标记显示，在水稻叶肉组织细胞壁的胞间连丝中存在 CP[5]，据此推测 CP 也可能与病毒的运输有关，RSV MP 极有可能是和 CP 协同起作用的。因此，明确 RSV CP、SP 和 NSvc4 蛋白之间的互作关系，对于分析和解决这些问题具有重要意义。

酵母双杂交系统是研究蛋白质间相互作用的一种有效方法，具有操作简便、灵敏度高的特点。本研究利用酵母双杂交系统，检测了 RSV CP、SP 和 NSvc4 三个重要功能蛋白自身及两两之间的互作情况。结果将有助于我们进一步了解这三个蛋白的功能，并为揭示 RSV 的致病机制提供依据。

1 材料与方法

1.1 材料

1.1.1 供试毒源

福建农林大学植物病毒研究所采自云南楚雄经分离纯化并保存在“合系 39”水稻品种上的 RSV-CX 分离物。

1.1.2 菌株和质粒

大肠杆菌 DH5α 为福建农林大学植物病毒研究所保存。克隆载体 pMD18-T 购自 TaKaRa 公司。酵母双杂交载体 pGADT7、pGBKT7、pGADT7-T、pGBKT7-53、pGBKT7-Lam、pCL1 及菌株 AH109 均购自 Clontech 公司。

1.1.3 PCR 引物

根据 GenBank 中已登录的 RSV *CP*、*SP* 和 *NSvc4* 基因序列（GenBank 登录号分别为：DQ299174、DQ058467、AY973301），设计用于 PCR 扩增的特异引物，并根据酵母双杂交载体构建的要求，在引物设计时加入特定的酶切位点（表 1）。

1.1.4 主要试剂

Trizol 购自 Invitrogen 公司；*Taq* 酶等各种酶类试剂购自 TaKaRa 公司；氨基酸组分及醋酸锂等试剂购自 Sigma 公司；胰蛋白胨、酵母提取物购自 Oxoid 公司；琼脂粉、无氨基酵母氮源购自 Difco 公司；Herring testes carrier DNA、X-α-Gal 购自 Clontech 公司。

表 1　本研究中所用到的引物

引物名称	引物序列	酶切位点	重组子
F1	5′-GGACTAGTATGGGTACCAACAAGCCAGCCAC-3′	*Spe* Ⅰ	pGAD-CP
R1	5′- CGGGATCCCTAGTCATCTGCACCTTCTGCCT-3′	*Bam*H Ⅰ	pGBK-CP
F2	5′-GGAATTCCATATGACTAGTATGCAAGACGTACAAAGGAC-3′	*Nde* Ⅰ/*Spe* Ⅰ	pGAD-SP
R2	5′-CGGGATCCCTATGTTTTGTGTAGAAGAGGTT-3′	*Bam*H Ⅰ	pGBK-SP
F3	5′-GGAATTCCATATGGCTTTGTCTCGACTTTTGTC-3′	*Nde* Ⅰ	pGAD-NSnv4
R3	5′-CGGGATCCCTACATGATGACAGAAACTTCAG-3′	*Bam*H Ⅰ	pGBK-NSnv4

1.2　试验方法

1.2.1　病叶总 RNA 的提取

利用 Trizol 法提取侵染 RSV 的水稻叶片总 RNA，具体操作按照试剂盒说明进行。

1.2.2　PCR 扩增

以病叶总 RNA 为模板，分别以引物 R1、R2、R3 反转录合成第一链 cDNA，然后分别以 F1/R1、F2/R2、F3/R3 为引物扩增 RSV *CP*、*SP* 和 *NSvc*4 基因。

1.2.3　*CP*、*SP* 和 *NSvc*4 基因的克隆

上述 PCR 产物在 1.0%琼脂糖凝胶电泳后，用 QIAEXⅡGel Extration Kit 回收目的片段，具体操作按照试剂盒说明进行。分别将回收产物与 pMD18-T 载体 16℃下连接过夜。连接产物转化大肠杆菌 DH5α 感受态细胞，涂布 LB/Amp 平板，经蓝白斑筛选后，对阳性克隆菌落提取质粒并进一步鉴定。将重组子分别命名为 pMD-CP、pMD-SP 和 pMD-NSvc4。

1.2.4　*CP*、*SP* 和 *NSvc*4 基因酵母双杂交载体的构建

Nde Ⅰ和 *Bam*HⅠ双酶切重组子 pMD-SP 和 pMD-NSvc4，琼脂糖凝胶电泳后回收目的片段 *SP* 和 *NSvc*4，利用 T4 DNA 连接酶将其分别与同样酶切回收的酵母双杂交载体 pGADT7 和 pGBKT7 16℃连接过夜，转化大肠杆菌 DH5α，分别涂布 LB/Amp 和 LB/Kan 平板，筛选转化子，酶切和 PCR 鉴定插入片段，获得重组子 pGAD-SP、pGBK-SP、pGAD-NSnv4、pGBK-NSnv4。

Spe Ⅰ和 *Bam*HⅠ双酶切 pMD-CP、pGAD-SP 和 pGBK-SP 重组质粒，分别回收目的片段和载体片段，利用 T4 DNA 连接酶分别将其连接，转化筛选鉴定后获得重组子 pGAD-CP 和 pGBK-CP。将构建好的重组质粒进行测序，鉴定插入片段是否与目的基因一致。

1.2.5　CP、SP 和 NSvc4 蛋白自激活活性的检测

活化酵母菌 AH109，按照酵母双杂交手册提供的方法制备感受态细胞。分别取 0.1μg pGBK-CP、pGAD-CP、pGBK-SP、pGAD-SP、pGBK-NSnv4、pGAD-NSnv4 重组质粒以及阳性对照质粒 pCL1 和阴性对照质粒 pGADT7，与 0.1mg Herring testes carrier DNA 充分混合后，转化酵母菌 AH109，具体操作按酵母双杂交手册进行。其中，pGAD-CP、pGAD-SP、pGAD-NSnv4 以及阳性对照 pCL1 和阴性对照 pGADT7 转化产物分别涂布 SD/Leu-、SD/Leu-His-、SD/Leu-Ade-平板。pGBK-CP、pGBK-SP、pGBK-NSnv4 转化产物分别涂布 SD/Trp-、SD/Trp-His-、SD/Trp-Ade-营养缺陷型平板。于 30℃培养箱倒置培养 3～4d，并用无菌牙签挑取 SD/Leu-和 SD/Trp-平板上生长的菌落，分别转接到 SD/Leu-/X-α-Gal 和 SD/Trp-/X-α-Gal 平板上，观察不同营养缺陷型培养基上菌落生长情况及菌落变蓝情况，鉴定蛋白有无自激活活性。

1.2.6　酵母双杂交检测 CP、SP 和 NSvc4 蛋白的自身互作

分别将重组质粒 pGAD-CP/pGBK-CP、pGAD-SP/pGBK-SP、pGAD-NSnv4/pGBK-NSnv4 以及阳性对照质粒 pGADT7-T/pGBKT7-53 和阴性对照质粒 pGADT7-T/pGBKT7-Lam 分别转化酵母菌 AH109。转化产物分别涂布 SD/Leu-Trp-、SD/Leu-Trp-His-、SD/Leu-Trp-His-Ade-营养缺陷型平板，30℃培养箱倒置培养 3～4d，观察菌落生长情况。用无菌牙签挑取平板上生长的菌落，转接到 SD/Leu-Trp-His-Ade-/X-α-Gal 平板上，30℃继续培养观察菌落是否变蓝，检测蛋白自身互作情况。

1.2.7 酵母双杂交检测 CP、SP 和 NSvc4 蛋白两两互作情况

分别将重组质粒 pGBK-CP/pGAD-SP、pGBK-SP/pGAD-NSnv4、pGBK-NSnv4/pGAD-CP 以及阳性对照质粒 pGBKT7-53/pGADT7-T 和阴性对照质粒 pGBKT7-Lam/pGADT7-T，分别转化酵母菌 AH109。将转化产物分别涂布 SD/Leu-Trp-、SD/Leu-Trp-His-、SD/Leu-Trp-His-Ade-营养缺陷型平板，30℃培养箱倒置培养 3～4d，观察菌落生长情况。挑取平板上生长的菌落，转接到 SD/Leu-Trp-His-Ade-/X-α-Gal 平板上，继续培养后观察菌落是否变蓝，检测两蛋白之间的互作情况。为了进一步验证该试验结果，又将 pGBK-SP/pGAD-CP、pGBK-NSvc4/pGAD-SP 及 pGBK-CP/pGAD-NSnv4 分别转化到酵母菌 AH109 中，转化产物涂布不同营养缺陷型平板，观察菌落生长情况。

2 结果与分析

2.1 *CP*、*SP* 和 *NSvc4* 基因的扩增和克隆

以病叶总 RNA 为模板，RT-PCR 扩增获得大小分别为 969bp、537bp 和 861bp 左右的产物，其大小与 RSV *CP*、*SP* 和 *NSvc4* 基因大小一致。目的片段经 pMD18-T 载体克隆，获得了重组子 pMD-CP、pMD-SP 和 pMD-NSvc4。

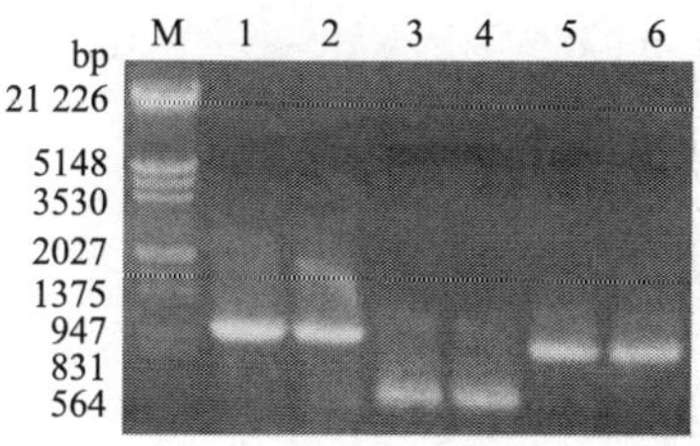

图 1 RSV *CP*、*SP* 和 *NSvc4* PCR 结果电泳图

M. maker；1，2. RSV *CP* 基因 PCR 产物；3，4. RSV *SP* 基因 PCR 产物；5，6. RSV *NSvc4* 基因 PCR 产物

2.2 *CP*、*SP* 和 *NSvc4* 基因酵母双杂交载体的构建

Nde Ⅰ 和 *Bam*H Ⅰ 分别酶切重组子 pGAD-SP、pGBK-SP、pGAD-NSnv4 和 pGBK-NSnv4，发现插入片段大小分别约为 537bp 和 861bp，与目的基因大小一致。*Spe* Ⅰ 和 *Bam*H Ⅰ 酶切重组子 pGAD-CP、pGBK-CP，确定载体中插入了大小为 969bp 的外源片段，与 *CP* 基因大小一致。对上述构建好的 6 个重组质粒进行测序鉴定，发现插入片段序列分别与数据库中已登录的 RSV *CP*、*SP* 和 *NSvc4* 基因序列一致，且读码框正确。

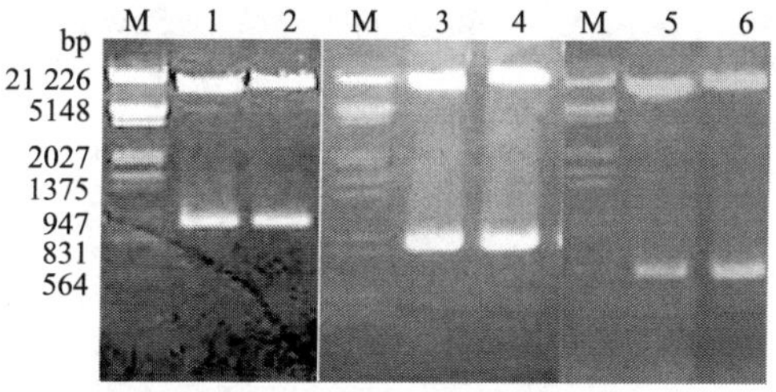

图 2 重组质粒酶切鉴定

M. maker；1. *Spe* Ⅰ 和 *Bam*H Ⅰ 双酶切重组子 pGBK-CP；2. *Spe* Ⅰ 和 *Bam*H Ⅰ 双酶切重组子 pGAD-CP；3. *Nde* Ⅰ 和 *Bam*H Ⅰ 双酶切重组子 pGBK-SP；4. *Nde* Ⅰ 和 *Bam*H Ⅰ 双酶切重组子 pGAD-SP；5. *Nde* Ⅰ 和 *Bam*H Ⅰ 双酶切重组子 pGBK-NSnv4；6. *Nde* Ⅰ 和 *Bam*H Ⅰ 双酶切重组子 pGAD-NSnv4

2.3 CP、SP 和 NSvc4 蛋白自激活活性的检测

因为载体 pGBKT7 自身具有 *Trp* 编码基因，因此转化有 pGBK-CP、pGBK-SP、pGBK-NSnv4 的酵母菌 AH109 都能在 SD/Trp-培养基上正常生长。而载体 pGADT7 自身具有 *Leu* 编码基因，因此转化有 pGAD-CP、pGAD-SP、pGAD-NSnv4 的酵母菌 AH109 都能在 SD/Leu-培养基上正常生长。结果显示：pGAD-CP、pGAD-SP、pGAD-NSnv4 转化产物均在 SD/Leu-培养基上正常生长，在 SD/Leu-His-培养基上无菌落长出或长出的菌落极小，在 SD/Leu-Ade-培养基上无菌落生长，在 SD/Leu-/X-α-Gal 培养基上菌落不变蓝，与阴性对照 pGADT7 转化产物生长结果一致。而阳性对照 pCL1 转化产物在 SD/Leu-、SD/Leu-His-和 SD/Leu-Ade-培养基上均能正常生长，在 SD/Leu-/X-α-Gal 培养基上菌落正常生长并变蓝。pGBK-CP、pGBK-SP 和 pGBK-NSnv4 转化产物生长情况与 pGAD-CP、pGAD-SP、pGAD-NSnv4 转化产物一致，只是培养基相应地改为 SD/Trp-、SD/Trp-His-和 SD/Trp-Ade-、SD/Trp-/X-α-Gal。

以上结果表明，RSV CP、SP 和 NSvc4 这三个蛋白均不能激活酵母菌 AH109 报告基因 *HIS3*、*ADE2* 和 *MEL1* 的表达，说明 CP、SP 和 NSvc4 蛋白均不具有自激活活性。

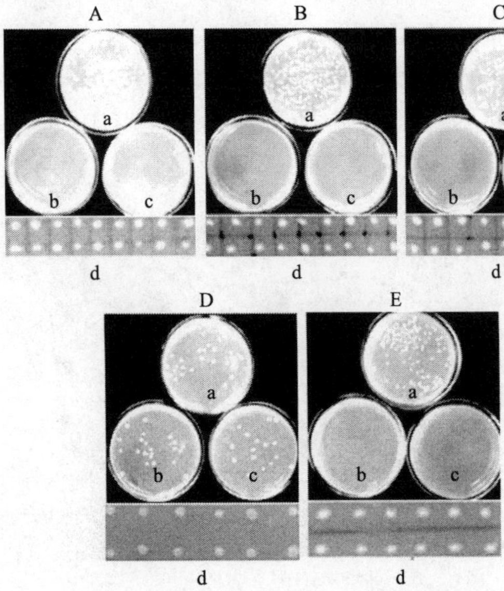

图 3　RSV CP、SP 和 NSvc4 蛋白自激活活性的检测
a. SD/Leu-培养基；b. SD/Leu-His-培养基；c. SD/Leu-Ade-培养基；d. SD/Leu-/X-α-Gal 培养基
A. pGAD-CP 转化产物在 a、b、c、d 培养基上生长情况；B. pGAD-SP 转化产物在 a、b、c、d 培养基上生长情况；C. pGAD-NSvc4 转化产物在 a、b、c、d 培养基上生长情况；D. 阳性对照：pCL1 转化产物在 a、b、c、d 培养基上生长情况；E. 阴性对照：pGADT7 转化产物在 a、b、c、d 培养基上生长情况

2.4　CP、SP 和 NSvc4 蛋白的自身互作

由于载体 pGADT7 自身具有 *Leu* 编码基因，pGBKT7 载体自身具有 *Trp* 编码基因，因此同时含有这两种重组质粒的酵母菌 AH109 都能在 SD/Leu-Trp-培养基上生长。结果显示：共转化有 pGAD-CP/pGBK-CP 质粒的酵母菌 AH109 在 SD/Leu-Trp-、SD/Leu-Trp-His-和 SD/Leu-Trp-His-Ade-培养基上都能正常生长，且在 SD/Leu-Trp-His-Ade-/X-α-Gal 平板上菌落变蓝，与阳性对照菌落生长情况一致；共转化有 pGAD-SP/pGBK-SP 质粒及共转化有 pGAD-NSnv4/pGBK-NSnv4 质粒的酵母菌 AH109 除在 SD/Leu-Trp-培养基上生长正常，在 SD/Leu-Trp-His-和 SD/Leu-Trp-His-Ade-培养基上都未有观察到菌落长出，在 SD/Leu-Trp-His-Ade-/X-α-Gal 培养基上也未见菌落生长及变蓝，与阴性对照菌落生长情况一致。

以上结果说明，含有 pGAD-CP/pGBK-CP 质粒的酵母菌 AH109 其报告基因 *HIS*3、*ADE*2 和 *MEL*1 都能正常表达，可以初步说明 RSV CP 蛋白存在自身互作现象。而分别含有 pGAD-SP/pGBK-SP 和 pGAD-NSnv4/pGBK-NSnv4 质粒的酵母菌 AH109 其报告基因 *HIS*3、*ADE*2 和 *MEL*1 均不能正常表达，说明 RSV SP 和 NSvc4 蛋白可能都不具有自身互作能力。

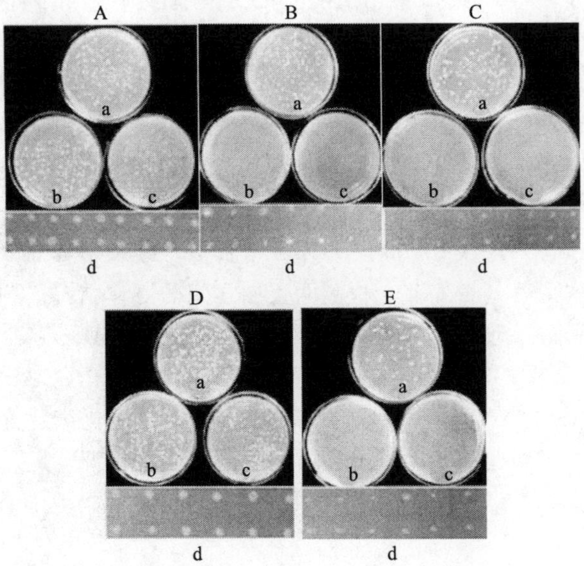

图 4　RSV CP、SP 和 NSvc4 蛋白自身互作的检测
a. SD/Leu-Trp-培养基；b. SD/Leu-Trp-His-培养基；c. SD/Leu-Trp-His-Ade-培养基；d. SD/Leu-Trp-His-Ade-/X-α-Gal 培养基
A. pGAD-CP 和 pGBK-CP 共转化产物在 a、b、c、d 培养基上生长情况；B. pGAD-SP 和 pGBK-SP 共转化产物在 a、b、c、d 培养基上生长情况；C. pGAD-NSvc4 和 pGBK-NSnv4 共转化产物在 a、b、c、d 培养基上生长情况；D. 阳性对照：pGADT7-T 和 pGBKT7-53 共转化产物在 a、b、c、d 培养基上生长情况；E. 阴性对照：pGADT7-T 和 pGBKT7-Lam 共转化产物在 a、b、c、d 培养基上生长情况

2.5　CP、SP 和 NSvc4 蛋白两两之间的互作

分别共转化有 pGBK-CP/pGAD-SP、pGBK-SP/pGAD-NSnv4 和 pGBK-NSnv4/pGAD-CP 质粒的酵母菌 AH109 只能在 SD/Leu-Trp-平板上正常生长，在 SD/Leu-Trp-His-和 SD/Leu-Trp-His-Ade-培养基上均未有菌落长出，在 SD/Leu-Trp-His-Ade-/X-α-Gal 培养基上也未有发现菌落生长及变蓝。转化有 pGBK-SP/pGAD-CP、pGBK-NSvc4/pGAD-SP 和 pGBK-CP /pGAD-NSnv4 的酵母菌 AH109，在不同营养缺陷型平板上的菌落生长情况与上述结果一致。阳性对照和阴性对照菌落生长情况分别如图 4D 和图 4E。

试验结果初步表明，RSV CP、SP 和 NSvc4 三个蛋白两两分别在酵母菌 AH109 中共存在的情况下，均不能激活酵母菌报告基因 *HIS*3、*ADE*2

和 *MEL*1 的表达，说明 RSV CP、SP 和 NSvc4 三个蛋白两两之间可能均不存在互作关系。

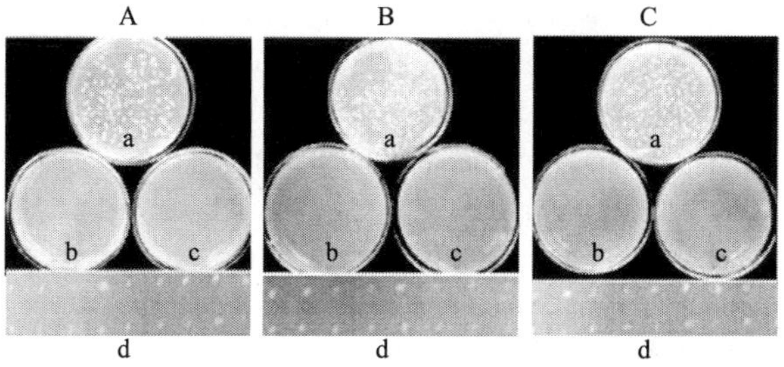

图 5 RSV CP、SP 和 NSvc4 蛋白两两之间互作的检测
a. SD/Leu-Trp-培养基；b. SD/Leu-Trp-His-培养基；c. SD/Leu-Trp-His-Ade-培养基；d. SD/Leu-Trp-His-Ade-/X-α-Gal 培养基
A. pGBK-CP and pGAD-SP 共转化产物在 a、b、c、d 培养基上生长情况；B. pGBK-SP and pGAD-NSnv4 共转化产物在 a、b、c、d 培养基上生长情况；C. pGBK-NSnv4 and pGAD-CP 共转化产物在 a、b、c、d 培养基上生长情况

3 讨论

在植物病毒的研究上，酵母双杂交系统具有重要的作用：酵母双杂交系统可用于病毒粒体结构及其装配、病毒核酸复制以及基因表达调控、病毒介体传播的分子机制、病毒运动模式、病毒致病机制、病毒编码蛋白图谱等方面的研究[6]。我们利用酵母双杂交系统检测了 RSV CP、SP 和 NSvc4 三个蛋白自身及两两之间的互作情况，初步了解了这三个蛋白之间的关系，为深入了解其在 RSV 致病过程中可能发挥的作用及揭示 RSV 的致病机制奠定了基础。

利用酵母双杂交系统，Choi 等[7]和 Guo 等[8]分别研究了小麦线条花叶病毒（*Wheat streak mosaic virus*，WSMV）和马铃薯 Y 病毒属（*Potyvirus*）各蛋白之间的互作，建立了各蛋白之间的联系图谱，并证明病毒各蛋白之间的互作对于病毒的运动和复制具有重要意义。酵母双杂交系统中的缺失突变分析是鉴定病毒蛋白自身互作区域最有效的手段，研究发现：花椰菜花叶病毒（*Cauliflower mosaic virus*，CaMV）开放阅读框Ⅲ编码的蛋白通过 N 端连接形成一个四聚体[9]；番茄斑萎病毒（*Tomato spotted wilt virus*，TSWV）CP 亚基的 N 端和 C 端头尾连接形成一个多聚体的链[10]；苜蓿花叶病毒（*Alfalfa mosaic virus*，AMV）CP 为同型二聚体[11]。在以酵母双杂交系统对 RSV CP、SP 和 NSvc4 三个蛋白的研究中，只检测到了 RSV CP 蛋白自身之间的互作，而未见其他蛋白之间存在互作。大的病毒衣壳体应该是通过这种自身互作能力将 CP 各亚基彼此聚集结合在一起而形成的。至于 RSV CP 互作的活性部位、CP 之间如何进行结合等问题尚需进行深入研究。

在对水稻东格鲁杆状病毒（*Rice tungro bacilliform virus*，RTBV）研究中发现，其 P2 蛋白能够与 CP 发生互作，这种互作与病毒的存活能力紧密相关，从而表明 P2 蛋白可能参与了病毒的组装[12]；烟草脆裂病毒（*Tobacco rattle virus*，TRV）CP 自身、CP 与 2b 蛋白之间能够发生互作，且 CP 的中心区域影响这种互作强度[13]。Soelick 等应用酵母双杂交系统研究 TSWV 的 MP 和 CP 及寄主蛋白的互作关系，结果发现它们之间均存在强烈的互作[14]。而 RSV SP 和 NSvc4 蛋白都未发现能够与 CP 发生互作，至于 RSV 其他蛋白能否与 CP 互作及互作的意义如何有待进一步研究。

酵母双杂交研究发现，水稻草矮病毒（*Rice grassy stunt virus*，RGSV）非结构蛋白 P5 能够发生自身互作，且互作区域位于 P5 蛋白 N 端 96 个氨基酸内。在 RGSV 侵染的水稻组织内，P5 蛋白能够自身结合或与其他寄主蛋白结合形成大的聚合物[15]。RSV 与 RGSV 同为纤细病毒属的成员，RSV SP 蛋白对应于 RGSV P5 蛋白。同样地，在 RSV 侵染的水稻组织中，SP 大量积累并形成形态各异的内含体，且其含量的高低与水稻品种的抗性和症状表现有着密切关系[16]。与 RGSV P5 蛋白研究结果不同，在酵母双杂交试验中，未发现 RSV SP 蛋白自身能够发生互作。PAS-ELISA 测定结果发现，RSV 及 RGSV 的 CP 与 SP 之间没有血清学关系，RSV 与 RGSV 抗血清、RSV-SP 抗血清与 RGSV-SP 之间有微弱的阳性反应，这反映了 RSV 与 RGSV 之间具有较远的血清学关系[17]。可能 RSV SP 与 RGSV P5 在病毒致病过程中作用机制不同。

本研究未检测到 RSV SP 自身能够发生互作，说明其与 RGSV P5 形成聚合物的机理可能不同，RSV SP 在水稻病叶中大量存在并形成内含体，可能不是 SP 自身互作所致，或许是病毒的其他蛋白或寄主蛋白参与了该过程；RSV CP 和 SP 之间也未发现有互作现象，说明 CP 和 SP 作为致病相关蛋白进入水稻叶绿体引发寄主产生褪绿条纹症状，可能不是两者互作的结果，而可能是两者单独作用，或与其他蛋白共同作用所致；本研究也未发现CP和NSvc4之间存在互作，如果NSvc4是RSV的运动蛋白，那么说明RSV CP可能并不参加病毒的运输或者说在病毒的运输过程中CP不与运动蛋白直接互作。但NSvc4是否是RSV的运动蛋白尚需进一步研究确定。

由于蛋白在酵母细胞中可能发生不恰当的折叠、不正确的翻译后修饰以及产生的融合蛋白DNA-BD和AD被不正确掩盖等，因此利用酵母双杂交系统有时可能检测不到在植物中发生的蛋白互作。另外，有些不能进入细胞核的蛋白无法用酵母双杂交系统检测其互作，导致结果出现假阴性。因此，对于酵母双杂交试验结果，有必要用体内免疫共沉淀方法对蛋白互作进行进一步验证，以确保结果的准确性和可靠性。基于本试验初步确定的RSV CP、SP和NSvc4这三个蛋白之间的互作关系，可对蛋白功能进行深入研究，以保证正确揭示RSV各蛋白在病毒致病过程中所发挥的作用及RSV的致病机理。

参考文献

[1] 林奇田，林含新，吴祖建等. 水稻条纹病毒外壳蛋白和病害特异蛋白在寄主体内的积累. 福建农业大学学报，1998，27(3)：322-326

[2] Toriyama S，Kojima M. Detection and comparison of *Rice stripe virus*，stripe disease specific protein and *Rice stunt virus* by the enzyme-linked immunosorbent assay. Ann Phytopathol Soc Japan，1985，51：358

[3] Melcher U. The '30K' superfamily of viral movement proteins. J Gen Virol，2000，81：257-266

[4] 曲志才，沈大棱，徐亚南等. 水稻条叶枯病毒基因产物在水稻和昆虫体内的Western印迹分析. 遗传学报，1999，26 (5)：512-517

[5] 刘利华，吴祖建，林奇英等. 水稻条纹叶枯病细胞病理变化的观察. 植物病理学报，2000，(4)：306-311

[6] 魏太云，林含新，谢联辉. 酵母双杂交系统在植物病毒学上的应用. 福建农林大学学报，2003，32(1)：50-54

[7] Choi R，Stenger DC，French R. Multiple interactions among proteins encoded by the mite-transmitted *Wheat streak mosaic tritimovirus*. Virology，2000，267(2)：185-198

[8] Guo D，Rajamaki ML，Saarma M，et al. Towards a protein interaction map of potyviruses：protein interaction matrixes of two potyviruses based on the yeast two-hybrid system. J Gen Virol，2001，82(2)：935-939

[9] Leclerc D，Burri L，Kajava AV，et al. The open reading frame Ⅲ product of *Cauliflower mosaic virus* forms a tetramer through a N-terminal coiled-coil. J Biol Chem，1998，273(44)：15-21

[10] Uhrig J F，Soellick TR，Minke CJ，et al. Homotyic interaction and multimerization of nucleocapsid protein of *Tomato spotted wilt tospovirus*：identification and characterization of two interacting domains. PNAS，1999，96(1)：55-60

[11] Bol JF. *Alfalfa mosaic virus* and ilarviruses：involvement of coat protein in multiple steps of the replication cycle. J Gen Virol，1999，80(5)：1089-1102

[12] Herzog E，Guerra-Peraza O，Hohn T. The *Rice tungro bacilliform virus* gene II product interacts with the coat protein domain of the viral gene III polyprotein. J Virol，2000，74：2073-2083

[13] Holeva RC，MacFarlane SA. Yeast two-hybrid study of *Tobacco rattle virus* coat protein and 2b protein interactions. Arch Virol，2006，151：2123-2132

[14] Soellick TR，Uhrig JF，Bucher GL. The movement protein NSm of *Tomato spotted wilt tospovirus* (TSW)：RNA binding，interaction with the TSWV N-protein and identification of interacting plant proteins. PNAS，2000，97(5)：2373-2378

[15] Chomchan P，Li SF，Shirako Y. *Rice grassy stunt* tenuivirus nonstructural protein p5 interacts with itself to form oligomeric complexes *in vitro* and *in vivo*. J Virol，2003，77：769-775

[16] 林含新，吴祖建，林奇英等. 水稻品种对水稻条纹病毒的抗性鉴定及其作用机制研究初报. 见：刘仪. 植物病毒与病毒病防治. 北京：中国农业科学技术出版社，1997，188-192

[17] 林含新. 水稻条纹病毒的病原性质、致病性分化及分子变异. 福建农业大学博士学位论文，1999

水稻条纹病毒胁迫下抗病、感病水稻品种胼胝质的沉积*

丁新伦[1]，谢荔岩[1]，林奇英[1]，吴祖建[1,2]，谢联辉[1,2]

（1 福建农林大学植物病毒研究所，福建福州　350002；福建省植物病毒学重点实验室，福建福州　350002；
2 福建农林大学生物农药与化学生物学教育部重点实验室，福建福州　350002）

摘　要：为进一步探讨脱落酸（abscisic acid，ABA）在水稻条纹病毒（*Rice stripe virus*，RSV）与水稻互作中的作用，采用徒手切片法及苯胺蓝荧光染色技术研究 RSV 胁迫对抗、感水稻品种叶片中胼胝质沉积的影响。在 RSV 胁迫下，感病水稻叶片组织中胼胝质的荧光强度与健株无显著差异；而抗病水稻叶片组织中胼胝质的荧光强度却较健株明显增强，其中，大维管束中的维管束鞘内层厚壁细胞、木质部和韧皮部以及维管束鞘延伸的厚壁组织、小维管束、表皮细胞以及叶肉细胞均有较强的胼胝质荧光出现；且抗病水稻中的胼胝质荧光强度强于感病水稻。这说明水稻品种的抗性与胼胝质的沉积有关，ABA 参与了 RSV 与水稻的互作，增强了水稻抗 RSV 的作用。

关键词：抗病品种；感病品种；水稻条纹病毒；脱落酸；胼胝质沉积

Callose deposition in resistant and susceptible rice varieties under *Rice stripe virus* stress

DING Xin-lun[1], XIE Li-yan[1], LIN Qi-ying[1], WU Zu-jian[1,2], XIE Lian-hui[1,2]

(1 Institute of Plant Virology, Fujian Agriculture and Forestry University, Fuzhou　350002;
Key Laboratory of Plant Virology, Fujian Province, Fuzhou　350002;
2 Key Laboratory of Biopesticide and Chemical Biology, Ministry of Education,
Fujian Agriculture and Forestry University, Fuzhou　350002)

Abstract: In order to reveal the role of abscisic acid (ABA) in the interaction between RSV and rice, an observation had been made on the callose deposition in leaves of resistant rice variety KT95-418 and susceptible rice variety Wuyujing No. 3 under RSV stress via freehand sectioning and aniline blue staining. Results showed that callose fluorescences in leaves of Wuyujing No. 3 under RSV stress remained constantly compared with the uninoculated control; however, the leaves of KT95-418 under RSV stress had more callose staining, including large vascular bundles and sclerenchyma cells of vascular bundle sheath, small vascular bundles, epidermal cells and mesophyll cells; and more fluorescences of callose deposition were observed in resistant variety than susceptible variety. It was considered that callose deposition and resistance was positively relat-

---

植物保护学报，2008，35 (1)：19-22

收稿日期：2007-11-23

* 基金项目：国家自然科学基金资助项目（30671357、30770090）、高等学校博士学科点专项科研基金（20040389002）

ed, and ABA involved in the interaction of RSV and rice.

Key words: resistant variety; susceptible variety; *Rice stripe virus*; abscisic acid; callose deposition

植物激素脱落酸（abscisic acid，ABA）在调控植物的正常生长发育和在非生物胁迫的抗逆中起着重要作用[1]。此外，近年来有研究表明，ABA在生物胁迫的抗病防卫反应中也起着重要作用[2]。但是，迄今有关ABA在抵抗病原物反应中的作用的研究，多聚焦于植物-真菌和植物-细菌的互作体系，而在这些互作体系中，ABA多能增强植物的感病性[3-5]；ABA在植物和病毒互作中的作用则研究甚少，而且在有关的报道中，它是否参与抗病反应，以及在抗病反应中起正调控还是负调控作用等的结论均不一致[6-9]。Ton等[10]曾指出ABA可通过调控胼胝质（callose）的生成增强植物的抗病性，但未见进一步的研究报道。

由水稻条纹病毒（*Rice stripe virus*，RSV）引起的水稻条纹叶枯病是我国水稻上分布最广的一种病毒病[11,12]，近年来有上升趋势，给水稻生产构成严重威胁[13]。目前对该病的防治仍以抗病品种为基本手段。本所张晓婷等对在RSV胁迫下抗、感水稻品种的全基因组表达谱研究结果表明，一些与ABA的合成、信号传导以及响应ABA刺激有关的水稻基因在转录水平上发生了显著变化，且RSV侵染水稻后ABA的含量升高，表明ABA可能参与了RSV与水稻的互作。作者研究RSV胁迫下抗、感水稻品种中胼胝质的沉积，以期为进一步研究ABA在水稻和RSV互作中的作用提供依据。

1 材料与方法

1.1 RSV毒源和昆虫介体

RSV取自云南典型水稻条纹叶枯病株，经人工分离纯化后保存于粳稻品种合系28上。昆虫介体采用本研究所保存的无毒灰飞虱（*Laodelphax striatellus*）。

1.2 水稻品种及种植条件

供试水稻采用粳稻（*Oryza sativa* L. ssp. *Japonica*）的感病品种武育粳3号和抗病品种KT95-418。分别种植于温室中，罩上防虫网。26±2℃，光照14h、黑暗10h交替。

1.3 RSV胁迫处理和取样

将2～3龄无毒灰飞虱在合系28水稻条纹叶枯病株上饲毒48h，并在健株上度过循回期后，分别接种于武育粳3号和KT95-418一叶一心期的水稻幼苗，传毒48h，接种9d后取水稻叶片上褪绿的条纹部位，切片观察叶片组织中胼胝质沉积的情况。同时未经饲毒的无毒灰飞虱取食武育粳3号和KT95-418的水稻幼苗，以同时、同部位取样为对照。

1.4 胼胝质的观察

采用苯胺蓝荧光染色法观察胼胝质的沉积。即将上述经RSV接毒的稻苗叶片组织做徒手横切片，将挑选出的厚薄均匀一致的切片在96％乙醇中浸泡过夜，置于磷酸缓冲液（phosphate-buffered saline，PBS buffer）（0.07mol/L，pH9）中30min，用0.005％苯胺蓝（0.07mol/L PBS buffer，pH9）染色60min，20％甘油封片。在Olympus荧光正置显微镜下用紫外光激发观察。以无毒灰飞虱取食的稻苗叶片为对照。

2 结果与分析

2.1 RSV胁迫下感病水稻叶片中胼胝质沉积的变化

感病品种武育粳3号在RSV胁迫下，水稻叶片组织大维管束中的维管束鞘内层的厚壁细胞、木质部、韧皮部以及维管束鞘延伸的厚壁组织（图1B1、B2），小维管束中的木质部、韧皮部和维管束鞘延伸的厚壁组织，以及泡状细胞均有胼胝质的荧光出现（图1B3），其荧光强度与未接种RSV的健苗（图1A1、A2、A3）相比无明显差异，说明在RSV胁迫下感病品种叶片组织胼胝质的沉积与未接种RSV的健苗相比无明显差异。

2.2 RSV胁迫下抗病水稻叶片中胼胝质沉积的变化

RSV胁迫下的抗病品种KT95-418与对照相比，大维管束中的维管束鞘内层厚壁细胞、木质部

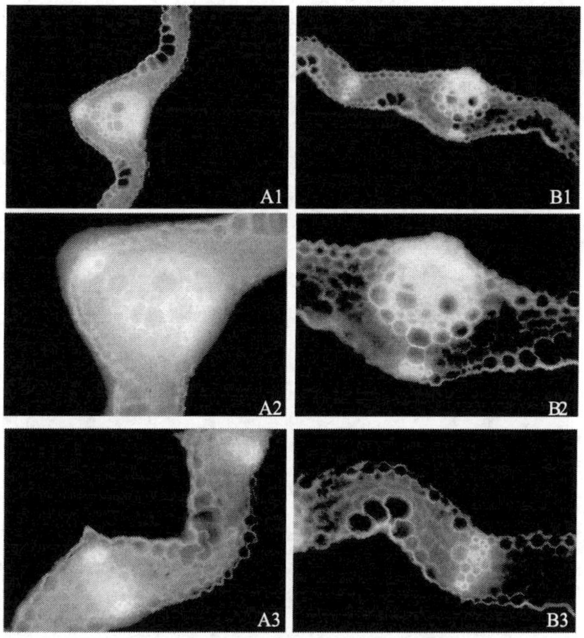

图 1 RSV 胁迫下感病水稻武育粳 3 号的病叶切片中的胼胝质沉积变化

A1、A2 和 A3：健叶对照；B1、B2 和 B3：水稻接种 RSV 后的胼胝质染色；A2 和 B2 分别为 A1 和 B1 的大维管束的放大部分

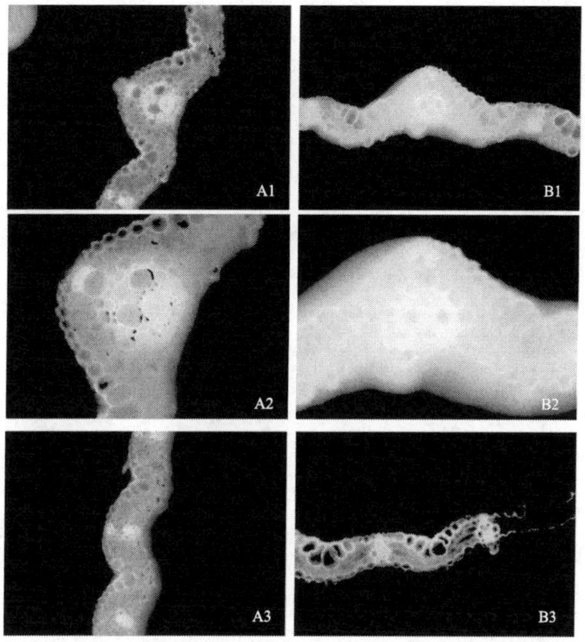

图 2 RSV 胁迫下抗病水稻 KT95-418 的病叶切片中的胼胝质沉积变化

A1、A2 和 A3：健叶对照；B1、B2 和 B3：水稻接种 RSV 后的胼胝质染色；A2 和 B2 分别为 A1 和 B1 的维管束的放大部分

和韧皮部以及维管束鞘延伸的厚壁组织（图 2-A1、B1、A2、B2），小维管束的薄壁细胞、木质部和韧皮部（图 2-A3、B3），上、下表皮细胞（图 2-A1、B1）以及叶肉细胞（图 2-A3、B3）均有较强的胼胝质荧光出现，尤以大维管束中的维管束鞘内层厚壁细胞、韧皮部以及上表皮的泡状细胞中的胼胝质荧光强度增强最为明显。这表明 RSV 胁迫诱导了抗病品种中胼胝质的累积。此外，由图 1 和图 2 可见，抗病水稻无论接种与否，其胼胝质荧光强度均强于感病水稻。

3 讨论

苯胺蓝染色显微技术已广泛应用于检测植物组织中的胼胝质沉积[14]。本研究结果表明抗病水稻品种在 RSV 胁迫下叶片中的胼胝质含量明显增多，而感病水稻叶片中胼胝质的含量并未发生显著变化，这说明水稻的抗性与胼胝质含量有关，抗性强的水稻品种中胼胝质含量高，这与已有研究的结果一致。例如，在玉米与禾谷镰刀菌（*Fusarium graminearum*）互作体系中，品种的抗性与筛管中的胼胝质沉积物的荧光强弱有关，荧光越强的品种抗病性越强[15]；在水稻与稻瘟病菌非亲和互作中，胼胝质的沉积与水稻的抗病性一致[16]。

Rezzonico 等[17]指出 ABA 可通过抑制碱性 β-1,3-葡聚糖酶（β-1,3-glucanase）的转录阻止胼胝质的降解，从而形成一道物理屏障阻止病毒通过胞间连丝扩展，达到抗病的目的。在 RSV 胁迫下的水稻全基因转录谱的数据显示，水稻 β-1,3-葡聚糖酶基因的表达下调（待发表资料），进一步证实了抗病水稻品种在 RSV 胁迫下胼胝质的含量增多的论点。

研究表明，ABA 在植物抗病原物中的作用复杂，本研究结果初步表明 ABA 在水稻和 RSV 的互作中起正调控作用，而 ABA 介导的胼胝质调控的分子机制还有待进一步研究。

参 考 文 献

[1] Nambara E, Marion-Poll A. Abscisic acid biosynthesis and catabolism. Annual Review of Plant Biology, 2005, 56: 165-185

[2] Mauch-Mani B, Mauch F. The role of abscisic acid in plant-pathogen interactions. Current Opinion in Plant Biology, 2005, 8(4):409-414

[3] Thaler JS, Bostock RM. Interactions between abscisic-acid-mediated responses and plant resistance to pathogens and insects. Ecology, 2004, 85(1): 48-58

[4] Mohr PG, Cahill DM. Abscisic acid influences the susceptibility of *Arabidopsis thaliana* to *Pseudomonas syringae* pv. *tomato*

and *Peronospora parasitica*. Functional Plant Biology，2003，30(4)：461-469

[5] De Torres-Zabala M，Truman W，Bennett MH，et al. *Pseudomonas syringae* pv. *tomato* hijacks the *Arabidopsis* abscisic acid signalling pathway to cause disease. EMBO Journal，2007，26(5)：1434-1443

[6] Fraser RSS，Whenham RJ. Plant growth regulators and virus infection：a critical review. Plant Growth Regulation，1982，1(1)：37-59

[7] Mishra MD，Ghosh A，Verma VS，et al. Effect of abscisic acid on *Tobacco mosaic virus*. Acta Microbiologica Polonica，1983，32(2)：169-175

[8] Whenham RJ，Fraser RSS，Brown L P，et al. *Tobacco mosaic virus* induced increase in abscisic-acid concentration in tobacco leaves：intracellular location in light and dark-green areas，and relationship to symptom development. Planta，1986，168(4)：592-598

[9] Clarke SF，Burritt DJ，Jameson PE，et al. Influence of plant hormones on virus replication and pathogenesis-related proteins in *Phaseolus vulgaris* L. infected with *White Clover mosaic potexvirus*. Physiology and Molecular Plant Pathology，1998，53(4)：195-207

[10] Ton J，Mauch-Mani B. Beta-amino-butyric acid-induced resistance against necrotrophic pathogens is based on ABA-dependent priming for callose. The Plant Journal，2004，38(1)：119-130

[11] 林奇英，谢联辉，周仲驹等. 水稻条纹叶枯病的研究 Ⅰ. 病害的分布和损失. 福建农业大学学报，1990，19(4)：421-425

[12] 谢联辉，魏太云，林含新等. 水稻条纹病毒的分子生物学. 福建农业大学学报，2001，30(3)：269-279

[13] 陈爱香，吴祖建. 水稻条纹病毒云南分离物 NS2 蛋白基因的分子变异. 河南农业科学，2006，7：54-58

[14] Tucker MR，Paech NA，Willemse MT，et al. Dynamics of callose deposition and beta-1,3-glucanase expression during reproductive events in sexual and apomictic Hieracium. Planta，2001，212(4)：487-498

[15] 徐作珽，李林，孙传宏等. 抗、感玉米茎腐病的形态解剖研究初报. 植物保护，1995，21(2)：16-19

[16] 杨民和，郑重，Leach JE. 水稻受稻瘟菌侵染后发病初期的细胞学反应. 实验生物学报，2004，37(5)：344-350

[17] Rezzonico E，Flury N，Meins F，et al. Transcriptional down-regulation by abscisic acid of pathogenesis-related beta-1,3-glucanase genes in tobacco cell cultures. Plant Physiology，1998，117(2)：585-592

RSV编码的4种蛋白在“AcMNPV-sf9昆虫细胞”体系中的重组表达*

林　董[1,2]，何　柳[1]，谢荔岩[1]，吴祖建[1]，林奇英[1]，谢联辉[1]

（1 福建农林大学植物病毒研究所，福建福州　350002；2 福建师范大学福清分校，福建福清　350300）

摘　要： 应用反转录聚合酶链式反应（RT- PCR）方法获得水稻条纹病毒（*Rice stripe virus*，RSV）的4个基因 *NS* 2、*NS* 3、*CP* 和 *SP*，并将它们克隆至 pMD18-T 载体上。得到的重组质粒 pMD18-T-*NS* 2、pMD18-T-*NS* 3、pMD-18-T-*CP* 和 pMD-18-T-*SP* 经 *Xba* Ⅰ/*Hind* Ⅲ 双酶切，分别与经相同方法酶切的苜蓿银纹夜蛾核型多角体病毒（*Autographa california nuclear polyhedrosis virus*，AcMNPV）转移载体 pFastBacHTb 相连接，构建成重组转移质粒 pFastBacHTb-*X*（pFastBacHTb-NS 2、pFastBacHTb-NS 3、pFastBacHTb-CP 和 pFastBacHTb-SP）。序列测定表明目的基因准确地插入到表达载体中。重组质粒 pFastBacHTb-*X* 通过转化包含有穿梭载体 bacmid 的大肠杆菌（*Escherichia coli*）感受态细胞 DH10 Bac，得到重组穿梭质粒 rb-*X*（rb-NS 2、rb-NS 3、rb-CP 和 rb-SP）。rb-*X* 侵染草地贪夜蛾细胞（*Spodoptera frugiperda*）离体细胞（sf9）24～72h 后，在荧光倒置显微镜可见光 200 倍视野下观察到：细胞增大，培养液和细胞内出现颗粒状物质，部分细胞破裂甚至裂解等一系列与正常 sf9 细胞有明显形态区别的现象。rb-*X* 侵染细胞 72h 后，从细胞提取蛋白，电泳分析得到四个条带，大小分别为：28.2kD，29.2kD，40.2kD 和 25.2kD，与预测的4种融合蛋白的大小一致。Western 杂交分析分别得到4条单一条带，证明了 RSV *NS* 2、*NS* 3、*CP* 和 *SP* 基因在“AcMNPV-sf9 昆虫细胞”真核表达体系中成功表达。

关键词： 水稻条纹病毒；苜蓿银纹夜蛾核型多角体病毒；草地贪夜蛾细胞；杆状病毒表达系统

中图分类号： S432.4+1　**文献标识码：** A　**文章编号：** 1671-5470（2008）03-0269-06

Expression of four proteins encoded by *Rice stripe virus* (RSV) with “AcMNPV-sf9 insect cells” system

LIN Dong[1,2], HE Liu[1], XIE Li-yan[1], WU Zu-jian[1], LIN Qi-ying[1], XIE Lian-hui[1]

(1 Institute of Plant Virology, Fujian Agriculture and Forestry University, Fuzhou　350002
2 Fuqing Branch of Fujian Normal University, Fuqing　350300)

Abstract: The “AcMNPV-sf9 insect cells ” eukaryotic expression (*Autographa california nuclear polyhedrosis virus*, AcMNPV; *Spodoptera frugiperda*, sf9) was constructed in our research to get active protein. The genes *NS* 2, *NS* 3, *CP*, and *SP* of RSV (rice stripe virus) were first cloned into pMD18-T through RT-PCR (reverse transcription-polymerase chain reaction) ap-

植物病理学报，2008，37（3）：269-274

* 基金项目：国家自然科学基金资助项目（30671357）

proach by inserting the DNA segments in the multiple cloning sites (MCS), named as pMD18-T-*X* (pMD18-T-NS2, pMD18T-*NS*3, pMD18-T-*CP* and pMD18-T-*SP*). Then the recombinant plasmid pFastBacHTb-*X* (pFastBacHTb-*NS*2、pFastBacHTb-*NS*3、pFastBacHTb-*CP* and pFastBacHTb-*SP*) was constructed by double digesting in *Xba* Ⅰ/*Hind* Ⅲ sites of the AcMNPV (autographa california nuclear polyhedrosis virus) transposing vector pFastBacHTb and recombinant plasmid pMD-18-T-*X*. Each plasmid was sequenced to ensure that the target gene is correctly inserted and in right reading frame. pFastBacHTb-*X* was introduced into the competent cells (*E. coli* DH10Bac) containing a shuttle vector-bacmid to produce recombinant baculovirus rb-*X* (rb-NS2, rb-NS3, rb-CP and rb-SP). rb-*X* was isolated and transfected into the sf9 (*Spodoptera frugiperda*) cellsto produce the recombinant virus named as P1-*X*. An increased diameter, granular appearance and cells lysis, which were much different from the morphology of normal sf9 cells were observed under fluorescence invert microscope (200X), 24-72h after infection. Fresh insect (sf9) cells were reinfected with P1-*X* containing target genes to amplify viral stocks. And Pn-*X* was harvested, which was added at a MOI (multiplicity of infection) of 5 after 4 times of reinfection. The special bands (28.2kD, 29.2kD, 40.2kD and 25.2kD) were detected by SDS-PAGE analysis and western blotting showed the single band of each protein, which confirmed that the four protein encoded by RSV were correctly expressed through the "AcMNPV-sf9 insect cells" system.

Key words: *Rice stripe virus*; *Autographa californica nuclear polyhedrosis virus* (AcMNPV); *Spodoptera frugiperda* (sf9); baculovirus expression system

由水稻条纹病毒（*Rice stripe virus*，RSV）引起的水稻条纹叶枯病是危害水稻生长的重要病毒病[1]。RSV是纤细病毒属（*Tenuivirus*）的代表种，主要由介体昆虫灰飞虱（*Laodelphax striatellus*）以持久性方式经卵传播，在禾本科植物上寄主很广[2]。

分子生物学研究表明，RSV是具有分枝线状结构的三组分病毒并有独特的基因组结构和编码策略[3,4]。RSV基因组由4个RNA片段（RNA1～RNA4）组成，包含了7个开放读框（open reading frame，ORF）。其中，RNA1采取负链编码，编码依赖RNA的RNA聚合酶（RNA-dependent RNA polymerase，RdRp）；RNA2～RNA 4均采取双义（ambisense）编码策略，即在RNA的毒义链（vRNA）和毒义互补链（vcRNA）靠近5′端处各有一个开放读框，都可以编码蛋白质[5-8]。RSV RNA2区段长3506～3514nt，为RSV第二大片段，在其正负链上分别编码22.8kD（nonstructural protein 2，NS2）和94kD（NSvc2）的蛋白，2个ORF之间有一个291～299nt的非编码区（nonconding region)[9,10]。RSVRNA3全长2472～2509nt，在其正负链上分别编码23.9kD NS3）和35.1kD CP的蛋白[11]。RSV RNA4区段长2137～2241nt，其正负链上各编码一个20.5kD SP和32.4kD NSvc4的蛋白[12]。目前，研究人员已经对不同RNA区段编码的基因进行了一些研究，并对各种基因的功能有所了解(表1)[12-18]。

苜蓿银纹夜蛾核型多角体病毒（*Autographa californica nuclear polyhedrosis virus*，AcMNPV）属于苜蓿蠖核型多角体病毒的一种，已成为应用最广泛的杆状病毒表达载体。AcMNPV所表达的重组体蛋白的溶解性通常与其相应的来源蛋白相似，而且，一般也保留原蛋白的修饰作用与功能，现已成功表达了近千种高价值蛋白[19-25]。

迄今为止，尚未见对RSV蛋白进行真核表达的报道。本研究利用“AcMNPV-sf9昆虫细胞”真核表达体系对RSV蛋白进行表达，以获得具有活性的RSV蛋白，制备相应的抗血清。同时，通过对所表达蛋白进行标记，观察其在草地贪夜蛾（*Spodoptera frugiperda*）离体细胞（sf9）中的表达情况，为RSV活性蛋白的互作及亚细胞定位研究提供科学依据。

表 1 水稻条纹病毒 T 分离物基因组结构与功能

区段	核苷酸数（T 分离物）/nt	编码链	编码蛋白	蛋白大小	蛋白功%
RNA1	8970	vcRNA1	Pol	336.8 kD	RNA 聚合酶
RNA2	3514	vRNA2	NS2	22.8 kD	参与运动
		vcRNA2	NSvc2	94.0 kD	膜糖蛋白
RNA3	2504	vRNA3	NS3	23.8 kD	参与复制致病性决定因子
		vcRNA3	CP	35.1 kD	外壳蛋白致病相关蛋白参与运动
RNA4	2157	vRNA4	SP	20.5 kD	病害特异蛋白致病相关蛋白
		vcRNA4	NSvc4	32.4 kD	参与运动

1 材料与方法

1.1 材料及试剂

RSV 分离物取自福建农林大学植物病毒研究所保存的毒株，经 ELISA 检测为阳性后将病叶保存在－80 ℃冰箱中。RSV NS 2、NS 3、CP 和 SP 抗血清由本所保存[26-28]。pFastBacHTb 供体质粒，大肠杆菌（*Escherichia coli*）DH10 Bac 感受态细胞由中国科学院武汉病毒研究所赵淑玲博士惠赠；草地贪夜蛾离体细胞 sf9 由中国科学院武汉病毒研究所方勤先生惠赠。限制性内切酶，Ex *Taq* DNA 聚合酶和连接酶均购自 TaKaRa；FBS 购自 Gibal BRL（USA）；细胞转染试剂购自 Invitrogen；IPTG、X-gal 购自 Sigma；抗生素购自北京经科；其他试剂均为国产分析纯试剂。

1.2 方法

1.2.1 病叶总 RNA 提取

病叶总 RNA 提取参照北京 TIANGEM 公司 Trizol 提取试剂盒。

1.2.2 反转录-聚合酶链式反应（RT-PCR）

（1）引物设计合成与扩增策略。根据已登录 GenBank 的 RSV 基因序列设计引物，由上海基康生物工程有限公司合成（表 2）。

表 2 RSV *NS2*、*NS3*、*CP*、*SP* 基因和 *NSVC4* 全序列引物及扩增条件

片段	序列（5′------3′）	t/℃	方向
NS21	5′-GGTCTAGAATGGCATTACTCCTTTTCAATGATC-3′	55	+
NS22	5′-GGAAGCTTTCATTAGAATAGGGCACTCAT-3′	55	−
NS31	5′-GGTCTAGAATGAACGTGTTCACATCGTCTG-3′	55	+
NS32	5′-AAAAGCTTCTACAGCACAGCTGGAGAGCT-3′	55	−
CP1	5′-AATCTAGAATGGGTACCAACAAGCCAGC-3′	55	+
CP2	5′-GGAAGCTTCTAGTCATCTGCACCTTCT-3′	55	−
SP1	5′-GGTCTAGAATGCAAGACGTACAAAGGACAA-3′	55	+
SP2	5′-GGAAGCTTCTATGTTTTGTGTAGAAGAGGTTG-3′	55	−

下划线分别表示限制性酶切位点，*Xba*Ⅰ：TCTAGAA；*Hind*Ⅲ：AAGCTT。

（2）反转录（RT）。取一经焦碳酸二乙酯溶液处理过的 Eppendorf 管，各加入 3μL 样品 RNA、1μL 3′端引物、5μL DEPC-H_2O，置于 95 ℃下变性 10min，立即取出冰上放置 5min。再依次加入 3μL 5×M-MuLV 反转录酶缓冲液、1μL 40mmol/L dNTPs（每种 10mmol/L）、1μL RNasin（40U/μL）和 1μL 的 M-MuLV 反转录酶（20U/μL）37 ℃水浴 1h，95 ℃灭活 5min，－20℃保存备用。常规 PCR 获得目的基因。

1.2.3 重组 AcMNPV 穿梭质粒的构建及鉴定

将重组克隆质粒 pMD18-T-*NS2*、pMD18-T-*NS3*、pMD18-T-*CP* 和 pMD18-T-*SP* 以限制性内切酶 *Xba*Ⅰ/*Hind*Ⅲ双酶切，与经同样方法酶切的转移质粒 pFastBacHTb 连接。得到的重组 AcMNPV 命名为 pFastBacHTb-*X*（pFastBacHTb-*NS2*、pFastBacHTb-*NS3*、pFastBacHTb-*CP* 和 pFastBacHTb-*SP*）。pFastBacHTb-*X* 转化含穿梭质粒的大肠杆菌 DH10B 株系，筛选得到重组 AcMNPV

穿梭质粒，命名为 rb-*X*。以 pUC/M13 为引物 PCR 鉴定 rb-*X*，引物序列如下。pUC/M13 正向引物（-40）：5′-GTTTTCCCAGTCACGAC-3′；pUC/M13 反向引物：5′-CAGGAAACAGCTATGAC-3′。

PCR 扩增条件参照 Bac-to-Bac Baculovirus Expression System 操作手册。

1.2.4　收获重组 AcMNPV

①sf9 昆虫细胞培养与传代。sf9 昆虫细胞株在 28 ℃、含 10%胎牛血清、0.5%青霉素和链霉素的 Grace 氏完全培养基中培养、传代（必要时冻存）。②rb-*X* 转染 sf9 昆虫细胞。sf9 昆虫细胞在 Grace 氏完全培养基（含 10%FBS）中培养至基本铺满瓶底。以每毫升培养基含 2×10^6 个细胞的浓度接种于 6 孔板。参照 Bac-to-Bac® Baculovirus Expression System 操作手册，用 rb-*X* 转染细胞。72h 后收集培养液，以 500*g* 离心，弃去沉淀，所得为第 1 代病毒储存液 P_1-*X*，4 ℃保存。

1.2.5　SDS-PAGE 电泳及 Western blotting 鉴定

P_4-*X* 侵染 sf9 昆虫细胞 72h 后，收集约 10^8 个细胞浓缩。参照 Laemmli[29] 方法，以 2%浓缩胶、12%分离胶电泳。电泳后，以获得的 RSV 蛋白抗血清为一抗，第二抗体为 Sigma 公司的碱性磷酸酶标记羊抗兔 IgG（IgG-AP），采用 DuPont 公司的 NT 膜进行 Western blotting 鉴定。

2　结果与分析

2.1　构建重组 AcMNPV 转移质粒 pFastBacHTb-X

通过 RT-PCR 获得 RSV 目的基因：*NS*2、*NS*3、*CP* 和 *SP*，并将它们克隆至 pMD-18T 载体上，得到重组克隆质粒 pMD18-T-*X*（pMD18-T-*NS*2、pMD18-T-*NS*3、pMD18-T-*CP* 和 pMD18-T-*SP*）。pMD18-T-*X* 分别与转移载体 pFastBacHTb 通过位点 *Xba*Ⅰ/*Hind*Ⅲ双酶切、连接。产生的重组转移质粒 pFastBacHTb-*NS*2、pFastBacHTb-*NS*3、pFastBacHTb-*CP* 和 pFastBacHTb-*SP* 经酶切、琼脂糖电泳鉴定结果见图 1。

转移载体 pFastBacHTb 约 4700bp。图 1 中 4 个泳道分别产生 600 和 4700bp、701 和 4700bp、995 和 4700bp 以及 595 和 4700bp 大小的条带，与预计的酶切结果基本吻合，测序结果表明 4 个目的片段已正确插入到转移质粒并且无移码现象，重组转移质粒 pFastBacHTb-*X* 构建成功。

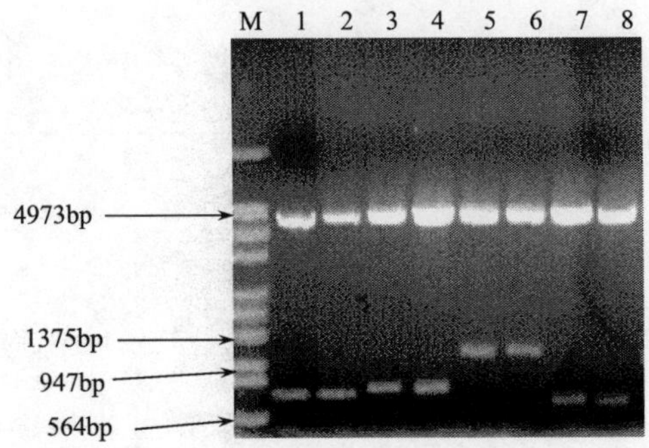

图 1　重组 AcMNPV 转移质粒 pFastBacHTb-*X* 酶切鉴定

M. marker，λDNA/*Eco*RⅠ + *Hind*Ⅲ；1，2. pFastBacHTb-*NS*2；3，4. pFastBacHTb-*NS*3；5，6. pFastBacHTb-*CP*；7，8. pFastBacHTb-*SP*

2.2　重组 AcMNPV 穿梭质粒的构建与鉴定

pFastBacHTb-*X* 转化进入 DH10 Bac 株以转位到穿梭载体。从转化板上，分别挑取单菌落震荡培养，提取重组穿梭质粒并命名为 rb-*X*（rb-NS2、rb-NS3、rb-CP 和 rb-SP）。以 pUC/M13 引物 PCR 扩增 rb-*X*，pUC/M13 引物对准穿梭载体互补区域内的小-attTn7 位点两边的序列。因此，如果含目的基因的重组转移质粒 pFastBacHTb 转座成功，PCR 验证检测出的条带大小应该为 2.4kb 加上目的基因的大小。PCR 分析结果见图 2。空穿梭载体（图 2，11）和不同基因转化板上所挑的蓝色菌落（图 2，1，3，5，7，9），由于它们都不含重组转移质粒子，相当于转座失败，因此，PCR 产物大小为 300bp；不带目的基因，只插入空载体 pFastBacHTb 的穿梭载体（图 2，10）为 2430bp；带有重组转移质粒 pFastBacHTb-*SP*、pFastHTb-*NS*3 和 pFastHTb-*NS*2 的穿梭载体大约为 3.0kb（图 2：2，6，8），而带有 pFastHTb-*CP* 的穿梭载体则可获得大约 3.4kb 的条带（图 2：4），与预计的相吻合。以上结果表明了重组 AcMNPV 穿梭质粒构建成功。

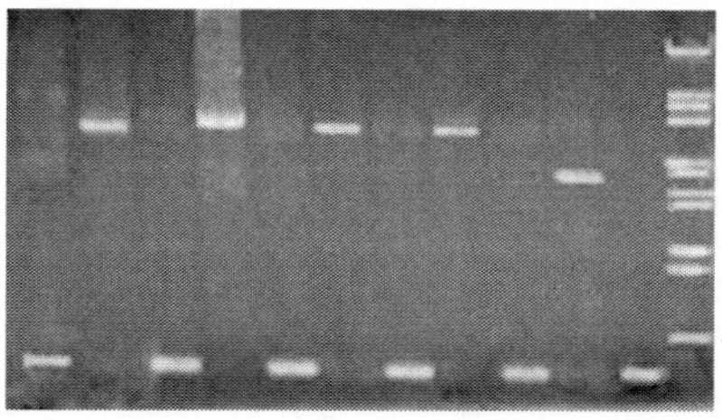

图 2 重组穿梭质粒 rb-*X* 的 PCR 验证

1、3、5、7、9 为各个基因转化板上所挑取的蓝斑；2. rb-*SP*；4. rb-*CP*；6. rb-*NS3*；8. rb-*NS2*；10. 仅带有转移载体的穿梭质粒；11. 空穿梭质粒；M. marker，λDNA/*Eco*RⅠ＋*Hind*Ⅲ

2.3 重组 RSV 蛋白的表达

2.3.1 rb-*X* 转染 sf9 昆虫细胞

rb-*X* 转染生长状态好并处于对数生长期的 sf9 昆虫细胞（图 3A），24～96h 后，在倒置显微镜 200 倍可见光视野下观察到细胞和细胞核变大、细胞及培养基内颗粒物增多、细胞脱落甚至裂解等现象（图 3B）。这些现象与正常的 sf9 昆虫细胞形态有明显差别。

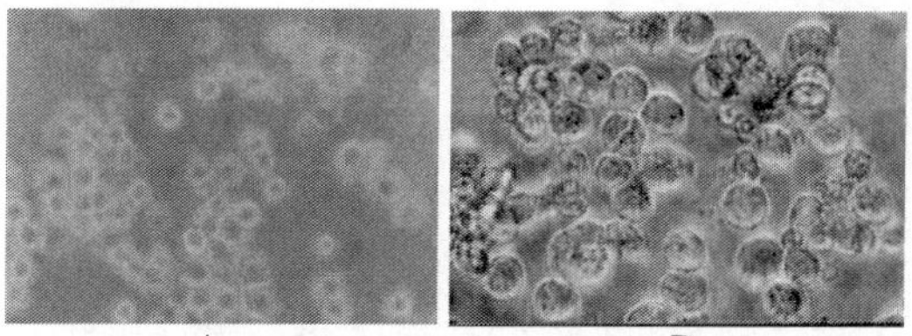

图 3 细胞形态（200×）

A. 正常 sf9 细胞；B. 转染后 24～96h 细胞变大、出现颗粒状物质甚至裂解

2.3.2 SDS-PAGE 电泳及 Western blotting 鉴定

sf9 昆虫细胞被 P_4-*X* 侵染 72h 后达到较高的蛋白表达量。收集此时的细胞，提取蛋白进行 SDS-PAGE 电泳鉴定，分别得到 28.2kD、29.2kD、40.2kD 和 25.2kD 条带（图 4），其大小与 RSV 的 NS2、NS3、CP 和 SP 蛋白的大小基本吻合。使用已有的 NS2、NS3、CP 和 SP 特异性抗血清对四个蛋白分别进行 Western 杂交鉴定（图 5），各得到一条清晰的着色带，表明特异性抗血清可以与目的基因发生特异性反应，得到的蛋白的确是 NS2、NS3、CP、SP。至此，RSV 4 个蛋白的“AcMNPV-sf9 昆虫细胞”真核表达体系已建立。

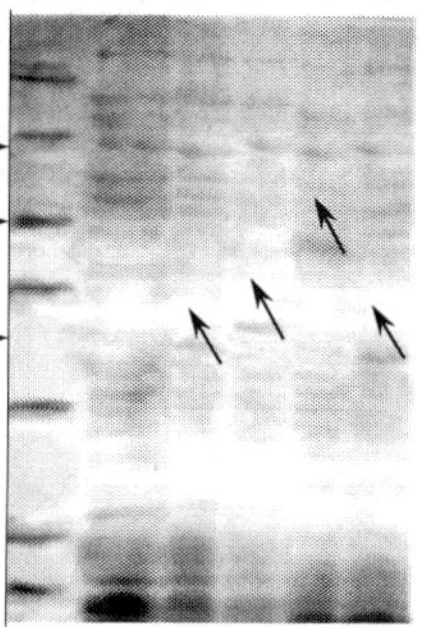

图 4 P4-X 侵染 72h 后细胞蛋白的 SDS-PAGE 电泳分析

1. sf9 细胞；2. NS 2；3. NS 3；4. CP；5. SP

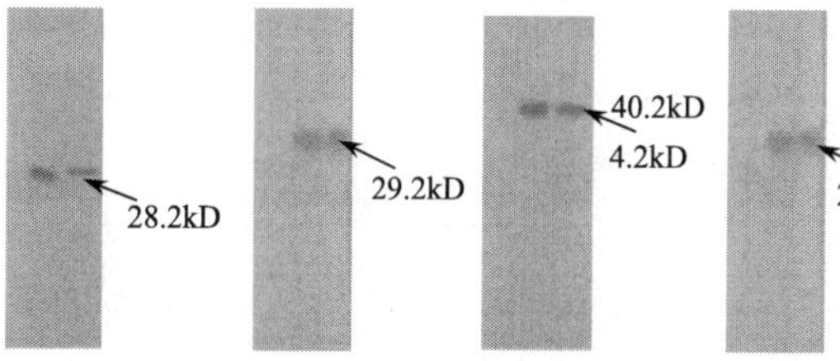

图 5 P4-X 侵染 72h 后细胞蛋白的 Western 杂交鉴定

1. sf9 cells；2. NS 2；3. NS 3；4. CP；5. SP

3 讨论

为了便于纯化，本试验所选用的 pFastBacHTb 载体带有 6×His 纯化标记，表达的蛋白应比原蛋白增大 5kD 左右。试验中，SDS-PAGE 分析分别产生的 28.2kD、29.2kD、40.2kD 和 25.2kD 蛋白条带比 RSV NS2、NS3、CP 和 SP 相应蛋白增大了 3～5kD，验证了表达的正确性。另外，当 rb-*X* 侵染细胞的时间太短时，蛋白还未完全表达；而侵染的时间太长，培养的细胞可能停止生长、坏死甚至被裂解，从而导致表达的蛋白也受到破坏并流失到培养基中，SDS-PAGE 电泳分析有可能检测不到目的蛋白。因此，本试验选择在染 72h 后对细胞进行蛋白提取和 SDS-PAGE 分析。

以往对 RSV 蛋白的功能及其互作的研究比较少，这很大一部分受限于获取蛋白质的技术手段。目前，研究人员主要通过 3 种途径获取 RSV 蛋白：① 直接从水稻或介体昆虫中提取，通过该途径获取的蛋白纯度很低且蛋白量很少；② 从提纯的 RSV 病毒中获取 RSV 蛋白，该方法操作繁琐且只能获取总蛋白，大多数作制备少量血清和检测之用；③通过原核表达系统。马向前[30]曾证明 P94 蛋白（RSV RNA2 片段反义链编码的蛋白）的 N 端蛋白和 C 端蛋白分别与谷胱甘肽转移酶（GST）融合后对大肠杆菌有毒性，而且，原核表达不能对表达产物进行翻译后加工，使得表达的蛋白比活性很低。蛋白质的分离纯化是研究蛋白质的基础和起点[31]。随着分子生物学技术的发展，2-D、芯片等蛋白分析手段的出现，寻找一种直接、便利且高效的蛋白提取方法是进行 RSV 蛋白功能与互作研究的关键。本试验通过"AcMNPV-sf9 昆虫细胞"真核表达体系，对 RSV *NS*2、*NS*3、*CP* 和 *SP* 基因进行真核表达，以获得具有活性的 RSV 蛋白，并直接对 RSV 活性蛋白的分析，为病毒蛋白互作及亚细胞定位研究提供科学依据。

致谢 中国农业科学院植保所陈子文研究员对本研究提出了良好建议，谨此致谢。

参考文献

[1] 林含新，林奇英，谢联辉. 水稻条纹病毒分子生物学研究进展. 中国病毒学，1997，12(3)：203-209

[2] Ramirez BC，Haenni AL. Molecular biology of tenuiviruses，a remarkable group of plant viruses. Gen Virol，1994，75：467

[3] Yang WD，Wang XH，Wang SY，et al. Infection and replication of a planthopper transmitted virus-*Rice stripe virus* in rice protoplasts. Journal of Virological Methods，1996，59：57-60

[4] 谢联辉，魏太云，林含新等. 水稻条纹病毒的分子生物学. 福建农业大学学报，2001，30(3)：269-279

[5] Toriyama S，Takahashi M，Sano Y，et al. Nucleotide sequence of RNA 1，the largest genomic segment of *Rice stripe virus* the prototype of the tenuiviruses. J Gen Virol，1994，75：3569-3579

[6] Takahashi M，Toriyama S，Hamamatsu C，et al. Nucleotide sequence and possible ambisense coding strategy of *Rice stripe virus* RNA segment 2. J Gen Virol，1993，74：769

[7] Hayano Y，Kakutani T，Hayashi T，et al. Coding strategy of *Rice stripe virus* major non-structuralprotein is encaded in viral RNA segement 4 and coad protein in RNA complementary to segment 3. Virology，1990，177：372-374

[8] Hamamatsu C，Toriyama S，Toyoda T，et al. Ambisense coding strategy of the *Rice stripe virus* genome：*in vitro* translation studies. J Genl Virol，1993，74：1125-1131

[9] Takahashi M，Toriyama S，Hamamatsu C，et al. Nucleotide sequence and possible ambisense coding strategy of *Rice stripe virus* RNA segment 2. J Genl Virol，1993，74(4)：769-773

[10] 魏太云，林含新，吴祖建等. 水稻条纹病毒中国分离物和日本分离物 RNA2 节段序列比较. 中国病毒学，2003a，18(4)：381-386

[11] 曲志才，沈大棱，徐亚南等. 水稻条纹叶枯病毒基因产物在水稻和昆虫体内的 Western 印迹分析. 遗传学报，1999，26(5)：512-517

[12] Kakutani T，Hayano Y，Hayashi T，et al. Ambisense segment 4 of *Rice stripe virus*：possible evolutionary relationship with phleboviruses and uukuviruses (*Bunyaviridae*). J Genl Virol，1990，71 (7)：1427-1432

[13] Toriyama S. A RNA-dependent RNA polymerase associated with the filamentous nucleoproteins of *Rice stripe virus*. J Genl Virol，1986，67(7)：1247-1255

[14] Chomchan P，Li SF，Miranda GJ，et al. Interactions among proteins coded on *Rice grassy stunt virus* genome. Annals of Phytopathological Society of Japan，2000，66：164

[15] Liang D，Ma X，Qu Z，et al. PVC2 of *Rice stripe tenuivirus* is a component of fibrillar electron-opaque inclusion body. Abstracts of 19th American Society for Virology，Colorado，USA，2000，7：W15-1

[16] Bucher E，Sijen T，De Haan P，et al. Negative-strand tospoviruses and tenuiviruses carry a gene for a suppressor of gene silencing at analogous genomic positions. J Virol，2003，77 (2)：1329-1336

[17] 林奇田，林含新，吴祖建等. 水稻条纹病毒外壳蛋白和病害特异蛋白在寄主体内的积累. 福建农业大学学报，1998，27(3)：322-326

[18] 刘利华，吴祖建，林奇英等. 水稻条纹叶枯病细胞病理变化的观察. 植物病理学报，2000，30(4)：306-311

[19] Melcher U. The '30K' superfamily of viral movement proteins. J Genl Virol，2000，81(1)：257-266

[20] Luckow VA. Cloning and expression of heterologous genes in insect cells with baculovirus vector *In*：PROKOP in recombinant DNA Technology and Applications. New York：McGraw-Hill，1991：97-152

[21] Luckow，VA. Protein production and processing from baculovirus expression vectors. in *Baculovirus* expression systems and biopesticides. New York：Wiley-Liss，1995，51-90

[22] Luckow VA. Baculovirus systems for high level expression of human gene products. Curr Opin Biotechnol，1993，4：564-572

[23] Luckow VA. Insect cell expression technology. *In*：Cleland JL，Craik CS. Protein engineering：principles and practices. New York：John Wiley ，Sons，1996，183-218

[24] O'Reilly DR，Miller LK，Luckow VA. *Baculovirus* expression vectors：a laboratory manual. New York：W H Freeman and Company，1992

[25] Richardson C. *Baculovirus* expression protocols. New Jersey：Humana Press，Totowa，1995

[26] 林含新. 水稻条纹病毒的病原性质、致病性分化及分子变异. 福建农业大学博士论文，1999

[27] 陈爱香. 水稻条纹病毒 *NS*2 基因的分子变异及其原核表达. 福建农林大学博士论文，2004

[28] 王辉. 水稻条纹病毒 *NS*3 基因的分子变异及其抗血清的制备. 福建农林大学博士论文，2003

[29] Laemmli UK. Cleavage of structural proteins during the assembly of the head of bacteriophage T4. Nature，1970，227：

680-685
[30] 马向前. 水稻条叶枯病毒及其传播介体的分子生物学研究. 复旦大学博士论文，1999
[31] 夏其昌，曾嵘. 蛋白质化学与蛋白质组学. 北京：科学出版社，2004，233

GFP 与水稻条纹病毒病害特异蛋白的融合基因在 sf9 昆虫细胞中的表达*

林　董，郑璐平，谢荔岩，吴祖建，林奇英，谢联辉

（福建农林大学植物病毒研究所，福建福州　350002）

摘　要：用重叠延伸 PCR（overlap polymerase chain reaction，overlap-PCR）方法获得了含有绿色荧光蛋白（green fluorescence protein，GFP）和水稻条纹病毒（*Rice stripe virus*，RSV）病害特异蛋白 SP（disease-specific protein）两者的融合基因（*GFP-SP*），并将其克隆至载体 pMD18-T，得到的重组质粒 pMD18-T-GFP-SP 经 *Xba* Ⅰ/*Hind* Ⅲ双酶切后与经相同方法酶切的杆状病毒转移载体 pFastBacHTb 相连接构建成重组转移质粒 pFastBacHTb-GFP-SP。酶切和测序鉴定证明了其序列的正确性并且无移码现象发生。将此质粒转化入含穿梭载体 Bacmid 的感受态细胞 DH10Bac，得到含有目的基因片段的重组杆状病毒穿梭质粒 rb-GFP-SP。以之转染草地贪夜蛾（*Spodoptera frugiperda*，sf9）细胞，24～48h 后在显微镜 200 倍可见光视野下观察到被感染细胞发生了细胞和细胞核变大、细胞内颗粒物增多，细胞脱落甚至裂解等一系列与正常的 sf9 昆虫细胞形态有明显区别的变化。荧光显微镜下可见部分细胞发出清晰的绿色荧光，且大部分荧光集中在细胞质部分。这些结果表明 GFP-SP 融合蛋白在 sf9 昆虫细胞内成功表达。

关键词：水稻条纹病毒；病害特异蛋白；绿色荧光蛋白；昆虫细胞 sf9

中图分类号：S432.41　**文献标识码**：A　**文章编号**：0412-0914（2008）

Expression of fusion protein of GFP and *Rice stripe virus* disease-specific protein in insect cells sf9

LIN Dong，ZHENG Lu-ping，XIE Li-yan，WU Zu-jian，LIN Qi-ying，XIE Lian-hui

（Institute of Plant Virology，Fujian Agriculture and Forestry University，Fuzhou　350002）

Abstract：The GFP（green fluorescence protein）and disease-specific protein（SP）gene of *Rice stripe virus*（RSV）were combined as a fusion gene with overlap-PCR approach and the fusing gene was inserted into pMD18T at *Xba* Ⅰ/*Hind* Ⅲ sites to produce pMD18-T-GFP-SP. A *Xba* Ⅰ/*Hind* Ⅲ fragment was released from pMD18-T-GFP-SP and placed into a transposing vector pFastBacHTb predigested with the *Xba* Ⅰ and *Hind* Ⅲ restriction enzymes to produce pFast-BacHTb-GFP-SP. Restriction endonuclease and sequencing analysis verified that the target genes were correctly inserted in right reading frame. pFastBacHTb-GFP-SP was introduced into the

植物病理学报，2008，(3)，271-276

收稿日期：2007-12-25　修回日期：2008-02-20

* 基金项目：国家自然科学基金资助项目（30671357）

competent cells (*E. coli* DH10Bac) containing a shuttle vector bacmid, and recombinant bacmid rb-GFP-SP was isolated and transfected into the *Spodoptera frugiperda* (sf9) cells. An increased diameter, granular appearance and cells lysis, which were much different from the morphology of normal sf9 cells, were observed under fluorescence invert microscope 24-48h after infection. Meanwhile green fluorescence could be seen in cytoplasm of infected cells. The above results show that *GFP-SP* fusion gene was successfully expressed in sf9 cells.

Key words: *Rice stripe virus* (RSV); disease-specific protein (SP); green fluorescence protein (GFP); *Spodoptera frugiperda* (sf9)

由水稻条纹病毒(*Rice stripe virus*, RSV)引起的水稻条纹叶枯病是危害水稻生长的重要病毒病[1]。RSV是纤细病毒属(*Tenuivirus*)的代表种，主要由介体昆虫灰飞虱(*Laodelphax striatellus*)以持久性方式经卵传播，在禾本科植物上有很广的寄主范围[2]。分子生物学研究表明，RSV是具有分枝线状结构的三组分病毒并有着独特的基因组结构和编码策略[3,4]。RSV基因组由4个RNA片段(1～4RNA)组成，包含了7个开放阅读框(open reading frame, ORF)。其中，RNA1采取负链编码，编码依赖RNA的RNA聚合酶(RNA-dependent RNA polymerase, RdRp)，RNA2、RNA3、RNA4均采取双义(ambisense)编码策略，即在RNA的毒义链(vRNA)和毒义互补链(vcRNA)的靠近5′端处各有一个开放阅读框，都可以编码蛋白质[5-8]。SP(含178个氨基酸，20kD)是由RNA4毒义链编码的一种与病害症状的严重度紧密相关的非结构蛋白，称之为病害特异蛋白(disease-specific protein, SP)。它能在病株中大量聚集，形成不定形内含体和针状结构[1]。

绿色荧光蛋白(green fluorescence protein, GFP)是从水母中分离出来的一种发光蛋白，可在450～490nm的蓝光激发下发出绿光。GFP只有26.9kD，作为基因表达的标记物在细胞内稳定存在，不需要任何反应底物及其他辅助因子，而且无种属、组织和位置特异性；其产物对细胞无毒性，检测方便，结果真实可靠[9]。GFP和其他基因的融合表达载体在真核细胞中所表达的融合蛋白具有目的基因和绿色荧光蛋白的双重活性，从GFP的荧光强度即能准确反映基因的表达水平；同时还能对目的基因进行亚细胞定位分析[10]。绿色荧光蛋白自发荧光的直观性和准确性，使得GFP成为生命科学研究领域中最为热门的新兴生物工具。

苜蓿银蛾核型多角体病毒(AcMNPV)转移载体含有多角体蛋白的启动子。这种启动子能在草地贪夜蛾(*Spodoptera frugiperda*, sf9)[11]细胞内启动外源蛋白的表达。sf9昆虫细胞内的细胞器还能提供外源蛋白一系列复杂的翻译后加工场所。在昆虫和脊椎动物细胞之间，蛋白质在细胞中的定位靶向性似乎是保守的，这样，蛋白质可被忠实地分泌、定位在细胞核、细胞质或质膜中。本研究构建了包含有GFP与水稻条纹病毒*SP*基因两者融合的表达载体，并对其在sf9昆虫细胞中的表达情况作了分析，为该病毒基因的亚细胞定位和蛋白功能研究打下基础。

1 材料与方法

1.1 病毒、载体、昆虫细胞及试剂

RSV分离物取自本所保存的毒株，经ELISA检测为阳性结果后将病叶保存在－80℃冰箱中。pFastBacHTb供体质粒、大肠杆菌DH10 Bac感受态细胞由中国科学院武汉病毒研究所赵淑玲博士惠赠；草地贪夜蛾离体细胞sf9由中国科学院武汉病毒研究所方勤先生惠赠。限制性内切酶、Ex *Taq* DNA聚合酶和连接酶均购自TaKaRa、FBS购自Gibal BRL(USA)；细胞转染试剂购自Invitrogen；IPTG、X-gal购自Sigma；抗生素购自北京经科；其他试剂均为国产分析纯试剂。

1.2 方法

1.2.1 病叶总RNA提取

病叶总RNA提取参照北京TIANGEM公司Trizol提取试剂盒。

1.2.2 *SP*基因的RT-PCR、*GFP*基因的PCR与*GFP-SP*融合基因的overlap-PCR

根据RSV日本T分离物RNA4序列[12]、

GFP序列，参照 Ho 等[13]的方法分别为 *GFP* 基因、*SP* 基因和 *GFP-SP* 融合基因设计引物，其中 GFP-SP1′和 GFP-SP2′有互补重叠的序列。并根据引物由上海基康公司合成。具体序列见表 1。

表 1 GFP-CP、GFP-SP 和 GFP 的扩增引物及条件

片段	序列（5′---------------3′）	T/℃	
GFP 1：	5′- GG TCTAGAATGAGTAAAGGAGAAGAAC-3′	55	forward
GFP 2：	5′ -GG A AGCTTTTGTATAGTTCATCCATGC-3′	55	reverse
SP1	5′-GGTCTAGAATGCAAGACGTACAAAGGACAA-3′	55	forward
SP2	5′-GGAAGCTTCTATGTTTTGTGTAGAAGAGGTTG-3′	55	reverse
GFP-SP1	5′- GG TCTAGAATGAGTAAAGGAGAAGAACTTTTCAC-3′	55	forward
GFP-SP1′	5′ -CCTTTGTACGTCTTGCATTTTGTATAGTTCATCC-3′	55	ambi-direction
GFP-SP2′	5′-GGCATGGATGAACTATACAAAATGCAAGACG-3′	55	ambi-direction
GFP-SP2	5′-GG AAGCTTCTATGTTTTGTGTAGAAGAGGTTG-3′	55	reverse

Xba Ⅰ（TCTAGA），*Hind*Ⅲ（AAGCTT）

GFP 基因的 PCR：以 GFP1 和 GFP2 为引物进行 PCR 扩增。50μL 反应体系：1μL 反转录产物，各 2.5μL 10mmol/L 的 5′端和 3′端引物，4μL 2.5mmol/L dNTP，5μL 10×缓冲液，双蒸水 34.75μL，0.25μL *Taq*DNA 聚合酶（MBI 公司产品）。扩增条件是：94℃变性 1min，72℃延伸 2min，55℃退火 2min；持续 30 个循环，72℃保温 10min。

SP 基因的 RT-PCR：1μL 总 RNA 模板和 10mmol/L 的 3′端引物先在 95℃处理 10min，再按 Fermentas 公司的 cDNA 合成试剂盒说明书进行 cDNA 第一条链的合成。然后以 SP1、SP2 为引物进行 PCR 扩增（反应体系及扩增条件同 GFP 基因）。

第一轮 overlap-PCR：分别用引物 GFP-SP1、GFP-SP1′对 *GFP* 基因，GFP-SP2′、GFP-SP2 对病毒 *SP* 基因在 55℃退火温度下进行扩增（反应体系及扩增条件同 *GFP* 基因）。

第二轮 overlap-PCR：以第一轮扩增产物 GFP、GFP-SP 作为模板链，不加入引物，55℃退火温度反应 5 个循环，采用 25μL 反应体系：5μL 10×PCR buffer（含 20mmol/L 的 Mg^{2+}），2μL dNTP 混合物（每种各含 10mmol/L），1μL RNA 模板，0.5μL Ex *Taq* DNA 聚合酶（5U/μL），16.5μL DDW 如下：

循环结束后，取 2μL 扩增产物为模板，分别加入引物 GFP-SP1 和 GFP-SP2，以 55℃退火温度扩增 *GFP-SP* 全长，采用 25μL 反应体系：2.5μL 10×PCR buffer（含 20mmol/L 的 Mg^{2+}），1μL dNTP 混合物（每种各含 10mmol/L），2μL RNA 模板，1.5μL 引物，0.5μL Ex *Taq* DNA 聚合酶（5U/μL），17.5μL DDW。

所得产物克隆至 pMD18-T 载体上，得到重组克隆质粒命名为 pMD18-T-X pMD18-T-GFP、pMD18-T-SP 和 pMD18-T-GFP-SP。

1.2.3 重组 AcMNPV 转移质粒 pFastBac-HTb-X 的构建

将重组克隆质粒 pMD18-T-X 以限制性内切酶 *Xba* Ⅰ和 *Hind*Ⅲ 双酶切，割胶回收，与经同样方法酶切的重组 AcMNPV 转移质粒 pFastBacHTb 连接，转化并经蓝白斑筛选得到重组转移质粒 pFastBacHTb-*X*（pFastBacHTb-GFP、pFastBacHTb-*SP* 和 pFastBacHTb-GFP-SP）。

1.2.4 重组 AcMNPV 穿梭质粒的构建与鉴定

将重组 AcMNPV 转移质粒 pFastBacHTb -X 转化入 *E. coli* DH10 Bac 感受态细胞。该细胞含有一个 AcMNPV 穿梭载体 Bacmid 和辅助质粒。该细胞在 SOC 培养基内，37℃，250r/min 振荡培养 5h。取 100μL 转化产物，涂布在含卡那霉素、庆大霉素、四环素、X-gal 和 IPTG 的 LB 平板上，37℃培养 24～48h 后，挑选白色单一菌落，画线，接种于含相同抗生素的 LB 液体培养基，再次 37℃振荡培养过夜，参照 Bac-to-Bac AcMNPV 操作手册提取质粒 DNA。用 pUC/M13 引物（序列如下）对提取物进行 PCR 扩增。

pUC/M13 forward (-40)：5′-GTTTTCCCAGTCACGAC-3′

pUC/M13 reverse：5′-CAGGAAACAGCTATGAC-3′

采用下列扩增条件：94℃ 35s，55℃ 1min，72℃ 7min，进行 35 个循环，再 72℃延伸 10min。产物用 1%琼脂糖凝胶电泳鉴定，获得插入目的基因的重组杆状病毒穿梭载体，命名为 rb-*X*（rb-*GFP*、rb-*SP* 和 rb-GFP-*SP*）。

1.2.5 sf9 昆虫细胞的培养与转染

sf9 昆虫细胞在 Grace's 完全培养基（含 10%FBS）中培养至基本铺满瓶底。以每毫升培养基9×10^5个细胞的浓度接种于 6 孔板。参照 Bac-to-Bac AcMNPV 操作手册，用重组 AcMNPV 穿梭质粒 rb -*X* 转染细胞，培养 24～48h 后，在荧光倒置显微镜下观察细胞形态及发出荧光情况，拍照。

2 结果

2.1 构建重组 AcMNPV 转移质粒 pFastBacHTb-X

首先通过 PCR 和 overlap-PCR 获得单基因 *GFP*、*SP* 以及融合基因 *GFP-SP*，并将其与克隆载体 pMD18-T 连接。重组质粒 pMD18-T-*X* 与 AcMNPV 转移载体 pFastBacHTb 通过位点 *Xba*Ⅰ/*Hind* Ⅲ双酶切并连接，得到重组转移质粒 pFastBacHTb-*X*（pFastBacHTb-*GFP*、pFastBacHTb- *SP* 和 pFastBacHTb-*GFP-SP*）。pFastBacHTb-X 低融点胶电泳除得到一个 4475bp 大小的片段（pFastBacHTb 载体大小），还分别得到长约 595bp、714bp 和 1300bp 大小的片段，与预计的 *GFP*、*SP* 和 *GFP-SP* 融合基因大小吻合（图 1）。重组转移质粒 pFastBacHTb-*X* 测序结果与预计的一致并且无移码现象，说明正确的重组转移质粒 pFastBacHTb-*X* 构建成功。

2.2 重组穿梭质粒的构建及鉴定

重组质粒 pFast-GFP-SP 转化进感受态 DH10 Bac 细胞，以便与穿梭载体 Bacmid 发生转座。在辅助质粒的作用下，供体质粒 pFastBacHTb 上的小 Tn7 区段会与杆粒 Bacmid 上小-attTn7 两端发生交换重组，获得含有目的基因的重组穿梭质粒 rb-*X*（rb-*GFP*、rb-*SP* 和 rb-*GFP-SP*）。以 pUC/M13 引物对 rb-*X* 进行 PCR 验证，所得条带大小比相应目的基因增大约 2.4 kb。

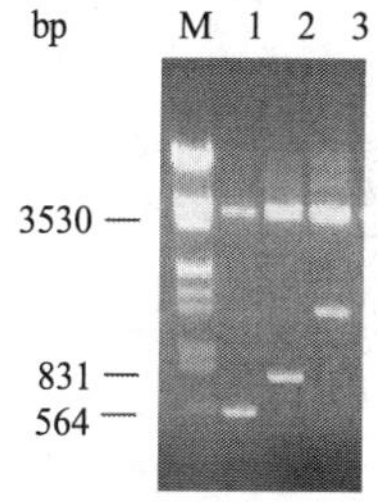

图 1 pFastBacHTb-*X* 重组子

M. maker；1. *Xba* Ⅰ/*Hind* Ⅲ 消化的 pFastBacHTb-*SP*；2. *Xba* Ⅰ/*Hind* Ⅲ 消化的 pFastBacHTb-*GFP*；3. *Xba* Ⅰ/*Hind* Ⅲ消化的 pFastBacHTb-*GFP-SP*

2.3 GFP-SP 融合蛋白在 sf9 昆虫细胞中的表达

重组穿梭质粒 rb-X 转染 sf9 昆虫细胞，显微镜下观察到被感染 24～48h 后的细胞发生了一系列的变化（图 2）：细胞和细胞核变大，细胞内颗粒物增多，细胞脱落甚至裂解等的现象，与正常的 sf9 昆虫细胞形态有明显差别。利用 GFP 蛋白的自发绿色荧光，在 488nm 激发光下可以看见：部分细胞发出清晰的绿色荧光，且大部分荧光集中在细胞质部分（图 3C、D）与只携带有 GFP 基因的对照组细胞发出的荧光（图 3A、B）有明显区别。这些结果表明：GFP-SP 融合蛋白在 sf9 昆虫细胞内成功表达。

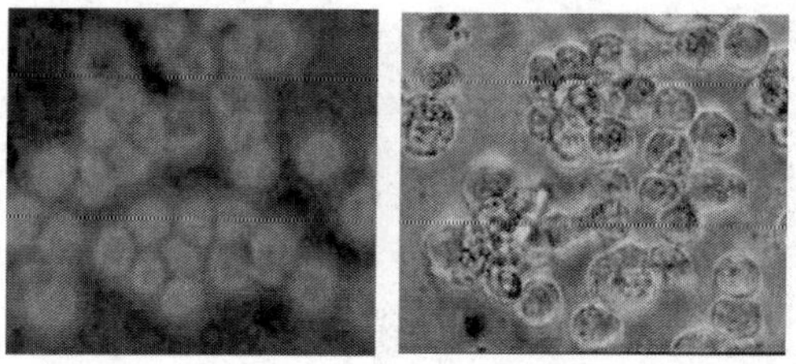

图 2 细胞形态（100×）

A. 正常 sf9 细胞；B. 被重组体感染 24～48h 的细胞

3 讨论

PCR 技术在现代分子生物学领域中具有非常重要的地位，已经成为许多实验工作的基础，其具有简易、高效、快速，易于操作等优点，并且近年来已衍生出多种 PCR 方法[14]。重叠延伸 PCR（overlap polymerase chain reaction，overlap-PCR）使用了具有互补末端的引物，使 PCR 产物形成了重叠链，从而在随后的扩增反应中通过重叠链的延伸，将不同来源的扩增片段重叠拼接起来而中间不包含任何目的基因以外的其他 DNA 序列，避免了因加入连接序列可能出现的表达蛋白质的功能异常[15]。本研究采用 overlap-PCR 的方法获得了 *GFP-SP* 融合基因，并构建其表达载体。实验中，我们注意到：*Taq* 酶会在 PCR 产物 3′ 端添加 1 个突出 A 碱基，从而造成移码；并且 overlap-PCR 为多重扩增，极易发生碱基错配。因此，我们采用了具有较好忠实性的 Ex *Taq* 酶，以保证实验的顺利进行。重组转移质粒 pFastBacHTb-*GFP-SP* 的酶切鉴定和序列测定的正确性，证明了这一思路的可行性。

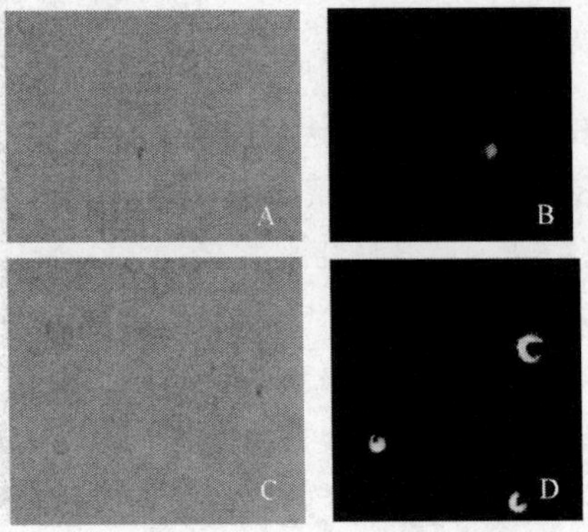

图 3　已含表达蛋白的 sf9 细胞（100×）
A. 感染 rb-*GFP* 的细胞（可见光部分）；B. 感染 rb-*GFP* 的细胞（荧光部分）；C. 感染 rb-*GFP-SP* 的细胞（可见光部分）；D. 感染 rb-*GFP-SP* 的细胞（荧光部分）

SP 作为病害特异蛋白在 RSV 的致病性上发挥着举足轻重的作用。Lin 等[16]用 PAS-ELISA 分析了 SP 在寄主体内的积累情况；Stewart 等[17]推测 SP 可能在病毒与昆虫介体最初的识别过程中起作用；Liu 等[18]电镜观察不同生长阶段 RSV 寄主病叶的细胞病理学变化，发现 SP 在叶绿体和细胞质中都存在；Wu 等[19]在带毒虫体的唾液腺、中肠和卵巢中都检测到 SP；Liang 等[20]用 Western 对 RSV 各蛋白在寄主和介体昆虫体内不同时间段的表达情况作了检测；这些研究都表明了 SP 在 RSV 寄主和带毒介体昆虫体内存在的重要性和分布的广泛性。亚细胞定位对于蛋白质功能是非常重要的，蛋白质必须处于合适的亚细胞定位才能行使其功能[21]。预实验中我们通过 PsortⅡ Prediction 软件预测到：60.9% 也就是大部分 SP 应该在细胞质中表达，倒置显微镜观察结果也显示了大部分的荧光集中在细胞质部分。那么，SP 在寄主和介体昆虫体内是否具有定位功能？它在病毒-寄主的相互作用及共同演化过程中是否充当一种信号分子的角色？这些都有望通过 GFP-SP 融合表达载体在真核细胞中表达来进行直观的研究。因此，构建 GFP 与病毒蛋白融合表达载体的思路为研究病毒蛋白的亚细胞定位进而研究其功能奠定了基础。

致谢　感谢中国科学院武汉病毒研究所方勤先生和赵淑玲博士为本实验提供了草地贪夜蛾离体细胞 sf9、pFastBacHTb 供体质粒和大肠杆菌 DH10 Bac 感受态细胞。感谢中国农业科学院植保所研究员陈子文先生对本研究提出的良好建议。

参 考 文 献

[1] Lin HX, Lin QY, Xie LH. Research advances on molecular biology of *Rice stripe virus*. Virologica, 1997, 12(3): 203-209

[2] Ramirez BC, Haenni AL. Molecular biology of tenuiviruses, a remarkable group of plant viruses. J Gen Virol, 1994, 75(1): 467-475

[3] Yang WD, Wang XH, Wang SY, et al. Infection and replication of a planthopper transmitted virus-*Rice stripe virus* in rice protoplasts. Journal of Virological Methods, 1996, 59: 57-60

[4] Xie LH, Wei TY, Lin HX, et al. molecular biology of *Rice stripe virus*. Journal of Fujian Agriculture and Forest University, 2001, 30(3): 269-279

[5] Toriyama S, Takahashi M, Sano Y, et al. Nucleotide sequence of RNA 1, the largest genomic segment of *Rice stripe virus* the prototype of the tenuiviruses. J Gen Virol, 1994, 75: 3569-3579

[6] Takahashi M, Toriyama S, Hamamatsu C, et al. Nucleotide sequence and possible ambisense coding strategy of *Rice stripe virus* RNA segment 2. J Gen Virol, 1993, 74: 769

[7] Hayano Y, Kakutani T, Hayashi T, et al. Coding strategy of *Rice stripe virus* major non-structural protein is encaded in viral RNA sagement 4 and coad protein in RNA complementary to sagment 3. Virology, 1990, 177: 372-374

[8] Hamamatsu C, Toriyama S, Toyoda T, et al. Ambisense coding strategy of the *Rice stripe virus* genome: in vitro translation studies. J Gen Virol, 1993, 74: 1125-1131

[9] Chalfie M, Tu Y, Euskirchen G. Green fluorescent proteinasa marker for gene expression. Science, 1994, 263: 802-805

[10] Yan, Chen, Muller, et al. Molecular brightness characterization of EGFP *in vivo* by fluorescence fluctuation spectroscopy. Biophys J, 2002, 82: 133-144

[11] Luckow VA, Lee SC, Barry GF, et al. Effocoemt generatiom of infectious recombinant baculovious by site-specific transposon-mediated insertion of foreign gene into baculovirus gemome propagated in *Escherichia coli*. J Virol, 1993, 67: 4566-4579

[12] Zhu Y, Hayakawa T, Toriyama S. Compete nucleotide sequence of RNA4 of *Rice stripe virus* isolate T and comparison with another isolate and with *Maize stripe virus*. J. Gen. Vir-

ol. , 1992, 73: 1309-1312

[13] Ho SN, Hunt HD, Horton RN, et al. Site-directed mutagenesis by overlap extension using the polymerase chain reaction. Gene, 1989, 77: 51-59

[14] Cao Y, Li DT, Yin BN, et al. Establishment and application of overlap-extension PCR. Hebei Medical Journal, 2005, 27: 11

[15] Xu F, Yao Q , Xiong AS, et al. SOE PCR and its application in genetic engineering. Molecular Plant Breeding, 2006, 4(5): 747-750

[16] Lin QT, Lin H X, Wu ZJ, et al. Accumulations of coat protein and disease-specific protein of *Rice stripe virus* in its host. Journal of Fujian Agriculture University, 1998, 27 (3): 322-326

[17] Stewart MG, Banerjee N. Mechanisms of arthropod transmission of plant and animal viruses. Microbiology and Molecular Biology Reviews, 1999, 63(1): 128-148

[18] Liu LH, Wu ZJ, Lin QY, et al. Cytopathological observation of *Rice stripe virus*. Acta Phytopathologica Sinica, 2000, 30 (4): 306-310

[19] Wu AZ, Zhao Y, Qu ZC, et al. Subcellular location of SP encoded by *Rice stripe virus* in *Laodelphax striatellus*. Chinese Science Bulletin, 2001, 46(14): 1183-1186

[20] Liang DL, Qu ZC, Ma XQ, et al. Detection and localization of *Rice stripe virus* gene products in vivo. Virus Genes, 2005, 31 (2): 211-221

[21] Fujiwara Y, Asogawa M. Prediction of subcellular localization using amino acid composition and order. Genome Informatics, 2001, 12: 103-112

水稻条纹病毒CP、SP进入叶绿体与褪绿症状的关系

明艳林，吴祖建，谢联辉

（福建农林大学植物病毒研究所，福建福州　350002）

摘　要：通过人工接种获得斑点杂交（Dot-blotting）和蛋白质印迹法（Western-blotting），检测水稻感染水稻条纹病毒（*Rice stripe virus*，RSV）后表现症状的严重程度差异明显的病叶叶绿体总蛋白。结果表明：外壳蛋白（CP）和病害特异性蛋白（SP）均存在于侵染RSV的水稻叶绿体中，且叶绿体中CP和SP的含量同褪绿症状严重程度呈正相关。用完整游离叶绿体进行体外跨膜运输实验，发现CP能进入离体健康叶绿体中。

关键词：水稻条纹病毒；外壳蛋白；病害特异性蛋白；叶绿体

中图分类号：S432.4　**文献标识码**：A　**文章编号**：1006-7817-（2001）S-0147-01

The presence of *Rice stripe virus* coat protein (CP) and disease-specific virus (SP) in chloroplasts is related to the expression of chlorotic on rice

MING Yan-lin，WU Zu-jian，XIE Lian-hui

(Institute of Plant Virology，Fujian Agriculture and Forestry University，Fuzhou　350002)

Abstract: The pure intact chloroplasts were isolated from protoplasts released from rice leaves infected by *Rice stripe virus* (RSV)，or from healthy rice leaves. Using the antiserum against RSV coast protein (CP) and disease-specific protein (SP) subunit ，The CP and SP were detected by Western-Blotting from the whole protein extracted from the chloroplasts. We concluded that CP and SP exist in chloroplasts of rice infected by RSV，and that the concentration of CP and SP inside chloroplasts was positively related to severity of symptom，we also can found the CP in the chloroplsts by transfering RSV particle into healthy chloroplasts.

Key words: *Rice stripe virus*；coat protein ；disease-specific protein；chloroplasts

福建农业大学学报，2001，30（增刊）：147

收稿日期：2001-07-15

水稻条纹病毒 CP、SP 基因克隆及其植物表达载体的构建*

于　群，吴祖建，谢联辉

（福建农林大学植物病毒研究所，福建福州　350002）

摘　要：从带有水稻条纹病毒的盘锦分离物（*Rice stripe virus*，PanJin isolate，RSV-PJ）中提取病叶总核酸。并以其核酸第 3 条和第 4 条链为模板，设计合成分别用于扩增 *CP*、*SP* 基因的两对引物，通过 RT-PCR 扩增得到所需目的片段，并克隆到 pGEM-T 载体上，得到重组质粒 pTCP 和 pTSP。双酶切重组质粒并回收相应的目的片段。将其连接到经过同样双酶切的重组质粒 pCPBNS6 的载体 pCAMBIA2301 上，再经 *Eco*RⅠ和 *Hind*Ⅲ双酶切，将切下的含有 35S 启动子、目的片段及 Nos-ter 非编码序列的片段连于载体 pCAMBIA1300 上，得到植物表达载体 pC1300CP 和 pC1300Sp。并通过 DNA 直接转化法三亲交配法和电转化法转入农杆菌。

关键词：水稻条纹病毒；*CP* 基因；*SP* 基因；植物表达载体

中图分类号：S435.111.4+9　**文献标识码**：A　**文章编号**：1006-7817-（2001）S-0148-01

Cloning of *CP*, *SP* genes of *Rice stripe virus* and construction of their plant expression vectors

YU Qun, WU Zu-jian, XIE Lian-hui

(Institute of Plant Virology, Fujian Agriculture and Forestry University, Fuzhou　350002)

Abstract: Large amount of coat protein (CP) and disease-specific proteins (SP) accumulated in the rice plants infected with *Rice stripe virus* (RSV), and the concentration of CP and SP in disease leaves is positively related to severity of symptom and negatively related to the resistance of rice variability. So it is deduced that they are possible disease related proteins. To further study the function of the two proteins, we constructed two plant expression vector pC1300CP and pC1300SP separately containing *CP* and *SP* gene and vector pCAMBIA1300. Plasmids pC1300CP and pC1300SP were introduced into Agrobacterium LBA4404 by triparental mating and eletroporation. They will be used in the transformation of rice in following study.

Key words: *Rice stripe virus*; *CP* gene, *SP* gene; plant expression vector

---

福建农业大学学报，2001，30（增刊）：148

收稿日期：2001-06-01

* 基金项目：福建省自然科学基金（B0010009）

水稻条纹病毒 CP、SP 在水稻原生质体内的表达

吴祖建，明艳林，谢荔岩，林奇英，谢联辉

（福建农林大学植物病毒研究所，福建福州 350002）

摘 要：通过 PEG 介导，将 RSV 导入水稻原生质体。利用酶联免疫吸附法（ELISA）及蛋白免疫印迹法（Western blotting），研究 RSV 在水稻原生质体内的生长周期和 SP 的表达周期，结果表明：①RSV 在接种后 16h 左右开始在原生质体内复制，38h 左右达到最大值；②SP 在 12h 左右开始表达，在 32h 左右达到最大值。

关键词：水稻条纹病毒；原生质体；外壳蛋白；病害特异性蛋白

中图分类号：S432.4^{+}1　**文献标识码**：A　**文章编号**：1006-7817-（2001）S-0159-01

Expression of CP and SP of Rice stripe virus in rice protoplasts

WU Zu-jian，MING Yan-lin，XIE Li-yan，LIN Qi-ying，XIE Lian-hui

（Institute of Plant Virology，Fujian Agriculture and Forestry University，Fuzhou 350002）

Abstract：*Rice stripe virus*（RSV）was transferred to rice protoplasts by PEG. Growth periods of RSV and expression periods of SP in rice protoplasts were researched by ELISA and Western blotting. The result is：(1) RSV in rice protoplasts began to replicate 16h after inoculation. The replication reached its peak after 38h. (2) SP began to express 12h after inoculation. The expression reached its peak after 32h.

Key words：*Rice stripe virus*；rice protoplast；coat protein；disease-specific protein

实时荧光定量 PCR 检测 RSV 胁迫下抗、感水稻中与脱落酸相关基因的差异表达*

丁新伦，张孟倩，谢荔岩，林奇英，吴祖建，谢联辉

（福建农林大学植物病毒研究所，福建福州　350002）

摘　要：采用实时荧光定量 PCR 方法测定了 RSV 胁迫下抗性不同品种水稻中与脱落酸相关基因的 mRNA 转录水平变化。结果表明，感病品种武育粳 3 号中 *WGP*1、*OsGASA*2、*Polcalcin*、*OsCBL*4、*Myb* 和 *OsCIPK*15 基因表达水平均上调，上调比率分别为 4.96、5.17、2.01、5.17、12.04 和 7.84。而抗病品种 KT95-418 中，*OsGASA*2 和 *OsCIPK*15 基因表达水平下调，下调比率分别为 1/5.40 和 1/2.08；*Polcalcin* 和 *Myb* 基因表达水平上调，上调比率分别为 4.20 和 3.86；*WGP*1 和 *OsCBL*4 表达量变化不明显。这些事实表明，RSV 胁迫能诱导脱落酸相关基因表达量的变化，并且在抗、感病水稻品种中的表达特征不同，从而提示 ABA 可能调控了 RSV 胁迫条件下相关基因的表达。

关键词：武育粳 3 号；RSV 胁迫；脱落酸相关基因；实时荧光定量 PCR

中图分类号：Q945.78；Q78　**文献标识码**：A　**文章编号**：1007-7146（2008）04-0464-06

The differential expression, the ABA-related genes in susceptible and resistant rice varieties under RSV stress

DING Xin-lun, ZHANG Meng-qian, XIE Li-yan, LIN Qi-ying, WU Zu-jian, XIE Lian-hui

(Institute of Plant Virology, Fujian Agriculture and Forestry University, Fuzhou　350002)

Abstract: Six ABA-related genes, Polcalcin, *OsCIPK*15, *OsGASA*2, *WGP*1, *OsCBL*4 and *Myb* genes in susceptible and resistant rice varieties (line) were evaluated under RSV stress using real-time quantitative reverse-transcription PCR (RQ-RT-PCR). The results showed that the six genes in susceptible rice plants were all up-regulated; however, in resistant rice plants, *OsGASA*2 and *OsCIPK*15 genes were down-regulated, Polcalcin and Myb genes were up-regulated, and the transcript levels of *WGP*1 and *OsCBL*4 genes didn't change. Therefore, it was considered that the ABA-related genes were induced under RSV stress, and the expression patterns were different in susceptible and resistant rice varieties. It is suggested that ABA might regulate the related gene

激光生物学报，2008，8（17）464-469

收稿日期：2007-12-18

* 基金项目：国家自然科学基金项目（30671357）、教育部博士点专项科研基金项目（20050389009）、国家 973 项目（2006CB100203）

expression under RSV stress.

Key words：Wuyujing No. 3；RSV stress；ABA-related genes；RQ-RT-PCR

由水稻条纹病毒（*Rice stripe virus*，RSV）引起的水稻条纹叶枯病是水稻上的重要病毒病害，近年来它在我国的发生呈上升趋势，在部分地区呈现大流行的严峻态势[1]。实践证明，种植抗病品种是控制病毒病的最经济最有效途径，因此从分子水平研究水稻的抗病和感病机制将为选育抗病品种提供新理论和新思路。

植物激素脱落酸（abscisic acid，ABA）参与调控植物的生长发育过程，并且在调节逆境胁迫如干旱、冷害和高盐等的非生物胁迫以及真菌、细菌和病毒等的生物胁迫中也起着重要作用，故被称为胁迫激素[2]。已知植物激素水杨酸（salicylic acid，SA）、茉莉酸（jasmonic acid，JA）和乙烯（ethylene，ET）是调节植物抗病信号途径的重要内源信号分子[3]，而 DeTorres-Zabala 等[4]认为 ABA 在调节植物抗病防卫反应中也同样扮演着重要角色。ABA 在植物病害抗性中的作用与病原物的类型有关，如 ABA 能诱导植物对活体营养型病原菌烟草黑胫病菌（*Phytophthora parasitica*）的感病性[5]，而增强植物对死体营养型病原菌白菜黑斑病菌（*Alternaria brassicae*）的抗病性[6]。ABA 在植物与病毒互作中的作用也比较复杂，其是否参与抗病反应，以及在植物防卫反应中起正调控还是负调控作用报道不一致[7-10]，有待进一步研究。

在逆境胁迫下，ABA 可以通过调控其相关基因的表达来调节植物对逆境的适应[11]。*WGP*1、*OsGASA*2、*Polcalcin*、*OsCBL*4、*Myb* 和 *OsCIPK*15 等基因受 ABA 诱导或与 ABA 信号传导途径有关（各基因描述见表 1），参与了非生物胁迫或生物胁迫反应。ABA 相关基因与 RSV 胁迫的关系尚未见报道，本文以上述 6 个基因为研究对象，以抗病品系 KT95-418 和与其遗传背景相近的感病品种武育粳 3 号为材料，采用实时荧光定量 PCR 方法分析 RSV 胁迫下抗性不同品种的水稻中 *WGP*1、*OsGASA*2、*Polcalcin*、*OsCBL*4、*Myb* 和 *OsCIPK*15 基因表达量的变化，从而探讨 RSV 胁迫对 ABA 相关基因的影响，分析上述基因在抗、感病水稻中的表达差异。本研究所已对 ABA 在水稻与 RSV 互作中的作用进行过初步的研究，本文拟从分子水平上对该抗病防卫反应的机制作进一步的探索，从而为培育抗病品种提供理论依据。

1 材料与方法

1.1 RSV 毒源和昆虫介体

RSV 毒源采自云南典型水稻条纹叶枯病病株，经人工分离纯化、保存于粳稻品种合系 28 上。昆虫介体采用本实验室繁殖保存的无毒灰飞虱（*Laodelphax striatellus*）。

1.2 水稻品种和种植条件

水稻采用粳稻（*Oryza sativa* L. ssp. *japonica*）的感病品种武育粳 3 号和抗病品系 KT95-418。分别种植于温室中，罩上防虫网。温度：（26±2）℃，光照条件：光照 14h/黑暗 10h。

1.3 RSV 胁迫处理和取样

2～3 龄无毒灰飞虱在合系 28 水稻条纹叶枯病株上饲毒 48h，并在合系 28 健株上度过循回期后，分别接种武育粳 3 号和 KT95-418 一叶一心期水稻幼苗，传毒 48h，接种后第 9 天取样，同时将未经饲毒的 2～3 龄无毒灰飞虱取食水稻幼苗，作为对照。将取得的水稻叶片组织保存在 RNA later（Qiagen）中，－20℃保存待用。

1.4 稻苗中总 RNA 的提取

称取 0.1g 水稻叶片组织，采用 Trizol Reagent（Invitrogen）提取植物总 RNA，按照 Trizol 操作说明进行，略有修改。DNase Ⅰ（TaKaRa）处理去除总 RNA 中的基因组 DNA。紫外分光光度计检测 RNA 纯度。

1.5 ABA 相关基因表达量变化的测定

荧光染料（SYBR green Ⅰ）RQ-RT-PCR 法测定 ABA 相关基因表达量变化。荧光定量 PCR 引物见表 1，由 TaKaRa 公司合成。采用 RT Reagents 反转录试剂盒（TaKaRa）合成单链 cDNA，反应条件：42℃ 15min，85℃ 5s，cDNA 保存于－60℃备用。以适量的 cDNA 做模板，采用 SYBR Premix Ex *Taq*（TaKaRa）进行 PCR 扩增反应，PCR 反应液的配置按照说明操作进行，反应体系调定为 20μL，PCR 循环参数为：95℃ 10s，95℃

6s，X℃ 30s（*OsCIPK*15、*Polcalcin*、*OsGASA*2、*OsCBL*4、*Myb* 和 *WGP*1 的退火温度 X 分别为：56℃、54℃、54℃、53℃、54℃、55℃ 和 55℃），40 个循环。反应管采用 0.2mL PCR 平盖薄壁管（Axygen）。PCR 反应及数据采集在 Bio-rad Mini Opticon 系统上进行。通过融解曲线（60～92℃）分析反应产物特异性。以 *UBQ* 5 为内对照基因对所有样品进行归一化处理，同时设置无模板对照（no template control，NTC）。每个反应设置两次重复。每个反应的荧光信号达到设定的阈值时所进行的循环数即为 Ct 值，根据初始模板量的对数值与 Ct 值之间呈线性关系的原理，计算出基因的相对表达量。

表 1 荧光定量 PCR 引物

基因名称	基因描述	登录号[a]	引物序列[b]
*OsCIPK*15	与 CBL 互作的丝氨酸/苏氨酸蛋白激酶 15	AF004947	[1219] 5′-ACCCCAACCCAAGCACAA -3′ [1361] 5′-CACACCAAGCACCAGAGCA-3′
Polcalcin	钙结合花粉过敏原 Jun o 2	AK070662	[646] 5′-TTTCTTCCCTTCTCCTCATCCTC -3′ [763] 5′-GGCTAGTGGTCTTTTAATCGGTTGT -3′
*OsGASA*2	赤霉素调控蛋白前体	BI803310	[377] 5′-CCTTGGATCATCTCGGACCA -3′ [522] 5′-CAGGCACGAAGTAGGTAGCACA -3′
*OsCBL*4	钙调神经磷酸酶 B 亚基样蛋白	AK101368	[882] 5′-ATCAGAGTGGCTTTTCTTCTGCTT -3′ [963] 5′-TTTGCTTGTGTTGCTTCGTTG -3′
Myb	含两个 DNA 结合区域的 R2R3 MYB 蛋白	AK103455	[42] 5′- TTGCTCTGCCCGATGATG-3′ [164] 5′- GGCGATGTAGTTGACGAGGAG-3′
*WGP*1	含 BURP 结构域蛋白	AK120091	[545] 5′-TGAGGCTGTCAAGTCCCTGTT -3′ [652] 5′-TTCGTCTCGCCCTTGCTT -3′
UBQ 5[13]	泛素蛋白 5	AK061988	[506] 5′-ACCACTTCGACCGCCACTACT-3′ [574] 5′-ACGCCTAAGCCTGCTGGTT-3′

a. 全长 cDNA 登录号（GenBank）；b. 上游引物（上一行）和下游引物（下一行）左上角数字表示引物序列在全长 cDNA 中的位置。

1.6 数据处理

相对定量计算拟采用 $2^{-\Delta\Delta Ct}$ 法或标准曲线法。$2^{-\Delta\Delta Ct}$ 法确认：取待测基因和内对照基因 *UBQ* 5 的 cDNA 分别进行梯度稀释 4 倍、8 倍、10 倍、40 倍、100 倍，将稀释过的 cDNA PCR 扩增。分别检测待测基因和 *UBQ* 5 的 Ct 值，ΔCt = Ct 待测基因-Ct UBQ5，通过 cDNA 浓度梯度的 log 值对 ΔCt 值作图，如果所得直线斜率绝对值接小于 0.1，说明待测基因和内对照基因的扩增效率相同，可以通过 $2^{-\Delta\Delta C}$t 方法进行相对定量。设置未经 RSV 胁迫处理的武育粳 3 号水稻为对照样品，对照样品各基因的相对表达量为 1，$2^{-\Delta\Delta Ct}$ 的值即为相对表达量，取两个重复的平均表达量值来计算处理样品和未处理样品的差异表达比率。若目的基因和内参基因的扩增效率不具可比性，则采用相对标准曲线法。利用 Opticon Monitor 3 软件计算各基因的相对表达量。本研究认定的差异表达基因须满足以下条件：①两个重复表达量平均值≥0.10；② 差异表达倍数上调比率≥2.00 或下调比率≤1/2。

2 结果与分析

2.1 稻苗总 RNA 的质量检测

水稻叶片总 RNA 经分光光度计检测，A_{260}/A_{280} 比值为 2.0，A_{260}/A_{230} 比值为 2.1，表明 RNA 纯度高，可用来进行荧光定量 PCR 分析。

2.2 引物反应性确认和 $2^{-\Delta\Delta Ct}$ 方法确认

在荧光定量 PCR 过程中，荧光强度均有不同程度的增加，部分基因的扩增曲线见图 1。6 个脱落酸相关基因和内对照基因 *UBQ*5 的溶解曲线均呈单峰（图 2），表明荧光定量 PCR 无非特异性扩增。通过荧光定量 PCR 仪配置的 Option Monitor 3 软件计算曲线斜率，结果表明，各基因的曲线斜率绝对值均小于 0.1，说明目的基因的扩增效率和内参基因的扩增效率一致，故选用 $2^{-\Delta\Delta Ct}$ 方法来进行相对定量计算。

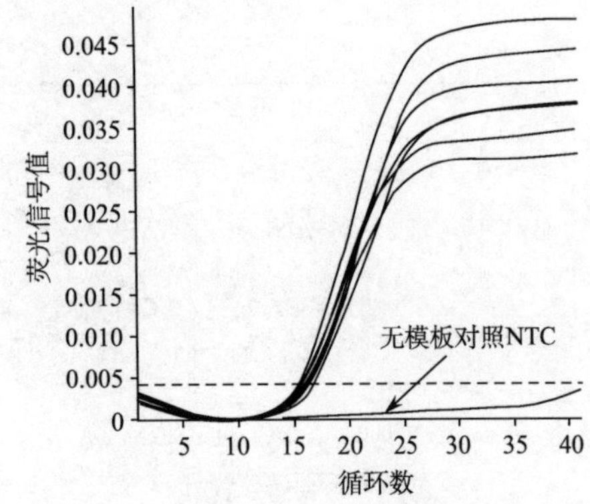

图 1　部分基因和无模板对照的荧光定量 PCR 扩增曲线

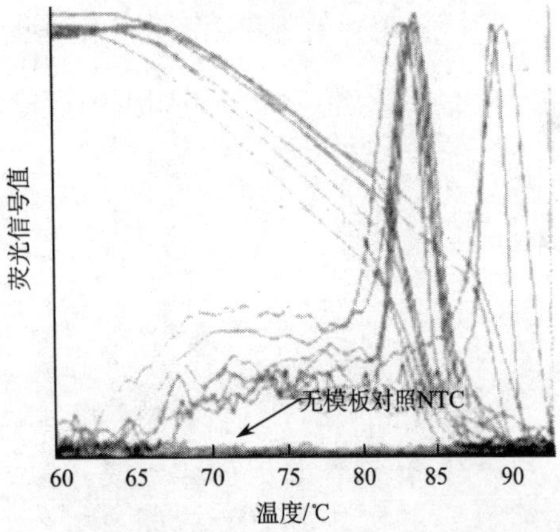

图 2　脱落酸相关基因和无模板对照的溶解曲线

2.3　RSV 胁迫下感病水稻中脱落酸相关基因的差异表达分析

感病品种武育粳 3 号水稻植株接种 RSV 后各基因的相对表达量见图 3。由图 3 和表 2 可看出，在 RSV 胁迫下，*WGP*1、*OsGASA*2、*Polcalcin*、*OsCBL*4、*Myb* 和 *OsCIPK*15 基因表达量均增加，即表达水平上调，上调比率分别为 4.96、5.17、2.01、5.17、12.04 和 7.84，这说明 RSV 胁迫下感病品种 ABA 相关基因表达丰度的变化趋势一致，但各基因的差异比率不同。

2.4　RSV 胁迫下抗病水稻中脱落酸相关基因的差异表达分析

抗病品系 KT95-418 水稻植株接种 RSV 后各基因的表达量变化见图 3。由图 3 和表 2 可看出，在 RSV 胁迫下，*OsGASA*2 和 *OsCIPK*15 基因表达量降低，表达水平下调比率分别为 1/5.40 和 1/2.08；*Polcalcin* 和 *Myb* 基因表达量增加，表达水平上调比率分别为 4.20 和 3.86；而 *WGP*1 和 *OsCBL*4 基因的差异比率分别为 1.19 和 1/1.61，RSV 接种前后表达量变化不明显。以上结果说明，RSV 胁迫下抗病品种各基因表达丰度呈多样性变化趋势。与感病品种相比，*OsGASA*2、*Polcalcin*、*OsCBL*4 和 *Myb* 基因的表达量均较低（图 3）。

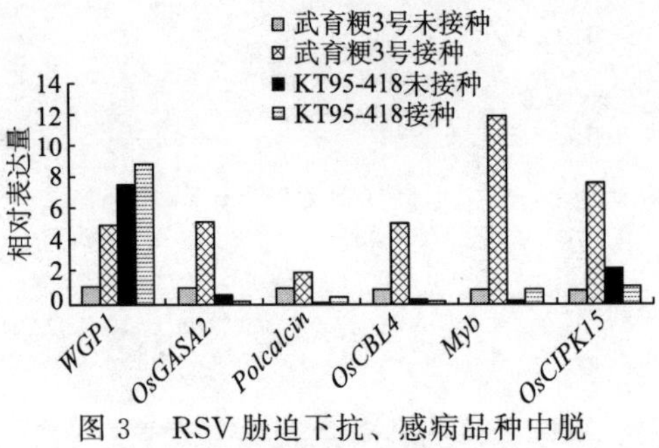

图 3　RSV 胁迫下抗、感病品种中脱落酸相关基因的表达量比较

表 2　RSV 胁迫下抗、感病品系中与脱落酸相关基因的差异表达分析

基因名称	武育粳 3 号		KT95-418	
	表达方式	差异比率	表达方式	差异比率
*WGP*1	上调	4.96	上调	1.19
*OsGASA*2	上调	5.17	下调	1/5.40
Polcalcin	上调	2.01	上调	4.20
*OsCBL*4	上调	5.17	下调	1/1.61
Myb	上调	12.04	上调	3.86
*OsCIPK*15	上调	7.84	下调	1/2.08

3　讨论

本文采用荧光染料（SYBR green Ⅰ）实时定量 PCR 法分析 RSV 胁迫下抗性不同品种水稻中 ABA 相关基因表达的差异。荧光定量 PCR 法用于基因表达的研究，具有灵敏度高，准确性好和线性域值宽等优点[12]，已逐渐应用于植物生物学领域。由于 SYBR green Ⅰ能与所有的双链 DNA 模板结合，因而引物二聚体或其他非特异性扩增产物均能对定量结果产生干扰，所以能否设计到合适引物是荧光定量 PCR 能否正常进行和准确定量的关键。

本文中6个目的基因和内对照基因的引物特异性用融解曲线分析，均为单一峰型，无非特异性扩增，可用来进行荧光定量PCR检测。同时，选择适合的内对照基因对获得的数据进行归一化处理，这对于获得精确可靠的结果也是必需的。*UBQ*5基因在生物发育的不同阶段、各种逆境以及激素处理下均能持续稳定表达[13]，选取其作为荧光定量PCR的内对照基因，可较好的排除总RNA提取过程造成的差异及PCR效率的影响，能在较广的范围内定量研究基因的表达水平。

在感病品种中，ABA相关基因*WGP*1、*OsGASA*2、*Polcalcin*、*OsCBL*4、*Myb*和*OsCIPK*15表达水平均有不同程度的增加，表达丰度的变化趋势一致，表明RSV胁迫诱导上述6个基因上调。在抗病品种中，ABA相关基因表达丰度的变化趋势并不一致，*OsGASA*2和*OsCIPK*15基因表达量降低，表明RSV胁迫诱导*OsGASA*2和*OsCIPK*15下调；*Polcalcin*和*Myb*基因表达量增加，表明RSV胁迫诱导*OsGASA*2和*OsCIPK*15上调；而RSV胁迫处理前后*WGP*1和*OsCBL*4表达量变化均不明显，表明*WGP*1和*OsCBL*4不受RSV胁迫诱导，或者*WGP*1和*OsCBL*4基因应答RSV胁迫反应较迟。相对于感病品种，抗病品种大部分基因（*OsGASA*2、*Polcalcin*、*OsCBL*4和*Myb*）表达水平甚低。以上结果表明，RSV胁迫下，ABA相关基因在抗、感病品种中的表达特征不同：*WGP*1、*OsGASA*2、*OsCBL*4和*OsCIPK*15基因在2个品种中表达丰度的变化趋势不一致，*Polcalcin*和*Myb*基因表达变化趋势相同，但表达程度不同。研究结果表明：RSV胁迫引起了ABA相关基因的变化，且在抗病、感病水稻中的表达特征不同，这提示ABA可能调控了RSV胁迫条件下相关基因的表达，ABA相关基因可能在抗病反应中起重要作用，这为脱落酸参与水稻与RSV互作提供了间接证据。

有关ABA相关基因参与逆境胁迫涉及机理方面的反应也有报道。*OsCIPK*15基因属于蛋白激酶亚族，过量表达该基因显著提高了水稻对冷害、干旱和盐胁迫的适应性[14]，参与系统获得抗病性信号的传导途径[15]。*OsCBL*4属于钙结合蛋白家族，调控CIPK蛋白激酶的表达[16]，在拟南芥中过量表达玉米CBL提高了其对高盐的抗性[17]。含有BURP结构域的*WGP*1基因编码植物特有蛋白，可能参与对病原物的反应[18]。Yu等[19]指出，番茄根部受胞囊金线虫（*Globodera rostochiensis*）侵染后，*WGP*1表达上调，认为该基因可能与线虫侵染番茄有关。*Myb*基因系M YB类转录因子，过量表达*Myb*基因提高了植物对渗透胁迫的抗性[20]；*OsGASA*2属于植物拟南芥赤霉素（gibberellic acid stimulated *Arabidopsis*，GASA）诱导基因家族，响应植物激素反应，参与植物体内的防卫反应[21]。以上报道进一步提示了ABA相关基因参与了RSV胁迫反应，本文结果还需进一步的实验来验证。*Polcalcin*基因编码与钙结合的花粉过敏原蛋白，尚未发现其参与逆境反应的报道，实验结果提示*Polcalcin*基因也有可能参与逆境胁迫反应。

参考文献

[1] 林含新，林奇英，谢联辉. 水稻条纹病毒分子生物学研究进展. 中国病毒学，1997，12 (3)：202-209

[2] Zeevaart JAD，Creelman RA. Metabolism and physiology ofabscisic acid. Annu Rev Plant Phys，1988，39：409-413

[3] Anderson JP，Badruzsaufar IE，Schenk PM，et al. Antagonistic interaction between abscisic acid and jasmonate ethylene signaling pathways modulates defense gene expression and disease resistance in *Arabidopsis* . The Plant Cell，2004，16：3460-3479

[4] De Torres-ZabalaM，Truman W，Bennettm H，et al. Pseudomonassy ringae pv tomato hijacks the *Arabidopsis* abscisic acid signalling pathway to cause disease. EMBO，2007，26：1434-1443

[5] Mohr P，Cahill D. abscisic acid influences the suscep tibility of *Arabidopsis thaliana* to *Pseudomonas syringae* Pv，*tomato* and *Peronospora parasitica*. Funct Plant Biol，2003，30：461-469

[6] Ton J，Mauchm B. B-amino-butyric acid-induced resistance against necrotrophic pathogens is based on ABA-dependent priming for callose. Plant J，2004，38(1)：119-130

[7] Fraser RSS，Whenham RJ. Plant growth regulators and virus infection：a critical review. Plant Growth Regul，1982，1：37-59

[8] Mishra MD，Ghosh A，Verma VS，et al. Effect of abscisic acid on *Tobacco mosaic virus*. Acta Microbiol Pol，1983，32(2)：169-175

[9] Whenham RJ，Fraser RS，Brown LP，et al. *Tobacco mosaic virus*-induced increase in abscisic acid concentration in tobacco leaves：intracellular location in light and dark green areas，and relationship to symptom development. Planta，1986，168：592-598

[10] Clarke SF，Burritt DJ，Jameson PE，et al. Influence of plant hormones on virus replication and pathogenesis-related proteins in *Phaseolus vulgarisi* infected with white clover mosaic Potexvirus. Physiol Mol Plant Path，1998，53：195-207

[11] 吴耀荣，谢旗. ABA与植物胁迫抗性. 植物学通报，2006，23

(5)：511-518

[12] Jain M, Kaur N, Tyagia K, et al. The auxin-responsiveGH3 gene family in rice (*Oryza sativa*). Funct Integr, Genomics, 2006, 6: 36-46

[13] Jain M, Nihhawan A, Tyagi AK, et al. Validation of housekeeping genes as internal control for studying gene expression in rice by quantitative real-time PCR. Biochem Biophy Res Commun, 2006, 345: 646-651

[14] Xiang Y, Huang Y, Xiong L. Characterization of stressresponsive CBL-interacting protein kinase (CIPK) genes in rice for stress tolerance improvement. Plant Physiol, 2007, 144 (3): 1416-1428

[15] Conrath U, Silva H, Klessig DF. Protein dephosphorylation mediates salicylic acid-induced expression of Pr-1 genes in tobacco. Plant, 1997, 11: 747-757

[16] Kolukisaoglu U, Weinl S, Blazev ICD, et al. Calcium sensors and their interacting protein kinases: genomics of the *Arabidopsis* and rice CBL-CIPK signaling networks. Plant Physiol, 2004, 134: 43-58

[17] Wangm Y, Gu D, Liu TS, et al. Overexpression of a putative maize calcineurin B-like protein in *Arabidopsis* confers salt tolerance. Plant Mol Biol, 2007, 65(6): 733-746

[18] Yu S, Zhang L, Zuo K, et al. Isolation and characterization of a BURP domain-containing gene Bnbdc1 from *Brassica napus* involved in abiotic and biotic stress. Physiol Plant, 2004, 122: 210-218

[19] Uehara T, Sugiyama S, Masuta C. Comparative serial analysis of gene expression of transcript profiles of tomato roots infected with cyst nematode. Plant Mol Biol, 2007, 63: 185-194

[20] Abe H, Urao T, Ito T, et al. *Arabidopsis* Atmyc2 (bhlh) and Atmyb2 (MYB) function as transcriptional activators in abscisic acid signaling. Plant Cell, 2003, 15: 63-78

[21] Roxrud I, Lid SE, Fletcher JC, et al. GASA4, One of the 14 member *Arabidopsis* GASA family of small polypeptides, regulates flowering and seed development. Plant Cell Physiol, 2007, 48(3): 471-483

水稻条纹病毒 *CP* 与叶绿体 Rubisco *SSU* 引导肽融合基因的构建及其原核表达*

鹿连明，林丽明，谢荔岩，林奇英，吴祖建，谢联辉

（福建农林大学植物病毒研究所，福建福州 350002；福建省植物病毒学重点实验室，福建福州 350002）

摘　要： PCR 扩增获得水稻（*Oryza sativa* L. ssp. *Japonica*）叶绿体 Rubisco *SSU* 引导肽基因和水稻条纹病毒（*Rice stripe virus*，RSV）外壳蛋白（coat protein，*CP*）基因。分别借助于 pGEX-4T-1 和 pET-29a 表达载体，通过两种方法构建了融合基因 *PR-CP* 和 *PR-S-CP*。测序结果表明，其读码框完整、连接部位正确。将重组子 pGEX-*PR-CP* 和 pET-*PR-S-CP* 转化大肠杆菌（*Escherichia coli*）BL21（DE3）并诱导表达。SDS-PAGE 电泳检测其表达产物分子质量分别为 64kD 和 40kD，与预期结果大小一致。Western 杂交鉴定发现，两种融合基因的表达产物均能与 RSV CP 抗体特异结合，说明融合蛋白中 RSV CP 蛋白保持了自身的抗原活性，叶绿体 Rubisco SSU 引导肽并未影响其正确表达。可以推断两种融合基因 *PR-CP* 和 *PR-S-CP* 在生物体内表达时，融合蛋白中的 Rubisco SSU 引导肽和 RSV CP 蛋白可能都能保持各自独立的结构和功能。

关键词： 水稻条纹病毒外壳蛋白；Rubisco SSU 引导肽；融合基因；原核表达

中图分类号： S188　**文献标识码：** A　**文章编号：** 1006-1304（2008）03-0530-07

Construction of fusion genes of *Rice stripe virus*（RSV）*CP* and Rubisco *SSU* leader peptide of rice chloroplast and its prokaryotic expression

LU Lian-ming，LIN Li-ming，XIE Li-yan，LIN Qi-ying，WU Zu-jian，XIE Lian-hui

（Institute of Plant Virology，Fujian Agriculture and Forestry University，Fuzhou 350002；Key Laboratory of Plant Virology，Fujian Province，Fuzhou 350002）

Abstract： The coat protein（CP）gene of *Rice stripe virus*（RSV）and Rubisco *SSU* leader peptide gene of rice chloroplast were amplified by PCR. Depending on the expression vector pGEX-4T-1 and pET-29a，fusion genes *PR-CP* and *PR-S-CP* were constructed by two methods. The sequencing results showed that the reading frames were full and ligation parts were correct. The recombinants pGEX-*PR-CP* and pET-*PR-S-CP* were transformed into *Escherichia coli* BL21（DE3），and induced to express. The expression products of fusion genes were identified by SDS-PAGE electrophoresis and Western boltting. The results indicated that the molecular weights of

农业生物技术学报，2008，16（3）：530-536

收稿日期：2007-09-20　接受日期：2007-11-09

* 基金项目：国家重点基础研究发展规划（973）项目（No. 2006CB100203）、国家自然科学基金（No. 30671357）、教育部博士点基金（No. 20040389002）和福建省自然科学基金（No. C0310010）

two fusion proteins were 64kD and 40kD, respectively as expected, and the expression products could be specifically recognized by the antibody to RSV CP. This suggested that RSV CP maintained antigen activity of itself, and its expression was not effected by Rubisco SSU leader peptide. The Rubisco SSU leader peptide and RSV CP in the fusion proteins maybe maintain its own structure and function when the fusion genes *PR-CP* and *PR-S-CP* express in the organism.

Key words: *Rice stripe virus* coat protein; rubisco SSU leader peptide; fusion genes; prokaryotic expression

水稻条纹叶枯病的病原为水稻条纹病毒（*Rice stripe virus*，RSV），是纤细病毒属（*Tenuivirus*）的代表成员。其基因组由 4 种单链 RNA 组成，共编码 7 个不同的功能蛋白。研究发现，外壳蛋白（coat protein，CP）在病株中含量的高低与寄主所表现的症状的严重度呈正相关[1]；免疫胶体金技术研究发现，RSV CP 在寄主组织细胞中广泛存在，不仅存在于叶绿体和细胞质中，在细胞核中也有分布[2,3]。表明 RSV CP 极有可能是病毒重要的致病性蛋白。

对黄瓜花叶病毒（*Cucumber mosaic virus*，CMV）的研究表明，CMV CP 亦是一种致病性蛋白，在感染 CMV 的烟草细胞内，CP 能进入叶绿体，阻碍光合作用系统Ⅱ中的电子传递而导致寄主产生花叶。在表达 CMV CP 的转基因普通烟草（*Nicotiana tabacum*）中发现，CP 能在细胞质中大量表达，而在叶绿体中却检测不到 CP 的存在，转基因烟草也不表现花叶症状。这些说明 CMV 引起的花叶症状与叶绿体中 CP 的存在与否有关，CP 的作用位点在叶绿体中，即 CP 要进入叶绿体才能引起花叶症状，而单独的 *CP* 基因或其产物不能进入叶绿体，可能需要依靠 CMV 其他核酸或其编码的蛋白的帮助才能完成这一过程[4]。在对表达 RSV CP 的转基因水稻的研究中发现，CP 能够在转基因水稻中积累，并能在细胞质中表达，但在叶绿体中亦检测不到 CP 的存在，植株也不表现症状[5]。因此可以推断，RSV CP 也可能是病害的致病性蛋白，叶绿体可能是其主要的作用位点，且单独的 *CP* 基因或表达产物不能进入叶绿体中。

在对 CMV CP 致病性研究中，梁德林等[6]构建了烟草 Rubisco *SSU* 引导肽与 *CP* 的融合基因表达载体，并借助根癌农杆菌转化到烟草中。结果发现 CMV CP 能在寄主细胞中表达，且转基因植株表现黄化症状，这说明 Rubisco SSU 引导肽能将 CMV CP 导入到叶绿体中进而使植株产生类似病毒侵染的症状。而对于 RSV 来说，水稻叶绿体 Rubisco SSU 引导肽能否引导 CP 进入叶绿体中，以及单独的 RSV CP 进入叶绿体后能否引发寄主产生类似病毒侵染的症状等尚不明确。本实验采用两种方法，构建了 RSV *CP* 和 Rubisco *SSU* 引导肽的融合基因，并获得了两种融合基因的原核表达载体。在大肠杆菌中观察融合基因的表达情况。从而为进一步揭示 RSV CP 进入水稻叶绿体的可能机制以及阐明 RSV CP 对叶绿体光合作用系统的破坏与寄主症状产生的关系提供基础资料。

1 材料和方法

1.1 材料

1.1.1 植株和毒源

供试植株：粳稻（*Oryza sativa* L. ssp. *Japonica*）品种武育粳 3 号。供试毒源：采自云南楚雄经分离纯化后并保存在合系 39 水稻品种上的 RSV-CX 分离物。

1.1.2 菌株和质粒

大肠杆菌 DH5α 和 BL21（DE3）为本所保存。克隆载体 pMD18-T 购自大连 TaKaRa 公司。原核表达载体 pGEX-4T-1 为云南省植物病理学重点实验室李凡博士惠赠。原核表达载体 pET-29a 为本所保存。

1.1.3 PCR 引物

（表 1）根据 GenBank 中已登录的水稻条纹病毒（*Rice stripe virus*，RSV）外壳蛋白（coat protein，CP）基因序列（登录号为 AY597391），设计用于扩增 RSV *CP* 的特异引物；根据水稻叶绿体 Rubisco *SSU* 基因序列（登录号为 NM _ 001073091），设计用于扩增 Rubisco *SSU* 基因的特异引物；另外，根据构建融合基因的特殊需求，设计带有特定酶切位点的用于扩增 RSV *CP* 和 Rubisco *SSU* 引导肽基因的引物。

表 1 本研究中所用到的引物

引物名称	引物序列	酶切位点	重组子
F1	5′-ATGGCCCCCTGCGTGATGGCGT-3′		pMD-R
R1	5′-GTTGCCACCAGACTCCTCGCAG-3′		
F2	5′-ATGGGTACCAACAAGCCAGCC-3′		pMD-CP
R2	5′-CTAGTCATCTGCACCTTCTGC-3′		
F3	5′-CGGGATCCATGGCCCCCTGCGTGATG-3′	*Bam*HⅠ	pGEX-PR
R3	5′-GTCGACGGTACCCATGCACCTCATCCTGCC-3′	*Sal*Ⅰ, *Kpn*Ⅰ	
F4	5′-ATGGGTACCAACAAGCCAGCCACT-3′	*Kpn*Ⅰ	pGEX-PR-CP
R4	5′-CCCTCGAGCTAGTCATCTGCACCTTC-3′	*Xho*Ⅰ	
F5	5′-CCATGGATGGCCCCCTGCGTGATGGC-3′	*Nco*Ⅰ	pET-PR-S
R5	5′-GGATCCGCACCTGATCCTGCCGCCATT-3′	*Bam*HⅠ	
F6	5′-CGGGATCCATGGGTACCAACAAGCCAG-3′	*Bam*HⅠ	pET-PR-S-CP
R6	5′-CCCTCGAGCTAGTCATCTGCACCTTC-3′	*Xho*Ⅰ	

R，Rubisco *SSU* 基因；*CP*，RSV *CP* 基因；*PR*，Rubisco *SSU* 引导肽基因；*S*，柔性链“GGATCC”

1.1.4 主要试剂

Trizol 试剂购自 Invitrogen 公司（Carlsbad，USA）；各种 DNA 内切酶均购自 Promega 公司（Madison，USA）；*Taq* DNA 聚合酶等 PCR 试剂、T4 DNA 连接酶均购自大连 TaKaRa 公司；QIAEXⅡ Gel Extration Kit 购自 Qiagen 公司（Valencia，USA）；碱性磷酸酶标记羊抗兔 IgG 为 Sigma 公司（Saint Louis，USA）产品；PVDF 膜为 Pierce 公司（Rockford，USA）产品；RSV CP 多克隆抗体为本所制备。

1.2 方法

1.2.1 叶片总 RNA 的提取

利用 Trizol 法提取健康水稻叶片和 RSV 感染后的水稻叶片总 RNA，具体操作按照试剂盒说明进行。

1.2.2 PCR 扩增 Rubisco *SSU* 和 RSV *CP* 基因

以水稻健叶总 RNA 为模板，以引物 R1 反转录合成第一链 cDNA 后，以 F1/R1 为引物 PCR 扩增水稻叶绿体 Rubisco *SSU* 基因；以病叶总 RNA 为模板，以引物 R2 反转录合成第一链 cDNA 后，以 F2/R2 为引物 PCR 扩增 RSV *CP* 基因。

1.2.3 pMD-*R* 和 pMD-*CP* 克隆载体的构建

上述 PCR 产物在 1.0%琼脂糖上电泳后，用 QIAEXⅡ Gel Extration Kit 回收目的片段，具体操作按照试剂盒说明进行。分别将回收产物与 pMD18-T 载体 16℃连接过夜。连接产物转化大肠杆菌 DH5α 感受态细胞，涂布 LB/Amp 固体培养基平板，经蓝白斑筛选后，对阳性克隆菌落提取质粒[7]，PCR 扩增及酶切鉴定插入片段。将重组子分别命名为 pMD-*R* 和 pMD-*CP*，并送交上海基康生物技术有限公司测序。

1.2.4 pGEX-*PR* 和 pET-*PR-S* 表达载体的构建

以 pMD-*R* 质粒为模板，以 F3/R3 为引物，PCR 扩增 Rubisco *SSU* 引导肽基因。目的基因经 pMD18-T 载体克隆后，*Bam*HⅠ和 *Sal*Ⅰ双酶切重组子，2.0%琼脂糖凝胶电泳后，割胶回收目的片段。利用 T 4DNA 连接酶将目的基因与同样酶切回收的 pGEX-4T-1 原核表达载体连接，转化大肠杆菌 DH5α，阳性克隆酶切和 PCR 鉴定后获得重组质粒 pGEX-*PR*。

同样以 pMD-*R* 质粒为模板，以 F5/R5 为引物，扩增带有柔性链序列（GGATCC）的 rubisco *SSU* 引导肽基因。目的片段经 T 载体克隆后，通过*Nco*Ⅰ和*Bam*HⅠ酶切位点与表达载体 pET-29a 连接，转化大肠杆菌 DH5α，阳性克隆酶切和 PCR 鉴定后获得重组质粒 pET-*PR-S*。

1.2.5 *PR-CP* 和 *PR-S-CP* 融合基因的构建

以 pMD-*CP* 质粒为模板，以 F4/R4 为引物，扩增 RSV *CP* 基因。目的基因经 pMD18-T 载体克隆后，*Kpn*Ⅰ和 *Xho*Ⅰ双酶切重组子，1.0%琼脂糖凝胶电泳后，割胶回收目的片段。同时，用 *Kpn*Ⅰ和*Xho*Ⅰ双酶切重组子 pGEX-*PR*，琼脂糖电泳后，割胶回收载体片段。利用 T4 DNA 连接酶将 *Kpn*Ⅰ和 *Xho*Ⅰ双酶切回收后的 pGEX-*PR* 和

RSV *CP* 连接，转化大肠杆菌 DH5α，阳性克隆酶切和 PCR 鉴定后，筛选获得重组子 pGEX-*PR*-*CP*，即借助于原核表达载体 pGEX-4T-1 构建了融合基因 *PR*-*CP*（图 1）。

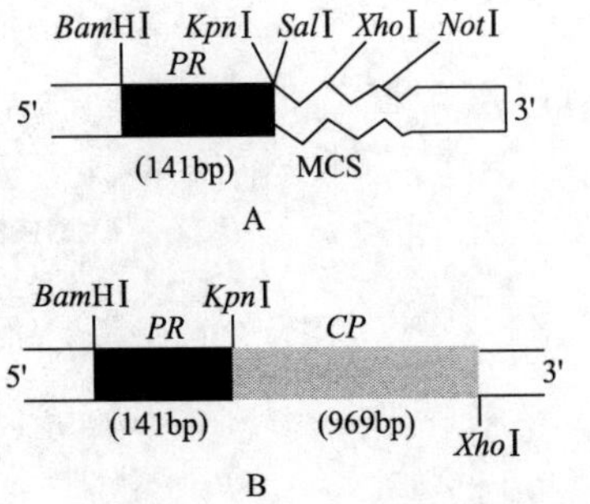

图 1 融合基因 *PR*-*CP* 构建示意图

A. *PR*-*CP* 融合前重组子 pGEX-*PR* 多克隆位点区段图谱；B. *PR*-*CP* 融合后重组子 pGEX-*PR*-*CP* 多克隆位点区段图谱。*PR*. Rubisco *SSU* 引导肽基因；*CP*. RSV *CP* 基因；MCS. 多克隆位点

同样以 pMD-*CP* 质粒为模板，以 F6/R6 为引物，扩增 RSV *CP* 基因。经 T 载体克隆后，BamHⅠ和 *Xho*Ⅰ双酶切重组子，电泳后割胶回收目的片段。同时，用 *Bam*HⅠ和 *Xho*Ⅰ双酶切重组质粒 pET-*PR*-*S*，琼脂糖凝胶电泳后割胶回收载体片段。利用 T 4 DNA 连接酶将 *Bam*HⅠ和 *Xho*Ⅰ双酶切回收后的 pET-*PR*-*S* 和 RSV *CP* 连接，转化大肠杆菌 DH5α，阳性克隆酶切和 PCR 鉴定后，筛选获得重组子 pET-*PR*-*S*-*CP*，借助于表达载体 pET-29a 构建了融合基因 *PR*-*S*-*CP*。其中 Rubisco *SSU* 引导肽基因与 RSV *CP* 基因通过一柔性链（即 *Bam*HⅠ酶切位点序列：GGATCC）相连（图 2）。

1.2.6 融合基因在大肠杆菌中的表达

重组质粒 pGEX-*PR*-*CP* 和 pET-*PR*-*S*-*CP* 分别转化大肠杆菌 BL21（DE3）感受态细胞，分别涂布含有 Amp 和 Kan 抗生素的 LB 固体培养基平板，37℃过夜培养后，挑取平板上生长的菌落进行 PCR 鉴定。阳性克隆菌落分别于新鲜的 LB/Amp 和 LB/Kan 液体培养基中，37℃振荡培养至 OD_{600} =0.6 左右，加入 IPTG 至终浓度 1mmol/L，继续振荡培养 3h。取 1mL 菌液于 Eppendorf 管中，连同未诱导样品，台式微量离心机上 12 000r/min 离心 1min，收集菌体。菌体以 5 倍体积的 1×上样缓冲液［50mmol/L Tris-HCl（pH6.8），100mmol/L 巯基乙醇，2%SDS，0.1%溴酚蓝］溶解后，煮沸 10min 变性，以 10μL 上样于分离胶浓度为 12%的 SDS-聚丙烯酰胺凝胶上电泳，经 Coomassie 亮蓝染色后观察目的蛋白的表达情况。

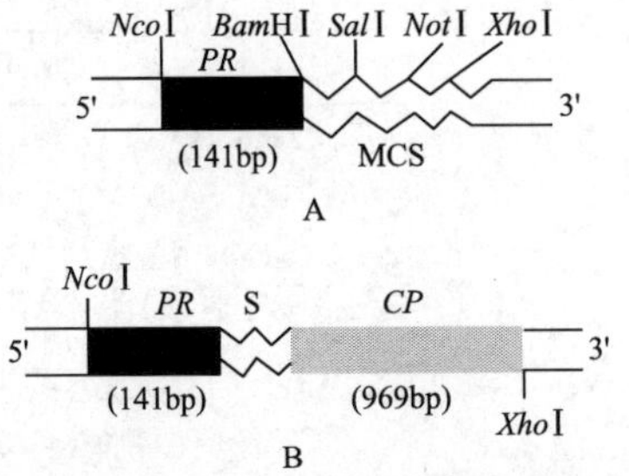

图 2 融合基因 *PR*-*S*-*CP* 构建示意图

A. *PR*-*S*-*CP* 融合前重组子 pET-*PR*-*S* 多克隆位点区段图谱；B. *PR*-*S*-*CP* 融合后重组子 pET-*PR*-*S*-*CP* 多克隆位点区段图谱。*PR*. Rubisco *SSU* 引导肽基因；*CP*. RSV *CP* 基因；MCS，多克隆位点；S. 柔性链"GGATCC"（*Bam*HⅠ酶切位点）

1.2.7 表达产物的 Western 杂交鉴定

表达产物经过 SDS-PAGE 电泳后，表达谱带通过电转仪转移到 PVDF 膜上，利用本所制备保存的 RSV CP 多克隆抗体为一抗，碱性磷酸酶标记羊抗兔 IgG 为二抗，Western 杂交鉴定表达产物的正确性[8,9]。

2 结果和分析

2.1 PCR 扩增 Rubisco *SSU* 和 RSV *CP* 基因

分别以水稻健病叶总 RNA 为模板，以 F1/R1、F2/R2 为引物 PCR 扩增 Rubisco *SSU* 和 RSV *CP* 基因，观察琼脂糖电泳结果，得到大小为 970bp 和 530bp 左右的条带，与目的基因大小一致（图 3，图 4）。

2.2 pMD-*R* 和 pMD-*CP* 克隆载体的构建

PCR 产物经 pMD18-T 载体克隆后，挑取阳性菌落摇菌后提取质粒，双酶切鉴定插入片段是否正确。琼脂糖凝胶电泳后观察酶切结果，发现插入片段与 PCR 产物大小一致。阳性克隆送交公司测序。经 Blast 比对发现，测序结果序列与 GenBank 中已知序列高度同源，确定插入片段分别为水稻叶绿体 rubisco *SSU* 引导肽和 RSV *CP* 基因，重组质粒 pMD-*R* 和 pMD-*CP* 构建正确。

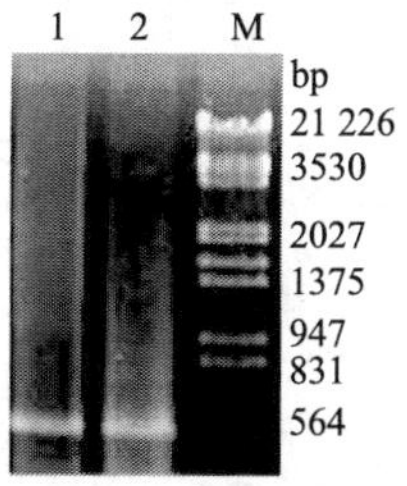

图 3 琼脂糖凝胶电泳检测 rubisco *SSU* 基因 RT-PCR 产物

M. maker；1、2. Rubisco *SSU* 基因 RT-PCR 产物

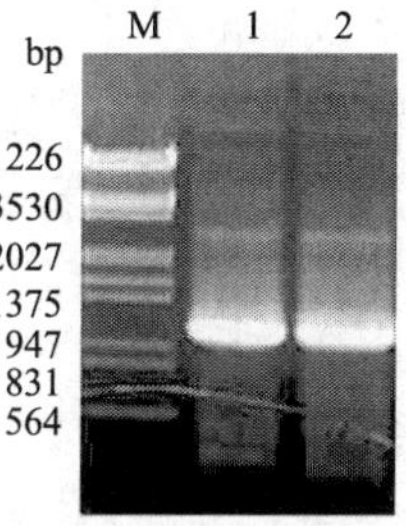

图 4 琼脂糖凝胶电泳检测 RSV *CP* 基因 RT-PCR 产物

M. maker；1、2. RSV *CP* 基因 RT-PCR 产物

2.3 pGEX-*PR* 和 pET-*PR-S* 表达载体的构建

以 pMD-R 质粒为模板，分别以 F3/R3、F5/R5 两对引物 PCR 扩增 Rubisco *SSU* 引导肽基因，琼脂糖凝胶电泳检测 PCR 产物片段大小约为 141bp（图 5）。PCR 产物经 pMD18-T 载体克隆后，经 *Bam*HⅠ 和 *Sal*Ⅰ 酶切回收的插入片段与 pGEX-4T-1 载体相连，酶切鉴定插入片段正确，构建获得重组质粒 pGEX-*PR*；经 *Nco*Ⅰ 和 *Bam*HⅠ 酶切回收的插入片段与表达载体 pET-29a 连接，酶切鉴定插入片段正确，构建获得重组质粒 pET-*PR-S*（图 6）。

2.4 *PR-CP* 和 *PR-S-CP* 融合基因的构建

以 pMD-*CP* 质粒为模板，分别以 F4/R4、F6/R6 两对引物进行 PCR 扩增。PCR 产物经 pMD18-T 载体克隆后，分别用 *Kpn*Ⅰ/*Xho*Ⅰ 和 *Bam*HⅠ/*Xho*Ⅰ 双酶切重组子，酶切片段回收后与相应酶切回收的重组质粒 pGEX-*PR* 和 pET-*PR-S* 连接，转化筛选获得新的重组子 pGEX-*PR-CP* 和 pET-*PR-S-CP*。*Bam*HⅠ/*Xho*Ⅰ 和 *Nco*Ⅰ/*Xho*Ⅰ 分别双酶

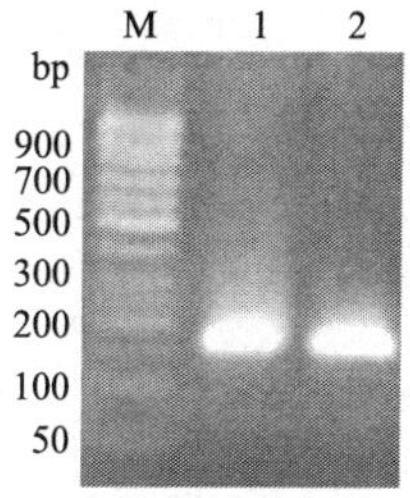

图 5 琼脂糖凝胶电泳检测 rubisco *SSU* 引导肽基因 PCR 扩增产物

M. maker；1. 引物 F3/R3 的 PCR 扩增产物；2. 引物 F5/R5 的 PCR 扩增产物

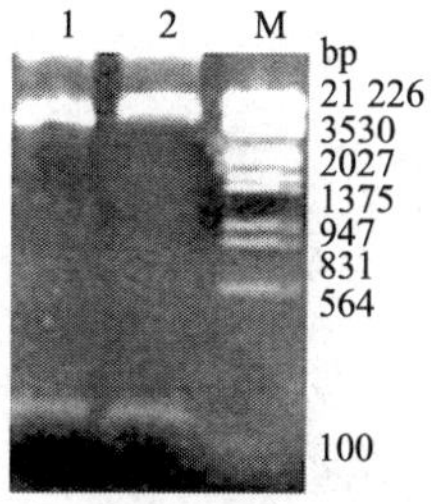

图 6 重组质粒 pGEX-*PR* 和 pET-*PR-S* 的酶切鉴定

M. maker；1. *Bam*HⅠ 和 *Sal*Ⅰ 双酶切 pGEX-*PR*；2. *Nco*Ⅰ 和 *Bam*HⅠ 双酶切 pET-*PR-S*

切重组子 pGEX-*PR-CP* 和 pET-*PR-S-CP* 鉴定插入片段大小，琼脂糖凝胶电泳结果显示从两种重组载体上切下的插入片段均比 RSV *CP* 大 100 多个碱基（图 7），说明 *CP* 基因 5′端融合上了 rubisco *SSU* 引导肽基因，即融合基因 *PR-CP* 和 *PR-S-CP* 已构建成功。另外，分别以 pGEX-*PR-CP* 和 pET-*PR-S-CP* 质粒为模板，F3/R4 和 F5/R6 为引物进行 PCR 扩增，验证插入片段的大小，结果与酶切鉴定结果一致。测序结果见表 2，分析确定其

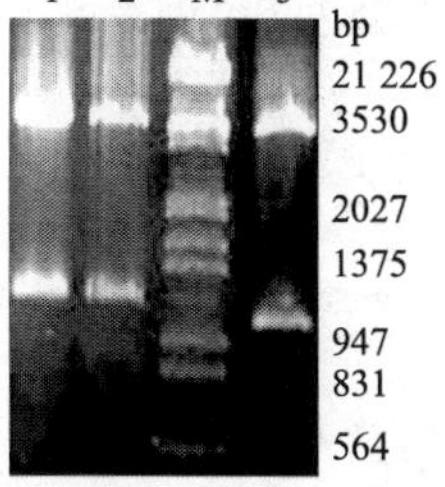

图 7 重组质粒 pGEX-*PR-CP* 和 pET-*PR-S-CP* 的酶切鉴定

M. maker；1. *Nco*Ⅰ 和 *Xho*Ⅰ 双酶切 pET-*PR-S-CP*；2. *Bam*HⅠ 和 *Xho*Ⅰ 双酶切 pGEX-*PR-CP*；3. *Kpn*Ⅰ 和 *Xho*Ⅰ 双酶切 pGEX-*PR-CP*

读码框完整，连接部位正确，说明成功获得了 rubisco *SSU* 引导肽和 RSV *CP* 的融合基因。

表 2　融合基因 *PR-CP* 和 *PR-S-CP* 部分序列

融合基因	部分序列
PR-CP	5′-*GGCGGCAGGATCAGGTGC*ATGGGTACCAACAAGCCA-3′
PR-S-CP	5′-*GGCGGCAGGATCAGGTGC* GGATCCATGGGTACCAACAAGCCA-3′

PR. rubisco *SSU* 引导肽基因；*CP*. RSV *CP* 基因；*S*. 柔性链“GGATCC”（*Bam*HⅠ酶切位点）；斜体序列，*PR* 基因 3′端序列；正体序列，*CP* 基因 5′端序列；下划线序列，柔性链。

2.5　融合基因在大肠杆菌中的表达

重组子 pGEX-*PR-CP* 和 pET-*PR-S-CP* 转入大肠杆菌 BL21（DE3）后，IPTG 诱导表达。SDS-PAGE 电泳检测表达产物。结果显示：pGEX-*PR-CP* 在 BL21（DE3）中的表达产物大约为 65kD，为 pGEX-4T-1 载体自身带有的 26kD 的 GST 标签、4.73kD 的 rubisco SSU 引导肽和 33.6kD 的 RSV CP 的融合蛋白（图 8）；pET-*PR-S-CP* 在 BL21（DE3）中的表达产物大约为 40kD，为 pET-29a 自身带有的 1.7kD 的 S-tag、4.73kD 的 rubisco SSU 引导肽和 33.6kD 的 RSV CP 的融合蛋白（图 9）。

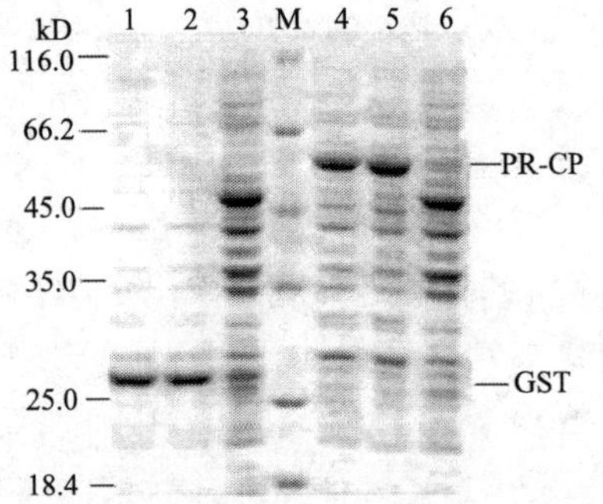

图 8　融合基因 *PR-CP* 表达产物的 SDS-PAGE 电泳

M. marker；1、2. 含诱导空载体 pGEX-4T-1 的菌体总蛋白；3. 含未诱导空载体 pGEX-4T-1 的菌体总蛋白；4、5. 含诱导重组载体 pGEX-*PR-CP* 的菌体总蛋白；6. 含未诱导重组载体 pGEX-*PR-CP* 的菌体总蛋白

2.6　表达产物的 Western 杂交鉴定

融合基因 *PR-CP* 和 *PR-S-CP* 中均含有 RSV *CP* 基因，其表达产物中亦融合了 RSV CP 蛋白。所以用 RSV CP 抗体可以检测表达产物的正确与否。结果显示（图 10，图 11），*PR-CP* 和 *PR-S-*

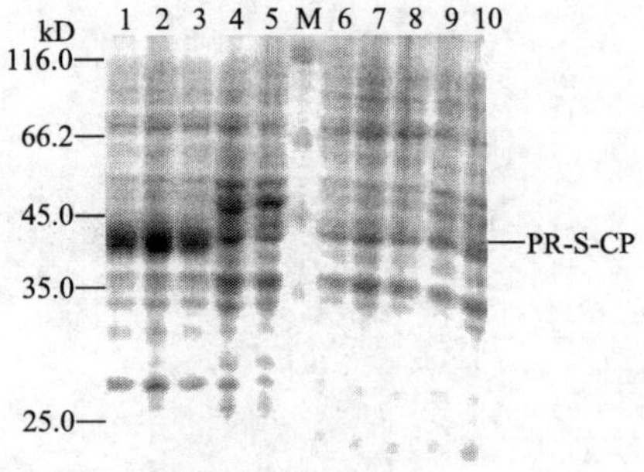

图 9　融合基因 *PR-S-CP* 表达产物的 SDS-PAGE 电泳

M. marker；1～3. 含诱导重组载体 pET-*PR-S-CP* 的菌体总蛋白；4、5. 含未诱导重组载体 pET-*PR-S-CP* 的菌体总蛋白；6～8. 含诱导空载体 pET-29a 的菌体总蛋白；9、10. 含未诱导空载体 pET-29a 的菌体总蛋白

CP 融合基因的表达产物均能与 RSV CP 抗体特异性结合，说明两融合基因中 RSV *CP* 基因均得到了正确的表达，即 rubisco SSU 引导肽和 RSV CP 蛋白的融合没有改变 RSV CP 自身的抗原活性，进一步推测 rubisco SSU 引导肽和 RSV CP 在融合蛋白中可能都保持了各自的结构和功能。

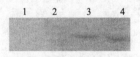

图 10　融合基因 *PR-CP* 表达产物 Western 杂交鉴定

1、2. 含未诱导重组载体 pGEX-*PR-CP* 的菌体总蛋白；3、4. 含诱导重组载体 pGEX-*PR-CP* 的菌体总蛋白

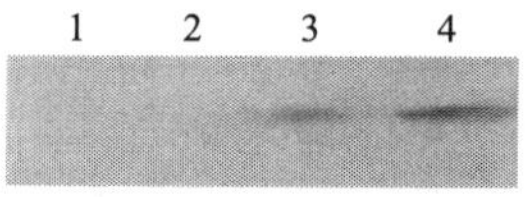

图 11 融合基因 *PR-S-CP* 表达产物 Western 杂交鉴定

1、2. 含未诱导重组载体 pET-*PR-S-CP* 的菌体总蛋白；3、4. 含诱导重组载体 pET-*PR-S-CP* 的菌体总蛋白

3. 讨论

融合基因一般可以通过合适的酶切位点或 Overlapping PCR 等方法进行构建。本研究利用合适的酶切位点对水稻叶绿体 rubisco *SSU* 引导肽基因和 RSV *CP* 基因进行了融合。首先通过分析 RSV *CP* 基因的序列，发现该基因起始密码子 ATG 后紧跟着 GGTACC 序列（即 *Kpn* Ⅰ 酶切位点序列），因此利用 *Kpn* Ⅰ 酶切位点并借助于 pGEX-4T-1 表达载体将 Rubisco *SSU* 引导肽和 RSV *CP* 两基因直接相连，构建获得了融合基因 *PR-CP*；另外考虑到两基因融合后，一个基因的表达产物可能会影响另外一个基因表达产物的结构和功能。因此本研究中又通过柔性链 GGATCC（即 *Bam*H Ⅰ 酶切位点序列）并借助于 pET-29a 表达载体对两基因进行了融合，构建获得了融合基因 *PR-S-CP*。构建融合基因时选用的柔性链通常有 GGATTC 和 GGTGGCGGTGGAAGCGGCGGT-GGCGGAAGC GGCGGTGGCGGCAGC 等几种，表达产物分别为 G-S 和 $(G_4S)_3$ 等。因为 G 为分子质量最小的氨基酸，没有手性碳，侧链最短，空间位阻最小，能增加柔韧性；而 S 是亲水性最强的氨基酸，能增加亲水性，可以保持两种蛋白的独立。测序结果表明，融合基因 *PR-CP* 和 *PR-S-CP* 读码框完整、连接部位正确，这保障了融合基因在植株体内外的正确表达，为融合蛋白功能的深入研究提供基础资料。

将两基因进行融合的目的是分析或利用该融合基因表达产物的生物学功能，并可以充分利用其中一个蛋白已知的生物学活性，深入研究与其融合的另外一个蛋白的功能。因此，只有在保证融合基因的正确表达及表达产物中每个蛋白互不干扰彼此结构和功能的前提下，才可以深入开展蛋白功能的研究。本研究通过 SDS-PAGE 电泳和 Western 杂交对融合基因 *PR-CP* 和 *PR-S-CP* 原核表达产物的鉴定结果表明，融合蛋白中的 RSV CP 均获得了正确表达，保持了自身的抗原活性，即 rubisco SSU 引导肽未影响 RSV CP 的表达。因此可以推断 RSV CP 也不会影响 rubisco SSU 引导肽的生物学活性。这为以后研究融合蛋白的功能及分析 CP 蛋白在 RSV 致病过程中所发挥的作用提供了可靠的依据。

近年来，尽管人们对 RSV 的生物学和分子生物学进行了广泛系统的研究，但对该病毒的致病机制尚未有深入研究，也不明确 CP 蛋白在 RSV 侵染致病过程中所发挥的具体作用。而研究证明叶绿体 rubisco SSU 引导肽具有转运外源蛋白质进入叶绿体的跨膜运输的功能[10]。因此本实验将叶绿体 rubisco *SSU* 引导肽和 RSV *CP* 两基因进行了融合，希望对融合基因进行表达后，通过利用 rubisco SSU 引导肽的生物学功能，对 RSV CP 展开深入研究。一方面可以提纯水稻完整的游离叶绿体，利用所表达的带有 rubisco SSU 引导肽的融合蛋白进行体外跨膜运输试验，从而研究 RSV CP 的跨膜运输机制；另外，还可以将融合基因构建到植物表达载体中，将其转入水稻植株，RSV CP 可以在 rubisco SSU 引导肽的引导下，跨膜运输进入水稻叶绿体，在水解酶的作用下水解 rubisco SSU 引导肽，释放 RSV CP，从而研究 CP 在水稻叶绿体中的表达策略，观察进入叶绿体后的水稻植株症状表现情况，检测 CP 进入叶绿体对光合作用系统的影响，揭示 RSV CP 在病毒致病过程中发挥的具体作用。

参考文献

[1] Lin QT, Lin HX, Wu ZJ, et al. Accumulations of coat protein and disease specific protein of *Rice stripe virus* in its host. Journal of Fujian Agriculture University, 1998, 27(3):322-326

[2] Liu LH. Cytopathology of three rice virus diseases (D). PhD Thesis, Fujian Agriculture University, 1999

[3] Liu LH, Wu ZJ, Lin QY, et al. Cytopathological observation of rice stripe. Acta Phytopathologica Sinica, 2000, 30(4):306-311

[4] Zhu SF, Ye Y, Zhao F, et al. The presence of *Cucumber mosaic virus* coat protein in chloroplasts is related to the expression of mosaic symptom on tobacco. Acta Phytopathologica Sinica, 1992, 22(3):229-233

[5] Yu Q. Transformation of *CP* and *SP* genes of *Rice stripe virus* and sequence analysis of RNA4 (D). Master's Degree Thesis, Fujian Agriculture and Forest University, 2002

[6] Liang DL, Ye Y, Shi DJ, et al. The mechanism that satellite RNA of *Cucumber mosaic virus* attenuate helper virus. Science in China, 1998, 28(3): 251-256

[7] Sambrook J, Fritsch EF, Maniatia T. Molecular cloning: a la-

boratory manual. 3rd. Beijing: Science Press, 2002
[8] Kikkert M, van Poelwijk F, Storms M, et al. A protoplast system for studying *Tomato spotted wilt virus* infection. Journal of General Virology, 1997, 78:1755-1763
[9] Ausubel FM, Kingston RE, Seidman JG. Short protocols in molecular biology. Beijing: Science Press, 1998
[10] Wu GY. Transit peptides for nuclear encoded proteins import into chloroplasts. Plant Physiology Communications, 1991, 27(3):166-172

利用免疫共沉淀技术研究RSV CP、SP和NSvc4三个蛋白的互作情况*

鹿连明，秦梅岭，王　萍，兰汉红，牛晓庆，谢荔岩，吴祖建，谢联辉

（福建农林大学植物病毒研究所，福建福州　350002；福建省植物病毒学重点实验室，福建福州　350002）

摘　要：为了检测水稻条纹病毒（*Rice stripe virus*，RSV）CP、SP和NSvc4蛋白自身和两两之间的互作关系，首先通过PCR扩增获得了融合有HA或c-Myc标签的RSV *CP*、*SP*和*NSvc4*基因，并将其插入到植物表达载体pEGAD或pKYLX71：35S2载体中。重组质粒转化农杆菌EHA105后注射烟草（*Nicotiana benthamiana*）。提取烟草中瞬时表达的蛋白，以HA抗体或c-Myc抗体进行免疫共沉淀实验，最后免疫混合物通过c-Myc抗体或HA抗体进行Western blot检测，确定蛋白的互作情况。结果表明，RSV CP蛋白自身能够发生互作，而CP与SP，CP与NSvc4，SP与SP，SP与NSvc4及NSvc4与NSvc4蛋白之间均未有检测到互作现象。

关键词：水稻条纹病毒，免疫共沉淀，蛋白互作

中图分类号：S435.111.49　**文献标识码**：A　**文章编号**：1006-1304（2008）05-0891-07

Studies on the interactions between RSV CP, SP and NSvc4 proteins by using co-immunoprecipitation technology

LU Lian-ming, QIN Mei-ling WANG Ping, LAN Han-hong, NIU Xiao-qing, XIE Li-yan, WU Zu-jian, XIE Lian-hui

（Institute of Plant Virology, Fujian Agricultural and Forestry University, Fuzhou　350002; Key Lab oratory of Plant Virology, Fujian Province, Fuzhou　350002）

Abstract: In order to detect the interaction between *Rice stripe virus* (RSV) CP, SP and NSvc4, the HA-tagged or c-Myc-tagged *CP*, *SP* and *NSvc4* of RSV were amplified by PCR, and then inserted into plant expression vector pEGAD or pKYLX71: 35S2. The recombinant plasmids were transformed into *Agrobacterium tumefaciens* EHA105, and injected into *Nicotiana benthamiana*. The total proteins were isolated from Agrobacterium-infiltrated *N. benthamiana* leaves, and co-immunoprecipitated with HA or c-Myc antibody. The immunocomplexes were detected by Western blot with c-Myc or HA antibody to identify the interaction between these proteins. The results showed that RSV CP can interact with itself, but no interaction between other proteins was detected.

Key words: *Rice stripe virus*; co-immunoprecipitation; protein interaction

---

农业生物技术学报，2008，16（5）：891-897

收稿日期：2008-01-23　收回日期：2008-02-27

* 基金项目：国家重点基础研究发展规划（973）项目（No.2006CB100203）、教育部博士点专项科研基金（No.20040389002，20050389006）、国家自然科学基金（No.30671357）

水稻条纹叶枯病是我国水稻产区广泛分布的重要病毒病害之一，给水稻生产带来了严重的危害[1]。该病病原为水稻条纹病毒（*Rice stripe virus*，RSV），是纤细病毒属（*Tenuivirus*）的代表成员，由昆虫介体灰飞虱（*Laodelphax striatellus*）以持久方式经卵传播[2]，具有很广的寄主范围，可以侵染16个属80多种的禾本科植物[3]。RSV是一种多组分RNA病毒，其基因组由4种单链RNA组成，分别编码RNA聚合酶、P23（NS2）蛋白、NSvc2、NS3、外壳蛋白（coat protein，CP）、病害特异蛋白（disease-special protein，SP）和NSvc4等7种蛋白。其中CP为外壳蛋白，由RNA3负链编码。免疫胶体金技术研究发现，CP在寄主组织细胞中广泛存在，不仅存在于叶绿体和细胞质中，在细胞核中也有分布[4,5]，其含量的高低与寄主所表现症状的严重度呈正相关[6]。Western杂交 检测发现该蛋白在带毒介体灰飞虱体内也有存在[7]。这些表明RSV CP极有可能是病毒重要的致病性蛋白。SP是一种非结构性蛋白，由RNA4编码。RSV侵染寄主后的各个时期内都能检测到SP的存在，它在病叶中大量积累，形成形态各异的内含体，且其含量的高低与水稻品种的抗性和症状表现有着密切的关系[6]。对RSV在灰飞虱体内的亚细胞定位的研究表明，SP蛋白可分布在卵巢、卵壳表面、中肠内腔和柱形细胞等多个器官中[8]。Ramirez等在对纤细病毒属的SP和烟草脉斑驳病毒（*Tobacco vein mottling virus*，TVMV）编码的蚜虫传播辅助因子的氨基酸序列比对后推测，SP可能参与了介体昆虫的传毒过程[9]。而Stewart等认为SP可能在病毒与昆虫介体最初的识别过程中起作用[10]。NSvc4蛋白由病毒的RNA4负链编码，与30kD运动蛋白大家族的结构具有相似性[11]，利用Western杂交技术均可以在病叶和带毒虫体内检测到这个蛋白[7]，因此现有研究推测NSvc4蛋白有可能是RSV的运动蛋白。

RSV CP和SP均存在于RSV侵染的水稻细胞质和叶绿体中，且叶绿体中CP、SP的含量同植株褪绿花叶症状的严重度密切相关[4,6]。因此推测，RSV CP和SP作为病毒致病相关蛋白，能侵染水稻叶绿体，从而引发寄主产生褪绿条纹症状。但是目前尚不清楚RSV侵染后所引起的寄主病害症状是由CP或SP单独作用所致，还是两者共同作用抑或其他核酸或蛋白协同作用的结果。另外，RSV抗血清免疫胶体金标记显示，在水稻叶肉组织细胞壁的胞间连丝中存在CP[4,5]，据此推测CP也可能与病毒的运输有关，RSV MP极有可能是和CP协同起作用的。而NSvc4是否是RSV的运动蛋白，及其与CP和SP之间的关系是怎样，尚需要深入研究。

免疫共沉淀（co-immunoprecipitation）是以抗体和抗原之间的专一性作用为基础的用于研究蛋白质相互作用的经典方法。本研究利用免疫共沉淀技术，初步检测了植物细胞内RSV CP、SP和NSvc4蛋白自身和两两之间的互作情况，为建立病毒编码蛋白的关系图谱及深入研究这三个蛋白在灰飞虱传毒及RSV致病过程中的作用提供了依据。

1 材料与方法

1.1 材料

1.1.1 菌株和质粒

大肠杆菌DH5α和农杆菌（*Agrobacterium tumefaciens*）EHA105为本实验室保存。克隆载体pMD18-T购自TaKaRa公司。植物表达载体pKYLX71：35S2为本实验室保存，pEGAD载体由福建农林大学真菌实验室王宗华研究员惠赠。重组载体pGBK-CP、pGAD-CP、pGBK-SP、pGAD-SP、pGBK-NSnv4、pGAD-NSnv4由本实验室构建并保存。

1.1.2 PCR引物

根据pGADT7和pGBKT7载体序列，设计用于扩增带有HA或c-Myc标签的RSV *CP*、*SP*和*NSvc4*基因的特异引物：P1：5′-GGAATTCAAGCTTATGGAGTACCCATACGACG-3′(*Eco*RⅠ,*Hin*dⅢ)；P2：5′-CGGGATCCTCTAGATTTCAGTATCTACGATTCAT-3′（*Bam*HⅠ，*Xba*Ⅰ）；P3：5′-GGAATTCAAGCTTATCATGGAGGAGCAGAAGCTG-3′（*Eco*RⅠ，*Hin*dⅢ）；P4：5′-GGGATCCTCTAGAAGGGGTTATGCTAGTTATGC-3′（*Bam*HⅠ，*Xba*Ⅰ）；P5：5′-GGATCCGAGCTCAGGGGTTATGCTAGTTATG-3′（*Bam*HⅠ，*Sac*Ⅰ），送交宝生物（大连）工程有限公司合成。

1.1.3 主要试剂

Ex *Taq*酶和T4 DNA ligase购自TaKaRa公司；各种限制性内切酶购自Promega公司；HA

和 c-Myc 单克隆抗体及 protein G plus-agarose immunoprecipitation reagent 均购自 Santa Cruz 公司；过氧化物酶标记的 HA 和 c-Myc 抗体购自 Roche 公司；PVDF 膜购自 Millipore 公司；HRP-DAB 底物显色试剂盒购自天根生化科技有限公司。

1.2 方法

1.2.1 目的基因的扩增和克隆

分别以重组子 pGAD-CP、pGAD-SP、pGAD-NSnv4 为模板，以 P1/P2 为引物，PCR 扩增 5′端融合有 HA 标签的 RSV *CP*、*SP*、*NSvc*4 基因，并将扩增产物命名为 HA-CP、HA-SP、HA-NSvc4；分别以重组子 pGBK-CP、pGBK-SP、pGBK-NSnv4 为模板，以 P3/P4 为引物，PCR 扩增 5′端融合有 c-Myc 标签的 RSV *CP*、*SP* 基因，以 P3/P5 为引物，PCR 扩增 5′ 端融合有 c-Myc 标签的 *NSvc*4 基因，并将扩增产物命名为 Myc-CP、Myc-SP、Myc-NSvc4。PCR 产物经琼脂糖凝胶电泳检测后，割胶回收目的片段，与 pMD18-T 载体在 16℃下连接过夜。连接产物转化大肠杆菌 DH5α。PCR 扩增和酶切鉴定 LB 平板上生长的克隆菌落，筛选获得含有目的基因片段的阳性重组子，并将其分别命名为 pMD-HA-CP、pMD-HA-SP、pMD-HA-NSvc4、pMD-Myc-CP、pMD-Myc-SP、pMD-Myc-NSvc4。

1.2.2 植物瞬时表达载体的构建

*Hind*Ⅲ 和 *Bam*HⅠ 分别双酶切重组子 pMD-HA-CP、pMD-Myc-CP，*Eco*RⅠ 和 *Bam*HⅠ 分别双酶切重组子 pMD-HA-SP、pMD-Myc-SP、pMD-HA-NSvc4、pMD-Myc-NSvc4，酶切产物经琼脂糖凝胶电泳后割胶回收目的片段，利用 T4 DNA ligase 将其与同样酶切并回收的植物表达载体 pEGAD 于 16℃下连接过夜。连接产物转化大肠杆菌 DH5α，涂布 LB/Kan 平板，筛选转化子，酶切和 PCR 鉴定插入片段，并将阳性重组子分别命名为 pEGAD-HA-CP、pEGAD-Myc-CP、pEGAD-HA-SP、pEGAD-Myc-SP、pEGAD-HA-NSvc4、pEGAD-Myc-NSvc4。

*Hind*Ⅲ 和 *Xba*Ⅰ 分别双酶切重组子 pMD-HA-CP、pMD-Myc-CP、pMD-HA-SP、pMD-Myc-SP，*Hind*Ⅲ 和 *Sac*Ⅰ 分别双酶切重组子 pMD-HA-NSvc4、pMD-Myc-NSvc4，用上述同样的方法将酶切片段与植物表达载体 pKYLX71：35S2 连接，获得阳性重组子 pKYLX-HA-CP、pKYLX-Myc-CP、pKYLX-HA-SP、pKYLX-Myc-SP、pKYLX-HA-NSvc4、pKYLX-Myc-NSvc4。重组子经 PCR 和酶切确定插入片段带大小正确后送交公司测序，鉴定插入片段读码框的完整性和正确性。

1.2.3 重组质粒转化农杆菌 EHA105

制备农杆菌 EHA105 感受态细胞，用液氮冻融法[12]将重组质粒转化到 EHA105 细胞中，转化产物涂布 LB 固体培养基（含 Rif 50μg/mL，Kan 50μg/mL），于 28℃下培养 48h，挑取平板上生长的单菌落，PCR 鉴定转化是否成功。

1.2.4 农杆菌注射烟草及瞬时表达

含有重组质粒的农杆菌 EHA105 在 LB 平板（含 Rif 50μg/mL，Kan50μg/mL）上划线，28℃培养 48h；收集平板上生长的菌落，将其悬浮于含有 10mmol/L $MgCl_2$，10mmol/L MES pH5.7 和 150μmol/L AS 的无菌水溶液中，调整菌液浓度至 OD_{600}为1～1.5，室温静止放置 3～5h 后，按表 1 几种组合，将两种相同浓度的含有不同重组质粒的农杆菌等体积混合后注射烟草[13]。具体方法为：在 6 龄大小的供试烟草中部即将完全展开的叶片下表面用注射器针头或刀片刺 2～3 个孔。在叶片破处用 1mL 的无针头的注射器将 150～300μL 农杆菌菌液注入叶片两个分叶脉之间，每株烟草注射 2～3 个叶片，注射后的烟草放在室温下培养。

表 1 含有不同重组质粒的农杆菌注射液

组	农杆菌注射液中的质粒
1	pEGAD-Myc-CP＋pEGAD-HA-SP
2	pEGAD-Myc-CP＋ pEGAD-HA-CP
3	pEGAD-Myc-CP ＋pEGAD-HA-NSvc4
4	pEGAD-Myc-SP ＋pEGAD-HA-SP
5	pEGAD-Myc-SP ＋pEGAD-HA-NSvc4
6	pEGAD-Myc-NSvc4＋pEGAD-HA-NSvc4

1.2.5 蛋白提取及免疫共沉淀

农杆菌介导瞬时表达 24～72h 后，采集注射过的烟草叶片约 0.3g，于液氮中研磨成粉末后悬浮在 2.0～3.0mL IP buffer（50mmol/L Tris，pH7.5，150mmol/L NaCl，10% glycerol，0.1% Nonidet P40，5mmol/L dithiothreitol，1.5×Complete Protease Inhibitor）中[14]，4℃下 20 000*g* 离心 10～15min 以除去细胞残骸；取 1mL 离心后的上清液，加入

0.2～2μg c-Myc 或 HA 单克隆抗体，4℃下孵育1h；之后，加入 20μL protein G plus-agarose immunoprecipitation reagent，4℃下颠倒孵育 3～5h；将孵育后的混合液于 4℃下 1 000g 离心 5min，弃去上清收集免疫混合物，然后用 1mL IP buffer 清洗 4 次。最后将沉淀悬浮在 1×SDS-PAGE 上样缓冲液中，用于蛋白电泳分离。

1.2.6　SDS-PAGE 电泳及 Western 杂交检测

将制备的蛋白样品上样于 10%的聚丙烯酰胺凝胶上，SDS-PAGE 电泳分离后，采用半干法将蛋白条带转印到 PVDF 膜上，以过氧化物酶标记的 HA 或 c-Myc 抗体进行 Western 杂交鉴定。

2　结果与分析

2.1　目的基因的获取和克隆

以本实验室构建并保存的重组质粒为模板，分别以引物对 P1/P2、P3/P4、P3/P5 PCR 扩增获得带有 HA 和 Myc 标签的 RSV *CP*、*SP* 和 *NSvc*4 基因。PCR 产物经琼脂糖凝胶电泳检测确定其大小与预期结果一致：HA-CP 和 Myc-CP 约为 1000bp；HA-SP 和 Myc-SP 约为 580bp；HA-NSvc4 和 Myc-NSvc4 约为 900bp（图 1）。割胶回收目的片段，与 pMD18-T 克隆载体连接，酶切和 PCR 鉴定转化子，获得阳性克隆：pMD-HA-CP、pMD-HA-SP、pMD-HA-NSvc4、pMD-Myc-CP、pMD-Myc-SP、pMD-Myc-NSvc4。

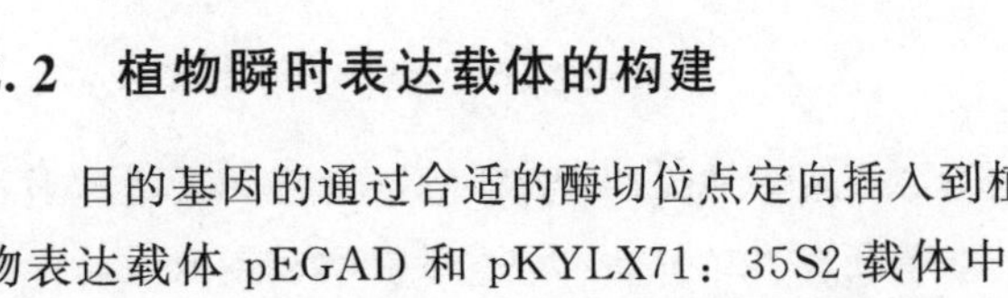

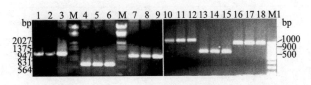

图 1　琼脂糖凝胶电泳检测目的基因的 PCR 扩增产物

M，M1. marker；1-3. HA-CP；4-6. HA-SP；7-9. HA-NSvc4；10-12. Myc-CP；13-15. Myc-SP；16-18. Myc-NSvc4

2.2　植物瞬时表达载体的构建

目的基因的通过合适的酶切位点定向插入到植物表达载体 pEGAD 和 pKYLX71：35S2 载体中，PCR 和酶切鉴定转化子，筛选获得阳性重组子。其中，*Hin*dⅢ/*Bam*HⅠ双酶切重组子 pEGAD-HA-CP 和 pEGAD-Myc-CP，确定插入片段大小约为 1000bp；*Eco*RⅠ/*Bam*HⅠ双酶切重组子 pEGAD-HA-SP 和 pEGAD-Myc-SP，确定插入片段大小约为 580bp；*Eco*RⅠ/*Bam*HⅠ双酶切重组子 pEGAD-HA-NSvc4、pEGAD-Myc-NSvc4，确定插入片段大小约为 900bp，与预期结果大小一致（图 2）。同样，*Hin*dⅢ/*Xba*Ⅰ双酶切鉴定重组子 pKYLX-HA-CP、pKYLX-Myc-CP、pKYLX-HA-SP、pKYLX-Myc-SP，*Hin*dⅢ/*Sac*Ⅰ双酶切鉴定重组子 pKYLX-HA-NSvc4 和 pKYLX-Myc-NSvc4。PCR 检测结果与上述酶切鉴定结果吻合。测序结果表明，插入片段与目的基因序列一致，没有发生基因突变和移码现象（结果未显示）。

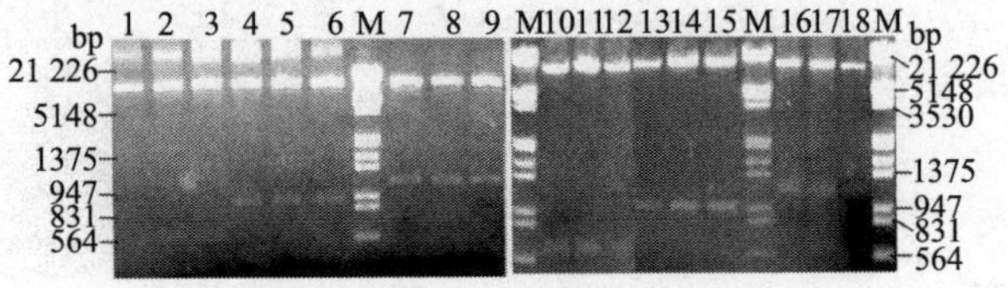

图 2　重组质粒的酶切鉴定

M. marker；1-3. pEGAD-HA-SP digested by *Eco*RⅠ/BamHⅠ；4-6. pEGAD-HA- NSvc4 digested by *Eco*RⅠ/*Bam* HⅠ；7-9. pEGAD-HA-CP digested by *Hind* Ⅲ/*Bam*HⅠ；10-12. pEGAD-Myc-SP digested by *Eco*RⅠ/*Bam* HⅠ；13-15. pEGAD-Myc-NSvc4 digested by *Eco*RⅠ/*Bam*HⅠ；16-18. pEGAD-Myc-CP digested by *Hind*Ⅲ/*Bam*HⅠ

2.3　蛋白互作情况的检测

提取农杆菌注射后的烟草叶片总蛋白，以 c-Myc单克隆抗体进行免疫共沉淀，收集免疫混合物，以 HA 单克隆抗体进行 Western 杂交检测互作蛋白；或以 HA 抗体进行免疫共沉淀，以 c-Myc 抗体进行 Western 杂交检测互作蛋白。如图 3 所示，在烟草中瞬时表达的 HA-CP 能够被 Myc-CP 沉淀并通过 Western 杂交检测到。相应地，Myc-CP 同样也可以被 HA-CP 沉淀并通过 Western 杂交检测到。除此之外，其他两个蛋白之间未有检测到共沉淀现象。此结果表明，RSV CP、SP 和 NSvc4 三个蛋白中，CP 蛋白自身存在互作，而 CP 与 SP，CP 与 NSvc4，SP 与 SP，SP 与 NSvc4，及 NSvc4 与 NSvc4 蛋白之间均未有检测到互作现象。

3　讨论

近年来，国内外学者对 RSV 的生物学和分子生物学进行了广泛系统的研究，明确了水稻条纹叶枯病的地理分布、症状、病原性质、血清学、致病性分化、分子变异、细胞病理学及品种抗性等诸多问题。研究表明，CP 和 SP 均存在于 RSV 侵染的水稻叶绿体和细胞质中，且其含量同植株褪绿症状

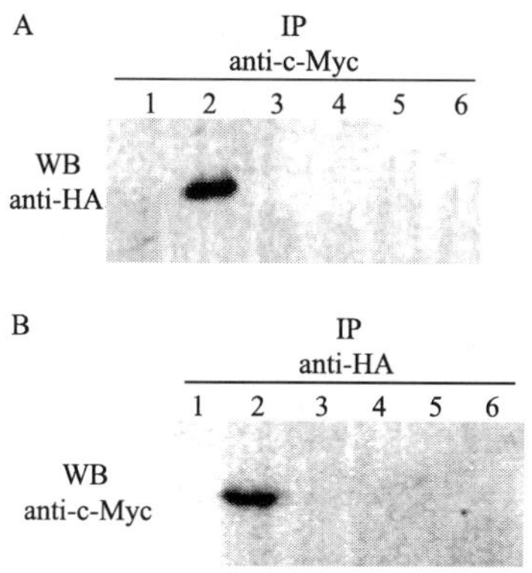

图 3 Western 杂交检测 RSV CP、SP 和 NSvc4 的免疫共沉淀情况

A. anti-c-Myc 和 Western 杂交 anti-HA 共免疫沉淀；B. anti-HA 和 Western 杂交 anti-c-Myc 共免疫沉淀
1. Myc-CP 和 HA-SP；2. Myc-CP 和 HA-CP；3. Myc-CP 和 HA-NSvc4；4. Myc-SP 和 HA-SP；5. Myc-SP 和 Myc-NSvc4；6. Myc-NSvc4 和 HA-NSvc4

严重程度呈正相关[4,6]，而 NSvc4 蛋白与 30KD 运动蛋白大家族的结构具有相似性[11]，且在 RSV 侵染的水稻和带毒介体灰飞虱体内都有检测到[7]。荧光定量 PCR 检测 RSV 侵染后的水稻悬浮细胞中病毒各基因的表达情况发现，*CP* 和 *SP* 基因在各时间点稳定表达，而 NSvc4 在不同的时间点变化显著；对不同传毒效率的介体灰飞虱中病毒基因含量测定表明，*NSvc*4 基因的含量同介体的传毒能力呈正相关（结果未发表）。因此推测，CP 和 SP 作为致病相关蛋白及 NSvc4 作为可能的运动蛋白在介体传毒和 RSV 致病过程中发挥着重要作用。而研究这三个蛋白自身及两两之间的互作关系，对于建立 RSV 编码的蛋白关系图谱、明确各蛋白的生物学功能及揭示介体传毒和 RSV 致病的分子机制等都具有重要意义。

在植物病毒编码蛋白互作关系方面，人们已经进行了广泛深入的研究。在植物病毒外壳蛋白自身互作的研究上，Uyeda 等研究发现水稻矮缩病毒（*Rice dwarf virus*，RDV）P3 蛋白能形成二聚体，P8 蛋白能形成三聚体，在病毒粒体装配过程中发挥着重要作用[15,16]；番茄斑萎病毒（*Tomato spotted wilt virus*，TSWV）CP 亚基的 N 端和 C 端头尾连接形成一个多聚体的链[17]；苜蓿花叶病毒（*Alfalfa mosaic virus*，AMV）CP 为同型二聚体[18]。本研究也检测到了 RSV CP 蛋白自身之间存在互作，RSV 病毒衣壳体应该是通过这种自身互作能力将 CP 各亚基彼此聚集结合在一起而形成的，而至于 RSV CP 互作的活性部位及 CP 之间如何进行结合等问题尚需进行深入研究阐明。在外壳蛋白与病毒其他蛋白互作关系的研究上，Holeva 等研究发现烟草脆裂病毒（*Tobacco rattle virus*，TRV）CP 蛋白能够与线虫传毒辅助蛋白 2b 互作，表明这种互作在线虫传毒过程中发挥重要作用[19]；Guo 等检测发现马铃薯 A 病毒（*Potato virus A*，PVA）CP 能与蚜虫传毒辅助蛋白 HC-Pro 存在互作，并推测两蛋白之间可能不是直接互作，而是通过蚜虫口针上的病毒受体起作用的[20]；Soellick 等研究发现 TSWV 外壳蛋白能够与运动蛋白 NSm 发生互作，外壳蛋白在 NSm 的作用下在寄主细胞内运动，且两蛋白在细胞内共定位[21]。而在本研究中，RSV CP 和 SP 之间未有检测到互作现象，说明 CP 和 SP 作为致病相关蛋白进入水稻叶绿体引发寄主产生褪绿条纹症状，可能不是两者直接互作的结果，而是其中一蛋白单独作用或与病毒其他蛋白或寄主因子共同作用所致；CP 和 NSvc4 之间也未检测到互作，如果 NSvc4 是 RSV 的运动蛋白，那么说明在病毒的运输过程中 CP 可能不与运动蛋白互作，或者有其他蛋白参与互作。但 NSvc4 是否是 RSV 的运动蛋白尚需进一步研究确定。研究发现，水稻草矮病毒（*Rice grassy stunt virus*，RGSV）非结构蛋白 P5 能够发生自身互作，在 RGSV 侵染的水稻组织内，P5 蛋白能够自身结合或与其他寄主蛋白结合形成大的聚合物[22]。RSV 与 RGSV 同为纤细病毒属的成员，RSV SP 蛋白对应于 RGSV P5 蛋白。同样地，在 RSV 侵染的水稻组织中，SP 大量积累并形成形态各异的内含体，且其含量的高低与水稻品种的抗性和症状表现有着密切关系[6]。但与 RGSV P5 蛋白研究结果不同，本研究未发现 RSV SP 蛋白自身能够发生互作，说明其与 RGSV P5 形成聚合物的机理可能不同，RSV SP 在水稻病叶中大量存在并形成内含体，可能不是 SP 自身互作所致，或许是病毒的其他蛋白或寄主蛋白参与了该过程。另外，本研究中也未检测到 SP 与 NSvc4 之间、NSvc4 蛋白自身存在互作现象。

免疫共沉淀是确定两种蛋白质在完整细胞内生理性相互作用的有效方法，是将真核细胞的蛋白表达和免疫反应相结合而进行的一种检测方法。由于蛋白表达发生在真核细胞中，所以产物能经过翻译后修饰等过程，其结构和功能都处于天然状态。并且蛋白的相互作用是在自然状态下进行的，避免了在体外研究方法中存在的人为因素的影响，因此可以分离得到天然状态的相互作用蛋白复合物。但是该研究方法可能检测不到低亲和力和瞬间的蛋白质-蛋白质相互作用，或者待检测的两种蛋白质可能不是直接结合，而可能有第三者在中间起桥梁作用。因此，在本研究基础上，可再对 RSV 这三种蛋白与其他蛋白的互作情况进行检测，并深入开展蛋白功能研究，以揭示各蛋白在病毒致病过程中所发挥的作用及 RSV 的致病机理。

参考文献

[1] Lin QY, Xie LH, Zhou ZJ, et al. Studies on rice stripe: Ⅰ. distribution of and losses caused by the disease. Journal of Fujian Agricultural College, 1990, 19(4): 421-425

[2] Xie LH. Rice virus: pathology and molecular biology. Fuzhou: Fujian Science and Technology Publishing House, 2001

[3] Ruan YL, Jin DD, Xu RY. The host plants of *Rice stripe virus*. Plant Protection, 1984, 3: 22-23

[4] Liu LH. Cytopathology of three rice virus diseases. PhD thesis, Fujian Agriculture University, 1999

[5] Liu LH, Wu ZJ, Lin QY, et al. Cytopathological observation of rice stripe. Acta Phytopathologica Sinica, 2000, (4): 306-311

[6] Lin QT, Lin HX, Wu ZJ, et al. Accumulations of coat protein and disease specific protein of *Rice stripe virus* in its host. Journal of Fujian Agriculture University, 1998, 27(3): 322-326

[7] Qu ZC, Shen DL, Xu YN, et al. Western blotting of RStV gene products in rice and insects. Acta Genetica Sinica, 1999, 26(5): 512-517

[8] Wu AZ, Zhao Y, Qu ZC, et al. The subcellular localization of SP of *Rice stripe virus* in its vector *Laodelphax striatellus*. Chinese Science Bulletin, 2001, 46(14): 1183-1186

[9] Ramirez BC, Haenni AL. Molecular biology of tenuiviruses, a remarkable group of plant viruses. Journal of General Virology, 1994, 75: 467-475

[10] Stewart MG, Banerjee N. Mechanisms of arthropod transmission of plant and animal viruses. Microbiology and Molecular biology Reviews, 1999, 63(1): 128-148

[11] Melcher U. The 30K superfamily of viral movement proteins. Journal of General virology, 2000, 81:257-266

[12] Wang GL, Fang HJ. The principle and technology of plant genetic engineering. Beijing: Science Press, 1998, 547-549

[13] Tai TH, Dahlbeck D, Clark ET, et al. Expression of the Bs2 pepper gene confers resistance to bacterial spot disease in tomato. PNAS, 1999, 96: 14153-14158

[14] Leister RT, Dahlbeck D, Day B, et al. Molecular genetic evidence for the role of SGT1 in the intramolecular complementation of Bs2 protein activity in *Nicotiana benthamiana*. Plant Cell, 2005, 17: 1268 1278

[15] Uyeda S, Masuta C, Uyeda I. Hypothesis on particle structure and assembly of *Rice dwarf phytoreovirus*: interactions among multiple structural proteins. Journal of General virology, 1997, 78: 3135-3140

[16] Uyeda S, Masuta C, Uyeda I. The C-terminal region of the P3 structural protein of *Rice dwarf phytoreovirus* is important for P3-P3 interaction. Archives of Virology, 1999, 144(8): 1653-1657

[17] Uhrig JF, Soellick TR, Minke CJ, et al. Homotypic interaction and multimerization of nucleocapsid protein of *Tomato spotted wilt tospovirus*: identification and characterization of two interacting domains. PNAS, 1999, 96(1): 55-60

[18] Bol JF. *Alfalfa mosaic virus* and ilarviruses: involvement of coat protein in multiple steps of the replication cycle. Journal of General Virology, 1999, 80(5): 1089-1102

[19] Holeva RC, MacFarlane SA. Yeast two-hybrid study of tobacco rattle virus coat protein and 2b protein interactions. Archives of Virology, 2006, 151: 2123-2132

[20] Guo D, Merits A, Saarma M. Self-association and mapping of interaction domains of helper component-proteinase of *Potato A potyvirus*. Journal of General virology, 1999, 80: 1127- 1131

[21] Soellick TR, Uhrig JF. Bucher GL, et al. The movement protein NSm of *Tomato spotted wilt tospovirus* (TSWV): RNA binding, interaction with the TSWV N protein, and identification of interacting plant proteins. PNAS, 2000, 97(5): 2373-2378

[22] Chomchan P, Li SF, Shirako Y. Rice grassy stunt tenuivirus nonstructural protein p5 interacts with itself to form oligomeric complexes *in vitro* and *in vivo*. Journal of Virology, 2003, 77: 769-775

水稻条纹病毒与水稻互作中的生长素调控*

杨金广，王文婷，丁新伦，郭利娟，方振兴，谢荔岩，林奇英，吴祖建，谢联辉

（福建省植物病毒学重点实验室，福建福州　350002；福建农林大学植物病毒研究所，福建福州　350002）

摘　要：利用 real-time RT-PCR 和高效液相色谱技术对水稻条纹病毒（*Rice stripe virus*，RSV）侵染水稻（*Oryza saliva* L. ssp. *Japonica*）植株和水稻悬浮细胞内的生长素合成酶基因 *YUCAA* Ⅰ表达量和内源生长素含量的变化分别进行了测定。结果表明，在细胞水平，RSV 侵染后的16～64h 内能显著引起 *YUCAA* Ⅰ mRNA 表达量的上调和内源生长素含量的升高。与同一生长阶段的健康水稻相比，水稻植株接种后 4～8d 内也可导致 *YUCAA* Ⅰ mRNA 表达量的上调和内源生长素含量的上升，而在接种后 12d 和 16d 时，病株内的 *YUCAA* Ⅰ mRNA 的表达量和内源生长素的含量均下降。这表明在 RSV 侵染水稻后的发病过程中，RSV 能够调控寄主植物内源生长素的合成。同时，利用 KPSC 缓冲液处理病株来消除其内源生长素，能够引起 RSV *CP* 基因表达上调近 2.9 倍，另外用 30μmol/L IAA 溶液处理病株可使其体内的 RSV *CP* 基因表达下调 45%，表明水稻体内生长素含量的变化能够影响 RSV 在寄主体内的复制。

关键词：生长素；水稻；水稻条纹病毒；实时定量 RT-PCR

中图分类号：S188　**文献标识码**：A　**文章编号**：1006-1304（2008）04-0628-07

Auxin regulation in the interaction between *Rice stripe virus* and rice

YANG Jin-guang, WANG Wen-ting, DING Xin-lun, GUO Li- juan, FANG Zhen-xing, XIE Li-yan, LIN Qi-ying, WU Zu-jian, XIE Lian-hui

(Key Laboratory of Plant Virology, Fujian Province, Fuzhou　350002; Institute of Plant Virology, Fujian Agriculture and Forestry University, Fuzhou　350002)

Abstract: The expression of *YIICAA* Ⅰ gene and the amount of endogenous IAA in rice (*Oryza saliva* L. ssp. *japonica*) plants and rice suspension cells infected by *Rice stripe virus* (RSV) were investigated by Real-time RT-PCR and high performance liquid chromatography, respectively. And the results showed that the expression of *YUCAA* Ⅰ gene and the amount of endogenous IAA increased at various times (16, 32, 48 and 64h) after post-infection by RSV in rice suspension cells. In rice plants infected by RSV, the expression of *YUCAA* Ⅰ gene and the amount of endogenous IAA increased at 4～8d after post-infection as comparison with that of healthy rice plants, and decreased at 12d and 16d. These results indicated that RSV infection could regulate

农业生物技术学报，2008，16（4）：628-634

收稿日期：2007-11-05　接受日期：2007-12-10

* 基金项目：国家重点基础研究规划（973）项目（No. 2006CB100203）、教育部博士点专项科研基金（No. 20040389002；No. 20050389006）、国家自然科学基金（No. 30671357）、福建省教育厅科技三项费用（No. K03005）

auxin biosynthesis in rice. Additionally, the expression of RSV CP increased 2.9 times in rice plants after it was treated with KPSC buffer to deplete the endogenous auxins, and decreased 45% after 30μmol/L IAA treatment. All of these results suggest that the auxin may play a role among RSV replication in rice plant.

Rey words: auxin; rice; *Rice stripe virus* (RSV); real-time RT-PCR

作为纤细病毒属（*Tenuivirus*）的代表种[1]水稻条纹病毒（*Rice stripe virus*，RSV）是由灰飞虱（*Laodelphax shiatellus*）传播的，并具有双义编码特征的负单链RNA植物病毒[2-6]。1999年以来，该病毒引起的水稻条纹叶枯病在我国水稻种植区大面积流行发生，给当地水稻生产造成巨大损失，引起了广泛的关注[7]。2007年，对江苏、河南、云南、山东、安徽、湖北、浙江等地的水稻条纹叶枯病进行了调查，发现该病在田间的发病率一般在5%～10%左右，严重的可达20%以上，个别田块出现“秃头田”现象，已经成为当地水稻一种主要的病害。当前，抗病品种的匮乏是造成该病害大规模暴发流行的主要因素，而深入研究RSV与寄主互作的分子机理是解决该问题的主要突破口之一。为明确生长素在RSV与水稻互作中的作用，本研究利用real-time RT-PCR和高效液相色谱技术（high performance liquid chromatography，HPLC）对RSV侵染水稻植株和水稻悬浮细胞内的生长素合成酶基因*YUCAA* Ⅰ mRNA表达量和内源生长素含量的变化分别进行了分析。并通过消除内源生长素和外施人工合成生长素等对病株进行处理，定量检测了水稻病株内RSV复制的变化。以期为深入研究RSV与水稻互作过程中的生长素信号传导提供基本的实验依据。

1 材料和方法

1.1 植物材料和病毒毒源

高感粳稻品种武育粳3号（*Oryza sativa* L. ssp. *japonica* cv. Wuyujing 3）为实验植物。病毒毒源为采自江苏洪泽水稻田间呈典型水稻条纹叶枯病症状的病株，RT-PCR鉴定后，经带毒*Laodelphax striatellus*、传毒，保存于水稻植株中（台中1号）。发病病株用于RSV提纯，提纯方法参照Toriyama的方法[8]。

1.2 试剂与仪器

RNA提取试剂盒Trizol Reagent为美国Invitrogen公司产品；TaKaRa EXScript™ RT-PCR Kit购于宝生物工程（大连）有限公司；荧光定量PCR仪MiniOpticon™ System系统为美国Bio-Rad产品；Agilent 1100 HPLC系统为美国Agilent科技公司产品。

1.3 病毒接种与样品处理

2叶期稻苗经带毒灰飞虱（*Laodelphax striatellus*）接种后，置于MS液体培养基中，28℃，14h光照和10h黑暗交替条件下培养。样品采集分5次进行，分别于接种后0d、4d、8d、12d和16d采集样品。每株样品采集后置于液氮中，研磨成粉末，一部分通过RT-PCR对RSV进行检测，剩余样品置于－80℃保存备用。对RSV检测呈阳性的样品分别进行、*YUCAA* Ⅰ mRNA表达量和内源生长素含量的测定，每批样品均以相应生长时期的健康植株为空白对照。

对发病初期整株水稻进行以下3种处理，分别用30μmol/L IAA溶液和KPSC缓冲液（10μmol/L磷酸钾，pH6.0，2%蔗糖，50μmol/L氯霉素）浸泡处理16h，每2h更换1次缓冲液，KPSC缓冲液的处理可消除植株体内的内源生长素[9]。一部分经KPSC缓冲液处理后的病株重新转移于新配制的含有30μmol/L IAA溶液中再处理16h。每日定时采集3种不同处理的样品，于－80℃条件下保存备用。

1.4 水稻悬浮细胞培养与RSV侵染

武育粳3号水稻悬浮细胞培养与RSV侵染参照Yang等[10]方法。样品采集分5次进行，分别于接种后0h、16h、32h、48h和64h进行样品采集，每批样品均以相应生长阶段的健康水稻悬浮细胞为空白对照。

1.5 引物设计

应用PerlPrimer软件进行real-time PCR特异性引物设计[11]。为保证所设计引物特异性，所选引物均在GenBank数据库中的Blast程序下进行比较分析，其中 RSV *CP* 基因的引物除要求与所有已知 RSV *CP* 基因同源外，还要严格避免与水稻基因组中任何序列同源，水稻生长素合成酶基因引物要求避免与水稻其他基因序列同源。RSV *CP* 基因保守区域特异性引物：

5′端：5′-RTTGACAGACATACCAGCCAG-3′（R＝A/G）

3′ 端：5′-CATCATTCACTCCTTCCAAATAACY-3′（Y＝C/T）

水稻生长素合成酶基因 *YUCCA* Ⅰ特异性引物。

5′ 端：5′-TCATCGGACGCCCTCAACGTCGC-3′

3′端：5′-GGCAGAGCAAGATTATCAGTC-3′

水稻真核延伸因子基因（eukaryotic elongation factor 1-alpha gene，eEF-la）作为内参基因：

引物 5′端：5′-TTTCACTCTTGGTGTGAAGCAGAT-3′

3′端：5′-GACTTCCTTCACGATTTCATCGTAA-3′[12]。

1.6 总 RNA 提取与 real-time RT-PCR 检测

取植物样品 50mg，于液氮条件下研磨，然后用 1mL Trizol 试剂提取总 RNA，方法按公司提供的产品说明进行。

应用 TaKaRa 公司的 Exscript™ RT Reagent Kit 试剂盒进行反转录反应，20μL 反转录反应体系中含：总 RNA 1μg、3′端引物（10pmoL/L）1μL、5 × Exscrip™ Buffer 4μL、Exscript™ RT Enzyme Mix Ⅰ1μL，最后用 RNase Free dH_2O 补足 20μL。反转录反应条件为：42℃反应 15min，85℃灭活 5s。取 1μL cDNA 溶液为模板，然后加入以下试剂：2×Premix Ex *Taq*™ 25μL、3′端引物和 5′端引物（10pmol/L）各 1μL 和 dH_2O 22μL。real-time PCR 在 50μL 反应体系中，于 48 孔的 MiniOpticon™ System 系统中进行以下反应。95℃预变性 10s 后，进行 45 个循环。每个循环为 95℃变性 6s，62℃退火 20s。然后进行融解曲线制作，real-time RT-PCR 扩增产物的特异性均通过 1.5%琼脂糖凝胶电泳和每个基因的融解曲线进行鉴定。

用 EASY Dilution 将每个基因的 cDNA 溶液按 4^0、4^1、4^2、4^3 和 4^4 梯度稀释后，各取 1μL 稀释后的 cDNA 作为模板进行 real-time PCR 灵敏性检测和标准曲线构建。根据参比基因对所有样品进行归一化处理（初始 RNA 量校正），然后确定每个目的基因在不同样品中的相对表达量。每个样品重复检测 3 次，并至少进行 2 次生物实验重复。

1.7 内源生长素的 HPLC 测定

不同样品内源生长素提取参考 Kelen 等方法[13]，采用 Agilent 1100 HPLC 系统，色谱柱为 Supelcosil™ LC-18 分析柱（5.0μm，4.6mm × 250.0mm），流动相为甲醇 ∶ 水 ∶ 乙酸溶液（45.0 ∶ 54.2 ∶ 0.8，V/V）；流速为 0.5mL/min，紫外检测波长 254.0nm。外标法定量，标样为 Fluka 的 HPLC 试剂，将配制的混合标样经上述纯化分离过程测定回收率，根据回收率对样品测定结果进行校正。

2 结果

2.1 生长素合成酶基因*YUCAA* Ⅰ和 RSV *CP* 基因引物特异性验证与 real-time RT-PCR 精确性检验

通过 real-time RT-PCR 对水稻生长素合成酶基因 *YUCAA* Ⅰ和 RSV *CP* 基因进行扩增，得到条带单一，大小分别为 186bp 和 243bp（图 1），与预期设计均相符，其融解曲线峰值单一（图 2）。用一系列 4 倍稀释的。DNA 为模板，制作了 *YUCAA* Ⅰ和 *CP* 基因的标准曲线，其 r^2 分别是 0.998 和 0.996（图 3），均大于 0.995，说明其线性系数良好，具有较高的精确性，适合对不同样品中目的基因相对定量分析。表明这些引物适合基于 SYBR Green I 方法的 real-time RT-PCR 检测。

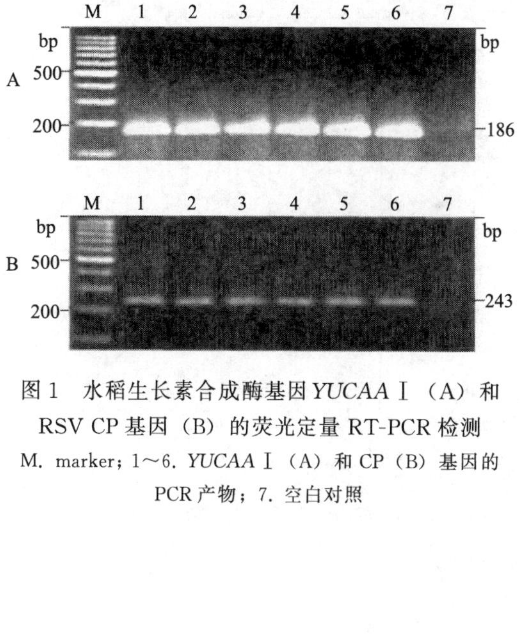

图 1 水稻生长素合成酶基因 *YUCAA* Ⅰ（A）和 RSV CP 基因（B）的荧光定量 RT-PCR 检测

M. marker；1～6. *YUCAA* Ⅰ（A）和 CP（B）基因的 PCR 产物；7. 空白对照

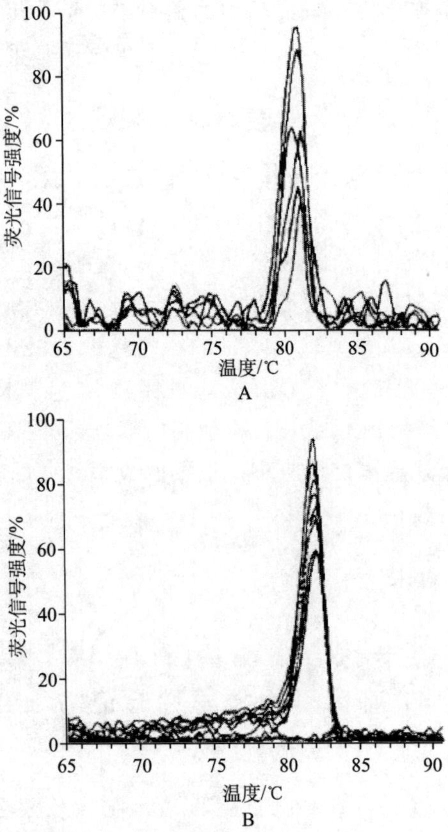

图 2　水稻生长素合成酶基因 *YLJCAA* Ⅰ（A）和 RSV *CP* 基因（B）的融解曲线

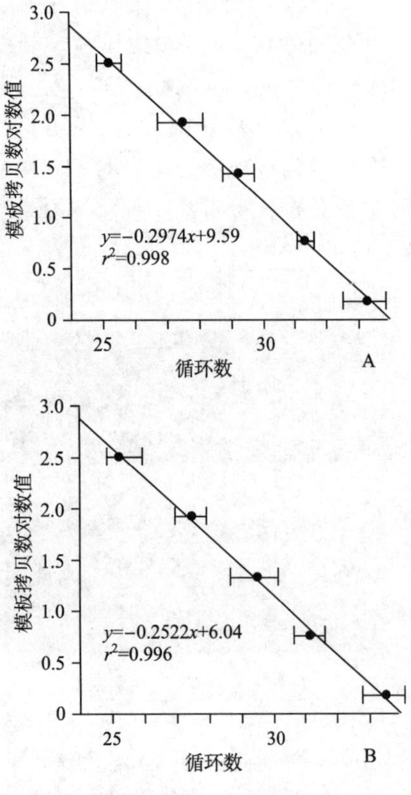

图 3　水稻 *YLJCAA* Ⅰ基因（A）和 RSV *CP* 基因（B）的标准曲线

2.2　RSV 侵染对生长素合成酶基因表达的影响

根据每个样品中内参基因的表达量进行归一化处理，再对不同样品的 *YUCAA* Ⅰ的表达量与各自空白对照的 *YIICAA* Ⅰ表达量进行比较分析发现，在水稻悬浮细胞体系中，RSV 的侵染能够显著引起水稻悬浮细胞内 *YUCAA* Ⅰ mRNA 表达量的上调。在 RSV 侵染后 16h，其表达量上升为健康细胞的 4.76 倍，32h 后，其表达量为健康细胞的 5.98 倍，在侵染后 48h 稍微下降，为健康细胞的 4.57 倍，在侵染后 64h，其表达量又上升至健康细胞的 6.03 倍（图 4A）。RSV 侵染水稻植株后，仅在侵染后 4d 和 8d 能够引起水稻 *YUCAA* Ⅰ mRNA 表达量的上调，分别为健康植株的 5.16 倍和 1.38 倍。而在侵染后 12d 和 16d，病株内 *YUCAA* Ⅰ mRNA 表达量分别为健康水稻的 0.20 倍和 0.17 倍（图 4B），其中接种后 16d，水稻条纹叶枯病的典型褪绿条纹症状已经出现。

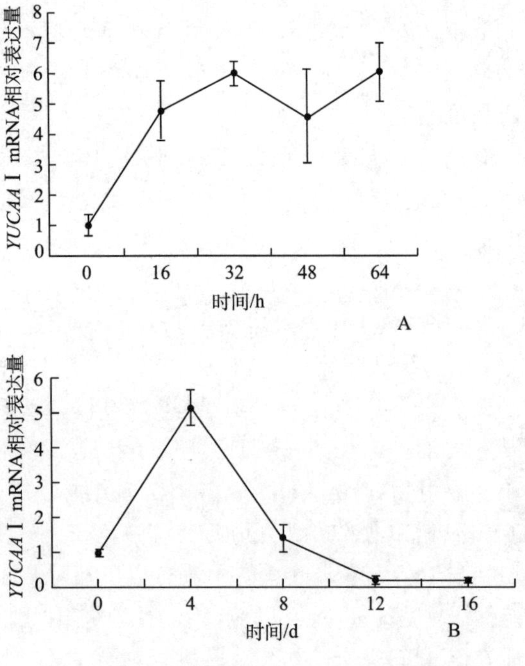

图 4　RSV 侵染水稻悬浮细胞（A）和水稻植株（B）对 *YUCAA* Ⅰ mRNA 表达的影响

2.3　RSV 侵染对水稻内源生长素的影响

图 5A 表明，与未被侵染的水稻悬浮细胞相比，RSV 侵染后能够显著引起水稻悬浮细胞的内源生长素含量的升高。在侵染后 16～48h 细胞内的

内源生长素含量维持一个较高的水平，其含量是健康细胞内的 2.34～2.59 倍。在病毒侵染后 64h，其内源生长素含量依然升高，为健康细胞的 4.43 倍。在植株水平，RSV 侵染水稻植株后第 4 天和第 8 天，其内源生长素呈上升趋势，其含量分别是健康水稻 1.31 倍和 1.38 倍。而在 RSV 侵染后第 12 天，病株内的内源生长素含量开始下降，是同一生长阶段健康水稻的 0.81 倍。在病毒侵染后 16d，症状已经出现，其内源生长素含量为同一生长阶段健康水稻的 0.73 倍（图 5B）。

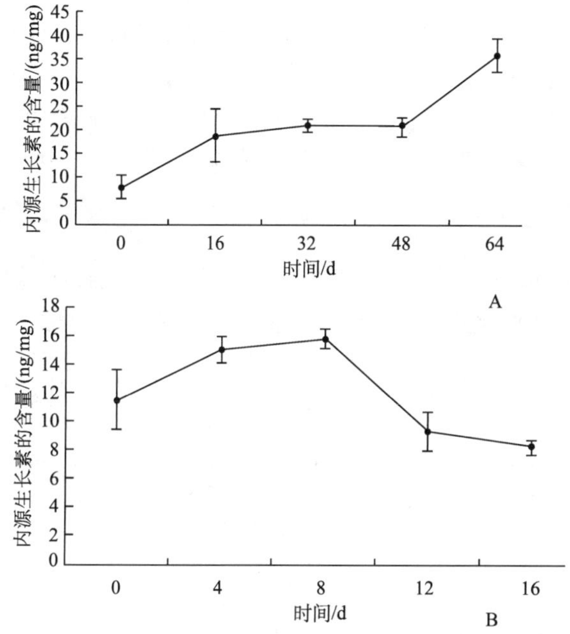

图 5 RSV 侵染水稻悬浮细胞（A）和水稻植株（B）对内源生长素的影响

2.4 不同处理植株中 RSV 复制变化

为确定植株内源生长素变化对 RSV 复制的影响，本研究选取了 RSV *CP* 基因作为检测对象，应用 real-time RT-PCR 对经 KPSC 缓冲液和 IAA 溶液处理的水稻病株与未处理的水稻病株分别进行比较分析。结果表明 RSV 病株经 KPSC 缓冲液处理消除内源生长素后，RSV *CP* 基因表达上调近 3 倍。IAA 处理能够使病株内 *CP* 基因的表达量下调 45%。KPSC 缓冲液处理后的病株再经 IAA 处理可使 RSV *CP* 基因表达量下降 55%（图 6）。

3 讨论

植物病毒侵染后可引起寄主植物生长发育异常，如矮化、花叶、褪绿斑驳、黄化、顶端优势丧失、甚至致死等表型。在植物病原物与寄主互作

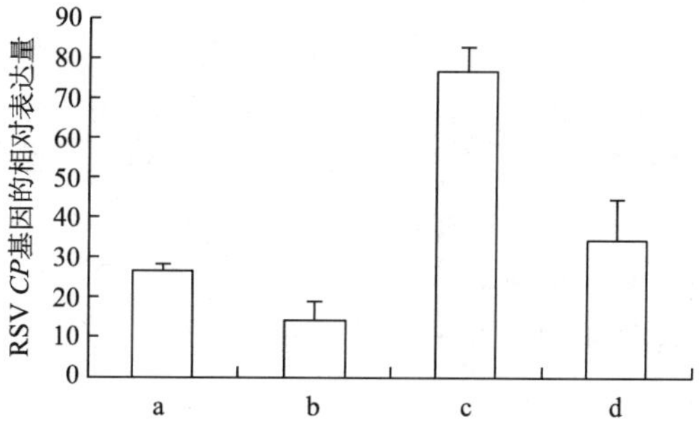

图 6 KPSC 缓冲液和 IAA 溶液对病株内 RSV 复制的影响

a. 未经任何处理的病株；b. IAA 溶液处理的病株；c. KPSC 缓冲液处理的病株；d. KPSC 缓冲液处理后又经 IAA 溶液处理的病株。图中数据分别表示为平均值±3 次重复的标准误差

中，这些表型的发生并不是孤立的，众多的信号传导途径参与其内，如水杨酸信号传导途径[14-16]和乙烯信号传导途径等[17]。病原物与寄主互作的生长素信号传导已有报道。例如在 TMV 侵染拟南芥中，TMV 复制酶基因与一个生长素反应基因的调控因子 PAP 1 互作，干扰 PAP 1 的正常定位，导致其功能丧失，使正常的生长素信号传导发生紊乱，从而产生特异性病害症状[18]。同时生长素信号途径还参与了植物自然免疫反应，细菌鞭毛蛋白可诱导 miRNA393 对拟南芥生长素受体基因 TIR 1 和 AFBs 进行负调控，从而抑制生长素信号传导，产生抗病性[19]。通过过量表达 *OsWAKY*31，可显著提高水稻对 *Magnaporthe grisea* 侵染的抗性，并对外施人工合成生长失去敏感性[20]。这些研究表明，生长素信号传导途径在植物病原物发病机理、microRNA 介导的寄主植物免疫机制和寄主的抗病性等方面发挥着重要的作用。

作者所在的研究小组已利用水稻全基因组 Affymetix 基因芯片对 RSV 与水稻互作的转录组学进行了研究，12 个生长素信号传导途径的相关基因（*Aux*/*IAAs*、*SAURs*、*GH*3*s* 和 *ARFs*）在 RSV 侵染水稻的转录谱中发生表达变化，其中有 9 个基因为生长素早期反应基因（5 个 *Aux*/*IAAs* 基因，3 个 *SAURs* 基因和 1 个 *GH*3*s* 基因）（结果待发表）。在生长素信号传导途径中，生长素主要通过调控早期反应基因的表达来控制植物的生长发育[9,21-23]。为了验证是否为 RSV 侵染导致水稻内源生长素含量的变化，从而引起这些早期反应基因的表达变化。本研究选择水稻悬浮细胞和水稻植株

为研究材料，对RSV侵染复制和发病过程中的生长素合成酶基因*YUCAA* Ⅰ表达量与内源生长素含量的变化分别进行了比较分析，确定了RSV侵染对水稻内源生长素合成的影响。与健康水稻悬浮细胞相比，RSV侵染水稻细胞0～64h内，可引起水稻生长素合成酶基因*YUCAA* Ⅰ表达上调，致使水稻悬浮细胞内源生长素含量增多。而在植株水平，RSV侵染初期，病株内的水稻*YUCAA* Ⅰ表达上调，内源生长素含量也随之升高。但在侵染后期，特别是当症状出现后（接种后第16天），病株内的*YUCAA* Ⅰ表达量显著下调，其内源生长素的含量也明显低于健康水稻体内的含量。由此可见，RSV侵染水稻后可引起水稻内源生长素合成发生变化，在侵染初期，可显著提高内源生长素的合成，而在典型症状表现后，病株体内内源生长素的合成受到抑制。这些结果也与本实验室已有的研究结果相一致，在RSV与水稻互作的转录组学的microarry分析中，所选择的研究材料为症状出现后7d的病株。从本研究结果分析表明，发病7d后的病株体内的内源生长素含量低于同期生长阶段的健康水稻。而内源生长素含量的降低可导致生长素信号传导途径中某些早期反应基因表达减少[9,22,23]。其中*Os1AA6*、*OsIAA9*、*OsIAA31*和*GH3-5*，在microarray分析结果均表达下调，推测可能由于病株体内生长素含量的减少导致这些基因表达量的降低，并且这一结果与Jain等通过人工合成生长素处理的研究结论[9,22]相一致。

由此可见，RSV侵染后的不同阶段是造成细胞和植株水平生长素存在差异的主要因素，同时也表明生长素信号传导途径参与了RSV与水稻的互作，并存在一个动态程通常认为，侵染初期是病原物与寄主互作最激烈的阶段，也是各种信号传导最复杂时期。RSV侵染水稻植株的过程，存在较长潜育期，需要10～30d才能表现症状。利用发病植株作为RSV与寄主互作的研究材料，从植物病原物与寄主互作角度分析，症状出现时RSV与水稻的互作已尽末期，其初期互作过程往往被忽略。同时，水稻植株在培养过程中易受温度、光照和湿度等许多非生物环境因素的影响，造成RSV与水稻互作的研究结果存在较大的偏差性。因此，RSV侵染水稻悬浮细胞体系为研究RSV与寄主互作的初期阶段、RSV的侵染复制及病毒装配等提供了有利的平台。

本研究还发现，通过消除病株内源生长素可显著促进RSV的复制，再用人工合成生长素处理，病株内RSV含量又急剧下降。推测可能是由于RSV是专性寄生物，其病毒组分的合成与病毒粒体的装配均需要寄主细胞提供原料、能量和场所等，通过消除内源生长素和外施人工合成生长素对寄主植物的生长发育产生影响，从而间接影响了RSV的复制。这也表明生长素信号传导途径和RSV侵染水稻的过程是相互影响，相互联系的，两者之间可能存在一个“cross-talk”分子。当然，要深入揭示RSV与水稻互作的生长素信号传导途径，这些研究是远远不够的。需要根据已有的RSV与水稻互作的转录组谱的结果，对生长素信号传导途径下游基因进行检测和功能验证，例如生长素受体基因、相应的。microRNA、生长素早期反应基因以及转录抑制因子等。

参 考 文 献

[1] Toriyama S, Tomaru K. Genus Tenuivirus. *In*: Murphy FA, Fauquet CM, Bishop DHL, et al. Virus taxonomy classification and nomenclature of viruses. Sixth Report of the International Committee on Taxonomy of Viruses, Sprinter, Wien, 1995

[2] Zhu Y, Hayakawa T, Toriyama S, et al. Complete nucleotide sequence of RNA3 of *Rice stripe virus*: an ambisense coding. Journal of General, 1991, 72(4): 763-767

[3] Zhu YF, Hayakawa T, Toriyama S. Complete nucleotide sequence of RNA4 of *Rice stripe virus* isolate T and comparison with another isolate and with *Maize stripe virus*. Journal of General Virology, 1992, 73(5): 1309-1312

[4] Takahashi M, Toriyama S, Hamamatsu C, et al. Nucleotide sequence and possible ambisense coding strategy of *Rice stripe virus* RNA segment 2. Journal of General Virology, 1993, 74 (Pt4):769-773

[5] Hamamatsu C, Ishihama A. Ambisense *Rice stripe virus*. Uirusu, 1994, 44(1):19-25

[6] Toriyama S, Takahashi M, Sano Y, et al. Nucleotide sequence of RNA1, the largest genomic segment of *Rice stripe virus*, the prototype of the *Tenuiviruses*. Journal of General Virology, 1994, 75(12): 3569-3579

[7] Wei TY. Molecular population genetics of *Rice stripe virus*. PhD thesis, Fujian Agricultural and Forestry University, 2003

[8] Toriyama S. Characterization of rice stripe virus: a heave tomponent carrying infectivity. Journal of General Virology, 1982, 61: 187-195

[9] Jain M, Kaur N, Tyagi AK, et al. The auxin-responsive GH3 gene family in rice (*Oryza sativa*). Functional & Integrative Genomics, 2006, 6(1): 36-46

[10] Yang WD, Wang XH, Wang SY, et al. Infection and replication of a planthopper transmitted virus-*Rice stripe virus* in rice protoplasts. Journal of Virological Method, 1996, 59(1-2):

57-60

[11] Marshall OJ. PerlPrimer: Cross-platform, graphical primer design for standard, bisulphite and real-time PCR. Bioinformatics, 2004, 20(15): 2471-2472

[12] Jain M, Nijhawan A, Tyagi AK, et al. Validation of housekeeping genes as internal control for studying gene expression in rice by quantitative real-time PCR. Biocbemical and Biophysical Communications, 2006, 345(2): 646-651

[13] Kelen M, Cubuk Demiralay E, Sen S, et al. Separation of abscisic acid, indole-3-acetic acid, gibberellic acid in 99 R(*Vitis berlandieri* × *Vitis rupestris*) and rose oil (*Rosa damas-cena* Mill.) by reversed phase liquid chromatography. Turkish Journal of Chemisiry, 2004, 28: 603-610

[14] Yalpani N, Silverman P, Wilson MA, et al. Salicylic acid is a systemic signal and an inducer of pathogenesis-related proteins in virus-infected tobacco. Plant Cell, 1991, 3(8): 809-818

[15] Shirasu K, Nakajima H, Krishnamachari Rajasekhar V, et al. Salicylic acid potentiates an agonist-dependent gain control that amplifies pathogen signals in the activation of defense mechanisms. Plant Cell, 1997, 9(2): 261-270

[16] Bartsch M, Gobbato E, Bednarek P, et al. Salicylic acid-independent enhanced disease susceptibility signaling in *Arabidopsis* immunity and cell death is regulated by the monooxygenase FMO1and the nudix hydrolase NUDT7. Plant Cell, 2006, 18(4): 1038-1051

[17] Lorenzo O, Piqueras R, Sanchez-Serrano JJ, et al. Eethylene response factorl integrates signalsfrom ethylene and jasmonate pathways in plant defense. Plant Cell, 2003, 15(1): 165-178

[18] Padmanabhan MS, Goregaoker SP, Golem S, et al. Interaction of the *Tobacco mosaic virus* replicase protein with the Aux/IAA protein PAP1/IAA26 is associated with disease development. Journal of Virology, 2005, 79(4): 2549-558

[19] Navarro L, Dunoyer P, Jay F, et al. A plant miRNA contributes to antibacterial resistance by repressing auxin signaling. Science, 2006, 312(5772): 436-439

[20] Zhang J, Peng Y, Guo Z. Constitutive expression of pathogen-inducible OsWRKY31 enhances disease resistance and affects root growth and auxin response in transgenic rice plants. Cell Research, 2008, 18(4): 508-521

[21] Abel S, T'heologis A. Early genes and auxin acrion. Plant Physiology, 1996, 111(1):9-17

[22] Jain M, Kaur N, Garg R, et al. Structure and expression analysis of early auxin-reesponsive Aux/IAA gene family in rice (*Oryza sativa*). Functional & Integrative Genomics, 2006, 6(1):47-59

[23] Jain M, Tyagi AK, Khurana JP. Genome-wide analysis, evolutionary expansion, and expression of early auxin-responsive SAUR gene family in rice (*Oryza sativa*). Genomics, 2006, 88(3): 360-371

应用 real-time RT-PCR 鉴定 2 个水稻品种（品系）对水稻条纹病毒的抗性差异*

杨金广，方振兴，张孟倩，徐　飞，王文婷，谢荔岩，林奇英，吴祖建，谢联辉

（福建省植物病毒学重点实验室，福建福州　350002；福建农林大学植物病毒研究所，福建福州　350002）

摘　要：应用 real-time RT-PCR 检测了水稻条纹病毒（*Rice stripe virus*，RSV）在 2 种水稻品种（品系）武育粳 3 号和 KT95-418 的悬浮细胞内复制变化和相对含量的差异，结合传统生物学接种试验，确定了这 2 个品种（品系）对 RSV 抗性的差异。结果表明，RSV 在武育粳 3 号的悬浮细胞内 24h 达到复制高峰，病毒含量为侵染初期的 7.46 倍。而在 KT95-418 的悬浮细胞内，RSV 达到复制高峰需要 36h，病毒含量为侵染初期的 4.51 倍。利用病毒生物学接种的方法，武育粳 3 号发病率达 91.7%，而 KT95-418 仅为 36.0%。由此可见，KT95-418 较武育粳 3 号对 RSV 具有较高的抗病性。因此，real-time RT-PCR 方法与传统生物学接种试验方法相比，具有更高的准确性和灵敏性，可以作为传统品种抗病性鉴定的验证手段。

关键词：real-time RT-PCR；水稻；水稻条纹病毒；品种抗性；悬浮细胞

中图分类号：S435. 111. 49　**文献标识码**：A　**文章编号**：1001-411X（2008）03-0025-04

Detection on different resistance of two rice varieties against *Rice stripe virus* in real-time RT-PCR

YANG Jin-guang，FANG Zhen-xing，ZHANG Meng-qian，XU Fei，WANG Wen-ting，XIE Li-yan，LIN Qi-ying，WU Zu-jian，XIE Lian-hui

（Key Laboratory of Plant Virology，Fujian Province，Fuzhou　350002；
Institute of Plant Virology，Fujian Agriculture and Forest University，Fuzhou　350002）

Abstract：The different resistance against *Rice stripe virus* (RSV) between rice Wuyujing 3 and KT95-418 was investigated by detecting the replication cycle and relative amount of RSV in two varieties rice suspension cells by using real-time RT-PCR assay and conventional RSV infected assay. The results showed that it needed 24h and 36h when RSV replication reached its peak in rice suspension cells of Wuyujing 3 and KT95-418 respectively，and at their peaks，the amount of RSV increased 7.46 and 4.51 times respectively. The infected incidences of Wuyujing 3 and KT95-418 were 91.7% and 36.0% by conventional RSV infected method. It was showed that

华南农业大学学报，2008，7（29）25-28

收稿日期：2007-11-16

* 基金项目：国家 973 项目（2006CB100203）、教育部博士点专项科研基金（20040389002、20050389006）、国家自然科学基金（30671357）、福建省教育厅科技三项费用（K03005）

KT95-418 had higher resistance against RSV than Wuyujing 3. In comparison with conventional RSV infected methods, Real-Time RT-PCR assay was more accurate and sensitive, and would be used to validate the result of conventional RSV infected assay.

Key words: real-time RT-PCR; rice; *Rice stripe virus* (RSV); variety resistance; suspension cells

水稻条纹病毒（*Rice stripe virus*，RSV）是由灰飞虱（*Laodelphax striatellus*）以持久方式传播的植物病毒[1]，该病毒引起的水稻条纹叶枯病是我国温带和亚热带稻区的主要病害[2]。从1999年以来，该病害在江苏、安徽、浙江、河南、山东、辽宁、云南、北京和上海等地流行暴发，给当地稻米生产造成巨大损失，引起社会的广泛关注[3]。感病品种的大面积栽培是造成该病害大规模暴发流行的主要因素之一。因此，筛选和培育抗病品种是解决该病害危害最为经济有效的措施。当前，在品种抗病性筛选中，多采用田间小区试验和实验室的病毒生物学接种试验，这些方法均费时费力，并且因传播介体灰飞虱传毒效率的差异，易造成较大的试验结果误差。笔者所在实验室已筛选出2个水稻品种（品系）武育粳3号和KT95-418对RSV的抗性存在显著差异。其中KT95-418是从武育粳3号高发病田间筛选出的单株抗病植株，推测可能为武育粳3号感病品种变异而来的抗病新品系。田间小区试验和实验室传统生物学接种试验均显示KT95-418较武育粳3号对RSV具有较高的抗病性。为进一步验证病毒生物学接种的试验结果，本研究通过real-time RT-PCR检测RSV在这2个水稻品种（品系）悬浮细胞内复制情况的变化，以期从细胞水平揭示两者对RSV的抗性差异，来探讨两者抗性差异的原因。

1 材料与方法

1.1 材料

水稻品种武育粳3号和水稻新品系KT95-418，福建省植物病毒学重点实验室保存。源分别采自江苏洪泽（HZ）和云南楚雄（CX）水稻田间呈典型水稻条纹叶枯病症状的病株，经RT-CR鉴定后，保存于水稻（台中1号）植株上。发病病株用于水稻条纹病毒（*Rice stripe virus*，RSV）提纯[4]。RSV经灰飞虱（*Laodelphax striatellus*）高效传毒于二叶期水稻幼苗，并在28℃、14h光照/10h黑暗、防虫条件下培养，10d后，观察待试植株症状发生，30d后，统计发病结果，3次重复，接种总株数武育粳3号为192株、KT95-418为186株。以发病率表示其抗病性的差异，其差异显著性通过t检验进行分析。

1.2 水稻悬浮细胞培养与RSV侵染

参照Yang等[5]的方法。

1.3 Real-Time RT-PCR检测

取植物样品0.1g，用1mL Trizol试剂（Invitrogen，USA）提取总RNA，方法按产品说明进行。应用PerlPrimer软件进行real-time PCR引物设计[6]。为保证所设计引物特异性，所选引物均在GenBank数据库Blast程序下进行比较分析，以避免与水稻基因组序列同源. RSV *CP*基因保守区域5′端引物CP1为：5′-RTTGACAGACATACCAGCCAG-3′（R＝A /G）；3′端引物CP2为：5′-CATCATTCACTCCTTCCAAATAACY-3′（Y＝C/T）。水稻真核延伸因子基因（eukaryotic elongation factor 1-alpha gene，eEF1a）作为内参基因[7]，5′端引物EP1为：5′-TTTCACTCTTGGTGTGAAGCAGAT-3′；3′端引物EP2为：5′-GACTTCCTTCACGATTTCATCGTAA-3′。

1μg总RNA与1μL 3′端引物（10pmol/L）混合后，于70℃处理10min，再按照TaKaRa公司的Exscript™ RT Reagent Kit试剂盒说明书进行cDNA第一链的合成。1μL cDNA用于real-time PCR检测，PCR在50μL反应体系中，在48孔MiniOpticon™ System（Bio-Rad，USA）进行以下反应。95℃预变性10s后，进行45个循环（每个循环为95℃变性6s，62℃退20s）。然后进行融解曲线制作。real-time RT-PCR扩增产物的特异性均通过10g/L琼脂糖凝胶电泳和每个基因的融解曲线进行鉴定。利用一系列4倍稀释的cDNA作为模板进行real-time RT-PCR灵敏性检测和标准曲线构建。根据参比基因对所有样品进行归一化处理（初始RNA量校正），然后确定每个目的基因在不同样品中的相对表达量。每个试验样品重复检测3

次，并至少进行 2 次生物试验重复。

2 结果与分析

2.1 武育粳 3 号和 KT95-418 的病毒生物学特征

武育粳 3 号和 KT95-418 二叶期水稻幼苗接种 RSV 后，10～20d 内表现症状，2 个品种（品系）发病症状无明显差异，发病后期（接种后 30d）病株均枯死。但武育粳 3 号发病率为 91.7%，而 KT95-418 发病率仅为 36.0%。通过 *t* 检验分析发现 *P*＝0.100005，说明武育粳 3 号和 KT95-418 对 RSV 的抗病性存在明显差异（*P*＜0.105），KT95-418 品系较武育粳 3 号对 RSV 具有较高的抗性。

2.2 水稻悬浮细胞内 RSV *CP* 基因的扩增及标准曲线的建立

通过采用特异性引物 CP1/CP2 对水稻病株和 RSV 侵染后的水稻悬浮细胞进行 real-time RT-PCR 检测，均能检测到条带单一、大小为 243bp 的 PCR 产物。以同体积的 PEG 介导液处理的健康水稻悬浮细胞为对照样品，经 real-time RT-PCR 分析后，未发现特异性的荧光信号，说明该对引物特异性强，适合 SYBR Green 染料法的 real-time RT-PCR 检测。将 *CP* 基因 cDNA 进行 4 倍稀释 5 个梯度，得到 *CP* 基因的标准曲线方程为 *Y* ＝ － 0.12522*X*＋6104，相关系数（R2 ）＝ 0.1996（图 1），表明该引物对检测 RSV *CP* 基因具有较高的灵敏性。

2.3 武育粳 3 号和 KT95-418 悬浮细胞内 *CP* 基因表达差异的分析

RSV 侵染水稻悬浮细胞后 6h，开始对细胞内 RSV *CP* 基因的相对表达量进行分析。结果（图 2）表明，RSV 侵染武育粳 3 号悬浮细胞 24h 达到复制高峰，*CP* 基因相对表达量是侵染后 6h 的 7.46 倍。而在 KT95-418 悬浮细胞中，RSV 侵染 36h 后才能达到复制高峰，CP 相对含量仅为侵染初期的 4.51 倍。由此可见，RSV 在 KT95-418 悬浮细胞中复制受阻，KT95-418 表现出更高的抗性。

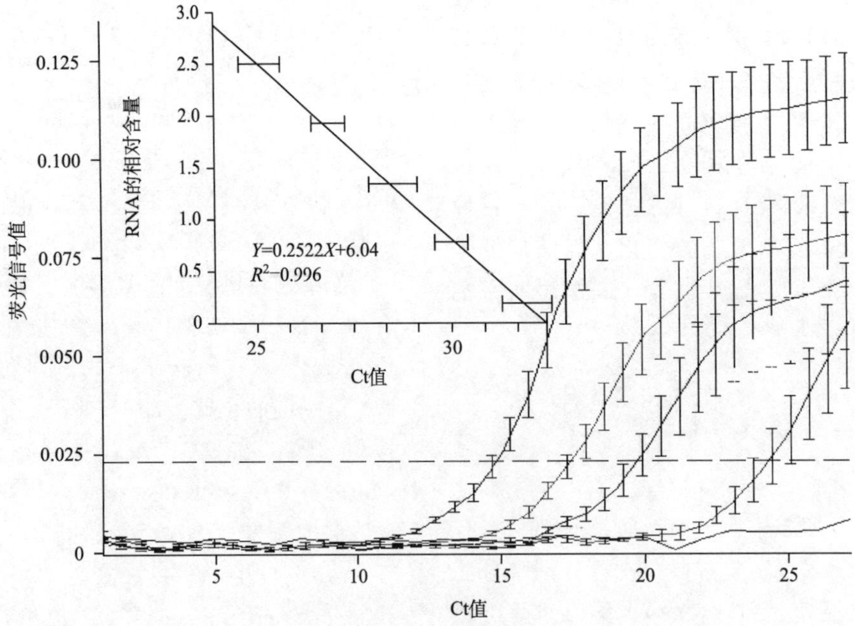

图 1 RSV *CP* 基因的扩增曲线与标准曲线

扩增曲线从左到右分别是 *CP* 基因的 cDNA 稀释 4^0、4^1、4^2、4^3 和 4^4 倍为底物的扩增曲线

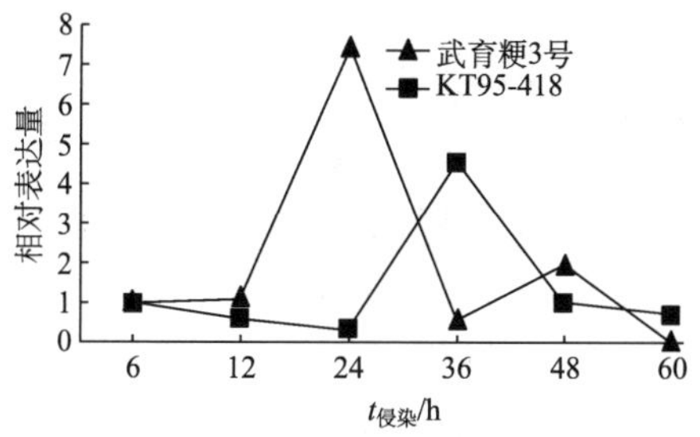

图 2 RSV 在武育粳 3 号和 KT95-418 悬浮细胞中的复制变化与相对含量变化

3 讨论

基于 SYBR Green 染料法的 real-time RT-PCR 检测中引物设计是 PCR 扩增获得成功的关键之一。引物首先要求对被检测基因具有很高的特异性，所设计引物的被扩增片段通常介于 80～300bp，片段越小定量扩增结果就越精确[8]，本研究所选择的扩增片段为 243bp，且扩增产物单一，在无病毒侵染的水稻悬浮细胞内，没有检测到任何扩增信号和 PCR 产物。这说明 CP1/CP2 对 RSV 检测具有很高的特异性。为了有效地检测 RSV *CP* 基因，笔者对 GenBank 中已有的 RSV *CP* 基因进行了分析比较，选择 *CP* 最保守区域进行引物设计，以保证所设计引物能够扩增出目前已知的所有 RSV 分离物。

当前，由 RSV 引起的水稻条纹叶枯病是我国粳稻种植区最主要病毒病，种植抗病品种是防治该病害最为经济有效的措施。因此，抗病品种的筛选和培育成为目前的主要任务。但在传统的抗病品种筛选中，多采用传统病毒生物学接种方法，此方法需要饲养大量的传播介体灰飞虱，而对其饲毒、传毒、观察病害发生情况等，均需要大量的人力和较长的周期。同时，由于灰飞虱不同群体间存在着传毒效率的差异[9]，且灰飞虱传毒具有间歇性，这些特点均易造成较大的实验误差，需要大量的重复试验来进行验证。本研究利用 RSV 侵染水稻悬浮细胞体系，通过 real-time RT-PCR 检测 RSV *CP* 基因在寄主细胞内表达含量的变化，结合传统的品种抗病性检测的结果来分析比较寄主抗病性的差异。该方法可以快速、灵敏、准确地鉴定出 2 种及 2 种以上品种的抗性差异，为抗病品种鉴定和抗性种质资源的筛选提供了准确可靠的方法。但该方法的弊端是，在检测鉴定过程中，水稻悬浮细胞培养需要严格地无菌操作和专业无菌实验室，同时 real-time RT-PCR 则需要精密、昂贵的仪器和复杂的操作程序以及繁琐的分析过程。这些很难在基层得以普及，目前只能适合在实验室中对传统的生物学鉴定的结果进行必要的验证和补充。因此，目前传统生物学接种试验和田间小区试验暂时依然是验证品种抗病性差异的主要技术手段。

参考文献

[1] Toriyama S. *Rice stripe virus*: prototype of a new froup of viruses that replicate in plants and insects. Microbiological Sciences, 1986, 3: 347-351

[2] 林奇英，谢联辉，周仲驹. 水稻条纹叶枯病的研究Ⅰ. 病害的分布和损失. 福建农学院学报，1990，19(4)：421-425

[3] 魏太云. 水稻条纹病毒的基因组结构及其分子群体遗传. 福建农林大学博士论文，2003

[4] Toriyama S. Characterization of *Rice stripe virus*: a heave component carrying infectivity. Journal of General Virology, 1982, 61: 187-195

[5] Yang W, Wang X, Wang S, et al. Infection and replication of a planthopper transmitted virus-*Rice stripe virus* in rice protoplasts. Journal of Virological Methods, 1996, 59: 57-60

[6] Marshall OJ. PerlPrimer: cross-platform, graphical primer design for standard, bisulphite and real-time PCR. Bioinformatics, 2004, 20: 2471-2472

[7] Jain M, Nijhawan A, Tyagia K, et al. Validation of housekeeping genes as internal control for studying gene expression in rice by quantitative real-time PCR. Biochemical and Biophysical Research Communications, 2006, 345: 646-651

[8] Meyer R, Jaccaud E. Detection of genetically modified soya in processed food products: development and validation of a PCR assay for the specific detection of glyphosphatetolerant soybeans In: Proceedings of the Ninth European Conference in Food Chemistry, Authenticity and Adulteration of Food - the Analytical App roach. Switzerland: Interlaken, 1997: 23-28

[9] 曲志才，马向前，白逢伟等. 活跃传毒介体灰飞虱 *Laodelphax striatellus* 品系的杂交与选育. 复旦学报(自然科学版)，2002(6)：91-94

水稻条纹病毒胁迫下的水稻全基因组表达谱*

张晓婷[1,2]，谢荔岩[1]，林奇英[1]，吴祖建[1]，谢联辉[1]

（1 福建省植物病毒学重点实验室，福建福州 350002；福建农林大学植物病毒研究所，福建福州 350002；2 河南农业大学植物保护学院，河南郑州 450002）

摘　要：水稻条纹叶枯病由水稻条纹病毒（*Rice stripe virus*，RSV）引起，对我国水稻生产危害严重。为了明确 RSV 侵染对水稻基因表达谱的影响，采用 Affymetrix 水稻全基因组芯片对 RSV 接种后出现条纹症状第 7 天的武育粳 3 号水稻病叶和相应的健康叶片进行了全基因组表达谱分析，得到 3517 个差异基因，其中 2002 个表达上调，1515 个表达下调。根据 TIGR 数据库注释（http://www.tigr.org/tdb/e2k1/osa1/）和 MIPS 基因功能分类标准（http://mips.gsf.de/projects/funcat）将差异基因归类为 15 个功能类别，多数差异基因与植物防御、信号传导及蛋白质、碳水化合物的代谢相关，一些转录因子的表达也发生了明显的变化。代谢途径分析表明，RSV 侵染后磷酸戊糖途径、类黄酮合成途径和芸苔素合成途径的相关基因表达明显增强，赤霉素合成途径相关基因的表达受到了抑制。

关键词：水稻条纹病毒；基因表达谱；代谢途径分析

中图分类号：S432.1；S11+7　**文献标识码：**A

Transcriptional profiling in rice seedlings infected by *Rice stripe virus*

ZHANG Xiao-ting[1,2], XIE Li-yan[1], LIN Qi-ying[1], WU Zu-jian[1], XIE Lian-hui[1]

(1 Key Laboratory of Plant Virology, Fujian Province, Fuzhou 350002; Institute of Plant Virology, Fujian Agriculture and Forestry University, Fuzhou 350002; 2 Department of Plant Protection, Henan Agricultural University, Zhengzhou 450002)

Abstract: Rice stripe disease caused by *Rice stripe virus* (RSV) resulted in great reduction of rice production in China. To investigate the effects of RSV on rice gene expression, Affymetrix rice whole genome arrays were used to compare the transcriptional profiles of mock-innoculated and RSV-innoculated WuYun3 7 days after stripe symptom appeared. 3517 differently expressed transcripts were found in total, including 2002 up-regulated transcripts and 1515 down-regulated ones in response to RSV infection. According to TIGR annotation (http://www.tigr.org/tdb/e2k1/osa1/) and MIPS function catalogue (http://mips.gsf.de/projects/funcat), these differently expressed genes were classified into 15 functional groups and most of them related to plant defence, signal transduction or metabolism of protein or carbohydrate. Some transcription factors

---

激光生物学报，2008，17（5）：620-629

* 基金项目：国家 973 项目（2006CB100203）、国家自然科学基金项目（30671357）、教育部博士点基金项目（20040389002、20050389006）

were also regulated significantly by RSV infection. Pathway analysis showed that gene expression of enzymes involved in pentose phosphate pathway, flavonoid pathway and brassinoliele synthesis pathway were notably induced, while expression of enzymes participated in gibberellin synthesis pathway were repressed.

Key words: *Rice stripe virus* (RSV); gene expression profile; pathway analysis

水稻条纹病毒（*Rice stripe virus*，RSV）是纤细病毒属（*Tenuivirus*）的代表种，基因组由4条单链RNA组成，具有独特的基因组编码策略[1-3]。其所致的水稻条纹叶枯病在我国多个省份广泛分布[4]，是当前我国水稻生产上最重要的病害之一。该病的症状主要是心叶褪绿、捻转下垂，病叶褪绿斑驳[5]。细胞超微结构研究表明，RSV侵染后的水稻叶肉细胞中线粒体明显增多，细胞核变大，叶绿体结构因症状严重度不同而有不同程度的破坏，并有淀粉粒的积累，叶肉细胞间及叶肉细胞与微管束细胞间胞间连丝明显增多，细胞质中出现蛋白体[6,7]。

病毒是严格的细胞内寄生生物，其侵染后不但干扰寄主的正常生长代谢，引起细胞形态的明显改变，还将利用寄主蛋白进行复制和增殖，导致其基因表达谱的巨大改变。Senthil等比较了苦苣菜黄脉病毒（*Sonchus yellow net virus*，SYNV）和凤仙花坏死斑病毒（*Impatiens necrotic spot virus*，INSV）侵染烟草不同时期后寄主的基因表达谱变化，发现在INSV侵染后2d、4d、5d分别有275、2646和4165个差异表达基因，SYNV侵染后5d、11d、14d分别有35、665和1458个基因差异表达[8]。Whitham等研究了5种RNA病毒侵染后拟南芥的基因表达谱，得到114个可能在多种RNA病毒与寄主互作中起普遍作用的基因，并将它们归类于8个功能类别[9]。高通量研究方法如基因芯片技术等可以为植物病毒与寄主的互作分析提供丰富的信息。但相关研究多集中在烟草、拟南芥等双子叶植物，单子叶植物与病毒互作的基因表达谱研究相对较少。Ventelon-Debout等通过构建cDNA文库研究水稻黄斑驳病毒（*Rice yellow mottle virus*，RYMV）侵染后的水稻基因表达谱，得到5549个水稻表达序列标签，发现病毒侵染后能量代谢和光合作用相关的基因表达发生了变化[10]。2007年Takumi Shimizu等首次报道了禾本科模式植物水稻与水稻矮缩病毒（*Rice dwarf virus*，RDV）互作的基因表达谱变化，得到686个差异表达基因[11]。

为了明确RSV侵染后寄主的基因表达谱变化，深入了解单子叶植物寄主对多分体负单链RNA病毒的响应机制，我们选用对RSV高度敏感的水稻品种“武育粳3号”进行试验，以未经处理的健康植株为对照组，显症后一周的水稻条纹病株为实验组，分别与Affymetrix公司的水稻全基因组芯片进行杂交，系统分析其基因表达谱差异，以期为开创新的抗病策略奠定基础。

1 材料和方法

1.1 供试材料

水稻品种是江苏省武进县稻麦育种场繁育的“武育粳3号”，RSV毒源为保存于本所的洪泽分离株，介体昆虫是采自江苏洪泽田间的无毒灰飞虱后代，水稻全基因组寡核苷酸芯片Genechip Rice genome array购自Affymetrix公司。

1.2 生物学接种

按常规生物学方法用生长至二叶一心期的稻苗进行病毒接种。在出现条纹症状的第7天，分别剪取症状明显的病叶作为实验组，同时，从同一生长期的未接种健康植株上剪取相应的健康叶片作为对照组，在液氮中速冻，保存于－70℃备用。

1.3 样品核酸的制备

由北京博奥生物有限公司完成。

1.4 芯片杂交、洗染和扫描

本实验选用的Affymetrix Genechip Rice genome array共有探针57 382套，包括了48 564个粳稻和1260个籼稻序列信息，代表约46 000个水稻基因。芯片的杂交、洗脱、染色和扫描由北京博奥生物有限公司利用美国Affymetrix公司生产的“基因芯片检测工作站”专用设备完成。

1.5 芯片数据分析

利用Affymetrix GeneChip Operating Software

Version 1.0（GCOS）软件对芯片扫描数据进行分析和处理，具体方法见 GCOS 软件说明（https://www.affymetrix.com/）。

1.6　差异基因的功能分类

根据 Affymetrix 网站 NetAffy 分析中心（https://www.affymetrix.com/analysis/netaffx/）的基因注释和 MIPS（http://mips.gsf.de/projects/funcat）基因功能分类方案，将“武育粳 3 号”实验组和对照组表达差异在 2 倍以上的基因进行功能分类。

1.7　代谢途径分析

提取差异探针组所对应的基因位点号（Locus Identifier）(http://www.tigr.org/tdb/e2k1/osa1/TIGR)，用 Pathway tools 软件分析其所参与的水稻代谢途径。

2　结果与分析

2.1　样品 RNA 纯度和完整性检测

所提取总 RNA 经分光光度计测定，含量均大于 1μg/μL；OD_{260}/OD_{280} 比值介于 1.8～2.0；变性凝胶电泳检测 28S、18S 两个核糖体 RNA 条带清晰可见，无拖尾现象，说明 RNA 完整性很好。

2.2　芯片检测质量判定

“武育粳 3 号”对照组和实验组叶片 RNA 与水稻全基因组芯片杂交芯片的扫描结果显示，芯片左上角有一清晰的“GeneChip Rice”字样，周点线均匀，四角的点和中间的“+”字清晰，表明芯片质量可靠（图 1）。信号检测报告表明，两组芯

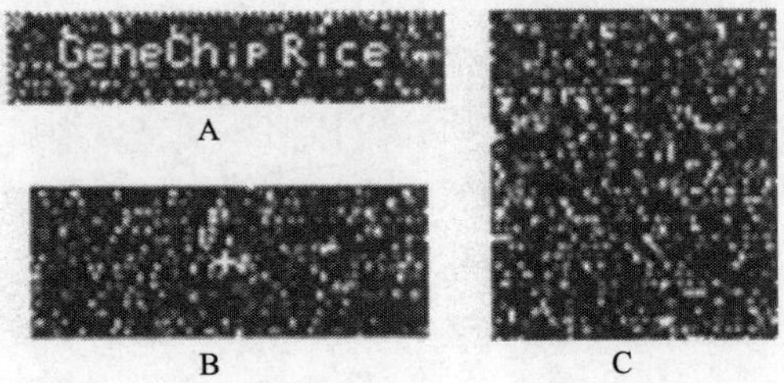

图 1　“武育粳 3 号”cRNA 与芯片杂交的扫描图

A. 芯片左上角和“GeneChip Rice”字样；B. 芯片中心的“+”字；C. 部分芯片杂交扫描图

表 1　“武育粳 3 号”实验组和对照组与水稻全基因组芯片杂交的质量检测报告

	RSV 处理组				对照组				
	平均值	标准差	最小值	最大值	平均值	标准差	最小值	最大值	
背景信号	33.19	0.3	32.7	34.2	32.8	0.19	32.2	33.3	
噪音信号	1.27	0.04	1.2	1.4	1.17	0.04	1.1	1.3	
外标	探针	5′端信号值	5′表达检测	中部信号值	中部表达检测	3′端信号值	3′表达检测	全长信号值	信号比值（3′/5′）（全长）
RSV 处理组	AFFX-BIOB	373.6	表达 P	701.8	表达 P	543.2	表达 P	539.53	1.45
	AFFX-BIOC	1081.7	表达 P			1243.2	表达 P	1162.45	1.15
	AFFX-BIOD	4961	表达 P			5569.9	表达 P	5265.45	1.12
	AFFX-CRE	17025.8	表达 P			22242	表达 P	19633.90	1.31
对照组	AFFX-BIOB	487.1	表达 P	736.4	表达 P	568.9	表达 P	597.46	1.17
	AFFX-BIOC	1320	表达 P			1459.1	表达 P	1389.55	1.11
	AFFX-BIOD	5669	表达 P			6535.2	表达 P	6102.10	1.15
	AFFX-CRE	20123.2	表达 P			26212.7	表达 P	23167.95	1.30

片的背景值和噪音值都很低，且都很均匀，外加的阳性对照基因 BIOC、BIOB、BIOD 及 cre 均能检测到，质量控制有关数据见表 1。这些结果说明，本组基因芯片的质量和样品 RNA 的提纯质量都很好，杂交和检测体系亦无问题，芯片检测结果可靠。

2.3 样品检测结果

利用 Affymetrix GCOS 软件分析“武育粳 3 号”对照组和实验组与水稻全基因组芯片杂交后的扫描结果，发现在所有 57382 套探针中 40%以上的基因转录本在“武育粳 3 号”叶片中表达，其中对照组中共检测到 25656 个基因转录本的表达，占总数的 44.7%，平均信号值为 520.8；实验组中共检测到 26073 个，占总数的 45.4%，平均信号值为 445.4。

采用默认参数（https://www.affymetrix.com/）比较归一化处理后的对照组和实验组芯片，共得到差异在 2 倍以上的基因转录本 3517 个，占靶标基因总数的 19.8%，其中 2002 个基因转录本在实验组中表达上调，1515 个基因转录本表达下调。

2.4 差异基因的功能分类

根据 Affymetrix GeneChip Rice genome array 的探针注释，3517 个差异基因转录本中有 1995 个基因（1134 个上调基因，860 个下调基因）功能注释明确，占 56.7%；1429 个（40.7%）与 GenBank 中功能未知的序列相对应（注释为 hypothetical protein 或 expressed protein）；93 个（2.6%）基因转录本注释为转座子蛋白（transposon protein）。

按照 MIPS（http://mips.gsf.de/projects/funcat）的功能分类系统对 1995 个有功能信息的差异表达基因进行功能分类，将它们归纳于 15 个功能类群（图 2），涉及光合作用，物质运输，能量代谢，蛋白质、糖类、脂类和碳水化合物等大分子物质的代谢途径，及植物防御反应，信号传导，转录调节，蛋白质功能调节等过程。

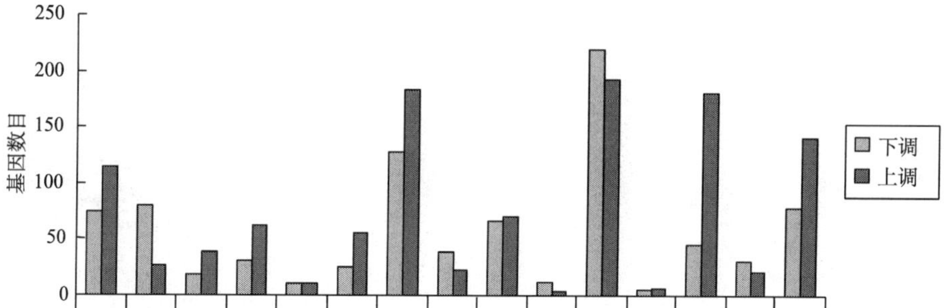

	1	2	3	4	5	6	7	8	9	10	11	12	13	14	15
下调	75	80	18	30	10	25	128	38	66	12	219	5	45	31	78
上调	115	27	38	63	11	56	184	23	70	4	193	7	181	21	141

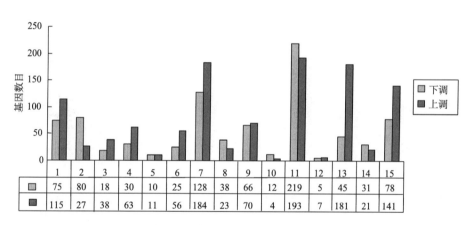

图 2 15 个功能类别中的基因数目

1. 蛋白质代谢；2. 碳水化合物代谢；3. 糖类代谢；4. 脂类代谢；5. 核酸代谢；6. 次生物质代谢和其他酶类；7. 信号传导；8. 能量代谢；9. 物质运输；10. 光合作用；11. 防御相关；12. 细胞骨架；13. 转录因子；14. 蛋白功能调节因子；15. 其他

这些差异表达基因中，防御相关基因（416 个）数目最多，占差异基因总数的 11.8%，包括抗病相关基因如编码病程相关蛋白、几丁质酶等的基因，过氧化反应相关的酶类基因，其他生物或非生物胁迫相关基因及植保素如萜烯、异黄酮、植物螯合肽等合成途径中的重要酶类基因等。表 2 列举了 RSV 侵染后差异表达的部分防御相关基因。激酶、磷酸酶，Ca^{2+}、G 蛋白及生长素、乙烯、脱落酸、赤霉素等植物激素信号传导途径相关的基因共有 308 个表达变化明显，占差异基因总数的 69.5%。其中生长素相关基因在水稻病叶中多数表达上调（上调 13 个，下调 3 个），包括 5 个编码 AUX/IAA 家族蛋白的基因，3 个生长素反应因子，2 个 GH3 生长素反应启动子和 2 个生长素运输相关蛋白基因等（表 3）。一些转录因子如 myb、WRKY、NAM、AP2、bZIP 等转录因子家族，含有锌指结构、螺旋－转角－螺旋结构的转录因子等在水稻受到 RSV 侵染后表达发生了变化，180 个表达上调，44 个表达下调。另外，还有大量代谢和物质运输相关的基因在水稻条纹病叶中差异表达。

表 2 水稻条纹病叶相对健康叶片差异表达的防御相关基因

探针号	靶标号	变化倍数	注释
上调基因			
Os. 51242. 1. S1 _ at	AK062317. 1	4. 29	富亮氨酸重复域，推测的
Os. 53717. 1. S1 _ at	AK099468. 1	8. 57	细胞色素 P450
Os. 53958. 1. S1 _ at	AK101021. 1	2. 46	细胞色素 P450
Os. 14105. 1. S1 _ at	AK106404. 1	3. 48	细胞色素 P450
Os. 47955. 1. S1 _ at	AK066943. 1	3. 03	细胞色素 P450，推测的
OsAffx. 24172. 2. S1 _ at	9630. m00844	25. 99	激发子诱导的细胞色素 P450
Os. 51172. 1. S1 _ x _ at	AK061280. 1	2. 64	几丁质酶（EC 3. 2. 1. 14）-水稻
Os. 10166. 1. S1 _ at	AB096140. 1	25. 99	I 型几丁质酶，推测的
Os. 27875. 1. S1 _ at	AK060033. 1	5. 66	推测的 III 型几丁质酶
Os. 10753. 1. S1 _ a _ at	AK102911. 1	3. 48	Piwi 域，推测的
Os. 8178. 1. S1 _ at	AY050642. 1	51. 98	Barwin 家族
Os. 20289. 1. S1 _ at	AY435041. 1	2. 64	Barwin 家族，推测的
Os. 17058. 1. S1 _ at	AK099477. 1	6. 96	NB-ARC 域，推测的
Os. 12614. 1. A1 _ at	CR282570	3. 48	NB-ARC 域，推测的
Os. 14539. 1. S1 _ at	AK100221. 1	4. 29	Dirigent 样蛋白
Os. 12241. 1. S1 _ at	AK101837. 1	5. 66	甜味蛋白家族
Os. 49466. 1. S1 _ at	AK099946. 1	3. 73	类甜味蛋白前体
Os. 15269. 1. S1 _ at	AK059955. 1	6. 50	谷胱甘肽硫转移酶，C 端域，推测的
Os. 37783. 1. S1 _ a _ at	AK105219. 1	32. 00	铁硫蛋白
Os. 37783. 2. S1 _ x _ at	AU070898	4. 92	铁硫蛋白
Os. 42812. 1. A1 _ at	CR285687	2. 64	植物抗病反应蛋白
Os. 45238. 1. S1 _ at	NM _ 184610. 1	2. 83	抗病蛋白，推测的
Os. 32630. 1. S1 _ at	AK103475. 1	4. 29	超敏反应诱导蛋白，推测的
OsAffx. 2528. 1. S1 _ at	9630. m00633	19. 70	水杨酸诱导蛋白 19
Os. 53009. 3. S1 _ at	AK070412. 1	3. 25	Avr9/Cf-9 快速激发蛋白 141
Os. 2210. 1. S1 _ at	AF032972. 1	21. 11	可能的 2 型 Germin 蛋白-水稻

探针号	靶标号	变化倍数	注释
下调基因			
Os. 11110. 1. S1 _ at	AK066010. 1	10. 56	细胞色素 P450
Os. 767. 1. S1 _ at	AK074025. 1	4. 59	细胞色素 P450，推测的
Os. 11193. 1. S1 _ at	AK066760. 1	5. 28	细胞色素 P450，推测的
Os. 12200. 1. S1 _ s _ at	AK103358. 1	3. 03	谷胱甘肽硫转移酶
Os. 25651. 1. S1 _ at	AK058900. 1	4. 00	谷胱甘肽硫转移酶，C 端域，推测的
Os. 11303. 1. S1 _ at	AK107822. 1	2. 64	谷胱甘肽硫转移酶，N 端域，推测的
Os. 27671. 1. S1 _ at	AK065887. 1	6. 50	谷胱甘肽硫转移酶，推测的
Os. 50371. 1. S1 _ x _ at	AK120912. 1	3. 03	谷胱甘肽硫转移酶 19E50
Os. 52854. 1. S1 _ at	AK069604. 1	2. 30	谷胱甘肽硫转移酶
Os. 53377. 1. S1 _ at	AK072348. 1	4. 29	富亮氨酸重复域，推测的
OsAffx. 31316. 1. S1 _ at	9639. m03229	2. 14	Cf2/Cf5 抗病蛋白同源
Os. 3415. 1. S1 _ at	AB016497. 1	2. 14	几丁质酶
OsAffx. 24234. 2. S1 _ s _ at	9630. m01273	2. 83	抗病蛋白
Os. 50966. 1. S1 _ at	AK059817. 1	2. 83	Germin 样蛋白超家族 3 成员 2 前体
Os. 7662. 1. S1 _ at	AK066134. 1	5. 66	Mlo 家族
Os. 34986. 1. S1 _ at	AK069420. 1	3. 03	NB-ARC 域，推测的
Os. 49225. 1. S2 _ at	AB013451. 1	3. 03	NBS-LRR 型抗性基因
Os. 2423. 1. S1 _ at	AK070762. 1	2. 30	病程相关蛋白 Bet v I 家族
Os. 5031. 1. S1 _ at	AB127580. 1	2. 30	病程相关蛋白 PR-10a
Os. 46731. 1. S1 _ at	AK121168. 1	2. 00	推测的抗病蛋白 RPR1

续表

探针号	靶标号	变化倍数	注释
下调基因			
Os. 44928. 1. S1 _ at	NM _ 185185. 1	3. 03	抗性复合体蛋白，推测的
Os. 24551. 4. S1 _ at	AK067358. 1	3. 25	类抗病蛋白
Os. 6867. 1. S1 _ x _ at	AT003452	2. 30	类甜味蛋白的病程相关蛋白 3 前体
Os. 52573. 1. S1 _ at	AK068084. 1	3. 03	甜味蛋白同构体
Os. 6116. 1. S1 _ at	CF329533	5. 66	类似甜味蛋白/PR5 蛋白

表 3 水稻条纹病叶相对健康叶片差异表达的信号传导相关基因

探针号	靶标号	变化倍数	注释
上调基因			
Os. 34283. 2. S1 _ x _ at	AK120515. 1	4. 00	GH3 生长素反应启动子
Os. 12501. 1. S1 _ at	AK102809. 1	2. 83	GH3 生长素反应启动子
Os. 2230. 1. S1 _ at	AF056027. 1	2. 83	可能的生长素转运蛋白-水稻
Os. 18169. 1. S1 _ at	AK103865. 1	6. 06	AUX/IAA 家族
Os. 17655. 1. S1 _ at	AK066518. 1	2. 14	AUX/IAA 家族
OsAffx. 12561. 1. S1 _ s _ at	9630. m04804	2. 46	AUX/IAA 家
Os. 7855. 1. S1 _ at	AK073361. 1	3. 73	AUX/IAA 家族
Os. 10109. 1. S1 _ at	AK068213. 1	6. 06	Aux/IAA 蛋白
Os. 53828. 1. S1 _ at	AK100297. 1	5. 66	生长素载体
Os. 22750. 1. S1 _ at	AK103280. 1	2. 00	生长素反应因子 3
Os. 7177. 2. S1 _ a _ at	AK071455. 1	3. 73	生长素反应因子 8
Os. 50772. 1. S1 _ at	AK067927. 1	2. 00	生长素反应因子，推测的
Os. 9945. 1. S1 _ at	AK073044. 1	2. 14	生长素反应因子，推测的
Os. 2694. 1. S1 _ at	X89891. 1	6. 50	脱落酸诱导蛋白-水稻
OsAffx. 27278. 1. S1 _ at	9633. m03916	2. 64	类似乙烯反应元件结合因子，推测的
OsAffx. 9698. 1. S1 _ x _ at	9629. m00871	32. 00	可能的细胞分裂素氧化酶前体
Os. 4780. 1. S1 _ at	AK105729. 1	11. 31	赤霉素诱导蛋白，推测的
下调基因			
探针号	靶标号	变化倍数	注释
OsAffx. 19428. 1. S1 _ s _ at	9639. m04458	2. 14	类似细胞分裂素结合蛋白
OsAffx. 27093. 1. S1 _ at	9633. m02826	6. 06	细胞分裂素脱氢酶 2
Os. 15798. 1. S1 _ at	AK102541. 1	5. 66	AUX/IAA 家族
OsAffx. 26801. 1. S1 _ x _ at	9633. m00857	2. 14	AUX/IAA 家族
Os. 17449. 1. A1 _ at	AK066552. 1	2. 83	生长素载体
OsAffx. 24805. 1. S1 _ s _ at	9630. m04912	2. 46	脱落酸诱导蛋白，推测的
Os. 10311. 2. A1 _ s _ at	AK101337. 1	2. 83	脱落酸诱导蛋白，推测的
Os. 22580. 1. S1 _ s _ at	AK060804. 1	7. 46	ABA/WDS 诱导蛋白，推测的
OsAffx. 11838. 1. S1 _ x _ at	9629. m07254	6. 96	ABA/WDS 诱导蛋白，推测的
Os. 27439. 1. S1 _ at	CB630285	2. 14	赤霉素 20 氧化酶，推测的
Os. 17900. 1. S1 _ s _ at	BI803310	3. 25	赤霉素调节蛋白 2 前体
Os. 53403. 1. S1 _ s _ at	AK072462. 1	6. 96	乙烯不敏感基因 3，推测的
Os. 53403. 1. S1 _ at	AK072462. 1	8. 00	乙烯不敏感基因 3，推测的

2.5 差异基因的代谢途径分析

为了明确差异基因所参与的代谢途径，利用 Pathway tools 软件对 3154 个在 TIGR 数据库中有对应基因位点号的差异基因进行代谢途径分析，结果将 782 个基因转录本所参与的代谢途径显示在水稻细胞代谢图上（图 3），276 个基因转录本在 RiceCyc （ http://www.gramene.org/pathway/)

数据库中没有收录。差异基因的代谢分布图显示，RSV侵染后“武育粳3号”水稻叶片的基因表达谱发生了巨大变化，涉及的代谢途径非常复杂。其中，磷酸戊糖途径、类黄酮合成途径相关基因在水稻条纹病叶中表达相对健康叶片中有所增强，芸苔素合成途径的多个相关酶类基因被诱导表达，赤霉素合成途径和光呼吸途径受到抑制。在同一个代谢途径中有些步骤相关的基因表达被诱导，而另一些却被抑制，说明生物代谢过程中广泛存在反馈调节作用。

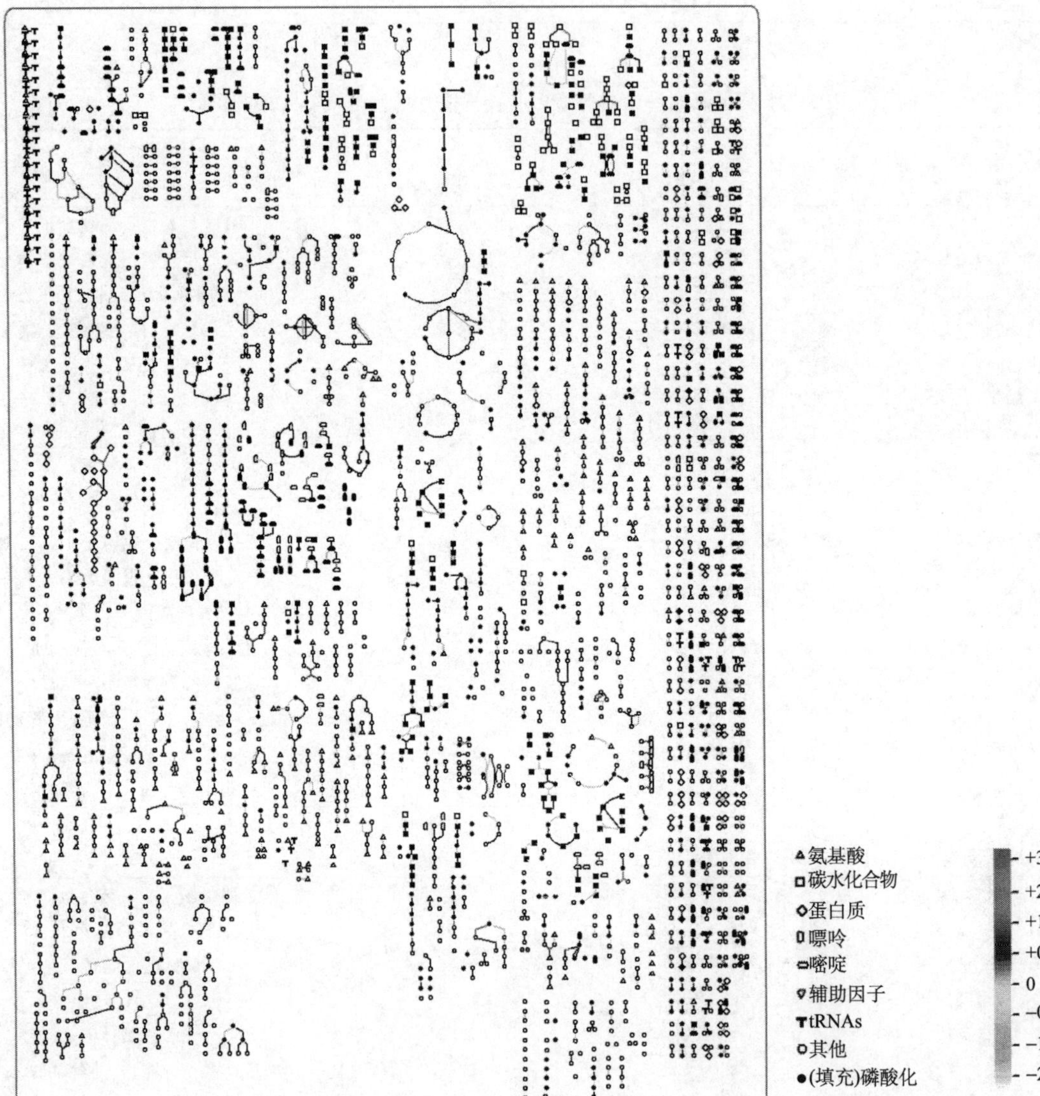

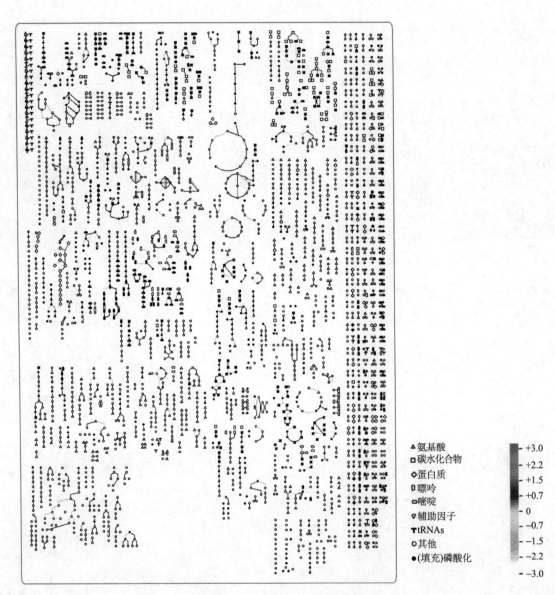

图3　差异表达基因在细胞代谢图上的分布

3　讨论

细胞色素P450是高等植物中最大的酶蛋白家族，是广泛存在的多功能血红素氧化酶系，催化多种重要次生代谢物质如生物碱、黄酮类、异黄酮类、香豆素和呋喃香豆素等的生物合成[12]；GST的生物学功能是调节生物体内的谷胱苷肽含量，保护生物膜尤其是线粒体的结构和功能不受过氧化物破坏，在植物生长发育、细胞解毒和细胞抗逆过程中具有重要作用；几丁质酶和与PR4蛋白同源的甜味家族蛋白与植物对真菌、细菌病害的抗性密切相关[13-15]，在病毒与寄主的互作中也有报道[16]。本研究结果也表明，大量的细胞色素P450、*GST*基因在RSV侵染的水稻中表达下调，与病程相关蛋白（pathogenesis-related protein，PR）同源的甜味蛋白家族、Barwin家族蛋白基因和具有草酸氧化酶活性的 Germin 蛋白基因，以及几丁质酶、参与木质化抗病途径的 Dirigent-like 蛋白、含有 Piwi 结构域、Homeobox 结构域的蛋白基因等在 RSV 侵染后表达上调（表 2），说明这些防御基因在植物响应细菌、真菌、病毒和类病毒等多种病原微生物侵染的过程中都有作用，但其作用机制尚需进一步研究证实。

信号传导途径如 Ca^{2+}、G 蛋白、植物激素等相关基因的表达在 RSV 侵染后也发生了明显的变化。其中 Ca^{2+} 和生长素信号传导相关基因多数上调，两个 Ras 家族的小 G 蛋白也被诱导表达。5 个 AUX/IAA 家族蛋白，2 个生长素运输相关蛋白和 1 个生长素诱导蛋白的编码基因，3 个生长素反应因子（auxin response factors，ARF），和 2 个 GH3 生长素反应启动子都被 RSV 诱导，只有 2 个 AUX/IAA 家族蛋白的编码基因表达被抑制（表 3）。Goda 等采用基因芯片技术比较了生长素和油菜素内酯对拟南芥基因表达谱的调节，发现二者共同调节的基因中 SAUR、GH3 和 AUX/IAA 基因家族占有较大比例，且二者都能够诱导赤霉素 20 氧化酶基因（生长素诱导 *AtGA20ox1*，油菜素内酯诱导 *AtGA20ox8*）[17]。AUX/IAA 基因家族是一类转录抑制因子，对多数下游基因起负反馈调节作用[18]。在本研究中有 2 个赤霉素 20 氧化酶基因表达下调，与多数 AUX/IAA 家族基因的表达上调恰好对应，这似乎暗示 RSV 与寄主的互作激发了生长素的信号途径。但同时，其他植物激素如乙烯、脱落酸等的相关基因也发生了明显的表达变化（表 3），许多研究表明这些激素的信号传导途径错综复杂，相互交叉。究竟哪一种植物激素在 RSV 与寄主的互作中占主要地位尚无充分的实验证据。

为了从整体水平分析 3517 个差异基因所参与的代谢途径，我们采用 Pathway tools 软件和 RiceCyc（http://www.gramene.org/pathway/）水稻代谢数据库将其显示在水稻细胞代谢图上。结果表明，RSV 侵染后，部分叶绿素合成途径、芸苔素、类黄酮和木质素合成途径相关酶类基因的表达相对健康植株有所增强；磷酸戊糖途径、卡尔文循环、光反应和有氧呼吸增强，光呼吸受抑制；糖原、淀粉、葡萄糖、蔗糖的分解途径相关酶类基因表达下调，但甘露糖分解途径相关酶类基因表达上调；精氨酸、脯氨酸、赖氨酸等氨基酸生物合成途径和精氨酸、谷氨酸和甲硫氨酸降解途径相关酶类基因表达下调。这与已有的细胞病理学研究结果相对应。细胞病理学研究表明，RSV 侵染后部分细胞的叶绿体被破坏，较多线粒体出现在叶绿体的附近，说明能量代谢与光合作用相关途径如磷酸戊糖途径、卡尔文循环、光反应和有氧呼吸等增强；淀粉粒和蛋白体的积累则可能是由于糖和淀粉类物质的分解减弱，恰恰对应于表达谱分析中糖和淀粉类物质分解相关酶类的表达量减少[6,7]。Ventelon-Debout 等对 RYMV 侵染后水稻基因表达谱的研究发现病毒侵染后能量代谢和光合作用相关的基因表达发生了变化[10]。这一结果与本研究对 RSV 侵染后的基因表达谱分析结果比较一致，可能与这两个病毒侵染初期的叶片褪绿症状相对应。

由于 RSV 是虫传病毒，不能够摩擦接种，所以本研究中未能在不同的侵染时间点取样，如果采用水稻细胞体系进行研究可以弥补这一缺憾，但同时也将损失部分与发育相关的 RSV 响应基因相关信息。另外，基因表达的调控主要有两个水平，基因转录水平和蛋白质翻译水平。将基因转录组学与比较蛋白质组学分析相结合，也将为揭示 RSV 侵染后水稻的分子响应机制提供更丰富的信息。

参考文献

[1] 谢联辉，周仲驹，林奇英等. 水稻条纹叶枯病的研究Ⅲ. 病害的病原性质. 福建农学院学报，1991，20（2）：144-149

[2] 林含新，林奇英，谢联辉等. 水稻条纹病毒分子生物学研究进展. 中国病毒学，1997，12（3）：203-209

[3] 谢联辉，魏太云，林含新等. 水稻条纹病毒的分子生物学. 福建农业大学学报，2001，30（3）：269-279

[4] 林奇英，谢联辉，周仲驹等. 水稻条纹叶枯病的研究Ⅰ. 病害的分布和损失. 福建农学院学报，1990，19（4）：421-425

[5] 林奇英，谢联辉，谢莉妍等. 水稻条纹叶枯病的研究Ⅱ. 病害的症状和传播. 福建农学院学报，1991，21（1）：24-28

[6] 周仲驹，林奇英，谢联辉等. 水稻条纹叶枯病的研究Ⅳ. 病叶细胞的病理变化. 福建农学院学报，1992，21（2）：157-162

[7] 刘利华，吴祖建，林奇英等. 水稻条纹叶枯病细胞病理变化的观察. 植物病理学报，2000，30（4）：306-311

[8] Senthil G，Liu H，Puram VG，et al. Specific and common changes in *Nicotiana benthamiana* gene expression in response to infection by enveloped viruses. J Gen Virol，2005，86：2615-2625

[9] Whitham SA，Quan S，Chang HS，et al. Diverse RNA viruses elicit the expression of common sets of genes in susceptible *Arabidopsis thaliana* Plants. The Plant Journal，2003，33（2）：271 283

[10] Ventelon-Debout M，Nguyen TTH，Wissocq A，et al. Analysis of the transcriptional response to *Rice yellow mottle virus* infection in *Oryza sativa* indica and japonica Cultivars. Mol Genet Genomics，2003，270（3）：253-262

[11] Shimizu T，Sstonh K，Kikuchi S，et al. The repression of cell

wall- and plastid-related genes and the induction of defense-related genes in rice plants infected with *Rice dwarf virus*. Mol Plant Microbe Interact，2007，20（3）：247 254

[12] 余小林，曹家树，崔辉梅等. 植物细胞色素 P450. 细胞生物学杂志，2004，26：561-566

[13] Maruthasalam S，Kalpana K，Kumar KK，et al. Pyramiding transgenic resistance in elite indica rice cultivars against the sheath blight and bacterial blight. Plant Cell Rep，2007，26（6）：791-804

[14] Mackintosh CA，Lewis J，Radmer LE，et al. Over-expression of defense response genes in transgenic wheat enhances resistance to fusarium head blight. Plant Cell Rep，2007，26（4）：479-488

[15] Mahmood T，Jan A，Kakishima M，et al. Proteomic analysis of bacterial blight defense-responsive proteins in rice leaf blades. Proteomics，2006，6（22）：6053-6065

[16] Kim MJ，Ham BK，Kim HR，et al. *In vitro* and in plants interaction evidence between *Nicotiana tabacum* thaumatin-like Protein 1（TLP1）and *Cucumber mosaic virusp*. Plant Molecular Biology，2005，59（6）：981-994

[17] Goda H，Sawa S，Asami T，et al. Comprehensive comparison of auxin regulated and brassinosteroid regulated genes in *Arabidopsis*. Plant Physiology，2004，134，1555-1573

[18] 康宗利，杨玉红. 生长素受体之谜得到初步破解. 植物生理学通讯，2006，42（1）：105-108

Anti-viral activity of *Ailanthus altissima* crude extract on *Rice stripe virus* in rice suspension cells

YANG Jin-guang, DANG Ying-guo, Li Guan-yi, GUO Li-juan, WANG Wen-ting, TAN Qing-wei, LIN Qi-ying, WU Zu-jian, XIE Lian-hui

(Institute of Plant Virology, Fujian Agriculture and Forestry University, Fuzhou 350002; Key Laboratory of Plant Virology, Fujian Province, Fuzhou 350002)

Abstract: *Ailanthus altissima* extracts have previously been shown to have potent anti-fungal, antiinflammation, anti-fertility, plant-growth-regulatory and insecticidal activities. This study demonstrated the anti-viral activity of *A. altissima* crude extract against *Rice stripe virus* (RSV) in rice suspension cells, determined by inhibiting RSV crude protein transcript and expression using real-time reverse transcription polymerase chain reaction and Western blotting, respectively. The *A. altissima* crude extract showed a strong inhibitory activity against RSV at a medium effective concentration of 0.55μg/mL. No significant cytotoxicity in rice suspension cells was shown. *A. altissima* crude extract would likely be a valuable antiviral agent for control of RSV.

Keywords: inhibitory activity; *Laodelphax striatellus*; real-time RT-PCR assay; rice stripe disease; CP transcript and expression

Rice stripe virus (RSV) is the causal agent of rice stripe disease and transmitted in a persistent, propagative manner by the small brown planthopper (*Laodelphax striatellus*)[1]. The disease was first reported to occur in Japan, and has now spread throughout most rice-growing areas in the temperate and subtropical East Asian regions, causing huge losses to the rice yield[1,2]. In China, the large scale of planting susceptible varieties and the high quantity of viruliferous vectors were two major factors contributing to the RSV epidemic of unprecedented magnitude. At present, applying chemical pesticides is the main means of controlling the *L. striatellus* population. However, the large quantity and migration of *L. striatellus* make disease control difficult, in addition to the problem of over-application of synthetic chemical pesticide. Indiscriminate pesticide applications also give rise to ecological problems, such as destruction of beneficial parasitoids and predators affecting the food chain and impacting on biological diversity. Thus, use of natural products to control crop diseases in conventional agriculture appears promising. Many compounds derived from living organisms have been found to be useful in crop protection.

Until now, no natural product has been applied to control the rice stripe disease. There is an urgent need for the development of novel antiviral agents against RSV.

The deciduous tree *Ailanthus altissima* (http: //en. wikipedia. org/wiki/Simaroubaceae), commonly known as the tree of heaven', is native to northeast and central http: //en. wikipedia. org/wiki/China. It has been used in traditional medicine in many parts of Asia, including China, to treat colds and gastric diseases. More recently, extracts of *A. altissima* have been demonstrated to show many bioactivities, such as anti-prolifera-

Phytoparasitica, 2008, 36 (4): 405-408

Received Dec. 30, 2007 accepted June 8, 2008 http://www. phytoparasitica. org posting xxx xxx, 2008 tion, anti-tumor, anti-inflammation, anti-fertility, central nervous system depressants, plant growth regulation and insecticidal effects[3-5]. Although many biological activities of *A. altissima* were described, the anti-viral activity of *A. altissima* against plant viruses has not been reported. The present study describes a new biological function of *A. altissima* extract, exhibiting the capacity of inhibiting RSV replication in rice suspension cells (rsc).

The dry root barks of *A. altissima* were taken from commercial products. One hundred of the dried bark was cut into approximately 0.5-cm-long pieces before being macerated with 1 lethanol (in 1 : 10 ratio) under reflux for 7 days at room temperature. The decoction was passed through a 0.22μg m filter and lyophilized. The lyophilized powder was dissolved in normal phosphate buffered saline (PBS), and adjusted to stock concentration (5mg/ml) prior to application on the rsc.

Rice suspension cells were derived from germinal vesicles of *Oryza sativa* sp. *japonica* cv. 'Wuyujing 3' according to the method of Chu *et al.*[6]. RSV was isolated and purified from rice plants infected with RSV, as described by Toriyama[7]. The infected rscwere obtained as described by Yang *et al.*[8]. *A. altissima* extract was prepared in PBS in the desired concentrations of 0.10μg/mL, 0.25μg/mL, 0.50μg/mL, 0.75μg/mL, and 1.00μg/mL testing. The cells treated with *A. altissima* extract and blank control were stored at −80℃ for total RNA extraction and protein extraction. In order to evaluate the cytotoxicity of *A. altissima* extract in rsc, the extract samples were diluted with PBS buffer to the different concentrations of 0.10μg/mL, 0.25μg/mL, 0.50μg/mL, 0.75μg/mL, 1.00μg/mL, 1.50μg/mL and 2.00μg/mL, and applied to the rscin triplicate. PBS and dimethyl sulfoxide used as positive and negative control, respectively. After incubation at 25℃ for 28h, 100μg 10.4% (Sigma, USA) was added to each well and incubated further for 4h at 25℃. The trypan blue absorbance at 540nm was determined for the samples on an ELISA reader (Multiskan MK3, Thermo Labsystems, Franklin, MA, USA).

Total RNA was prepared from the samples using the TRIZOL reagent kit (Invitrogen, Carlsbad, CA, USA) according to the manufacturer's instructions. The first strand cDNA was synthesized by reverse transcribing 1μg of total RNA using an Exscript™ RT reagent kit (TaKaRa, Kyoto, Japan) according to the manufacturer's instructions. The following genespecific primers were used for PCR amplification; forward and reverse primers are 5′-R-3′ (R for A or G) and 5′-Y-3′ (Y for C or T) for the CP gene, 5′-′-′ for the rice elongation factor 1-alpha gene (a), which used as an internal control[9].

The cDNA was used as a template to mix with 200nmol/L of each primer and SYBR Premix Ex *Taq*™ (TaKaRa) in 50μL reaction volume. Polymerase chain reactions (PCR) were performed to the manufacturer' s instructions the 48- well MiniOpticon™ System (Bio-Rad, Foster City, CA, USA). The identities of the amplicons and the specificity of the reaction were verified by agarose gel electrophoresis and melting curve analysis, respectively. The relative mRNA level of CP gene in different RNA samples was computed with respect to the internal standard, eEF-1a, to normalize for variance to qualify RNA and the amount of input cDNA. At least two different RNA isolations and cDNA syntheses were used for quantification.

Total protein extraction from rsc was performed as described previously[10]. Protein extracts were subjected to SDS-PAGE and electroblotted onto polyvinylidene difluoride (PVDF). The membranes were blocked with PBS containing 5% nonfat milk. The blots were stained with rabbit anti-CP in our laboratory. Goat anti-rabbit IgG-HRP (Sigma, USA) was used in secondary staining. Staining and visualization of protein bands were performed by conventional methods. Actin protein was used as internal control.

To confirm the specific inhibition of RSV by *A. altissima* extract, the accumulated amount of RSV gene mRNA in rsc with was compared with that of the same which was treated with PBS, by using the real-time RT-PCR. As shown in Fig. 1A, extract tested was able to reduce significantly the amount of CP in rsc at 48h after RSV infection, and decreased approximately 30%, 43%, 54%, 60% and 73% at the concentrations of 0.10μg/mL, 0.25μg/mL, 0.50μg/mL, 0.75μg/mL 1.00μg/mL. In addition, after 48h of infection, decreases in protein level of RSV CP protein were observed in the treated cells with different concentrations of *A. altissima* extract (Fig. 1). These results indicated that inhibition 2 of RSV CP gene in mRNA level by *A. altissima* crude extract directly led to the depression of RSV CP protein expression. The suppression of RSV CP expression was shown to be dose-dependent, and the medium effective concentration was 0.55μg/mL. Furthermore, as CP is the nucleocapsid protein of RSV, its accumulation is associated with symptom severity of the diseased rice leaves. Therefore, detection of the CP gene might provide a clue to the replication of RSV in rice suspesion cells (rsc).

However, the suppression of RSV production by the extract could have been a result of its cytotoxicity. Therefore, the cell viability various concentrations of *A. altissima* extract was determined by typan blue exclusion assay. There was no significant cytotoxicity observed, even at a much higher concentration (2μg/mL) (result not shown). This suggests that the suppression of RSV gene expression by the extracts was not caused by the cytotoxicity.

In this study, a real-time RT-PCR assay was developed to evaluate the antiviral activity of *A. altissima* crude extracts according to RSV CP gene relative expression level in rice suspension cells. The methodology presented several advantages over other conventional methods in rapidity, quantitative measurement, contamination rate, sensitivity, specificity, and easy standardization[11]. Although the real-time PCR has been applied extensively for quantifying virus presence in screening antiviral agents, the applications are mostly involved with animal systems.

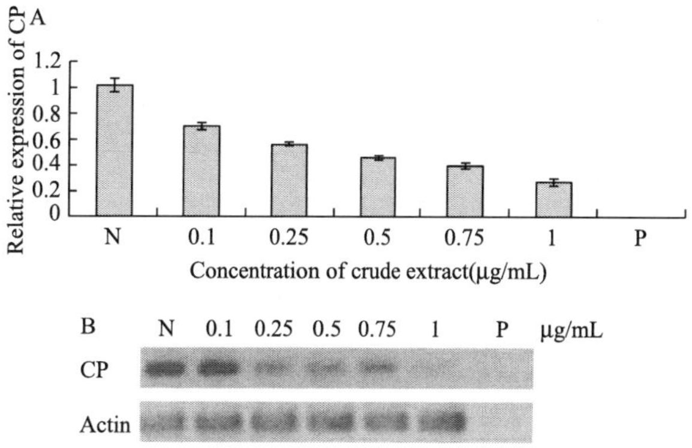

Fig. 1 The effect of *Ailanthus altissima* crude extract on inhibition of the *Rice stripe virus* (RSV) CP gene in mRNA and on protein levels in rice suspension cells (rsc) infected by RSV. The rsc were treated with a serial concentration of *A. altissima* crude extract after infection by RSV. (A) The detection of real-time RT-PCR for RSV CP in treated rsc with *A. altissima* crude extract as compared with that of untreated cells. (B) Western blotting of RSV CP in rsc treated with *A. altissima* crude extract. Actin protein was used as internal control. 'N' indicates addition of an equal volume of PBS in rsc. 0.10-1.00μg/mL represent the rsctreated with different concentrations of *A. altissima* crude extracts. 'P' represents the rsc not infected by RSV.

Little is known in the field of antiviral agents against plant viruses. The present study indicates that method provides a new and more reliable platform for screening antiviral agents of plant virus in a plant cell system. Although this paper describes a potential application of *A. altissima* crude extract with its ability to inhibit RSV replication in rsc, the nature of the antiviral compounds is still not known. Identification of these compounds is crucial for a better understanding of their antiviral mechanism and the development of a new antiviral agent.

Acknowledgments

We thank Prof. HUANG Jing-zhi for his critical review of the manuscript. This research was funded by the Major Project of Chinese National Programs for Fundamental Research and Development (No.

2006CB100203), the Doctoral Fund of the Ministry of Education of China (No. 20040389002; No. 20050389006), and the National Natural Science Foundation of China (No. 30671357).

References

[1] Toriyama S. Stripe virus: prototype of a new group of viruses that replicate in plants and insects. Microbiol Sci, 1986, 3: 347-351

[2] Lin QY, Xie LH, Zhou ZJ, et al. Studies on rice stripe. I. Distribution of and losses caused by the disease. J Fujian Agric Univ, 1990, 19: 421-425

[3] Ravichandran V, Suresh-Sathishkumar MN, Elango K, et al. Antifertility activity of hydroalcoholic extract of *Ailanthus excelsa* (Roxb): an ethnomedicine used by tribals of Nilgiris region in Tamilnadu. J Ethnopharmacol, 2007, 112: 189-191

[4] Tamura S, Fukamiya, N, Okano M, et al. Three new quassinoids, ailantinol E, F, and G, from *Ailanthus altissima*. Chem Pharmacol Bull, 2003, 51: 385-389

[5] Tsao R, Romanchuk FE, Peterson CJ, et al. Growth regulatory effect and insecticidal activity of the extracts of the Tree of Heaven (*Ailanthus altissima* L.). BMC Ecol, 2002, 2: 1-6

[6] Chu CC, Wang CS, Sun CS, et al. Establishment of an efficient medium for another culture of rice through comparative experiments on the nitrogen sources. Sci Sin, 1975, 18: 659-668

[7] Toriyama S. Characterization of rice stripe virus: a heavy component carrying infectivity. J Gen Virol, 1982, 61: 187-195

[8] Yang W, Wang X, Wang S, et al. Infection and replication of a planthopper transmitted virus: *Rice stripe virus* in rice protoplasts. J Virol Methods, 1996, 59(1-2): 57-60

[9] Jain M, Nijhawan A, Tyagi AK, et al. Validation of housekeeping genes as internal control for studying gene expression in rice by quantitative real-time PCR. Biochem Biophys Res Commun, 2006, 345: 646-651

[10] Lieberherr D, Thao NN, Nakashima A, et al. A sphingolipid elicitor-inducible mitogen- activated protein kinase is regulated by the small GTPase OsRac1 and heterotrimeric G-protein in rice. Plant Physiol, 2005, 138: 1644-1652

[11] Mackay IM, Arden KE, Nitsche A. Real-time PCR in virology. Nucl Acids Res, 2002, 30: 1292-1305

Genetic diversity and population structure of *Rice stripe virus* in China

WEI Tai-yun[1], YANG Jin-guang[1], LIAO Fu-long[1], GAO Fang-luan[1], LU Lian-ming[1], ZHANG Xiao-ting[1], LI Fan[1,2], WU Zu-jian[1], LIN Qi-yin[1], XIE Lian-hui[1], LIN Han-xin[1]

(1 Institute of Plant Virology, Fujian Agricultural and Forestry University, Fuzhou 350002;
2 Key Laboratory of Agricultural Biodiversity and Pest Management, Ministry of Education, Yunnan Agricultural University, Kunming 650000)

Abstract: *Rice stripe virus* (RSV) is one of the most economically important pathogens of rice and is repeatedly epidemic in China, Japan and Korea. The most recent outbreak of RSV in Eastern China in the year 2000 has caused significant loss and raised serious concerns. In this paper, we provide a genotyping profile of RSV field isolates and describe the population structure of RSV in China based on the nucleotide sequences of isolates collected from different geographic regions during 1997-2004. RSV isolates could be divided into two or three subtypes, depending on which gene was analyzed. The genetic distances between subtypes range from 0. 050 to 0. 067. The population from Eastern China is only composed of subtype I/IB isolates. On the contrary, the population from Yunnan province (Southwestern China) is mainly composed of subtype II isolates, but also contains a small proportion of subtype I/IB isolates and subtype IA isolates. However, subpopulations collected from different districts in Eastern China or Yunnan province are not genetically differentiated and show frequent gene flow. RSV genes were found to be under strong negative selection. Our data suggests that the most recent outbreak of RSV in Eastern China was not due to the invasion of new RSV subtype (s) . The evolutionary processes contributing to the observed genetic diversity and population structure are discussed.

1 Introduction

Due to error-prone RNA replication, large population size and short generation time, RNA viruses have high mutation rates[1]. Therefore, RNA viruses exhibit high potential for genetic variation, and a large number of nucleotide variations could exist in natural populations. Analyzing the polymorphic pattern of these variations will help us understand the phylogenetic relationships, epidemiological routes, population structures and underlying evolutionary mechanisms of RNA viruses. In turn, this information will facilitate the development of effective control strategies for plant viral diseases.

Rice stripe virus (RSV) is one of the most important plant pathogens in China. The rice stripe disease induced by RSV was first recorded in Jiangsu-Zhejiang-Shanghai (JZS) district in 1963 and was later discovered in sixteen provinces[2]. Outbreaks of this disease were reported in JZS district in 1966, in Taiwan in 1969, in Yunnan province in 1974, in Beijing in 1975, in Shandong in 1986 and in Liaoning in the early 1990's [2,3]. The disease is endemic in Yunnan, Jiangsu, Shanghai, Shandong, Beijing and Liaoning provinces (Fig. 1). Since the year 2000, the disease has widely circulated in Jiangsu province and become more severe. For instance, approximately 780, 000 hectares of rice were infected in

Journal of General Virology, 2009, 90: 1025-1034

2002 in Jiangsu province. This number increased to 957, 000 hectares in 2003 and 1, 571, 000 hectares in 2004, accounting for 80% of the rice growing fields and a 30%-40% yield loss (http: //www. hzag. gov. cn/bcjb/200559154000. htm). The outbreak of RSV also spread to adjacent provinces such as Henan, Zhejiang, Anhui, Shandong, Shanghai and Hebei. However, the reasons behind this outbreak are not well understood. For example, it is unclear if the invasion was triggered by a new RSV genotype. Outside of China, RSV has been reported only in Japan, Korea and the Far East (ex-USSR), and has been epidemic in Japan and Korea since the 1960's, causing significant losses of rice yields [4].

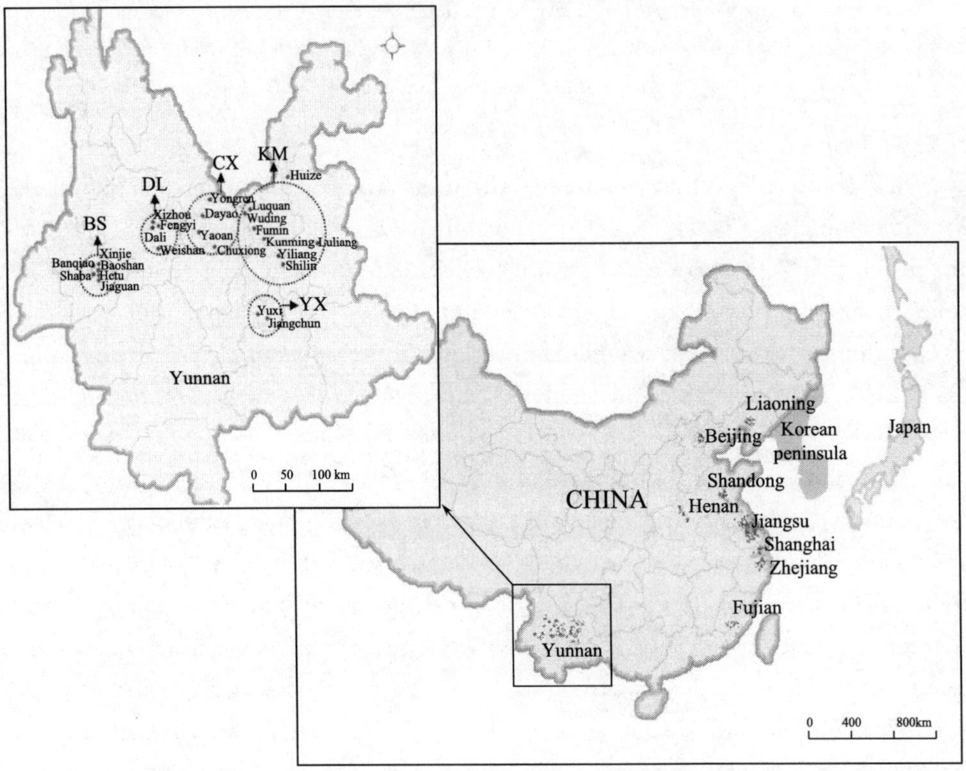

Fig. 1　Maps of RSV sample-collection sites. RSV samples used in this study were collected from Liaoning, Beijing, Shandong, Henan, Jiangsu, Zhejiang, Shanghai, Fujian and Yunnan provinces in China. A more detailed map of collection sites in Yunnan province is also shown. Based on geographic proximity, sites in Yunnan province were grouped into five districts: BS (Baoshan-Shaba-Banqiao-Xinjie-Hetu-Jiaguan), DL (Dali-Xizhou-Fengyi-Weishan), CX (Chuxiong-Yongren-Dayao-Yaoan), KM (Kunming-Luquan-Wuding-Fumin-Yiliang-Shilin-Luliang) and YX (Yuxi-Jiangchun)

RSV is the type member of the genus *Tenuivirus*. It mainly infects rice plants, but also infects some other species in the family *Poaceae*, such as wheat and maize. RSV is transmitted by a small brown planthopper, *Laodelphax striatellus* Fallen (Hemiptera, Delphacidae), in circulative-propagative and transovarial manners[5]. The genome of RSV is composed of four negative-sense ssRNA segments designated as RNA1, 2, 3 and 4 according to decreasing size (Fig. 2)[6-9]. RNA1 is of negative polarity, encoding the putative RNA-dependent RNA polymerasep [7]. The other three segments adopt an unusual ambisense coding strategy, i. e. both the viral-sense RNA (vRNA) and viral complementary-sense RNA (vcRNA) possess coding capacity, but the functions of the translated proteins are unclear. What is known is that the vRNA 2 encodes a membrane-associated protein and the vcRNA 2 encodes a poly-glycoprotein [5,6]. The nucleocapsid (N) protein gene is mapped to vcRNA 3 [8,10], and the NS3 protein encoded by vRNA 3 could potentially act as a RNA silencing suppressor based on the function of the analogous NS3 of *Rice hoja blanca virus*, another member of

Tenuivirus[11]. The vRNA 4 encodes a protein known as major noncapsid protein (NCP) that accumulates in infected plants and may be involved in pathogenesis [12], while the vcRNA 4 encodes a protein that was recently shown to be involved in movement [13].

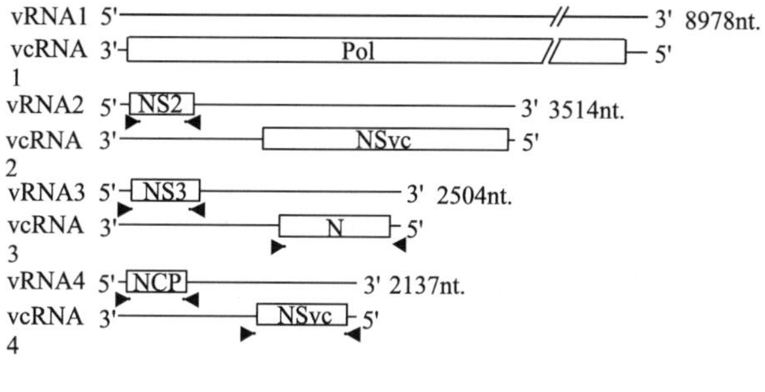

Fig. 2 Schematic representation of the RSV genome. The lines represent RNA segments and the empty boxes denote genes encoded by the vRNAs (viral-sense RNAs) or vcRNAs (viral complementary-sense RNAs). Oligonucleotide primers used for RT-PCR of RSV genes are indicated by arrows. Pol: RNA-dependent RNA polymerase.

Numerous efforts have been made in the past several decades on RSV etiology, pathogenesis, ecology, molecular biology, control strategies, and so on[5]. Nevertheless, there are still major gaps, especially in our understanding of the genetic diversity and population structure of RSV. Our previous studies have shown the biological diversities and genetic variations of several RSV isolates[14-18]. In this report, we analyzed five genes (NS2, N, NS3, NCP and NSvc4) of 136 RSV isolates collected from different areas in China during 1997-2004. Our data showed that RSV isolates could be divided into two or three subtypes depending on which gene was analyzed. The distribution of these subtypes is correlated with their geographic locations, but not with the collecting years. All the isolates collected from Eastern China and Japan belong to subtype I/IB, while isolates from Yunnan province are much more diverse, belonging to different subtypes with subtype II being predominant.

2 Methods

2.1 Virus samples

RSV samples were collected in rice growing fields from eight provinces (Fujian, Jiangsu, Shanghai, Zhejiang, Henan, Shandong, Beijing and Liaoning) in Eastern China and Yunnan province in Southwestern China during 1997-2004 (Fig. 1). A virus sample from an individual rice plant was considered as one isolate. Infected rice plants were either used for extraction of total RNA or stored in −80℃ for future use. Some isolates were maintained on suitable rice varieties (e. g. Hexi 28) via transmission by small brown planthoppers, *Laodelphax striatellus* Fallen. The geographic locations, collecting years and rice varieties of RSV isolates used in this study are listed in Supplementary Table 1.

Table 1 Genetic distances within and between subtypes Ⅰ and Ⅱ of five genes

Gene	Genetic distance		
	Within subtpye Ⅰ	Within subtype Ⅱ	Between subtype Ⅰ and Ⅱ
NS2	0.022±0.003	0.025±0.004	0.054±0.008
NS3	0.021±0.002	0.029±0.004	0.067±0.009
N	0.017±0.002	0.023±0.002	0.057±0.009
NCP	0.036±0.004	0.008±0.001	0.055±0.007
NSvc4	0.038±0.004	0.021±0.003	0.058±0.006

Genetic distance refers to the average number of nucleotide substitutions between two randomly selected sequences in a population and was estimated by the program Mega 2 based on Kimura 2-parameter. The standard error is calculated using a bootstrap of 100 replicates. Subtypes are designated based on the phylogenetic analyses of RSV in Figs. 3 and 4.

2.2 Reverse transcription-polymerase chain reaction (RT-PCR), cloning and sequencing

Extraction of total RNA from infected rice leaves, cDNA synthesis and PCR amplification were performed as described previously[15]. Forward and reverse primers were designed according to the nucleotide sequences of RNA2, RNA3 and RNA4 of RSV isolate T (GenBank accession No. NC _ 003754, NC _ 003776 and NC _ 003753, respectively): 5′-ATGGCATTACTCCTTTTCAATG-3′

(nt. 81-102) and 5′-CCAAATTCACATTAGAATAGG-3′ (nt. 666-686) for the NS2 gene; 5′-GTTCAGTCTAGTCATCTGCAC-3′ (nt 1437-1457) and 5′-ACACAAAGTCTGGGT-3′ (nt 2490-2504) for the N gene; 5′-ACACAAAGTCCTGGGT-3′ (nt. 1-15) and 5′-CTACAGCACAGCTGGAGAGCTG-3′ (nt. 681-701) for the NS3 gene; 5′-ACACAAAGTCCTGGG-3′ (nt 1-15) and 5′-GGTGGAAAATGTGATATG CAAT-3′ (nt 597-616) for the NCP gene; and 5′-TGGAACTGGTTATCTCACCT-3′ (nt. 1208-1228) and 5′-ACACAAAGTCATGGC-3′ (nt. 2123-2137) for the NSvc4 gene, respectively.

RT-PCR products were purified using QIAquick PCR extraction kit (QIAGEN, Shanghai, China). The purified PCR products were inserted into the pGEM-T vector (Promega; Shanghai, China) followed by transformation into *Escherichia coli* DH5α. Nucleotide sequences were determined by the Shanghai Jikang Biotech Company. For each gene of each isolate, one to two clones were sequenced. The GenBank accession numbers of these sequences are listed in Supplementary Table 1.

2.3 Phylogenetic analysis

Multiple nucleotide sequence alignments were performed using ClustalW[19]. Alignments were also manually adjusted to guarantee correct reading frames. Noncoding sequences were removed before alignment. Eight RSV isolates (T, M, O, C, Y, JS-YM, JSYD-05 and SD-JN2) that were sequenced by other labs were included as references[8-10,20-22]. *Maize stripe virus* (MStV), the most closely related member of RSV in the genus *Tenuivirus*, was used as outgroup for phylogenetic analyses. The GenBank accession No. for the RNA2, RNA3 and RNA4 of MStV are U53224, S40180 and AJ969410, respectively. All the sequence alignments used in this study are available upon request. Phylogenetic trees were reconstructed using neighbor-joining (NJ) method with Kimura-two parameters implemented in PAUP* 4.0b10.0[23]. Gaps were treated as a fifth character state. Evaluation of statistical confidence in nodes was based on 1000 bootstrap replicates. Branches with <50% bootstrap value were collapsed.

2.4 Estimation of Genetic distance and selection pressure

Genetic distances (the average number of nucleotide substitutions between two randomly selected sequences in a population) within and between subtypes were calculated by Mega 2.1 based on Kimura-two parameters model[24]. The ratio of dn/ds is used to estimate selection pressure. dn (average number of nonsynonymous substitution per nonsynonymous site) and ds (average number of synonymous substitution per synonymous site) were estimated using Pamilo-Bianchi-Li method implemented in Mega 2.1. The standard error was computed by Mega 2.1 using a bootstrap with 100 replicates.

2.5 Statistic tests of Genetic differentiation and measurement of gene flow

Genetic differentiation between populations was examined by three permutation-based statistical tests, Ks*, Z and Snn, which represent the most powerful sequence-based statistical tests for genetic differentiation and are recommended for use in cases of high mutation rate and small sample size [25,26]. The extent of genetic differentiation or the level of gene flow between populations was measured by estimating *F*st (the inter-populational component of genetic variation or the standardized variance in allele frequencies across populations). *F*st ranges from 0 to 1 for undifferentiated to fully differentiated populations, respectively. Normally, an absolute value of *F*st >0.33 suggests infrequent gene flow. The statistical tests for genetic differentiation and estimation of *F*st were performed by DnaSP 4.0[27].

3 Results

3.1 The genotyping profile of RSV field isolates

To provide a genotyping profile of RSV field isolates, we did phylogenetic analyses of RSV isolates collected from different provinces in Eastern and Southwestern China during 1997-2004 (Fig. 1 and Supplementary Table 1) . Neighbor-joining (NJ) trees were constructed using datasets of five RSV genes, NS2 (600bp, 55 sequences), NS3 (636bp, 44 sequences), N (969bp, 87 sequences), NCP (543bp, 65 sequences) and NSvc4 (861bp, 33 sequences) . As illustrated in Figs. 3 and 4, RSV isolates fell into two monophyletic clades. Since all the isolates collected from Eastern China form one of the monophyletic clades, we refer to it as subtype Ⅰ and to the other as subtype Ⅱ. The mean genetic distances between these two subtypes ranges from 0.054 to 0.067, and those within subtypes ranges from 0.008 to 0.038 (Table 1) . Unlike the polytomy topology of subtype I in the NS2 and NS3 gene trees, the subtype I in the NCP and NSvc4 gene trees are dichotomic (Fig. 3) . Noticeably, one of the sister clades only contains isolates that were collected from YN province. We thereby refer to this clade as subtype IA, and to the other one as subtype IB (Fig. 3, c, d). Indeed, the genetic distances between subtypes IA, IB and Ⅱ fall into a similar range (0.050-0.060) as that between subtypes Ⅰ and Ⅱ (Table 2) . Therefore, for the NCP and NSvc4 genes, we divided RSV isolates into three subtypes.

Table 2 Genetic distances within and between subtypes IA, IB and Ⅱ of NCP and NSvc4 genes

Gene	Genetic distance					
	Within subtype ⅠA	Within subtype ⅠB	Within subtype Ⅱ	Between ⅠA and ⅠB	Between ⅠA and Ⅱ	Between ⅠB and Ⅱ
NCP	0.025±0.004	0.025±0.004	0.008±0.001	0.051±0.008	0.057±0.009	0.050±0.007
NSvc4	0.012±0.002	0.024±0.003	0.021± 0.003	0.055±0.006	0.060±0.007	0.056±0.006

3.2 Spatial and temporal distribution of RSV isolates in nature

To better understand the spatial and temporal distribution patterns, the collecting years and geographic locations of RSV isolates corresponding to taxa in the phylogenetic trees were depicted (information for the N gene tree is shown in Fig. 4). Considering the geographic separation/proximity, the RSV population in China was first divided into two subpopulations YN and E, containing isolates collected from Yunnan province and Eastern China, respectively. RSV isolates collected from Yunnan province were further grouped into five districts, BS, DL, CX, KM and YX, and those from Eastern China were further grouped into six districts, FJ (Fujian), JZS (Jiangsu-Zhejiang-Shanghai), HN (Henan), SD (Shandong), BJ (Beijing) and LN (Liaoning) (Fig. 1, Fig. 4) .

Two interesting patterns are seen in Fig. 4. First, all the isolates collected from Eastern China and Japan belong to subtype I. Second, all the subtype II isolates were collected from YN province. However, two isolates, Y and CX2 (shadowed in Fig. 4), collected from YN province also belong to subtype I. Therefore, isolates collected from YN province are more diverse, belonging to different subtypes. A similar genetic structure was observed in the other four gene trees (Fig. 3) . We also examined the spatial distribution pattern of isolates collected from different districts of Eastern China and YN province, but failed to see any obvious pattern.

Despite closely examining the phylogenetic grouping of RSV isolates and their collecting years, we are unable to find a general pattern as clear as that for spatial distribution. However, we discovered that most of the subtype IA isolates in the NCP and NSvc4 gene trees were collected in the year 2004 (Figs. 3c, 3d) .

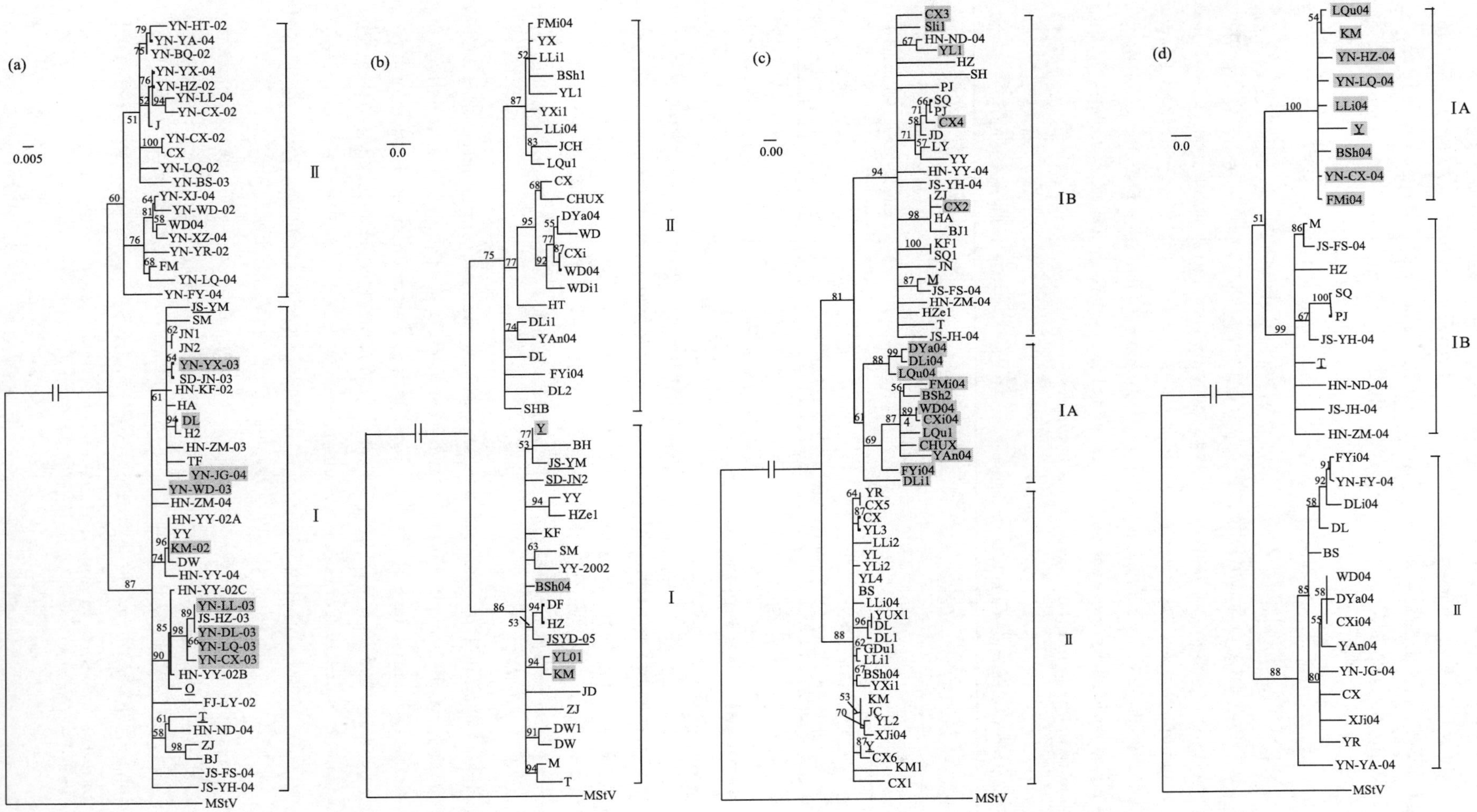

Fig. 3　Phylogenetic analysis of 4 RSV genes. Trees were constructed by the NJ algorithm with Kimura-two parameters implemented in PAUP* 4.0b10.0. Branches were collapsed when the bootstrap value was $< 50\%$. Bootstrap values are given above the branches of each clade. The trees were rooted using *Maize stripe virus* (MStV) as outgroup. Eight RSV isolates (T, M, O, C, Y, JS-YM, JSYD-05 and SD-JD2) that were sequenced by other labs were included as references and were underlined. Taxa on grey backgrounds indicate the subtype I, IB and IA isolates that were collected in Yunnan province. Bars, number of substitutions per site. (a) NS2 gene; (b) NS3 gene; (c) NCP gene; (d) NSvc4 gene.

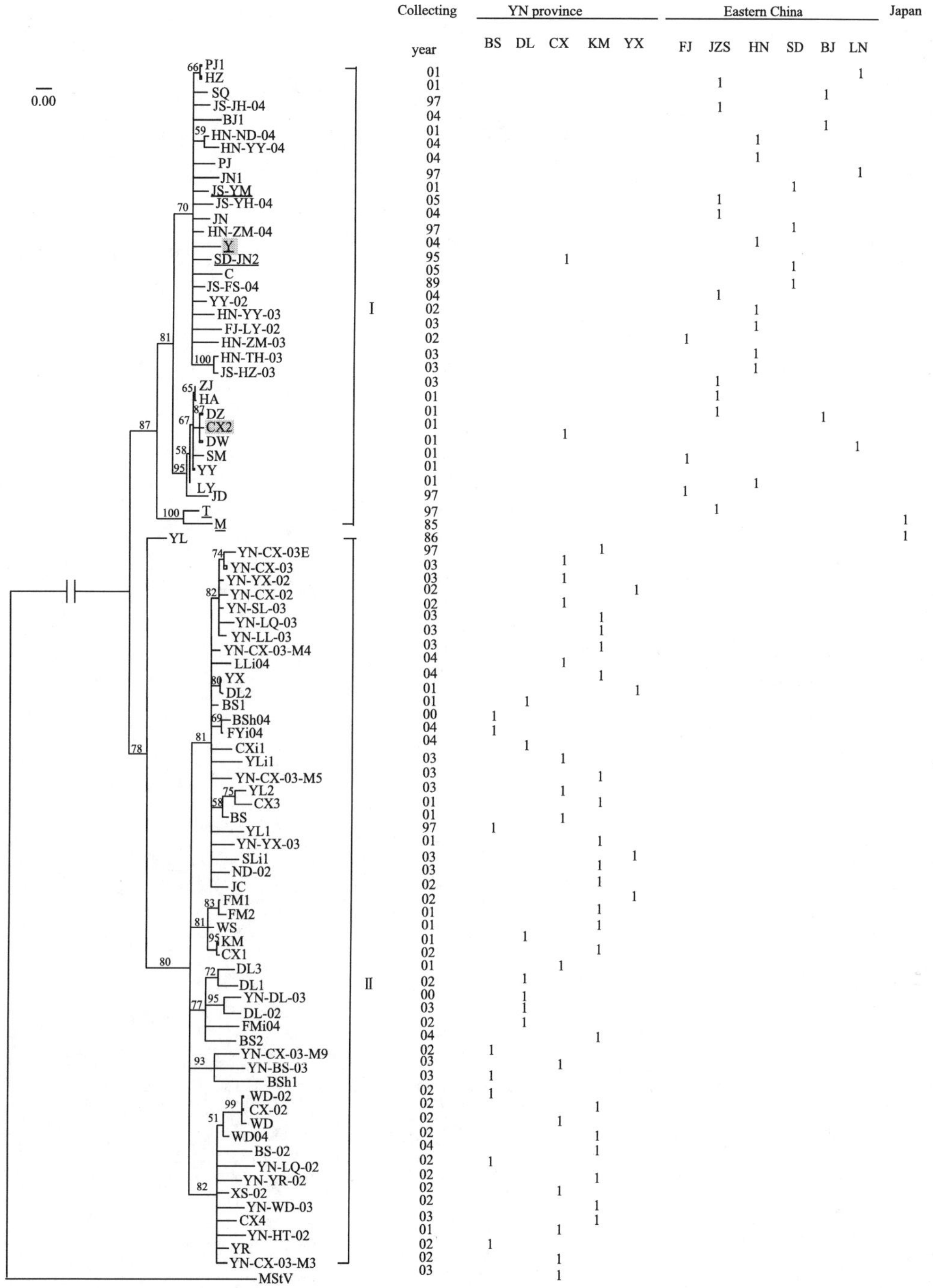

Fig. 4 Phylogenetic analysis of RSV isolates based on the N gene and their spatial and temporal distributions. The left panel shows the N gene tree, constructed by the NJ algorithm with the Kimura two-parameter model implemented in PAUP* 4. 0b10. 0. Branches were collapsed when the bootstrap value was , 50 %. Bootstrap values are given above the branches of each clade. The tree was rooted by using MStV as the outgroup. RSV isolates (T, M, C, Y, JS-YM and SD-JN2) that were sequenced by other laboratories were included as references and are underlined. Taxa on grey backgrounds indicate the subtype I, IB and IA isolates that were collected in Yunnan province. Bar, 0. 005 substitutions per site. In the right panel, the collection year and site for each isolate are shown. Collecting sites in China fall into two geographically large categories, Yunnan (YN) province and eastern China. There are five districts [Baoshan-Shaba-Banqiao-Xinjie-Hetu-Jiaguan (BS), Dali-Xizhou-Fengyi-Weishan (DL), Chuxiong-Yongren-Dayao-Yaoan (CX), Kunming-Luquan-Wuding-Fumin-Yiliang-Shilin-Luliang (KM) and Yuxi-Jiangchun (YX)] in YN province and six districts, Fujian, Jiangsu-Zhejiang-Shanghai, Henan, Shandong and Liaoning province (FJ, JZS, HN, SD, BJ and LN, respectively), in eastern China.

3.3 Genetic differentiation between subpopulations

To test the genetic differentiation between and within subpopulations E and YN, three statistical tests, Ks*, Z and Snn, were introduced[25,26]. As shown in Table 3, all the tests strongly support that these two subpopulations are genetically differentiated ($P=0$). Although for some genes significant genetic differentiation could also be observed within subpopulations YN and E, none were supported by all three statistical tests. To estimate the extent of genetic differentiation, we measured the coefficient Fst, which is also an estimate of gene flow. Except for the NS2 gene, the values of Fst are all above 0.33 between subpopulations (Table 3), an indication of infrequent gene flow. The absolute values of Fst for within-subpopulation are all below 0.33, suggesting frequent gene flow. This was also seen when the Fst between any two districts within YN or E was measured (data not shown).

Table 3 Genetic differentiation between and within subpopulations YN and E

Gene	Test	Subpopulation [a]		
		Between YN and E	Within YN	Within E
NS2	*P* value of Ks* [b]	0.000*	0.510	0.126
	P value of Z	0.000*	0.767	0.403
	P value of Snn	0.000*	0.353	0.032*
	Fst [c]	0.310	−0.048	−0.010
NS3	*P* value of Ks*	0.000*	0.098	0.232
	P value of Z	0.000*	0.189	0.066
	P value of Snn	0.000*	0.030*	0.033*
	Fst	0.476	0.133	0.281
N	*P* value of Ks*	0.000*	0.385	0.436
	P value of Z	0.000*	0.197	0.344
	P value of Snn	0.000*	0.206	0.281
	Fst	0.604	0.069	0.042
NCP	*P* value of Ks*	0.000*	0.648	0.514
	P value of Z	0.000*	0.863	0.686
	P value of Snn	0.000*	0.087	0.831
	Fst	0.415	−0.043	−0.059
NSvc4	*P* value of Ks*	0.000*	0.007*	0.318
	P value of Z	0.000*	0.008*	0.334
	P value of Snn	0.000*	0.09	0.858
	Fst	0.435	0.282	−0.095

a. Subpopulation division is based on the geographic sites of origin of RSV samples. The RSV population in China is first divided into two subpopulations, YN and E, which refer to Yunnan province and Eastern China, respectively. Subpopulation YN is further divided into five districts, BS, DL, CX, KM and YX, which refer to Baoshan, Dali, Chuxiong, Kunming and Yuxi district, respectively (Fig. 1). Subpopulation E is further divided into six districts, LN, BJ, HN, SD, JZS and FJ, which refer to Liaoning, Beijing, Henan, Shandong, Jiangsu-Zhejiang-Shanghai and Fujian province, respectively (Fig. 1).

b. $P<0.05$ is considered as significantly rejecting the null hypothesis that there is no genetic differentiation between two subpopulations, and is labeled with*.

c. Fst is a coefficient for the extent of genetic differentiation and provides an estimate of the extent of gene flow. The absolute value of Fst >0.3333 suggests infrequent gene flow.

3.4 Strong selective pressures acting on RSV genes

We also estimated the negative selection pressure acting on RSV genes. Overall, the values of dn/ds ratio for five genes are considerably low (0.046-0.123, Tables 4), meaning that all these genes are under strong negative selection. The value of dn/ds ratio for the NS2 gene is slightly higher than that for the N and NS3 genes, but is 2.6 times higher than that of the NCP and NSvc4 genes. Therefore, the NCP and NSvc4 genes are subject to stricter selective constraints. Interestingly, the values of dn/ds ratio for genes on the same RNA segment, i.e. NS3 and N genes on RNA3, and NCP and NSvc4 genes on RNA4, are almost identical (Tables 4). This suggests that the single RNA segments of divided genome may be the evolution unit of selection. Regarding selection pressure acting on different subtypes, there is no general pattern of which subtype is under stronger or weaker selection pressure.

Table 4 Estimation of nucleotide diversity of five RSV genes

Gene		Nucleotide diversity[a]			
		Subtype IA[b]	Subtype I/IB	Subtype II	All[c]
NS2	dn	NA	0.006 ±0.001	0.009 ±0.002	0.013 ±0.003
	ds	NA	0.058 ±0.008	0.073 ±0.014	0.105 ±0.015
	dn/ds	NA	0.103	0.123	0.123
NS3	dn	NA	0.010 ±0.002	0.006 ±0.001	0.014 ±0.003
	ds	NA	0.052 ±0.006	0.083 ±0.013	0.139 ±0.019
	dn/ds	NA	0.192	0.072	0.100
N	dn	NA	0.004 ±0.001	0.008 ±0.002	0.011 ±0.003
	ds	NA	0.047 ±0.006	0.064 ±0.008	0.111 ±0.012
	dn/ds	NA	0.085	0.125	0.099
NCP	dn	0.003 ±0.002	0.008 ±0.002	0.004 ±0.001	0.007 ±0.002
	Ds	0.090 ±0.017	0.065 ±0.012	0.021 ±0.006	0.151 ±0.025
	dn/ds	0.033	0.123	0.190	0.046
NSvc4	dn	0.004 ±0.001	0.007 ±0.002	0.004 ±0.001	0.007 ±0.001
	Ds	0.032 ±0.006	0.067 ±0.012	0.061 ±0.009	0.149 ±0.015
	dn/ds	0.125	0.104	0.066	0.047

a. Nucleotide diversity, defined here as the average number of nucleotide substitutions per site, was computed separately for nonsynonymous sites (dn) and synonymous sites (ds). The dn/ds ratio gives an estimate of selection pressure. If the value of the dn/ds ratio is <1.0, it implies negative selection.

b. NA: not applied. The subdivision of subtype IA, IB and II are only applied to the NCP and NSvc4 genes.

c. All isolates were included in the analysis.

4 Discussion

A number of methods have been used to differentiate virus isolates in order to provide a genotyping basis for examining the genetic composition of viral populations. These include RFLP[28], PCR-SSCP[29], RNase protection assay[30] and molecular phylogeny[31]. In this paper, we applied a distance-based neighbor-joining method to construct the phylogenetic trees of RSV isolates collected from different areas in China during 1997-2004. Overall, these isolates fell into two monophyletic clades, namely subtypes I and II (Figs. 3 and 4). However, the subtype I clade in the NSvc4 gene tree is only poorly supported (51% bootstrap value, Fig. 3d). Furthermore, some subtype clades collapsed when the character-based maximum parsimony method was used (data not shown). The low resolution of the phylogenetic trees of RSV isolates could be due to the low genetic diversity (0.05-0.067 between subtypes and up to 0.092 between isolates) and insufficient informative sites regarding evolution of the genome. Nevertheless, our analyses provided a genotyping profile of RSV field isolates, and this allowed us to investigate the genetic structure of RSV populations in China.

Our data show that the population collected from Eastern China is only composed of subtype I or IB isolates. On the contrary, the population from YN province is composed of different subtypes with subtype II predominating (Fig. 4). Subpopulations collected from different districts in Eastern China or YN province are not genetically differentiated and show frequent gene flow (Table 3). Particularly, subtype I/IB isolates prevailing in the outbreak sites (JZS and HN districts) show high sequence identities with isolates collected from other provinces in Eastern China (exemplified in Fig. 4). These data suggest that the most recent outbreak of RSV in these provinces was not due to the invasion of a new subtype (s) from YN province.

Although the prevailing genotype in YN province is subtype II, we noticed a recent expansion of a "new" lineage, subtype IA. Subtype IA isolates were collected from different districts in YN province and mainly in the year 2004 (Figs. 3c, 3d, Supplementary Table 1). In fact, some of them already existed in nature before 2004. For example, isolate CHUX was collected in 2001, and the collecting year of isolate Y dated to 1995[21]. It would be interesting to see if this subtype would further expand in the field and to compare the biological properties of isolates of subtype IA with subtypes IB and II.

The population structure described here for RSV in China is distinct from *Cucumber mosaic virus* (CMV), but is somewhat similar to two insect vector-borne rice viruses, *Rice tungro bacilliform virus* (RTBV) and *Rice yellow mottle virus* (RYMV). The genetic composition of 11 CMV populations collected in Spain was not correlated with their geographic locations and collecting years, and was described as metapopulation with local colonization, extinction and recolonization[30]. In contrast, RTBV populations also showed a spatial distribution pattern with a greater genetic diversity in the Indonesia population than in Philippine or Vietnam populations[32]. Similarly, the genetic diversity of the RYMV population is highest in East Africa, especially in eastern Tanzania, and progressively decreases from the east to the west of Africa[31].

The geographic origin of a virus can be inferred from the extent of its genetic diversity. If a viral population shows higher genetic diversity, it is normally considered more ancient[32-37]. The historic record of disease may or may not be consistent with the extent of genetic diversity. For example, the higher genetic diversity of the RTBV Indonesia population is consistent with historic records of rice tungro disease in 1840 in Indonesia, but it was not reported in the Philippines until 1940 and has only been recently described in Vietnam[32]. Likewise, eastern Tanzania is believed to be the center of origin for RYMV as the most divergent isolates were found in this area[31,33]. The virus was first reported in Kenya, however Kenya is located directly northeast of Tanzania[33]. According to the population structure described in our report, YN province could be considered as the geographic origin of RSV in China. Although the report of rice stripe disease in this province occurred almost one decade after its discovery in JZS (Jiangsu-Zhejiang-Shanghai) district[2,3], the disease could have been unnoticed in YN province for many years. This is likely considering the fact that plant virology research in YN province greatly lagged behind that in Eastern China. The scenario of a YN origin is reinforced by the fact that this province is well known as the "kingdom of plants and animals" that may harbor primary indigenous hosts and efficient insect vectors of RSV. Analogously, Tanzania is also reputed as a biodiversity hotspot for plants and animals, and this rich biodiversity has been proposed to account for the origin of RYMV as well as another insect-borne plant virus, *Cassava mosaic virus*, in Africa [33]. Despite this evidence, we still cannot exclude the possibility that different subtypes might have been present in Eastern China a long time ago, giving rise to only subtype I/IB in recent years. Interestingly, although the occurrence of rice stripe disease dates back to the early 1990's in Japan[41], the only three Japanese isolates (T, M and O) with available nucleotide sequences belong to subtype I/IB (Figs. 3 and 4) . Apparently, more sequences, especially for Japanese and Korean isolates, are needed to fully disclose the secrets of the origin of RSV.

Why is the RSV YN population composed of different subtypes while the Eastern China population is only composed of a single subtype? This can be simply explained by the founder effect, as it is often invoked to explain low genetic diversity of certain populations of various plant viruses including the RYMV population in western Africa[33,38]. However, we believe that the interplay between RSV and insect vector, *L. striatellus*, could more specifically explain the observed population structure of RSV in China. Unlike CMV or RYMV that can be transmitted by contact and several different vectors[33,39], RSV is strictly transmitted by *L. striatellus* in persistent propagative and transovarial manners [12]. Therefore, the RSV-vector interaction likely played a critical role in shaping the population structure. It is generally believed that *L. striatellus* lacks the ability to migrate long distances unless helped by a monsoon and therefore has evolved to adapt to local climates[40]. Therefore, it is possible that *L. striatellus* populations in YN and Eastern China are genetically differentiated and have differential affinity with RSV subtypes. The vector for the YN population may be favorable for the transmission of the predominant subtype II isolates while the vector for the Eastern China population is favorable for the subtype I/IB isolates. Such biased transmissibility has been reported for other plant virus- vector systems. For example, whitefly *Bemisia tabaci* populations from various geographic locations had different transmission efficiencies with different isolates of *Tomato leaf curl geminivirus* or geminiviruses [41,42]. This scenario is supported by our unpublished data that four *L. striatellus* populations collected from YN provinces grouped together with similar random amplified polymorphic DNA (RAPD) patterns and was distinct from another group containing nine insect populations collected from Eastern China. The specific interaction between RSV subtypes and insect vectors is being further investigated in our lab.

The strict manner of insect vector transmission, together with the narrow host range of RSV, may explain the observed low genetic diversity. Compared with the highly variable CMV isolates (up to a 0.4 genetic distance between subgroups I and II isolates), RSV isolates show very low genetic diversity (0.05-0.067 between subtypes and up to 0.092 between isolates). Similarly, compared with a list of plant viruses [38,43], RSV genes are subjected to very strong negative selection (Tables 4) . It has been shown that the genetic diversities of several plant viruses were correlated with their host ranges and controlled by virus-host interactions [44,45]. In addition, plant virus variability is believed to be constrained more by the specificity of virus-vector interaction than by the specificity of virus- host plant interaction [43,46]. Considering the facts that, i) RSV only infects rice and some species in the family *Poaceae*, while CMV is able to infect more than 1000 species in 85 plant families [39], and ii) RSV is transmitted by *L. striatellus* in a persistent propagative transmission manner, while CMV can be transmitted by sap and different species of aphids in a non-persistent manner, it is understandable that RSV has low genetic diversity and is under strong negative selection.

Acknowledgments

We are grateful to Mr. Bashan Huang, Jun Zheng, Kexian Zong, Yushan Wang, Weimin

Li, Dechun Fang, Lingeng Gong, Xiaomin Li, Wenwu Shi, Yexiu Huang, Dunfan Fang, Yun Xu, Yunkun He, Yijun Zhou, Zhaoban Chen, Maosheng Li, Xuelian Lai, Honglian Li, Dalin Shen, Chongguan Pan and Guanghe Zhou for their help in collecting RSV samples. We also thank Dr. Bryce Falk and Dr. Dustin Johnson for their help on the writing. This work was supported by projects from the National Natural Scientific and Technological Foundation of China (item No. 39900091 and 30000002 to LH Xie and HX Lin, respectively), Natural Scientific and Technological Foundation of Fujian province (item No. B0110014 to HX Lin), Ministry of Education of China (item No. 020401 to HX Lin) and Natural Scientific and Technological Foundation of Yunnan province (item No. 2003C0042M to Fan Li).

References

[1] Drake JW, Holland JJ. Mutation rates among RNA viruses. PNAS, 1999, 96: 13910-13913

[2] Lin QY, Xie LH, Zhou ZJ, et al. Studies on rice stripe I. Distribution of and losses caused by the disease. Journal of Fujian Agricultural College, 1990, 19, 421-425.

[3] Xie L, Wei T, Lin H, et al. The molecular biology of *Rice stripe virus*. Journal of Fujian Agricultural College, 2001, 30, 269-279.

[4] Hibino H. Biology and epidemiology of rice viruses. Annual Review of Phytopathology, 1996, 34: 249-274

[5] Falk BW, Tsai JH. Biology and molecular biology of viruses in the genus *Tenuivirus*. Annual Review of Phytopathology, 1998, 36: 139-163

[6] Takahashi M, Toriyama S, Hamamatsu, et al. Nucleotide sequence and possible ambisense coding strategy of *Rice stripe virus* RNA segment 2. Journal of General Virology, 1993, 74: 769-773

[7] Toriyama S, Takahashi M, Sano Y, et al. Nucleotide sequence of RNA 1, the largest genomic segment of *Rice stripe virus*, the prototype of the *Tenuiviruses*. Journal of General Virology, 1994, 75: 3569-3579

[8] Zhu Y, Hayakawa T, Toriyama, et al. Complete nucleotide sequence of RNA 3 of *Rice stripe virus*: an ambisense coding strategy. Journal of General Virology, 1991, 72, 763-767.

[9] Zhu Y, Hayakawa T, Toriyama S. Complete nucleotide sequence of RNA 4 of *Rice stripe virus* isolate T, and comparison with another isolate and with *Maize stripe virus*. Journal of General Virology, 1992, 73, 1309-1312

[10] Kakutani T, Hayano Y, Hayashi T et al. Ambisense segment 3 of *Rice stripe virus*: the first instance of a virus containing two ambisense segments. Journal of General Virology, 1991, 72: 465-468

[11] Bucher E, Sijen T, de Haan P et al. Negative-strand tospoviruses and tenuiviruses carry a gene for a suppressor of gene silencing at analogous genomic positions. Journal of a Virology, 2003,77, 1329-1336.

[12] Toriyama S. *Rice stripe virus*: prototype of a new group of viruses that replicate in plants and insects. Microbiological Sciences, 1986, 3: 347-351

[13] Xiong R, Wu J, Zhou Y, et al. Identification of a movement protein of *Rice stripe Tenuivirus*. J Virol, 2008 (Epub ahead of print)

[14] Lin H, Wei T, Wu Z, et al. Molecular variability in the coat protein and disease-specific protein genes among seven isolates of *Rice stripe virus* in China. *In*: Ⅺ th international Congress of Virology. Sydney: International Union of Microbiological Societies. 1999, 235-236

[15] Lin H, Wei T, Wu Z, et al. Sequence analysis of RNA4 of a severe isolate of *Rice stripe virus* in China. Wei Sheng Wu Xue Bao, 2001, 41, 25-30

[16] Lin H, Wei T, Wu Z, et al. Comparison of pathogenesis and biochemical properties of seven isolates of *Rice stripe virus*. Journal of Fujian Agricultural College, 2002, 31: 164-167

[17] Wei T, Lin H, Wu Z, et al. Sequence analysis of intergenic region of *Rice stripe virus* RNA4: evidence for mixed infection and genetic variation. Wei Sheng Wu Xue Bao, 2003, 43: 577-585

[18] Wei TY, Wang H, Lin HX, et al. Sequence analysis of RNA3 of *Rice stripe virus* isolates found in China: evidence for reassortment in *Tenuivirus*. Sheng Wu Hua Xue Yu Sheng Wu Wu Li Xue Bao (Shanghai), 2003, 35: 97-103

[19] Thompson JD, Higgins DG, Gibson TJ. ClustalW: improving the sensitivity of progressive multiple sequence alignment through sequence weighting, position-specific gap penalties and weight matrix choice. Nucleic Acids Research, 1994, 22: 4673-4680

[20] Kakutani T, Hayano Y, Hayashi T, et al. Ambisense segment 4 of *Rice stripe virus*: possible evolutionary relationship with phleboviruses and uukuviruses (*Bunyaviridae*). Journal of General Virology, 1990, 71: 1427-1432

[21] Qu Z, Liang D, Harper G, et al. Comparison of sequences of RNAs 3 and 4 of *Rice stripe virus* from China with those of Japanese isolates. Virus Genes, 1997, 15: 99-103

[22] Wang ZF, Qiu BS, Tien P. Molecular biology of *Rice stripe virus* Ⅲ. Sequence analysis of coat protein gene. Virologica sinica, 1992, 7: 463-466

[23] Swofford DL. PAUP*. Phylogenetic analysis using parsimony (* and other methods). Ver. 4. Sunderland, Mass: Sinauer. 2002

[24] Kumar S, Tamura K, Jakobsen IB, et al. MEGA2: molecular evolutionary genetics analysis software. Bioinformatics, 2001, 17: 1244-1245

[25] Hudson RR. A new statistic for detecting genetic differentia-

tion. Genetics, 2000, 155: 2011-2014

[26] Hudson RR, Boos DD, Kaplan NL. A statistical test for detecting geographic subdivision. Molecular Biology and Evolution, 1992, 9: 138-151

[27] Rozas J, Sanchez-DelBarrio JC, Messeguer X, et al. DnaSP, DNA polymorphism analyses by the coalescent and other methods. Bioinformatics, 2003, 19: 2496-2497

[28] Arboleda M, Azzam O. Inter- and intra-site genetic diversity of natural field populations of *Rice tungro bacilliform virus* in the Philippines. Arch Virol, 2000, 145: 275-289

[29] Lin HX, Rubio L, Smythe AB, et al. Molecular population genetics of *Cucumber mosaic virus* in California: evidence for founder effects and reassortment. Journal of Virology, 2004, 78: 6666-6675

[30] Fraile A, Alonso-Prados JL, Aranda MA, B et al. Genetic exchange by recombination or reassortment is infrequent in natural populations of a tripartite RNA plant virus. Journal of Virology, 1997, 71: 934-940

[31] Abubakar Z, Ali F, Pinel A, et al. Phylogeography of *Rice yellow mottle virus* in Africa. J Gen Virol, 2003, 84: 733-743

[32] Azzam O, Arboleda M, Umadhay KM, et al. L. Genetic composition and complexity of virus populations at tungro-endemic and outbreak rice sites. Arch Virol, 2000, 145: 2643-2657

[33] Fargette D, Konate G, Fauquet C, et al. Molecular ecology and emergence of tropical plant viruses. Annu Rev Phytopathol, 2006, 44: 235-260

[34] Gessain A, Gallo RC, Franchini G. Low degree of human T-cell lymphotropic virus type I genetic drift in vivi as a means of mnitoring viral transmission and movement of ancient human populations. Journal of Virology, 1992, 66: 2288-2295

[35] Gir, A, Slattery JP, Heneine W, et al. The tax gene sequences form two divergent monophyletic lineages corresponding to types Ⅰ and Ⅱ of simian and human T-cell leukemia/lymphotropic viruses. Virology, 1997, 231: 96-104

[36] Koralnik IJ, Boeri E, Saxinger WC, et al. Phylogenetic associations of human and simian T-cell leukemia/lymphotropic virus type Ⅰ strains: evidence for interspecies transmission. Journal of Virology, 1994, 68: 2693-2707

[37] Moya A, Garcia-Arenal, F. Population genetics of viruses. *In*: Gibbs AJ, Calisher CH, Arenal-Garcia F. Molecular basis of evolution. Cambridge: Cambridge University Press. 1995, 213-223

[38] Garcia-Arenal F, Fraile A, Malpica JM. Variability and genetic structure of plant virus populations. Annual Review of Phytopathology, 2001, 39: 157-186

[39] Palukaitis P, Roossinck MJ, Dietzgen RG, et al. *Cucumber mosaic virus*. Advance in Virus Research, 1992, 41: 281-348

[40] Hoshizaki S. Allozyme polymorphism and geographic variation in the small brown planthopper, *Laodelphax striatellus* (Homoptera: Delphacidae). Biochemical Genetics, 1997, 35: 383-393

[41] Bedford ID, Briddon RW, Rosell R, et al. Geminivirus transmission and biological characterization of *Bemisia tabaci* (*Gennadius*) biotypes from different geographic regions. Annual of Applied Biology, 1994, 125: 311-325

[42] McGrath PF, Harrison BD. Transmission of *Tomato leaf curl geminiviruses* by *Bemisia tabaci*: effects of virus isolate and vector biotype. Annual of Applied Biology, 1995, 126: 307-316

[43] Chare ER, Holmes EC. Selection pressures in the capsid genes of plant RNA viruses reflect mode of transmission. Journal of General Virology, 2004, 85: 3149-3159

[44] Schneider WL, Roossinck MJ. Evolutionarily related Sindbis-like plant viruses maintain different levels of population diversity in a common host. Journal of Virology, 2000, 74: 3130-3134

[45] Schneider WL, Roossinck MJ. Genetic diversity in RNA virus quasispecies is controlled by host-virus interactions. Journal of Virology, 2001, 75: 6566-6571

[46] Power AG. Insect transmission of plant viruses: a constraint on virus variability. Current Opinion in Plant Biology, 2000, 3: 336-340

Pc4, a putative movement protein of *Rice stripe virus*, interacts with a type Ⅰ DnaJ protein and a small Hsp of rice

LU Lian-ming [1], DU Zhen-guo [1], QIN Mei-ling [1], Wang Ping [1], LAN Han-hong [1], NIU Xiao-qing [1], JIA Dong-sheng [1], XIE Li-yan [1], LIN Qi-ying [1], XIE Lian-hui [1,2], WU Zu-jian [1,2]

(1 Key Laboratory of Plant Virology, Fujian Province, Fuzhou 350002;
Institute of Plant Virology, Fujian Agriculture and Forestry University, Fuzhou 350002;
2 Key Laboratory of Biopesticide and Chemical Biology, Ministry of Education,
Fujian Agriculture and Forestry University, Fuzhou 350002)

Abstract: *Rice stripe virus* (RSV) infects rice and causes great yield reduction in some Asian countries. In this study, rice cDNA library was screened by a Gal4-based yeast two-hybrid system using pc4, a putative movement protein of RSV, as the bait. A number of positive colonies were identified and sequence analysis revealed that they might correspond to ten independent proteins. Two of them were selected and further characterized. The two proteins were a J protein and a small Hsp, respectively. Interactions between Pc4 and the two proteins were confirmed using coimmunoprecipitation. Implications of the findings that pc4 interacted with two chaperone proteins were discussed.

Key words: *Rice stripe virus*; DnaJ protein; small Hsp; interaction

1 Introduction

Infection cycle of plant viruses involves a phase of movement from initially infected cell into adjacent neighboring cells via plasmodesmata (PD). This cell-to-cell movement is aided by virus-encoded proteins termed movement proteins (MPs). Sometimes, the MPs could form tubules to replace PD to facilitate passage of virions. But, more often, the MPs only transiently and reversibly dilate PD openings to mediate transport of viral nucleic acids or ribonucleic acids-protein complexes[1-4]. In the second case, the MPs usually share many features with a set of endogenous host factors named non-cell autonomous proteins (NCAPs) in terms of cell-to-cell movement [1-12]. Therefore, it is widely accepted that viral MPs exploit pre-existing cellular pathways to fulfill their function. Supporting this, cross competition experiments have demonstrated that the viral MPs and host NCAPs likely utilize a common receptor in the pathway for cell-to-cell transport[13]. Additionally, expression of a dominant-negative mutant form of NtNCAPP1, a non-cell-autonomous pathway protein (NCAPP), abolished cell-to-cell transport of TMV MP as well as specific NCAPs such as CmPP16[14]. The plant non-cell-autonomous pathway involves a set of cellular players that work coordinately[5-12]. Therefore, it is envisionable that many functions of viral MPs are dependent on a chain of interac-

Virus Genes, 2009, 38: 320-327

tions with these host factors[1-12].

It was found that phloem proteins ranging from 10 to 200kD induced an increase in size exclusion limit (SEL) to the same extent, greater than 20 but less than 40kD, yet they all could move from cell to cell [15]. This suggested that protein unfolding might be an essential step in plasmodesmal trafficking. Consistent with this, chemical-crosslinked KN1 that was unable to undergo conformational changes failed to mediate its own cell-to-cell transport [13]. The involvement of a phase of protein unfolding implicated a role of chaperone proteins in the NCAP pathway. Involvement of chaperone proteins in viral cell-to-cell movement was best illustrated by beet yellow virus (BYV), a member of the *closteroviridae*. This virus encodes an hsp70 homologue in its genome. The hsp70 homologue targets PDs and has been shown to be essential for cell-to-cell movement of BVY[16-18]. However, most viruses do not encode chaperones in their genomes. Instead, it seems that they have adapted to use the existing host cellular chaperone network. To do this, they could manipulate the host transcriptional network to induce expressions of a particular set of chaperone proteins[19]. Alternatively, they could recruit a chaperone protein directly from the host. For example, several viral movement proteins or proteins involved in viral movement were shown to interact with a set of DnaJ proteins[20-23]. Interestingly, it was shown recently that several HSP cognate 70 (hsc70) chaperones isolated from PD-rich wall fractions and from *Cucubita pholem* exudates could interact with PD and modify the PD SEL. Introduction of a common motif identified in these hsc70s allowed a human hsp70 protein to modify the PD SEL and move from cell to cell[24]. This raised the possibility that hsp70s might play a more direct role in viral movement than previously expected. For example, the Hsp70s, which have intrinsic ATPase activity, could serve as motor proteins facilitating the transport of viral materials through the PD. Noteworthily, no chaperone proteins other than the hsp70s family or their intimate partners have been reported to be involved in plant viral cell-to-cell movement.

RSV is the type species of the genus *Tenuivirus*, which has not been assigned to any family. It is transmitted transovarily in a circulative manner by some planthopper species (Delphacidae family), primarily the small brown planthopper [25-28]. The genome of RSV comprises four RNAs, named RNA1 to RNA4 in the decreasing order of their molecular weight [25, 28]. RNA1 is of negative sense and encodes a putative protein with a molecular weight of 337kD, which was considered to be part of the RNA dependent RNA polymerase associated with the RSV filamentous ribonucleoprotein (RNP)[29-31]. RNAs 2-4 are ambisense, each containing two ORFs, one in the 5′ half of viral RNA (vRNA, the proteins they encoded named p2-p4) and the other in the 5′ half of the viral complementary RNA (vcRNA, the proteins they encoded named pc2-pc4). Pc2 shows stretches of weak amino acid similarity with membrane protein precursor of members of the Bunyaviridae that is processed into two membrane-spanning glycoproteins; however, there is no evidence that RSV forms enveloped particles that could incorporate such glycoproteins [32]. P3 of RSV shares 46% identity with its counterpart, gene-silencing suppressor NS3 protein of the *Tenuivirus rice hoja blanca virus* (RHBV)[33]. Pc3 is the nucleocapsid protein (CP) and p4 the major non-structural protein (NSP), whose accumulation in infected plants correlates with symptom development [34-37]. Pc4 shares some common structures with the viral 30kD superfamily movement proteins [38]. Recently, Xiong *et al.* showed that this protein localized predominantly near or within the cell walls, could move from cell to cell and complement movement defective PVX[39]. This suggested that Pc4 might be a movement protein of RSV. However, as a negative strand RNA virus that does not seem to form intact virions, it can be envisioned that cell-to-cell movement of RSV would be a very complex process, which deserves further research.

RSV infects agriculturally important crop

plants such as rice and causes significant yield losses in east Asia. However, our knowledge about RSV, especially its interactions with host factors, remains sparse, partially owning to its reluctance to traditional virological methods such as infectious cloning. To bypass such obstacles, we have used Yeast two-hybrid system to investigate all the potential interactions between RSV encoded proteins and host factors [40]. Here, we report our identification of the interactions of pc4, the putative movement protein of RSV, with a DnaJ protein and an hsp20 family protein of rice.

2 Materials and methods

2.1 Plasmid construction

Total RNA was extracted from RSV-infected rice leaves with Trizol and the RSV gene segment NSvc4 was amplified by RT-PCR with primer pairs F1 and R1. PCR products were cloned into pMD18-T and then digested with *Nde* Ⅰ and *Bam*H Ⅰ, followed by ligation into pGBKT7 vector. The recombinant vector containing the RSV NSvc4 segment was designated as pGBK-NSvc4, and was used as the bait plasmid for following screening by yeast two-hybrid. Two cDNA fragments identified during the yeast two-hybrid screening had sequence identity with two genes encoding an hsp20 and DnaJ protein, respectively. The full-length ORF of the hsp20 and DnaJ were amplified by RT-PCR with primer pairs F2/R2, F3/R3, which were designed according to rice cDNA sequences. The specific fragments were cloned into pMD18-T. Construct containing hsp20 ORF was digested with *Nde* Ⅰ and *Bam*H Ⅰ, and fragment was ligated into *Nde* Ⅰ/*Bam*H Ⅰ-linearized pGADT7 vector. Construct containing DnaJ ORF was digested with *Spe* Ⅰ and *Xho* Ⅰ, and fragment was ligated into *Spe* Ⅰ/*Xho* Ⅰ-linearized pGADT7-CP vector containing *Spe* Ⅰ site that was previously constructed. The recombinant plasmids were designated as pGAD-hsp20 and pGAD-DnaJ, respectively. There is a c-Myc-epitope tag at the 5′ terminus of NSvc4 ORF in the pGBK-NSvc4 and a HA-epitope tag at the 5′ terminus of hsp20 ORF in the pGAD-hsp20 and DnaJ ORF in the pGAD-DnaJ, respectively. The fusion gene c-Myc-NSvc4 was amplified by PCR with primer pairs F4/R4 using pGBK-NSvc4 as template and cloned into pMD18-T. Construct containing c-Myc-NSvc4 was digested with *Eco*R Ⅰ and *Bam*H Ⅰ, and fragment was ligated into a cauliflower mosaic virus 35S-based pEGAD transient-expression vector linearized by *Eco*R Ⅰ and *Bam*H Ⅰ and the recombinant plasmid was designated as pEGAD-Myc-NSvc4. The c-Myc-NSvc4 fragment digested with *Hind* Ⅲ and *Sac* Ⅰ was inserted into *Hind* Ⅲ/*Sac* Ⅰ-linearized pKYLX35S2 vector and recombinant plasmid was designated as pKYLX-Myc-NSvc4. The fusion genes HA-hsp20 and HA-DnaJ were amplified by PCR with primer pairs F5/R5 using pGAD-hsp20 and pGAD-DnaJ as templates, respectively, and cloned into pMD18-T. The HA-hsp20 restriction fragment digested with *Eco*R Ⅰ and *Bam*H Ⅰ was ligated into *Eco*R Ⅰ/*Bam*H Ⅰ-linearized pEGAD vector, and the HA-hsp20 and HA-DnaJ restriction fragments digested with *Hind* Ⅲ and *Xba* Ⅰ were ligated into *Hind* Ⅲ/*Xba* Ⅰ-linearized pKYLX35S2 vector. The recombinant plasmids were designated as pEGAD-HA-hsp20, pKYLX-HA-hsp20, and pKYLX-HA-DnaJ, respectively. The HA-hsp20 had been not ligated into Pegad vector because there were no suitable restriction enzyme sites. In addition, the following recombinant vectors constructed previously were used in this study: pGBK-CP containing RSV CP segment, pGBK-SP containing RSV NSP segment, pEGAD-Myc-CP and pKYLX-Myc-CP containing fusion gene Myc-CP, pEGAD-Myc-SP and pKYLX-Myc-SP containing fusion gene Myc-SP.

2.2 Yeast two-hybrid assay

A rice seedling yeast two-hybrid cDNA library from rice cv Wuyujing 3 was constructed with CLONTECH protocols. The titer of the library was determined after amplification and was approximately 1.0 × 1011vcfu/mL. Matchmaker Gal4 Two-Hybrid System 3 and libraries were used to screen the rice cDNA library. The bait plasmid and cDNA library plasmid were transformed into yeast AH109 cells using sequential transformation or simultaneous cotransformation protocol. Colonies were selected on SD/Leu-Trp-His-Ade- medium and then Ade+/His+positive colonies were isolated on SD/Leu-Trp-His-Ade-/X-α-gal + medium according to the instruction manual. Primary positive candidate plasmids containing the rice cDNAs were isolated and then co-transformed into AH109 with bait plasmid pGBK-NSvc4 to repeat the two-hybrid assay. The final positive candidate plasmids were selected and determined by sequencing analysis. The sequences of positive colons were subsequently used for an advanced BLAST search within the database of GenBank.

2.3 Agrobacterium-mediated transient expression

Agrobacterium strain EHA105 carrying the gene of interest expressed from a binary vector was infiltrated into leaves of *Nicotiana benthamiana*. *Agrobacterium tumefaciens* was grown overnight at 28°C on Luria-Bertani agar containing 50μg/μL of rifampicin and 50μg/μL of kanamycin. Cells were resuspended in induction media (10mmol/L MES, pH5.6, 10mmol/L $MgCl_2$, and 150μmol/L acetosyringone) and incubated at room temperature for 3-5h before inoculation.

2.4 Immunoprecipitation

After agrobacterium-mediated transient expression for 24h, *N. benthamiana* leaves (approximately 0.3g) were harvested and ground to a powder in liquid nitrogen. Ground tissues were resuspended in 3.0mL of IP buffer (50mmol/L Tris, pH7.5, 150mmol/L NaCl, 10% glycerol, 0.1% Nonidet P-40, 5mmol/L dithiothreitol, and 1.53 Complete Protease Inhibitor [Roche]). The crude lysates were then spun at 20000*g* for 15min at 4℃. After centrifugation, 1mL of supernatant was incubated with 0.5μg of the indicated monoclonal antibody for each immunoprecipitation. After a 1-h incubation at 4°C, immunocomplexes were collected by the addition of 50μL of protein G Sepharose-4 fast flowbeads and incubated end over end for 3-5h at 4℃. After incubation, the immunocomplexes were washed four times with 1mL of IP buffer and the pellet was resuspended in 1× SDS-PAGE loading buffer.

2.5 Protein separation and Western blotting

Protein samples were separated by SDS-PAGE on 10% polyacrylamide gels and transferred by electroblotting to PVDF membranes. Membranes were probed with anti-HA horseradish peroxidase (Roche) or anti-Myc peroxidase (Sigma-Aldrich) to detect HA- and Myc-epitope-tagged proteins, respectively. All immunoprecipitation experiments were repeated at least three times, and the identical results were obtained.

Primers used in this study are listed in Table 1.

Table 1 Primers used in this study

Primers Name	Primers sequences	Restriction enzyme site	Constructs
F1	5′-GGAATTCCATATGGCTTTGTCTCGACTTT TGTC-3′	*Nde* Ⅰ	pGBK-NSnv4
R1	5′-CGGGATCCCTACATGATGACAGAAACTT CAG-3′	*Bam*H Ⅰ	
F2	5′-GGAATTCCATATGTCGCTGATCCGCCGCA GC-3′	*Nde* Ⅰ	pGAD-hsp20
R2	5′-CGGGATCCCTAGCCGGAGATCTGGATGGA C-3′	*Bam*H Ⅰ	
F3	5′-GGACTAGTATGTTTGGGCGTGTACCGAG-3′	*Spe* Ⅰ	pEGAD-Myc-NSnv4
R3	5′-CGCTCGAGTTACTGTTGAGCACACTGTACT C-3′	*Xho* Ⅰ	
F4	5′-GGAATTCAAGCTTATCATGGAGGAGCAGAAGCTG-3′	*Eco*R Ⅰ, *Hind* Ⅲ	pEGAD-Myc-NSnv4
R4	5′-GGATCCGAGCTCAGGGGTTATGCTAGTTAT G-3′		pKYLX-Myc-NSnv4
F5	5′-GGAATTCAAGCTTATGGAGTACCCATACG ACG-3′	*Bam*H Ⅰ, *Sac* Ⅰ	pEGAD-HA-hsp20
R5	5′-CGGGATCCTCTAGATTTCAGTATCTACGAT TCAT-3′		pKYLX-HA- DnaJ
F6	5′-AAGTTCCTCCGCAGGTTCC-3′	*Bam*H Ⅰ, Xba Ⅰ	
R6	5′-GAGCACGCCGTTCTCCAT-3′		
F7	5′-GAGGCAGTGACTTCCATAATCC-3′	For *hsp*20	
R7	5′-GCCTAGTCCTATCTGTCGCATT-3′		
F9	5′-ATCCTGACGGAGCGTGGTTA-3′	For *DnaJ*	
R9	5′-CATAGTCCAGGGCGATGTAGG-3′	For *Actin*	

3 Results

3.1 Identification of RNB8 and RNB5 that interact with RSV pc4

To identify rice proteins that interacted with RSV pc4, the rice cDNA library was screened by a Gal4-based yeast two-hybrid system. A number of positive colonies were identified among the approximately 3.6×10^6 clones that were screened. Sequence analysis of these colonies showed that they might correspond to ten independent proteins. Two of them, designated NB8 and NB5, shared high degree of identity with a DnaJ protein (NM_001060020) and a heat shock protein 20 (hsp20, NM_001056192) from *Oryza sativa*, respectively. The full-length ORFs corresponding to NB8 and NB5 (hereafter we use RNB8 and RNB5 to represent the genes corresponding to NB8 and NB5, respectively) were cloned from rice using primers designed according to available rice sequences in NCBI. Specific interactions between the two proteins and RSV pc4 were then confirmed using entire ORFs of the two genes by yeast two-hybrid experiments (data not shown).

Sequence analysis of the coding regions indicated that the ORF of the RNB8 gene contained 1, 251 nucleotides and encoded a protein of 416 amino acids; the deduced amino acids sequence of RNB8 contained conserved cysteine-rich domains and several glycine-rich regions in addition to the typical J domain (Fig. 1), thus it represented a member of the group Ⅰ Dna J proteins[41-43]. The ORF of the RNB5 gene contained 486 nucleotides and encoded a protein of 161 amino acids with conserved alpha-crystallin domain (ACD) typical of a class of small Hsps [44-47]. The cDNA fragment of the NB8 we initially retrieved from screening of the rice library encoded a polypeptide of 165 amino acid residues that located on the C-terminus of the RNB8 gene (Fig. 1a). This region might be responsible for the interactions between RNB8 and RSV pc4. The cDNA fragment of the NB5 encompasses the entire ORF of the RNB5 (Fig. 1b).

3.2 Pc4 interacts with the rice dnaJ and hsp20 in plant cells

Specific interactions of pc4 with rice DnaJ and hsp20 in yeast suggest functional significance. To test the interactions further, coimmunoprecipitation was used to determine whether such interactions occur in plant cells. As shown in Fig. 2, the c-Myc- epitope-tagged pc4 coimmunoprecipitated with the HA-epitope-tagged RNB8 and HA-epitope-tagged RNB5 after Agrobacterium-mediated transient expression in *Nicotiana benthamiana*. The interactions were confirmed with the reciprocal experiments, in which HA-epitope-tagged RNB8 and RNB5 were coimmunoprecipitated with the c-Myc-epitope-tagged pc4, respectively. These results provided evidence that RSV pc4 interacts with the DnaJ and hsp20 in plant cell, whereas there were no such interactions of the two rice proteins with RSV CP and SP (Fig. 2).

4 Discussion

Most plant viruses encode specific proteins dedicated to movement of their infectious materials. These movement proteins exploit host NCAP pathway to fulfill their function. Identification of host factors interacting with viral MPs is essential to understand viral movement [1-12]. Here, using pc4, a putative movement protein of RSV, as bait, we identified two rice proteins, i. e, a J protein and a member of the hsp20 family. The two proteins interacting with pc4 did not interact with CP and NSP in yeast and in plant cell, indicating that the interactions between the two proteins and Pc4 were specific.

J proteins, featured by a 70-amino acid signature sequence through which they bind to their partner Hsp70s, are key regulators of the ATP cycle of hsp70s [41-43]. Three groups of J proteins have been characterized. Type I proteins are similar to *E. coli* DnaJ with the J domain, the Gly/Phe-rich region, and the cysteine repeats. TypⅡ proteins contain the J domain and the Gly/Phe-rich region, but lack the cysteine repeats. TypⅢ pro-

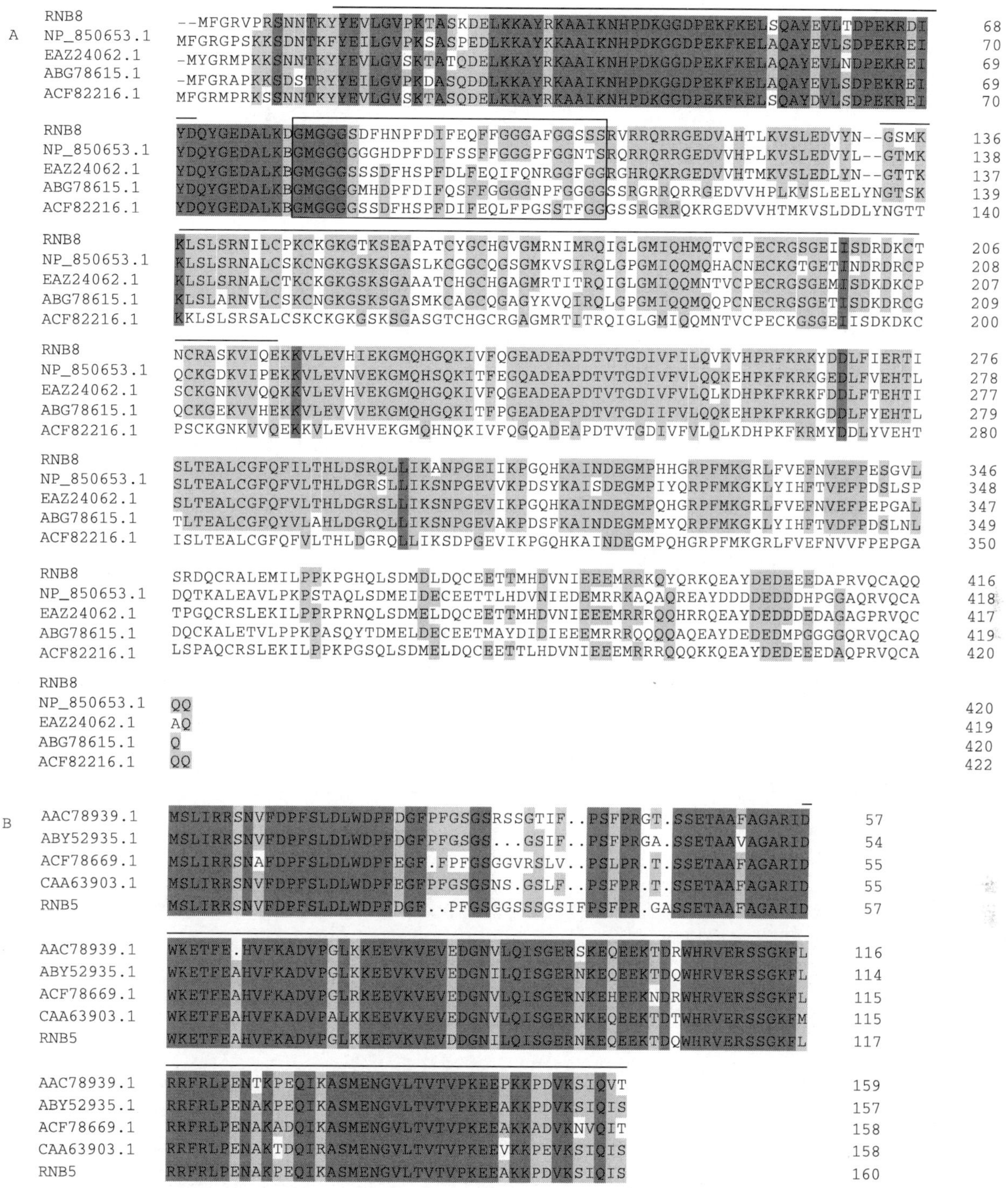

Fig. 1 Alignments of the DnaJ and hsp20 proteins from diverse species. The alignments were made using DNAMAN (4.0). A. Alignment of DnaJ proteins from *Oryza sativa* (RNB8 and EAZ24062.1), *Arabidopsis* (NP_850653.1), *Triticum aestivum* (ABG78615.1), and *Zea mays* (ACF82216.1). The conserved J domain is marked by a *black line*. Glycine-rich regions and 4 repeats of C-X-X-C-X-G-X-G motif typical of type I J proteins are *boxed* and marked by a *red line*, respectively. Regions of identity or similarity are *colored* and gaps introduced for alignment are indicated by *dots*. B. Alignment of hsp20 proteins *Oryza sativa* (RNB5 and AAC78393.1), *Pennisetum glaucum* (CAA63903.1), and *Zea mays* (ACF78669.1). *Black line* indicates the conserved alpha-crystallin domain

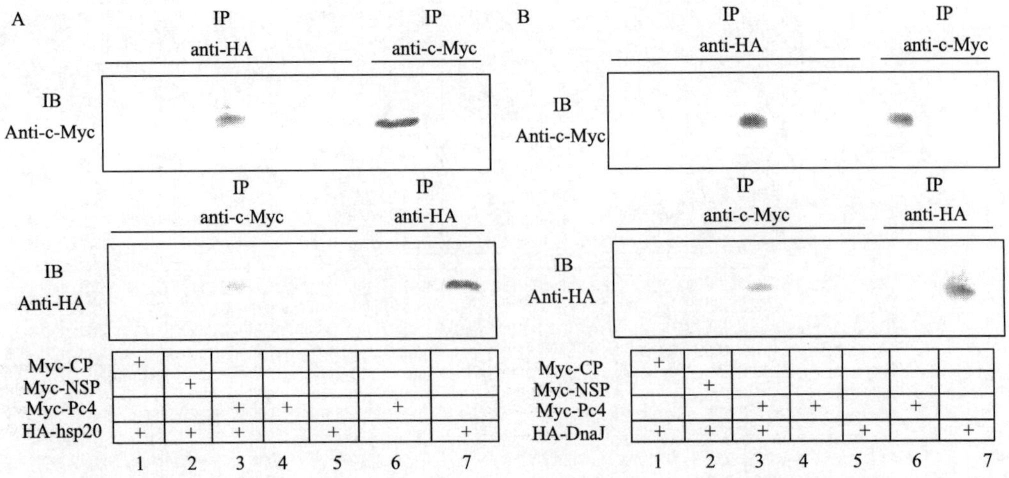

Fig. 2　RSV Pc4, but not CP and NSP, interacted with RNB5 and RNB8 proteins in plant cells. a Immunoblot showing NSvc4 coimmunoprecipitated with the hsp20 (RNB5); for lanes 1-3, the total proteins were extracted from Agrobacterium-infiltrated Nicotiana benthamiana leaves expressing Myc-CP/HA-hsp20, (lane 1), Myc-SP/HA-hsp20 (lane 2), or Myc-pc4/HA-hsp20 (lane 3) and immunoprecipitated with anti-HA (top) or anti-c-Myc (bottom) antibodies. For lanes 4-7, the total proteins were extracted from Agrobacterium-infiltrated Nicotiana benthamiana leaves expressing only Myc-pc4 (lanes 4 and 6) or HA-hsp20 (lanes 5 and 7) and immunoprecipitated with anti-c-Myc (top) or anti-HA (bottom) antibodies. b Immunoblot showing pc4 coimmunoprecipitated with DnaJ (RNB8)

teins do not have any of the conserved regions other than the J domain [41-43].

It is believed that transport of the NCAPs to and through the PD involves a phase of conformational change of the NCAPs[13, 15]. The need of a conformational change entails the availability of a putative chaperone protein. The most promising candidate of such a chaperone is a member of the hsp70s, a family of versatile proteins that have been implicated in protein translation, folding, unfolding, translocation, and degradation [48, 49]. Thus, it would be reasonable to speculate that the interaction of Pc4 with a J protein would allow the protein to locally concentrate Hsp70s. By analogy with models proposed for protein translocation into ER and mitochondria [50], unfolding of the movement protein could occur firstly at a conformationally flexible region, the hsp70s then might bind this region and promote further unfolding through trapping and sliding. For more tightly folded domains within the movement protein, the hsp70s could also provide a vigorous force to bias the equilibrium to an unfolded state[50, 51]. The hsp70s that were recently identified to move from cell to cell are attracting candidates to fulfill this function [24].

Another possibility is that Hsp70s could present the viral MPs to host ubiquitin-proteosome pathway for degradation. Degradation of MP by host ubiquitin-proteosome pathway has been observed in TMV[52-54]. It was suggested that the degradation might function to avoid extreme damage to the host and futile movement of the viral materials[52-55]. This was consistent with the observation that Pc4 could only be detected in infected rice plants at a very early stage of infection [56, 57]. In this scenario, the observed larger size of Pc4 when detecting with antisera to the protein in a previous report could be the result of polyubiquination[56, 57].

Previously, NSm, the movement protein of tomato spotted wilt tospovirus (TSWV), has been shown to interact with several members of J proteins from *Nicotiana tabacum* and *Arabidopsis thaliana* [20, 21]. The capsid protein (CP) of potyviruses, which is involved in movement of the virus, has been shown to interact with a set of J proteins from tobacco [22]. In the later case, transgenic plants that ectopically overexpress dominant-negative mutants of NtCPIPs showed significantly enhanced virus resistance to PVY, and the resistance was most likely due to strongly reduced cell-to-cell transport [22]. Taking these into account, the recruitment of Hsp70s through interactions with a J protein to facilitate movement protein function seems to be a widely used mechanism of plant viruses. This raises two questions; the first is why most plant viruses do not encode an Hsp70 themselves. The second is why the MPs do not interact with an Hsp70 directly. The answer to the first question is obvious. Recruiting an Hsp70 from the host is more economically reasonable than to encode one. The answer to the second question might lie in the fact that the host encodes more J proteins than Hsp70s, which implies that the functional specificity of a J protein/Hsp70 combination is determined by the J protein[41-43]. It is noteworthy that the J proteins interacting with TSWV NSm and PVY CP belong to type III J proteins. Yet, the J protein identified in this study was a type I DnaJ protein[41-43].

This study also identified a small hsp that interacted with Pc4. sHSPs, defined by possessing a conserved alpha-crystallin domain (ACD), are the most abundant and complex subset of HSPs in plants[44,45]. Key function of the sHSPs is to prevent aggregation of denatured proteins. By forming a soluble complex with substrate proteins, they can create a transient reservoir of substrates for subsequent refolding by ATP-dependent chaperone systems[44-47]. It is tempting to assume that the Hsp20 forms a complex with Pc4 when the protein is partially unfolded for transport through PD. The presence of the Hsp20 keeps the denatured Pc4, and perhaps the entire viral material for movement, soluble. And when the viral material entered the neighboring cell, the presence of the Hsp20 would allow for an immediate and efficient renature of the viral material. To our knowledge, this is the first report that a plant viral MP interacts with a small Hsp. By analogy with other negative RNA viruses, the ribonucleoprotein particles (RNPs) represent the only structures responsible for transcription and replication for RSV [58-60]. Thus, the infectious materials that move from cell to cell for RSV must be entire RNPs. The RSV RNPs are very complex in structure, containing at least the RdRps, CPs, and genome-length viral RNAs[25,28]. This might be responsible for our results that MP of RSV needed to interact with an hsp20 in addition to a J protein.

RSV infects rice, one of the most important crop plants in the world, and poses a major threat to rice production in some Asian countries. The identification of the two host factors interacting with a putative movement protein of RSV will undoubtedly propel a step forward of our understanding of RSV. Perhaps more importantly, as has been mentioned, expression of a mutant form of a J protein that interacts with CP of PVX in tobacco dramatically increased the viral resistance of various transgenic lines[22]. Transgenic rice plants expressing RSV CP have been developed and were shown to be efficient for RSV resistance [61]. But the introduction of a viral gene to food crops would inevitably invoke safety concerns. It is intriguing to engineer transgenic rice plants expressing a mutant form of the J protein identified in this study and test their resistance to RSV.

References

[1] Carrington JC, Kasschau KD, Mahajan SK, et al. Cell-to-cell and long-distance transport of viruses in plants. Plant Cell, 1996, 8: 1669-1681

[2] Lucas WJ. Plant viral movement proteins: agents for cell-to-cell trafficking of viral genomes. Virology, 2006, 344: 169-184

[3] Scholthof HB. Plant virus transport: Motions of functional equivalence, Trends Plant Sci, 2005, 10: 376-382

[4] Waigmann E, Ueki S, Trutnyeva K, et al, Crit. Rev. Plant Sci. 2004, 23:195-250

[5] Waigmann E, Ueki S, Trutnyeva K, et al. The ins and outs of non-destructive cell-to-cell and systemic movement of plant viruses. Crit Rev Plant Sci, 2004, 23:195-250

[6] Ghoshroy S, Lartey R, Sheng J, et al. Transport of proteins and nucleic acids through plasmodesmata. Annu. Rev. Plant

Physiol. Plant Mol Biol, 1997, 48:27-49

[7] Kim JY. Regulation of short-distance transport of RNA and protein. Curr Opin Plant Biol, 2005, 8: 45-52

[8] Gallagher KL, Benfey PN. Not just another hole in the wall: understanding intercellular protein trafficking. Genes & Dev, 2005, 19:189-195

[9] Kurata T, Okada K, Wada T. Intercellular movement of transcription factors. Curr Opin Plant Biol, 2005, 8:600-605

[10] Boevenik P, Oparka K. Virus-host interactions during movement process. Plant Physiol, 2005, 138:1815-1821

[11] Oparka KJ. Getting the message across: how do plant cells exchange macromolecular complexes? Trends Plant Sci, 2004, 9: 33-41

[12] Lucas WJ, Lee JY. Plasmodesmata as a supracellular control network in plants. Nat Rev Mol Cell Biol, 2004, 5:712-726

[13] Ruiz-Medrano R, Xoconostle-C zares B, Kragler F. The plasmodesmatal transport pathway for homeotic proteins, silencing signals and viruses. Current Opinion in Plant Biology, 2004, 7:641-650

[14] Kragler F, Monzer J, Shash K, et al. Cell-to-cell transport of proteins: requirement for unfolding and characterization of Binding to a plasmodesmal receptor. The Plant Journal, 1998, 15:367-381

[15] Lee JY, Yoo BC, Rojas MR, et al. Selective trafficking of non-cell-autonomous proteins mediated by NtNCAPP1. Science, 2003, 299:392-396

[16] Balachandran S, Xiang Y, Schobert C, et al. Phloem sap proteins of *Cucurbita maxima* and *Ricinus communis* have the capacity to traffic cell to cell through plasmodesmata. PNAS, 1997, 94:14150-14155

[17] Alzhanova DV, Napuli A, Creamer R, et al. Cell-to-cell movement and assembly of a plant closterovirus: roles for the capsid proteins and Hsp70 homolog. EMBO J, 2001, 20:6997-7007

[18] Peremyslov VV, Hagiwara Y, Dolja VV. HSP70 homolog functions in cell-to-cell movement of a plant virus. PNAS, 1999, 96:14771-14776

[19] Agranovsky AA, Boyko VP, Karasev AV, et al. Putative 65kD protein of beet yellows closterovirus is a homologue of HSP70 heat shock proteins. J Mol Biol, 1991, 217:603-610

[20] Whitham SA, Quan S, Chang HS, et al. Diverse RNA viruses elicit the expression of common sets of genes in susceptible *Arabidopsis thaliana* plants. Plant J, 2003, 33:271-283

[21] von Bargen S, Salchert K. Paape M, et al. Interactions between the *Tomato spotted wilt virus* movement protein and plant proteins showing homologies to myosin, kinesin and DnaJ like chaperones. Plant Physiology and Biochemistry, 2001, 39:1083-1093

[22] Soellick TR, Uhrig JF, Bucher GL, et al. The movement protein NSm of *Tomato spotted wilt tospovirus* (TSWV): RNA binding, interaction with the TSWV N protein, and identification of interacting plant proteins. PNAS, 2000, 97:2373-2378

[23] Hofius D, Maier AT, Dietrich C, et al. Capsid protein-mediated recruitment of host DnaJ-like proteins Is required for *Potato virus* Y infection in tobacco plants. J Virol, 2007, 81: 11870-11880

[24] Haupt, S, Cowan GH, Ziegler A, et al. Two plant-viral movement proteins traffic in the endocytic recycling pathway. Plant Cell, 2005, 17:164-181

[25] Aoki K, Kagler F, Xoconostle-Cázares B, et al. A subclass of plant heat shock cognate 70 chaperones carries a motif that facilitates trafficking through plasmodesmata. PNAS, 2002, 99: 16342-16347

[26] Falk BW, Tsai JH. Biology and molecular biology of viruses in the genus Tenuivirus. Annu Rev Phytopathol, 1998, 36: 139-163

[27] Falk BW. Tenuiviruses. In: Webster R G, Granoff A. Encyclopedia of Virology. London: Academic Press, 1994, 1410-1416

[28] Hibino H. Biology and epidemiology of rice viruses. Ann. Rev Phytopathol, 1996, 34:249-274

[29] Ramirez BC, Haenni AL. The molecular biology of Tenuiviruses-a remarkable group of plant viruses J Gen. Virol, 1994, 75:467-475

[30] Toriyama S, Takahashi M, Sano Y, et al. Nucleotide sequence of RNA1, the largest genomic segment of *Rice stripe virus*, the prototype of the tenuiviruses. J Gen Virol. 1994, 75:3569-3579

[31] Toriyama S. An RNA-dependent RNA polymerase associated with the filamentous nucleoproteins of *Rice stripe virus*. J Gen Virol, 1986, 67:1247-1255

[32] Barbier P, Takahashi M, Nakamura I, et al. Solubilization and promoter analysis of RNA polymerase from *Rice stripe virus*. J Virol, 1992, 66:6171-6174

[33] Takahashi M, Toriyama S, Hamamatsu C, et al. Nucleotide sequence and possible ambisense coding strategy of *Rice stripe virus* RNA segment 2. J Gen Virol, 1993, 74:769-773

[34] Bucher E, Sijen T, De Haan P, et al. Negative-strand tospoviruses and tenuiviruses carry a gene for a suppressor of gene silencing at analogous genomic positions. J Virol, 2003, 77: 1329-1336

[35] Zhu Y, Hayakawa T, Toriyama S, et al. Complete nucleotide sequence of RNA3 of *Rice stripe virus*: an ambisense coding strategy. J Gen Virol, 1991, 72:763-767

[35] Kakutani T, Hayano Y, Hayashi T, et al. Ambisense segment 3 of *Rice stripe virus*: the first instance of a virus containing two ambisense segments. J Gen Virol, 1991, 72:465-468

[37] Kakutani T, Hayano Y, Hayashi T, et al. Ambisense segment 4 of *Rice stripe virus*: possible evolutionary relationship with phleboviruses and uukuviruses (Bunyaviridae). J Gen Virol, 1990, 71:1427-1432

[38] Espinoza AM, Pereira R, Macaya-Lizano AV, et al. Comparative light and electron microscopy analysis of *Tenuivirus* major non-capsid protein (NCP) inclusion bodies in infected plants, and of the NCP *in vitro*. Virology, 1993, 195:156-166

[39] Melcher U. The'30K' superfamily of viral movement pro-

teins. J Gen Virol, 2000, 81:257-266

[40] Xiong R, Wu J, Zhou Y, et al. Identification of a movement protein of the *Tenuivirus Rice stripe virus*. J Virol, 2008, 82: 12304-12311

[41] Fields S, and Song O. A novel genetic system to detect protein-protein interactions. Nature, 1989, 340:245-246

[42] Kelley WL. The J-domain and the recruitment of chaperone power. Trends Biochem Sci, 1998, 23:222-227

[43] Qiu XB, Shao YM, Miao S, et al. The diversity of the. DnaJ/Hsp40 family, the crucial partners for Hsp70 chaperones. Cell Mol Life Sci, 2006, 63:2560-2570

[44] Walsh P, Bursac D, Law YC, et al The J-protein family: modulating protein assembly, disassembly and translocation. EMBO Rep, 2004, 5:567-571

[45] Waters ER, Lee GJ, Vierling E. Evolution, structure and function of the small heat shock proteins in plants. J Exp Bot, 1996, 47:325-338

[46] Boston RS, Viitanen PV, Vierling E. Molecular chaperones and protein folding in plant. Plant Mol Biol, 1996, 32:191-222

[47] Nakamoto H, Vigh L. The small heat shock proteins and their clients. Cell Mol Life Sci, 2007, 64:294-306

[48] Sun Y, MacRae TH. Small heat shock proteins: molecular structure and chaperone function. Cell Mol Life Sci, 2005, 62: 2460-2476

[49] Bukau B, Horwich AL, Bukau B, et al. The Hsp70 and Hsp60 chaperone machines. Cell, 1998, 92:351-366

[50] Mayer MP, Bukau B. Hsp70 chaperones: cellular functions and molecular mechanism. Cell Mol Life Sci, 2005, 62: 670-684

[51] Sousa R, Lafer EM. Keep the traffic moving: mechanism of the Hsp70 motor. Traffic, 2006, 12:1596-1603

[52] Reichel C, Beachy RN. Degradation of *Tobacco mosaic virus* movement protein by the 26S proteasome. J Virol, 2000, 74: 3330-3337

[53] Heinlein M, Padgett HS, Gens JS, et al. Changing patterns of localization of the *Tobacco mosaic virus* movement protein and replicase to the endoplasmic reticulum and microtubules during infection. Plant Cell, 1998, 10:1107-1120

[54] Reichel C, Beachy RN. *Tobacco mosaic virus* infection induces severe morphological changes of the endoplasmic reticulum. PNAS, 1998, 95:11169-11174

[55] Waigmann E, Curin M, Heinlein M. *Tobacco mosaic virus*-a model for macromolecular cell-to-cell spread. In: Waigmann E, Heinlein M. Viral Transport in Plants. Plant Cell Monographs, 2007, 29-62

[56] Qu Z, Shen D, Xu Y, et al. Western Blotting of RSF Gene Products in Rice and Insects. Chinese J Genet, 1999, 26: 331-337

[57] Liang DL, Ma XQ, Qu ZC, et al. Nucleic acid binding property of the gene products of *Rice stripe virus*. Virus Genes, 2005, 31:203-209

[58] Elliott RM. Molecular biology of the *Bunyaviridae*. J Gen Virol, 1990, 71:501-522

[59] Baudin F, Bach C, Cusack S, et al. Structure of influenza virus RNP. I. Influenza virus nucleoprotein melts secondary structure in panhandle RNA and exposes the bases to the solvent. EMBO J, 1994, 13:3158-3165

[60] Klumpp K, Ruigrok RWH, Baudin F. Roles of the influenza virus polymerase and nucleoprotein in forming a functional RNP structure. EMBO J, 1997, 16:1248-1257

[61] Hayakawa T, Zhu Y, Itoh K, et al. Genetically engineered rice resistant to *Rice stripe virus*, an insect-transmitted virus. PNAS, 1992, 89:9865-9869

Ⅲ　甘薯病毒

评述甘薯脱毒与甘薯羽斑驳病毒（*Sweat potato feathery mottle virus*，SPFMV）的研究进展。比较客观地概述了 SPFMV 在国内外的研究现状、存在问题及其解决途径。甘薯脱毒的主要问题是对甘薯病原病毒的研究不够深入、检测方法不够完善、脱毒苗的生产成本过高，如何针对这些问题，开展深入研究，提升检测水平，完善脱毒苗生产繁殖体系，值得重视。

甘薯羽状斑驳病毒研究进展

王 盛 吴祖建 林奇英 谢联辉

（福建农林大学植物病毒研究所，福建福州 350002）

摘 要：病毒病是甘薯的主要病害之一，对甘薯生产危害极大。关于甘薯病毒病的研究国际上已取得较大进展。本文主要阐述甘薯羽状斑驳病毒国内外研究现状，指出存在的问题并提出解决的途径。

关键词：甘薯羽状斑驳病毒；研究进展

中图分类号：S436.67 **文献标识码**：A **文章编号**：1006-7817-（2001）S-0002-08

Research advances in *Sweet potato feathery mottle virus*

WANG Sheng，WU Zu-jian，LIN Qi-ying，XIE Lian-hui

（Institute of Plant Virology，Fujian Agriculture and Forestry University，Fuzhou 350002）

Abstract：Virus disease，which is one of the important diseases in sweet potato，causes significant yield loss in sweet potato production. Great progresses have been achieved in the world study of sweet potato virus disease. In this review，the current status of research on *Sweet potato feathery mottle virus*（SPFMV）was discussed and the problems and solutions were proposed.

Key words：*Sweet potato feathery mottle virus*；research advances

甘薯（*Ipomoea batatas*）是一种重要的粮食作物和饲料作物，也是一些轻工业产品的重要原料来源。其分布广，在热带、亚热带和温带地区均可种植，世界总栽培面积约1.7亿公顷左右[1]。据联合国粮农组织（Food and Agriculture Organization of United Nation，FAO）估计，甘薯在世界作物总产中约占第7位[2]。预计21世纪甘薯将上升为世界第五大食物能供应作物[3]。

近年来，随着甘薯种植面积的逐步扩大，甘薯生产面临着一些新问题，其中病毒感染是主要制约因素。甘薯病毒对甘薯生产的影响是多方面的。甘薯病毒不但可使甘薯块根品质下降[4]，丧失商品和食用价值，而且可导致产量大幅度下降，降幅达10%～78%之多[5-10]。甘薯病毒可以多代重复侵染，引起甘薯种质退化[6]，致使选育的优良品种因病毒在植株体内的积累并代代相传，在短短的数年间就严重退化，不仅失去了生产上的推广价值，而且丧失了作为种质资源的保存价值。此外，病毒病已成为甘薯品种资源保存材料绝产的主要原因[11]。我国现有甘薯种质资源2000余份，但多为田间种植保存，许多新培育的品种尚未推广已带有明显的病毒病症状，资源保存名不符实。而且染病品种还给品种鉴定带来影响。由于对这些品种不真实的评价，使其很难在正常生长条件下发挥最大潜力，从

福建农林大学学报，2001，30（增刊）：2-9

收稿日期：2001-06-01

而影响对资源的合理利用。一些甘薯病毒由于环境、品种及病毒本身的原因常隐症侵染，具有巨大的潜在危害性。近年来，国际上对甘薯作物的兴趣日益浓厚，原始种质和改良种质的交换日趋频繁。而甘薯是通过茎蔓和薯块行无性繁殖的，病毒可随种薯（苗）的调运或交换传入其他地区。在检疫手段和引种检疫制度仍不完善的情况下，这种跨国家、跨地区的大范围调运或交换，很容易造成病毒更大面积的危害。

甘薯病毒分布广泛，所有甘薯种植地区均有病毒病害的记录。目前，世界上已分离到的感染甘薯的病毒有 10 余种[12]，它们是甘薯羽状斑驳病毒（*Sweet potato feathery mottle potyvirus*，SPFMV）、甘薯轻型斑驳病毒（*Sweet potato mild mottle ipomovirus*，SPMMV）、甘薯潜隐病毒（*Sweet potato latent virus*，SwPLV）、甘薯病毒（*Sweet potato caulimovirus*，SwPV）、甘薯脉花叶病毒（*Sweet potato vein mosaic potyvirus*，SPVMV）、甘薯黄矮病毒（*Sweet potato yellow dwarf ipomovirus*，SPYDV）、甘薯陷脉病毒（*Sweet potato sunken vein closterovirus*，SPSVV）、甘薯无症病毒（*Sweet potato symptomless virus*，SPSV）、甘薯曲叶病毒（*Sweet potato leaf curl badnavirus*，SPLCV）、甘薯 G 病毒（*Sweet potato G potyvirus*，SPVG）、甘薯病毒病复合相关病毒（*Sweet potato virus disease complex-associated closterovirus*，SPVDCaV）、甘薯病毒（*Sweet potato phytoreovirus*，SwPoV）、甘薯环斑病毒（*Sweet potato ring spot nepovirus*，SPRSV）和甘薯皱缩花叶病毒（*Sweet potato shukuro mosaic virus*，SPSMV）以及 3 种寄主范围广泛的病毒—烟草花叶病毒（*Tobacco mosaic tobamovirus*，TMV），黄瓜花叶病毒（*Cucumber mosaic cucumovirus*，CMV），烟草条纹病毒（*Tobacco streak ilarvirus*，ToSV）。其中 SPFMV 属世界性分布，是引起甘薯严重退化，以及导致甘薯减产的主要病原。而且此病毒易与其他多种病毒形成复合侵染，SPFMV 的广泛存在严重地干扰了其他许多病毒的鉴定。因此，在甘薯种植区开展针对该病毒的鉴定和可检测性工作就显得十分必要。国内外对 SPFMV 做了大量的研究工作，现将研究进展综述如下。

1 命名和分类地位

SPFMV 在甘薯上普遍发生，属世界性分布。此病毒早期有多种命名，如甘薯褐裂病毒（*Sweet potato russet crack virus*）[13-15]、甘薯环斑病毒（*Sweet potato ring spot virus*）[16]、甘薯叶斑病毒（*Sweet potato leaf spot virus*）[17]，内木栓病毒（*Sweet potato internal cork virus*）[15,18,19]以及甘薯病毒 A（*Sweet potato virus* A）[20]等。由于它们与 Doolittle[21]和 Webb 等[22]报道的 FMV（feathery mottle virus）的特性一致，campbell 等[23]建议将上述不同名称统一改名为甘薯羽状斑驳病毒（SPFMV）。SPFMV 的生物学和细胞病理学性质与马铃薯 Y 病毒组的特性极为相符，故 Hollings 和 Brunt[24]建议将其归入马铃薯 Y 病毒组，后被国际病毒分类委员会（ICTV）采纳。在 1995 年 ICTV 公布的植物病毒最新分类系统中，SPFMV 被划分为马铃薯 Y 病毒科（*Potyviridae*），马铃薯 Y 病毒属（*Potyvirus*）的一个成员[26]。

2 传播方式、寄主范围和症状

SPFMV 可经汁液摩擦、嫁接和病薯（蔓）等方式传播，亦可经蚜虫［棉蚜（*Aphis gossypii* Glover）、豆蚜（*A. craccivora*）、萝卜蚜（*Lipaphis erysimi* Kaltenbach）、桃蚜（*Myzus persicae*）］以非持久性方式传播，种传的可能性非常低[26]。此病毒主要侵染旋花科甘薯属植物[27]，甘薯属的某些种对其十分敏感，如巴西牵牛（*Ipomoea setasa*）、日本牵牛（*I. nil*）以及普通牵牛（*I. purpruea*）等，是病毒良好的指示植物。

SPFMV 侵染甘薯产生的症状可因寄主、环境条件以及株系不同而不同[23,27-30]。一般造成褪绿斑或具紫边的不明显或明显的褪绿斑（紫环斑），也可沿叶脉形成紫色羽状斑纹。症状主要在老叶上可观察到，有时也有隐症侵染现象。此病毒部分株系可在某些甘薯品种块根表面或内部形成褐色龟裂或木栓化。在指示植物上观察到的主要症状是明脉、沿脉变色、褪绿斑以及中脉扭曲等症状。但症状可以很轻微，而且最早萌发的叶片可能无症状，不同叶位表现的症状也不相同。

3 体外生物学特性

Moyer 等[27]报道，在 *I. nil* 病汁液中，SPFMV 钝化温度（TIP）为 60～65℃，稀释限点（DEP）在 10^{-4}～10^{-3}，体外存活期（LIV）不超过 24 h。

4 株系与血清学

甘薯羽状斑驳病毒不同分离物的寄主范围、症状和血清学存在一定的差异。根据这些差异，美国的 Calie 等[31]和 Moyer 等[32]将 SPFMV 分为 2 个株系，SPFMV 普通株系（SPFMV-Common strain，SPFMV-C）和 SPFMV 褐裂株系（SPFMV-Russet crack strain，SPFMV-RC）。SPFMV-RC 可引起部分甘薯品种块根褐裂，而 SPFMV-C 则不能；SPFMV-C 感染 *I. purprurea* 后无可见症状，而 SPFMV-RC 感染后，*I. purprurea* 叶片出现系统性明脉，随后褪绿，形成褪绿脉带；SPFMV-C 不侵染苋色藜（*Chenopalum amaranticolor*）和昆诺藜（*Chenopodum quinoa*），仅侵染部分旋花科植物，而 SPFMV-RC 则使其叶片形成局部褪绿斑，最后发展成局部坏死。此后，Cali 等[29]又将他们从甘薯块根中分离到的 SPFMV-RC 株系划分为 SPFMV-RC 弱毒株（SPFMV-MRC）和强毒株（SPFMV-SRC）2 个株系。在此基础上，Moyer[30]收集了来自非洲、亚洲和中、南美洲以及美国当地的 9 个 SPFMV 分离物，将其划分为 4 个株系：C 株系（common strain）、RC 株系（russet crack strain）、YV 株系（yellow vine strain）以及 835 株系。YV 株系在 *I. nil*（L.）Roth 上出现严重的症状，而 835 株系会感染本氏烟（*Nicotiana benthaniana* Domin）[33]。RC，YV 和 835 株系的血清学关系较近，而 C 株系与之相比则较远[30]。此后，日本也相继报道了 SPFMV 的四个株系：SPFMV 严重株系（SPFMV Severe strain，SPFMV-S），普通株系（SPFMV Ordinary strain，SPFMV-O）、德岛株系（SPFMV Tokushima strain，SPFMV-T）和 F 株系（SPFMV strain F，SPFMV-F）[34-38]。各株系间具有一定的血清学关系。从现有报道的资料来看，美国划分的四个株系与日本的四个株系存在一定程度的差异，可能是不同的株系。Hammond 等[39]用单克隆抗体证实 SPFMV 和 SwPLV 有某些共同的抗原决定簇，而与 SPMMV 无血清学关系。在马铃薯 Y 病毒属中，SPFMV 与茄子重斑驳病毒（*Egg plant severe mottle virus*，ESMoV）和马铃薯 Y 病毒（*Potato virus* Y，PVY）血清学关系紧密，与天仙花叶病毒（*Henbane mosaic virus*，HMV）血清学关系较远。同时，与菜豆普通花叶病毒（*Bean common mosaic virus*，BCMV）、豇豆蚜传花叶病毒（*Cowpea aphid-brome mosaic virus*，CABMV）、番木瓜环斑病毒（*Papaya ringspot virus*，PRSV）以及甘蔗花叶病毒（*Sugarcane mosaic virus*，SCMV）无血清学关系[40]。

5 病毒粒体形态，基因组和外壳蛋白

SPFMV 病毒粒体为线状，长 810～865nm，基因组为单链 RNA，3′端具有 poly（A）的结构，分子质量约为 3.65×10^3kD（约 10.6 kb）；外壳蛋白（CP）分子质量 38kD[23,27,29,35,41,42]。

6 组织病理学

甘薯羽状斑驳病毒可在叶肉细胞细胞质中诱导形成风轮状内含体[41,43]。Lawson 等[43]在感染 SPFMV-RC 株系的甘薯叶片切片研究中详尽地阐明了细胞质内含体形成的位置和过程。用带毒蚜虫接种后 5d，在被侵染甘薯叶片的韧皮部柔膜细胞中形成内含体，内含体往往具有弯曲片层，从核心或轴放射出来。在横切面中，能直接看到内含体结合在胞间连丝上。侵染后 10d，内含体与细胞壁相连，但卷曲的片层（环状、圆圈或卷曲状）和成层的聚集体的数目大幅度增加。不完整内含体的存在和完整内含体数目的减少说明内含体的形成和分解在 1 周左右发生。在此阶段中，预先结合成束的内质网膜出现膨胀，在细胞中形成囊。

系统感染的幼叶中，内含体形成过程与此相似。但是，老叶中往往包含着更多、更大的片层聚集体。

7 检测技术

迄今已建立的 SPFMV 检测技术有 3 类，即血清学检测技术、核酸探针斑点杂交检测技术和反转录聚合酶链式反应技术（reverse transcription and polymerase chain reaction，RT-PCR）。

血清学检测技术始于 Moyer 等[27]首次提取及成功地纯化 SPFMV，制备出了 SPFMV 的抗血清（1 ∶ 1024）。其后 Cali 等[29]、Cadena-Hinojosa 等[44]、Cohen 等[45]和孟清等[46]分别进一步完善了 SPFMV 的提纯技术，制备出了高效价的 SPFMV 抗血清。1981 年 Cadena-Hinojosa 等[44]首次将 ELISA 技术应用于 SPFMV 的检测中，同时还用免疫电镜技术初步检测了 SPFMV。Abad 等[47]报道了应用 MIBA（membrane immunobinding assay）技术检测 SPFMV。Gibb 等[48]对 MIBA 技术

进行了改进，使之更简便、有效和可靠。由于SPFMV各株系间存在着血清学交叉反应，用任何一个株系的抗血清就可以检测其他株系是否存在。Abad等[47,49]利用RC株系的RNA合成约2.0 kb的双链cDNA，以之合成核酸探针，通过斑点杂交法检测病叶中的病毒RNA，检测的灵敏度科达0.128 pg RNA/样品点。Querci等[50]和邱并生等[1]也合成了SPFMV的cDNA探针并初步应用于病毒检测。

PCR技术在应用于SPFMV的检测前，已成功地应用于多种植物病毒的检测，如联体病毒属(*Geminivirus*)的病毒[51,52]，黄症病毒属(*Luteovirus*)成员[53]和马铃薯Y病毒属(*Potyvirus*)成员[54,55]。SPFMV部分株系基因组部分或全序列的分子克隆和序列测定的结果[56-60]，使PCR技术应用于SPFMV的检测成为可能。Colinet等[61,62]首先利用马铃薯Y病毒属病毒基因序列保守区设计简并引物成功地将PCR技术应用于SPFMV的检测。Nishiguchi等[63]和Onuki等[64]利用RT-PCR技术特异性地检测SPFMV株系。

8 分子生物学

甘薯羽状斑驳病毒基因组长约10 820bp[不含3′端poly(A)]，是已报道的马铃薯Y病毒属成员中最大的基因组。它只有一个很大的开放式阅读框(ORF)，始于第118位核苷酸，止于第10 599位，编码一个含3493个氨基酸的多聚蛋白(393.8kD)。ORF后面的3′端非编码区序列，在各株系间存在一些差异(差2～3bp)，但同源性较高。poly(A)不同株系间长度差异较大(34～92bp)。多聚蛋白可能包含：P1(74K)、HC-Pro(52K)、P3(46K)、6K1(6K)、CI(72K)、6K2(6K)、NIa-Vpg(22K)、NIa-Pro(28K)、NIb(60K)和CP(35K)(图1)。其中P1含664个氨基酸，是已报道的马铃薯Y病毒属成员中最大的。SPFMV 3′端存在着一个发夹状二级结构，由3′端非编码区的21个核苷酸和poly(A)序列共同组成，该结构序列在各株系间十分保守，可能与复制酶(replicase)的识别和连接有关[56-59]。辣椒斑驳病毒(*Pepper mottle potyvirus*, PePMoV)也具有相似二级结构[65]，但它无poly(A)序列。与马铃薯Y病毒属其他成员相比，除P1、P3区外，SPFMV多聚蛋白与它们都有较高的同源性[59]，其中*CP*基因氨基酸同源性为48.6%～70.2%；株系间*CP*基因氨基酸同源性为79.9%～99%[60]。

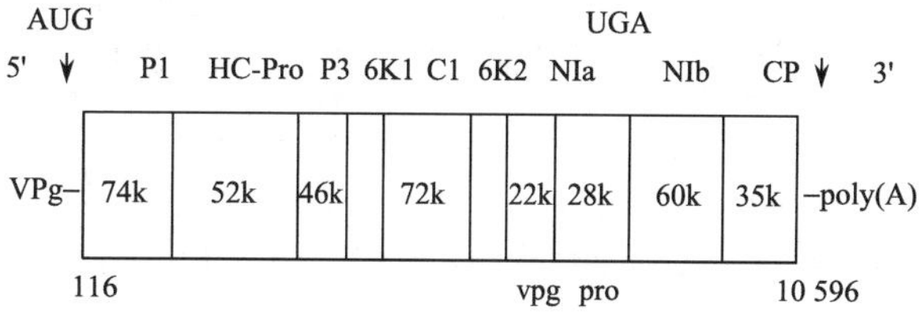

图1 SPFMV基因组RNA的基因结构图[59]

9 国内甘薯病毒研究现状和存在的问题

我国甘薯种植面积约占世界80%，是甘薯生产大国和种质资源保存大国。我国对甘薯病毒病的研究起步较晚，虽然早期就有甘薯病毒病的报道[66]，但以后一直未能深入研究下去。1989～1990年间，国际马铃薯中心(CIP)、徐州甘薯研究中心及中国农科院生物技术中心，用SPFMV、SPMMV、SwPLV和SwPV 4种抗血清(CIP提供)对我国部分甘薯产区(北京、四川、江苏、安徽、山东等)进行联合抽样检测。检测结果表明，上述地区甘薯中普遍存在SPFMV和SwPLV，尚难确定是否存在SPMMV和SwPV。21%的显症样品同上述4种血清不发生反应，说明我国甘薯上尚存在其他种类病毒[67]。李汝刚等[68]，朱作为等[4]和孟清等[42]先后分离和鉴定了SPFMV。辛相启等[9]从表现花叶的甘薯病苗上分离出自然侵染甘薯的TMV，并作了初步鉴定。目前，国内已制备了用于检测SPFMV的多克隆抗体[46]、单克隆抗体[71]以及cDNA探针[1]。甘薯茎尖分生组织脱毒苗已在国内多家单位获得成功，并在山东省已有较大面积的推广。但对我国发生的甘薯病毒种类不清和病毒较难检测，将严重影响了甘薯脱毒苗的进一步大面积推广。

目前，对甘薯病毒病的防治尚缺乏有效的药剂。因此，严格的引种检疫制度和无病毒种薯(苗)生产基地的建立是当前甘薯病毒病控制和防治的最有效手段，然而在病毒种类不明确和缺乏有效检测手段的情况下，就显得盲目而不切实际了。因此，鉴定栽培地区的病毒种类以及建立准确的检测系统以确定种质是否无病毒感染，就成为当前我国甘薯生产的首要任务。

参考文献

[1] 邱并生，赵丰，王晓凤等. 甘薯羽状斑驳病毒 cDNA 探针的克隆及其应用. 微生物学报，1992，32：242-246

[2] Moyer JW，Cali BB. Properties of *Sweet potato feathery mottle virus* RNA and capsid protein. J Gen Virol，1985，66：1185-1189

[3] 叶彦复，李伯权，龚启明等. 全方位提高甘薯质量效益的方案与实践. 浙江农业科学，1993，1：13-15

[4] Kantack EJ，Martin WJ. Effect of internal cork on yield and grade of sweet potato roots. Phytopathology，1958，48：521-522

[5] Hahn SK. Effects of viruses (SPVD) on growth and yield of sweet potato. Exp Agri，1979，15：253-256

[6] Mukiibi J. Effect of mosaic on the yield of sweet potatoes in Uganda. *In*：Proceedings of the Fourth Symposium of the International Society for Tropical Root Crops，1977，169-170

[7] Olivero CA，Oropeza T. Effects of *Sweet potato feathery mottle virus* on the yield and other agronomic parameters of sweet potato [*Ipomoea batatas*(L.)Lam.]. Agronomia Tropical，1985，35：167-172

[8] Liao CH，Chung ML，et al. Influence of *Sweet potato viruses* on the performances of some agronomic characteristics of sweet potato [*Ipomoea batatas*(L.)Lam.]. Journal of Agricultural Research of china，1983，32： 228-232

[9] Chung ML，Liao CH，Chen MJ，et al. Effects of virus infection on the yield and quality of sweet potatoes. Plant Prot Bull，1981，23：137-141

[10] 杨永嘉，邢继英，邬景禹. 我国甘薯主要病毒种类及脱毒种薯生产程序. 江苏农业科学，1995，4：35-36

[11] 王意宏，许传琴，唐君. 我国甘薯品种资源保存现代、问题及对策. 作物品种资源，1994，2：43-45

[12] 谢联辉，林奇英，吴祖建. 植物病毒名称及其归属. 北京：中国农业出版社，1999

[13] Daines RH，Martin WJ. Russet crack，a new virus disease of swcct potatoes. Plant Disease Rep，1964，48：149-151

[14] Hammond D，Daines RH. A virus in centennial sweet potatoes as the agent of russet crack and internal Cork. Pro Am Phytopathological Soc，1974，1：150

[15] Hildebrand EM. The feathery mottle virus complex of sweet potato. Phytopatholog，1960，50：751-757

[16] Loebenstein G，Harpas I. Virus diseases of sweet potatoes in Israel. Phytopathology，1960，50：100-104

[17] Martin WJ. The reproduction of russet crack in Jersey orange sweet potatoes by grafting on plant affected with either *Sweet potato virus* leaf spot or internal cork. Phytopathology，1970，60：1302

[18] Nusbaum CJ. Studies of internal cork，a probable virus disease of sweet potato. Phytopathology，1947，37：45

[19] Kantack E，Martin WJ，Newson LD. Transmission of internal cork of sweet potato by the cotton aphid (*Aphis gossypii* Glover). Science，1958，127：1448

[20] Sheffield FML. Virus diseases of sweet potato in East Africa 1. Identification of the viruses and their insect vectors. Phytopathology，1957，47：582-590

[21] Doolittle SP，Harter LL. A graft transmissible virus of sweet potato. Phytopathology，1945，35：694-704

[22] Cali BB，Moyer JW. Purification of russet crack strains of *Sweet potato feathery mottle virus*. Phytopathology，1980，70：566

[23] Webb RE，Larson RH. Mechanical and aphid transmission of the feathery mottle virus of sweet potato. Phytopathology，1954，44：290-291

[24] Campbell RN，Hall DH，Mielinis NM. Etiology of sweet potato russet crack disease. Phytopathology，1974，64：210-218

[25] Fauquet CM. Updated ICTV list of names and abbreviations of viruses，viroids and satellites infecting plants. Arch Virol，1995，140：393-413

[26] Wolters P，Collins W，Moyer JW. Probable lake of seed transmission of *Sweet potato feathery mottle virus* in sweet potato. Hortscience，1990，25：448-449

[27] Moyer JW，Kennedy GG. Properties of *Sweet potato feathery mottle virus*. Phytopathology，1978，68：998-1004

[28] Cali BB，Moyer JW. Purification，serology and particle morphology of two russet crack strains of *Sweet potato feathery mottle virus*. Phytopathology，1981，71：302-305

[29] Moyer JW. Variability among strains of *Sweet potato feathery mottle virus*. Phytopathology，1986，76：1126

[30] Cali BB，Moyer JW. Differential properties of *Sweet potato virus* strains. Phytopathology，1979，69：1023

[31] Moyer JW，Cali BB，Kennedy G. Identification of two *Sweet potato feathery mottle virus* strains in North Carolina. Plant Disease,1980，64：762-764

[32] 徐尧辉，李青蔚. 甘薯病毒及似病毒病害. 根茎作物生产及加工利用研讨会专刊，1994，197-120

[33] Onuki M，Usugi T，Nakano M，et al. *Sweet potato feathery mottle virus* F strain isolated from sweet potato. Ann Phytopathol Soc Japan，1993，59：332

[34] Usugi T，Nakano M，Shinkai A，et al. There filamentous viruses isolated from sweet potato in Japan. Ann Phytopathology Soc Japan，1991,57：512-521

[35] Usugi T，Maoka T. Properties of sweet potato feathery Tokushima strain (SPFMV-T). Ann Phytopathology Soc Japan，1993，59：331

[36] Usugi T，Nakano M，Shinkai A，et al. A distinct strain of sweet potato feathery which causes obizyo-sohi disease on fleshy roots of sweet potato in Japan. Ann Phytopathology Soc Japan，1994，60：545-554

[37] Usugi T，Maoka T. Properties of *Sweet potato feathery mottle virus* Tokushima strain (SPFMV-S). Ann Phytopathology Soc Japan，1993，59：331-332

[38] Hammond J，Jordan RL，Larser RC，et al. Use of polyclonal antiserum and monoclonal antibodies to examine serological relationships among three filamentous viruses of sweet potato. Phytopathology，1992，82:713-717

[39] Jain RK, Kumar CA, Bhat AI, et al. Serological relationship of *Sweet potato feathery mottle virus* with other potyviruses. Indian Phytopathology, 1993, 46: 162-164

[40] Nome SF, Shalla TA, Petersen LT. Comparison of virus particles and intracellular inclusions associated with vein mosaic, feathery mottle, and russet crack diseases of sweet potato. Phytopathologyische Zeitschrifi, 1974, 79: 169-178

[41] 孟清，张鹤龄，张喜印等. 甘薯羽状斑驳病毒的分离提纯. 植物病理学报，1994，24：227-232

[42] Lawson RN, Hearon SS, Smith FF. Development of pinwheel inclusion associated with *Sweet potato russet crack virus*. Virology, 1971, 46: 453-463

[43] Cadena-Hinojosa MA, Campbell RN. Serologic detection of feathery mottle virus strains in sweet potato and *Ipomoea incarnata*. Plant Disease, 1981, 65: 412-414

[44] Cohen J, Salomon R, Loebenstein G. An improved method for purification of *Sweet potato feathery mottle virus* directly from sweet potato. Phytopathology, 1989, 18: 809-811

[45] 孟清，张鹤龄，送伯符等. 高效价甘薯羽状斑驳抗血清的制备. 中国病毒学，1994，9：151-156

[46] Abad JA, Moyer JW. Detection and distribution of *Sweet potato feathery mottle virus* in sweet potato by *in vitro* transcribed RNA probes (Riboprobes), membrane immunobinding assay and direct blotting. Phytopathology, 1992, 82: 300-305

[47] Gibb KS, Padovan AC. Detection of *Sweet potato feathery mottle potyvirus* in sweet potato grown in northern Australia using an efficient and simple assay. International Journal of Pest Management, 1993, 39: 223-228

[48] Abad JA, Moyer JW. *In vitro* transcribed RNA to detect SPFMV. Phytopathology, 1988, 78: 1582

[49] Moyer JW, Salazar LF. Viruses and viruslike diseases of sweet potato. Plant Disease, 1989, 73: 451-455

[50] Querci M, Fuentes S, Salazar LF. Construction, cloning and use of radioactive RNA probes for the detection of the peruvian strain C1 of *Sweet potato feathery mottle virus*. Fitopatologia, 1992, 27: 93-97

[51] Rojas MR, Gilbertson RL, Russell DR, et al. Use of degenerate primers in the polymerase chain reaction to detect white fly-transmitted geminiviruses. Plant Disease, 1993, 77: 340-347

[52] Rybicki EP, Hughes FL. Detection and typing of *Maize streak virus* and other distantly related geminiviruses of grasses by polymerase chain reaction amplification of a conserved viral sequence. J Gen Virol, 1990, 71: 2519-2526

[53] Robertson NL, French R. Gray SM. Use of group-specific primers and the polymerase chain reaction for the detection and identification of Luteoviruses. J Gen Virol, 1991, 72: 1473-1477

[54] Langeveld SA, Dore JM, Memelink J, et al. Identification of Potyviruses using the polymerase chain reaction with degenerate primers. J Gen Virol, 1991, 72: 1531-1541

[55] Nicolas O, Laliberte JF. The use of PCR for cloning of large cDNA fragments of *Turnip mosaic potyvirus*. J Virol Methods, 1991, 32: 57-66

[56] Abad JA, Conkling MA, Moyer JW. Comparison of the capsid protein cistron from serologically distinct strains of *Sweet potato feathery mottle virus* (SPFMV). Arch Virol, 1992, 126: 147-157

[57] Mori M, Sakai J, Usugi T, et al. Nucleotide sequence at the 3' terminal region *of Sweet potato feathery mottle virus* (ordinary strain, SPFMV-O) RNA. Biotech Biosci Biochem, 1994, 58: 965-967

[58] Mori M, Sakai J, Kimura T, et al. Nucleotide sequence analysis of two nuclear inclusion body and coat protein genes of a *Sweet potato feathery mottle virus* severe strains (SPFMV-S) genomic RNA. Arch Virol, 1995, 140: 1473-1482

[59] Sakai J, Mori M, Morishita T, et al. Complete nucleotide sequence and genome organization of *Sweet potato feathery mottle virus* (S strain) genomic RNA: the large coding region of the P1 gene. Arch Virol, 1997, 142: 1553-1562

[60] Ryu KH, Kim SJ, Park WM. Nucleotide sequence analysis of the coat protein genes of two Korean isolates of *Sweet potato feathery mottle potyvirus*. Arch Virol, 1998, 143: 557-562

[61] Colinet D, Kummert J. Identification of a *Sweet potato feathery mottle virus* isolate from China (SPFMV-CH) by the polymerase chain reaction with degenerate primers. J Virol Methods, 1993, 45: 149-159

[62] Colinet D, Kummert J, Lepoivre P, et al. Identification of distinct potyviruses in mixedly-infected sweet potato by the ploymerase chain reaction with degenerate primers. Phytopathology, 1994, 84: 65-69

[63] Nishiguchi M, Mori M, Suzuki F, et al. Specific detection of a severe strain of *Sweet potato feathery mottle virus* (SPFMV-S) by reverse transcription and polymerase chain reaction (RT-PCR). Ann Phytopathol Soc Japan, 1995, 61: 119-122

[64] Onuki M, Hanada K. Highly sensitive and simple diagnosis of virus disease of sweet potato by RT-PCR. Plant Protect, 1996, 50: 102-105

[65] Dougherty WG, Allison RF, Parks TD, et al. Nucleotide sequence at the 3'terminus of *Pepper mottle virus* genomic RNA: evidence for an alternative mode of potyvirus capsid protein gene organization. Virology, 1985, 146: 282-291

[66] 王俊林. 甘薯花叶病调查研究. 植物保护学报，1963，1：46

[67] 李汝刚，蔡少华，Salazar LF. 中国甘薯病毒病的血清学检测. 植物病理学报，1990，20：189-193

[68] 李汝刚，朱笑梅，薛爱红等. 甘薯病毒病的研究 I. 甘薯羽状斑驳病毒的分离、鉴定. 植物病理学报，1992，22：319-322

[69] 朱作为，薛启汉. 甘薯羽状斑驳病毒的分离、提纯及鉴定. 中国病毒学，1993，8：84-88

[70] 辛相启，李长松，杨崇良等. 侵染甘薯的烟草花叶病毒(TMV). 植物病理学报，1997，27：112

[71] Li RG, Xue AH, Zhu XM, et al. Construction of hybridomas secreting monoclonal against *Sweet potato feathery mottle virus* and use of antibody from detection of SPFMV. Chinese Journal of Biotechnology, 1994, 8: 401-403

甘薯脱毒研究进展

林　芩，吴祖建，林奇英，谢联辉

（福建农林大学植物病毒研究所，福建福州　350002）

摘　要：本文就目前有关甘薯病毒的种类、甘薯脱毒研究的历史、甘薯脱毒菌的培养和检测做了简要回顾，并提出了目前甘薯脱毒研究存在的主要问题以及对未来发展的一些看法。

关键词：甘薯；脱毒；研究进展

中圈分类号：S531　**文献标识码：**A　**文章编号：**1006-7817-（2001）S-0010-05

Advances on virus-free sweet potato

LIN Qin，WU Zu-jian，LIN Qi-ying，XIE Lian-hui

（Institute of Plant Virology，Fujian Agriculture and Forestry University，Fuzhou　350002）

Abstract：A brief restrospect is made in this paper，including the varieties of *Sweet potato virus*，history of sweet potato virus-free research，culture and detection of virus-free seedlings，and some opinions of it's development are advances also.

Key words：sweet potato；virus-free；advances

甘薯（*Pomoea batatas* L.）是一种块根作物，在热带和亚热带地区广泛种植，目前是世界上第七大粮食作物[1]。甘薯具有高产、用途广、抗逆性强和营养成分丰富等优良特点。它兼有粮食、饲料和工业原料等多项用途，其综合利用价值和开发应用潜力很大。大力发展甘薯生产无论对解决发展中国家人口膨胀和粮食短缺危机，还是对促进全球经济发展，都有着巨大潜力和意义，因此甘薯将在本世纪初上升为世界上第五大粮食作物[2]。

近几年来，随着甘薯种植面积的不断扩大，甘薯生产受到病毒危害日趋严重。侵染甘薯的病毒种类较多，分布也较广泛，目前国际上已报道的有10余种[3-8]，表1列出甘薯主要病毒8种，其中以甘薯羽状斑驳病毒（*Sweet potato feathery mottle potyvirus*，SPFMV）的分布最广，危害最重。据报道，我国几乎所有的甘薯品种均可感染甘薯羽状斑驳病毒，田间病株显症率达90%以上，全国各地平均减产率高达29.4%[9]。

由于病毒侵入甘薯后会形成系统性感染并大量增殖，造成甘薯品种退化，严重影响甘薯的品质。另外，由于甘薯主要通过营养繁殖提供种苗，母株中的病毒可以随种苗快速扩散，使病害不断蔓延，造成大面积的病毒病害，显著地降低甘薯的产量，而到目前为止还没有什么化学药剂可以有效地防治甘薯病毒病，因为病毒在甘薯植株中是系统感染，能阻碍病毒增殖的药剂往往也会影响寄主植物的代谢系统。

实践证明，目前防治甘薯病毒最经济有效的方

福建农业大学学报，2001，30（增刊）：10-14

收稿日期：2001-07-01

法就是采用茎尖组培技术生产脱毒苗．其原理是利用病毒在植物体内分布不均匀的特点，在感染植株体内，顶端分生组织处于分化初期阶段，其初期维管束还未与茎内的主维管束相连通，而且分生组织代谢十分旺盛，其细胞分裂速率快于病毒的增殖，因而顶端分生组织不带病毒，由于植物细胞的全能性，切取外植体的分生组织就可以培养出脱毒苗。

大量研究表明，应用茎尖组培技术生产甘薯脱毒菌，既可以大幅度提高甘薯的产量，对甘薯种质的提纯复壮、种质保存、新品种培育和促进甘薯种质的国际交流均有重要意义[17-21]。

目前，美、日等国都已先后研究采用了茎尖组织培养技术生产甘薯脱毒苗，并在局部范围内成功地实行了脱毒菌规模生产。中国自 1985 年开展甘薯脱毒菌研究以来，在甘薯病毒病的调查和检测，脱毒苗的培育、繁育和生产等领域也取得了明显进展[22]。山东省于 1995 年开始在全省范围、内推广甘薯脱毒菌[23]。

表 1 甘薯主要病毒

病毒	症状	传播方式	分布	首次报道、参考文献
甘薯羽状斑驳病毒 *Sweet potato feathery mottle potyovirus* (SPFMV)	依寄主及环境等而改变，叶部常表现紫色褪绿斑	机械传播或虫传（绿桃蚜、棉蚜）	分布量广，几乎所有甘薯品种均有发病	Doolittle SP，1945 [10]
甘薯潜隐病毒 *Sweet potato latent virus*（SW-PLV）	在大多数甘薯品种上不表现症状	机械传播	中国、日本	Chang ML et al，1986 [11]
甘薯轻斑驳病毒 *Sweet potato mild mottle ipomovirus*（SPMMV）	叶片斑驳，叶脉褪绿，生长矮缩	虫传（粉虱）	东非	Hollings M et al，1976 [12]
甘薯脉花叶病毒 *Sweet potato vein mosaic virus*（SPVMV）	明脉，花叶，植株矮化	虫传（蚜虫）	阿根廷	Nome SF，1973 [13]
甘薯黄矮病毒 *Sweet potato yellow dwarf ipomovirus*（SPYDV）	叶片斑驳、黄化，植株矮化	机械传播或虫传（粉虱）	中国台湾	Chang ML et al，1986 [11]
甘薯陷脉病毒 *Sweet potato sunken vein closterovirus*（SPSW）	叶脉凹陷	虫传（白粉虱）	以色列	Cohen J et al，1992 [14]
甘薯病毒 *Sweet potato caulrmovirus*（SW-PV）	巴西牵牛上表现沿次脉褪绿斑和脉间褪绿斑	嫁接传播	波多黎各、美国、马德拉、新西兰等	Atkey et al，1987 [15]
甘薯无症病毒 *Sweet potato symptomless virus*（SPSV）	普通牵牛上表现明脉、坏死、卷曲	机械传播	日本	Tomio U et al，1991 [16]

甘薯脱毒苗的生产主要包括以下两个方面：脱毒苗的培养和脱毒苗的检测。

甘薯脱毒菌培养的重点在于选择适宜的培养基，较常见的一些甘薯脱毒苗培养配方如表 2。以下配方间的差异可能有两方面的原因：第一，所用的甘薯品种不同；第二，同一甘薯品种生长在不同的环境气候条件下其茎尖培养所需要的激素种类和用量也会有所不同。

表 2 甘薯脱毒苗培养基配方

培养基配方	参考文献
MS+1mg/LNAA	[24]
MS+0.2mg/LIAA+0.5mg/L LBA	[25]
MS+1mg/LBA+0.01mg/LNAA	[26]
MS+1～7mg/LIAA+4～8mg/LBA	[27]
MS+1mg/LBA+0.02mg/LNAA	[28]
MS+0.5mg/LSBA－t－0.2mg/LNAA+5mg/LAD	[29]
MS－1～0.5mg/LBA+0.1～0.2 9mg/LNAA	[30]
MS+1～0.5mg/LBA+0.01 g/LSNAA+1mg/LGA	[31]
MS+0.5mg/L I AA+2mg/LKT	[32]

在培养方法上多数人采用二次培养法，即在激素培养基中培养 10～20d 后转入无激素培养基中继续培养 2 个月左右，即可获得 3～4 个叶片的脱毒苗[20,29,31,32]。

目前在茎尖脱毒培养中，采用热疗和病毒钝化剂来提高脱毒率的研究较多，其中热疗法最为普遍，因为热疗可钝化病毒的活性，从而有效提高茎尖脱毒率[27,33-36]，对于培养基中添加病毒钝化剂的方法，有人认为病毒钝化剂阻碍茎尖的生长；不适用于生产[33,37]。从茎尖培养的条件来看，大多数研究认为温度 25～30℃，光强 2000～5000lx，光期 16 h 的培养条件有利于茎尖生长[7,20,24,27,29,30,32,38-41]。

甘薯脱毒苗的病毒检测方法较多（表 3）[5,43-51]，但各有优缺点，仅靠一种检测方法很难准确判断一样品是否带病毒，必须用 2 种或 2 种以上方法反复检测，综合分析方能得出正确的结论，目前用得较多的检测方法是 ELISA 法结合指示植物法[52]。

表 3　病毒检测方法比较

检测方法	优点	缺点
核酸点杂交法和反转录 PCR 法	灵敏度高、快速	成本较高，技术性较强，目前还不能普遍应用于生产实践中
指示植物法	简便经济，检测病毒谱宽	检测周期长，占用场地大，工作量大，不适于大批量样品的检测
ELISA 法	灵敏度较高，操作简便快速，血清用量少，适于检测大量样品	需要各种病毒抗血清
电镜检测法	较易发现病毒颗粒和新病毒	需要电子显微镜等大型设备

甘薯脱毒苗的研究历史已长达 30 多年，我国也有 10 多年的时间。但甘薯脱毒菌生产仍存在不少问题。本人认为，主要有以下两个问题。

第一，对病原的研究不够全面，检测方法不够完善，许多甘薯病毒病的病原尚未确定，也没有可靠的检测方法。许多从事甘薯脱毒研究的人往往并非专业病理人员，对甘薯病毒种类及其特性了解不多，也不具备检测条件，盲目从事脱毒Ⅵ苗的培养研究，这样生产出来的脱毒苗是不可靠的。因此，脱毒菌的培养必须先了解本地区的主要病原种类和性质后，建立一套切实可行的病毒检测方法供生产上使用，这是搞好脱毒苗生产地关键。

第二，脱毒苗的生产成本过高。目前，由于受经济利益驱动，许多单位均开始甘薯组培苗的培育工作，但由于没有形成规模，导致成本较高。且由于各单位的技术力量参差不齐，导致甘薯脱毒菌的质量相差甚远，也影响了甘薯脱毒菌的进一步推广。因此，应加强合作，建立全国统一的繁育体系。可把脱毒苗原种的生产交由少数几个脱毒研究技术力量较雄厚的研究单位研究生产。获得原种后，其快繁可由组培技术较好的单位或一些专业苗商执行，使脱毒苗生产向规模化、集约化、商品化方向发展。这样既能简化程序，降低成本，又能扩大脱毒苗种植面积，减少田间病株，降低病原密度，延缓病害的流行，达到防治的效果。还应对农民进行培训，普及脱毒苗知识，培养专业农民，正确种植脱毒苗，充分发挥脱毒苗的优势。

目前，人们越来越重视甘薯脱毒苗的生产和应用，许多国家都已相继成立了脱毒苗研究机构，并建立了专门的繁殖基地，逐步形成了一个完整的脱毒苗生产繁殖体系。许多国际农业研究机构保存和相互交换脱毒苗，并应用于生产实际，给社会带来了巨大的经济效益。我国也正在逐步跨入脱毒试管苗时代，脱毒苗已得到大量推广和实际应用。其潜在的应用价值及意义已得到广泛重视，相信在今后，脱毒苗的研究和应用将会步入一个崭新的时代，而且在脱毒、培养、检测等技术上会有新的作为。

参考文献

[1] 薛启汉. 国际甘薯发展动态与我国的出路. 作物杂志，1992，4：1-3

[2] 叶彦复，李伯权，龚启明等. 全方位提高甘薯质量效益地方案与实践. 浙江农业科学，1993，1：13-15

[3] James WM. Viruses and viruslike disease of sweet potato. Plant Disease，1989，73(6)：451-455

[4] 王庆美，王荫樨，王建军等. 甘薯病毒病研究进展. 山东农业科学，1994，4：36-39

[5] 徐尧辉，李青蔚. 甘薯的病毒及似病毒病害. 根茎作物生产改进及加工利用研讨会专刊，1994，197-207

[6] 孟清，张鹤铃. 甘薯病毒研究进展. 1995，10(2)：97-103

[7] 邢继英，杨永嘉，邬景禹. 我国甘薯主要病毒种类及脱毒种薯生产程序. 江苏农业科学，1995，(6)：35-36

[8] 谢联辉，林奇英，吴祖建. 植物病毒及其归属. 北京：中国农业出版社，1999

[9] 邢继英，杨永嘉，邬暴禹. 甘薯病毒病的发生和防治. 中国甘薯，1994，7：242-245

[10] Doolittle SP，Harter LL. A graft transmissible virus of sweet

potato. Phytopathology，1945，35：695-704

[11] Chang ML，Hsu YH，Chen MJ，et al. Virus disease of sweet potato in Taiwan. Food and Fertilizer Technology Center for the Asian and Pacific Region. Plant virus disease of Horticultural crops in the Tropics and Subtropics，FFTC Book Series 33. Taipei，Taiwan，1986，84-90

[12] Hollin G，Stone OM，Book KR. Purification and properties of sweet potato mild mottle，a whitefly borne virus from sweet potato（*Ipromoea batatas*）in East Africa. Ann Appl BioI，1976，82：511-528

[13] Nome SF. Sweet potato vein mosaic in Argentina. Phytopathol，1973，77:44-54

[14] Conen J，Franck A，Vetten HJ. Purification and properties of closterovirus 1ike particles associated with a whitefly-transmitted disease of sweet potato. Ann Appl Biol，1992，121：257-268

[15] Atkey PT，Brunt AA. Electron microscopy of an isometric caulimo-like virus from sweet potato（*Ipomoea batatas*）. J Phytopathology，1987，118：370-376

[16] Tomio U，Masaaki N，Akira S. Three filiamentous viruses isolated from sweet potato in Japan. Ann Phytopath Soc Japan，1991，57：512-521

[17] Kantack EJ，Martin WJ. Effect of intemal cork on yield and grade of sweet potato roots. Phytothology，1985，48：521-522

[18] 郑平，张雄坚，陈应东等. 广东甘薯组织脱毒苗田间比较实验初报. 广东农业科学，1991，5：12-15

[19] 邢继英，杨永嘉，邬景禹. 甘薯脱毒苗的增产效果. 江苏农业科学，1991，4：38-39

[20]杨崇良，尚佑芬，赵攻华等. 脱毒甘薯培育增产效果及应用技术研究. 山东农业科学，1994，5：15-17

[21] 王意宏，许传琴，唐君. 我国甘薯品种资源保存现状、问题及对策. 作物品种资源，1994，2：43-45

[22] 陆国权. 甘薯脱毒研究现状及其应用前景. 国外农学-杂粮作物，1996，2：44-46

[23] 杨崇良. 山东省脱毒甘薯繁育推广研讨会在济南召开. 山东农业科学，1995，3：51

[24] Alconero R，Santiago AG，Morales F. Meristem tip culture and vims indezing of sweet potatoes. Phytopathology，1975，65：23-27

[25] Frison EA，Ng SY. Elimination of sweet potato virus disease agents by meristem tip culture. Tropict，1981，27（4）：452-454

[26] 长田龙太郎. 甘薯茎尖培养菌利用及防止在感染技术. 国外农学-杂粮作物. 郭小丁译. 1992，1：46-48

[27] 罗淑芳，廖嘉信. 甘薯健康种苗培育. 根茎作物生产改进及加工利用研讨会专刊，1994，247-254

[28] 杨崇良，尚佑芬，赵玫华. 甘薯脱毒技术及增产效果研究. 植物保护学报，1998，25(1)：51-55

[29] 唐君，王意宏，郭小丁等. 甘薯分生组织培养方法的探讨. 中国甘薯，1989，3：22-25

[30] 陈玉霞，张朝成，周天虹. 甘薯茎尖脱毒培养技术研究. 湖北农业科学，1996，2：22-25

[31] 陈应东. 甘薯茎尖分生组织培养方法研究. 中国甘薯，1990，4：5-7

[32] 辛淑英. 甘薯分生组织培养. 中国甘薯，1989，3：16-18

[33] Over DLAJ，Elliott RF. Virus infection in *Ipomoea batatas* and a method for its claimination. New Zealand Journal of Agricultural Research，1972，14：720-724

[34] Gama MICS. Production of virus-free sweet potato plants by heat treatment and meristem tip culture. Fitopatologia-Brasileira，1988，13(3)：283-286

[35] Green SK，Lo CY. Elimination of *Sweet potato yellow dwarf virus*（SPYDV）by meristem tip culture and by heat treatment. Zeitschrift-fur-Pflanzenkrankheiten-und-Pflanzenscliutz，1989，96(5)：464-469

[36] Green SK，Lo CY，Lee DR. Elimination of *Sweet potato latent virus* from *Nicotiana benthamiana* with ribavirin. Plant Protection Bulletin，Taiwan，1989，31 (3)：310-315

[37] 尚佑芬，杨崇良，赵玖华等，茎尖大小及病毒纯化剂对甘薯脱毒效果的影响. 山东农业科学，1996，4：33-34

[38] Nielsen LW. Elimination of the internal cork virus by culturing apical meristems of infected sweet potatoes. Phytopathology，1960，50：841-842

[39] Litz RE，Conover RA. *In vitro* propagation of sweet potato. Hort Sei，1978，13：659-660

[40] 廖嘉信，蔡新声，卢英权. 甘薯病毒 SPV-N 消除法之研究. 中华农业研究，1982，31(3)：239-245

[41] 罗鸿源. 红薯病毒脱除和资源保存. 贵州农业科学，1988，2：6-11

[42] 尚佑芬，杨崇良，辛相启等. 影响甘薯茎尖培养有关因素的研究. 诅东袭业科学，1995，6：20-23

[43] Owens RA. Hybfidisation techniques for viroid and virus detection. Recent refinements. Control of virus and virus-like disease of potato and sweet potato. Report of the Ⅲ planning conference held at the International Potato Center，Nov，1990，20- 22，35- 40

[44] Querci M，Fuentes S，Salazar LF. Construction，cloning and use of radioactive RNA probes for the detection of the Peruvian strain CI of *Sweet potato feathery mottle virus*. Fitopatologia，1992，27(2) 93-97

[45] Colinet D，Kummert J，Lepoivre P. Identification of distinct potyviruses in mxedly-infected sweet potato by the polymerase chain reaction with degenerate primers. Phytopathology，1993，81(1)：65-69

[46] Masamichi N，Masaki M，Fumihiko S. Specific detection of a severe strain of *Sweet potato feathery mottle virus*（SPFMV-S）by reverse transcription and polymerase chain reaction. Ann Phytopathol Soc，1995，61：119-122

[47] Pio-Ribeiro G，Winter S，Jarret RL，et al. Detection of *Sweet potato virus* disease-associated closterovirus in a sweet potato accession in the United States. Plant Disease，1996，80(5)：551-554

[48] Colinet D，Nguyen M，Kummerl J，et al. Differentiation among potyvirus infecting sweet potato based on genus and vi-

rus-specific reverse transcription polymerase chain reaction. Plant Disease，1998，82(2)：223-229

[49] 廖嘉信，钟美丽．甘薯无病毒菌之培育及病毒检定．中华农业研究，1919，28：139-144

[50] 李汝刚，蔡少华．中国甘薯病毒的血清学检测．植物病理学报，1990，20(3)：189-194

[51] 赵玖华，杨崇良，尚佑芬等．甘薯脱毒苗的检测研究．山东农业科学，1995，(5)：15-17

[52] 杨立明．甘薯茎尖脱毒的研究与利用．国外农学－杂粮作物．1998，18(3)：44-47

Ⅳ　马铃薯病毒

着重报告了马铃薯 A 病毒（*Potato virus A*）、马铃薯 S 病毒（*Potato virus S*）的分子鉴定及检测、*CP* 基因的克隆与序列分析，马铃薯 X 病毒（*Potato virus X*）的检测与马铃薯卷叶病毒（*Potato leaf roll virus*）*CP* 基因的克隆与序列分析。

福建马铃薯A病毒的分子鉴定及检测技术*

吴兴泉，陈士华，魏广彪，吴祖建，谢联辉

（福建农林大学植物病毒研究所，福建福州　350002）

摘　要：依据马铃薯A病毒（*Potato virus A*，PVA）外壳蛋白（coat protein，CP）基因核苷酸序列及氨基酸序列对福建省PVA进行了鉴定。研究表明，利用PVA CP序列结合系统进化树分析不但可对PVA进行准确的鉴定，而且可进行不同分离物间分子差异性分析。利用病毒特异性引物建立了PVA的反转录-聚合酶链式反应（reverse transcription polymerase chain reaction，RT-PCR）技术，以DIG标记的PVA CP基因为探针建立了核酸斑点杂交技术（nucleic acid spot hybridization，NASH），并对它们分别进行了改进。调查结果表明：PVA在福建省广泛分布，发病率最高可达80%以上。当地农家种可能是田间PVA的主要来源。

关键词：马铃薯A病毒；分子鉴定与检测；发生；分布

The molecular identification and detection method of *Potato virus A*

WU Xing-quan，CHEN Shi-hua，WEI Guang-biao，WU Zu-jian，XIE Lian-hui

（Institute of Plant Virology，Fujian Agriculture and Forestry University，Fuzhou　350002）

Abstract：According to the nucleotide and amino acid sequence of coat protein（CP），the *Potato virus A*（PVA）was identified in Fujian. Based on the phylogenetic tree and sequence analysis，we could identify PVA and analyze the difference of PVA isolates. Using the PVA specific primers，the RT PCR detection method was established. Using DIG labeled PVA CP gene as probe，nucleic acid spot hybridization（NASH）detection method is established. And these two methods are improved too. The investigation result showed that PVA distributes in Fujian，and the highest disease rate of PVA can reach 80%. The local variety might be the main virus resource in field.

Keywords：*Potato virus A*；molecular identification and detection；occurrence；distribution

马铃薯A病毒（*Potato virus A*，PVA）是马铃薯Y病毒属（*Potyvirus*）成员。PVA侵染马铃薯后可造成减产40%以上，是马铃薯生产上危害较重的病毒之一。该病毒可随种薯传播，并随种薯的种植而定植。由于至少有7种蚜虫以非持久性的方式传播该病毒，而这些蚜虫在我国内又很普遍，因此该病毒的扩散可能性很大，具有较高流行风险，并具一定的检疫重要性[1]。迄今PVA在国内

农业生物技术学报，2004，12（1）：90-95

收稿日期：2002-12-20　接受日期：2003-02-13

* 基金项目：福建省农业厅和教育部基金资助（00183）

报道极少[2,3]，它在我国的发生、分布情况尚无系统研究。目前我国马铃薯病毒的检测鉴定主要以免疫学检测技术为主，但未见有 PVA 的商业抗血清，这可能是我国对 PVA 研究滞后的原因。因此建立 PVA 的快速、准确的分子鉴定与检测技术对研究该病毒发生、分布与危害等不但具有很高的理论价值，而且具有巨大的实用价值。目前在我国尚无相关的报道。

1 材料与方法

1.1 酶与试剂

实验所用的限制性内切酶、反转录酶、RNA 酶抑制剂、*Taq* DNA 酶、植物 RNA 提取试剂盒、dNTP、地高辛标记分子探针合成试剂盒和 DNA 纯化试剂盒分别购自上海生工生物技术有限公司、Boehringer 公司和 Promega 公司，克隆载体采用 Promega 公司的 pGEM-T Easy Vector System。

1.2 毒源的获得

病毒样品采自福建省马铃薯（*Solanum tuberosum*）主栽区，经电镜观察和生物学分离接种在普通烟（*Nicotiana tabacum*）上保留。

1.3 病毒的分子鉴定

1.3.1 引物设计与合成

依据 PVA CP 基因序列（793bp）设计合成了一对引物：

A1：5′-GAACTCTTGATGCAGGCG-3′（为 PVA CP 基因的 1～18nt 序列）；

A2：5′-ACATCCGTTGCTGTGTGTCC-3′(与 PVA CP 基因的 773～793nt 互补)

用于扩增 PVA *CP* 基因。引物在上海生工生物工程技术服务有限公司合成。

1.3.2 植物总 RNA 的提取

分别取 0.1 g 带毒烟草及健康烟草叶片，采用 RNA 提取试剂盒（上海生工生物工程技术服务有限公司）提取植物总 RNA，溶解于 40μL 灭菌双蒸水（ddH_2O）中备用。

1.3.3 反转录-PCR 扩增

以带毒植物总 RNA 为模板，以 A1、A2 为引物采用常规方法进行。PCR 反应程序设置：94℃，10min；后 94℃，1min，50℃，2min，72℃，2min 反应 30 个循环；72℃延伸 10min。PCR 产物采用 1%琼脂糖凝胶电泳检测，并用 QIAEX II Gel Extraction Kit（QIAGEN）回收纯化。

1.3.4 DNA 序列测定

将 PCR 扩增产物纯化后连接到 pGEM-T Easy Vector 上，转化通过 $CaCl_2$ 法制备的大肠杆菌 DH5α 感受态细胞，挑取在加有 IPTG 和 X-Gal 的 LB 平板上生长的白色菌落，碱裂解法小量提取质粒，利用 *Eco*R Ⅰ进行酶切鉴定。PVA *CP* 基因序列测定由上海基康生物技术有限公司在 ABI PRISM 377 型 DNA 自动测序仪上进行。

1.3.5 DNA 序列分析

核苷酸及推导的氨基酸序列同源性采用 www.ncbi.nlm.nih.gov 进行分析，并利用 www.ebi.ac.uk 网站 ClastalW 工具依据氨基酸序列建立 PVA 的系统进化树。

1.4 PVA 的分子检测方法

1.4.1 RT-PCR 检测技术

以带毒植物总 RNA 和健康植物总 RNA 为模板，以 A1、A2 为引物进行 RT-PCR 扩增，电泳检测扩增结果。

1.4.2 一步 RT-PCR

同样以带毒植物总 RNA 和健康植物总 RNA 为模板，采用病毒引物 A1、A2 进行 PVA 的 RT-PCR 检测，操作过程中将反转录和 PCR 合并为一步进行。具体操作如下：在一微型离心管中分别加入下列物质：RNA 提取液 2.5μL、随机六聚体引物（10mol/L）2.5μL、反转录酶 1μL，Taq DNA 聚合酶 0.25μL，dNTP 0.65μL，DTT（10mmol/L）1.25μL，两条引物（10mol/L）各 0.65μL，10× *Taq* 酶 buffer 1.25μL，$MgCl_2$ 25mmol/L 0.75μL，加 ddH_2O 至 12.5μL。反应程序：37℃，1h；95℃，5min；以下进行 25 个循环：94℃，1min，48℃，2min，72℃，2min；72℃延伸 10min。采用 1%琼脂糖凝胶电泳检测 PCR 产物。

1.4.3 核酸杂交（NASH）检测技术

地高辛标记的分子检测探针的制备 以带毒植物总 RNA 为模板，利用上述引物，通过 RT-PCR 法扩增 PVA *CP* 基因，其中 PCR 反应体系中的 dNTP 中加入地高辛标记的 DIG-11-UTP，从而合成地高辛标记的分子检测探针。PCR 扩增产物通过琼脂糖凝胶电泳后，用 QIAEX II Gel Extraction Kit（QIAGEN）回收纯化。核酸提取及 RT-PCR

扩增具体方法同前。

RNA 点杂交：①点样：带毒植物总 RNA 及其各稀释度样品沸水浴中变性 10min，取 1μL 依次点在硝酸纤维素膜上；②固定：用 GS Gene Linker™UV Chamber（Bio-rad）预设的固定程序固定样品；③预杂交：将固定好的膜放入杂交瓶中，加入 20mL High SDS 杂交液于杂交炉中 50℃预杂交 20min；④探针处理：DIG 标记的探针于沸水浴中变性 10min，迅速移至冰上 5min；⑤杂交：杂交瓶中加入 20mL 含有 5～30ng/mL DNA 探针的 High SDS 杂交液，50℃杂交 1.5h；⑥洗膜：用 2×洗涤液室温洗膜两次，每次 5min，再用 0.1×洗涤液于 68℃下洗膜两次，每次 5min；⑦封闭：用 buffer1 洗膜 1min，弃去，加适量 buffer 2 轻摇封闭 20min；⑧结合抗体：弃 buffer2，加入用 buffer2 新配制的抗 DIG 碱性磷酸酶标记 Fab 溶液（1∶1000 稀释 Boehringer mannheim），轻摇 30min；⑨显色：将结合完抗体的膜移入新盘，用 buffer 1 洗涤两次，每次 5min，再用 buffer 3，浸泡 1min 倒出，加入 20mL 含 65μL NBT 和 35μL BCIP 的 buffer 3 后，将容器放入一个封闭的盒内，黑暗中静置显色；⑩终止反应：待显色适当时，倒出显色液，加入适量的 buffer 1 浸泡 5min 终止反应，并进行拍照。

1.5 福建省 PVA 的分布情况调查

分别于 2001 年 6 月 2 日至 9 日和 10 月 25 日至 11 月 3 日在福建省主要马铃薯种植区寿宁县、周宁县、德化县等地进行马铃薯病毒样品的采集，取样依据马铃薯叶部症状采集病株叶片，带回实验室，利用 RT-PCR 和 NASH 技术进行检测。

2 结果与分析

2.1 毒源的分离

在福建省寿宁县获得带毒马铃薯叶片，主要症状为花叶。马铃薯品种为德友 1 号。汁液负染法电镜观察结果表明病毒粒体均为直或稍弯的线条状，大小 730nm×15nm，与 PVA 病毒相符（图 1）。接种普通烟后可产生叶脉坏死症状，在枸杞（*Lycium barbarum*）上可产生枯斑。

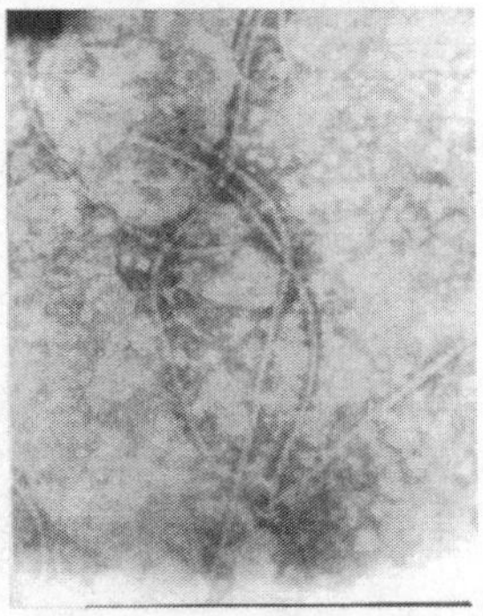

图 1　PVA 病毒粒体

2.2 PVA 分子鉴定

2.2.1 PVA *CP* 基因的 RT-PCR 扩增及克隆

以带毒植物总 RNA 为模板，利用 PVA 病毒特异性引物 A1 与 A2 进行反转录及 PCR 扩增，得到了长度约为 0.8kb 的目的片段（图 2）。扩增产物经纯化后克隆到 pGEM-T Easy 载体上。经蓝白斑筛选、PCR 及酶切鉴定，得到了含有插入片段的重组子 pTACP（图 2）。

2.2.2 PVA *CP* 基因序列测定及同源性比较

对重组克隆进行了序列测定，结果表明所得目的片段大小为 793bp，其中 A 266 个、C 160 个、G 192 个、T 175 个，G+C 含量 44.39%。与已知 PVA 分离物 *CP* 基因序列进行比较，结果表明核苷酸序列同源性最高可达 99%，氨基酸序列同源性最高可达 98%，证明成功地扩增得到了 PVA CP 基因（AF483279）。序列分析结果表明在第 681～686nt 处存在一个 *Eco*R Ⅰ 酶切位点（GAATTC），该酶切位点在所分析的 25 个分离物中极为保守，这为 RT-PCR 扩增 PVA *CP* 基因时提供了一个简便的鉴定手段，既采用*Eco*R Ⅰ 酶切后电泳检测时应出现 0.8kb 和 0.7kb 两条泳带（图 3）。

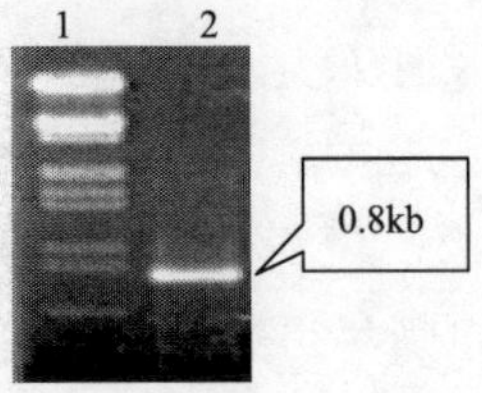

图 2　RT-PCR 扩增 PVA 病毒 *CP* 基因

1. maker；2. PVA *CP* 基因 RT-PCR 产物

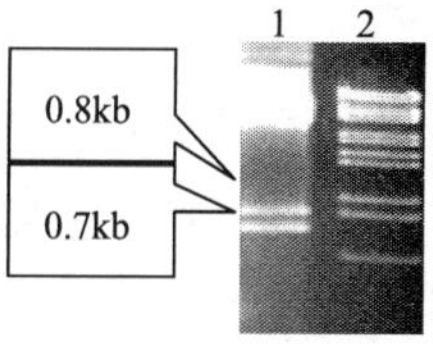

图 3 重组质粒 pTACP *Eco*RⅠ酶切鉴定

1. *Eco* RⅠ酶切的质粒 pTACP；2. maker

2.2.3 PVA 不同分离物 CP 氨基酸序列差异性分析

对已知的 25 个 PVA 不同分离物 CP 氨基酸序列进行比较，结果表明不同分离物间 CP 氨基酸序列存在较大差异，同源性在 92%～99%。主要变异区在 CP N 端的前 30 个氨基酸中，而核心区非常保守。依据 PVA CP 氨基酸序列建立了 PVA 不同分离物的系统进化树（图 4）。分析结果表明新西兰的 X50804 分离物和芬兰的 AJ131403 分离物 CP 氨基酸序完全相同，而与其他分离物间的差异较大。从 Y11426 到 Z21670 的 8 个分离物彼此间同源性较高形成一个类群（图 4）。分析表明这 8 个分离物 CP 的 N 端蚜传必须序列 DAG 均发生变异成为 DAS，导致它们失去蚜传能力。

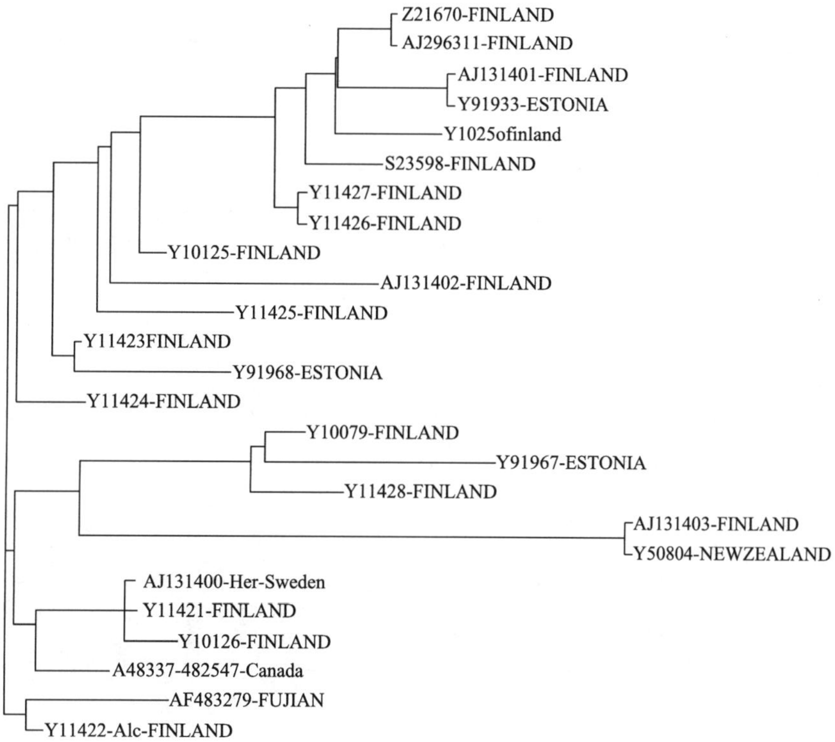

图 4 依据 CP 氨基酸序列建立的 PVA 系统进化树

3 PVA 的分子检测技术

3.1 常规 RT-PCR 检测技术

以带毒植株和健康植株的叶片总 RNA 为模板，利用 PVA *CP* 基因的特异性引物 A1、A2，通过 RT-PCR 方法对待测植物进行检测，琼脂糖凝胶电泳检测结果表明对于带毒植株叶片总 RNA 可得到长 0.8kb 的目的条带，而健康叶片则无任何条带，从而建立了 PVA 的 RT-PCR 常规检测技术。此方法对带毒植物组织的检出下限为 6.25μg（图 5）。

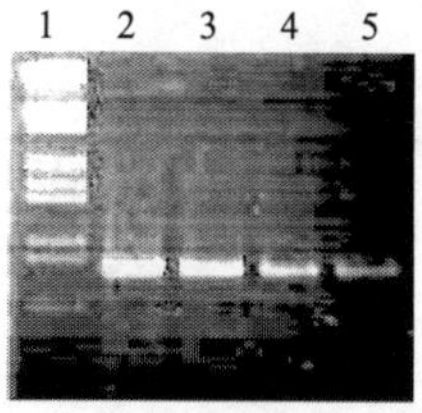

图 5 RT-PCR 检测不同稀释度的叶片核酸提取物

1. maker；2～6. PVA 侵染叶片 RNA 提取物分别稀释 10^{-0}、10^{-1}、10^{-2}、10^{-3}和 10^{-4}后 RT-PCR 产物

3.2　一步 RT-PCR 检测技术

利用引物 A1、A2 采用一步 RT-PCR 方法可成功地检测 PVA。方法中 RT-PCR 一步完成，因此反应产物后可见反转录产物出现（图 6）。此方法灵敏度与常规 RT-PCR 相同。但较常规 RT-PCR 检测技术更为简捷易行，并且可减少在第 2 次取样时可能造成的污染，因此更具实用价值。

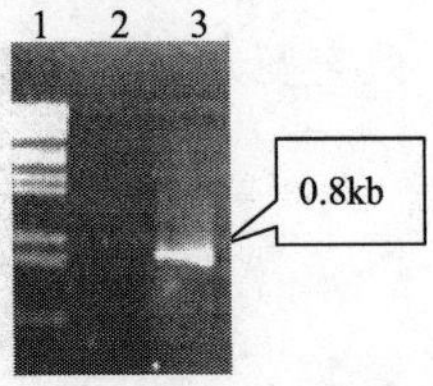

图 6　一步 RT-PCR 检测 PVA
1. maker；2. 带毒样品一步 RT-PCR 产物；3. 健康样品一步 RT-PCR 产物

3.3　核酸斑点杂交检测技术

以地高辛标记的 PVA CP 基因为分子探针，对 PVA 病叶及健康植物叶片进行检测，结果表明带毒样品的植物总 RNA 可产生明显的斑点，健康对照无任何反应（图 6），因此利用此方法可实现对 PVA 的检测。NASH 法对带毒植物组织检出下限为 62.5g 。如以带毒植物总 RNA 为模板，先进行 RT-PCR 扩增，再进行 NASH 杂交检测，则产生的斑点更为明显，可达到更为理想的效果（图 7）。它可以避免采用电泳检测时的 EB 污染问题。

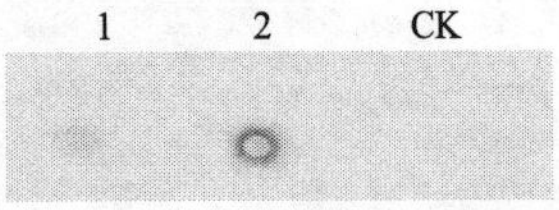

图 7　核酸斑点杂交技术检测 PVA
1. 带毒植物 RNA 样品；2. RT-PCR 扩增后的 PVA CP 样品；CK. 健康对照

4　福建省 PVA 分布情况调查

调查结果表明：PVA 在闽东的寿宁县、周宁县，闽南的德化县和闽中的闽侯县均有分布，以寿宁县、周宁县及德化县发病最为普遍，发病率最高可达 80%以上。该病毒在福建省经常与 PVS 混合侵染，一般本地种植的农家种发病重，在外调种发病轻（如闽侯县）或无病（如龙海县）。

5　讨论

在马铃薯病毒的鉴定技术中传统生物学方法仍在使用，其中观察鉴别寄主在接种后的症状反应是鉴别病毒种类的主要标准之一，另外病毒传播途径、介体昆虫的种类、与已知病毒的交叉保护作用、病毒寄主范围、细胞质内含体形态等生物学指标作为病毒鉴定的标准也在使用[4-7]。此方法稳定，但耗时长。血清学方法作为区分相关病毒的主要标准仍是目前通常采用的方法，此方法实用但有时会出现假阳性。

目前普遍认为只有通过病毒基因组结构和序列才能真实地阐明植物病毒种的分类[7]。采用分子生物学手段鉴定植物病毒的分析方法主要是建立和分析病毒系统进化树，通过病毒系统进化树可清晰地展示不同种属病毒的进化关系。本文利用分子生物学方法对福建省 PVA 进行了鉴定。对 PVA *CP* 基因进行了序列测定和分析，依据 CP 氨基酸序列建立了 PVA 不同分离物间的系统进化树，为病毒的鉴定提供了重要依据。目前在我国尚未见到有关报道。

RT-PCR 技术在马铃薯病毒检测中已有广泛的应用。该方法特异性强、灵敏度高，是一项很有应用前景的方法。随着研究的深入，该项技术也在不断改进，主要集中在增加检测病毒的种类及简化病毒 RNA 提取方法上。近年来，先后建立了马铃薯病毒复式 RT-PCR 检测技术[8]和多元-RT-PCR 检测技术[9]，同时病毒 RNA 的提取方法也越来越简便易行[10]。而这些改进对方法本身的操作过程没有变化，一步 RT-PCR 技术正是从这一角度对常规方法进行了改良。常规方法中反转录和聚合酶链式反应是分开的两个过程，在反转录后，需要再次取样，加入 PCR 反应所需试剂，不但操作繁琐，而且第二次加样易造成污染。一步 RT-PCR 技术将常规 RT-PCR 技术中的反转录和聚合酶链式反应两个步骤合并成一步，减少了操作步骤，避免了可能存在的污染，使 RT-PCR 检测技术更为简便、快速，更具有实用性。目前尚未见到利用一步-RT-PCR 技术检测 PVA 的报道。利用 NASH 技术检测马铃薯病毒的报导很多[13-15]，但尚未见到利用此项技术检测 PVA 的报道。

本文利用通过地高辛标记的 PVA CP 基因为分子探针，建立了 PVA 的 NASH 检测技术。其灵敏度较 RT-PCR 技术略低，但可以满足病毒检测的实际要求。本文所用方法较常规方法进行了改进，缩短了检测时间[14]。一般采用常规方法需要20h以上，而本方法只需5h左右，使之更为实用。NASH与RT-PCR的结合使方法检测效果得到了明显的改善，并可避免EB污染。在得到特异性好的检测探针的情况下，此方法更适合于对大量样品的检测，而且对实验仪器没有特殊要求。

福建省地处我国东南部，马铃薯病毒危害严重，但目前福建省马铃薯病毒的种类及其分布情况尚不清楚，给病害的防治工作带来了极大的障碍。本研究对PVA在福建省的发生与分布情况进行了调查，结果显示PVA在福建各马铃薯主栽区均有发生，发病情况与马铃薯种薯来源有关。目前福建省马铃薯种薯主要来自两个途径：一是农民自留种，另一是从我国北部省份调种。调查结果表明外调种的PVA带毒率极低或无毒，而在当地长年种植的农家种PVA带毒率均较高，说明福建省田间PVA主要来源是当地农家种，福建省也可能是我国马铃薯上PVA的主要毒源区。福建省当地农民种植马铃薯时一般不进行切块，而是整薯种植。在自留种时通常选择很难出售又不适于食用的小薯作为种薯，而这些小薯块往往是已被病毒侵染的薯块，这种不良的留种方式使PVA在当地农家种中逐年积累并广泛传播。

参考文献

[1] 李明福. 马铃薯病毒及其检疫重要性初析. 植物检疫，1997，11(5)：264-264

[2] 崔荣昌，李芝芳，李晓龙. 应用酶联免疫吸附试验法鉴定几种主要马铃薯病毒. 植物保护学报，1989，16(3)：193-197

[3] 朱国春，朱国庆. 用DTBA方法检测马铃薯病毒. 马铃薯杂志，2000，14(1)：60-61

[4] 王人元. 侵染马铃薯的烟草坏死病毒的鉴定. 全国马铃薯会议论文，1989，56-59

[5] 王劲波，王凤龙，钱玉梅等. 山东省烟草病毒原鉴定. 中国烟草科学，1998，1：26-29

[6] Edwardson JR. Inclusion bodies. *In*: Brunt OW. Potyvirus Taxonomy. New York: Springer-Verlag，1992，25-30

[7] Brunt AA. General properties of potyviruses. *In*: Monette PL. Potyvirus Taxonomy. Research Signpost，Trivandrum，1993，19-28

[8] Shukla DD，Ward CW，Brunt AA. The Potyviridae. Wallingford: CBA International，1995，516

[9] Ward CW，Weiller G，Shukla DD，et al. Molecular systematics of the *Potyviridae*，the largest plant virus family. *In*: Gibbs AJ. Molecular basis of virus evolution. London: Cambridge University Press，1995，477-500

[10] Singh RP，Nie XZ，Singh M. Duplex RT-PCR: reagent concentrations at reverse transcription stage affect the PCR perform. J Virol Methods，2000，121-129

[11] Nie XZ，Singh RP. Detection of multiple potato viruses using an oligo(dT) as a common cDNA primer in multiplex RT-PCR. J Virol Methods，2000，179-185

[12] Singh RP，Nie XZ，Singh M. Sodium sulphite inhibition of potato and cherry ployphenolics in nucleic acid extraction for virus detection by RT-PCR. J Virol Methods，2002，123-131

[13] Singh M，Singh RP. Digoxigenin-labelled cDNA probes for the detection of *Potato virus Y* in dormant potato tubers. J Virol Methods，1995，52(1-2)：133-143

[14] Robinson DJ，Romero J. Sensitivity and specificity of nucleic acid probes for *Potato leafroll luteovirus* detection. J Virol Methods，1991，34(2)：209-219

[15] Rouhiainen L，Laaksonen M，Karjalainen R. Rapid detection of a plant virus by solution hybridization using oligonucleotide probes. J Virol Methods，1991，34(1)：81-90

[16] 张春嵋，吴祖建，林奇英等. 水稻草矮病毒血清学和分子检测方法的比较. 中国病毒学，2000，15(4)：366-361

马铃薯 A 病毒 *CP* 基因的克隆与序列分析*

吴兴泉，陈士华，吴祖建，林奇英，谢联辉

（福建农林大学植物病毒研究所，福建福州　350002）

摘　要：利用根据马铃薯 A 病毒（PVA）外壳蛋白（CP）基因序列设计合成的一对引物，以带毒植物总 RNA 为模板，RT-PCR 扩增得到长 0.8kb 的目的片段。将目的片段转入大肠杆菌并进行了序列测定。测序结果与 PVA 其他分离物 *CP* 基因序列比较，发现其核苷酸同源性最高可达 99%。依据 *CP* 序列建立了 PVA 病毒的系统进化树并对 PVA 不同分离物 CP 氨基酸序列差异性做了分析。

关键词：基因工程；马铃薯 A 病毒；分子鉴定与检测

中图分类号：Q 781　**文献标识码**：A　**文章编号**：0529 - 1542（2003）05 - 0025 -04

The clone and sequence analysis on the CP gene of *Potato virus A*

WU Xing-quan, CHEN Shi-hua, WU Zu-jian, LIN Qi-Ying, XIE Lian-hui

(Institute of Plant Virology, Fujian Agriculture and Forestry University, Fuzhou 350002)

Abstract: With the specific primers which were designed based on the *Potato virus A* (PVA) coat protein (CP) gene sequence, one gene fragment (0.8kb) was amplified by reverse transcription polymerasae chain reaction (RT-PCR) using the total RNA of the plant infected by PVA. The gene was cloned into *Escherichia coli* DH5α and sequenced. The sequence was compared with the sequence of the homologous gene of other isolates of PVA. The result showed it had high homology with the other isolates (the highest homology could reach 99% of nucleic acid) . Based on CP amino acid sequence the phylogenic tree of PVS was established and the isolates were clustered into many groups.

Key words: gene engineering; *Potato virus* A; identification and detection

马铃薯 A 病毒（*Potato virus A*，PVA）可造成马铃薯减产 40 %以上，是马铃薯生产上危害较重的病毒之一。该病毒除随种薯传播，还至少有 7 种蚜虫以非持久性的方式传毒，因此该病毒在我国扩散可能性很大，具有较高流行风险[1]。迄今有关 PVA 在我国的发生分布报道极少[2,3]。目前我国马铃薯病毒的检测鉴定主要以免疫学检测技术为主，未见有 PVA 的商业抗血清，这可能是我国对 PVA 研究滞后的原因。因此 PVA 的快速、准确的分子鉴定与检测技术对该病毒发生分布与危害等研

植物保护，2003，29（5）：25-28

收稿日期：2003-03-10

* 基金项目：福建省农业厅和教育部资助项目（00183）

究不但有一定的理论意义，而且具有很高的实用价值。本文利用病毒特异性引物克隆了 PVA *CP* 基因并进行了序列分析，为该病毒的分子鉴定提供了依据。

1 材料和方法

1.1 酶与试剂

试验所用的限制性内切酶、反转录酶、RNA 酶抑制剂、*Taq* 酶、植物 RNA 提取试剂盒、dNTP、DNA 纯化试剂盒分别购自上海生工生物工程技术服务有限公司、Boehringer 公司和 Promega 公司。克隆载体采用 Promega 公司的 pGEMT Easy Vector System。

1.2 毒源的获得

病毒样品采自福建省寿宁县马铃薯 A 病毒发生区，经电镜观察和生物学分离接种在普通烟（*Nicotiana tabacum*）上保留。

1.3 病毒的分子鉴定

1.3.1 引物设计与合成

依据 PVA（S51667、Y10126、Y11420、Z49088、Y11422、Z21670 分离物）*CP* 基因序列（793bp）设计合成了一对引物：A1：5′-GGATCC GAACTCTTGATGCAGGCG- 3′（为 PVA *CP* 基因的 1～18nt 序列，划线处为 *Bam* HⅠ 酶切位点），A2：5′-GAATTC ACATCCGTTGCTGTGTG-TCC- 3′（与 PVA *CP* 基因的 773～793nt 互补，划线处为*Eco*RⅠ 酶切位点）用于扩增 PVA *CP* 基因。引物在上海生工生物工程技术服务有限公司合成。

1.3.2 植物总 RNA 的提取

分别取 0.1g 带毒烟草及健康烟草叶片，采用 RNA 提取试剂盒（上海生工生物工程技术服务有限公司）提取植物总 RNA，溶解于 40μL 灭菌双蒸水中备用。

1.3.3 反转录- PCR 扩增

以带毒植物总 RNA 为模板，以 A1、A2 为引物采用常规方法进行。PCR 反应程序设置：94℃，10min；后 94℃，1min：50℃，2min；72℃，2min。反应 30 个循环；72℃延伸 10min。PCR 产物采用 1 %琼脂糖凝胶电泳检测，并用 QIAEX Ⅱ Gel Extraction Kit（QIAGEN）回收纯化。

1.3.4 DNA 序列测定

将 PCR 扩增产物纯化后连接到 pGEM- T Easy Vector 上，转化通过 $CaCl_2$ 法制备的大肠杆菌 DH5α 感受态细胞，挑取在加有 IPTG 和 X-Gal 的 LB 平板上生长的白色菌落，应用碱裂解法小量提取质粒，利用 *Eco*RⅠ 进行酶切鉴定。PVA *CP* 基因序列测定由上海基康生物技术有限公司在 ABI PRISM 377 型 DNA 自动测序仪上进行。

1.3.5 DNA 序列分析

采用 www.ncbi.nlm.nlh.gov 和 www.ebi.ac.uk 网站分析工具进行。

2 结果与分析

2.1 毒源的分离

在福建省寿宁县采集主要症状为花叶的带毒马铃薯叶片。马铃薯品种为德友 1 号。经汁液负染法电镜观察表明，病毒粒体均为直或稍弯的线条状，大小为 730nm×15nm，与 PVA 病毒相符。接种普通烟（*N. tabacum*）可产生叶脉坏死症状，在枸杞（*Lycium barbarum*）上产生枯斑。

2.2 PVA 分子鉴定

2.2.1 PVA *CP* 基因的 RT- PCR 扩增及克隆

以带毒植物总 RNA 为模板，利用 PVA 病毒特异性引物 A1 与 A2 进行反转录及 PCR 扩增，得到了长度约为 0.8kb 的目的片段（图 1）。扩增产物经纯化后克隆到 pGEM-T Easy 载体上。经蓝白斑筛选、PCR 及酶切鉴定，得到了含有插入片段的重组子 pTACP（图 2）。

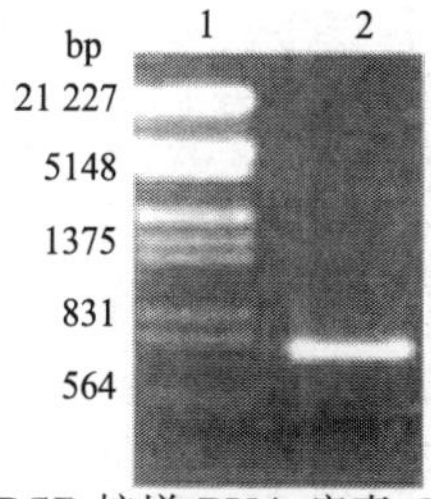

图 1 RT-PCR 扩增 PVA 病毒 *CP* 基因

1. maker； 2. PVA *CP* 基因 RT - PCR 产物

2.2.2 PVA *CP* 基因序列测定及同源性比较

对重组克隆进行了序列测定，结果表明所得目的片段大小为 793bp，其中 A 266、C 160 个、G 192 个、T 175 个，G+ C 含量 44.39 %。与已知 PVA 分离物 *CP* 基因序列进行比较，结果表明核

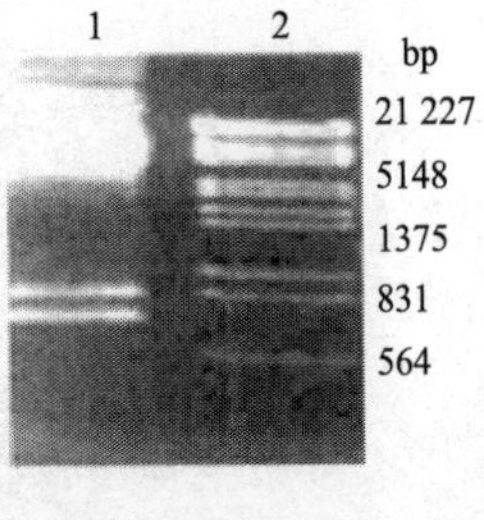

图 2　重组质粒 pTACP *Eco*RⅠ 酶切鉴定

1. *Eco*RⅠ 酶切的质粒 p TACP；2. maker

苷酸序列同源性最高可达 99%，最低为 90%，氨基酸序列同源性最高可达 98%，最低为 92%，证明成功地扩增得到了 PCA *CP* 基因（AF483279）。序列分析结果表明在 681～686nt 处存在一个 *Eco*RⅠ酶切位点（GAATTC）。该酶切位点在所分析的 25 个分离物中极为保守，为 RT- PCR 扩增 PVA *CP* 基因时提供了一个简便的鉴定手段，即采用 *Eco*RⅠ 酶切后电泳检测时应出现 0.8kb 和 0.7kb 两条泳带（图 2）。

2.2.3　PVA 不同分离物 CP 氨基酸序列差异性分析

对已知的 25 个 PVA 不同分离物 CP 氨基酸序列进行比较，结果表明不同分离物间 CP 氨基酸序列存在明显差异，同源性在 92%～99%。主要变异区在 CPN 端的前 30 个氨基酸中，而核心区非常保守。依据 PVA CP 氨基酸序列建立了 PVA 不同分离物的系统进行化树（图 3）。分析结果表明，新西兰的 X50804 分离物和芬兰的 AJ 131403 分离物 CP 氨基酸序列完全相同，而与其他分离物间的差异较大。从 Y11426 到 Z21670 的 8 个分离物彼此间同源性较高形成一个类群（图 3）。分析表明这 8 个分离物 CP 的 N 端蚜传必须序列 DAG 均发生变异成为 DAS，导致它们失去蚜传能力。

3　讨论

在马铃薯病毒鉴定中，传统生物学方法仍在使用，其中观察鉴别寄主在接种后的症状反应是鉴别病毒种类的主要标准之一。另外病毒传播途径、介体昆虫的种类、与已知病毒的交叉保护作用、病毒寄主范围、细胞质内含体形态等生物学指标作为病毒鉴定的标准也在使用[4-7]。上述方法稳定，但耗时长。血清学方法作为区分相关病毒的主要标准仍是目前通常采用的方法，此方法实用但有时会出现假阳性。

目前普遍认为只有通过病毒基因组结构和序列才能真实地阐明植物病毒种的分类[8-15]。采用分子生物学手段鉴定植物病毒的分析方法主要是建立和分析病毒系统进化树，通过病毒系统进化树可清晰地展示不同种属病毒的进化关系。本文依据 CP 氨基酸序列建立了 PVA 不同分离物间的系统进化树，为病毒的鉴定提供了重要依据，目前在我国尚未见到有关报道。

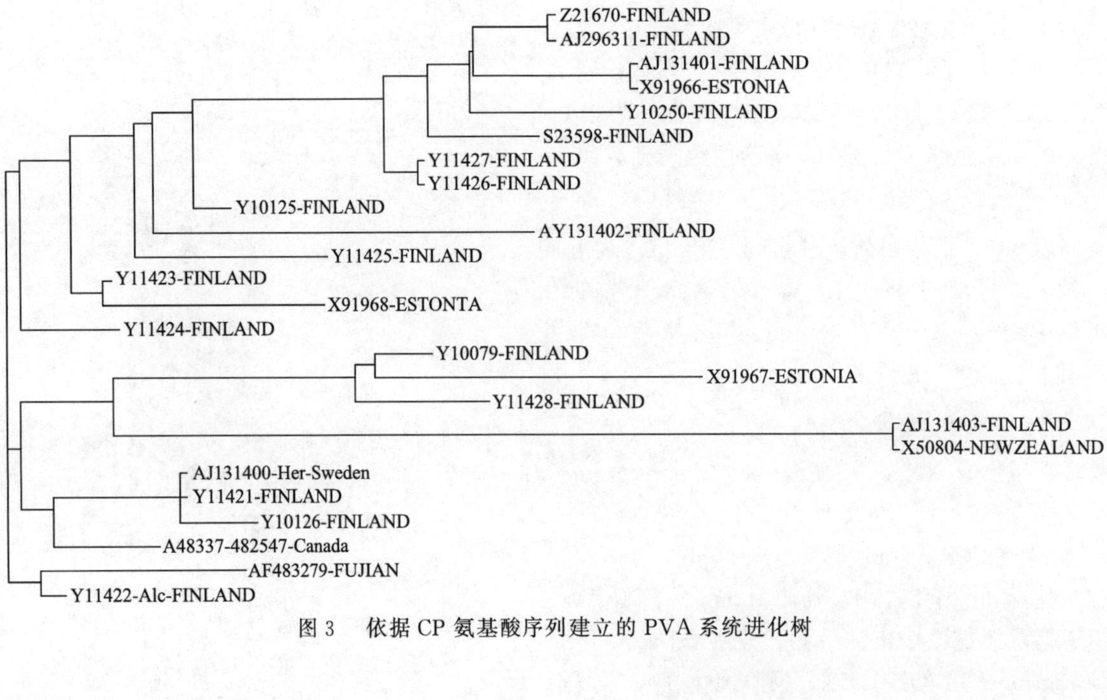

图 3　依据 CP 氨基酸序列建立的 PVA 系统进化树

参考文献

[1] 李明福. 马铃薯病毒及其检疫重要性初析. 植物检疫，1997，11 (5)：261-264

[2] 崔荣昌，李芝芳，李晓龙. 应用酶联免疫吸附试验法鉴定几种主要马铃薯病毒. 植物保护学报，1989，16 (3)：193-197

[3] 朱国春，朱国庆. 用DTBA方法检测马铃薯病毒. 马铃薯杂志，2000，14 (1)：60-361

[4] 王劲波，王凤龙，钱玉梅，等. 山东省烟草病毒鉴定 . 中国烟草科学，1998，(1)：26-29

[5] Edwardson JR. Inclusion bodies. *In*: Potyvirus Taxonomy. New York: Springer - Verlag，1992，25-30

[6] Brunt AA. General properties of potyviruses. *In*: Potyvirus Taxonomy Research Signpost Trivandurm，1993，19-328

[7] Shukla DD，Ward CW，Brunt AA. The Potyviridae. Wallingford UK: CBA International，1994

[8] Ward CW，Weiller G，Shukla DD，et al. Molecular systematics of the *Potyviridae*，the largest plant virus family. *In*: Molecular Basis of Virus Evoluation London Cambridge University Press，1995，477-3500

[9] Rudra PS，Nie XZ，Singh M. Duplex RT - PCR reagent concentrations at reverse transcription stage affect the PCR perform. Journal of Virological Methods，2000，86(2)：121 -3129

[10] Nie XZ，Singh RP. Detection of multiple potato viruses using an oligo(dT) as a common cDNA primer in multiplex RT-PCR. Journal of Virological Methods，2000，86(2)：179 -3 185

[11] Singh RP，Nie XZ，Singh M. Sodium sulphite inhibitionof potato and cherry ployphenolics in nucleic acid extraction for virus detection by RT - PCR. Journal of Virological Methods，2002，99(1)：123 -3131

[12] Singh M，Singh RP. Digoxigenin - labelled cDNA probes for the detection of *Potato virus Y* in dormant potato tubers. Journal of Virological Methods，1995，52 (1 - 2)：133-3143

[13] Robinson DJ，Romero J. Sensitivity and specificity of nucleic acid probes for *Potato leafroll virus* detection. Journal of Virological Methods，1991，34 (2)：209 -3219

[14] Rouhiainen L，Laaksonen M，Karjalainen R，et al. Rapid detection of a plant virus by solution hybridization using oligonucleotideprobes. Journal of Virological Methods，1991，34 (1)：81-390

[15] 张春嵋，吴祖建，林奇英，等. 水稻草矮病毒血清学和分子检测方法的比较. 中国病毒学，2000，15 (4)：361-366

福建马铃薯S病毒的分子鉴定及发生情况*

吴兴泉[1]，陈士华[1]，魏广彪[2]，吴祖建[2]，谢联辉[2]

（1 河南工业大学，河南郑州 450052；2 福建农林大学，福建福州 350002）

摘 要：为明确福建省马铃薯S病毒（PVS）的发生与分布情况，对福建省马铃薯种主要种植区的PVS进行了鉴定和普查。在利用电镜技术和传统生物学方法鉴定的基础上，克隆了PVS外壳蛋白（CP）基因，依据PVS外壳蛋白氨基酸序列建立了PVS不同分离物的系统进化树。研究表明利用PVS外壳蛋白氨基酸序列分析可准确鉴定PVS，同时可分析不同分离物间的分子差异。利用病毒特异性引物和DIG标记的PVS *CP* 基因为探针，分别利用RT-PCR技术和核酸斑点杂交技术（NASH）对PVS进行了检测，并对检测技术进行了改进。调查结果表明：PVS在福建省广泛分布，发病率最高可达80%以上，当地农家自留种可能是田间PVS的主要来源。

关键词：马铃薯S病毒；分子鉴定与检测；发生与分布

The molecular identification and the distribution of *Potato virus S* in Fujian Province

WU Xing-quan[1], CHEN Shi-hua[1], WEI Guang-biao[2], WU Zu-jian[2], XIE Lian-hui[2]

(1 Henan University of Technology, Zhengzhou 450052;
2 Fujian Agriculture and Forestry University, Fuzhou 350002)

Abstract: The *Potato virus S* (PVS) was identified and detected in the main potato-growing area in Fujian province. Based on the identification by electron microscope and assay hosts, the PVS coat protein (CP) gene was cloned and the phylogenic tree of 14 PVS isolates was established. According to the nucleotide and amino acid sequence of PVS coat protein and *CP* gene, we could identify PVS and analyze the difference of PVS isolates. Using the PVS specific primers and DIG labeled PVS *CP* gene as probe, the PVS was detected by one step RT-PCR and nucleic acid spot hybridization (NASH), the methods were improved. PVS is widely distributed in Fujian, the highest disease rate of PVS could reach 80%. The local variety might be the main virus source in the field.

Key words: *Potato virus S*; molecular identification and detection; occurrence and distribution

马铃薯病毒病是马铃薯生产的重要病害，给马铃薯生产造成巨大损失，严重的减产可达80%以

植物保护学报，2005，32（2）：133-137
收稿日期：2004-05-24
* 基金项目：教育部和福建省农业厅资助项目（00183）

上[1]。马铃薯的潜隐病毒马铃薯病毒 S（*Potato virus S*，PVS）是马铃薯上重要病毒之一，分布广泛，在世界各马铃薯种植区均有发生。其单独侵染时一般不表现症状，可使马铃薯减产 10%～20%[1]，在田间 PVS 经常与其他病毒混合侵染，当与马铃薯病毒 X 或马铃薯病毒 M 混合侵染时，可减产 20%～30%。PVS 可持续存在于马铃薯块茎中，并通过块茎作远距离传播。在田间该病毒传播速度快，传播范围广，既可通过叶片接触进行机械传播，也可通过蚜虫传播。一般已通过病毒化验的原种一旦种植在田间便迅速感染 PVS，种植一季之后感染率可高达 70%，造成严重危害[2]。目前 PVS 仅在我国黑龙江省、青海省和内蒙古自治区曾有报道[3-6]，而在病毒病危害严重的南部地区却未见报道。

建立快速、准确、灵敏、特异的病毒检测方法是加强马铃薯病毒病防治、加速育种进程，保证脱毒效果的关键。近年来，分子生物学技术如反转录-聚合酶链式反应（reverse transcription polymerase chain reaction，RT-PCR）[7-9]、核酸斑点杂交（nucleic acid spot hybridization，NASH）[10]已被广泛应用于马铃薯病毒及类病毒的检测中，但利用这些技术检测 PVS 的报道很少。

1 材料与方法

1.1 酶与试剂

试验所用的限制性内切酶、反转录酶、RNA 酶抑制剂、*Taq* DNA 聚合酶、植物 RNA 提取试剂盒、dNTP、地高辛标记分子探针合成试剂盒、DNA 纯化试剂盒分别购自上海生工生物工程技术服务有限公司、Boehringer 公司和 Promega 公司，克隆载体采用 Promega 公司的 pGEM-T Easy Vector System。

1.2 毒源的获得

病毒样品采自福建省马铃薯主栽区，经电镜观察和生物学鉴定后，接种在普通烟（*Nicotiana tabacum*）上保存。

1.3 病毒的分子鉴定

1.3.1 引物设计与合成

依据 PVS *CP* 基因序列（885bp）设计引物：S1：5′-*Atgccgcctaaaccagatcc*-3′（与 PVS *CP* 基因的 5′端同源），S2：5′-*Tcattggttgatcgcatt*-3′（与 PVS *CP* 基因的 3′端互补），用于扩增 PVS CP 基因（参考序列：Y15610、Y15612、Y15611、Y15625、Y15609、Y15616、Y15613、Y15615、Y15614）。引物在上海生工生物工程技术服务有限公司合成。

1.3.2 植物总 RNA 的提取

分别取 0.1g 带毒植株和健康植株（烟草或马铃薯）叶片，采用 RNA 提取试剂盒提取植物总 RNA，溶解于 40μL 灭菌双蒸水（ddH_2O）中备用。

1.3.3 反转录-PCR 扩增

以带毒烟草总 RNA 为模板，以 S1、S2 为引物，采用常规方法进行。PCR 反应程序设置：94℃，10min；后 94℃，1min；48℃，2min；72℃，2min；反应 30 个循环；72℃ 延伸 10min。PCR 产物采用 1%琼脂糖凝胶电泳检测，并用 QIAEX II Gel Extraction Kit（QIAGEN）回收纯化。

1.3.4 DNA 序列测定

将 PCR 扩增产物纯化后连接到 pGEM-T Easy Vector 上，转化通过 $CaCl_2$ 法制备的大肠杆菌 DH5α 感受态细胞。PVS *CP* 基因序列测定由上海基康生物技术有限公司在 ABI PRISM 377 型 DNA 自动测序仪上进行。

1.3.5 DNA 序列分析

核苷酸及推导的氨基酸序列同源性采用 www.ncbi.nlm.nih.gov 网站中的 Blast 进行分析，并利用 www.ebi.ac.uk 网站 ClastalW 工具依据氨基酸序列建立 PVS 的系统进化树。

1.4 PVS 的分子检测方法

1.4.1 一步 RT-PCR

以带毒植物总 RNA 和健康植物（烟草或马铃薯）总 RNA 为模板，采用引物 S1、S2 进行 PVS 的 RT-PCR 检测，操作过程中将 RT 和 PCR 合并为一步进行。具体操作如下：在一微型离心管中分别加入下列物质：RNA 提取液 2.5μL、随机六聚体引物（10mol/L）2.5μL、反转录酶 1μL，*Taq* DNA 聚合酶 0.25μL，dNTP 0.65μL，DTT（10mmol/L）1.25μL，两条引物（10mol/ L）各 0.65μL，10 × *Taq* DNA 聚合酶 buffer 1.25μL，$MgCl_2$ 25mmol/L 0.75μL，加 ddH_2O 至 12.5μL。反应程序：37℃，1h；95℃，5min；以下进行 25 个循环：94℃，1min，48℃，2min，72℃，2min；

72℃延伸 10min。采用 1%琼脂糖凝胶电泳检测 PCR 产物。

1.4.2　核酸杂交检测技术

地高辛标记的分子检测探针的制备：以带毒烟草总 RNA 为模板，利用上述引物，通过 RT-PCR 法扩增 PVS *CP* 基因，其中 PCR 反应体系中的 dNTP 中加入地高辛标记的 DIG-11-UTP，从而合成地高辛标记的分子检测探针。RNA 点杂交：具体方法参考文献[11]进行。

1.5　福建省 PVS 的分布情况调查

分别于 2001 年 6 月 2 日至 9 日和 10 月 25 日至 11 月 3 日在福建省主要马铃薯种植区寿宁县、周宁县、德化县等地进行马铃薯病毒样品的采集，利用 RT-PCR 和 NASH 技术进行检测。

2　结果与分析

2.1　毒源的分离

在福建省周宁县获得带毒马铃薯叶片，马铃薯品种为德友 1 号。汁液负染法电镜观察结果表明：病毒粒体均为直或稍弯的线条状，大小 650nm×12nm，与 PVS 病毒相符。接种灰藜（*Chenopodium album*）可产生枯斑症状。通过单病斑分离纯化，然后接种到普通烟（*Nicotiana tabacum*）上扩繁。

2.2　PVS 分子鉴定

2.2.1　PVS *CP* 基因的 RT-PCR 扩增及克隆

以带毒烟草叶片总 RNA 为模板，利用 PVS 病毒特异性引物 S1 与 S2 进行反转录及 PCR 扩增，得到了长度约为 0.88kb 的目的片段。扩增产物经纯化后克隆到 pGEM-T Easy Vector 上。经蓝白斑筛选、PCR 及酶切鉴定，得到了含有插入片段的重组子。

2.2.2　PVS CP 基因序列测定及同源性比较

对重组克隆进行了序列测定，结果得到一条 885bp 的基因片段，与已知 PVS 分离物 *CP* 基因序列进行比较，发现核苷酸序列同源性最高可达 95%，氨基酸序列同源性最高可达 98%，证明成功地扩增得到了 PVS 外壳蛋白基因（GenBank 登录号为 AY079209)。

2.2.3　PVS 不同分离物外壳蛋白氨基酸序列分析

对已知的 13 个 PVS 分离物外壳蛋白氨基酸序列进行差异性分析，结果发现不同 PVS 分离物外壳蛋白 N 端序列差异较大。秘鲁安第斯株系的 D00461 分离物与其他分离物相比外壳蛋白氨基酸序列变异性最大（图 1)，序列同源性最低为 91%，自成一类。氨基酸序列分析发现该分离物在第 8 位、第 14 位、第 15 位、第 20 位、第 21 位～第 23 位、第 25 位～第 27 位、第 30 位、第 31 位氨基酸处均有特异性变异，而其他分离物间在这些位置的氨基酸序列完全同源。有证据显示此变异区可能是 PVS 普通株系与安第斯株系间在症状上及蚜传能力上出现差异的原因[12]。我国 PVS 福建分离物属于 PVS 的普通株系。它与韩国的 U74376、英国的 S45593、A48549 分离物外壳蛋白氨基酸序列同源性相对较低（＜96%)，与其余 10 个各分离物间外壳蛋白氨基酸序列同源性相对较高（＞97%）。

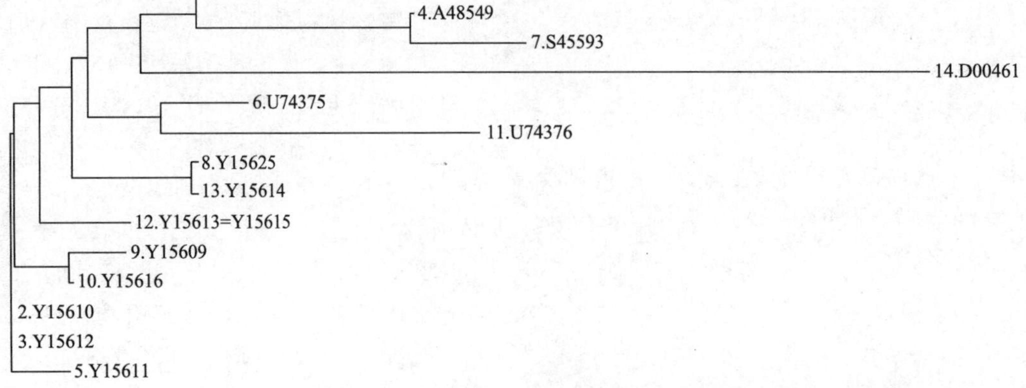

图 1　依据外壳蛋白氨基酸序列建立的 PVS 系统进化树

2.3 PVS的分子检测技术

2.3.1 一步RT-PCR检测技术

以带毒植株和健康植株（烟草或马铃薯）的叶片总RNA为模板，利用引物S1、S2，采用一步RT-PCR方法可成功地检测PVS。琼脂糖凝胶电泳检测结果表明，对于带毒植株叶片总RNA可得到长0.88kb的目的条带，而健康叶片则无任何条带。此方法对带毒植物组织的检出下限为6.25μg（图2）。

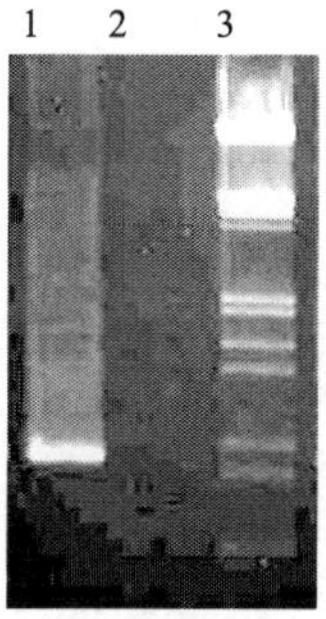

图2 一步RT-PCR检测PVS
1. 带毒样品一步RT-PCR产物；
2. 健康样品一步RT-PCR产物；
3. maker

2.3.2 核酸斑点杂交检测技术

以地高辛标记的PVS *CP*基因为分子探针，对带毒植物及健康植物（烟草或马铃薯）叶片进行检测。结果表明，带毒样品的植物总RNA可产生明显的斑点，健康对照无任何反应（图3）。NASH法对带毒植物组织检出下限为62.5μg。此方法可以避免PCR产物的电泳检测时的EB污染问题。

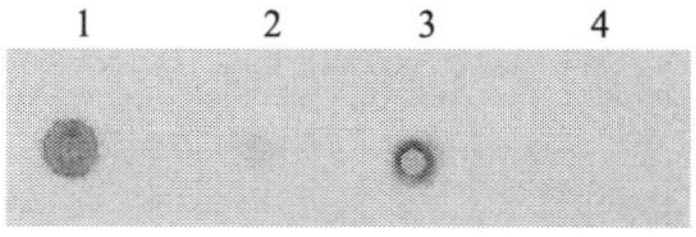

图3 核酸斑点杂交技术检测PVS
1. 带毒烟草叶片总RNA；2，3. 带毒马铃薯叶片RNA；4. 健康马铃薯叶片RNA

2.4 福建省PVS分布情况调查

福建PVS发生情况普查时，发现该病毒主要与PVA混合侵染，表现出一种重的花叶症状，在调查时先调查该症状在田间的发病率，做好记录。再取5～10株发病马铃薯和5株同一田块的健康马铃薯样本进行检测，结果该症状的马铃薯均有PVS检出，健康样本未检出PVS，表1中PVS发生程度主要是指PVS在田间的发病率。

3 讨论

近年来，马铃薯病毒的RT-PCR检测技术得到了很大改进[9,13,14]，但对方法本身的操作程序没有改变。常规方法中反转录和聚合酶链式反应是分开的两个过程，在反转录后，需要再次取样，加入PCR反应所需试剂，操作繁琐，而且第2次加样易造成污染。一步RT-PCR技术将反转录和聚合酶链式反应合并成一步进行，避免上述常规方法中的缺点，操作更为简便、快速，更具有实用性。目前尚未见到利用一步-RT-PCR技术检测PVS的报道。

以地高辛标记的PVS CP基因为分子探针，采用NASH检测技术对PVS进行了检测。其灵敏度较RT-PCR技术略低，但可以满足病毒检测的实际要求。在得到特异性好的检测探针的情况下，此方法更适合于对大量样品的检测，而且对试验仪器不需特殊要求。利用NASH技术检测马铃薯病毒的报道很多[7,15,16]，但尚未见到利用此项技术检测PVS的报道。

表1 福建省马铃薯S病毒发生情况

地点	品种	调查株数	发病率/%
寿宁县	德友1号*	300	80
	春薯4号	300	10
	金冠*	300	62
	中薯2号	300	0
周宁县	德友1号*	300	80
德化市	克新3号	300	0
	克新3号*	300	63
	克新3号*	300	24
	大西洋	300	0
福州市	克新3号*	300	12
	克新3号	300	0
	中薯3号	300	0
闽侯县	克新3号	300	5
龙海县	克新4号	300	0

*为当地种植多年的自留种

本文首次报道了福建省PVS的发生及其分布情况。本研究结果显示PVS在福建省各马铃薯主要种植区均有发生，其发病情况与马铃薯种薯来源有关。福建省马铃薯种薯来源主要有两个主要途径：另一是农民自留种，一是从我国北部省份调种。调查结果表明，外调种的PVS带毒率极低或无毒，外调品种留种后在当地第2年种植时PVS带毒率明显增高，而在当地留种后长年种植的农家种PVS带毒率最高。说明福建省田间PVS主要来源是当地农家种，福建省也可能是我国马铃薯上PVS的主要毒源区。PVS在福建农家种上长期而广泛地传播的主要原因可能与当地农民进行马铃薯自留种的方式有关。福建省当地农民种植马铃薯时一般不进行切块，而是整薯种植。在自留种时通常选择很难出售又不适于食用的小薯作为种薯，而这些小薯块往往是已被病毒侵染的薯块，这种不良的留种方式使PVS在当地农家种中逐年积累并广泛传播。

参考文献

[1] Hooker WJ. 马铃薯病害及其防治. 石家庄：河北科学技术出版社，1992，129-131

[2] 沃德罗普. 马铃薯S病毒的蚜虫传播. 杨文美，李大同. 青海大学科技译丛，1992，27 (1)：34-40

[3] 崔荣昌，李芝芳，李晓龙等. 应用酶联免疫吸附试验法鉴定几种主要马铃薯病毒. 植物保护学报，1989，16 (3)：193-197

[4] 孟清，张鹤龄，宋波符. 应用Dot-ELISA检测PVX、PVY、PVS. 中国病毒学，1993，8 (4)：365-372

[5] 白艳菊，李学湛，吕典秋等. 应用DAS-ELISA法同时检测多种马铃薯病毒. 中国马铃薯，2000，14 (3)：144-145

[6] 朱国春，朱国庆. 用DTBA方法检测马铃薯病毒. 马铃薯杂志，2000，14 (1)：60-61

[7] 张彤，张鹤龄. 用逆转录聚合酶链式反应检测马铃薯卷叶病毒. 病毒学报，1996，12 (2)：190- 192

[8] Singh M, Singh RP. Factors affecting detection of PVY in dormant tuber by reverse transcription polymerase chain reaction and nucleic acid spot hybridization. Journal of Virological Methods, 1996, 60: 47-57

[9] Singh RP, Nie X, Singh M. Duplex RT-PCR reagent concentrations at reverse transcription stage affect the PCR perform. Journal of Virological Methods, 2000, 86: 121-129

[10] Singh M, Singh RP. Digoxigenin-labeled cDNA probes for the detection of *Potato virus* Y in dormant potato tubers. Journal of Virological Methods, 1995, 52 (1): 133-143

[11] 吴兴泉，陈士华，吴祖建等. 马铃薯A病毒的分子鉴定与检测技术，农业生物技术学报，2004，12 (1)：90-95

[12] Foster GD, Mills PR. The 3'-nucleotide sequence of an ordinary strain of *Potato virus S*. Virus Genes, 1992, 6: 213-220

[13] Nie X, Singh RP. Detection of multiple potato viruses using an oligo (dT) as a common cDNA primer in multiplex RT-PCR. Journal of Virological Methods, 2000, 86: 179-185

[14] Singh RP, Nie X, Singh M. Sodium sulphite inhibition of potato and cherry ployphenolics in nucleic acid extraction for virus detection by RT-PCR. Journal of Virological Methods, 2002, 99: 123-131

[15] Robinson DJ, Romero J. Sensitivity and specificity of nucleic acid probes for potato leafroll luteovirus detection. Journal of Virological Methods, 1991, 34 (2): 209-219

[16] Rouhiainen L, Laaksonen M, Karjalainen R, et al. Rapid detection of a plant virus by solution hybridization using oligonucleotide probes. Journal of Virological Methods, 1991, Sep, 34 (1): 81-90

马铃薯S病毒外壳蛋白基因的克隆与原核表达*

吴兴泉，吴祖建，谢联辉，林奇英

（福建农林大学植物病毒研究所，福建福州 350002）

摘　要：依据马铃薯S病毒（*Potato virus S*，PVS）外壳蛋白（CP）基因序列（885bp）设计合成了一对引物，通过RT-PCR扩增得到长0.8kb的目的片段，将目的片段转入大肠杆菌，酶切鉴定证明得到了含有目的片段的重组子，测定序列结果与其他PVS分离物*CP*基因序列比较，发现其核苷酸同源性达95%左右；构建了含PVS *CP*基因的融合蛋白原核表达载体，并在大肠杆菌中得到表达，SDS-PAGE测定融合蛋白的分子量为58kD。

关键词：马铃薯S病毒；外壳蛋白基因；原核表达

中图分类号：S432　**文献标识码**：A

The clone and expression of the coat protein gene of *Potato virus S* in *E. coli*

WU Xing-quan, WU Zu-jian, XIE Lian-hui, LIN Qi-ying

(Institute of Plant Virology, Fujian Agriculture and Forestry University, Fuzhou 350002)

Abstract: Based on the PVS coat protein gene sequence (855bp) a pair of specific primers designed and the coat protein (CP) gene of potato virus S (PVS) was amplified by RT-PCR. The gene was cloned into pGEX-2T vector and then transformed into *E. coli* DH5α. The gene has high homology (95%) with other isolates gene. The expression vector p2TSCP was constructed. The coat protein gene was expressed in *E. coli* DH5α and a 58kD protein product was analysed by SDS-PAGE.

Keywords: *Potato virus S*; coat protein gene; prokaryotic expression

马铃薯病毒病是马铃薯生产上非常重要的一类病害，分布于世界各马铃薯产区，常引起马铃薯退化，并影响产量，严重时减产可达80%以上[1]，是马铃薯生产中的主要限制因子。危害马铃薯的病毒很多，以马铃薯命名的就有16种[2]，可侵染马铃薯的病毒则更多，其中最重要的有马铃薯卷叶病毒（*Potato leaf roll virus*，PLRV）、马铃薯Y病毒（*Potato virus Y*，PVY）、马铃薯X病毒（*Potato virus X*，PVX）、马铃薯A病毒（*Potato virus A*，PVA）、马铃薯S病毒（*Potato virus S*，PVS）等。马铃薯病毒S（*Potato virus S*，PVS）是马铃薯上重要病毒之一，分布广泛，在世界各马铃薯种植区均有发生。PVS单独侵染时不表现症状，一般可使马铃薯减产10%～20%[1]，在田间

中国病毒学，2002，17（3）：248-251

* 基金项目：教育部重点项目（00183）、福建省教育厅重点项目

PVS经常与其他病毒混合侵染，当与马铃薯病毒X或马铃薯病毒M混合侵染时，可减产20%到30%。PVS可持续存在于马铃薯薯块中，并通过薯块作远距离传播。在田间该病毒传播速度快，传播范围广，既可通过叶片接触传播，也可通过蚜虫传播。一般已通过病毒化验的原种一旦种植在田间便迅速感染PVS，种植一季之后感染率可高达70%，造成严重危害[3]。PVS在我国研究很少，目前尚未见到关于其*CP*基因方面的报导，本文报道了PVS *CP*基因的克隆及基因的原核表达。

1　材料与方法

1.1　菌种与质粒

大肠杆菌DH5α株系由本所保存，质粒pGEX-2T由邵碧英博士惠赠，质粒pGEM-T Easy Vector购自Promega公司。

1.2　工具酶及试剂

试验所用的限制性内切酶、反转录酶、RNA酶抑制剂、*Taq* DNA聚合酶、Trizol RNA提取试剂盒、dNTP、QIAEX II Gel Extraction Kit、马铃薯病毒DAS-ELISA检测试剂盒分别购自上海生工生物工程技术服务有限公司、Promega公司和国际马铃薯研究中心。

1.3　PVS的分离与鉴定

1.3.1　PVS样品

采自福建省寿宁县，马铃薯品种：德友一号（米拉），为当地农户多年种植的农家种。取样品植株叶片汁液，1%磷钨酸钠负染后电镜观察。利用马铃薯病毒DAS-ELISA检测试剂盒进行检测，具体方法按说明进行。

1.3.2　生物学鉴定及分离纯化

通过接种枯斑寄主苋色藜（*Chenopodium amaranticolor*）对病毒进行鉴定及单病斑分离纯化，接种于普通烟（*Nicotiana tabacum*）上保存备用。

1.4　RT-PCR扩增目的基因

1.4.1　引物设计与合成

依据PVS的*CP*基因设计合成了一对引物（划线处为限制性内切酶*Bam*HⅠ和*Eco*RⅠ酶切位点），用于扩增PVS *CP*基因，引物为上海生工生物工程技术服务有限公司合成，序列如下：5′端引物（S21）：5′-GGATCCATGCCGCCT AACAGATCC-3′；3′端引物（S22）：5′-GAATTCTCATTGGTTGACGCATT-3′。

1.4.2　病毒RNA的提取

采用Trizol Reagent RNA提取试剂盒提取带毒烟草叶片总RNA，以此作为病毒RNA进行试验，同时提取健康烟草叶片总RNA，作为健康对照。具体方法按试剂盒说明进行。

1.4.3　反转录

在Eppendorf管中加入RNA提取液5μL、引物S22（10μmol/L）1μL，瞬离，95℃变性10min，立即置于冰上5min；然后加入下列物质：反转录酶1μL、RNA酶抑制剂1μL、dNTP 1μL、5×反转录酶缓冲液5μL、ddH_2O 11μL，瞬离37℃反应1h，95℃ 5min终止反应。

1.4.4　PCR扩增

反应体系包括反转录产物2.5μL，引物S21、S22（10μmol/L）各2.5μL，10×*Taq*酶缓冲液2.5μL，$MgCl_2$（25mmol/L）1.5μL，*Taq* DNA聚合酶0.5μL，dNTP 0.5μL，ddH_2O 12.5μL，瞬离后进行PCR扩增。PCR反应程序设置：94℃，10min；后94℃，1min，48℃，2min，72℃，2min共30个循环；然后72℃延伸10min。PCR产物采用1%琼脂糖凝胶电泳检测，并用QIAEX II Gel Extraction Kit（QIAGEN）回收。

1.5　PCR产物的克隆

PCR产物经1%琼脂糖电泳回收后，与pGEM-T连接（连接方法参照Promega的产品使用说明），并转化通过$CaCl_2$法制备的大肠杆菌DH5α感受态细胞，挑取在加有IPTG和X-Gal的LB平板上生长的白色菌落，进行质粒酶切。

1.6　重组克隆的酶切鉴定

挑取LB平板上的白色菌落，碱法小量提取质粒，以*Eco*RⅠ酶切，取适量酶切产物于1%琼脂糖凝胶上电泳，分析插入片段的大小。

1.7　DNA序列测定

PVS *CP*基因序列测定由上海基康生物技术有限公司在ABI PRISM 377型DNA自动测序仪上进行。

1.8 PVS CP 基因的原核表达

1.8.1 原核表达载体的构建

在 PVS *CP* 扩增片段的 ORF 起始密码子位置上和扩增片段的末尾位置上通过引物设计引入以 *Bam*HⅠ酶切位点和 *Eco*RⅠ的酶切位点，故 *Bam*HⅠ和 *Eco*RⅠ双酶切重组质粒 pTSCP 得到 0.8kb 的目的片段，回收该片段，与经 *Bam*HⅠ和 *Eco*RⅠ双酶切的质粒 pGEX-2T 连接，并转化 DH5α，筛选得到重组质粒 p2TSCP。

1.8.2 融合蛋白的诱导表达

从转化平板上挑取含重组质粒的菌落接种于含 100μg/mL Amp 的 LB 液体培养基中，37℃振荡培养至 OD_{600} 为 0.6 左右。培养液中加入 IPTG 至终浓度为 1mmol/L，继续振荡培养 3 h。取 1mL 菌液于 Eppendorf 管中，在台式微量离心机上 12 000r/min离心 1min。收集菌体，悬浮于 50μL 10mmol/L Tris-HCl，pH8.0 缓冲液中。

1.8.3 蛋白的 SDS-PAGE 检测

加样于 15% SDS-聚丙烯酰胺凝胶上电泳。然后考马斯亮蓝染色。

2 结果和分析

2.1 福建省 PVS 的鉴定与分离

采自福建省寿宁县的马铃薯病毒样品电镜观察为直或稍弯的线条状病毒，可与 PVS 抗血清产生明显的阳性反应，接种苋色藜（*Chenopodium amaranticolor*）后可产生枯斑反应。通过单病斑分离得到纯化病毒并接种保存于普通烟（*Nicotiana tabacum*）上。

2.2 PVS CP 基因的 RT-PCR 扩增及克隆

以带毒植物总 RNA 为模板，利用 S21 与 S22 这对特异引物进行反转录及 PCR 扩增，得到了长度约为 0.8kb 的目的片段（图 1）。扩增产物经纯化后克隆到 pGEM-T 载体上。经蓝白斑筛选、酶切鉴定，得到了含有插入片段的重组子 pTSCP（图 2）。

2.3 PVS *CP* 基因序列测定及同源性比较

对重组克隆进行了序列测定与已知 PVS 分离物 *CP* 基因序列进行比较，发现核苷酸序列同源性达 95%以上，氨基酸序列同源性达 98.64%，证明

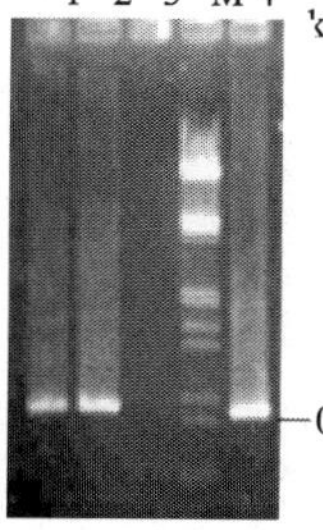

图 1 RT-PCR 扩增 PVS 病毒 CP 基因

1，2，4. PVS CP 基因 PCR 产物；3. 健康对照； M. maker

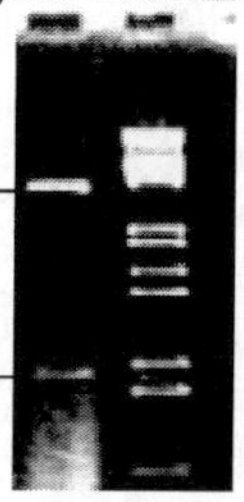

图 2 重组质粒 pTSCP *Eco*RⅠ酶切鉴定

1. *Eco*RⅠ酶切后的重组质粒 pSCP；M. maker

成功地扩增得到了马铃薯 S 病毒外壳蛋白基因。

2.4 PVS *CP* 基因的原核表达

2.4.1 原核表达载体的构建

本实验中，PVS *CP* 基因所选用的载体为用于表达融合蛋白的 pGEX-2T，长 4948bp，具 Amp 抗性，含有 IPTG 诱导、高效表达的 *tac* 启动子，有 *Bam*HⅠ、*Sma*Ⅰ和 *Eco*RⅠ三个克隆位点及适合于三个阅读框架的终止密码子，在克隆位点插入的外源基因可表达成与谷胱甘肽转移酶（glutathione S-transferase，GST）融合的蛋白。以 *Bam*HⅠ和 *Eco*RⅠ双酶切重组质粒 pTSCP 得到 0.8kb 的目的片段，与经 *Bam*HⅠ和 *Eco*RⅠ双酶切的质粒 pGEX-2T 连接，并转化大肠杆菌 DH5α，筛选得到重组质粒 p2TSCP，以 *Eco*RⅠ/*Bam*HⅠ酶切重组质粒 p2TSCP 得到 5kb 和 0.8kb 两个片段（图 3），均与预期结果一致。

2.4.2 融合蛋白的诱导表达

由 p2TSCP 表达得到的融合蛋白 GST-SCP 前半部为质粒本身的谷胱甘肽转移酶（GST），后半部 SCP 为 PVS *CP* 基因编码的蛋白。GST 蛋白分子质量为 26kD，而从 PVS-CP 的核苷酸序列推导

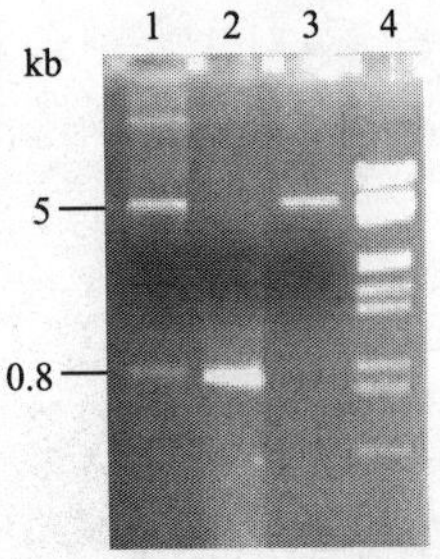

图 3　原核表达载体 p2TSCP 的酶切鉴定

1. *Eco*R Ⅰ / *Bam*H Ⅰ 酶切 pTSCP；2. PVS *CP* 基因 PCR 产物；3. pGEX2T 载体；4. maker

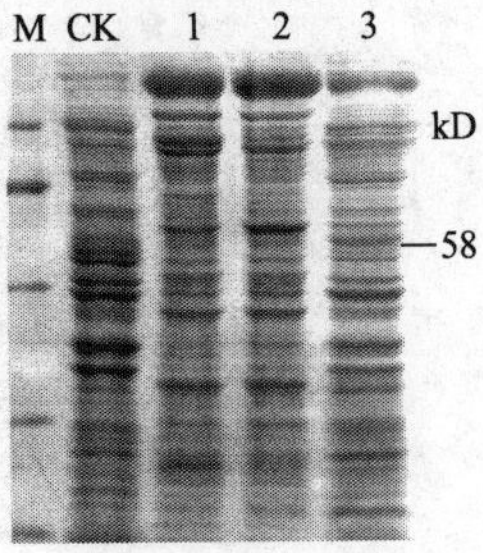

图 4　PVS CP 基因原核表达蛋白 SDS-PAGE 电泳

1，2. 大肠杆菌（含 p2TSCP）诱导后的全蛋白；3. 大肠杆菌（含 p2TSCP）未经诱导时的全蛋白；CK. 大肠杆菌诱导后的全蛋白；M. maker

出的 SCP 蛋白分子质量为 32kD，故融合蛋白的分子质量应为 58kD。由 SDS-PAGE 图谱可知，表达的融合蛋白的分子质量确实在 58kD 左右（图 4），说明表达载体的构建正确，GST-SCP 蛋白得到完整表达。

3　讨论

我国由北向南马铃薯带毒率依次增高，造成我国中部和南部地区不能自行留种，须从东北、内蒙古等发病轻的地区调种，给生产造成了巨大损失。福建省地处我国东南部，马铃薯病毒病危害严重，但目前 PVS 仅在我国黑龙江省、青海省和内蒙古自治区曾有报道[4-7]，而在病毒病危害严重的福建省等南部地区却未见报道。本文通过生物学方法和免疫学方法对福建省马铃薯上 PVS 进行了鉴定和分离纯化，证实 PVS 在福建省马铃薯上广泛存在，为当地马铃薯病毒的防治工作提供了一定的理论依据。

我国马铃薯病毒病的研究工作主要集中于马铃薯 Y 病毒（*Potato virus Y*，PVY）[8]、马铃薯卷叶病毒（*Potato leaf roll virus*，PLRV）[9] 马铃薯 X 病毒（*Potato virus X*，PVX）等几种病毒上，对 PVS 的研究报道极少，主要对该病毒的免疫学检测技术作了一些工作，尚未见到关于此病毒的分子生物学方面的研究。通过分子生物学手段克隆病毒外壳蛋白基因，将其在原核细胞中诱导表达，产生病毒外壳蛋白或融合蛋白，以表达产物为抗原可制备得到具有高特异性的抗血清[10]。这种方法不但克服了传统免疫学方法中制备抗血清时的种种弊端，而且可以根据需要随时诱导转化菌表达产生大量抗原，用以制备高特异性的抗血清，是一项值得推广的技术。

参 考 文 献

[1] Hooker WJ. 马铃薯病害及其防治. 李济宸，唐玉华，谭宗九等. 石家庄：河北科学技术出版社，1992，129-131

[2] 谢联辉，林奇英，吴祖建. 植物病毒名称及其归属. 北京：中国农业出版社，1999，137 -142

[3]沃德罗普 EA. 马铃薯 S 病毒的蚜虫传播. 杨文美，李大同. 青海大学科技译丛，1992,27(1)：34-40

[4] 崔荣昌，李芝芳，李晓龙等. 应用酶联免疫吸附试验法鉴定几种主要马铃薯病毒. 植物保护学报，1989,16(3)：193-197

[5] 孟清，张鹤龄，宋波符. 应用 Dot-ELISA 检测 PVX、PVY、PVS. 中国病毒学，1993,8(4)：365-372

[6] 白艳菊，李学湛，吕典秋等. 应用 DAS-ELISA 法同时检测多种马铃薯病毒. 中国马铃薯，2000,14(3)：144-145

[7] 朱国春，朱国庆. 用 DTBA 方法检测马铃薯病毒. 马铃薯杂志，2000,14(1)：60-61

[8] 周艳玲，刘学敏，孟玉芹. 马铃薯 Y 病毒的检测技术. 中国病毒学，2000,14(2)：89-94

[9] 张彤，哈斯阿古拉，张鹤龄等. 用逆转录聚合酶链式反应检测马铃薯卷叶病毒. 病毒学报，1996,12(2)：190-192

[10] 王振东，张敏，上田一郎等. 马铃薯 Y 病毒普通系外壳蛋白基因在大肠杆菌中的表达. 中国病毒学，1999,14(2)：157-162

核酸斑点杂交检测马铃薯 X 病毒*

吴兴泉，吴祖建，谢联辉，林奇英

（福建农林大学，福建福州　350002）

摘　要：依据马铃薯 X 病毒（PVX）外壳蛋白（CP）基因（723bp）特异序列设计合成一对引物，利用 RT-PCR 技术合成地高辛标记的马铃薯 X 病毒外壳蛋白基因作为分子检测探针，采用核酸斑点杂交技术成功地检测到了马铃薯 X 病毒。带毒病叶的检出下限为 300μg。此方法适用于大量样品的检测。

关键词：核酸斑点杂交；马铃薯 X 病毒；病毒检测

中图分类号：S432.4　**文献标识码**：A　**文章编号**：1006-7817-(2001)S-0193-03

Detection of *Potato virus X* by nucleic acid spot hybridization

WU Xing-quan, WU Zu-jian, XIE Lian-hui, LIN Qi-ying

(Fujian Agriculture and Forestry University, Fuzhou　350002)

Abstract: PVX-specific primers used in the method are defined a target sequence of 723bp of *CP* gene. Using the primers, the DIG labeled molecular probe is prepared by RT-PCR. The *Potato virus X* is detected by Nucleic acid spot hybridization successfully. The lowest leaf with *Potato virus X* which can be detected by the method is 300μg. The method is suitable for the detection of large numbers of samples.

Keywords: nucleic acid spot hybridization; *Potato virus X*; virus detection

近年来，随着分子生物学研究的不断发展，其中一些技术应用于马铃薯病毒的检测将是必然趋势。目前已经应用到病毒检测中的方法主要有：反转录-聚合酶链式反应（RT-PCR）检测技术；核酸斑点杂交检测技术；PCR 微量板杂交法；指示分子-NASBA 检测技术等 4 种。其中，核酸斑点杂交技术（nucleic acid spot hybridization, NASH）已广泛应用于植物病毒的检测中[1-4]。NASH 是根据互补的核酸单链可以相互结合的原理，将一段核酸单链以某种方式加以标记，制成分子探针，与互补的待测病原核酸杂交，带有植物病原探针的杂交核酸能指示病原的存在。Dhar 利用 NASH 检测了 PVY^N 株系[1]，并在研究中发现 NASH 检测的灵敏度与探针的大小有关，证明分子探针越大，灵敏度越高。NASH 检测技术比 ELISA 法更灵敏，更可靠，适于检测大量样品，对病毒或类病毒的侵染诊断更为有用，但是 NASH 技术比 RT-PCR 技术的灵敏度和特异性要

福建农业大学学报，2001，30（增刊）：191-193

* 基金项目：国家教育部重点项目（00183），福建省教育厅重点项目

差一些[1,4]。在我国关于此方面的研究很少，目前尚未见到利用核酸斑点杂交技术检测马铃薯X病毒的报导，为此做了此项研究。

1　材料与方法

1.1　毒源的获得

本试验中所用马铃薯X病毒是从当地马铃薯植株上检测分离得到。采用马铃薯X病毒的枯斑奇数千日红进行枯斑分离，接种在烟草上保存。

1.2　引物设计与合成

依据马铃薯X病毒的外壳蛋白基因（723bp）序列设计合成了一对引物：X_1：5′-GGATCCATGACTGCACCAGCTAGC-3′（与马铃薯X病毒外壳蛋白基因的5′端同源），X_2：5′-GAATTCTGGTGGTGGTAGAGTGAC-3′（与马铃薯X病毒外壳蛋白基因的3′端互补），用于扩增马铃薯X病毒的外壳蛋白基因。引物在上海生工生物工程技术服务有限公司合成。

1.3　病毒RNA的提取

采用Trizol Reagent方法提取带毒植物的总RNA，以此作为病毒RNA进行试验。具体方法：取0.1g植物叶片，加入1mL Trizol试剂，研磨转入一1.5mL Eppendorf管中，室温静置5min；加入0.2mL氯仿，震荡15 s混匀，静置5min；4℃，12 000*g*，离心10min；取上清转入另一1.5mL Eppendorf管中，加入异丙醇0.25mL，RNA沉淀剂0.25mL，混匀后静置10min；4℃，12 000*g*，离心5min。沉淀用1mL 75％乙醇洗涤后干燥，用无RNase的ddH_2O 20μL溶解即可。

1.4　地高辛标记的分子检测探针的制备

以带毒植物总RNA为模板，利用上述引物，通过RT-PCR法扩增马铃薯X病毒外壳蛋白基因，其中PCR反应中的dNTP中加入地高辛标记的DIG-11-UTP，从而合成地高辛标记的分子检测探针（Boehringer Mannheim，1996），PCR反应的退火温度为50℃。所用dNTP底物中，地高辛标记的DIG-11-dUTP与普通dTTP的比例为1∶12。PCR扩增产物通过琼脂糖凝胶电泳后，用QIAEX II Gel Extraction Kit（QIAGEN）回收进行纯化。

1.5　RNA点杂交

（参考Boehringer Mannheim，1993）

膜处理：选用DuPont的PolyScreen PVDF膜。使用前将剪下的膜先在95％乙醇中浸泡1min，再在蒸馏水中漂洗2～3min。

点样：预先用铅笔在膜上做好标记，以便区分。将已提取的核酸样品按比例用RNA dilution buffer（DDW∶20×SSC∶甲醛＝5∶3∶2）稀释，分别稀释2倍、4倍、8倍、16倍，每个样品取1μL点到膜上。

固定：用GS Gene Linker™ UV Chamber（Bio-Rad）预设的固定程序固定样品。

预杂交：将固定好的膜放入杂交瓶中，加入20mL High SDS杂交液（7％ SDS，50％去离子甲酰胺，5×SSC，2％ Blocking Reagent，50mmol/L磷酸钠pH7.0，0.1％ *N*-月桂酰基肌氨酸钠）于杂交炉（1022型SHELLAB）中50℃杂交2 h以上。

探针处理：DIG标记的探针于沸水浴中变性10min，迅速移至冰上5min。

杂交：杂交瓶中加入20mL含有5～30ng/mL DNA探针的High SDS杂交液，50℃过夜。

洗膜：用2×wash solution（含0.1％ SDS的2×SSC）室温洗膜两次，每次5min；用0.1×wash solution（含0.1％SDS的0.1×SSC）于68℃下洗膜2次，每次15min。

封闭：用buffer1（10mmol/L马来酸，150mmol/L NaCl，pH7.5）洗膜1min，弃去，加适量buffer 2［1％（w/v）Blocking Reagent于buffer 1中］轻摇封闭30min。

结合抗体：弃buffer 2，加入用buffer 2新鲜配制的抗DIG碱性磷酸酶标记Fab溶液（150mU/mL，Boehringer mannheim），轻摇30min。

显色：将结合完抗体的膜移入新盘，用buffer 1洗涤两次，每次15min，再用buffer 3（100mmol/L Tris-HCl，pH9.5；100mmol/L NaCl，50mmol/L $MgCl_2$）浸泡2min倒出；加入20mL含65μL NBT（50mg/mL于二甲基甲酰胺中）和35μL BCIP（50mg/mL于二甲基甲酰胺中）的buffer 3后，将容器放入一个封闭的盒内，黑暗中静置显色。

终止反应：待显色适当时，倒出显色液，加入适量的buffer 1浸泡5min终止反应。

将显色后的膜在 IS1000 凝胶成像仪上进行拍照。

注：20×SSC：3mol/L NaCl，0.3mol/L 柠檬酸钠。

1.6 NASH 检测马铃薯 X 病毒的实际应用

1.6.1 马铃薯样本的采集

分别在福建省德化、周宁、寿宁等地进行马铃薯病毒田间样本采集，取有明显症状的马铃薯叶片，并将不同地区所得样本分别接种在普通烟上保存。

1.6.2 马铃薯 X 病毒的检测

按上述方法分别提取各地马铃薯样本的植物总 RNA，取 1μL 点样，进行杂交检测。

2 结果与分析

2.1 利用 NASH 技术检测马铃薯 X 病毒

以地高辛标记的马铃薯 X 病毒外壳蛋白基因为分子探针对马铃薯 X 病毒病叶的检出下限为 300μg：100mg 带毒病叶提取的植物总 RNA 以 20μL DDW 溶解，在以 RNA dilution buffer 成倍稀释，各取 1μL 点样，结果可检测到的稀释度为 1∶16的样品。(图 1)

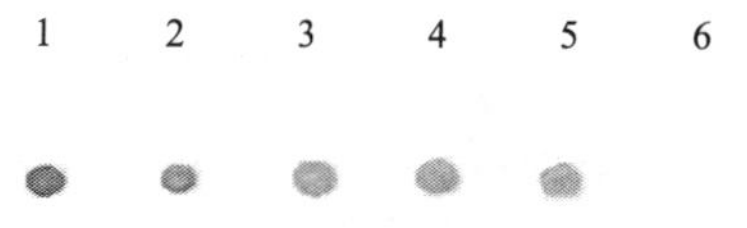

图 1 核酸斑点杂交技术检测马铃薯 X 病毒灵敏度分析

1. 带毒植物总 RNA；2～5. 带毒植物总 RNA 分别稀释 2、4、8、16 倍后样品；6. 阴性对照

2.2 NASH 技术检测马铃薯 X 病毒的实际应用

利用此技术对福建三地区马铃薯样本的检测结果表明：德化地区和周宁地区马铃薯样本中带有马铃薯 X 病毒，寿宁地区马铃薯样本中未发现马铃薯 X 病毒。

3 讨论

本文利用核酸斑点杂交技术成功地检测了马铃薯 X 病毒。其中地高辛标记的分子探针可通过 RT-PCR 一次大量制备，以后重复使用，不必重复操作。此方法较 ELISA 灵敏度高，结果更为可靠。虽然 NASH 技术不如 RT-PCR 技术灵敏，但在对大量样品进行检测时，此方法更为适用。

参 考 文 献

[1] Dhar AK, Singh RP. Improvement in the sensitivity of PVYN detection by increasing the cDNA probe size. J Virol Methods, 1994, 50(1-3): 197-210

[2] Singh M, Singh, RP. Moore L. Evaluation of NASH and RT-PCR for the detection of PVY in the dormant tubers and its comparison with visual symptoms and ELISA in plants. Amer J of Potato Res, 1997, 76(2): 61-66

[3] Singh M, Singh RP. Digoxigenin-labelled cDNA probes for the detection of *Potato virus Y* in dormant potato tubers. J Virol Methods Mar, 1995, 52(1-2): 133-143

[4] Welnicki M, Zekanowski C, Zagorski W. Digoxigenin-labelled molecular probe for the simultaneous detection of three potato pathogens: potato spindle tuber viroid (PSTVd), potato virus Y (PVY), and *Potato leafroll virus* (PLRV). Acta Biochim Pol, 1994, 41(4): 473-475

马铃薯卷叶病毒福建分离物的*CP*基因克隆与序列分析*

吴兴泉[1]，谭晓荣[1]，陈士华[1]，谢联辉[2]

（1 河南工业大学生物工程学院，河南郑州　450052；2 福建农林大学，福建福州　350002）

摘　要：依据马铃薯卷叶病毒外壳蛋白基因序列，设计合成了一对特异性引物，采用反转录-聚合酶链式反应扩增得到了 PLRV 福建分离物外壳蛋白基因，克隆并测定了其核苷酸序列，进行了同源性分析。依据 PLRV 外壳蛋白氨基酸序列建立了 PLRV 不同分离物的系统进化树。

关键词：马铃薯卷叶病毒；外壳蛋白基因；序列分析

中图分类号：S572　**文献标识码**：A

The clone and sequence analysis of CP gene of *Potato leaf roll virus* Fujian isolate

WU Xing-quan[1]，TAN Xiao-rong[1] CHEN Shi-hua[1]，XIE Lian-hui[2]

（1 College of Bio-Engineering，Henan University of Technology，Zhengzhou　450052；
2 Fujian Agriculture and Forestry University，Fuzhou　350002）

Abstract：From the sequence of *Potato leaf roll virus*，a pair of special primers were designed and synthesized. The *CP* gene of PLRV Fujian isolate was amplified with reverse transcription polymerase chain reaction（RT-PCR）. The gene was cloned and sequenced and was compared with the *CP* genes of other PLRV isolates. The phylogenic tree of PLRV isolates was established according to the amino acid sequence of coat protein.

Key words：*Potato leaf roll virus*；coat protein gene；sequence analysis

PLRV（*Potato leaf roll virus*）是马铃薯生产中危害最重的病毒之一，严重影响马铃薯产量和品质。该病毒在世界各马铃薯种植区均有分布，每年均造成严重经济损失。在田间，PLRV 具有典型而易于识别的症状：叶片挺直、卷叶和稍有变白；在某些品种上，幼叶沿边缘开始呈粉红至微红色。植株通常明显矮化，僵直；个别感病品种在块茎上出现网状坏死等症状。在一些某些品种上，症状主要出现在生长前期，后期可消失。PLRV 的主要鉴别寄主有多花酸浆（*Physalis floridana*）、曼陀罗（*Datura stramonium*）等。该病毒可通过种薯传播[1]。

PLRV 属黄化病毒属（*Luteovirus*）成员[2,3]。病毒粒体呈球状，等轴对称，直径 24nm。PLRV 基因组为正链 RNA，基因组全长 5882bp，具有 6 个开放阅读框架，3′端无 poly（A）结构，但结合

河南农业大学学报，2006，40（4）：391-393

收稿日期：2005-12-28

* 基金项目：国家教育部和福建省农业厅资助项目（00183）

了一个 7kD 的基因组结合蛋白[4]。病毒基因组具有 3 个非编码区（UTR）：5′端 UTR 长 69～70bp，其中 5～20bp 严格保守，可能与病毒转录翻译有关[5]；3′端 UTR 长为 141bp；在 ORF2b 和 ORF3 之间存在一个长 197bp 的非编码基因间隔区，将整个基因组分成 2 个编码区[6,7]。关于 PLRV 外壳蛋白的研究证明：该病毒可编码两个外壳蛋白，分别称为大外壳蛋白（CP）和小蛋白（P5），P5 是偶尔出现的 *CP* 基因通读而生产的。PLRV CP 一般分布于细胞质中，CP 和 P5 含有核定位信号，因此这两者也可定位于细胞核中[4]。

由于 PLRV 在寄主体内含量低，主要集中于寄主维管束中，因此难于大量提纯，致使对该病毒的分子生物学研究进展缓慢。我国对 PLRV 虽有研究[1,8,9]，但关于该病毒 CP 基因的分子变异情况的报道较少。

1　材料与方法

1.1　酶与试剂

试验所用的限制性内切酶、反转录酶、RNA 酶抑制剂、*Taq* DNA 聚合酶、植物 RNA 提取试剂盒、dNTP、RNA 纯化试剂盒分别购自上海生工生物工程技术服务有限公司、Boehringer 公司和 Promega 公司，采用 Promega 公司的 pGEM-T 为克隆载体。

1.2　病毒来源

PLRV 福建分离物为福建农林大学植物病毒研究所保存。

1.3　PLRV CP 基因的克隆

1.3.1　引物设计与合成

依据 PLRV *CP* 基因序列（617bp）设计了一对引物，序列分别为：R1：5′-ATGAGTACG-GTCGTGGTTA-3′（为 PLRV *CP* 基因的 1～19nt 序列），R2：5′-CCTAATGGTGACTCTGAAG-3′（与 PLRV *CP* 基因的 598～617nt 互补）。引物在上海生工生物工程技术服务有限公司合成。

1.3.2　植物总 RNA 的提取

取 0.1g 带毒马铃薯叶片，采用 RNA 纯化试剂盒提取植物总 RNA，溶解于 40μL 灭菌双蒸水（ddH_2O）中备用。

1.3.3　RT-PCR 扩增

以带毒马铃薯叶片总 RNA 为模板，R2 为引物进行反转录，得到 cDNA 第一链，以此为模板 PCR 扩增 PLRV *CP* 基因。PCR 反应程序设置：94℃预变性 10min，然后 94℃变性 1min，48℃退火 2min，72℃延伸 2min，共进行 30 个循环；最后 72℃延伸 10min。PCR 产物采用 1%琼脂糖凝胶电泳检测，并用 QIAEX II 胶回收试剂盒回收纯化。

1.3.4　DNA 序列测定

将 PCR 扩增产物纯化后连接到 pGEM-T 载体上，转化通过 $CaCl_2$ 法制备的大肠杆菌 DH5α 感受态细胞。PLRV *CP* 基因序列测定由上海基康生物技术有限公司在 ABI PRISM 377 型 DNA 自动测序仪上进行。

1.3.5　DNA 序列分析

核苷酸及推导的氨基酸序列同源性采用 http：//www.ncbi.nlm.nih.gov 网站中的 Blast 进行分析，并利用 http：//www.ebi.ac.uk 网站 ClastalW 工具依据氨基酸序列建立 PLRV 的系统进化树。

2　结果与分析

2.1　PLRV *CP* 基因的 RT-PCR 扩增及克隆

以带毒马铃薯样品植物总 RNA 为模板，利用 PLRV 特异性引物 R1 与 R2 采用 RT-PCR 的方法，扩增得到了病毒 *CP* 基因。琼脂糖凝胶电泳检测结果表明，得到了长度为 0.6kb 的目的片段（图 1）。将此 PCR 扩增产物进行回收纯化后，与 pGEM-T 载体连接构建克隆载体。经 $CaCl_2$ 法转化大肠杆菌 DH5α 后，进行蓝白斑筛选，提取质粒并进行酶切鉴定。电泳检测结果表明，得到了含有插入片段的重组子 pTRCP（图 2）。

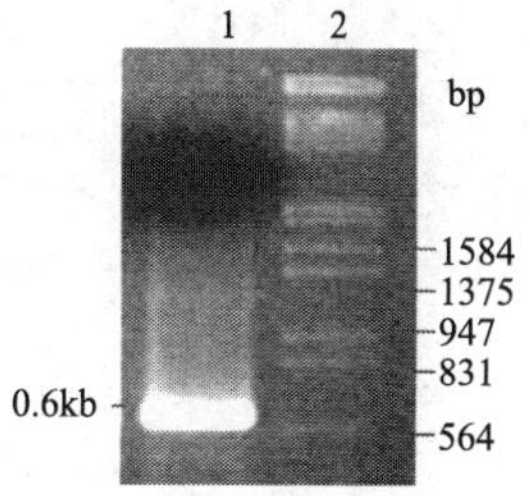

图 1　RT-PCR 扩增 PLRV *CP* 基因

1. RT-PCR 产物；2. marker

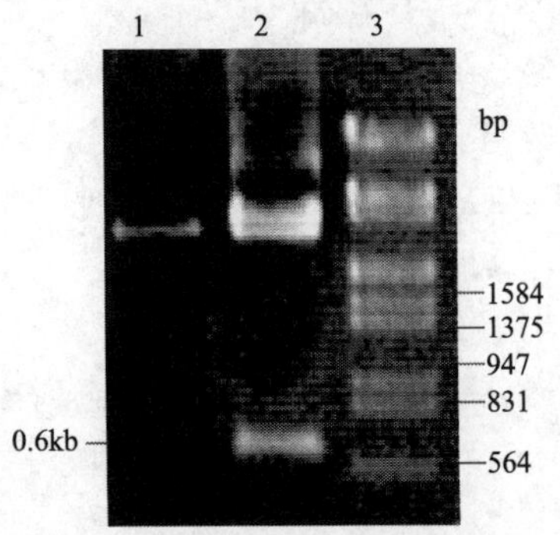

图 2　重组质粒 pTRCP *Eco*R Ⅰ 酶切鉴定

1. 质粒 pGEM-T；2. *Eco*R Ⅰ 酶切后的质粒 pTRCP；3. marker

表 1　PLRV 福建分离物与其他分离物 *CP* 基因核苷酸同源性比较

序列号	同源性/%	序列号	同源性/%
X77324	98	AF007727	97
X77322	98	AF296280	97
X14600	97	AF271215	97
X77326	97	AF022782	96
X77321	97	D13954	98
X74789	98	D13753	98
X77325	97	D13953	96
X77323	97	D00530	97
X13906	98	U73777	97
S77421	98	U74377	98
M89926	95	Y07496	97
AF271214	98		

2.2　PLRV *CP* 基因序列测定及同源性比较

对克隆得到的 0.6kb DNA 片段进行序列测定，并利用 Blast 工具与 GenBank 中已公布的 PLRV 其他分离物 *CP* 基因序列进行比较，发现核苷酸同源性均在 95%以上（表 1），证明成功地扩增得到了 PLRV *CP* 基因（GenBank 登录号为 AY079210）。分析结果表明，PLRV CP 基因核苷酸序较为保守，不同分离物间序列同源性较高。

依据 *CP* 基因核苷酸序列推测 PLRV 外壳蛋白氨基酸序列，并对外壳蛋白氨基酸序列进行分析比较，结果表明 PLRV 不同分离物外壳蛋白氨基酸序列同源性较高（95%～100%）。依据 PLRV 外壳蛋白氨基酸序列，建立了 PLRV 不同分离物的系统进化树（图 3）。由图 3 可知，在 26 个 PLRV 分离物中，分离物 AF022782（南非）、M89926 和 D13953（澳大利亚）的外壳蛋白氨基酸序列与其他分离物存在较大差异，形成一类；其他各分离物间氨基酸序列差异较小，形成 PLRV 的另一个主要群体。

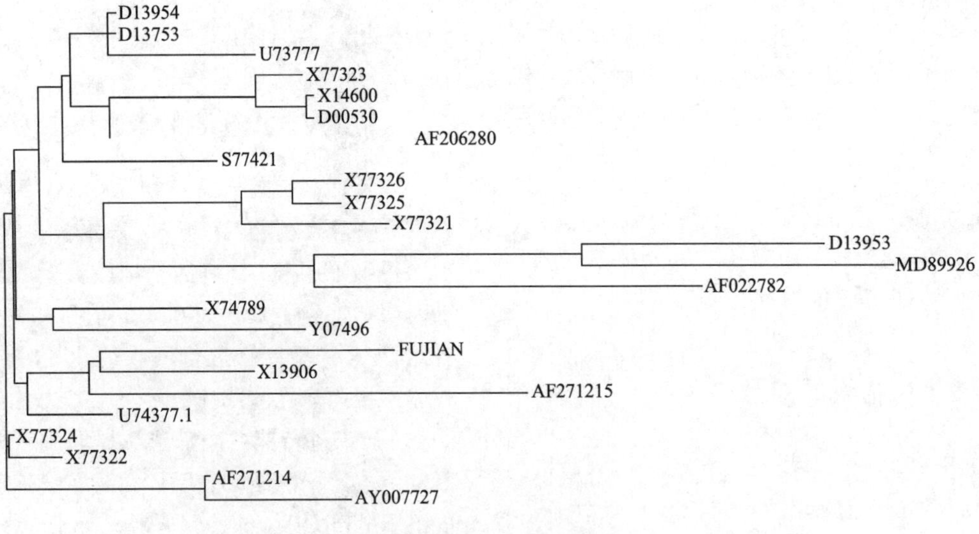

图 3　依据 PLRV 外壳蛋白氨基酸序列建立的 PLRV 系统进化树

3　结论

依据 PLRV *CP* 基因设计合成的一对特异性引物，以马铃薯卷叶病毒福建分离物 PLRV-FJ RNA 为模板，利用反转录 PCR 可扩增得到 0.6kb 的目的片段。与已报道的 23 个 PLRV 不同分离物 *CP* 基因序列进行同源性分析，证明马铃薯卷叶病毒 *CP* 基因核苷酸序列和外壳蛋白氨基酸序列在不同分离物间具有高度同源性。因此，利用 PLRV 外壳蛋白基因核苷酸序列及外壳蛋白氨基酸序列分析可对病毒进行分子鉴定。

参考文献

[1] 张鹤龄，马志亮，张宏. 马铃薯卷叶病毒的分离、提纯及抗血清的制备. 微生物学报，1984，28 (4)：355-360

[2] Matthews REF. Classification and nomenclature of viruses. Inetervirology，1982，17：1-199

[3] Mrephy FA，Fauquet CM，Bishop DHL，et al. Virus taxonomy classification and nomenclature of viruses. Report of the International Committee. Archives of Virology，1995，10：187-192

[4] Sophie H，Tanya S，Eugene R，et al. Nucleolar localization of *Potato leaf roll virus* capsid proteins. Journal of General Virology，2005，86：2891-2896

[5] Keese P，Martin RR，Kawchuk LM. Nucleotide sequence of an Australian and a Canada isolate of *Potato leaf roll virus* and their relationships with two European isolates. Journal of General Virology，1990，71：719-724

[6] Mayo MA，Robinson DJ，Jolly CA. Nucleotide sequence of *Potato leaf roll luteovirus* RNA. Journal of General Virology，1989，70：1037-1051

[7] Vander Wilk F，Huisaman MJ，Cornelissen BJC. Nucleotide sequence and organization of *Potato leaf roll virus* genomic RNA. FEBS Letters，1989，245：51-56

[8] 张鹤龄. 马铃薯卷叶病毒基因组研究进展. 中国病毒学，1996，11 (1)：1-8

[9] 张彤，哈斯阿古拉，张鹤龄等. 用逆转录聚合酶链式反应检测马铃薯卷叶病毒. 病毒学报，1996，12 (2)：190-192

V　甘蔗病毒

着重研究了有关甘蔗病毒的诊断鉴定、株系分化、分子生物学及病害的病理生理、细胞病理与品种抗性。其中包括甘蔗斐济病毒（*Sugarcane Fiji disease virus*）、甘蔗褪绿线条病毒（*Sugarcane chlorotic streak virus*）、甘蔗花叶病毒（*Sugarcane mosaic virus*）。

福建蔗区甘蔗斐济病毒的鉴定

周仲驹[1]，谢联辉[1]，林奇英[1]，蔡小汀[1]，王　桦[2]

（1 福建农学院植物病毒研究室，福建福州　350002；2 福建农学院甘蔗引种检疫站，福建福州　350002）

关键词：甘蔗斐济病毒；血清学鉴定；种苗传播；介体传播；甘蔗扁角飞虱

摘　要：在福建引自泰国甘蔗 Co1013 品种上检出了斐济病毒。发病症状明显、典型，可经介体昆虫扁角飞虱（*Perkinsiella saccharicoda*）传播，循回期在 22d 左右，属持久性传毒；病毒粒体球状，直径 66～70nm，具直径为 53～54nm、染色较深的核心；病叶提取液与国外提供的甘蔗斐济病毒抗血请起阳性反应。

Identification of *Sugarcane Fiji disease virus* in Fujian Province

ZHOU Zhong-ju[1]，XIE Lian-hui[1]，LIN Qi-ying[1]，CAI Xiao-ting[1]，WANG Hua[2]

(1 Laboratory of Plant Virology，Fujian Agricultural College，Fuzhou　350002；
2 Sugarcane Quearantine Station，Fujian Agricultural College，Fuzhou　350002)

Abstract：*Sugarcane Fiji disease virus* (FDV) from sugarcane varieties introduced from Thailand and from some sugarcane growing areas in Fujian province of China was identified. Elongated galls，i. e.，vein swellings，developed along the veins on the back of the leaves in infected sugarcane plants. The diseased plants were stunted with ragged，short and twisted leaves on susceptible varieties of sugarcane. Besides spreaded by cuttings from infected plants，the virus was transmitted by *Perkinsiella saccharicida* in a persistent way. It had particles with icosahedra symmetry about 66-77nm. In diameter. Serological reaction was observed between FDV's antiserum from Australia and sap from the infected leaves.

Key words：*Sugarcane Fiji disease virus*；serological identification；transmission by cane；cutting vector transmission；*Perkinsiella saccharicida*

甘蔗斐济病毒（*Sugarcane Fiji disease virus*，FDV）最早于 1910 年由 Lyon 等在斐济岛和新几内亚等地发现[1,2]。其后，澳大利亚、马达加斯加、所罗门群岛、印度尼西亚、海布里地群岛、马来西亚、菲律宾以及泰国等的蔗区均有发生。我国各蔗区以前未见报道。但自 1981 年以来，福建多个蔗区还曾多次反映有疑似甘蔗斐济病病株出现，1982～1984 年间，福建农学院甘蔗引种检疫站在引自泰国的甘蔗品种 Co1013 上检出症状类似斐济病的病株，1984～1986 年我们先后在福建、广西

病毒学报，1987，3（3）：302-304
收稿日期：1987-08-09　修回日期：1988-04-27

和云南等省蔗区进行了大量的调查。结果也在福建的莆田、仙游和福州的一些试验苗圃及品种资源圃中的闽糖 70/611 和 CP34/120 品种上查到症状相似的病株。该病的症状表现、传播方式以及所观察到的病毒形态都与国外报道的[1,2]基本相同，且病株叶汁能与澳大利亚制备的 FDV 抗血清明显地起反应。由此，认为该病的病原是甘蔗斐济病毒，属何株系尚待进一步研究。

自然发病及人工接种的病株症状：自 Co1013 品种病茎长出的病苗发病初期，心叶周围数叶产生一条或数条褪绿白色条纹，后从条纹一边或两边横向裂开，形成多个凹口形或锯齿状缺口，缺口浅的仅 0.2～0.4cm，深者可达 2.0cm 以上，但未见越过主脉者，同时叶片扭曲变形，尤以叶尖为甚，常成卷尖状态（图 1A）。在生长季节所长出的叶片短且僵硬，顶端心叶裂叶和扭曲变形，最终顶端生长停滞，梢似扇状。生长后期，叶片背面常沿叶脉形成大小不一的条状脉肿（图 1B），长度在 0.6～4.2cm，宽 0.5～1.0mm，高度在 1.0mm 以下。还可见到数条脉肿相愈合现象，形成长达 8.5cm 或以上时长条状脉肿。脉肿表面光滑，初期为淡绿后期变为蜡黄色。脉肿大多数出现在叶背的细小叶脉上，也有在主脉上。偶尔出现于叶鞘外侧。病苗观察至 250d 左右，其株高比健株矮 1/4～1/3。闽糖 70/611 和 CP34/120 病株不见明显矮化，也未见裂叶和扭曲症状，仅在生长季节中、后期在叶背上出现一至数条 0.2～0.5cm 长、表面光滑、初期淡绿后期蜡黄色的典型脉肿。经扁角飞虱接种传播的 Co1013 和闽糖 70/611 病株的症状与自然发病者相同，Co1013 品种的潜育期 200d 左右，而闽糖长达 400d 以上。接种的病株表现轻度矮化，叶片背面主脉和侧脉上出现长度 0.6～1.3cm 的典型脉肿，最初为淡绿色，以后其表面产生一条纵向的褐色坏死线，最后裂开，形成似火山开沟状外观，表面粗糙。潜育期 60d 左了右。

传播方式：以出现典型症状的盆栽繁殖的病苗作为毒源，人工饲养的甘蔗扁角飞虱（*Perkinsiells saccharicida*）无毒群体和水稻褐飞虱（*Nilaparvata lugens*）无毒群体的低龄若虫为供试昆虫。供试甘蔗为福建农学院甘蔗综合研究所和仙游县农业局甘蔗病虫测报站提供的闽糖 70/611、NCO310 和 Co1013 的无病苗。水稻褐飞虱传播甘蔗斐济病试验按传播水稻据齿叶矮缩病毒的常规方法[3]进行。重复试验三次表明甘蔗斐济病不经水稻褐飞虱传播。甘蔗扁角飞虱传毒试验按常规方法进行，饲毒 4d，接毒 4d，每株蔗苗接 5 头飞虱，重复 5 次，表明甘蔗扁角飞虱能以持久性方式传播，循回期 22d 左右，传毒率 6.7%～12%依甘蔗苗品种不同而异。

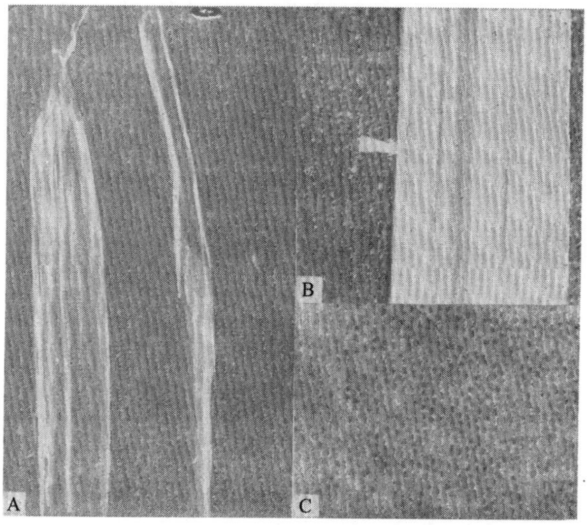

图 1　福建蔗区甘蔗斐济病毒的鉴定

A、B. 甘蔗斐济病的症状（品种，Co1013）箭头指示脉肿；C. 甘蔗斐济病叶部脉肿超薄切片中的病毒粒体（×30 000）

病原的电子显微镜观察：上述典型脉肿组织按常规经戊二醛和俄酸双固定制成超薄切片，在 JEM-100CXⅡ型透射电镜下，观察到细胞质中有大量的球状病毒（图 1C），直径约 66～70nm，具有直径为 53～54nm、染色较深的核心。

血清学鉴定：取自然发病的 Co1013 出现典型脉肿的病叶和经扁角飞虱接种传播成功的 NCO310、Co1013 以及闽糖 70/611 病叶各 20g，剪碎，加入 20mL 0.2mol/L pH7.0 的磷酸缓冲液，研磨榨汁。汁液与 5 倍稀释的 FDV 抗血清（澳大利亚糖业研究所 Ikegami 博士赠送）进行玻片凝集反应，同时以健株叶汁作对照，结果表明上述 4 种病叶都呈阳性，对照为阴性。

甘蔗斐济病在流行区的危害是国际甘蔗病害史上的一个惨痛教训。近来在我国福建蔗区部分苗圃已有发现，鉴于该病易随种苗和介体传播，且在抗性较强的甘蔗品种上并不表现严重矮化和叶缘缺刻等症状，而仅以发生脉肿为表征，若不作系统调查则不易被检出。因此，及早对我国南方各主要蔗区，尤其是近些年来从国外大量引进甘蔗品种的苗圃，进行系统的调查很有必要，其经济意义也是重大的。

（福建农科院电镜室协助电镜观察，澳大利亚

Dr. M. Ikegain 提供病毒抗血清，调查中得到仙游龙华甘蔗试验站和莆田市农科所等的帮助，特此致谢。)

参 考 文 献

[1] Hutchisou PB, Francki BIB. Descriptions of plant viruses. 1973, 119

[2] Smith KM. A textbool of plant vitus diseases. New York: Academic Pres, 1972, 487-479

[3] 谢联辉，林奇英. 锯齿叶矮缩病在我国水稻上的发现. 植物病理学报，1980，10：59

甘蔗褪绿线条病的研究 I．病名、病状、病情和传播

周仲驹[1]，林奇英[1]，谢联辉[1]，王　桦[2]

（1 福建农学院植物病毒研究室，福建福州　350002；2 福建农学院甘蔗联合研究所，福建福州　350002）

摘　要：本文首次明确甘蔗褪绿线条病（sugarcane chlorotic streak）普遍存在于我国福建，广西和云南蔗区，局部地区的部分品种的发病率甚高。该病发病初期，叶片上产生正反两面形状相同的淡黄色褪绿条纹，后条纹可发展或愈合成长条纹。条纹中间部分坏死，呈淡褐色或灰白色，严重时叶片枯死。条纹可出现在叶片的中间、边缘或顶部。病株还可见有可逆性萎蔫现象。该病可由病株的蔗茎和病土传播，但不由病叶汁液、甘蔗黄蚜（*Aphis sacchari*）、甘蔗粉蚧（*Saccharicoccus sacchari*）和甘蔗扁角飞虱（*Perkinsiella saccharicida*）传播。

关键词：甘蔗；褪绿线条病；发生；症状；传播

Studies on sugarcane chlorotic streak Ⅰ. better nomenclature, symptoms, incidence and transmission

ZHOU Zhong-ju[1]，LIN Qi-ying[1]，XIE Lian-hui[1]，WANG Hua[2]

（1 Laboratory of Plant Virology，Fujian Agricultural College，Fuzhou　350002；
2 Synthetic Research Institute of Sugarcane，Fujian Agricultural College，Fuzhou　350002）

Abstract：Sugarcane chlorotic streak is commonly found in the provinces of Fujian，Guangxi and Yunnan，China. The contamination percentage of the disease was rather high，in some cultivars growing in certain areas. The distinct symptom of the disease was the appearance on the leaves of palely yellowish or greenish stripes with wavy，irregular margins. The stripes were equally visible on both surfaces of the leaves，usually measured 0. 2 to 1. 7，even as big as 2. 0cm in width and in various lengths. Necrotic areas or sections occurred in the older stripe. Reversible wiltings could also be observed，especially in the summer. The results of the transmission tests showed that the disease could be transmitted by diseased cuttings of sugarcane and infected soils，but not by the sap squeezed from diseased leaves or infected by *Aphis sacchari*，*Saccharicoccus sacchari* and *Perkinsiella saccharcida*. “Sugarcane chlorotic stripe” disease was described previously as “Sugarcane chlorotic streak” . This is a better nomenclature for the disease.

Key words：sugarcane；chlorotic streak；incidence；symptoms；transmission

甘蔗褪绿线条病最早于 1929～1930 年在爪哇、　澳大利亚和夏威夷等地发现[1]。以后，毛里求斯、

福建农学院学报，1987，16（2）：111-116，198
收稿日期：1986-08-12

古巴、土耳其、斐济、南非、巴西、格林拿达、萨摩亚、圭亚那以及美国的波多黎各等 20 多个国家和地区报道了该病的发生[1-3]。我国的台湾省于 1949 年有此病的记载[4]，但大陆本土未见报道。

1984 年以来，作者在福建、广西和云南等蔗区进行甘蔗病毒病调查中，发现了可疑的毛蔗褪绿线条病病株，本文报道有关试验的第一部分结果。

1 病害名称

甘蔗褪绿线条病（sugarcane chlorotic streak）的病名是在 1932 年国际甘蔗技师学会第四届会议期间确认的。在此之前，还曾有第四种病（fourth disease）和假白条病（pseudo-scald）之称[1]。在我国台湾省，有枯条病等之称，英文名仍为 chlorotic streak[4]。在我国的一些其他资料或译文上，还有浪纹病、波条病，褪绿条斑病和褪绿线条病等之称。

为尊重前人的研究成果，我们暂时采用甘蔗褪绿线条病这一名称。但用“线条”（streak）来描述此病，并不切合实际，而用“条纹”（stripe）则较妥；且已证明线条病（streak）和褪绿线条病是甘蔗上两种完全不同的病害，症状上差别也很大，有必要在名称上给予明确的表示。为此，我们建议采用“甘蔗褪绿条纹病”（sugarcane chlorotic stripe）代替“甘蔗褪绿线条病”。

2 症状观察

1985 年 3 月至 1986 年 3 月，系统观察了以闽糖 70/611、仙选-3、和 Co740 等作毒源的病苗以及人工接种的桂糖-11 闽糖 70/611 和闽选 703 病苗的症状表现。结果如下。

（1）人工接种的桂糖-11、闽糖 70/611 和闽选 703 病株，发病初期叶片上产生淡黄色的褪绿条纹（图 1a），叶片正反两面上的形状相同，后条纹可发展或愈合成长的条纹（图 1b）。因此，条纹有长有短，短的仅 1～2cm，长的可贯穿整个叶片，但多数为叶片长度的 1/3～2/3。宽度也不一致，窄的仅 0.2cm 左右，宽的可达 1.7～2.0cm 左右。

条纹可从叶片的中间、边缘或顶端开始，叶片边缘或顶端的条纹有明显的波浪状边缘，偶尔可见条纹发生在叶片的主脉和叶鞘上。

褪绿条纹发展的同时，条纹，中间产生短而两端尖的红褐色坏死线（图 1a）。后坏死线发展，在条纹中间形成坏死条纹（图 1b），坏死组织呈淡褐色或灰白色有的保持褪绿状的淡黄色。坏死条纹多时，叶片枯死。

在甘蔗大生长季节，白天即使土壤水分充足，病株也有萎蔫现象，晚间一般可恢复原状。

（2）从闽糖 70/611、桂糖-11、仙选-3 和 Co740 等不同品种的带病种茎长出的病苗，症状没有明显差别，与人工接种的桂糖-11、闽糖 70/611 和闽选 703 病株的症状也基本相同。

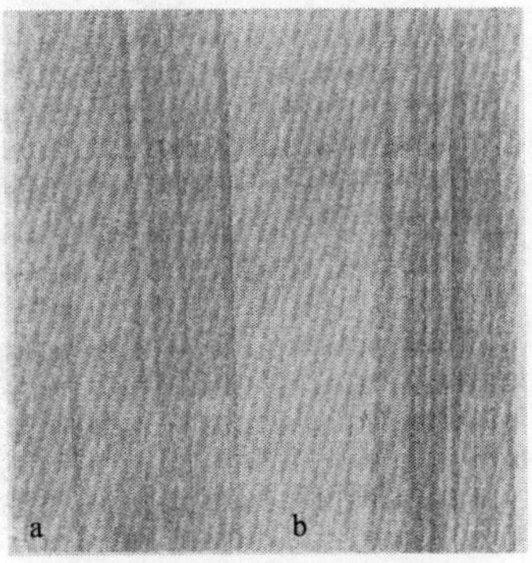

图 1 甘蔗褪绿线条病病叶上的症状（品种：桂糖-11）

3 病情调查

1984 年 7 月至 1986 年 3 月，作者先后 8 次对福建省的福州、福清、莆田、仙游、南安、同安、龙海、厦门、云霄，广西壮族自治区的南宁和云南省的开远等县（市）及其所属 9 个试验苗圃或试验区（福建农学院甘蔗综合研究所、莆田市农科所、仙游县龙华甘蔗试验站、同安县农科所。云霄县农科所、福建省甘蔗研究所、广西农学院甘蔗试验地、广西甘蔗研究所和云南甘蔗研方所）的近 200 个品种和品系进行了调查。

调查方法：①选择有代表性的品种区试圃和品种资源圃，对各个品种、品系逐一进行调查。②选择目前生产上的当家品种进行调查，随机调查部分品种的发病率。采用五点取样法，每点调查 100 丛。

调查结果表明，福建省的福州，福清，莆田、仙游，南安、厦门金额云霄，广西壮族自治区的南宁和云南省的开远等县（市）蔗区及其所属的试验苗圃均有此病发生。发病的品种、品系有：闽糖 70/611、F134、桂糖-11、粤糖 314、闽选 703、仙选-3、桂系 82/338、桂系 82/167、桂系 82/158、莆田市农科所的杂种 F_1 和 F_2 代、Co740、M46/202、Di52、D11/35、H54/432、H49/3533、PR68/3120、PR66/148、Co658、B41/227、B52/

230、B37/172、B54/281、F172、F160、F148、F168、Q83、Q61、Q63、Q88、S11、S1、M336、M40/241、NCo376、NCo310、NCo391 和 H54/775 等 40 多个。绝大多数品种、品系仅零星发生；但在部分地区、某些品种的发病率较高。仙游县龙华乡的粤糖 314 发病率达 42%，广西南宁的桂糖-11 发病率为 20%～30%。由此可见，该病在我国福建、广西和云南等蔗区值得引起注意。

4　传播试验

4.1　供试材料

4.4.1　供试毒源

从福建、广西和云南等蔗区采集的样本中选出症状典型、有代表性的病株。品种包括桂糖-11、闽糖 70/611、仙选-3、粤糖 314、Co740 和 F134 等。病上取自仙游县龙华乡仙选-3 病株根部周围的土壤。

4.1.2　供试健蔗

取自本院甘蔗综合研究所的无病蔗茎的 2～3 代繁殖苗。品种包括闽糖 70/611、闽选 703 和 F134。

除特别标明者外，用于试验的病健种均成单芽茎段，并选择芽苞丰满、无损伤的茎段；供试健茎经 52℃恒温热水浴处理 20 分钟（已证明该处理可完全抑制带病蔗茎发病，将另文报道）。

4.1.3　供试昆虫

甘蔗黄蚜（*Aphis sacchari*）和甘蔗粉蚧（*Saccharicocus sacchari*）系 1984 年 8～9 月间开始人工饲养繁殖的无毒种群；甘蔗扁角飞虱（*Perkinsiella saccharicida*）系 1984 年 9 月下旬从福建省甘蔗研究所附近蔗田捕捉后室内饲养繁殖的无毒群体。

4.1.4　盆栽土壤

除特别标明者外，均采用远离蔗田、从未种过甘蔗的山边自然土壤。

4.2　方法和结果

4.2.1　病茎带病观察

1984 年 8 月至 1986 年 3 月间、将来自福州、福清、仙游、云霄、广西甘蔗研究所、广西农学院以及云南开远等七个点的 Co740、桂糖-11、闽糖 70/611、粤糖 314、仙选-3、F134 等共 6 个品种的典型病株的病茎切段，分别盆栽种植，观察发病情况。以无病的 Co740、桂糖-11、闽糖 70/611 和 F134 等作对照。

观察结果表明：表现典型症状的病茎切段 100%能带病；病茎苗发病时间长短不一，短的仅 28d，长的达 140d。

4.2.2　汁液传播试验

1985 年 7 月 28 日，闽糖 70/611 和仙选-3 病叶经 4℃冰箱中处理 2～3h 后，剪碎、研磨，加 0.1mol pH7.0 磷酸缓冲液榨汁。然后迅速用 500～600 目金刚砂涂抹接种和 1 号昆虫标本针针刺接种，各接 10 株 15d 龄的健蔗苗。5d 后，用同样的方法重复接种一次。以不接种的为对照。

用涂抹和针刺接种的 20 株蔗苗，观察至 200d，均不发病。这表明该病不能通过病叶汁液传播。

4.2.3　昆虫传播试验

（1）甘蔗黄蚜：1985 年 8 月 1 日，将饥饿 2h、在桂糖-11 病株上饲毒 24h 的甘蔗黄蚜 30 只接种于 6 株 15d 龄的无病蔗苗心叶上，每株 5 只，接毒时间 24h；用同样饥饿而饲毒 72h 的甘蔗黄蚜重复接种，每株 5 只，接种 72h；再用仙选-3 病株上饲养 2～3 代的甘蔗黄蚜，重复接种 5d。每株 5 只，以不接种的健苗为对照。

防虫条件下，6 株接种苗观察至 200d，均不发病。这表明该病不能通过甘蔗黄蚜传播。

（2）甘蔗粉蚧：1985 年 3～4 月间，将无毒的甘蔗粉蚧转移到 2 株带病的桂糖-11 和仙选-3 病株上饲养，7 月 30 日捉出 120 只（其中成虫 30 只，若虫 90 只）放置于 6 株 15d 龄的蔗苗心叶基部，每株 20 只，接种 10d 后施呋喃丹颗粒剂去虫。以不接毒的甘蔗苗为对照。

接种苗在防虫条件下，观察至 200d，均未见发病。这表明该病不能由甘蔗粉蚧传播。

（3）甘蔗扁角飞虱：1985 年 7 月 30 日，将无毒的 2～3 龄若虫放置于仙选-3 病株上饲毒 10d，后捉出 90 只，放于 6 株 15d 龄的健蔗上，每株 15 只，接毒 30d 后施呋喃丹颗粒剂去虫。以不接种的健苗为对照。

防虫条件下，接种苗观察至 200d，均未见发病。这表明该病不能由甘蔗扁角飞虱传播。

4.2.4　土壤传播试验

（1）病土和病残根带病观察　1985 年 6 月 19

日，取仙游县龙华乡仙选-3病株根围土壤（带有少量的病株细根）约3kg，加自来水7.5kg，制成土壤悬浮液，放入6个无病的双芽健苗。浸渍24h后将这6个蔗苗种于三个直径26cm的盆钵中每钵2苗。然后用一半的土壤悬浮液均分浇入这三个盆钵中，另一半的土壤悬浮液均分浇入另外三个装有相同土壤的盆钵中。23d后，每钵补种2个无病的双芽苗。以不加病土悬浮液的处理为对照。

防虫条件下观察至60d，浇病土悬浮液的处理，无论立即种植无病苗或23d后补种无病苗，均100%发病，对照处理均不发病。这表明，该病可由甘蔗病株根部周围的土壤传带，且传播效率很高。

（2）病蔗通过无病土的传播试验　1985年7月11日，选取来自广西南宁、云南开远和福建福州的桂糖-11和闽糖70/611病株茎段8个，分别种于盛有无病土的8个直径26cm的盆钵中。10d后，每钵再种入2株无病蔗苗，病苗排在中间，两株无病苗在外。盆钵置于有7～10cm水层的水泥池中。以不种病苗的处理为对照。

防虫条件下，观察至110d，8个盆钵的16株无病苗中，有13株受到传染而发病，发病率为81.2%，对照处理均不发病。这表明，在土壤含水量足够高的条件下，该病可以在土壤中完成从病株到健株的传播过程。

5　讨论

1949年，罗宗爵报道了台湾甘蔗褪绿线条病的存在[1]。作者研究表明，甘蔗褪绿线条病在我国福建、广西和云南等蔗区均有发生。至于此病在我国广东，四川和浙江等其他蔗区的存在与否尚待进一步研究。

我们认为：采用“甘蔗褪绿线条纹病”（sugarcane chlorotic stripe）替代国内外惯称的“甘蔗褪绿线条病”（sugarcane chlorotic streak），似更能确切地描述该病的基本特征，更好地区别于其他甘蔗病害，且便于识别，但也尚有不足之处。因此，是否有其他更妥当的名称来描述该病尚待商讨。

传播试验的初步结果表明：此病不能通过病叶汁液、甘蔗黄蚜、甘蔗粉蚧和甘蔗扁角飞虱传播，而可通过带病种苗和病土传播。其中，部分证实了前人的报道[1,3-6]。而土壤传播的机制以及病原的本质、田间流行规律和防治等问题尚在研究之中。

致谢　调查过程中，得到了沿途各有关单位和个人的大力支持；美国路州Houma甘蔗试验站H. Koike博士为本研究提供了部分资料并提出宝贵意见；南京农业大学丁锦华教授帮助鉴定甘蔗扁角飞虱，均此一并致谢。

参考文献

[1] Martin，JP，Abbot EV，Hughes CG. 世界甘蔗病害. 陈庆龙. 北京：农业出版社，1982，1：259-269

[2] Bento D. Chlorotic streak in Brazil. *In*：Proc. 11th Congr. ISSC. Tech.，1962，775-770

[3] Smith KM. A textbook of Plant Virus Diseases. 3rd. New York and London：Academic Press，1972，487-488

[4] 罗宗爵. 作物病理学. 台湾商务印书馆，1972，222

[5] 骆君骕. 甘蔗学. 广东甘蔗学会，1984，142-143

[6] Robbert A. Studies on chlorotic steak of sugarcane. *In*：Proc. 10th Congr. ISSC Tech，1959，1091-1097

甘蔗褪绿线条病的研究
Ⅱ. 病原形态及其所致甘蔗叶片的超微结构变化

周仲驹[1]，林奇英[1]，谢联辉[1]，彭时尧[2]

（1 福建农学院植物保护系，福建福州 350002；2 福建农学院测试中心，福建福州 350002）

摘 要：在甘蔗褪绿线条病所致甘蔗叶片中，可见有大小约（50～400）nm×（18～21）nm 的长短不一的杆状病毒粒体，健株中则没有。叶片中的病毒粒体主要见于韧皮部细胞内，尤其是筛管细胞内，有些分散排列，大量则整齐排列。叶片病部部分细胞变形或坏死，有些线粒体则肿胀变大。叶绿体受不同程度破坏，其降解过程似与淀粉粒的累积和降解有密切的关系。

关键词：甘蔗褪绿线条病；病毒形态；病叶超微结构；叶绿体解体机制

Studies in sugarcane chlorotic streak
Ⅱ. Virus morphology and its causing ultrastructural changes of sugarcane leaves

ZHOU Zhong-ju[1], LIN Qi-ying[1], XIE Lian-hui [1], PENG Shi-yao[2]

（1 Department of Plant Protection, Fujian Agricultural College, Fuzhou 350002;
2 Test Center, Fujian Agricultural College, Fuzhou 350002）

Abstract: Bacilliform virus particles of various size about 50-400nm×18-21nm were found in sugarcane leaves infected by sugarcane chlorotic streak, but not in healthy plants. The virus particles, some loosely and many in group side tightly, could be observed mainly in phloem cells especially in the sieve elements. Some cells in he diseased spots of the leaves deformed or became necrotic. Some mitochondria in the cells swelled. Chloroplasts degenerated and were even destroyed, which seemed to have a close relationship wit the accumulation and dissociation of starch grains in them.

Key words: sugarcane chlorotic streak; virus morphology; leaf ultrastructural changes; degeneration mechanism of chloroplasts

甘蔗褪绿线条病（sugarcane chlorotic streak）在世界 20 多个国家或地区的甘蔗上有发生[1]，在我国福建、广东、广西、云南和台湾等甘蔗区也有发生[2,3]。文献的记载均推测其病原是一种病毒[1]，但未确证，其形态也未见报道。Carpenter 及 Abbott 等[1]曾对甘蔗叶片、芽和茎的组织病理学做了研究，但很不深入。我们在对该病在我国发生的病情、病状及传播等的研究[2]基础上，继续对其病原形态及其所致甘蔗叶片病部的超微结构变化进行了研究。本文报道这一研究的结果。

福建农学院学报，1991，20（3）：276-280
收稿日期：1990-07-01

1　材料与方法

取甘蔗品种闽糖 70/611，闽选 703 等病株[2]叶片典型病斑的病部及相应健株叶片的相应部位，按常规方法 5% 戊二醛固定，1% 锇酸重固定，Epon812 包埋，LKB-V 切片机切片，醋酸双氧铀柠檬酸铅染色，JEM-100CXⅡ型透射电镜下检查。

2　结果与分析

在受甘蔗褪绿线条病侵染的甘蔗叶片病部中，可见在部分韧皮部尤其是筛管细胞中有典型的杆状病毒粒体，大小约（50～400)nm×(18～21)nm 病毒粒体长短不一，粗细也不甚一致，呈结晶整齐排列的粒体似比呈松散排列的粒体略细（图 1A～E)。大量病毒粒体整齐排列，成堆分散在叶片的筛管细胞质中，看不出与细胞膜系统有直接的连接，而有一些病毒粒体的一端似粘附于细胞的一些膜系统（图 1D，E)。在一些样本中，还可见大量病毒粒体平行堆积排列的晶状横切面（图 1D)。在健株对照中，未见类似的病毒粒体，在病株叶片中，也仅在有部分坏死且坏死又不很严重的韧皮部中，易查到病毒粒体（图 1A，B)。而在韧皮部细胞均严重坏死以至细胞内含物基本消解的韧皮部中，很少或甚至查不到病毒粒体，在细胞均完好、未见有一定组织病变的韧皮部中也很少见到病毒粒体。此外，在大量的检查中，均未查到与甘蔗白叶病（sugarcane white leaf）病株中类似的类菌原体[2]及其他类细菌的存在。

叶片病部超薄切片的电镜检查还表明：叶片病部韧皮部及叶肉细胞有不同程度的变形或坏死（图 1A，B)，叶肉细胞和维管束鞘细胞叶绿体有不同程度的破坏（图 1A，2A，2B)，部分叶绿体中有或多或少的淀粉粒累积和充塞（图 1F)，维管束鞘细胞中淀粉粒的累积早于该维管束周围的叶肉细胞，有许多淀粉粒形成和充塞的叶绿体，其类囊体呈松弛状态（图 1F)。这表明，叶片病部淀粉粒的累积及其后的降解，可能在病部叶绿体的降解即受破坏过程中起一定的作用外，在病部症状较轻的细胞中，线粒体还较正常，与健叶中的线粒体差异不大；在严重坏死的细胞中，几乎分辨不出线粒体的存在；介于这两者之间的线粒体略膨胀，部分外膜系统解体，部分内嵴受破坏（图 2C，D)。

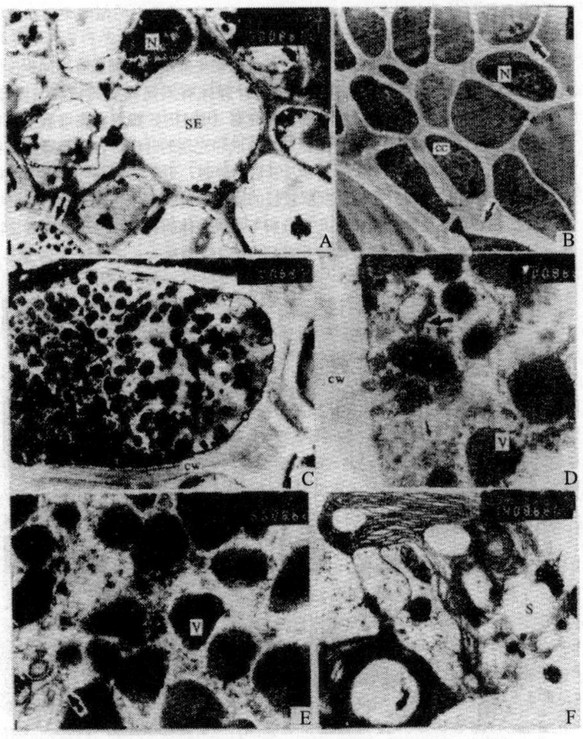

图 1　SCSV 病毒粒子及其所致甘蔗叶片的超微结构变化

A. 病叶大叶脉韧皮部，箭头所指细胞含较多的病毒粒体×4000；B. 中叶脉韧皮部，大箭头所指细胞含少量病毒粒体，小箭头所指细胞略变形，壁较厚×4000；C～E. 筛管细胞中的大量病毒粒体及病毒结晶体，大箭头所指病毒似有一端粘附于细胞的膜状物，小箭头所指大量病毒粒体的横切面 C×8000，D，E×40000；F. 大叶脉维管束鞘细胞中的叶绿体×11200

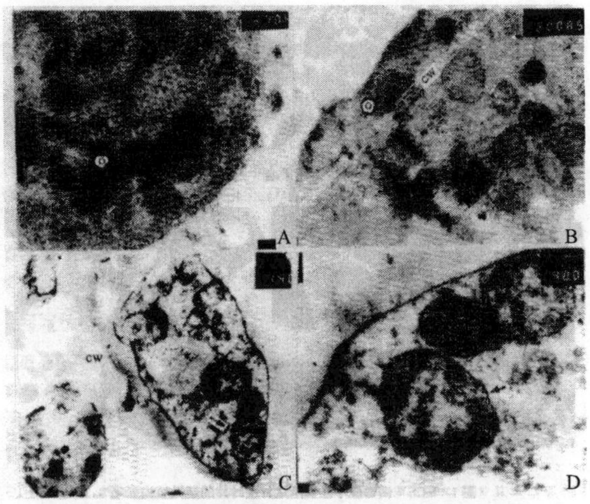

图 2　病叶中不同程度被破坏的叶绿体和线粒体

A、B. 叶肉细胞中的叶绿体 A×8000，B×16000；C、D. 伴胞细胞中的线粒体（如箭头所指），C×11200；D×32000

cc：伴胞；cw：细胞壁；o：嗜锇颗粒；N：坏死；s：淀粉粒；SE：筛管；v：整齐排列的病毒粒体

3 讨论

甘蔗褪绿线条病几乎分布于世界各大蔗区[1,2]。我们根据该病的症状表现、传播方式、对抗生素的反应（未发表资料）及电镜观察等认为，其病原是1种大小约（50～400）nm×（18～21）nm的杆状病毒—甘蔗褪绿线条病毒（*Sugarcane chlorotic streak virus*，SCSV）。至今国际上确认的甘蔗病毒病有，由甘蔗花叶病毒（*Sugarcane mosaic virus*，ScMV）引起的花叶病[1,3]，斐济病毒（*Sugarcane Fiji disease virus*，FDV）引起的斐济病[1,4]，玉米线条病毒（*Maize streak virus*，MSV）甘蔗株系引起的甘蔗线条病[1,5]以及玉米鼠耳病毒（*Maize wallaby ear virus*，MWEV）引起的甘蔗鼠耳病[6]。最近，Lockhart 等[7]在甘蔗上查到了与香蕉线条病毒（*Banana streak virus*）有血清学关系的杆状病毒（*Sugarcane bacilliform virus*，SCBV）。

本文所报道的甘蔗褪绿线条病毒，在症状表现、传播方式及病毒粒体等综合性状上与上述6种病毒均不相同。也与水稻东格鲁杆状病毒（*Rice tungro bacilliform virus*，RTBV）（周仲驹等，待发表）等杆状病毒不同，至于该病毒的其他性质有待于研究。

甘蔗褪绿线条病毒在叶片中似仅见于韧皮部细胞尤其是筛管细胞中，而在严重坏死或细胞较完好的韧皮部中不易查到，这与其他一些病毒如RTBV在叶片组织中的分布（周仲驹等，待发表）有相似性。这可能是严重坏死及解体的组织中，病毒粒体已经随细胞成分一同降解或转移的缘故，而在细胞仍较完整、外表症状不明显的部位，病毒可能尚未完全合成。这种现象的进一步研究似对研究这些病毒的提纯、其在植株组织中的合成部位及其与致病过程的关系有一定的意义。

在叶片不同程度褪绿的病部中，可见到有部分细胞不同程度的变形或坏死，且许多病毒粒体呈聚集状态，充塞分布于部分筛管细胞中，在低放大倍数下，外观上与 Abbott 及 Carpenter 等[1]所描述的胶质物沉积相似。叶片病部筛管中一定程度的被充塞以及部分韧皮部细胞的坏死，有可能直接影响到染病叶片叶绿体同化产物的输出，且因此引起叶绿体中同化产物的过量累积。在叶片病部的检查中，可见许多叶绿体中常有大淀粉粒的累积和充塞，而在一些一定程度被破坏的叶绿体中，淀粉粒又降解消失。这种淀粉粒的暂时累积和降解，可能是叶绿体同化产物输出受阻的结果。且受多量大淀粉粒充塞的叶绿体的类囊体膜表现得松弛，其继续的累积及以后的降解，有可能就损伤或胀破叶绿体的外膜和内膜系统，使叶绿体内膜系统直接暴露于细胞质中的酶系统，致叶绿体的结构组成受到不同程度的降解或破坏，由此可能直接导致叶片病部褪绿病斑的形成。前人有关研究认为，该病叶片褪绿条纹病部，木质部和韧皮部的细胞壁变厚，有胶质物，早于或同时于叶肉细胞的类似病变[1]，似乎也佐证了这种假说。因此，进一步研究受病毒侵染后叶绿体的这种病变机制及其后病部叶片褪绿病斑的形成可能有重要意义。

致谢 福建省农业科学院电镜室协助电镜观察，特此致谢。

参考文献

[1] Martin JP，Abbott EV，Hughes CC. 世界甘蔗病害（第一卷）(1956-1962). 陈庆龙. 北京：农业出版社，1982，259-269

[2] 周仲驹，林奇英，谢联辉等. 甘蔗褪绿线条病的研究 Ⅰ. 病名、病状、病情和传播. 福建农学院学报，1987，16(2)：111-116

[3] Pirone TP. *Sugarcane mosaic virus*. CMI/AAB descriptions of plant viruses，1972，88

[4] Hutchison PB，Francki RIB. *Sugarcane Fiji disease virus*. CMI/AAB descriptions of plant viruses，1973，119

[5] Bock KR，Guthrie GJ. Purification of *Maize streak virus* and its relationship to viruses associated with streak diseases of sugarcane and *Panicum maximum*. Ann Appl Bil，1974，77，289-296

[6] Ryan CC，Arkadieff L. Wallaby ear disease in sugarcane in Queensland. Proceeding of 17th ISSCT，1980，1639-1646

[7] Lockhart BFL，Autrey LJC. Occurrence in sugarcane of a *Bacilliform virus* related serologically to *Banana streak virus*. Plant Disease，1988，72(3)：230-233

甘蔗花叶病毒株系研究初报

陈宇航，周仲驹，林奇英，谢联辉

（福建农学院植物病毒研究室，福建福州　350002）

1984～1985 年福建蔗区的调查表明：甘蔗花叶病在大面积的拔地拉及南安果蔗上严重发生。当家品种 F134 上发病程度有明显的地区差异和田块差异，在闽糖 70/611、闽选 703、仙糖 79/83、仙糖 73/35、M46/202、Di52、F160 和 Co1013 等也有不同程度的发病。

株系鉴定主要参照 ISST 报道的方法进行。用高粱品种 Rio 上繁殖的病毒分离物接种鉴别寄主。观察记载及株系区分标准参考 Abbott 及 Kordaiah 的描述。结果分离到 SvMV-A、ScMV-D、一个未定株系及一个用 F134 为辅助鉴别寄主，从 A 株系中区分出来的新分离物。

研究还表明：为害大田拔地位的花叶病病原是 SvMV-D；而大田中其他甘蔗的花叶病病原主要是 SvMV-A。这些结果可为甘蔗花叶病抗病育种提供依据。

植物病理学报，1988，18（2）：92（研究简报）

甘蔗花叶病的发生及甘蔗品种的抗性

周仲驹[1]，黄如娟[2]，林奇英[1]，谢联辉[1]，陈宇航[2]

（1 福建农学院植物保护系，福建福州 350002；2 莆田市农科所，福建莆田 351100）

摘　要：在福建蔗区，甘蔗花叶病田间发病率因地区和品种而异，供试 9 种及品种对甘蔗花叶病毒株系 A 的反应为：割手密野生种表现免疫；闽糖 70/611 和桂糖 11 表现抗病；福引 79/9，F134 和闽选 703 表现中抗；福引 79/8 表现感病。NCo310 和 Co740 表现高度感病。本文还对田间花叶病的发生特点与品种抗性的关系及品种抗性鉴定的依据和标准等进行讨论。

关键词：甘蔗花叶病；发生；品种抗性

Occurrence of and the varietal resistance against sugarcane mosaic

ZHOU Zhong-ju[1], HUANG Ru-juan[2], LIN Qi-ying[1], XIE Lian-hui[1], CHEN Yu-hang[2]

(1 Department of Plant Protection, Fujian Agricultural College, Fuzhou 350002;
2 Agricultural Institute of Putian City, Putian 351100)

Abstract: The incidence of sugarcane mosaic varied with the different sugarcane cultivars and districts, ranging from 0 to 100% and from 0 to 78%, respectively, in the sugarcane-growing areas of Fujian. Among the 9 cultivars and species tested, *Saccharum spontaneum* was immune, Mintang 70/611 and Guitang 11 were resistant, Fuyin 79/9, F134 and Minxian 703 were moderately resistant, Fuyin 79/8 was susceptible and NCo 310 and Co740 were highly susceptible to *Sugarcane mosaic virus* strain A. The bases and criteria of variety resistance test and the relationship between the incidental characteristics of sugarcane mosaic and varietal resistance are also discussed.

Key words: sugarcane mosaic; incidence; variety resistance

引言

甘蔗花叶病在我国闽、台、粤、桂、蜀、滇、浙等各蔗区普遍发生，局部地区为害严重。国内外的研究都表明控制该病的主要措施是种植抗病品种[1-4]。我国大陆蔗区甘蔗品种繁多，但至今未见有关花叶病抗性研究的报道。

许多研究证实了甘蔗花叶病毒（*Sugarcane mosaic virus*，SCMV）存在株系分化现象[1,5,6]。根据 Abbott 的 SCMV 株系鉴别系统，我国台湾的 SCMV 有 A，B，A＋B 及 D 株系[4,6]，福建蔗区有 A 和 D 等株系，其中 SCMV-A 是优势株系[6]。1984～1987 年，作者在调查福建蔗区甘蔗花叶病的同时，以 SCMV-A 为毒源，开展甘蔗品种对花

福建农学院学报，1989，18（4）：520-525
收稿日期：1988-11-04

叶病的抗性研究。本文报道有关结果。

1 材料与方法

1.1 供试毒源

取自本院植物病毒研究室保存的 SCMV-A。毒源摩擦接种繁殖于 Rio 高粱（*Sorghum vulgare* cv. Rio）上。

1.2 供试品种

取自本院甘蔗综合研究所及农学系经作组，供试材料经田间多次选择及繁殖观察，证明为无病的蔗苗。

1.3 鉴定方法

供试甘蔗品种植株分别切成单芽苗催芽，选择芽苞丰满无损的蔗苗种植于口径 26cm 的盆钵中，每钵 3 苗，按常规盆栽方法管理。

接种参照 Dean（1971）、Leu 等（1976）和 Handojo（1978）等的方法[2,3,7]并略加改良，病叶组织加 3 倍量（V/W）0.1mol/L pH7.2 含 0.2% Na_2SO_3的磷酸缓冲液，经高速组织捣碎机捣碎 3min，双层纱布过滤榨汁。用 500～600 目金刚砂做摩料，涂抹接种于 2～3 片叶片的供鉴甘蔗小苗上，重复接种 3 次。每次间隔 6d。每个品种每次接种 30～51 株苗。为观察接种后各品种花叶病的发展趋势，在第三批试验材料上，增加接种 2 次。

首次接种 7d 后开始调查发病率。以后进行不定期调查，直至发病率基本稳定为止。参照 Dean（1971）、Leu 等（1976）和 Handojo（1978）的分级标准[2,3,7]并略加修改，把抗性分为免疫、抗、中抗、感及高感等 5 级（发病率分别为 0，0.1%～5.0%、5.1%～25.0%、25.1%～40.0% 和 ＞40.0%）；再参考病害的潜育期和发展趋势等；综合分析确定其抗感程度。

1.4 田间发病调查

1984～1987 年，在福州、莆田、仙游、南安、同安、云霄、龙海、漳州等地的蔗田中，采用 5 点取样法对大田中的当家品种进行抽查。每点 50～100 丛，计算丛发病率。调查甘蔗品种区域试验圃或品种资源圃中的小面积种植或保存的品种或品系的丛发病率。

按上述抗性分级标准对所获资料进行归类并列表比较。

在一个生长季中，对部分大田及品种试验区的品种，于苗期和成株期进行 2 次定点抽查，以考察病害田间再侵染情况和发展趋势。其中 1985 年 6 月、10 月在莆田和仙游进行，1986 年 5 月、10 月在福州进行。

2 结果与分析

2.1 田间发病及其发展趋势

福建蔗区的发病调查结果（表 1，表 2）表明，不同品种、不同地区间甘蔗花叶病的发病率有明显差异，大面积种植的拔地拉，南安果蔗，同安果蔗，仙糖 73/35，仙选 79/83 和 NCo310 发病严重；F134 在不同田块的发病程度有明显差异（发病率 0～78%不等）。在品种资源圃及品种区域试验圃中，不同品种间发病程度也有明显差异，有些品种发病普遍且较严重，如仙选 79/83，Q88，仙糖 73/35，Co740，Co1013，NCo310，同安果蔗和 H54/775 等，有些则发生较轻或很轻。

调查结果表明，部分生产品种和区域试验品种田间花叶病的发展是很缓慢的（表 3），其发病率主要取决于种苗带毒率，即种苗带毒率高的，田间发病也高；反之则低，田间再侵染率很低。

表 1 不同品种上甘蔗花叶病的发生情况

田块类型	品种	发病率/%				调查地点
		≤5.0	5.1～25.0	25.1～40.0	＞40.0	
大田	拔地拉				100，100	福州、莆田
	同安果蔗				100	同安
	南安果蔗				85，65，78	云霄
	闽糖 70/611	0，4，3，0	16			云霄、南安、福州、莆田
	闽选 703	0	23	37		云霄、仙游
试验田	桂糖 11	0，0				福州、云霄

续表

田块类型	品种	发病率/%				调查地点
		≤5.0	5.1～25.0	25.1～40.0	>40.0	
	仙糖 73/35				85，95，100	云霄、仙游、福州
	闽引 812			35		漳州
	闽选 63/41		25			漳州
	仙选 70/83				80，87	仙游、云霄
	Co740				45，65	仙游、云霄
	F175				100	福州
	CP28/11		20			漳州
	Co1101			40		福州
	Co1013				60	福州
	H54/775				80	福州
	Q88			30		云霄
	Q90		20			福州
	NCo310				50	福州
	福引 79/8		12，14		60	云霄、福州、莆田
	闽选 703			38		福州
	闽糖 70/611					福州
	同安果蔗	0			100	福州
	割手密野生种	0				福州

表 2 甘蔗品种 F134 花叶病的发生情况

田块类型	调查地点	新植或宿根	发病率/%			
			≤5.0	5.1～25.0	25.1～40.0	>40.0
大田	南安县温山村	新植	0			
	南安县温山村	宿根	0			
	莆田县杨城村	新植	0			
	莆田县杨城村	宿根	2.5			
	仙游县西埔村	宿根		16.0		
	仙游县爱和村	新植				78.0
	仙游县爱和村	宿根				52.5
试验田	云霄县农科所	新植		7.0		
	福州（甘蔗所）	新植			40.0	
	福州（甘蔗所）	新植				76.0
	蔗田市农科所	新植			28.0	
	仙游（甘蔗试验站）	新植				52.5
	福州（经作组）	新植	0			

表 3 甘蔗花叶病在田间的发展趋势

品种	宿根或新植	调查地点	调查丛数	发病率/%		
				第一次调查	第二次调查	增长率
F134	新植（无病苗）*	莆田市农科所	400	2.5	2.5	0
	新植（病苗）*	莆田市农科所	400	91.5	91.5	0
	宿根	莆田县杨城村	250	0.4	0.8	0.4
闽糖 70/611	宿根	莆田县下坂村	500	0	0	0
	新植	莆田县下坂村	500	0	0.2	0.2
F134	宿根	仙游县西埔村	500	17.2	17.4	0.2

续表

品 种	宿根或新植	调查地点	调查丛数	发病率/%		
				第一次调查	第二次调查	增长率
F134	新植	仙游县西埔村	500	57.4	56.6	−0.8
闽糖 70/611	新植	福州金山	100	0	0	0
间选 703	新植	福州金山	100	38.0	39.0	1.0
F134	新植	福州金山	100	30.0	30.0	0
82/2018	新植	福州金山	100	3.0	3.0	0
Q88	新植	福州金山	100	0	0	0

* 甘蔗花叶病再侵染试验结果的平均数

2.2 甘蔗品种的抗性鉴定

对于 SCMV-A8 个甘蔗品种及割手密野生种的发病率、病害最短潜育期和发病率发展趋势都有明显差异（表 4，图 1）。接种 3 次的结果表明，各供试品种的抗性类型明显不同，病害潜育期与抗性类型关系密切（表 4）。感病品种发病率发展趋势曲线比抗病品种陡得多（图 1）。

在接种 3 次的基础上再增加接种 2 次，即在增加接种量条件下，不同品种发病率发展趋势不同（图 1）。这种变化趋势与品种从抗到中抗、感病以至高感的趋势一致。而不同品种在相同田间环境条件下逐渐呈现大体相似的趋势。

3 讨论

甘蔗花色叶病普遍存在于我国各蔗区。本文进一步揭示该病在福建蔗区的发生及其流行的一些规律。本研究结果表明，该病在不同地区及不同品种上田间发病率有差异，显示了不同品利抗性差异及病原株系的分化。株系的研究证实了 SCMV 有株系分化及目前优势株系是 SCMV-A[6]。品种抗性的研究结果证实了对于 SCMV-A，品种抗性差异与田间的自然发病率基本一致。即抗病的闽糖 70/611，桂糖 11，田间自然发病率也较低；高感类型的 Co740 及 NCo310，田间的自然发病率一般较高；中抗的 F134，闽选 703 及福引 79/9，田间发病率基本上与室内抗病性鉴定一致。至于其中的极端类型可能是由于其他株系类型或特别的发病条件等存在所致。

田间调查结果中，闽糖 70/611 及 F134 等 5 个品种（品系）发病增长率近乎零，表明在这些品种中，病害几乎没有再侵染，但感病品种田间的自然发病率很高；部分经检定为无病的品种（如福引 79/8），在田间试验种植时，很快表现出高的发病率。这似乎说明在一些蔗区田间 SCMV 毒源普遍存在，故一旦种植感病品种，其发病率便逐步提高，表现出真正的“感病化 ”。而抗病或中抗品种则由于在一定程度上能抵抗 SCMV 的侵染，发病率不致突然升高。在室内人工接种的条件下，增加接种次数，感病品种的发病率迅速增大（图 1），而抗病品种的发病率的增长比较缓慢，这也进一步说明了种植抗病品种可以有效地控制该病的发生，但 SCMV 如何从侵染源传染到感病品种上，则有待进一步明确。

表 4 甘蔗花叶病的品种抗性鉴定

品 种	发病率/%			最短潜育期/d (23～30℃)	抗性类型
	Ⅰ*	Ⅱ*	Ⅲ**		
割手密野生种 *S. spontaneum*	0	0	0		免疫
闽糖 70/611	5.0	4.7	18.2	19	抗病
桂糖 11	4.0			30	抗病
福引 79/9		10.4	25.0	18	中病
闽选 703	7.1	15.3	44.1	18	中病
F134	15.7	9.1	50.0	19	中病
福引 79/8		27.5	70.0	8	感病
NCo310	40.0	46.2	81.3	12	高感
Co 740	80.0	47.4	78.9	12	高感

*，** 分别表示重复接种 3 次和 5 次

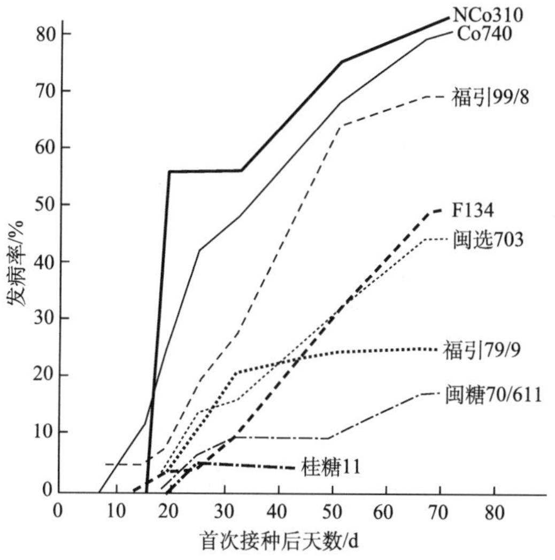

图1 人工接种条件下甘蔗花叶病在8个品种上的发展趋势

在国外及我国台湾的抗性研究中，基本上以发病率指标确定品种的抗感类型[2,3]。在本研究中，不同甘蔗品种经接种SCMV-A后，发病率、病害潜育期以及病害发展趋势上都有很大差异，且三者表现高度的一致性。因此，将发病率、病害潜育期及发展趋势作为品种抗性室内鉴定的依据是合理的。在这3个指标中，发病率的差异最为明显，由此认为，以发病率为主要指标参考其他的2个指标进行抗性分析也是合理的。作者参考前人的研究[2,3,7]，将发病率0～5%归属抗病，>40%归属高度感病，而将前人归为感病的（5.1%～40.0%）细分为中抗（5.1%～25.0%）和感病（25.1%～40.0%）2个类群，这样似更能反映出目前生产上所用品种之间抗性的实际差异。从增加接种次数所得结果的曲线上看，在5.1%～40.0%的发病率（接种3次的条件下）组中，当增加接种次数后，也可明显地分出两个类型，表明这种抗性区分标准更为可取。

本研究将NCo310和Co740列为供试品种，同时也作为对照品种。国外的研究表明，NCo310和Co740属高感SCMV-A的品种，与本研究结果基本一致。由此鉴定的闽糖70/611和桂糖11的抗性更具有实际意义和可靠性。本研究表明，闽糖70/611，桂糖11，F134和闽选703等国内选育的品种均抗或中抗本地的优势株系SCMV-A，而引进的NCo310，Co740，福引79/8和福引79/9均表现高感、感病或中抗SCMV-A。这提醒人们在国外引进的品种中，有相当数目是不抗SCMV本地优势株系的。因此，进一步开展品种对其他株系的抗性测定，改良引进的高产而不抗病的材料，都有重要的意义。

致谢 本院甘蔗综合研究所及农学系经作组提供甘蔗品种，植保系1983级张奕辉参加部分工作，特此致谢。

参考文献

[1] Summer EM, Brandes EW, Rands RD. Mosaic of sugarcane in the United States, with special reference to strains of virus. Technical Bul, No. 955, US Dept Agric, 1948, 124

[2] Leu LS, Wang ZN, Hsieh WH *et al*. Co-operative disease resistance trial for foreign sugarcane varieties in Taiwan. Report of Taiwan Sugar Research Institute, 1976, 72: 31-39

[3] Handojo II. Resistance testing against mosai, cleafscald and smut disease in Indonesia. Majalah Perusahaan Gula XIV, 1978, 1: 23-30

[4] Pan YS. Research on sugarcane disease; and insect pests in Taiwan. 1982-1983 Annual Report of Taiwan Sugarcane Research Institute, 1984, 35-48

[5] Pirone TR. *Sugarcane mosaic virus*. CMI/AAB descriptions of plant viruses, 1972, 88

[6] 陈宇航，周仲驹，林奇英等．甘蔗花叶病毒株系的研究．福建农学院学报，1988，17(1)：44-48

[7] Dean JL. Systematic-host assay of *Sugarcane mosaic virus*. Phytopathol, 1971, 61: 926-531

甘蔗叶片感染甘蔗花叶病毒后 ATPase 活性定位和超微结构变化

彭时尧，周仲驹，林奇英，谢联辉

（福建农学院，福建福州　350002）

摘　要：研究表明，闽糖 70/611、闽选 703、F134、福引 79/8、福引 79/9、NCo310 和 Co740 等 7 个抗病性不同的品种，受甘蔗花叶病毒感染后叶片叶肉细胞质膜，大、中、小维管束韧皮部筛管和伴胞质膜以及伴胞细胞质中 ATPase 活性均明显高于其健株相应部位，而维管束鞘细胞质膜 ATPase 活性则底于其健株相应部位。褪绿斑部位叶肉细胞叶绿体基本解体或消失，富含叶绿体的维管束鞘细胞多为淀粉粒所占据，结果表明染病后 ATPase 活性的变化程度似乎与品种抗病性强弱有关。

Ultrastructural localization of ATPase activity in the infected and non-infected leaves of sugarcane by *Sugarcane mosaic virus*

PEN Shi-yao，ZHOU Zhong-ju，LIN Qi-ying，XIE Lian-hui

（Fujian Agricultural College，Fuzhou 350002）

Abstract：Ultrastructural localizations of ATPase activity in the infected and non-infected leaves by *Sugarcane mosaic virus* strain. A （SCMV-A） with 7 sugarcane varieties were compared by a routine enzyme cytochemical technique. Results showed that ATPase activity the cytoplasmic membrane of mesophyll cells，phloem sieve and companion cells in 3 types of bundle and cytoplasm of companion cells in SCMV-A-infected leaves with 7 different resistance varieties i. e. Mintang 70/611，Minxian 703，F 134，Fuyin 79/8，Fuyiu 79/99，NCo 310 and Co740，was obviously higher than that in the healthy leaves correspondingly. whereas ATPase activity in the cytoplasmic membranes of bundle sheath in SCMV-A-infected leaves was lower than that in the healthy sugarcane leaves. Chlorophylls in the mesophylls with chlorotic lesions were almost degenerated or disappeared. Bundle sheath cell with abundant chlorophylls originally were occupied by starch particles after their infection by SCMV-A The change level of ATPase activity between infected and non-infected leaves seemed to correlate to the resistibility and susceptibility of sugarcane variety.

植物受病毒感染后，不同程度地改变了植物细胞和组织的代谢过程和机制，使细胞和组织在生理以至形态上产生病变，导致作物产量不同程度的损失。病毒侵染和作物产量损失过程中的各种生理变

植物病理学报，1989，19（2）：69-73

收稿日期：1988-01-09

化，诸如光合和呼吸、糖、脂肪和蛋白质含量以至各种磷酸化酶，氧化还原酶活性等已有很多研究[1]，而与能量及物质代谢有密切关系的ATPase活性变化则未见报道。本文报道了7个不同甘蔗品种受甘蔗花叶病毒株系A（*Sugarcane mosaic virus* strain. *A*，SCMV-A）侵染后叶片活性定位和超微结构的变化。

1 料材和方法

1.1 供试材料

采用经我院病毒室测定的对SCMV-A具有不同抗性的七个甘蔗品种（*Saccharum officinarum*）即高抗的闽糖70/611，高感的福引79/8、NCo310、Co740及中抗的F134，闽选和福引79/9。按常规方法将SCMV-A繁殖于Rio高粱（*Sorgnum vulgare* cv. Rio.），后摩擦接种于2～3叶期的供试甘蔗盆栽苗上，并用相应缓冲液接种对照处理，发病后的接种苗和对照苗供下述取样分析。

1.2 方法

取发病后75d和115d的病株和对照株完全展开的第一叶（+1叶）基部3～6cm部位中部，染病叶取典型褪绿斑，切成约1.5mm×0.2mm含大、中、小三种类型维管束的薄片，按彭时尧和Barbara的方法处理[2,3]用50mol/L Sodiun-Cacodylate缓冲液（PH7.2）配制的1.5%戊二醛+4%甲醛混合固定液4℃固定1.5时，Washsterb Meise酶反应液[3]中30℃培养2h，以酶反应液中不加底物ATP和NaF抑制剂为每次试验对照，培养后的组织小薄片用50mol/L Sodium Cacodylate Acetatic缓冲液浸洗3遍，2%锇酸固定4h，双蒸水冲洗1h（换3次），然后用乙醇脱水至90%，再用丙酮替代至100%（3次）。环氧树脂Epon812浸透包埋，LKB-V切片机定位切片，不经染色直接用JEM-100CVⅡ型电镜检视。

分别于6月27日、7月2日、7月15日三次重复以上实验。

2 结果

2.1 甘蔗受SCMV-A感染后叶肉细胞ATPase活性的变化

甘蔗叶片叶肉细胞的ATPase活性超微结构定位结果表明甘蔗叶肉细胞中ATPase活性反应的磷酸铅沉淀物明显地定位于细胞质膜，液泡膜，类囊体膜，部分伴胞细胞质中以及细胞间隙上（图1A～J）闽70/611、闽选703、F134、福引79/8、福引79/9NCo310和Co740等7个品种受SCMV-A感染后，叶片大、中、小维管束韧皮部筛管、伴胞质膜上ATPase活性均比相应健株对照样品的强（图1E～J）。染病后，伴胞细胞质中也表现高的ATPase活性（图1H，J），而维管束鞘细胞则出现相反的趋势，即健株叶片维管束鞘细胞质膜的ATPase活性强，染病后的维管束鞘细胞膜几乎不显示磷酸铅沉淀（图1C，D）说明ATPase活性很低。而叶肉细胞也多数表现染病后ATPase活性提高（图1A，B）。

2.2 甘蔗受SCMV-A感染后ATPase活性与品种抗性关系

比较病、健之间各部位ATPase活性结果表明：高度感病品种福引79/8、NCo310和Co740受SCMV-A侵染后，病健各相应部位ATPase活性反应产物呈浓黑较粗的线状，连续分布于细胞质膜上；中抗品种福引79/9，F134和闽选则呈不连续线状或不连续点状分布，抗病品种闽糖70/611，则呈淡黑棉絮状分布，其病、健之间所显示的ATPase活性差异不明显（图1A，B）。维管束韧皮部筛管、伴胞质膜及伴胞细胞质中的变化也呈同样的趋势（图1E～J）这似表明ATPase活性变化与品种对SCMV-A的抗性强弱有一定的关系，即抗性强的品种，细胞中ATPase活性较稳定，而感病性强的品种膜结合的ATPase活性易受SCMV-A感染的影响而活性增强。

2.3 SCMV-A侵染甘蔗叶肉细胞超微结构变化

正常生长情况下，甘蔗叶肉细胞中的叶绿体膜结构发达，数量也较多，靠壁分布（图1A），而当感染SCMV-A后，褪绿斑部位叶肉细胞中叶绿体基本解体或消失，细胞多呈空泡（图1B）维管束鞘细胞中，本为叶绿体所充满，叶绿体内具发达的膜状结构，其质膜和类囊体膜上的ATPase活性较高（图1C），而当感染SCMV-A后，叶绿体中片层结构基本解体和消失，取而代之的是不规则形的淀粉粒堆积，淀粉粒周围和细胞间隙表现较强的

ATPase 活性，而质膜上的 ATPase 活性则明显下降（图 1D）。

三次重复试验得到上述的结果。

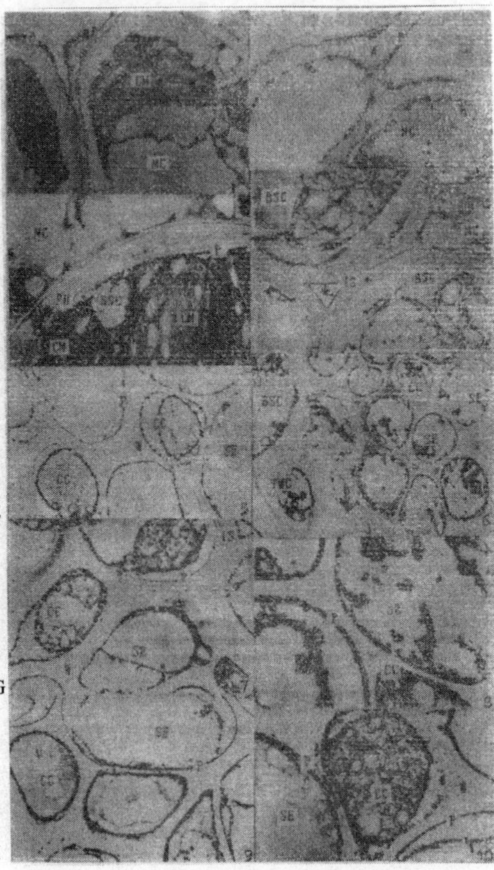

A　B　C　D　E　F　G　H　I　J

图 1　感染 SCMV-A 的甘蔗叶肉细胞

A. 示高抗品种闽糖 70/611 健株叶肉细胞、ATPase 活性定位于细胞质膜，类囊体膜和胞间隙口；

B. 高抗品种闽搪了 70/611 病株叶肉细胞，其 ATPase 活性与健株差异不大。图 1×1500，2×9000；

C. 示高感品种 NCo310 健株叶片大维管束鞘细胞，ATPase 活性定位于细胞质膜、叶绿体囊体膜以及胞间连丝土，并具发达的叶绿体类囊体膜；

D. 示病 NCo310 叶片大维管束细胞，质膜上的 ATPase 活性较健株弱，细胞内为淀粒充塞。3×2900，4×2500；

E. 示健福 31　79/3 叶片中维管束横切面，ATPase 活性定位于筛管、伴胞细胞质膜上；

F. 示病福 31　79/8 叶片维管束横切面，病株筛管，伴胞质膜上的 ATPase 活性较健胞的强。5×2800，6×2000；

G. 示健 NCo310；

H. 病 NCo310 叶片小维管束横切面病株筛管、伴胞质膜上的 ATPase 活性较健株强。7×3300，8×9800；

I. 示健闽糖 70/611；

J. 病闽糖 70/611 叶片小维管束横切面，病株筛管伴胞质膜上的 ATPase 活性较健株的强。尤其是伴胞细胞质中的 ATPase 活性，9×3000，10×7000；

SE：筛管；Cc：伴胞，W：细胞壁；V：液泡；P：细胞质膜；iS：细胞间隙；BSC：维管束鞘细胞；PD：胞间连丝；CM：叶绿体类囊体膜；MC：叶肉细胞

3　讨论

ATP 是生活有机体代谢活动直接或间接相关的能量物质，而体内 ATP 的贮藏和利用与 ATPASE 的活性有关，因此植物体内 ATPase 活性与细胞分裂、物质交换，光合产物的运输、贮藏及抗热性、抗寒性等多种生理功能有关[2-7]。当甘蔗受 SCMV-A 侵染后叶片中 ATPase 活性显著增强，以结果中，叶肉细胞、叶片维管束韧皮部细胞质膜以及伴胞细胞质 ATPase 活性明显增强，可能是有机体受病毒感染后的一种保护性反应，即通过 ATPase 的活性增强，增加 ATP 的水解和能量的释放，以抵抗病毒对寄主的不良影响。但维束鞘细胞质膜中 ATPase 活性明显下降原因尚待进一步研究。

本研究结果中，抗病品种闽糖 70/611 受 SCMV-A 感染后，叶肉细胞质膜 ATPase 活性变化较小，而高感品种则变化较大，这似乎表明 ATPase 活性受病毒影响的变化大小与品种本身的抗病能力有一定的相关性，已得到 Ca^{2+}-ATPase 和 Mg^{2+}-ATPase 生化活性测定结果（待发表）的证实，与前人关于抗寒性与 ATPase 活性关系的研究[4,8]结果相似。

正常生长的甘蔗叶片维管束鞘细胞充满叶绿体，细胞质膜上 ATPase 活性高，而受 SCMV-A 感染后，叶片维管束鞘细胞质膜中 ATPase 活性的明显下降，细胞中叶绿体、淀粉粒充塞等都是直接或间接地说明 SCMV-A 侵染甘蔗后，对叶片的光合作用及光合产物的输出都具有一定的影响。

参 考 文 献

[1] 裘维蕃. 植物病毒学. 北京：农业出版社. 1974，38-50

[2] 彭时尧，庄伟建，刘利华. 甘蔗叶不同部位 ATP 酶活性细胞化学定位. 植物学报，1988，31(1)：24-28

[3] Sundararajan KS，Subbaraj R，Chandrashekaran MK，et al. Influence of fusaric acid on circadian leaf movements of the cotton plant，*Gossypium hirsutum*. Planta，1978，144：111-112

[4] 简令成，孙龙华，孙德兰. 小麦质膜及液泡膜的 ATP 酶活性在抗寒锻炼中的变化. 实验生物学报，1983，16(2)：133-145

[5] Doll S，Rodier F，Willenbrink J. Accumulation of sucrose in vacroles isolated from red beet tissue. Planta，1979，144：407-411

[6] Tarner W. Ber Dtsch Bat Ges，1987，93：167-176

[7] Thom M，Komor E. Electrogenic Proton Translocation by the ATPase of Sugarcane Vacuoles. Plant Physio，1985，77(2)：329-334

[8] Lovitt J，et al. Response of plants to environmental stresses. New York：Academic Press，1972

甘蔗花叶病在钾镁不同施用水平下对甘蔗产质的影响

周仲驹，施木田，林奇英，谢联辉

（福建农学院植物病毒研究室，福建福州　350002）

甘蔗花叶病是一种重要的世界性甘蔗病害，其对甘蔗产质的影响报道不一，尤其在镁、钾缺乏的广大红壤、砖红壤蔗区，这种影响更不清楚。作者采用钾、镁肥不同施用水平的土培盆栽甘蔗（福州 79/8）接种病毒的方法，研究甘蔗花叶病毒株系 A（*Sugarcane mosaic virus* strain. A，SCMV-A）对甘蔗产质的影响。结果初报如下：

（1）在甘蔗伸长盛期，SCMV-A 侵染的蔗株叶片中蔗糖含量明显低于同期的健株，还原糖含量则相反。在 0～160ppm K 和 0～100ppm Mg 范围内，增加施肥量有提高病株叶片还原糖含量以及降低健株叶片还原糖含量的趋势。

（2）钾、镁肥不同施用水平下，SCMV-A 侵染的蔗株均显著矮化，蔗茎和蔗糖产量均显著降低，蔗茎产量损失达 7.69％～32.97％。而蔗茎锤度、蔗糖和还原糖含量则因钾、镁肥用量的不同而或高或低于其相应健株。

（3）适量施钾可增加健株的蔗茎及蔗糖产量，又可部分减少由 SCMV-A 所致的产量损失，施镁也有部分减少由 SCMV-A 引致产量损失的效果。

在钾、镁贫乏的广大红壤和砖红壤蔗区，种植感病甘蔗品种时，可以适量施用钾、镁肥，以达到提高产量、部分减少由 SCMV-A 引致产量损失的目的。

植物保护学报，1991，18：288

甘蔗花叶病毒的提纯及抗血清制备*

陈启建，周仲驹，林奇英，谢联辉

（福建农业大学植物病毒研究所，福建福州　350002）

摘　要：以 ScMV-A 为材料，采用 PEG 沉淀结合差速离心技术，经 10%～40%蔗糖密度梯度离心后再经浓缩后即为提纯病毒制剂。该提纯病毒具有典型的核蛋白吸收曲线，最大紫外吸收值在 257nm 处，最小紫外吸收值处为 240nm，A_{260}/A_{280} = 1.68，病毒产量可达 1.25～1.37mg/kg。将提纯病毒免疫家兔制备抗血清，所制备的抗血清经 A 蛋白酶联免疫吸附法测定，其效价为 1：1024，且可用于检测甘蔗花叶病毒。

关键词：甘蔗花叶病毒；提纯；抗血清制备

Purification of *Sugarcane mosaic virus* and preparation of an antiserum against the virus

CHEN Qi-jian，ZHOU Zhong-ju，LIN Qi-ying，XIE Lian-hui

（Institute of Plant Virology，Fujian Agricultural University，Fuzhou　350002）

Abstract：*Sugarcane mosaic virus* was purified from the leaves of the diseased sweet maize inoculated artificially with ScMV-A and used in the experiment. The procedures of purification involved precipitation with PEG differential centrifugation and 10%-40% sucrose density gradient centrifugation. The virus preparation was examined with a UV spectrophotometer and showed a typical nucleoprotein spectrum with maximum absorption at 257nm and minimum at 240nm, A_{260}/A_{280} = 1.68. The yield of ScMV ranged from 1.25 to 1.37mg per kilogramme of diseased leaves. The purified ScMV preparation was injected in to rabbits to produce an antiserum to ScMV. Titer of the ScMV antiserum was 1/1024 by SPA -ELISA. The ScMV antiserum obtained can also be used to detect ScMV.

Keywords：*Sugarcane mosaic virus*；purification；preparation of antiserum

甘蔗花叶病毒（*Sugarcane mosaic virus*，ScMV）病最早称为黄条病，是一种重要的世界性甘蔗病害，1892 年 Muschenbrock 在爪哇首次记述了该病，至今全世界各大蔗区普遍发生，并成为几大蔗区的重要病害之一。该病曾在阿根廷、波多黎各、路易斯安那、古巴等国家或地区严重流行，从而危及制糖工业。我国台湾 1918 年和 1947 年曾发生过 2 次大流行，四川省也于 1966 年出现了一次流行。近年来，福建、浙江两省蔗区的果蔗及部分糖蔗品种上发生也相当普遍和严重[1]。

甘蔗，1998，5（1）：19-21

* 基金项目：福建省教委资助项目（K96022）的一部分

在我国蔗区，对甘蔗花叶病的发生、流行及其病原株系均有过详细的研究[2-6]。作者在进行该病毒分子生物学特性研究的过程中首先对该病毒株系A（ScMV-A）的提纯及抗血清制备进行了研究，本文报道这部分的结果。

1 材料与方法

1.1 供试材料

供试毒源：取保存于福建农大植物病毒研究所的ScMV-A，按常规摩擦接种方法[4]将其繁殖在健康的甜玉米幼苗上，待玉米植株发病后15d，取发病症状典型的嫩叶作为试验材料。

供试兔子：购自福建农业科学院畜牧场饲养的家兔。

1.2 病毒提纯

取新鲜嫩病叶500g，放入研钵中，缓慢加入液氮淹没病叶，待液氮挥发后，将其快速研磨成粉末。按1∶1.5（w /v）加入0.05mol/L pH8.0的硼酸缓冲液（含0.1%巯基乙醇，0.1mol/L EDTA，5%氯仿），充分搅拌使其完全乳化后，经Beckman JA-14转头7000r/min离心10min，上清液加入5% Triton X-100搅拌30min，7000r/min离心10min，上清液加入6% PEG和3% NaCl充分搅拌溶解后在4℃的冰箱里静置过夜，后经8000r/min离心10min，沉淀用0.05mol/L硼酸缓冲液悬浮，8000r/min离心10min，上清液再经Beckman Type 45 Ti转头40 000r/min离心80min，沉淀悬浮于硼酸缓冲液中，将悬浮液铺于10%～40%连续蔗糖梯度上，经SW 40转头25 000r/min离心3.5h，自上而下分部收集各分层，每份用Lambda 3型紫外可见分光光度计测定各组分在254nm处的紫外吸收值，将含病毒典型吸收峰的组分合并，再用硼酸缓冲液稀释，经Beckman Type 80 Ti转头40 000r/min离心1.5h，沉淀用少量硼酸缓冲液悬浮后即为病毒提纯制剂。提纯病毒经紫外扫描获得病毒的紫外吸收曲线。

1.3 电镜观察

将病毒悬浮液蘸于载网膜上，吸附5min，用小片滤纸吸干，另加一滴2%的醋酸铀染色液于载网上染色2～3min，吸去多余液体，在JEM-100CX Ⅱ电镜下观察病毒形态。

1.4 病毒检测

按A蛋白酶联免疫吸附法（SPA-ELISA）[7]进行检测。

1.5 抗血清的制备

用病毒提纯制剂对2.0kg雄兔进行4次肌肉注射，第一次用0.5mL的病毒制剂（病毒含量为250μg/mL），38d后进行第二次注射，后两次注射与前一次注射均间隔一周，所用的病毒剂量也均为1mL（病毒含量为125μg/mL）。每次注射时病毒悬液分别加等量的Freund氏不完全佐剂，末次注射后一周开始少量采血，每间隔5d采一次，共采5次，所取血按常规方法取出血清，并用ELISA方法测定其效价，同时以第一次免疫注射前所采血样的血清做对照。

2 结果与分析

2.1 病毒的提纯

采用PEG沉淀和差速离心，结合10%～40%蔗糖密度梯度离心[3]，分层取样，分别测定其紫外吸收值，发现病毒粒体富集在离心管的偏上部。浓缩后得到的病毒提纯制剂稀释后，进行紫外扫描，结果表明具有典型的核蛋白紫外吸收曲线（图1），其最大紫外吸收值在257nm处，最小紫外吸收值为240nm，$A_{260}/A_{280}=1.68$。根据病毒提纯制剂的260nm消光系数与其RNA含量关系$E_{260}=2.8$来估算病毒浓度为0.25mg/mL，病毒产量为1.25～1.37mg/kg病叶。

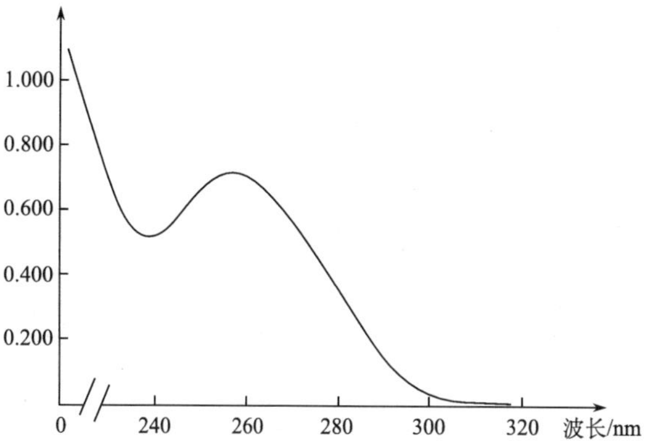

图1 ScMV-A提纯制剂的紫外吸收曲线

2.1　病毒粒体形态

病毒提纯液经 2%醋酸铀染色后，在电镜下可观察到该病毒粒体呈线状，长为 730nm，宽为 15nm（图 2）。

图 2　提纯病毒的电镜照片

标尺长 200nm

2.3　抗血清制备和检测

采用上述方法制备的抗血清，经小试管环状沉淀和琼脂双扩散法测定其效价时，均未见明显的阳性反应，采用 A 蛋白酶联免疫吸附法测其效价为 1∶1024。

采用 SPA-ELISA 进行检测时，抗血清的最适工作浓度为 1∶100。

3　结果与讨论

本研究所采用的提纯材料并非直接选用甘蔗病株，而是选用 ScMV-A 经常规摩擦接种方法获得的新鲜幼嫩的玉米病叶，从而得到发病时间、发病程度以及病叶幼嫩程度较为相近的毒源材料，提高了毒源材料的病毒产量。同时，在提纯方法上采用 PEG 沉淀结合差速离心技术，并经 10%～40%蔗糖密度梯度离心，所得到的病毒提纯在电镜下可观察到清晰的杂质含量较少的线状病毒粒体，且具有典型的核蛋白紫外吸收曲线，说明用此提纯方法可不经氯化铯密度梯度离心即可获得高纯度的病毒提纯液，简化了提纯程序。

我国甘蔗花叶病发生相当普遍，但国内有关甘蔗花叶病病毒提纯方面的研究甚少，目前所见到的也不过停留在病毒的粗提上。本研究成功地提取了纯度较高的 ScMV，为进一步对 ScMV 的分子生物学研究奠定了基础。

本研究所制备的抗血清应用 ELISA 方法在使用其最适工作浓度 1∶100 时，可用于检测甘蔗花叶病毒，为甘蔗花叶病的检疫和苗木调运提供检测手段，同时也为今后 ScMV 的分子生物研究做准备。至于本研究抗血清效价较低，可能是因第 1 次免疫注射与第 2 次免疫注射之间的间隔时间太长，每次免疫所用的病毒剂量太少且未结合耳静脉免疫注射，或者因免疫过程中兔子染上疾病而致。如何提高抗血清的效价有待于进一步的研究。

参 考 文 献

[1] 朱西儒，陈鸿逵. 浙江省甘蔗花叶病毒抗血清制备及其初步研究. 浙江农业大学学报，1985，11 (4)：443-452

[2] 陆关成，王萃樟，朱奎荣等. 浙江省甘蔗花叶病毒及其防治研究. 浙江农业大学学报，1984，10 (2)：137-148

[3] 陈宇航，周仲驹，林奇英等. 甘蔗花叶病毒株系的研究初报. 福建农学院学报，1988，17(1)：44-48

[4] 周仲驹，黄如娟，林奇英等. 甘蔗花叶病的发生及甘蔗品种抗性. 福建农学院学报，1989，18 (4)：520-525

[5] 周仲驹，林奇英，谢联辉. 甘蔗病毒及类似病害的研究现状和进展. 四川甘蔗，1988，2：28-32

[6] 周仲驹，林奇英，谢联辉. 甘蔗花叶病毒株系研究现状. 四川甘蔗，1990，3：1-7

[7] Edwards ML，Cooper JI. Plant virus detection using a new form of indirect ELISA. J Virol Methods，1985，11：309-319

[8] Gillaspie AGJr. *Sugarcane mosaic virus*：purification. Proceeding of 14th ISSC Technologists，1971，961-970

利用斑点杂交法和 RT-PCR 技术检测甘蔗花叶病毒*

李利君，周仲驹，谢联辉

（福建农业大学植物病毒研究所，福建福州　350002）

摘　要：利用地高辛标记不同长度的 DNA 探针通过斑点杂交法对甘蔗花叶病毒进行检测。结果表明，可检测出 200mg 稀释度为 $1/10^4$ 病叶中的病毒，但不同长度的探针表现出一定的差异，较长的探针显示出较高的灵敏度。根据克隆所得的病毒基因序列设计特异引物，利用反转录-聚合酶链式反应的方法进行检测，同样得到较好的检测效果，但灵敏度略低于杂交检测。

关键词：甘蔗花叶病毒；检测；斑点杂交；反转录-聚合酶链式反应

中图分类号：S432. 4⁺ 1　**文献标识码**：A

Detection of *Sugarcane mosaic virus* by dot hybridization and RT-PCR technique

LI Li-jun, ZHOU Zhong-ju, XIE Lian-hui

(Institute of Plant Virology, Fujian Agricultural University, Fuzhou　350002)

Abstract: Different lengthes of digoxigenin-labeled DNA p robes were used to detect *Sugarcane mosaic virus* by dot hybridization and the virus in 200mg of diseased leaves at the dilution of $1/10^4$ was detected, the long probe, however, performed high sensitivity, which revealed the distinguishment between different lengthes of probes. Meanwhile, when the specific primers were designed based on the sequence of the virus gene obtained by cloning and reverse transcription-polymerase chain reaction (RT-PCR) was used to detect the virus, an ideal result was also acquired but its sensitivity was lower than that of dot hybridization.

Key words: *Sugarcane mosaic virus*; detection; dot hybridization; reverse transcription-polymerase chain reaction

甘蔗花叶病（Sugarcane mosaic disease）是一种重要的世界性甘蔗病害，在我国华南、华中和西南等蔗区都有发生[1]。用核酸分子杂交和 PCR 的方法检测病毒或类病毒已越来越广泛地应用于各种植物病毒的鉴定，并得到较好的检测效果[2-6]。

我国目前对甘蔗花叶病毒（*Sugarcane mosaic virus*, SCMV）的检疫还缺乏有效的检测手段，然而病害的预测、植物检疫等工作要求对病害作出准确迅速的诊断，甚至要求鉴定出属于哪个株系。选育无毒种苗是目前防治甘蔗病毒病的一个重要措施，但要确定种苗的无毒性则需要较好的检测手段。本文根据我国大陆优势株系 SCMV-

福建农业大学学报，2000，29（3）：342-345

* 基金项目：福建省教委资助项目（K96022）

A 的基因序列，建立了核酸杂交和反转录-聚合酶链式反应（RT-PCR）的检测方法。这两种方法具有灵敏度高，检测速度快的优点，并可同时进行大量样品的检测工作，适合生产和检疫的一些需要。这两种方法的建立为我国更有效的开展对 SCMV 的检疫和早期诊断提供了有效的实验手段，具有重要意义。

1　材料与方法

1.1　供试材料

供试毒源为保存于福建农业大学植物病毒研究所的 SCMV-A 株系分离物。健康甘蔗植株采自福建农业大学植物病毒研究所保存的无毒植株。

1.2　方法与步骤

1.2.1　总核酸的提取

参照 Nishiguchi 等[7]的核酸提取方法，并作适当改进。

1.2.2　引物的设计

引物根据 SCMV-A 株系的核酸序列，在外壳蛋白的两端和 C 端选其保守序列设计而成。引物的合成由北京赛百盛生物工程公司完成。合成的引物如下：

CP1：5′-CA TATGGCAGGGGGTGACACG-GTG-3′；CP2：5′-GGATCCGTCGCGTCATTG-GTGCTG-3′；CPC1：5′-GAGTTTGATAGGTG-GTATG-3′；CPC2：5′-GCTTTCATCTGCATGT-GGGC-3′。

1.2.3　地高辛（digoxigenin，DIG）标记的 DNA 探针的制备

用 PCR 的方法标记探针扩增反应体系：1μL 带有病毒 cDNA 序列的质粒模板，5μL 10pmol/μL 引物 CP1、CP2 或 CPC1、CPC2，1μL 3U/μL *Taq* DNA 聚合酶，3μL 10×conc DIG DNA 标记混合物，0.7μL 10mmol/L dN TP s，5μL 10×PCR 缓冲液［500mmol/L KCl、100mmol/L Tris-HCl（pH9.0）、15mmol/L $MgCl_2$、体积分数为 1.0% 的 Triton X-100］，加水至 50μL. 反应条件：94℃预变性 8min→94℃变性 1min→60℃（CP1、CP2）或 55℃（CPC1、CPC2）退火 2min→72℃延伸 2min，反应在 PE-9600 型 PCR 扩增仪上进行 30 个循环，最后一个循环于 72℃延伸 10min，自然冷却至室温。取 3μL PCR 产物进行 0.1g/L 琼脂糖凝胶电泳分析，其余置－20℃下保存备用。

1.2.4　RNA 斑点杂交检测 SCMV

根据美国 Boehringer mannheim 公司提供的使用操作指南进行。选用的尼龙膜为杜邦公司的聚氟乙烯转移膜，杂交温度为 52℃。

1.2.5　RT-PCR 检测 SCMV

选用的引物为 CPC1 和 CPC2 反转录反应体系：1μL 植物总核酸。1μL 10pmol/μL CPC1 3′引物，加水至终体积为 10μL。于 80℃水浴处理 10min，迅速置冰上 5min。40℃孵育 30min，向上述反应液中加入 5μL 5×AMV 反转录酶缓冲液、2μL 10mmol/L dN TP、1μL 10U/μL AMV 反转录酶、1μL 40U/μL RNA 酶抑制剂、1μL 40mmol/L 焦磷酸钠，加水至终体积为 25μL。42℃水浴处理 1h，转到 95℃水浴处理 10min，自然冷却至室温。扩增反应体系：1μL 反转录模板、5μL 10pmol/μL 5′和 3′引物、1μL 3U/μL *Taq* DNA 聚合酶、1μL 10mmol/L dNTP s、5μL 10×PCR 缓冲液［500mmol/L KCl、100mmol/L Tris-HCl（pH9.0，25℃）、15mmol/L $MgCl_2$、体积分数为 1.0% 的 Triton X-100］，加水至 50μL。PCR 反应条件：94℃预变性 8min→94℃变 1min→45℃（CPC1、CPC2）退火 2min→72℃延伸 2min，反应在 PE-9600 型 PCR 扩增仪上进行 30 个循环，最后一个循环于 72℃延伸 10min，自然冷却至室温。取 3μL PCR 产物进行 0.1g/L 琼脂糖凝胶电泳分析，其余置－20℃下保存备用。

2　结果与分析

2.1　利用 DIG 标记的 DNA 探针检测 SCMV

利用 DIG 标记的 dNTPs 经过 PCR 扩增得到 2 个探针结果（图 1）。探针的大小与预期的大小相符，探针 CP 的长度略大于 900bp，而探针 CPC 的大小为 400bp。

2 个探针检测 SCMV 的结果如图 2 所示，包括病毒外壳蛋白基因全部序列的 DNA 探针 CP 可检测出稀释度为 $1/10^4$ 的病叶中的病毒，而根据 CP 基因保守序列设计的 DNA 探针 CPC 则可以检测稀释度为 $1/10^3$ 病叶的病毒。

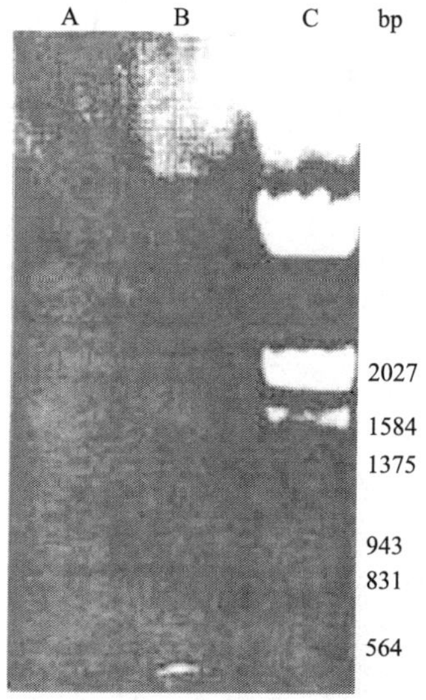

图 1 D IG 标记的 DNA 探针电泳

A. 探针 SCMV-CP；B. 探针 SCMV-CPC；C. maker

2.2 利用 RT-PCR 技术检测 SCMV

根据 SCMV-A 的核苷酸序列设计特异引物，病叶经核酸抽提后应用 RT-PCR 技术进行病毒的检测，结果如图 3 所示。得到的核酸电泳条带的大小为 400bp，与预期的大小相同。该引物可以较好的完成对 SCMV 的检测，可检测出 200mg 稀释度为 $1/10^3$ 的病叶的病毒。

3 讨论

选用的 2 个探针对病毒的检测灵敏度都很高，最低的也可检测到稀释度为 $1/10^3$ 病叶中的病毒，这个检测灵敏度与利用 RT-PCR 技术进行病毒检测的结果相仿[8]。其中探针 CP 的灵敏度比 CPC 要高一些，主要原因可能与探针的长度和质量浓度有关。探针 CP 比 CPC 长将近 1 倍，这样与膜上的 RNA 结合位点较多也较牢靠。由于受实验室条件

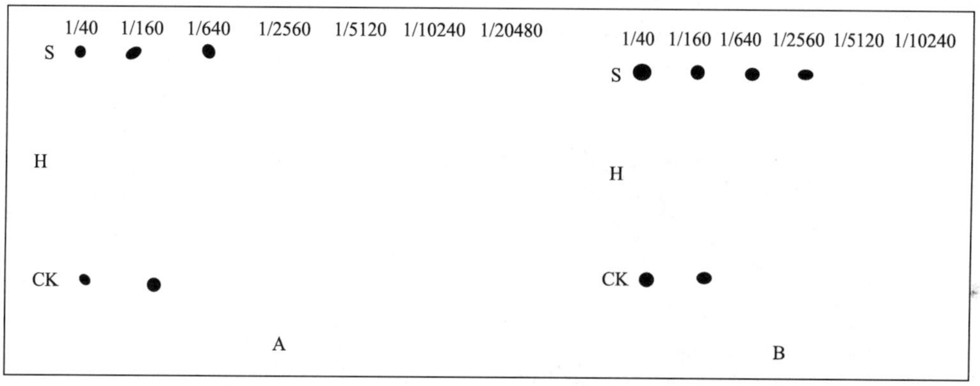

图 2 斑点杂交法检测甘蔗病叶中的 SCMV-A

A. SCMV-CP 探针；B. SCMV-CPC 探针（S. 接种 SCMV-A 的病叶；H. 健康对照；CK. 阳性对照）

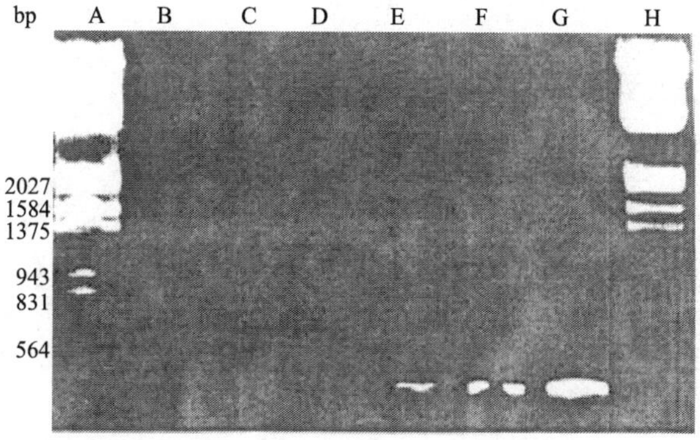

图 3 RT-PCR 技术检测甘蔗病叶中的 SCMV-A

A，H. maker；B. 健康对照；C～F. 稀释度分别为 $1/10^4$、$1/10^3$、$1/10^2$、1/10 的病叶模板；G. 阳性对照

的限制，对于标记探针的浓度，只能根据 PCR 的结果对 PCR 产物的质量浓度进行大致的估算。按照均衡分布的原理，较长的探针带有 DIG 标记的碱基就较多，这也可能是导致灵敏度提高的一个原因。Dietzgen 等[6]在利用不同长度的 DIG 标记的探针检测花生条纹病毒（*Peanut stripe potyviruses*，PStV）时也得到了同样的结论。

随着 PCR 技术的建立和不断完善，应用 PCR 技术进行病毒的检测已普遍用于病毒检疫等方面的工作。越来越多的病毒基因的克隆和序列测定的完成，也为这项技术成为具有较大应用前景的实验检测手段提供了可能。本试验根据克隆得到的 SCMV-A 株系的核苷酸序列设计的特异性引物，对甘蔗花叶病病叶进行检测，灵敏度比 Smith 等[8]报

道的灵敏度略低，可检测稀释度为 $1/10^3$ 病叶的病毒，分析灵敏度低的原因可能有 2 个：一个是模板的提取方法还需作进一步的改进；另一个原因可能是 PCR 反应条件还需进一步优化。

核酸分子杂交技术和 RT-PCR 技术因其灵敏度高、特异性强、重复性好、省时而被广泛用于病毒和类病毒的检测。DIG 是目前广泛用于探针标记的非同位素，它标记的探针的灵敏度并不低于用放射性同位素标记的[5,9]，并且可以有效地克服放射性同位素有半衰期、实验周期长、设备要求高以及对人体有危险性等缺点，是放射性同位素较好的替代品。

参考文献

[1] 周仲驹，黄如娟，林奇英等. 甘蔗花叶病的发生及甘蔗品种抗性. 福建农学院学报，1989，18 (4)：520-525

[2] Varver IC, Ravelonandro M, Dunez J. Construction and use of a cloned cDNA probe for the detection of plum potyvirus in plants. Phytopathology, 1987, 77(8): 1221- 1224

[3] Bijaisorada TM, Kuhn CW. Detect ion of two viruses in peanut seeds by complementary DNA hybridization tests. Plant Disease, 1988, 72(11): 956- 959

[4] Frenkel MJ, Jilda JM, Shukla DD, et al. Differentiation of potyviruses and their strains with the 3′ non-coding region of the viral genome. J Virol Meth, 1992, 36(1): 51-62

[5] Welnick IM, Hiruk IC. Highly sensitive digoxigenin-labelled DNA probe for the detection of *Potato spindle tuber viroid*. J Virol Meth, 1992, 39(2): 91- 99

[6] Dietzgen RG, Xu ZY, Teycheney P. Digoxigenin-labeled cRNA probes for the detection of two potyviruses infecting peanut (*Arachis hypogaea*). Plant Disease, 1994, 78(7): 708-711

[7] Nishiguchi M, Morim M, Suzuke F, et al. Specific detection of a severe strain of *Sweet potato feathery mottle virus* (SPEMV - S) by reverse transcription and polymerase chain reaction (RT-PCR). Ann Phytopathol Soc Japan, 1995, 61(2): 119-122

[8] Smith GR, Vandevelde R. Detect ion of *Sugarcane mosaic virus* and Fiji disease virus in diseased sugarcane using the polymerase chain reaction. Plant Disease, 1994, 78(6): 557- 561

[9] Fuchs F, Leparc I, Kopecka H, et al. Use of cRNA digoxigenin-labelled probes for detection of enteroviruses in humans and in the environment. J Virol Meth, 1993, 42(3): 217- 226

甘蔗花叶病毒3′端基因的克隆及外壳蛋白序列分析比较*

李利君，周仲驹，谢联辉

（福建农林大学植物病毒研究所，福建福州 350002）

摘 要：选取我国SCMV优势株系A株系的分离物SCMV-CA为材料，经过病毒和病毒RNA的提纯，反转录获得病毒cDNA，并克隆到载体pUC19的*Sma* Ⅰ位点上，筛选得到多个重组质粒。选取其中一个克隆SCMV-CA54进行测序，得到一个全长为1296bp的核苷酸序列。这段序列由一个长为1044bp的开放阅读框架（ORF）和一个长279bp的3′端非编码区序列（3′-UTR）及poly（A）尾巴组成。这个ORF包括病毒完整的外壳蛋白（CP）及部分核内含体蛋白b（NIb）基因序列。将所得序列同已知SCMV亚组中各株系分离物的核苷酸和氨基酸进行同源性比较，结果表明该序列与其他株系分离物CP核苷酸序列的同源性介于63.7%～77.6%，氨基酸的同源性介于64%～89%。根据马铃薯Y病毒属的序列同源性划分标准，SCMV-CA与其他株系或分离物的同源性关系均介于种与株系划分标准之间。这是我国首次报道SCMVCP基因序列。

关键词：甘蔗花叶病毒；3′端非编码区；外壳蛋白；序列分析

文献标识码：A　**中国分类号**：S435　**文章编号**：1003-5125（2001）01-0045-06

Cloning of 3′terminal part of *Sugarcane mosaic virus* RNA and sequence comparison of CP gene between Chinese isolate and other strains of SCMV

LI Li-jun，ZHOU Zhong-ju，XIE Lian-hui

（Institute of Plant Virology，Fujian Agricultural and Forestry University，Fuzhou 350002）

Abstract：SCMV-CA，an isolate of the dominant A strain in China continent was propagated on sweet maize and purified. Cloned cDNAs representing more than 0.8kb of the 3′termini were obtained after a reverse transcription and ligation to pUC19 in *Sma* Ⅰ site using an oligo（dT）primer. One clone named SCMV-CA54 was sequenced and the length of the SCMV-CA54 was 1296bp. The sequence covered the 3′untranslated region（3′- UTR），coat protein（CP）and part of the nuclear inclusion b（NIb）genes of the virus. The nucleotide and deduced amino acid sequence in the *CP* gene between Chinese isolate SCMV-CA and other isolates or strains of SCMV subgroup were compared. Results showed that the homology of nucleotide sequence in *CP* gene

---

中国病毒学，2001，16（1）：45-50

收稿日期：1999-09-27　修回日期：2000-02-17

* 基金项目：福建省教委资助项目（K96022）

between SCMV-CA and other isolates or strains of SCMV subgroup ranged from 63.7% to 77.6%, and amino acid sequence from 64 % to 89 %. This homology degree lies between the range for distinct viruses and that between related strains of potyviruses, arguing that the Chinese isolate might represent a distinct virus.

Key words: *Sugarcane mosaic virus*; 3′untranslated region; coat protein; sequence analysis

甘蔗花叶病毒（*Sugarcane mosaic virus*，SCMV）是马铃薯Y病毒属的重要成员之一，病毒粒体为柔软的丝状结构，无被膜，长度为750nm左右，直径13nm左右。SCMV寄主范围虽仅限于禾本科植物，但所涉及的范围较广，包括甘蔗、玉米、高粱、狗尾草、小麦、大麦、黑麦和稻等40个属的100多种禾本科寄主[1]。它所引起的甘蔗花叶病（sugarcane mosaic disease）是一种重要的世界性甘蔗病害，在我国闽、台、粤、桂、蜀、滇、浙等蔗区均有普遍发生，局部地区为害严重[2-4]。陈宇航等从广西、福建主要蔗区分离到10个病毒分离物，鉴定出SCMV-A为我国大陆的优势株系[3]，并开展了甘蔗品种抗性鉴定[4]、病毒提纯[5]和病毒对寄主生理代谢的影响等方面的研究。为了进一步在分子水平上弄清我国SCMV的特点，作者对我国该病毒分离物的外壳蛋白（CP）基因及3′端非编码区进行了研究，现将结果报道如下。

1 材料与方法

1.1 材料

供试毒源为保存于福建农林大学植物病毒研究所的SCMV-A株系的分离物SCMV-CA，按常规摩擦接种方法将其繁殖在健康的甜玉米幼苗上，待玉米植株发病后取症状典型的嫩叶作为试验材料。

1.2 方法

1.2.1 病毒及病毒RNA的提纯

病毒提纯方法参照陈启建等的方法[5]。病毒RNA的提纯按照常规方法进行。

1.2.2 cDNA的合成

20μL含有224μg病毒RNA的溶液制剂，15℃处理5min；加入100mmol/L的羟甲基汞，室温10min，加入2μL新配置的1%β-巯基乙醇，室温5min；加入5×MMLV反转录酶缓冲液［250mmol/L Tris-HCl（pH8.3，25℃），373mmol/L KCl，15mmol/L $MgCl_2$，0.1mmol/L DTT］10μL，dNTP（5mmol/L）4μL，oligo（dT）（0.5μg/μL）10μL，MMLV反转录酶（5U/μL）（BRL）2.5μL，加水至终体积50μL；于37℃处理120min；向上述反应液中加入5×MMLV反转录酶缓冲液37.5μL，dNTP（5mmol/L）15μL，MgCl2（1mol/L）1.5μL，KCl（1mol/L）25μL，DNA聚合酶Ⅰ（10U/μL）10μL，加水至终体积400μL，于15℃下过夜。

1.2.3 病毒cDNA的末端补平反应体系

cDNA 35μL，10×T4 DNA聚合酶缓冲液［335mmol/L Tris-HCl（pH8.8 25℃），33mmol/L $MgCl_2$，5mmol/LDTT，84mmol/L $(NH_4)_2SO_4$］10μL，dNTPs（5mmol/L）6μL，T4 DNA聚合酶（10U/L）1.5μL，加水至终体积100μL，于13℃处理20min；75℃处理10min。

1.2.4 cDNA的克隆和序列分析

将补平后的cDNA连接到经*Sma* Ⅰ酶切的质粒载体pUC19，转化到大肠杆菌DH5α感受态细胞。经酶切鉴定重组质粒。采用双脱氧核苷酸链终止法在北京赛百盛生物公司的ABI 377型DNA自动测序仪上进行双向的序列测定。序列测定结果采用DNASIS和PROSIS软件进行分析。

2 结果

2.1 插入片段的序列分析

插入片段的序列如图1所示，这段核苷酸序列由一个长为1044bp的开放阅读框架（open reading frame，ORF），279bp长的3′端非编码区序列（3′-untranslated region，UTR）及poly（A）尾巴组成。在这个长为1044bp的ORF中包括病毒的完整外壳蛋白（capsid protein，CP）序列及部分核内含体蛋白b（nuclear inclusion b，NIb）序列。因为病毒采用翻译后修饰进行蛋白的编译，整个病毒核酸序列只有一个大的ORF，由一个起始密码子ATG决定氨基酸编码的起始位置，所以所得序列的ORF并非始于ATG。NIb和CP之间的蛋白酶切位点是根据Doughery[6]的分析结果（NIb和CP间位点为Vx-HQ/S，A）及与其他已知序列分析比较得到的[7]。在 NIb 和 CP 序列的下游存在着 DAG 这样的氨基酸序列结构，位于该部位的此结构被认为与蚜虫传播相关[8,9]。

2.2 病毒外壳蛋白基因核苷酸序列分析与比较

将 SCMV-CA 外壳蛋白的核苷酸序列和氨基酸序列与 SCMV 亚组各株系、分离物进行比较，结果表明 SCMV-CA 与这些株系或分离物的核苷酸序列同源性介于 63.7%～77.6 %；而氨基酸序列的同源性有些明显高于核苷酸序列，最高可达 89%。此外对各病毒株系或分离物的 N 端序列和核心区序列也进行了同源性的比较，结果发现 SCMV-CA 与大部分株系或分离物核心序列的同源性均在 90%左右，最高可达 93%。

进一步比较我国大陆分离物 SCMV-CA 与 SCMV 亚组中具有代表意义的 9 个株系氨基酸序列[10-12]，结果（图 2）表明：在 SCMV 亚组的大部分株系或分离物中发现在 CP N 端区域具有一定的重复序列，且有多种重复形式，这是病毒 CP 同源性较低的主要部分。SCMV-CA 的 N2 末端序列同样有重复序列，存在形式与高粱花叶病毒（*Sorghum mosaic virus*，SrMV）各株系的基本相同。根据马铃薯 Y 病毒属一些代表种已知序列所确定的该属 CP 氨基酸保守序列[13]，在 SCMV-CA 的氨基酸序列中也较充分地体现了出来，如：MVWCIEN GTSP 等。

3 讨论

对于马铃薯 Y 病毒属成员，目前根据序列同源性进行种和株系鉴定的一个主要标准包括外壳蛋白（CP）基因氨基酸/ 核苷酸序列的同源性、*CP* 基因 N 端和核心区氨基酸/核苷酸序列的同源性[11]。SCMV 是植物病毒中株系分化比较严重的病毒，国际上对该病毒的株系分化的研究深入程度也是不多见的。对于我国 SCMV 的归属问题除陈宇航等[3]根据美国 Abbott 修改的鉴别系统对我国蔗区采集的分离物进行了初步鉴定外，还未见其他相关的报道。本研究首次报道了我国大陆 SCMV 优势株系 A 株系的 3′端基因序列，为我国 SCMV 的分类鉴定在分子生物学水平上提供了一个重要的依据。将 SCMV-CA 3′端基因序列与已知 SCMV 亚组中的主要株系或分离物进行序列同源性的比较，发现 SCMV-CA 与这些株系的序列同源性处于马铃薯 Y 病毒属划分种和株系标准的过渡区域范围内：*CP* 基因的氨基酸/核苷酸序列的同源性介于 64%～89%，核心区序列的同源性在 84%～93%，而同种病毒的核心区序列同源性应在 92%以上[15]。应该如何看待这种介于种和株系间的同源关系，目前还没有定论。但是随着越来越多 SCMV 亚组中的株系或分离物 3′端基因组序列的测定，人们发现这种不同分离物间介于种与株系间的同源性关系的现象并非偶然。

分析 *CP* 基因的同源性相差较大的原因，主要与 N2 端序列的变异有关，这种变异表现在核苷酸/氨基酸的顺序和序列长度两方面。Frenkel 等[16]首先提出该部位存在的重复序列是导致同源性降低的一个重要原因。如果不考虑 N 端序列这个多变因素，那么 SCMV 亚组各株系和分离物之间的关系就会变得清晰起来。Shukla[17]在分析 *CP* 序列同源性在马铃薯 Y 病毒属中的应用时，进一步明确了这一说法，认为 *CP* 的核心序列间的同源关系应当作为划分病毒不同种的重要标志。根据这个标准，我国大陆分离物 SCMV-CA 似乎与 SrMV 的同源关系更为接近（图 2）。SCMV-CA 分离物虽然经过 Abbott 的鉴定系统鉴定为 SCMV 的 A 株系，但根据分子生物学方面的证据发现它与其他国家分离得到的 SCMV-A 的序列同源关系并不是非常接近，这就对该分离物的最终归属提出了疑问。单纯依靠病毒的基因序列判断病毒的归属显然缺乏足够的说服力，再加上该病毒严重的株系分化现象的存在，使我国大陆 SCMV 株系的鉴定更加复杂化，因此在分子生物学方面，还需在原有基础上进一步开展研究，以期得到更好的证据。

L D V Y Y T Q F I K D L P E Y V E D E L I D V F II

5' CTG GAT GTT TAT TAT ACA CAA TTT ATC AAA GAT TTA CCT GAG TAT GTG GAA GAT GAG TTA ATT GAT GTG TTT CAT 75

Q ↓ A G G D T V D A G A N T A D A T A Q A Q R E A A

CAA GCA GGG GGT GAC ACG GTG GAT GCG GGA GCT AAC ACA GCA GAT GCA ACG GCA CAA GCA CAA CGA GAG GCT GCA 150

A K A Q Q D A D A K K R A D D E A A E K Q R Q D A

GCA AAA GCC CAA CAG GAT GCC GAT GCG AAA AAG AGA GCA GAT GAT GAA GCA GCA GAG AAA CAG AGA CAA GAT GCT 225

A A K K K A D D D A K A K A D A D A K K K A D D E

GCT GCA AAG AAG AAA GCT GAC GAT GAT GCT AAA GCA AAA GCG GAT GCT GAT GCG AAA AAG AAA GCA GAT GAC GAA 300

A A Q R A Q N Q K D K D V D V G T S G T V T V P K

GCA GCG CAG AGA GCA CAA AAT CAG AAA GAT AAA GAC GTT GAT GTT GGA ACG TCA GGC ACA GTC ACA GTA CCA AAA 375

L K A M S K K M R L P Q A K G K N I L II L D F L L

CTG AAA GCT ATG TCC AAG AAG ATG CGT TTG CCA CAA GCA AAA GGA AAG AAT ATT TTA CAT CTC GAT TTC CTA CTT 450

G Y K P Q Q Q D I S N T R A T R A E F D R W Y A A

GGA TAC AAG CCA CAA CAG CAA GAC ATC TCA AAC ACA CGA GCA ACA CGA GCA GAG TTT GAT AGG TGG TAT GCA GCC 525

V Q K E Y E L D D T Q M T D V M S G L M A W C I E

GTA CAA AAA GAA TAT GAA CTT GAT GAC ACA CAA ATG ACA GAT GTC ATG AGT GGA CTA ATG GCA TGG TGT ATA GAA 600

N G C S P N I N G V W T M M D G E E Q R T F P L K

AAT GGT TGC TCA CCG AAT ATC AAT GGT GTT TGG ACC ATG ATG GAT GGA GAA GAA CAA AGA ACA TTT CCT TTA AAG 675

P I I E N A S P T F R Q I M II II F S D A A E A Y I

CCA ATA ATT GAA AAT GCT TCT CCA ACA TTT AGG CAG ATT ATG CAT CAC TTT AGT GAT GCA GCT GAA GCG TAT ATA 750

E Y R N S T E R Y M P R Y G L Q R N L T D Y N L A

GAA TAC CGT AAC TCA ACG GAA CGC TAC ATG CCA AGA TAC GGA CTT CAG CGA AAC TTA ACC GAC TAC AAT TTA GCA 825

R Y A F D F Y E I T S R T T A R A K E A II M Q M K

CGT TAT GCT TTT GAT TTC TAT GAG ATC ACA TCA CGT ACG ACA GCC CGT GCT AAG GAG GCC CAC ATG CAG ATG AAA 900

A A A V R G S N T R M F G L D G N V G E S Q E N T

GCA GCA GCA GTT CGT GGT TCA AAT ACC CGG ATG TTC GGC TTG GAT GGG AAT GTC GGC GAG TCT CAG GAG AAT ACT 975

E R II T A G D V S R N M II T L L G V Q Q II Q *

GAA CGT CAC ACT GCT GGC GAC GTG AGT CGC AAC ATG CAC ACC CTT CTT GGG GTG CAA CAG CAC CAA TGA CGC GAC 1050

GGA AAC CCT GTT TGC AGT ACC TAA GTA TTA TAT ATA TAT CCT ATG TGA GTG AGG CCA TGC CTC GTT AGT ATA ATA 1125

TAT ATT TAC TTT CAA AGT ATT TAC TAT TCT GCA AGG GAG TGA GGA CGC ATC CTC CAA CCT TTT AGT ACG TAC TTT 1200

ACT AGC TTC GAA CCA CTA GAC GGA CAA TCT GTT GTG TGG CCG TGC TAC GAT GCA GGT GCT GCG AGT CTT GTG GCA 1275

AGA GAC AAA AAA AAA AAA AAA AA 3' 1298

图1　SCMV-CA 基因组 3′端核苷酸序列及推测得到的氨基酸序列

图中包括 SCMV-CA 的 3′端的 1296 个核苷酸及推测得到的一个 ORF 的氨基酸序列 ORF 终止密码子的位置用 * 表示，NIb 和 CP 间的蛋白酶切位点用垂直的箭头隔开，与蚜虫传播有关的序列用方框表示

SCMV-A	AG TVDAGAQGGGGNVGTQPPATGAAAQGGAQPPATGAAAQPPATQGS - - - QPPTGGA
SCMV-D	AG TVDAGAQGGGGNAGTQPPATGAAAQGGAQPPATGAAAQPPAAQ - - - - - - - PTGGA
SCMV-SC	AG TVDAGAQGGGGNAGTQPPATGAAAQGGAQPPATGAAAQPPTTQGS - - - QLPQGGA
SCMV-SA	AG TVDAGAQGEGGNAGTQPPATGAAAQGGAQPPATGAAAQPPATQGS - - - QPPTGGA
SCMV-HOE	SG SVDAGAQGGNSGSGASASA - - - - - - - - - - AGSGSGTRPPSTGSAAQGNTPPASGG
SCMV-MDB	SG TVDAGAQGGSGSQGTTPPATGSGAKPATSGAGSGSGTGAGTGVTGGQARTGSGTGT
MDMV-A	ANEN VDAGQKT - - - - - - - - - - - - - - - - - DAQKEAEKKAAE - - - - - - - - - - - -
SrMV-SCH	AGGGTVDAGATTAEATAQAQRDAAAKAQRDADAKKKADDEAAERQRQDAAAKKKADDDAK
SrMV-SCM	AGGGTVDAGAATABATAQAQRDAAAKAQRDADAKKKADDEAAERQRQEAAAKKKADDDAK
SCMV-CA	AGGDTVDAGANTADATAQAQREAAAKAQQDADAKKRADDEAAEKQRQDAAAKKKADDDAK
CONSENSUS	

★

SCMV-A	TGGGGAQ - VTGGQRDKDVDAGTTGKITVPKLKAMS
SCMV-D	TGGGGAQTGAGGT - - - - - - - - - - - - - - - - - VTGGQRDKDVDAGTTGKITVPKLKAMS
SCMV-SC	TGGGGAQTGAGGTG - - - - - - - - - - - - - - - - VTGGQRDKDVDAGTTGKITVPKLKAMS
SCMV-SA	TGGGGAQTGAGGTGA - - - - - - - - - - - - - - - VTGGQRDKDVDAGTTGKITVPKLKAMS
SCMV-HOE	SSGNNGGGQSGSNGTGGQAGSSG - - - - - - - - - TGGQRDKDVDAGSTGKISVPKLKAMS
SCMV-MDB	GSGATGGQSGSGSGTEQVNTGSAGTNA - - - - - - TGGQRDKDVDAGSTGKISVPKLKAMS
MDMV-A	EKKAKEAEAKQK - - - - - - - - ETKEKSTEKTGDGGSIGKDKDVDAGTSGSVSVPKLKAMS
SrMV-SCH	AKADADAKAKS - - - - - - - DADAKKKADDEAASKARNQKDKDVDVGTSGTVAVPKLKAMS
SrMV-SCM	AKADADAKA - - - - - - - - DADAKKKADDEAARKAQNQKDKDVDVGTSGTVAVPKLKAMS
SCMV-CA	AKA - - - - - - - - - - - - - - DADAKKKADDEAAQRAQNQKDKDVDVGTSGTVTVPKLKAMS
CONSENSUS	DV G P

SCMV-A	KKMRLPKAKGKDVLHLDFLLTYKPQQQDISNTRATREEFDRWYEAIKKEYEIDDTQMTVV
SCMV-D	KKMRLPKAKGKDVLHLDFLLTYKPQQQDISNTRATREEFDRWYEAIKKEYEIDDTQMTVV
SCMV-SC	KKMRLPKAKGKDVLHLDFLLTYKPQQQDISNTRATREEFDRWYEAIKKEYEIDDTQMTVV
SCMV-SA	KKMRLPKAKGKDVLHLDFLLTYKPQQQDISNTRATREEFDRWYEAIKKEYEIDDTQMTVV
SCMV-HOE	KKMRLPKAKGKDVLHLDFLLTYKPQQQDISNTRATREEFDRWYEAIKKEYEIDDTQMTVV
SCMV-HDB	KKMRLPKAKGKDVLHLDFLLTYKPQQQDISNTRATREEFDRWYEAIKKEYEIDDTQMTVV
MDMV-A	KKMRLPKAKGKDVLHLDFLLTYKPQQQDISNTRATREEFDRWYEAIKKEYEIDDTQMTVV
SrMV-SCH	KKMRLPKAKGKDVLHLDFLLTYKPQQQDISNTRATREEFDRWYEAIKKEYEIDDTQMTVV
SrMV-SCM	KKMRLPKAKGKDVLHLDFLLTYKPQQQDISNTRATREEFDRWYEAIKKEYEIDDTQMTVV
SCMV-CA	KKMRLPKAKGKDVLHLDFLLTYKPQQQDISNTRATREEFDRWYEAIKKEYEIDDTQMTVV
CONSENSUS	K P G HL Y P Q N RAT QF W V Y M

SCMV-A	MSGLMVWCIENGCSPNINGSWTMMDGDEQRVFPLKPVIENASPTFRQIMHHFSDAAEAYI
SCMV-D	MSGLMVWCIENGCSPNINGSWTMMDGDEQRVFPLKPVIENASPTFRQIMHHFSDAAEAYI
SCMV-SC	MSGLMVWCIENGCSPNINGSWTMMDGDEQRVFPLKPVIENASPTFRQIMHHFSDAAEAYI
SCMV-SA	MSGLMVWCIENGCSPNINGSWTMMDGDEQRVFPLKPVIENASPTFRQIMHHFSDAAEAYI
SCMV-HOE	MSGLMVWCIENGCSPNINGSWTMMDGDEQRVFPLKPVIENASPTFRQIMHHFSDAAEAYI
SCMV-MDB	MSGLMVWCIENGCSPNINGSWTMMDGDEQRVFPLKPVIENASPTFRQIMHHFSDAAEAYI
MDMV-A	MSGLMVWCIENGCSPNINGSWTMMDGDEQRVFPLKPVIENASPTFRQIMHHFSDAAEAYI
SrMV-SCH	ASGLMVWVIENGCSPNINGVWTMMDGDEQRKFPLKPVIEYASPTFRQIMHHFSDAAEAYI
SrMV-SCM	ASGLMVWVIENGCSPNINGVWTMMDGDEQRKFPLKPVIEYASPTFRQIMHHFSDAAEAYI
SrMV-CA	MSGLMVWCIENGCSPNINGSWTMMDGDEQRVFPLKPVIENASPTFRQIMHHFSDAAEAYI
CONSENSUS	NG MVWCIENGTSP G W MMDG Q YP P A P RQIM HFS AEAYI

```
            EYRNSTERYMPRYGLQRNLTDYSLARYAFDFYEMNSRTPARAKEAHMQMKAAAVRGSNTR
SCMV-A      EYRNSTERYMPRYGLQRNLTDYSLARYAFDFYEMNSRTPARAKEAHMQMKAAAVRGSNTR
SCMV-D      EYRNSTERYMPRYGLQRNLTDYSLARYAFDFYEMNSRTPARAKEAHMQMKAAAVRGSNTR
SCMV-SC     EYRNSTERYMPRYGLQRNLTDYSLARYAFDFYEMNSRTPARAKEAHMQMKAAAVRGSNTR
SCMV-SA     EYRNSTERYMPRYGLQRNLTDYSLARYAFDFYEMNSRTPARAKEAHMQMKAAAVRGSNTR
SCMV-HOE    EYRNSTERYMPRYGLQRNLTDYSLARYAFDFYEMNSRTPARAKEAHMQMKAAAVRGSNTR
SCMV-MDB    EYRNSTERYMPRYGLQRNLTDYSLARYAFDFYEMNSRTPARAKEAHMQMKAAAVRGSNTR
MDMV-A      EYRNSTERYMPRYGLQRNLTDYSLARYAFDFYEMNSRTPARAKEAHMQMKAAAVRGSNTR
SrMV-SCH    EYRNSTERYMPRYGLQRNLTDYSLARYAFDFYEMNSRTPARAKEAHMQMKAAAVRGSNTR
SrMV-SCM    EYRNSTERYMPRYGLQRNLTDYSLARYAFDFYEMNSRTPARAKEAHMQMKAAAVRGSNTR
SrMV-SCA    E RN    YMPRYGL RNL D   LARYAFDFYE       TP RAREAH QMKAAA
CONSENSUS

                                 ※

SCMV-A      LFGLDGNVGETQENTERHTAGDVSFGLDGNRNMHSLLGVQQHH*
SCMV-D      LFGLDGNVGETQENTERHTAGDVSFGLDGNRNMHSLLGVQQHH*
SCMV-SC     LFGLDGNVGETQENTERHTAGDVS-----RNMHSLLGVQQHH*
SCMV-SA     LFGLDGNVGETQENTERHTAGDVS-----RNMHSLLGVQQHH*
SCMV-HOE    LFGLDGNVGETQENTERHTAGDVS-----RNMHSLLGVQQHH*
SCMV-HDB    LFGLDGNVGETQENTERHTAGDVS-----RNMHSLLGVQQHH*
MDMV-A      MFGLDGNVGEAHENTERHTAGDVS-----PNMHSLLGVQQGH*
SrMV-SCH    MFGLDGNVGESQENTERHTAGDES-----RNMHSLLGVQQHH*
SrMV-SCM    -----MVGESQENTERHTAGDVS-----RNMHSLLGVQQHH*
SCMV-CA     ------MVGESQENTERHTAGDVS ------RNMHTLLGVQQHQ*   FGLDG      E
CONSENSUS   TERHT   DV            MH  L G
```

图 2　SCMV-CA 与 SCMV 亚组 10 成员间 CP 氨基酸序列比较

★病毒 CP 氨基酸核心区序列的开始；※病毒 CP 氨基酸 C2 末端序列开始；CONSENSUS：马铃薯 Y 病毒属 CP 氨基酸序列中存在的高度保守的氨基酸序列；病毒 CP 氨基酸 N 端序列存在的重复序列用下划线表示

参 考 文 献

[1] Rosenkranz E. New hosts and taxonomic analysis of the Mississippi native species tested for reaction to *Maize dwarf mosaic* and *Sugarcane mosaic virus*. Phytopathology, 1987, 77: 598 -607

[2] 陆关成，王萃樟，朱奎荣等. 浙江省甘蔗花叶病毒及其防治研究. 浙江农业大学学报,1984,10 (2):137 - 148

[3] 陈宇航，周仲驹，林奇英等. 甘蔗花叶病毒株系的研究 . 福建农学院学报,1988, 17 (1):44 - 48

[4] 周仲驹，黄如娟，林奇英等. 甘蔗花叶病的发生及甘蔗品种抗性. 福建农学院学报,1989, 18 (4):520 - 525

[5] 陈启建，周仲驹，林奇英等. 甘蔗花叶病毒的提纯及抗血清的制备 . 甘蔗,1998, 5 (1), 19 - 21

[6] Doughrty WG, Cary SM, Pards TD. Molecular genetic analysis of a plant virus polyprotein cleavage site: a model. Virology, 1989, 171 : 356 - 364

[7] Handley JA, Smith GR, Dale JL, et al. Sequence diversity in the NIb coding region of eight *Sugarcane mosaic Potyvirus* isolated infecting sugarcane in Australia. Arch Virol, 1996, 141 : 2289- 2300

[8] Atreya CD, Raccah B,Pirone TP. A point mutation in the coat protein abolishes aphid transmissibility of a Potyvirus. Virology, 1990, 178 : 161 - 165

[9] Atreya PL, Atreya CD,Pirone TP. Amino acid substitutions in the coat protein result in loss of insect transmissibility of a plant virus. PNAS, 1991, 88 : 7887 - 7891

[10] Handley JA, Smith GR, Dale JL, et al. Sequence diversity in the coat protein coding region of twelve *Sugarcane mosaic Potyvirus* isolates from Australia, USA and South Africa. Arch Virol, 1998, 143 :1145 - 1153

[11] Oertel U, Schubert J, Fuchs E. Sequence comparison of the 3′ terminal parts of the RNA of four German isolates of *Sugarcane mosaic Potyvirus* (SCMV). Arch Virol, 1997, 142 : 675 -687

[12] Yang ZN, Mirkov TE. Sequence and relationships of sugarcane mosaic and *Sorghum mosaic virus strains* and development of RT-PCR2based RFL Ps for strain discrimination. Phytopathology, 1997, 87 :932 - 939

[13] Schubert J, Rabenstein F. Sequence of the 3′ terminal region of the RNA of a mite-ransmitted potyvirus from *Hordeum murinum* L. Eur J Plant Pathol, 1995, 101 :123 - 132

[14] Ward CW, Mckern NM, Frenkel MJ, et al. Sequence data as the major criterion for potyvirus classification. Arch Virol Suppl, 1992, 5 : 283 - 297

[15] Shukla DD, Ward CW. Amino acid sequence homology of coat-

proteins as a basis for identification and classification of the potyvirus group. J Gen Virol, 1988, 69 : 2703 - 2710

[16] Frenkel MJ, Jilka JM, McKern NM, et al. Unexpected diversity in the amino terminal ends of the coat proteins of *Sugarcane mosaic virus*. J Gen Virol, 1991,72 : 237 - 242

[17] Shukla DD, Ward CW, Brunt A A. The potyviridae. Center for Agriculture and Biosciences International. Cambridge: Cambridge University Press,1994

Ⅵ 烟草病毒

着重研究了烟草病毒病的病原鉴定、病毒种群、病毒交互保护、病毒基因克隆和病害的细胞生理、抗性鉴定与防控。其中对烟草花叶病毒（*Tobacco mosaic virus*）进行了较多的研究；对烟草上发生的一种植原体病害也作了症状描述和病原的电镜观察。

福建烟草病毒病病原鉴定初报

谢联辉，林奇英，曾鸿棋，汤坤元

（福建农学院植物保护系，福建福州　350002）

福建烤烟以其色香味美而久负盛名，但近年来病毒病普遍发生，严重影响烟叶的商品品质。为此，作者从1984年开始进行此项研究，本文报告福建烟草病毒类型的初步鉴定结果。

1984年3～5月在闽南云霄和闽西永定、上杭、龙岩、漳平等烟区进行现场调查，采集毒源标样，并按田间自然症状类型编号装袋，取回供作接种试验的毒源或保有于冰箱中备用。通过大量鉴别寄主的生物学测定（均按常规方法，在严密防虫条件的尼龙网室中进行）、物理属性测定、电子显微镜检查和血清学试验，初步查明我省上述烟区引起烟草病毒病的病原有：烟草花病毒（TMV）的普通株系和番茄株系，黄瓜花叶病毒（CMV），烟草蚀纹病毒（TEV），烟草环斑病毒（TRSV），烟草线条病毒（TSV），马铃薯X病毒（PVX），马铃薯Y病毒（PVY），番茄黑环病毒（ToBRV）和一种类菌原体（MLO）所致的扁茎簇叶病。其中TEV和ToBRV为我国首次报道，PVX和扁茎簇叶病是本省新纪录。

在上述被检出的病毒中，以TMV和CMV引起的花叶类型比较普遍（占标样总数的75.5%）。在花叶类型中，龙岩地区以CMV为主，云霄烟区以TMV为主。龙岩地区的烟草似有不少TMV的轻性类型存在，需进一步测定。

有关烟草病毒病在本省的发生流行因素及其防治措施，尚待进一步研究。

福建农学院学报，1985，14（2）：116
收稿日期：1985-03-06

福建烟草病毒种群及其发生频率的研究

谢联辉，林奇英，谢莉妍

（福建农学院植物病毒研究室，福建福州　350002）

摘　要：1984～1991年的调查研究结果表明，福建烟区的烟草病毒有TMV-C、Tom、YM和RS株系，CMV-C、Yel和TN株系，以及TEV、TLCV、TRV、TRSV、TSV、TVBMV、ToAV、ToBRV、PVX、PVY，其中以CMV-C和TMV-C为优势株系，分别占样品总数的27.8%和27.7%。各种病毒（株系）及其发生的频率因地区和年份而有所不同。在田间各种病毒（株系）的株发病率因烟草品种、烟苗来源和前作类型不同而有差异。

关键词：病毒种群；发生频率

Studies on the population and occurrence frequency of tobacco virus diseases in Fujian

XIE Lian-hui，LIN Qi-ying，XIE Li-yan

（Laboratory of Plant Virology，Fujian Agricultural College，Fuzhou　350002）

Abstract：There were totally 17 kinds of viruses and strains occurred in the tabacco growing areas in Fujian according to the investigation and studies from 1984 to 1991. They were 4 strains of TMV-C，Tom，YM and RS strains，3 strains of CMV-C，Yel and TN strains，and TEV，TLCV，TRV，TRSV，TSV，TVBMV，ToAV，ToBRV，PVX and TVY. Among them，CMV-C and TMV-C were dominant strains with th; ratio of 27.8% and 27.7% respectively. The viruses (strains) and their occurrence. Frequencies varied with specific areas and years. The incidence of viruses and strains were different from the varieties of tobacco，the sources of seedlings and former crop.

Key words：virus population；occurrence frequency

烟草是福建的重要经济作物，尤以永定烤烟和沙县晒烟，更以色香味俱佳丽久负盛名，但近10年来病毒病危害日趋严重，给烟叶生产造成巨大损失。有关烟草病毒危害的报道甚多[1-6]，在自然情况下能侵染烟草的病毒可达70种以上。

福建烟区的烟草病毒，据报道有烟草花叶[3,7]、烟草曲叶[8]、烟草蚀纹、烟草环斑、烟草线条、黄瓜花叶、PVX和番茄黑环病毒等[3]，但由于缺乏全面调查和科学分析，以致对病毒种群及其发生频率和地理分布还不甚了解。为此，作者从1984年起，开展了这一课题的系统研究，本文是这一研究的部分结果。

中国烟草学报，1994，1 (2)：25-32

1　材料与方法

1.1　病情调查与样本采集

每年 3～5 月深入福建各产烟区，按不同品种、不同类型（烟苗来源、前作类型）的田块，采用随机跳跃式取 5～6 点，每点 10～15 株，分别记载各级病株和健株，并采集不同病状的样本，逐一编号，单独保存，供进一步检测。

1.2　病株分级与病情统计

病株区分为 4 级，以无病健株为 0 级，后依调查所得统计病情指数和发病率。其分级标准如下：

0 级：植株正常，全株无可见病状

1 级：植株基本正常，叶上有明脉、斑驳或其他轻微症状

2 级：植株基本正常，叶上有轻微花叶或数量不多的斑驳、蚀纹、叶脉坏死，但不畸形

3 级：植株矮化，株高比健株矮 1/3～1/2，叶上有疙斑、皱缩、畸形或其他明显症状

4 级：植株严重矮化，株高比健株矮 1/2 以上，叶上严重畸形或有其他严重症状

1.3　样本检测和毒源分析

每年每次采回的样本，按不同地区、不同病状逐一分类，每一样本分成两份，一份称取 5g，加入 5mL 的 0.1mol/L（pH7.2）的磷酸缓冲液，榨汁后，以相应病毒抗血清（表 6），用小玻管沉淀法进行检测；另一份按常规方法，在隔离温室内，经单斑分离后，用相应鉴别寄主作生物学测定，除分离物 16-835 即 TLCV 采用无毒烟姬粉虱 *Bemisia tabaci* 进行饲毒和传毒外，其余各种病毒均用人工摩擦接种，所用鉴别寄主及其症状反应见表 7，电镜观察和病毒体外抗性试验，结合血清学检测结果，确定每一样本所属的病原病毒，然后统计分析各种病毒的发生频率和地区分布。

2　结果与分析

2.1　田间症状类型

调查结果指出，福建烟区田间烟草病毒病的症状类型十分复杂，有单一型的、混合型的，也有复合型的。根据 1984～1991 年在各地采回的 1445 份样本分析，以花叶、疱斑和叶片畸形的比较普遍，约占 75%左右，这类症状经毒源检测，多属烟草花叶病毒（*Tobacco mosaic virus*，TMV）或黄瓜花叶病毒（*Cucumber mosaic virus*，CMV），或是两者的混合感染；表现脉明、斑驳、轻度花叶、脉绿花叶、或脉间点蚀、叶脉坏死或顶枯症的约占 10%左右，多属烟草蚀纹病毒（*Tobacco etch virus*，TEV）、烟草脉带花叶病毒（*Tobacco vein-banding mosaic virus*，TVBMV）、马铃薯 Y 病毒（*Potato virus Y*，PVY）或 PVY 与 CMV，PVY 与 TVBMV 的复合感染；表现环斑病的在 500 份左右、多属烟草环斑病毒（*Tobacco ring spot virus*，TRSV）或 TMV 的环斑株系所致；植株矮化、叶片皱缩或叶背有脉肿、耳突的占 2%左右，多属烟草曲叶病毒（*Tobacco leaf curve virus*，TLCV），TMV 或 TMV 与 TLCV 复合感染所致；其他类型或症状不明的约占 7%～8%。

2.2　田间品种表现

1984 年以来在各地田间调查的累加结果（表 1）表明，福建烟区有代表性的 7 个烟草品种，在自然状况下，总病株率为 22.95%～83.20%，病情指数在 8.69～33.97。品种间有明显差异，其中总病株率在 30%以下的仅 G80 一个品种，总病株率在 40%～50%的有 K326，G28 和翠碧 1 号 3 个品种，而传统农家品种永定 1 号、密目烟和大黄金的总病株率均在 60%以上。

表 1　7 个烟草品种在田间病毒病的发生情况

品种	调查株数	TMV 型		CMV 型		其他类型		总计	
		病株率/%	病情指数	病株率/%	病情指数	病株率/%	病情指数	病株率/%	病情指数
永定 1 号	12 000	48.50	18.55	25.13	11.61	9.57	3.01	83.20	33.17
密目烟	9500	31.32	11.92	27.49	9.02	14.58	5.88	73.39	26.82
大黄金	9350	21.11	13.50	34.68	17.21	8.14	3.26	63.93	33.97
翠碧 1 号	7050	13.40	8.03	24.92	13.83	11.08	5.05	49.40	26.91
G28	5500	17.05	6.35	20.05	15.46	6.82	2.36	43.92	24.17
G80	5200	12.00	4.88	7.35	2.48	3.60	1.33	22.95	8.69
K326	4850	16.35	6.41	18.06	11.50	5.84	1.88	40.25	19.79

2.3 烟苗来源对田间发病率的影响

调查结果（表2）指出，不论哪种类型的病毒病，育自菜园和甘薯地的烟草，均比育自晚秧田的显著严重，其总病株率分别高出34.83%和27.72%，总病情指数高出16.08和13.69。烟苗育自甘薯地的，其总病株率和病情指数比育自菜园地的有所降低，但未达到5%的显著程度。

表2 烟苗来源与田间病毒病的关系

烟苗来源	调查株数	TMV型		CMV型		其他类型		总计	
		病株率/%	病情指数	病株率/%	病情指数	病株率/%	病情指数	病株率/%	病情指数
菜园地育苗	805	37.64	16.87	30.43	13.22	6.34	2.21	74.41[a]	32.30[a]
甘薯地育苗	838	31.50	15.55	29.95	12.38	5.85	1.98	67.30[a]	29.91[a]
晚秧田育苗	821	22.41	9.00	14.86	6.35	2.31	0.87	39.58[b]	16.22[b]

a. 调查地点在永定县，品种为密目烟，时间在1985年5月。下同

b. 英文字母相同者，其差异未达5%的显著程度。下同

2.4 前作类型对田间发病的影响

表3指出，前作蔬菜、甘薯和水稻的烟田，烟草上的TMV型、CMV型和其他类型病毒病的发生情况均有显著差异，其中以前作是蔬菜的烟田发病最重，总病株率和总病情指数最高，前作甘薯的烟田其次，前作水稻的烟田最轻。

表3 前作状况与田间病毒病的关系

前作	调查株数	TMV型		CMV型		其他类型		总计	
		病株率/%	病情指数	病株率/%	病情指数	病株率/%	病情指数	病株率/%	病情指数
蔬菜	1521	39.25	17.33	30.83	14.57	10.85	3.81	80.93[a]	35.71[a]
甘薯	1318	30.58	12.08	25.64	9.03	5.16	1.01	61.38[a]	22.12[a]
水稻	1635	18.10	7.86	14.68	4.26	2.94	0.66	35.72[c]	12.77[c]

2.5 病毒种群及其发生频率

研究结果（表4）指出，福建烟草病毒除前已报道[3]的烟草花叶病毒普通株系（TMV-C）和番茄株系（TMV-Tom），黄瓜花叶病毒普通株系（CMV-C）、TEV、TRSV、烟草线条病毒（*Tobacco streak virus*，TSV）、马铃薯X病毒（*Potato virus X*，PVX），PVY和番茄黑环病毒（*Tomato black ring virus*，ToBRV）外，尚有TMV的黄色花叶株系（TMV-YM）和环斑株系（TMV-RS），CMV的黄化株系（CMV-Yel）和烟草坏死株系（CMV-TN），TLCV，TVBMV，烟草脆裂病毒（*Tobacco rattle virus*，TRV）和番茄不孕病毒（*Tomato aspermy virus*，ToAV）。其中以CMV-C株系和TMV-C株系为优势株系，占样品总数（1445份）的27.8%和27.7%。其他15种病毒（株系）分别仅占0.4%～13.5%，而复合感染或混合感染的为6.4%。

1984～1991年的研究结果（表4）表明，福建烟草病毒的种类（株系）有逐年上升的趋势。1984年，在各地采得495份样品中，仅鉴定出9种病毒（株系），1985年11种，1986年12种，1987年15种，1988年14种，1989～1991年每年均为17种。从表4还可看出，各种病毒（株系）在年际间出现的频率有很大差异，其中以TMV-Tom株系比率变幅最大，在2.81%～19.75%，相差达6倍；CMV-Yel株系和PVX居次，相差都在3倍以上；CMV-TN株系和PVY居三，相差都在2倍以上；TMV-YM株系、TLCV、TRSV、TSV、TVBMV、ToAV和ToBRV居四，相差都在1～2倍，其余的比率变幅不大，均在1倍以下。

2.6 烟草病毒的地区分布

根据调查结果（表5），在福建烟区的20个县市中，以各种病毒占所采样本的比率可以看出，不论何地，均以TMV和CMV为主，其中龙岩地区7个县市的TMV占44.6%，CMV占26.6%，两者共占71.2%；三明地区6个县市，TMV占44.7%，CMV占25.4%，两者共占70.1%；福州地区3个县市，TMV占43.9%，CMV占26.6%，

两者共占70.5%；漳州地区4个县，TMV占39.2%，CMV占43.0%，两者共占82.2%。由此可见福建烟草病毒问题，主要是TMV和CMV，在设计防治措施时，充分注意这点是必要的。

从表5还可以看出，各种病毒在地区间是有差异的，地处闽东、闽西北的福州、龙岩和三明地区，似以TMV为主，CMV居次，前者在37.5%～46.4%，后者在20.0%～29.4%；地处闽南的漳州地区，TMV的比率比CMV略低此，前者在37.6%～41.5%，后者在36.4%～48.0%。此外，其余10种病毒在地区间也有显著差异，其比率在0～13.3%。

表4 福建烟草病毒种群及其年际变化

病毒	样品总数	历年占样品总数的比率/%								
		1984年	1985年	1986年	1987年	1988年	1989年	1990年	1991年	平均
TMV-C	400	33.74	25.00	25.22	23.52	29.33	23.03	24.18	21.19	27.68
-Tom	195	18.38	12.96	14.78	14.29	19.75	2.18	7.84	6.78	13.49
-YM	16		1.85	1.71	2.52	3.18	1.12	0.65	0.85	1.11
-RS	11				1.68	1.27	1.12	1.96	1.69	0.76
CMV-C	401	23.43	26.85	28.70	38.89	30.57	33.15	33.99	24.58	27.75
-Yel	23		5.55	1.74	1.68	1.91	2.81	1.31	2.54	1.59
-TN	21			4.35	2.52	1.27	1.69	3.27	2.54	1.45
TEV	33	2.42	1.84	1.74	1.68	1.91	2.81	2.61	2.54	2.28
TLCV	16				2.52	1.27	3.37	1.96	1.69	1.11
TRV	6						1.69	1.31	0.85	0.42
TRSV	63	6.06	2.78	3.48	4.20	2.55	3.37	3.27	5.08	4.36
TSV	18	1.21	0.98	0.87	1.68	0.64	1.69	1.31	1.69	1.25
TVBMV	20				3.36	1.91	3.93	1.96	2.54	1.38
ToAV	9						1.69	1.31	1.69	1.04
ToBRV	15	1.01	0.93	0.87	1.68	0	1.12	1.31	1.69	1.04
PVX	36	1.41	1.85	1.74	1.68	1.27	5.06	3.27	5.93	2.49
PVY	69	3.84	3.70	3.48	4.20	2.55	7.30	5.88	9.32	4.78
混合物	93	8.49	15.74	11.30	3.36	1.91	2.24	2.61	5.80	6.44
总计	1445	100	100	100	100	100	100	100	100	100

表5 福建烟草病毒的地区分布

地区		采集样品数	各种病毒占所采样本的比率/%											
			TMV	CMV	TEV	TLCV	TRV	TRSV	TSV	TVBMV	ToAV	ToBRV	PVX	PVY	Complex
龙岩地区	龙岩	70	44.28	25.71	2.86	2.86	2.86	7.14		1.43			1.43	4.29	7.14
	永定	168	45.83	26.19	4.17	3.57		6.55	1.19	2.38		1.19	2.38	2.98	3.57
	上杭	73	45.20	27.40	2.74	1.37		6.85		2.74		2.74	1.37	4.11	5.48
	武平	68	44.12	29.41	1.64	2.94		2.94	1.47	2.94		1.47	1.47	5.88	5.88
	长汀	75	45.33	24.00	1.41		1.33	6.67		1.33	1.33	1.33	2.67	5.33	6.67
	连城	71	43.66	26.76	3.92			7.04		1.41	1.41	1.41	5.63	4.22	7.04
	漳平	51	41.18	27.45	2.95			5.88	5.88	1.96		3.92	1.92	1.96	5.88
	X	576	44.62	26.56		2.08	0.52	6.25	1.04	2.08	0.35	1.56	2.43	3.99	5.56
三明地区	三明	8	37.50	25.00									12.50	12.50	12.50
	明溪	28	46.43	25.00	3.57			3.57						7.14	14.29
	清流	34	44.12	20.59	2.94			2.94	2.94				2.94	5.88	14.71
	宁化	71	45.07	25.35	2.82			7.02	1.41	2.82			4.23	4.23	7.04
	永安	15	40.00	20.00				13.33		6.67					20.00
	沙县	88	45.45	28.41	2.27			2.27	2.27			1.14	5.68	5.68	6.82
	X	244	44.67	25.41	2.46			4.51	1.64	1.64		0.40	4.10	5.33	9.84

续表

地区		采集样品数	各种病毒占所采样本的比率/%												
			TMV	CMV	TEV	TLCV	TRV	TRSV	TSV	TVBMV	ToAV	ToBRV	PVX	PVY	Complex
福州地区	福州	63	43.48	27.54	1.45	2.90	1.45	2.90	2.90		2.90		1.45	4.35	8.70
	连江	73	42.46	26.03	1.37	2.74		1.37	2.74		1.37	2.74	5.48	8.22	5.48
	罗源	95	45.26	26.32	4.21		2.11	1.05	3.16		1.05	2.11	2.11	7.37	5.26
	X	237	43.88	26.58	2.53	1.69	1.27	1.69	2.95		1.69	1.69	2.95	6.75	6.33
漳州地区	南靖	118	41.53	36.44	1.69			2.54		1.69			0.85	8.47	6.78
	漳浦	80	38.75	46.25				3.75					1.25	2.50	7.50
	云霄	125	37.60	48.00	1.60			3.20	0.80	1.60		0.80	1.60	2.40	2.40
	平和	65	38.46	41.54				3.08			4.26		1.54	3.08	7.69
	X	388	39.18	43.04	1.03			3.09	0.26	1.03	0.77	0.26	1.29	4.38	5.67
总计/平均		1445	43.04	30.80	2.28	1.11	0.42	4.36	1.25	1.38	0.26	1.04	2.49	4.78	6.44

3 讨论和结论

烟草病毒病在田间症状表现十分复杂，往往给烟田病害调查增加了不少困难，针对福建烟区主要毒源类型，将田间症状划分为 TMV 型、CMV 型和其他类型三种，开展田间调查，既便于调查人员掌握，又能比较准确地反映客观实际。从福建烟区1984 年以来栽培的有代表性的 7 个品种看，均易感染 TMV 和 CMV，但品种间的发病率仍有较大的差异，这就为烟农因地制宜推广品种提供了依据。来自菜园地的烟苗发病率高，和以蔬菜作为烟田前作的地块发病率高，显然都与寄主范围广的 TMV，CMV 等病株残余有关，因此，在育苗选地和前后茬口安排上充分注意这点也是非常必要的。

表 6 福建烟草病毒种群鉴定所用的抗血清

病毒名称	抗血清来源
TMV	分别由农业部植物检疫实验所张成良先生、内蒙古大学生物系庞瑞杰先生和美国康乃尔大学植病系 R. Providentii 先生提供
CMV	农业部植物检疫实验所张成良先生提供
TEV	以苋色藜为繁殖寄主，0.5mol/L 柠檬酸缓冲液抽提，8% PEG 沉淀，1 次差速离心，免疫家兔，抗体效价 1∶2048
TLCV	以忍冬为繁殖寄主，0.5mol/L 磷酸缓冲液抽提，10% PEG 沉淀，1 次差速离心，免疫家兔，抗体效价 1∶256
TRV	荷兰球茎花卉研究中心 C. J. Asjes 先生提供
TRSV	农业部植物检疫实验所张成良先生提供
TSV	以菜豆为繁殖寄主，0.2mol/L 磷酸缓冲液抽提，10% PEG 沉淀，2 次差速离心，免疫家兔，抗体效价 1∶1024
TVBMV	以苋色藜为繁殖寄主，0.5mol/L 柠檬酸缓冲液抽提，8% PEG 沉淀，1 次差速离心，免疫家兔，抗体效价 1∶2048
ToAV	农业部植物检疫实验所张成良先生提供
ToBRV	农业部植物检疫实验所张成良先生提供
PVX	分别由农业部植物检疫实验所张成良先生和内蒙古大学生物系庞瑞杰先生提供
PVY	分别由农业部植物检疫实验所张成良先生和内蒙古大学生物系庞瑞杰先生提供

表 7 福建烟草病毒在鉴别寄主上的症状反应

病毒	分离物	普通烟（三生烟）	普通烟（白肋烟）	心叶烟	番茄	辣椒	洋酸浆	苋色藜	曼陀罗	千日红	黄瓜	菜豆	豇豆	忍冬
TMV-C	1～8	M，Dis	M	L	M，Fl	M	M	L	L	L，M	O	L	O	
TMV-Tom	5～119	Vc，MiMt	VcMt	L	Mt	M	YM	L	L	L	O	L	O	
TMV-YM	11～593	YM	L，M	L	YM	M	YM	L	L	L，M	O	L	O	
TMV-RS	15～795	Cr	R	L	R	R	L	O	L	L	O	O	O	
CMV-C	2～93	M	M	M，Dis	M，Fl		M，Dis	L	Cs，M，Mt	L，M	M		L	
CMV-Yel	12～601	Y，Mt		Mt	M				Cs	L，M			L	
CMV-TN	13～701	Vn，Olp	M，vn	M，Olp			M	L	Cs，M	LN			LN	
TEV	4～85	Cs，E，Ss		Cs，NR		CsMt		L	Vb，Mt，Dis					
TLCV	16～835	Rn，En		Rn，Dis，STU	Rn，Dis		Cs，Mt		RN，Dis，Stu					Vy
TRSV	9～486	C，R	L	C，R	O		Rn，Dis	L	L	L	YN	L		

续表

病毒	分离物	普通烟（三生烟）	普通烟（白肋烟）	心叶烟	番茄	辣椒	洋酸浆	苋色藜	曼陀罗	千日红	黄瓜	菜豆	豇豆	忍冬
TRV	17～995	Ns	Nb，nn	Cs，L				L			C	L	L	
TSV	7～321	LR，Nb，Nn	Vb		Ybr，N			L，M	M	L	Y，Mt	L		
TVBMV	14～743	Mt，Dis		Vb	Mt	O	M	Cs	M	O	O	O	O	
ToAV	18～1139	NR	CR	Mt，Dis		Mt，Dis		Cs，L			O	O	O	
ToBRV	6～135	Mt，R		C，Mt	Br		O	M	C，Mt		M			
PVX	8～454	Nc，Vn		Dr	Mt，M	NL	M	L	Mt，M，Vb	L		O	O	
PVY	3～41			Vc，Mt		M，Mt	L	L	O	O		O	O	

Br：黑环，C：褪绿，Cr：褪绿环斑，Cs：褪绿斑，Dis：畸形，Dr：双套小环斑，E：蚀，En：耳突，Fl：旋叶，L：局斑，M：花叶，MMt：轻微斑驳，MvDis：中脉弯曲突起，Ls：局斑，Nb：网斑，Nn：网状坏死，NS：坏死斑，O：无症，Olp：橡叶纹，R：环斑，Rn：皱缩，Sc：断线环，Stu：矮化，Vb：脉带，Vc：明脉，Vn：叶脉坏死，Vy：脉黄，Ybr：黄褐色，YM：黄色花叶

通过8年来的调查研究，明确了福建烟区的烟草病毒有TMV-C、Tom、YM和RS株系，CMV-C、Yel和TN株系，以及TEV、TLCV、TRV、TRSV、TSV、TVBMV、ToAV 、ToBRV、PVC、PVY，其中以TMV-C和CMV-C为优势株系。各种病毒（株系）及其发生频率，因不同地区、不同年份而有所差异。龙岩、三明、福州三地区的16个县市和漳州地区的南靖县始终以TMV为主，CMV为次，而漳州地区的漳浦、云霄和平和三县，则以CMV为主，TMV居次，只是差异不如前者显著。从1984～1991年中福建烟草病毒种群及其株系发生频率看，多数比较稳定，但TMV-C有逐年下降趋势，而CMV-C有逐年上升（至1987年）又逐年下降之势，其他病毒的种群比例有所变化，甚至出现一些新的株系，这些情况可能与耕作制度、品种变换、栽培管理及田间作物有关，值得进一步研究。

参考文献

[1] 朱尊权. 中国烟区的重要病害问题. 中国烟草月刊，1950，3(8)：741-747

[2] 韩晓东. 山东烟草病毒病鉴定与防治的初步研究. 中国烟草，1980，3：14-18

[3] 谢联辉. 福建烟草病毒病病原鉴定初报. 福建农学院学报，1985，14(2)：116

[4] 魏景超. 四川烟叶之主要病害及其防治之商榷. 农林新报，1941，18(16-18)：33-37

[5] 都丸敬一. 日本烟草发生的病毒种类、系统和鉴别方法. 植物防疫，1972，26(6)：251-256

[6] Johnson CS，et al. Crop loss assessment for flue-cured tobacco cultivars infected with *Tobacco mosaic virus*. Plant Disease，1983，67(8)：881-885

[7] 裘维蕃. 福建经济植物病害志(一). 新农季刊，1941，1(1)：70-75

[8] 裘祖埙. 我国第一例双联病毒-烟草曲叶病毒的分离和电镜检定. 科学通报，1982，27(22)：1393-1395

烟草花叶病毒运动蛋白的表达及特异性抗体制备*

张正坤[1]，吴祖建[1]，沈建国[1,2]，谢联辉[1]，林奇英[1]

（1 福建农林大学植物病毒研究所，福建福州 350002；
2 福建省出入境检验检疫局，福建福州 350001）

摘　要：从烟草花叶病毒（*Tobacco mosaic virus*，TMV）感染的发病烟草叶片中提取总 RNA，通过 RT-PCR 扩增得到其运动蛋白基因，将扩增产物克隆到 pMD18-T 载体上。DNA 序列分析表明，所得运动蛋白基因全长为 807bp，与已报道的 TMV-U1 株系核苷酸和氨基酸同源性均为 100%。将目的基因亚克隆到原核表达载体 pET-29a 上，并转化大肠杆菌 BL21（DE3），IPTG 诱导 4h 后蛋白表达量达到最大，超声波显示所得融合蛋白以不可溶形式存在。SDS-PAGA 检测蛋白表达情况，表达产物与目的蛋白大小一致，割胶免疫注射家兔得到抗体，ELISA 测定效价为 25 600，Western 杂交检测证明在烟草叶片被侵染早期 MP 得到表达，且抗体特异性良好。

关键词：烟草花叶病毒；运动蛋白；融合蛋白表达；抗体；Western 杂交

中图分类号：S435.72　**文献标识码**：A　**文章编号**：1671-5470（2008）03-0265-04

Expression and antibody preparation of *Tobacco mosaic virus* movement protein

ZHANG Zheng-kun[1]，WU Zu-jian[1]，SHEN Jian-guo[1,2]，
XIE Lian-hui[1]，LIN Qi-ying[1]

（1 Institute of Plant Virology，Fujian Agriculture and Forestry University，Fuzhou 350002；
2 Fujian Entry-Exit Inspection and Quarantine Bureau，Fuzhou 350001）

Abstract：The movement protein（MP）gene of *Tobacco mosaic virus*（TMV）was obtained by RT-PCR from the total RNA of TMV infected leaves and cloned to pMD18-T vector，whose length was 807bp，compared with the TMV-U1 strain in GenBank，the identities of neucleotides and amino acids were both 100%. The target fragment was subcloned to an expression vector pET-29a，and the fusion protein was expressed in the *E. coli* BL21（DE3）strain，the highest amount of target protein was gained 4h after IPTG inducement，which was insoluble. The antibody against the movement protein was prepared by immunized rabbit with target protein cut from SDS-PAGE，a high titer 25 600 was determined by ELISA procedure. Western-blot analysis indicated that movement protein was expressed in infected leaves at an early stage，and the anti-

---

福建农林大学学报（自然科学版），2008，37（3），265-268
收稿日期：2007-09-03　修回时间：2007-12-27
* 基金项目：福建省教育厅（K04037）

body showed a good speciality also.

Key words: *Tobacco mosaic virus*; movement protein; expression of fusion protein; antibody; Western blotting

烟草花叶病毒（*Tobacco mosaic virus*，TMV）为正单链 RNA 病毒，其基因组编码 4 个蛋白，分别为 126kD、183kD、30kD 和 17.6kD 共 4 个蛋白，其中 30kD 蛋白是由 I_2 亚基因组（subgenomic RNA，sgRNA）翻译而来的[1]，30kD 蛋白在寄主体内短暂表达，仅发生在病毒侵染过程的早期[2,3]，主要为介导病毒进行细胞间的移动（cell-to-cell movement），对病毒的复制不起作用[4]。该蛋白能够与病毒 RNA 特异性地结合形成伸展的 protein-RNA 复合体，也能够与胞间连丝结合并改变其结构，使胞间连丝的最大通透能力提高 5～10 倍，从而介导病毒进行细胞间的运动，因此也被称为运动蛋白（movement protein，MP）[5]。MP 同时还决定着 TMV-RNA 在寄主细胞中的分布[6]，并且也参与病毒在寄主体内的长距离运输[7]。本研究对 TMV 运动蛋白进行了表达，制备了特异性良好的高效价的多克隆抗体，并利用 Western 杂交对感染 TMV 的烟草植株中 MP 的表达情况进行检测，旨在为进一步研究其功能打下良好的基础。

1 材料与方法

1.1 TMV 病毒及试剂

经超速离心纯化的 TMV-U1 株系由福建农林大学植物病毒研究所保存；T4 DNA 连接酶、Ex *Taq* 试剂盒、反转录试剂盒及相关限制性内切酶为宝生物工程（大连）有限公司产品；所用化学试剂为中国医药（集团）上海化学试剂公司产品，均为分析纯；中等分子质量标准蛋白质 marker 为 Promega 公司产品；Trizol Kit 和琼脂糖凝胶 DNA 回收试剂盒（离心柱型）为 Invitrogen 公司产品；IPTG、X-gal、NBT、BCIP、二乙醇胺、二甲基甲酰胺以及硝酸纤维素膜为 Upenergy 公司产品；碱性磷酸酶羊抗兔 IgG 为 Sigma 公司产品。

1.2 菌株和质粒

大肠杆菌 DH5α 和 BL21（DE3）为本所保存；pMD18-T 克隆载体为 TaKaRa 公司产品；表达载体 pET-29a 为 Pharmacia 公司产品，本所保存。

1.3 PCR 引物合成

引物由 TaKaRa 公司合成。上游引物 P1 和下游引物 P2 分别引入 *Bam*H Ⅰ 和 *Xho* Ⅰ 酶切位点，下列引物中划线部分为酶切位点。P1：5′-CG<u>GGATCC</u>ATGGCTCTAGTTGTTAAAGG-3′；P2：5′-CCG<u>CTCGAG</u>AGTGATACTGTAAGACATAT-3′。

1.4 病叶总 RNA 提取及 RT-PCR 反应

发病叶片总 RNA 提取参照 Logemann 等[8]的方法进行。提取总 RNA 后，以 P2 为引物按照 TaKaRa 公司反转录试剂盒说明书进行反转录，合成第 1 链，反转录结束后，反应液中加入引物 P1、P2，引物的终浓度为 100pmol/L，Ex *Taq* 酶 1μL（5U/μL），PCR 反应条件为：94℃ 5min，94℃ 1min，58℃ 1min，72℃ 2min，35 个循环，72℃ 10min。然后对扩增产物进行 10mg/mL 琼脂糖凝胶电泳，检测扩增结果。

1.5 大肠杆菌表达载体的构建

回收 PCR 产物，连接到克隆载体 pMD18-T 上，转化大肠杆菌 DH5α，在含有 100mg/L Ampicilin 的 LB 平板培养基上选择培养，通过蓝白斑筛选，挑取白色菌落，提取质粒并进行 PCR 鉴定。阳性质粒用 *Bam*H Ⅰ 和 *Xho* Ⅰ 进行双酶切，回收小片段连接到同样双酶切的 pET-29a 表达载体上，并转化大肠杆菌 DH5α，经 *Bam*H Ⅰ 和 *Xho* Ⅰ 双酶切及 PCR 鉴定后，重组克隆送 TaKaRa 公司进行序列测定，得到的重组质粒命名为 pET-29a-MP。

1.6 融合蛋白的表达

将重组质粒转化大肠杆菌 BL21（DE3），取 50μL 含重组克隆的 BL21（DE3）菌液加入到 50mL LB 液体培养基中，37℃恒温摇床内培养至 D_{600} 为 0.5 时取 1mL 菌液作为未诱导菌液对照，其余菌液内加入终浓度为 1mmol/L 的 IPTG 诱导表达，并于 1h、2h、4h、6h、8h 取样，离心收集菌体，用原培养液 1/10 体积的 PBS 重新悬浮，加入终浓度为 0.1mg/mL 的溶菌酶和 1/10 体积的

10mg/mL Triton，30℃下恒温摇床内培养 2h，冰浴中超声波破碎菌体，12 000r/min 离心 10min 后，将不同时间段的超声波破碎后菌体的沉淀用同样体积的 PBS 悬浮，进行 12% SDS-PAGE 检测。SDS-PAGE 参照文献[9]进行。

1.7 融合蛋白抗血清的制备

诱导表达的细菌总蛋白经超声波破碎后，适当浓缩包涵体溶液，对照蛋白标准分子质量粗略估算目的蛋白条带的含量，吸取约含有 300μg 的包涵体蛋白，进行 12% SDS-PAGE 电泳。电泳完毕后，将胶浸泡于 0.5mol/L KCl 溶液中，0.5～1h 后显示蛋白条带。割下目的条带于生理盐水中研磨，混合等体积福氏不完全佐剂，肌肉注射 2～3kg 健康雄兔。每周 1 次，共注射 5 次，注射量依次适量递增。最后一次注射后 10d，耳静脉采血，测定效价后颈动脉全采血。

1.8 抗血清效价及被感染烟草叶片内的 TMV-MP 检测

取 IPTG 诱导 4h 后的菌液 1mL，4℃下 12 000r/min 离心 15min，沉淀用 pH8.0 的 100μL 1mmol/L Tris-HCl 溶解后，用碳酸盐包被液稀释 20 倍作为抗原，纯化后的抗血清按 1∶800～1∶51 200 倍比稀释，采用间接 ELISA 法测定抗血清效价，步骤参照文献[10]进行，以 PNPP 为显色底物，用酶联检测仪读取 D_{405}，同时设立健康烟草叶片研磨液阴性对照、机械零孔对照和空白对照，以检测孔 D_{405}是阴性对照 D_{405}的 2 倍以上的为阳性。

抗血清效价测定后，利用提纯 TMV 摩擦接种 6～8 叶期烟草中部叶片，同时取接种叶上部叶片作为阴性对照，接种叶和未接种叶均置于 28℃光照培养箱中，9h 后分别取接种叶和未接种叶各 2g，加入 7mL 预冷的蛋白裂解液［每 300mL 裂解液含 1mol/L Tris-HCl（pH 8.0）45mL，甘油（Glycerol）75mL，聚乙烯吡咯烷酮（polyvinylpolypyrrordone）6g］，液氮研磨后置于冰上 3～4h，4℃下 11 000r/min 离心 20min，收集上清液即为总蛋白。SDS-PAGE 电泳后利用 Western 杂交[9]检测接种叶中移动蛋白的表达情况及所制备抗血清的特异性，将制备的 MP 抗血清稀释 800 倍作为第一抗体使用，碱性磷酸酶羊抗兔 IgG 稀释 30 000 倍作为二抗使用，显色底物为 NBT/BCIP。

2 结果与分析

2.1 TMV-*MP* 基因的扩增、克隆及序列分析

以 TMV-RNA 为模板，P1、P2 为引物，经 RT-PCR 特异扩增得到 800bp 左右的 cDNA 片段，大小与预期结果相符（图 1）。扩增产物经回收纯化后克隆到 pMD18-T 载体上，经蓝白斑筛选、PCR 检测及*Bam*HⅠ和*Xho*Ⅰ双酶切鉴定，得到含有插入目的片段的重组子 pMD18-T-MP。核酸序列分析结果表明，该基因编码区由 807 个核苷酸组成，编码 1 个 268 个氨基酸组成的蛋白，与已知 TMV-U1 株系 *MP* 基因核苷酸序列和氨基酸水平上的序列一致性达 100%。

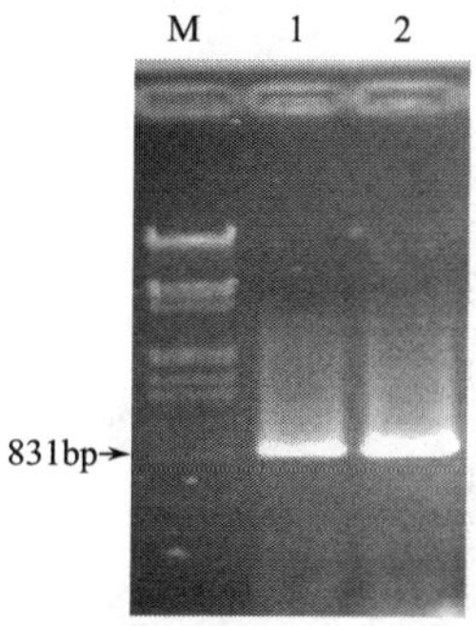

图 1 1%琼脂糖电泳检测 RT-PCR 扩增结果

M. marker；1，2. TMV-*MP* 基因 RT-PCR 产物

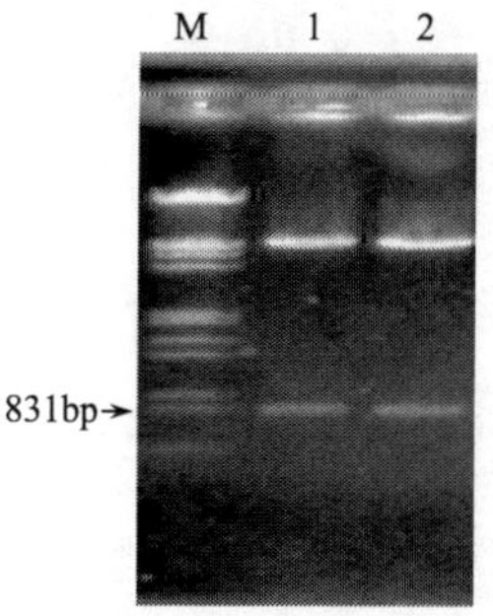

图 2 重组质粒的*Bam*HⅠ/*Xho*Ⅰ酶切鉴定

M. marker；1，2. *Bam*HⅠ/*Xho*Ⅰ酶切重组质 pET-29a-MP

2.2 目的蛋白的诱导表达

将诱导不同时间段的菌体蛋白超声波破碎并离心后，取沉淀部分经 PBS 溶解后进行 12% SDS-PAGE 电泳，可以看到，经 IPTG 诱导 1h 后在 35kD 左右就即出现诱导产生的融合蛋白条带，诱导 4h 后蛋白表达量达到最大。其中表达载体自身蛋白为 5kD，插入 *MP* 基因表达产物为 30kD，与

预测结果相一致（图 3）。

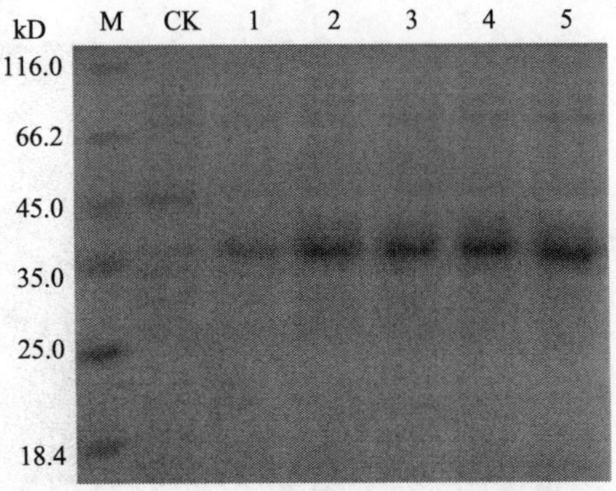

图 3　SDS-PAGE 电泳检测目的蛋白在大肠杆菌中的表达
图中样品为菌体蛋白经超声波破碎并离心后的不溶性的包涵体。M. marker；CK. 含未诱导表达载体 pET-29a-MP 的细菌总蛋白；1～5. 经 IPTG 诱导 1h、2h、4h、6h、8h 的表达载体 pET-29a-MP 的细菌总蛋白

2.3　抗血清效价及被感染烟草叶片内的 TMV-MP 检测

固定抗原浓度，纯化后的抗血清按 1∶800～1∶25 600 倍比稀释，ELISA 测定抗血清的效价，根据 D_{405}，确定抗血清效价在 25 600 左右（表 1）。

表 1　抗血清效价测定

稀释倍数	免疫后 D 值（P）	免疫前 D 值（N）	P/N
800	3.893	1.967	1.979
1600	2.156	0.973	2.216
3200	1.582	0.675	2.344
6400	1.034	0.307	3.368
12 800	0.821	0.193	4.254
25 600	0.643	0.171	3.760
51 200	0.218	0.132	1.652

提取被 TMV 侵染 9h 的烟草叶片和健康叶片总蛋白，SDS-PAGE 电泳后，以所制备的抗血清（稀释 800 倍）作为一抗，碱性磷酸酶羊抗兔 IgG（稀释 30 000 倍）为二抗，进行 Western 杂交分析。结果表明，免疫分析显示条带清晰，*MP* 在烟草叶片被病毒侵染后 9h 已经大量表达，与 Wabanabe 等[3] 的研究结果相符，所制备的抗血清能够单一地与病叶中 MP 蛋白结合，其特异性良好（图 4）。

3　讨论

TMV-MP 是 TMV 感染寄主植物后表达的一个重要功能蛋白，对被感染烟草中病毒的胞间移动和长距离运输都具有十分重要的作用，主要在 TMV 感染寄主后的早期阶段表达。李艳利等[11] 利用 pET-30a 表达载体在大肠杆菌中成功表达了可溶性的 TMV-MP 融合蛋白，但未制备抗血清，同时认为 TMV-MP 功能具有很高的保守性，无论是在基因的保守区还是功能区都与黄瓜花叶病毒（*Cucumber mosaic virus*，CMV）的运动蛋白即 2b 蛋白具有相似性，而后者与马铃薯 X 病毒（*Potato virus X*，PVX）的 MP 均具有转录后基因沉默（post-transcriptional gene silencing，PTGS）的抑制子功能，因此，不能排除抑制转录后基因沉默是否是 TMV-MP 的一个新功能。在 TMV-MP 功能研究中，免疫检测和定位是一种方便和重要的研究手段。我们在大肠杆菌中原核表达了 TMV-U1 株系的 MP，经 IPTG 诱导 4h 后蛋白表达量达到最大，超声波显示所得融合蛋白以不可溶的包涵体形式存在，其纯化产物是包涵体地变性物，复性较困难而且得率较低。研究将超声波破碎后的包涵体沉淀进行 SDS-PAGE 后，直接割胶免疫注射家兔制备了高效价和高特异性的抗血清，其效价达到了 25 600，并通过 Western 杂交在被 TMV 感染 9h 后的烟草叶片中成功地检测到了目 TMV-MP 的存在，说明该方法对制备的抗血清效价及特异性并无不良影响，因此，该抗血清的制备为烟草花叶病毒运动蛋白功能的进一步研究打下了良好的基础。

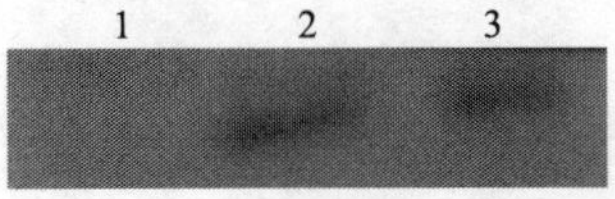

图 4　Western 杂交检测 TMV 侵染烟草早期 MP 的表达情况
1. 阴性对照，未接种 TMV 的烟草叶片总蛋白；2，3. 感染 TMV 的烟草叶片总蛋白

参 考 文 献

[1] Grdzelishivili VZ，Chapman SN，Dawson WO，et al. Mapping of the *Tobacco mosaic virus* movement protein and coat protein subgenomic RNA promoters *in vivo*. Virology，2000，275(1)：177-192

[2] Joshi S，Pleij CWA，Haenni AL，et al. The nature of the *Tobacco mosaic virus* intermediate length RNA2 and its translation. Virolgy，1983，127：100-111

[3] Wabanabe Y，Emori Y，Ooshika I，et al. Synthesis of TMV specific RNAs and proteins at the early stage of infection in to-

bacco protoplasts: transient expression of the 30K protein and its RNA. Virology, 1984, 133: 18-24

[4] Meshi T, Watanabe H, Saito T, et al. Function of the 30K protein of *Tobacco mosaic virus*: involvementin cell-to-cell movement and dispensability for replication. EMBO J, 1987, 6: 2557-2563

[5] Atkins D, Hull R, Wells B, et al. The *Tobacco mosaic virus* 30K movement protein in transgenic tobacco plants is localized to plasmodesmata. J Gen Virol, 1991, 72: 209-211

[6] Mas P, Beachy RN. Replication of tobacco mosaic virus on endoplasmicreticulum and role of the cytoskeleton and virus movement protein in intracellular distribution of viral RNA. J Cell Biol, 1999, 147: 945-958

[7] Arce-Johnson P, Reimann-Philipp U, Padgett HS, et al. Requirement of the movement protein for long distance spread of *Tobacco mosaic virus* in grafted plants. Mol Plant Microbe Interact, 1997, 10: 691-699

[8] Logemann J, Willmitzer L. Improved method for the isolation of RNA from plant tissues. Ann Biochem, 1987, 163: 16-20

[9] 陈启建，刘国坤，吴祖建等. 大蒜精油对烟草花叶病毒的抑制作用. 福建农林大学学报(自然科学版)，2005，34(1)：30-34

[10] Sambrook J, Fritsch EF, Maniatis T. Molecular cloning. 2nd. New York: Cold Spring Harbor Laboratory Press, 1989

[11] 李艳利，马中良，林杰等. 烟草花叶病毒运动蛋白 cDNA 的克隆及融合蛋白的表达. 微生物学报，2004，44(2)：182-184

TMV诱导心叶烟细胞程序性死亡

吴祖建，张　铮，谢联辉

（福建农林大学植物病毒研究所，福建福州　350002）

摘　要：TMV 可使心叶烟植株产生过敏反应。用 TMV 在 PEG 介导下接种悬浮培养的心叶烟（*Nicotiana glutinosa*）细胞原生质体。DAPI 荧光染色结果显示细胞核内染色质发生固缩，并最终形成凋亡小体，用末端脱氧核糖核酸转移酶介导的 dUTP 切口末端标记方法（TUNEL）检测发现，DNA 的 3′-OH 断端被原位特异标记。DNA 电泳分析观察到细胞凋亡时产生的 DNA 降解。以上结果表明：TMV 能诱导心叶烟细胞发生程序性死亡。

关键词：烟草花叶病毒；原生质体细胞；程序性死亡

中图分类号：S432.1　**文献标识码**：A　**文章编号**：1006-7817-(2001) S-0151-01

Programmed cell death induced by *Tobacco mosaic virus* in *Nicotiana glutinosa*

WU Zu-jian, ZHANG Zheng, XIE Lian-hui

(Institute of Plant Virology, Fujian Agriculture and Forestry University, Fuzhou　350002)

Abstract: TMV which can induce hypersensitive response (FIR) in *Nicotiana glutinosa* was used to inoculate the protoplasts of *N. glutinosa* with PEG. The nuclear chromatin condensed into sphericities and popped out of the nuclei to become apoptotic bodies was observed during death of protoplast. TUNEL analysis revealed DNA frgmentation localized in the dying protoplasts as well as the additional formation of apoptotie-like bodies. DNA electrophoresis showed that the nuclear DNAs in the cells undergoing PCD, were cleaved into large DNA fragments of 50kb. These results suggest that TMV can induce programmed cell death (PCD) in *N. glutinosa*.

Key words: *Tobacco mosaic virus* (TMV); protoplasm; programmed cell death

---

福建农业大学学报，2001，30（增刊）：151

收稿日期：2001-05-01

TMV在不同水体与温度条件下的灭活动力学*

郑耀通[1]，林奇英[2]，谢联辉[2]

（1 福建农林大学资源与环境学院，福建福州　350002；
2 福建农林大学植物病毒研究所，福建福州　350002）

摘　要：了解植物病毒在不同水体与温度条件下的灭活规律具有重要的理论与实际意义。本文以典型植物病毒烟草花叶病毒（TMV）为模型，比较了其在不同温度条件下，在闽江水、自来水、生活污水、微孔滤膜过滤除菌污水及超纯水中的灭活动力学。结果显示，温度是导致TMV灭活的重要因素，水温升高，病毒灭活速率加快；此外，某些水质因子也影响TMV的灭活效率，其中可溶性盐的存在及其含量对TMV的灭活会因所处的环境不同而异；某些微生物或代谢产物对植物病毒TMV具有灭活作用，而可生化性有机质加速TMV灭活可能是通过促进水体中的微生物增殖而起作用。

关键词：烟草花叶病毒（TMV）；灭活；动力学；水体

中图分类号：Q939.9　**文献标识码**：A　**文章编号**：1003-5125（2004）04-0385-04

Inactivation dynamics of TMV under different water bodies and temperature

ZHENG Yao-tong[1]，LING Qi-ying[2]，XIE Lian-hui[2]

（1 College of Resource and Environment，Fujian Agriculture and Forestry University，Fuzhou　350002；
2 Institute of Plant Virology，Fujian Agriculture and Forestry University，Fuzhou　350002）

Abstract：It is very important to understand the laws of *Tobacco mosaic virus*（TMV）inactivation under different water bodies and temperature. Choosing the typical plant virus TMV as a model virus，the inactivation dynamics of it in Min River water、tap water、super-pure water、life sewage and sterile sewage water under different temperature were studied in this paper. The results showed that the temperature was a very important factor to influence the survival of TMV. The higher temperature of the water body，the faster inactivation rate of plant virus TMV. Besides the environmental temperature，some water quality factors were also influence the inactivation rate of TMV. The influences of the dissolve salts on the inactivation of TMV were different from the various environmental conditions. Some microbial or their metabolize products were harmful to the survival of TMV. The biodegradable organic substance lead to the TMV inac-

中国病毒学，2004，19（4）：315-319
收稿日期：2004-01-08　收回日期：2004-03-26
*　基金项目：福建省科技计划项目资助（R-98-17）

tivation may be through to promote the bacteria multiplying.

Key words：*Tobacco mosaic virus*（TMV）；inactivation；dynamics；water body

植物病毒可经由感染的植物根释放与植物残体的污染，动物吞咽植物及人类食用生蔬菜与水果后的排泄物污染等途径而成为水体环境中一类常见的生物性污染物[1-5]。目前已从不同的水域中分离到多达13个属30余种的植物病毒[6]。这些植物病毒常具有在侵染植物体内高浓度存在、经植物根释放并在外界环境中非常稳定、再经植物根侵染植物而无需介体的参与、具有广泛的寄主范围等特性而对农业生产存在着很大的威胁[7,8]。然而目前对水体植物病毒的研究还仅仅局限于病毒的分离与监测，更深层次的研究如对植物病毒在水体环境的生态行为还没有报道。我们不清楚植物病毒通过各种途径进行水体环境后的生态行为、存活时间以及对农业生产有可能存在的潜在危险性。这方面的资料亟需补充，以正确评估因水传播植物病毒可能发生的植物病毒病流行与远距离传播的可能性。因此，本文以烟草花叶病毒TMV模型，探讨其在不同水体与温度条件下的灭活规律。

1　材料与方法

1.1　实验材料

烟草花叶病毒（*Tobacco mosaic virus*，TMV）为本校植物病毒研究所收藏的强毒株系，摩擦接种在普通烟K326上繁殖，待植株严重发病时取症状典型的嫩叶作为TMV毒源，用略加修改的Gooding法提纯[9]，经200～300nm紫外扫描确定其纯度与浓度。在枯斑寄主心叶烟植株上用半叶法进行侵染活性测定[10]，每个样品接种5～6个叶片，待出现明显枯斑后，及时记录枯斑数，取平均值，实验重复2次。对低浓度的TMV先用蒙脱石吸附-碱性氯化铝絮凝-碱性EDTA-Gly缓冲液洗脱浓缩后再定量[11]。

选取5种不同水质作为实验水样，其中自来水用硫代硫酸钠脱氯处理；生活废水取于福州市晋安河中游内河生活污水；闽江水取于本校门口河段；无菌生活污水用0.22μm微孔滤膜过滤除菌；超纯水由超纯水机制备。各水样的理化特性如表1。

表1　不同水样的理化性质

	TW	MW	WW	FW	PW
pH	6.54	6.61	6.36	6.43	6.19
BOD5/(mg/L)	0.59	10.7	176.8	84.3	0
Conductivity/(μs/cm)	363	214	576	327	20
SS/(mg/L)	11	24.5	64.2	6.2	0
Bacterial number/(cfu/L)	2.1×10^2	4.8×10	9.3×10^7	0	0

TW. 算来水；MW. 小河水；WW. 废水；FW. 废水过滤后的蒸馏水；PW. 超纯水

1.2　实验方法

在500mL无菌三角瓶中装入300mL上述各水样，加入TMV贮备液至总浓度约为4.6×10^5枯斑/mL，经充分摇匀后取出3mL装于冷冻管中作为t_0时的植物病毒浓度N_0。将三角瓶保温于4℃、20℃、35℃，约1500lx光照强度，12h光照与黑暗循环的光照生化培养箱中，每隔一定时间t取样测定此时的病活性，因$\log N_t/N_0$（N_t表示t时刻的病毒浓度，N_0表示初始时刻的病毒浓度）实行对数转换后表示病毒存活率；再进一步将$\lg(N_t/N_0)$与相应时间作直线回归，求得回归方程，根据此回归方程导出病毒在不同条件下的灭活速度及灭活99%病毒所需的时间T_{99}值［即$\lg(N_t/N_0)=-2$所需的时间］。

2　结果与分析

2.1　低温条件下，TMV在不同水样中的灭活动力学

水温4℃，TMV在不同水体环境中的灭活动力学显示（图1），TMV在生活污水中的平均比灭活速度最大，膜过滤生活污水中次之，而在自来水中的平均比灭活速率最慢。在自来水经过50d后仅灭活0.3lg（枯斑数/mL）TMV，而在生活污水和膜过滤生活污水中则分别灭活0.79lg（枯斑数/mL）和0.59lg（枯斑数/mL），而在超纯水和闽江水中则分别灭活0.52lg（枯斑数/mL）和0.5lg（枯斑数/mL）。TMV在自来水、闽江水、超纯水、膜过滤污水及生活污水中的平均比灭活速率分别达$-0.01373d^{-1}$、$-0.0223d^{-1}$、$-0.02414d^{-1}$、

$-0.0304d^{-1}$ 和 $-0.04154d^{-1}$（表 2）。预测灭活99%加入 TMV 所需的时间分别为 335d、200.8d、190.8d、151.5d、110.8d。

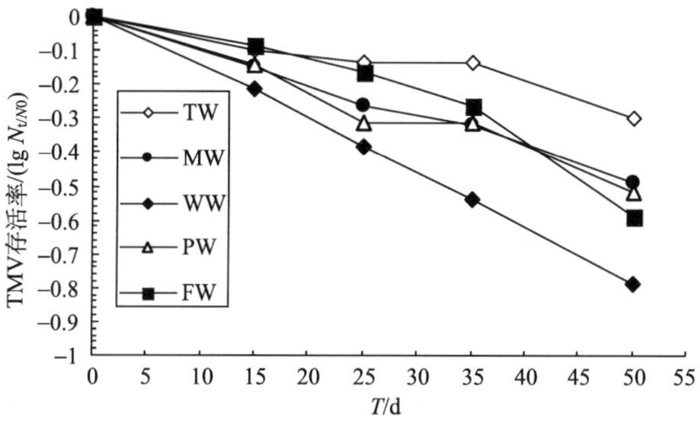

图 1 TMV 在 4℃条件下在不同水体环境中的灭活动力学
TW. 算来水；MW. 小河水；WW. 废水；FW. 废水过滤后的蒸馏水；PW. 超纯水

2.2 室温条件下 TMV 在不同水样中的灭活动力学

室温条件下（20℃），TMV 在生活污水中灭活速度同样最快，而在闽江水中次之，然后依次是在膜过滤生活污水、超纯水和自来水的灭活（图 2）。最快与最慢灭活速率的水环境与在低温条件下（4℃）的实验结果一致。TMV 在自来水中经过 50d 仅灭活 0.9lg，而在生活污水中则达 2.44lg。TMV 在自来水、超纯水、膜过滤生活污水、闽江水和生活污水中的平均比灭活速度依次递增，分别为 $-0.03979d^{-1}$、$-0.0665d^{-1}$、$-0.0726d^{-1}$、$-0.0802d^{-1}$ 和 $-0.1107d^{-1}$。预测灭活 99%TMV 所需的时间则分别为 115.7d、69.6d、63.4d、57.4d 与 41.6d（表 2）。

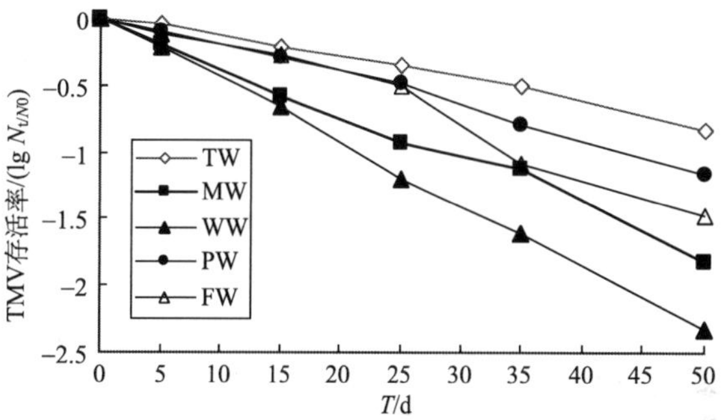

图 2 TMV 在室温条件下在不同水体环境中的灭活动力学
TW. 算来水；MW. 小河水；WW. 废水；FW. 废水过滤后的蒸馏水；PW. 超纯水

表 2 在不同水体环境及温度下 TMV 比灭活速率及 T_{99} 预测

温度/℃	TW				PW				FW			
	r	T_{99}	R_2	P	r	T_{99}	R_2	P	r	T_{99}	R_2	P
4	−0.0137	335.6	0.945	0.008	−0.024	190.8	0.950	0.001	−0.030	151.5	0.863	0.003
20	−0.0398	115.7	0.967	0.001	−0.081	69.6	0.905	0.003	−0.073	63.4	0.915	0.003
35	−0.1590	28.9	0.940	0.000	−0.181	25.5	0.993	0.001	−1.119	4.1	0.972	0.024

温度/℃	WW				MW			
	r	T_{99}	R_2	P	r	T_{99}	R_2	P
4	−0.042	110.8	0.955	0.001	−0.022	200.8	0.979	0.001
20	−0.111	41.6	0.994	0.001	−0.080	57.4	0.974	0.002
35	−0.269	17.1	0.978	0.001	−0.204	22.6	0.983	0.000

TW. 算来水；MW. 小河水；WW. 废水；FW. 废水过滤后的蒸馏水；PW. 超纯水；r. TMV 比灭活率；T_{99}. 99%TMV 失活所需时间；R. 决定系数；P. 概率值

2.3 35℃条件下 TMV 在不同水样中的灭活动力学

35℃水温条件下，TMV 在不同水样中的存活规律同室温条件下相似（图 3），同样是在生活污水中灭活速度最快，而在自来水中最慢。在其他水样中的灭活速度也同室温条件下的实验结果类似。然而同室温条件下的灭活速率比较，TMV 在 35℃条件下的灭活速度显著提高。在自来水、超纯水、膜过滤除菌生活污水、闽江水和生活污水中的比灭活速率分别为 $-0.15902d^{-1}$、$-0.18067d^{-1}$、$-0.18921d^{-1}$、$-0.20381d^{-1}$ 和 $-0.26841d^{-1}$。而预测灭活 99%的 TMV 所需的时间分别为 28.9d、25.5d、24.4d、22.6d 与 17.1d。

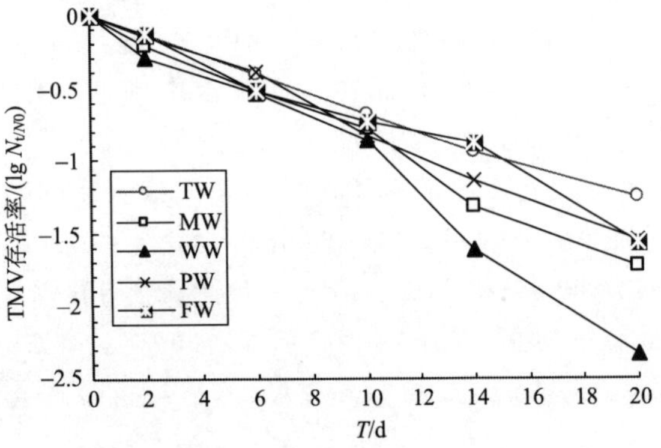

图 3　TMV 在 35℃条件下在不同水体环境中的灭活动力学

2.4　不同水温条件下，TMV 在闽江水中的灭活动力学

比较了 TMV 在同一水样中，在不同的温度条件下的灭活动力学，结果如图 4，很显然温度是导致水体环境中 TMV 灭活的重要因素，随温度升高，TMV 灭活速度急剧加快。

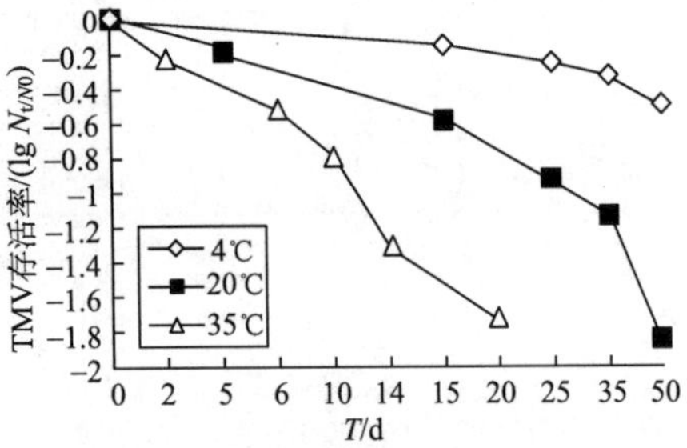

图 4　在不同温度条件下，TMV 在闽江水中的灭活动力学

3　讨论

虽然 TMV 是一种可导致多科植物致病的重要植物病原体，并可在植物压出汁液或吸附于植物残体和土壤颗粒上存活很长时间[6]，然而有关其在水环境中的稳定性及其存活规律等研究却没有见到报道。本次实验结果显示，TMV 可在不同的水体环境中存活相当长时间，因此由 TMV 导致的植物病毒病有可能因流动的水体而造成远距离传播。TMV 具有较强的对水体中灭活因素的抗性同其具有紧密的双螺旋结构有着必然联系，因为要使受双螺旋外壳蛋白保护的病毒 RNA 受到破坏而失去活性需要更大的环境压力。

已有研究指出，温度是影响动物病毒或噬菌体存活的重要因素[11,12]，与之相类似也是影响存在于水体中植物病毒存活的主要因素。在自来水中 TMV 的灭活速率分别从 4℃时的 $-0.005961d^{-1}$ 升高到 35℃的 $-0.06964d^{-1}$，提高了近 10 倍。预测灭活 99%TMV 所需时间从 336d 减少到 29d，在其他水体中的存活灭活规律也相类似（表 2）。

除了温度是影响病毒在水体环境中生存时间长短的主要因素外，病毒在同一实验温度下而在不同的水体中，其比灭活速率也不相同，这说明某些水质因子也对病毒的灭活在起作用。TMV 在 5 种不同水质理化特性的水体中灭活规律，具有基本相似的特点，即在任一实验温度下，病毒在自来水中的存活时间总是最长（表 2）。比较 5 种水体的理化特性，主要区别是自来水中含有较高浓度的可溶性盐及较低浓度的有机物含量和细菌总数。由此可以认为，水体的电导率对病毒的存活可能具有有利的作用，而水体有机物及生物污染不利于病毒存活，但生活污水中含有比自来水高得多的电导率，然而其灭活速率反而最快。因此，可溶性盐的存在及其含量对病毒生存的影响会因所处的环境不同而异，相反水环境中可生化性有机质的存在却明显地降低病毒的存活时间。同时，TMV 在生活废水中的灭活总是最快，这可能同生活污水含有最高的有机物质及细菌总数有着一定的联系，这似乎也暗示着某些微生物或代谢产物对植物病毒 TMV 具有灭活活性。TMV 在生活污水经微孔滤膜过滤除菌后的存活时间延长，这种现象说明，水体中的生物污染因素确实影响着 TMV 在水环境中存活。从中还可以看出，超纯水因水中基本没有离子成分又没有悬浮性物质存在，但也没有对 TMV 具有灭活作用的活性物质存在，因此 TMV 在超纯水中存活基本介于中间。在不同的温度下，TMV 的灭活机制可能略有不同，如在低温（4℃）时，TMV 在灭菌生活污水中灭活速率均比在闽江水中灭活速率快，可能原因是生活污水中本身含有的某些化学物质在起作用，这些化学物质也有可能是原先生活污水中生物起源的物质。在 20℃或 35℃条件下，TMV 在闽江水中的灭活速率均比在灭菌生活污水中的灭活速率快，其机制大概是由于细菌在高温下大量增殖，产生某些对 TMV 生存不利的物质，从而加快 TMV 的灭活。5 种水样的理化特性显示，生活污水也同样含有相当高的可溶性盐浓度，为什么没有像在自来水中那样给予 TMV 保护作用，这种机制有待于进一步研究。

参考文献

[1] Plese N, Juretic N, Mamula D. Plant viruses in soil and water of forest ecosystems in Croatia. Phyton, 1996, 36(1): 135-143

[2] Yarwood GE. Release and preservation of virus by boots. Phytopathology, 1960, 50(1): 111-114

[3] Smith PR, Campbeu RN. Isolation of plant viruses from surface water. Phytopathology, 1969, 59(15): 1678-1687

[4] Kerler G, Kleinthempel H, Kegler H. Investigation on the soil transmissibility of *Tomato bushy stunt virus*. Arch Phytopathol Pflanzenschutz, 1980, 16(2): 73-76

[5] Lanter JM, Goode MJ, Mcguire JM. Persistence of *Tomato mosaic virus* in tomato debris and soil under field conditions. Plant Disease, 1982, 66(7): 552-555

[6] 郑耀通，林奇英，谢联辉. 水体环境中的植物病毒及其生态效应. 中国病毒学，2000，15(1): 1-7

[7] Kleinhempel H, Gruber G. Transmission of *Tomato bushy stunt virus* without vectors. Acta Phytopathol Acad Sci Hung, 1982, 15(3): 107-111

[8] Kegler G, Kerler H. On vectorless transmission of plant pathogenic viruses. Arch Phytopathol Pflanzenschutz, 1981, 17(5): 307-323

[9] Gooding GV, Hebert TT. A simple technique for purification of *Tobacco mosaic virus* in large quanities. Phytopathology, 1967, 57(11): 1285-1289

[10] 裘维蕃. 植物病毒学. 北京：农业出版社，1985

[11] Yahya MT, Cluff CB, Gerba CP. Virus removal by slow filtration and nanofiltration. Wat Sci Tech, 1993, 27(2): 409-412

[12] Yate MV, Gerba CP, Kelly LM. Virus persistence in groundwater. Appl Environ Microbiol, 1985, 49(3): 778-781

烟草花叶病毒复制酶介导抗性的研究进展*

邵碧英，吴祖建，林奇英，谢联辉

（福建农林大学植物病毒研究所，福建福州　350002）

摘　要：在抗病毒植物基因工程中，利用病毒的复制酶基因是一种很有前途的方法。本文对烟草花叶病毒（TMV）的基因组结构及其编码的蛋白的功能作了简介，同时较详细地阐述了由TMV复制酶的通读部分、全长复制酶以及突变或缺失的复制酶介导的对病毒抗性的研究进展。

关键词：抗病毒植物基因工程；烟草花叶病毒；复制酶

中图分类号：Q78　**文献标识码：**A　**文章编号：**1009-002（2003）05-0416-03

Research advances in *Tobacco mosaic virus* replicase mediated resistance

SHAO Bi-ying, WU Zu-jian, LIN Qi-ying, XIE Lian-hui

(Institute of Plant Virology, Fujian Agriculture and Forestry University, Fuzhou　350002)

Abstract: It was a kind of promising method to us viral replicase gene in anti-virus plant genetic engineering. This paper introduced briefly the genome structure and the functions of its coding proteins of *Tobacco mosaic virus* (TMV), also expatiated the research advances in TMV replicase mediated anti-virus resistance, including read-through segment, full-length replicase and mutated or truncated versions.

Key words: anti-virus plant genetic engineering; *Tobacco mosaic virus*; replicase

病毒引起的植物病害是十分严重的，选用抗性品种是防治病毒病的方法之一。传统的植物育种技术曾在抗病育种方面起过一定的作用，但存在许多缺点，如周期长，引入一个新的性状指标相当困难。基因工程超越了传统育种的界限，不仅大大缩短了开发新品种的时间，而且使科学家们得以用传统育种专家难以想象的方式改良作物，前景诱人。随着分子生物学和植物生物技术迅速发展，植物抗病基因工程的技术路线已趋向成熟，并且仍在不断发展。迄今，提出和已经应用的技术路线已有许多，基因来源于植物、动物和病毒，在众多的技术路线中，利用病毒的复制酶基因是一种很有前途的方法。烟草花叶病毒（*Tobacco mosaic virus*，TMV）是烟草花叶病毒属（*Tobamovirus*）的代表种，是具有经济重要性的植物病毒之一。同时，TMV是个古老的病毒，已被人们研究了一个多世纪了，它一直作为一种模式材料，在病毒的基础研究和应用研究上都占有重要地位。本文详细阐述TMV复制酶介导的抗病毒植物基因工程的研究进展，旨在于为其他病毒的研究提供借鉴。

生物技术通讯，2003，14（5）：416-418

* 基金项目：福建省科技厅重点资助项目（99-Z-193）

1 TMV的基因组及复制酶

TMV粒体为直杆状，主要由蛋白质和核酸组成，蛋白亚基以右手螺旋方式围绕核酸。TMV基因组已由Palukaitis等[1]作了很好的描述，为线状正单链RNA，大小因株系的不同而稍有不同。普通株系（如U1株系）基因组大小为6395bp，有4个确定的开放阅读框（open reading frame，ORF），位于69～3419nt、69～4919nt、4903～5709nt、5712～6191nt，分别编码分子质量为126kD、183kD、30kD、17.6kD的蛋白，其中分子质量为183kD的蛋白是分子质量为126kD的蛋白的通读蛋白，分子质量为30kD的蛋白是运动蛋白，分子质量为17.6kD的蛋白为外壳蛋白。前两个蛋白直接由基因组翻译而来，其他几个蛋白均由亚基因组翻译而来。还有1个亚基因组，含有1个不确定的ORF（3495～4919nt），在分子质量为183kD的蛋白ORF的通读部分，推断编码分子质量为54kD的蛋白，但在植物体内未检测到此蛋白的存在。

分子质量为183kD的蛋白在寄主体内的含量约为分子质量为126kD的蛋白含量的1/10[2]，这两个蛋白被认为是TMV复制酶的病毒组分，和其他病毒的与复制有关的蛋白序列有很高的同源性，这些蛋白上有3个功能区，即与给基因组加帽有关的鸟苷酸转移酶、甲基转移酶活性的MT区，在病毒复制过程中具解旋酶活性的HEL区，包括大多数依赖RNA的RNA聚合酶（RdRp）含有的序列的聚合酶区（POL），分子质量为126kD的蛋白上只有MT区、HEL区，分子质量为183kD的蛋白还包含了POL区[3]，即POL区位于推断的分子质量为54kD的蛋白中。研究表明，分子质量为183kD的蛋白对病毒的复制是必需的，而分子质量为126kD的蛋白参与病毒的复制，但对复制不是必需的，主要功能是提高复制速率，可达10倍左右[4]。

2 TMV复制酶介导的抗性研究

首例病毒复制酶介导的抗性研究是由TMV复制酶介导的[5]，这一实例证实了病毒非结构蛋白介导抗性的假说，此后，国内外陆续报道了由此类蛋白介导的对病毒的抗性。

目前被导入植物的复制酶基因主要有以下几种：①通读序列；②全长复制酶基因；③突变或缺失的复制酶基因。但并非所有的复制酶序列的构建体转化植株都能获得抗性，抗性的程度、有效范围也不尽相同。对于特定的病毒，有时仍找不出规律复制酶基因的哪部分序列对抗性是起作用的。这3种策略在TMV上都有所研究。

2.1 通读序列

通读序列是TMV复制酶介导抗性研究中最早应用的，此方面的研究报道较多。

Golemboski等[5]将TMV普通株系（TMV-U1）的推断编码分子质量为54的蛋白的通读序列转化烟草，获得的转基因植株对TMV-U1粒体、RNA都表现出完全抗性，试验的最高接种浓度分别达到了500μg/mL、300μg/mL。用100μg/mL浓度接种与TMV-U1相近的突变株YSI/1时，转基因植株也表现出抗性，但对相同接种浓度的亲缘关系远的U2、L株系或不相关的黄瓜花叶病毒（*Cucumber mosaic virus*，CMV）无抗性。虽然基因的拷贝数在植株个体之间有差异，但植株的抗性水平不依赖于整合的基因的拷贝数。转基因植株展示出转基因沉默，即在转基因植株中有积累RNA，而未检测到蛋白。转基因植株对TMV的抗性不是限制病毒运动，而是阻止病毒在侵染部位的增殖，从而有效阻止病毒的扩散，不产生系统症状[6]。

由于在转基因植株体内检测不到分子质量为54D的蛋白，因而很难判定由其介导的抗性是在RNA水平还是蛋白质水平。Carr等[7]采用了一种原生质体瞬时基因表达系统的研究方法，间接评价了蛋白相对于它的RNA转录体在介导抗性上的重要性。将含有表达TMV-U1野生型分子质量为54D的蛋白的基因、2个突变体序列的构建体，分别转化原生质体。1个突变体是将野生型ORF的第一个AUG起始密码子突变为AUC，而使翻译从3535～3538nt处的AUG起始密码子开始，得到的产物比野生型蛋白少了N端的14个氨基酸。另外1个移码突变体是在3772nt和3773nt之间插入一个碱基C，和前2个碱基组成终止密码子，结果仅获得野生型20%大小的蛋白。3个构建体均产生大小几乎一致的转录体RNA，但野生型蛋白和第1个突变体产生的蛋白均能减少病毒在原生质体中的复制，而第2个突变体不能产生抗性。这些结果表明通读序列在RNA水平的表达对抗性是不够的，也表明是蛋白自身介导了这种抗性现象，是一种蛋白质介导的抗性机制。

国内的科研工作者已经开展了此项策略的研究工作。任兵等[8]对国内 TMV 普通株系进行了通读序列的 cDNA 克隆与分析，通过土壤农杆菌的 Ti 质粒将其转入几个国内推广使用的烟草品种中，PCR 检测证明了转基因烟草植株中此基因的存在。CMV 复制酶基因 3′端缺失 0.9kb 后的 1.6kb 片段的转基因烟草表现出对 CMV 的抗性，鲁润龙等[9]将此片段和 TMV 的通读序列构建成一个双价载体转化烟草，获得的转基因烟草抗 CMV 和TMV。

通读序列的策略已在和 TMV 同属的豌豆早褐病毒（*Pea early browning virus*，PEBV）[10]、辣椒轻型斑驳病毒（*Pepper mild mottle virus*，PMMoV）[11]等病毒上得到应用，所获得的转基因植株对相应的病毒表现为高抗，抗性机制需要完整的分子质量为 54D 的蛋白。

2.2 全长复制酶基因

Donson 等[12]构建了 TMV 基因组 1～5085nt 序列的表达载体，可表达出完整的分子质量为 126kD、183kD 的蛋白。用 Western 杂交检测转基因植株 R1 代，可检测到表达的蛋白，但用 TMV 侵染时，产生的症状和非转基因植物无显著差异，没有一株表现出病毒侵染后的症状延迟，接种 10d 后，所有植物的上位叶出现典型的花叶症状。而魏振承等[13]的研究结果却有所不同，他们将 TMV 复制酶基因导入烟草，获得的转基因烟草自交后代抗 TMV 和 PVX，但感染 PVY，抗病毒的转基因烟草存在某种机制限制着病毒在植株内的转移，Western 印迹分析结果表明转基因植株中检测不到 TMV 复制酶的存在。但作者未对筛选到的抗卡那霉素的烟草植株中是否整合了完整的复制酶基因进行验证，因此很难判断转基因植株中检测不到 TMV 复制酶的原因以及获得的对病毒的抗性是否由完整 TMV 复制酶介导。

但表达其他一些病毒全长复制酶的转基因植物均能提供高水平的抗性，如马铃薯 Y 病毒（*Potato Y potyvirus*，PVY）[14]、兰齿环斑病毒（*Cymbidium ringspot virus*，CymRSV）[15]，因此还需对 TMV 全长复制酶策略进行研究。

2.3 突变或缺失的复制酶基因

当病毒复制酶基因的一部分在植物中表达并产生一种无正常功能的蛋白时，往往有很高的抗病性，所以突变的或截短的复制酶基因的转化策略深受科学工作者的关注。

包括了 5′端非编码区（NR）和编码分子质量为 126kD 的蛋白的 MT 区的一段序列转化烟草获得的转基因植株对 TMV 侵染完全抗性。当 TMV 的接种浓度高达 1000 粒体/mL 时，转基因枯斑珊西烟仍不产生局部枯斑，转基因珊西烟也不产生系统症状。用免疫试验和 Western 印迹分析，在转基因植株中检测不到病毒 RNA 和 CP，而对照的非转基因植株中两者的含量均很高[16]。

Donson 等[12]在 TMV 编码分子质量为 183kD 的蛋白的 ORF 中插入 1.4kb 的核酸序列使翻译提前终止，转基因植株抗 TMV 和 *Tobamovirus* 的其他病毒，如番茄花叶病毒（ToMV）、烟草轻型退绿花叶病毒（TMGMV）、TMV-U5、长叶车前花叶病毒（*Ribgrass mosaic virus*，RMV）等的系统侵染。经 DNA 序列分析，这个插入的片段是个类似 IS10 的转座子，在 TMV 复制时，可自动插入到 TMV 基因组的 2875nt 位点。在 5′端插入这段序列后，TMV 复制酶 ORF 中就有了 4 个终止密码，表达出分子质量为 126kD 的蛋白的 MT 区、部分 HEL 区。TMV 在转基因植株中不能系统侵染是由于病毒在接种叶中增殖量减少，而不是病毒复制被完全抑制。这种缺失复制酶介导的抗性机制可能是由于转基因植株所表达的缺失复制酶与入侵病毒的野生型复制酶产生竞争，干扰了入侵病毒的复制，从而诱导了对病毒的抗性[17]。

TMV 可引起含 *N* 基因的烟草植株产生过敏反应（hypersensitive，HR），这个反应的特征是病毒侵染处的细胞死亡，阻止了病毒复制和运动，从而产生局部枯斑。据研究，TMV 复制酶包括 HEL 区的一部分，参与 HR 的产生，表达分子质量为 50kD 的蛋白的 HEL 片段的转基因植株对 TMV 侵染可产生温度敏感型的防卫反应[18]。

利用病毒弱毒株的交互保护作用也是防治植物病毒病的方法之一。人们担心对于弱毒株的广泛应用会使弱毒会变为强毒，或与其他病毒混合感染引起更大的危害或成为其他作物的传染源。科学工作者已从植物病毒间的交互保护作用得到启发，将弱毒株整长 cDNA 转入到烟草中，能产生完整的病毒颗粒，对 TMV 的抗性比转外壳蛋白基因强 10～20 倍[19]，但此策略仍存在着突变为强毒株的可能性。对 TMV 弱毒株基因组序列测定和分子质量为 126kD、183kD 的蛋白与引起寄主产生症状的关系的研究表明，TMV 弱毒株的致弱因子较一致的结论是分子质量为 126kD、183kD 的蛋白[20]。将弱毒株的复制酶完整基因或缺失基因转化寄主植株，若能获得抗性，则可省去大量接种弱毒株所花的劳力和物力，以及避免弱毒株释放田间后回复突变为强毒株的潜在风险，但目前国内外还未有此方面的报道。我们构建了经人工诱变获得的 TMV 弱毒株[21]缺失复制酶基因的植物表达载体，经农杆菌介导转化烟草，经卡那霉素筛选得到的转化植株的基因组 DNA 的 Southern 点杂交结果初步表明外源基因已整合到烟草基因组中。

3 评价

3.1 复制酶介导的抗性

在基因来源于病毒本身的转基因策略中，TMV 外壳蛋白（coat protein，CP）介导的抗性是研究最早的一个例子[22]，以后在许多种病毒上都有所研究。CP 介导的抗性可以扩展至抗基因来源的病毒的其他株系或相关病毒，但也存在一些问题：转基因植株的抗性较低，一般只能抵抗 20～50μg/mL 病毒粒体的侵染，对病毒 RNA 没有抗性，抗性水平与整合的基因的拷贝数和表达水平呈正相关；一种病毒 *CP* 基因的植物表达产物可能包被入侵病毒或其他致病因子的基因组，从而形成一种新的致病因子。而病毒复制酶介导的抗性远远强于 CP 介导的抗性，其最大优点在于，即使对转基因植株使用很高浓度的病毒或其 RNA，抗性仍然明显，抗性程度和转化基因的表达水平并没有直接关系，低水平的转基因表达产物积累即可对病毒产生高抗。虽然有的复制酶介导的抗性具有特异性，即只抗基因来源的病毒或相关的株系及突变株，但病毒的复制酶有些活性区具有较强的保守性，仍有希望找到广谱高效的转基因策略。

3.2 TMV 复制酶基因的安全性

在转基因技术迅猛发展的同时，转基因生物的安全性问题，也很快引起了人们的极大关注，主要集中在环境安全性和食品安全性两方面。为了保护人类的健康，许多国家（包括中国）已经制定或正在制定有关转基因技术研究和应用的安全管理准则或法规。但农业生物技术是解决未来中国农业的重要手段，是解决未来食品短缺、农药残留等问题的重要技术，因而转基因育种的发展在我国是势在必行，但转基因技术研究将朝着提高转基因安全的方向发展。

一种病毒的复制酶仅复制基因来源的关系密切的特定的病毒，不会复制寄主 mRNA 或不相关的病毒 RNA，而且不相关病毒之间复制酶序列进行交换几乎都是无功能的。TMV 是遗传高度稳定的病毒，不存在明显的变异[23]。TMV 基因组是单基因组分，不可能在不同株系间发生基因组的重排而产生变异，转基因植株表达的复制酶基因也不可能和入侵病毒的基因组发生重排而可能产生新的致病因子。因此由于 TMV 复制酶的特殊性，由其介导的抗性策略相对其他策略要安全些。

到目前为止，植物病毒复制酶基因介导抗病性的机制并不十分清楚。但是随着今后对 TMV 复制酶介导的抗性研究的加强，对这条技术路线的抗性机制的详尽了解，可望发展出一种抗性广谱、高效、安全的防治 TMV 的方法。

参考文献

[1] Palukaitis P，Zaitlin M. *Tobacco mosaic virus*：infectivity and replication. *In*：van Regenmortel MHV，Fraenkel-Conrat H. The plant viruses：the rodshaped plant viruses. New York：Plenum，1986，105

[2] Pelham HRB. Leaky UAG termination codon in tobacco mosaic virus RNA. Nature，1978，272：469

[3] Lewandowski DJ，Dawson WO. Functions of the 126- and 183-kD proteins of *Tobacco mosaic virus*. Virology，2000，271：90

[4] Ishikawa M，Meshi T，Motoyoshi F，et al. *In vitro* mutagenesis of the putative replicase genes of *Tobacco mosaic virus*. Nucleic Acids Res，1986，14：8291

[5] Golemboski DB，Lomonossof GP，Zaitlin M. Plants transformed with *Tobacco mosaic virus* nonstructural gene sequence are resistant to the virus. PNAS，1990，87：6311

[6] Carr JP，Zaitlin M. Resistance in transgenic tobacco plants expressing a nonstructural gene sequence of *Tobacco mosaic virus* is a consequence of markedly reduced virus replication. Mol Plant Microbe Interact，1991，4：579

[7] Carr JP，Marsh LE，Lomonossoff GP，et al. Resistance to *Tobacco mosaic virus* induced by the 54-kD gene sequence requires expression of the 54-kD protein. Mol Plant Microbe Interact，1992，5(5)：397

[8] 任兵，王春香，潘乃穟等. 烟草花叶病毒 54kD 基因的 cDNA 克隆及序列分析. 植物学报，1992，34(11)：829

[9] 鲁润龙，董伟，王丽立等. 复制酶基因介导的抗病毒烟草植株的研究. 中国科学技术大学学报，1996，26(2)：191

[10] MacFarlane SA，Davies JW. Plants transformed with a region of the 201-kilodalton replicase gene from pea early browning virus RNA1 are resistant to virus infection. PNAS，1992，89(13)：5829

[11] Tenllado F，Garcia-Luque I，Serra MT，et al. *Nicotiana benthami-*

ana plants transformed with the 54-kD region of *Pepper mild mottle tobamovirus* replicase gene exhibit two types of resistance responses against viral infection. Virology，1995，211(1)：170

[12] Donson J，Kearney CM，Turpen TH，et al. Broad resistance to tobamoviruses is mediated by a modified *Tobacco mosaic virus* replicase transgene. Mol Plant Microbe Interact，1993，6(5)：635

[13] 魏振承，Foster G. 转烟草花叶病毒复制酶基因烟草的病毒抗性研究. 湖北农学院学报，2000，20(3)：229

[14] Audy P，Palukaitis P，Slack S，et al. Replicase-mediated resistance to *Potato virus Y* in transgenic tobacco plants. Mol Plant Microbe Interact，1994，7：15

[15] Rubino L，Russo M. Characterization of resistance to *Cymbidium ringspot virus* in transgenic plants expressing a full-length viral replicase gene. Virology，1995，212(1)：240

[16] Song EK，Koh HK，Kim JK，et al. Genetically engineered transgenic plants with the domain 1 sequence of *Tobacco mosaic virus* 126kDa protein gene are completely resistant to viral infection. Mol Cells，1999，9(6)：569

[17] Palukaitis P，Zaitlin M. Replicase-mediated resistance to plant virus disease. Adv Virus Res，1997，48：349

[18] Erickson FL，Holzberg S，Calderon-Urrea A，et al. The helicase domain of the TMV replicase proteins induces the N-mediated defence response in tobacco. J Plant，1999，18(1)：67

[19] Yamaya J，Yoshiolca M，Meshi T. Expression of *Tobacco mosaic virus* RNA in transgenic plants. Mol Gen Genel，1988，211：520

[20] 邵碧英，吴祖建，林奇英等. 烟草花叶病毒弱毒株的致弱机理及交互保护作用机理的研究现状. 福建农业大学学报，2001，30(增刊)：19

[21] 邵碧英，吴祖建，林奇英等. 烟草花叶病毒弱毒株的筛选及其交互保护作用. 福建农业大学学报，2001，30(3)：141

[22] Abel PP，Nelson RS，De B，et al. Delay of disease development in transgenic plants that express the *Tobacco mosaic virus* coat protein gene. Science，1986，232：738

[23] Roossinck MJ. Mechanisms of plant virus evolution. Annu Rev Phytopathol，1997，35：191

烟草花叶病毒弱毒株的致弱机理及交互保护作用机理的研究现状*

邵碧英，吴祖建，林奇英，谢联辉

（福建农林大学植物病毒研究所，福建福州 350002）

摘　要：对烟草花叶病毒的基因组结构及其编码的蛋白的功能作了简介，详细阐述了其弱毒株的致弱机理及交互保护作用机理。

关键词：烟草花叶病毒；弱毒株；致弱机理；交互保护作用机理

中图分类号：S432.4⁺1　**文献标识码**：A　**文章编号**：1006-7817-（2001）S-0019-10

The research status of the attenuation and cross-protection mechanism of *Tobacco mosaic virus* mild strain

SHAO Bi-ying，WU Zu-jian，LIN Qi-ying，XIE Lian-hui

（Institute of Plant Virology，Fujian Agriculture and Forestry University，Fuzhou 350002）

Abstract：This paper introduced briefly the genome structure and the functions of its coding proteins. The attenuated and cross-protection mechanisms of the mild strains of *Tobacco mosaic virus* were also expatiated detailedly here.

Key words：*Tobacco mosaic virus*；mild strain；attenuated mechanism；cross-protection mechanism

利用弱病毒防治植物病毒病害的研究，至今已有70多年的历史。自McKinney[1]发现植物病毒株系间存在着干扰现象，Kunkel[2]提出利用弱毒株预防强毒株侵染的设想，Holmes[3]通过热处理筛选出烟草花叶病毒（*Tobacco mosaic virus*，TMV）弱毒株，首次报道了利用弱毒株防治番茄花叶病的保护效果以后，许多国家都开展了利用弱病毒防治植物病毒病害的研究。迄今，已有多种植物病毒弱毒疫苗研制成功并应用于生产上病毒病的防治。单就TMV而言，国内外已成功地获得几个弱毒株，如M[3]、$L_{11}A$[4]、$M_{II\text{-}16}$[5]、Pa18[6]、N_{14}[7-9]、$DN_{60\text{-}3}$[10]，成功地应用于防治由TMV引起的病毒病。

植物病毒的弱毒株是通过自然分离、物理（如高温）处理、化学诱变剂（如亚硝酸）等手段使病毒毒性人为地减弱而获得的，侵染寄主植物后不引起症状。利用植物病毒弱毒株来防治病毒病，是通过株系间的交互保护作用实现的。被一种病毒感染的植物通常对同种病毒的其他株系有抗性，即为交互保护作用。本文从TMV基因组的结构及其编码的蛋白的功能入手，详细阐述TMV弱毒株的致弱机理及株系间交互保护作用机理的研究状况。

福建农业大学学报，2001，30（增刊）：19-28

收稿日期：2001-07-01

* 基金项目：福建省科技厅重点资助项目（99-Z-193）

1 TMV 简介

TMV 是烟草花叶病毒属（*Tobamovirus*）的代表种，是植物病毒中研究最透彻的种类，在病毒的基础研究和应用研究上都占有重要的地位。

1.1 基因组结构

TMV 基因组由线状正链 ssRNA 组成，分子质量为 2000kD。TMV 中第一个被测定全长核苷酸序列的是普通株系 TMV-U1[11]，之后 TMV 其他分离物/株系的基因组相继被测序[12-16]。这些序列之间的比较表明，TMV 普通株系的基因组由 6395nt 组成，5′端有 m^7GpppG 帽子结构，可保护 RNA 不受降解。在帽子结构后为 5′端非编码区（non-coding region，NR），由 68nt 组成，很少有 G，称为 Ω 序列（或称前导序列），是 RNA 翻译的增强子[17]。5′端第一个开放阅读框（open reading frame，ORF）（69～3419nt）编码一个由 1116 个氨基酸残基组成，分子质量为 126kD 的蛋白。该 ORF 的终止密码子 UAG 可以被通读[18]，形成更大的 ORF（69～4919nt），编码一个由 1615 个氨基酸残基组成，分子质量为 183kD 的蛋白。通读蛋白 ORF 的最后 17 个核苷酸（4903～4919nt）与 ORF3（4903～5709nt）重叠。ORF3 编码一个由 267 个氨基酸残基组成，分子质量为 30kD 的蛋白。ORF3 与 ORF4 的基因间隔区（inter region，IR）为 2nt。ORF4（5712～6191nt）位于 TMV 基因组 RNA 的 3′端，编码一个由 158 个氨基酸残基组成，分子质量为 17.6kD 的蛋白。TMV 基因组 RNA 3′端非编码区可以折叠成一个类似 tRNA 的结构，能接受 His。3′NR 和 5′端的帽子结构、Ω 序列相互作用，可以加快 RNA 的翻译速率[19]。

从受 TMV 侵染的细胞中分离到一个亚基因组分 I_1，推测有一个 ORF（3495～4919nt），编码了一个分子质量为 54kD 的蛋白。该蛋白与分子质量为 183kD 蛋白基因位于同一个 ORF，所以分子质量为 54kD 蛋白的氨基酸序列与分子质量为 183kD 蛋白 C′端氨基酸序列完全相同。但在受侵染组织中却从未检测到分子质量为 54kD 蛋白的存在[20]。分子质量为 30kD、17.6kD 蛋白也是由 TMV 的两个亚基因组 RNA（subgenome RNA，sgRNA）编码的。分子质量为 30kD 蛋白的亚基因组（I_2 sgRNA）起始于第 4838 位核苷酸，长度为 1558nt[21]。分子质量为 17.6kD 蛋白的亚基因组起始于第 5703 位核苷酸，长度为 693nt，5′端有帽子结构[22]。

1.2 基因组编码的蛋白及功能

1.2.1 分子质量为 126kD、183kD 和 54kD 蛋白

研究表明，分子质量为 126kD 蛋白参与病毒的复制，但对复制不是必需的，而分子质量为 183kD 蛋白对病毒的复制是必需的[23,24]。TMV 分子质量为 126/183kD 蛋白有三个功能区，加帽有关的鸟苷酸转移酶、甲基转移酶活性区（MT 区）和具解旋酶活性的解旋酶区（HEL）在分子质量为 126kD 蛋白上[25,26]。依赖 RNA 的 RNA 聚合酶（RdRp）活性的聚合酶区（POL）在分子质量为 183kD 蛋白的通读部分[27]。RNA 聚合酶可复制整个 RNA 基因组，则可称为复制酶（replicase），因此分子质量为 183kD 蛋白才是 TMV 真正的复制酶。

Dennis 等[28]构建了分别表达 TMV 分子质量为 126kD 和 183kD 蛋白的突变体来研究这两个蛋白各自的功能。分子质量为 183kD 蛋白可识别正链和负链 RNA 合成的启动子，转录出亚基因组 RNA，给 RNA 加帽，合成蛋白，突变体可在植株内进行细胞间运动，复制出缺损 RNA（defective RNA，dRNA）。而分子质量为 126kD 蛋白在寄主体内的含量约为分子质量为 183kD 蛋白的 10 倍，主要功能是提高复制速率，可达 10 倍左右。

尚无直接证据说明分子质量为 54kD 蛋白是否参与病毒复制，但表达该基因的转基因植株不仅对 TMV 粒体或其 RNA 的侵染具有高抗作用，而且这种抗性是在蛋白水平上而不是在 RNA 水平上，说明该蛋白可以在植物细胞中得到翻译[29]，但是在受 TMV 侵染组织中未检测到它的存在，其具体功能未知。

研究表明，分子质量为 126/183kD 蛋白还和症状的表现有关。如 TMV rakkyo 株系（TMV-R）和普通株系（TMV-U1）有显著不同的寄主范围。TMV-R 侵染亮黄烟时，只在接种叶产生域下侵染（latent infection），而 TMV-U1 可系统侵染，并引起花叶症状。实验证明 TMV-U1 分子质量为 126/180kD 蛋白和 3′NR 对在亮黄烟植株上产生系统侵染所必需的[14]。另外，对几个 TMV 弱毒株的致弱机理研究发现，致弱因子是分子质量为 126/183kD 蛋白的 ORF[15,30-33]。

1.2.2 分子质量为 30kD 蛋白

TMV 基因组第 3 个 ORF 编码的是分子质量为 30kD 蛋白，它的翻译是短暂的，只发生在病毒侵染过程中的早期[34]。分子质量为 30kD 蛋白的主要功能是介导病毒进行细胞间的运动[35]，故又称运动蛋白（movement protein，MP）。MP 能特异性地和 ssRNA、ssDNA 结合，结合区域在第 65～86 位氨基酸处，产生伸展的蛋白-RNA 复合物，作为通过细胞连丝进行细胞间运动的中间体[36]。对由 TMV *MP* 基因获得的转基因烟草的研究表明，MP 能与胞间连丝结合并改变其结构，使胞间连丝最大通透能力提高 5～10 倍，而且运动蛋白主要积累在新生的胞间连丝上[37]。Citovsky 等[38]还报道了一种分子质量为 38kD 的烟草细胞壁蛋白（P38）特异性地和 TMV MP 结合。MP 有 2 个区参与 P38 的识别，这些区对病毒运输和胞间连丝的开通是必需的。

1.2.3 分子质量为 17.6kD 蛋白

分子质量为 17.6kD 蛋白被确认是外壳蛋白（coat protein，CP），可连续不断地被表达[34]。CP 作为 TMV 的结构蛋白的主要功能是保护核酸不受降解。但研究表明它还具有多种其他功能。

(1) 协助 TMV 进行长距离运输，决定寄主范围。病毒和植物的相互作用决定了病毒能否系统侵染植物。植物病毒要系统侵染寄主植物，病毒要以多种方式完成在寄主体内的运动，包括短距离的细胞间运动和长距离运输。如果病毒不能进行远距离运输，则只能引起局部症状，不能构成系统侵染。TMV 进行细胞间运动由 MP 完成，而进行长距离运输还需要 CP 的参与。

TMV-OM（普通株系）能系统侵染含 N'基因的烟草（如亮黄烟），而 TMV-L（番茄株系）则产生局部枯斑。通过交换 TMV-L 和 TMV-OM 相应基因构建重组病毒，侵染试验结果表明，负责 TMV-L 在含 N'基因植物上产生枯斑的因子是 *CP* 基因[39]。完全缺失 *CP* 基因的 TMV 突变体，在珊西烟上形成枯斑，而野生株则为系统侵染[40]。TMV 系统侵染普通烟，齿兰环斑病毒（*Odontoglossum ringspot virus*，ORSV）仅局限在接种叶，构建 ORSV 和 TMV 的重组病毒，经鉴定参与 TMV 在普通烟中进行长距离运动的是 CP[41]。

(2) 参与症状的表现。TMV-U1 引起的浓绿和淡绿相间的花叶症状，而其突变株 YSI/1 在普通烟上产生严重的黄化花叶症状，实验证明是 *CP* 基因中一个核苷酸的改变而引起症状的不同[42]。TMV-U1 的多种 CP 突变体（缺失、插入引起 ORF 的改变），在烟草接种叶上产生从无症状到各种程度的黄化或叶坏死症状，而 TMV-U1 在接种叶上增殖浓度虽然很高，但叶片不出现症状[40]。许多证据表明在叶绿体中的 CP 和寄主的花叶症状的产生有关。从纯化的叶绿体中有分离到 CP，叶绿体中 CP 含量和症状严重度呈正相关[43,44]。

此外，CP 还在株系间的交互保护作用中起作用[45,46]。

2 TMV 弱毒株的致弱机理

至今，对 TMV 致弱机理的研究报道已较多，不仅涉及强、弱株基因组序列测定、分析和比较，而且有些还深入到对编码蛋白的研究。

2.1 致弱因子的定位

几个 TMV 弱毒株的基因组全序列已经被测定，较一致的结论是致弱因子定位于编码分子质量为 126/183kD 蛋白的 ORF 中。

TMV 的一个突变株只在其复制酶中发生了单个氨基酸的改变，导致了烟草的无症侵染[30]。高温处理获得的 TMV 弱毒株 $L_{11}A$ 基因组全序列[28]和野生型 TMV-L 全序列[47]相比，有 10 个碱基发生了改变，其中只有 3 个在分子质量为 130/180kD ORF 中的碱基，引起氨基酸的改变，分别位于分子质量为 130kD 蛋白的 348、759、894 位。第 348 位氨基酸的变异据分析可能对毒力的降低较重要，但很难确定具体的对致病力的影响作用，因为不能排除还涉及其他的氨基酸。

高温处理筛选得到的弱毒株 TMV-M，与野生型强毒株 TMV-U1 核苷酸序列相比，55 个碱基发生了变化，8 个引起 126kD 蛋白氨基酸的改变，4 个引起 MP 氨基酸的改变。将侵染性的强、弱毒株 cDNA 之间的部分片段进行交换，构建重组侵染性 cDNA，结果表明决定致弱的因子是编码分子质量为 126/183kD 蛋白的 ORF[11,32]。TMV-M 中的含这 8 个核苷酸序列用 TMV-U1 相应序列来取代获得的突变体，产生和 TMV-U1 相似的症状，且在这 8 个核苷酸中只任意取代 2 个都控制着花叶症状的产生，表明引起分子质量为 126kD 蛋白氨基酸改变的 8 个核苷酸对在普通烟上产生花叶症状是必需的[48]。控制 M 株系致弱的是蛋白质而不是核酸的作用[49]。

亚硝酸处理制备的弱毒株 TMV-N_{14} 的基因组 cDNA 核苷酸序列已被测定，核苷酸的差异分布在各个区[15]。用基因交换的方法将野生型 TMV-Cv 和弱毒株 TMV-N_{14} 的 MP、CP 和 3′非编码区互换，构建了重组 cDNA，进行体外转录和侵染试验，结果初步推测，TMV-N_{14} 分子质量为 126/183kD ORF 对 N_{14} 的致弱起主要作用，MP ORF 的突变区对症状表现有弱化作用[33]。

我们采用高温处理获得了 TMV 一个弱毒株 TMV-017，高温和亚硝酸的复合处理也获得了一个弱毒株 TMV-152。强、弱毒株基因组 cDNA 核苷酸全序列测定结果表明，弱毒株核苷酸发生变异的部位主要在 126/183kD 蛋白的 ORF 中。和野生型强毒株 TMV-W 相比，TMV-017 仅在分子质量为 126kD 蛋白 ORF 中有 18 个碱基发生变异，9 个碱基引起氨基酸的变异；而 TMV-152 在分子质量为 126/183kD ORF 中有 16 个碱基发生变异，其中有 10 个引起氨基酸的变异。TMV-017 和 TMV-152 有 11 个共同变异的碱基，其中有 7 个引起氨基酸的变异。TMV-152 在 MP ORF 中只改变 1bp，引起氨基酸的变异，是否对致弱起作用，还有待研究。其他区域，TMV-W、TMV-017、TMV-152 完全相同。

2.2　分子质量为 126/183kD 蛋白的分布及与症状的关系

对分子质量为 126/183kD 蛋白在细胞中的分布、与症状的关系的研究已有不少报道。

分子质量为 126/183kD 蛋白分布在细胞质中的病毒胞浆（成熟后成为 X-体）中，X-体和细胞核相连，而 CP 仅存在于细胞质的病毒结晶体中，不和细胞核相连[50,51]。Das 等[52] 用 TMV-U1、TMV-M 分别接种烟草，用免疫斑点杂交、免疫胶体金定位观察了 CP、分子质量为 126/183kD 蛋白的存在及在细胞内的分布。观察到 2 个株系的 CP 大量存在于病毒结晶体内，少量存在于叶绿体、细胞核中，而分子质量为 126/183kD 蛋白存在于 X-体中。TMV-M 的 X-体由管状结构组成，比 TMV-U1 形成的更疏松。而且，受 TMV-M 侵染的，含有病毒粒体的细胞仅 10%也同时含有 X-体。TMV-M 分子质量为 126kD 蛋白氨基酸差异可能影响 X-体的稳定性，因而很少在受侵染的细胞中发现。

Wijdeveld 等[53]研究了分子质量为 126/183kD 蛋白与 X-体、症状产生的关系。用 TMV-U1 系统感染烟草植株，通过免疫细胞化学和 ELISA 分别分析了在系统侵染叶中 X-体的形成和分子质量为 126/183kD 蛋白的增加过程。分子质量为 126/183kD 和 CP 在接种后 40～66h 就可检测到，直线上升，到 200h 后达到稳定。在新生的完全展开的叶上，66h 出现明脉，112h 产生花叶。小的 X-体，在接种 24h 后可被观察到，分子质量为 126/183kD 蛋白的抗血清标记很少，X-体没有和细胞核相连。随后，X-体变大，分子质量为 126/183kD 蛋白标记密集，经常可观察到 X-体附在细胞核上。出现症状的新生叶中，X-体在早期就已经连到细胞核上。在花叶症状叶片的分级匀浆中，和染色体相关的蛋白中含有分子质量为 126/183kD 蛋白。可以推测：分子质量为 126/183kD 蛋白可能在致病性和症状产生上起着调整作用。但是，它可能通过大量积累在 X-体中而间接影响细胞核的活性，从而阻止细胞核和细胞质相互作用。

2.3　存在问题

TMV 弱毒株的生物学特性表现不一，引起寄主无症状的具体机理仍需研究。

无症突变株 TMV-PV42 和产生花叶症状的强毒株 TMV-PV230，增殖量相同，TMV-PV42 CP 在叶绿体中积累量少，而 TMV-PV230 产生花叶症状是由于大量 CP 和 PSⅡ多肽结合，使多肽不能行使功能，进而使光合电子传递链中断，光解水所产生的氧原子不能形成氧分子，化学活性很强的氧原子累积造成叶绿素的降解、叶绿体结构的破坏及消解[44]。

虽然弱毒株 TMV-M 和野生型强毒株 TMV-U1 相比，增殖量未受到影响，其致死温度、稀释限点、体外存活期等均和 TMV-U1 相似[3]，但是 TMV-U1 和 TMV-M 的 CP 在叶绿体中的含量均很少，而两者的分子质量为 126/183kD 蛋白含量不同，TMV-M 较 TMV-U1 含量少，根据分子质量为 126/183kD 蛋白与 X-体、症状产生的关系，由此可以推断弱毒株不引起寄主产生症状与叶绿体中 CP 含量的高低无关，而与分子质量为 126/183kD 蛋白积累量高低，对细胞核活性影响的大小有关。TMV-U1 引起寄主产生花叶症状，细胞核活性受到影响，如何引起叶绿体的变化，还未深入研究。

另外，筛选获得的其他弱毒株，增殖量会受到影响，如 TMV-L_{11}A 的致死温度、稀释限点、体外存活期和在寄主体内的增值量等生物学特性都有所降低，尤其是在烟草和番茄中的增值量，L_{11}A 是 L 的 1/6～1/5 倍[54]；弱毒株 TMV-N_{11} 增殖开始时间比强毒株晚 30h 左右，能达到的病毒量也低得多，弱毒株 TMV-N_{14} 提纯含量较强毒株低[7]，这些弱毒株的 CP、分子质量为 126/183kD 蛋白在细胞中的分布都未进行研究，具体的机理仍然未知。

如此，要真正明确弱毒株的致弱机理，许多研究还有待于进行。

3 株系间的交互保护作用机理

弱毒株保护寄主植株免受强毒株的侵染是通过株系间的交互保护作用实现的，株系间的交互保护作用机理也同样适用于弱毒株对强毒株的保护作用。

3.1 交互保护作用机理的理论

一种病毒的一种株系阻止同种病毒的另一株系的侵染的机理还不清楚，也提出了一些理论：①保护病毒占用或耗尽寄主中对攻击病毒建立侵染所必需的代谢物或结构[55]；②保护病毒的 RNA 和攻击病毒 RNA 配对杂交，阻止强毒株 RNA 的复制和翻译[56,57]；③保护病毒的 CP 阻止攻击病毒基因组脱壳[58]；④保护病毒阻止攻击病毒系统运输[59]；⑤保护病毒激活寄主防卫机制，降解攻击病毒的 RNA[60]。但是每种假设都不能解释所有的株系间交互保护现象。

3.2 CP 在交互保护作用中的作用

病毒 CP 在交互保护作用中的作用研究较多。

一种结论认为 CP 在交互保护用中起重要作用。如在受 TMV 侵染的花叶症状的叶片上，无症状部分（绿岛）中含有极少或根本不含病毒，可被 TMV 坏死株系再次感染，而在淡绿区（含病毒）则不能，即有保护作用，这种保护作用被证明是由于引起花叶症状的株系使坏死株系不能完成脱壳过程[61]。由 TMV 提供的抗性可以被攻击的病毒的裸露 RNA 克服[62]，不能编码出 CP 的 TMV 不能保护植株免受攻击病毒的侵染[63]，也支持了这个结论。

Lu 等[64]构建了一套 CP 突变体的 PVX 载体来研究 CP 在交互保护作用中的作用。表达野生型 CP 和对照（未保护的和不经修饰的 PVX 载体）相比，能延迟 TMV 积累 2 周以上。缺乏病毒粒体形成，但可以组装成螺旋集合体的 CP 也能延迟 TMV 的积累。而不能形成螺旋集合体或不能结合到病毒 RNA 上的 CP 不能延迟 TMV 的积累。而且，能加强有助于螺旋体产生的亚基间相互作用的 CP，可显著延迟攻击病毒的积累。因此，TMV CP 和病毒 RNA 的相互作用、以螺旋方式自我联结的能力似乎是 CP 能提供保护作用所必需的。这些结果支持了 CP 的这样一种保护模式：保护病毒的 CP 重新包裹攻击病毒脱壳后的 RNA。

CP 在交互保护作用中的作用也可以通过由 CP 介导的转基因植株的抗性作用来进行研究。自 1986 年美国华盛顿大学 Powell-Abel 等首次利用此策略获得抗 TMV 侵染的转基因烟草后[65]，世界上许多实验室相继开展了转病毒 *CP* 基因的工作，都得到了对病毒不同程度的抗性[66]。CP 介导的抗性机理和 CP 在传统的交互保护作用中的作用得出相似的结论：一种假说认为，当入侵病毒的裸露核酸进入植物细胞后，它们立即被细胞中的自由 CP 所重新包裹，从而阻止了入侵病毒核酸的翻译和复制[67]。另一假说认为，抗性机理是在 CP 水平上抑制入侵病毒的脱壳[65,68]。

但也有相反的结论。编码难溶性 CP 的 TMV 突变体仍然可提供对攻击病毒的保护作用[69]。不表达 CP 或表达无功能 CP 的 TMV 突变体也可以干扰 TMV 攻击毒株的侵染和扩散[70]。这些结果表明病毒 CP 的存在对交互保护作用不是必需的，2 个毒株竞争特定的复制位点可能更适合于解释这些交互保护现象的作用机理[71]。不能被翻译的 *CP* 基因或针对部分 *CP* 基因的反义 RNA 整合到植物染色体上后，能使转基因植株获得很好的抗性，甚至达到完全免疫，而且对裸露的 RNA 也表现出良好的抗性。上述现象说明这类转基因植株的抗性机理显然不是 CP 在起作用，而可能是它们的 RNA 转录体与入侵病毒 RNA 之间的相互作用[72]。

因此，仍然很有必要证实 CP 在株系间的交互保护作用中所起的作用。另外，病毒编码的其他蛋白，如复制酶的基因转化植物均获得了一定的抗性[73]，这些蛋白是否在传统的交互保护作用中起作用，未见报道。

参考文献

[1] Mckinney HH. Mosaic diseases in the Canary Islands, West Af-

rica, and Gibraltar. J Agric Res, 1929, 39: 557-578

[2] Kunkel LO. Studies on acquired immunity with tobacco and aucuba mosaics. Phytopathology, 1934, 24: 436-466

[3] Holmes FO. A masked strain of *Tobacco mosaic virus*. Phytopathology, 1934, 24(8): 845-873

[4] Oshima N. Contral of tomato mosaic disease by attenuated virus. Japan Aagr Res Q, 1981, 14: 222-228

[5] Rast ATB. M_{II-16}, an artificial symptomless mutant of *Tobacco mosaic virus* for seeding inoculation of tomato crops. Neth J Plant Pathol, 1972, 78: 110-112

[6] 後藤忠则，飯塚典男，小餅昭二. タバコモザイクウィルス・トゥガラシ系统の弱毒ウィルス作出とその利用. 日植病报，1984，50：221-228

[7] 张秀华，李国玄，梁锡娴等. 植物病毒弱毒系及其应用Ⅰ. 烟草花叶病毒番茄株弱毒系的诱变和性质的研究. 植物病理学报，1980，10(1)：49-54

[8] 田波，张秀华，梁锡娴等. 植物病毒弱株系及其应用Ⅱ. 烟草花叶病毒番茄株弱株系 N11 对番茄的保护作用. 植物病理学报，1980，10(2)：109-112

[9] 张秀华，田波，逯宏捷等. 用弱毒系防治番茄花叶病的效果. 中国农业科学，1981，6：78-80

[10] 郑贵彬，符云华. TMV 弱毒 DN60-3 等的诱变及其对番茄病毒病的保护效果. 陕西农业科学，1986，6：5-7

[11] Goelet P, Lomonossoff GP, Butler PJG, et al. Nucleotide sequence of *Tobacco mosaic virus* RNA. PNAS, 1982, 79: 5818-5822

[12] Koh H K, Song EK, LEE SY, et al. Nucleotide sequence of cDNA of the *Tobacco mosaic virus* RNA isolated in Korea. Nucleic Acids Res, 1992, 20(20): 54-74

[13] Ikeda R, Watanabe E, Watanabe YV, et al. Nucleotide sequence of tobamovirus Ob which can spread systemically in *N* gene tobacco. J Gen Virol, 1993, 74: 1939-1944

[14] Chen J, Watanabe Y, Sako N, et al. Complete nucleotide sequence and synthesis of infectious *in vitro* transcripts from a full-length cDNA clone of a rakkyo strain of *Tobacco mosaic virus*. Arch Virol, 1996, 141(5): 885-900

[15] 杨恭，刘相国，邱并生. 烟草花叶病毒(普通株中国分离物)及其弱毒疫苗-N14(番茄株)基因组侵染性 cDNA 核苷酸全序列测定与分析. 生物工程学报，2000，16(4)：437-442

[16] 薛朝阳，周雪平，陈青等. 烟草花叶病毒蚕豆株系基因组全序列分析及结构特征. 中国科学(C辑)，1999，29(6)：654-662

[17] Gallie DR, Sleat DE, Watts JW, et al. The 5′ leader sequence of *Tobacco mosaic virus* RNA enhance the expression of foreign gene transcripts in vitro and in vivo. Nucleic Acids Res, 1987, 8: 3257-3273

[18] Pelham HRB. Leaky UAG termination codon in *Tobacco mosaic virus* RNA. Nature, 1978, 272: 469-471

[19] Leathers V, Tanguay R, Kobayashi M, et al. A phylogenetically conserved sequence within viral 3′ untranslated RNA pseudoknots regulates translation. Mol Cell Biol, 1993, 13: 5331-5347

[20] Golemboski DB, Lomonossof GP, Zaitlin M. Plants transformed with *Tobacco mosaic virus* nonstructural gene sequence are resistant to the virus. PNAS, 1990, 87: 6311

[21] Grdzelishvili VZ, Chapman SN, Dawson WO, et al. Mapping of the *Tobacco mosaic virus* movement protein and coat protein subgenomic RNA promoters *in vivo*. Virology, 2000, 275(1): 177-192

[22] Guilley H, Jonard G, Kukla B, et al. Sequence of 1000 nucleotides at the 3′ end of *Tobacco mosaic virus* RNA. Nucleic Acids Res, 1979, 6: 1287-1308

[23] Ishikawa M, Meshi T, Motoyoshi F, et al. *In vitro* mutagenesis of the putative replicase genes of *Tobacco mosaic virus*. Nucleic Acids Res, 1986, 14: 8291-8305

[24] Ishikawa M, Meshi T, Ohno T, et al. Specific cessation of minus-strand RNA accumulation at an early stage of *Tobacco mosaic virus* infection. J Virol, 1991, 65: 861-868

[25] Rozanov MN, Koonin EV, Gorbalenya AE. Conservation of the putative methyltransferase domain A hallmark of the'Sindbis-like' supergrounp of positive-strand RNA viruses. J Gen Virol, 1992, 73: 2129-2134

[26] Kadaré G, Haenni AL. Virus-encoded RNA helicases. J Virol, 1997, 71: 2583-2590

[27] Koonin EV. The phylogeny of RNA-dependent RNA polymerases of positive-strand RNA viruses. J Gen Virol, 1991, 72: 2197-2206

[28] Dennis JL, Willian OD. Functions of the 126- and 183-kD proteins of *Tobacco mosaic virus*. Virology, 2000, 271: 90-98

[29] Carr JP, Marsh LE, Lomonossoff GP, et al. Resistance to *Tobacco mosaic virus* induced by the 54-kD gene sequence requires expression of the 54-kD protein. Mol Plant-Microbe Interact, 1992, 5: 397-404

[30] Lewandowski DJ, Dawson WO. A single amino acid change in *Tobacco mosaic virus* replicase prevents symptom production. Mol Plant-Microbe Interact, 1993, 6: 157-160

[31] Nishiguchi M, Kikuchi S, Kiho Y, et al. Molecular basis of plant viral virulence: the complete nucleotide sequence of an attenuated strain of *Tobacco mosaic virus*. Nucleic Acids Res, 1985, 13: 5585-5590

[32] Holt CA, Hodgson RAJ, Coker FA, et al. Characterization of the masked strain of *Tobacco mosaic virus*: identification of the region responsible for symptom attenuation by analysis of an infectious cDNA clone. Mol Plant Microbe Interact, 1990, 3(6): 417-423

[33] 杨恭，刘相国，邱并生. 烟草花叶病毒及番茄花叶病毒弱毒疫苗 N14 基因组重组体的构建与侵染性分析. 科学通报，2000，45(7)：735-739

[34] Watanabe Y, Emori Y, Ooshika I, et al. Synthesis of TMV specific RNAs and proteins at the early stage of infection in tobacco protoplasts: Transient expression of the 30 K protein and its RNA. Virology, 1984, 133: 18-24

[35] Ohno T, Takamatsu N, Meshi T, et al. Single amino acid substitution in 30K protein of TMV defective in virus transport function. Virology, 1983, 131: 255-258

[36] Citovsky V, Knorr D, Schuster G, et al. The P30 movement protein of *Tobacco mosaic virus* is a single-stranded nucleic acid binding protein. Cell, 1990, 60: 637-647

[37] Atkins D, Hull R, Wells B, et al. The *Tobacco mosaic virus* 30K movement protein in transgenic tobacco plants is localized to plasmodesmata. J Gen Virol, 1991, 72: 209-211

[38] Citovsky V, McLean BG, Zupan JR, et al. Phosphorylation of *Tobacco mosaic virus* cell-to-cell movement protein by a developmentally regulated plant cell wall-associated protein kinase. Genes Dev, 1993, 7: 904-910

[39] Saito T, Meshi T, Takamatsu N, et al. Coat protein gene sequence of *Tobacco mosaic virus* encodes a host response determinant. PNAS, 1987, 84(17): 6074-6077

[40] Dawson WO, Bubrick P, Grantham GL. Modification of the *Tobacco mosaic virus* coat protein gene affecting replication, movement, and symptomatology. Phytopathology, 1988, 78: 783-789

[41] Hilf ME, Dawson WO. The tobamovirus capsid protein functions as a host-specific determinant of long-distance movement. Virology, 1993, 193: 106-114

[42] Banerjee N, Wang JY, Zaitlin M. A single nucleotide change in the coat protein gene of *Tobacco mosaic virus* is involved in the induction of severe chlorosis. Virology, 1995, 207(1): 234-239

[43] Reinero A, Beachy RN. Association of TMV coat protein with chloroplast membranes in virus-infected leaves. Plant Mol Biol, 1986, 6: 291-301

[44] Reinero A, Beachy RN. Reduced photosystem II Activity and accumulation of viral coat protein in chloroplasts of leaves infected with *Tobacco mosaic virus*. Plant Physiol, 1989, 89: 111-116

[45] Sherwood JL, Fulton RW. The specific involvement of coat protein in *Tobacco mosaic virus* cross protection. Virology, 1982, 119: 150-158

[46] Lu B, Stubbs G, Culver JN. Coat protein interaction involved in *Tobacco mosaic virus* tobamovirus cross-protection. Virology, 1998, 248: 188-198

[47] Ohno T, Aoyagi M, Yamanashi Y, et al. Nucleotide sequence of the *Tobacco mosaic virus* (tomato strain) genome and comparison with the common strain genome. J Biochem, 1984, 96(6): 1915-1923

[48] Shintaku MH, Carter SA, Bao Y, et al. Mapping nucleotides in the 126-kD protein gene that control the differential symptoms induced by two strains of *Tobacco mosaic virus*. Virology, 1996, 221: 218-225

[49] Bao Y, Carter SA, Nelson RS. The 126- and 183-kilodalton proteins of *Tobacco mosaic virus*, and not their common nucleotide sequence, control mosaic symptom formation in tobacco. J Virol, 1996, 70(9): 6378-6383

[50] Hills GJ, Plaskitt KA, Young ND, et al. Immunogold localization of the intracellular sites of structural and nonstructural *Tobacco mosaic virus* protein. Virology, 1987, 161: 488-496

[51] Wijdeveld MM, Goldbach RW, Verduin BJ, et al. Association of viral 126kD protein-containing X-bodies with nuclei in mosaic-diseased tobacco leaves. Arch Virol, 1989, 104(3-4): 225-39

[52] Das P, Hari V. Intracellular distribution of the 126K/183K and capsid proteins in cells infected by some tobamoviruses. J Gen Virol, 1992, 73: 3039-3043

[53] Wijdeveld MMG, Goldbach RW, MEURS C, et al. Accumulation of the 126kD protein of *Tobacco mosaic virus* during systemic infection analysed by immunocytochemistry and ELISA. Arch Virol, 1992, 127: 195-207

[54] Nishiguchi M, Motoyoshi F, Oshima N. Comparison of virus production in infected plants an attenuated tomato strain (L_{11} A) and its wild strain (L) of *Tobacco mosaic virus*. Annu Phytopath Soc Japan, 1981, 47: 421

[55] Sarkar S, Smitamana P. A proteinless mutant of *Tobacco mosaic virus*: evidence against the role of a viral coat protein for interference. Mol Gen Genet, 1981, 184(1): 158-159

[56] Palukaitis P, Zaitlin M. A model to explain the cross-protection phenomenon shown by plant viruses and viroids. *In*: Kosuge T, Nester EW. Plant-microbe interactions: molecular and genetic perspectives. New York: Macmillan Press, 1984, 420-429

[57] Zinnem TM, Fulton RW. Cross-protection between sunhemp mosaic and *Tobacco mosaic viruses*. J Gen Virol, 1986, 67: 1679

[58] Fulton RW. The protective effects of systemic virus infection. Wood RKS active defense mechanisms in plants. NATO Advanced Study Institute Series, 1982, 231-245

[59] Dodds JA, Lee SQ, Tiffany M. Cross protection between strains of *Cucumber mosaic virus*: Effect of host and type of inoculum on accumulation of virons and double-stranded RNA of the challenge strain. Virology, 1985, 144: 301-309

[60] Ponz F, Bruening G. Mechanisms of resistance to plant viruses. Ann Rev Phytopathol, 1986, 24: 355-381

[61] Sherwood JL, Fulton RW. The specific involvement of coat protein in *Tobacco mosaic virus* cross protection. Virology, 1982, 119: 150-158

[62] de Zoeten GA, Gaard G. The presence of viral antigen in the apoplast of systemically virus-infected plants. Virus Res, 1984, 1: 713-725

[63] Sherwood JL. Demonstration of the specific involvement of coat protein in *Tobacco mosaic virus* (TMV) cross protection using a TMV coat protein mutant. J Phytopathol, 1987, 118: 358-362

[64] Lu B, Stubbs G, Culver JN. Carboxylate interactions involved in the disassembly of *Tobacco mosaic tobamovirus*. Virology, 1996, 225(1): 11-20

[65] Powell-Abol P, Sanders PR, TUMER N, et al. Protection against *Tobacco mosaic virus* infection in transgenic plants requires accumulation of coat protein rather than coat protein RNA sequences. Virology, 1990, 175: 124-130

[66] Hull R, Davies FW. Approaches to norconvertional control of plant virus disesses, critical review in plant. Sciences, 1992, 11(1): 17

[67] Register J, Powell P A, Nelson RS, et al. Genetically engi-

neered cross protection against TMV interferes with initial infection and long distance spread of the virus. In：Staskawicz B，Ahlquist P，Yoder O. Molecular Biology of Plant-Pathogen Interactions. New York：Liss，1989，269-281

[68] Osbourn JK，Watts JW，Beachy RN，et al. Evidence that nucleocapsid disassembly and a later step in virus replication are inhibited in transgenic tobacco protoplasts expressing TMV coat protein. Virology，1989，172：370-373

[69] Zaitlin M. Viral cross-protection：More understanding is needed. Phytopathology，1976，66：382-383

[70] Gerber M，Sarkar S. The coat protein of *Tobacco mosaic virus* does not play a significant role for cross-protection. J Phytopathol，1989，124：323-331

[71] Sarkar S，Smitamana P. A proteinless mutant of *Tobacco mosaic virus*：evidence against the role of a viral coat protein for interference. Mol Gen Genet，1981，184(1)：158-159

[72] Cuozzo MO，Connell RM，Kaniewski W. Viral protection in transgenic tobacco plants expressing the *Cucumber mosaic virus* coat protein and its antisense RNA. Biotechnology，1989，6：549

[73] Palukaitis P，Zaitlin M. Replicase-mediated resistance to plant virus disease. Adv in Virus Res，1997，48：349-377

烟草花叶病毒弱毒株的筛选及其交互保护作用*

邵碧英，吴祖建，林奇英，谢联辉

（福建农林大学植物病毒研究所，福建福州　350002）

摘　要：采用高温、亚硝酸及两者的复合处理对烟草花叶病毒（TMV）强毒株进行诱变，均可有效提高突变频率，而且复合处理还有较好的协同效应。经生物学接种鉴定及血清学方法筛选，从中获得了 TMV-017 和 TMV-152 2 个弱毒株。用正交设计法考察病毒接种浓度、接种间隔时间、接种部位以及普通烟生育期等因素对弱毒株交互保护作用的影响，发现以烟株生育期和接种间隔时间两个因素影响最大。本试验结果表明，在烟草团棵期，弱毒株和强毒株接种间隔时间为 17d 时，交互保护作用效果最好。

关键词：烟草花叶病毒；诱变；弱毒株；交互保护作用

中图分类号：S435.111.49　**文献标识码**：A

Screening and cross-protection of *Tobacco mosaic virus* mild strains

SHAO Bi-ying，WU Zu-jian，LIN Qi-ying，XIE Lian-hui

（Institute of Plant Virology，Fujian Agriculture and Forestry University，Fuzhou　350002）

Abstract：Two symptomless TMV mutants named TMV-017 and TMV-152 were obtained by treatment of heating，nitrous acid and their combination，respectively. The results were as follows：the mutation rate could be increased effectively by the three treatments；that cooperated effect was better when TMV was treated by nitrous acid and heating. The effects of the inoculation concentration，inoculation interval time of mild strain and virulent strain，the inoculation position of the virulent strain and the age of tobacco plants on the TMV mild strain cross-protection，were observed by orthogonal designing. The inoculation interval time and the age of tobacco were important factors. It was proved that the effect of cross-protection was the best when inoculation interval time between two strains was 17 days and the tobacco plants was at vigorous state.

Key words：*Tobacco mosaic virus*；mutation；mild strain；cross-protection

由烟草花叶病毒（*Tobacco mosaic virus*，TMV）引起的烟草花叶病是烟草生产上的最重要病害之一。利用弱毒株保护寄主植物免受同种病毒强毒株侵染的防治方法是当前国内外研究与防治病毒病的

福建农业大学学报，2001，30（3）：297-303

收稿日期：2000-12-20

* 基金项目：福建省科技厅重点资助项目（99-Z-193）

热点之一。弱毒株的获得方法有很多，除自然筛选外，还可以通过物理因素（如辐射、热处理）、化学因素（如亚硝酸）对强毒株进行人工诱变。由于TMV的自然突变率低，不易获得弱毒株，而采用诱变处理可较快地达到突变目的，所以常采用人工诱变方法来获得TMV弱毒株。本试验通过热处理、亚硝酸诱变及两者的复合处理对TMV强毒株进行诱变及筛选获得弱毒株，并对影响其交互保护作用的因子进行了分析。

1　材料与方法

1.1　供试材料

1.1.1　病毒毒源

采自福建龙岩烟区的典型烟草花叶病株，经心叶烟连续4次单斑分离后，繁殖在普通烟上。

1.1.2　烟草品种

为普通烟品种（K326），由福建省大田县烟草公司提供。

1.1.3　TMV抗血清

TMV普通株系的抗血清由福建农林大学植物病毒研究所制备，琼脂双扩散法测定其效价为1∶100。

1.1.4　鉴别寄主植物

供试鉴别寄主植物种子部分由厦门华侨亚热带引种植物园徐平东博士赠送，部分购自市场或采自野外。所有种子均用质量浓度0.1g/mL Na_3PO_4消毒后使用。

1.2　诱变方法

1.2.1　热处理

以分离纯化的TMV强毒株为材料，参照後藤忠则等[1]的方法，35℃热处理15～16d。以K_3PO_4缓冲液（1/15mol/L，pH 7.2）100倍稀释（W/V）的病汁液接种心叶烟为对照。

1.2.2　亚硝酸处理

参照郑贵彬等[2]的方法，处理10～40min。

1.2.3　复合处理

取35℃热处理15d的茎部，再经上述亚硝酸处理。

1.3　单斑分离及检测

记录小型单斑数和总斑数。单斑分离参照Yeh等[3]的方法，1个单斑接种1株普通烟。观察20d，淘汰表现症状的烟株，无症状的烟株用间接ELISA法检测。阳性反应的植株接种心叶烟复检，阴性反应的植株接种强毒株。

1.4　弱毒株的筛选

1.4.1　毒力鉴定

将经间接ELISA法检测确定带毒但不表现症状的病株接种于心叶烟，单斑分离后接种普通烟，并观察其症状表现，以同样方法连续接种4代。

1.4.2　寄主范围和反应测定

参考覃秉益等[4]方法，稍作修改。接种弱毒株时，第1次接种后隔10min左右重接1次。接种14d后用间接ELISA法检测植物的接种叶和系统叶，检测为阳性的植株继续观察症状的表现。

1.5　强、弱毒株增殖速率的测定

强、弱毒株分别接种团棵期的普通烟的第4叶位叶片，各重复3株。弱毒株接种方法同1.4.2。分别于接种前及接种1d后开始取样，接种部位包括接种叶和接种叶的上3位叶。取样方法：用直径为8mm的打孔器在重复的3株上各取1圆片，将3个圆片合在一起称重，按1∶10（w/v）加入包被缓冲液，－20℃保存，最后一起用间接ELISA法检测。

1.6　弱毒株的交互保护作用

采用正交设计法，以$L_9(3^4)$方案[5]安排试验，每组重复10株。考察因素包括弱、强毒株接种浓度，接种间隔时间，强毒株的接种部位及烟株生育期等。强、弱毒株的病叶分别用K_3PO_4缓冲液（0.1mol/L，pH7.2）100倍稀释（W/V），接种心叶烟，测定枯斑数，确定强、弱毒株的接种浓度，取强毒株浓度高于弱毒株浓度，强、弱毒株浓度相同及强毒株浓度低于弱毒株浓度3个位级。烟株生育期分幼苗期，团棵期及成熟期。根据强、弱毒株增殖速率的测定结果，确定弱、强毒株接种间隔时间，取弱毒株还处于潜伏期，弱毒株增殖并输送到系统叶上及弱毒株在烟草植株中充分扩展3个时间段。强毒株接种部位分别为弱毒株接种叶的上位叶、接种叶及下位叶。观察症状，接种强毒株30d后记录结果，统计病株率。

2 结果与分析

2.1 诱变结果

TMV 的强毒株与弱毒株在心叶烟上可出现 2 种不全相同的枯斑，前者为大型淡色枯斑，后者为小型枯斑[6]，故以小型枯斑作为突变成弱毒株的标志，诱变结果见表 1。未经诱变剂处理的 N1/N2 值为 0.803；而 35℃热处理、亚硝酸处理及复合处理的 N1/N2 值都有所提高，说明 3 种诱变处理都可以有效提高突变频率；而复合处理的 N1/N2 值与对照相比提高显著，较单独处理也有明显的提高，说明复合处理具有较好的协同效应。

表 1 3 种诱变方法的比较

	高温处理/d		亚硝酸处理/min				复合处理/min				CK
	15	16	10	20	30	40	10	20	30	40	
N1	27	4	21	19	13	30	38	33	20	51	2
N2	331	103	454	298	121	204	179	185	120	287	249
N1/N2/%	8.16	3.88	4.63	6.38	10.74	14.71	21.23	17.84	16.67	17.77	0.803

N1 表示小型枯斑（直径≤1mm）数；N2 表示总枯斑数；N1/N2 表示有效突变频率

2.2 弱毒株的筛选

2.2.1 毒力鉴定

单斑分离共接种了 258 株烟苗，20d 后淘汰 37 株表现症状的烟苗。用间接 ELISA 法检测不表现症状的烟苗，其中 17 株为阳性反应，有 15 株陆续出现症状，只有代号为 017、022 的 2 个突变株表现相当稳定，即不表现症状。以间接 ELISA 检测为阴性的烟苗接种强毒株，发现有 1 株连接 2 次均不表现症状，将其接种于心叶烟，有枯斑产生，其标号为 152。

选定标号为 017、022、152 的 3 个变异株进行毒力鉴定。连续反复接种心叶烟、普通烟 4 次，观察在普通烟上的症状，结果见表 2。

表 2 毒力鉴定

	017	022	152
第 1 代	0（+）	Sm（+）	0（+）
第 2 代	0（+）	Sm（+）	0（+）
第 3 代	0（+）	Sm（+）	0（+）
第 4 代	0（+）	Sm（+）	0（+）

0 表示无症状；Sm 表示轻微花叶；（+）表示间接 ELISA 法检测为阳性

017 和 152 连续 4 代在普通烟上均不表现症状，表明这 2 株的弱毒性稳定。而 022 的 4 代刚开始时均不表现症状，到后期（至少接种 30d 后）出现轻微花叶症状，表明其弱毒性不稳定。从而获得 2 株稳定的弱毒株，记为 TMV-017（35℃热处理 15d）及 TMV-152（复合处理 20min）。2 个突变株的带毒烟草植株与正常植株外观上无显著区别。因此热处理和复合处理均获得了稳定的弱毒株。

2.2.2 强、弱毒株寄主范围和反应测定

强、弱毒株共接种 17 科 50 种植物，包括茄科的辣椒、普通烟、白肋烟、心叶烟、三生烟、洋酸浆、番茄、龙葵、枯斑三生烟、曼陀罗，豆科的绿豆、豌豆、花生、蚕豆、大豆、赤豆、豇豆、菜豆、菜豆（pinto），十字花科的白萝卜、包菜、花椰菜、青菜、芥菜、油菜，葫芦科的苦瓜、绞股蓝、丝瓜、甜瓜、黄瓜，车前科的大车前，菊科的苍耳、莴苣、马兰、野菊花，藜科的苋色藜，苋科的千日红、苋菜，紫茉莉科的紫茉莉，禾本科的玉米，旋花科的空心菜、甘薯、裂叶牵牛，凤仙花科的凤仙花，伞形科的芹菜，番木瓜科的番木瓜，商陆科的商陆，唇形科的紫苏，夹竹桃科的长春花。

接种后的症状观察和间接 ELISA 法检测表明：在供试植物中，强、弱毒株主要侵染 4 科 13 种植物，在心叶烟、曼陀罗、枯斑三生烟、菜豆（pinto)、苋色藜、千日红的接种叶上均为局部坏死斑。强毒株在辣椒、普通烟、洋酸浆、三生烟、龙葵、白肋烟、番茄上为系统侵染，呈花叶症状，而 TMV-017 和 TMV-152 能侵染，但没有可见的症状。表明筛选得到的弱毒株并未扩大寄主范围，弱毒株的应用在这些植物上是安全的。

2.3 强、弱毒株的增殖速率

所用弱毒株为 TMV-152。在接种叶上强毒株的阴性对照 D_{405} 值为 0.113，弱毒株 TMV-152 的阴性对照 D_{405} 值为 0.186，结果见表 3。采用 ELISA

方法检测病毒时，D_{405}值/阴性D_{405}值≥2则判定检测结果为阳性。由表3可看出，强毒株在接种后第2天的比值为4.894，而弱毒株在接种后第4天比值达到3.699，为阳性反应，表明强毒株的增殖速率要比弱毒株快。强毒株的比值稳定在8左右，而弱毒株的比值远低于8，表明强毒株在烟草植株体内的浓度比弱毒株的高。

表3 强、弱毒株在接种叶上的增殖速率

接种后天数/d	强毒株		TMV-152	
	OD_{405}值	比值	OD_{405}值	比值
1	0.194	1.717	0.295	1.392
2	0.553	4.894	0.278	1.495
3	0.945	8.363	0.238	1.280
4	0.837	7.407	0.688	3.699
6	0.927	8.204	0.483	2.597
8	0.889	7.867	0.502	2.699
10	1.152	10.19	0.742	3.989
12	0.893	7.903	0.935	5.027
14	0.817	7.230	0.804	4.323

比值＝D_{405}值/阴性D_{405}值

在系统叶上，强毒株的阴性D_{405}值为0.111，弱毒株（TMV-152）的阴性D_{405}值为0.185（表4）。

表4 强、弱毒株在系统叶上的增殖速率

接种后天数/d	强毒株		TMV-152	
	D_{405}值	比值	D_{405}值	比值
3	0.140	1.261		
4	0.410	3.694	0.344	1.859
5	0.523	4.712	0.411	2.222
6	0.490	4.414	0.561	3.032
7	0.499	4.495	0.820	4.432

比值＝D_{405}值/阴性D_{405}值

由表3可知，强毒株在接种后第4天比值达到3.694，而弱毒株则在第5天达到2.222，故为阳性反应，表明强、弱毒株均已扩展到系统叶上。从接种叶和系统叶上的增殖速率看，弱毒株在烟草植株体内的运输并未受到影响。

2.4 弱毒株的交互保护作用

所用弱毒株为TMV-152。强、弱毒株分别接种心叶烟，枯斑数相差3倍，因而确定强、弱毒株接种浓度分（1/10，1/10）、（1/10，1/40）、（1/10，1/160）3个位级。弱、强毒株接种间隔时间取1、6、17d 3个位级。4个因素的3个位级见表5。

表5 因素位级表

位级	弱、强毒株接种浓度/(mol/L)	烟苗生育期	接种间隔时间/d	强毒株接种部位
1	(1/10，1/10)	幼苗期	1	上位叶
2	(1/10，1/40)	团棵期	6	接种叶
3	(1/10，1/160)	成熟期	17	下位叶

用$L_9(3^4)$正交表安排试验，结果见表6。

表6 弱毒株的交互保护作用

序号	弱毒株、强毒株接种浓度/(mol/L)	烟苗生育期	接种间隔时间/d	强毒株接种部位	病株率/%
1	(1/10，1/10)	幼苗期	17	上位叶	60
2	(1/10，1/40)	幼苗期	1	接种叶	100
3	(1/10，1/160)	幼苗期	6	下位叶	100
4	(1/10，1/10)	团棵期	6	接种叶	0
5	(1/10，1/40)	团棵期	17	下位叶	0
6	(1/10，1/160)	团棵期	1	上位叶	100
7	(1/10，1/10)	成熟期	1	下位叶	100
8	(1/10，1/40)	成熟期	6	上位叶	100
9	(1/10，1/160)	成熟期	17	接种叶	70

由表7可知，考察的4个因素中，烟苗生育期，强、弱毒株接种间隔时间的极差（R）最大，表明它们是考察的影响弱毒株的保护作用最重要的因素[5]。在团棵期，弱、强毒株接种间隔时间为17d，保护效果最佳（病株率为0）。

表7 交互保护作用的结果分析

	接种浓度	烟苗生育期	接种间隔时间	接种部位
Ⅰ	160	260	300	260
Ⅱ	200	100	200	170
Ⅲ	270	270	130	200
R	110	170	170	90

Ⅰ、Ⅱ、Ⅲ分别代表各因素的3个位级

3 讨论

3.1 诱变方法的选用、适宜诱变剂量的确定

植物病毒的变异机制有多种[7]，但自然突变率通常很低。一般而言，采用自然分离的方法也可以获得弱毒株，但并非对所有的病毒都适用。采用人工诱变处理，可大大地提高突变频率，从而获得理想的弱毒株。人工诱变方法有很多，可根据诱变剂的作用机理加以选择。在诱变育种中，经常利用复合处理的协同效应[8]。在获得TMV弱毒株获的方法上，前人大多采用单种诱变处理。Holmes[9]通

过热处理获得弱毒株 TMV-M；日本大岛用热处理 TMV，在番茄上经 4 代繁殖得到弱毒株 $L_{11}A$，已在日本大规模推广应用，保护番茄免受 TMV 强毒株的危害，获得增产 15%～30%的保护效果[10]；荷兰学者 Rast[11]用亚硝酸诱变 TMV 番茄株系获得弱毒株 M_{II-16}；日本的後藤中则等[1]采用热处理 TMV 辣椒株系，获得弱毒株 P_A18；张秀华等[12]用亚硝酸诱变获得两株 TMV 弱毒株（N_{11}和 N_{14}）；郑贵彬等[2]采用亚硝酸诱变，获得 TMV 弱毒株（DN_{60-3}）。结果表明，采用热空气和亚硝酸的复合处理可显著提高有效突变频率，且优于单种诱变处理，因而可增加获得弱毒株的几率。

要确定一个合适的诱变剂量，常常要经过多次试验。单独使用的适宜剂量对复合处理来说不一定是最适宜的剂量。如对提高突变频率来说，亚硝酸处理最适剂量的时间为 40min 或更长，但是复合处理的最适剂量的时间为 10min 或更短。

3.2 弱毒株的检测、筛选

虽然使用诱变剂可提高突变频率，但是有效的突变频率还是相对较低的，因而通过诱变处理接种心叶烟后要尽可能多地单斑分离。采用一种灵敏度高、检测量大、快速、简便的检测方法，即间接 ELISA 法，就能满足这些要求，但其假阳性的概率较高，阳性反应的应再用生物学方法（如接种单斑寄主）进行复检，出现阴性反应的也可用生物学方法确证。在本实验中，用间接 ELISA 检测，TMV-152 株为阴性，但 2 次接种强毒株后都不表现症状，最后用心叶烟检测，发现有枯斑产生，可能是刚开始检测时 TMV-152 株的浓度较低的原因。

弱毒株的弱毒性能否稳定、对其他植物是否产生危害是在应用弱毒株防治病毒病之前需要考察的内容。我们筛选到的弱毒株经 4 次毒力鉴定，有 2 株弱毒性稳定，且在可以系统侵染的植物上无症，这为使用弱毒株提供了安全保障。但是弱毒株应用到田间后，弱毒性能否稳定，还有待于进一步观察。

一般地，弱毒株的增殖速率比强毒株慢，浓度也较低[12]，我们得到的弱毒株也是如此，这与发生突变的位点有关，这可以通过 TMV 突变株的核苷酸序列测定得到确认。而弱毒株的交互保护作用的与弱毒株的增殖速率成正相关[12]，因而在筛选弱毒株时也要把增殖速率作为一个指标。同时在接种弱毒株时，就要采取相应的接种方法，必要时还可采用血清学方法进行检测以确保接种成功。

3.3 弱毒株的交互保护作用

McKinney[13]发现植物病毒株系间存在着干扰现象，Kunkel[14]提出利用弱毒株预防强毒株侵染的设想，Holmes[9]通过热处理获得 TMV 弱毒株，首次报道了利用弱毒株防治番茄花叶病的保护效果，之后，许多国家都进行了利用弱病毒防治植物病毒病害的研究。到目前为止，已有多种植物病毒弱毒疫苗研制成功，并已开始小面积推广试验工作[15,16]。

关于弱毒株的交互保护作用机理在 20 世纪 50 年代就有种种推测，也提出了一些假说，但直到目前还无定论[17]。本实验中考察的 4 个因素中，弱、强毒株接种间隔时间是影响弱毒株的保护作用重要因素之一。在接种间隔时间为 1d（弱毒株增殖还处于潜伏期)、6d（弱毒株已增殖到一定程度，且已运输到系统叶)、17d（弱毒株在植株体内较充分扩展时)，不管烟苗处于哪个生长阶段以及强毒株的接种部位如何，以 17d 的保护作用为最好，其他组合效果不佳，这说明了弱毒株在增殖到一定程度并在植株体内充分扩展后，保护作用才能达到较高水平，这与其他人的结论[18]相符。苗期也是一个重要的因素，在旺长期，弱毒株的交互保护作用最好，这就为弱毒株在田间应用提供了理论依据，也为探讨弱毒株的保护作用机理提供了素材。弱毒株在植株体内能否保持稳定的浓度以及接种间隔时间如何影响保护作用，还有待于进一步研究。

有多种因素影响弱毒株的保护作用，如作物品种、温度、强弱毒株接种间隔时间、苗期等，本文尝试采用正交设计方法来考察四个因素对弱毒株的保护作用的影响，得出的结果与用其他方法得出的结果相似[19]，说明这种方法是可行的，而与按常规组合来安排试验的方法相比，却大大减少试验组数，缩短了试验时间。

弱毒株一般是严格筛选出来的，侵染寄主植物后不引起病症，但也存在一些问题。对于弱毒株的广泛使用，人们主要担心弱毒是否变为强毒，或与其他病毒混合是否感染会引起更大的危害或成为其他作物的传染源等问题。另外，要将弱毒株接种于每株作物，在实际操作中有很大的难度。但随着对植物病毒的遗传基因、结构和功能的分子生物学研究的深入，人们可以通过置换强毒株的致病基因的碱基，研制出更有效的弱毒株，也可将弱毒株的干扰基因赋予寄主植物，使其成为抗病毒植物，这显示了弱毒株仍具有广阔的应用前景。

参 考 文 献

[1] 後藤忠则，飯塚典男，小餅昭二. タバコモザイクウィルス・トゥガラシ系统の弱毒ウィルス作出とその利用. 日植病报，1984，50：221-228

[2] 郑贵彬，符云华. TMV 弱毒 DN60-3 等的诱变及其对番茄病毒病的保护效果. 陕西农业科学，1986，(6)：5-7

[3] Yeh SD，Gonsalves D. Evolution of induced mutants of *Papaya ringspot virus* for control by cross protection. Phytopathology，1984，74(9)：1086-1091

[4] 覃秉益，张秀华，田波. 植物病毒弱株系及其应用Ⅲ. 烟花叶病毒番茄株弱毒疫苗 N_{14} 的安全性测定. 微生物学报，1987，27(1)：23-29

[5] 中国现场统计研究会农业优化组. 农业正交设计法. 北京：冶金工业出版社，1994，4-17

[6] 裘维蕃主编. 植物病毒学. 北京：科学出版社，1985，90

[7] Roossinck MJ. Mechanisms of plant virus evolution. Annu Rev Phytopathol，1997，35：191-209

[8] 武汉大学、复旦大学生物系微生物学教研室. 微生物学. 第二版. 北京：高等教育出版社，1987，293-297

[9] Holmes FO. A masked strain of *Tobacco mosaic virus*. Phytopathology，1934，24(8)：845-873

[10] Oshima N. Control of *Tomato mosaic disease* by attenuated virus. Japan Agrc Res Q，1981，14：222-228

[11] Rast ATB. M_{II-16}，an artificial symptomless mutant of *Tobacco mosaic virus* for seeding inoculation of tomato crops. Neth J Plant Pathol，1972，78：110-112

[12] 张秀华，李国玄，梁锡娴等. 植物病毒弱毒系及其应用 1. 烟花叶病毒番茄株弱毒系的诱变和性质的研究. 植物病理学报，1980，10(1)：49-54

[13] Mckinney HH. Mosaic diseases in the Canary Islands，West Africa，and Gibraltar. J Agric Res，1929，39：557-578

[14] Kunkel L O. Studies on acquired immunity with tobacco and aucuba mosaics. Phytopathology，1934，24：436-466

[15] 齐秋锁. 利用弱病毒防治植物病毒病害的研究现状. 河北农业大学学报，1989，12(2)：137-142

[16] 谷朗. 弱毒ウィルスによるウィルス病防除. 农业および芸. 1994，69(1)：137-142

[17] 崔伯法，王洪祥，翁法令. 交互保护在植物病毒病害防治中作用的概述. 中国生物防治，1998，14(2)：75-77

[18] Burgyan J，Gaborzanyi G. Cross-protection and multiplication of mild and severe strains of TMV in tomato plants. Phytopath Z，1984，110：156-167

[19] 肖火根，范怀忠. 番木瓜环斑病毒株系间交互保护作用研究. 病毒学报，1994，10(2)：164-170

烟草花叶病毒强、弱毒株对烟草植株的影响*

邵碧英，吴祖建，林奇英，谢联辉

（福建农林大学植物病毒研究所，福建福州　350002；
福建省植物病毒学重点实验室，福建福州　350002）

摘　要： 分别接种烟草花叶病毒强毒株（TMV-W）、诱变获得的两个弱毒株（TMV-017、TMV-152）于普通烟（品种为 K326），间接 ELISA 法测定了强、弱毒株在接种叶上的增殖速率，同时考察了叶绿素 a、叶绿素 b、叶绿素、可溶性蛋白含量的变化。实验发现强毒株在接种后第 2 天就可检测到，而弱毒株在第 3 天被检测到。弱毒株在烟草植株体内的稳定浓度低于强毒株。分别受强、弱毒株侵染的烟草叶片中的叶绿素 a、叶绿素 b、叶绿素含量都有所下降，但强毒株引起的下降幅度最大。受强、弱毒株分别侵染的烟叶中可溶性蛋白含量均发生变化，初期都有所升高，之后，弱毒株随着侵染时间的延长而有所下降，而强毒株下降后又有所回升。

关键词： 烟草花叶病毒；强毒株；弱毒株；叶绿素；可溶性蛋白

中图分类号： S435.72　**文献标识码：** A　**文章编号：** 1007-5119（2002）01-0043-04

Effects of the virulent and mild strains of *Tobacco mosaic virus* on tobacco plants

SHAO Bi-ying，WU Zu-jian，LIN Qi-ying，XIE Lian-hui

（Institute of Plant Virology，Fujian Agriculture and Forestry University，Fuzhou　350002；
Key Laboratory of Plant Virology，Fujian Province，Fuzhou　350002）

Abstract： Tobacco plants（K326） were infected by virulent and two mild strains of *Tobacco mosaic virus* respectively. The rate of multiplication of the three strains on inoculated leaves were detected by indirect ELISA. The content of chlorophyll a，chlorophy b，total chlorophyll and soluble protein among the three strains. The virulent strain could be detected 2 days after inoculation while the two mild strains 3 days. The steady concentrations of the two mild strains were less than that of the virulent strain. The contents of chlorophyll a，chlorophy b，total chlorophyll of virus-infected leaf all decreased of the leaves infected with the virulent and two mild strains respectively，but those of the virulent strain declined the most. The content of soluble protein all changed after the tobacco plants were infected. The content rised during the early infection period，then those of tobacco infected with the mild strains decreased while that of tobacco infected

---

中国烟草科学，2002，23（1）：43-46

收稿日期：2001-04-04

* 基金项目：福建省科技厅重点项目（99-Z-193）

with virulent strain increased a little after decrease.

Key words: *Tobacco mosaic virus*; virulent strain; mild strain; chlorophyll; soluble protein

由烟草花叶病毒（*Tobacco mosaic virus*，TMV）和黄瓜花叶病毒（*Cucumber mosaic virus*，CMV）引起的烟草花叶病是我国烟区的重要病毒病，在福建省各烟区也发生严重。据谢联辉等[1]1984—1991年对福建烟草病毒种群的调查检测结果表明，TMV在福建几个主要烟区占有很高的比例，龙岩、三明、福州三地区的16个县（市）和漳州的南靖县始终以TMV为主，而漳州地区的漳浦、云霄、平和县虽以CMV为主，TMV为次，但两者田间发病率差异不显著。针对福建这种情况，我们从当地分离了TMV强毒株，经诱变获得了两株弱毒株。作者就TMV强、弱毒株对烟草植株的影响作了比较，以为生产上开发应用弱毒株服务，并为进一步探讨病毒的致病机理打下基础。

1 材料与方法

1.1 材料

1.1.1 毒源

TMV强毒株为本所保存，在普通烟上为典型的花叶症状。弱毒株TMV-017、TMV-152分别由高温处理、高温和亚硝酸复合处理获得，在普通烟上无外观可见的症状。TMV强、弱毒株均繁殖在普通烟（品种为K326）上，温室保存。

1.1.2 普通烟

品种为K326，健康种子由福建省大田县烟草公司提供。

1.1.3 TMV抗血清

由本所自行制备，琼脂双扩散测定其效价为1∶100。

1.2 方法

1.2.1 TMV的提纯

病毒提纯参照安德荣等[2]方法。紫外测定提纯病毒的260nm处的吸收值，计算病毒的浓度[3]。

1.2.2 强、弱毒株在接种叶上的增殖速率的比较

选用生长状况一致的6～8真叶期烟苗，每组5棵，分别于第4叶位的叶片上接种提纯的TMV-W、TMV-017、TMV-152。接种1d后开始取样，用直径为1cm的打孔器在重复的5株烟草上各取一片（避开叶脉），合在一起称重，按10倍稀释加包被缓冲液，采用间接ELISA法检测病毒增殖情况。

1.2.3 叶绿素含量的测定

参考彭运生等[4]的方法，稍作修改。以健康叶片为对照，取样方法同1.2.2，将叶片剪成细条，按50倍稀释加丙酮与无水乙醇2∶1混合液，室温避光放置，至肉眼观察叶片完全发白为止，在7221型分光光度计下测定645nm、663nm处的吸收值，再由丙酮法公式计算叶绿素a、叶绿素b、叶绿素含量。

1.2.4 可溶性蛋白含量的测定

可溶性蛋白的提取参考波钦诺克[5]的方法，有修改。以健康叶片为对照，取样方法同1.2.2，按20倍稀释（W/V）加蒸馏水，研磨，2500*g*离心4min，取上清液。可溶性蛋白含量的测定参考李如亮[6]的方法，取上清液0.5mL，加3mL考马斯亮蓝（G250）染液，室温显色15min，在7221型分光光度计下测定595nm处的吸收值，根据标准蛋白曲线计算蛋白含量。

2 结果与分析

2.1 接种病毒的浓度

提纯病毒紫外测定200～300nm的吸收值。结果显示：强、弱毒株的紫外吸收光谱相同，最低吸收在248nm处，最大吸收在260nm处。读取260nm处的吸收值，由公式计算病毒的浓度，用0.1mol/L磷酸缓冲液（pH7.2）将强、弱毒株稀释成相同的浓度，为0.1mg/mL，分别摩擦接种普通烟。

2.2 TMV强、弱毒株在接种叶上的增殖情况

接种前取样为阴性对照，用间接ELISA法检测强、弱毒株分别在接种叶上的增殖情况。测定OD_{405}（表1）。

从表1可看出，强毒株在接种后第2d就可检测到（OD_{405}/阴性$OD_{405} \geqslant 2$），即有病毒粒体的产生或病毒外壳蛋白的积累，而弱毒株在第3天的结果为阳性。弱毒株在烟草植株体内的稳定浓度低于

强毒株。两个弱毒株之间比较，TMV-017 的稳定浓度要低于 TMV-152。

表 1 TMV 强、弱毒株在接种叶上的增殖情况

毒株	接种天数/d										
	0	1	2	3	5	7	9	11	13	15	17
TMV-017	0.227	0.278	0.376	0.556	0.609	0.583	0.589	0.693	0.583	0.558	0.640
TMV-152	0.186	0.218	0.322	0.573	0.689	0.830	0.816	0.761	0.776	0.796	0.829
TMV-W	0.208	0.229	0.525	0.706	0.851	0.935	1.055	1.107	1.055	1.102	1.035

2.3 TMV 强、弱毒株引起叶绿素 a 含量的变化

分别测定健康烟叶，受强、弱毒株单独侵染的烟叶的叶绿素 a 含量（表 2）。

由表 2 可看出，健康烟叶的叶绿素 a 的含量基本稳定，而分别受强、弱毒株侵染的烟草叶片中的叶绿素 a 的含量都有所下降。而且随着病毒的增殖，强毒株 TMV-W 引起叶绿素 a 含量的下降幅度最大，从接种后第 1 天的 1.396mg/g 逐渐下降到第 17 天的 0.540mg/g，差值为 0.856mg/g。两弱毒株之间比较，TMV-017 下降的幅度要慢些，从接种后第 1 天到第 17 天，由 1.208mg/g 下降到 0.766mg/g，差值为 0.442mg/g；而 TMV-152 则由 1.273mg/g 下降到 0.632mg/g，差值为 0.641mg/g。

表 2 TMV 强、弱毒株分别引起接种叶的叶绿素 a 含量的变化（mg/g）

毒株	接种天数/d								
	1	3	5	7	9	11	13	15	17
TMV-017	1.208	1.173	1.075	1.128	1.167	1.026	0.943	0.941	0.766
TMV-152	1.273	0.987	1.043	0.821	0.792	0.805	0.693	0.709	0.632
TMV-W	1.396	1.104	1.051	1.057	0.941	0.778	0.763	0.641	0.540
CK	1.537	1.447	1.484	1.462	1.487	1.445	1.486	1.439	1.451

2.4 TMV 强、弱毒株引起叶绿素 b 含量的变化

由表 3 可看出，强、弱毒株对受其侵染的烟草叶片中的叶绿素 b 含量的影响与叶绿素 a 的相似，都使叶绿素 b 含量有所下降，但影响程度都要比对叶绿素 a 含量的影响要小。

表 3 TMV 强、弱毒株分别引起接种叶的叶绿素 b 含量的变化（mg/g）

毒株	接种天数/d								
	1	3	5	7	9	11	13	15	17
TMV-017	0.684	0.536	0.494	0.552	0.525	0.575	0.579	0.565	0.542
TMV-152	0.616	0.615	0.638	0.739	0.570	0.485	0.361	0.310	0.477
TMV-W	0.816	0.715	0.646	0.522	0.747	0.488	0.405	0.458	0.409
CK	0.684	0.624	0.641	0.646	0.614	0.685	0.640	0.636	0.622

2.5 TMV 强、弱毒株引起叶绿素含量的变化

由表 4 可看出，健康烟叶的叶绿素含量基本稳定。而受 TMV 强、弱毒株侵染的烟叶中，叶绿素含量比健康烟叶中的低，且随着病毒的增殖，叶绿素含量越来越低。强毒株引起的叶绿素含量变化最大，接种后第 1 天为 2.224mg/g，而到接种后第 17 天下降到 0.954mg/g，差值为 1.270mg/g。两个弱毒株之间比较，TMV-152 引起的叶绿素含量的变化要大些，从接种后第 1 天到第 17 天，由 1.899mg/g 下降到 1.115mg/g，差值为 0.784mg/g；而 TMV-017 则从 1.865mg/g 下降到 1.316mg/g，差值为 0.549mg/g。

表 4　TMV 强、弱毒株分别引起接种叶的叶绿素含量的变化（mg/g）

毒株	接种天数/d								
	1	3	5	7	9	11	13	15	17
TMV-017	1.865	1.717	1.576	1.689	1.700	1.609	1.531	1.514	1.316
TMV-152	1.899	1.611	1.690	1.569	1.370	1.297	1.060	1.024	1.115
TMV-W	2.224	1.830	1.706	1.587	1.698	1.273	1.174	1.077	0.954
CK	2.232	2.081	2.135	2.119	2.110	2.141	2.136	2.078	2.084

2.6　TMV 强、弱毒株引起可溶性蛋白含量的变化

由表 5 可以看出，健康烟叶中可溶性蛋白含量基本稳定，分别受 TMV 强、弱毒株侵染的烟叶中可溶性蛋白含量均发生变化，初期都有所升高。之后，弱毒株随着侵染时间的延长，可溶性蛋白含量有所下降，而强毒株下降后又有所回升。

表 5　TMV 强、弱毒株分别引起接种叶的可溶性蛋白含量的变化（mg/g FW）

毒株	接种天数/d								
	1	3	5	7	9	11	13	15	17
TMV-017	10.30	10.97	11.30	11.47	11.65	11.47	10.97	10.30	9.90
TMV-152	10.55	10.97	11.13	10.82	10.30	10.07	9.96	8.72	8.47
TMV-W	10.82	11.23	11.30	11.65	11.47	10.82	10.80	10.82	11.13
CK	11.47	11.47	11.86	12.08	11.65	12.08	11.60	11.46	11.30

3　分析与讨论

3.1　TMV 强、弱毒株引起的叶绿素含量的变化

光合作用是植物获得能量的最主要途径，而叶绿体是植物进行光合作用的细胞器，因而叶绿体是绿色植物生命活动的一个重要器官，有着不可替代的作用。在叶绿体中，主要由天线色素吸收入射光，并通过聚光蛋白将光能传递给 P680（光系统Ⅱ，PSⅡ）和 P700（光系统Ⅰ，PSⅠ），诱发一系列电子传递过程。植物光合反应中心周围分布着许多叶绿素分子，每个反应中心与 200～300 个叶绿素分子相联系，这些色素分子的作用如同收音机的天线捕获无线电波一样，捕获（吸收）光能，并将光能以诱导共振方式传递到反应中心，因此这些色素被称为天线色素。植物中的叶绿素主要是叶绿素 a 和叶绿素 b，全部叶绿素 b 和大部分叶绿素 a 都是天线色素[7]。因而植物中叶绿体结构受到破坏或叶绿素含量的降低，都会影响植物的光合作用，最终引起植物产量的下降。

研究结果表明，受病毒侵染的植株，其光合作用往往降低，有时是由于叶绿素损失或叶绿体瓦解[8]。王继伟等[9]研究指出烟叶中叶绿素含量随着 TMV 侵染时间的延长而降低。病毒侵染对成熟叶的叶绿体有严重的破坏作用，光合放氧率降低，完整叶绿体数目下降[10]。在我们的试验中，也出现了类似的情况。随着 TMV 强、弱毒株在寄主体内的增殖，分别受其侵染的烟叶中叶绿素含量均有所下降，但弱毒株引起的下降幅度低于强毒株。有关 TMV 强、弱毒株引起受其侵染的烟草细胞（尤其是叶绿体）的病理学变化，我们将进一步做电镜观察。

TMV 影响寄主植物的光合作用的机制研究也有一些报道。研究发现，TMV-CP 可在受侵染的烟草叶片的叶绿体中积累[11]。分别用引起烟草花叶症状的株系（TMV-PV230）和不产生症状的突变株（TMV-PV42）进行研究发现，TMV-PV230 的 CP 在接种 3d 后即可在接种叶的叶绿体中检测到，之后快速积累。而 TMV-PV42 在烟叶中的增殖量虽然和 TMV-PV230 相同，但在叶绿体中，CP 的积累量很少。受 TMV-PV230 侵染的烟叶 PSⅡ反应被阻止，而受 TMV-PV42 侵染的未观察到[12]。CP 的可能作用方式是：大量 CP 和 PSⅡ多肽结合，使多肽不能行使功能，进而使光合电子传递链中断，光解水所产生的氧原子不能形成氧分子，化学活性很强的氧原子累积造成叶绿素的降解、叶绿体结构的破坏及消解[12-14]。但 TMV 对 PSⅠ没有直接影响[12]。本文的 TMV 强、弱毒株

增殖量不同，对于它们在受侵细胞中的分布，我们将用免疫胶体金标记进行细胞定位，以期对 TMV 影响寄主植物的光合作用的机制研究作一补充。

3.2 强、弱毒株引起的可溶性蛋白含量的变化

可溶性蛋白是构成细胞原生质蛋白的基本物质，能很好地溶于水及酸、碱、盐溶液中[5]。病毒侵染寄主后，寄主体内的蛋白质含量及组成会发生变化。病害的重要后果，就是寄生物利用大量寄主的氮来制成其自身蛋白质。有些病毒在增殖的同时，寄主内蛋白质便分解；由寄主蛋白质的分解所释出的化合物用来合成病毒蛋白质。在致病组织中可溶性氮通常都增加，大概是由于蛋白质降解的结果[10]。在 TMV 侵染的叶片中可以检测到 183kD、30kD 和外壳蛋白的存在。侵染发生 2d 后，病毒外壳蛋白的合成量可占总合成蛋白的 7%，126kD 蛋白占 1.4%，而 183kD 蛋白则占外壳蛋白的 0.3%[16]。王海河[15]研究了受 CMV 三个致病力不同的毒株侵染的烟草（K326 品种）叶片中可溶性蛋白含量变化情况，发现可溶性蛋白含量在病毒侵染初期至症状出现时明显升高，之后随着症状的加重，含量逐渐降低。在此过程中，M 毒株（黄化）表现最为明显，其次是 Xb 毒株（轻微花叶），而致病力最强的 PE 毒株（坏死）导致可溶性蛋白的含量变化幅度相对较小。在我们的试验中，TMV 强毒株在接种后第 2 天、弱毒株在接种后第 3 天就可检测到有病毒的增殖，即有外壳蛋白的合成，随后病毒含量逐渐增加，最后达到稳定浓度，而可溶性蛋白含量并没有相应地快速增加。这似乎说明在受 TMV 侵染的寄主体内，一方面有病毒蛋白的积累，另一方面也有寄主蛋白的分解，两者的协调作用结果表现出可溶性蛋白含量缓慢上升。强毒株在接种后第 7 天升至最高峰，后有所下降，最后又有回升，而弱毒株于接种后第 11 天可溶性蛋白含量开始下降，这可能和强毒株在寄主体内的稳定浓度要比弱毒株的高以及强、弱毒株对寄主的蛋白质合成的影响差异有关，但具体原因还有待于进一步研究。

近年来发现 TMV 外壳蛋白能与烟草染色质上的特异位点结合，它可能通过阻碍寄主 DNA 的活动，从而扰乱了寄主生长和发育的正常代谢过程。比较植物感染病毒后其叶片可溶性蛋白组成的变化将有助于从分子水平上揭示植物抗、感病毒的机理。许仁林等[16]用聚丙烯酰胺凝胶电泳分析了不同抗性番茄等基因系 GCR-26 和 GCR-267 的叶片可溶性蛋白的组成在接种 TMV 番茄 O 株后的变化，发现敏感品系 GCR-26 的叶片可溶性蛋白的组成，与健株相比较，TMV 侵染株发生显著的变化。接种后 7 天，除一部分蛋白质含量减少外，还有 4 种为健株及抗性品系 TMV 接种株所没有的新蛋白质产生，其中两种含量极大，之一为 TMV 外壳蛋白，另一种性质待研究。接种后 10 天，新产生的蛋白中的两种趋于消失，但含量极大的两种蛋白继续积累。而抗性品系 GCR-267 的 TMV 接种株的叶片可溶性蛋白组成未出现象感病品系那样的变化。这可能的作用机制是：TMV 侵染后，由于病毒外壳蛋白的大量合成使感病品系的蛋白质代谢出现紊乱；抗性品系所具有的 $Tm-2^a$ 基因能够抑制 TMV 外壳蛋白的合成，从而保证了植株的正常生长。我们的实验发现，CMV 的三个致病力不同的毒株以及 TMV 强、弱毒株均会引起受其侵染的烟叶中可溶性蛋白含量的变化，若能深入研究同种病毒的致病力不同的毒株引起感病品种的可溶性蛋白组成的变化，无疑可以为这方面的研究作些补充。

参考文献

[1] 谢联辉，林奇英，谢莉妍. 福建烟草病毒种群及其发生频率的研究. 中国烟草学报，1994，2(1)：25-32
[2] 安德荣，吴际云，郑文华. 植物病毒分类和鉴定的原理及方法. 西安：陕西科学技术出版社，1995，105
[3] 田波，裴美云. 植物病毒研究方法(上册). 北京：科学出版社，1987，190
[4] 彭运生，刘恩. 关于提取叶绿素方法的比较研究. 北京农业大学学报，1992，18(3)：247-250
[5] 波钦诺克 XH. 植物生物化学分析方法. 北京：科学出版社，1981，P91-92
[6] 李如亮. 生物化学实验. 武汉：武汉大学出版社，1998，5-8
[7] 曹义植，宋占午. 植物生理学. 兰州：兰州大学出版社，1998，100-120
[8] 比德维尔 RGS. 植物生理学(下册). 刘富林. 北京：高等教育出版社，1982，199
[9] 王继伟，雷新云，严衍录等. 感染烟草花叶病毒(TMV)的烟叶在显症前的荧光光谱变化. 植物保护学报，1995，22(2)：269-274
[10] 王继伟，李怀方，严衍录等. TMV 侵染后烟叶叶绿体的荧光光谱与生理学特性. 植物保护学报，1995，22(4)：315-318
[11] Reinero A，Beachy RN. Association of TMV coat protein with chloroplast membranes in virus-infected leaves. Plant Mol Biol. 1986，(6)：291-301
[12] Antonio R，Roger BN. Reduced Photosystem Ⅱ Activity and

accumulation of viral coat protein in chloroplasts of leaves infected with *Tobacco mosaic virus*. Plant Physiol. 1989，89：111-116

[13] 朱水芳，叶寅，赵丰等. 黄瓜花叶病毒外壳蛋白质进入叶绿体与症状发生的关系. 植物病理学报，1992，22(3)：229-233

[14] 朱玉贤，李毅. 现代分子生物学. 北京：高等教育出版社，1997，378

[15] 王海河. 黄瓜花叶病毒三个株系引起烟草的病生理、细胞病理和 RNA3 的克隆. 福建农业大学博士学位论文，2000

[16] 许仁林，易琼华. 接种烟草花叶病毒后不同抗性番茄品系叶片可溶性蛋白组成的变化. 植物病理学报，1989，19(2)：79-85

烟草花叶病毒及其弱毒株基因组的cDNA克隆和序列分析*

邵碧英，吴祖建，林奇英，谢联辉

（福建农林大学植物病毒研究所，福建福州 350002；福建省植物病毒学重点实验室，福建福州 350002）

摘　要：利用RT-PCR技术获得了覆盖整个烟草花叶病毒（*Tobacco mosaic virus*，TMV）强毒株TMV-W、2个弱毒株TMV-017和TMV-152基因组（RNA）的cDNA克隆。序列测定结果表明，强、弱毒株全长均为6395个核苷酸，具有4个开放阅读框（open reading frame，ORF），分别编码126kD、183kD、30kD、17.6kD蛋白。TMV-W和普通株系TMV-U1的基因组同源率达到98%，TMV-W为普通株系。TMV-017、TMV-152基因组发生变异的部位主要在126/183kD ORF中。和TMV-W相比，TMV-017仅在126kD蛋白ORF中有18个碱基发生变异，其中10个碱基引起氨基酸的改变；而TMV-152在183kD ORF中有16个碱基发生变异，其中有11个引起氨基酸的改变。TMV-017和TMV-152有11个共同变异的碱基，其中有8个引起氨基酸的变异。TMV-152在30kD ORF中有1个碱基发生变异而引起氨基酸的改变。其他区域，三者完全相同。

关键词：烟草花叶病毒；弱毒株；全长cDNA克隆；序列分析

中图分类号：S432.41　**文献标识码**：A　**文章编号**：0412-0914（2003）04-0296-06

Genomic cloning and nucleotide sequence analysis of the cDNAs of *Tobacco mosaic virus* and its mild strains

SHAO Bi-ying，WU Zu-jian，LIN Qi-ying，XIE Lian-hui

（Institute of Plant Virology，Fujian Agriculture and Forestry University，Fuzhou 350002；Key Laboratory of Plant Virology，Fujian Province，Fuzhou 350002）

Abstract：The genomic RNAs of one virulent strain and two mild strains of *Tobacco mosaic virus* (TMV) were cloned and sequenced. Results showed that the genomic RNAs of all the three strains were 6395nt in length，with 4 open reading frames (ORFs) which encoded proteins of 126kD，183kD，30kD and 17.6kD respectively. The nucleotide sequence homology between TMV-W (virulent strain) and TMV-U1 was 98%，indicating that TMV-W was also a common strain. Compared with TMV-W，the nucleotide sequence variations of the 2 mild strains (TMV-017 and TMV -152) located mainly in the ORFs of 126 or 183kD. In TMV-017，variations only occurred in the ORF of 126kD，where 18 nucleotide mutations caused the alteration of 10 amino acids.

植物病理学报，2003，33（4）：296-301

收稿日期：2002-01-28　修回日期：2002-10-25

* 基金项目：福建省科技厅重点项目（99-Z-193）

There were 16 nucleotide mutations in the 183kD ORF of TMV-152, 11 of which caused change of predicted proteins. There were 11 common nucleotide mutations in 126kD ORFs of TMV-017 and TMV-152, 8 of which caused the alteration of amino acid. In addition, there was 1 nucleotide mutation that caused the alteration of 1 amino acid in 30kD ORF of TMV-152 when compared to that of TMV-W. The other regions were identical among the three strains.

Key words: *Tobacco mosaic virus*; mild strain; cloning; sequence analysis

植物病毒弱毒株能保护植物免受同种病毒的强毒株的侵染是通过株系间的交互保护作用实现的，具有株系专化性。用弱毒株来防治植物病毒病，必须从当地的病毒株系中选择一个优势株系进行诱变来筛选弱毒株，这样弱毒株在大田才能够有较理想的保护效果。TMV-普通株系是福建烟区的优势株系[1]。我们从福建烟区采集、分离、纯化的 TMV 强毒株（TMV-W）经鉴别寄主谱鉴定，初步确定为普通株系。TMV-W 经人工诱变，筛选获得 2 个弱毒株，TMV-017 和 TMV-152，温室试验表明对强毒株感染有明显的保护作用。TMV 强、弱毒株在一些生物学特性，如增殖速率、在寄主体内的含量等方面有差别，而在寄主范围测定上相同[2]，这些异同归根结底是由病毒的基因组决定的。对人工诱变获得的 TMV 弱毒株的全基因组核苷酸序列测定已有较多报道，碱基变异的部位并不完全一致。为进一步鉴定 TMV-W 为普通株系，明确弱毒株基因组核苷酸变异的部位，以便为明确弱毒株的致弱机理并进一步开发应用弱毒株作准备，本文对 TMV 强、弱毒株基因组进行了 cDNA 全序列测定。

1 材料与方法

1.1 材料

1.1.1 病毒

强毒株 TMV-W 由本所保存，在普通烟上为花叶症状，弱毒株 TMV-017、TMV-152 分别由 TMV-W 经高温处理、高温和亚硝酸复合处理后筛选获得，在普通烟上无明显症状，均繁殖在普通烟（K326 品种）上，温室保存。

1.1.2 试剂及酶类

Taq DNA 聚合酶、dNTPs、λDNA/*Hin*dⅢ+*Eco*RⅠ marker、IPTG、X-Gal、*Eco*RⅠ购自上海博亚生物技术有限公司；氨苄青霉素（Amp）购自上海生工生物工程技术服务有限公司；SV Total RNA Isolation System 试剂盒、M-MuLV 反转录酶、RNA 酶抑制剂（RNasin）、pGEM-T Easy Vector 为 Promega 公司产品；QIAEX II Gel Extraction Kit 为 QIAGEN 公司产品；琼脂糖为 Bio-Rad 公司产品。其余试剂为国产分析纯。

1.1.3 引物

根据 GenBank 上登录的 TMV 所有株系/分离物的基因组核苷酸全序列的保守区设计，由上海生工生物工程技术服务有限公司合成。分 6 个片段进行克隆、测序，先扩增 Sh_{12}、B_{12}、Y_{12} 片段，根据 3 片段的测序结果再合成引物，扩增 W_{12}、J_{12}、S_{12} 片段，相邻 2 个片段之间都有部分重叠（图 1）。

1.2 方法

1.2.1 RNA 的提取

取病叶 30mg，冰冻 3h 或加液氮研磨，后按 SV Total RNA Isolation System 试剂盒的操作说明提取植物总 RNA。病毒 RNA 的提取，参考 Penden 等[3]的方法。

1.2.2 RT-PCR 扩增

分别以 6 个片段的 3′端引物为反转录的引物，合成 cDNA 第 1 链。再分别以 6 个片段的 3′端、5′端引物进行 PCR。PCR 反应条件：94℃预变性 8min；94℃变性 1min，52℃退火 2min，72℃延伸 2min，30 个循环；72℃保温 10min。反应结束后，取 2.0μL PCR 产物进行 1%琼脂糖凝胶电泳分析，其余置－20℃保存备用。

1.2.3 克隆和序列分析

PCR 产物经 1%琼脂糖凝胶电泳后，用 QIAEX II Gel Extraction Kit 回收 DNA 片段，连接于 pGEM-T Easy Vector，转化大肠杆菌 DH5α 菌株的感受态细胞。经蓝白斑筛选，*Eco*RⅠ酶切分析鉴定重组质粒。阳性克隆的序列测定由上海基康生物技术服务有限公司完成。每个片段均测定 3 个独立完成的克隆，每个克隆先进行两端测序，后根据测定结果设计中间引物测定中间部分序列，使每

Sh_1 5'GTATTTTTACAACAATTACC 3'（与TMV RNA 1-20 nt序列同源）

Sh_2 5'ACTGCTCACTATCTACAC 3'（与TMV RNA 1 045-1 062 nt序列互补）

W_1 5'AGAGAGGTTTACATGAAGG 3'（与TMV RNA 939-957 nt序列同源）

W_2 5'AGATTCGACACCGCAGC 3'（与TMV RNA 2 223-2 239 nt序列互补）

B_1 5'CAAATGAAAAACTTTAT 3'（与TMV RNA 2 181-2 197 nt序列同源）

B_2 5'CTGTAATTGCTATTG 3'（与TMV RNA 3 414-3 428 nt序列互补）

J_1 5'ATGGATCCTTTAGTTAGTA 3'（与TMV RNA 3 329-3 347 nt序列同源）

J_2 5'CTTCTGAACTCCTCCAA 3'（与TMV RNA 4 722-4 738 nt序列互补）

Y_1 5'TGCTAAACACATCAAGG 3'（与TMV RNA 4 693-4 770 nt序列同源）

Y_2 5'GTAGCATCTAACGTTTC 3'（与TMV RNA 6 030-6 046 nt序列互补）

S_1 5'GTTGATGAGTTCATGGA 3'（与TMV RNA 5 472-5 488 nt序列同源）

S_2 5'TGGGCCCCTACCGGGGG 3'（与TMV RNA 6 379-6 395 nt序列互补）

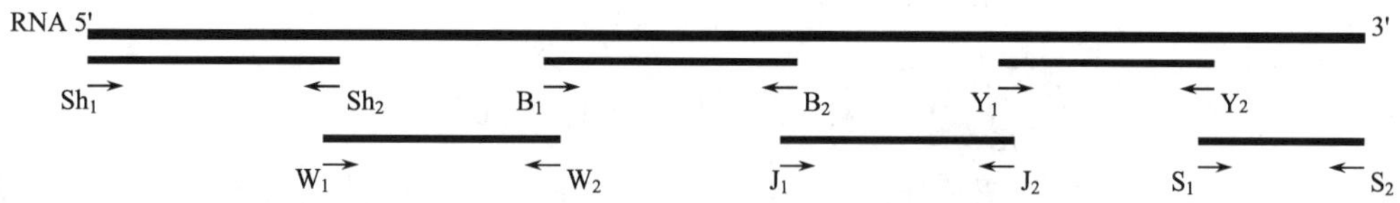

图 1 覆盖 TMV RNA 全长的 RT-PCR 克隆策略

个片段的 3 个反应都有部分重叠。利用 DNASIS 软件和 NCBI-Blast 对所测序列进行分析。

2 结果与分析

2.1 PCR 产物及重组质粒酶切鉴定

分别以每个片段的 3′端引物作为反转录的引物合成 cDNA 的第 1 条链，再以相应的 5′端、3′端引物进行 PCR 扩增。TMV-W、TMV-017、TMV-152 分别扩增得到 6 个片段，大小分别约为：Sh_{12} 1.0kb、W_{12} 1.3kb、B_{12} 1.2kb、J_{12} 1.4kb、Y_{12} 1.4kb、S_{12} 0.9kb（图 2）。pGEM-T Easy Vector 两端有 *Eco*RⅠ的酶切位点，用 *Eco*RⅠ酶切对重组质粒进行鉴定时，重组质粒 J_{12}-T、Y_{12}-T、S_{12}-T 均产生单一的条带，而重组质粒 Sh_{12}-T、W_{12}-T 和 B_{12}-T 均产生 2 个片段，2 个片段大小之和接近 PCR 产物的大小（图 3），表明这 3 个片段均有 1 个 *Eco*RⅠ酶切位点。

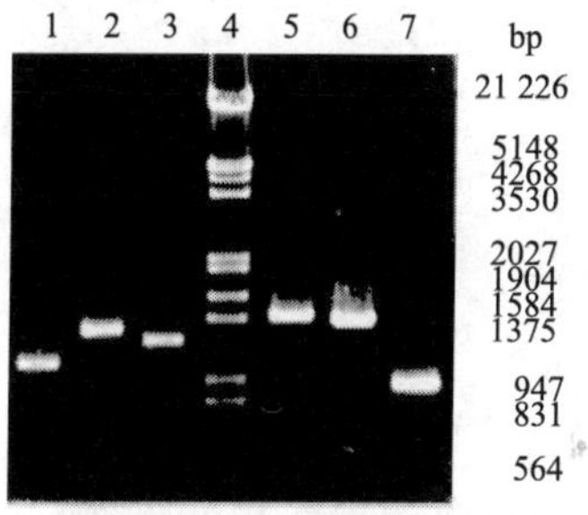

图 2 RT-PCR 产物

1～3. RT-PCR 产物 Sh_{12}、W_{12}、B_{12}；4. maker；5～7. RT-PCR 产物 J_{12}、Y_{12}、S_{12}

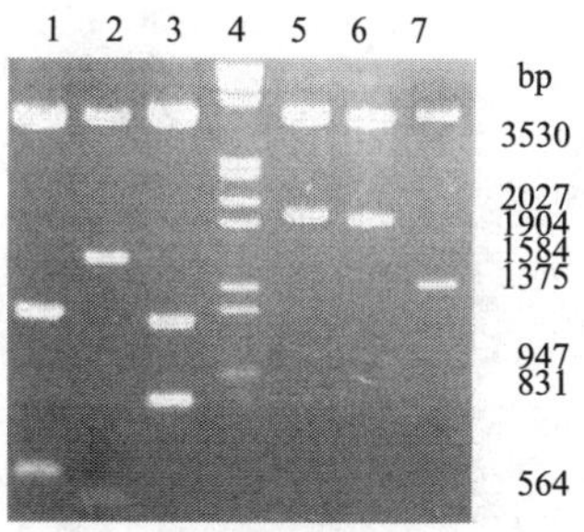

图 3 重组质粒酶切鉴定

1～3. *Eco*RⅠ酶切的重组质粒 Sh_{12}-T、W_{12}-T、B_{12}-T；4. maker；5～7. *Eco*RⅠ酶切的重组质粒 J_{12}-T、Y_{12}-T、S_{12}-T

2.2 强、弱毒株 cDNA 核苷酸序列测定结果与分析

序列测定结果表明，TMV 强、弱毒株的基因组 RNA 全长均为 6395 个核苷酸（nt），具有 4 个 ORF，分别编码 126kD 蛋白（69～3419nt）、183kD 通读蛋白（69～4919nt）、30kD 运动蛋白（4903～5709nt）、17.6kD 外壳蛋白（5712～6191nt）。4 个 ORF 的起始密码子均为 AUG，终止密码子分别为 UAG、UAA、UAA、UGA。5′端非编码区（NR）为 68nt（1～68nt）；通读蛋白

和运动蛋白基因有 17bp 重叠。运动蛋白和外壳蛋白基因间隔区（IR）为 2nt（5710～5711nt）；3′端 NR 为 204nt（6192～6395nt）。

126kD ORF 的终止密码子 UAG 可被正常烟草组织细胞浆及叶绿体中的无义抑制 tRNA 通读，此 tRNA 识别 UAG 下游的序列为 CAAUUA。TMV-W、TMV-017、TMV-152 在 3420～3426nt 处均存在该序列，因而可通读出 183kD 蛋白。

和 TMV-W 相比，TMV-017 仅在 126/183kD ORF 中有 18 个碱基发生变异，而 TMV-152 在 126/183kD ORF 中有 16 个碱基发生变异，其中有 11 个和 TMV-017 相同。TMV-152 在 30kD ORF 中有 1 个碱基变异。其他区域，三者完全相同。

TMV-W、TMV-017、TMV-152 在 270～275nt、1126～1131nt、2675～2680nt 处均有 *Eco*RⅠ的酶切位点：GAATTC，分别位于 Sh_{12}（1～1062nt）、W_{12}（935～2239nt）、B_{12}（2181～3428nt）片段上，这证实了重组质粒酶切鉴定结果的正确性。

2.3 TMV-W 基因组结构

TMV-W 与 TMV-U1（普通株）基因组[4]比较结果（表 1）表明，两者的核苷酸总数相同，各个 ORF 的起始密码子、终止密码子、碱基总数都相同，碱基组成的同源率为 98%。结合生物学特性[2]，可以认为 TMV-W 就是 TMV 普通株系。

表 1 TMV-W 与 TMV-U1 基因组结构比较

	TMV-W	TMV-U1	同源率/%
基因组大小	6395nt	6395nt	98
5′端非编码区	1～68（68nt）	1～68（68nt）	100
126kD 蛋白	69～3419	69～3419	97
（氨基酸残基数目）	（1116 a. a）	（1116 a. a）	99
183kD 蛋白	69～4919	69～4919	97
（氨基酸残基数目）	（1616 a. a）	（1616 a. a）	99
30kD 运动蛋白	4903～5709	4903～5709	97
（氨基酸残基数目）	（268 a. a）	（268 a. a）	98
17.6kD 外壳蛋白	5712～6191	5712～6191	98
（氨基酸残基数目）	（159 a. a）	（159 a. a）	99
3′端非编码区	6192～6395	6192～6395	100

2.4 TMV 强、弱毒株推断的蛋白氨基酸序列比较

和 TMV-W 相比，TMV-017 在 126kD ORF 中变异的 18 个碱基有 10 个引起氨基酸的变异，而 TMV-152 变异的 16 个碱基引起 183kD 蛋白中 11 个氨基酸的变异，在 30kD ORF 中，变异的 1 个碱基引起氨基酸的改变，位于推断的 30kD 运动蛋白第 47 位氨基酸处。TMV-017 和 TMV-152 相比，共同变异的 11 个碱基中有 8 个引起氨基酸的变异，分别在 126kD 蛋白的第 277 位、第 378 位、第 569 位、第 581 位、第 600 位、第 601 位、第 602 位、第 759 位氨基酸处（表 2）。17.6kD 外壳蛋白氨基酸序列，3 个毒株完全相同。

表 2 TMV-W 与 TMV-017、TMV-152 的核苷酸和氨基酸序列差异

变异数		碱基变异位置	变异碱基	密码子的变异	氨基酸变异位点	氨基酸的变异
TMV-017	TMV-152					
	1	102	U→C			
1	2	897	G→A	GUU→AUU	277	Val（V）→Ile（I）
2	3	1151	U→A			
3	4	1200	C→U	CUC→UUC	378	Leu（L）→Phe（F）
4	5	1379	A→G			
5		1544	U→C			
6	6	1774	U→C	UUU→UCU	569	Phe（F）→Ser（S）
7	7	1809	A→U	AGC→UGC	581	Ser（S）→Cys（C）
8		1823	A→G			
9	8	1867	A→G	AAC→AGC	600	Asn（N）→Ser（S）
10	9	1871	G→U	AAG→AAU	601	Lys（K）→Asn（N）
11	10	1872	G→A	GAG→AAG	602	Glu（E）→Lys（K）
	11	2053	A→G	CAU→CGU	662	His（H）→Arg（R）
	12	2162	A→G			
12		2216	A→G			
13	13	2343	A→G	AAG→GAG	759	Lys（K）→Glu（E）

续表

变异数		碱基变异位置	变异碱基	密码子的变异	氨基酸变异位点	氨基酸的变异
TMV-017	TMV-152					
14		2796	A→C	AUG→CUG	910	Met (M)→Leu (L)
15		2852	A→G			
16		2963	U→C			
17		3306	U→C	UCG→CCG	1080	Ser (S)→Pro (P)
	14	4259	A→U	UUA→UUU	1397	Leu (L)→Phe (F)
	15	4407	A→G	AAC→GAC	1447	Asn (N)→Asp (D)
18	16	4418	U→G			
	17	5041	A→G	AAU→GAU	47	Asn (N)→Asp (D)

3 讨论

3.1 TMV-W 株系的鉴定

病毒株系的鉴定已经从单一的生物学特性比较发展到多种方法的结合，如血清学方法，外壳蛋白氨基酸序列及基因组序列同源性比较等[5]。我们分离纯化得到的 TMV-W 在鉴别寄主谱上的反应同普通株系[2]，TMV-W 基因组 cDNA 序列和标准普通株系 TMV-U1 的同源性高达 98%，基因组结构完全相同。但和 TMV 其他株系的同源性不高，如和 rakkyo 株系的同源性为 93%，和 TMV-L 株系的同源性为 82%。因此从生物学和分子生物学上都得到了一致的结果：分离纯化得到的 TMV-W 为普通株系，这为由 TMV-W 诱变筛选得到的弱毒株 TMV-017、TMV-152 在福建烟区的有效使用提供了先决条件。

3.2 TMV 弱毒株致弱因子的定位

几个 TMV 弱毒株的生物学特性、基因组 cDNA 核苷酸序列已经被测定，如高温处理获得的 TMV-M 和 TMV-L_{11}A，亚硝酸处理获得的 TMV-N_{14}。和相应的野生株相比，TMV-M 发生变异的碱基虽然分布在 126/183kD ORF、30kD ORF 中，但采用基因交换方法构建的重组病毒侵染试验确证了起致弱作用的是 126/183kD ORF，126kD 蛋白中有 8 个氨基酸发生变异[6]；TMV-L_{11}A 的致死温度、稀释限点、体外存活期和在寄主体内的增殖量等生物学特性和野生型强毒株 TMV-L 相比都有所降低，尤其是在烟草和番茄中的增殖量，TMV-L_{11}A 是 TMV-L 的 1/6～1/5[7]。序列测定结果表明 TMV-L_{11}A 碱基差异只在 126/183kD ORF 中，改变了 183kD 蛋白中 3 个氨基酸[8]；TMV-N_{14} 提纯含量较强毒株低[9]，其基因组碱基发生变异的较多，分布在各个区[10]，用基因交换方法构建强毒株和弱毒株的重组体，侵染试验初步推测 126/183kD ORF 对 TMV-N_{14} 的致弱起主要作用，运动蛋白 ORF 对被侵染烟草的症状有弱化作用[11]。我们诱变获得的弱毒株和野生强毒株 TMV-W 相比，弱毒株的增殖速率较慢，在寄主体内的稳定浓度也较低，但弱毒株并未扩大强毒株的寄主范围[2]。基因组 cDNA 全序列测定结果表明，弱毒株的外壳蛋白 ORF 和强毒株的完全相同，有差异的部位主要在 126/183kD ORF 中，且碱基的改变数并不多。TMV 外壳蛋白参与病毒的远距离运输，决定寄主范围，而 126/183kD 蛋白是 TMV 的复制酶组分，弱毒株氨基酸的改变可能影响了 126/183kD 蛋白的功能，使病毒的复制受到影响，这就较好地解释了弱毒株表现出来的生物学特性。弱毒株发生变异的氨基酸如何引起蛋白质二级结构的变化，从而影响蛋白功能，并使病毒侵染寄主植物后不产生可见症状的具体机理还有待于深入研究。TMV-017 是高温处理，而 TMV-152 是高温处理后再经亚硝酸处理筛选得到的，测序结果表明，TMV-152 和 TMV-017 有 11 个相同的发生变异的碱基，其中有 8 个引起氨基酸的变异，这 8 个氨基酸是否对致弱就是必需的还有待于验证。另外，TMV-152 还引起运动蛋白 1 个氨基酸的改变，是否也跟致弱有关，也可通过基因交换或点突变的方法进行验证。

（本文报道的 3 条序列已在 GenBank 上登录，接受号分别为 AF395127、AF395128、AF395129）

参考文献

[1] 谢联辉，林奇英，谢莉妍. 福建烟草病毒种群及其发生频率的研究. 中国烟草学报，1994，2(1)：25-32

[2] 邵碧英，吴祖建，林奇英等．烟草花叶病毒弱毒株的筛选及其交互保护作用．福建农业大学学报，2001，30(3)：141-147

[3] Penden KWC，Symons RH. *Cucumber mosaic virus* contains a functionally divided genome. Virology，1973，53：487-492

[4] Goelet P，Lomonossoff GP，Butler PJG，et al. Nucleotide sequence of *Tobacco mosaic virus* RNA. PNAS，1982，79：5818-5822

[5] 付鸣佳，高乔婉，范怀忠．烟草花叶病毒株系鉴定研究进展．华南农业大学学报，1997，18(4)：113-117

[6] Holt CA，Hodgson RAJ，Coker FA，et al. Characterization of the masked strain of *Tobacco mosaic virus*：identification of the region responsible for symptom attenuation by analysis of an infectious cDNA clone. Mol Plant Microbe Interact，1990，3：417-423

[7] Nishiguchi M，Motoyoshi F，Oshima N. Comparison of virus production in infected plants an attenuated tomato strain(L_{11}A) and its wild strain of *Tobacco mosaic virus*. Ann Phytopath Soc Japan，1981，47：421

[8] Nishiguchi M，Kikuchi S，Kiho Y，et al. Molecular basis of plant viral virulence：the complete nucleotide sequence of an attenuated strain of *Tobacco mosaic virus*. Nucleic Acids Res，1985，13：5585-5590

[9] 张秀华，李国玄，梁锡娴等．植物病毒弱毒系及其应用Ⅰ．烟草花叶病毒番茄株弱毒系的诱变和性质的研究．植物病理学报，1980，10(1)：49-54

[10] 杨恭，刘相国，邱并生．烟草花叶病毒(普通株中国分离物)及其弱毒疫苗 N_{14}(番茄株)基因组侵染性 cDNA 核苷酸全序列测定与分析．生物工程学报，2000，16(4)：437-442

[11] 杨恭，刘相国，邱并生．烟草花叶病毒及番茄花叶病毒弱毒疫苗 N_{14}基因组重组体的构建与侵染性分析．科学通报，2000，45(7)：735-739

烟草病毒带毒种子及其脱毒处理*

林奇英，谢联辉，谢莉妍，吴祖建

（福建农业大学植物病毒研究室，福建福州 350002）

摘 要：采自福建烟区的烟草种子，经生物学和血清学方法测定结果，翠碧1号品种带有TMV和CMV，总带毒率为6.67%；大黄金、永定1号和密目烟均带有TMV、TRSV、TSV和TOBRV，总带毒率分别为10.47%，10.6%和15.12%。带毒种子以10%磷酸三钠浸种60min或0.1%硝酸银浸种15min，均可明显脱除TMV和完全脱除CMV。采用10%磷酸三钠浸种30min，对TMV和CMV也都有较好的抑病效果，采用75℃干热处理2d以上或干燥贮藏2年以上，均可脱除烟草种子中的CMV。

关键词：烟草病毒；种子带毒；脱毒处理

带毒烟草种子是烟草多种病毒病害的初侵染来源和传播途径之一，福建烟区烟草种子是否带毒，带有哪些病毒，及其在生产上的重要性如何，未见报道，为此，作者开展了此项研究，并就其脱毒效果做了研究，本文是这一研究的总结，报道如下，供进一步研究和烟草生产参考。

1 材料方法

1.1 供试品种、种子

种子带毒测定，为1985～1987年采自福建永定、龙岩、宁化和云霄烟田留种株，随机采收蒴果，任其充分成熟；所采品种有永定1号、大黄金，密目烟和翠碧1号。脱毒处理试验，系采用密目烟。于十字期以TMV+CMV的混合粗提液摩擦接种，然后在病株上采收的种子。

1.2 种子带毒测定

将采自烟区的上述四品种的种子，分别用纱布包扎，经自来水冲洗5min，按常规方法浸种催芽后稀播在经严格消毒过的土壤，置隔虫温室中。于第5真叶期和第10真叶期观察记载发病情况，并以相应病毒抗血清采用ELISA间接法验证其所带病毒的种类。

1.3 种子脱毒处理

1.3.1 磷酸三钠处理

用10%磷酸三钠溶液浸种30min和60min，浸种后均用自来水冲洗5min，并以清水浸种60min为对照。

1.3.2 硝酸银处理

用0.1%硝酸银溶液浸种5min和15min，浸种后均用自来水冲洗5min，并以清水浸种60min为对照.

1.3.3 干热处理

在普通恒温烘箱中进行，先在45℃下预热24h，后在75℃下保持1d、2d、3d、4d、5d，以不经干热处理的种子为对照。

1.3.4 贮藏时间试验

将种子贮子密封铁罐内，置干燥室温下，贮藏时间分别为1/2年、1年、2年、3年、4年、5年、6年个处理。

1.4 发芽率测定

每处理（含对照）各取200粒种子，置保湿皿中。在24～28℃下催芽，后统计发芽率。

福建烟草，1994，2：362-364

* 基金项目：本研究得到福建省烟草公司的资助

1.5 脱毒效果检测

每处理（含对照）各取 30 粒种子，置研钵内加 5mL 0.1mol/L 磷酸钠缓冲液（pH7.2）研磨榨法。后按常规方法在心叶烟、苋色藜、豇豆和黄瓜幼苗上，涂抹接种 4 个叶片的半叶。3d 后逐日检查接种叶片上的枯斑数或花叶程度。试验工作均在隔虫温室中进行。

2 结果与分析

2.1 种子带毒测定

1985～1987 年的测定结果（表 1）表明，采自福建烟区的 4 个栽培品种的烟草种子，普遍带有烟草花叶病毒（*Tobacco mosaic virus*，TMV）黄瓜花叶病毒（*Cucumber mosaic virus*，CMV），其平均带毒率前者在 2.78%～7.26%，后者在 2.19%～305%，除翠碧 1 号外，永定 1 号、大黄金和密目烟的种子，还都带有烟草环斑病毒（*Tobacco ring spot virus*，TRSV），烟草线条病毒（*Tobacco streak virus*，TSV）和番茄黑环病毒（*Tomato black ring virus*，ToBRV），其带毒率 TRSV 在 0.97%～1.09%。TSV 在 0.12%～0.33%，ToBRV 在 0.55%～1.09%，此外 4 个品种中国有 0.93%～3.21%的种子，同时带有 TMV 和 CMV。从表 1 可见 4 个品种的种子所带各种病毒的比例不同，且其总带病毒率以密目烟最高（为 15.12%），大黄金和永定 1 号居中（10.47%～10.60%），翠碧 1 号最低（6.67%）。

表 1 烟草种子带毒情况的测定

品种	供试成苗数	TMV		CMV		TRSV		TSV		TOBRV		TMV+CMV		合计	
		病苗数	发病率/%	病苗数	发病率/%	病苗数	发病率/%	病苗数	发病率/%	病苗数	发病率/%	病苗数	发病率/%	病苗数	发病率/%
翠碧 1 号	1619	45	2.78	48	2.96	0	0	0	0	0	0	15	0.93	108	6.67
永定 1 号	1658	55	3.33	42	2.55	16	0.97	2	0.12	18	1.09	42	2.54	175	10.60
大黄金	1738	61	3.51	38	2.19	19	1.09	5	0.29	13	0.75	46	2.05	182	10.47
密目烟	1885	131	7.26	55	3.05	13	6.72	6	6.33	10	0.55	58	3.21	275	15.12

* 表内数据为 1985～1987 年间采用生物学和血清学检测的累计资料。

2.2 种子脱毒处理

2.2.1 磷酸三钠处理的脱毒效果

试验结果（表 2）表明，采用 10%磷酸三钠浸种 30min 或 60min 均能明显抑制 TMV 和 CMV，表现在三种枯斑寄主上的局部枯斑数比对照的显著减少，在黄瓜上的花叶症状明显减轻，其中以 10%磷酸三钠处理 60min 的效果更好除能有效抑制 TMV 外，尚能完全脱除 CMV，且对发芽率没有明显的影响。

表 2 磷酸三钠处理带毒种子的脱毒效果

处理	时间/min	发芽率/%	局部枯斑		花叶程度	
			心叶烟	苋色藜	豇豆	黄瓜
CK	60	98.0	19	20	22	++
10% Na_3PO_4	30	98.5	5	8	6	+
10% Na_3PO_4	60	96.0	2	4	0	−

2.2.2 硝酸银处理的脱毒效果

采用 0.1%的硝酸银浸种 5min，在四种鉴别寄主上的症状没有明显减轻；而经 0.1%硝酸银处理 15min 的种子在心叶烟和苋色藜上的局部枯斑数显著减少，在豇豆上不出现枯斑，在黄瓜上没有花叶症状（表 3），说明后者能有效抑制种子中 TMV 和 CMV，特别是 CMV 的活力。上述处理对种子的发芽率没有影响。

表 3 硝酸银处理带毒种子的脱毒效果

处理	时间/min	发芽率/%	局部枯斑		花叶程度	
			心叶烟	苋色藜	豇豆	黄瓜
CK	15	96.5	17	15	17	+++
0.1% $AgNO_3$	5	98.0	15	15	18	++
0.1% $AgNO_3$	15	96.5	2	1	0	−

2.2.3 干热处理的脱毒效果

试验结果（表 4）表明，带毒种子在 75℃干热处理 1d、2d、3d、4d、5d 后，在心叶烟和苋色藜上不能明显减少局部枯斑数，说明种子中的 TMV 经上述处理仍有活性；而经 75℃干热处理2d 以上的种子，在豇豆上部不出现任何枯斑，且在黄瓜上也没有花叶症状，说明这一处理可以有效烟草种子中的CMV。烟草种子在75℃下干热处理4d以上，发芽率明显下降。

表4 干热处理带毒种子的脱毒效果

处理（75℃干热）	发芽率/%	局部枯斑数		花叶程度	
		心叶烟	苋色藜	豇豆	黄瓜
0	98.5	20	18	19	+++
1	97.5	19	18	16	++
2	98.5	20	15	0	—
3	97.0	19	18	0	—
4	82.5	18	15	0	—
5	51.0	15	15	0	—

2.2.4 干燥贮藏的脱毒效果

供试结果（表5）指出，带毒种子经1/2年、1年、2年、3年、4年、5年的贮藏时间后，种子中的TMV仍有较高的活性，将其接种在心叶烟和苋色藜上，局部枯斑没有减少；而经贮藏1年的种子CMV的活性明显下降，经贮藏2年后，种子中的CMV即被完全抑制，在鉴别寄主豇豆和黄瓜上不产生任何症状。但经贮藏2年后的种子，其发芽率大为降低。

表5 干燥贮藏对带毒种子中病毒活力的影响

处理（75℃干热）	发芽率/%	局部枯斑数		花叶程度	
		心叶烟	苋色藜	豇豆	黄瓜
1/2	98.0	18	14	14	++
1	88.0	21	16	7	+
2	69.5	19	18	0	—
3	48.0	19	15	0	—
4	36.5	20	19	0	—
15	51.5	18	15	0	—

3 讨论和结论

我国福建烟区，不论是冬烟区的云霄县，还是春烟区的永定、龙岩和宁化，在烟田自然情况下随机采收种子，均带有多种病毒，这些病毒已为我们所鉴定[1]。通过种子带毒情况的测定，明确了上述烟区的不同品种、不同病毒，其种子的带毒率明显不同。从品种上看，密目烟、大黄金和永定1号，种子所带病毒种类较多，有TMV、CMV、TRSV、TSV和ToBSV。其中以密目烟的总带毒率最高，永定1号居二、大黄金居三，而翠碧1号种子仅带TMV和CMV，总带毒率也较低。这些结果与品种抗性鉴定及其在田同的表现基本一致[2]。从病毒种类看，各品种中的种子，以TMV和CMV的带毒率较高，其他病毒如TRSV、TSV、ToBRV的带毒率都甚低，仅为0～1.09%。这些病毒通过普通烟草种子传播，除TRSV有所报道[3]外，TMV、CMV、TSV和ToBRV未见报道。

在四种脱毒处理试验中，以10%磷酸三钠浸种60min或0.1%硝酸银浸种15min效果最好，能明显脱除TMV和完全脱除CMV。10%磷酸三钠浸种30min，对TMV和CMV也都有明显抑制效果。采用75℃干热处理1～5d，或干燥贮藏处理长达5年的种子，对TMV没有抑制作用，但对CMV，只要75℃干热处理2d以上，或干燥贮藏2年以上即可达到脱毒效果。

参考文献

[1] 谢联辉，林奇英，曾鸿棋等. 福建烟草病毒病原鉴定初报. 福建农学院报，1985，14(2)：116

[2] 林奇英，谢联辉，黄如娟等. 烟草品种对病毒病的抗性鉴定. 中国烟草科学，1987，3：16-17

[3] Neergaard P. Seed pathology. Basingstoke：Macmillan Press Ltd，1977

烟草品种对病毒病的抗性鉴定*

林奇英，谢联辉，黄如娟，谢莉妍

（福建农学院植物病毒研究室，福建福州　350002）

摘　要：鉴定结果表明，烟草品种对烟草花叶病毒（TMV）的抗性有明显差异。在45个供试品种中，属免疫的1个（H-423），高抗的2个（辽烟9号、辽烟8号），中抗的3个（辽烟10号、白肋21、广黄54），其余均为感病品种。同一品种不同生育期抗性也有差异，在供试的2个品种中，均以小十字期和成苗期最为感病，而到团棵期后，抗性明显提高。

控制烟草病毒病的发生流行有多种途径，但国内外烟区大量的生产实践证明，采用抗病品种是安全有效而又经济的重要方法。为了寻找优良的抗病品种或抗原，两年来，作者等在对福建主要烟区调查研究的基础上，针对省内烟草病毒病的发生特点，进行了烟草品种对烟草普通花叶病毒（TMV）的抗性鉴定工作。本文是这一工作的初步总结。

1　材料和方法

供试烟草品种（品系、杂交组合或种）45个。主要来自国内外科研单位和高等院校。供试毒源为本室人工分离纯化的烟草花叶病毒普通株系（TMV-C），经接种在普通烟草（大叶密目）上充分发病后的病叶粗提液。

抗性鉴定采用常规涂抹接种法，所用磨料为600筛目金刚砂为了增加接种效果，在病毒汁液中加入1.7%的磷酸氢二钾。每次每品种测定15株烟苗，重复2～4次（依各品种搜集到的种子数量而定）。接种后将烟苗移入60筛目尼龙纱的隔虫网室中，待症状充分表现后，分别调查记载病株数，统计发病率，并按发病率高低将品种的抗性划分为10个等级，以便进行抗性归类。

为了测定不同生育期的抗性，试验中又以大叶密目和提纯401两个品种，进行分期播种同时接种（接种方法同前）；接种后记载发病时间和发病株数。

2　结果和讨论

2.1　不同品种的抗性

测定结果表明，不同品种对TMV-C的抗性有明显差异（表1），在供试的45个品种（品系、杂交组合或种）中，免疫品种1个（H-423），占2.2%高抗品种2个（辽烟9号和辽烟8号），占4.4%；中抗品种3个（辽烟10号、广黄54和白肋21），占6.7%；中感品种17个，占37.8%；高感品种22个，占48.9%。上述品种中，H-423对TMV-C的抗性，经两年的多次测定，均表现免疫。该品种由美国康乃尔大学植病系Provvidenti教授提供，属于*Nicotiana tabacum*的一个烤烟品种，是一个很有希望的抗源。辽烟9号和辽烟8号表现高抗，可考虑直接应用或加以改造。值得重视的是前两年中国烟草总公司建议推广的红花大金元、长脖黄、NC89、NC82、G-28、G-140、提纯401（永定1号）及柯克319等品种，发病率都在31%以上，均属感病品种。因此，进一步加强品种抗性研究，尽快筛选出优良抗源，积极做好抗病品种的选育工作是十分重要的。

中国烟草，1987（3）：16-17

* 本工作得到福建省烟草公司资助，美国康乃尔大学植病系，中国农科院烟草研究所，辽宁省丹东市农科所，福建龙岩地区农科所，永定先锋烟场，云霄烟草试验场，福建农学院农病组和经作组提供部分烟草品种，谨此一并致谢

表1 烟草品种对一的抗性测定结果（1985～1986）

抗性等级		株发病率/%	品种（品系、杂交组合或种）
免疫	1	0	H-423
高抗	2	1～5	辽烟9号
	3	6～10	辽烟8号
中抗	4	11～20	辽烟10号
	5	21～30	白肋21 广黄54
中感	6	31～40	金星 广红12 NC82* G140*
	7	41～50	柯克258 G-28* Kuosogasle (401×柯克258) F_1×G-140
	8	51～60	提纯401* 柯克319* 青梗 净叶黄401-2 NC89 78-20 M609 (401×G-140)×6-1
高感	9	61～80	长脖黄* 红花大金元* 德里76 大叶密目 黑苗 云80-1 401-3 G-33 H-78Q-2-20 2208 *N. debnevi*
	10	81～100	柯克347×湄江3号 许金5号 沙姆逊 老大金元 特字8号 麦克乃尔 南京种 ETW22 83-1 401×NC2326 *N. benthamiana*

标*者为中国烟草总公司建议推广的品种

2.2 不同生育期的抗性

分期播种和同时接种的结果表明，烟草不同生育期的抗性有明显差异（表2）。

表2指出，在供试的两个品种中，均以小十字期和成苗期最感病，表现潜育期短，发病率高而到团棵期后，抗性明显提高，病害的潜育期也显著延长。由此可见，在烟草生长前期做好防病保苗对烟草病毒病的防治有十分重要的意义。

表2 烟草不同生育的抗性测定结果

品种	生育期	潜育期/d		发病情况		
		幅度	平均	供测株数	病株数	发病率/%
大叶密目	小十字期	2～8	3.8	30	18	60.00
	成苗期	3～8	4.6	30	18	60.00
	团棵期	6～18	9.5	30	11	36.67
	现蕾期	7～20	12.5	30	8	26.67
提纯401	小十字期	3～8	4.0	30	15	50.00
	成苗期	5～13	6.7	30	16	53.33
	团棵期	5～15	8.5	30	9	30.00
	现蕾期	6～18	10.3	30	5	16.67

烟草花叶病的有效激抗剂的筛选

谢联辉[1]，林奇英[1]，段永平[1]，沈焕梅[2]，沈书屏[2]

（1 福建农学院植物病毒研究室，福建福州　350002；
2 永定县烤烟试验站，福建永定　350822）

摘　要：1984 年以来在对烟草花叶病（TMV，CMV）做了大量激抗剂筛选试验基础上，推出 6 种激抗剂在主产烟区开展了试验示范。小区试验结果表明，ER847、ER848、ER849、ER851、ER852 和 ER853，无论防治效果或产量、产值均比目前推广的 NS-83 要明显的高。大量示范结果，ER847、ER849 和 ER851 也取得了明显的抗病、增产、增质效应。

Screening for exciting resistance agents effective on tobacco mosaic

XIE Lian-hui[1]，LIN Qi-ying[1]，DUAN Yong-ping[1]，SHEN Huan-mei[2]，SHEN Shu-ping[2]

（1 Laboratory of Plant Virology，Fujian Agricultural College，Fuzhou　350002；
2 Yongding Tobacco Experiment Station Yongding County，Yongding　350822）

Abstract：Six exciting resistance agents-ER847，ER848，ER849，ER851，ER852 and ER853 have been evaluated to control tobacco mosaic effectively by screening in the greenhouse and by the experiment in the field since 1984. The result showed that the effectivity of control and the yield and the value of a hectare of tobacco by using the agents were much higher than those by using NS-83，which is being expanded popularized at present.

Key words：*Tobacco mosaic virus*；exciting resistance agent

烟草花叶病是我国烟区的重要病害，对烟叶产量和品质影响很大。为了寻找有效控制办法，福建农学院病毒研究室自 1984 年以来进行了大量的激抗剂温室盆栽筛选试验，并推出了 6 种药剂到主烟区开展小区试验和大田示范，现将结果简报如下。

小区试验设在永定县抚市和高坡，小区面积 16.67×10^{-4}公顷。裂区设计，重复 3 次。供试品种为密目烟和翠碧一号；供试激抗剂为 ER847、ER848、ER849、ER851、ER852、ER853，并以目前推广的 NS-83 为药物对照，以喷清水为空白对照。施药时间分十字期和成苗期，每次施药前两天人工摩擦接种烟草花叶病毒（TMV）和黄瓜花叶病毒（CMV）；并于接种前和喷药后 10d、20d、30d、60d 调查统计各处理的发病率及病情指数。各小区分别分期采收和烘烤，统计产量、计算产值。结果表明，各剂型在十字期施药比成

福建农学院学报，1988，17（4）：371-372
收稿日期：1988-10-31

苗期施药效果好，前者平均相对防治效果比后者高126.1%。ER847、ER848、ER849、ER851、ER852、ER853和NS83的相对防治效果分别为42.2%、81.6%、78.5%、80.8%、55.4%、79.8%和34.7%；喷施上述药剂后的小区单产分别为1455.0kg/hm^2、1773.0kg/hm^2、1671.0kg/hm^2、1932.0kg/hm^2、1893.0kg/hm^2、1902.0kg/hm^2和1443.0kg/hm^2，清水对照为789.0kg/hm^2，小区产值分别为3133.50元/hm^2、3628.50元/hm^2、3770.18元/hm^2、4019.93元/hm^2、4057.43元/hm^2、3971.63元/hm^2和2499.68元/hm^2，清水对照为934.35元/hm^2。经方差分析各个试剂处理的相对防治效果、单位产量和产值，无论与NS-83比较，还是与清水对照相比均达到极显著差异水平。说明推出的6个激抗剂对烟草的两种花叶病毒都有良好的抑病增产效应。

大田防治试验在永定县高坡进行，面积为4.33公顷，其中处理区3.33公顷，对照区1.0公顷。处理区分别在十字期、成苗期、伸根期和旺长期相应喷施ER847、ER849、ER851和ER847。对照区喷清水，每次喷药前及移栽后20d、30d、60d和90d各调查、统计一次发病率及病情指数，于烟叶采收后分别统计产量，计算产值。结果表明，移栽后90d，处理区的平均发病率为13.2%，对照区为29.2%，相对防治效果54.8%；处理区平均单产为2180.25kg/hm^2，对照区为1749.75kg/hm^2，增产24.6%；处理区单位产值6749.85元/hm^2，对照区为5324.40元/hm^2，平均产值提高26.8%；经方差分析药剂处理区的相对防治效果、单位产量及产值，均较对照区有显著提高。此外，处理区的上等烟和黄烟率，也分别比对照区提高了18.7%和3.2%。由此可见，激抗剂ER847、ER849和ER851在大田防治上也取得了明显的抗病、增产、增质效应，值得进一步推广。

致谢 本研究得到省烟草公司的支持；参加部分工作的还有谢莉妍（室内）、王金文、胡翠凤、吴凡兰、阙菊兰和张树添（田间）。

激抗剂协调处理对烟草花叶病的防治效应

胡翠凤，谢联辉，林奇英

（福建农学院植物保护系，福建福州　350002）

摘　要：通过盆栽和田间试验，测定了激抗剂 ER847、ER849、ER851 协调处理对烟草花叶病的控病效应。结果表明：3 种激抗剂对该病均有明显控制作用，ER847 和 ER851 主要对烟草花叶病毒侵染有抑制作用，ER849 主要有抑制该病毒增殖作用。3 种激抗剂均可激发烟株过氧化物酶同工酶活性，3 种激抗协调处理烟株较单一激抗剂处理效果更好，因此在田间利用 ER847、ER849 和 ER851 协调处理是控制烟草花叶病的一项简易、经济有效的措施。

关键词：激抗剂；烟草花叶病；协调防治；酶活性

中图分类号：S495.72

Effect of exciting resistance agents on the control of *Tobacco mosaic virus* disease cooperatively

HU Cui-feng，XIE Lian-hui，LIN Qi-ying

（Department of Plant Protection，Fujian Agricultural College，Fuzhou　350002）

Abstract：It was carried out in pots and field to control *Tobacco mosaic virus* disease using ER847，ER849 and ER851. The results showed the each of them could reduce the concentration of TMV in plants by inhibiting TMV infection（ER847，ER851）and TMV proliferation（ER849），respectively；the activity and the bands of isoenzyme of the peroxidase in plants increased when the plants was sprayed with ER847，ER849 and ER851，respectively，and that the effect of ER847，ER849 and ER851 on the controlling *Tobacco mosaic virus* disease cooperatively was higher than of ER847，ER849 and ER851 individual. Therefore，it may be a hopeful way to use exciting resistance agents to control *Tobacco mosaic virus* disease cooperatively.

Key words：exciting resistance agents；*Tobacco mosaic virus* disease；control cooperatively；active isoenzyme

烟草花叶病（*Tobacco mosaic virus* disease）是我国烟区普遍发生的重要病害，一般发病率为 30%～50%，减产 15%左右[1-3]。采用化学物质或诱导物质防治烟草花叶病，国内外已做过大量研究[4-10]，但如何找出能大面积应用于生产的高效药剂，仍存在不少问题。为此，作者从我们病毒室已筛选出的 7 种激抗剂中选出有代表性的 3 种[4]对烟草花叶病进行了协调处理，并就其作用机制作了初

福建农学院学报，1993，22（2）：183-187

收稿日期：1992-04-16

步探讨，本文报道这项研究的结果。

1　材料与方法

1.1　材料

供试病毒毒源采自永定烟区自然发病株，经人工分离纯化并鉴定为烟草花叶病毒普通株系（*Tobacco mosaic virus* common strain，TMV-C）；

供试烟草品种为翠碧1号；

供试枯斑寄主为心叶烟（*Nicotiana glutinosa*），曼陀罗（*Datura stramonium*）。

供试激抗剂为ER847、ER849、ER851，并以目前普遍推广的NS-83为对照药物，以洁净清水为空白对照。

盆栽试验在福建农学院病毒室隔离盆栽条件下进行，每处理用苗30株，重复2次田间试验设在永定县高破乡上洋村，面积4.3公顷，其中喷药区3.3公顷，对照区1公顷。

1.2　试验方法

1.2.1　激抗剂对TMV的抑制侵染作用

将2mL TMV粗提取液分别与等量的ER847、ER849、ER851充分混合后，即以常规方法摩擦接种（下同）在心叶烟上，并以NS-83和清水作同样处理，比较测定叶片枯斑的数量及大小。

1.2.2　激抗剂对TMV的抑制增殖作用

用TMV粗提取液接种烟苗，24h后分别喷施，ER847、ER849、ER851、NS-83和清水，20d后用间接ELASA法测定各处理和对照烟株叶片的病毒相对浓度。

1.2.3　激抗剂对病株叶片过氧化物酶同工酶的影响

将大十字期的烟苗接种TMV，20d后用ER847、ER849、ER851、NS-83和清水喷施烟株，并以未接种的健康烟株为对照。经2d分别取各处理的接种病叶1g和对照健株叶片1g，用聚丙烯酰胺凝胶电泳法测定分析。

1.2.4　激抗剂的盆栽防治试验

大十字期用3种激抗剂、NS-83和清水分别喷施烟苗，24h后接种TMV，经20、50d后分别调查统计烟株的发病率及病情指数。

1.2.5　激抗剂的盆栽协调防治试验

接种TMV前5d、10d，分别用ER851、ER847处理烟株，接种后5d、10d，分别用ER849处理烟株，以单一处理防效最佳的ER847及清水作对照，经20d、50d后调查发病情况。

1.2.6　田间激抗剂的协调防治试验

十字期喷施ER847，成苗期和伸根期喷施ER849，伸根期喷施ER851，于移栽后20d、60d、90d各调查统计烟株的发病率及病情指数，收烤时测定烟株的产量、质量。

2　结果与分析

2.1　激抗剂对TMV的抑制侵染作用

不同处理在心叶烟上出现的枯斑大小、数量不同（表1），经新复极差统计分析，ER847，ER851与病毒汁液混合后5min，24h、48h接种于心叶烟上，均可显著地减少枯斑数量，缩小枯斑直径；ER849、NS-83与病毒汁液混合24h接种心叶烟，可显著地抑制枯斑数量及大小，但与病毒汁液混合后5min，48h后对枯斑数量抑制不明显。此结果说明3种激抗剂及NS-83对TMV的侵染均有抑制作用，其中尤以ER847和ER851抑制作用更为明显。

表1　激抗剂对的抑制侵染作用

处理	5min		24h		48h	
	枯斑数/个	枯斑大小/mm	枯斑数/个	枯斑大小/mm	枯斑数/个	枯斑大小/mm
CK	10.7±3.0	2.8±0.6	9.7±3.0	2.8±0.7	10.0±3.0	2.6±0.6
NS-83	10.0±3.0	2.4±0.7*	3.7±1.0**	2.4±0.6*	10.0±3.0	2.3±0.6
ER849	10.0±2.0	2.0±0.6*	3.7±0.0**	1.9±0.5*	9.0±3.0	1.9±0.5*
ER847	6.7±2.0**	1.8±0.4*	2.7±1.0**	1.6±0.3*	5.0±2.0**	1.8±0.4**
ER851	5.3±1.0**	2.0±3.0*	3.3±1.0**	1.9±0.3*	5.0±2.0**	2.1±0.3*

*为0.5%，**为0.1%显著水平

2.2 激抗剂对 TMV 的抑制增殖作用

ELISA 法测定不同激抗剂处理病株体内病毒相对浓度（表 2）表明，ER847、ER849、ER851 和 NS-83 的处理烟株 A 值（光吸收值）均较对照有显著降低，病毒相对浓度分别降低 32.8%、47.5%、27.6%、41.4%。ER849 和 NS-83 较 ER847 和 ER851 的处理烟株 A 值有显著降低。结果一致表明，3 种激抗剂和 NS-83 均可降低处理烟株的病毒浓度、其中尤以 ER849 和 NS-83 降低更为明显，可见 ER849 与对照药物 NS-83 一样，对 TMV 在烟株体内的增殖有显著的抑制作用。

表 2　ELISA 法测病株内的病毒相对浓度

处理	A 值	病毒相对浓度降低率/%
CK	0.30d	
清水	0.88a	
NS-83	0.64c	41.40
ER849	0.61c	47.50
ER847	0.69b	32.80
ER851	0.72b	27.60

数字后有相同字母表示差异不显著，不同字母表示差异显著，α=0.05，下同

2.3 激抗剂对病株过氧化物酶同工酶的影响

不同激抗剂处理烟株的过氧化物酶同工酶分析结果指出，喷施激抗剂 2d 后，处理烟株的酶带均较比健株对照增多，其中 ER847 处理的烟株增加 c、e、f、h、i 5 条带；ER849 处理的烟株增加 c、f、h、i 4 条带；ER851 和 NS-83 处理的烟株分别增加 f、h 2 条带；健株对照比病株对照多 a、b 2 条带（图 1）。由此可见，喷施 3 种激抗剂和 NS-83 后，烟株的过氧化物酶同工酶谱带均较对照增多，不同激抗剂增多的带数不同，说明其过氧化物酶同工酶的活性均有增强，烟株的抗性亦有增强，但它们激发抗性的方式及机制有差异的。

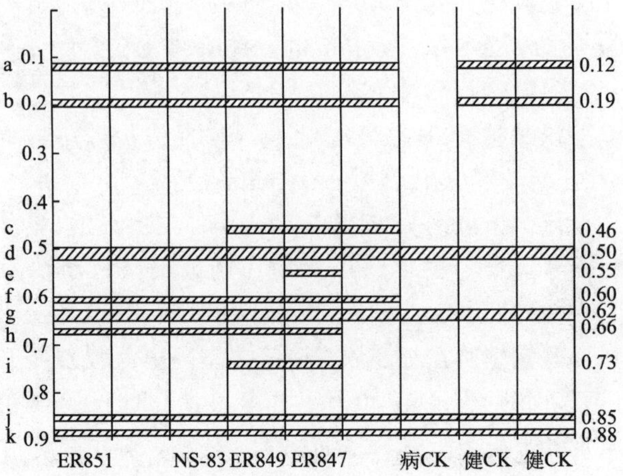

图 1　激抗剂处理烟株过氧化物酶同工酶谱带

2.4 激抗剂的盆栽防治试验

3 种激抗剂喷施处理的烟株发病率及病情指数均较清水对照有极显著的降低，ER847 和 ER851 处理烟株的发病率均较药物对照 NS-83 有显著降低，但喷药 50d 后，3 种激抗剂及 NS-83 处理烟株的病情指数无显著差异（表 3）。由此可见，3 种激抗剂及 NS-83 对 TMV 均有明显的防治效果，其中 ER847 和 ER851 对 TMV 有较强的抑制侵染作用，而 ER849 和现在已推广的 NS-83 对 TMV 有较强的抑制增殖作用。

表 3　激抗剂对花叶病的防治效果

处理	20d				50d			
	发病率/%	发病率较 CK 降低率/%	病情指数/%	病情指数 CK 降低率/%	发病率/%	发病率较 CK 降低率/%	病情指数/%	病情指数 CK 降低率/%
CK	100.0a		40.4a		100.0a		71.4a	
NS-83	59.0b	41.0	183.b	54.7	63.0b	39.0	23.4b	67.3
ER849	57.0b	43.0	168.b	58.7	63.0b	39.0	20.6b	71.1
ER847	36.0c	64.0	15.0b	62.9	43.3c	56.6	24.2b	66.1
ER851	33.3c	66.7	12.7b	68.7	39.9c	66.0	22.5b	68.5

2.5 激抗剂的盆栽协调防治试验

3 种激抗剂协调处理的防治效果（表 4）表明，协调喷药处理的烟株发病率及病情指数均较清水对照有显著降低，亦较单一激抗剂喷施处理的发病率及病情指数有显著降低。

表 4 3 种激抗剂协调处理对花叶病的防治效果

处理	20d		50d	
	发病率/%	病情指数/%	发病率/%	病情指数/%
CK	96.0a	40.0a	96.0a	60.4a
ER847	33.3b	12.7b	39.0b	20.6b
协调处理	27.7c	9.3c	33.0c	14.9c

2.6 田间激抗剂的协调防治试验

田间激抗剂协调防治处理结果（表 5，表 6）表明，处理区的发病率、病情指数均为较对照区有明显降低，移栽后 90d，发病率较对照降低 54.8%，相对防治效果达 56.6%，处理区的每公顷产量提高 24.6%，每公顷产值提高 26.8%，上等烟提高 18.7%。由此可见大田激抗剂协调防治烟草花叶病，可有效地降低发病率及病情指数，显著地提高烤烟产量、质量，对发展烤烟生产，防治花叶病有明显的经济效益。

表 5 田间激抗剂协调防治处理结果

处理	成苗期发病率/%	移栽后 20d		移栽后 60d		移栽后 90d		病情指数	病情指数降低/%
		发病率/%	发病率/%	发病率/%	发病率/%	发病率/%	发病率/%		
对照区	6.2	8.4		17.0		29.2		10.3	
处理区	0.6	3.8	54.8	7.0	58.8	13.2	54.8	4.5	56.6

表 6 田间激抗剂协调对烟叶的产量、质量和产值效应

处理	产量/kg			上等烟			黄烟率		每公顷产值（元）	
	总产	折公顷产量	较 CK 提高/%	数量	占%	较 CK 提高/%	占%	较 CK 提高/%	数量	较 CK 提高/%
对照区	1286.50	2180.25	24.60	8937.00	46.30	18.70	99.60	3.20	6749.50	26.76
处理区	338.35	1749.75		1399.50	27.60		96.40		5324.40	

3 讨论

试验结果表明，ER847、ER849 和 ER851 3 种激抗剂对烟草花叶病都有较好的抑制效果，尤以 3 种激抗剂处理效果更佳，在大田协调防治中，发病率和病情指数分别降低 54.8%和 56.6%，每公顷产量提高 24.6%。应用不同激抗剂协调处理烟株防治烟草花叶病是本试验首次提出的，试验证明，此法在烟草生产上有明显的防病增产作用，有广阔的推广应用前景。协调防治的原理在烟草花叶病的防治上取得了积极作用，在其他植物病毒病的防治上是否也有积极意义，有待进一步试验和验证。

综上所述，3 种激抗剂既对 TMV 都有抑制作用，又对烟株有激发抗性作用，所以，激抗剂的抑制增产作用是否可认为是其既作用于病毒又作用于烟株的综合效果，尚有待进一步研究。为了更好地提高激抗的抑病增产效果，在宏观上认真抓轮作，注意抗病品种的选用和改进栽培管理措施是很有必要的。

致谢 本试验得到福建省烟草公司及龙岩地区分公司的支持，永定县烤烟试验站沈焕海、沈书屏和王金文等同志参加田间试验和烟草收烤产量，质量的测定，特此致谢。

参考文献

[1] 王智发，严敦余，张广民. 烟草病毒病害研究. 山东农学院学报，1980，2：77-80
[2] 谈文. 烟草病害诊断与防治. 武汉：湖北科学技术出版社，1985，40-52
[3] 谢联辉，林奇英，曾鸿棋等. 烟草花叶病毒病原鉴定初报. 福建农学院学报，1985，14(2)：116
[4] 谢联辉，林奇英，段永平等. 烟草花叶病有效激抗剂的筛选. 福建农学院学报，1988，17(4)：371-372
[5] 雷新云，李怀若，裘维蕃等. 耐病毒诱导剂在烟草上的防病增产作用. 中国烟草，1987，(2)：17-20
[6] 都丸敬一. 防治烟草花叶病的新药剂. 今日农业，1976，6：96-100
[7] Kassanis B. Effect of polyacrylic acid and b proteins on TMV multiplication in tobacco protoplasts. Phytopathologische Zeitschrift，1978，91(3)：262-272
[8] Loebenstein G. Inhibitors of virus replication released from TMV infected proplast of a local lesion-responding tobacco cultivar. Virology，1981，114：132-139
[9] Miner GS. Effect of micronutrient on the control of *Tobacco mosaic virus*. Tobacco Science，1981，25(1)：104-112
[10] Setsu M，Yuichi M. Effect of ascorbic acid supply on the response of *Nicotiana rustica* plants to *Tobacco mosaic virus* infection. Ann Phytopathol Soc Japan，1980，46：361-363

烟草扁茎簇叶病的病原体

林奇英，谢联辉，谢莉妍，陶　卉

（福建农学院植物保护系，福建福州　350002）

1975 年 Lucas 报告了烟草类菌原体病，1984 年谈文等报道了由类菌原体和病毒复合侵染的丛枝病，均表现丛枝症状，未提及扁茎簇叶症问题。作者等于 1984 年 4～5 月间，先后在福建省永定县和龙岩县烟区的一些烟草田里，分别于密目烟和提纯 401 品种上，见到一种外形奇特的茎扁如带的烟草植株。这种烟株在靠近顶端的茎部（有的甚至可以延伸到基部）。变得宽扁，形如薄板，其上簇生小叶，病株略矮；与 Lucas（1975）与河南农学院谈文等（1983）报告的烟草丛枝病症状均有显著区别。于是挖取病株和健株，带回福州种于我院病毒室盆栽场隔离观察。不久，将其中的病侧芽嫁接于健苗上，45d 后即出现簇叶症，60d 后茎部变扁、变薄，形如带状，株形矮化。1985 年 4～5 月间。重复这一试验，亦得同样结果。将病株簇生小叶的叶脉和健株叶片的叶脉，分别剪取上 1mm×（1～2）mm 的小块，按常规方法进行固定、包埋，用 LKB-88-Ⅲ型超薄切片机切片，以 2％醋酸铀、柠檬酸铅双重染色，后在电镜下进行观察，结果在病株叶片维管束筛管细胞中见有许多类菌原体（mycoplasmalike organisms，MLOs），形态多样，大小依形状不同而异，球状物多为 MLO 的初级体，直径在 150～250nm；纤维状体在 160nm×1500nm。有些菌体能见到清晰的双层膜，周围电子密度高；还有些正处于二均分裂或芽生状态；而作为对照的烟草健株叶片，在电镜下未见到类菌原体。据此，我们认为福建烟草发生的扁茎簇叶病，可能是由类菌原体所致。以其症状独特为国内外所罕见。目前此病在福建虽只是点片发生，但其受害株完全丧失经济价值，且有扩大蔓延之势，必须引起重视。

中国农业科学，1986，3：92（研究通讯）

Ⅶ 番茄病毒

番茄病毒病是福建番茄产区的重要病害，采自各地病株经处理后按常规方法鉴定结果，有 4 种病原病毒：烟草花叶病毒（*Tobacco mosaic virus*）、黄瓜花叶病毒（*Cucumber mosaic virus*）、马铃薯 X 病毒（*Potato virus X*）和番茄黑环病毒（*Tomato black ring virus*），其中以烟草花叶病毒为优势病毒。

福建番茄病毒病的病原鉴定*

林奇英，谢联辉

（福建农学院植物病毒研究室，福建福州　350002）

摘　要：从185份番茄病害样本中分离得到4个病毒分离株，它们分别采自福州、莆田、厦门和龙岩。经生物测定、电镜观察、生理特性测定和血清学测定，它们是TMV、CMV、PVX和ToBRV（*Tomato black ring virus*）。其中，ToBRV为国内首次发现侵染番茄。在185个样品中，TMV、CMV、PVX和ToBRV的检出率分别为49.19％、32.97％、16.22％和1.62％。认为TMV和CMV（之和为82.16％）是番茄病毒病的主要病原。本研究结果为番茄病毒病的防治提供了理论基础。

Identification of the pathogens of tomato virus in Fujian, China

LIN Qi-ying, XIE Lian-hui

（Laboratory of Plant Virology, Fujian Agricultural College, Fuzhou　350002）

Abstract: 4 virus isolates were obtained from 185 samples of different tomato virus diseases collected from the suburban areas of Fuzhou Putian, Xiamen and Longyan cities through biological isolation; and purification methods from May, 1984 to June, 1986. They were identical as TMV, CMV, PVX and ToBRV（*Tomato black ring virus*）according to their reactions on differential hosts, detections by electron microscope and serological tests, and three physical characteristics of the viruses, in which ToBRV was first found in China to infect tomato naturally. Among the 185 samples, the rate of TMV, CR-1V, PVX and ToBRV was 49.19％, 32.97％, 16.22％ and 1.62％ respectively. TMV and CMY（82.16％ in total）were therefore considered to be the major pathogens of tomato virosis in the 4 cities above-mentioned. The result provided a reliable basis for the control of the diseases.

番茄病毒病是福建番茄生产的重要病害，近年来在福州、莆田等地番茄栽培中，田间自然发病率一般多在70％以上，有的竟高达95％～100％。主要表现花叶、疱斑、蕨叶，偶尔有条斑坏死和黑褐色小环斑的，病株所结果实少而小，甚至畸形，果皮有花斑，严重影响番茄产量和商品品质，给生产

武夷科学，1986，12（6）：275-278

* 本研究得到省高教厅资助，农牧渔业部植检所血清室、内蒙古大学病毒室提供有关病毒抗血清，农牧渔业部植检所病毒室、中国农业科学院蔬菜研究所病毒组提供部分鉴别寄主植物种子，福建医科大学电镜室协助电镜观察，本室黄如娟同志及植保82级康文通、许建宝、郭丽琼同学参加了部分工作，均此致谢

造成重大损失。为了寻找有效治理途径，便于“对症下药”，三年来作者开展了该方面的研究，下面就病原鉴定结果作一报道。

1 材料与方法

1.1 毒株采集

1984年5月至1986年6月，先后到福州、莆田、厦门和龙岩等市郊区，进行了番茄病毒病的病情调查，采集到各种病状类型的毒样185个，在隔虫网室内按常规方法用汁液涂抹接种于无毒的枯斑寄主—心叶烟（*Nicotiana glutinosa*）、千日红（*Gomphrena globosa*）、苋色藜（*Chenopodium amaranticolor*）和豇豆（*Vigna sinensis*）上，各接5株，待其症状出现后，进行单斑分离，后分别接种于各种鉴别寄主上，依其所产生的症状特点，归成四类，每类抽选一个分离物充作病原鉴定的毒源代表（分别为Ⅰ-17、Ⅱ-51、Ⅲ-89、Ⅳ-168）。

1.2 毒源植物

分离物Ⅰ-17为普通烟（*N. tabacuna*-Samsum，即三生烟，经心叶烟单斑分离纯化后接种的），分离物Ⅱ-51为心叶烟（经豇豆单斑分离纯化后接种的），分离物Ⅲ-89为番茄（*Lycopersiurn esculentum*，经千日红单斑分离纯化后接种的），分离物Ⅳ-168为黄瓜（*Cucumis sativa*，经苋色藜单斑分离纯化后接种的）。

1.3 电镜观案

1.3.1 制备病毒粗提液

各分离物均以接种发病的植株叶片，各称取100g，加0.02mol/L（pH 7.0）磷酸缓冲液100mL，捣碎，过滤，1000r/min 10min，上清液经60℃水浴110min，4000r/min 20min，弃沉淀，上清液在室温下加4%聚乙二醇（分子质量6000）和5.8%氯化呐。搅拌溶解后，静置于4℃下过夜。4000 r/min 30min，沉淀加0.02mol/L（pH 7，0）磷酸缓冲液（电镜观察用）或生理盐水（作抗原用）、重悬，4000r/min 20min，上清液即为病毒的粗提液。

1.3.2 制样观察

病毒粗提液按常规方法制样，即以4%磷钨酸（PTA）负染，后在电镜下观察病毒粒体。

1.4 抗血清反应

所用TMV、CMV、PYX、ToBRV抗血清为农牧渔业部植检所和内蒙古大学病毒室提供，所用抗原分别为上述四个代表分离物的病叶粗提液；采用小玻管环状沉淀法进行测定。

1.5 病毒体外抗性测定

病毒物理三属性——致死温度、稀释限点和体外存活期的测定，均按常规方法进行。

2 结果和讨论

2.1 各分离物的比例

三年来从各地所采毒样，经接种纯化和归类，并依各分离物的数量比例分析结果（表1），可以看出福建番茄病毒病的病原主要是分离物Ⅰ-17和Ⅱ-51，两者占所采毒样的82，16%，分离物开Ⅳ-168所占比例最小，仅1.62%。

表1 福建番茄病毒四个分离物的比例（1981～1986）

分离物	历年采集毒样数/个			毒株总数/个	所占比例/%
	1984	1985	1980		
Ⅰ-17	18	38	35	91	49.19
Ⅱ-51	15	2	19	61	32.97
Ⅲ-89	4	15	11	30	16.22
Ⅳ-168	2	1	0	3	1.62
合计	39	81	65	185	100.00

2.2 寄主反应

四个分离物分别接种在番茄、洋酸浆（*Physalis floridana*）、三生烟、心叶烟、黄瓜、豇豆、千日红、苋色藜和曼陀罗（*Datura stramonium*）等9种鉴别寄主植物上，结果表明均有各自的专化反应（表2）

表2 福建番茄病毒四个分离物的寄主反应

分离物	鉴别寄主								
	番茄	洋酸浆	三生烟	心叶烟	黄瓜	豇豆	千日红	苋色藜	曼陀罗
Ⅰ-17	轻度花叶	系统花叶	系统花叶	局部枯斑	不感染	不感染	局部枯斑	局部枯斑	局部枯斑

续表

分离物	鉴别寄主								
	番茄	洋酸浆	三生烟	心叶烟	黄瓜	豇豆	千日红	苋色藜	曼陀罗
Ⅱ-51	花叶 叶	系统 花叶	系统 花叶	系统 花叶	系统 花叶	局部 枯斑	系统 花叶	局部 枯斑	系统 花叶
Ⅲ-89	花叶 斑驳	系统 花叶	系统 花叶	双套小 环斑	未接种	未接种	局部 枯斑	局部 枯斑	斑驳 花叶
Ⅳ-168	黑色小 环斑	不感染	局部 褪绿	褪绿 斑驳	花叶	未接种	未接种	系统 花叶	褪绿 斑驳

2.3 电镜观察

四个分离物的病叶粗提液在电镜下均可见到大量病毒粒体，其形状和大小：分离物Ⅰ-17 为杆状，300nm×15nm；分离物Ⅱ-51 为球状，直径 30nm，分离物Ⅲ-89 为线条状，520nm×12nm；分离物Ⅳ-168 为球状，直径 30nm。

2.4 抗血清反应

以小玻管环状沉淀法测定结果表明，TMV 抗血清与分离物Ⅰ-17 的病叶粗提液，CMV 抗血清与分离物Ⅱ-51 的病叶粗提液，PVX 抗血清与分离物Ⅲ-89 的病叶粗提液，ToBRV 抗血清与分离物Ⅳ-168 的病叶粗提液，均呈阳性反应；四种抗皿清与相应抗原产生的絮状环状沉淀于两者的交界面，说明它们之间的血清学关系密切。

2.5 体外抗性

将分离物Ⅰ-17、Ⅱ-51、Ⅲ-89 和Ⅳ-168 的病叶似提液，分别进行物理三属性的测定，结果表明各分离物的钝化温度、稀释限点和体外存活期均有明显差异（表 3）。

表 3　番茄病毒各分离物的体外抗性

分离物	钝化温度/℃	稀释限点	体外存活期天/d
Ⅰ-17	90～95	10^{-7}～10^{-6}	70
Ⅱ-51	65～70	10^{-5}～10^{-4}	5
Ⅲ-89	75～80	10^{-6}～10^{-5}	70
Ⅳ-168	60～65	10^{-3}～10^{-2}	15

综上所述，三年来作者从福州、莆田、厦门和龙岩四市郊区所采的 185 个毒样中，经分离纯化和必要的生物学测定、血清学试验、电镜观察及体外抗性检测，可以初步确定分离物Ⅰ-17 即为烟草花叶病毒（*Tobacco mosaic virus*，TMV），Ⅱ-51 为黄瓜花叶病毒（*Cucumber mosaic virus*，CMV），Ⅲ-89 为马铃薯 X 病毒（*Potato virus X*，PVX），Ⅳ-168 为番茄黑环病毒（*Tomato black ring virus*，ToBRV），其中以 TMV 为主，占 49.19%，CMV 为次，占 32.97%，PVX 居三，占 16.22%，ToBRV 最少，占 1.62%（表 1）。这一结果表明，福建番茄病毒病的病原和国内外报道的大体相似，即主要是 TMV 和 CMV[1-5]；这种情况和福建烟草病毒病的病原[6]也颇相一致。四种病毒所占比例不同，而且福建检出的 ToBRV，虽在国外有所报道，但在国内除了烟草[6]之外，以番茄为自然寄主则未见报道。

关于番茄病毒病的治理，针对福建病原病毒的特点，可以认为当以实施轮作和选用抗病品种（针对 TMV）最为重要。一切有利避蚜、治蚜（针对 CMV）和减少接触传染的栽培、管理措施，都有防病保产作用，值得提倡。

参 考 文 献

[1] 王小风，周家炽. 番茄病毒病害鉴定中的三个问题. 微生物学报，1976，16(1)：71-74

[2] 齐秀菊. 我省部分地区番茄病毒病鉴定简结. 河北农业科技，1985，1：16-17

[3] 范怀忠，孙芥菲，高乔婉等. 广东番茄花叶病毒的鉴定. 华南农学院学报，1982，3(3)：66-72

[4] 谢联辉，林奇英，曾鸿棋等. 福建烟草病毒病原鉴定初报. 福建农学院学报，1985，14(2)：116

[5] Broadbent L. Epidemiology and control of *Tomato mosaic virus*. Annual Review of Phytopathology. 1976，14：75-96

[6] Tobias L，Duncan GH. Necrotic and other virus diseases on tomato. Zoldsegtermesztesi Kutato Intezet Bulletinje，1984，17：69-76

Ⅷ 黄瓜病毒

对黄瓜花叶病毒（*Cucumber mosaic virus*）的分子生物学、亚组区分及病害研究现状、进展、问题进行了评述。研究分析、比较了黄瓜花叶病毒两个亚组分离物的寄主反应、血清学特性和 *CP* 基因的序列；鉴定了黄瓜花叶病毒的血清组，并作了病毒若干株系 RNA_3 cDNA 的全长克隆和序列分析。

黄瓜花叶病毒分子生物学研究进展

徐平东，谢联辉

（福建农业大学植物病毒研究所，福建福州　35002）

摘　要：本文对黄瓜花叶病毒（*Cucumber mosaic virus*，CMV）的基因组结构、卫星 RNA 及抗病基因工程等方面的研究进展、动态进行了客观的综述。

黄瓜花叶病毒（*Cucumber mosaic cucumovirus*，CMV）是黄瓜花叶病毒组（*Cucumovirus*）的典型成员；其寄主范围极其广泛，能侵染 85 科 385 属的 800 多种单、双子叶植物，其中包括茄科、葫芦科、十字花科、豆科的多种蔬菜作物，谷类作物，油料作物，果树，花卉和药用等重要经济植物；并能经 60 多种蚜虫传播；有些分离物还可通过种子传播；是分布最广、最具经济重要性的植物病毒之一[1-3]。

CMV 粒体球状，直径 28～30nm，其外壳蛋白亚基由一条多肽链组成，分子质量约为 24.5kD；核酸为单链 RNA（ssRNA），核酸链包括 4 个片段，即 RNAl-4，其中 RNAl-3 为病毒侵染所必需，RNA-4 是来源于 RNA-3 的 3′端的亚基因（subgenomic）RNA，起编码外壳蛋白（CP）的作用。一些分离物还包含卫星 RNA（satellite RNA，satRNA）[4]。

近年来 CMV 分子生物学方面的研究进展很快，特别在基因组结构、卫星 RNA 及抗病毒基因工程等方面取得长足进展。本文就这些进展作一简要综述。

1　基因组结构

CMV 具三分体基因组，包括 4 个 RNA 片段，分子质量分别为 1.27×10^3kD（RNA-1）、1.15×10^3kD（RNA-2）、0.82×10^3kD（RXA-3）、0.35×10^3kD（RNA-4）。RNA-1 和 RNA-2 分别包裹在不同的粒体内，RNA-3 和 RNA-4 包裹在同一粒体内。这 4 个 RNA 都是正链 RNA，即它们都是信使 RNA（mRNA），在体外能翻译产生不同的蛋白质。所有 4 个 RNA 都包含一个大约 200 个核苷酸（nucleotide，nt）的保守的非编码 3′端，5′端都具有 m^7Gppp 帽子结构[2,4]。表 1 为 CMV RNA1-4 的结构和翻译产物；图 1 为 CMV 基因组结构的物理图谱。

表 1　CMV RNA 的结构和翻译产物比较

亚组	RNA	RNA 片段长度						翻译产物	
		总计	5′-NCR	ORF	IGR	ORF	3′-NCR	氨基酸数	分子质量/kD
Ⅰ	1	3357	94	2979	—	—	284	993	111
Ⅰ	2	3050	86	2571	—	—	393	857	97
Ⅰ	3	2216	119	840	297	659	303	279	30
Ⅰ	4	1031							24
Ⅱ	1	3389	97	2973	—	—	319	991	111
Ⅱ	2	3035	92	2517	—	—	426	839	94
Ⅱ	3	2197	95	840	284	657	321	279	30
Ⅱ	4	1031	53	—	—	657	321	218	24

山东大学学报（自然科学版），1995，29（增刊）：30-36

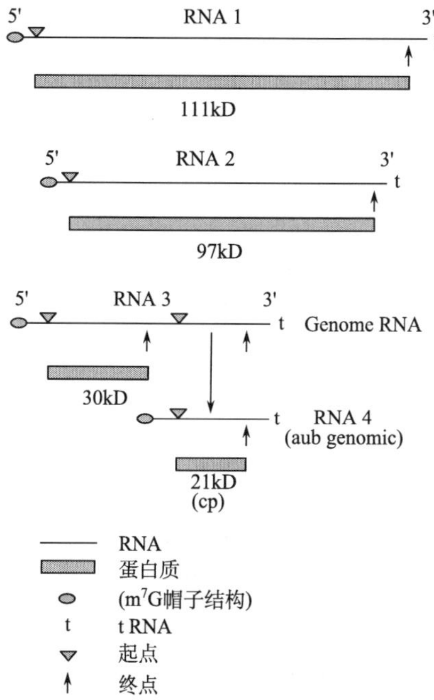

图 1 CMV 基因组结构的物理图谱
(根据 Francki 等[2]修改)

1.1 RNA-1 片段

CMV RNA-1 片段全长 3357～3389nt[5-8]，包括一个编码蛋白的阅读框架（open reading frame，ORF），该 ORF 含有 2973～2979nt，编码由 991～993 个氨基酸残基组成的分子质量为 111kD 的蛋白质（亦称 1a 蛋白）。RXA-1 的 ORF 在亚组间存在很高的序列同源性，如 Fny-CMV（亚组Ⅰ）和 Q-CMV（亚组Ⅱ）有 76％的核苷酸序列同源，在蛋白质水平上，也相应有 85％的同源；而且在 ORF 两末端的同源性高于中间区[6]。ORF 两侧各有一个非编码区（non-coding region，NCR），5′-NCR 的长度为 94～97nt，3′-NCR 为 284～319nt。Fny-CMV 和 Q-CMV 的 RNA-1 的 5′端和 3′端非编码区的同源性分别为 81％和 64％，然而这两个株系的 3′端的 180nt 的二级结构却极为相似[6]。在同一亚组中，RNA-1 的同源性更高，如同属亚组Ⅰ的 O-CMV、Y-CMV 和 Fny-CMV 有 92％～96％的核苷酸序列同源，O-CMV 和 Y-CMV 的 1a 蛋白与 Fny-CMY 的 1a 蛋白同源性分别为 97％和 98％[7,8]。RNA-1 在同一病毒组（*Cucumovirus*）中亦存在较高同源性，如 Q-CMV 与 V-TAV（*Tamato aspermy cucumovirus*，TAV）有 68％核苷酸序列同源，Fny-CMV 和 V-TAV 有 66％同源[9]；Q、Y-CMV 和 J-PSV（*Peanut stunt cucumovirus*，PSV）有 65％～73％核苷酸序列同源[10]。

1.2 RNA-2 片段

CMV RNA-2 片段全长 3035～3051nt[11-13]，包含一个长度为 2517～2571nt 的 ORF，该 ORF 编码由 839～857 个氨基酸残基组成的分子质量为 96～97kD 的蛋白质（亦称 2a 蛋白）。RNA-2 在亚组间亦存在很高的同源性（73％），但在 ORF 中核苷酸同源序列的分布与 RNA-1 存在很大差异，即在 ORF 中间区的同源性（77％）高于 5′端（68％）和 3′端（66％），在氨基酸水平上其中间区的同源性（89％）亦高于氨基端（64％）和羧基端（56％）（表 2）[12]。

表 2 GMV Q 和 Fny 株系 RNA-2 核苷酸和蛋白质序列同源性

序列	区域		
	氨基端	中间区	羧基端
核酸位置			
Q-CMV RNA-2	93-950	951-2030	2031-2609
Fny-CMV RNA-2	87-953	954-2033	2034-2657
氨基酸位置			
Q-CMV RNA-2	1-286	287-646	647-839
Fny-CMV RNA-2	1-289	290-649	650-857
同源性/％			
核酸编码区	68	77	66
蛋白质序列	64	89	56

ORF 两侧的非编码区分别为 5′-NCR 86～92nt、3′-NCR 393～426nt。两非编码区在亚组间也存在很高的序列同源性（5′端 80％、3′端 62％）。RNA-1 和 RNA-2 在 5′端非编码区的 86 个核苷酸中有 84％的同源。在同一亚组中，不同分离物的 RNA-2 序列几乎完全同源，如 Y-CMV 和 Fny-CMV（同属亚组Ⅰ）有 98.4％的核苷酸序列同源，在氮基酸水平上有 99.5％同源[13]。RNA-2 在同一病毒组 *Cucumovirus* 中亦存在较高同源性，如 Q、Fny-CMV 和 V-TAV 有 62％核苷酸序列同源[14]；Q、Y-CMV 和 J-PSV 有 53％～61％核苷酸序列同源[10]。

1.3 RNA-3 和 RNA-4 片段

CMV RNA-3 片段全长 2214～2215nt[15-18]，包括 2 个 ORF，长度分别为 840nt 和 657nt。近向 5′端的 ORF（ORF-Ⅰ）为 3A 基因，编码由 279

个氨基酸残基组成的分子质量为 30kD 的蛋白质（亦称 3a 蛋白）；近向 3′端的 ORF（ORF-Ⅱ）为编码外壳蛋白基因，编码由 218 个氨基酸残基组成的分子质量为 24kD 蛋白质（亦称外壳蛋白）[15,16,18]。30kD（3a）蛋白为 RNA-3 的翻译产物，但 24kD 蛋白不是由 RNA-3 表达，而是由亚基因 RNA-4 翻译。ORF-Ⅰ和 ORF-Ⅱ之间有一个长度为 284～298nt 的基因间区（intergenic region，IGR），ORF 两侧的非编码区分别为 5′-NCR 95nt，3′-NCR 321nt。RNA-3 在亚组间存在较高的序列同源性（表 3）[3,18]。

表 3　RNA-3 保守序列的分布

亚组	序列	同源性/%
Ⅰ/Ⅰ	RNA-3	97.1～98.7
Ⅰ/Ⅰ	3a gene	98.0～99.3
Ⅰ/Ⅰ	3a protion	98.6～99.6
Ⅰ/Ⅰ	CP gene	96.3～99.5
Ⅰ/Ⅰ	CP	94.0～99.1
Ⅱ/Ⅱ	CP gene	99.2
Ⅱ/Ⅱ	CP	98.6
Ⅰ/Ⅱ	RNA-3	74.0～74.5
Ⅰ/Ⅱ	3a gene	78.5～79.3
Ⅰ/Ⅱ	3a protion	80.0～84.0
Ⅰ/Ⅱ	CP gene	76.0～77.5
Ⅰ/Ⅱ	CP	79.5～83.2

Ⅰ/Ⅰ是亚组Ⅰ品系间的比较；Ⅱ/Ⅱ是亚组Ⅱ品系间的比较；Ⅰ/Ⅱ是亚组Ⅰ与亚组Ⅱ品系间的比较

CMV RNA-4 是来源于 RNA-3 的 3′端的亚基因片段，其全长为 992～31nt[18-21]，包括一个长度为 657nt 的 ORF，编码由 218 个氨基酸残基组成的分子量约为 24kD 的外壳蛋白。ORF 两侧的非编码区长度分别为 5′-NCR 53nt，3′-NCR 321nt[18]。

1.4　RNA-4a、RNA-5 和 RNA-6 片段

最近的研究发现，某些 CMV 分离物除了基因组 RNAI-3 和亚基因 RNA-4 外，还存在一些小 RNA 分子[3]。如亚组Ⅱ分离物包含 3 个小 RNA（RNA-4a、RNA-5 和 RNA-6），其中 RNA-4a 和 RNA-5 还没有在亚组Ⅰ的 CMV 分离物中发现。RNA-4a 包括一个混合的种类，其中一些和 RNA-2 在 3′端有约 680nt 的共同末端，而另一些则起源于 RNA-3 的不同区。RNA-5 和 RNA-3、RNA-4 在 3′端有 304nt 的共同末端。属于两亚组的 CMV 分离物都包含一个含量很低（1%～5%）的 RNA-6。Q-CMV 的 RNA-6 是植物 RNA 和 CMV 基因组 RNA 片段的混合物[3]。

1.5　基因组 RNA 的二级结构

所有 CMV 分离物的 3 个基因组 RNAs（RNA1～RNA3）的 3′端的核苷酸序列及二级结构都很相似，它们与 tRNA 的二级结构非常相似[3]。

2　CMV 卫星 RNA 的分子生物学

CMV 除了基因、亚基因组 RNA 外，有些分离物还存在卫星 RNA（satellite RNA，sat-RNA）。这些 sat-RNA 不是 CMV 侵染和复制所必需，但是它依赖 CMV 进行复制，同时也影响其辅助病毒的复制和致病性。自 1972 年 Kaper 和 West 首次报道在 CMV 中存在一个第五 RNA 组分（被称为 CARNA5）以来，迄今已发现许多 CMV 分离物存在 sat-RNAs[22]。

卫星 RNA 和 CMV 基因、亚基因组 RNA 没有核苷酸序列同源性。不过，sat-RNA 的 5′端具有与 CMV 基因组 RNA 相同的 m^7Gppp 帽子结构；但 3′端不能被氨酰化，这点与辅助病毒基因组 RNA 不同。目前已有 28 个 CMV 分离物的 sat-RNA 的核苷酸序列被测定，其长度通常为 333～342nt（但从日本分离到的 5 个 CMV sat-RNA 的长度为 369～386nt）[22-24]。这些 sat-RNA 的核苷酸序列非常相似，在 5′端和 3′端分别有 10 个和 8 个核苷酸总是相同的，而且不同来源的 CMVsat-RNA 间有 70%～99% 的序列同源性[23]。于是，这些 sat-RNAs 在理化性质上有很大相似性，但是它们在核苷酸序列上也存在一些细微的不同，这些差异却导致其生物学性质的很大不同[22]。多数 CMV sat-RNA 都具有两个潜在 ORF，即 ORF-Ⅰ（起始于 11～13nt）和 ORF-Ⅱ（起始于 135～137nt），所有的 CMV sat-RNA 都具有 ORF-Ⅱ。ORF-Ⅰ编码由 27 个氨基酸残基组成的多肽。ORF- Ⅱ编码由 87 个氨基酸残基组成的多肽。现已证明至少有 2 种 sat-RNA，即 S-sat-RNA 和 Y-sat-RNA 在体外体系中合成出了 ORF-Ⅱ的多肽产物[23]。迄今已发现的 CMV sat-RNA 的二级结构也都很相似[22]。

不同的 sat-RNA 与辅助病毒 CMV 共同感染植物时，往往对寄主植物症状的表达有着截然不同的影响和调节作用[22]。一些 CMV 分离物的 sat-RNA 引起寄主植物症状加重或改变症状，如 D-sat-RNA（n-CARNA5）使其辅助病毒在番茄上产

生坏死症状[25]。Y-sat-RNA 导致烟草黄化（当从 Y-CMV 中去掉 Y-sat-RNA 时，Y-CMV 只能引起烟草的退绿花叶）[26]。另一些 CMV 分离物的 sat-RNA 能引起寄主植物症状的减轻，如 n-CARNA5 虽然在番茄上引起严重的坏死症状，但它在烟草等作物上则表现出明显使寄主植物症状减轻的性质[27]。

3 抗 CMV 基因工程

随着分子生物学的发展，人们对 CMV 基因组结构、功能有了更为深入的了解，为防治 CMV 引致病害的防治带来了希望。1988 年 Cuozzo 等成功地将 CMV 的外壳蛋白基因导入烟草获得稳定遗传的基因工程植株[19]。在抗 CMV 基因工程研究中，最成功的也是抗病毒基因工程中比较成功的；是利用卫星 RNA 防治 CMV 引致病害[28]。1983 年田波等基于 sat-RNA 是病毒的分子寄生物的观点，用 CMV 卫星 RNA 作为生防制剂控制 CMV 引起的病害获得成功[28]。在这项工作的启发下，人们开始了用 sat-RNA 基因获得抗病毒基因工程植株的研究，目前已将 CMV 卫星 RNA 的双体基因和单体基因导入植物，转基因植株均表现出较高的抗性[29-31]。最近，Kaper 等发现带有 sat-RNA 的 S-CMV 侵染的番茄可以缓解马铃薯纺锤块茎类病毒（PSTV）侵染的症状[32]。这为通过植物基因工程的手段培育抗类病毒植物带来了希望。利用 sat-RNA 抗病毒基因工程有明显的优点，即只需低水平的表达 sat-RNA，且不需产生新的异源蛋白就可使植物产生较高水平的抗性，避免了高表达和异源蛋白的产生对植物的不良影响，且对多年生植物可能有较好的抗性[28]。叶寅等（1992）将 CMV 卫星 RNA 和 CMV 外壳蛋白双基因构建到同一植物达载体（pRCT）上，并转移到烟草上，获得能稳定表达外壳蛋白和 sat-RNA 的转基植株，攻毒测定表明转双基因植株的 CMV 浓度、病情指数都比对照烟草和单独转 sat-RNA 基因的工程植株低很多。即使使用浓度很高的病毒接种，90d 后仍有 50%左右的植株不表现任何症状，这也大大高于单独转 CMV 外壳蛋白基因的工程植株[33]。

4 结论

过去的近十年，在 CMV 分子生物学研究方面取得了可喜进展，对 CMV 的基因组结构、功能，卫星 RNA 的结构、功能等都有了较深刻的了解，并利用生物技术对其引致病害进行了全新策略的防治。在未来的几年内，人们将可能把 CMV 的粒体结晶出来，分析其三维结构，这使人们能提出病毒-寄主、病毒-介体相互关系机制的模型，将为最终防治 CMV 引起病害提供理论依据。于是，我们相信在不久的将来，这一分布最广、导致最具经济重要性病害的病原病毒将得到根本的控制。

参考文献

[1] Kaper JM, Waterworth HF. Cucumoviruses. *In*: Kurstak E. Handbook of plant virus infections and comparative diagnosis. New York: Elsevier/North Holland, 1981, 257-332

[2] Francki RBI, Milne RG, Hatta T. *Cucumovirus* Group. *In*: Ailas of plant virus. New York: CRC Press, 1985

[3] Palukaitis P, Roossindk MJ, Dietzgen RG, et al. *Cucumber mosaic virus*. Advances in virus research, 1992, 41: 281

[4] Francki RBI, Mossop DW, Hatta T. *Cucumber mosaic virus*. CMI/AAB Descript. Plant Viruses, 1979, No. 213

[5] Rezaian MA, Williams RH, Symons RH. Nucleotide sequence of *Cucumber mosaic virus* RNA. 1. presence of a sequence complementary to part of the viral satellite RNA and homologies with other viral RNAs. European journal of biochemistry, 1985, 150: 331

[6] Rizzo TM, PaLukaitis P. Nucleotide sequence and evolutionary relationships of *Cucumber mosaic virus* (CMV) strains: CMV RNA 1. J Gen Virol, 1989, 70: 1

[7] Hayakawa T, Mizukami M, Nakajima M, et al. Complete nucleotide sequence of RNA 3 from *Cucumber mosaic virus* (CMV) strain O: comparative study of nucleotide sequences and amino acid sequences among CMV strains O, Q, D and Y. J Gen Virol, 1989, 85: 533

[8] Kataoka J, Masuta C, Takanami Y. Complete nucleotide sequence of RNA 2 of *Cucumber mosaic virus* Y strain. Annals of the Phytopathological Society of Japan, 1990, 56: 501

[9] Bernal JJ, Moriones E, Garci a-Arenal F. Evolutionary relationships in the *Cucumoviruses*: nucleotide sequence of *Tomato aspermy virus* RNA 1. J Gen Virol, 1991, 72: 2191

[10] Karasawa A, Nakaho K, Kakutani T, et al. Nucleotide sequence analyses of peanut stunt *Cucumovirus* RNAs 1 and 2. J Gen Virol, 1992, 73: 701

[11] Rezaian MA, Williams RHV, Gordon KHJ, et al. Nucleotide sequence of *Cucumber mosaic virus* RNA 2 reveals a translation product significantly homologous to corresponding proteins of other viruses. European Journal of Biochemistry, 1984, 143: 277

[12] Rizzo TM, Palukaitis P. Nucleotide sequence and evolutionary relationships of *Cucumber mosaic virus* (CMV) strains: CMV RNA 1. J Gen Virol, 1988, 69: 1777

[13] Eataoka J, Masuta C, Takanami Y. Complete nucleotide sequence of RNA 2 of *Cucumber mosaic virus* Y strain. Annals of

the Phytopathological Society of Japan, 1990, 56: 495

[14] Moriones E, Roossinck MJ, Garcia-Arenal F. Nucleotide sequence of *Tomato aspermy virus* RNA 2. J Gen Virol, 1991, 72: 779

[15] Nitta N, Masuta C, Kuwata S, et al. Comparative studies on the nucleotide sequence of *Cucumber mosaic virus* RNA3 between Y strain and Q strain. Ann Phytopathol Soc Japan, 1988, 54: 516

[16] Hayakawa T, Mizukami M, Nakajima M, et al. Complete nucleotide sequence of RNA 3 from *Cucumber mosaic virus* (CMV) strain O: comparative study of nucleotide sequences and amino acid sequences among CMV strains O, Q, D and Y. J Gen Virol, 1989, 70: 499

[17] Owen J, Shintaku M, Aeschleman P, et al. Nucleotide sequence and evolutionary relationships of *Cucumber mosaic virus* (CMV) strains: CMV RNA 3. J Gen Virol, 1990, 71: 2243-2249

[18] Davies C, Symons RH. Further implications for the evolutionary relationships between tripartite plant viruses based on *Cucumber mosaic virus* RNA 3. Virology, 1988, 216-224

[19] Cuozzo M, O'Connell KM, Aniewski WK, et al. Viral protection in transgenic tobacco plants expressing the *Cucumber mosaic virus* coat protein or its antisense RNA. Bio/technology, 1988, 6: 549

[20] Marianne JT, Noel S, Tahar B. Nucleotide sequence of the coat protein gene and flanking regions of *Cucumber mosaic virus* (CMV) strain 117F. Nucleic Acids Res, 1989, 17: 10492

[21] Quemada H, Kearney C, Gonsalves D, et al. Nucleotide sequences of the coat protein genes and flanking regions of *Cucumber mosaic virus* strains C and WL RNA 3. J Gen Virol, 1989, 70: 10-65

[22] Levin MA, Strauss HS. Risk assessment in genetic engineering. New York: McGraw-Hill, 1991, 140-152

[23] Baulcombe D. *In*: Lycett GM, Grierson D. Genetic engineering of crop plant. London: Butterworths, 1990

[24] Roossinck MJ, Sleat D, Palukaitis P. Satellite RNAs of plant viruses: structures and biological effects. Microbiology and Molecular Biology Reviews, 1992, 56-265

[25] Kaper JM, Waterworth HE. *Cucumber mosaic virus* associated RNA 5: causal agent for tomato necrosis. Science, 1977, 96-429

[26] Takanami Y. A striking change in symptoms on *Cucumber mosaic virus* infected tobacco plants induced by a satellite RNA. Virology, 1981, 109-120

[27] Habili N, Kaper JM. *Cucumber mosaic virus*-associated RNA 5. Ⅶ. Double-stranded form accumulation and disease attenuation in tobacco. Virology, 1981112-250

[28] Tien P, Wu G. Satellite RNA for the biocontrol of plant disease. Adv Virus Res, 1991, 39: 321

[29] Nilius B, Hess P, Lansman JB. A novel type of cardiac calcium channel in ventricular cells Nature, 1985, 443: 446

[30] 吴世宣，赵淑珍. 黄瓜花叶病毒卫星 RNA-1 的 cDNA 合成，克隆及序列分析. 中国科学 B 辑，1989，9：948

[31] 赵淑珍，王昕. 由卫星互补 DNA 单体和双体基因构建的抗黄瓜花叶病毒. 中国科学 B 辑，1990，7：708

[32] Kaper JM. Satellite-induced viral symptom modulation in plants: a case of nested parasitic nucleic acids competing for genetic expression. Plant Disease, 1992, 76: 318

[33] Yie Y, Zhao F, Zhao SZ, et al. High resistance to *Cucumber mosaic virus* conferred by satellite RNA and coat protein in transgenic commercial tobacco cultivar G-140. Molecular Plant-Microbe Interactions, 1992, 5: 460

黄瓜花叶病毒亚组研究进展*

徐平东[1]，谢联辉[2]

（1 厦门华侨亚热带植物引种园国家植物引种隔离检疫基地，福建厦门 361002；
2 福建农业大学植物病毒研究所，福建福州 350002）

摘 要：综述了黄瓜花叶病毒（CMV）亚组研究的进展。根据寄主反应、血清学关系、病毒外壳蛋白肽链图谱分析、dsRNA 分析、核酸杂交、RT-PCR 产物酶解分析及核酸序列分析等方法，可将现有 CMV 株系或分离物区分成 2 个亚组，尤其是利用单克隆抗体、核酸杂交、PCR 及核酸序列分析，能准确地将不同亚组的分离物区分开。从已知序列的 CMV 株系分析，不同亚组株系的核苷酸序列同源率各 RNA 组分仅为 58%～75%，同亚组株系的核苷酸序列同源率则达 86%～100%。将 CMV 株系或分离物区分成 2 个亚组反映了它们之间的进化关系。文章最后就我国 CMV 亚组的研究提出看法和建议。

关键词：黄瓜花叶病毒；亚组；单克隆抗体；核酸杂交；PCR；核酸序列分析
中图分类号：S432.41

Advances in subgroup research of *Cucumber mosaic cucumovirus*

XU Ping-dong[1]，XIE Lian-hui[2]

（1 National Plant Introduction Quarantine Base，Xiamen Overseas Chinese Subtropical Plant Introduction Garden，Xiamen 361002；
2 Institute of Plant Virology，Fujian Agricultural University，Fuzhou 350002）

Abstract：The advances in subgroup research of *Cucumber mosaic cucumovirus* （CMV） were summarized in this review. On the basis of host reactions，serological relationships，peptide mapping of the viral coat protein，dsRNA analysis，nucleic acid hybridization analysis，restriction enzyme analysis of RT-PCR products and nucleotide sequence analysis，all strains or isolates of CMV fell into two subgroups. The isolates of two subgroups of CMV could be accurately distinguished by monoclonal antibodies，nucleic acid hybridization，PCR and nucleotide sequence analysis. Nucleotide sequence homology between RNAs of the two subgroups was 58%-75%，while that between RNAs among the strains of each CMV subgroup was 86%-100%. The subgrouping reflected the evolutionary relationships of CMV strains or isolates. At last，the sub-

福建农业大学学报，1998，27（1）：82-91
收稿日期：1997-05-05
* 基金项目：福建省自然科学基金资助项目（C95059）

group research of CMV in China was discussed.

Key words：*Cucumber mosaic cucumovirus*；subgroup；monoclonal antibody；nucleic acid hybridization；PCR；nucleic acid sequencing

黄瓜花叶病毒（*Cucumber mosaic virus*，CMV）是雀麦花叶病毒科（*Bromoviridae*）黄瓜花叶病毒属（*Cucumovirus*）的典型成员，寄主范围极其广泛，能侵染1000多种的单、双子叶植物，可经75种蚜虫传播，有些分离物还可通过种子传播，是寄主植物最多、分布最广、最具经济重要性的植物病毒之一[1-3]。

自Doolittle[4]和Jagger[5]分别报道CMV是黄瓜花叶病的病原以来，各国学者相继报道了CMV的危害。近10多年来，CMV在一些国家和地区的许多作物上造成严重危害，如引起番茄的坏死、香蕉的花叶（心腐）、豆科植物的花叶、瓜类的花叶、西番莲的死顶等[6,7]。此外，许多过去被认为是新的病毒，现已被证实为CMV的株系[7]。几十年来，各国学者根据他们分离到CMV的寄主范围及症状表现得到许多株系或分离物，迄今，全世界已报道了100多个CMV株系或分离物[2,7,8]。由于CMV株系命名没有统一标准，这些株系中有许多可能是相同的。但是，大量的研究表明CMV确实存在许多株系[9-13]。近年来，随着cDNA合成、PCR方法及体外无细胞翻译体系的建立等分子生物学新技术的成功应用，能从分子水平研究各株系间的差异，这些株系差异的基础是株系间基因组结构，尤其是核苷酸序列的差异[14]。最近，通过基因工程的方法，已将一些CMV株系的外壳蛋白（coat protein，CP）基因成功地导入烟草[15-22]、黄瓜[23]、西葫芦[24]、番茄[25,26]、甜瓜[27-29]、南瓜[30]、甜椒[31]及香蕉[32]等植物。但是，攻毒试验表明这些工程植株对不同CMV株系表现从高抗到感病等不同程度的抗性[16,18-26,28-30]。这些试验结果，从另一方面证实CMV存在众多株系。

由于CMV存在众多株系或分离物，许多学者进行了大量研究，结果表明已报道的CMV株系或分离物可以区分为两个性质不同的亚组[7,9,33]。本文就CMV亚组研究的现状和进展作一概述，并就我国CMV亚组研究提出看法和建议。

1　黄瓜花叶病毒亚组生物学性质研究

自首例CMV分离报道以来，世界各地都纷纷报道从不同植物上分离到CMV。但是，这些CMV分离物多数缺乏可比性。因此，早期的一些学者就希望能筛选一种或几种鉴别寄主用于CMV的株系（类群）鉴定。这些早期的研究中比较有代表性的有：日本的Komoro[34]、英国的Hollings等[35]及法国的Marrou等[36]。Komoro[34]将不同的CMV分离物接种在74科260种植物上，根据它们在这些植物科、属的致病性和症状表现，区分为5个类群：即普通系统群、豆科系统群、十字花科系统群、苋科—藜科系统群、豆科—十字花科系统群。Hollings等[35]根据寄主反应将英国分离的CMV分离物区分为PY/Y和Ⅱ2个亚组。Marrou等[36]根据寄主反应将法国分离的CMV分离物区分为B和C 2个亚组。这些学者的亚组（或类群）区分结果，部分得到后来其他试验（如血清学测定、核酸杂交等）的证实。此外，一些学者在用其他方法进行CMV亚组研究时，也进行了一些寄主反应测定，如Edwards等[37]在用病毒外壳蛋白肽链图谱分析进行CMV亚组研究的同时也进行了寄主反应测定，选择*Lactuca saligna*（PI261653）和*L. serriola*（ACC500-4）将美国分离的7个CMV分离物区分为2个亚组。Daniels等[38]对美国加州分离的30个CMV分离物，采用西葫芦（*Cucurbita pepo*）、心叶烟（*Nicotiana glutinosa*）、豇豆（*Vigna unguiculata*）等3种指示植物将它们区分为2个亚组，根据在豇豆上表现为系统花叶或局部坏死斑，又将亚组Ⅰ区分为Ⅰa和Ⅰb。Wahyuni等[39]选择了14种指示植物（其中茄科10种、苋科1种、菊科1种、豆科1种、禾本科1种）对澳大利亚分离的14个CMV分离物进行寄主反应测定，结果发现茄科的5种指示植物，能较好区分2个亚组的分离物。但是，他们发现利用鉴别寄主反应有时可能产生交叉类型。例如，根据*Nicotiana edwardsonii*和辣椒（*Capsicum frutescens* cv. Giant Bell）2种鉴别寄主的症状反应，分离物Ywa应属于亚组Ⅰ，但血清学测定和核酸杂交结果却表明该分离物属亚组Ⅱ[10]。

2　黄瓜花叶病毒亚组外壳蛋白性质研究

植物病毒的进化，可以部分反映在病毒粒体的外壳蛋白上，对于CMV来说，其外壳蛋白由基因组 RNA3 决定。分析 CMV 基因组 RNA3 发现 2 个亚组间存在差异，亚组间 RNA3 的核苷酸序列同源率为 74.0%～74.5%（同一亚组内同源率为 97.1%～98.7%），亚组间外壳蛋白氨基酸序列同源率为 79.5%～83.2%（同属于亚组Ⅰ分离物的同源率为 94.0%～99.1%，亚组Ⅱ的同源率为 98.6%）[7]。病毒外壳蛋白的差异可以体现在血清学关系或肽链图谱上。因此，许多学者试图通过测定不同 CMV 分离物间的血清学关系或肽链图谱分析进行亚组研究。其中比较有代表性的是法国 Devergne 等[13]、德国 Richter 等[39]、日本 Maeda 等[40]、美国 Edwards 等[37]及澳大利亚 Wahyuni 等[10]的工作。Devergne 等[13]用 12 种 CMV 兔抗血清对 11 个 CMV 分离物进行了系统的血清学关系研究，通过琼脂双扩散有无刺突的形成，将 11 个分离物分为 4 个血清型，即 To 血清型（包括 To、O、B 和 Car 4 个分离物）、R 血清型（包括 R 分离物）、S 血清型（包括 S 和 Q 2 个分离物）、DTL 血清型（包括 TL、D、G 和 L 4 个分离物），划分为 ToRS 血清组（包括 To、R 和 S 3 个血清型）和 DTL 血清组（包括 DTL 血清型）。随后又发现了 1 个血清组，即 Co 血清组。他们还测定了 3 个血清组之间的血清学差异指数（serological differentiation index，SDI），ToRS 血清组和 DTL 血清组之间的 SDI 为 1～2，ToRS、DTL 与 Co 血清组之间的 SDI 为 3[41,42]。1989 年他们又制备出能专化识别 3 个血清组的单克隆抗体[43]。Richter 等[39]将德国分离的 CMV 分离物区分为 N（＝ToRS 血清组）和 U（＝DTL 血清组）2 个血清组，在 1989 年他们也制备了 2 个 CMV 单克隆抗体[44]。Maeda 等[40]将日本分离的 CMV 分离物区分为 P（＝ToRS 血清组）和 Y（＝DTL 血清组）2 个血清型，随后他们也制备了单克隆抗体[45]。Wahyuni 等[10]用单、多克隆抗体夹心 ELISA（DAS-ELISA）将澳大利亚分离的 14 个 CMV 分离物中的 6 个鉴定为亚组Ⅰ（＝DTL 血清组）、8 个鉴定为亚组Ⅱ（＝ToRS 血清组）。Daniels 等[38]用琼脂双扩散、A 蛋白夹心 ELISA（PAS-ELISA）将美国加州分离的 30 个 CMV 分离物区分为 2 个亚组。最近，Hsu 等[46]制备了 20 个 CMV 单克隆抗体能专化识别 CMV 2 个亚组的分离物。

肽链图谱分析是将病毒外壳蛋白放在一定酶解液中通过不同蛋白酶消化成一系列肽链，经聚丙烯酰胺凝胶电泳分析得到肽链图谱。Edwards 等[37]应用这一技术将 7 个 CMV 分离物区分为 2 个亚组，其结果得到核酸杂交的证实[47]。Daniels 等[38]也采用肽链图谱分析将加州分离的 30 个 CMV 分离物区分为 2 个亚组。

总之，根据病毒外壳蛋白性质的差异可以将现有 CMV 分离物区分为至少 2 个亚组。这个结果已得到核酸分析的证实，说明这种分亚组体现了 CMV 株系间的进化关系。

3 黄瓜花叶病毒亚组核酸性质研究

CMV 属三分体基因组，包括 4 个 RNA 片段，即 RNA1～RNA4[3]、RNA1（3.3kb）和 RNA2（3.2kb）分别编码 111kD 和 97kD 2 个蛋白，它们含有编码复制酶基因[48]，并决定侵染寄主植物的症状表现[49]、种传[50]、对温度的敏感性[51]及与卫星 RNA 的相互作用[52]。RNA3（2.2kb）含编码 3a 蛋白基因和外壳蛋白（CP）基因，编码一个移动蛋白（即 3a 蛋白，30kD）和一个外壳蛋白（24kD）[14,53]，与病毒的虫传特性[54-56]、寄主范围和症状表现[57-59]及血清型[60]有关。所以，不同的 CMV 分离物在致病性、寄主范围、繁殖速率、种传、虫传、血清学等方面的差异，均来自基因组的差异[61]。

Gonda 等[62]首先采用核酸竞争杂交测定了 M、P 和 Q 3 个 CMV 株系的核酸同源率，结果把 P 和 Q 2 个株系划为一组，M 株系划为另一组。Piazzolla 等[12]采用同样的方法对 18 个 CMV 分离物进行亚组鉴定研究，结果将 14 个分离物鉴定为 WT 亚组，它们之间的核酸同源率为 78%～94%；3 个为 S 亚组，同源率为 89%～95%；1 个分离物（Ix）与 S 亚组无同源率，与 WT 亚组的同源率仅 43%。最近，McGarvey 等[63]测定了该分离物的基因组全序列，发现它与亚组Ⅰ株系核苷酸序列同源率很高（Ix-RNA1 与 Fny、Y 的同源率分别为 91.1%和 89.4%，Ix-RNA2 与 Fny、Y 的同源率分别为 86.3%和 87.6%，Ix-RNA3 与 Fny、Y 的同源率分别为 86.4%和 86.2%），与亚组Ⅱ株系的核苷酸序列同源率较低（Ix-RNA1、2、3 与 Q 株系的同源率分别为 71.0%、58.2%和 64.4%）。所以，分离物 Ix 亦属于 CMV 亚组Ⅰ。Owen 等[11]测定了 12 个 CMV 株系 RNA3 的同源率，将其中 8 个株系划为亚组Ⅰ（＝WT 亚组），4 个株系划为亚组Ⅱ（＝S 亚组）。Wahyuni 等[10]利用 CMV 不同亚组株系的核酸探针对澳大利亚分离的 14 个

CMV分离物进行测定，结果6个分离物与亚组Ⅰ株系的探针具阳性反应，8个分离物与亚组Ⅱ的探针具阳性反应。Wang等[64]提取了6个CMV分离物的dsRNA，根据dsRNA大小的差异将这6个分离物划分为2个类群（结果与血清学试验一致）。Pares等[65]根据dsRNA分析也将澳大利亚分离的26个CMV分离物区分为2个亚组。同时，他们采用RT-PCR扩增dsRNA2，再用MspI酶消化，根据消化产物电泳结果，将26个CMV分离物区分为MspI group 1（=亚组Ⅱ）和MspI group 2（=亚组Ⅰ）2个亚组[33]。总之，根据CMV不同分离物的核酸性质差异，可以将它们区分为两个性质不同的亚组。

近年来，随着对CMV株系的核酸序列分析，可以对2个亚组株系的核苷酸序列同源率进行比较。迄今，至少已有6个CMV株系（即Fny、Y、O、NT9、Ix、Q）的基因组全序列被测定[46,53,63,66-76]，此外，还有50多个株系或分离物的基因组部分序列被测定[9,11,22,47,77-90,108,109]。从已测定全序列的6个CMV株系看，属于亚组Ⅰ的Fny、Y、O、NT9、Ix等5个株系RNA1、2、3的核苷酸序列同源率均在86%～100%；属于亚组Ⅱ的Q株系与亚组Ⅰ的5个株系的同源率明显较低，RNA1、RNA2、RNA3的核苷酸序列同源率仅在58%～75%[46,63]。从已测定部分序列的50多个CMV株系的*CP*基因同源率看，同一亚组内不同分离物的同源率均在90%以上，而不同亚组间分离物的同源率则仅在70%～80%[77]。分析CMV不同亚组株系*CP*基因的编码起始区结构也存在差异[69]，亚组Ⅰ株系存在Kozak序列，而亚组Ⅱ株系没有[68,69]。已知Kozak序列与基因表达有关[91]。因此，CMV 2个亚组分离物在此结构上的差异反映了它们的进化关系。Zhang等[57]的研究还发现，CMV亚组Ⅰ（Fny）和亚组Ⅱ（Lny）株系RNA3的5′端二级结构不同。

从上述这些分子水平上的分析表明：CMV不同亚组间的差异，源于基因组结构，尤其是核苷酸序列的不同。基因组的差异，就导致生物学、血清学等性质的差异。因此，将CMV区分为2个亚组应该说反映了它们之间的进化关系。

4 结论与讨论

综上所述，CMV株系或分离物可以根据寄主反应[10,34-38]、血清学关系[10,13,39,40]、外壳蛋白的肽链图谱分析[37,38]、dsRNA分析[64,65]、核酸杂交[10-12,62]、RT-PCR产物的限制酶分析[33]以及核酸序列分析[9]等区分为两个性质不同的亚组。其中根据寄主反应区分亚组最为通用，但由于寄主反应受到多种因素的影响，所以导致许多同物异名。为此，应该广泛收集不同来源（包括不同的地理位置和寄主植物）的CMV分离物在同一水平上进行生物学比较研究，选出比较合适的鉴别寄主和试验条件，从而使寄主反应能作为亚组鉴定的基本参考数据。血清学方法也是进行亚组鉴定的基本手段，尤其是单克隆抗体能准确地将不同亚组的分离物区分开。病毒外壳蛋白肽链图谱分析避免了CMV免疫原性低的问题，可能成为CMV亚组鉴定的一种有用的方法。分子生物学方法对亚组鉴定更灵敏，但费用昂贵，同时取样不同也会产生差别，如果没有对其毒源进行严格纯化等，可能就会产生严重的错误结果。因此，在对某一分离物进行分子生物学研究（如核酸序列分析等）之前，最好能对其生物学性质做些测定，以使分子生物学研究结果更为可靠。

我国已从38科的120多种植物上分离到CMV，一些分离物产生严重危害[92]。国内许多学者也开展了CMV亚组研究。陈保善等[93]将广东烟草分离的88个CMV分离物划分为普通株系（CMV-C）、烟草坏死株系（CMV-TN）、烟草黄色坏死株系（CMV-TYN）；谢联辉等[94]将福建采得的145个烟草样品中分离的CMV划分为普通株系（CMV-C）、黄化株系（CMV-Yel）、烟草坏死株系（CMV-TN）；丁辛顺等[95]将上海郊区番茄分离的CMV区分为番茄轻花叶株系（CMV-TM）、番茄黄色花叶株系（CMV-TY）和番茄重花叶株系（CMV-TS）；冯兰香等[96]将北京地区番茄分离的17个CMV分离物区分为轻花叶株系、重花叶株系、坏死株系及黄化株系等4个株系群；刘焕庭等[97]将山东番茄分离的111个CMV分离物区分为番茄蕨叶株系（CMV-ToF）、番茄花叶株系（CMV-ToM）和番茄轻花叶株系（CMV-ToL）等3个株系群；田如燕等[98]将北京地区辣椒分离的22个CMV分离物用野生椒（*Capsicum* spp.）和6个辣椒品种区分为4类，即重花叶株系、坏死株系、轻花叶株系和带状株系；杨永林等[99]对吉林省的59个辣椒CMV分离物，采用7种鉴定寄主将它们区分为5个“致病型”株系群，即十字花科株系群、藜科株系群、茄科—葫芦科株系群、豆科株系群、普通黄色花叶株系群。同时，还从373个甜椒、辣椒品种（系）中，筛选出一套抗性不同的品种，将上述分离物划分为5个“基因型”株系群，即CMV-P0、CMV-P1、CMV-P2、CMV-P3、CMV-P4；周雪平等[100]对豆科植物分离的5个CMV分离物，依据豇豆、蚕豆、菜豆和豌豆的症状区分为2个型；程宁辉等[101]将江苏、上海、杭州等地蔬菜作物分离的38个CMV分离物区分为4个株系群；魏梅生等[102]从国内外收集的40个CMV分离物中，选国内主要作物上的13个分离物，采用17种鉴别寄主，将它们区分为豆科植物CMV株系组群和非豆科植物CMV株系组群（普通株系组群）。但是，上述学者的研究基本限于某一种作物（如烟草、番茄或辣椒等）或几种作物（如几种豆科作物、蔬菜作物），主要根据这些CMV分离物在不同寄主植物上的症状反应来区分亚组，且不同学者所用的鉴别寄主不同、测定的环境条件也不同。此外，CMV在寄主植物上的症状反应受卫星RNA影响，有时甚至产生完全不同的症状[14]，所以其结果难以进行比较。徐平东等[102]对我国分离的16个CMV分离物及4个CMV标准毒株（Fny、Lny、M、WL）在同一条件下进行寄主反应比较研究，从供试的9科23种（或品种）植物中筛出心叶烟（*Nicotiana glutinosa*）、珊西烟（*N. tabacun* cv. Xanthi-NC）和西葫芦（*Cucurbita pepo*）等3种指示植物能将20个CMV株系或分离物区分成2个亚组。在血清学方面，于善谦等[103]制备了CMV-花椰菜分离物（CMV-Ca）的单克隆抗体，并用于区别4个CMV分离物，即CMV-P、Cul、m、Ca，该单克隆抗体在琼脂双扩散和免疫电泳测定中能较好区分上述分离物。谷登峰等[104]制备了CMV-番茄分离物的6个单克隆抗体，采用ELISA能区别Q、P、B和6等分离物。蔡文启等[105]制备了SS-30和豇豆2个株系的单克隆抗体，采用间接ELISA能区分SS-30、P、黄化、日本、山东、向日葵、香蕉、Q及C59等CMV分离物。但这些单克隆抗体没有用来进行CMV亚组鉴定研究。徐平东等[102,106]利用法国和美国提供的8个CMV单克隆抗体和自己制备的多克隆抗血清采用DAS-ELISA（单、多克隆抗体）和PAS-ELISA对我国分离的16个CMV分离物及4个标准毒株（Fny、Lny、M、WL）进行测定，将其中的14个分离物及2个标准毒株（Fny和M）鉴定为DTL血清组，2个分离物及2个标准毒株（Lny和WL）鉴定为ToRS血清组。此外，谢响明等[107]应用核酸酶保护试验进行CMV株系鉴定，能区分不同亚组株系。我国已报道8个CMV亚组Ⅰ和1个亚组Ⅱ株系的CP基因序列被测定[77,78,84,89,108,109]。

鉴于我国地域广阔，生态条件复杂，栽培的作物种类繁多，存在着大量的CMV分离物。同时，Tien等[110]在国际上最早利用CMV卫星RNA防治CMV引致的烟草、辣椒花叶病；最近他们又利用基因工程方法将CMV卫星RNA和外壳蛋白基因导入烟草，获得能表达外壳蛋白基因和卫星RNA的转基因植株[18,111]。从Gonsalves领导的研究小组对转CMV外壳蛋白基因的工程植株进行攻毒试验结果表明，这些转基因植株对攻毒CMV不同亚组株系表现从高抗到感病等不同程度的抗性[25,26,30,112]。此外，笔者的研究已表明在我国存在CMV 2个亚组分离物。因此，建议将我国区分为几个区域，进行CMV亚组研究，以明确各区域的优势株系所属亚组，同时有利于研究病毒与寄主的协同演化关系。此外，对我国分离的具代表性的不同亚组毒株进行全序列分析，以便与国外报道的株系进行比较，了解其进化关系。

参考文献

[1] Murphy FA, Fauquet CM, Bishop DHL. Classification and nomenclature of viruses: Sixth Report of the International Committee on Taxonomy of viruses. Arch Virol, 1995

[2] Kaper JM, Waterworth HE. Cucumoviruses. *In*: Kurstak E. Handbook of plant virus infections and comparative diagnosis. New York: Elsevier, 1981, 257-332

[3] Francki RIB, Mossop DW, Hatta T. *Cucumber mosaic virus*. CMI/AAB description plant viruses, No. 213, 1979

[4] Doolittle SP. A new infectious mosaic disease of cucumber. Phytopathol, 1916, 6: 145-147

[5] Jagger IC. Experiments with the cucumber mosaic disease. Phytopathol, 1916, 6: 148-151

[6] 徐平东，李梅，林奇英. 西番莲死顶病病原病毒鉴定. 热带作物学报，1997，18(1)：42-50

[7] Palukaitis P, Roossinck MJ, Dietzgen RG. *Cucumber mosaic virus*. Adv Virus Res, 1992, 41: 281-348

[8] 李华平，胡晋生，范怀忠. 黄瓜花叶病毒的株系鉴定研究进展. 中国病毒学，1994，9：187-194

[9] Chaumpluk P, Sasaki Y, Nakajima N. Six new subgroup I members of Japanese *Cucumber mosaic virus* as determined by nucleotide sequence analysis on RNA3′s cDNAs. Ann Phytopathol Soc Japan, 1996, 62: 40-44

[10] Wahyuni WS, Dietzgen RG, Hanada K. Serological and biological variation between and within subgroup Ⅰ and Ⅱ strains

of *Cucumber mosaic virus*. Plant Pathol, 1992, 41: 282-297

[11] Owen J, Palukaitis P. Characterization of *Cucumber mosaic virus*. I. Molecular heterogeneity mapping of RNA3 in eight CMV strains. Virology, 1988, 166: 495-502

[12] Piazzolla P, Diaz-ruiz JR, Kaper JM. Nucleic acid homologies of eighteen *Cucumber mosaic virus* isolates determined by competition hybridization. J Gen Virol, 1979, 45: 361-369

[13] Devergne JC, Cardin L. Contribution a letude du virus de la mosaique du concombre(CMV). IV. Essai de classification de plusieurs isolats sur la base de leur structure antigenique. Ann Phytopathol, 1973, 5: 409-430

[14] Palukaitis P, Roossinck MJ, Shintaku M. Mapping functional domains in *Cucumber mosaic virus* and its satellite RNAs. Can J Plant Pathol, 1991, 13: 155-162

[15] 李华平，胡晋生，Barry K. 黄瓜花叶病毒香蕉株系的衣壳蛋白转基因烟草的研究. 病毒学报，1996, 12: 162-169

[16] Nakajima M, Hayakawa T, Nakamara I. Protection against *Cucumber mosaic virus* strain-O and -Y and *Chrysanthemum mild mottle virus* in trangenic tobacco plants expressing CMV-O coat protein. J Gen Virol, 1993, 74: 319-322

[17] Okuno T, Nakayama M, Yoshida S. Comparative susceptibility of transgenic tobacco plants and protoplasts expressing the coat protein gene of *Cucumber mosaic virus* to infection with virions and RNA. Phytopathol, 1993, 83: 542-547

[18] Yie Y, Zhao F, Zhao SZ. High resistance to *Cucumber mosaic virus* conferred by satellite RNA and coat protein in transgenic commercial tabacco cultivar G-140. Mol Plant-Microbe Interact, 1992, 5: 460-465

[19] Namba S, Ling KS, Gonsalves C. Expressing of the gene encoding the coat protein of *Cucumber mosaic virus*(CMV) strain WL appears to provide protection to tobacco plants against infection by several different CMV strains. Gene, 1991, 107: 181-188

[20] Quemada HD, Gonsalves D, Slightom JL. Expression of coat protein gene from *Cucumber mosaic virus* strain C in tobacco: Protection against infections by CMV strains transmitted mechanically or by aphids. Phytopathol, 1991, 81: 794-802

[21] 方荣祥，田颖川，王桂玲. 抗烟草和黄瓜花叶病毒的双价抗病毒工程烟草. 科学通报，1990, 35: 1358-1359

[22] Cuozzo M, O'Conell KM, Kaniewski W. Viral protection in transgenic tobacco plants expressing the *Cucumber mosaic virus* coat protein or its antisense RNA. Biotechnology, 1988, 6: 549-557

[23] Gonsalves D, Chee P, Provvidenti R. Comparison of coat protein-mediated and genetically-derived resistance in cucumbers to infection by *Cucumber mosaic virus* under field conditions by vectors. Biotechnology, 1992, 10: 1562-1570

[24] Fuchs M, Xue B, Gonsalves CV. Greenhouse and field resistance to *Cucumber mosaic virus*(CMV) in transgenic tomatoes, squash, and melons expressing the coat protein gene of CMV-white leaf. *In*: International Congress Plant Pathology, 6th. 1993, 191

[25] Fuchs M, Provvidenti R, Slightom JL. Evaluation of transgenic tomato plants expressing the coat protein gene of *Cucumber mosaic virus* strain WL under field condition. Plant Diseases, 1996, 80: 270-275

[26] Xue B, Gonsalves C, Provvidenti R. Development of transgenic tomato expressing a high level of resistance to *Cucumber mosaic virus* strains of subgroup I and II. Plant Diseases, 1994, 78: 1033-1041

[27] 孙严. 新疆甜瓜抗黄瓜花叶病毒转基因植株的获得. 新疆农业科学，1994, 1: 34-35

[28] Gonsalves C, Xue B, Yepes M. Transferring *Cucumber mosaic virus*-white leaf strain coat protein gene into *Cucumis melo* L. and evaluating transgenic plants for protection against infections. J Am Soc Hortic Sci, 1994, 119: 345-355

[29] Yoshioka K, Hanada K, Harada T. Virus resistance in transgenic melon plants that express the *Cucumber mosaic virus* coat protein gene and in their progeny. Japan J Breed, 1993, 43: 629-634

[30] Tricoli DM, Carney KJ, Russell PF. Field evaluation of transgenic squash coating single or multiple virus coat protein gene constructs for resistance to *Cucumber mosaic virus*. Biotechnology, 1995, 13: 1458-1465

[31] 张宗江，周钟信，刘艳军. 黄瓜花叶病毒壳蛋白转化辣椒及其在转基因株后代的表达. 华北农学报，1995, 9: 67-71

[32] 张银东，张锡炎，曾宪松. 香蕉 CMV-BH 外壳蛋白基因转化香蕉的研究初报. 热带作物学报，1995, 16(增刊): 19-25

[33] Rizzos H, Gumn LV, Pares RD. Differentiation of *Cucumber mosaic virus* isolates using the polymerase chain reaction. J Gen Virol, 1992, 73: 2099-2103

[34] Komoro Y. Identification of viruses infecting vegetables and ornamentals in Japan. Ann Phytopathol Soc Japan, 1966, 32: 114-116

[35] Hollings M, Stone OM, Brunt AA. *Cucumber mosaic virus*. Glasshouse Crops Res Ins Annu Rep, 1967, 95-98

[36] Marrou J, Quiot JB, Marchoux G. Caracterisation par 1a symptomatologie de quatorze souches duvirus de 1a mosaique du concombre et de deux autre cucumovirus. Tentative de classification. Meded Fac Landbouwwet Rijksuniv Gent, 1975, 40: 107-117

[37] Edwards MC, Gonsalves D. Grouping of seven biologically defined isolates of *Cucumber mosaic virus* by peptide mapping. Phytopathol, 1983, 73: 1117-1120

[38] Daniels J, Campbell RN. Characterization of *Cucumber mosaic virus* isolates from California. Plant Diseases, 1992, 76: 1245-1250

[39] Richter J, Schmelzer K, Proll E. Serologische untersuchungen mit dem Gurkenmosaik-Virus. II. Schnellnachweis in kunstlich infizierten wirten mit hilfe des agargel-doppeldiffusionstestes. Arch Phytopathol Pflanzenschutz, 1972, 8: 421-428

[40] Maeda T, Wakimoto S, Inouye N. Serological properties of *Cucumber mosaic virus* in Japan. Ann Phytopathol Soc Japan, 1983, 49: 10-17

[41] Devergne JC, Cardin L, Burchard J. Comparison of direct and

indirect ELISA for detecting antigenically related cucumoviruses. J Virol Methods, 1981, 3: 193-200

[42] Devergne JC, Cardin L. Relations serologiques entre cucumovirus(CMV, TAV , PSV). Ann Phytopathol, 1975, 7: 255-276

[43] Porta C, Devergne JC, Cardin L. Serotype specificity of monoclonal antibodies to *Cucumber mosaic virus*. Arch Virol, 1989, 104: 271-285

[44] Haase A, Richter J, Rabenstein F. Monoclonal antibodies for detection and serotyping of *Cucumber mosaic virus*. J Phytopathol, 1989, 127: 129-136

[45] Maeda T, Sako NS, Inouye N. Production of monoclonal antibodies to *Cucumber mosaic virus* and their use in enzyme-linked immunosorbent assay. Ann Phytopathol Soc Japan, 1988, 54: 600-605

[46] Hsu HT, Barzuna L, Bliss W. Specificities of mouse monoclonal antibodies to *Cucumber mosaic virus* (Abstr). Phytopathol, 1995, 85: 1210

[47] Quemada H D, Kearney C, Gonsalves D. Nucleotide sequences of the coat protein genes and flanking regions of *Cucumber mosaic virus* strain C and WL RNA3. J Gen Virol, 1989, 70: 1065-1073

[48] Nitta N, Takanami Y, Kawata S. Inoculation with RNAs 1 and 2 of *Cucumber mosaic virus* induces viral RNA replicase activity in tobacco mesophyll protoplasts. J Gen Virol, 1988, 69: 2695-2700

[49] Roossinck MJ, Palukaitis P. Rapid induction and severity of symptoms in zucchini squash(*Cucurbita pepo*)map to RNA1 of *Cucumber mosaic virus*. Mol Plant-Microbe Interact, 1990, 3: 188-192

[50] Hampton RO, Francki RIB. RNA1 dependent seed transmissibility of *Cucumber mosaic virus* in *Phaseolus vulgaris*. Phytopathol, 1992, 82: 127-130

[51] Roossinck MJ. Temperature-sensitive replication of *Cucumber mosaic virus* in muskmelon(*Cucumis melo* cv. Iroqquois)maps to RNA1 of a slow strain. J Gen Virol, 1991, 72: 1747-1750

[52] Roossinck MJ, Palukaitis P. Differential replication in zucchini squash of *Cucumber mosaic virus* satellite RNA maps RNA1 of the helper virus. Virology, 1991, 181: 371-373

[53] Gould AR, Symons RH. *Cucumber mosaic virus* RNA3: determination of the nucleotide sequence provides the amino acid sequence of protein 3A and viral coat protein. Eur J Biochem, 1982, 126: 217-226

[54] Chen B, Francki RIB. Cucumovirus transmission by the aphid *Myzus persicae* is determined solely by the viral coat protein. J Gen Virol, 1990, 71: 939-944

[55] Gera A, Loebenstein G, Raccah B. Protein coats of two strains of *Cucumber mosaic virus* affect transmission by *Aphid gossypii*. Phytopathol, 1979, 69: 396-399

[56] Mossop DW, Francki RIB. Association of RNA3 with aphid transmission of *Cucumber mosaic virus*. Virololgy, 1977, 81: 177-181

[57] Zhang L, Hanada K, Palukaitis P. Mapping local and systemic symptom determinants of *Cucumber mosaic virus* in tobacco. J Gen Virol, 1994, 75: 3185-3191

[58] Hsu YH, Hu CH, Lin NS. Effect of RNA3 on symptoms of *Cucumber mosaic virus*. Bot Bull Acad Sinica, 1988, 29: 231-237

[59] Rao ALN, Francki RIB. Distribution of determinants for symptom productions and host range on three RNA components of *Cucumber mosaic virus*. J Gen Virol, 1982, 61: 197-205

[60] Hanada K, Tochihara H. Genetic analysis of cucumber mosaic, peanut stunt and chrysanthemum mild mottle viruses. Ann Phytopathol Soc Japan, 1980, 46: 159-168

[61] Shintaku M, Palukaitis P. Genetic mapping of *Cucumber mosaic virus*. *In*: Pirone TP, Shaw JG. Viral Genes of Plant Pathogenesis. New York: Springer-Verlag, 1990, 156-164

[62] Gonda TJ, Symons RH. The use of hybridization analysis with complementary DNA to determine the RNA sequence homology between strains of plant viruses: its application to several strains of cucumoviruses. Virology, 1978, 88: 361-370

[63] McGarvey P, Tousignant M, Geletka L. The complete sequence of a *Cucumber mosaic virus* from Ixora that is deficient in the replication of satellite RNAs. J Gen Virol, 1995, 76: 2257-2270

[64] Wang WQ, Natsuaki T, Okuda S. Comparison of *Cucumber mosaic virus* isolates by double-stranded RNA analysis. Ann Phytopathol Soc Japan, 1988, 54: 536-539

[65] Pares RD, Gillings MR, Gumn LV. Differentiation of biologically distinct *Cucumber mosaic virus* isolates by PAGE of double-stranded RNA. Intervirol, 1992, 34: 23-29

[66] Kataoka J, Masuta C, Takanami Y. Complete nucleotide sequence of RNA2 of *Cucumber mosaic virus* Y strain. Ann Phytopathol Soc Japan, 1990, 56: 495-500

[67] Kataoka J, Masuta C, Takanami Y. Complete nucleotide sequence of RNA1 of *Cucumber mosaic virus* Y strain and evolutionary relationships among genome RNAs of the Virus strains. Ann Phytopathol Soc Japan, 1990, 56: 501-507

[68] Owen J, Shintaku M, Aeschlemen P. Nucleotide sequence and evolutionary relationships of *Cucumber mosaic virus* (CMV) strains: CMV RNA3. J Gen Virol, 1990, 71: 2243-2249

[69] Hayakawa T, Mizukami M, Makajima M. Complete nucleotide sequence of RNA3 from *Cucumber mosaic virus*(CMV) strain O: comparative study of nucleotide sequences and amino acid sequences among CMV strain O, Q, D and Y. J Gen Virol, 1989, 70: 499-504

[70] Hayakawa T, Mizukami M, Nakamura I. Cloning and sequencing of RNA-1 cDNA from *Cucumber mosaic virus* strain O. Gene, 1989, 85: 533-540

[71] Rizzo TM, Palukaitis P. Nucleotide sequence and evolutionary relationships of *Cucumber mosaic virus* strains: CMV RNA2. J Gen Virol, 1988, 69: 1777-1787

[72] Rizzo TM, Palukaitis P. Nucleotide sequence and evolutionary relationships of *Cucumber mosaic virus* strains: CMV RNA1. J Gen Virol, 1989, 70: 1-11

[73] Davies C, Symons RH. Further implications for their evolutionary relationships between tripartite plant viruses based on

Cucumber mosaic virus RNA3. Virology，1988，165：216-224

[74] Nitta N，Takanami Y，Kawata S. Comparative studies on the nucleotide sequence of *Cucumber mosaic virus* RNA3 between Y strain and Q strain. Ann Phytopathol Soc Japan，1988，54：516-522

[75] Rezaian MA，Williams RHV，Gordon KHJ. Nucleotide sequence of *Cucumber mosaic virus* RNA2 reveals a translation production significantly homologous to corresponding proteins of other viruses. Eur J Biochem，1984，143：277-284

[76] Rezaian MA，Williams RHV，Symons S. Nucleotide sequence of *Cucumber mosaic virus* RNA1. Presence of a sequence complementary to part of the viral satellite RNA and homologies with other viral RNAs. Eur J Biochem，1985，150：331-339

[77] Xu PD，Zhou ZJ，Lin QY. Nucleotide sequence analysis and comparison of the coat protein genes of subgroup I and II isolates of *Cucumber mosaic cucumovirus* in China. *In*：Proceeding of 3rd Hangzhou International Symposia Plant Pathology Biotechnology，Hangzhou，China，1997

[78] 李华平，胡晋生，Barry K. 黄瓜花叶病毒香蕉株系的衣壳蛋白基因克隆和序列分析. 病毒学报，1996，12：235-242

[79] Gafny R，Wexler A，Mawassi M. Natural infection of banana by a satellite-containing strain of *Cucumber mosaic virus*. Phytoparasitica，1996，24：49-56

[80] Haq QMR，Singh BP，Srivastava KM. Biological，serological and molecular characterization of a *Cucumber mosaic virus* isolate from India. Plant Pathol，1996，45：823-828

[81] Kim SH，Park WM，Lee SY. Determination of nucleotide sequences of cDNA from *Cucumber mosaic virus*-As RNA4. Korean J Plant Pathol，1996，12：176-181

[82] Reichel H，Marino L，Kummert J. Characterization del gen de la proteina de la capside de dos aislamientos del virus del mosaico del pepino（CMV），obteinidos de platano y banano（*Musa* spp. ）. Revista Corpoica，1996，1：1-5

[83] You JS，Paek KH，Kim SJ. Complete nucleotide sequence and phylogenetic classification of the RNA3 from *Cucumber mosaic virus*（CMV）strain：Kor. Mol Cells，1996，6：190-196

[84] 张锡炎，伍世平，刘志昕. 香蕉花叶病毒外壳蛋白基因的分离测序和比较. 热带作物学报，1995，16(增刊)：13-18

[85] Anderson BJ，Boyce PM，Blanchard CL. RNA4 sequences from *Cucumber mosaic virus* subgroup Ⅰ and Ⅱ. Gene，1995，161：293-294

[86] Aranda MA，Fraile A，Garcia-Arenal F. Experimental evaluation of the ribonuclease protection assay method for the assessment of genetic herogeneity in populations of RNA viruses. Arch Virol，1995，140：1373 -1383

[87] Hu JS，Li HP，Barry K. Comparison of dot blot，ELISA，and RT-PCR assay for detection of two *Cucumber mosaic virus* isolates infecting banana in Hawaii. Plant Diseases，1996，79：902-906

[88] Salanki K，Thole V，Balass E. Complete nucleotide sequence of the RNA3 from subgroup Ⅱ of *Cucumber mosaic virus*（CMV）strain：TrK7. Virus Res，1994，31：379-384

[89] 胡天华，吴琳，刘玮. 黄瓜花叶病毒外壳蛋白基因的 cDNA 克隆和全序列测定比较. 科学通报，1989，34：1652-1654

[90] Noel MJ，Ben Tahar S. Nucleotide sequence of the coat protein gene and flanking regions of *Cucumber mosaic virus*（CMV）strain 117F. Nucleic Acid Res，1989，17：10492

[91] Kozak M. Possible role of flanking nucleotides in recognition of the AUG initiator codon by eukaryoticribosomes. Nucl Acids Res，1981，9：5233-5252

[92] 徐平东，李梅，林奇英. 我国黄瓜花叶病毒及其病害研究进展. 见：刘仪. 第一次全国植物病毒与病毒病防治研究学术讨论会论文集. 北京：中国农业科学技术出版社，1997，13-22

[93] 陈保善，高乔婉，骆学海. 广东省烟草花叶病病原病毒的鉴定. 病毒学报，1986，2：166-169

[94] 谢联辉，林奇英，谢莉妍. 福建烟草病毒种群及其发生频率的研究. 中国烟草学报，1994，2：25-32

[95] 丁辛顺，朱亚英，徐悌惟. 上海郊区番茄的黄瓜花叶病毒株系. 上海农业学报，1986，2：13-20

[96] 冯兰香，杨翠荣. 北京地区番茄病毒病毒原种类的监测与黄瓜花叶病毒株系的鉴定. 中国蔬菜，1991，5：9-11

[97] 刘焕庭，朱汉诚，严敦全. 侵染番茄的黄瓜花叶病毒(CMV)株系特性的比较研究. 中国病毒学，1992，7：216-223

[98] 田如燕，冯兰香，蔡少华. 北京地区辣椒病毒病原种类及 CMV 株系鉴定. 植物保护，1989，4：9-11

[99] 杨永林，阎素珍，王慧. 辣椒上 CMV 株系鉴别寄主的筛选与研究. 中国病毒学，1992，7：317-327

[100] 周雪平，濮祖芹，方中达. 豆科植物上分离的黄瓜花叶病毒(CMV)五个分离物的比较研究. 中国病毒学，1994，9：232-238

[101] 程宁辉，杨金水，濮祖芹. 宁沪杭地区黄瓜花叶病毒(CMV)株系群划分的初步研究. 病毒学报，1997，13：180-184

[102] 徐平东，李梅，林奇英. 黄瓜花叶病毒两亚组分离物寄主反应和血清学性质比较研究. 植物病理学报，1997，27(4)：353-360

[103] 于善谦，张若平，王鸣歧. 黄瓜花叶病毒单克隆抗体制备及其对株系特异性的研究. 中国科学(B)，1986，12：1266-1270

[104] 谷登峰，陈文彬，伊来提. 抗黄瓜花叶病毒单克隆抗体细胞株的建立及其抗体鉴定. 微生物学报，1987，27：128-133

[105] 蔡文启，王荣，覃秉益. 电融合产生黄瓜花叶病毒的单克隆抗体. 微生物学报，1989，29：444-451

[106] 徐平东，李梅，林奇英. 应用 A 蛋白夹心酶联免疫吸附法鉴定黄瓜花叶病毒血清组. 福建农业大学学报，1997，26(1)：64-69

[107] 谢响明，于嘉林，刘仪. 核酸酶保护试验在黄瓜花叶病毒株系鉴定中的初步应用. 中国病毒学，1996，11：69-76

[108] 郭东川，乔利亚，方荣祥. 利用 PCR 技术克隆黄瓜花叶病毒的外壳蛋白基因. 微生物学报，1993，33：233-235

[109] 叶寅，徐雷新，田波. 一个黄瓜花叶病毒强株系的衣壳蛋白基因的合成、克隆、序列分析和表达. 科学通报，1991，36：1340-1344

[110] Tien P，Wu GS. Satellite RNA for biological control of plant disease. Adv Virus Res，1991，39：321-339

[111] Yie Y，Wu ZX，Wang SY. Rapid production and field testing

of homozygous transgenic tobacco lines with resistance conferred by expression of satellite RNA and coat protein of *Cucumber mosaic virus*. Transgenic Res, 1995, 4: 256-263

[112] Gonsalves D, Slightom JL. Coat protein-mediated protection: analysis of transgenic plants for resistance in a variety of crops. Semin Virol, 1993, 4: 397-405

我国黄瓜花叶病毒及其病害研究进展*

徐平东[1,2]，李　梅[1]，林奇英[2]，谢联辉[2]

（1 厦门华侨亚热带植物引种园国家植物引种隔离检疫基地，福建厦门　361002；
2 福建农业大学植物病毒研究所，福建福州　350002）

摘　要：黄瓜花叶病毒（CMV）在我国植物病毒病害中占有重要的地位。本文就 CMV 的天然寄主、株系、亚组、卫星 RNA 和分子生物学以及病害防治研究的进展、问题和展望，做了综述。

Advances of research on *Cucumber mosaic virus* and its diseases in China

XU Ping-dong[1,2]，LI Mei[1]，LIN Qi-ying[2]，XIE Lian-hui[2]

（1 National Plant Introduction Quarantine Base，Xiamen Overseas Chinese Subtropical Plant Introduction Garden，Xiamen　361002；
2 Institute of Plant Virology，Fujian Agricultural University，Fuzhou　350002）

1　引言

黄瓜花叶病毒（*Cucumber mosaic virus*，CMV）是雀麦花叶病毒科（*Bromoviridae*）黄瓜花叶病毒属（*Cucumovirus*）的典型成员，寄主范围极其广泛，能侵染 1000 多种的单、双子叶植物，可经 75 种蚜虫传播，有些分离物还可通过种子传播，是寄主植物最多、分布最广、最具经济重要性的植物病毒之一[1,2]。

近十多年来，CMV 在一些国家和地区的许多作物上造成严重危害，如引起番茄的坏死、香蕉的花叶（心腐）、豆科植物的花叶、瓜类的花叶等[3]。此外，许多在过去几十年里被认为是新病毒的病原，现已被证实为 CMV 的株系[3]。各国学者经过几十年的努力已从几百种植物上分离到 100 多个 CMV 株系或分离物[2-4]。过去一般认为 CMV 是温带作物的主要病原，但近年来在热带、亚热带作物上也造成严重危害[3]。

CMV 是我国最重要的植物病毒之一[5]。自 50 年代起，国内许多学者相继对 CMV 及其病害进行了大量研究，特别近年来在 CMV 引起危害、株系及亚组鉴定、卫星 RNA 研究、分子生物学研究及病害防治等方面取得一系列重要成果，某些方面已具国际先进水平。本文就上述进展作一概述。

2　CMV 在我国植物病毒病害中的地位

CMV 是我国十字花科、茄科、豆科及葫芦科蔬菜的最主要病原病毒之一[5,6]，也是烟草[7]、香蕉[8]、西番莲[9]的重要病原。此外，许多花卉[10,11]、药用植物[12]及野生杂草[13]也受到 CMV 的侵染。据不完全统计，到目前我国已从 38 科的 120 多种植物上分离（表 1）。

刘仪．植物病毒与病毒病防治研究．北京：中国农业科学技术出版社，1997，13-22

* 基金项目：福建省自然科学基金资助项目

表1 黄瓜花叶病毒在我国的天然寄主

寄主	文献
爵床科（Acanthaceae）	
虾衣花（*Calliaspidia guttate*）	舒秀珍等，1986；张建如，1987
苋科（*Amaranthaceae*）	
反枝苋（*Amaramhus retroflexus*）	鲁瑞芳等，1993
苋菜（*A. tricolor*）	魏梅生等，1996
青葙（*Celosia argentea*）	赵愉宁等，1989
鸡冠花（*C. cristata*）	魏宁生等，1991
千日红（*Gomphrena globosa*）	舒秀珍等，1986；张建如，1987
石蒜科（maryllidaceae）	
君子兰（*Ciivia miniata*）	舒秀珍等，1986；张建如，1987
朱顶红（*Hippeastrum hybrida*）	舒秀珍等，1986；张建如，1987
中国水仙（*Narcissus tazetta* var. *chinensis*）	谢联辉，1987，姚文岳等，1989
夹竹桃科（Apocynaceae）	
长春花（*Catharanthus roseus*）	舒秀珍等，1986
凤仙花科（Balsaminaceae）	
和氏凤仙（*Impatiens balsamina*）	舒秀珍等，1986
秋海棠科（Begoniaceae）	
球根海棠（*Begonia tuberhybrida*）	舒秀珍等，1986
桔梗科（Campanulaceae）	
桔梗（*Platycodon grandiflorun*）	赵愉宁等，1989
美人蕉科（Cannaceae）	
美人蕉（*Canna indica*）	孙光荣等，1982；陈作义等，1983；张建如，1987；罗明，1989；韦石泉等，1991；魏宁生等，1991；陈集双等，1994
卫矛科（Celastmaceae）	
胶东卫矛（*Euonyraus kiautschovicus*）	舒秀珍等，1986；张建如，1987
石竹科（Caryophyllaceae）	
香石竹（*Dianthus caryophyllus*）	姜春晓等，1990
太子参（*Pseudostellaria heterophylla*）	宋荣浩等，1991
繁缕（*Stellaria media*）	
藜科（Chenopodiaceae）	
肥皂草（*Saponaria officinalis*）	舒秀珍等，1986；张建如，1987
菠菜（*Spinacia oleracea*）	冯兰香等，1986；孙盛湘等，1988；魏梅生等，1989；程宁辉，1994
菊科（Compositae）	
牛蒡（*Arctium lappa*）	赵愉宁等，1989
黄花蒿（*Artemisia annua*）	鲁瑞芳等，1993
白术（*Atractylodes macrocephala*）	赵愉宁等，1989
雏菊（*Bellis perennis*）	魏宁生等，1988
金盏菊（*Calendula officinalis*）	陈集双，1994
刺儿菜（*Cephalanoplos segetum*）	鲁瑞芳等，1993
还阳参（*Crepis crocea*）	鲁瑞芳等，1993
菊花（*Chrysanthemum morifolium*）	舒秀珍等，1986；张建如，1987
大丽花（*Dahlia pinnata*）	舒秀珍等，1986；张建如，1987；李汝刚，1990；陈集双，1991
菊花（*Dendranthema* spp.）	鲁瑞芳等，1993
非洲菊（*Gerbera jamesonii*）	蔡健和等，1994
向日葵（*Helianthus annuus*）	王小凤等，1983
苦菜（*Lxeris hniensis*）	鲁瑞芳等，1993

续表

寄主	文献
莴苣（*Lactuca sativa*）	夏俊强等，1985；沈淑琳等，1985
	魏宁生等，1987；程宁辉，1994
黑心菊（*Rrdbeckia hirta*）	张建如，1987
红黄草（*Tagetes micratha*）	舒秀珍等，1986
万寿菊（*T. erecta*）	舒秀珍等，1986；张建如，1987
蒲公英（*Taraxacum mongolicum*）	赵愉宁等，1989；鲁瑞芳等，1993
苍耳（*Xannthium japorricum*）	鲁瑞芳等，1993
百日菊（*Zinnia elegans*）	舒秀珍等，1986；罗明，1989；
	韦石泉等，1994；蔡健和等，1994
十字花科（Cruciferae）	
十字花科蔬菜（萝卜、白菜、青菜、甘蓝等）	范怀忠等，1957；魏景超等，1958；胡吉成，1964
	李德保等，1964；姚文岳等，1979；蔡少华等，1983
	濮祖芹等，1985；韦石泉等，1986；陈集双，1994
油菜（*Brassica* spp.）	周家炽，1962；黄瑞卢等，1983
	黄丽华，1984；陈集双，1994
芥菜（*B. juncea*）	姚文岳，1984；赵培洁等，1985；李新予等，1992
绿花椰菜（*B. oleracea* var. *italica*）	金巧玲等，1995
荠（*Capsella bursa-pastoris*）	鲁瑞芳等，1993
葶苈（*Draba nemorasa*）	鲁瑞芳等，1993
柱腺独行菜（*Lepidium ruderale*）	鲁瑞芳等，1993
风花菜（*Rorippa islandica*）	鲁瑞芳等，1993
葫芦科（Cucurbitaceae）	
瓜类蔬菜（黄瓜、丝瓜、冬瓜等）	陈永萱等，1959；李芳等，1962
	莽克强等，1963；徐静等 1994；程宁辉，1994
西瓜（*Citrullus lanatus*）	陈永萱等，1989
西葫芦（*Cucurbita pepo*）	刘仪等，1964，文瑞志等，1983
金瓜（*C. moschata*）	陈作义等，1989
啥蜜瓜、甜瓜（*Cucumis melo*）	裴美云等，1982；尹琦等，1985；
	谢浩等，1986；魏宁生等，1991；胡伟贞等，1994
牻牛儿苗科（Geraniaceae）	
鼠学草（*Geranium dahuricum*）	鲁瑞芳等，1993
天竺葵（*Pelargonium hortorum*）	张建如，1987
藤黄科（Guttiferae）	
旱金莲（*Tropaeotum majus*）	舒秀珍等，1986；张建如，1987；
	魏宁生等，1991；韦石泉等，1994
鸢尾科（Iridaceae）	
小苍兰（*Freesia hybrida*）	周桂珍等，1989
唐菖蒲（*Gladiolus hybridus*）	陈燕芳等，1986；舒秀珍等，1986；张建如，1987
	罗明，1989；韦石泉等，1991
鸢尾（*Iris tectorum*）	舒秀珍等，1986；张建如，1987 唇形科（*Labiatae*）
益母草（*Leonurus sibiricus*）	鲁瑞芳等，1993
留兰香（*Mentha spicata*）	周新根等，1990
丁香罗勒（*Ocimum gratissimum*）	舒秀珍等，1986；张建如，1987
一串红（*Salvia splendens*）	王小凤等，1985；舒秀珍等，1986；张建如，1987
	魏宁生等，1991；陈集双，1994
豆科（Leguminosae）	
花生（*Arachis hypogaea*）	许泽永等，1983；1989
鹰嘴豆（*Cicer arietinum*）	沈淑琳等，1985
扁豆（*Dolichos lablab*）	周国义等，1990；周雪平等，1994；程宁辉，1994

续表

寄主	文献
大豆（*Glycine max*）	沈淑林等，1984；张明厚等，1984；薛宝娣等，1985
兵豆（*Lens esculenta*）	沈淑琳等，1985
苜蓿（*Medicago* spp.）	鲁瑞芳等，1993
菜豆（*Phaseolus vulgaris*）	周益军等，1987；周雪平等，1994
红小豆（*P. angularis*）	沈淑琳等，1985；陆天柏，1989；周雪平等，1994
棉豆（*P. lunatus*）	沈淑琳等，1985
绿豆（*P. radiatus*）	沈淑琳等，1985
多花菜豆（*P. coccineus*）	沈淑琳等，1985
豌豆（*Pisum sativum*）	曹琦等，1986；周雪平等，1994；程宁辉，1994
三叶草（*Triolium* spp.）	沈淑琳等，1985
蚕豆（*Vicia faba*）	许志刚等，1989
豇豆（*Vigna unguiculata*）	高乔婉等，1983；温孚江等，1986；徐慧民等，1986
百合科（Liliaceae）	
风信子（*Hyacinthus orientalis*）	张建如，1987
百合（*Lilium brownii*）	赵愉宁等，1989
竹节万年青（*Rohdea iaponica*）	舒秀珍等，1986；张建如，1987
锦葵科（Malvaceae）	
蜀葵（*Althaea rosea*）	舒秀珍等，1986；张建如，1987
红麻（*Hibiscus cannabinus*）	朱汉城等，1992
小花锦葵（*Malva parviflora*）	鲁瑞芳等，1993
桑科（Moraceae）	
垂叶榕（*Ficus benjamina*）	舒秀珍等，1986；张建如，1987
芭蕉科（Musaceae）	
香蕉（*Musa nana*）	高乔婉等，1983；宋荣浩等，1990 黄朝豪等，1995；李华平等，1996
木犀科（Oleaceae）	
茉莉（*Jasminum sambac*）	舒秀珍等，1986
紫丁香（*Jasminum sambac*）	鲁瑞芳等，1993
西番莲科（Passifloraceae）	
西番莲（*Passiflora edulis*）	郑冠标等，1987；徐平东等，1990
龙珠果（*P. foetida*）	徐平东等，1996
转心莲（*P. caerulea*）	徐平东等，1996
胡椒科（Piperaceae）	
胡椒（*Piper nigrum*）	陈作义等，1981
车前草科（Plantaginaceae）	
车前草（*Plantago asiatica*）	赵愉宁等，1989
平车前（*P. depress*）	鲁瑞芳等，1993
蓼科（Polygonacea）	
本氏蓼（*Persicaria bungeanum*）	鲁瑞芳等，1993
虎杖（*Polygonum cuspidatum*）	赵愉宁等，1989
花葱科（Polenumiaceae）	
福禄考（*Phlox drummondii*）	舒秀珍等，1986；张建如，1987
马齿苋科（Portulacaeae）	
马齿苋（*Portulaca oleracea*）	赵愉宁等，1989
报春花科（Primulaceae）	
仙客来（*Cyclamen persicum*）	舒秀珍等，1986；周履谦等，1987；张建如，1987 韦石泉等，1991；鲁瑞芳等，1993
四季报春（*Primula obconica*）	张建如，1987
樱草（*P. sieboldii*）	周履谦等，1989
蔷薇科（Rosaceae）	
伏委陵菜（*Potentilla chinensis*）	鲁瑞芳等，1993

续表

寄主	文献
虎耳草科（Saxifragraceae）	
绣球花（*Hydrangea macrophylla*）	舒秀珍等，1986；张建如，1987
杨柳科（Saiicaceae）	
杨树（*Populus* spp.）	向玉英，1990；鲁瑞芳等，1993
玄参科（Scrophulariaceae）	
金鱼草（*Antirrhinum majus*）	张建如，1987
泡桐（*Paulownia* spp.）	张建如，1987
地黄（*Rehmuannia glutinosa*）	余芳平等，1994
茄科（Solanaceae）	
辣椒（*Capsicum frutescens*）	杨永林等，1981；何显志等，1982；李云华等，1989
	田如燕等，1989；韦石泉等，1989；王明霞等，1991
	杨永林等，1995；程宁辉，1994
甜椒（*C. annum*）	周新民等，1989；陈集双，1994
番茄（*Lycopersicon esculentum*）	王小凤等，1976；濮祖芹等，1981；范怀忠等，1982
	丁辛顺等，1986；林奇英等，1986；罗来凌，1989
	刘焕庭等，1992；程宁辉等，1994；冯兰香等，1996
烟草（*Nicotiana tabacum*）	韩晓东等，1981；李皖湘，1982
	陈保善等，1986；谢联辉等，1994；魏培文等，1995
矮牵牛（*Petunia hybrida*）	舒秀珍等，1986；张建如，1987；
	张爱平等，1989；周正来等，1989
酸浆（*Physalis alkekengi*）	鲁瑞芳等，1993
珊瑚豆（*Solarium pseudo-capsicum*）	舒秀珍等，1986；刘焕庭等，1987；鲁瑞芳等，1993
茄子（*S. melongena*）	丁辛顺等，1989；刘焕庭等，1989；程宁辉，1994
水茄（*S. toruum*）	朱小源等，1992
伞形科（Umbelli ferae）	
独活（*Angelica pubescens*）	赵愉宁等，1989
芹菜（*Apium graveolens*）	沈淑琳等，1985；夏俊强等，1986；王述彬等，1993
西洋芹菜（*A. araveolehs* var. *dulce*）	王述彬等，1991
香菜（*Coriandrum sativum*）	严敦余等，1989
堇菜科（Violaceae）	
三色堇（*Viola tricolor*）	舒秀珍等，1986；张建如，1987

3 株系及亚组研究

随着我国分离的CMV分离物的不断增加，许多学者进行了株系及亚组研究。陈保善等将广东烟草分离的88个CMV分离物分为普通株系（CMV-C）、烟草坏死株系（CMV-TN）、烟草黄色坏死株系（CMV-TYN）三个可能株系[14]。谢联辉等将福建采得的465个烟草样品中分离的CMV分为普通株系（CMV-C）、黄化株系（CMV-Yel）和烟草坏死株系（CMV-RN）[7]。丁辛顺等将上海郊区番茄分离的CMV分为番茄轻花叶株系（CMV-TM）、番茄黄色花叶株系（CMV-TY）和番茄重花叶株系（CMV-TS）[15]。冯兰香等将北京地区番茄分离的17个CMV分离物，共分为轻花叶株系、重花叶株系、坏死株系及黄化株系等四个株系群[16]。刘焕庭等将山东番茄分离的111个CMV分离物，区分为番茄蕨叶株系（CMV-ToF）、番茄花叶株系（CMV-ToM）和番茄轻花叶株系（CMV-ToL）三个株系类群[17]。田如燕等将北京地区辣椒分离的22个CMV分离物用野生椒（*Capsicum* spp.）和6个辣椒品种区分为4类，即重花叶株系、坏死株系、轻花叶株系和带状株系[18]。杨永林等对吉林省的59个辣椒CMV分离物，采用7种鉴定寄主将它们区分为5个“致病型”株系群，即十字花科株系群、藜科株系群、茄科一葫芦科株系群、豆科株系群、普通黄色花叶株系群。同时，还从373个甜椒、辣椒品种（系）中，筛选出一套抗性不同的品种，将上述59个CMV分离物，划分为5个“基因型”株系群，即CMV-P0，CMVP1、CMV-P2、CMV-P3、CMV-

P4[19]。周雪平等对豆科植物分离的5个CMV分离物，根据在豇豆、蚕豆、菜豆和豌豆上的症状区分为2个型[20]。程宁辉等将江苏、上海等地蔬菜作物分离的38个CMV分离物，区分为4个株系群[21]。魏梅生等从国内外收集的40个CMV分离物中，选国内主要作物（包括黄瓜、番茄、辣椒、烟草、菠菜、白菜、葵花、一串红、唐菖蒲、香蕉、花生、大豆、豌豆）13个分离物，采用17种鉴别寄主，将我国CMV分成豆科植物CMV株系组群和非豆科植物CMV株系组群（普通株系组群）[22]。但是，上述学者的研究基本限于某一种作物（如烟草、番茄或辣椒等）或几种作物（如几种豆科作物、蔬菜作物），且主要根据这些CMV分离物在不同寄主植物上的症状反应来区分株系或亚组。由于不同学者所用的鉴别寄主不同，测定的环境条件也不同。此外，CMV在寄主植物上的症状反应受卫星RNA影响，有时甚至产生完全不同的症状，所以其结果很难进行比较。于善谦等制备了CMV-花椰菜分离物（CMV-Ca）的单克隆抗体，并用于区别4个CMV株系CMV-P、Cul、m、Ca，该单克隆抗体在琼脂双扩散和免疫电泳反应中能较好区分上述4个株系[23]。谷登峰等制备了CMV-番茄分离物的6个单克隆抗体，采用ELISA能区别CMV-Q、P、B及其他64个株系[24]。蔡文启等制备了CMV-SS-30和豇豆株系的单克隆抗体，采用间接ELISA能区分CMV-SS-30、P、黄化、日本、山东、向日葵、香蕉、Q及C59等株系[25]。但是，这些单克隆抗体没有用来进行亚组分类研究。作者利用法国提供的CMV单克隆抗体和自己制备的多克隆抗血清，采用双抗体夹心ELISA（单克隆抗体、多克隆抗体）和A蛋白夹心ELISA（PAS-ELISA）将我国分离的16个CMV分离物及4个标准毒株（Fny、Lny、M、WL）区分为DTL和ToRS血清组。谢响明等应用核酸酶保护试验进行CMV株系鉴定，能准确鉴定不同亚组株系[26]。

4 卫星RNA研究

1977年Kaper和Tousignant首次发现CMV存在卫星RNA（satellite RNA，sat-RNA），目前我国在CMV卫星RNA方面研究颇具特色。

1981年田波等在世界上首次应用CMV致弱卫星RNA（1-卫星RNA）来防治CMV引起的辣椒和烟草花叶病获得成功[27]。周雪平等也成功地从豇豆上分离CMV致弱卫星RNA，并用于防治番茄上CMV病害，温室效果明显，并开始进行田间试验[28]。

田波领导的研究小组对CMV致弱卫星RNA干扰病毒致病机理进行研究，结果发现CMV致弱卫星RNA在植物体内以某种方式干扰了CMV外壳蛋白（CP）进入叶绿体[29]。

卫星RNA的序列测定工作也在我国开展起来。张春霞等测定了CMV卫星RNA-1的序列[30]；叶寅等测定了CMV香蕉分离物卫星RNA（Ba-Sat）的序列，该卫星RNA由390个核苷酸（nt）组成，并分析了它的二级结构[31]；程宁辉等测定了引起番茄坏死的CMV-TN分离物的卫星RNA（TN-satRNA）的序列，该卫星RNA由390nt组成[21]；周雪平等对CMV弱株系CMVP1卫星RNA的序列进行分析，该卫星RNA由335nt组成[32]。

田波领导的研究小组合成了R1卫星RNA的cDNA，并将其导入烟草和番茄等植物，获得抗CMV的遗传工程植株[33,34]；随后他们又得到能表达CMV卫星RNA和*CP*基因的转基因烟草，该转双基因植株的抗性大大高于单独转卫星RNA或*CP*基因的植株[35]；他们的研究还发现表达CMV卫星RNA的转基因烟草能耐烟草花叶病毒（TMV）的侵染和介导对类病毒PSTV的抗性[36]。

5 分子生物学研究

国内学者应用cDNA合成、PCR方法等分子生物学新技术对CMV的分子生物学进行深入研究。胡天华等测定了CMV烟草分离物（CMV-BD）的654nt *CP*基因序列[37]；叶寅等测定了CMV-JV的657nt *CP*基因[38]；郭东川等测定了CMV-SD的654nt *CP*基因、CMV-SD与CMV-BD、CMV-JV的*CP*基因核苷酸序列同源率为95.9%和93.2%[39]。李华平等测定了CMV3个香蕉分离物的*CP*基因，均由657nt组成，其核苷酸序列同源率为96.65%～97.11%[8]。上述已测定基因序列的5个CMV分离物，均属亚组Ⅰ，到目前为止尚未见我国有报道对亚组Ⅱ株系的*CP*基因序列测定。此外，吕玉平等报道了CMV中国株系复制酶基因的核苷酸序列[40]。

田波领导的研究小组对CMV的致病分子机理进行研究，结果发现CMV侵染的烟草花叶症状的产生与病毒CP进入叶绿体有直接相关性，CP进入叶绿体抑制了光系统Ⅱ的活性[29,41]。

抗 CMV 转基因植物研究方面也进行了大量的工作，已将几个 *CMV-CP* 基因转到烟草[42-44]、辣椒[45]、番茄[46]、甜瓜[47]和香蕉[8]等植物，这些转基因植物对 CMV 表现一定抗性。最近抗 TMV 和 CMV 双价转基因烟草纯合系已进入大田试验[48]。

6　黄瓜花叶病害的防治研究

CMV 在我国多种作物上造成严重危害，在南方一些地方秋番茄由于 CMV 的严重危害已几乎无法种植。此外，CMV 引起的豆科蔬菜、瓜类蔬菜、烟草、辣椒、香蕉及西番莲的花叶病也严重影响了这些作物的生产。为此，国内许多学者进行了大量工作，并取得一定效果。

利用 CMV 致弱卫星 RNA 防治辣椒、番茄、烟草及黄瓜等病毒减少了损失[49]；采用银膜覆盖等避蚜措施来防止番茄的病毒病取得一定的防效[50]；开展了抗病毒育种的攻关项目，如"十字花科植物抗病毒育种"重点科研攻关项目等。此外转基因植物在田间的利用已显出可喜的苗头[48]。

7　存在问题与展望

CMV 近年来在我国许多重要作物，尤其是蔬菜作物上，显现加重危害的趋势。同时，寻求抗 CMV 抗源研究面临着与国外同样的困境，使一些重要作物的抗病毒育种研究难以在短期内突破。但是，近年来我国以分子生物学为基础的生物工程对 CMV 研究已有所突破，获得抗 CMV 的转卫星 RNA 基因的烟草和番茄，抗 CMV 的转 *CP* 基因的烟草、辣椒、甜瓜及转卫星 RNA 和 *CP* 基因的烟草等，这为有效防治 CMV 引致病害提供了全新的途径，相信在不远的将来这一重要病原病毒将得到有效控制。

参 考 文 献

[1] Rybieki EP. Bromoviridae. *In*: Murphy FA, Fauquet CM, Bishop DHL, et al. Virus Taxonomy. Classification and Nomenclature of Viruses. Sixth Report of the International Committee on Taxonomy of Viruses. New York: Springer, 1995, 450-457

[2] Kaper JM, Waterworth HE. Cucumoviruses. *In*: Kurstak E. Handbook of plant virus infections and comparative diagnosis. New York: Elsevier/North Holland, 1981, 257-332

[3] Palukaitis P, Roossinck, MJ, Dietzgen RG, et al. *Cucumber mosaic virus*. Advance in Virus Research. San Diego: Academic Press, 1992, 41: 281-348

[4] 李华平，胡晋生，范怀忠. 黄瓜花叶病毒的株系鉴定研究进展. 中国病毒学，1994，9(3)：187-194

[5] 裘维蕃. 我国植物病毒及病毒病研究三十年. 植物病理学报，1980，10(1)：1-14

[6] 季良. 中国植物病毒志. 北京：农业出版社，1991

[7] 谢联辉，林奇英，谢莉妍等. 福建烟草病毒种群及其发生频率的研究. 中国烟草学报，1994，2(1)：25-32

[8] 李华平. 华南农业大学博士论文，1995

[9] 徐平东，柯冲. 福建省西番莲病毒病的发生及其病原鉴定. 福建农科院学报，1990，5(2)：47-55

[10] 舒秀珍. 植物检疫研究报告，1986，9：6-10

[11] 张建如. 上海园林科技，1987，2：1-5

[12] 赵愉宁，赵培洁. 从 11 种中药材中检测出黄瓜花叶病毒. 中药材，1989，12(6)：6-8

[13] 鲁瑞芳，刘元凯. 黄瓜花叶病毒侵染源的研究. 中国病毒学，1993，8(3)：284-289

[14] 陈保善，高乔婉，骆学海等. 广东省烟草花叶病病原病毒的鉴定. 病毒学报，1986，2(2)：1166-1169

[15] 丁辛顺，朱亚英，徐悌惟等. 上海郊区番茄的黄瓜花叶病毒株系. 上海农业学报，1986，2(4)：13-20

[16] 冯兰香，杨翠荣. 北京地区番茄病毒病毒原种类的监测与黄瓜花叶病毒株系的鉴定. 中国蔬菜，1991，5：9-11

[17] 刘焕庭，朱汉城，严敦余等. 侵染番茄的黄瓜花叶病毒(CMV)株系特性的比较研究. 中国病毒学，1992，7(2)：216-223

[18] 田如燕，冯兰香，蔡少华. 北京地区辣椒病毒病毒原种类及黄瓜花叶病毒株系鉴定. 植物保护，1989，4：9-11

[19] 杨永林，阎素珍，王慧等. 辣椒上 CMV 株系鉴别寄主的筛选与应用. 中国病毒学，1992，7(3)：317-327

[20] 周雪平，濮祖芹，方中达. 豆科植物上分离的黄瓜花叶病毒(CMV)五个分离物的比较研究. 中国病毒学，1994，9(3)：232-238

[21] 程宁辉. 南京农业大学博士论文，1994

[22] 魏梅生. 第三届全国病毒学学术会议论文集，1994

[23] 于善谦，张若平，王鸣岐. 黄瓜花叶病毒单克隆抗体的制备及其对株系特异性的研究. 中国科学(B)，1986，12：1266-1270

[24] 谷登峰，陈文彬，伊来提. 抗黄瓜花叶病毒单克隆抗体细胞株的建立及其抗体鉴定. 微生物学报，1987，27：128-133

[25] 蔡文启，刘宏迪，黄德来等. 金黄色葡萄球菌协同凝集试验快速检测葡萄扇叶病毒. 微生物学通报，1989，29(6)：444-451

[26] 谢响明，于嘉林，刘仪. 核酸酶保护试验在黄瓜花叶病毒株系鉴定中的初步应用. 中国病毒学，1996，11(1)：69-76

[27] Tien P, Wu GS. Satellite RNA for the biocontrol of plant disease. Adv Virus Res, 1991, 39: 321-339

[28] 周雪平，濮祖芹，方中达. 含卫星 RNA 的黄瓜花叶病毒弱株系的分离鉴定及在病毒病防治上的应用. 中国病毒学，1994，9(4)：319-326

[29] 梁德林. 山东大学学报，1994，29(增刊)：105

[30] 张春霞，吴世宣，王革娇等. 黄瓜花叶病毒卫星 RNA-1 的 cDNA 合成、克隆及序列分析. 科学通报，1989，34(7)：540-543

[31] 叶寅，魏征宇，赵丰等. 一株新黄瓜花叶病毒卫星 RNA 结构和生物学分析. 中国科学(B)，1993，8：821-826

[32] 周雪平，刘勇，薛朝阳等. 黄瓜花叶病毒弱株系 CMVP-1 卫星 RNA 的 cDNA 合成、克隆及序列分析. 浙江农业大学学报，

1995，21(6)：563
[33] 吴世宣，赵淑珍，王革娇等. 由卫星互补 DNA 单体构建的抗黄瓜花叶病毒的烟草基因工程植株. 中国科学(B)，1989，9：948-956
[34] 赵淑珍，王昕，王革娇等. 由卫星互补 DNA 单体和双体基因构建的抗黄瓜花叶病毒的转基因番茄. 中国科学(B)，1990，7：708-713
[35] Yie Y，Zhao F，Zhao SZ，et al. High resistance to *Cucumber mosaic virus* conferred by satellite RNA and coat protein in transgenic commercial tobacco cultivar G-140. Mol Plant-Microbe Interact，1992，5：460-465
[36] 刘玉乐，叶寅，魏征宇等. 核酸酶 BN 及 SN 基因的克隆和序列分析. 微生物学报，1994，34(5)：403-405
[37] 胡天华，吴琳，刘玮等. 黄瓜花叶病毒外壳蛋白基因的 cDNA 克隆和全序列测定及比较. 科学通报，1989，21：1652-1655
[38] 叶寅，徐雷新，田波. 一个黄瓜花叶病毒强株系的外壳蛋白基因的合成、克隆、序列分析和表达. 科学通报，1991，17：1340-1344
[39] 郭东川. 利用 PCR 技术克隆黄瓜花叶病毒的外壳蛋白基因. 微生物学报，1993，33(3)：233-235
[40] 吕玉平，毕玉平，米景九. 黄瓜花叶病毒复制酶基因的克隆及其植物表达载体的构建. 科学通报，1994，39：576
[41] Randl J，朱水方. 黄瓜花叶病毒外壳蛋白质进入叶绿体与症状发生的关系. 植物病理学报，1992，22(3)：229-234
[42] 方荣祥，田颖川，王桂玲等. 抗烟草和黄瓜花叶病毒的双价抗病毒工程烟草. 科学通报，1990，35：1358-1359
[43] 胡天华. 北京农业大学硕士论文，1989
[44] 夏红兵. 华南热带作物学院硕士论文，1991
[45] 张宗江，周钟信，刘艳军等. 黄瓜花叶病毒壳蛋白基因转化辣椒及其在转基因株后代的表达. 华北农学报，1994，9(3)：67-71
[46] 吴光. 北京大学硕士论文，1992
[47] 孙严，李仁敬，许健等. 新疆甜瓜抗黄瓜花叶病毒转基因植株的获得. 新疆农业科学，1994，1：34-35
[48] 袁萍. 抗 TMV 和 CMV 双价转基因烟草纯合系进入大田试验. 生命科学，1993，5(2)：30-32
[49] 覃秉益等. 主要蔬菜病虫害防治技术及研究进展. 北京：农业出版社，1992，132-138
[50] 郑贵彬. 番茄上黄瓜花叶病毒的发生流行和银膜避蚜防病效果. 中国蔬菜，1989，1：14-18

应用A蛋白夹心酶联免疫吸附法鉴定黄瓜花叶病毒血清组*

徐平东[1]，李　梅[1]，林奇英[2]，谢联辉[2]

（1 厦门华侨亚热带植物引种园国家植物引种隔离检疫基地，福建厦门　361002；
2 福建农业大学植物病毒研究所，福建福州　350002）

摘　要：根据A蛋白夹心酶联免疫吸附法（PAS-ELISA）试验结果可以将我国分离的16个黄瓜花叶病毒（CMV）分离物及4个CMV标准毒株（Fny、Lny、M、WL）区分为2个血清组。14个分离物及标准毒株Fny、M属DTL血清组，2个分离物及标准毒株Lny、WL属ToRS血清组。

关键词：黄瓜花叶病毒；DTL血清组；ToRS血清组；A蛋白夹心酶联免疫吸附法

中图分类号：S432.41

Serogrouping *Cucumber mosaic virus* by protein A sandwich enzyme-linked immunosorbent assay

XU Ping-dong[1]，LI Mei[1]，LIN Qi-ying[2]，XIE Lian-hui[2]

（1 National Plant Introduction Quarantine Base，Xiamen Overseas Chinese Subtropical Plant Introduction Garden，Xiamen　361002；
2 Institute of Plant Virology，Fujian Agricultural University，Fuzhou　350002）

Abstract：Sixteen isolates of *Cucumber mosaic virus*（CMV）from China，were divided into two main serogroups by protein A sandwich enzyme-linked immunosorbent assay（PAS-ELISA）in comparison with the four reference strains，Fny，Lny，M and WL. Fourteen isolates and Fny，M strains belonged to DTL serogroup，two isolates and Lny，WL strains to ToRS serogroup.

Key words：*Cucumber mosaic virus*；DTL serogroup；ToRS serogroup；protein A sandwich enzyme-linked immunosorbent assay

黄瓜花叶病毒（*Cucumber mosaic virus*，CMV）是雀麦花叶病毒科（*Bromoviridae*）黄瓜花叶病毒属（*Cucumovirus*）的典型成员，寄主范围极其广泛，能侵染1000多种植物，是分布最广、寄主植物最多、最具经济重要性的植物病毒之一[1,2]。随着对CMV引起病害的广泛研究，已从各种植物上分离到100多个CMV株系或分离物[2,3]。但是，这些CMV分离物根据寄主反应、血清学性质、病毒外壳蛋白的肽链图谱分析、核酸杂交、PCR产物酶解分析等可以区分为2个性质不同的亚组[4,5]。

福建农林大学学报，1997，26（1）：64-69

收稿日期：1996-06-14

* 基金项目：福建省自然科学基金资助项目（C95059）

Edwards 等[6]建立了 A 蛋白夹心酶联免疫吸附法（Protein A Sandwich ELISA，PAS-ELISA）用于病毒检测。毋谷穗等[7]和陈永萱等[8]应用该方法对 CMV 进行血清学鉴定。Daniels 等[9]采用 PAS-ELISA 对 CMV 分离物进行血清组鉴定，能区分 2 个血清组分离物。但迄今未见有关我国 CMV 血清组研究的报道，本文报道应用这一方法对我国分离的 16 个 CMV 分离物进行血清组鉴定的结果。

1 材料与方法

1.1 毒源

本研究所用的我国 16 个 CMV 分离物和 4 个标准毒株的来源见表 1，其中 Fny、Lny、M 和 WL 作为 2 个血清组的标准毒株。CMV 分离物 CA、SS-30、GB，标准毒株 Fny、Lny、M 由农业部植物检疫实验所张成良、张作芳提供，分离物 T-37 由华南农业大学植保系高乔婉提供，分离物 CMVP1、TN 和 C-931 由浙江农业大学生物技术研究所周雪平提供，标准毒株 WL 由美国康奈尔大学植病系凌开树提供，分离物 Tab 由福建农业大学植物病毒研究所提供，其余各 CMV 分离物由作者分离。各 CMV 分离物均经苋色藜（*Chenopodium amaranticolor*）单斑分离，繁殖在心叶烟（*Nicotiana glutinosa*）上，置隔离检疫温室（温度为 20～24℃）。

表 1 供试黄瓜花叶病毒分离物及其来源

病毒分离物	分离植物	分离地点	文献
Fny	*Cucumis melo*	纽约	[10]
M	*Nicotiana* sp.	剑桥	[11]
T-37	*Lycopersicon esculentum*	广东	[12]
CMVP1	*Pisum sativum*	南京	[13]
TN	*Lycopersicon esculentum*	南京	[14]
CA	*Arachis hypogeae*	辽宁	[15]
SS-30	*Glycine max*	江苏	[16]
GB	*Musa* sp.	广东	[17]
C-931	*Brassica oleracea* var. *italica*	杭州	[18]
PE1	*Passiflora edulis* × *P. edulis* var. *flavicarpa*	厦门	[19]
PE2	*Passiflora edulis* × *P. edulis* var. *flavicarpa*	漳州	[20]
PC	*Passiflora caerulea*	厦门	[21]
PF	*Passiflora foetida*	厦门	[21]
Cab	*Brassica campestris* ssp. *chinensis*	厦门	
Cum	*Cucumis melo*	厦门	
Tab	*Nicotiana tabacum*	福建	[22]
Lny	*Lectuca saligna*	纽约	[10]
WL	*Lycopersicon esculentum*	纽约	[23]
XB	*Musa* sp.	厦门	[24]
PEf	*P. edulis* var. *flavicarpa*	厦门	

1.2 病毒提纯

对 Fny 和 Lny 2 个株系进行提纯。初提纯参考 Lot 等[25]的方法，并作适当修改。进一步提纯，采用质量浓度为 100～400g/L 蔗糖梯度离心。Fny 和 Lny 分别繁殖在普通烟（*N. tabacum* cv. Xanthi-NC）和心叶烟上，收获接种后 2 周的烟叶即用于提纯。100g 叶组织加 100mL 0.5mol/L 柠檬酸缓冲液（含 5mmol/L Na_2EDTA 和体积分数为 0.005 的巯基乙醇，pH 6.5），低温捣碎、匀浆，加 100mL 氯仿搅拌 30s。低速离心（10 000r/min，10min），取水相加质量浓度为 100g/L PEG（Mr ＝6000）和 0.1mol/L NaCl 在 0～4℃ 下搅拌 40min，低速离心（10 000r/min，10min），沉淀加 50mL 5mmol/L 硼酸缓冲液（含 0.5mmol/L Na_2EDTA 和体积分数为 0.02 的 Triton X-100，pH9.0）悬浮，0～4℃下搅拌 30min。悬液低速离心（Hitachi P42A 转头，15 000r/min，15min），上清液经质量浓度为 200g/L 蔗糖垫离心（Hitachi P42A 转头，40 000r/min，1.5h）。沉淀加 2mL 5mmol/L 硼酸缓冲液（含 0.5mmol/L Na_2EDTA，pH9.0）悬浮。悬液经质量浓度为 100～400g/L 蔗糖梯度离心（Hitachi RPS40T 转头，25 000 r/min，2h），收集乳白色病毒带，超离心脱糖，沉淀用少量 0.01mol/L PB（pH7.0）悬浮，即为病毒提纯液。提纯病毒用 Beckman DU8 型紫外/可见光分光光度计在 220～320nm 波长范围内进行扫描，检测病毒的紫外吸收，测 A_{260}/A_{280}，并计算提纯产量。蘸取提纯病毒悬液的铜网经质量浓度为 20g/L 醋酸铀染色后，JEM-100CXII 型透射电镜观察病毒粒体形态。

1.3 抗血清制备

用经体积分数为 0.002 的甲醛固定的提纯病毒作抗原，2～2.5kg 雄性家兔进行 2 次肌肉和/或皮下注射，1 次静脉注射。肌肉或皮下注射，每次病毒量为 1mg，第 1 次加等体积的完全福氏佐剂，第 2 次加不完全福氏佐剂。静脉注射病毒量为 2mg。2 次皮下或肌肉注射间隔 1 周，第 2 次皮下或肌肉注射 2 周后进行静脉注射。末次注射 1 周后采血，常规琼脂双扩散测定抗血清效价。

1.4 PAS-ELISA 鉴定 CMV 各分离物血清组

PAS-ELISA 方法参考 Edwards 等[6]的方法。包被 A 蛋白浓度为 5μg/mL，辣根过氧化物酶标记的 A 蛋白（HRP-Protein A）用 PBST-PVP 缓冲液（0.0015mol/L KH_2PO_4，0.0081mol/L Na_2HPO_4，0.0027mol/L KCl，0.1370mol/L NaCl，pH 7.4，含体积分数为 0.0005 的 Tween-20 和质量浓度为 20g/L 的 PVP）稀释 40 倍（Protein A 和 HRP-ProteinA 均为上海科欣生物技术研究所产品）。CMV 分离物 SS-30 的抗血清为农业部植物检疫实验所张成良赠送，2 个 CMV 株系 C、WL 的抗血清由美国康奈尔大学植病系凌开树赠送，PVAS-30 和 PVAS-260 等 2 种抗血清为美国模式培养物保藏所（ATCC）产品，由福建省热带作物研究所庄西卿提供，其余抗血清由作者制备。各抗血清的类型为：As-Lny、XB、PEf、WL 属 ToRS 血清组，As-Fny、SS-30、C、30、260、GB 属 DTL 血清组。CMV 各分离物均繁殖在心叶烟上，采集接种 10～20d 的病叶组织，用 5～10 倍 PBST-PVP 提取液作为抗原。各步骤中每孔加样量为 100μL，DG3022A 型酶联免疫检测仪波长 450nm 检测。

2 结果

2.1 提纯病毒的紫外吸收、产量和粒体

经 PEG 沉淀，蔗糖垫超离心，蔗糖梯度离心，获得纯化病毒，经 220～320nm 扫描，2 株系的提纯病毒均显典型的核蛋白吸收曲线，Fny 的 A_{260}/A_{280} 为 1.73，Lny 的 A_{260}/A_{280} 为 1.60，Fny 和 Lny 提纯产量分别为 226mg/kg、120mg/kg 鲜叶组织。提纯病毒经醋酸铀染色，电镜观察，病毒粒体完整、核心明显，大小均约为 28nm。

2.2 抗血清效价测定

经琼脂双扩散测定，As-Fny 效价为 1∶256、As-Lny 为 1∶64。

2.3 PAS-ELISA 对 CMV 各分离物进行血清组鉴定结果

用 10 种兔抗血清，应用 PAS-ELISA 对 20 个 CMV 分离物的测定结果列于表 2。从表 2 可见 20 个 CMV 分离物能区分成 2 个血清组，其中 16 个分离物属于 DTL 血清组，4 个属 ToRS 血清组。根据 PAS-ELISA 结果，分离物 Lny、WL、XB、PEf 与 ToRS 血清组抗血清的阳性反应强于 DTL 血清组抗血清，明显属于 ToRS 血清组。分离物 Fny、T-37、CA、SS-30、CMVP1、C-931、TN、PE1、PE2、PC、PF、Cab、Tab 等 13 个分离物与 DTL 血清组抗血清的阳性反应强于 ToRS 血清组抗血清，明显属于 DTL 血清组。分离物 M、GB、Cum 与 DTL 血清组抗血清（除 As-GB）阳性反应较弱，但明显比 ToRS 血清组抗血清强，而且这 3 个分离物在与 As-Lny（ToRS 血清型）反应明显与 DTL 血清组分离物相似，所以将它们划归 DTL 血清组。

本试验结果对 4 个标准毒株，即 Fny、Lny、M、WL 的血清组划分与其他学者的研究结果完全一致，Fny、M 属亚组Ⅰ（＝DTL 血清组），Lny、WL 属亚组Ⅱ（＝ToRS 血清组）[10,26,27]。生物学测定及单克隆抗体试验结果表明 T-37、CA、SS-30、GB、CMVP1、C-931、TN、PE1、PE2、PC、PF、Cab、Cum、Tab 等 14 个分离物属 DTL 血清组，分离物 XB 和 PEf 属 ToRS 血清组（未列出材料），本试验结果与之相符。

3 讨论

CMV 分离物可以根据血清学关系、病毒外壳蛋白肽链图谱分析、核酸杂交、PCR 产物酶解分析等[4,5]区分成 2 个性质不同的亚组。Devergne 等[28]采用琼脂双扩散有无刺突的形成将 CMV 分离物划分为 2 个血清组，即 DTL 和 ToRS 血清组。随后他们又发现了 1 个血清组，即 Co 血清组；并测定了 3 个血清组之间的血清学差异指数（SDI），DTL 和 ToRS 血清组之间的 SDI 为 1～2，ToRS、DTL 与 Co 血清组之间的 SDI 为 3[29,30]。Maeda 等[31]采用 $F(ab')_2$ELISA 用交互吸收抗体将日本分离的 CMV 区分成 2 个血清型。Wahyuni 等[10]采用琼脂双扩散、DAS-ELISA 对 16 个 CMV 分离物进行系统的血清学关系研究，认为琼脂双扩散灵敏度最差，其测定结果不如 DAS-ELISA 准确。Daniels 等[9]通过 PAS-ELISA 对加州分离的 30 个 CMV 分离物进行测定，能将它们区分成 2 个血清组。本研究采用 PAS-ELISA 方法，用染病植物榨出液作抗原和未经处理的粗抗血清，也能将 20 个 CMV 分离物区分成 2 个血清组。该方法不必从抗

表 2 PAS-ELISA 测定 20 个 CMV 分离物的结果（A_{450}吸收值(1)）

病毒分离物		抗血清									
		Fny	GB	SS-30	C	260	30	Lny	XB	PEf	WL
DTL 血清组	Fny	0.69	0.28	0.60	0.55	0.60	0.56	0.07	0.28	0.24	0.22
	M	0.38	0.32	0.30	0.31	0.30	0.32	0.06	0.21	0.19	0.11
	T-37	0.69	0.29	0.67	0.60	0.63	0.58	0.04	0.18	0.18	0.20
	CMVP1	0.62	0.27	0.58	0.57	0.62	0.60	0.05	0.23	0.11	0.16
	TN	0.68	0.28	0.67	0.60	0.57	0.60	0.10	0.28	0.12	0.14
	CA	0.50	0.25	0.58	0.57	0.60	0.56	0.08	0.25	0.17	0.20
	SS-30	0.52	0.25	0.70	0.57	0.61	0.57	0.08	0.25	0.17	0.21
	GB	0.39	0.37	0.30	0.32	0.31	0.30	0.04	0.26	0.17	0.08
	C-931	0.65	0.27	0.50	0.51	0.51	0.52	0.12	0.27	0.13	0.16
	PE1	0.69	0.29	0.68	0.62	0.61	0.63	0.11	0.25	0.23	0.24
	PE2	0.70	0.30	0.69	0.63	0.62	0.65	0.13	0.24	0.23	0.24
	PC	0.68	0.26	0.67	0.62	0.63	0.61	0.12	0.24	0.23	0.22
	PF	0.69	0.25	0.65	0.65	0.61	0.61	0.12	0.24	0.24	0.24
	Cab	0.65	0.23	0.57	0.58	0.60	0.57	0.15	0.27	0.22	0.17
	Cum	0.37	0.30	0.31	0.31	0.30	0.31	0.12	0.23	0.24	0.10
	Tab	0.70	0.27	0.67	0.67	0.65	0.62	0.13	0.28	0.23	0.24
ToRs 血清组	Lny	0.18	0.08	0.12	0.20	0.11	0.12	0.34	0.30	0.27	0.32
	WL	0.28	0.10	0.16	0.23	0.23	0.24	0.33	0.25	0.26	0.26
	XB	0.29	0.09	0.16	0.21	0.21	0.26	0.39	0.36	0.27	0.27
	PEf	0.29	0.08	0.15	0.29	0.21	0.21	0.34	0.29	0.27	0.31
健心叶烟叶		0.00	0.01	0.01	0.00	0.02	0.01	0.00	0.00	0.01	0.00
PBST-PVP		0.00	0.01	0.01	0.00	0.00	0.01	0.00	0.01	0.01	0.00

（1）3 次实验平均值。

血清中提取 IgG 进行酶标和制备抗抗体，而且可以直接检测病株榨出液，所以非常简便、易于操作。但是，该方法也有其局限性，要有 2 个血清组的抗血清和分离物其结果才比较可靠。

参考文献

[1] Murphy FA, Fauquet CM, Bishop DHL. Classification and nomeclature of viruses: Sixth Report of the International Committee on Taxonomy of Viruses. Arch Virol, 1995,(Suppl): 10

[2] Kaper JM, Waterworth HE. Cucumoviruses. *In*: Kurstak E. Handbook of plant virus infections and comparative diagnosis. New York: Elsevier/North Holland, 1981, 257-332

[3] 李华平，胡晋生，范怀忠. 黄瓜花叶病毒的株系鉴定研究进展. 中国病毒学，1994，9(3)：187-194

[4] Palukaitis P, Roossinck MJ, Dietzgen RG. *Cucumber mosaic virus*. Adv Virus Res, 1992, 41: 281-348

[5] Rizzos H, Gumn LV, Pares RD. Differentiation of *Cucumber mosaic virus* isolates using the polymerase chain reaction. J Gen Virol, 1992, 73: 2099-2103

[6] Edwards ML, Cooper JI. Plant virus detection using a new form of indirect ELISA. J Virol Methods, 1985, 11: 309-319

[7] 毋谷穗，康良仪，田波. 用 A 蛋白夹层酶联免疫吸附法对黄瓜花叶病毒的血清学鉴定. 微生物学报，1988，28：211-215

[8] 陈永宣，薛宝娣，刘凤权. A 蛋白间接酶联免疫吸附法检测二种西瓜花叶病毒病的研究. 病毒学杂志，1988，4：357-363

[9] Daniels J, Campbell RN. Characterization of *Cucumber mosaic virus* isolates from California. Plant Diseases, 1992, 76: 1245-1250

[10] Wahyuni WS, Dietzgen RG, Hanada K. Serological and biological variation between and within subgroup Ⅰ and Ⅱ strains of *Cucumber mosaic virus*. Plant Pathol, 1992, 41: 282-297

[11] Mossop DW, Francki RIB, Grivell C J. Comparative studies on tomato aspermy and *Cucumber mosaic virus*. V. Purification and properties of a *Cucumber mosaic virus* inducing severe chlorosis. Virology, 1976, 74: 544-546

[12] 范怀忠，孙芥菲，高乔婉. 广东番茄花叶病毒的鉴定. 华南农学院学报，1982，3(3)：66-71

[13] 周雪平，濮祖芹，方中达. 含卫星 RNA 的黄瓜花叶病毒弱毒株系的分离鉴定及其在病毒病防治上的应用. 中国病毒学，1994，9(4)：319-326

[14] 程宁辉，濮祖芹，方中达. 引起番茄坏死病的黄瓜花叶病毒 TN 分离物的研究. 中国病毒学，1994，9(2)：143-150

[15] Xu Z, Barnett OW. Identification of a *Cucumber mosaic virus* strain from naturally infected peanuts in China. Plant Disease, 1984, 68: 386-389

[16] 沈淑琳，王树琴，陈燕芳. 大豆种传黄瓜花叶病毒的分离鉴定. 植物病理学报，1984，14(4)：251-252

[17] 叶寅，魏征宇，赵丰. 一个新黄瓜花叶病毒卫星 RNA 结构和生物学分析. 中国科学(B 辑)，1993，23：821-826

[18] 金巧玲，周雪平，刘勇. 侵染绿花椰菜的黄瓜花叶病毒(CMV)研究. 浙江农业大学学报，1994，21(6)：610-614

[19] 徐平东，李梅，柯冲. 引致西番莲环斑花叶和果实木质化的一个黄瓜花叶病毒分离物鉴定. 植物病理学报，1996，26(2)：164

[20] 徐平东，李梅. 西番莲死顶病病原病毒鉴定初报. 植物检疫，1993，7(4)：319

[21] 徐平东，李梅. 引致转心莲、龙珠果花叶病的黄瓜花叶病毒. 福建省农科院学报，1996，11(1)：50-53

[22] 谢联辉，林奇英，谢莉妍. 福建烟草病毒种群及其发生频率的研究. 中国烟草学报，1994，2(1)：25-32

[23] Gonsalves D, Provvidenti R, Edwards MC. Tomato white leaf: the relation of an apparent satteliteRNA and cucumber mosaic virus. Phytopathol, 1982, 72: 1533-1538

[24] 徐平东，李梅，龚进兴. 菲律宾引种香蕉花叶病毒的鉴定. 福建省农科院学报，1996，11(4)：31-36

[25] Lot H, Marrou J, Quiot JB. Contribution a petude du virus de la mosaique du concomre(CMV). II. Methode de purification rapide du virus. Ann Phytopathol, 1972, 4: 25-38

[26] Owen J, Palukaitis P. Characterization of *Cucumber mosaic virus*. I. Molecular heterogeneity mapping of RNA3 in eight CMV strains. Virology, 1988, 166: 495-502

[27] Owen J, Shintaku M, Aeschleman P. Nucleotide sequence and evolutionary relationships of *Cucumber mosaic virus* (CMV) strains: CMV RNA3. J Gen Virol, 1990, 71: 2243-2249

[28] Devergne JC, Cardin L. Contribution a l'etude du virus de la mosaique du concombre(CMV). IV. Essai de classification de plusieurs isolats sur la base de leur structure antigenique. Ann Phytopathol, 1973, 5: 409-430

[29] Devergne JC, Cardin L. Relations serologiques entre cucumovirus (CMV, TAV, PSV). Ann Phytopathol, 1975, 7: 255-276

[30] Devergne JC, Cardin L, Burchard J. Comparison of direct and indirect ELISA for detecting antigenically related cucumoviruses. J Virol Methods, 1981, 3: 193-200

[31] Maeda T, Inouye N. Differentiation of two serotypes of *Cucumber mosaic virus* in Japan by F(ab')2ELISA with cross-absorbed antibodies. Ber Ohara Inst Landwirtsch Biol Okayama Univ, 1987, 19(3): 149-158

黄瓜花叶病毒两亚组分离物寄主反应和血清学性质比较研究

徐平东[1]，李　梅[1]，林奇英[2]，谢联辉[2]

（1 厦门华侨亚热带植物引种园国家植物引种隔离检疫基地，福建厦门　361002；
2 福建农业大学植物病毒研究所，福建福州　350002）

摘　要：根据寄主反应和血清学试验将我国分离的16个黄瓜花叶病毒（CMV）分离物及4个标准毒株（Fny、Lny、M和WL）区分为两个亚组。14个分离物及标准毒株Fny、M属亚组Ⅰ DTL血清组，2个分离物及标准毒株Lny、WL属亚组Ⅱ ToRS血清组。选用9科23种（或品种）植物进行寄主反应测定，发现茄科的心叶烟（*N. glutiuosa*）、普通烟（*N. tabacum* cv. Xainthi-NC）及葫芦科的西葫芦（*Cucurbita pepo*）能将两亚组分离物区分开。采用法国和美国提供的8个单克隆抗体进行单、多克隆抗体夹心ELISA测定，能区分两亚组的分离物。首次证实在我国存在两个亚组的CMV分离物。

关键词：黄瓜花叶病毒；DTL血清组；ToRS血清组；单克隆抗体

黄瓜花叶病毒（*Cucumber mosaic virus*，CMV）是雀麦花叶病毒科（*Bromovzrzdae*）黄瓜花叶病毒属（*Cucumovirus*）的典型成员，寄主范围极其广泛，能侵染1000多种的单、双子叶植物，是分布最广、寄主植物最多、最具经济重要性的植物病毒之一。自从首例CMV分离报道以来，世界各地已报道了100多个CMV株系或分离物。但是这些CMV分离物根据寄主反应、血清学性质、病毒外壳蛋白的肽链图谱分析、核酸杂交、PCR产物酶解分析以及核酸系列分析等可以区分为两个性质不同的亚组[1]。我国已从38科的120多种植物上分离到CMV，一些分离物产生严重危害；国内许多学者也对CMV开展了大量研究[2]。但是未见报道在同一水平上对不同亚组分离物进行系统的比较研究，尤其在血清学性质方面的研究。本文报道对我国分离的16个CMV分离物在同一水平上进行寄主反应和血清学性质比较研究的结果。

1　材料与方法

1.1　毒源

本研究所用的我国16个CMV分离物和4个标准毒株的来源见表1，其中Fny、Lny、M和WL作为2个亚组的标准毒株。CMV分离物CA、SS-30、GB，标准毒株Fny、Lny、M和番茄不孕病毒（TAV）由农业部植物检疫实验所张成良、张作芳研究员提供；分离物T-37由华南农业大学植保系高乔婉教授提供；分离物CMVP1、TN和C-931由浙江农业大学生物技术研究所周雪平博士提供；标准毒株WL由美国康奈尔大学植病系凌开树博士提供；分离物Tab由福建农业大学植物病毒研究所提供；其余各CMV分离物由作者分离。各CMV分离物均经苋色藜（*Chenopodzum amaranticolor*）单斑分离，繁殖在心叶烟（*Nicotiana glutinosa*）上，置隔离检疫温室。

1.2　寄主反应测定

常规摩擦接种，接种缓冲液为0.025mol/L磷酸缓冲液（含0.2mol/L NaDIECA，pH7.2），置隔离检疫温室（冬季温度为16～22℃，夏季温度为20～24℃），观察一个月，不表现症状的回接苋色藜或采用ELISA检测是否隐症带毒。寄主反应测定重复2～3次。

植物病理学报，1997，27（4）：353-360

表 1 供试黄瓜花叶病毒分离物及其来源

病毒分离物	分离植物	分离地点	文献
亚组Ⅰ（DTL 血清组）			
Fny	*Cucumis melo*	纽约	Wahyuni et al.，1992
M	*Nicotiana* sp.	剑桥	Mossop et al.，1976
T-37	*Lycopersecon esculentum*	广东	范杯忠等，1982
CMVP1	*Pisum sativum*	南京	周雪平等，1994
TN	*Lycopersuon esculentum*	南京	程宁辉等，1994
CA	*Arachzs hypogeae*	辽宁	Xu&Barnett，1984
SS-30	*Cllyciine max*	江苏	沈淑琳等，1984
GB	*Musa* sp.	广东	叶寅等，1993
C-931	*Brassica oleracea* var. *ualica*	杭州	金巧玲等，1995
PE1	*Passiflora edulu*×*P. edulis* var. *favuarpa*	厦门	徐平东等，1996
PE2	*Passiflora edulis*×*P. edulis* var. *flaericarpa*	漳州	徐平东等，1997
PC	*Passiflara caerulea*	厦门	徐平东等，1996
PF	*Passijlora foetula*	厦门	徐平东等，1996
Cab	*Brassica campestris* ssp. *chinensis*	厦门	
Cum	*Cucumu melo*	厦门	
Tab	*Nicntiana tahacum*	福建	谢联辉等，1994
亚组Ⅱ（ToRS 血清组）			
Lny	*Lectuca suligna*	纽约	Wahyuni et al.，1992[3]
WL	*Lycopersicon esculentum*	纽约	Gonsalves et al.，1982
XB	*Musa* sp.	厦门	徐平东等，1996
PEf	*P. edulis* var. *flavicarba*	厦门	

1.3 病毒提纯

对 Fny 和 Lny 两个株系进行提纯。初提纯参考 Lot 等的方法[4]，并作适当修改。进一步提纯，采用 10%～40%蔗糖梯度离心。Fny 和 Lny 分别繁殖在普通烟（*N. tabacum* cv. Xanthi-NC）和心叶烟上，收获接种后 2 周的烟叶即用于提纯。100g 叶组织加 100mL 0.5mol/L 柠檬酸缓冲液（含 5mmol/L Na_2EDTA 和 0.5%巯基乙醇，pH6.5），低温捣碎、匀浆，加 100mL 氯仿搅拌 30s。低速离心（12 000g，10min），取水相，加 10%（W/V）PEG（MW6000）和 0.1mol/L NaCl 在 0～4℃下搅拌 40min Na_2EDTA，pH 9.0）悬浮。悬液经 10%～40%蔗糖梯度离心（Hitachi RPS40T rotor，25 000r/min，2h），收集乳白色病毒带，超离心脱糖，沉淀用少量 0.01mol/L PB（pH7.0）悬浮，即为病毒提纯液。提纯病毒用 Beckman DU8 型紫外/可见光分光光度计在 220～320nm 波长范围内进行扫描，检测提纯病毒的紫外线吸收，测 A_{260}/A_{280}，并计算提纯产量。蘸取提纯病毒悬液的铜网经 2%醋酸铀染色后，JEM-100CXⅡ型透射电镜观察病毒粒体形态。

1.4 血清学试验

1.4.1 抗血清制备

用经 0.2%甲醛固定的提纯病毒作抗原，对 2～2.5kg 雄性家兔进行 2 次肌肉和/或皮下注射，1 次静脉注射。肌肉或皮下注射每次病毒量为 1mg，第 1 次加等体积的完全福氏佐剂，第 2 次加不完全福氏佐剂。静脉注射病毒量为 2mg。2 次皮下或肌肉注射间隔 1 周，第 2 次皮下或肌肉注射 2 周后进行静脉注射。末次注射 1 周后采血。

1.4.2 单克隆抗体

单克隆抗体 2.1、34.2、42.3、21.4 由法国国家科学研究中心 van Regenmortel 博士赠送；单克隆抗体 4H10B12、7B3D9、23C10E14、44E9A7 由美国农业部徐惠迪博士赠送。

1.4.3 琼脂双扩散试验

按常规方法进行。

1.4.4 单、多克隆抗体夹心

ELISA（DAS-ELISA）DAS-ELISA 按 Porta 等方法[5]。包被抗体为稀释 1000 倍的 Fny 或 Lny 兔抗血清；单克隆抗体稀释 1000 倍使用；碱性磷酸酶标记羊抗鼠为 Sigma 产品，稀释 1000 倍使用；各步骤中每孔加样量均为 100uL。Bio-Tek ELx800uv 型酶联免疫检测仪波长 405nm 检测。

2 结果

2.1 两亚组分离物的寄主反应

摩擦接种 9 科 23 种（或品种）植物，16 个 CMV 分离物和 4 个标准毒株产生的症状见表 2。其中，茄科的心叶烟、普通烟（*N. tabacum* cv. Xanthi-NC）及葫芦科的西葫芦（*Cucurbita pepo*）能区分两亚组的分离物。大多数指示植物对 20 个分离物或株系产生较为广泛的症状，很难用于亚组的区分。

2.2 提纯病毒的紫外吸收、产量和粒体

经 PEG 沉淀、蔗糖垫超离心、蔗糖梯度离心，获得纯化病毒。经 220～320nm 扫描，2 株系的提纯病毒均显典型的核蛋白吸收曲线，Fny 的 A_{260}/A_{280} 为 1.73，Lny 的 A_{260}/A_{280} 为 1.60，2 株系的提纯产量分别为 Fny 226mg/kg 鲜叶组织，Lny 120mg/kg 鲜叶组织。提纯病毒经醋酸铀染色，电镜观察，病毒粒体完整，大小 Lny 26～28nm，Lny 28～30nm。

2.3 血清学试验结果

2.3.1 抗血清效价测定

经琼脂双扩散测定，As-Fny 效价为 1∶256，As-Lny 为 1∶64。

2.3.2 两亚组分离物的 DAS-ELISA 测定结果

采用法国和美国提供的 8 个单克隆抗体对 20 个 CMV 分离物或株系进行 DAS-ELISA 测定，其结果见表 3。根据 Porta 等（1989）和 Hsu 等（1995）的报道，单克隆抗体 21.4 和 7B3D9 仅与属于 ToRS 血清组的 CMV 分离物具阳性反应；单克隆抗体 34.2 和 4H10B12 仅与 DTL 血清组的分离物具阳性反应；单克隆抗体 42.3 仅与 Co 血清组的分离物具阳性反应；单克隆抗体 2.1，23C10E4 及 44E9A7 与 DTL，ToRS 2 个血清组的分离物均具阳性反应[5,6]。分离物 XB、PEf 和标准毒株 Lny、WL 与单克隆抗体 21.4 和 7B3D9 具强阳性反应，而与单克隆抗体 34.2，42.3 及 4H10B12 呈阴性反应（表 3），属 ToRS 血清组；T-37、CMVPI、TN、CA、SS-30、C-931、PE1、PE2、PC、PF、Cab、Tab、GB、Cum 等 14 个分离物和标准毒株 Fny、M 与单点隆。

表 2 20 个 CMV 分离物或株系在 23 种（或品种）植物上的反应

供试植物	寄主反应						
	亚组 I						
	Fny	M	T-37	CMVP1	TN	CA	SS-30
茄科 Solanaceae							
心叶烟（*Nicotiana glutinosu*）	1，4，5[a]	3，4	1，4，5	1	1，4，12	10，1	10，1
普通烟（*N. tabacum* cv. Samsum-NN）	1，4	3，4	1，4	+	1，4	—	—
cv. Xanthi-NC	1，4	3，4	1，4	1，4	1，4	10，1	10，1
本氏烟（*N. benthamiana*）	2，4，11，13	3，4	2	—	6，1，5，11	10，1	1
德氏烟（*N. debneyi*）	1，4	3，4	1，4	—	1，4	+	10，1
克氏烟（*N. clevelandii*）	1，4	3，4	1，4	1	1，4，11	10，1	2，4
黄花烟（*N. rustica*）	6，1，4	6，3，4	6，1，4	6，2，4	6，1，5	—	—
蔓陀萝（*Datura strauonium*）	2，4	3，4	2，4	2，4	1，4	+	6
番茄（*Lycopersicou esculentum* cv. Mormor）	1，5	3，5	1，5	10，6	1，5	+	10，2
矮牵牛（*Petunia hybrida*）	9，2，4	9，2，4	9，2，4	9，2	9，2，4	9，10，2	9，2
甜椒（*Capsuum amaum* cv. Green Giant）	8，13	7，9，3，4	7，9，2，4	9，2	8，1，4	9，2	9，2
藜科 Chenopodiaceae							
苋色藜（*Chenopodium umarantwolor*）	7	7	7	7	7	7	7
甜菜（*Deta vulgaris*）	+	+	+	+	+	1	+
西番莲科 *Passifloraceae*							
龙珠果（*Passiflora foetida*）	1，4	3，4	2，4	1，4	14，4	—	—
豆科 Leguminosae							

续表

供试植物	寄主反应						
	亚组Ⅰ						
	Fny	M	T-37	CMVP1	TN	CA	SS-30
豌豆（*Pisum sutivum* cv. Green-foast）	7	7	7	2	7	8，15	7，＋
豇豆（*Vigna unguiculatu* cv. Black eye）	7	7	7	2	7	7，14	7，2
菜豆（*Phaseolus vulgaris* cv. Bountiful）	—	—	—	9，2	—	9，2	9，2
葫芦科 Cucurbitaceae							
黄瓜（*Cucumis sativus* cv. 长青黄瓜）	6，2	6，3	6，2	2	1	6，2	6，2
西葫芦（*Cucurbtta pepo*）	6，2	6，3，4	6，2，4	2	6，2	6，2	6，2
十字花科 Cruciferae							
白菜（*Brassua cantputris* ssp. *pekinensis*）cv. 津 9 白菜	—	—	—	—	—	—	—
禾本科 Poaceae							
玉米（*Zea May* spp. *mays*）cv. 掖 478	2，4，11	—	—	＋	—	—	—
苋科 Amaranthaceae							
千日红（*Guomphrena globasa*）	7，1，4	7，3，13	7，1，4	＋	7，1，4	8	8
夹竹桃科 Apocynaceae							
长春花（*Catharanthus roseus*）	1，4	—	—	—	—	—	—

寄主反应												
亚组Ⅰ						亚组Ⅱ						
GB	C-931	PE1	PE2	PC	PF	Cab	Cum	Tab	Lny	WL	XB	PEf
1	1，4	1，4，5	1，4，5，12	1，4，5	1，4，5	1，4，5	1，4，5	1，4，5	6，2，4	6，2，4	6，2，4	6，2，4
1	1，4	1，4	1，4	1，4	1，4	2，4	1，4	1，4	10，2	10，2	10，2	10，2
1	1，4	1，4	6，1，4	6，1，4	6，1，4	1，4	1，4	1，4	6.10，2	6.10，2	6，2	6.10，2
9，1	＋	2，4，11	1，4，13	2，4	2，4，11，13	2，11	2，11	1，2，11	2	2，4	10，2	2
1	1，4	1，4	1，4	1，4	1，4	1，4	1，4	1，4	＋	2	＋	＋
1，4	1，4	1，4	1，4，13	1，4，11	1，4，11	1，4	1，4	1，4	6，2，4	6，2，4	6，2，4	6，2
6，1，4	6，1，4	6，1，4	6，1，4，13	6，1，4	6，1，4	6，1，4，13	6，1，4	6，1，4	—	6，2，4	6，2，4	6，2，4
2，4	1，4	6，1，4	2，4	6，3，4	6，2，4	2，4	2，4	2，4	2，4	2，4	2，4	2，4
1，4	1，5	1，5	1，5	1，5	1，5	1，5	1，5	1，5	1，4	1，4	1，4	1，4
9，2	9，2	9，2，4	9，2，4	9，2，4	9，2，4	9，2，4	9，2，4	9，2，4	9，2	9，2	9，2	9，2
9，1，4	7，9，1，4	7，9，2，4	7，13	7，9，2，4	7，9，2，4	7，6，2，4	7，9，2，4	7，9，2，4	9，2，4	9，2，4	9，2，4	9，2，4
7	7	7	7	7	7	7	7	7	7	7	7	7
＋	＋	1	1	1	1	1	＋	＋	＋	＋	＋	＋
1，4	1，4	1，4	12，1，4	1，4	1，4	2，4	2，4	1，4	1，4	1，4	1，4	1，4
7	7	7	7	7	7	7	7	7	7	7	7	7
7	7	7	7	7	7	7	7	7	7	7	7	7
—	—	—	—	—	—	—	—	—	—	—	—	—
6，2	6，1	6，2	6，2	6，2	6，2	6，2	6，2	6，2	6，＋	6，2	6，2	6，2
6，2	6，2	6，2	6，2，4	6，2	6，2	6，2	6，2	6，2	6，＋	6，＋	6，＋	6，＋
—	＋	—	—	—	—	2	—	—	—	—	—	—
—	—	—	—	—	—	—	2，4，11，13	—	—	—	—	—
7，1，4	7，1，4	7，1，4	7，1，4	7，1，4	7，1，4	7，1，4	7，1，4	7，1，4	8	8	8	8
1	1	1，4	1，4，11	1，4	1，4	—	—	—	1	1	1	1

1. 绿色花叶；2. 退绿斑驳；3. 黄绿色花叶；4. 叶片奇型；5. 蕨叶症；6. 局部退绿斑；7. 局部坏死斑；8. 系统坏死斑；9. 叶脉退绿；10. 轻症；11. 严重矮化；12. 顶端坏死；13. 全株死亡；14. 环斑花叶；15. 枯萎；＋. 隐症侵染；－. 不侵染

表 3 DAS-ELISA 测定 20 个 CMV 分离物或株系的结果（A_{405}吸收值[a]）

病毒分离物	单克隆抗体[b]							
	2.1	34.2	21.4	42.3	4H10B12	7B3D9	23C10E4	44E9A7
DTL 血清组								
Fny	++++	++++	−	−	+++	−	+++	+++
M	++++	++++	−	−	++++	−	+++	+++
T-37	++++	++++	−	−	++++	−	++++	++++
CMVP1	++++	+++	−	−	+++	−	++	++
TN	++++	++++	−	−	++++	−	++++	+++
CA	++++	+++	−	−	++	−	++++	++++
SS-30	++++	++++	−	−	−	−	++++	++++
GB	++++	+++	−	−	+++	−	+++	+++
C-931	+++	++	−	−	++	−	+	++
PE1	++++	++++	−	−	+++	−	++++	++++
FE2	++++	++++	−	−	++++	−	++++	++++
PC	++++	+++	−	−	+++	−	++++	++++
PF	++++	++++	−	−	++++	−	++++	++++
Cab	++++	++++	−	−	++++	−	++++	++++
Cum	++++	+++	−	−	++++	−	+++	+++
Tab	++++	++++	−	−	++++	−	++++	++++
ToRS 血清组								
Lny	++++	−	+++	−	−	+++	+++	+++
WL	++++	−	++++	−	−	+++	+++	+++
XB	+++	−	+++	−	−	++	+++	++
Pef	++++	−	++++	−	−	++	+++	++
对照抗原								
TAV	−	−	−	−	−	−	−	−
健心叶烟叶	−	−	−	−	−	−	−	−
PBST-PVP	−	−	−	−	−	−	−	−

a. 二次实验平均值

b. −=$A_{405}<0.3$；+=0.3～0.6；++=0.6～0.9；+++=0.9～1.2；++++=>1.2

3 讨论

上述试验结果表明根据寄主反应和单、多克隆抗体夹心 ELISA 能将我国分离的 16 个 CMV 离物及 4 个标准毒株区分为两个亚组，即 T-37、CMVP1、TN、CA、SS-30、GB、C-931、PE1、PE2、PC、PF、Cab、Cum、Tab 等 14 个分离物及标准毒株 Fny，M 属亚组Ⅰ DTL 血清组，分离物 XB、Pef。

本研究对 20 个 CMV 分离物和株系选用 9 科 23 种（或品种）的植物进行寄主反应测定，发现茄科的心叶烟、普通烟（cv. Xanthi-NC）能区分两亚组的分离物（表 2），该结果与 Palukaitis 的观察[7,8]及 Wahyuni 等的报道[3]一致。同时我们也发现葫芦科的西葫芦能作为亚组鉴定的指示植物（表 2），这在文献上尚未见报道。

血清学方法能进行 CMV 株系和亚组鉴定。Devergne 和 Cardin 采用琼脂双扩散试验，将 11 个 CMV 分离物区分为 ToRS 和 DTL 血清组[9]；随后他们又发现一个血清组（即 Co 血清组），并测定了三个血清组之间的血清学差异指数（SDI），ToRS 和 DTL 血清组之间的 SDI 为 1-2、ToRS、DTL 与 C。血清组之间的 SDI 为 3[10,11]，但是 Wahyuni 等发现琼脂双扩散方法灵敏度不够，他们对澳大利亚分离的 14 个 CMV 株系及两个标准毒株进行琼脂双扩散试验，结果可以将 16 个株系区分为 3 个亚组，然而采用单、多克隆抗体夹心 ELISA 及核酸杂交测定，这些株系仅区分为两个亚组[3]。本研究用 Porta 等及 Hsu 等制备的单克隆抗体[5,6]进行 DAS-ELISA 测定，能将我国分离的 16 个 CMV 分离物及 4 个标准毒株区分为两个血清组（表 3）。

本研究首次证实我国存在两个亚组的 CMV 分离物。对研究我国 CMV 引致病害的流行、检疫和防治，尤其对转 CMV 外壳蛋白基因的植物推广应用具重要意义。因为从 Consaaives 领导的研究小组对转 CMV 外壳蛋白基因的植物进行攻毒试验结果表明。这些转基因植物对攻毒不同亚组 CMV 分离物表现从高抗到感病等不同程度的抗性。所以更广泛地开展找国 CMV 亚组鉴定，特别是重要的蔬菜、经济作物的 CMV 亚组鉴定极其重要。

参 考 文 献

[1] Palukaitis P，Roossinck MJ，Dietzgen RG. *Cucumber mosaic virus*. Adv Virus Res，1992，41：281-348

[2] 徐平东，李梅，林奇英. 我国黄瓜花叶病毒及其病害研究进展. 见：刘仪：第一次全国植物病毒与病毒病防治研究学术讨论会论文集. 北京：中国农业科学技术出版社，1997，13-22

[3] Wahyuni WS，Dietzgen RG，Hanada K. Serological and biological variation between and within subgroup Ⅰ and Ⅱ strains of *Cucumber mosaic virus*. Plant Pathol，1992，41：282-297

[4] Lot H，Marrou J，Quiot JB. Contribution a petude du virus de la mosaique du concomre（CMV）. II. Methode de purification rapide du virus. Ann Phytopathol，1972，4：25-38

[5] Porta C，Devergene JC，Cardin L，et al. Serotype specify of monoclonal antibodies to *Cucumber mosaic virus*. Arch Virol，1989，104：271-285

[6] Hsu HT，Barzuna L，Bliss W. Specificitied of mouse monoclonal antibodies to *Cucumber mosaic virus*. Phytopathol，1995，85：1210

[7] Palukaitis P，Owen J. Characterization of *Cucumber mosaic virus*. I. Molecular heterogeneity mapping of RNA3 in eight CMV strains. Virology，1988，166：495-502

[8] Palukaitis P，Zhang L，Hanada K. Mapping local and systemic symptom determinants of *Cucumber mosaic virus* in tobacco. J Gen Virol，1994，75：3185-3191

[9] Devergne JC，Cardin L. Contribution a l'etude du virus de la mosaique du concombre(CMV). IV. Essai de classification de plusieurs isolats sur la base de leur structure antigenique. Ann Phytopathol，1973，5：409-430

[10] Devergne JC，Cardin L. Relations serologiques entre *Cucumovirus*（CMV，TAV，PSV）. Ann Phytopathol，1975，7：255-276

[11] Devergne JC，Cardin L，Burchard J. Comparison of direct and indirect ELISA for detecting antigenically related cucumoviruses. J Virol Methods，1981，3：193-200

黄瓜花叶病毒亚组Ⅰ和Ⅱ分离物外壳蛋白基因的序列分析与比较*

徐平东[1]，周仲驹[2]，林奇英[2]，谢联辉[2]

（1 厦门华侨亚热带植物引种园国家植物引种隔离检疫基地，福建厦门 361002；
2 福建农业大学植物病毒研究所，福建福州 350002）

摘　要：对我国分离的经生物学和血清学鉴定为黄瓜花叶病毒（CMV）亚组Ⅰ和亚组Ⅱ的各一分离物（GB、XB）的外壳蛋白（CP）基因进行了序列分析和比较。以提纯病毒 RNA 为模板，进行逆转录及 PCR 扩增，并通过常规基因克隆方法得到插入 *CP* 基因片段的重组克隆。对插入 GB 和 XB 两个分离物 *CP* 基因片段的重组克隆进行全序列测定，结果表明重组克隆序列长分别为 777bp 和 792bp，均只含一个开放读框（ORF），长度为 657nt，可编码 218 个氨基酸；两个分离物的 *CP* 基因核苷酸序列同源率为 77.5%，氨基酸序列同源率为 82.6%。与我国已报道的 7 个 CMV 分离物的 *CP* 基因序列比较，分离物 GB 的同源率为 91.3%～97.3%，分离物 XB 的同源率为 76.6%～78.4%。与国际上已报道部分 CMV 株系的 *CP* 基因序列相比较，分离物 GB 与亚组Ⅰ株系有更密切的亲缘关系，而分离物 XB 则与亚组Ⅱ株系的亲缘关系更密切。

关键词：黄瓜花叶病毒；亚组Ⅰ；亚组Ⅱ；外壳蛋白基因序列

Coat protein gene sequence analysis and comparison of *Cucumber mosaic virus* subgroup Ⅰ and Ⅱ isolates in China

XU Ping-dong[1]，ZHOU Zhong-ju[2]，LIN Qi-ying[2]，XIE Lian-hui[2]

（1 National Introduction Isolation Quarantine Base，Xiamen Overseas Chinese Subtropics Plant Introduction Garden，Xiamen 361002；
2 Institute of Plant Virology，Fujian Agricultural University，Fuzhou 350002）

Abstract：Nucleotide sequence analysis and comparison of the coat protein（CP）genes of two isolates（GB and XB）belonging to different *Cucumber mosaic virus*（CMV）subgroups determined by biology and serology were carried out. The results revealed that there was an open reading frame of 657 nucleotides which could encode the protein of 218 amino acids of each isolate. GB and XB shared 77.5% nucleotide and 82.6% amino acid sequence homology. The nucleotide sequence of GB shared 91.3%-97.3% homology with seven CMV isolates previously reported from

病毒学报，1999，15（2）：164-171

收稿日期：1997-10-31　修回日期：1998-3-25

*　基金项目：福建省自然科学基金资助项目（c95059）

China，while XB only shared 76.6%-78.4%. GB was found to be more closely related with CMV sub-group Ⅰ，while XB was with subgroup Ⅱ when their *CP* gene sequences were compared to partly known CMV *CP* gene sequences selected from the GenBank.

Key words：*Cucumber mosaic virus* (CMV)，subgroup Ⅰ，subgroup Ⅱ，sequence of coat protein gene

黄瓜花叶病毒（*Cucumber mosaic virus*，CMV）寄主范围极其广泛，能侵染1000多种植物，是寄主植物最多、分布最广、最具经济重要性的植物病毒之一[1,2]。CMV也是我国最重要的植物病毒之一[3]。几十年来，我国先后从38科的120多种植物上分离到CMV，这些CMV分离物在十字花科、茄科、豆科及葫芦科等蔬菜作物、烟草、香蕉和西番莲上造成严重危害[3]。

CMV是雀麦花叶病毒科（*Bromoviridae*）黄瓜花叶病毒属（*Cucumovirus*）的典型成员[1]，其基因组为三分体，包括3个RNA片段，即RNA1～RNA3[4]。RNA1（3.3kb）和RNA 2（3.2kb）含有复制酶基因，分别编码111kD和97kD两个蛋白质，并决定侵染寄主植物的症状表现、种传、对温度的敏感性和卫星RNA的相互作用；RNA3（2.2kb）含3a蛋白基因和外壳蛋白（CP）基因，编码一个移动蛋白（即3a蛋白，30kD）和一个外壳蛋白（24kD），与病毒的虫传特性、寄主范围、症状表现及血清型有关[4]。所以，不同的CMV分离物在致病性、寄主范围、繁殖速率、种传、虫传、血清学等方面的差异，均来自基因组的差异[4]。多年来各国学者相继分离鉴定了100多个CMV株系或分离物[2,5,6]。根据寄主反应、血清学关系、病毒外壳蛋白肽链图谱分析、dsRNA分析、核酸杂交、RT-PCR产物酶解分析及核苷酸序列分析等，这些分离物或株系可以区分为两个性质不同的亚组[5,7]。迄今，已有至少6个CMV株系的全基因组序列和50多个株系的部分基因组序列被测定[7]。在我国也先后测定了7个CMV亚组Ⅰ分离物的*CP*基因[8-12]，但尚未见对CMV亚组Ⅱ分离物进行序列分析的报道。

本文通过常规基因克隆方法，对我国分离的经生物学和血清学鉴定属CMV亚组Ⅰ和Ⅱ的两个分离物的*CP*基因进行分子克隆，利用双脱氧链终止法对所克隆的*CP*基因进行核苷酸序列测定，并与国际上报道的CMV两个亚组分离物*CP*基因序列进行比较。

1　材料与方法

1.1　毒源及病毒RNA的提取

以CMV分离物GB、XB作为*CP*基因序列分析的材料，其来源及所属亚组见文献［13，14］。病毒的提纯按文献［13］。病毒RNA的提取参考文献［15］。

1.2　质粒、菌株、酶和试剂

质粒pGEM-T为Promega公司产品。宿主菌株为大肠杆菌JM105和DH5α。抗菌素、*Taq* DNA聚合酶、PCR试剂盒及PCR Marker为华美生物工程公司产品。dNTPs、RNase A、T4 DNA连接酶、蛋白酶K、禽成髓细胞瘤病毒（AMV）反转录酶、限制性内切酶、IPTG、X-Gal及Lambda DNA/*Eco*RⅠ＋*Hind*Ⅲ marker为Promega公司产品。DTT、MOPS、琼脂糖为Bio-Rad公司产品；其他化学试剂为国产分析纯。

1.3　引物的设计和合成

根据已发表的CMV cDNA序列[5]设计，并采用Beckman oligo1000 DNA合成仪合成如下两个引物：P1（5引物）：5′-ATGGACAAATCTGAATCAACC-3′，P2（3引物）：5′- TAAGCTGGATGGACAACCCGT-3′。5′引物与Fny株系（CMV亚组Ⅰ）RNA3的1257～1277nt或Q株系（CMV亚组Ⅱ）RNA3的1220～1240nt相同；3′引物与Fny株系RNA3的2014～2034nt或Q株系的1991～2011nt互补。

1.4　cDNA的合成和PCR扩增

取1μL病毒RNA加1μL引物P2（10pmol/L），65℃退火3min后，加5μL 5×AMV反转录酶缓冲液，2.5/μL四种dNTPs（10mmol/L），1μL RNasin（20U/μL），1μL AMV反转录酶（10U/μL），并加灭菌水至总体积25μL，42℃反应1h。取上述反应产物10μL为模板，加5μL引物P1（10pmol/μL）、

5μL 引物 P2（10pmol/μL），5μL 10×PCR 反应缓冲液（含 15mmol/L $MgCl_2$），5μL 四种 dNTPs（2mmol/L），1μL *Taq* DNA 聚合酶（3U/μL）。并加灭菌水至总体积 50μL，进行 PCR 扩增。扩增条件为 94℃预变性 4min，然后 94℃变性 1min，50℃退火 2min，72℃延伸 3min。30 个循环后，72℃保温 10min。

1.5 *CP* 基因的克隆和重组克隆的筛选

PCR 产物与 pGEM-T 克隆载体经 T4 DNA 连接酶连接反应后，转化 JM105 感受态菌。涂布在含 100μg/mL 氨苄青霉素、X-Gal、IPTG 的 LB 平板培养基上，37℃过夜培养。选择白色菌落，经用引物 P1、P2 的 PCR 筛选后，扩大培养 PCR 阳性克隆。小量快速提取质粒 DNA[16]，双酶切鉴定。

1.6 核苷酸序列分析

经鉴定的质粒转化 DH5α，PEG 沉淀法[16]提取测序质粒 DNA。采用双脱氧链终止法[17]在 ABI Prism 377 DNA 自动测序仪上进行序列测定。序列测定结果采用 DNASIS 和 PROSIS 软件（Hitaehi Software Engineering Co，1990）进行分析。两个分离物的 *CP* 基因核苷酸序列及推导的氨基酸序列，除相互比较外，还与我国报道的 7 个 CMV 分离物及 GenBank 中的 32 个 CMV 株系（26 个亚组Ⅰ，6 个亚组Ⅱ）的 *CP* 基因序列进行比较。

2 结果

2.1 *CP* 基因的合成及 PCR 扩增

两个 CMV 分离物的提纯制剂，经抽提 RNA，合成 cDNA，再进行 PCR 扩增，其产物经 1%琼脂糖凝胶电泳，结果表明 PCR 产物获得大小约 780bp 的扩增条带（图 1），与引物设计时预期的大小相吻合。

2.2 重组克隆的筛选及鉴定

PCR 产物与载体 pGEM-T 连接后，转化宿主细菌 JM105。所获得的部分克隆经少量快速制备质粒，1%琼脂糖凝胶电泳检查，结果含有 *CP* 基因的质粒 DNA 泳动速率明显慢于不含 *CP* 基因的质粒 DNA。经 *Nco* Ⅰ 和 *Ned* Ⅰ 双酶切，获得两条 DNA 电泳条带，一条与载体 pGEM-T 的大小相近，另一条与 PCR 扩增片段大小相近（图 2）。每个分离物选取 3～4 个重组克隆进行部分核苷酸序列测定。

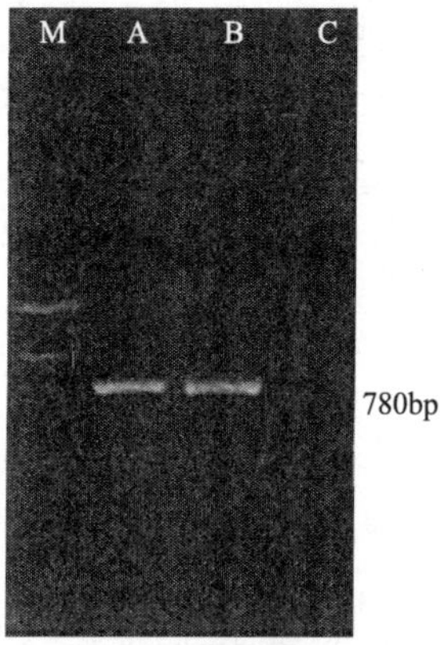

图 1 两个 CMV 分离物的 RT-PCR 扩增产物 1%琼脂糖凝胶电泳图

A. GB；B. XB；C. 继承对照；M. marker

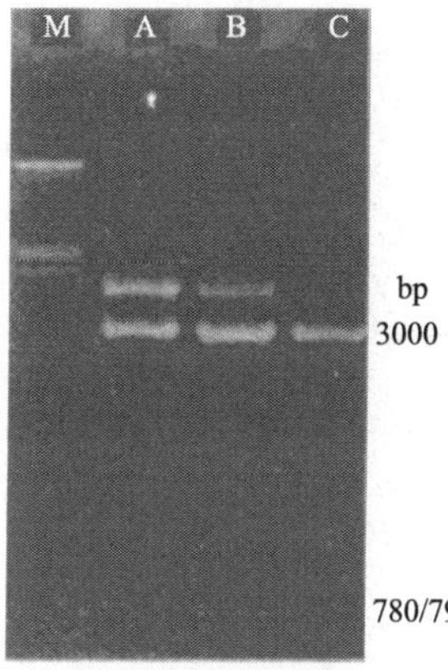

图 2 重组质粒 DNA 双酶切产物 1%琼脂糖凝胶电泳图

A. XB；B. GB；C. pGEM-T；M. marker

2.3 两个分离物 *CP* 基因的核苷酸及氨基酸序列比较

GB 和 XB 两个分离物 *CP* 基因的核苷酸及其所推导的氨基酸序列与 CMV 两个亚组株系比较（表 1，图 5）结果显示，分离物 GB 与亚组Ⅰ具更密切的同源关系，分离物 XB 与亚组Ⅱ的同源关系更密切。与我国报道的 7 个 CMV 分离物的 *CP* 基因进行比较（表 2），分离物 GB 的核苷酸序列同源率为 91.2%～97.3%，分离物 XB 的同源率为 76.6%。

2.4 两个分离物 *CP* 基因的核苷酸及氨基酸序列比较

GB 和 XB 两个分离物的 *CP* 基因核苷酸序列

及其所编码蛋白的氨基酸序列分析结果表明：两个分离物 *CP* 基因核苷酸序列同源率为 77.5%，氨基酸序列同源率为 82.6%。

2.5　两个分离物与已报道 CMV 两个亚组株系 *CP* 基因的核苷酸序列比较

GB 和 XB 两个分离物 *CP* 基因的核苷酸及其所推导的氨基酸序列与 CMV 两个亚组株系比较（表 1，图 5）结果显示，分离物 GB 与亚组Ⅰ具更密切的同源关系，分离物 XB 与亚组Ⅱ的同源关系更密切。与我国报道的 7 个 CMV 分离物的 CP 基因进行比较（表 2），分离物 GB 的核苷酸序列同源率为 91.2%～97.3%，分离物 XB 的同源率为 76.6%～78.4%。

```
GB  ATGGACAAAT CTGAATCAAC CAGTGCTGGT CGTAACCGTC GACGTCGTCC GCGTCGTGGT 60
XB  ---------- ---------- --A----A-- A-A-C-TCC- -G-------G C-CG---A-A

GB  TCCCGCTCCG CCTCCTCCTC CGCGGATGCT AACTTTAGAG TCCTGTCGCA ACAGCTTTCG 120
XB  GGTTCTCGGT --G-T--TGG T--------A GGG--GC-T-CTT--A-T-- G---A-GCT-

GB  CGGCTTAATA AGACGTTAGC AGCTGGTCGT CCAACTATTA ACCACCCAAC CTTTGTGGGT 180
XB  A-A--C---- -A--CC-C-- CAT------- --C---C--- ---------- ---C------

GB  AGTGAACGGT GTAAACCTGG GTACACGTTC ACATCTATCA CCCTGAAACC ACCGAAAATA 240
XB  ------A-C- -------C-- T-----T--- --------T- ----------G--TG----T

GB  GACCGTGGGT CTTATTATGG TAAAAGGTTG TTACTTCCTG ATTCGGTCAC GGAGTTCGAT 300
XB  --AAAG---- -A--C-T--- --G------- -CTT-G--A- ----A----- ---C-AT---

GB  AAGAAGCTTG TTTCGCGCAT TCAAATTCGA GTTAATCCCT TGCCGAAATT TGATTCTACC 360
XB  ---------- ---------- ------CA-G A--------- ---------- ----------

GB  GTGTGGGTGA CAGTTCGTAA AGTTTCTGCC TCCTCCGACT TATCCGTTGC CGCCATCTCT 420
XB  --------C- -------G-- ---AC--TCA --A-----TC -T-----C-- ----------

GB  GCTATGTTCG CGGACGGAGC CTCACCGGTA CTGGTCTATC AGTACGCCGC ATCCGGAATC 480
XB  --------T- GC--T--TAA ---------T T----T---- ----T--T-- -------G-T

GB  CAAGCCAACA ATAAAC TGTT GTACGATCTT TCGGCGATGC GCGCTGATAT AGGCGATATG 540
XB  --G---T--- ----GT-AC- T--T--C--G A-C-A----- ---------- C-----C---

GB  CGAAAGTACG CCGTTCTCGT GTATTCAAAA GACGATGCTC TCGAGACGGA TGAGCTGGTA 600
XB  --T------- ----C--G-- T--C--G--- ------AAA- -A----A--- C---G-T---

GB  CTTCATGTCG ACATCGAGCA CCAACGCATT CCCACATCAG GGGTGCTCCC AGTTTGA 657
XB  ---------- --G------- T-----A--- --T--C---C --A------- GAC--AG
```

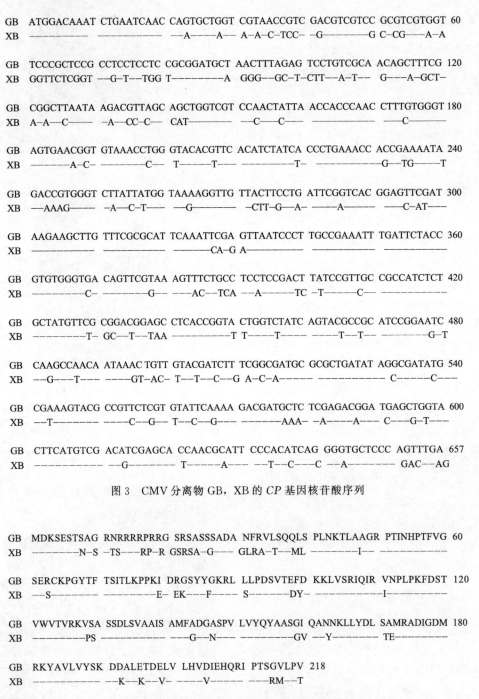

图 3　CMV 分离物 GB，XB 的 *CP* 基因核苷酸序列

```
GB  MDKSESTSAG RNRRRRPRRG SRSASSSADA NFRVLSQQLS PLNKTLAAGR PTINHPTFVG 60
XB  -------N-S -TS---RP-R GSRSA-G--- GLRA-T--ML -------I-- ----------

GB  SERCKPGYTF TSITLKPPKI DRGSYYGKRL LLPDSVTEFD KKLVSRIQIR VNPLPKFDST 120
XB  --S------- --------E- EK---F---- S------DY- ----------I---------

GB  VWVTVRKVSA SSDLSVAAIS AMFADGASPV LVYQYAASGI QANNKLLYDL SAMRADIGDM 180
XB  --------PS ---------- ---G--N--- --------GV --Y------- TE--------

GB  RKYAVLVYSK DDALETDELV LHVDIEHQRI PTSGVLPV 218
XB  ---------- --K--K--V- ----V----- ---RM--T
```

图 4　CMV 分离物 GB、XB 的 CP 氨基酸序列

表 1 分离物 GB、XB 与 CMV 两个亚组株系 *CP* 基因的核苷酸（下方）和氨基酸（上方）序列同源率

分离物或株系	亚组Ⅰ						亚组Ⅱ					
	Fny	M	C	Ix	Y	GB	Q	Trk7	WL	Kin	Sn	XB
Fny		96.3	98.6	95.9	97.2	97.7	78.1	82.1	80.7	82.6	82.1	83.5
M	97.9		95.4	94.0	95.0	95.4	75.1	79.8	78.4	80.3	79.8	81.2
C	99.5	97.6		94.5	95.9	96.3	77.1	80.7	79.4	81.2	80.7	82.1
Ix	92.8	92.2	92.4		95.9	97.2	75.6	80.7	79.4	81.2	80.7	81.7
Y	97.7	96.2	97.3	92.4		97.7	76.6	81.7	80.3	82.1	81.7	83.0
GB	93.9	92.7	93.5	94.8	93.2			91.0	90.5	92.0	92.0	82.6
Q	76.7	75.9	76.3	75.6	77.1	76.4			96.3	98.2	98.2	90.5
WL	79.6	76.3	76.4	75.8	77.3	76.6	97.6			97.2	97.2	95.4
TrK7	76.3	75.5	75.8	75.2	76.7	76.0	97.5	98.5			99.1	94.5
Kin	76.7	76.0	76.3	76.1	77.2	76.7	97.9	99.1	98.5			96.3
Sn	77.0	76.3	76.6	76.0	77.5	76.6	97.6	98.8	98.2	98.9		96.3
XB	77.8	77.0	77.3	76.6	78.3	77.5	96.5	97.3	96.8	97.3	97.0	

GenBank 登录号：亚组Ⅰ：Fny（D10538），M（D10539），C（1300462），Ix（U20219），Y（D12499）；亚组Ⅱ：Q（J02059），WL（D00463），Trk7（L15336），Kin（Z12818），Sn（U22822）

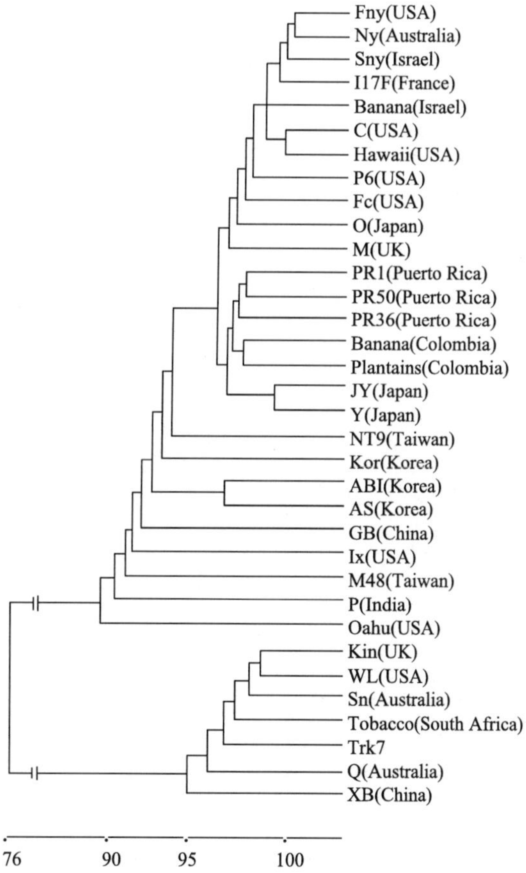

图 5 CMV 分离物 GB，XB 与其他株系 *CP* 基因的核苷酸序列同源图

用平均连续聚类法对 34 个 CMV 株系 *CP* 基因核苷酸序列同源率进行比较而产生的亲缘关系，树状水平距离越长表示株系间核苷酸序列同源率越低

树中的水平距离是根据核酸分化比例算出的。GenBank 登录号：亚组Ⅰ：Fny（D10538），Ny（U22821），Shy（U66094），II7F（X16386），C（D00462），Hawaii（U31219），Banana-Israel（U43888），P6（D10545），Fe（D10544），0（1300385），M（D10539），PRI（M98499），PR36（M98500），PR50（M98501），Banana-Colombia（U32859），Plantains（U32858），JY（M22710），Y（D12499）．Kor（L36251），NT9（D28780），ABI（L36525），AS（X77855），M48（D49496），Oahu（U31220），Ix（U20219），P（X89652）；亚组Ⅱ：Kin（Z12818），WL（D00463），Sn（U22822），Tobacco（U61285），Trk7（L15336），Q（J02059）

表 2　分离物 GB、XB 与我国已报道的 7 个分离物 *CP* 基因的核苷酸（下方）和氨基酸（上方）序列同源率

分离物	BD	JV	SD	BH	BS	CS	MM	GB	XB
BD[8]		92.2	93.2	94.0	94.5	93.1	92.7	94.5	79.8
JV[9]	9.16		94.5	94.5	95.9	94.0	93.1	95.9	83.9
SD[10]	94.4	92.4		95.4	96.8	95.0	94.1	96.8	81.2
BH[11]	97.3	92.7	95.2		96.8	95.0	94.0	96.8	81.2
BS[12]	92.7	90.7	93.6	93.6		98.2	96.3	98.2	82.6
CS[12]	92.4	90.1	93.0	93.0	97.4		95.9	96.3	80.7
MM[12]	91.6	89.5	92.4	92.1	96.5	97.4		95.4	80.3
GB	92.2	91.3	93.6	93.2	97.3	96.0	95.3		82.6
XB	77.5	77.5	77.7	78.4	77.7	76.6	76.6	77.5	

3　讨论

核酸序列分析是区分 CMV 亚组最灵敏、最可靠的方法，它从分子水平揭示了 CMV 不同亚组分离物间在生物学、血清学等性质上的差异。这种差异源于它们的基因组核苷酸序列的差异[4,5]。我们对我国分离的经生物学和血清学鉴定为不同亚组的各一分离物（GB、XB），进行了 *CP* 基因核苷酸序列分析，其结果表明，两个分离物的 *CP* 基因核苷酸序列同源率为 77.5%，氨基酸序列同源率为 82.6%。分离物 GB 与亚组Ⅰ株系的 *CP* 基因核苷酸序列同源率达 90.7%～97.3%，与亚组Ⅱ株系的同源率仅为 76.0%～77.5%，明确属于 CMV 亚组Ⅰ；分离物 XB 与亚组Ⅰ株系的 *CP* 基因核苷酸序列同源率为 76.3%～78.9%，与亚组Ⅱ株系的核苷酸序列同源率达 96.5%～97.3%，明确属于 CMV 亚组Ⅱ。核酸序列分析结果也证实了利用生物学和血清学方法区分 CMV 亚组的可靠性。

本研究首次测定了我国分离的 CMV 亚组Ⅱ分离物的 *CP* 基因序列。从分子水平上证实在我国存在 CMV 两个亚组分离物。从 Gonsalves 领导的研究小组对转 CMV 外壳蛋白基因的工程植株进行攻毒试验结果表明，这些转基因植株对攻毒 CMV 不同亚组株系表现出从高抗到感病等不同程度的抗性[18-21]。所以，有必要在我国划分区域进行 CMV 亚组鉴定，以明确在我国流行的优势 CMV 亚组，为有效防治 CMV 引致的病害提供依据。

致谢　农业部植物检疫实验所张成良、张作芳研究员赠送 CMV 亚组Ⅰ分离物 GB，福建医科大学基因工程研究室包幼迪教授和厦门大学肿瘤细胞工程国家专业实验室夏宁邵副研究员分别赠送部分菌株，特此致谢！

参考文献

[1] Murphy FA. Fauquet CM, Bishop DHL, et al. Classification and nomenclature of viruses. Sixth Report of the International Committee on Taxonomy of Viruses. Arch Virol, 1995

[2] Kaper JM, Waterworth HE. Cucumoviruses. *In*: Kurstak E. Handbook of plant virus infections and comparative diagnosis. New York: Elsevier/North-Holland Biomedical Press, 1981, 257-332

[3] 徐平东，李梅，林奇英等. 我国黄瓜花叶病毒及其病害研究进展. 第一次全国植物病毒与病毒病防治研究学术讨论会论文集. 北京：农业科学技术出版社，1997，13-22

[4] Palukaitis P, Roossinck MJ, Shintaku M. Mapping functional domains in *Cucumber mosaic virus* and its satellite RNAs. Can J Plant Pathol, 13: 155-162

[5] Palukaitis P, Roossinck MJ, Dietzgen R G, et al. *Cucumber mosaic virus*. Adv Virus Res, 1992, 41: 281-348

[6] 李华平，胡晋生，范怀忠. 黄瓜花叶病毒的株系鉴定研究进展. 中国病毒学，1994，9：187-194

[7] 徐平东，谢联辉. 黄瓜花叶病毒亚组研究进展. 福建农业大学学报，1998，27：56-68

[8] 胡天华，吴琳，刘玮等. 黄瓜花叶病毒外壳蛋白基因的 cDNA 克隆和全序列测定比较. 科学通报，1989，34：1652-1654

[9] 叶寅，徐雷新，田波. 一个黄瓜花叶病毒强株系的衣壳蛋白基因的合成、克隆、序列分析和表达. 科学通报，1991，36：1340-1344

[10] 郭东川，乔利亚，方荣祥. 利用 PCR 技术克隆黄瓜花叶病毒的外壳蛋白基因. 微生物学报，1993，33：233-235

[11] 张锡炎，伍世平，刘志昕等. 香蕉花叶病毒外壳蛋白基因的分离测序和比较. 热带作物学报，1995，16(增刊)：13-18

[12] 李华平，胡晋生，Barry K 等. 黄瓜花叶病毒香蕉株系的衣壳蛋白基因克隆和序列分析. 病毒学报，1996，12：235-242

[13] 徐平东，李梅，林奇英等. 应用 A 蛋白夹心酶联免疫吸附法鉴定黄瓜花叶病毒血清组，福建农业大学学报. 1997，26：64-69

[14] 徐平东，李梅，林奇英等. 黄瓜花叶病毒两亚组分离物寄主反应和血清学性质比较研究. 植物病理学报，1997，26：353-360

[15] Peden KWC, Symons RH. *Cucumber mosaic virus* contains a functionally divided genome. Virology, 1973, 53: 487-492

[16] Sambrook J, Fritsch EF, Maniatis T. Molecular cloning: a laboratory manual. 2nd. New York: Cold Spring Harbor Labo-

ratory Press, 1989

[17] Sanger F, Nickler S, Coulson AR. DNA sequencing with chain-terminating inhibitors. PNAS, 1977, 74: 5463-5467

[18] Gonsalves D, Slightom JL. Coat protein-mediated protection: analysis of transgenic plants for resistance in a variety of crops. Semin Virol, 1993, 4: 397-405

[19] Xue B, Gonsalves C, Provvidenti R, et al. Development of transgenic tomato expressing a high level of resistance to *Cucumber mosaic virus* strains of subgroup Ⅰ and Ⅱ. Plant Disease, 1994, 78: 1033-1041

[20] Tricoli DM, Carney KJ, Russell PF, et al. Field evaluation of transgenic squash coating single or multiple virus coat protein gene constructs for resistance to *Cucumber mosaic virus*. Bio/Technology, 1995, 13: 1458-1465

[21] Fuchs M, Provvidenti R, Slightom JL, et al. Evaluation of transgenic tomato plants expressing the coat protein gene of *Cucumber mosaic virus* strain WL under field condition. Plant Disease, 1996, 80: 270-275

侵染西番莲属（*Passiflora*）植物的五个黄瓜花叶病毒分离物的特性比较*

徐平东[1]，李　梅[1]，林奇英[2]，谢联辉[2]

（1 厦门华侨亚热带植物引种园国家植物引种隔离检疫基地，福建厦门　361002；
2 福建农业大学植物病毒研究所，福建福州　350002）

摘　要：从紫果西番莲（*Passiflora edulis*）、杂交种西番莲（*P. edulis*×*P. edulis* var. *flavicarpa*）、黄果西番莲（*P. edulis* var. *flavicarpa*）、转心莲（*P. caerulea*）及龙珠果（*P. foetida*）分离到的5个黄瓜花叶病毒（CMV）分离物（PE、PE2、PEf、PC、PF）所作的生物学性质、理化特性和血清学关系的比较研究结果表明，5个分离物在寄主反应及血清学性质上存在不同，而在病毒粒体形态、体外抗性、蚜虫传毒和病毒外壳蛋白分子质量方面无明显差异。根据5个分离物的寄主反应和血清学关系，可将其区分为CMV的两个亚组，其中PE、PE2、PC和PF属CMV亚组Ⅰ，PEf属CMV亚组Ⅱ。

关键词：西番莲属植物；黄瓜花叶病毒亚组Ⅰ；黄瓜花叶病毒亚组Ⅱ

Comparative studies on properties of five *Cucumber mosaic virus* isolates infecting passiflora in China

XU Ping-dong[1]，LI Mei[1]，LIN Qi-ying[2]，XIE Lian-hui[2]

（1 National Plant Introduction Quarantine Base，Xiamen Overseas Chinese Subtropical Plant Introduction Garden，Xiamen　361002；
2 Institute of Plant Virology，Fujian Agricultural University，Fuzhou　350002）

Abstract：Comparative studies on biological properties，physical and biochemical properties，morphology and serological relationships of five *Cucumber mosaic virus*（CMV）isolates（PE，PE2，PEf，PC，PF）infecting *Passiflora edulis*，*P. edulis*×*P. edulis* var. *flavicarpa*，*P. edulis* var. *flavicarpa*，*P. caerulea*，*P. foetida* were carried out. There were differences in host reactions and serological relationships of five CMV isolates. However，similarities were found in viral particle morphology，stability in sap，aphid transmission，molecular weight of coat protein of five CMV isolates. According to the host reactions and serological relationships，these five isolates could be divided into two CMV subgroups，among which PE，PE2，PC，PF belonged to subgroup Ⅰ and PEf to subgroup Ⅱ.

Key words：*Passiflora*，CMV subgroup Ⅰ，CMV subgroup Ⅱ

中国病毒学，1999，1（14）：73-79
收稿日期：1998-01-21　修回日期：1998-05-11
* 基金项目：福建省自然科学基金资助项目（C95059）

黄瓜花叶病毒（*Cucumber mosaic virus*，CMV）寄主范围极其广泛，给农业生产造成重要经济损失。近年来，CMV在热带、亚热带经济植物上造成的损失也日益严重[1]。由CMV引起的病毒病在许多西番莲生产国造成危害[2]。我国的台湾[3]、广东[4]、福建[5]及海南[6]也先后报道CMV危害西番莲。但迄今对侵染西番莲属（*Passiflora*）植物的CMV进行较为系统深入研究的报道很少，尤其对这些CMV分离物所处亚组更不甚了解[2]。作者在调查福建西番莲病毒病发生时，发现CMV为其主要病原，并对其病原CMV进行了初步亚组分析，认为存在两个CMV亚组。本文报道侵染西番莲属植物的5个CMV分离物的生物学性质、理化特性和血清学关系等方面的研究结果。

1 材料与方法

1.1 毒源及其纯化

5个CMV分离物来自紫果西番莲（*Passiflora edulis*）、杂交种西番莲（*P. edulis*×*P. edulis* var. *flavicarpa*）、黄果西番莲（*P. edulis* var. *flavicarpa*）、转心莲（*P. caerulea*）及龙珠果（*P. foetida*），编号分别为PE、PE2、PEf、PC和PF。各分离物均经苋色藜（*Chenopodium amaranticolor*）单斑分离，繁殖在心叶烟（*Nicotiana glutinosa*）上，置隔离检疫温室。

1.2 生物学性质测定

寄主范围、体外抗性和蚜虫传毒试验均按常规方法进行。

1.3 病毒提纯及其检测

5个CMV分离物的粗提纯按Lot等[7]或Mossop等[8]的提纯方法；进一步提纯，采用10%～40%蔗糖梯度离心。提纯病毒用Beckman DU8型紫外/可见分光光度计在220～320nm波长范围进行扫描，检测病毒的紫外吸收，测A_{260}/A_{280}值，以$E^{0.1\%}260=5.0$[9]来估计病毒浓度及提纯产量。提纯的病毒经2%醋酸铀（pH 5.0）染色后，JEM-100CXII型透射电镜观察病毒粒体形态。

1.4 病毒外壳蛋白分子质量测定

采用SDS-聚丙烯酰胺凝胶电泳（SDS-PAGE）测定[10]。分离胶浓度为15%，浓缩胶为5%，SDS为0.1%。用IS-1000型数字成像系统（Alpha Innotech公司产品）的分子量测算软件计算各分离物外壳蛋白亚基的分子质量。标准蛋白为Gibco BRL公司产品，分子质量为Myosin（H-chain，200 000），Phosphorylase B（97 400），Bovine serum albumin（68 000），Ovalbumin（43 000），Carbonic anhydrase（29 000），β-Lactoglobulin（18 400），Lysozyme（14 300）。

1.5 血清学试验

1.5.1 抗血清制备

用PE2和PEf两个分离物免疫家兔制备抗血清。免疫方法按文献［11］。1.0%琼脂双扩散方法测定抗血清效价。

1.5.2 单克隆抗体、多克隆抗体夹心ELISA（DAS-ELISA）测定

按文献［2］的方法测定。8种CMV单克隆抗体的来源为：单克隆抗体2.1、21.4、34.2、41.2由法国国家科学研究中心van Regenmortel博士赠送，单克隆抗体4H10B12、7B3D9、23C10E4、44E9A7由美国农业部徐惠迪博士赠送。

2 结果

2.1 寄主范围及症状反应

摩擦接种14科63种（或品种）植物，5个CMV分离物均能侵染西番莲科、藜科、茄科、葫芦科、豆科、夹竹桃科、苋科、菊科、番杏科、胡麻科、唇形科11科53种（或品种）植物，但所产生的症状各分离物间存在较大差异（表1）。根据5个CMV分离物在供试寄主植物上的症状反应，可以将它们区分为两个类群。第1类群（包括分离物PE、PE2、PC、PF），其特点是在心叶烟（*Nicotiana glutinosa*）和珊西烟（*N. tabacum* cv. Xanthi-NC）上，表现绿色花叶、叶片畸形症状；在西葫芦（*Cucurbita pepo*）上，表现为接种叶局部褪绿斑、新生叶褪绿斑驳症状；在千日红（*Gomphrena globosa*）上，表现为接种叶局部坏死斑、新生叶绿色花叶症状。第2类群（包括分离物PEf），其特点是在心叶烟和珊西烟上，表现为接种叶局部褪斑和新生叶褪绿斑驳；在西葫芦上，表现为接种叶局部褪绿斑、新生叶稳症带毒；在千日红上，表现接种叶局部坏死斑、新生叶系统坏死斑。

表1 5个CMV分离物的寄主范围及症状反应

寄主范围	症状				
	PE	PE2	PC	PF	PEf
藜科（Chenopodiacecae）					
苋色藜（*Chenopodium amaranticolor*）	LNL/—	LNL/—	LNL/—	LNL/—	LNL/—
昆诺藜（*C. quinoa*）	LNL/—	LNL/—	LNL/—	LNL/—	LNL/—
灰藜（*C. album*）	LNL/—	LNL/—	LNL/—	LNL/—	LNL/—
墙藜（*C. murale*）	LNL/—	LNL/—	LNL/—	LNL/—	LNL/—
甜菜（*Beta vulgaris*）	—/GM	—/GM	—/GM	—/GM	—/GM
西番莲科（Passifloraceae）					
紫果西番莲（*Passi flora edulis*）	—/GM	—/GM，TN	—/GM	—/GM	—/GM
黄果西番莲（*P. eduls* var. *flavicarpa*）	—/GM	—/GM，LD，TN	—/GM	—/GM	—/GM
杂交种西番莲（*P. edulis*×*P. edulis* var. *flavicarpa*）	—/GM	—/GM，LD，TN	—/GM	—/GM	—/GM
龙珠果（*P. foetida*）	—/GM，LD	—/GM，LD，TN	—/GM，LD	—/GM，LD	—/GM，LD
毛西番莲（*P. mollissima*）	—/GM	—/TN	—/GM	—/GM	—/GM
转心莲（*P. caerulea*）	—/GM，LD	—/GM，TN	—/GM，LD	—/GM	—/GM，LD
茄科（Solanaceae）					
心叶烟（*Nicotiana glutinosa*）	—/GM，FL	—/GM，FL，TN	—/GM，FL	—/GM，FL	LCL/Cmo，LD
普通烟（*N. tabacum*）					
cv. Havana38	—/GM，LD	—/GM，LD	—/GM，LD	—/GM，LD	—/CMo
cv. Samsunr NN	—/GM，LD	—/GM，LD	—/GM，LD	—/GM，LD	—/mCMo
cv. Turkish	—/GM，LD	—/GM，LD	—/GM，LD	—/GM—	—/CMo
cv. White Burley	—/GM，LD	—/GM，LD	—/GM，LD	—/GM—	—/CMo
cv. Xanthr NC	LCL/GM，LD	LCL/GM，LD	LCL/GM，LD	LCL/GM，LD	LCL/mCMo
cv. 黄苗榆	—/GM	—/GM	—/GM	—/mGM	—/mCMo
cv. 亮黄烟	—/GM	—/GM	—/GM	—/GM	—/CMo
本氏烟（*N. benthamiana*）	—/GM，LD，S	—/GM，LD，TN	—/CMo，LD	—/GM，LD，D	—/CMo
德氏烟（*N. debneyi*）	—/GM	—/GM	—/GM	—/GM	—/＋
克氏烟（*N. clevelandii*）	—/GM，LD	—/GM，LD，D	—/CMo，LD	—/GM，LD，S	LCL/CMo
黄花烟（*N. rustica*）	LCL/GM，LD	LCL/GM，LD	LCL/GM，LD	LCL/GM，LD	LCL/CMo，LD
假酸浆（*Nicandlra physaloides*）	—/GM，LD	—/GM，LD	—/GM，LD	—/GM，LD	—/＋
蔓陀罗（*Datura stramonium*）	LCL/GM，LD	LCL/GM，LD	LCL/GM，LD	LCL/CMo，LD	—/Cmo，LD
番茄（*Lycopersicon esculentum*）					
cv. Monor	—/GM，FL	—/GM，FL，S	—/GM，FL	—/GM，FL	—/GM，LD
cv. 苹果青番茄	—/GM，FL	—/GM，FL，S	—/GM，FL	—/GM，FL	—/GM，FD
cv. 直房丛生番茄	—/GM，FL	—/GM，FL	—/GM，FL	—/GM，FL	—/GM，FD
辣椒（*Cansicum frutescens*）	—/GM	—/GM	—/YGM	—/RSM	—/GM
大椒（*C. annum*）cv. Green Giant	LCL/VC，CMo，LD	LCL/CMo，LD	LCL/VC，CMo，LD	LCL/VC，CMo，LD	—/VC，CMo，LD
洋酸浆（*Physalis floridana*）	—/GM	—/GM	—/GM	—/GM	—/GM
矮牵牛（*Petunia hybrida*）	—VC，CMo，LD	—VC，CMo，LD	—VC，CMo，LD	—VC，CMo，LD	—VC，CMo
龙葵（*Solanum nigrum*）	—/GM	—/GM	—/GM	—/GM	—/GM
玄参科（Sorophulariaceae）					
金草鱼（*Antirrhinum majus*）	—/—	—/—	—/—	—/—	—/—
豆科（Leguminosae）					
蚕豆（*Vicia faba*）	—/—	—/—	—/—	—/—	—/—
豌豆 *Pisum sativum*）cv. Green foast	LNL/—	LNL/—	LNL/—	LNL/—	LNL/—
豇豆（*Vigna unguiculata*）					
cv. Black eye	LNL/—	LNL/—	LNL/—	LNL/—	LNL/—
cv. 黑种二尺	LNL/—	LNL/—	LNL/—	LNL/—	LNL/—
cv. 长泰豇豆	LNL/—	LNL/—	LNL/—	LNL/—	LNL/—
大豆（*Glycine max*）cv. 诱变33	LNL/—	LNL/—	LNL/—	LNL/—	LNL/—
菜豆（*Phaseolus vulgaris*）					
cv. Bountiful	—/—	—/—	—/—	—/—	—/—

续表

寄主范围	症状				
	PE	PE2	PC	PF	PEf
cv. Pinto	−/−	−/−	−/−	−/−	−/−
cv. Top crop	−/−	−/−	−/−	−/−	−/−
长序菜豆（*Phaseolus lathyroides*）	−/−	−/−	−/−	−/−	−/−
绿豆（*Vigna radiata*）cv. M7A	LNL/−	LNL/−	LNL/−	LNL/−	LNL/−
望江南（*Cassia occidentalis*）	LNL/−	LNL/−	LNL/−	LNL/−	LNL/−
决明（*C. tora*）	−/−	−/−	−/−	−/−	−/−
深红三叶草（*Triforlium incarnatum*）	−/−	−/−	−/−	−/−	−/−
葫芦科（Cucurbitaceae）					
黄瓜（*Cucumis sativus*）					
cv. 长青黄瓜	LCL/CMo	LCL/CMo	LCL/CMo	LCL/CMo	LCL/CMo
cv. 二青黄瓜	LCL/CMo	LCL/CMo	LCL/CMo	LCL/CMo	LCL/CMo
西葫芦（*Cucurbita pepo*）	LCL/CMo	LCL/Cmo，LD，S，D	LCL/CMo	LCL/CMo	LCL/+
笋瓜（*Cucurbita maxima*）cv. Buffer cup	LCL/CMo	LCL/CMo	LCL/CMo	LCL/CMo	LCL/CMo
丝瓜（*Luffa cylindrica*）	LCL/−	LCL/−	LCL/−	LCL/−	LCL/−
十字花科（Cruciferae）					
大白菜（*Brassina pekinensis*）					
cv. 夏洋白菜	−/−	−/−	−/−	−/−	−/−
苋科（Amaranthaceae）					
千日红（*Gomphrena globosa*）	LNL/GM，LD	LNL/GM，LD	LNL/GM，LD	LNL/GM，LD	LNL/SNL
老枪谷 *Amaranthus caudatus*	LNL/−	LNL/−	LNL/−	LNL/−	LNL/−
菊科（Compositae）					
莴苣（*Lactuca sativa*）	−/GM，LD	−/GM，LD	−/GM，LD	−/GM，LD	−/+
百日菊（*Zinnia elegans*）	−/GM	−/GM	−/GM	−/GM	−/GM
番杏科（Aizoaceae）					
番杏（*Tatragonia expansa*）	LCL/−	LCL/−	LCL/−	LCL/−	LCL/−
夹竹桃科（Apocynaceae）					
长春花（*Catharanthus roseus*）	−/GM，LD	−/GM，LD，S	−/GM，LD	−/GM，LD	−/GM
胡麻科（Pedaliaceae）					
白芝麻（*Sesamum indicum*）	LNL/−	LNL/D	LNL/−	LNL/−	LNL/−
唇形科（Labiatae）					
罗勒（*Ocimum basilicum*）	−/GM	−/GM，LD	−/YGM	−/GM	−/GM
禾本科（Poaceae）					
玉米（*Zea may* ssp. *mays*）cv. 掖 478	−/−	−/−	−/−	−/−	−/−

CMo. 褪绿斑驳；D. 全株死亡；FL. 蕨叶症；GM. 绿色花叶；LCL. 局部褪绿斑；LD. 畸形；LNL. 局部坏死斑；m. 轻症；RSM. 环斑花叶；S. 矮化；SNL. 系统坏死斑；TN. 顶端坏死；VN. 叶脉坏死；YGM. 黄绿色花叶；+. 隐症侵染；−. 不侵染

2.2 体外抗性

5 个 CMV 分离物的体外抗性如表 2。

表 2　5 个 CMV 分离物的体外抗性

病毒分离物	失毒温度/℃	稀释限点	体外存活期/d
PE	50～55	10^{-4}～10^{-3}	4～5
PE2	50～55	10^{-4}～10^{-3}	2～3
PC	50～55	10^{-4}～10^{-3}	4～5
PF	50～55	10^{-4}～10^{-3}	4～5
PEf	50～55	10^{-3}～10^{-2}	2～3

2.3 蚜虫传毒试验

5 个 CMV 分离物均可通过桃蚜（*Myzus persicae*）以非持久方式传播，传毒效率无明显差异（表 3）。

表 3　5 个 CMV 分离物的桃蚜传毒试验结果

毒源植物	试验植物	PE	PE2	PC	PF	PEf	对照 CK
N. tabacum	*Passiflora sdulis*	8/10	6/10	8/10	7/10	6/10	0/10
N. tabacum	*Passiflora sdulis*	10/10	8/10	9/10	10/10	8/10	0/10

饲毒时间为 5min；传毒时间为 24h；每株 10 头蚜虫；表中数值表示发病株数/接种株数

2.4　病毒的提纯产量、紫外吸收及粒体

采用 Lot 等[7]或 Mossop 等[8]的提纯方法对 5 个 CMV 分离物进行粗提纯，然后用 10%～40%蔗糖梯度离心进一步提纯，获得纯化病毒。提纯病毒的紫外吸收都显示典型的核蛋白吸收曲线，最高吸收在 258nm 左右，最低吸收在 240nm 左右，其 A_{260}/A_{280} 值在 1.63～1.72，各分离物的提纯产量相差很大，最高产量达 783mg/kg 鲜叶，最低产量仅 24mg/kg 鲜叶。电镜观察表明 5 个分离物的提纯病毒粒体均为球状，直径为 24～30nm（表 4，图 1）。

表 4　5 个 CMV 分离物的粒体大小、紫外吸收和提纯产量

病毒分离物	粒体大小/nm	紫外吸收			提纯产量(mg/kg)[a]
		A_{260}	A_{280}	A_{260}/A_{280}	
PE	26～28	0.8530	0.5240	1.63	228[b]
PE2	24～26	1.3106	0.7620	1.72	783[b]
PC	26～28	0.8040	0.4729	1.70	307[c]
PF	26～28	1.1810	0.6960	1.70	24[c]
PEf	28～30	0.6800	0.3960	1.72	121[c]

a. 最高产量；b. 粗提纯按 Lot 等方法；c. 粗提纯按 Mossop 等的方法

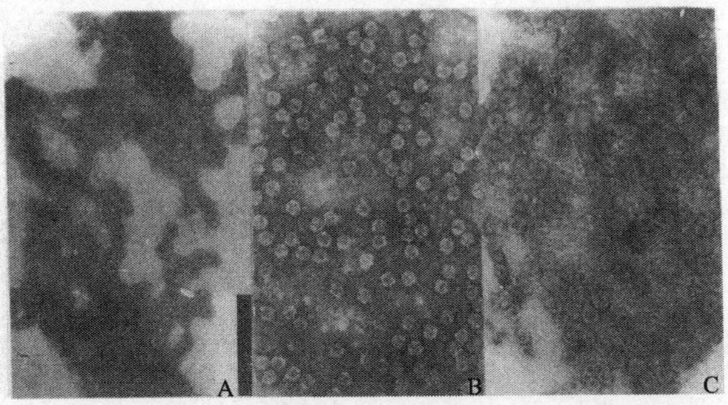

图 1　3 个 CMV 分离物的提纯病毒粒体（×140 000）
A. PE；B. PE2；C. PEf

2.5　病毒外壳蛋白分子质量

5 个 CMV 分离物的外壳蛋白分子质量经多次 SDS-PAGE 测定，结果表明均为单个亚基组成，经分子质量测算软件计算，其分子质量均为 27kD。

2.6　血清学关系测定

2.6.1　抗血清效价

用分离物 PE2 和 PEf 的提纯制剂免疫家兔制备的抗血清，经琼脂双扩散测定，效价分别为 1∶256 和 1∶128。

2.6.2　DAS-ELISA 测定

用 8 个单克隆抗体对 5 个 CMV 分离物进行 DAS-ELISA 测定，其结果列于表 5。根据文献[12，13]，单克隆抗体 21.4 和 7B3D9 仅与 ToRS 血清组的分离物具阳性反应；单克隆抗体 34.2 和 4H10B12 仅与 DTL 血清组的分离物具阳性反应；单克隆抗体 42.3 仅与 Co 血清组的分离物具阳性反应；单克隆抗体 2.1、23C10E4 及 44E9A7 与 DTL、ToRS 两个血清组的分离物均具阳性反应。分离物 PEf 与单克隆抗体 21.4 和 7B3D9 具强阳性反应，而与单克隆抗体 34.2、42.3 及 4H10B12 显阴性反应，属 ToRS 血清组；分离物 PE、PE2、PC、PF 与单克隆抗体 34.2 及 4H10B12 具强阳性反应，而与单克隆抗体 21.4、42.3 及 7B3D9 显阴性反应，属 DTL 血清组。

3　讨论

CMV 存在众多株系或分离物[14,15]，但是大量的研究表明这些株系或分离物可根据寄主反应、血清学关系、病毒外壳蛋白的肽链图谱分析、dsRNA 分析、核酸杂交、RT-PCR 产物的限制酶分析以及

表 5　5 个 CMV 分离物的 DAS-ELISA 测定（A_{405} 吸收值[a]）

病毒分离物	单克隆抗体							
	2.1	34.2	21.4	42.3	4H10B12	7B3D9	23C10E4	44E9A7
PE	1.496	1.337	0.189	0.252	1.174	0.000	1.240	0.928
PE2	1.353	1.200	0.167	0.285	1.275	0.002	1.379	0.942
PC	1.239	0.962	0.138	0.245	0.908	0.020	1.200	1.270
PF	1.514	1.340	0.231	0.178	1.265	0.021	1.405	1.200
Pef	1.200	0.040	1.200	0.187	0.000	0.660	1.060	0.716
Healthy tobacco	0.076	0.021	0.034	0.030	0.014	0.003	0.003	0.000
PBST-PVP	0.105	0.160	0.198	0.150	0.139	0.131	0.060	0.101

a 2 次实验平均值

核酸序列分析等区分为两个性质不同的亚组[1,16]。根据侵染西番莲属植物的5个CMV分离物在心叶烟等4个鉴别寄主的症状和血清学关系，可将其区分为两个类群，第1类群（包括分离物PE、PE2、PC和PF）属CMV亚组Ⅰ；第2类群（包括分离物PEf）属CMV亚组Ⅱ。

CMV侵染西番莲在国内外均有报道[2-6]，但是，对其性质未作系统深入的研究。本研究初步明确了我国侵染西番莲属植物CMV的特性，并将它们鉴定区分为两个亚组。这一结果可为进一步研究我国西番莲病毒病的防治提供参考。

致谢 法国国家科学研究中心M. H. V. van Regenmortel博士和美国农业部徐惠迪博士赠送CMV单克隆抗体，特此致谢！

参考文献

[1] Palukaitis P, Roossinck MJ, Dietzgen RG, et al. *Cucumber mosaic virus*. Adv Virus Res, 1992, 41: 281-348

[2] Kitajima EW, Chagas CM, Crestani OA. Virus and mycoplasma-associated diseases of passion fruit in Brazil. Fitopatol Bra, 1986, 11: 409-432

[3] 张清安，王惠亮，周定芸等. 百香果毒素病之调查与鉴定. 植物保护会刊，1981，23：267

[4] 郑冠标，高乔婉，张曙光等. 鸡蛋果花叶病病原病毒的鉴定. 华南农业大学学报，1987，8(2)：40-44

[5] 徐平东，李梅，柯冲. 引致西番莲环斑花叶和果实木质化的一个黄瓜花叶病毒分离物鉴定. 植物病理学报，1996，26(2)：164

[6] 刘志昕，潘俊松，吴豪等. 侵染西番莲的CMV分离物研究. 热带作物学报，1995，16(增刊)：49-53

[7] Lot H, Marrou J, Quiot JB, et al. Contribution a petude du virus de la mosaique du concomre(CMV). Ⅱ. Methode de purification rapide du virus. Ann Phytopathol, 1972, 4: 25-38

[8] Mossop DW, Francki RIB, Grivell CJ. Comparative studies on tomato aspermy and *Cucumber mosaic virus*. V. Purification and properties of a *Cucumber mosaic virus* inducing severe chlorosis. Virology, 1976, 74: 544-546

[9] Francki RIB, Mossop DW, Hatta T. *Cucumber mosaic virus*. CMI/AAB descrip plant viruses, 1979, No. 213

[10] Laemmli UK. Clearage of structure proteins during the assembly the head of bacteriophage 14. Nature, 1970, 227: 680-685

[11] 徐平东，李梅，林奇英等. 应用A蛋白夹心酶联免疫吸附法鉴定黄瓜花叶病毒血清组. 福建农业大学学报，1997，26：64-69

[12] Porta C, Devergene JC, Cardin L, et al. Serotype specify of monoclonal antibodies to *Cucumber mosaic virus*. Arch Virol, 1989, 104: 271-285

[13] Hsu H T, Barzuna L, Bliss W. Specificitied of mouse monoclonal antibodies to *Cucumber mosaic virus*. Phytopathol, 1995, 85: 1210

[14] Kaper JM, Waterworth HE. Cucumoviruses. *In*: Kustak E. Hand book of plant virus infections and comparative diagnosis. New York: Elsevier/North-Holland, 1981, 257-332

[15] 李华平，胡晋生，范怀忠. 黄瓜花叶病毒的株系研究进展. 中国病毒学，1994，9：187-194

[16] 徐平东，谢联辉. 黄瓜花叶病毒亚组研究进展. 福建农业大学学报，1998，27：82-91

黄瓜花叶病毒 M 株系 RNA3 的变异分析及全长克隆的构建

王海河，蒋继宏，吴祖建，林奇英，谢联辉

（福建农业大学植物病毒研究所，福建福州　350002）

摘　要： 为了探讨由多年地理环境变化引起的黄瓜花叶病毒 M 株系 RNA3 的核普酸序列变异状况，对其 RNA3 的序列作了再次测定（记为 MX）。结果表明，MX-RNA3 全长为 2215 个核普酸，具有两个阅读框，即 3a 和外壳蛋白编码区。与 M 株系相比总共有 8 个核普酸发生变异；3a 和外壳蛋白中各有一个氨基酸发生改变。在核普酸和推测的氨基酸水平上与 Y 株系（测定过两次，分别记为 Y1 和 Y2）和 Fny 株系的比较发现，RNA3 的变异率很低，但非编码区有相对较高的变异率，而编码区无论在核普酸或氨基酸水平上均比较保守，尤其是 3a 编码区。这表明黄瓜花叶病毒的保守核普酸和氨基酸对维持其自身的功能稳定性有重要作用。最后构建了含 T7 启动子的 RNA3 全长 cDNA 克隆。

关键词： 黄瓜花叶病毒；M 株系；RNA3 序列；变异分析；全长克隆

Diversity analysis of RNA3 of *Cucumber mosaic virus* strain M and construction of its full-length cDNA clone

WANG Hai-he，JIANG Ji-hong，WU Zu-jian，LIN Qi-ying，XIE Lian-hui

（Institute of Plant virology，Fujian Agricultural University，Fuzhou　350002）

Abstract：The nucleotide sequence of RNA3 of *Cucumber mosaic virus*（CMV strain M，signed MX here）was determined and compared at both the nucleic acid and protein level with the previously sequenced RNA3. The results showed that CMV-MX RNA3 is composed of 2215 nucleotides and contains two open reading frames（ORFs），the 3a gene and coat protein gene，with total eight point mutations in nucleotide level，and one amino acid change in 3a and coat protein respectively. Compared with the other strains（strain Y1 or Y2）and Fny，the RNA3 seemed to be very little divergent at either nucleotide or amino acid level. The nontranslational regions（NTRs）have higher diversity. The amino acid sequence similarity is also high，especially in the ORFs of 3a. After along time evolution and geographical changes，the RNA3 of strain M contains little variation at both levels of nucleotide and amino acid sequence，which suggests that the maintenance of the very conserved nucleotide or amino acid sequences have important functions in the stability of CMV. The full-length cDNA clone of RNA3 including T7 promoter was constructed.

Key words：*Cucumber mosaic virus*；strain M；RNA3 sequence；full-length clone；diversity analysis

---

农业生物技术学报，2000，8（2）：180-185

收稿日期：1999-10-15

黄瓜花叶病毒（CMV）是一种正链三基因组的多分体植物病毒，寄主范围极其广泛。研究表明其RNA1和RNA2分别编码与复制酶有关的1a和2a蛋白[1]；RNA3编码与病毒在寄主细胞间运动有关的3a蛋白和病毒的外壳蛋白[2]。RNA4是由RNA3亚基因组化后产生的编码外壳蛋白的一个亚基因组。某些株系还有一条卫星RNAS。CMV具有许多株系，株系间存在寄主范围和致病力的差异。这种差异是由RNA3的特异基因序列决定的[3]。根据核酸杂交和RNA酶保护实验已把所有的株系分为亚组Ⅰ和亚组Ⅱ两大类群[4]。通常而言，亚组Ⅰ引起比较严重的坏死、失绿、矮化或蕨叶的症状，而亚组Ⅱ仅引起比较温和的斑驳和花叶症状，并在接种叶上产生蚀纹斑[5]。CMV的M株系是从Price6号株系演变而来的一个亚组Ⅰ成员，其典型特征是失去蚜传特性[6]，不能成功侵染西葫芦（*Cucurbita pepo*）的某些品种及引起烟草的严重失绿[7]。Owen等[8]于1988年测定了分离自美国的M株系RNA3的全序列。为了探索CMV分离物的变异与地理环境的关系，我们再次测定了分离于我国亚热带地区的M株系[9]RNA3的全序列，并与同样引起烟草严重失绿的Fny株系[8]RNA3以及Y[1,10]株系RNA3序列的两次测定的结果作了分析比较，以期探讨CMV的进化趋势。现将实验结果报道如下。

1 材料和方法

1.1 病毒的繁殖和寄主总RNA的抽提

CMV M株系是由国家引种检疫基地、厦门华侨亚热带作物引种植物园徐平东博士惠赠。病毒接种4叶期心叶烟15d后，采集发病叶片，按照Lin等方法[11]略微修改来提取寄主的总RNA，并测定A_{160}值来确定总RNA浓度。

1.2 M株系RNA3 cDNA合成

通过比较CMV RNA3的已知序列设计合成引物a1、e1、d1和b1（图1）。将a1和e1作为第一链引物、用MuMV反转录酶（Sangon）分别合成片段m1和m2。然后用引物a1和d1 PCR扩增片段m1；用e1和b1扩增片段m2。PCR反应条件如下：67mmol/L Tris-HCl（pH 8.8，25℃），17mmol/L硫酸铵，2mmol/L $MgCl_2$，10mmol/L 2-β巯基乙醇，0.2μg/mL牛血清白蛋白，6.5μmol/L EDTA，0.2mmol/L，dNTPs（dATP，dCTP，dGTP，dTTP），1μg引物和0.5U *Taq* DNA合成酶（Sangon）。合成程序为30循环，94℃ 2min，52℃ 1min，72℃ 3min。

a1 5′CCGGATCCTGGTCTCCTTTTGGAG 3′
d1 5′TTGAGGTTCAATTCCTCT 3′
b1 5′CCGGATCC[ATTAATACGACTCACTATA] *GTAATCTTACCACTG 3′
e1 5′CAGCACTGGTTGATTACAGA 3′
Mz1 5′TACACGAGGATGGCGTAC 3′
Mz2 5′GATTGCGGCGGGAGGG 3′

图1 引物序列

——：*Eco*RⅠ酶切位点；□：T7启动子序列；*反转录起点，引物a1和e1是片段m1和m2的第一链合成引物；引物d1和d2是片段m1和m2的第二条链扩增引物；引物Mz1和Mz2及其互补链是片段ml和m2的测序引物

1.3 CMV-M RNA3 cDNA克隆及序列测定

PCR产物m1和m2经1%琼脂糖凝胶电泳后用QIAEXII核酸回收试剂盒（QIANGEN）回收，然后用T4DNA连接酶（Promega）连入线状质粒载体PGEM-T Easy（Promega）、并转化大肠杆菌DH5αF细胞。通过PCR和酶切鉴定筛选重组克隆pCMVm1（含m1片段）和pCMVm2（含m2片段）。插入片段用ABI Prism 377 DNA自动测序仪测定。M株系此次测序结果记为MX，以区别于以前测定的M序列。

1.4 GMV-M RNA3全长cDNA克隆的构建

片段m1和m2经*Ban*Ⅱ酶37℃消化，用1.3的方法回收，T4 DNA连接酶（Pramegay）14℃连接过夜后，插入PGEM-T载体，酶切鉴定阳性特异克隆。

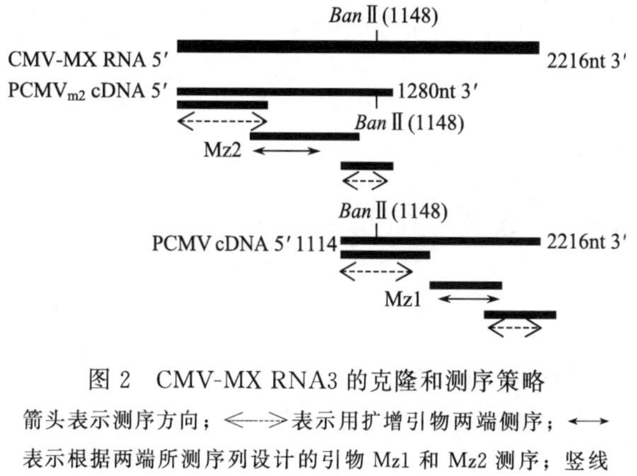

图2 CMV-MX RNA3的克隆和测序策略

箭头表示测序方向；<--->表示用扩增引物两端侧序；⟷表示根据两端所测序列设计的引物Mz1和Mz2测序；竖线处 有*Ban*Ⅱ酶切位点Mz1和Mz2代表测序引物

1.5　序列比较分析

用 DNASIS 分析软件（HitaChi Software Engineering Co，1990）分析比较 Fny 株系、MX，M 及 Y 株系 RNA3 的两次测定结果，并对它们的推导氨基酸序列作以分析。

2　结果

2.1　pCMVm1 和 pCMVm2 克隆的构建及测序策略

当 m1 和 m2 的第一链 cDNA 合成后、m1 片段用引物 a1 和 d1 扩增、m2 用 e1 和 b1 扩增，它们的扩增产物如图 3。扩增产物回收后插入质拉载体 PGEM-T 并转化大肠杆菌，然后通过酶切鉴定阳性目的克隆（图 4）。重组质粒经酶切后测序，测序策略如图 2 所示。测序结果表明，MX 全长 2215nt，含有两个开放阅读框（图 5A）。

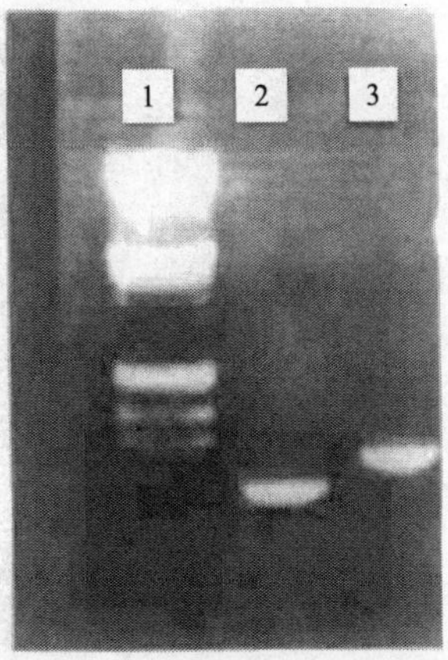

图 3　片段 m1 和 m2 PCR 产物的 1%琼脂糖凝胶电泳
1. λDNA *Hind*Ⅲ/*Eco*RⅠmarker；2. m1 片段；3. m2 片段

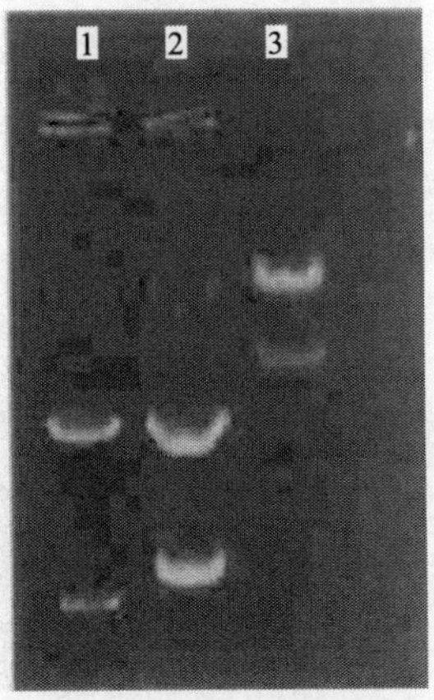

图 4　片段 m1 和 m2 重组质粒的 1%琼脂糖的酶切鉴定
1. m1 片段；2. m2 片段；3. marker

2.2　CMV-M 株系核苷酸序列的变异分析

经过长期的地理环境等因素影响，CMV-M 株系产生了 8 处变异（图 5C），即 5′端 NTR 发生 2 个核苷酸变化；3a 蛋白编码区有 1 个 A 改变为 G；IR 区域有 1 个插入碱基；CP 编码区有 2 个碱基变化以及 3NTR 有 1 个碱基缺失和 1 个碱基改变。

3a 基因编码的蛋白氨基酸有很高的序列保守性，只有第 125 位一个 Q 变化为 R。同样，外壳蛋白氨基酸也只有在第 107 位发生改变，原先的 V 变化为 1（图 5C）。

2.3　CMV-MX RNA3 与其他失绿株系的核苷酸和氨基酸序列比较

相对于 Fny 株系比较而言，M(MX) 和 Y(Y2) 株系 RNA3 的核苷酸序列变异情况如表 1。从表 1 可以看出，发生在非编码区（5′-NTR，3′-NTR 和 IR）的变异程度比编码区（3a 和 CP）更为明显。3a 基因序列比 CP 序列更为保守。此外，Y 株系的 RNA35′NTR 的变异比 M 株系更显着。在 M（MX）株系中，在 3a 蛋白基因分别存在一个插入和缺失点突变、而 Y 株系没有这种现象。

表 1　CMV 的 M（MX）和 Y（Y2）株系 RNA3 的 cDNA 序列和 Fny RNA3 的 cDNA 序列比较

株系	长度/nt	5′非编码区（120nt）			3′编码区（841nt）			间隔区			CP 编码区（657nt）			3′非编码区		
		exe	del	ins	exe	del	ins	exe	del	ins	exe	del	ins	exe	del	ins
Fny	2216	—	—	—	—	—	—	—	—	—	—	—	—	—	—	—
M	2214	1	0	1	5	1	1	2	1	0	15	0	0	0	2	2
MX	2215	3	0	1	6	1	1	1	1	1	12	0	0	1	3	2
Y	2217	3	5	6	14	0	0	0	1	3	15	0	0	2	3	2
Y2	2215	3	5	7	15	0	0	2	1	1	19	0	0	4	5	3

对 M 株系而言，不同地域的分离物也存在着一定的变异（图 5A）。在 RNA3 基因组内，产生了 8 处变化，其中在编码区也有碱基变化。同样的情况也在 Y 株系的进化过程中出现。即在 Y 株系

中，两次测序结果表明，在10年进化过程中Y株系RNA3的变异达20处之多，其中5′-NTR有8个碱基变化（含3个碱基缺失和4个碱基插入）；3a编码区有1个碱基变化；1R区有4个碱基缺失；*CP*基因有4个碱基变化；3′-NTR有4个碱基发生改变（含1个插入和2个碱基缺失），但是这些变化并未导致其致病力的改变。

根据推导的氨基酸序列相互比较发现，这几个

A

MX 1	GTAATCTTAC	CACTGTGTGT	GTGCATGTGT	GTGTGTCGAG	TCGTGTTGTC	CGCACATTTG
M	----------	----------	----G-----	----------	----------	----------
MX 61	AGTCGTGCTG	TCCGCACATA	TTTTACCTTT	ATGTGTACAG	TGTGTTAGAT	TTCCCGAGGC
M	----------	----------	-----T----	----------	----------	----------
MX 121	ATGGCTTTCC	AAGGTACCAG	TAGGACTTTA	ACTCAACAGT	CCTCAGCGGC	TACGTCTGAC
M	----------	----------	----------	----------	----------	----------
MX 181	GATCTTCAAA	AGATATTATT	TAGCCCTGAA	GCCATTAAGA	AAATGGCTAC	TGAGTGTGAC
M	----------	----------	----------	----------	----------	----------
MX 241	CTAGGCCGGC	ATCATTGGAT	GCGCGCTGAT	AATGCTATTT	CAGTCCGGCC	CCTCGTTCCC
M	----------	----------	----------	----------	----------	----------
MX 301	GAAGTAACCC	ACGGTCGTAT	TGCTTCCTTC	TTTAAGTCTG	GATATGATGT	TGGTGAATTA
M	----------	----------	----------	----------	----------	----------
MX 361	TGCTCAAAG	GATACATGAG	TGTCCCTCAA	GTGTTATGTG	CTGTTACTCG	AACACTTTCC
M	----------	----------	----------	----------	----------	----------
MX 421	ACTGATGCTG	AAGGGTCTTT	GAGAATTTAC	TTAGCTGATC	TAGGCGACAA	GGAGTTATCT
M	----------	----------	----------	----------	----------	----------
MX 481	CCCATAGATG	GGCGATGCGT	TTCGTTACAT	AACCATGATC	TTCCCGCTTT	GGTGTCTTTC
M	----------	---A------	----------	----------	----------	----------
MX 541	CAACCGACGT	ATGATTGTCC	TATGGAAACA	GTTGGGAATC	GTAAGCGGTG	TTTTGCTGTC
M	----------	----------	----------	----------	----------	----------
MX 601	GTTATCGAAA	GACATGGTTA	CATTGGGTAT	ACCGGTACCA	CAGCTAGCGT	GTGTAGTAAT
M	----------	----------	----------	----------	----------	----------
MX 661	TGGCAAGCAA	GGTTTTCATC	TAAGAATAAC	AACTACACTC	ATATCGCAGC	TGGGAAGACT
M	----------	----------	----------	----------	----------	----------
MX 721	CTAGTAGTGC	AACAGCTTTC	ATTAGCTGAG	CAACCAAAAC	CGTCAGCTGT	TGCTCGCCTG
M	----------	----------	----------	----------	----------	----------
MX 781	TTGAAGTCGC	AATTGAACAA	CATTGAATCT	TCGCAATATT	TGTTAACGAA	CGTGAAGATT
M	----------	----------	----------	----------	----------	----------
MX 841	AATCAAAATG	CGCGCAGTGA	GTCCGAGGAT	TTAAATGTTG	AGAGCCCTCC	CGCCGCAATC
M	----------	----------	----------	----------	----------	----------
MX 901	GGGAGATTTT	CCGCGTCCCG	CTCCGAAGCC	TTCAGACCGC	AGGTGGTTAA	CGGTCTTTAG
M	----------	----------	----------	----------	----------	----------
MX 961	CACTTTGGTG	CGTATTAGTA	TATAAGTATT	TGTGAGTCTG	TACATAATAC	TATATGTATA
M	----------	----------	----------	----------	----------	----------
MX 1021	GTGTCCTGTG	TGAGTTCTTA	CAGTAGACAT	CTGTGACGCG	ATGCCGTGTT	GAGAAGGAAC
M	----------	----------	----------	----------	----------	----------
MX 1081	ACATCTGGTT	TTAGGGAGCC	TACATCATAG	TTTTGAGGTT	CAATTCCTCT	TACTCCCTGT
M	----------	----------	----------	----------	----------	----------
MX 1141	TGAGCCCCCT	TACTTTCTCA	TGGATGCTTC	TCCGCGAGAT	TGCGTTATTG	TCTACTGACT
M	----------	----------	----------	----------	----------	----------
MX 1201	ATATAGAGAG	TGTGTGTGCT	GTGTTTTCTC	TTTTGTGTCG	TAGAATTGAG	TCGAGTCATG
M	----------	----------	----------	----------	----------	----------
MX 1261	GACAAATCTG	AATCAACCAG	TGCTGGTCTG	AACCGTCGAC	GTCGTCCGCC	TCGTGGTTCC
M	--T-------	----------	----------	----------	----------	----------
MX 1321	CGCTCCGCCT	CCTCCTCCGC	GGATGCTAAC	TTTAGAGTCT	TGTCGCAGCA	GCTTTCGCGA
M	----------	----------	----------	----------	----------	----------
MX 1381	CTTAATAAGA	CGTTGGCAGC	TGGTCGTCCA	ACTATTAACC	ACCCAACCTT	TGTAGGGAGT
M	----------	----------	----------	----------	----------	----------
MX 1441	GAACGCTGTA	GACCTGGGTA	CACGTTCACA	TCTATTACCC	TAAGCCCACC	AAAAATAGAC
M	----------	----------	----------	----------	----------	----------
MX 1501	GGTGGGTCTT	ATTACGGTAA	AAGGTTGTTA	CTACCTGATT	CAGTCACGGA	ATATGATAAG
M	----------	----------	----------	----------	----------	----------
MX 1561	AACCTTGTTT	CGCGCATTCA	AATTCGAGTT	AATCCTTTGC	CGAAATTTGA	TTCTACCGTG
M	----------	------G---	----------	----------	----------	----------
MX 1621	TGGGTGACAG	TCCGTAAAGT	TCTTGCCTCC	TCGGACTTAT	CCGTTGCCGC	CATCTCTGCT
M	----------	----------	----------	----------	----------	----------
MX 1681	ATGTTCGCGG	ACGGAGCCTC	ACCGGTACTG	GTTTATCAAT	ATGCCGCATC	TGGAGTCCAA
M	----------	----------	----------	----------	----------	----------
MX 1741	ACCAACAATA	AATTGTTGTG	TGATCTTTCG	GCGATGCGCG	CTGATATAGG	TGACATGAGA
M	----------	----------	----------	----------	----------	----------
MX 1801	AAGTACGCCA	TCCTCGTGTA	TTCAAAAGAC	GATGCGCTCG	AGACGGATGA	GCTAGTACTT
M	----------	----------	----------	----------	----------	----------
MX 1861	CATGTTGACA	TCGAGCACCA	ACGCATTCCC	ACATCTAGAG	TGCTCCCAGT	CTGATTCCGT
M	----------	----------	----------	----------	----------	----------
MX 1921	GTTCCAGAAT	CCTCCCTCCG	ATCTCTGTGG	CGGGAGCTGA	GTTGGCAGTT	CTGCTATAAA
M	----------	----------	----------	----------	----------	----------
MX 1981	CTGTCTGAAG	TCACTAAACG	TTTTT*ACGGT	CAACGGGTTG	TCCATCCAGC	TTACGGCTAA
M	----------	----------	-----T-----	----------	----------	----------
MX 2041	AATGGTCAGT	CGTGGAGAAA	TCCACGCCAG	CAGATTTACA	AATCTCTGAG	GCGCCTTTGA
M	----------	----------	----------	----------	----------	----------
MX 2101	AACCATCTCC	TAGGTTTCTT	CGGAAGGACT	TCGGTCCGTG	TACCTCTAGC	ACAACGTGCT
M	----------	----------	----------	----------	----------	----------
MX 2161	AGTTTCAGGG	TCAGGGTGCC	CCCCCACTTT	CGTGGGGGTC	TCCAAAAGGA	G A C C A
M	----------	----------	----------	--------C-	----------	----------

```
B CMV-FNY 1    MAFQGTSRTLTQQSSAATSDDLQKILFSPEAIKKMATECDLGRHHWMRADNAISVRPLVPEVTHGRIASF
  M            ----------------------------------------------------------------------
  MX           ----------------------------------------------------------------------
  Y            ----------------------------------------------------------------------
  Y2           ----------------------------------------------------------------------
  CMV-FNY 71   FKSGYDVGELCSKGYMSVPQVLCAVTRTVSTDAEGSLRIYLADLGDKELSPIDGQCVSLHNHDLPALVSF
  M            ------------------------------------------------------R---------------
  MX           ----------------------------------------------------------------------
  Y            ----------------------------------------------------------------------
  Y2           ----------------------------------------------------------------------
  CMV-FNY141   QPTYDCPMETVGNRKRCFAVVIERHGYIGYTGTTASVCSNWQARFSSKNNNYTHIAAGKTLVLPFNRLAE
  M            ----------------------------------------------------------------------
  MX           ----------------------------------------------------------------------
  Y            ----------------------------------------------------------------------
  Y2           ----------------------------------------------------------------------
  CMV-FNY211   QTKPSAVARLLKSQLNNIESSQYLLTNAKINQNARSESEDLNVESPPAAIGSSSASRSEAFRPQVVNGL
  M            ---------------------------V------------------------RF----------------
  MX           ---------------------------V------------------------RF----------------
  Y            ---------------------------------------E------------------------------
  Y2           ---------------------------------------E------------------------------

C
  CMV-FNY 1    MDKSESTSAGRNRRRRPRRGSRSAPSSADANFRVLSQQLSRLNKTLAAGRPTINHPTFVGSERCRPGYTF
  M            ------------------------S-- ------------------------------------------
  MX           ------------------------S-- ------------------------------------------
  Y            ----------------L-------S--S-----------------------------------K------
  Y2           ----------------L-------S--S-----------------------------------K------
  CMV-FNY71    TSITLKPPKIDRGSYYGKRLLLPDSVTEYDKKLVSRIQIRVNPLPKFDSTVWVTVRKVPASSDLSVAAIS
  M            -----R------------------------------V---------------------L-----------
  MX           -----R----------------------------------------------------L-----------
  Y            -------------------- -------------------------------------S-----------
  Y2           -----R------E--- ----------M------------------------------S-----------
  CMV-FNY141   AMFADGASPVLYYQYAASGVQANNKLLYDLSAMRADIGDMRKYAVLVYSKDDALETDELVLHVDIEHQRI
  M            --------------------T----C---------------I----------------------------
  MX           --------------------T----C---------------I----------------------------
  Y            ---------------------------------------------------------------V------
  Y2           ------------------------------------------------------T--------V------
  CMV-FNY211   P         T         S         G         V         L         P         V
  M            -         -         -         R         -         -         -         -
  MX           -         -         -         R         -         -         -         -
  Y            -         -         -         -         -         -         -         -
  Y2           -         -         -         -         -         -         -         -
```

图 5　Mx-RNA3 的 cDNA 序列及产物的氨基酸序列与其他株系的比较

A. CMV-MX 和 M RNA3 的 cDNA 序列。3a 和 CP 蛋白的启始密码子用下划线表示，终止密码子用方框表示；B. CMV M，MX，Y 和 Y2 的 3a 蛋白氨基酸序列与 Fny 株系 3a 蛋白氨基酸的序列比较；C. CMV-M，MX，Y 和 Y2 的 CP 蛋白氨基酸序列与 Fny 株系 3a 蛋白氨基酸的序列比较。-表示与上列相同的碱基或氨基酸；* 表示与上列比较缺失的核苷酸

株系的 3a 蛋白氨基酸序列非常保守（图 5C）除了 M X 3a 蛋白氨基酸第 125 位的 Q 变成 R 之外，C 端其余 248 个氨基酸完全相同。N 端 42 个氨基酸中，相对于 Fny 株系而言、M 株系中有 3 个氨基酸发生变异，即第 247 位的 A 变为 V；第 270 位的 S 变为 R 以及 271 位的 S 变为 F；Y 株系中只有第 259 位的 D 变为 E。

这三个株系中，CP 的氨基酸序列比 3a 的氨基酸序列有较大的变异（图 5C）。M 株系中有 8 个氨基酸发生改变；MX 中有 7 个氨基酸变化；Y 和 Y2 中分别有 6 个和 10 个氨基酸变化。同时发现 N 端 160 个氨基酸中某些氨基酸变异频率较高，尤其是 M 株系中第 215 位的 G 改变为 R，很可能是 M 株系失去蚜传能力的根本原因：因为这两个氨基酸具有完全不同的极性和酸碱特征，从而引起 CP 的高级结构发生改变，导致其功能的改变。

2.4　CMV-MX RMA3 全长克隆的构建

将回收的 PCR 扩增产物 m1 和 m2 分别用 *Ban* Ⅱ 在 37℃酶切后回收，然后用 T4DNA 连接酶连接并插入质粒载体 PGEM-T，然后转化大肠杆菌 DH5α，通过酶切鉴定筛选阳性全长克隆。此全长克隆 5′端含有 T7 启动子序列。

3　讨论

CMV Fny 株系是从甜瓜上分离的一个株系[8]，

在烟草上同样会引起失绿症状，因此它的 RNA3 也和其他两个株系一起进行核基酸和氨基酸比较。比较发现，引起烟草失绿的 CMV 株系之间，虽然 RNA3 的同源性极高，但也明显存在着差异；同样与亚组Ⅰ其他成员之间的同源率达 90%以上，却有截然不同的株系特性，因此可以推测出不同株系的独特性质是由某个特异的核苷酸或氨基酸决定的。

这三个株系 RNA3 的核苷酸的同源性比较结果表明，非编码区的核苷酸变异比编码区的变异发生得较早，可能原因是非编码区的变异对病毒自身的功能和存活影响不大，因而容易变异。经过很长一段时间的环境或其他外在选择压变化，逐渐导致了 3a 和 *CP* 基因的变化。当这些变化超过一定阈值时，一个具有新的特性的株系就产生了。由此推断，3a 和 *CP* 基因对于维持株系自身独特性具有重要的意义，尤其是具有决定病毒在寄主细胞间运动的 3a 蛋白基因，它直接和病毒的致病力相关。

对于这几个株系 RNA3 的编码蛋白产物而言，好像 3a 蛋白的 C 端比 N 端更为保守，这对于维持株系本身的稳定和致病力具有重要的作用。虽然 3a 蛋白 N 端也有一些氨基酸，特别是极性不同的氨基酸的变化，但它并未影响株系自身的性质（如株系 M 和 Y）。但是 C 端的氨基酸相对更保守，一旦发生变异就会导致株系特性的变化。

十多年的变异仅造成 M 株系 CP 蛋白中仅有一个氨基酸变化，相对于 Fny 株系，这是一个典型的回复突变；Y 株系中也仅存在 3 个氨基酸改变（图 5C），这两个株系的特性却未有任何变化。由此似乎说明，CP 蛋白的功能对于保持株系的致病力作用不大。

总之，从上面的分析可以得出以下结论：CMV 亚组Ⅰ之间无论是核苷酸还是氨基酸都是相当保守的，但局部变异，如非编码区的核苷酸变异，是永远存在的；其中大多数变异是无意义的，只有极少数碱基或氨基酸的改变才会造成株系性质的改变乃至新的株系产生。

虽然 Hayers 等[12]和 Boccard 等[13]，曾经分别建立过 Q、Kin 和 Y 株系 RNA3 的侵染性克隆，但是，他们所用的 RNA3 均是从提纯病毒中分离的，这种方法相对比较麻烦。我们是直接从感病的寄主中分离总 RNA，然后经过 RT-PCR，克隆了 CMV-MX RNA3 的全长序列，并在 5′端添加了 T7 启动子，这为研究 CMV-MX RNA3 突变体的构建、基因功能和表达调控奠定了基础。

参考文献

[1] Nitta N, Masuta C, Kuwata S, et al. Comparative studies on the nucleotide sequence of *Cucumber mosaic virus* RNA3 between Y strain and Q strain. Ann Phytopathol Soc Japan, 1988, 54: 516-522

[2] Davies C, Symons RH. Further implication for the evolutionary relationships between tripartite plant viruses based on *Cucumber mosaic virus* RNA3. Virology, 1988, 165: 216-224

[3] Rao ALN, Franki RIB. Distribution of determinants for symptom production and host range on the three RNA components of *Cucumber mosaic virus*. J Gen Virol, 1982, 61: 197-203

[4] Aranda MA, Fraile F, Arenal FG, et al. Experimental evaluation of the ribonuclease protection assay method for the assessment of genetic heterogeneity in populations of RNA viruses. Arch Virol, 1995, 140: 1373-1383

[5] Zhang L, Hanada K, Palukairis P. Mapping local and systemic symptom determinants of *Cucumber mosaic cucumovirus* in tobacco. J Gen Virol, 1994, 75: 3185-3197

[6] Mossop DW, Franki RIB. Association of RNA3 with aphid transmission of *Cucumber mosaic virus*. Virology, 1977, 81: 177-181

[7] Shintaku M, Palukaitis P. Genetic mapping of *Cucumber mosaic virus*. *In*: Pirone TP. Viral genes and plant pathogenesis. New York. Academic Press, 1990, 156-157

[8] Owen J, Shintaku M, Aesehleman P, et al. Nucleotide sequence and evolutionary relationships of *Cucumber mosaic virus*(CMV) strains: CMV RNA3. J Gen Virol, 1990, 71: 2243-2249

[9] 徐平东. 中国黄瓜花叶病毒亚组性质的研究. 福建农业大学博士论文, 1997

[10] Nagano H, Okuno T, Mise K, et al. Deletion of the C-terminal 33 amino acids of *Cucumber mosaic virus* movement protein enables a chimerie *Brome mosaic virus* to move from cell to cell. J Virol, 1997, 71: 2270-2276

[11] Lin SS, Hou RF, Huang HC, et al. Characterization of *Zucchini yellow mosaic virus*(ZYMV) isolates collected from Taiwan by host reactions, serology, and RT-PCR. Plant Prot Bull, 1998, 40: 163-176

[12] Hayers RJ, Buck KW. Infectious *Cucumber mosaic virus* RNA transcribed *in vitro* from clones obtained from cDNA amplified using the polymerase chain reaction. J Gen Virol, 1990, 71: 2503-2508

[13] Boccard F, Baulcome DC. Infectious *in vitro* transcripts from amplified cDNA of the Y and kin strains of *Cucumber mosaic virus*. Gene, 1992, 114: 223-227

黄瓜花叶病毒三个毒株对烟草细胞内防御酶系统及细胞膜通透性的影响*

王海河，林奇英，谢联辉，吴祖建

（福建农业大学植物病毒研究所，福建福州 350002；福建省植物病毒学重点实验室，福建福州 350002）

摘 要：用黄瓜花叶病毒（CMV）PE、M和Xb 3个毒株接种烟草（品种K326）后，按时间顺序测定与细胞防御系统有关的酶活性和受侵细胞膜通透性变化：①苯丙氨酸解氨酶（PAL）：Xb毒株侵染初期导致酶活性明显升高、后期下降，M毒株导致酶活性一直保持在较高水平，而PE毒株则导致酶活性下降。②过氧化物酶（POD）：PE和M毒株均导致酶活性升高，Xb毒株影响不大。③超氧化物歧化酶（SOD）：Xb和M毒株导致酶活性前期升高、后期活性下降，PE毒株引起酶活性前期略微升高、后期下降。④多酚氧化酶（PPO）：Xb毒株导致发病前期酶活性急剧升高、后期降低，M毒株导致酶活性初期降低、后期回升，PE毒株导致酶活性升高。⑤受侵细胞在发病初期的膜通透性均低于正常水平，不同毒株引起的膜透性变化与症状的严重度均有独特的规律。3个毒株的侵染均可引起细胞内可溶蛋白浓度的改变。

关键词：黄瓜花叶病毒；毒株；防御酶；细胞膜通透性

中图分类号：S435.72　**文献标识码**：A　**编号**：0412-0914（2001）01-0043-07

The effects of three *Cucumber mosaic virus* isolates on the defendant enzymes and cell membrane permeability in tobacco cells

WANG Hai-he，LIN Qi-ying，XIE Lian-hui，WU Zu-jian

（Institute of Plant Virology，Fujian Agricultural University，Fuzhou 350002；
Key Laboratory of Plant Virology，Fujian Province，Fuzhou 350002）

Abstract：Tobacco plants（var. K326）were inoculated with three isolates of *Cucumber mosaic virus*，and the changes in the defendant enzyme activity and the membrane permeability of tobacco cells were detected after infection. For PAL，solate Xb caused the increase of the enzyme activity at first，followed by a decrease. Isolate M caused an increased activity of PAL，while isolate PE resulted in a decrease of the enzyme activity. For POD，isolates PE and M increased POD activity whereas isolate Xb had no effect. For SOD，isolate Xb and M first caused a higher activity of SOD，then a lower one than the control. PE had a reversed result. For PPO，isolate Xb increased the activity of PPO rapidly first，then decreased it，which was exactly opposite to the results

植物病理学报，2001，2（31）43-49

收稿日期：2000-02-29　修回日期：2000-08-05

* 基金项目：福建省科技厅资助项目（99-Z-193）

brought by isolate M. Isolate PE caused a higher activity of PPO all through the infection period. These three isolates all caused the decrease of permeability of cell membranes, but with distinctive patterns. In addition, the concentrations of the soluble proteins in the infected cells were also affected by the infection of the three isolates.

Key words: *Cucumber mosaic virus*; isolates; defendant enzyme; membrane permeability

黄瓜花叶病毒（*Cucumber mosaic virus*，CMV）是黄瓜花叶病毒属（*Cucumovirus*）的典型成员，其寄主范围极其广泛，可侵染包括单、双子叶植物在内的1000多种植物[1]，其中包括许多重要的经济作物，如烟草、蔬菜、花生和多种花卉等。因此，深入研究CMV的致病机制，对CMV的有效防治具有十分重要的意义。目前，国内外关于CMV和寄主互作过程中细胞防御体系防御酶活性方面的报道甚少，尤其是病毒不同株系或毒株与寄主互作后，防御酶活性和细胞膜通透性等方面的报道则更少。通过研究病毒株系或毒株与同一寄主互作过程中防御酶和细胞膜通透性的变化，对了解病毒的致病机理和寄主的抗病特征有一定的指导意义。

我们系统比较了分离自西番莲上的CMV致死株（CMV-PE）、香蕉上的Xb株（CMV-Xb）和美国的M毒株（CMV-M）与普通烟的互作反应。这3个毒株在心叶烟上均表现不同症状，其中CMV-PE毒株引起整株坏死、Xb引起轻微绿色花叶、而M毒株引起完全失绿症状。

1 材料与方法

1.1 供试材料和接种处理

1.1.1 供试材料

烟草（品种K326，由龙岩烟草公司提供）；CMV-PE、M和Xb3个毒株均由厦门华侨亚热带引种植物园徐平东博士提供。

1.1.2 接种处理

用CMV的3个毒株M、PE和Xb接种六叶期普通烟（含2片子叶，品种K326），然后按接种后1d、3d、5d、7d、9d、11d、13d、15d取样，按照下列方法测定不同的指标变化情况。每个指标重复测定3次，每次测定10株，然后求平均值。

1.2 SOD酶活性的测定

用朱广廉等[2]的方法，稍有修改。称1 g叶片，加入1% PVP，pH7.8的PBS 50mmol/L，冰浴研磨匀浆，于2～4℃以17 000*g*离心15min，上清液为酶粗提液。测定反应体系含13mmol/L的Met、75μmol/L的氮蓝四唑（NBT）、100nmol/L的EDTA、2μmol/L的核黄素和50mmol/L的磷酸缓冲液（pH7.8），25℃，4000lx的光照25min后测定560nm处的吸光值（A_{560}值）。以抑制NBT还原50%的酶用量为1个酶活单位（U），以不加酶液而用缓冲液代替酶液的处理为空白对照。

酶活性的计算：

$$n\ (\text{U/L}) = 2\ (A_{560}\text{空白} - A_{560}\text{处理})\ /A_{560}\text{空白}$$

1.3 PPO酶活性的测定

参考谭兴杰等[3]的方法，有修改。称1g叶片，加入10mL 0.05mol/L的PBS缓冲液，pH6.8，4℃研磨提取，19 000*g*离心20min，取上清液作为酶提取物测定。测定反应体系含5～10mmol/L邻苯二酚，0.1mL酶提取物（15～20μg蛋白），1.4mL 0.05mol/L的磷酸缓冲液（pH6.8），28℃保温10min，然后测定398nm处的A值。酶活单位为每分钟引起ΔA值改变0.001所需的酶量。

1.4 PAL酶活性的测定

参考薛应龙[4]的方法，稍作修改。称1g叶片，加入10mL含5mmol/L巯基乙醇的硼酸缓冲液（pH8.8），0.5g PVP，冰浴研磨后4层纱布过滤，6000*g*离心15min。取0.1mL上清液，加入0.9mL H_2O，30μmol/L苯丙氨酸，100μmol/L硼酸盐缓冲液（pH8.7），30℃保温10min后再加入0.25mL 5mol/L的HCl终止反应。对照用健康的植物汁液提取物。测定290nm的A值，以ΔA值改变0.01作为1个酶活单位。

1.5 POD酶活性的测定

参考林植芳等[5]的方法，有修改。称1g叶片，加入10mL 0.1mol/L的PBS（pH6.8），冰浴研磨，2℃下17 000*g*离心15min，上清作为粗提液。

反应体系含 125μmol/L 的 PBS（pH6.8），50μmol/L 焦焙粉，50μmol/L H_2O_2，0.1mL 的酶液，定容至 5mL，25℃保温 10min，加 0.5mL 5%(V/V) H_2SO_4 终止反应，420nm 下测定 A 值，以 ΔA 值改变 0.01 为 1 个酶活单位。

1.6　受侵后细胞膜通透性的变化

取接种后 1d、3d、5d、7d、9d、11d、13d、15d 的接种叶上位第 1 叶，参考董金皋等[6]的方法测定受 3 个毒株侵染后细胞膜通透性变化，重复测定 3 次，每次测定 10 株。以接种日期为横坐标，以电导值为纵坐标作图。

1.7　3 个毒株侵染引起可溶性蛋白的变化

取样方法同 1.6。可溶性蛋白测定参照白玉璋[7]的方法进行，用 G-250 法测定。

2　结果

2.1　CMV 的 3 个毒株 PE、M 和 Xb 侵染烟草（品种 K326）后与抗性有关的酶活性的动力学变化

2.1.1　3 个毒株侵染烟草（品种 K326）后引起 PAL 酶活性的变化

从 3 次重复共 30 株样品的测定结果（图 1）可以看出，M 和 Xb 毒株在接种后 5d 之内 PAL 活性高于对照，并且 Xb 毒株在第 5 天就达到最大值，M 毒株在侵染后第 9 天才出现最大值；PE 毒株从第 3 天开始导致 PAL 活性降低，此后有逐渐恢复和上升的趋势。

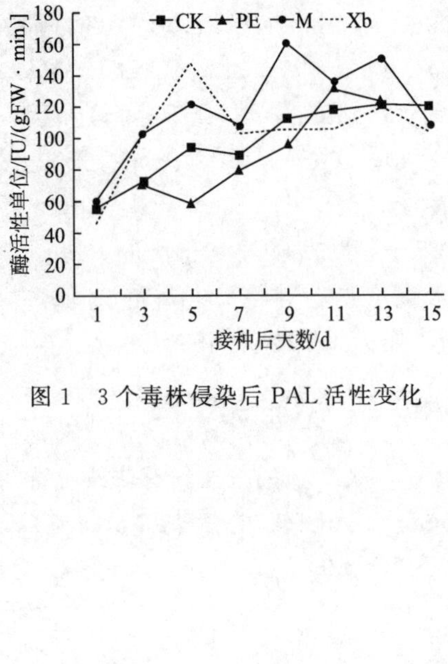

图 1　3 个毒株侵染后 PAL 活性变化

2.1.2　3 个毒株侵染烟草（品种 K326）后引起 POD 酶活性的变化

从 3 次重复共 30 株样品的测定结果（图 2）可以看出，Xb 毒株对 POD 活性基本上没有影响，而 M 和 PE 毒株侵染后对 POD 活性的升高有诱导作用，PE 毒株第 7 天达到最高水平，M 毒株第 9 天达到最高水平。

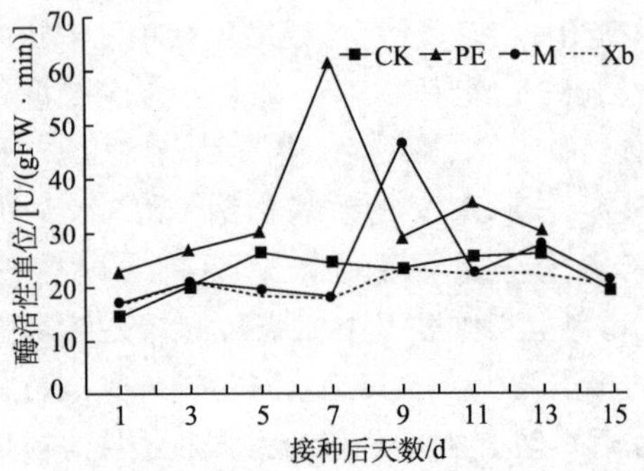

图 2　3 个毒株侵染后 POD 活性变化

2.1.3　3 个毒株侵染烟草（品种 K326）后引起 PPO 酶活性的变化

从 3 次重复共 30 株样品的测定结果（图 3）可以看出，3 个毒株在接种后第 1 天之内 PPO 活性都明显下降；第 3 天 Xb 毒株引起 PPO 活性突然增高，且达到最高值，之后急速下降，至第 7 天达最低值，而后缓慢上升，至第 11 天达第二高峰；第 7 天 PE 毒株导致 PPO 酶活性升高到最大值，然后逐渐下降；M 毒株侵染第 11 天后 PPO 活性开始上升。

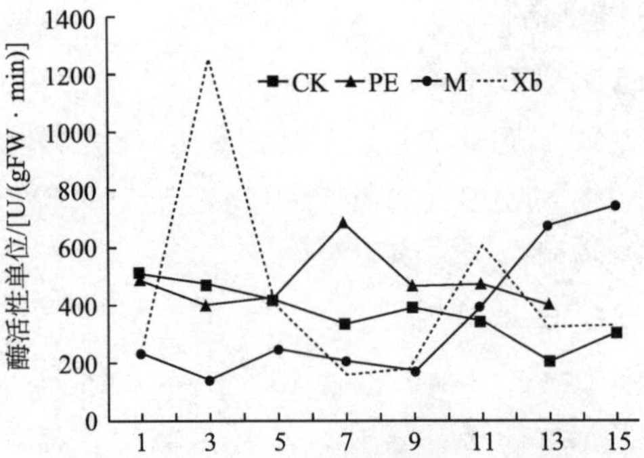

图 3　3 个毒株侵染后 PPO 活性变化

2.1.4　3 个毒株侵染烟草（品种 K326）后引起 SOD 酶活性的变化

从 3 次重复共 30 株样品的测定结果（图 4）可以看出，PE 毒株接种后第 3 天 SOD 活性即达最

高，随后快速下降；M和Xb毒株接种后第7天SOD活性开始上升，但Xb毒株引起SOD稳步升高，而M毒株造成SOD活性成波动趋势，到第13天达到最大值。

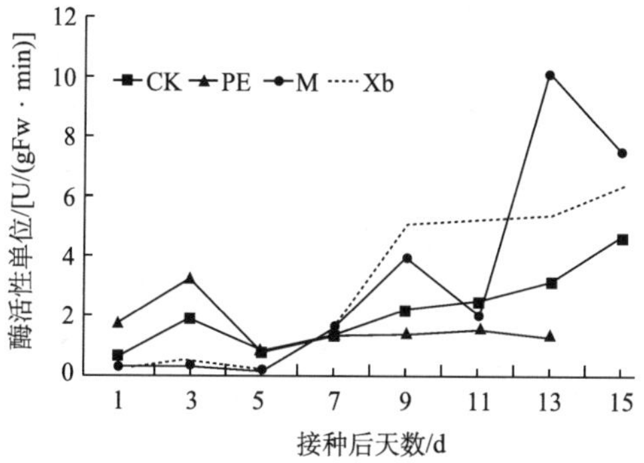

图4 3个毒株侵染后SOD活性变化

2.2 3个毒株侵染烟草（品种K326）后细胞膜通透性的变化

从3次重复共30株样品的测定结果（图5）可以看出，在CMV的3个毒株侵染烟草的整个过程中，细胞膜通透性均受到一定影响。总体而言，受侵细胞的膜通透性都有所降低，但PE毒株和M毒株在降低过程中可以回升到正常水平，然后再次降低，最后逐渐和对照趋同；Xb毒株降低得比较严重，在侵染初期明显下降，直到接种后第13天才回升到正常水平之上。

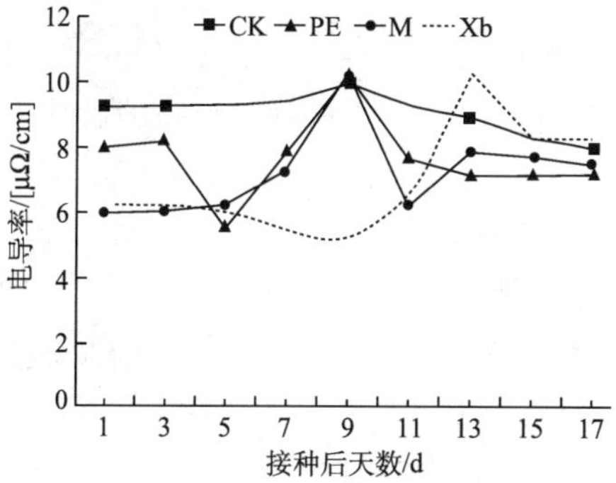

图5 细胞膜通透性与时间的变化

2.3 3个毒株侵染后症状严重程度与细胞膜通透性的关系

从3次重复共30株样品的测定结果（图6）可以看出，3个毒株在接种后到寄主刚开始出现症状之前（严重度1，2），受侵细胞膜的通透性均低于对照；而在寄主完全发病时（严重度3：叶脉轻微坏死，叶片严重花叶），M毒株引起细胞膜通透性会稍微高于对照，在严重时（严重度4：叶片畸形伴有绿岛，叶子变厚），膜透性又降低，后期（严重度5）又有所回升；和M毒株相似，PE毒株引起寄主膜透性最高时期为寄主表现严重症状时（严重度4：寄主叶片完全失绿，中间伴随绿岛），在初显症状时（严重度2：叶尖部位失绿）和完全发病时（严重度3：叶片完全失绿，叶绿素含量极低）细胞膜通透性均低于对照；虽然Xb毒株所引起的症状不太明显，但受侵叶片细胞膜通透性总是低于对照，直到表现严重症状（严重度4和5：叶片加厚，微缩小及颜色加深）后期，才升高到正常水平之上。

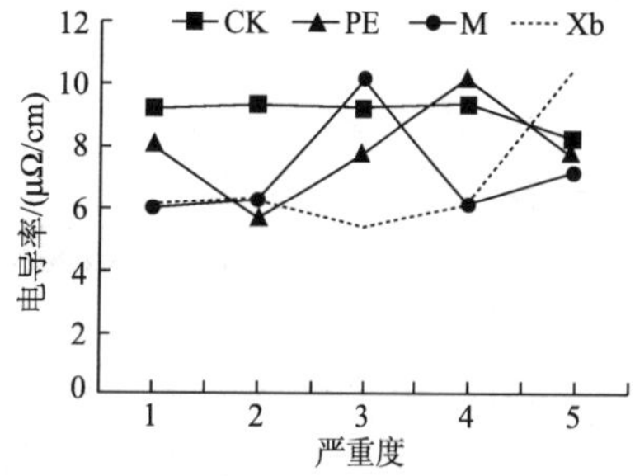

图6 细胞膜通透性与症状的关系

2.4 3个毒株侵染引起细胞内可溶性蛋白的变化

从3次重复共30株样品的测定结果（表1）可以看出，受CMV侵染的烟草（K326）叶片中可溶性蛋白含量在病毒侵染初期至症状出现时明显升高，之后随着症状的加重，其含量逐渐降低。在此过程中，M毒株表现最为明显，然后是Xb毒株，而致病力最强的PE毒株导致可溶性蛋白的含量变化幅度相对较小。

表1 3个毒株引起细胞内可溶性蛋白浓度的变化

症状严重度	正常叶片/(mg/g FW)	接种PE的叶片/(mg/g FW)	接种M的叶/(mg/g FW)	接种Xb的叶/(mg/g FW)
Ⅰ	8.56	12.59	18.71	15.52
Ⅱ	6.82	9.19	25.29	13.51
Ⅲ	9.28	9.85	10.15	12.58
Ⅳ	8.46	5.60	12.61	7.90
Ⅴ	6.97	4.33	9.76	6.60

Ⅰ无症状；Ⅱ发病初期；Ⅲ充分发病/显症；Ⅳ严重发病；Ⅴ发病后期（侵染后2个月）

3　讨论

植物的防御体系是一个多因素相互作用的复杂体系，其中包括与木质素合成及沉积相关的苯丙烷类代谢有关的酶、植保素诱导合成、病程相关蛋白（PRs）和磷酸戊糖途径及乙醛酸循环等途径的相关因子[8]。PPO是细胞抗性酶之一，其作用机制是将细胞代谢产物中的酚类物质氧化为醌类来杀死细胞限制病原物进一步扩展。我们研究结果指出，烟草经CMV 3个毒株接种后PPO酶活性均有所增加，但不同毒株诱导PPO酶活性增加的时间和程度不同，其中致病力最弱的Xb毒株最早和最大程度地激活细胞PPO酶系统，并迅速杀死被病毒入侵的细胞，使得整个植株病毒浓度降低及扩散速度减慢，从而表现出抗性反应；对于M和PE毒株而言，由于它们强大的侵染破坏效应令细胞防御酶PPO系统未能及时作出反应就已打破了寄主的代谢平衡，因而接种初期PPO活性并未改变，直到寄主表现明显症状时才有少量升高。

SOD在细胞防御病原物入侵方面有十分重要的作用，它可以清除O_2^-以避免对细胞的伤害。Keppler等[9]报告，病原物诱导的过敏反应与O_2^-引发的细胞膜脂过氧化作用有关，并认为O_2^-在寄主-病原物互作过程中的细胞死亡崩溃和植保素的累积起着重要作用。庄炳昌等[10]指出大豆接种大豆花叶病毒（SMV）后SOD活性下降，POD活性上升。我们研究表明，烟草（品种K326）接种CMV 3个毒株后，致病力最强的PE毒株诱导SOD活性初期稍有上升，然后就明显下降；而M和Xb毒株接种后诱导的SOD活性保持上升趋势。这也说明致病力极强的毒株在侵染寄主后造成寄主SOD防御体系崩溃，使得O_2^-积累过量杀死细胞；致病力弱的毒株可以诱导细胞SOD防御酶体系产生抗病性反应。

对POD而言，它不仅参与了木质素的沉积过程，而且在清除H_2O_2和OH·自由基方面具有重要防御作用。在这个过程中，致病力强的PE毒株和较强的M毒株接种后快速诱导POD活性升高，说明强毒株首先刺激膜脂氧化作用，产生大量的O_2^-，此时SOD酶系统还未作出应急反应，积累的活性氧已超出了防御酶的清除能力，因而攻击细胞组成的有机大分子，导致酶损伤，因此SOD活性下降，与庄炳昌等[10]和董炜博等[11]的结果一致。此时寄主启动另一个清除O_2^-和OH。自由基的防御体系——POD以阻止病毒的破坏，这也是植物在进化过程中形成的一种自我保护机制。对弱毒株Xb而言，POD活性几乎未发生变化，可能是由于SOD系统足以完成清除氧自由基的危害而不必要再启动另一个酶防御体系并可以节省能量。由此可进一步推测出在寄主抗病性反应过程中，SOD酶系统的启动时间比启动POD酶系统的时间早，POD酶防御系统是SOD酶防御系统的补救体系。

PAL催化苯丙氨酸脱氨基后产生肉桂酸并最终转化为木质素，因此它是与细胞内木质素生成和沉积有关的防御酶。当病毒入侵时，细胞受到刺激后启动PAL系统，产生木质素并沉积在细胞壁周围，将病原物限制在一定的细胞范围之内阻止其进一步扩散危害。我们研究表明，M和Xb毒株侵染烟草后PAL活性增强，且Xb比M毒株更快和更大程度地诱导了PAL活性；强毒株PE造成PAL活性降低。由此似乎可以看出CMV对烟草中PAL活性的诱导与毒株的致病力成负相关，造成这种情况的原因可能与SOD的情况相似。并且木质素的沉积量与病毒毒株的致病力强弱有关，并总是滞后于其他防御物质的产生。

从病毒侵染细胞后的作用部位而言，病毒的侵染可以导致细胞膜的通透性降低，这似乎说明病毒侵入细胞的最初作用部位不是细胞膜，当病毒在细胞中大量增殖时，病毒就会少量分布在细胞膜，干扰了细胞膜的正常代谢（受侵细胞中可溶性蛋白含量增加似乎说明了这点），诱导细胞膜氧化，导致细胞膜的透性稍微增加。这种氧化作用是有限的，寄主体内的防御体系足以抵御病毒的破坏作用。因为病毒是严格的细胞内寄生物，它应不会杀死细胞（除致病力极强的病毒或毒株），因此我们的结果和董金皋等[6]在真菌研究中的结论相反。同时发现，CMV对细胞膜的伤害与毒株致病力强弱有关。至于为何病毒入侵会导致细胞膜透性降低还需进一步研究。

综上所述，烟草（品种K326）对CMV侵染作出的抗病性反应程度与毒株的致病力强弱有关，如果毒株的致病力越强，寄主细胞中SOD、PPO和PAL酶系统作出反应的时间会延迟，活性增加幅度越小，甚至是负增长，这一点与庄炳昌等[10]用SMV接种大豆后观察的结果一致。在长期自然进化过程中，寄主也会产生补救的防御系统（如POD防御体系）来尽可能地保护细胞的正常生理代谢，并调节恢复其他酶系统的防御功能。

本实验初步证明，同一寄主内防御酶活性及细胞膜透性变化可以作为病毒毒株致病力的鉴别指标，这将为筛选弱毒株提供一定的理论参考，也为进一步研究病毒的致病机理积累一定素材。

参考文献

[1] 徐平东，李梅，林奇英等. 黄瓜花叶病毒两亚组分离物寄主反应和血清学性质比较研究. 植物病理学报，1997，27(4)：353-360

[2] 朱广廉，钟海文，张海琴. 植物生理学实验. 北京：科学出版社，1990，37-40

[3] 谭兴杰，李月标. 荔枝(*Litchi chinensis*)果皮多酚氧化酶的部分纯化及性质. 植物生理学报，1984，10(4)：339-345

[4] 薛应龙. 植物生理学实验手册. 上海：上海科学技术出版社，1985，191-192

[5] 林植芳，李双顺，张东林等. 采后荔枝果皮色素、总酚及有关酶活性的变化. 植物学报，1988，30(1)：40-45

[6] 董金皋，樊慕珍，韩建民等。芸苔链格孢菌毒素对白菜细胞膜透性、SOD酶和POD酶活性的影响. 植物病理学报，1999，29(2)：138-141

[7] 白玉璋. 植物生理学测试技术. 北京：中国科学技术出版社，1993，99

[8] 吴岳轩，曾富华，王荣臣. 杂交稻对白叶枯病的诱导抗性与细胞内防御酶系统关系的初步研究. 植物病理学报，1996，26(2)：127-131

[9] Keppler LD，Banker CJ. O_2^- initiated lipid peroxidation in a bacteria-induced hypersensitive reaction in tobacco cell suspensions. Phytopathology，1989，79：555-562

[10] 庄炳昌，徐豹，廖林. 接种大豆花叶病毒后，大豆叶片超氧物歧化酶、过氧化物酶和蛋白组分的变化. 植物病理学报，1993，23(3)：261-265

[11] 董炜博，严敦余，郭兴启等. 感染花生条纹病毒(PStV)后花生生理生化性状变化的研究. 植物病理学报，1997，27(3)：281-285

黄瓜花叶病毒西番莲分离物 RNA3 的 cDNA 全长克隆和序列分析*

王海河，谢联辉，林奇英

（福建农林大学植物病毒研究所，福建福州　350002）

摘　要：采用 RT-PCR 方法克隆了黄瓜花叶病毒西番莲致死分离物（CMV-PE）全长 RNA3。经核苷酸序列测定，明确 PE 分离物 RNA3 全长 2216nt，含有 2 个开放阅读框（ORF），其中 5′端的 ORF（121～963nt）编码 279aa 的 3a 蛋白，3′端 ORF（1260～1916nt）编码 218 aa 的 CP 蛋白。5′端非编码区（NR）长 120nt，基因间隔区（IR）长 296nt，3′端 NR 区含 301 个碱基。PE 分离物编码的 3a 蛋白中最明显的特征是在 136～141 位有一个独特的 VWCLSS 区域。将 CMV-PE 的 RNA3 的核苷酸序列及其编码蛋白的氨基酸序列与同属 CMV 亚组Ⅰ的其他分离物进行比较，发现症状相似的 CMV 分离物的非编码区具有很高的序列同源性，说明非编码区序列与症状有关。

关键词：黄瓜花叶病毒西番莲分离物；RNA 3；全长 cDNA 克隆；序列分析

中图分类号：S432. 4　**文献标识码**：A　**文章编号**：1006-7817-（2001）02-0191-08

Full-length cDNA cloning and the nucleotide sequencing of RNA3 of *Cucumber mosaic virus* isolate PE from passionflower

WANG Hai-he，XIE Lian-hui，LIN Qi-ying

（Institute of Plant Virology，Fujian Agriculture and Forestry University，Fuzhou　350002）

Abstract：The full-length cDNA of RNA3 of CMV-PE，an isolate of *Cucumber mosaic virus* from passionflower，was cloned and sequenced by reverse transcription PCR with two primers. The nucleotide sequence of RNA3 of CMV-PE was composed of 2216 nucleotides（nt）with two open reading frames，in which the one near 5′terminal（121-963nt）encoded a 3a protein with 279 amino acids（aa），the other one near 3′ terminal（1260-1916nt）encoded a coat protein with 218 aa. The non-coding regions（NR）located at 5′terminal and 3′terminal were 120nt and 301nt，respectively，and the intergenic region（IR）was 296nt long. There was an unique protein motif with VWCLSS sequence located at the position of 136-141 of the 3a protein. When the RNA3 of CMV-PE was compared with other isolates which also belong to subgroup I of CMV，those isolates which appeared similar symptom in hosts showed higher identity of nucleotide sequences of NR，therefore，the NR might be related to the symptom.

福建农业大学学报，2001，（2）：191-198

收稿日期：2000-10-16

* 基金项目：福建省自然科学基金资助项目（C96069）

Key words: *Cucumber mosaic virus* PE isolate (CMV-PE); RNA3; full-length cDNA cloning; sequence analysis

黄瓜花叶病毒(*Cucumber mosaic virus*, CMV)是黄瓜花叶病毒属的典型成员,为正链三基因组的多分体病毒[1,2]。研究表明,CMV RNA 1、2 分别编码与复制酶有关的 1a 和 2a 蛋白[3]。此外,RNA2 还编码一个与病毒基因表达有关的 2b 蛋白[4],RNA3 编码 3a 运动蛋白和外壳蛋白,但外壳蛋白一般由 RNA3 3′端亚基因组化产生的 RNA4[5]编码表达。CMV-PE 分离物取自西番莲,在西番莲上表现为花叶症状,在心叶烟(*Nicotiana glutinosa*)上表现坏死症状,在普通烟(*N. tobacum*)上表现严重畸形。经过血清学、生物学和 *CP* 基因特征分析证实它为 CMV 亚组 Ⅰ 成员[5]。为了从分子水平上阐明 CMV-PE 分离物的特有致病机制及 CMV 的进化特征,我们克隆并分析了 CMV-PE 的 RNA3 全序列特征,构建了 RNA3 的全长克隆,并进行了体外转录实验。

1 材料和方法

1.1 毒源来源

CMV-PE 株系由厦门华侨亚热带植物引种园徐平东博士惠赠,并保存在福建农林大学植物病毒研究所实验室。

1.2 病毒及其 RNA 的提取

用 CMV-PE 接种普通烟,14d 后采集接种叶上有症状的叶片,－70℃保存。病毒提纯参照 Mossop 等[6]的方法。病毒 RNA 的提取依照 Peden 等[1]的方法进行。提取的病毒 RNA 用 DEPC 处理过的灭菌重蒸馏水溶解后－70℃保存。

1.3 RNA3 cDNA 的合成

通过比较 CMV RNA 3 的已知序列,设计合成引物 a1、e1、d1 和 b1(图 1)。将 a1 和 e1 作为第 1 链引物,用 MuMV 反转录酶(Sangon)分别合成片段 pe1 和 pe2,然后用引物 a1 和 d1 PCR 扩增片段 pe1,用 e1 和 b1 扩增片段 pe2。PCR 反应条件如下:67mmol/L Tris-HCl(pH8.8,25℃),17mmol/L $(NH_4)_2SO_4$,2mmol/L $MgCl_2$,10mmol/L β-巯基乙醇,0.2μg/mL 牛血清白蛋白,6.5μmmol/L EDTA,0.2mmol/L dNTPs(dATP,dCTP,dGTP,dTTP),1μg 引物和 0.5 单位 *Taq* DNA 聚合酶(Sangon)。PCR 程序为 94℃变性 2min,58℃ 退火 1min,72℃延伸 3min,共 30 循环,循环结束后 72℃保温 10min。

a1 5′CCGGATCCTGGTCTCCTTTTGGAG 3′
d1 5′TTGAGGTTCAATTCCTCT 3′
b1 5′CCGGATCCATTAATACGACTCACTATA*GTAATCTTACCACTG 3′
e1 5′CAGCACTGGTTGATTACAGA 3′
pz1 5′TACACGAGGATGGCGTAC 3′
pz2 5′GATTGCGGCGGGAGGG 3′

图 1 引物序列

*Eco*R Ⅰ 酶切位点用下划线表示;T7 启动子序列用方框表示;3 处是反转录起点;引物 a1 和 e1 是片段 pe1 和 pe2 的第 1 链合成引物;引物 d1 和 d2 是片段 pe1 和 pe2 的第 2 条链扩增引物;引物 Mz1 和 Mz2 是片段 pe1 和 pe2 的测序引物

1.4 RNA3 的克隆和序列分析

PCR 产物经 10g/L 琼脂糖凝胶电泳,QIAEXII Gel Extraction Kit(QIAGEN 公司产品)回收后,克隆于 pGEM-T easy vector(promega),转化大肠杆菌。经酶切鉴定后,采用双脱氧法,用 AB IPRISM 3700 DNA 自动测序仪测序。每个片段用 2 次独立的克隆从两端测序。利用 DNA SIS 软件(Hitachi Software Engineering Co., Ltd.)对所测序列进行分析。

NT-9 在烟草上会引起严重的花叶症状,而且寄主中病毒含量很高[7];M48、C72[8]、D8[9]、Kor 和 To[10]在寄主上都可引起花叶症状;Ixo 分离物可以辅助致死卫星 RNA 的侵染复制,抑制其致死作用[11];M、FNY、Y 和 Y2 分离物均可引起严重失绿症状。因此对于上述分离物的 RNA3 序列,应从进化变异、症状表现以及 RNA3 的序列特征的角度加以分析。

1.5 全长克隆的构建

片段 pe1 和 pe2 经 *Dra* Ⅱ 酶 37℃消化,用 1.3 的方法回收,T4 DNA 连接酶(promega)4℃连接过夜后,插入 pGEM-T easy 载体,酶切鉴定阳性克隆。然后以阳性克隆质粒为模板,用高保真 *pfu Taq* 酶(sangon)扩增 RNA 3 序列,方法同 1.3,

退火温度为 54℃。

2　结果与分析

2.1　CMV-PE RNA3 的全序列测定和分析

通过 RT-PCR 对片段 pe1 和 pe2 进行扩增、回收并转化后，*Eco*RⅠ 酶切鉴定重组质粒 pCMV pe1 和 pCMV pe2，并分别独立测定了这 2 个克隆的序列，重复 1 次。结果（图 2）表明，CMV-PE RNA3 全长 2216nt；5′端非编码区（NR）为 120nt；基因间隔区（IR）长 296nt；3′端 NR 区域含有 301 个碱基；共有 2 个蛋白编码阅读框架（ORF），其中 5′端（121～963nt）编码 279 aa 的 3a 蛋白，3′端（1260～1916nt）编码 218 aa 的 CP 蛋白。

```
1     GTAATCTTACCACTGTGTGTGTGCGTGTGTGTGTGTGTCGCGTCGTGTCGAGTCGTGTTGTCCGCACATTTGAGTCGTGCTGTCCGCACATTTTCTTTTC
101   AGTGTGTTAGATTGCGAGGCATGGCTTTCCAAGGTACCAGTAGGACTTTAACTCAACAGCCCTCAGCGGCTACGTCTGACGATCTTCAAAAGATATTATT
201   TAGCCCTGAAGCCATTAAGAAAATGGCTACTGAGTGTGACCTAGGCCGGCATCATTGGATGCGAGCTGATAATGCTATTTCAGTCCGGCCCCTCGTTCCC
301   GAAGTAACCCACGGTCGTATTGCTTCCTTCTTTAAGTCTGGATATGATGTTGGTGAATTGTGCTCTAAAGGATACATGAGCGTCCCTCAAGTGTTGTGTG
401   CTGTTACTCGAACAGTTTCCACCGATGCTGAAGGGTCCTTGAGAATTTACCTAGCTGATTTAGGCGACAAGGAGTTATCTCCTATAGATGGGCAGTGCGT
501   TTCATTACATAACCATGATCTTCCCGTTTGGTGTCTTTCCAGCCCGACGTATGATTGTCCTATGGAAATTGTTGGGAATCGCAAGCGGTGTTTTGCTGTC
601   GTTGTTGAAAGACATGGTTATATTGGGTATACCGGTACCACAGCTAGCGTGTGTAGTAATTGGCAAGCACGATTTTCTTCTAAGAATAACAACTACACTC
701   ATATCGCAGCTGGGAAGACTCTAGTACTGCCGTTCAACAGATTAGCTGAGCAAACGAAACCGTCAGCCGTCGCTCGCCTGTTGAAGTCGCAATTGAATAA
801   CATAGAATCTTCGCAATACGTTTTAACGAATTCGAAGATTAATCAAAATGCGCGCAGTGAGTCCGAGGAGAAATTAAATGTTGAGAGCCCTCCTATCGCA
901   ATTGGGAGTTCTTCCGCGTCCCGCTCCGAAACCTTCAGACCGCAGGTGGTTAACGGTCTCTAGTGTTTTCGTTGCGTATTAGTATATAAGTATATGTGAG
1001  TCTGTACATAATACTTTATCTATAGTGTCCTGTGTGAGTTGATACAGTAGACAACTGTGACGCGATGTCGTGTTGAGGAGAGAGCACATCTGGTTCTAGT
1101  AAATCCACATCATAGCTTTGAGGTTCAATTCCTCTTGCTCCCTGTTGGGACCTCTTACTTTTTCATGGATGCTTCTCCACGAAATTGCGTTTCGTCTACT
1201  TATCCTAAGAGTATTGTGCTGTGTTTTTCTCTTTGTGTGTTGTAGAGTTGAGTCGAGTCATGGACAAATCTGAATCAACCAGTGCCGGTCGTAACCGTCG
1301  ACGTCGTCCGCGTCGTGGTTCCCGCTCCGCTCCCTCCTCCGCGGATGCTAACTTTAGAGTCCTGTCGCAACAGCTTTCGCGACTTAATAAGACGTTAGCA
1401  GCTGGTCGTCCAACCATTAACCACCCAACCTTTGTGGGTAGTGAACGCTGTAGACCTGGGTACACGTTCACATCTATAACCCTTAAGCCTCCGAAAATAG
1501  ACCGCGGGTCTTATTATGGTAAAAGGTTGCTGCTTCCTGATTCAGTCACTGAGTTCGATAAGAAGCTTGTTTCGCGCATTCAAATTCGAGTTAATCCTTT
1601  GCCGAAATTTGATTCTACCGTGTGGGTGACAGTCCGTAAAGTTCCTGCCTCCTCGGACTTATCCGTTGCCGCCATCTCTGCTATGTTTGCGGACGGAGCC
1701  TCACCTGTACTGGTTTATCAGTACGCCGCATCTGGAGTCCAAGCCAACAACAAACTGTTGTATCGATCTTGGGCGATGCGCGCTGATATTGGCGACATGA
1801  GAAAGTACGCCATCCTCGTGTATTCAAAAGACGATGCGCTCGAGACGGACGAGTTGGTACTTCATGTTGACATCGAGCACCAACGCATTCCCACATCTGG
1901  GTGCTCCCAGTTTGAATCCGTGTTTTTCCCAGAATCCTCCCTCCGGTCCTGTGGCGGGAGCTGAGTTGGTAGTGTTACTATAAACTGCCTGAAGTCACT
2001  AAACGCTTTGCGGTGAACGGGTTGTCCATCCAGCTTACGGCTAAAAAGGTCAGTCGTGGAGAAATCCACGCAGTAGACTTACAAGTCTCAGAGGTGCCTT
2101  TGAAACCATTTCCTAGGTTTCTTCGGAAGTACTTCGGTCCGTGTACTTCTAGCACAAGGTGCTAGTTTTAGGGTACGGATCCCCCCACTTCAGTGGGGGT
2201  CTCCAAAAGGAGACCA
```

图 2　与 CMV-PE 的 RNA3 相对应的 cDNA 序列

编码区起始密码子用下划线标出，终止密码子用方框标出

2.2　CMV-PE RNA3 的全序列与其他亚组Ⅰ分离物 RNA3 序列变异分析

CMV-PE RNA3 的全序列与其他亚组Ⅰ分离物（株系）RNA3 序列变异状况如表 1 所示。

从表 1 可以看出，非编码区（NRIR）的变异程度很大，尤其是 5′-NR 区，存在较多碱基的插入和缺失现象，其次 IR 和 3′-NR 区。即使在编码区域，尤其 3a 蛋白编码区域也存在碱基的缺失和插入。与 PE 分离 3a 基因区域相比较，所有选作比较的序列在此区域都存在碱基的插入和缺失，而且大多数缺失和插入的碱基数目不等，使 3a 蛋白氨基酸数目发生改变；而在 *CP* 基因区域插入和缺失的碱基数目相同，因而不造成产物氨基酸数目发生变化。由此说明结构蛋白的保守性对维持其自身特性具有重要意义。3a 功能蛋白的氨基酸数目不同，可造成株系（分离物）间具有不同的特性。同时可以看出，PE 分离物与亚组Ⅰ所选成员 3a 和 *CP* 基因序列的同源性分别为 93.2%～95.7%和 90.5%～96.7%，而与亚组Ⅱ成员 Q 的同源性仅分别为 79.6%和 76.8%。

表 1 CMV-PE 和其他亚组Ⅰ分离物 RNA3 的 cDNA 序列比较

分离物	l	5′非编码区				3a 编码区/nt			间隔区				CP 编码区/nt			3′非编码区			
		exc	del	ins	l	exc	del	ins	exc	del	ins	l	exc	del	ins	exc	del	ins	l
	bp	nt	nt	nt	bp				nt	nt	nt	bp				nt	nt	nt	bp
PE*	2216	—	—	—	120	—	—	—	—	—	—	297	—	—	—	—	—	—	301
NT9*	2214	2	0	1	121	30	5	14	11	14	2	281	22	1	1	4	1	4	304
Fny*	2215	1	12	11	119	40	4	1	25	6	7	297	24	4	4	20	4	9	303
To*	2216	1	12	11	119	42	5	2	23	6	7	297	24	4	4	20	4	9	303
Kor*	2225	2	12	11	119	35	5	5	24	8	13	301	40	5	5	21	5	12	305
C72*	2238	2	2	12	130	50	10	4	15	9	23	297	37	2	2	19	2	7	301
M48*	2205	3	11	2	111	40	6	3	18	6	5	295	51	4	4	22	4	5	302
D8*	2218	0	13	13	120	40	6	3	25	6	9	299	27	6	6	20	5	7	303
Ixo*	2216	2	1	2	121	50	5	2	16	7	8	296	37	2	2	18	7	9	302
M*	2215	12	12	12	120	38	6	3	20	6	7	298	30	6	6	16	9	7	301

exc、del 及 ins 分别代表核苷酸的改变、缺失和插入；l 表示长度；* 表示亚组Ⅰ成员，序列来自 GenBank，序列编号分别为：NT9（D28780），Fny（D10583），To（U66094），Kor（L36251），C72（D28489），Y（D12499），M48（D49496），D8（AB004781），Ixo（D83958），M（D10539）

2.3 PE 分离物和亚组Ⅰ其他成员 3a 和 CP 氨基酸序列的比较

由图 3a 可以看出，PE 分离物 RNA3 编码的 3a 蛋白中最明显的特征是在 130～140 位有一个独特的 VWCLSS 区域，而不是其他株系所共有的 ALVSFQ，同时在第 149 位和第 161 位由独特的Ⅰ和Ⅴ替换了在其他分离物中比较保守的 T 和Ⅰ2 个氨基酸；在第 251 位插入了一个 K，在 3a 蛋白 C 端缺失一个 L；除此之外还有几处的氨基酸发生变化，但不是其特有的。

相对于 PE 分离物，C72 的 3a 蛋白的第 30 位氨基酸由 E 变为 D；M48 在 C72 的第 37 位变异基础上又增加了一个变异（T→A）；在 M48 中，3a 蛋白的第 77 位 V 变为 A；D8 的第 80 位由 C 变为 S；而在 NT-9 和 Ixo 中表现为这 2 个变异的累加。在此基础之上，第 80 位的 S 又进一步变为 R，而 Fny、To 和 Kor 在这些部位没有变异。同样的现象也在第 124 位（PEG→M 48K→IxoR）、第 128 位（T 9、Fny、To、PES→M48，IxoT）、第 150 位（PEI→NT9、Fny、To、M 48T→IxoS）、第 237 位（PEN→M48、IxoD→C72K）、第 260 位（NT9、Fny、ToA→PEI→M 48V→C72F）和第 272 位（NT9、Fny、ToA→PE、NT9T→M48S）出现。

从 CP 推导的氨基酸序列来看（图 3b），PE 分离物 CP 的第 169 位和第 170 位分别存在 2 个独特的 R 和 S，替换了其他株系所共有的 D 和 L；在 C 端第 185 位出现了独特的 I，替换了其他分离物（株系）共有的 V；其余的区域虽然也存在着氨基酸的变化，但这些变化不是其特有的。与 PE 分离物相比较，Kor、M 48、D8 和 Ixo 分离物 CP 蛋白 C 端的氨基酸变异较为明显，没有 3a 蛋白那样的连续性；但在 3a 第 65 位有共同变异的情况，即在 PE、Fny 和 To 分离物中，这个位点为 R，而在其他分离物中为 K；同样在第 99 位，PE、NT9、C72、M48 和 Ixo 分离物中，此位点为 F，而在其他分离物中为 Y，这 2 处的变异也具有 PE65R→NT965K→Fny99Y→D865，99K+Y 的过程。

2.4 与亚组 I 其他成员 RNA3 的 5′NR、IR 和 3′NR 区域的同源性比较

由表 2 可知，各分离物（株系）之间，在 RNA3 的 5′NR 区域的同源性为 72.7%～98.3%；在 IR 区域的同源性为 83.6%～99.3%；3′NR 区域的同源性为 87.1%～98.3%。结果表明：RNA3 的变异主要存在于 5′NR 区域，其次是 IR 和 3′NR 区域；PE 和 NT9 分离物在 5′NR 和 3′NR 区域的同源性分别为 97.5%和 97.0%；Kor、To、D8、Fny、M、Y 和 Y2 分离物之间在 IR 区域的同源性为 96.6%～99.3%，尤其是 Fny、M、Y 和 Y2 之间在此区域的同源性都大于 98.7%，在 IR 区域为 96.0%～98.3%；除 Ixo、C72 和 M48 外，其余分离物之间在 IR 区域都有较高的同源性。

```
a
PE    MAFQGTSRTLTQQPSAATSDDLQKILFSPEAIKKKATECDLGRHHWNRADXAISVRPLVPEVTHGRIASF
I     ----------------------------------------------------------------------
NT9   ----------------------------------------------------------------------
Fny   ----------------------------------------------------------------------
To    ----------------------------------------------------------------------
Xor   -----------------------------D----------------------------------------
C72   -----------------------------D------A---------------------------------
MAR   --------------------------------------------------S-------------------
D8    --------------------D-------------------------------------------------
Ixo   FKSGYDVGELCSKGYNSVPQVLCAVTRTVSTDAEGSLRIYLADLGDKELSPIDGQCVSLHNRDLPVWCLS
PE    ------A---S------------------------------------------------------ALVSF
71    -----------------------------------------------------------------ALVSF
NT9   -----------------------------------------------------------------ALVSF
Fny   -----------------------------------------------------------------ALVSF
To    ------A---R------------------------------------------------------ALVSF
Kor   ------A----------------------------------------------K---T-------ALVSF
C72   ----------S------------------------------------------------------ALVSF
M48   ------A---S------------------------------------------K---T-------ALVSF
D8    SPTYDCPMEIVGNRKRCFAVYVERHGYIGVTGTTASVCSNWQARFSSKNNNYTHIAAGKILVLPFNRLAF
Ixo   Q--------T-----------I------------------------------------------------
PE    Q--------T-----------I------------------------------------------------
I41   Q--------T-----------I------------------------------------------------
NT9   Q--------T-----------I------------------------------------------------
Fny   Q--------T-----------I------------------------------------------------
To    Q--------T-----------------V------------------------------------------
Kor   Q--------T-----------I------------------------------------------------
C72   Q--------S-----------I------E-----------------------------------------
M48   QTKPSAVARLLKSQLNNIESSQYVLTNSKINQNAR*SESEEKLNVESPPIAIGSSSASRSETFRPQVVVG*****
D8    -----------------------A-----------*----------------------------------TLVFS
Ixo   -------------------L---------------*---------A------------A---------L------
PE    -------------------L---------------*---------A------------A---------L------
211   -----------------------------V-----*---------A------------A---------L------
NT9   ---------------------SK------------*---------F------------A---------L------
Fny   ----------------------D------------*---------V------------S---------L------
To    -------------------L---A-----------*---------A------------A---------L------
Kor   ----------------------DA-----------*II---------V----------A---------L------
C72
M48
D8
Ixo

b
PE 1  MDKSESTSAGRNRRRRPRRGSRSAPSSADAVFRVLSQQLSRLNKILAAGRPTIVHPTTVGSERCRPGYTT
NT9   ----------------------------------------------------------------K-----
Fny   ----------------------------------------------------------------------
To    ----------------------------------------------------------------------
Kor   ----------------L-----------------------------S-----------------K-----
C72   ----------------------------------------------------------------K-----
M48   ----D-A----------------------V----------------------------------K-----
D8    ------------------A-----S--S------------------------L-----------K-----
Ixo   ------A-----------------S--S------------------------------------K-----
PE 71 TSITLKPPKIDRGSVYGKRLLLPDSVTFFDKKLVSRIQIRVNPLPKFDSTVWVTVRKVPASSDLSVAAIS
NT9   ----------------------------------------------------------------------
Fny   ----------------------------Y-----------------------------------------
To    ---------V------------------Y-----------------------------------------
Kor   ----S-----------------------Y-------------------------------------P---
C72   S---------------------------------------------------------------------
M48   --------------------F--E----------------------------------------------
D8    ----------------------------Y-----------------------------------------
Ixo   --------------------------A---------------------------------------T---

PE    AMFADGASPVLVYQYAASGVQANNKLLYRSSAMRADIGDMRKYAILVYSKDDALETDELVLIIVDIEHQRIPTSGVLPV
141   ----------------------------DL--------------V----------------------------------
NT9   ----------------------------DL--------------V----------------------------------
Fny   ----------------------------DL--------------V----------------------------------
To    ---P---P--------------------DL--------------V---A------A---------V-------------
Kor   ----------------------------DL--------------V-----------S----------------------
C72   ----------------------------DL-P------------V-----------S----------------------
M48   ----------------------------DL--------------V----------------------------------
D8    -------------------I--------DL--------------V-----------------------------R----
Ixo
```

图 3　CMV-PE 分离物 3a 蛋白和 CP 氨基酸序列与亚组 I 其他成员的比较

a. 3a 蛋白氨基酸序列比较；b. CP 氨基酸序列的比较；-表示相同的氨基酸；* 表示缺失的氨基酸

表 2 亚组Ⅰ成员之间 RNA3 的非编码区序列同源性（%）比较

5′NR→ (upper); IR↓ (lower)

分离物	PE	NT9	IXo	To	Kor	C72	M48	D8	Fny	M	Y	Y2
PE	—	97.5	95.8	80.0	79.2	86.7	86.7	78.3	80.0	79.2	78.3	73.3
NT9	90.9	—	96.7	80.2	79.3	86.0	80.2	75.2	81.0	80.2	74.4	74.4
IXo	89.5	89.0	—	79.3	78.5	83.5	86.8	72.7	79.4	78.5	78.5	72.7
To	87.5	85.1	84.1	—	92.4	75.6	76.0	90.8	95.0	97.5	89.9	90.8
Kor	84.5	83.6	83.7	97.3	—	76.5	79.0	90.8	92.4	92.4	90.8	90.8
C72	84.1	80.8	82.0	85.2	84.5	—	77.7	74.6	79.2	80.0	76.2	75.4
M48	91.2	86.5	84.8	88.6	87.4	83.5	—	73.9	73.9	74.8	73.9	74.8
D8	86.5	86.1	84.8	98.7	97.6	85.7	87.5	—	—	89.2	98.3	95.8
Fny	87.2	86.5	85.8	99.3	97.6	85.4	87.1	99.0	99.0	—	88.2	87.4
M	87.2	86.5	88.6	99.3	97.6	85.4	87.5	98.7	98.7	99.3	89.2	90.0
Y	86.1	86.1	87.8	98.3	97.5	86.1	86.8	98.7	98.7	98.7	—	93.3
Y2	86.8	85.4	84.5	98.7	96.6	83.7	86.8	98.0	98.0	98.7	98.7	—

3′NR→

分离物	PE	NT9	Fny	To	Kor	C72	M48	D8	IXo	M	Y	Y2
PE	—	97.0	90.4	89.0	87.4	90.1	89.7	89.4	88.7	89.4	89.1	88.2
NT9		—	88.8	88.8	87.2	91.8	91.4	89.8	91.1	88.5	90.5	89.5
IXo			—	98.8	92.4	88.8	89.4	92.1	87.1	96.0	97.7	96.0
To				—	92.1	94.4	89.4	92.4	88.1	90.5	97.7	96.0
Kor					—	91.1	88.9	89.8	85.9	93.4	92.5	90.2
C72						—	91.7	92.7	89.4	91.4	95.7	94.0
M48							—	92.4	90.7	92.7	90.4	88.7
D8								—	89.1	89.1	93.7	92.4
Fny									—	—	89.1	87.4
M											98.3	96.3
Y											—	98.3
Y2												—

2.5 CMV-PE RNA3 全长 cDNA 克隆的构建

将回收的 PCR 扩增产物 pe1 和 pe2 分别用 *Dra*Ⅱ在 37℃酶切后回收，然后用 T4 DNA 连接酶连接并插入质粒载体 pGEM-T Easy，然后转化大肠杆菌 DH5α，通过酶切鉴定筛选阳性全长克隆（图 4）。此全长克隆经 PCR 扩增的产物为 2.2kb 左右，5′端含有 T 7 启动子序列可以作为体外转录的模板。

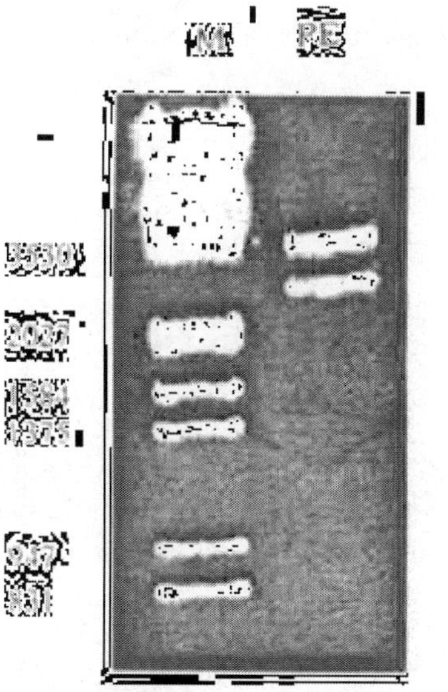

图 4 PE RNA3 全长 cDNA 重组质粒的 1%琼脂糖 *Eco*RⅠ酶切电泳

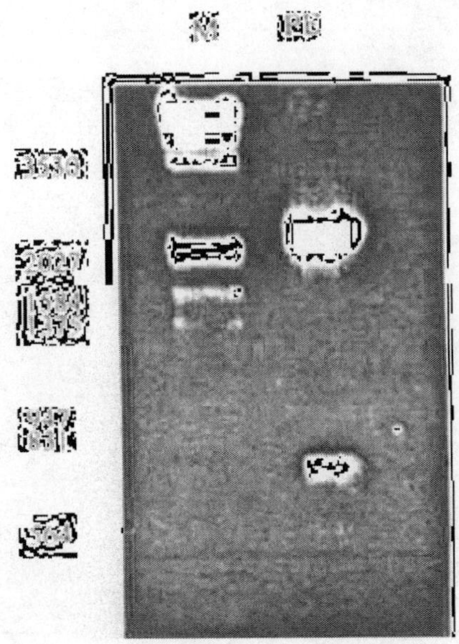

图 5　PE RNA3 全长 cDNA 克隆的
PCR 扩增产物的 1%琼脂糖电泳

3　讨论

CMV-RNA3 在非编码区域的变异程度从 5′NR、IR 到 3′NR 区域依次减弱，说明病毒 RNA3 的演化过程中，非编码区比编码区较易发生变异，而且对自身功能影响不大。非编码区各个区域的变异也有差异，当这些变异超过一定阈值时可能导致新株系的产生。同时发现，症状相似的分离物在非编码区的特定区域有较高的序列同源性（表 2），如引起严重症状的 PE 和 NT9 分离物在 5′NR 和 3′NR 区同源性较高；引起黄化失绿症状的 Fny、M、Y 和 Y2 分离物在 IR 和 3′NR区也有很高的同源性。由此说明，RNA3 非编码区域的序列与分离物自身的致病性有密切关系，这可能是由于这些区域与病毒的复制及表达调控密切相关。

从 3a 蛋白的氨基酸序列可以看出，CMV 亚组 Ⅰ 分离物的进化有一定的连续性，变异主要位于 3a 的 C 端，这些变异现象说明 3a 蛋白在氨基酸水平上的变异具有连续性；CP 蛋白的氨基酸序列的变异同样可以说明 3a 氨基酸水平上变异的连续性。

上述变异说明，亚组 Ⅰ 分离物 RNA3 在长期进化中是连续的，并有特别保守区域。这些保守区域对维持 CMV 病毒自身固有的特性具有十分重要的作用，而易变异区域的氨基酸可能决定各个分离物的自身特性。体外构建突变体时，一般尽可能减 5′端和 3′端的非病毒碱基。因为在转录产物 5′端含有 1 个或多个非病毒碱基时就会大大降低或消除病毒核酸转录物的侵染活性[12,13]。因此我们在全长 cDNA 克隆的 5′端通过人工合成引物的方式直接加入 T7 转录启动子，采用高保真 *pfu Taq* 酶从全长 cDNA 克隆中扩增出需要体外转录的模板，这样就不会在病毒核酸 5′端和 3′端有外源非病毒核酸组分存在，从而保证了转录的终止和转录产物的合成。CMV-PE RNA 3 全长 cDNA 克隆的构建成功，将为研究 PE 分离物的致病基因定位和基因表达调控准备必要的条件。

参 考 文 献

[1] Penen KWC，Symon SRH. *Cucumber mosaic virus* contains a functionally divided genome. Virology，1973，53：487-492

[2] Lo TH，Marchou XG，Marrow J，et al. Evidence for three functional RNA species in several stains of *Cucumber mosaic virus*. J Gen Virol，1974，22：81-93

[3] Hayes RJ，Buck KW. Complete replication of an eukaryostic virus RNA *in vitro* by a purified RNA-dependent RNA polymerase. Cell，1990，63：363-368

[4] Schewingham ERW，Symon SRH. Translation of the four major RNA species of *Cucumber mosaic virus* in plant and animal cell-free toad oocytes. Virology，1977，79：8-108

[5] 徐平东，李梅，林奇英等. 西番莲死顶病病原病毒鉴定. 热带作物学报，1997，18(2)：77-83

[6] Mossop DW，Frankir IB，Grivell CJ. Comparative studies on tomato aspermy and *Cucumber mosaic viruses* V. Purification and properties of a *Cucumber mosaic virus* inducing sever chlorosis. Virology，1976，74：544-546

[7] Hsu YH，Wu CW，Lin BY，et al. Complete genomic RNA sequences of *Cucumber mosaic virus* strain NT9 from Taiwan. Arch Virol，1995，140：1841-1847

[8] Chaumplu KP，Sasaki Y，Nakajim N，et al. Six new subgroup Ⅰ members of Japanese *Cucumber mosaic virus* as determined by nucleotide sequence analysis on RNA 3′scDNAs. Ann Phytopathol Soc Japan，1996，62：40-44

[9] Takeshita M，Takanami Y. Complete nucleotide sequences of RNA 3s of *Cucumber mosaic virus* KM and D8 strains. J Fac Agric Kyushu Univ，1997，42：27-32

[10] Galon A，Kaplan I，Palukaitis P. Characterization of *Cucumber mosaic virus* Ⅱ Identification of movement protein sequences that influence accumulation and systemic infection in tobacco. Virology，1996，226：354-361

[11] Mcgarvey P，Tousignan TM，Geletka L，et al. The complete sequence of a *Cucumber mosaic virus* from Ixora that is deficient in the replication of satellite RNAs. J Gen Virol，1995，76(9)：2257-2270

[12] Janda M，French R AND Ahlquist P. High efficiency T7 poly-

merase synthesis of infectious RNA from cloned *Brome mosaic virus* cDNA *and effects of* 5′*extensions on transcript infectivity*. Virology, 1987, 158: 259-262

[13] Eggen R, Verver J, Wellin KJ, et al. Improvement of the infectivity of *in vitro* transcripts from *Cowpea mosaic virus* cDNA: impact of terminal nucleotide sequences. Virology, 1989, 173: 447-455

黄瓜花叶病毒香蕉株系（CMV-Xb）RNA3 cDNA的克隆和序列分析

王海河，谢联辉，林奇英

（福建农业大学植物病毒研究所，福建福州　350002；福建省植物病毒学重点实验室，福建福州　350002）

摘　要： 通过RT-PCR方法，设计两对引物，克隆了黄瓜花叶病毒香蕉株系（CMV-Xb）RNA3，并进行了核苷酸和蛋白质水平上的分析。结果表明Xb株系RNA3全长2205nt，具有两个蛋白编码阅读框架（ORF），其中5′端（97～936nt）编码一个279aa的3a蛋白；3′端（1225～1871nt）编码一个218aa的CP蛋白。5′非编码区域为96nt；基因间隔区（IR）长288nt；3′NR含有324nt。通过与亚组Ⅱ其他株系RNA3核苷酸和所编码产物推导的氨基酸序列分析发现，亚组Ⅱ株系无论在编码区还是在非编码区的核苷酸同源性都相对较高；亚组Ⅱ株系在进化过程中具有连续性。

关键词： 黄瓜花叶病毒香蕉株系；RNA3；全长cDNA克隆；序列分析

中图分类号： S432.4　**文献标识码：** A　**文章编号：** 1003-5125（2001）03-0252-05

Construction of cDNA clone and nucleotide sequence of RNA3 of *Cucumber mosaic virus* isolate Xb from banana

WANG Hai-he，XIE Lian-hui，LIN Qi-ying

（Institute of Plant Virology，Fujian Agricultural University，Fuzhou　350002；
Key Laboratory of Plant Virology，Fujian Province，Fuzhou　350002）

Abstract： The nucleotide sequence of RNA3 of a *Cucumber mosaic virus* strain from banana of subgroup Ⅱ（CMV-Xb）was cloned and analyzed at nucleotide and protein level after RT-PCR amplificaion with two pairs of primers. The results showed that CMV-Xb is composed of 2205 nucleotides（nt）with two open reading frames. The one near 5′ termini（97～936nt）encodes a 3a protein with 279 amino acids（aa），the other near 3′ termini（1225～1871nt）codes for coat protein with 218aa，The 5′non-coding region（NR），intercistron region（IR）and 3′NR are 96nt，288nt and 324nt，respectively. Comparison at the nucleotide and putative amino acid level with other strains in subgroup Ⅱ showed that the nucleotide sequence of Xb is very conservative in the encoding regions as well as non-coding regions. The evolution of RNA3s of subgroup Ⅱ members of CMV is consecutive.

Key words： *Cucumber mosaic virus*；strain from banana；RNA3；full-length cDNA；nucleotide sequence

---

中国病毒学 2001年9月，16（3）：252-256

收稿日期：2000-08-14　修回日期：2001-01-10

黄瓜花叶病毒（CMV）是黄瓜花叶病毒属的典型成员，为正链三基因组的多分体病毒[1]。研究表明，CMV RNA1、CMV RNA2 分别编码与复制酶有关的 1a 和 2a 蛋白[2]，此外 RNA2 还编码一个与病毒基因表达有关的 2b 蛋白[3]；RNA3 编码 3a 运动蛋白和外壳蛋白，但外壳蛋白一般由 RNA3 3′端亚基因组化产生的 RNA4[4,5]所编码表达。CMV 的寄主范围极其广泛，是农作物及经济观赏植物的主要病毒之一，为了从分子水平上对 CMV 的致病机制进行深入研究，我们克隆并分析了从香蕉上分离的经血清学、生物学和 *CP* 基因特征证实为 CMV 亚组Ⅱ的株系 Xb[6]的 RNA3 全序列特征，现报道如下。

1 材料与方法

1.1 毒源来源

CMV-Xb 株系由厦门华侨亚热带引种植物园徐平东博士惠赠，并保存在本实验室。

1.2 病毒及其 RNA 的提取

用 CMV-Xb 接种心叶烟（*N. glutionosa*），14d 后采集接种叶以上出现症状的叶片，－70℃保存。病毒提纯参照 Mossop 等[7]的方法。病毒 RNA 的提取依照 Peden[1]的方法。用 DEPC 处理过的灭菌重蒸水溶解病毒 RNA，－70℃保存。

1.3 RNA3 cDNA 第一链的合成

由于 RNA3 比较长，因此将 RNA3 分为两个片段进行克隆。根据已发表的 CMV 不同株系 RNA3 的序列分析表明，CMV-RNA3 的 5′端和 3′端均很保守，因此根据株系 Q 的序列合成 RNA3 3′端和一个中间 3′端引物：3′端引物 a：5′-CCGGATCCTGGTCTCCTTATGGAG -3′和中间引物 E1：5′-CTACTAGCATTGGGAG -3′（1251 ～ 1236nt）。反应体系中含 RNA3 2.5μL（0.4～0.5μg/μL）；3′端引物 a 和中间引物 E1 1μL（10pmol/μL）；重蒸水 6.5μL，90℃水浴 10min，立即冰上 5min，然后加入 5×反转录缓冲液 5μL；RNA 酶抑制 1μL（40U/μL）；MuMLV 反转录酶 1μL（20U/μL）；dNTPs 2.5μL；DDW 5.5μL。37℃保温 1h，然后 95℃ 5min 灭活反转录酶。

1.4 cDNA 第二链的合成和 PCR 扩增

反应体系包括 cDNA 5μL，dNTPs 1μL；3′引物 1μL；5′引物 1μL；$MgCl_2$ 3μL；10×缓冲液 5μL；*Taq* 聚合酶 1μL（4U/μL）；DDW 25μL，首先 94℃解链 5min；然后 94℃变性 2min，60℃复性 1min，72℃延伸 2min，30 循环；最后 72℃延伸 10min。RNA3 3′端片段 X1 用引物 a 和引物 D2（5′-CCTTACTTTCTCATGGATGCTT -3′，1132 ～ 1152nt）扩增；5′端片段 X2 由 E1 和引物 b（5′-CCGAATTCGTAATCTTACCACTT -3′）扩增。

1.5 RNA3 的克隆和序列分析

PCR 产物经 1％琼脂糖凝胶电泳，QIAE XII kit（QIAGEN）回收后，克隆于 pGEM-T Easy Vector（Promega），转化大肠杆菌。经酶切鉴定后，采用双脱氧法，用 ABIPRISM 3700 DNA 自动测序仪测序。每个片段用两次独立的克隆从两端测序。利用 DNASIS 软件（Hitachi Software ENgineering Co，1990）对所测序列进行分析。

2 结果

2.1 CMV-Xb RNA3 的全序列测定和分析

分别对两个片段两次独立的扩增（图 1）、酶切鉴定（图 2）及测序结果（图 3）表明，CMV-XB RNA3 全长 2205nt。总共具有两个蛋白编码阅读框架（ORF），其中 5′端（97～936nt）编码一个 279aa 的 3a 蛋白：3′端（1225～1881nt）编码一个 218aa 的 CP 蛋白。5′端非编码区（NR）为 96nt：基因间隔区（IR）长 288nt：3′端 NR 区域含有 324nt。

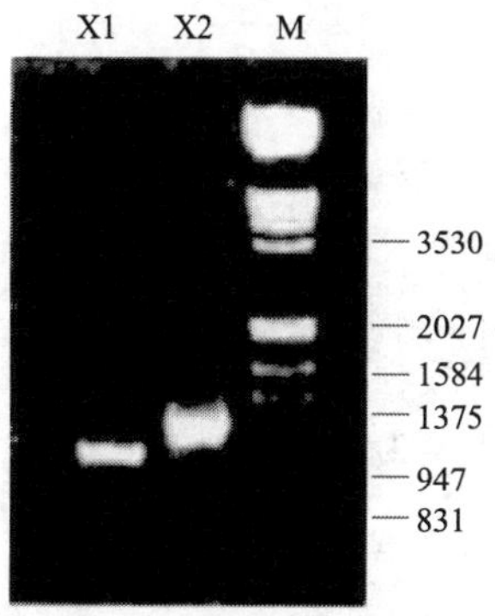

图 1 片段 X1 和 X2 的 PCR 扩增产物琼脂糖电泳

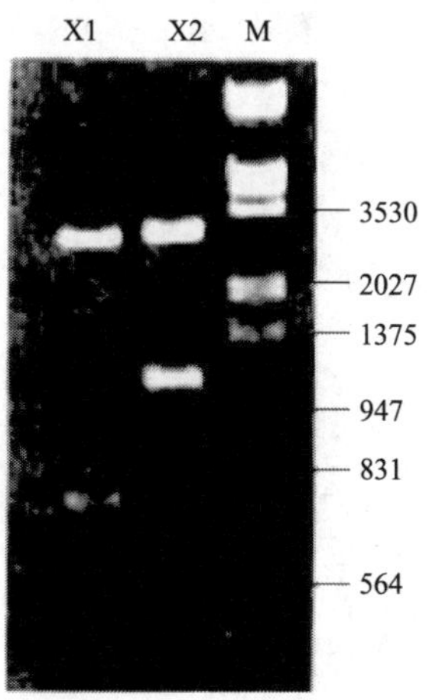

图 2 片段 X1 和 X2 重组质粒的 *Eco*RⅠ酶切鉴定

1 GTAATCTTACCACTTTCTTTTCACGTCGTGTCGCGTCAGTCCACGCTGTGTGTGTGTGTGTGTTAGTTAGTGTGTCGTGTTTAGATTACGAAGGTTATGG

101 CTTTCCAAGGTACCAGTAGGACTTTAACTCAACAGTCCTCGGCGGCGTCGTCTGACGACTTACAGAAGATATTATTTAGCCCCGATGCCATCAAGAAGAT

201 GGCTACTGAGTGTGACCTAGGTCGACATCATTGGATGCGCGCGGATAACGCCATCTCTGTCAGACCTCTCCTTCCCCAAGTAACCAGTAACAATTTATTG

301 TCTTTCTTTAAATCTGGGTATGATGCCGGTGAATTGCGCTCTAAAGGCTATATGAGCGTTCCTCAAGTGCTGTGTGCCGTTACCAGGACGGTTTCTACGG

401 ATGCTGAGGGTTCTTTGAAAATTTATTTGGCTGACCTAGGTGATAAAGAATTATCCCCAATTGATGGGCAATGTGTTACTTTACATAATCATGATCTTCC

501 TGCTTTGATATCTTTCCAACCTACCTACGATTGCCCCATGGAATTAGTTGGCAATCGGCATCGATCTTTTGCGGTACTCGTTGAGAGACATGGTTATATT

601 GGTTACGGTGGTACCACTGCTAGCGTGTGTACTAACTGGCAAGCTCAGTTTCTTCAAAGAATAATAATTACACACACGCCGCTGCTGGTAAGACTCTTG

701 TCTTGCCTTACAACAGATTAGCTGAGCATTCCAAACCGTCAGCCCTCGCTCGCCTGTTGAAGTCGCAGTTAAACAACGTTAGCTCATCGCGCTATCTTTT

801 GCCGAACGTTGCTCTTAACCAAAATGCGTCTGGGCACGACTCCGAGATTTTAAACGAAAGCCCTCCCATCGCTATAGGGAGTCCGTCCGCGTCCCGTAAC

901 AATAGCTTCAGATCGCAGGTGGTTAACGGTCTTTAGTGTTTTGTTACGTTGTACCTATGTATATATATACTACGTTTATCTTCCGTATGTAAATACATCT

1001 GAGTCTAGAGTCCCGTGTGAGTTGTAACGGTAGACATCTGTGACGCGAAGCCGCCTGAAGATTTCCCATCTGGGGTTAGTAACTCCACATCACAGTTTA

1101 AGGTTCAATTCCTTTTGCTCCCTGTTGGGCCCCTTACTTTCTCATGGATGCTTCTCCGCGAGTTAGCGTTTAGTTGTTTACTTGAGTCGTGCGTTTTCTT

1201 TGTGTTTTGCGTCTTAGTGTATTCATGGACAAATCTGGATCTCCCAATGCTAGTAGAACCTCCCGGCGTCGTCGCCCGCGTAGAGGTTCTCGGTCCGCTT

1301 CTGGTGCGGATGCAGGGTTGCGTGCTTTGACTCAGCAGATGCTGAGACTCAATAAAACCCTCGCCATTGGTCGTCCCACTCTTAACCACCCAACCTTCGT

1401 GGGTAGTGAAAGCTGTAAACCCGGTTACACTTTCACATCTATTACCCTGAAACCGCCTGAAATTGAAAAGGGTTCATACTTTGGTAGAAGGTTGTCTTTG

1501 CCAGATTCAGTCACGGACTATGATAAGAAGCTTGTTTCGCGCATTCAAATCAGGATTAATCCTTTGCCGAAATTTGATTCTACCGTGTGGGCCACAGTTC

1601 GGAAAGTACCTTCATCATCCGATCTTTCCGTCGCCGCCATCTCTGCTATGTTTGGCGATGGTAACTCACCGGTTTTGGTTTATCAGTATGCTGCATCCGG

1701 AGTTCAGGCCAACAATAAGTTACTTTATGACCTGACCGAGATGCGCGCTGATATCGGCGACATGCGTAAGTACGCCGTCCTGGTCTACTCGAAAGACGAT

1801 AAACTAGAGAAGGACGAGATTGTACTTCATGTCGACGTCGAGCATCAACGAATTCCTATCTCACGGATGCTCCCCACTTAGTCCGTGTGTTTACCGGCGT

1901 CCGAAGACGTTAAACTACACTCTCAATCGCGAGTGCTGAGTTGGTAGTATTGCTTCAAACTGCCTGAAGTCTCTAAACGTGTTGTTGCACGGGGAACGGC

2001 TTGTCCATCCAGCTTACGGCTAAAATGGTCAGTCATGCATCAAATGCATGCCGACACCTTACAAGGTTGTCGAGGTACCCTTGAAATCATCTCCTAGATT

2101 TCTTCGGAAGGGCTTCGTGAGAAGCTCGTGCACGGTAATACACTGATATTACCAAGAGTGCGGGTATCGCCTGTGGTTTTCCACAGGTTCTCCATAAGGA

2201 GACCA

图 3 CMV-Xb 的 RNA3 对应的 cDNA 序列编码区起始密码子用下划线标出；终止密码子用方框标出

2.2 CMV-Xb RNA3 与其他亚组Ⅱ株系 RNA3 序列变异分析

CMV-Xb RNA3 的全序列与其他株系（株系）RNA3 序列同源性比较如表 1 所示。

表 1 Xb 株系 RNA3 的 cDNA 序列与亚组Ⅱ其他成员的同源性（%）比较

株系	Xb	Q*	Trk7*	M2*	UK*	M
5′ NR	—	98.9	97.9	96.7	99.0	60.8
3a 编码区	—	98.2	98.1	98.5	98.7	79.4
IR	—	95.8	95.5	95.4	96.5	69.1
CP 编码区	—	98.2	97.0	98.4	97.3	75.8
3′ NR	—	93.4	94.0	94.2	94.2	64.8

* 序列来自 GenBank，登录号分别为：Trk7（L15336），M（D10539），Q（M21464），UK（Z12818），M2（AB006813）

由表 1 可以看出，Xb 株系 RNA3 的序列和亚组Ⅱ其他成员的序列同源性很高。各个成员之间的同源性也很高（未显示数据）。总体而言其发生变异的区域在非编码区。尤其是在基因间隔区（IR）和 3′端 NR 区域。3a 和 CP 编码区的序列十分保守。5′NR的变异没有较多碱基的插入和缺失现象。3a 和 CP 编码区的密码子移位情况很少。亚组Ⅱ成员的序列长度变异只存在于 IR 区域，有较多碱基的缺失和插入现象。与亚组Ⅰ株系 M 的同源性不大于 80%。

2.3 与其他亚组Ⅱ成员的 3a 和 CP 氨基酸序列比较

由图 4a 可以看出，Xb 株系编码的 3a 蛋白第 133 位出现了一个独特的 D，而不是其他株系共有的 E。第 168 位缺失一个 I，但在第 186 位又插入一个 I。其他位点也有氨基酸改变，但不是其自身特有的。

由图 4b 看出，CP 的第 123 位和第 171 位分别出现了 A 和 T 两个特有氨基酸，代替了其他株系所共有的 V 和 S。

通过 MP 氨基酸的比较可以看出，亚组Ⅱ成员的 RNA3 变异也有连续性。Xb、TRK7、M2 和 UK 株系 MP 蛋白第 5 位共有的 T 变为 Q 株系中的 P；第 259 位的 I→F。在 CP 氨基酸的序列中，也有类似的情况。如第 41 位的 R→K。

```
a
XB     1    MAFQGTSRTLTQQSSAASSDDLQKILFSPDAIKKMATECDLGRHHWMRADNAISVRPLVPQVTSNNLLSF
Q           -----P--------------------------------------------------------------P-
TRK7        ----------------------------------------------------------------------
M2          ----------------------------------------------------------------------
UK          -------------------G--------------------------------------------------
XB    71    PKSGYDAGELRSKGYMSVPQVLCAVTRTVSTDAEGSLKIYLADLGDKELSPIDGQCVTLHNHDLPALISF
Q           --------------------------------------------------------------E-------
TRK7        --------------------------------------------------------------E-------
M2          --------------------------------------------------------------E-------
UK          --------------------------------------------------------------E-------
XB   141    QPTYDCPMELVGNRHRCFAVVVERHGY*GYGGTTASVCSNWQAQFISSKNNNYTHAAAGKTLVLPYNRLA
Q           ---------------------------I-----------------*------------------------
TRK7        ---------------------------I-----------------*------------------------
M2          ---------------------------I-----------------*------------------------
UK          ---------------------------I-----------------*------------------------
XB   211    EHSKPSAVARLLKSQLNNYSSSRYLLPNVALNQNASGHESEILNESPPIAIGSPSASRNNSFRSQVVNGL
Q           -------------------------------*-----------K-----------------------***
TRK7        -------------------------------*----------------F--------------------***
M2          -----------------------------------------F------F---------------------
UK          ------------------------------------------------F---------------------

b
XB     1    MDKSGSPNASRTSRRRRPRRGSRSASGADAGLRALTQQMLRLNKTLAIGRPTLNHPTFVG
Q           ------------------------------------------------------------
TRK7        ----------------------------------------K-----------------A-
M2          ----------------------------------------K-------------------
UK          ----------------------------------------K-------------------
XB    61    SESCKPGYTFTSITLKPPEIEKGSYFGRRLSLPDSVTDYDKKLVSRIQIRINPLPKFDST
Q           ------------------------------------------------------------
TRK7        ------------------------------------------Q-----------------
M2          ------------------------------------------------------------
UK          ------------------------------------------------------------
XB   121    VWATVRKVPSSSDLSVAAISAMFGDGNSPVLYYQYAASGVQANNKLLYDLTEMRADIGDM
Q           --V---------------------C-------------------------S---------
TRK7        --V----------------T------K---------------------N-S---------
M2          --V-----------------------------------------------S---------
UK          --V-----------------------------------------------S---------
XB   181    RKYAVLVYSKDDKLEKDEIVLHVDVEHQRIPISRMLPT
Q           --------------------------------------
TRK7        --------------------------------------
M2          --------------------------------------
UK          ------------N-------------------------
```

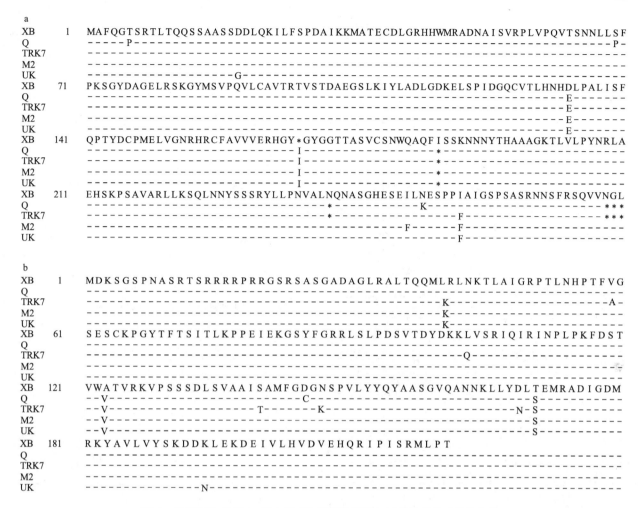

图 4 CMV-Xb 株系 3a 蛋白和 CP 氨基酸序列与亚组Ⅱ其他成员的比较

a. 3a 蛋白氨基酸序列比较；b. CP 氨基酸序列比较；–表示相同的氨基酸；* 表示缺失的氨基酸。

2.4 亚组Ⅱ成员 RNA3 的非编码区域之间序列同源性分析

由表 2 可以看出，在亚组Ⅱ成员之间，5′ NR 区域的序列表现特别保守，同源性都高于 95.5%，UK 和 Q 株系的 5′ NR 区序完全相同；在 IR 区域，各个株系之间也高达 92.1%以上；在 3′NR 区，各株系之间也高达 92.3%以上。

表 2 亚组Ⅱ成员间 RNA3 的非编码区域序列同源性（%）比较

5′NR— →

株系	Xb	Q	TrK	M	UK
Xb	—	98.9	97.9	96.9	98.9
IRQ	95.8	—	97.9	95.8	100
TrK	95.5	94.0	—	95.8	97.9
Q1	89.6	93.3	87.5	93.7	97.9
M2	95.5	97.9	95.6	—	95.9
UK	96.5	97.5	95.3	97.8	—

3′NR— →

株系	Xb	Q	TrK	M2	UK
Xb	—	93.1	94.0	94.2	94.2
Q		—	98.1	98.8	99.1
TrK			—	98.8	—99.1
Q1				83.2	77.6
M2				—	99.7
UK					—

3 分析与讨论

关于 CMV-Xb 株系的 *CP* 基因已经有过报道[6]。但所报道的序列和我们测定的全序列中 *CP* 基因同源性仅为 98.6%。同一个株系的两次序列分析结果为什么有如此大的差异？我们应用完全不同的两次克隆和两端序列分析的两次结果完全相互符合，说明没有出现株系混杂和 RNA 污染的问题。而先前的测定有可能因序列测定不准确而造成结果误差。

许多报道表明，CMV 亚组Ⅱ株系共同在寄主上引起轻微花叶症状，在接种叶上会出现蚀纹斑。同时还可以支持卫星 RNA 的复制[8]。我们选取不同地域的亚组Ⅱ株系 Trk7[9]、美国株系 UK[10]、Q[11]和日本株系 M2（未发表资料）作序列分析。

序列分析进一步证实，Xb 是属于亚组Ⅱ的典型成员。亚组Ⅱ成员 RNA3 的变异区域主要发生在 3′非编码区域。其他区域的序列，尤其是 5′端非编码区和 IR 区域具有和编码区相同的同源性。这是与亚组Ⅰ成员变异特征的最明显区别。因此它们在不同寄主上或相同寄主上引起的症状比较相似，没有太明显的致病力差异。这些特征也说明亚组Ⅱ成员在进化过程中先从 3′NR 区域发生变异，再到 5′NR、IR 和编码区域。当这些变异超过一定的阈值时，新的株系就产生了。同时可以看出，亚组Ⅱ株系在进化过程中有重组现象发生。如 Q 株系与 UK 株系间有共同的 5′非编码区序列，说明 Q 株系似乎与 UK 株系 RNA3 有重组关系。这些现象还需要有更多的株系序列分析后才可以进一步证实。

序列分析表明，亚组Ⅱ成员 RNA3 序列十分保守。与亚组Ⅰ成员相比较，无论在编码区或非编码区的变异都很小。这种极强的保守性也许就是亚组Ⅱ成员致病力等特性彼此十分相近的根本原因。同时表明亚组Ⅱ成员在自然界中的株系多样性没有亚组Ⅰ成员那么丰富。

从 3a 和 CP 氨基酸序列分析发现，亚组Ⅱ成员之间也有变异连续性的特点。因为许多株系间有共同变异的氨基酸位点。而这些位点另外几个株系中又十分保守。

参 考 文 献

[1] Peden KWC, Symons RH. *Cucumber mosaic virus* contains a functionally divided gnome. Virology, 1973, 53: 487-492

[2] Palukaitis P, Roossinck P, Dietzgen RG, et al. *Cucumber mosaic virus*. Adv Virus Res, 1992, 41: 281-341

[3] Schewinghamer MW, Symons Rh. Function of *Cucumber mosaic virus* RNA and its translation in a wheat embryo cell-free system. Virology, 1975, 63: 252-262

[4] Ding SW, Anderson BJ, Haase HR, et al. New overlapping gene encoded by the *Cucumber mosaic virus* genome. Virology, 1994, 198: 593-601

[5] Schewinghamer MW, Symons RH. Translation of the four maor RNA species of *Cucumber mosaic virus* in plant and animal cell-free toad oocytes. Virology, 1977, 79: 88-108

[6] 徐平东，周仲驹，林奇英等. 黄瓜花叶病亚组Ⅰ和Ⅱ株系外壳蛋白基因的序列分析与比较. 病毒学报，1999，15：164-171

[7] Mossop DW, Franki RIB, Grivell CJ. Comparative studies on tomato aspermy and *Cucumber mosaic viruses*. V Purification and properties of a *Cucumber mosaic virus* inducing sever chlorosis. Virology, 1976, 74: 533-546

[8] Zhang L, Hanada K, Palukaitis P. Mapping local and systemic symptom determinants of *Cucumber mosaic virus* in tobacco. J Gen Virol, 1994, 75: 3185-3191

[9] Salanki K, Thole V, Balazs E, et al. Complete nucleotide sequence of the RNA3 from subgroup Ⅱ of *Cucumber mosaic virus* (CMV) strain: Trk7. Virus Res, 1994, 31(3): 379-384

[10] Boccard F, Baulcombe D. Mutational analysis of cis-acting sequences and gene function in RNA3 of *Cucumber mosaic virus*. Virology, 1993, 193(2): 563-578

[11] Davies C, Symons RH. Further implications for the evolutionary relationships between tripartite plant viruses based on *Cucumber mosaic virus* RNA3. Virology, 1988, 165: 216-224

Evaluation of biological and genetic diversity of natural population of *Cucumber mosaic virus* in California and their possibility to overcome transgenic resistance

LIN Han-xin[1,2], LUIS Ru-bio[1], BRYCE W Falk[1]

(1 One Shields Ave Department of Plant Pathology, University of California, Davis, CA 95616, USA;
2 Institute of Plant Virology, Fujian Agriculture and Forestry University, Fuzhou 350002)

Abstract: Eighty eight *Cucumber mosaic virus* (CMV) isolates collected from different hosts, areas and years in California were differentiated by biological assay, reverse transcriptase-polymerase chain reaction (RT-PCR), single strand conformation polymorphism (SSCP) and nucleotide sequence analysis. CMV isolates were grouped into 5 pathotypes based on the infectivity and symptoms induced on three cucurbit cultivars including a commercial CMV-resistant transgenic squash. RT-PCR and sequence analysis showed that all CMV isolates belonged to subgroup I with a nucleotide distance of up to 6.76%. Forty six isolates were able to infect and generate different symptoms on transgenic plants, indicating that the transgenic resistance-breaking isolates were present in the natural population before the CMV transgenic material was available. Only one of these 46 isolates, CK41, showed variation in the CP+3′ NTR genomic region population structure when were transmitted to transgenic plants. Further analysis of isolate CK41 on five host species indicated that this isolate was indeed a mixed population containing biologically and molecularly distinct sequence variants. No correlation was found between CP sequence variation and geographic origin, collection year and the pathogenicity or capacity to overcome the transgenic and conventional resistance.

Key words: *Cucumber mosaic virus*; RT-PCR; SSCP; genetic diversity; transgenic resistance

---

福建农业大学学报．2001，30（增刊）：152（简报）
收稿日期：2001-07-01

Ⅸ　水仙病毒

水仙是我国重要名花之一，病毒病发生十分普遍，其病原病毒经鉴定至少有八种，其中以水仙花叶病毒（*Narcissus mosaic virus*）和水仙黄条病毒（*Narcissus yellow stripe virus*）比较普遍，并就水仙花叶病毒抗血请的制备和应用开展了研究。此外，还从无症及褪绿斑驳的水仙病叶中分离到水仙潜隐病毒（*Narcissus latent virus*），从矮化畸形的水仙病株中分离到烟草脆裂病毒（*Tobacco rattle virus*）。

水仙病毒病病原鉴定初报

谢联辉，林奇英，黄如娟，周仲驹

（福建农学院植物病毒研究室，福建福州　350002）

水仙为福建三大名花之首，因其球大型美而颇具特色，但近来病毒病年重一年，致使种性退化，种球变小，严重影响产量质量，影响出口创汇。为此，作者等从1985年起开展了此项研究，本文报告福建花区水仙病毒类型的初步鉴定结果。

1985年冬至1986年夏，先后三次深入漳州的蔡坂、琥珀、平潭的城关、岚城、君山和大炼等水仙花主要产区，进行了病毒病的病情调查，采集各种症状（花叶、斑驳、皱缩、黄色条纹、白色条纹畸形等）类型的毒样47个。经单斑分离纯化获得5个分离物，回接于水仙和各种鉴别寄主植物的无毒苗上，观察记载症状反应，测定病毒的体外抗性，电镜观察病毒粒体，并作部分抗血清检验，结果表明，福建漳州和平潭的中国水仙的病毒病原可初步确定为水仙花叶病毒（*Narcissus mosaic virus*，分离物NA），水仙黄条病毒（*Narcissus yellow stripe virus*，分离物NB），水仙潜隐病毒（*Narcissus latent virus*，分离物NC）和黄瓜花叶病毒（CMV，分离物ND），其中水仙潜隐病毒和黄瓜花叶病毒作为水仙病毒病的病原之一，系中国首次报告。此外，尚有1个分离物（NE）难以确定其归属，有待继续研究。

在上述被检出的病毒中，以水仙花叶病毒和水仙黄条病毒比较普遍，前者株发病率为40%～50%，重者达90%以上，后者株发病率为20%～30%，个别田块可达50%以上。

有关水仙病毒病的发生流行因素及其治理措施，正在研究之中。

云南农业大学学报，1987，2（1）：113
收稿日期：1986年11月30日

中国水仙病毒病的病原学研究

谢联辉，林奇英，郑祥洋，谢莉妍

（福建农学院植物病毒研究室，福建福州 350002）

水仙是我国重要名花之一，特别是漳州的中国水仙（*Narcissus tazetta* var. *chinensis* Roem）更是驰名中外。近年来病毒病发生十分普遍，致使种性退化，种球变小，花枝减少，花质劣化，严重影响产量、质量，影响出口创汇。关于水仙病毒病的病源学问题，国外已有不少研究，迄今报道的病原病毒已达 20 余种。我国开展此项研究较晚，先后报道的有水仙花叶病毒（*Narcissus mosaic virus*，NMV）（谢光兀，1985；谢联辉等，1987），水仙黄条病毒（*Narcissus yellow stripe virus*，NYSV）（吴建华等，1985；谢联辉等，1987），水仙潜隐病毒（*Narcissus latent virus*，NLV）（谢联辉等，1987），和黄瓜花叶病毒（*Cucumber mosaic virus*，CMV）（谢联辉等，1987；姚文岳等，1989）四种。作者等自 1985 年以来，在中国水仙主产区福建漳州，龙海和平潭，开展田间调查和病原鉴定研究，先后采得病样共 701 份。经生物学纯化后，按鉴别寄主症状反应、血清学试验、体外抗性测定和电镜观察等方法，鉴定出福建栽培的中国水仙病毒除前述 4 种有所报道外，尚有烟草花叶病毒（*Tobacco mosaic virus*，TMV）、烟草脆裂病毒（*Tobacco rattle virus*，TRV）和马铃薯 Y 病毒（*Potato virus Y*，PVY）3 种。其中 TRV 和作者所报道的 NLV 系中国新记录，TMV、PVY 和 CMV 作为水仙病毒病的病原之一，前两者在国内外，后者（CMV）在中国均系首次报告。在被检出的这些病毒中，以 NMV 和 NYSV 比较普遍（两者占所采病样的 63.48%），其田间株发病率，前者为 40%～50%，后者为 20%～30%。两者往往混合感染，有时尚可与 NLV 或 PVY 或 TMV、CMV 混合感染，使田间株发病率高达 100%。

中国农业科学，1990，23（2）：89-90（研究通讯）

水仙潜隐病毒病病原鉴定*

谢联辉，郑祥洋，林奇英

（福建农学院植物病毒研究室，福建福州　350002）

摘　要：在中国水仙主产区水仙病毒病的系统调查中，从无症和退绿斑驳的病叶中分离到3个分离物NC、Ⅱ-3和X-3。经人工根接和汁液摩擦接种在昆诺藜和千日红上，表现为局部枯斑；在番杏和苋色藜上，表现为局部褪绿或局部褪绿白斑；在克利夫兰烟和菜豆上产生系统褪绿；而对曼陀罗、豇豆和裂叶牵牛则不侵染。电镜观察病原病毒为（635～660）nm×13nm的线状粒体。体外抗性测定表明：TIP为65～70℃，DEP为10^{-3}～10^{-2}，而LIV为3天。ELISA测定结果与来自荷兰水仙上的NLV标准抗血清起阳性反应。这些结果表明，3个分离物为同一病原，均属水仙潜隐病毒（NLV）。

关键词：水仙；水仙潜隐病毒；鉴定

The identification of *Narcissus latent virus* in Fujian

XIE Lian-hui，ZHENG Xiang-yang，LIN Qi-ying

（Laboratory of Plant Virology，Fujian Agricultural College，Fuzhou　350002）

Abstract：An investigation of virus diseases of narcissus（*Narcissus tazetta* var. *chinensis*）was made in Fujian during 1985～1988. Three isolates，NC，Ⅱ-3 and X-3，were obtained from narcissus plants with mottled and symptomless leaves. The three isolates caused the same symptoms on diagnostic hosts and all showed flexuous filamentous particles C.（635-660）nm×13nm. The virus in crude sap from phaseolus vulgaris was inactivated at 65-70℃ for 10min，and had a dilutionend point between 1∶100 and 1∶1 000 and longevity *in vitro* of 3 days at room temperature. Crude sap from *P. vulgaris* and narcissus leaves reacted positively to the antiserum of NLV（from Netherlands）by ELISA. The three isolates were. therefore，identified to be the same virus i. e. narcissus latent virus.

Key words：narcissus；*Narcissus latent virus*；identification

1966年在英国水仙上首次分离到水仙潜隐病毒（*Narcissus latent virus*，NLV）[4]，之后在荷兰[3]，70年代在德国[7]，80年代在中国[2]这一病毒相继有所报道。为了进一步弄清该病毒在中国水仙上的发生及其鉴定特征，几年来我们在中国水仙主产区—福建漳州和平潭开展了系统调查，并做了病毒鉴定研究。现将结果报道如下：

云南农业大学学报，1990，3（5）：17-21

收稿日期：1989-02-03

1 材料与方法

1.1 供试毒源

采自漳州和平谭的中国水仙，将表现有叶片褪绿斑驳和无症的病株样本，用摩擦接种在枯斑寄主上，经单斑分离纯化后获得的3个分离物NC、Ⅱ-3和X-3，作为供试毒源。

1.2 供试鉴别寄主

将分别属于6科9种（品种）的鉴别寄主，预先培育于玻璃温室及防虫网室无病土的盆钵内，供生物接种用。

1.3 摩擦接种

将供试毒源置于－40～－20℃下冰冻24～48h，后于0.067mol/L（pH7.8）的磷酸缓冲液中研磨榨汁，用毛刷蘸取榨出液在撒有500～600筛目金刚砂的供试寄主叶片上涂抹。重复接种2～3次，每次间隔2d。

1.4 根接传毒

将水仙病株根部附着的泥土洗净，与培育好的鉴别寄主幼苗同时移植于无病土的盆钵内，置于防虫网室中。

1.5 病毒提纯

取人工接种后表现为褪绿黄斑的菜豆叶片300 g，用0.067mol/L（pH7.4）磷酸缓冲液（K-Na）进行榨汁。先经4000r/min离心30min，上清液再经35 000r/min离心90min，取沉淀物充分洗溶，再经两轮差速离心，最后所得上清液为病毒提纯悬液。

1.6 电镜观察

将水仙病株叶片及接种后显症的鉴别寄主叶片进行浸渍负染后，在电镜下观察；将提纯的病毒悬液经悬滴负染后，进行电镜观察；取接种后显症的昆诺藜、千日红、菜豆叶片及水仙相应病叶4个样品，经3%戊二醛和2%锇酚双重固定，30%～100%乙醇系列脱水，无水丙酮置换，Epon812环氧树脂包埋，LKE-5型超薄切片机切片；2.5%磷钨酸负染后电镜观察。以上所厂用电镜型号为JEM-100CX Ⅱ 和JEM-1200EX。

1.7 体外抗性测定

病叶榨出液的物理三属性——致死温度（TIP）、稀释限点（DEP）及体外存活期（LIV）均按常规方法进行测定。

1.8 血清学试验

以菜豆褪绿黄斑叶片及水仙病叶榨出液为抗原，采用荷兰水仙上NLV标准抗血清（由Asjes博士提供）为抗体，以冻干辣根过氧化酶标记羊抗兔IgG结合物（卫生部北京生物制品研究所出品）为酶标抗体，用DG_{3022}型酶联免疫检测仪（国营华东电子管厂生产）进行间接法[1]测试。

2 结果

2.1 毒源样本的来源与分布

3年共采得褪绿斑驳水仙样本64份、隐症水仙样本72份（表1）。

表1 病株样本的来源及采集时间

采集时间	漳州		平潭	
	褪绿斑驳	隐症*	褪绿斑驳	隐症*
1986.4	17	33	18	23
1987.4	8	0	10	12
1988.3	4	0	7	4

*隐症样本采自田间无症酷似健康的病株

2.2 生物接种及寄主反应

试验表明，采用摩擦接种和根接传毒接种均可获得成功，但二者在传毒效率上不同：前者显症所需时间较短，在常温下9～20d，平均13.5d，接种成功率平均35.8%；后者显症所需时间较长，约30～45d，但接种成功率高达90%～100%，平均为92.8%。两种方法接种后在鉴别寄主上的症状表现完全一致（表2，图1A～E），即在昆诺藜和千日红上，表现为局部枯斑；在苋色藜上产生局部褪绿白斑或局部褪绿斑；在番杏的接种叶片上，产生圆形的局部褪绿斑，不系统侵染；在菜豆和克利夫兰烟叶上，产生轻微的不规则的系统褪绿斑；而对曼陀罗、豇豆和裂叶牵牛则不感染。

表 2　水仙上的 3 个分离物在鉴别寄住的反应

分离物	苋色藜	昆诺藜	千日红	克利夫兰烟	番杏	曼陀罗	菜豆	豇豆	裂叶牵牛
NC	LC		LN	SC	LC	0	SC	0	0
Ⅱ-3	LWC	LN	LN	SC	LC	0	SC	0	0
X—3	LWC/LC	LN	LN	SC		0	SC	0	0

LWC. 局部褪绿白斑；SC. 系统褪绿；LC. 局部褪绿斑；0. 无症；LN. 局部枯斑

2.3　电镜观察

3 个分离物经浸渍负染、提纯液悬滴负染和超薄切片进行电镜观察表明，其病原毒的粒体形态及大小基本一致。病原在以菜豆褪绿斑叶片为材料的提纯液中为（630～660）nm×13nm 的线状粒体。在以菜豆褪绿斑叶片为材料的超薄切片中，可看到细胞质中有大量的线状病毒粒体（图 1E），而对照健株的超薄切片中则未能见到这类粒体。

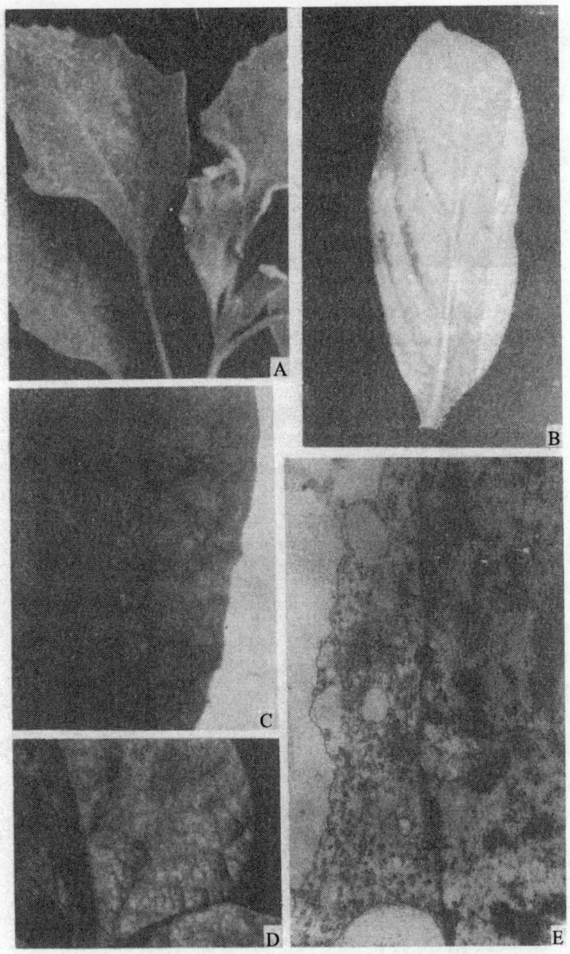

图 1　水仙潜隐病毒的生物测定及电镜观察

A. 苋色藜局部褪绿白斑；B. 千日红局部枯斑；C. 克利夫兰烟系统褪绿；D. 菜豆系统褪绿黄斑；E. 菜豆系统褪绿黄斑叶片超薄切片，示 NLV 粒体

2.4　病毒的体外抗性

常规方法测定表明，该病毒在菜豆榨出液中的致死温度（TIP）为 65～70℃、稀释限点（DEP）为 10^{-3}～10^{-2}、体外存活期（LIV）为 3d。

2.5　抗血清检测

ELISA 检测结果表明，后 2 个分离物的榨出液与效价为 1280 的 NLV 抗血清均有阳性反应，其中抗原最高稀释度为（1∶640）～（1∶1280）。而对照呈阴性反应。

3　讨论

（1）作者从褪绿斑驳和隐症的水仙样本中分离到的 NC、Ⅱ-3 和 X-3 三个分离物，经生物学试验、电镜观察、体外抗性测定和抗血清检测，三者均属同一病原，与国外报道的水仙潜隐病毒特征一致[4-6]。

（2）关于 NLV 对水仙的致病作用和症状表现已有许多报道[5,6]。有的认为 NLV 在单独侵染时对水仙的生长并不表现明显的破坏作用，退化作用也不明显[6]；但据我们的调查研究表明，NLV 常与其他病毒，如水仙花叶病毒（NMV）、水仙黄条病毒（NYSV）等同时侵染水仙，这种双重侵染或多重侵染对水仙的致病关系如何，尚需进一步研究。

致谢　本研究为全国植保总站、中国花协和福建省科委资助，荷兰球茎花卉研究中心的 C. J. Asjes 博士提供 NLV 抗血清。

参 考 文 献

[1] 梁训生，张成良，张作芳. 植物病毒血清学技术. 北京：农业出版社，1985，209-222

[2] 谢联辉，林奇英，黄如娟等. 水仙病毒病病原鉴定初报. 云南农业大学学报，1987，2 (1)：113

[3] Asjes CJ. Virusziekten in irissen. Lisse：Jversl. Lab. Bloembollen Onderz，1968-1969，40

[4] Brunt AA. Rapid detection of narcissus yellow stripe and two

other filamentous virus in crude negatively-stained *Narcissus* spp. Rep. Glasshouse Crops Res Inst 1967，155-159
[5] Brunt AA. *Narcissus latent virus*. CM1/AAB. Description of Plant Viruses. 1976，170
[6] Hrunt AA. Some hosts and properties of *Narcissus latent virus*，a carlavirus commonly in fecting *Narcissus* and *Bulbuos iris*. Ann Appl Biol，1987，87：355-364
[7] Koenig R，Lesemann D，Brunt AA，et al.，*Narcissus mosaic virus* foind in *Nerine bowdenii*，identification aided by anomalie-sin SDS-PAGE. Intervirology，1973，1：348-355

水仙上分离出的烟草脆裂病毒的鉴定

郑祥洋，林奇英，谢联辉

（福建农学院植物保护系，福建福州 350002）

摘 要：从福建省平潭县的矮化畸形水仙病株中获得一个分离物 NFV-4，并从病株根围土壤分离物中得到一种毛刺线虫（*Trichodorus* sp.）。该线虫传毒接种在苋色藜、昆诺藜、普通烟草和豌豆上产生坏死斑；在曼陀罗、豇豆、牵牛上表现为系统症状。病叶榨出液采用 ELISA 测定，与荷兰水仙上的烟草脆裂病毒（TRV）标准抗血清呈阳性反应，电镜下病原为 78nm×24nm 和 195nm×24nm 2 种竖杆状空心粒体。据此认为该分离物属于 TRV。本文还就 TRV 的株系问题及其所致的水仙病害进行了讨论。

关键词：水仙；烟草脆裂病毒；鉴定

The identification of *Tobacco rattle virus* isolated from narcissus in Fujian

ZHENG Xiang-yang，LIN Qi-ying，XIE Lian-hui

（Department of Plant Protection，Fujian Agricultural College，Fuzhou 350002）

Abstract：Apreviously unreported virus in China was isolated from narcissus plants（*Narcissus tazetta* var. *chinensis*）with stunting and distorting leaves and its transmission vectors-*Trichodorus* sp. Were also found in a commercial planting area in Pingtan Country during the investigation of virus diseases of *Narcissus* in Fujian. The virus was transmitted by the vector and shoots-interlooking to 11 species of 4 families diagnostic hosts. *Chenopodium amaraticolor*, *C. quinoa*, *Nicotiana tabacum* and *Pisum sativum* all induces necrosis while *Datura stramonium*, *Vigna sesquipedalis* and *Pharbitis nil* showed systemic infection. Sap from *C. amaraticolor* reacted positively to the antiserum of TRV（from Netherlands）by ELISA and double-diffusion test. The virus had rigid road with a central hole of two kinds of particles measured 78nm×24nm and 195nm×24nm. The virus was identified to be *Tobacco rattle virus*. Strains of the virus in Fujian and the disease occurrence in narcissus were also discussed.

Key words：*Narcissus*；*Tobacco rattle virus*；identification

烟草脆裂病毒（*Tobacco rattle virus*，TRV）分布于欧洲、美国 、巴西和日本。英国、荷兰、新西兰、日本和捷克都报道了该病毒能自然侵染水仙，并引起轻重不同的病害[1-6]。我国迄今还未有

福建农学院学报，1990，19（1）：58-63

收稿日期：1989-03-08

烟草脆裂病毒及从水仙上分离到该病毒的报道。作者于1987年4月和1988年3月在水仙田间病毒病调查中，从福建平潭产区采到矮化畸形的可疑病株，同时挖取病株根围土壤。为了明确其病原，搞清我国水仙病毒的种类，为病毒检疫及病害控制提供科学依据，作者进行了病原病毒的鉴定研究。

1 材料与方法

1.1 材料

1.1.1 供试毒源

于1987年4月和1988年3月在平潭产区4个种植点采集到矮化畸形水仙病株样本20份，并挖取病株根围病土，分别采用根接传毒和直接种植于病土上的方法感染苋色藜，经单斑分离纯化获得的1个分离物NFV-4作为供试毒源。

1.1.2 供试传毒线虫

以过筛漏斗法从根围病土中分离到毛刺线虫(*Trichodorus* sp.)，作为传毒介体。

1.1.3 供试鉴别寄主

将分别属于4科11种的鉴别寄主（表2）预先培育于温室及防虫网室无病土的盆钵内，供生物接种用。

1.2 生物接种

1.2.1 线虫传毒接种

将培育好的鉴别寄主幼苗直接移植于拌有毛刺线虫病土的盆钵内置于防虫网室中。

1.2.2 根接传毒接种

将水仙病株根部附着的泥土洗净，与培育好的鉴别寄主幼苗同时移植于无病土的盆钵内，置于防虫网室中。

1.3 病毒粗提纯

以接种后35～40d表现坏死斑的叶片苋色藜叶片200 g为材料，用0.067mol/L（pH7.4）磷酸缓冲液（K-Na）为缓冲剂，经捣碎匀浆，三层纱布过滤，滤液中加入20%氯仿，磁力搅拌器搅拌20min，4000r/min离心30min。取上清液并加入6% PEG6000，充分溶解，经2000r/min离心120min。沉淀物用原液体积10%的磷酸缓冲液充分溶解后，加入0.5mol/L NaCl再经400r/min离心30min，取上清液为病原粗提液。

1.4 病毒粒体观察

病毒的粗提液经PTA负染后，直接在JEM-1200EX电镜下观察。

1.5 血清学测定

1.1.5 琼脂双扩散

配好1.1%琼脂，加0.1% NaN_3 防腐。以病叶粗提液为抗原，置于周围小孔；以荷兰Asjes提供的TRV抗血清为抗体，置于中央孔穴中。室温下24h后观察结果。

1.5.2 ELISA测定

以病叶粗提液为抗原，荷兰Asjes提供的TRV抗血清为抗体，冻于辣根过氧化酶标记羊抗兔IgG结合物（卫生部北京生物制品研究所出品）。为酶标抗体，用 DG_{3022} 型酶联免疫检测仪（国营华东电子管厂出产）进行间接法测试[7]。

2 结果与分析

2.1 毒源样本的来源和介体线虫的分布

2年共采到20份矮化畸形的病株样品（图1A）。在平潭所调查的4个点中，以君山村表现比较突出，占的采病样的60%（表1）。

表1 毒源样本的来源及采集时间

采集时间	采集地点			
	君山 JS	县农科所 AIC	县良种场 AESC	岚城 LC
1987-04	8	2	0	2
1988-03	4	2	1	1

JS = Junshan; AIC = Agricultural Institute of Country; AESC=Agricultural Experimental Station of Country; LC=Lanchen.

分离线虫结果表明，20份病土样本中，仅君山村2年所采的12份土样含有介体线虫一毛刺线虫（图1B），其他3个种植点虽然也有同样病株零量分布，却查不到该种线虫。这可能是由于其含量很少不易分离或这种病毒随鳞茎直接由君山带到这些种植点而在水仙生长当季直接表现出症状。

2.2 生物接种及寄主反应

2种接种方法均可成功，但传毒效率不同。以介体毛刺虫接种的鉴别寄主发病高（90%），潜育期短（30～35d，平均34d）；而根接传毒的发病率低

(仅为 55%)，潜育期为 45～55d (平均 43d)。主要鉴别寄主的症状表现见表 2。

1987 年 4 月接种的 4 科 11 种植物，除扁豆植株死亡外，均表现出不同的症状 (表 2，图1D～H)。

表 2　NFV-4 分离物在鉴定别毒主植物上的症状表现

鉴别寄主	介体传毒	根接传毒	鉴别寄主	介体传毒	根接传毒
苋色藜 *C. amaranticolor*	N	N	菜豆 *P. vulgaris*	N	SC
昆诺藜 *C. guinoa*	N	N	豇豆 *V. sesquipedalis*	SM	SM
千日红 *G. globosa*	N	SC	豌豆 *P. sativum*	N	N
克利夫兰烟 *N. clevelandii*	SC/SMt	SMt	牵牛 *P. nil*	SMt/Dis	SMt/Dis
曼陀罗 *D. stramonium*	SMt/SC	SMt/SC	普通烟 *N. tabacum*	N	N

N. 坏死；SMt. 系统斑驳；Dis. 畸形；SC. 系统褪绿；SM. 系统侵染

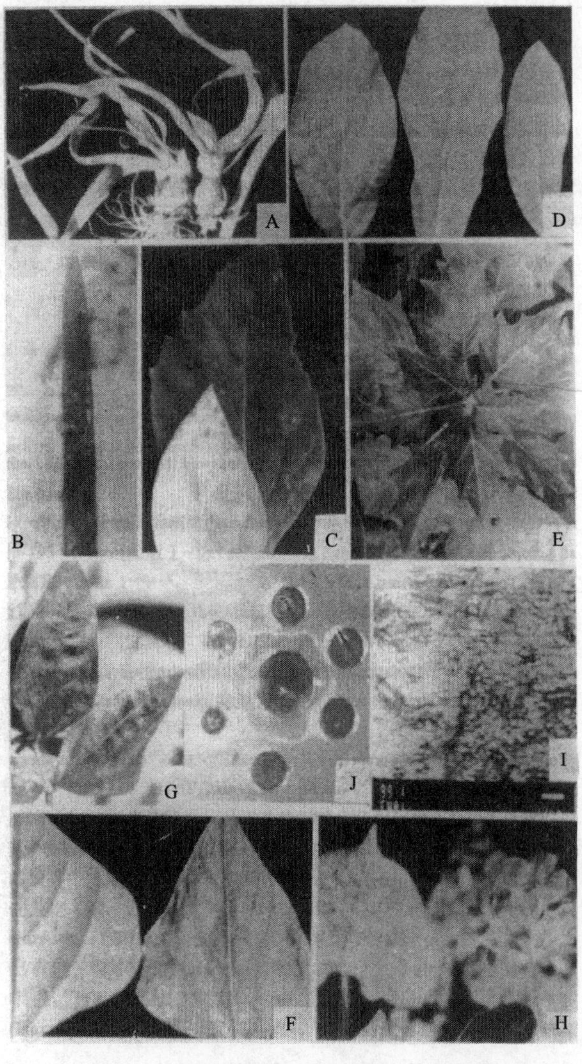

图 1　水仙矮化病症状、传毒介体及烟草脆裂病毒的生物测定

A. TRV 侵染的水仙病株；B. 传播介体——毛刺线虫；C. 苋色藜叶片坏死斑；D. 千日红叶片坏死斑；E. 曼陀罗系统褪绿；F. 菜豆叶片系统褪绿斑；G. 豇豆系统花叶；牵牛系统斑(左) 和畸形斑驳 (右)；H. 粗提液中病毒粒体；I. 琼脂双扩散中 TRV 抗体与 NFV～4 的阳性反应；J. 琼脂双扩散中 TRV 抗体与 NFV～4 的阳性反应

2.3　病毒粒体的形态

病叶粗提液悬滴经负染后在电镜下可见到 2 种不同长度的坚杆状空心粒体，其大小为 78nm×24nm 和 195nm×24nm (图 1F)。健株对照未能见到这类病毒粒体。

2.4　抗血清测定

2.4.1　琼脂双扩散

结果表明，病株抗原粗提液与效价为 2048 的 TRV 粒体有明显的沉淀线 (图 1J)，而对照为阴性反应。

2.4.2　ELISA 测定

结果表明，病株粗提抗原与效价为 2048 的 TRV 粒体呈阳性反应，其中抗原的最高稀释度为 1∶1280，而对照为阴性反应。

3　讨论与结论

根据该病毒分离物的介体线虫、传毒特性、寄主反应、电镜形态及血清学性质，可以认为引起福建水仙植株矮化畸形的病原应是 TRV。虽然与 TRV 组成烟草脆裂病毒组 (*Tobravirus*) 的另一病毒一豌豆早褐病毒 (*Pea early browing virus*) 在许多特性上有共同点，但两者的寄主范围不同，且在作者所接种的鉴别寄主中，苋色藜和菜豆上的症状特点表明为 TRV 侵染[8]。此外抗血清测定结果也证明了这一点。

该病毒已有许多株系报道。根据我省水仙上的 TRV 所致的水仙病害症状和血清学特性，与荷兰水仙上的 TRV[2] 为同一株系。病原粒体形态及大小与 DRN 株系相似。我们分离的 TRV 的粒体形态及大小与新西兰[9]。从水仙上分离到的相似。但他们报道该病毒未能使水仙出现明显的症状。这可能是由于水仙品种和地理条件不同或株系差异的缘故。由于我们无法收集所有株系的抗血清，我省水仙上的TRV所属株系问题有待进一步研究。

TRV在自然条件下所致的水仙病害，主要表现为植株严重矮化畸形，叶片扭曲并出现长而宽的褪绿白条带（可从靠近土表处延伸到叶尖）。有人报道TRV可导致水仙叶片沿叶脉方向显著的白条状突起[2]，我们在田间虽然也采集到这种典型病叶，但始终未能分离到TRV，其病原有待澄清。

TRV在中国系首次报道。虽然在其他植物上尚未发现，且在水仙产区田间所占比例比已报道过的其他病毒（NMV、NYSV等）小得多，但由于其自然寄主范围很广泛，为多数观赏植物和经济作物的重要病原，且是目前已知水仙病毒病中致病程度最严重的病毒病原，所以是一种潜在的威胁，应引起重视。

致谢 本研究承中国花协，全国植保总站和福建省科委所资助，荷兰球茎花卉研究中心C. J. Asjes博士提供TRV抗血清，特此致谢。

参考文献

[1] Brunt AA. The occurrence of *Cucumber mosaic virus* and four nematode-transmitted viruses in British narcissus crops. Plant Pathology, 1966, 15(4): 157-160

[2] Asjes CJ. Virus diseases in the Netherlands. Daffodil Journal. 1971, 8: 3-11

[3] Asjes CJ. Soil-brone virus diseases in ornamental bulbous and their control in the Netherlands. Agriculture Environment, 1974, 1: 303-315

[4] Jones AT, Young BR. Some properities of two isolates of *Tobacco rattle virus* obtained from peony and narcissus plants in New Zealand. Plant Diseases Report, 1978, 62(11): 925-928

[5] Iwaki M, Komuro Y. Viruses isolated from narcissus (*Narcissus* spp.) in Japan Ⅲ. *Cucumber mosaic virus*, *Tobacco rattle virus* and *Broad bean wilt virus*. Annuals of the Phytopathological Society of Japan, 1972, 38(2): 137-145

[6] Mokra V. The occurrence of an agent resembling the *Tobacco rattle virus* found on some ornamental plants in Czeckoslovakia. *In*: Plant virology. Pargue, Czeckoslovakia: Academis Press, 1969, 346

[7] 梁训生，张成良，张作芳. 植物病毒血清学技术. 北京：农业出版社，1985，209-222

[8] Harrison BD, Robinson DJ. Tobravirus. *In*: Handbook of plant virus infection comparation diagnosis. The Netherlands: Edourd Kurstak Press, 1981, 515-540

[9] Jones AT, Young BR. Some properities of two isolates of *Tobacco rattle virus* obtained from peony and narcissus plants in New Zealand. Plant Diseases Report, 1978, 62(11): 925-928

水仙病毒血清学研究Ⅰ. 水仙花叶病毒抗血清的制备及其应用*

谢联辉，郑祥洋，林奇英

（福建农学院植物病毒研究室，福建福州　350002）

摘　要： 经人工接种分离纯化的水仙花叶病毒（NMV），以表现局斑的苋色藜叶片为提纯材料，经聚乙二醇（PEG_{6000}）沉淀、差速离心和蔗搪密度梯度离心提纯后，进行6次家兔免疫注射制备抗血清。结果表明注射后3周左右效价最高，经毛细管沉淀方法测定可达1∶5000。用琼脂双扩散方法将此NMV抗血清与来自荷兰的NMV抗血清进行比较，结果发现二者的抗体性相同。应用此法制成的NMV抗血清，以琼脂双扩散、ELISA方法分别对30份水仙组培脱毒试管苗样本进行带毒率检测。结果表明所测得的平均带毒率分别为33.3%和80.0%，并用IEM测定方法验证了ELISA结果的可靠性和准确性。

关键词： 水仙花叶病；抗血清；制备与应用

Studies on the antisera to narcissus viruses Ⅰ. the preparation and the use of antiserum to *Narcissus mosaic virus*

XIE Lian-hui，ZHENG Xiang-yang，LIN Qi-ying

（Laboratory of Plant Virology，Fujian Agricultural College，Fuzhou　350002）

Abstract： *Narcissus mosaic virus* （NMV） was obtained from the mixed infected narcissus plants and purifried from the inoculated leaves of *Chertopodium amarndicolor* procedures purification involved precipitation with 6% PEG（M. W. 6000），differential centrifugation and 20%-50% sucrose density-gradien centrifugation. After 6 times of immune injection to rabbit with the purified preparation of NMV，an antiserum was prepared with a titre of 1∶5000 tested by precipitation reactions in capillary pipettes about 4 weeks after the final injection，The antiserum was compared with an NMV antiserum come from Netberlands（presented by Dr，Asjes）by agar-gel immunodiffusion and showed that the properties of the two antisera are the same. The prepared antiserum was used to detect NMV in the narcissus plantlets of tissue culture and showed that in the 30 specimens the virus carried specimens are 33.3% in agar-gel immunodiffusion，80.0% in ELISA，70%-80% in IEM respectively.

Key words： *Narcissus mosaic virus*；preparation and use of antiserum

中国病毒学，1991，11（6）343-350

收稿日期：1990-12-18　修回日期：1991-03-06

* 基金项目：本课题为福建省科学技术委员会和中国花协资助项目

荷兰 C. J. Aci jes 博士赠送了 NMV 抗血清，谨致谢水仙花叶病毒（*Narcissus mosaic virus*，NMV）几乎发生于世界所有的水仙产区[1]。近年来在我国也相继报道了该病毒[2,3]、且据作者的田间调查研究发现，该病毒是福建水仙产区的主要病毒之一。为了给生产上和检疫部门提供大量抗血清，用于检疫和检测各种脱毒水仙样本，以期向生产上供应大量水仙无毒苗或脱毒苗，作者进行了 NMV 抗血清的制备及其应用研究。

1 材料与方法

1.1 病原提纯材料

以采自产区混合感染的水仙病叶经人工接种分离纯化后，在苋色藜上表现为局斑的叶片作为病毒提纯材料。

1.2 抗血清检测材料

以福建农学院园艺系组培室提供的 30 份水仙组培脱毒试管苗样本（1～3 个叶片）为检测对象。

1.3 抗原制备

取苋色藜局斑叶片 250 克置于－20℃冰箱中冷冻 24h 后，以 2∶3（W/V）的比例加入 0.1mol/L（pH7.8）磷酸缓冲液（内含 0.2% Na_2SO_3），捣碎榨汁，经 PEG 沉淀、差速离心和蔗糖密度梯度离心后所得的提纯病毒制剂作为抗原，具体步骤如下：

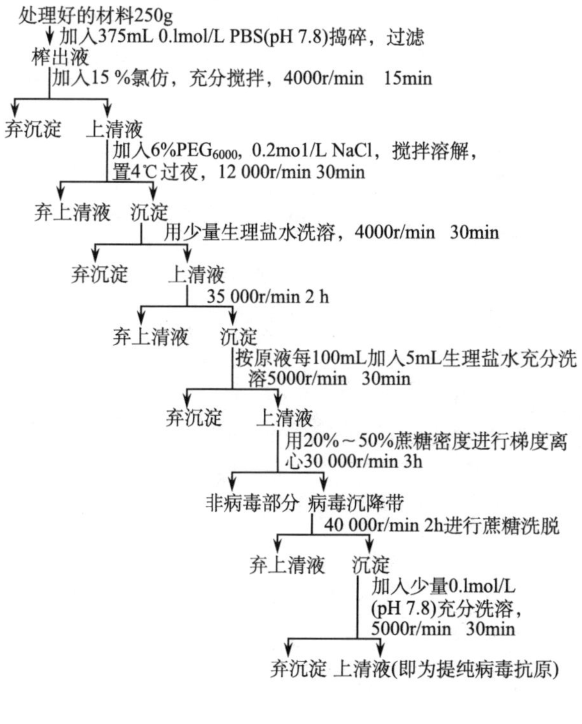
处理好的材料250g
加入375mL 0.1mol/L PBS(pH 7.8)捣碎，过滤
榨出液
加入15 %氯仿，充分搅拌，4000r/min 15min
弃沉淀
上清液
加入6%PEG6000，0.2mol/L NaCl，搅拌溶解，置4℃过夜，12 000r/min 30min
弃上清液
沉淀
用少量生理盐水洗溶，4000r/min 30min
弃沉淀
上清液
35 000r/min 2 h
弃上清液
沉淀
按原液每100mL加入5mL生理盐水充分洗溶5000r/min 30min
弃沉淀
上清液
用20%～50%蔗糖密度进行梯度离心30 000r/min 3h
非病毒部分
病毒沉降带
40 000r/min 2h进行蔗糖洗脱
弃上清液
沉淀
加入少量0.1mol/L (pH 7.8)充分洗溶，5000r/min 30min
弃沉淀
上清液(即为提纯病毒抗原)

提纯抗原用日立 557 型紫外-可见分光光度计进行紫外扫描，并经负染后在日立 JEM-100CX 电镜下观察。

健株材料作用同样处理为对照。

1.4 抗血清制备

从 1990 年 3 月 6 日开始将上述制备的抗原分 6 次进行家兔免疫注射。前 4 次为肌肉注射（每次注射将抗原与等量的 Freund 不完全佐剂均匀混合，共 4mL），每次间隔 1 周，随后进行 2 次静脉注射（分别为 1.0 和 2.0mL），其间间隔 4d。此后分别于 4 月 15 日、25 日、30 日采血，析出抗血清，以毛细管沉淀方法测定其效价。

1.5 抗血清的血清学特性分析

配好 1.0%琼脂（内含 0.1% NaN_3），在琼脂凝胶板上打 3 个孔穴，使它们成为等边或等腰三角形的 3 个顶点，然后分别加入 NMV 抗原、制备好的 NMV 抗血清和荷兰提供的 NMV 抗血清，室温下 24h 后观察结果。

1.6 组培脱毒试管苗的检测

分 3 次取组培脱毒试管苗样本各 10 份。第一次样本研磨后的稀释倍数为 1∶1（W/V），后两次样本榨出液的稀释倍数则为 1∶3（W/V）。将每份样本进行血清学检侧。

1.6.1 琼脂双扩散测定

配好 1.0%琼脂（内含 0.1% NaN_3），以制备好的抗血清（稀释 100 倍）为抗体，置于中央孔穴中，组培脱毒试管苗的榨出液为抗原，置于周围小孔中，24h 后观察结果。

1.6.2 ELISA 检测

以脱毒试管苗榨出液为抗原，以制备好的抗血清（稀释 500 倍）为抗体，辣根过氧化酶标记羊抗兔 IgG（卫生部北京生物制品研究所出品），为酶标抗体（使用浓度以商品化产品的说明为准，即将该产品稀释 1000 倍），以自制的混合抗血清处理过的水仙榨出液为阴性对照。用 DG_{3022}：型酶联免疫吸附检测仪（国营华东电子管厂出产）进行间接法检测。

1.6.3 IEM 检测

采用 Derrik 技术与装饰法相结合的方法[4]进行制样，在 JEM-1200EX 电镜下观察，以验证 ELISA 检测的可靠性。

2　结果

2.1　病毒提纯制剂的紫外吸收和电镜观察

提纯抗原的紫外吸收光谱具典型的核蛋白吸收峰（图 1），最大吸收波长为 260nm，最小吸收波长为 240nm，$A_{260}/A_{280}=1.442$。电镜下病毒粒体为线状，大小在 550nm×13nm（图 2）。

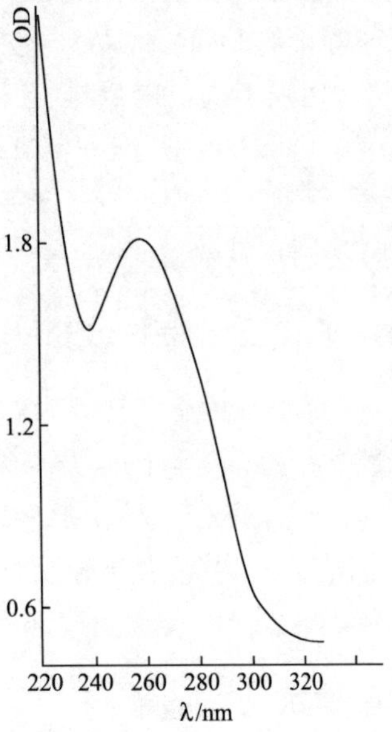

图 1　提纯病毒的紫外吸收光谱

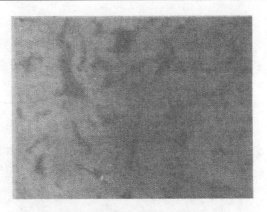

图 2　提纯病毒的电镜粒体（30000×）

2.2　抗血清效价测定

用毛细管沉淀方法测定所制备的抗血清的效价，结果表明，以注射后约 3 周时的效价最高，可达 1∶5000（表 1）。

2.3　抗血清的抗体特性

从图 3 可以看出，我们制备的 NMV 抗血清（Ab_1）和荷兰 NMV 抗血清（Ab_2）在琼脂扩散中，与我们提纯的抗原（Ag）所产生的沉淀线完全愈合，说明两个抗血清的抗体性是一致的。

表 1　毛细管沉淀法测定不同时间采血的抗血清的效价

免疫时间/d	抗血清稀释度									
	1/8	1/16	1/32	1/64	1/128	1/256	1/512	1/1024	1/2048 *	CK[8]
	1/100	1/200	1/500	1/1000	1/2000	1/5000	1/10 000	1/20 000	1/50 000 **	
10*	+	+	+	+	+	+	+	+	−	−
20**	+	+	+	+	+	+	−	−	−	−
25**	+	+	+	+	+	−	−	−	−	−

* 为免疫 10d 的抗血清的稀释度

** 为免疫 20d、25d 后的抗血清的稀释度

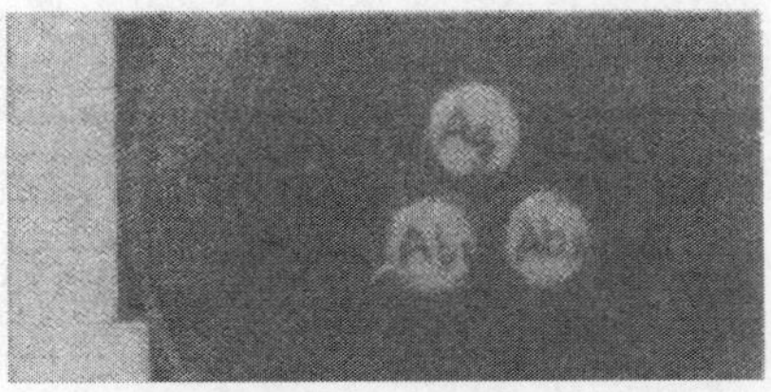

图 3　中国 NMV 抗血清与荷兰 NMV 抗血源的抗体性比较

2.4　水仙组培脱毒试管苗的检测

2.4.1　琼脂双扩散测定

将琼脂双扩散的沉淀分为明显（＋＋）、微弱（＋）和无沉淀（－）三级（图 4）。测定结果表明，30 份样本的带毒率在 20%～50%，平均为 33.3%（表 2）。但以 4 月 28 日的样本的带毒率为最高，这可能与该次样本榨出液的稀释倍数较低有关，说明这些组培脱毒试管苗并非真正脱毒，而只是起到降低病毒浓度的作用。

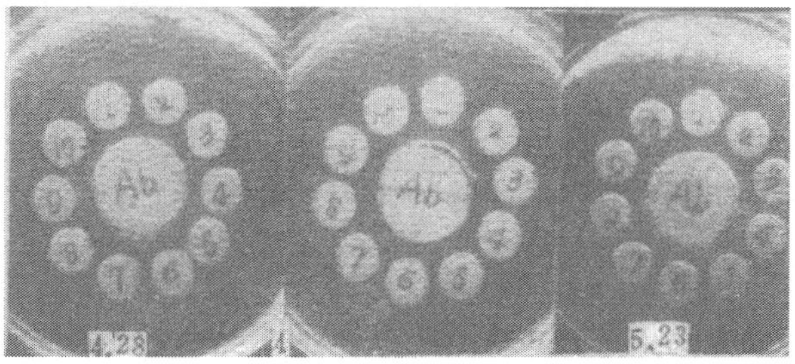

图 4 水仙组培脱毒苗的琼脂双扩散测定

表 2 琼脂双扩散测定水仙组培试管苗的带毒率

测定时间	样品序号										带毒率/%
	1	2	3	4	5	6	7	8	9	10	
4.28	+	+	−	−	−	+	−	−	++	+	50
5.14	−	−	−	−	−	−	−	+	+	−	20
5.23	−	+	++	−	−	−	+	−	−	−	30

2.4.2 ELISA 检测

水仙组培脱毒试管苗经 ELISA 间接法测定指出，其带毒率在 70%～90%，平均为 80.0%，仍以 4 月 28 日样本的带毒率为最高，但差异不如琼脂扩散的大，这与 ELISA 检测的灵敏度高有关。

表 3 ELISA 测定水仙组培试管苗的带毒率

测定时间	样品序号										带毒率/%
	1	2	3	4	5	6	7	8	9	10	
4.30	+	+	−	−	+	+	+	+	+	+	90
5.17	+	−	−	+	−	+	−	+	+	+	70
5.25	−	+	+	−	+	+	+	+	−	+	80

图 5 水仙组培脱毒试管苗的 IEM 粒体

2.4.3 IEM 检测

在电镜下可以看到经抗体捕获聚集的抗原粒体（图 5），30 份样本的测定结果与 ELISA 相似，说明本试验中所采用的 ELISA 方法是可靠的。

3 讨论

3.1 抗血清的制备及其特性

我们经过人工接种分离纯化后，以苋色藜褪绿斑叶片作为 NMV 提纯材料，经聚乙二醇（PEG_{6000}）沉淀、差速离心和蔗糖密度梯度离心后，可获得相当纯净的 NMV 抗原，经家兔免疫后，获得了高效价的抗血清。

将制备好的 NMV 抗血清与来自荷兰的 NMV 抗血清进行比较，经琼脂扩散测定表明，二者的抗体性完全一致，说明我们所分离的 NMV 与荷兰的 NMV 相同。Brunt 也报道过他所分离的 NMV 可与荷兰水仙花叶病分离株的抗血清起反应[5]，这说明 NMV 不存在血清型的差别。不过 Koenig 曾报道过 NMV 所用的繁殖寄主可能会对 NMV 抗血清的异源反应产生一些影响，他发现从千日红上制备的抗原所产生的抗血清比从克利夫兰烟上制备的抗原所产生的抗血清具有较低的同源反应和较高的异源反应[6]。

3.2 水仙分生组织培养管苗的检测

应用分生组织培养进行脱毒一直是人们努力的目标，在水仙上有许多成功的例子[7-9]。其中检测手段是这一技术能否成功应用于生产的关键所在。在我们所试验的三种检测方法中，琼脂扩散虽然灵敏度低，但由于其操作简便，且对抗原和抗血清的纯度要求不高，因此在初检时有一定的应用价值，尤其是对水仙这样一类受多种病毒混合感染的作物更是如此。

ELISA 作为检测培组脱毒试管苗是一种理想的方法，其灵敏度高，且可克服试管苗材料少的缺点，在试管苗培养早期便可淘汰选择，但该方法需要严格设置阳性对照，而目前生产上和实验室内尚未发现无毒的水仙满足这一要求，故我们在进行该试验的同时，自制了水仙病毒混合抗血清，并用该混合抗血清去吸收水仙榨出液，离心去除沉淀物后，再以这种处理过的水仙榨出液作为 ELISA 检测水仙组培试管苗试验的阴性对照。

为了验证上述ELISA检测的可靠性和准确性，同时探索其他检测方法，我们将同样的样本进行了灵敏度与ELISA相似甚至更高的检测手段—免疫电镜（IEM）[4]。结果表明用我们制备的混合抗血清处理过的水仙榨出液作为ELISA检测的阴性对照是可行的。IEM作为检测试管苗也是一种很好的方法，除了用料省、灵敏度高等优点外，此方法无需阴性对照，可克服ELISA的局限性，但其需要复杂昂贵的设备，从而限制了它在生产上的广泛应用。

参考文献

[1] Mowat WP. CMI/AAB, Description of Plant Viruses. 1971, No, 45

[2] 谢光兀. 中国水仙花叶病毒研究初报. 福建农学院学报，1985, 14(2)：171-176

[3] 谢联辉，林奇英，黄如娟等. 中国水仙病毒毒病原的初步鉴定等. 植物病理学报，1987,17(1)：145

[4] 田波等. 植物病毒学技术. 北京：科学出版社，1987，252-254

[5] Brunt AA. *Narcissus mosaic virus*. Annals of Applied Biology, 1966, 58(1)：13-23

[6] Koenig R. Serological relations of *Narcissus* and *Papaya mosaic viruses* to established members of the potexvirus Group. Phytopathologishe Zeitschrift, 1975, 84(3)：193-200

[7] Mowet WP. The production of virus-free narcissus stocks in Scotland. Acta Horticulturae, 1980, 109：513-521

[8] Stone OM. The elimination of viruses from *Narcissus tazetta* cv. Grand Soleil d'Or, and rapid multiplication of virus-free clones. Annals of Applied Biology, 1973, 73(1)：45-52

[9] Brunt AA. Annual Report of the Glasshouse Crops Research Institute, 1983(1984)：109-116

水仙病毒病及其研究进展

林含新　林奇英　谢联辉

（福建农业大学植物病毒研究所，福建福州　350002）

摘　要： 本文对水仙病毒的种类、株系、血清学、粒体结构与分子生物学及水仙病毒病防治的研究现状和进展进行了综述。

水仙是一种高雅的观赏花卉，盛产于欧美及东南亚国家，我国的中国水仙（*Narcissus tazetta* L. var. *chinensis* Roem.）更是驰名中外，但由于病毒病的危害，造成水仙鳞茎严重退化，种球变小，花枝减少，严重阻碍了商品水仙的生产和发展，这早引起了各国学者的注意，有关水仙病毒病的病原学、血清学、流行学、分子生物学等，国内外已有不少研究，本文就此作一综述。

1　危害水仙的病毒种类

国内外先后从水仙上分离报道了20多种病毒，主要发生于英国、美国、意大利、罗马尼亚、日本、新西兰和中国，其中以水仙为寄主名称的有水仙花叶病毒（*Narcissus mosaic virus*，NMV）、水仙黄条病毒（*Narcissus yellow stripe virus*，NYSV）、水仙顶端坏死病毒（*Narcissus top necrosis virus*，NTNV）、水仙白条病毒（*Narcissus white stripe virus*，NWSV）、水仙退化病毒（*Narcsissus degeneration virus*，NDV）、水仙潜隐病毒（*Narcissus latent virus*，NLV）、水仙迟黄病毒（*Narcissus late season yellows virus*，NLSYV）、水仙Y病毒（*Narcissus virus Y*，NVY）、水仙巧克力斑病毒（*Narcissus chocolatc spot virus*，NCSV）。此外，从水仙中还分离到南芥花叶病毒（*Arabis mosaic virus*，ArMV）、悬钩子环斑病毒（*Raspberry ringspot virus*，RRV）、草莓潜隐环斑病毒（*Straw berry latent ringspot virus*，SLRV）、番茄黑环病毒（*Tomato black ring virus*，ToBRV）、番茄环斑病毒（*Tomato ring spot virus*，ToRSV）、烟草脆裂病毒（*Tobacco rattle virus*，TRV）、蚕豆萎蔫病毒（*Broad bean wilt virus*，BBWV）、香石竹潜隐病毒（*Carnation latent virus*，CaLV）、黄瓜花叶病毒（*Cucumber mosaic virus*，CMV）、烟草花叶病毒（*Tobacco mosaic virus*，TMV）、中国水仙条纹病毒（*Chinese narcissus stripe virus*，ChNSV）、马铃薯Y病毒（*Potato virus Y*，PVY）以及洋葱黄矮病毒（*Onion yellow dwarf virus*，OYDV）等。在这些病毒中，以水仙花叶病毒（NMV）和水仙黄条病毒（NYSV）最为普遍。

2　传播途径和介体

这些病毒都可汁液传播，寄主广泛，如水仙花叶病毒，虽然其自然寄主仅有水仙一属，但可经汁液传至10个科的双子叶草本植物上。病毒介体主要是蚜虫和线虫。属于蚜虫传播的有NLV、NYSV、NLSYV、NDV、NMV、NWSV、CMV、PVY、BBWV、CALV和OYDV等。桃蚜（*Myzus persicae*）和棉蚜（*Aphis gossypi*）都是重要的蚜虫介体。线虫传播的RRV、TRV、ArMV、TRSV、SLRV、ToBRV、ToRSV等，其中剑线 *Xiphinema divcrsicandatum*、长针线虫 *Longidorus attcnuatus* 是主要的线虫介体。

3　株系和血清学

有关水仙病毒的株系研究很少，目前仅知水仙花叶病毒上存在两个株系，一个称为分离株M，一个称为典型分离株，前者在茴藜上引起褪绿斑，在菜豆上引起坏死斑，而后者在这两个寄主上的症状不明显[1]。

血清学的研究则十分普遍，大多数水仙病毒都已制备出抗血清，用于生产中的检测和亲缘关系的

植物检疫，1996，10：227-229

研究，1966 年 Brunt 就研究了水仙花叶病毒（NMV）与同属马铃薯 X 病毒组的其他 7 种病毒之间的血清学关系[2]。1976 年 Holling[3]发现水仙潜隐病毒（NLY）与三叶草黄脉病毒（*Clover yellow vein virus*，CYVV）、百合无症病毒（*Lily symptomless virus*，LSV）存在远缘血清学关系，但与马铃薯 Y 病毒组的 9 个成员及同属香石竹潜隐病毒组的其他 14 个成员之间无亲缘关系。1991 年 Mow 等[4]发现 NLY 的唯一体外翻译产物蛋白（分子质量为 25kD）可以与病毒外壳蛋白血清和细胞质内含体蛋白血清发生沉淀反应，在研究了 NLV 与 20 多种病毒之间的血清学关系后，他们发现只有桑橙花叶病毒（*Maclura mosaic virus*，MMV）与 NLV 有关系，而且 NLV、MMV 和水仙黄条病毒（NYSV）的细胞质内含体蛋白（CIPS）之间也有血清学关系，鉴于在表现黄条症状的水仙体内总是发现 NLV 的粒体和抗原特异性以及 NLV 和 MMV 在粒体形态外壳蛋白大小和风轮状内含体上的相似性，认为 NLV 与 NYSV 为同一种病毒且与 MMV 一样，明显不同于以前所描述过的任何一个病毒组。

Mowat 等[5]制备了水仙顶端坏死病毒（NTNV）的抗血清，发现尽管 NTNV 的许多性质与番茄丛矮病毒组（*Tombusviruses*）相似，但它与该组的典型成员番茄丛矮病毒（*Tomato bushy stunt virus*，ToBSV）之间并无血清学关系。1988 年他们研究了水仙迟黄病毒（NISYV）（马铃薯 Y 病毒组）的血清学，发现 NLSYV 与该组的其他 3 个成员有关系，但在表现白条症状的水仙体内未检测到病毒[6]。1989 年 Mow 等[7]重新研究了水仙黄条病毒（NYSV）的血清学，他们利用在表现黄条症状的水仙病株体内提纯到的一种分子质量为 72kD 的非结构性蛋白制备抗血清，它与感染细胞内的细胞质柱状内含体可起特异性反应，并在病株内检测到 NYSV，在与马铃薯 Y 病毒组 7 个成员的血清反应中，只有菜豆黄花叶病毒（*Bean yellow mosaic virus*，BYMV）和鸢尾和性花叶病毒（*Iris mild mosaic virus*，IMMV）可与之起反应。在其他实验中，利用细胞质内含体蛋白制备抗血清也成功地用于检测，这表明在提纯病毒外壳蛋白有困难时，可采取这一途径。

4　病毒粒体分子结构和分子生物学

FS 在水仙病毒中，以水仙花叶病毒（NMV）最为普遍，所以有关粒体分子结构和分子生物学的研究都仅限于 NMV。Tollin 等[8]最早对 NMV 的粒体结构进行研究，NMV 粒体为螺旋纤维状，长约 550nm，直径 13nm，X 射线衍射测量螺距为 313～316nm，每 5 圈螺旋结构重复一次，每圈含有 618 个外壳蛋白亚基，共 34 个亚基。1980 年，Bancroft 等[9]重复了 Tollin 的实验，发现每圈含有 818 个蛋白亚基，共 44 个，整个病毒粒体由 1400 个亚基组成，每个亚基含有 5 个核苷酸，粒体分子质量为 36000kD。这些数据与同属马铃薯 X 病毒组的番木瓜花叶病毒（*Papaya mosaic virus*，PMV）和马铃薯 X 病毒（PVX）是一致的。他们也研究了 NMV 多聚体的结构……多聚体为短管状，由多个盘或环堆积而成，2～3d 后，多聚体变成纤维管状，多聚体的双螺旋结构每 1 圈（含 9 个亚基）或每 3 圈（含 26 个亚基）重复一次。

如上所述，NMV 的核蛋白多聚体有短管状和纤维管状两种形态，进一步研究发现来自短粒体（100nm）的 RNA 编码外壳蛋白，而来自长粒体（550nm）的 RNA 编码一些更大的、功能未明的非结构性多肽。Northern 杂交结果表明短粒体 RNA 的 cDNA 与长、短粒体 RNA 序列都是同源的，体外转移后，两者都产生一个分子质量为 25kD 的多肽，因而认为 NMV 具有一个独特的复制策略，它拥有大量被包被的外壳蛋白亚基因组 mRNA，这不同于该组中的任何一种病毒[10]。

1989 年，英国的 Douwe 等[11]测定了 NMV 的核苷酸序列，NMV 基因组为 ssRNA，6955 bp [不包括 3′poly（A）]，含有 6 个开放阅读框（ORF），所编码的多肽分子质量分别为 186.264kD、25.845kD、13.988kD、11.059kD、26.097kD 和 10.519kD，其中第 5 个 ORF 所编码的 26kD 的多肽为 NMV 的外壳蛋白，而第 6 个 ORF 则完全包含在第 5 个 ORF 之中。

通过 NMV 与同组的马铃薯 X 病毒（PVX）和白三叶草花叶病毒（*White clover mosaic virus*，WCMV）所编码氨基酸序列比较发现这三个病毒的基因结构和各个基因的相对位置都十分相似，这表明了它们之间的同源性，而且它们在 5′端都存在二级结构，NMV 的二级结构主要是 α-螺旋，约占 43%～45%，β-折叠只占 2%～8%[12]，与马铃薯 X 病毒组的其他成员的二级结构无同源性。

5　防治

水仙病毒病的防治多采取以下综合治理措施。

（1）严格检疫，杜绝毒源。水仙病毒病的传播流行主要途径为鳞茎传毒，因此严格做好鳞茎的检疫工作，杜绝毒源随花球出入，可收到很好的效果。

（2）品种提纯、选育。认真做好品种提纯复壮，选择优良品种进行脱毒组织培养，培育出无毒种苗，快速繁殖推广。

（3）种鳞茎用热水、药物消毒处理，将“种仔”鳞茎用温汤44.5℃在恒温中浸种1.5h，再换到配有1%的福尔马林溶液中1h，播种时用呋喃丹5 g/m^2，撒入播种汤中，再行播种，防治病毒病效果可达69%。

致谢 在本文写作过程中得到刘殊同志的协作，特此致谢。

参考文献

[1] Tollin P, Wilson HR, Young DW, et al. X-ray diffraction and electron microscope studies of *Narcissus mosaic virus*, and comparison with *Potato virus X*. Journal of Molecular Biology, 1967, 26: 353-354

[2] Brunt AA. *Narcissus mosaic virus*. Annals of Applied Biology, 1966, 58: 13-23

[3] Hollings M. Annual report of the glasshouse crops research institute. Virology, 1976, 143(1): 119-128

[4] Mowat WP, Dawson S, Duncan GH, et al. Narcissus latent, a virus with filamentous particles and a novel combination of properties. Annals of Applied Biology, 1991, 119(1): 31-46

[5] Mowat WP, Asjes CJ. Occurrence, purification and properties of *Narcissus top necrosis virus*. Annals of Applied Biology, 1977, 86(2): 189-198

[6] Mowat WP, Duncan GH, Dawson S. *Narcissus late season yellows potyvirus*: symptoms, properties and serological detection. Annals of Applied Biology, 1988, 113(3): 531-544

[7] Mowat WP, Dawson S, Duncan GH. Production of antiserum to a non-structural potyviral protein and its use to detect narcissus yellow stripe and other potyviruses. Journal of Virology Methods, 1989, 25(2): 199-209

[8] Tollin P, Wilson HR, Mowat WP. Optical diffraction from particles of *Narcissus mosaic virus*. Journal of General Virology, 1975, 29: 331-333

[9] Bancroft JB, Hills GJ, Richardson JF. A re-evaluation of the structure of *Narcissus mosaic virus* and polymers made from its protein. Journal of General Virology, 1980, 50: 451-454

[10] Mackie GA, Bancroft JB. The longer RNA species in *Narcissus mosaic virus* encodes all viral functions. Virology, 1986, 153(2): 215-219

[11] Zuidema D, Huub JM, Marianne L, et al. Nucleotide sequence of *Narcissus mosaic virus* RNA. Journal of General Virology, 1989, 70: 267-276

[12] Wilson HR, Tollin P, Sawyer L, et al. Secondary structures of *Narcissus mosaic virus* coat protein. Journal of General Virology, 1991, 72: 1479-1480

X　香蕉病毒

香蕉束顶病的病原为香蕉束顶病毒（*Banana bunchy top virus*），除对其传播方式、传毒特性、粒体形态、血清学特性进行研究外，还就病毒提纯、病毒株系、病毒基因克隆及检测以及病害发生、流行及防治作了比较深入的调查研究和报道。

香蕉束顶病的病原研究

周仲驹，谢联辉，林奇英，陈启建

（福建农学院植物病毒研究室，福建福州　350002）

摘　要：香蕉束顶病（banana bunchy top）广泛分布于东南亚、澳洲和太平洋岛屿国家或地区。它一直威胁着世界上包括我国在内的1/4以上蕉区的香蕉生产。在我国福建、台湾、广东、广西、海南、贵州和云南等蕉区广为发生和为害，仅就福建省约23万亩香蕉，按年累计平均发病率20%～30%计算，每年即因病损失人民币8000万元以上的香蕉产值。香蕉束顶病的病原问题在作者进行本研究的同时，有过一些报道，但不同的研究结果有一些差异。作者的研究结果表明：我国的香蕉束顶病除由带病蕉苗传播外，还由香蕉交脉蚜（*Pentalonia nigronervosa*）以持久性方式传播，循回期约6h，最短获毒时间30min，最短接毒时间5min，一次获毒后可持续传毒长达14d；在病株叶片的超薄切片中，可以观察到直径16～18nm的球状病毒粒体，而健株叶片中则否；病株中可以提取到直径18～20nm的球状病毒粒体，而健株中则否。这种提纯制剂有典型的核蛋白吸收曲线，A_{260}/A_{280}为1.76，但每公斤组织的病毒产量仅为50～150μg。提纯的病毒制剂免疫家兔制备的抗血清与病株提取液有特异性反应，而与健株提取液则否。根据这些试验结果，可以认为我国的香蕉束顶病是由直径18～20nm的球状病毒粒体所致。

香蕉束顶病（banana bunchy top disease，BBTD）最早于1889年见报道于斐济，其后发生于澳洲、太平洋岛国及许多东南亚国家或地区[1]。我国福建、台湾、广东、海南、广西、贵州和云南等蕉区均有发生；特别是最近的十几年来，在大陆的各大蕉区还相继再度流行[2-4]。在福建蕉区，该病已遍及各主要香蕉产区（县），发病率从零星到30%～50%，严重者达70%～80%，甚至不得不毁园再植或改种其他作物，根据调查结果年累计平均发病率均在20%～25%以上，全省23万亩香蕉每年因此减产6.90万～8.63万吨，相当于损失人民币8000万元以上的香蕉产值。

BBTD的病原很早就有推测认为病毒所致，并称为香蕉束顶病毒（*Banana bunchy top virus*，BBTV），但有关该病毒的研究进展很慢[1]。1982年，Matthews还根据其所致病害特点、持久性传播以及病株韧皮部损伤等，推测BBTV系大麦黄矮病毒组（*Lutcovirus*）成员[1]。Kang和Wu在台湾均在病香蕉植株韧皮部薄壁细胞中观察到大小20～22nm的类似病毒粒体[5]。Iskra等从加蓬的香蕉病株中查到直径28nm地球状粒体[6]。澳大利亚Thomas等也有提纯成功地报道[7]。而在我国大陆，孙茂林认为BBTV可能系为直径50～60cm的球状粒体[8]。蔡祝南等认为球状粒体的大小可能在22～23nm[9]。我们从1988年也对BBTD开始进行系统的研究。本文报道有关病原地研究结果。

1　材料和方法

1.1　供试材料

供试毒源系采用福建莆田和漳州市郊地香蕉病株以及经室内人工接种繁殖保存地病株，供试介体香蕉交脉蚜（*Pentalonia nigronernosa*）采自漳州市郊蕉园并经室内饲养证明无毒后繁殖地群体，供试蕉苗取自福建农学院园艺系并经繁殖观察，结合电镜检查证明无束顶病和其他病毒地香蕉植株，品种有台湾蕉和天宝蕉等。

福建省科协青年学术年会．中国科协首届青年学术年会卫星会议论文集．福州：福建科学技术出版社，1992，727-731

1.2 生物学测定

汁液传播试验、土壤传播试验、菟丝子传播试验和香蕉交脉蚜传病试验，以及香蕉交脉蚜的传毒特性地测定均按照常规方法进行。

1.3 病株超薄切片和电镜观察

取经香蕉交脉蚜接种地香蕉品种台湾蕉病株叶片及相应健株的对应叶片和部位，按照常规方法取样、固定、脱水，Epon812 包埋，LKB-V 切片机切片，铀-铅盐染色，JEM-100CXII 和 JEM-1200EX 型透射电镜下观察。经几轮反复试验后，发现病毒检出率很低，尤其是香蕉叶片叶肉细胞很大，一旦取样和修样略有偏差，制出地切片则只有很少一部分是韧皮部细胞，无法对组织各部位细胞中的病毒进行检查和比较，因此，在制样过程中进行了如下改进：①经按扫描电镜制样观察结果明确叶片组织中维管束韧皮部的部位，后精确取样，在切片时并进行准确定位；②取与常规取样方向垂直的方向，即在叶片的横切方向取样，同时进行标记后定位切片。

1.4 病毒提纯和电镜观察

提纯用本地病株包括室内经香蕉交脉蚜传毒接种的病株以及蕉园自然发病的病株。参照 Wu 等[5]和 Harding 提供地方法并略加修改如下：病叶剪碎后，加液体捣成粉末状后按 1∶2.5（W/V）添加含 0.2%（V/V）巯基乙醇 0.1%（W/V）铜试剂的 0.1mol/L pH7.1 磷酸缓冲液 10℃搅拌 1h，后双层纱布过滤，滤液加氯仿-正丁醇（1∶1）至 10%（V/V），用磁力搅拌器乳化 1h，4℃放置 10min，7000r/min 离心 10min 上清液经 6% PEG_{6000} 7000r/min 浓缩或 123 000*g* 离心 2h 浓缩，沉淀部分悬浮于 0.07mol/L PB 中，再次用 123 000*g* 离心 2h，沉淀悬浮后经 7000r/min 离心 10min，过 2.5%～30.5% 蔗糖密度梯度离心（RPS65 转子，26 000r/min）3h，后分层取样，用 Hitachi557 型双光束双波长分光光度计测定 220～320nm 波长范围内对病毒提纯液的紫外吸收。后取具有典型核蛋白吸收曲线的部分，用缓冲液稀释，124 000*g* 离心 2.5h，用缓冲液悬浮，再次进行 220～320nm 的紫外扫描。并用 2%UA 或 2% PTA 染色。JEM-100CXⅡ和 JEM-1200EX 型透射电子显微镜检查。提纯病毒制剂参照 Chu 等[10]的 $E_{260}=3.6$ 估计病毒浓度。

1.5 抗血清制备和检测

用上述提纯方法得到的病毒提纯制剂对 2.6kg 雄兔进行 2 次耳静脉注射，其间隔 5d，剂量为 1mL 病毒（150μg/mL）；15d 和 20d 后分别补充肌肉注射 1 次，剂量为 1mL（含 30μg/mL 病毒）。另加等量 Freund 氏不完全佐剂。末次注射后 5d 开始少量采血。并间隔 5d 一次，共采 5 次。取血后按常规方法取出血清，并用免疫双扩散法测定其效价，同时以第一次免疫注射前所采血样的血清做对照。

ELISA 检测采用间接法进行。

2 结果与分析

2.1 症状和传播特性

香蕉交脉蚜接种发病的香蕉植株，叶片边缘轻度黄化，略向上卷曲，叶背或叶片主脉背面和叶柄上有断断续续的浓绿色线条状斑，即“青筋”，其长短不一，短的不到 1mm。长的尤其是叶片主脉和假茎上的可达 30～50cm 或甚至更长。病后长出的叶片一片比一片小，植株外观矮化，呈束顶状。病害的潜育期与侵染时蕉株大小和温度有关，夏季日平均温度 20～33℃时，最短的仅 9d，而冬春季节日平均温度 8～20℃时。最长的可达 216d；蕉株较大的比较小的潜育期略长。

传播试验结果表明：带病吸芽及香蕉交脉蚜可以传病，而汁液摩擦、土壤和中国菟丝子（*Cuscuta chinesis*）均未能传病。

无毒的香蕉交脉蚜 2～3 龄若虫经不同时间饲毒后，按每株蕉苗 20 头的比例接种 72h 的测定结果中，从 5min、10min、15min、30min 和1h、2h、4h、6h、12h、24h 的平均获毒率为 0、1 6.77%、0、16.7%、33.3%、50.0%、66.7% 和 100%。这表明香蕉交脉蚜的最短获毒时间约为 30 分钟，且随饲毒取食时间的延长，获毒率不断提高。

带毒香蕉交脉蚜以每株 20 头为单位在无病香蕉上接种观察结果中，接毒 5min、15min、30min 和 60min 的发病率分别为 0、16.7%、33.3% 和 50.0%，2h、4h、6h、12h、24h 的处理发病率均达 100%。

香蕉交脉蚜获毒后，需经一明显的间隙时间后才能传病。在夏季日平均温度 20～33℃条件下，这个间隙时间即循回期约为6h。

以每株蕉苗有带毒香蕉交脉蚜1头、2头、3头、4头、5头、10头、15头和20头接种的平均发病率分别为10%、15%、35%、55%、66.7%、100%、l00%和100%。这表明传病率随带毒蚜虫数的增加而呈增加的趋势。

带毒香蕉交脉蚜经转移到健蕉苗上饲养结果观察，孤雌生殖的后代未能传病。

2.2 病毒的提纯结果

采用上述提纯方法和蔗糖密度梯度离心，可在离心管1/3处分取出有典型核蛋白吸收峰的组分。取出具最典型核蛋白紫外吸收峰的组分，经浓缩后的提纯液，仍具典型核蛋白吸收曲线，在240nm有一低谷，257nm处有一吸收峰，$A_{260}/A_{280}=1.76$，其产量计算结果在50～150μg/kg组织。

在提纯过程中，采用6%PEG_{600}浓缩或123 000g离心2h浓缩结果都能分离到典型的病毒粒体，前者A_{260}/A_{280}仅为1.2～1.4．仍含有较多的杂质在经过蔗糖密度梯度分离后，分层取样时，若取所有具核蛋白紫外吸收谱的组分，则所得提纯液的A_{260}/A_{280}也仅在1.2～1.4范围，但若仅取具最典型的核蛋白紫外吸收谱的组分，则可得A_{260}/A_{280}高达1.76的提纯液，但提纯产量则只有50～150μg/kg组织。

2.3 粒体形态及其在组织中的位置

病毒提纯液经2%PTA或2%UA染色后，在电镜下可查到直径大小约18～20nm的球状病毒粒体，健株叶片的对照提纯结果中见不到这种粒体。在病叶的韧皮部，部分细胞不同程度坏死，而在中度坏死的伴胞和筛管中，可见有聚集的球状病毒粒体，直径大小在16～18nm。在另一些细胞中，也有类似的粒体存在，但数量少，且分散，直径略大，约18～20nm，而在健叶中则没有这些交化，也没有病毒粒体。

2.4 抗血清制备和检测

采用上述方法制备的抗血清的测定结果表明：对病毒提纯液的效价为1/512。而对于健株提纯液的效价为1∶2，所以将该抗血清经等量健株澄清汁液吸收后，测得的效价为1∶256。

采用间接ELISA测定结果表明：提纯病毒制剂检测的最大稀释倍数为256倍，即病毒浓度约0.58μg/mL，而用于病叶粗汁液的检测，则背景值很高，病健间差异小，未能很好检测，进一步将病叶榨出液经20%氯仿澄清，并经123 000g离心2h浓缩10倍。病毒可以得到检测，在一个典型地测定种，A_{490}的OD值为0.54，其相应对照为0.07。

3 结论与讨论

在本研究结果中，香蕉束顶病的介体香蕉交脉蚜的传病呈持久性方式。而其传毒率高，保毒时间长，加上目前我国大部分蕉区种植的香蕉型品种（AAA）均高度感病，因此病害极易流行，对我省乃至我国香蕉生产仍是一个重大的威胁。而且在温度较低的冬春季节，蕉苗受侵染后，发病潜育期长，使带病苗极易为蕉农误认为无病菌种植，给病害的流行提供了有利条件，同时给蕉农造成更大的经济损失。

病原研究结果表明，从病株中可以分离纯化到大小在18～20nm的球状病毒粒体，而从健株中则否；在病株韧皮部薄壁细胞中也观察到大量类似的病毒粒体，而健株对照中则否。这种球状粒制得的抗血清与病株提纯液有特异性反应，而与健株提纯液则否，根据这些初步结果可以认为我国的香蕉束顶病是由直径18～20nm的球状病毒粒体所致。至于超薄切片中的病毒粒体比提纯粒体略小1～2nm，可能系前者因脱水所致。这项研究结果与Wu等[5]澳大利亚Thomas等[7]的结果一致，但与法国Iskra等[6]、我国孙茂林[8]和蔡祝南等[9]的结果有所不同。

在病毒酶提纯过程中，发现香蕉叶片组织中含有较多量的酚类和胶质物质，一直是提纯的一个难题，但这可以通过在液氮中捣碎叶片组织得到解决。但是，组织经充分捣碎后，细胞内含物也较多地释放出来，又给病毒的提纯以及纯度造成困难，而且超薄切片电镜检查结果表明：典型病毒越体在细胞中多以聚集方式存在，要使病毒充分释放必须能充分破碎这些细胞。这些因素就使得这种小球状病毒的成功提纯相当地困难。而且提纯的纯度与产量也构成一对突出的矛盾，加上受设备条件的限制，作者的提纯产量仅每公斤组织最高为150μg。

在本研究结果中，所制备的抗血清效份较低，可能系免疫注射量有限或其抗原性较差所致。该抗血清已视步用于筛选无病毒香蕉母株，提供大量生产香蕉繁殖苗所用。但限于仅有一种抗血清，不能采用双夹心法进行检测，灵敏度受到限制，抗血清的数量也有限，如何解决这些尚在研究之中。

参考文献

[1] Dale JL. Banana bunchy top：an economically important tropical plant virus disease. Advances in Virus Research，1987，33：301-325

[2] 欧阳浩，程秋蓉，江文浩等. 香蕉束顶病的发生及防治. 广西农业科学，1985，2：45-47

[3] 华有群. 也谈香蕉束顶病的发生和防治. 植物保护，1989，20：39-40

[4] 孙茂林，张云发，华秋瑾等. 香蕉束顶病流行学及综合防治技术研究. 西南农业学报，1994，4(1)：78-81

[5] Wu RY，Su HJ. Purification and Characterization of *Banana bunchy top virus* and their use in enzyme-linked immunosorbent assay. J. Phytopathology，128：203-208

[6] Iskra ML，Garnier M，Bove JM. Purification of *Banana bunchy top virus* (BBTV). Fruit，1989，44：63-66

[7] Thomas JE，Dietzgen RG. Purification，characterization and serological detection of virus-like particles associated with banana bunchy top disease in Australia. Journal of General Virology，1991，72：217-224

[8] 孙茂林. 香蕉束顶病病原研究Ⅰ材料提纯和电镜观察. 云南农业科技，1988，5：27-28

[9] 蔡祝南，张中义，王学英. 香蕉束顶病病毒的电镜观察. 云南农业大学学报，1989，4(4)：328-329

[10] Chu PW，Helms K. Novel virus-like particles containing circular single-stranded DNAs associated with subteranean clover stunt disease. Virology，1988，167：38-49

香蕉束顶病的研究Ⅰ．病害的发生、流行与分布*

周仲驹[1]，林奇英[1]，谢联辉[1]，陈启建[1]，郑国璋[2]，吴黄泉[2]

（1 福建农学院植物保护系，福建福州　350002；2 漳州市农业科学研究所，福建漳州　363009）

摘　要：香蕉束顶病广泛分布于福建省漳州、厦门、泉州、莆田、福州及龙岩等地（市）所辖的大部分县（市）的香蕉产区，达 23 个县（市、区）之多，分布北界已达福州，且有继续向西、向北推移之势。发病率因地区、年份不同以及是否采取防治措施等而有差异，从零星发病至 30%～50%不等。严重者达 70%～80%，甚至不得不毁园再植或改种其他作物。该病发生一般以 4～6 月最烈，系发病高峰期。病害发生的轻重与品种类型、蕉苗质量、种植年限、生育龄期、蕉蚜数量、栽培管理措施、气候、土壤和地理位置等均有关系。大量种植带病蕉苗是病区迅速扩展的直接原因；介体蕉蚜活动猖獗和管理粗放是病害严重发生和流行的主导因素。

关键词：香蕉束顶病；发生；流行；分布

中图分类号：S436

Studies on banana bunchy top Ⅰ. incidence, epidemics and distribution of the disease in Fujian

ZHOU Zhong-ju[1], LIN Qi-ying[1], XIE Lian-hui[1],
CHEN Qi-jian[1], ZHENG Guo-zhang[2], WU Huang-quan[2]

(1 Department of Plant Protection, Fujian Agricultural University, Fuzhou　350002;
2 Institute of Agricultural Sciences of Zhangzhou City, Zhangzhou　363009)

Abstract: Banana bunchy top has been known to distribute in the areas bordering north at Fuzhou, which included 23 countries (cities) administered by Zhangzhou, Xiamen, Qianzhou, Putian, Fuzhou and Longyuan cities, Fujian, China. The disease incidence in different plantations varied from a very low rate to 30%-50%, or 70%-80% and even more severely, in which other crops had to be grown or banana replanted. An obvious peak of the disease incidence was found in situ from April to June annually, but some occasionally in the other months of the year in the field abandoned or cultivated carelessly. The disease incidence varied with banana cultivar groups, ratoon periods, growth stages, seedlings with or without infection, cultivation practices, ecological conditions such as soils, geological locations and climates and vector aphid population. That infected planting materials were grown in new banana growing areas was chiefly responsible

福建农学院学报，1993，22（3）：305-310

收稿日期：1993-04-21

* 基金项目：福建省科学技术委员会资助项目

for the rapid expansion of disease dispersal. Careless cultivation practice and vector infestation led to the epidemics of the disease.

Key words: banana bunchy top; incidence; epidemics; distribution

香蕉束顶病（banana bunchy top，BBT）的最早报道是1889年在斐济发生，其后在澳大利亚、菲律宾、印度、越南、马来西亚、埃及、斯里兰卡、萨摩尔、美洲萨摩尔、西萨摩尔、波宁群岛、孟加拉、缅甸、中国香港、柬埔寨、老挝、巴基斯坦、新喀里多尼亚、冲绳岛、扎伊尔、阿拉伯联合共和国、沙巴、北婆罗洲、美国夏威夷等产蕉国或地区发生。该病曾经使20世纪20年代澳大利亚的香蕉产业陷于崩溃，也在其他许多蕉区引致重大的经济损失[1-4]。

在我国台湾，香蕉束顶病最早记载是1900年[5]，其后曾几度不同程度地流行为害[6]；在大陆的最早记载是1954年在福建省漳州地区，50年代就已在广东、广西、福建、云南的香蕉主要产区流行为害[7]。近10多年来，在广东、广西 、云南[8-11]和福建省蕉区先后再度猖獗为害，严重阻碍香蕉生产的发展和引起重大的经济损失。为寻找有效的治理办法，我们于1986～1987年进行了不定期调查，并于1988～1991年对福建省的香蕉束顶病进行系统的研究。本文报道其在福建省的发生和分布。

1 材料与方法

1.1 发生和分布调查

1986～1987年，结合其他作物病毒病的调查，对福建部分县（市）香蕉束顶病的发生情况进行了不定期调查。1988～1991年对各蕉区县（区）束顶病的发生情况进行了全面调查。田间调查采用常规方法，计算株（丛）发病率。对部分症状不清楚的样本带回室内进一步观察和鉴定。

1.2 发生规律调查

1988年1月至1990年12月，在云霄县后埔、南靖县城关、芗城区天宝和龙海县步文等地各选择约3.333公顷2～3年生的蕉园1片，每月调查1～2次，每次随机调查200丛中束顶病的发病株数，计算发病率。

1989年在龙海县步文乡大路、过桥、溪边和下洋等村各选2年、3年、4年生的蕉园0.133公顷，在病害最严重的5月份调查不同种植年限蕉园的发病情况，计算发病率。

1986～1991年，作者在莆田、仙游、南安、泉州、同安、漳州、龙海等县（市）蕉区不定期进行调查，调查各地香蕉束顶病的发生情况，访问蕉农，了解束顶病的发生历史。在调查的同时，记载蕉园的地理位置、栽培管理措施以及香蕉生育时期等，综合分析病害的发生规律。

2 结果与分析

2.1 病区分布

现已查明，香蕉束顶病在福建省分布于漳州市、厦门市、泉州市、莆田市、福州市及龙岩地区所管辖的大部分县（市、区）香蕉产区，包括芗城、南靖、龙海、平和、云霄、诏安、东山、漳浦、长泰、华安、同安、厦门、晋江、鲤城、南安、惠安、永春、漳平、莆田、涵江、仙游、福清和福州等23个县（市、区），分布北界现已到达福州，且有继续向西、向北推移之势（图1）。发病率因地区、年份不同以及是否采取防治措施等而有差异，从零星发病至30%～50%不等，严重者达70%～80%，甚至不得不毁园再植或改种其他作物。

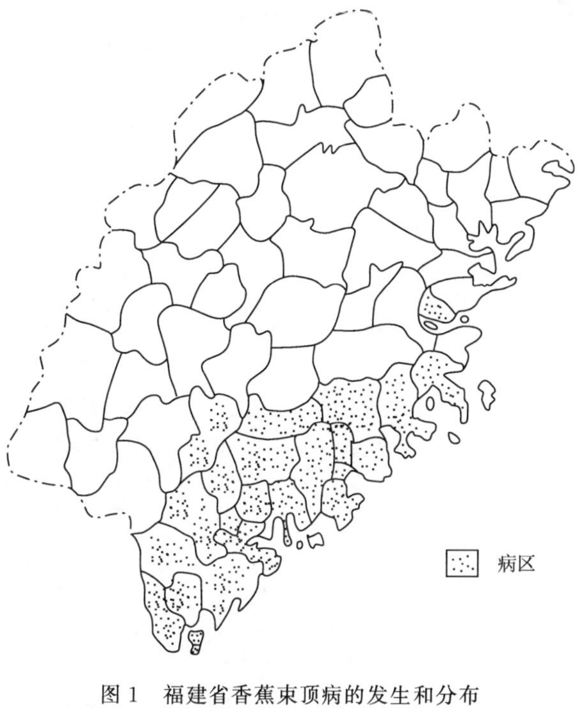

图1 福建省香蕉束顶病的发生和分布

2.2　发生规律

云霄、南靖、龙海和芗城4个县（区）连续36个月的定点调查结果（图2）表明：不同蕉园发病率高低不同，但在每年的4～6月均有一明显的发病高峰。有些蕉园在7～9月份间及10～12月还有1～2个较低的发病高峰；一些蕉园如南靖县城关等在7～8月份至次年的2～3月份发病率均很低；而另一些蕉园如龙海、芗城和云霄等不同年份7～8月份至次年2～3月份的发病率各不相同，尤其是龙海步文所调查的蕉园，在1988年10～12月份的发病高峰中，11月份和12月份的发病率分别为29.8%和30.0%。

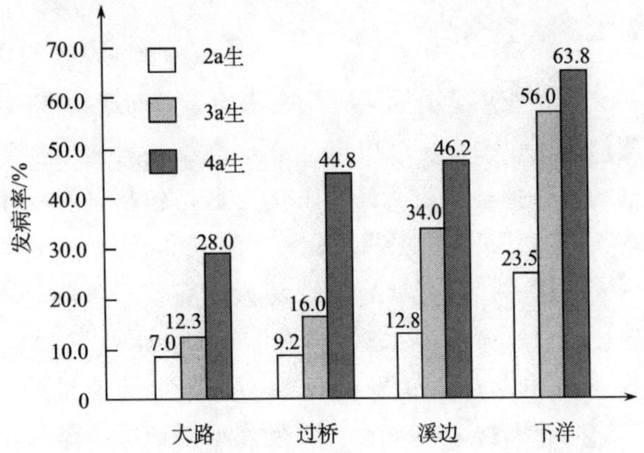

图2　香蕉束顶病在漳州地区4个点的发生和消失

定点调查的4县（区）蕉园位于不同的地理位置，其土壤、小气候各不相同，还分属于不同的香蕉承包户，所采取的栽培管理措施以及防治措施也不相同。因此，其发病率高低也不同。在龙海步文所调查的蕉园，在1988年下半年中因承包户主变更，出现了将近半年的几乎无人管理和进行病害防治的时期，因此出现当年10～12月份高达29.8%的发病高峰以及次年2～7月份发病高峰期中5～6月份的最高发病率达30.0%。

在龙海步文的4个片的2年、3年、4年生蕉园调查结果（图3）表明，不同蕉园间发病率高低不同，在同一蕉园中，2年生最轻，3年生次之，4年生最高，有的已高达63.8%，将不得不大量重新种植，或改种其他作物。

调查结果还表明，不同类型的香蕉品种发病高低明显不同，其中台湾蕉、天宝矮蕉、天宝度蕉、墨西哥3号和4号、龙溪8号等品质较好的品种均有不同程度的发病，发病率也较高；而粉蕉、柴蕉和美蕉等品质较差的品种在莆田和泉州等新蕉区均未查到典型病株，仅在漳州老蕉区偶见病株。这似乎表明，芭蕉型品种比较抗病，而品质较好的一些香蕉型栽培品种则比较感病。

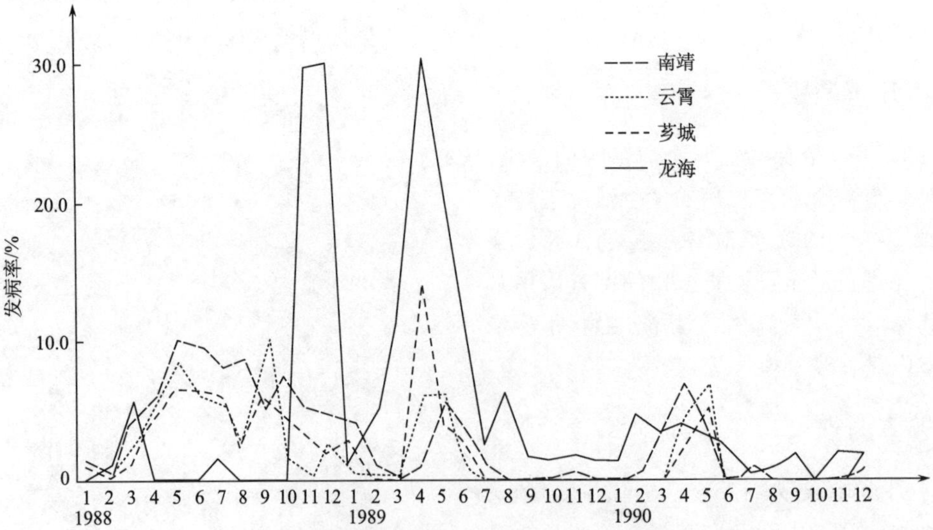

图3　不同种植年限香蕉束顶病的发病情况

在芗城（天宝）、南靖和龙海等老病区天宝蕉和台湾蕉品种的大量调查中，不同蕉园因香蕉种植年限、种苗带病与否、地理位置、土壤和田间小气候等蕉园生态条件、栽培管理水平、蕉蚜数量等不同，发病率高低各不相同，蕉园因病所致更园的速度也不相同，轻病者6～9年，重病的3～5年。而一般介体蕉蚜发生猖獗的和管理粗放病株处理不及时和不恰当的蕉园，病害发生特别严重。此外，在广泛的调查和访问过程中还发现，在一些几十年的老蕉园中，虽然病害历年有发生，有时严重流行，但仍有一些老蕉株（丛）已有数十年的历史，不仅其丰产性好、品质优良，且从未染上束顶病。

2.3　流行特点

1980年以前，福建省香蕉束顶病的为害主要见于漳州地区所辖县（区），此后的10年间，束顶病的为害不仅在南部地区比原先严重，而且在一些新的香蕉发展区如晋江、鲤城、南安和莆田等，也严重发生，且来势甚猛，未能控制。例如，1986年莆田县西天尾镇的许多蕉园，束顶病的为害很轻，发病率还在1%之下；而到了1989年，许多蕉园的发病率已达20%～30%，甚至80%～90%以至毁园；南安县1986年香蕉种植面积已发展至近2000公顷，此后因束顶病逐年严重，至1989年，蕉园面积仅剩下466.67公顷多。

大量的调查和访问结果分析表明：在漳州等老香蕉产区，随着农村土地责任制的广泛实施以及其后香蕉种植面积的迅速扩大，蕉园不同程度地粗放化管理，传病介体－香蕉交脉蚜得不到有效治理，田间病株处理措施不当且不及时，致使蕉园及其周围沟边、河边、路边等丢弃的香蕉病株蕉头再生吸芽到处丛生。目前种植的台湾蕉、天宝蕉、龙溪8号等均属高感束顶病的品种（作者，未发表资料），加上种植带病吸芽的现象也常有发生，结果随着香蕉交脉蚜周年的繁殖和辗转传毒为害，束顶病逐年加重，至1989年平均发病率约在30%。

在晋江、南安、鲤城、莆田等新的香蕉发展区，1980年以前香蕉仅小面积零星种植。1980～1986年逐年扩大香蕉种植面积，从漳州地区调进大量天宝蕉和台湾蕉等香蕉种苗，部分带病种苗成为当地束顶病发生的侵染源。此后，随着香蕉交脉蚜的不断繁殖和传毒为害，病区发病率逐年增高，加上新蕉区蕉农缺乏病株处理的经验，使蕉园及周围空地、沟边、路边、田边病残体上再生吸芽不断增多，因而香蕉交脉蚜不断辗转传染使香蕉束顶病日趋严重。

在老蕉区，束顶病流行的侵染源来自本地，而新蕉区侵染源多来自随种苗传入的病株，同样因传病介体的辗转传病，引起病害流行。但新区的许多蕉园，发病率逐年增长很快，而老蕉区多数蕉园发病率增长较慢。原因在于新蕉区对束顶病的重要性认识不足，对病害的发生和流行的原因更是了解很少，因此对于随种苗调进时带入的少量病株，未及时采取措施或处理不当，对介体香蕉交脉蚜的发生和防治也缺乏了解。待病害侵染源和介体蚜虫繁殖积累到一定的基数之后，发病率增长很快，即使采取措施也难予控制，只能目睹病害的猖獗流行。相反，老蕉区蕉农对束顶病早有认识，在几十年的种蕉过程中，许多蕉农也积累了一些处理病株和防治介体蚜虫的经验，能够使发病率维持在一定的水平。由于这些经验有的还缺乏科学性，因此病害仍得不到很好控制。

3　讨论

香蕉束顶病在我国南方香蕉产区发生已久，近年来，各大蕉区的相继普遍流行更引起人们的重视。其在福建省蕉区的流行和为害尚未得到控制。本研究将为寻找有效的治理措施提供理论依据。

作者的调查研究已经表明，因种苗带病已使束顶病传遍我省各主要香蕉产区，并因栽培管理粗放，病株处理不当和不及时、蕉蚜猖獗发生引起病害的大流行。因此，采用无病蕉苗的同时，彻底处理好蕉园中残存的病株，并辅以防治好介体蕉蚜，可望能控制住束顶病的流行。

在调查中，我省病害发生高峰期在4～6月，而云南和台湾蕉区则分别在5～7月份和7～8月份[6,11]，这可能与各地温度及香蕉生长季节有关。

有关不同品种发病情况的调查结果中，品种类型之间差异明显，而同一类型品种之间，发病差异不明显，这种趋势与前人的调查结果[2,11,12]相似。但在我们的调查中，发现有一些蕉株，在病害常年发生有时甚至严重流行的老蕉园，能够生存数十年，并正常生育结果。这些蕉株可能在与病害长期的相互作用中，具有某种特殊的“抗性”，或者因某种机制，而“避过”介体蕉蚜的传染。这种现象的进一步阐明及其机制的揭示，可能对于选育高产、优质且“抗”束顶病能力较强的品系具有重要意义，值得进一步研究。

致谢　各有关市（县）农业局、农科所等协助部分调查，植保系86级和87级洪建基、黄志宏、周茂善同学等参加部分调查，特此致谢。

参考文献

[1] Thomas JE, Dictzgen RG. Purification, characterization and serological detection of virus-like particles associated with banana

bunchy top disease in Australia. Gen Virol，1991，72：217-224
[2] Sharma SR. *Banana bunchy top virus*. Int J Tropical Plant Diseases，1988，6：19-41
[3] Dale JL. Banana bunchy top：an economically important tropical plant virus disease. Advances in Virus Res，1987，33：301-325
[4] Pan S. Pest control in bananas. London：Centre for Overseas Pest Research，1977，48-52
[5] Wu RY，Su HJ. Purification and characterization of *Banana bunchy top virus*. Phytopathology，1990，128：137-145
[6] 蔡云鹏，黄明道，陈新评等. 香蕉蚜虫传播香蕉萎缩病及其药剂防治研究. 植保会刊，1986，28：147-153
[7] 农业部植保局. 中国农作物主要病虫害及其防治. 北京：农业出版社，1959，375-376
[8] 欧阳浩，程秋蓉，江文浩等. 香蕉束顶病的发生及防治. 广西农业科学，1986，2：45-47
[9] 张显努. 如何控制香蕉束顶病的蔓延. 云南农业科技，1985，1：33，35
[10] 吕超锦，叶家深. 香蕉束顶病的发生和防治简报. 植物保护，1988，14(6)：25
[11] 孙茂林，张云发，华秋瑾等. 香蕉束顶病流行学及综合防治技术研究. 西南农业学报，1991，4(1)：78-81
[12] 华有群. 也谈香蕉束顶病的发生和防治. 植物保护，1989，15(2)：39-40

香蕉束顶病的研究Ⅱ. 病害的症状、传播及其特性*

周仲驹，陈启建，林奇英，谢联辉

（福建农业大学植物保护学院，福建福州 350002）

摘 要：香蕉束顶病病株叶片边缘轻度黄化，略向上卷曲，叶背或叶片主脉背面和叶柄上出现断断续续的浓绿色条斑，即“青筋”，长短不一，短的不到1mm，长的尤其是叶片主脉和假茎上的可达30～50cm或更长。病后植株长出的叶片一片比一片小，病株外观矮化，呈束顶状。病害的潜育期与侵染时蕉株大小和温度高低有关，最短的19d，最长的可达216d。病害由香蕉交脉蚜传播，最短获毒时间30min，最短接毒时间15min，循回期在1d左右，一次获毒后可保毒14d。带病吸芽也能传病。汁液摩擦和土壤不能传播，病健根部自然交接和菟丝子均没有传播成功。

关键词：香蕉束顶病；症状；传播；介体

中图分类号：S436

Studies on banana bunchy top Ⅱ. symptoms and transmission of the disease

ZHOU Zhong-ju，CHEN Qi-jian，LIN Qi-ying，XIE Lian-hui

（College of Plant Protection，Fujian Agricultural University，Fuzhou 350002）

Abstract：Banana plants infected with banana bunchy top showed slightly marginal yellowing of their leaves，curling upwards slightly and dark green streaks with various length，from less than 1mm to 30-50cm even longer especially in the midrib or pseudostem，and width in the leaf veins，midribs and petioles. The subsequent leaves became progressively dwarfed and the whole plant showed a bunchy-top appearance. Its latent period from the shortest of 19 days to the longest of 216 days depended upon the temperature and plant height when infected. The disease was transmitted by the banana aphid，*Pentalonia nigronervosa*，with its shortest acquisition feeding period of c. 30 minutes，shortest inoculation feeding period of c. 15 minutes，latent period of c. 1 day，and retaining infectious up to 14 days once acquiring the disease agent and by infected banana suckers as well，but not by sap inoculation，soil and natural roots interweaving of diseased and healthy plants and *Cuscuta chinensis*. The significance of these detailed investigations in China was also discussed.

Key words：banana bunchy top；symptoms；transmission；vector

福建农学院学报，1993，22（4）：428-432

收稿日期：1993-04-21

* 基金项目：福建省科学技术委员会资助项目

香蕉束顶病（banana bunchy top，BBT）是国内外许多香蕉产区的重要病害。在国外，对其症状和传播特性有过一系列的观察和研究[1]，在我国台湾，孙守恭[2]对其由香蕉交脉蚜的传播特性进行了研究。而在我国大陆，有关病害的发生报道不少[3-6]，但其症状描述大都停留在对自然发病的观察和描述，缺乏系统性，有些甚至所描述的症状不具典型性；对于由香蕉交脉蚜传播的报道也未见建立在室内试验研究基础上。因此，我们在寻找香蕉束顶病有效控制措施的同时，对其症状和传播方式以及特性进行了系统的研究，本文是这部分研究的结果。

1　症状表现

1989～1991 年，系统观察了由香蕉交脉蚜（*Pentalonia nigronervosa*）传播成功的台湾蕉、天宝蕉、墨西哥 3 号和墨西哥 4 号等 4 个香蕉品种不同苗龄的病株。结果表明，香蕉各生育期均可发病，但各期症状和潜育期略有不同。

株高 18～20cm 的幼苗受香蕉束顶病侵染后，首先在新叶上表现出症状，即新抽出的叶片较正常叶片窄小，边缘轻度黄化，且稍向上卷曲（图 1A），在叶片叶鞘交界处先出现一至几处淡绿色的小斑块，后沿叶片中脉和叶鞘两个方向逐渐发展成断断续续、长短不一的深绿色条斑，俗称“青筋”，长者从叶鞘一直延伸到叶片主脉的末端细小处，达 30～50cm 或更长，短的数毫米或甚至不到 1mm，宽度细的仅肉眼可见，最宽的可达 2～3mm（图 1B）。一般当第二片病叶快抽出或抽出后，第一片病叶的侧脉开始出现“青筋”，青筋部位的颜色较周围的地方深，加上有些病叶青筋密布，且呈断断续续的点状，使整个叶背外观似系统的花叶。随着叶片的生长，黄化现象或消失或由中间向两边逐渐扩展，进而叶缘变焦枯并破裂。受侵染的植株生长缓慢，抽出的叶片一片比一片短小，且叶柄很短，叶片无法向四周扩展，植株顶端叶片紧束在一起，呈束顶状（图 1C）。病叶较正常叶片脆，容易折断。50cm 高的中苗期受束顶病侵染后，新叶黄化，与小苗产生同样的症状，病株不能现蕾，根系生长受阻，有些出现烂根。

已现蕾而未孕穗的蕉株受侵染后，多数不能孕穗，少数孕穗者，果实细小且弯曲，若已经孕穗的蕉株受侵染，果实仍能成熟，但果实细小而弯曲。在中苗期和孕穗结果期染病的植株，有些母株发病初期症状不明显，但基部分蘖出的小吸芽，黄化及青筋症状明显。

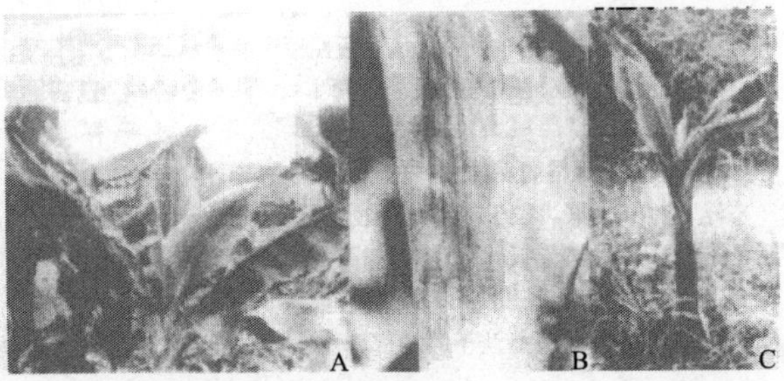

图 1　香蕉束顶病的症状

A. 叶片边缘轻度黄化，稍向上卷曲；B. 叶片主脉上的青筋；C. 植株整体呈束顶状，叶片边缘轻度黄化

病害潜育期的长短与蕉株大小和侵染时温度高低有关。夏季日平均温度 20～30℃下，18～20cm 小苗受侵染后，潜育期在 19～57d，且蕉株越小，症状表现越快，蕉株在 50cm 以及已进入结果期的，潜育期略长。在 10～12 月份日平均温度 8～20℃下，受侵染蕉苗，无论植株大小，病害一般可潜伏 152～216d，至次年 3～6 月份才陆续表现症状。

供试的 4 个品种的症状及潜育期未观察到有明显的差异。在病区的田调查中，可以同样观察到香蕉束顶病的各典型症状。此外，在一些病蕉园中，可见有些病株叶片“青筋”部位及叶脉的一些部位会进一步坏死，有些病株叶片上混有系统的花叶症状，甚至心叶腐烂等，这两类型病株的进一步室内研究表明，它们除受香蕉束顶病侵染外，还受其他一些病毒的侵染。

2　传播方式和特性

2.1　供试材料

供试毒源取自福建漳州蕉区采集的典型病株，品种为龙溪 8 号；供试健苗取自福建农学院园艺场，经①连续 2 年繁殖观察确认不携带束顶病；②进一步用商陆（*Phytolacca esculentum*）等做鉴别寄主进行生物测定、黄瓜花叶病毒（CMV）抗血清检测以及必要的电镜检查证明不携带有花叶心腐病病原；③常规浸渍法制样电镜检查证明不含任何线状或杆状病毒粒体的蕉苗繁殖的吸芽。品种有台湾蕉和天宝蕉等。供试蕉蚜（*P. nigronervosa*）捕自漳州香蕉产区蕉园，并经室内饲养 3 代证明不带毒的无毒群体。

2.2　方法与结果

2.2.1　汁液传播试验

将典型的病叶经冰箱冷冻过夜后，剪碎、研磨，加0.1mol/L pH7.0的磷酸缓冲液榨汁。后用500～600目金刚砂涂抹接种，各接6株健株吸芽，以不接种的为对照。

将一典型的病叶纵卷成筒状，用剪刀在一端势平后，迅速在撒有金刚砂的健株叶片上摩擦。用0.1mol/L pH7.0的磷酸缓冲液和清水先后冲洗，共接种6株。以不接种的为对照。

将上述2组接种的香蕉苗在网室内种植，观察1年，均不发病。这表明该病不能通过病叶的汁液摩擦传播。

2.2.2　土壤传播试验

选取典型的病株12株分别栽种在6个直径约26cm的盆钵中，每盆2株，7d后短盆种入健苗1株，位于2株病株的中间，以6盆只种健苗的为对照。在防虫条件下观察1年，结果均不发病。这表明该病不能通过土壤和根部自然交错传播。

2.2.3　兔丝子传播试验

让已经发芽的中国兔丝子（*Cuscuta chinensis*）定殖在绿豆（*Vigna radiatus*）苗上，2周后将兔丝子的端部缠在一株病苗上，当兔丝子在病株上产生吸盘后，在吸盘下部将兔丝子剪断，将其端部缠到6株香蕉苗上。以不缠兔丝子的健株为对照。

在防虫条件下观察1年，结果兔丝子可以在香蕉上定殖，但供试香蕉不发病。这说明该病不能由中国兔丝子传播。

2.2.4　香蕉交脉蚜传病率及传毒特性

（1）传病率：取病株上饲养的香蕉交脉蚜按1头、5头、10头、15头、20头处理分别接种到无病单株蕉苗上，每处理接种6株，72h后杀虫，以不接种蕉苗为对照。

防虫条件下进行盆栽管理，观察一年，除1头接种和对照不发病外，5头处理有4株发病，发病率达66.7%，10头、15头和20头接种的发病率均达100%。这表明病株上繁殖的香蕉交脉蚜的传病率很高。

按同样方法补充测定1头、2头、3头和4头病株上饲养的香蕉交脉蚜的传病率，每处理分别接种20株，结果1头、2头、3头和4头处理的发病率分别为10%、15%、35%和55%。这些结果综合表明传病率随带毒蚜虫数的增加呈增加的趋势。

（2）获毒时间：将无毒交脉蚜饥饿处理3～4h后，在病株上分别让其取食5min、10min、15min、30min和1h、2h、4h、6h、12h、24h后，按每株蕉苗20头为单位在健苗上接种72h后杀虫。每处理接6株，以不接种的为对照。

在网室内盆栽管理并每2天观察一次，结果饲毒5min、10min、15min、30min，1h、2h、4h、6h、12h、24h后的蕉蚜接种发病率分别为0、0、0、16.7%、0、16.7%、33.3%、50%、66.7%和100%。这表明交脉蚜的最短获毒时间在30min，且随饲毒取食时间的延长，获毒率逐步提高。

（3）接毒时间：取病株上饲养繁殖的蚜虫按每株20头的比例，饥饿3～4h后，分别于健香蕉苗上接毒5min、15min、30min和1h、2h、4h、6h、12h、24h，每处理各接6株，以不接种的为对照。

在网室内进行盆栽管理，观察1年，结果接5min、15min、30min和60min的发病率分别是0、16.7%、33.3%和50%，2h之后的处理发病率均达100%。这表明带毒脉蚜取食15min即能传毒，而取食2min以上就能很有效传毒。

（4）循回期：将饲养在健株上的无毒蚜移至病株上饲毒12h后，立即将之移到健苗上进行接种，每株接种20头，每隔6h移换一次苗，每处理同时接6株。以不接种苗为对照。

在网室内盆栽管理，观察第1个处理（0～6h）发病率为0%，第2个、第3个处理发病率均为16.7%，第4个处理发病率为33.3%。这表明香蕉交脉蚜的循回期很短，从获毒取食到接种成功仅需1d左右。

（5）保毒时间：取饲养在病株上的蚜虫于香蕉健苗上继续饲养，每天换一次苗，6d、8d、9d、10d、12d、14d、16d和18d后，分别取饲养的蚜虫接种于6株健苗上，每株接20头，72h后杀虫，以不接种的健苗为对照。

在网室内盆栽，结果有毒蚜在健苗上饲养6d、8d、9d、10d、12d、14d、16d和18d后，传毒率分别为66.7%、50%、33.3%、16.7%、16.7%、16.7%、0和0。这表明香蕉交脉蚜的保毒时间至少可达14d之久。

3　讨论

香蕉束顶病广泛分布于我国大陆的福建、广东、广西、云南、海南等地，对其自然发病条件下的症状有过许多描述[3-6]。本研究不仅通过比较田间自然发生的病株与室内人工接种发病的病株，还对室内人工接种病株症状的表现过程进行系统的观察和描述，排除了香蕉经长期无性繁殖，自然状态下，可能同时受多种病毒病的侵染或感染，因此这些描述对于指导我国蕉区病害的调查和制定防治措施有一定的参考意义。

有关传播方式的研究结果中，香蕉束顶病可由带病香蕉吸芽和香蕉交脉蚜传播，不由汁液和土壤传播，这与前人的研究结果[1]相同，并明确了病健株根部自然交接和中国菟丝子不能传病。在有关香蕉交脉蚜的传病特性研究结果中，获毒时间、传毒时间、循回期、保毒期的总趋势与前人的研究结果[1]也相似，但更详细明确了其有关的一些特性，如保毒期可达14d，最短获毒时间为30min，最短接毒时间为15min，而且香蕉交脉蚜的传病率很高，这些特性的明确，无疑在进一步研究香蕉束顶病的流行学以及对于制定有效的防治措施方面均有指导意义。

有关香蕉束顶病的潜育期研究表明：在夏季高温季节和尤其是香蕉小苗上，病害潜育期短，在19～57d，而在冬季的低温条件下，蕉株即使受侵染，也要到春末及夏初季节才表现典型症状。这些结果以及我省香蕉束顶病的介体一香蕉交脉蚜的主要发生高峰期是在9～12月份间（作者，未发表资料）的事实表明：在我省4～6月份的发病高峰期中表现症状的病株，其侵染时期可能是在秋末和冬初介体香蕉交脉蚜的发生高峰期。因此，要有效地控制该病在病蕉园中的传播蔓延和流行，必须在冬季和秋末之前的关键时期进行。

此外，鉴于香蕉长期通过无性繁殖栽培，在田间暴露几十年甚至更长时间，可能受到多种病毒同时侵染或感染的现象也是正常的，所以进一步研究这些“复合病株”中香蕉束顶病与其他病毒病的关系也是很有意义的，值得开展。

致谢 洪建基同志参加部分工作；本院园艺场提供部分香蕉品种；农业部植物检疫实验所血清室提供抗血清；福建省农科院电镜室和省防疫站电镜室协助电镜观察，特此致谢。

参 考 文 献

[1] Sharma SR. *Banana bunchy top virus*. Int J Tropical Plant Diseases，1988，6：19-41

[2] 孙守恭. 香蕉萎缩病之研究. 松本巍教授任教台湾大学三十周年纪念论文集. 台湾大学农学院，1961，82-109

[3] 华有群. 也谈香蕉束顶病的发生和防治. 植物保护，1989，15(2)：39-40

[4] 吕超锦，叶家深. 香蕉束顶病的发生和防治简报. 植物保护，1988，14(6)：25

[5] 张显努. 如何控制香蕉束顶病的蔓延. 云南农业科技，1985，1：33-35

[6] 欧阳浩，程秋蓉，江文浩等. 香蕉束顶病的发生和防治. 广西农业科学，1985，2：45-47

香蕉束顶病的研究Ⅲ．传毒介体香蕉交脉蚜的发生规律*

周仲驹[1]，林奇英[1]，谢联辉[1]，郑国璋[2]，黄志宏[1]

（1 福建农业大学植物病毒研究所，福建福州　350002；2 漳州市农业科学研究所，福建漳州　363009）

摘　要：在福建香蕉种植区，香蕉束顶病的介体—香蕉交脉蚜以孤雌生殖方式进行繁殖，高度世代重叠。它主要分布在蕉株的假茎及吸芽上，密度大时可遍及心叶基部、叶片以及果轴上，可以有翅蚜飞迁以及无翅蚜爬行方式在株间迁移。在田间除为害香蕉外，在其高峰季节，还见少量寄生粉芭蕉、大蕉、姜、姜黄、芋。室内饲养在粉芭蕉、大蕉、柴蕉 、姜、姜黄、芋、芭蕉芋和美人蕉等上能少量繁殖，在香蕉园中一般在每年的 9～12 月份有一明显的发生高峰，香蕉束顶病株处理不当时，还促进香蕉交脉蚜的扩散和传病。香蕉交脉蚜在蕉园中的空间分布型为聚集分布中的负二项分布，$m^{*}-m$ 和 $\lg S^2-\lg m$ 的直线回归式分别为 $m^{*}=7.5854+7.937m$（$r=0.9771^{**}$）和 $\lg S^2=1.0879+1.6003\lg m$（$r=0.8597^{**}$）

关键词：香蕉交脉蚜；寄主范围；发生规律；空间分布型；香蕉束顶病

中图分类号：S436

Studies on banana bunchy top Ⅲ. incidence trend of the disease vector *Pentalonia nigronervosa*

ZHOU Zhong-ju[1]，LIN Qi-ying[1]，XIE Lian-hui[1]，ZHENG Guo-zhang[2]，HUANG Zhi-hong[1]

（1 Institute of Plant Virology，Fujian Agricultural University，Fuzhou　350002；
2 Institute of Agricultural Science of Zhangzhou City，Zhangzhou　363009）

Abstract：*Pentalinia nigronervosa*，aphid vector of *Banana bunchy top virus*，reproduced in parthenogensis with considerable overlapping of generations. The aphis mainly parasitized in the pseudostems and suckers of banana and manifested to the base of heart leaf，leaves and fruit when the population density was high. It dispersed from plant to plant by frying（winged adult）and by creeping（wingless）. Except for *Musa nana*（Xiangjiao），*P. nigronervosa* was also found to parasitize on *M. parad isiaca*（Fenjiao），*M. sapientum*（Dajiao），*Ziniber officina*，*Curcuma domestica*，*Colocasia esculenta*，etc. in its incidence peak. Its population could develop on Fenjiao，Dajiao，*Zingiber officina*，*Curcuma domestica*，*Colocasia esculenta*，*Canna edulis* and *C. indica*，but with a very low speed. A manifestation peak of the population could be found during September to December in the plantations. An improper treatment of diseased plants could cause

福建农业大学学报，1995，24（1）：32-38

收稿日期：1994-09-26

* 基金项目：福建省科学技术委员会资助项目

the aphis to migrate to other plants and to accelerate the spread of the virus. The spatial distribution pattern of *P. nigronervosa* was found to be negative binominal of aggregate form. The linear regression of m^*-m was the equation of $m^*=7.5854+7.937m$ ($r=0.9771^{**}$).

Key words: *Pentalinia nigronervosa*; host range; incidence trend; spatial distribution pattern; banana bunchy top

香蕉交脉蚜（*Pentalinia nigronervosa*，蕉蚜）广泛分布于国内外许多香蕉产区，尤其是能传播香蕉束顶病毒（*Banana bunchy top virus*，BBTV），且传毒率高，一旦带毒则传染时间长，因此显得更具经济重要性。自20世纪70年代末以来，我国热带和热带地区香蕉种植面积迅速扩大，由于带病种苗的扩散，加上介体蕉蚜的普遍发生和传病，已使得香蕉束顶病成为许多香蕉产区的一大灾害[1-3]。

要较好地控制香蕉束顶病的发生和为害，就需要控制介体蕉蚜的传病，而要有效地控制蕉蚜的传病，一方面可以通过减少毒源的数量及其与介体蚜虫的接触机会，另一方面则可通过控制蕉蚜的数量及其与毒源接触的机会，要达到这个目的，必须对蕉蚜的发生规律等有比较全面的了解。国内台湾蔡云鹏等[4]对蕉蚜的发生规律等做了一些研究，而大陆蕉区仅有一些有关的零星记载[2,5,6]。为此，我们在开展香蕉束顶病防治研究的同时，对蕉蚜与传病有关的一些特性进行了研究，结果报道如下。

1 材料与方法

1.1 田间调查

1988年1月至1990年12月，在福建省云霄县后埔、南靖县城关 、萝城区天宝和龙海县步文等地各选择蕉园约0.667公顷，按蔡去鹏等[4]的方法调查蕉蚜的田间消长规律，即每月调查一次，每次随机取20株，查其吸芽的心叶、叶鞘内外蕉蚜的数量，同时记载蕉农的施药情况等。

从1988～1992年，在调查各地香蕉束顶病的同时，也对其介体蕉蚜进行不定期的调查和记载。

1.2 室内饲养观察

试验大部分在福州进行，小部分在漳州市农科所进行。饲养条件为普通养虫室的养虫笼和露天养虫网室等，方法参照陈其瑚[5]、蔡云鹏[4]、管致和[7]进行。供试香蕉交脉蚜于1989年5月捕自福建省漳州市郊区蕉园。常规饲养苗为香蕉（*Musa nana*）品种台湾蕉等，供比较试验的香蕉品种有天宝蕉、Williams、墨西哥3号和墨西哥4号、大蕉（*M. sapientum*）（柴蕉）、粉芭蕉（*M. paradisiaca*）（粉蕉）、美人蕉（*Canna indica*）、芭蕉芋（*C. edulis*）、芋（*Colocasia esculenta*）、姜（*Zingiber officina*）、艳山姜（*Achasma zerwbet*）、姜黄（*Curcuma domestica*）、番茄（*lycopersicum esculentum*）、烟草（*Nicotiana tabacum*）、曼陀罗（*Datura stramonium*）、长春花（*Catharanthus roseus*）、千日红（*Gomphrena globosa*）、苋色藜（*Chenopodium amaranticolor*）、马齿苋（*Portulaca oleracea*）、龙葵（*Solanum nigrum*）、水稻（*Oryza sativa*）品种台中1号、甘蔗（*Saccharum officinarum*）品种F134、玉米（*Zea mays*）、高粱（*Sorghum vulgare*）、豌豆（*Pisum sativum*）、蚕豆（*Vicia faba*）、菜豆（*Phaseolus vulgaris*）、蟋蟀草（*Eleusine indica*）、黄瓜（*Cucumis sativus*）、甜瓜（*C. melo*）等31个植物种（品种）。

供试植物盆栽种植后长出1～2片叶时，分别接上在无病香蕉植株上饲养的蕉蚜，每株接种30头，每种植物接种3株，放在养虫笼中观察10d，分别记载蕉蚜在各供试植物上的生存情况。根据蕉蚜在各植物上的寄生和繁殖情况，确定其寄主范围。

蕉蚜对不同香蕉品种的嗜好性测定则在苗高20cm左右时，每株接种蕉蚜30头，每品种接种3株，同样饲养观察。

1.3 蕉蚜的空间分布型调查和分析

1.3.1 田间调查

1990年9月至10月，在漳州附近选择12块近期未施用农药防治蕉蚜的蕉园，以株为单位，连片调查，分别记载每株香蕉及其萌生在吸芽上的蕉蚜总数，并制成田间实况分布图，计算每块田平均虫数（m）及变异量（S^2）。

1.3.2 空间分布型分析

空间分布型的分析方法参照赵志模等[8]和赵士熙等[9]的方法进行。

2 结果与分析

2.1 蕉蚜的生活史

3 年的田间调查和室内饲养，仅观察到若蚜和有翅或无翅成蚜的存在，未见有卵的存在。室内饲养条件下，有翅或无翅成蚜均以孤雌生殖方式繁殖，1 年中的代数在 10～15 代以上，世代间高度重叠，一头蚜一般可产 30～60 头，平均 45 头，而最多的可观察到 129 头。一头成蚜一般每天可产 0～4 头若蚜，最多的见到每天产 6 头。平均温度 20～30℃条件下，从若蚜出生至最后一次脱皮的时间为 8～9d，最后一次脱皮后 1～3d 即可开始生殖，成蚜寿命以 15～50d 不等，多数 20～40d，平均约为 31d。

2.2 蕉蚜在香蕉植株上的分布和迁移

田间调查和室内饲养结果表明：在蕉株上繁殖的蕉蚜多成群存在，群体大小数量不等，少则几头，几十头，多则几百头和 1000 多头，最多的见到 2000～3000 头。一般以胎生无翅蚜和若蚜较多，有翅蚜在一个蕉株上的数量一般较少，常几头或几十头。在人工饲养条件下，当一蕉株上繁殖的蕉蚜达几百头甚至上千头蕉株长势变弱、黄时，或因管理欠缺蕉株枯黄时，有翅蚜以一至数倍速度增加达几十头甚至 100 多头，并纷纷扑到养虫笼边上的尼龙纱网上，大有向外飞迁之势。这种现象表明：田间蕉株上繁殖产生的有翅蚜可能有一部分在其翅发育完全后即飞迁到周围其他蕉株上，而蕉株上观察到的有翅蚜数量远比实际产生的有翅蚜数量少。

在蕉株上，蕉蚜密度高达几十头 、几百头以上时，可分布在母株和周围吸芽上。母株上的蕉蚜多分布在假茎上部 、展开叶片的基部和假茎基部尤其是外面有枯蕉叶遮盖的地方，密度更大时，遍及果轴和假茎基部上，一般在叶片上部很少见到。在吸芽上多分布于吸芽基部外表有枯叶鞘的里面，甚至在尚未露出地面而地面上有裂缝的小吸芽上，当蕉蚜密度很低时，一般仅少量几头分布于小吸芽上。另外，在田间可见有少量（1 头或几头）有翅蚜单独分布于蕉株心叶或展开的叶片上，有时还伴有 3～5 头甚至排列整齐的 1～2 龄若蚜，而植株上又无一定数量的其他无翅成蚜和若蚜寄生，这说明这些有翅蚜系由周围其他蕉株或寄主上飞迁而来。

2.3 蕉蚜在香蕉株间的迁移

如前所述，在种群密度很低时，少量几头蕉蚜多分布在香蕉母株周围小吸芽上，随蕉蚜的不断繁殖，吸芽上蚜虫数量增加，部分蕉蚜便迁移到母株上繁殖，使其总体密度上升到较高水平。

在盆栽蕉株上接种蕉蚜，让其繁殖到约 100 头/株时，从蕉株基部切断的观察结果中，其上繁殖的蕉蚜经过 48h，就有部分开始迁移，同时有少量有翅蚜产生。随着时间的延长，向周围迁移蚜虫的数量和有翅蚜产生的数量不断增多，至 10d 左右，迁移达到高峰，产生大量有翅蚜，14d 之后，部分植株开始枯死，往外迁移的蚜虫数量急速减少，到 19d 植株全部枯死，在枯死蕉株上仅存少量几头死亡的蕉蚜。这说明，香蕉植株砍除后，地上部逐渐枯死的过程中，蕉蚜的生存环境恶化，多数便以无翅蚜爬行和有翅蚜飞迁形式向周围迁移。而且田间的调查结果中，在发现有刚迁入的有翅蚜及其繁殖的若蚜的一些蕉株周围的蕉株上，并不总是有大量的蕉蚜群体存在。这表明这些有翅蚜不是来自最邻近的蕉株，而是较远的蕉株上。

测定结果表明，成蚜以及不同龄期的若蚜对缺乏寄主时耐饥饿的能力不同，有翅和无翅成蚜以及 3～4 龄以上若蚜最长可耐受 60h 左右，而 2～3 龄以下的若蚜，一般仅能耐受 30h 左右；而在土壤表面的无翅蕉蚜在 48h 内 19%的蚜虫会通过爬行迁移到 2m 范围之外，23.5%以爬行方式迁移到 2m 距离的蕉株上，而 57.5%的无翅蚜死亡或仍然留在直径 4m 范围内的土壤中。这些结果表明，病株砍除时掉落到蕉园土壤表面的无翅成蚜和老龄若蚜，除人为机械伤亡之外，有相当一部分会以爬行方式迁移到 2m 之内或之外的蕉株上去寄生繁殖和传病。

2.4 蕉蚜的寄主范围及其对不同香蕉品种的嗜好性

蕉蚜在田间除寄生香蕉外，还少量寄生蕉园或蕉园周围的芋和姜黄。在室内人工饲养条件下，在粉芭蕉、大蕉、美人蕉、芭蕉芋、艳山姜、芋、姜和姜黄上能少量繁殖，但繁殖率和速度远不如在香蕉上，在番茄等 18 种植物上均不能繁殖（表 1）。

表 1　蕉蚜在 29 个供试植物种（品种）上的生存情况

供试植物种或品种	（第一次）接种虫数	2d	4d	10d	供试植物种或品种	（第一次）接种虫数	2d	4d	10d
香蕉（台湾蕉）	30	74	94	179	香蕉（Williams）	30	76	97	187
香蕉（美蕉）	30	55	75	99	粉芭蕉	30	40	43	70
大蕉（柴蕉）	30	37	45	65	美人蕉	30	36	46	70
芭蕉芋	30	38	45	79	艳山姜	30	39	47	75
姜	30	39	44	72	芋	30	40	48	82
姜黄	30	41	49	82	番茄	30	0		
烟草	30	0			曼陀罗	30	0		
长春花	30	0			千日红	30	0		
苋色黍	30	0			马齿苋	30	0		
龙葵	30	0			水稻（台中 1 号）	30	0		
甘蔗（F134）	30	0			玉米	30	0		
高粱	30	0			豌豆	30	0		
蚕豆	30	0			莱豆	30	0		
蟋蟀草	30	0			黄瓜	30	0		
甜瓜	30	0							

蕉蚜在田间除大量寄生在香蕉品种如台湾蕉、天宝蕉、龙溪 8 号等外，大蕉和粉芭蕉上则仅见在高峰期时有少量寄生。室内接种饲养观察结果（表 1，表 2）表明：在粉芭蕉和柴蕉上蕉蚜的繁殖率比在台湾蕉、天宝蕉、墨西哥 3 号和墨西哥 4 号等上的繁殖率低 2～7 倍。将台湾蕉与粉芭蕉或柴蕉同笼放置进行饲养时，在接种 1～3d 后，蕉蚜绝大部分迁移到台湾蕉蕉苗上，但到了其种群繁殖至 100 多头或几百头时，又会有少量迁移到粉芭蕉或柴蕉上；而在台湾蕉、天宝蕉、墨西哥 3 号和墨西哥 4 号品种上的繁殖率未观察到明显的差别。这表明台湾蕉等香蕉型品种是蕉蚜较为理想的寄主，而粉芭蕉和大蕉等是蕉蚜较不理想的寄主或蕉蚜对其嗜好性较差。

表 2　蕉蚜在不同香蕉种、品种上的繁殖情况

香蕉种（品种）	接种虫数/头	2d	4d	10d	20d
台湾蕉	10	22	29	52	>200
天宝蕉	10	24	30	47	>200
墨西哥 3 号	10	21	32	50	>200
墨西哥 4 号	10	23	30	49	>200
粉芭蕉	10	14	15	22	30
柴蕉	10	13	17	24	28
美蕉	10	20	30	45	190

2.5　蕉蚜在蕉园中的消长规律

4 个点连续 36 个月的调查结果（图 1）表明，不同蕉园中蕉蚜的虫口密度（头/株）大小各不相同。一般在每年的 8 月份之后开始上升，10～11 月份进入高峰，次年 1～2 月份明显降低，在 3～8

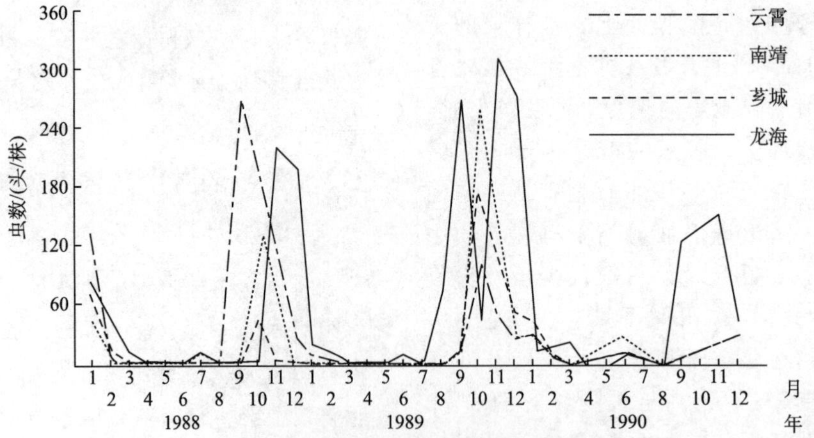

图 1　蕉蚜在漳州 4 个点的发生与消长

月份虫口密度很低，一些年份中部分蕉园在 3～8 月份中也有小的发生高峰。

香蕉种植区施用呋喃丹、乐果、氧化乐果、1605 或甲胺磷等农药与否及其次数在很大程度上影响香蕉交脉蚜的数量，尤其是在蕉蚜即将进入高峰期的 9 月份，施用杀虫剂后，其虫口密度锐减，并维持在较低的水平。

2.6 蕉蚜的空间分布型

2.6.1 蕉蚜聚集度指标测定

根据 5 种聚集度指标测定结果（表 3），蕉蚜种群在田间的空间分布型为聚集分布（$I>$，$m^*/m>1$，$C_A>0$，$C>1$，$K>0$）。

表 3 蕉蚜聚集度指标测定结果

田号	m	S^2	m^*	$I=S^2/m-1$	m^*/m	$C_A=1/K$	$C=S^2/m$	$K=m/(S^2/m-1)$
1	1.3	6.9082	5.614	4.314	4.3185	3.3185	5.314	0.3013
2	2.02	7.8159	4.8893	2.8693	2.4204	1.4204	3.8693	0.704
3	2.22	18.0118	9.3334	7.1134	4.2042	3.2042	8.1134	1.3121
4	2.52	24.4996	11.2421	8.7221	4.4611	3.4611	9.7221	0.2889
5	2.82	26.4363	11.1946	8.3746	8.9697	2.9697	9.3746	0.3367
6	4.46	40.3759	12.5129	8.0529	2.8056	1.8056	9.0529	0.5538
7	0.6296	33.4504	52.7592	52.1296	83.798	82.798	53.1296	0.0121
8	0.7083	37.6193	52.8209	52.1121	74.5735	73.5735	53.1121	0.0136
9	1.5152	46.6335	31.2923	29.7771	20.6523	19.6523	30.7771	0.0509
10	5.5642	316.7748	69.4395	59.1753	12.4797	11.2411	60.1753	0.0995
11	15.439	1840.989	133.6791	118.2397	8.6583	7.6583	119.2397	0.1306
12	47.725	16 323.8	388.7638	341.0388	3.1439	7.1459	342.0388	0.1399

2.6.2 Iwao 的 m^*-m 回归式测定

蕉蚜的 m^*-m 回归式为 $m^*=7.5854+7.9370m$（$r=0.9771^{**}$）(图 2)。其中 $\alpha=7.5854$，说明分布的基本成分为个体群，个体间相互吸引；$\beta=7.9370>1$，说明基本成分的空间分布为聚集分布。又因 $\alpha>0$，$\beta>1$，所以其空间分布型应属于聚集分布中的负二项分布。

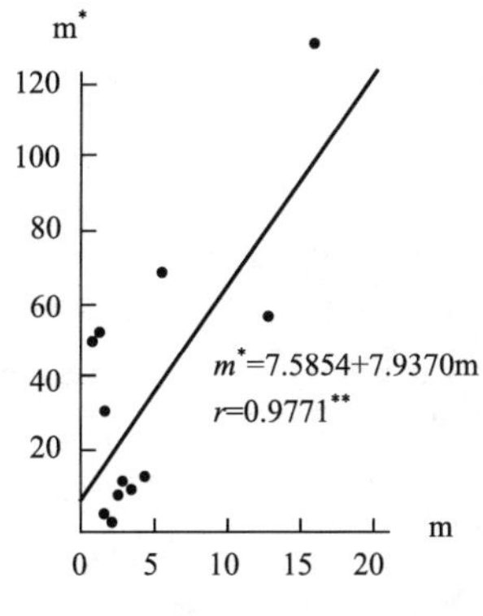

图 2 蕉蚜的 m^*-m 回归

2.6.3 Toylor 幕法则测定

根据 Toylor 幂法则，蕉蚜的 $\lg S^2-\lg m$ 的回归式为 $\lg S^2=1.0879+1.6003\lg m$（$r=0.8597^{**}$）(图 3)。其中 b=1.6003>1，说明其空间分布为聚集型。

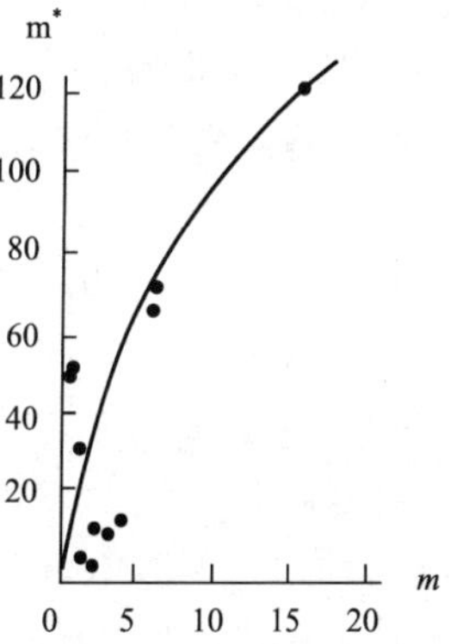

图 3 蕉芽的 $\lg S^2$ 与 $\lg m$ 回归

2.6.4 个体群平均大小的测定

利用 L^* 指标对上述 12 组资料进行测定，结果表明，蕉蚜种群个体群的平均大小随种群密度上升而迅速增大（图 4）。

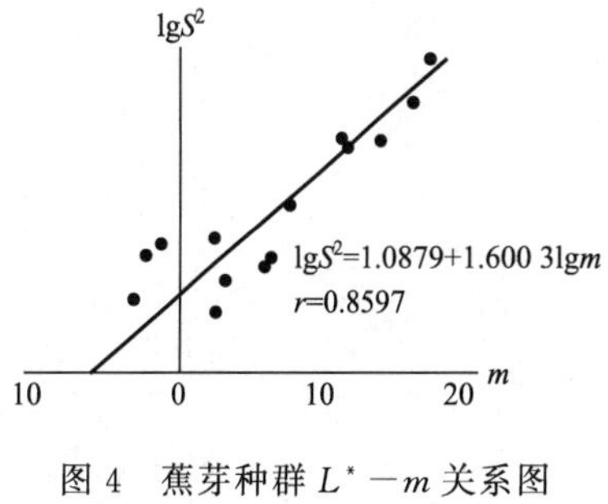

图 4 蕉芽种群 L^*-m 关系图

2.7 影响聚集分布的因素分析

应用 Blackith（1961）聚集均数（λ）检验聚集原因。从聚集均数（λ）与平均数（m）的关系（表 4），可以看出，蕉蚜的聚集均数随着种群密度的上升而增大，并且呈直线相关，其关系式为 $\lambda=0.0477+0.454m$（$r=0.9999^{**}$）。当蕉蚜种群平均密度小于每株 1.8949 头时（$\lambda<2$），其聚集原因可能与蕉园施药与否、施药均匀程度及吸芽劈除与否等有关；当种群密度大于每株 1.8949 头时（$\lambda>2$），此时蕉蚜种群聚集除与外界因素有关外，还与自身聚集行为有关。

表 4 聚集均数（λ）与平均数（m）的关系

类型田	1	2	3	4	5	6	7	8	9	10	11	12
m	1.3	2.02	2.22	2.52	2.82	4.46	0.6296	0.7083	1.5152	5.2642	15.4394	117.725
k	0.3013	0.704	0.3121	0.2809	0.3367	0.5538	0.1021	0.0136	0.0509	0.0995	0.1306	0.1359
λ	0.5915	1.1977	1.0101	1.1466	1.2831	2.2352	0.2865	0.3223	0.6894	2.3952	7.0229	21.7149

3 讨论

香蕉束顶病在福建蕉区发生已久，在最近的十年中，其流行呈增长的趋势，而传播的途径便是带病蕉苗和蕉蚜。要有效地予以控制，不仅要从蕉苗以及铲除田间病株方面着手，而且还必须控制介体蕉蚜的传病。因此，了解蕉蚜的田间消长规律以及栖息迁移习性，将有助于提高防治效果。

在福建蕉区，香蕉束顶病的年发生高峰主要在 4～6 月份，其原因是：冬春气温较低，病害的潜育期可长达 152～216d[10]，9～12 月份蕉蚜高峰期的传病活动便恰是次年发病高峰的根源。因此，要有效地控制 4～6 月份香蕉束顶病的发生高峰则必须在前一年 9 月份之前尽量减少田间的有效毒源以及在 9～12 月份控制蕉蚜的虫口密度和减少传病的几率。而且蕉蚜的传毒率高，传病能力强，只要少数几头带毒蚜就能使蕉株染病[10]，加上本研究结果已表明：在适宜条件下蕉蚜的繁殖率高，种群数量增长很快，且在田间能以有翅蚜飞迁和无翅蚜爬行迁移，尤其是蕉区蕉农将病株砍除后，未将病株上的蕉蚜全部杀死，致使病株砍除后，未完全枯死前，其上蕉蚜繁殖产生的有翅蚜增加，或以无翅蚜爬行迁移到周围健株上，使健株染病。所以要有效地控制蕉蚜的传病，还必须特别重视病株上蕉蚜的防治以及铲除病株前及时地杀灭病株上的蕉芽，或者杀灭病株的同时杀灭蕉芽如浇上少量煤油，否则铲除病株反而促进病株上带毒蕉蚜的扩散和传病。

参考文献

[1] 周仲驹，林奇英，谢联辉等. 香蕉束顶病的研究 Ⅰ. 病害的发生、流行与分布. 福建农学院学报，1993，22(3)：305-310
[2] 孙茂林，张云发，华秋瑾等. 香蕉束顶病流行学及综合防治技术研究. 西南农业学报，1991，4(1)：78-81
[3] 周广泉，邹琦丽，蒋冬荣等. 香蕉束顶病和花叶心腐病的快速测定技术研究. 广西植物，1991，11(1)：77-81
[4] 蔡云鹏，黄明道，陈新评等. 香蕉蚜虫传播香蕉萎缩病及其药剂防治研究，植保会刊，1986，28：147-153
[5] 陈其瑚，愈一. 蚜虫及其防治. 上海：上海科学技术出版社，1988，334-358
[6] 欧阳浩，程秋蓉，江文浩等. 香蕉束顶病的发生与防治. 广西农业科学，1985，2：45-47
[7] 管致和. 蚜虫与植物病害. 贵阳：贵州人民出版社，1983，208-217
[8] 赵志模，周新远. 生态学引论-害虫综合防治的理论及其应用. 重庆：重庆科学技术出版社，1984，93-185
[9] 赵士熙，吴中孚. 农作物病虫害数理统计测报 BASIC 程序库. 福州：福建科学技术出版社，1989
[10] 周仲驹，陈启建，林奇英等. 香蕉束顶病的研究 Ⅱ. 病害的症状、传播及其特性. 福建农学院学报，1993，22(4)：428-432

香蕉束顶病的研究 Ⅳ. 病害的防治*

周仲驹[1]，林奇英[1]，谢联辉[1]，陈启建[1]，吴祖建[1]，黄国璋[2]，蒋家富[2]，郑国璋[3]

（1 福建农业大学植物病毒研究所，福建福州 350002；
2 莆田市农业局，福建莆田 351100；3 漳州市农业科学研究所，福建漳州 363009）

摘　要：在深入总结蕉农经验和借鉴前人成功技术的基础上，结合有关病害及介体香蕉交脉蚜传播、蔓延特性、流行规律、病株铲除措施的研究结果，针对病害流行特点，制定简单易行而无公害的治理方案。这一方案包括及早察别，铲前喷药；铲刨结合，铲后清园；适时巧治，防蚜治病；补种健苗，精心管理等措施。该方案在莆田和漳州两地示范，取得了明显的防治效果。在无病区，种植无病蕉苗更是一项极为有效的措施。为了进一步推广这一治理方案，务必加以引导，培训蕉农，健全群防体制，并结合建立无病毒香蕉种苗基地，强化检疫法规的实施。

关键词：香蕉束顶病；防治

中图分类号：S436.67

Studies on banana bunchy top IV. control of the disease

ZHOU Zhong-ju[1], LIN Qi-ying[1], XIE Lian-hui[1], CHEN Qi-jian[1], WU Zu-jian[1],
HUANG Guo-zhang[2] JIANG Jia-fu[2], ZHENG Guo-zhang[3]

(1 Institute of Plant Virology, Fujian Agricultural University, Fuzhou 350002; 2 Agricultural Bureau of Putian City, Putian 351100; 3 Institute of Agricultural Sciences of Zhangzhou City, Zhangzhou 363009)

Abstract: A set of integrated control measures has been formulated in accordance with the study results on transmission mode, virus-vector relationship, disease epidemiology and local situation, partially referring to the experience of banana growers and previously successful techniques. The measures were simply and easily adopted. Local demonstrations in the banana-growing areas were proved to be very successful and good results have been achieved. The integrated control measures mainly consisted of detecting diseased plants at the early stage, killing the diseased plants immediately; but spraying insecticides first so as to kill any vector aphis before eliminating the plants, controlling the vector aphis in due time, replanting with virus-free seedling or plantlets and cultivating bananas elaborately. In uninfected area, virus-free suckers and plantlets were simply adopted to prevent the disease. For further extension of the integrated control measures, it is vital and urgent to strengthen the leadership and direction, to establish a system of preventing the

福建农业大学学报，1996，25（1）：44-49

收稿日期：1995-12-22

* 基金项目：福建省科学技术委员会资助项目

disease by all the banana growers, to set up stock plants nursery and seedling factory (base) producing virus-free banana seed Rugs end micropropagated plantlets and to consolidate the enforcement of quarantine regulations.

Key words：banana bunchy top；control

香蕉束顶病（banana bunchy top）严重威胁着包括我国在内的世界四分之一以上香蕉产区的香蕉生产[1]。在我国的台湾蕉区，该病发生的最早记载是1900年，此后曾多次流行，并已采取了相应的对策予以控制[2,3]。在大陆蕉区的最早发生记载是见于1954年福建省漳州地区[4]，几乎在同一时期，广东、广西和云南也有发生的记载，并在这些地区相继流行[5]。70年代末和80年代以来，尤其是农村实行家庭联产承包责任制之后，香蕉种植面积迅速扩大，病害也相继发生流行，经济损失严重。因此，急需一套生产上行之有效的治理措施[6]。

1 材料与方法

1.1 防治理论的研究

在广泛借鉴国内外前人成功经验和研究包括明确病害的发生和分布、病害的传播途径及特性、品种抗病性、寄主范围及病害流行规律等的基础上，从理论上对病害的有效控制进行探讨和分析。

1.2 防治措施的研究

1.2.1 病株的铲除方法和时期研究

活病株的药剂杀灭处理：试验于1990年在龙海步文蕉园进行。即在蕉园中选症状明显、植株高度在60～140cm的病株12株，分别以2,4-D 5000倍液、草甘膦100倍液、汽油原液、柴油原液（各另加质量浓度为0.2kg/L洗衣粉）均匀地喷布于病株的地上部分。每种药剂处理3株，处理后病株每5d观察1次，直到假茎腐烂为止，后挖开基部土层，检查地下部腐烂的情况。

砍除后的病株及假茎头切片的药剂杀灭处理：试验也于1990年在龙海步文蕉园进行。即在蕉园中选择已经发病的植株，将病株的地上部砍除，把假茎头全部切成约3～5cm厚的薄碎片，分别以草甘膦100倍液、汽油原液、柴油原液均匀地喷布病株地上部和假茎头切片，每种药剂处理3株，以同样处理但不喷药为对照，后每天观察1次，直到地上部和切片腐烂。干枯死亡为止。

同时，广泛地调查全省各地蕉农对病株的处理办法，并对有关结果从理论上进行分析和总结。

根据病株处理方法的试验分析结果、病害的流行规律以及香蕉的栽培特点，分析铲除病株的最佳时期。

1.2.2 香蕉交脉蚜的药剂防治试验

试验于1990年5～8月份在漳州市农科所内进行。供试香蕉交脉蚜（*Pentalonia nigronervosa*）系从附近蕉园捕捉后人工饲养的群体。供试蕉苗为台湾蕉品种的组培苗，苗高14～24cm。供试药剂包括质量浓度为0.40kg/L的氧化乐果乳油、0.40kg/L的乐果乳油、0.25kg/L的多磷菊酯、0.20kg/L的多效磷乳油、0.90kg/L的敌百虫乳油，质量分散为0.05的涕灭威颗粒剂、0.03的呋喃丹颗粒剂等7种。药效试验首先将香蕉组培苗盆栽种植，后每盆接上20头香蕉交脉蚜，让其繁殖到约200头/株时，用手提喷雾器按各供试药剂的常规浓度喷施上述各种药剂。喷药量以植株茎、叶正反面均匀受药，药液不下淌为准。涕灭威和呋喃丹颗粒剂分别施于香蕉苗基部和叶鞘内，对照喷清水。施药后每天上午10时观察香蕉交脉蚜的死亡情况，每个处理设3个重复，每个重复处理3株。

残效期比较测定即以同样供试的7种药剂进行。即首先以各药剂的常规浓度处理杀死蕉苗上的香蕉交脉蚜，施药后5d、10d、20d、30d、50d、60d、70d、80d分别接上20头香蕉交脉蚜，接种后每天上午10：00时观察记载香蕉交脉蚜的存活情况，直到母蚜能正常产出子代为止。

根据香蕉交脉蚜的发生规律、香蕉束顶病的发生特点以及香蕉的栽培特点，分析确定香蕉交脉蚜防治的最佳时期。

1.3 防治示范和技术推广

1990～1993年，防治示范安排在漳州市龙海步文乡，莆田县西天尾镇以及漳州市天宝镇等地进行，前两地面积分别为2公顷，累计4公顷，均为老病蕉园，相应对照1.35公顷，天宝镇面积0.67公顷，为新植蕉园，种植选用经检测确认的无病母株繁殖的组培苗。

所用的技术措施包括种植无病蕉苗、铲除病株、防治香蕉交脉蚜并加强管理。做好栽培防病等。这些措施在细节上采取边试验研究、边示范的办法，逐步总结和完善出一套比较有效的技术措施。

2 结果与分析

2.1 防治的理论依据

香蕉束顶病在福建省广泛分布于漳州，厦门，泉州，莆田和龙岩等地（市）所辖的许多（市）的香蕉产区，达23个县（市、区）之多，分布北界已达福州，且有继续向西、向北推移之势。因此，从一定区域来说，福建省内几乎所有香蕉型品种种植的县（市、区）均为香蕉束顶病的病区，病害随带病种苗的扩散和调运而使病区不断扩大。

在病区，初侵染源自带病种苗和蕉园周围的病蕉丛，由香蕉交脉蚜传染所致；再侵染由香蕉交脉蚜辗转传播。蕉园中挖除病株后补种已受病毒侵染但未表现症状的蕉株吸芽也是发病率增长的一个因素。在蕉农采用传统方法挖除病株的过程中，病株上的香蕉交脉蚜除少数因机械损伤而死亡外，多数则撒落在蕉园中，从而促进了病毒随介体香蕉交脉蚜的扩散而导致再侵染、蕉区中已知的寄主包括各个类型的香蕉、粉芭蕉和大蕉。已知的介体仅为香蕉交脉蚜，但其传毒能力强，保毒时间长，尤其是其本身繁殖率极高，高度世代重叠，周年可在蕉园中发生为害和传染香蕉束顶病。因此，毒源病株和介体香蕉交脉蚜是香蕉束顶病流行中2个最为重要的因子。

在一年中，病害在4～6月份有一较明显的高峰，这个发病高峰主要由于前一个年度9～12月份介体香蕉交脉蚜发生高峰期的传染所致。在管理粗放、不处理病株或病株处理不当以及未及时防治香蕉交脉蚜的蕉园，病害常周年可见，不仅在4～6月份有一较明显的高峰，在其他月份也会有一些发病高峰。

在病害的年度发生上，病害有一较为明显的积累过程，当蕉园中病株积累到一定基数之后，病害则以极高的速度增长。

基于香蕉束顶病的这些发生特点，目前控制香蕉束顶病仍必须以预防为主，尽可能地减少有效毒源和减少介体香蕉交脉蚜的传染或减少香蕉受病毒侵染的机会。因此，在无病区，种植无病蕉苗是一项一劳永逸的防病措施。只要密切注意病害的发展动向，万一少量传入香蕉束顶病，通过对病株的及时处理，并结合控制香蕉交脉蚜的传染，就可避免病害的流行。在病区，则需要有一套行之有效的防治措施方可使病害所致的损失减少到最低。此外，在北纬20°～23°。以南的低纬度地区，光温水平高，香蕉结果成熟期较短，一般在种植的一年内可以开花结果并收获。因此，在这些地区可以广泛地推广实行一年制种植和栽培技术，并确实利用无病毒的香蕉苗，从而将香蕉在蕉园中受香蕉束顶病毒侵染的机会减至最小，即可基本控制住香蕉束顶病的危害。

2.2 病害防治的技术措施

2.2.1 病株的铲除方法和时期

田间试验结果表明，在活病株上喷洒各种药液之后，2,4-D 5000倍液仅使香蕉叶片上出现少数一些黄斑而不能杀死病株；草甘膦100倍液、柴油、汽油均能使香蕉病株地上部致死、腐烂，对病株起一定程度的杀灭作用。但上述几种药剂均不能使病株的假茎头彻底腐烂，同一假茎头上长出的吸芽若未经处理，则仍能继续存活和生长。不同药剂处理的病株腐烂速度也有不同，其中以汽油最快，为13d；柴油次之，为15d；草甘膦100倍液最慢，为25d。

病株砍除后，将假茎头全都劈（切）成约3～5cm厚的薄碎片，再喷洒草甘膦、汽油或柴油，2d后，叶片变黑、腐烂，假茎也开始腐烂、凹陷，假茎头迅速干枯死亡，失去再长出吸芽的能力。而经砍除病株并将蕉头劈成碎片，但未喷洒药剂的病株地上部干枯死亡时间较长，一般需要3～5d以上，若遇到雨季则所需时间更长。地下部蕉根碎片干枯的时间也较长，有部分切片较大，芽点未被破坏的很快长出小病吸芽苗，尤其是在雨季，则更为如此。

2.2.2 香蕉麦脉蚜的药剂防治试验

试验结果表明（表1），供试7种杀虫剂对香蕉交脉蚜的杀虫效果都很理想，喷药3d后，各个处理的香蕉交脉蚜死亡率都达到100%，其中多磷菊酯1000倍液喷后1d香蕉交脉蚜的死亡率就达到100%，但残效期差异较大，以涕灭威施于蕉苗基部或叶鞘内的残效期均达83d为最长；其次为施于叶鞘内的呋喃丹，为60d；再次为施于蕉苗基部的呋喃丹，为13d，而其他几种药剂的残散期则仅为5～7d。

表 1　7 种杀虫剂对香蕉交脉蚜药效试验结果

供试药剂及其含量	供试虫数/头	1d 的死亡率/%	2d 的死亡率/%	4d 的死亡率/%	残效期/d
40%氧化乐果 1000 倍液	654	98.8	100		5
40%乐果 1000 倍液	578	99.8	100		5
90%敌百虫 1000 倍液	554	97.6	100		7
20%多效磷 1000 倍液	307	97.7	99.7	100	7
25%多磷菊酯 1000 倍液	491	100			83
5%地灭威[1)]/（1 g/株）	724	94.7	99.9	100	83
5%地灭威[2)]/（1 g/株）	581	100			83
3%呋喃丹[1)]/（1 g/株）	742	88.0	97.7	100	13
3%呋喃丹[2)]/（1 g/株）	707	100			60
清水（CK）	581	4.4	1.1	0.7	

1）药剂施于蕉苗基部；2）药剂施于叶鞘内

2.3　防治示范和技术措施

2.3.1　防治示范和技术推广

在漳州市芗城区天宝镇，于 1992 年 4 月种植新蕉 1 号组培苗 0.67 公顷，累计 1200 株，其母株经检测确认不携带有香蕉束顶病毒；在种植前以及种植后，不间断地清除和杀死蕉园周围可疑的病株，并在香蕉交脉蚜发生高峰期内喷施乐果 1 次，防治香蕉交脉蚜。进一步跟踪调查的结果表明，蕉园至 1993 年 6 月 30 日均无一表现香蕉束顶病，发病率为 0。

在莆田的西天尾镇，对 2 公顷防治区连续 3 年采取综合防治的结果表明（表 2），防治区病害年累计发病率缓慢地降低，到第 3 年累计发病率为 0.15%；而相应的对照区，病害发病率不断地上升，至第 2 年（1992 年）就基本上不得不毁园重新种植。

表 2　莆田香蕉束顶病综合防治示范结果

年份	发病率/%	防治区	对照区
1990	高峰期	4.53	4.41
	累计	6.87	27.94
	累计比对照少	21.07	
1991	高峰期	2.30	33.60
	累计	3.72	44.20
	累计比对照少	40.48	
1992	高峰期	0.14	62.3
	累计	0.17	75.3
	累计比对照少	75.13	
1993	高峰期	0.12	重植
	累计	0.15	
	累计比对照少		

漳州市龙海县步文乡的示范结果表明（图 1），在老蕉园，1988 年调查累计发病率为 12.8%～46.0%。其后的 1989 年，病害有不同程度的上升；部分管理较好，能对病株进行处理的蕉园，发病率有下降，但总发病率仍为 22.1%～37.5%。从 1990 年 2 月开始，对有关种农户进行分类指导（防治区）或任其自行采取措施（对照区）。其结果对照区发病率继续上升，乃至不得不改种或套种甘蔗等其他作物，以减少土地浪费和损失。到 1992 年，对照区 1 的发病率达 81.0%，蕉园失去栽培价值，所收少量香蕉和甘蔗难于抵偿土地费用。而在防治区，由于 1988～1989 年的大量毒源存在和 1989 年 9～12 月份香蕉交脉蚜高峰期的大量传染，使 1990 年 4～6 月份病害发生高峰期仍大量发病。虽然 1990 年 2 月对划定防治区大力采取措施，仍表现为该年度发病率直线上升。此后的 1991 和 1992 年，则由于所采取措施的有效性，发病率几乎直线下降，至 1992 年累计发病率均在 5%之下。

2.3.2　综合防治技术

根据福建省目前香蕉栽培的现状以及我们有关的研究和示范结果，总结出如下一套香蕉束顶病的综合防治技术措施。

（1）种植无病蕉苗　种植无病蕉苗是蕉园无病化的前提条件。无病蕉苗应源自无病毒母株，因此，必须建立无病毒苗圃。目前，组织培养技术已在香蕉种苗繁育中得到广泛的应用，而培育的无病毒蕉苗则必须按照无病毒苗培育的规范化程序，才有可能培育出无病毒的优质蕉苗。

（2）铲除病株，减少侵染来源　每半个月检查蕉园及其周围的香蕉 1 次。一旦发现病株，立即铲除。病株处理前，先在病株上喷上乐果、氧化乐果

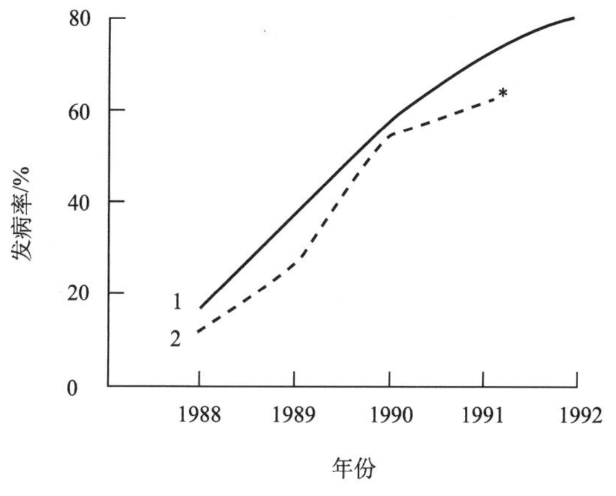

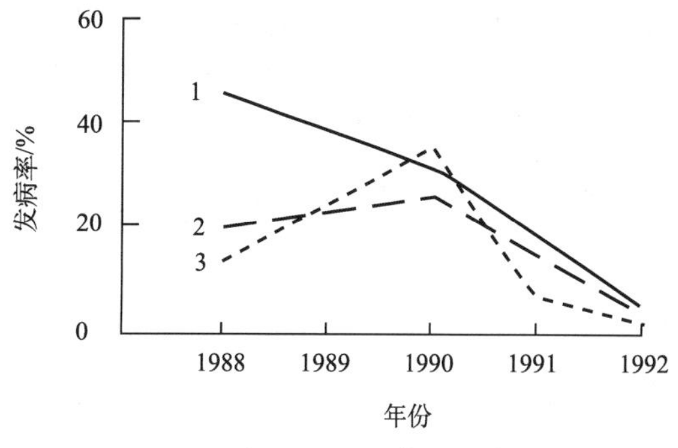

图 1 漳州香蕉束顶病综合防治示范结果

A. 对照区 1 和 2；B. 防治区 1、2 和 3；*. 改种其他作物

或敌敌畏等药剂杀死病株上的香蕉交脉蚜，24h 后用锄头将病株离土表 20～30cm 处砍断，将地下部劈成 3～5cm 厚的薄片。有时还喷上少量煤油或草甘膦，加速蕉头腐烂。铲除病株的重点应在每年 4～9 月份香蕉变脉蚜的发生高峰期到来之前完成。

(3) 防治香蕉交脉蚜，消除田间传播 及时防治蕉园中的香蕉变脉蚜，免除田间传播。在香蕉生长季节，施用 1～2 次质量分数为 0.03 的呋喃丹，方法是将药物放入蕉株的喇叭口，每次每株 1 g 左右。在 9～12 月份，使用乐果或氧化乐果 800～1000 倍喷雾，治蚜 1～2 次。

(4) 及时补种健苗，加强管理，做好栽培防病 在挖去病株的地方，及时补种健苗，而不采用带毒吸芽苗。同时，搞好蕉园的栽培和肥水管理。及时除掉多余的吸芽，做好蕉园的轮作或蕉株换行等。

根据这套措施的要点和细节，可以进一步总结为"及早察别，铲前喷药；铲杀结合，铲后清园；适时巧治，防蚜治病；补种健苗，精心管理"等项措施。

3 结论与讨论

本研究结果表明，在福建蕉区，香蕉束顶病主要由带病蕉苗传入新的香蕉产区，并由香蕉交脉蚜在蕉园中不断辗转传染使蕉株发病或传入邻近蕉园。在低温季节，病害的潜育期较长或症状不明显，蕉农容易采用带病苗种植，加上蕉农对病株和介体香蕉交脉蚜处理和防治不当，因此病害蔓延快，发展迅速，呈现毁灭性的流行。所以，在相对的"无病区"，必须确保使用优质的无病蕉苗；而在病区，通过使用绝对无病毒蕉苗，彻底铲除蕉园内外病株，适时防治香蕉交脉蚜，可以有效地控制束顶病的发生。这套措施在莆田和漳州两地示范，取得了明显的防治效果。目前农村实行家庭联产承包责任制，香蕉的栽培也多是小面积个体户种植，虽然病害的分布已相当普遍，但蕉农对病害为害的体会不深或不够重视。因此，这套措施的推广应用需要加强统一领导，普及防治技术，健全群防体制，结合推广应用无病毒蕉苗，强化检疫法规等。

此外，有关的研究已经发现，香蕉束顶病还常与香蕉花叶心腐病混合发生[7-9]，尤其是大量应用香蕉组培苗之后，香蕉花叶心腐病的发生尤为严重[8]。香蕉花叶心腐病的发生规律与香蕉束顶病有些相似，但不完全相同，介体种类也不同。因此，在着手进行香蕉束顶病的防治时，也应考虑如何同时控制或预防香蕉花叶心腐病的流行，这对于我省乃至我国的香蕉生产都具有积极的意义。

致谢 植保 88 级周茂善和黄志宏同学、莆田市农业局姚国民同志和西天尾镇游春龙同志等分别参加部分工作，特此致谢。

参考文献

[1] Dale JL. Banana bunchy top, an economically important tropical plant virus disease. Advances in Virus Research, 1987, 33: 301-325

[2] Su HJ, Wu RY. Characterization and monoclonal antibodies of the virus causing banana bunchy top. Technical Bulletin, 1989, 115

[3] 蔡云鹏，黄明道，陈新平等. 香蕉蚜虫传播香蕉萎缩病及其药剂防治研究. 植保会刊，1986，18：147-153

[4] 农业部植保局. 中国农作物主要病虫害及其防治. 北京：农业出版社，1959，375-376
[5] 孙茂林，张云发，华秋瑾等. 香蕉束顶病流行学及综合防治技术研究. 西南农业学报，1991，4(1)：78-81
[6] 周仲驹，林奇英，谢联辉等. 香蕉束顶病的研究 I. 病害的发生、流行与分布. 福建表学院学报，1993，22(3)：305-310
[7] 周仲驹，陈启建，林奇英等. 香蕉束顶病的研究 I. 病害的症状、传播及其特性. 福建农学院学报，1993,22(4)：428-432
[8] Zhou Z，Xie L. Status of banana diseases in China. Fruits，1992，47(6)：715-721
[9] 周广泉，邹琦丽，蒋冬荣等. 香蕉束顶病和花叶心腐病的快速测定技术研究. 广西植物，1991,11(1)：77-81

香蕉束顶病的研究Ⅴ．病株的空间分布型及其抽样*

周仲驹[1]，黄志宏[1]，郑国璋[2]，林奇英[1]，谢联辉[1]

（1 福建农业大学植物病毒研究所，福建福州 350002；2 漳州市农业科学研究所，福建漳州 363009）

摘 要：5 种聚集度指标测定和 Taylor、Iwao 法检验结果表明，香蕉束顶病病株在蕉园中分布的基本成分为极有限的个体群，而基本成分的空间分布型为均匀分布。m^*-m 和 $\lg S^2-\lg m$ 的回归式分别为 $m^*=0.0389+0.7613m$（$r=0.9875^{**}$）和 $\lg S^2=-0.181+0.7933\lg m$（$r=0.9618^{**}$），理论抽样数可由 $n=(1.0389/m-0.2387)/D^2$ 来估计。植物保护上常用的对角线法、五点式、棋盘式、Z 字型及平行跳跃式法均适于香蕉束顶病株的田间抽样。在发病率极低的情况下，采用棋盘式和平行跳跃法较佳。

关键词：香蕉束顶病；病株；分布型；抽样

中图分类号：S436.67

Studies on *Banana bunchy top virus* spatial distribution pattern of the infected plants and their sampling methods

ZHOU Zhong-ju[1], HUANG Zhi-hong[1], ZHENG Guo-zhang[2], LIN Qi-ying[1], XIE Lian-hui[1]

(1 Institute of Plant Virology, Fujian Agricultural University, Fuzhou 350002;
2 Institute of Agricultural Sciences of Zhangzhou City, Zhangzhou 363009)

Abstract: It was found that the spatial distribution of the plants infected by banana bunchy top virus was in the well-distributed pattern with considerably limited individual groups. The linear regression of m^*-m and $\lg S^2-\lg m$ was $m^*=0.0389+0.7613m$ ($r=0.9875^{**}$) and $\lg S^2=-0.181+0.7933\lg m$ ($r=0.9618^{**}$), respectively. The theoretical sampling number of field survey could be estimated by the equation $n=(1.0389/m-0.2387)/D^2$. Routine sampling methods used in pest survey in the field including diagonal lines, five-point pattern, checker-board form, Z-letter form and sampling at a parallel jumping rank were all suitable to the disease investigation of banana bunchy top. However, the checker-board method and sampling at a parallel jumping rank were preferable when the incidence was extremely low.

Key words: banana bunchy top; infected plants; spatial distribution pattern; sampling methods

香蕉束顶病（banana bunchy top）是国外许多香蕉产区的主要病害之一[1]，也是我国香蕉产区

福建农业大学学报，1997，26（2）：177-181

收稿日期：1996-05-29

* 基金项目：福建省科学技术委员会基金资助项目（89-Z-2）

的主要病害，有关其发生、为害和流行已有不少的研究[2-4]，但对其发病调查至今没有统一的方法和标准，各地的调查结果难以从客观上进行比较。就其流行学研究上，国内外已有的研究也多侧重于时间动态方面的研究[2,3,5-7]，而对病害流行过程的另一个侧面一病害的空间动态研究很少。而且，即使在时间动态上有过不少研究，但铲除病株及其病株周围多少数量可能已带上病毒的"健株"，才能获得最佳的防治效果，也一直是一个未解的谜[5,6]。本文应用种群生态学的理论和分析方法，研究了该病害的空分布型并就理论抽样数进行讨论。

1　材料与方法

1.1　田间调查

1990年6～7月份，选择不同类型（品种、种植时间、发病程度）的蕉园17块，采用连片法调查，每片蕉园查300株（丛），逐株（丛）记载发病与否，并绘制田间分布实况图。以4株（丛）为一样方，借助IBM PCX型微机（下同）计算每块田平均病株数（m）及样本方差（S^2），并分析其空间分布型。

1.2　空间分布型的分析

1.2.1　聚集度指标和空间分布型的测定

根据昆虫种群空间分布型测定的基本原理和方法[8,9]，将病株看作一个种群，对其David等的丛生指标I[10]、Iloyd的m^*/m比值指标[11]、Kuno的C_A指标[12]、赵士熙等的扩散系数C指标[8]和Water的K指标[13]等5个聚集度指标进行测定，并以Taylor幂法则法[14]和Iwao的m^*-m回归分析法[15]进行检验，确定病株的空间分布型。

1.2.2　个体群平均大小测定

当种群属聚集分布时，种群个体群平均大小可采用公式$L^*=m^*+1=1+m+m/K$表示。

1.2.3　影响病株群体聚集原因的分析

据Blackit的种群聚集均数（λ）[9]来检验聚集原因，$\lambda=(m\cdot r)/2k$。式中，r为具有自由度等于$2k$的χ^2分布函数，计算聚集均数应用0.5概率值。若$\lambda<2$，聚集的原因主要是由于某些环境因素所致；若$\lambda\geqslant2$时，聚集的原因可能是病株本身的聚集行为或本身聚集行为与环境因素互相作用所致。

1.3　理论抽样数的确定

据公式$n=[(\alpha+1)/m+\beta-1]/D^2$进行计算，其中$n$为所需理论抽样数，$D$为允许误差，$m$为田间抽样前预估病株密度，$\alpha$为分布的基本成分按大小分布的平均拥挤度，$\beta$为基本成分的空间分布图式。

1.4　抽样方式的确定

在香蕉束顶病病株的调查资料中按不同发病率选出7组较有代表性的田块，在其田间分布图上用对角线法、五点式、棋盘式、Z字形及平行跳跃法进行取样。每种方法取10丛，分别计算不同抽样方法所得的平均数及标准误，并以田间调查取得的平均数为对照进行差异显著性测验。

2　结果与分析

2.1　病株的空间分布型

2.1.1　5种聚集度指标测定

当$I<0$，$m^*/m<1$，$C_A<0$，$C<1$，$K<0$时，种群属均匀分布。测定结果表明，香蕉束顶病株的空间分布型属于均匀分布（表1）。

表1　香蕉束顶病株聚集度指标测定结果

田号	m	S^2	$K=\frac{m}{S^2/m-1}$	$C=S^2/m$	$C_A=1/K$	$m^*=m+(S^2/m-1)$	m^*-m	$I=S^2/m-1$
1	2.7467	0.7863	3.8484	0.2863	0.2598	2.0330	0.7402	0.7137
2	2.4667	1.4395	−5.9235	0.5836	−0.1688	2.0503	0.8312	−0.4164
3	2.3733	1.1560	−4.6271	0.4871	−0.2161	1.8604	0.7839	−0.5129
4	2.2000	1.1020	−4.4080	0.5009	−0.2269	1.7009	0.7731	−0.4991
5	2.0200	0.9180	−3.7027	0.4545	−0.2701	1.4745	0.7299	−0.5455
6	1.8333	1.2260	−0.55343	0.6687	−0.1807	1.5020	0.8193	−0.3313
7	1.8125	1.2024	−5.3846	0.6634	−0.1857	1.4759	0.8143	−0.3366
8	1.7833	1.9167	−3.6697	0.5140	−0.2725	1.2973	0.7275	−0.4860

续表

田号	m	S^2	$K=\frac{m}{S^2/m-1}$	$C=S^2/m$	$C_A=1/K$	$m^*=m+(S^2/m-1)$	m^*-m	$I=S^2/m-1$
9	1.6964	0.7607	−3.0755	0.4484	−0.3251	1.1448	0.6769	−0.5516
10	1.6800	1.0384	−4.3990	0.6181	−0.2273	1.2981	0.7727	−0.3819
11	1.2364	0.9616	−5.5629	0.7777	−0.1798	1.0141	0.8202	−0.2223
12	1.1364	1.0427	−13.7820	0.9175	−0.0726	1.0539	0.9274	−0.0825
13	1.1333	0.8468	−4.4830	0.7472	−0.2231	0.8805	0.7769	−0.2528
14	0.8983	0.8515	−17.2420	0.9479	−0.0580	0.8462	0.9420	−0.0521
15	0.6909	0.6620	−16.5170	0.9582	−0.0605	0.6491	0.9395	−0.0418
16	0.0833	0.0780	−1.3092	0.9364	−0.7638	0.0197	0.2362	−0.0636
17	0.0714	0.0675	−1.3072	0.9454	−0.7650	0.0168	0.2350	−0.0546

2.1.2 Iwao 的 $m*-m$ 回归式[15]

$m^*=\alpha+\beta m$ 直线回归式中，$\alpha=0$，分布的基本成分是个体，$\beta<1$ 时，基本成分的空间分布呈均匀型。香蕉束顶病株的 m^*-m 回归式（图 1）为 $m^*=0.0389+0.7613m$（$r=0.9875^{**}$）。其中，$\alpha=0.0389$，趋近于零，说明病株分布的基本成分极为有限的个体群；$\beta=0.7613<1$，说明基本成分的空间分布型为均匀分布。

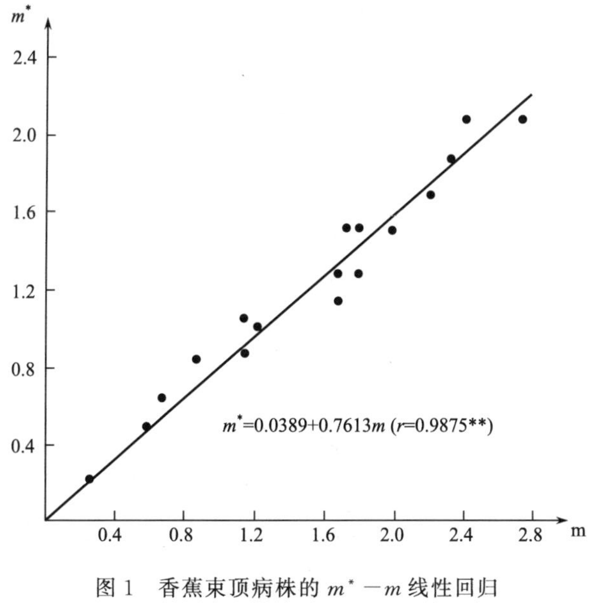

图 1 香蕉束顶病株的 m^*-m 线性回归

2.1.3 Taylor 的幂法则检验[14]

$\lg S^2=\lg a+b\lg m$ 即 $S^2=am^b$。其中，a 为取样、统计因素；b 为聚集度指标，当 $b<1$ 时，是均匀分布。香蕉束顶病株的 $\lg S^2-\lg m$ 的回归式（图 2）为 $\lg S^2=-0.181+0.7933\lg m$（$r=0.9618^{**}$）。由于 $b=0.7933$，说明病株空间分布型为均匀分布，而且病株密度越高，分布越均匀。

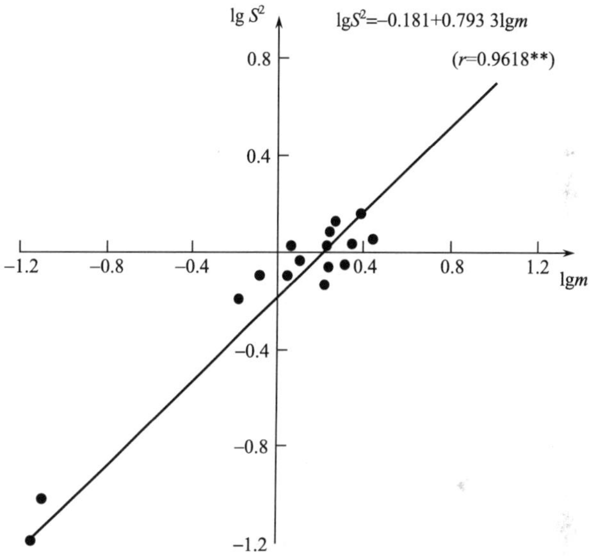

图 2 香蕉束顶病株 $\lg S^2$ 与 $\lg m$ 线性回归

2.2 理论抽样数的确定

根据 Iwao 抽样公式 $n=[(\alpha+1)/m+(\beta-1)]/D^2$[15]，将 m^*-m 线性回归式 $m^*=0.0389+0.7613m$（$r=0.9875^{**}$）。式中，$\alpha=0.0389$，$\beta=0.7613$ 代入，结果表明，理论抽样数可由 $n=(1.0389/m-0.2387)/D^2$ 来估计。根据田间可能出现的病株密度（0.5～3.0）及允许误差（0.05～0.3），其田间理论抽样数（表 2）随精确度的提高、病株密度的下降而增多。因此，在实际调查中应选择适当的允许误差，以既能保证调查结果的准确性，又能避免过大的工作量。

2.3 不同抽样方法的比较

在香蕉束顶病株的调查资料中按不同的病株密

度选出 7 组，在其田间分布图上用对角线、五点式、棋盘式、Z 字形和平行跳跃式法进行取样，每种方法取 10 个样方，分别计算不同抽样方法所得的平均数及标准误，并以全田调查取得的平均数为对照进行差异显著性测验。结果表明，5 种抽样方法之间的标准误较接近。进一步以对照平均数进行 t 测验，各种抽样方法与对照间均无显著性差异，说明上述 5 种抽样方式均适于香蕉束顶病田间病株的取样调查（表 3）。当蕉园发病率极低时，采用棋盘法和平行跳跃式法较佳，而在一般情况下为方便起见，用五点式法会较好一些。

表 2　香蕉束顶病株理论抽样数表

m	D=0.05	D=0.1	D=0.2	D=0.3
0.50	736	184	46	20
0.75	459	115	29	13
1.00	320	80	20	9
1.25	237	59	15	7
1.50	188	45	11	5
1.75	142	35	9	4
2.00	112	28	7	3
2.25	89	22	6	2
2.50	71	18	4	2
2.75	56	14	3	2
3.00	43	11	3	1

表 3　香蕉束顶病株不同抽样方法的比较

田号	CK	对角线		五点		棋盘		Z 字形		平行跳跃	
		$X\pm S_x$	t	$X\pm S_x$	t	$X\pm S_x$	t	$X\pm S_x$	t	$X\pm S_x$	t
1	2.3733	2.2±0.9189	0.1886	2.3±0.6749	0.1086	2.7±0.6744	0.4841	2.4±0.8413	0.0317	2.3±0.8233	0.0890
2	2.7467	2.6±0.6992	0.2098	2.7±0.9487	0.0492	2.7±0.6749	0.0692	2.9±0.7379	0.2078	3.1±0.7379	0.4788
3	1.8333	2.0±0.9428	0.1768	1.7±1.0593	0.1258	2.2±1.2293	0.2983	2.1±0.7379	0.3614	1.5±0.9718	0.3430
4	1.6800	1.3±0.8233	0.4616	1.8±1.0328	0.1162	2.3±0.9487	0.6535	2.1±0.7379	0.5692	1.5±1.0801	0.1617
5	1.1364	1.1±0.8756	0.0416	1.6±0.9661	0.4799	1.0±0.9428	0.1447	1.6±0.8433	0.5497	1.8±0.7888	0.8413
6	0.6909	0.8±1.0328	0.1056	0.5±0.7071	0.2700	0.5±0.7071	0.2700	0.5±0.9718	0.1964	0.5±0.7071	0.2700
7	0.0714	0±0	—	0±0	—	0.2±0.4216	0.3050	0±0	—	0.1±0.3162	0.1904

X 表示样本平均数；S_x 表示样本标准误

3　讨论

国内外大量的研究表明，在无病区，香蕉束顶病的传入方式主要有带病种苗；而在病区，病害传入新蕉园或临近蕉园的途径主要是带病种苗、或带毒介体香蕉交脉蚜的迁入传毒、或两者兼而有之，然后因介体香蕉交脉蚜的不断繁殖和辗转传毒而使病害在蕉园中流行[1-4]。理论上，种苗带病的结果可能导致蕉园中病株的空间分布型呈随机型（即均匀分布），而介体蚜虫的传毒可能导致随机分布或一定的发病中心（即聚集分布），取决于介体蚜虫的迁移和传毒特性以及影响介体蚜虫迁移和传毒的栽培和其他各种环境条件。

本研究结果表明，香蕉束顶病株在蕉园中的分布的基本成分的空间分布为均匀型，而在本研究所调查的蕉园中，有刚植 3～6 个月的，也有 2～3 年生及 4～5 年生，其病株的分布均为均匀型。这个结果从统计理论上进一步证实了对于新植蕉园种苗带病问题的存在。而在老蕉园，除可能由于蕉农在挖除病株后又种植已带毒但未发病的种苗外，还可能与介体香蕉交脉蚜独特的迁移和传毒特性有关。在有关介体香蕉交脉蚜发生规律的研究结果中，该蚜虫在蕉园中的空间分布型为聚集分布中的负二项分布，其有翅蚜和无翅蚜有株间迁移的习性，且不总是迁移到最临近的蕉株上[16]。因此，介体香蕉交脉蚜的这种发生特性恰好符合产生病株均匀分布的条件，至于引起香蕉交脉蚜具有这迁移特性的内在原因则值得进一步研究。

采用无病种苗、铲除病株并结合防治介体蚜虫等措施可以有效地控制香蕉束顶病的发生[17]。在铲除病株方面，最关键的是要及时彻底并持之以恒，而且发病率越高，所需的努力和代价也越大。本研究结果中，病株在蕉园中呈均匀分布，且病株密度越高，分布也越均匀，而不具备明显的发病中心，这正好从理论上证明了要通过铲除香蕉束顶病株来控制病害的发生，必须抓及时，并且坚持不懈地进行，才能取得理想的效果。这个结果也同时解决了 Allen 多年来对该病毒在蕉园流行规律的研究中未能解决的一个问题，即铲除病株的同时，须铲除病株周围多少“健株”才最有效的问题[5,7]。由于病株呈均匀分布，铲除显症病株及其周围一定数量的无症“健株”，因为在这些“健株”中无疑只有一部分是带病毒的，而其他的则是真正的健株。带毒“健株”与真正健株的比率高低则取决于田间病株的密度大小。因此，更重要的应是及时和坚持不懈地铲除显症的病株，同时防止介体香蕉交脉蚜的传毒。

鉴于香蕉束顶病株在田间呈现均匀分布的空间分布型，其理论抽样数 $n=(1.0389/m-0.2387)/D^2$ 来估计，且植物保护上常用的 5 种抽样法均适用于其田间发病率的调查，因此在病害的调查时可酌情选用。在发病率较低的情况下，最好选用棋盘式，要达到较高的准确度，要取较大的样本数。

致谢 福建农业大学植物保护系 88 级周茂善等同学参加部分工作，特此致谢。

参考文献

[1] Dale JL. Banana bunchy top: an economically important tropical plant virus disease. Adv Virus Res, 1987, 33: 302-325
[2] 周仲驹，林奇英，谢联辉等. 香蕉束顶病的研究 I. 病害的发生、流行与分布. 福建农学院学报，1993，22(3)：305-310
[3] 孙茂林，张云发，华秋谨等. 香蕉束顶病流行学及综合防治技术研究. 西南农业学报，1991，4(1)：78-80
[4] 欧阳浩，程秋蓉，江文浩等. 香蕉束顶病的发生及防治. 广西农业科学，1985，2：45-47
[5] Allen RN. Epidemiological factors influencing the success of roguing for the control of bunchy top disease of bananas in New South Wales. Austr J Agr Res, 1978, 29: 535-544
[6] Allen RN. Spread of bunchy top disease in established banana plantations. Austr J Agr Res, 1978, 29: 1223-1233
[7] Allen RN. Further studies on epidemiological factors influencing control of banana bunchy top disease and evaluation of control measures by computer simulation. Austr J Agr Res, 1987, 38: 373-382
[8] 赵士熙，吴中孚. 农作物病虫害数理统计测报 BASIC 程序库. 福州：福建科学技术出版社，1989，382-442，471-479
[9] 赵志模，周新远. 生态学引论——害虫综合防治的理论及其应用. 重庆：重庆科学技术出版社，1984，93-185
[10] David FN, Moore PG. Notes on contagious distribution in plant populations. Ann Bot Lond N S, 1954, 18: 47-53
[11] Iloyd M. Mean crowding. J Animal Ecol, 1967, 36: 1-30
[12] Kuno E. A new method of sequential sampling to obtain the population estimates with a field level of precision. Res Popul Ecol, 1968, 11: 127-136
[13] Water WE. A quantitative measures of aggregation in insects. J Econom Entomol, 1959, 52: 1180-1184
[14] Taylor LR. Aggregation, variance and the mean. Nature, 1961, 189: 732-735
[15] Iwao S. A new regression method for analyzing the aggregation pattern of animal populations. Res Popul Ecol, 1968, 10(1): 1-20
[16] 周仲驹，林奇英，谢联辉等. 香蕉束顶病的研究 Ⅲ. 传毒介体香蕉交脉蚜的发生规律. 福建农业大学学报，1995. 24(1)：32-38
[17] 周仲驹，林奇英，谢联辉等. 香蕉束顶病的研究 Ⅳ. 病害的防治. 福建农业大学学报，1996，25(1)：44-49

香蕉束顶病毒的提纯和血清学研究*

徐平东[1]，张广志[2]，周仲驹[2]，李 梅[1]，沈春奇[3]，庄西卿[3]，林奇英[2]，谢联辉[2]

（1 厦门华侨亚热带植物引种园国家植物引种隔离检疫基地，福建厦门 361002；
2 福建农业大学植物病毒研究所，福建福州 350002；3 福建省热带作物科学研究所，福建漳州 363001）

摘 要：以香蕉交脉蚜（*Pentalonia nigronervosa*）人工接种表现典型束顶病症状的香蕉组培苗为材料，预先经氯仿-正丁醇充分乳化的缓冲液抽提和澄清、差速离心、蔗糖垫部分纯化、蔗糖梯度离心，得到粒体完整的直径约 18～20nm 的球状病毒。提纯的病毒制剂具典型的核蛋白紫外吸收光谱，最高吸收峰在 257nm 左右，最低吸收峰在 240nm 左右，$A_{260}/A_{280}=1.3$，提纯产量最高可达 3.41mg/kg 组织。用上述提纯病毒作为抗原免疫家兔制备的抗血清，经对流免疫电泳方法测定效价为 1∶32。用该抗血清建立的 A 蛋白夹心 ELISA（DAS-ELISA）及与单克隆抗体结合使用的异种抗体双夹心 ELISA（DAS-ELISA）能检测各种香蕉束顶病样品。

关键词：香蕉束顶病毒；提纯；血清学；A 蛋白夹心 ELISA；双抗体夹心 ELISA
中图法分类号：S668.1 S436.67

Purification and serology of *Banana bunchy top virus*

XU Ping-dong[1], ZHANG Guang-zhi[2], ZHOU Zhong-ju[2], LI Mei[1], SHENG Chun-qi[3], ZHUANG Xi-qing[3], LIN Qi-ying[2], XIE Lian-hui[2]

(1 National Plant Introduction Quarantine Base, Xiamen Overseas Chinese Subtropical Plant Introduction Garden, Xiamen 361002;
2 Institute of Plant Virology, Fujian Agricultural University, Fuzhou 350002;
3 Institute of Tropical Crops of Fujian Province, Zhangzhou 363001)

Abstraet: Isometric virus particles, 18-20nm in diameter, were purified from micropropagated banana plants with typical bunchy top via viruliferous *Pentalonia nigronervosa* inoculation, by clarifying with chloroform-butanol, concentrating with one cycle of different centrifugation, centrifugating on the top of a two layer sucrose cushion of 10% and 30% and then on sucrose density gradient. The UV absorbance profile of the preparation was charateristic of a nucleoprotein having a maximum absorbance at 257nm, a minimum absorbance at 240nm and an A_{260}/A_{280} ratio of about 1.3. The highest yield was up to 3.41mg/kg infected tissue. An antiserum with a virus-specific titre of 1/32 by immunoelectrophoresis was obtained by immnunizing a rabbit using the

热带作物学报，1996，17（2）：42-46
收稿日期：1996-09-01
* 基金项目：本研究为福建省热带作物研究所自选课题

purified virus preparation. The polyclonal antiserum was successfully used in a protein A sandwich ELISA (PAS-ELISA) and a double antibody sandwich-ELISA (DAS-ELISA) with a monoclonal antibody to detect BBTV in various disease samples.

Key words: *Banana bunchy top virus* (BBTV); purification; serology; protein A sandwich ELISA (PAS-ELISA); double antibody sandwich ELISA (DAS-ELISA)

香蕉束顶病（banana bunchy top，BBT）是香蕉生产上具毁灭性的病害之一，它威胁着世界上包括我国在内约四分之一蕉区的香蕉生产；其病原尽管目前还存在不同看法，但多认为是直径18～20nm的球状病毒即香蕉束顶病毒（*Banan bunchy top virus*，BBTV）[1]。

由于BBTV至今尚未找到能代替香蕉的繁殖寄主，而香蕉植株中含大量的乳汁和多酚类物质的干扰，所以其提纯难度大。直到20世纪80年代末90年代初其提纯方法才有较大突破[2]。国内外虽有成功提纯的报道[2-5]，但所采用的提纯方法程序复杂、提纯时间长、病毒的产量低[2,3]。因此继续研究BBTV的提纯方法，以获得高浓度、高纯度的病毒制剂，是进一步开展BBTV研究的基础。此外，近年来在我国香蕉组培苗已逐渐代替传统的吸芽苗，但因缺乏可靠的检测手段，致使组培苗仍难保证不携带BBTV。为有效控制束顶病的进一步蔓延和危害，培育和推广无病毒香蕉组培苗极为重要。因而有必要制备BBTV抗血清，建立可靠的检测体系用于无病苗的生产检测。为此，我们进行了BBTV的提纯、抗血清制备及血清学检测研究。

1 材料与方法

1.1 病毒来源

由香蕉交脉蚜（*Pentalonia nigronervosa*）人工接种表现BBTV重型株系典型症状的香蕉组培苗病株作为提纯的病毒来源。

1.2 病毒提纯

参照Wu等[2]和Thomas等[3]的提纯方法，并略加修改从部分人工接种和田间病株中提纯获得了BBTV的提纯制剂，但病毒的产量和纯度均较低。此后，均以室内接种病株为材料，并结合利用紫外/可见分光光度计和ELISA对部分提纯过程进行反复监测，以不断改进和优化提纯程序。最后获得如下病毒提纯程序：病叶及假茎剪碎后，加液氮捣成粉末状后用于病毒提供或于－70℃冰箱中保存备用。提纯开始时，首先将氯仿-正丁醇（1∶1）15%（V/V）加到提取缓冲液（0.2mol/L磷酸钾缓冲液，pH7.4，含0.5%Na_2SO_3）中搅拌，使其完全乳化，然后按1∶2（W/V）向其中慢慢加入研成粉状的病组织，4℃搅拌1h。8000*g*离心10min，上清液经3层纱布过滤后，158 000*g*离心2h，沉淀用0.07mol/L磷酸钾缓冲液（PB，pH7.2）充分悬浮，8000*g*离心10min，上清液铺于2层各5mL分别为10%和30%蔗糖垫上，158 000*g*离心100min，收集管底蔗糖垫上层，并加入0.07mol/L PB稀释，15 800*g*离心2h，收集沉淀，悬浮于少量0.07mol/L PB中（2～3mL/kg组织），然后将悬浮液铺于10%～40%连续蔗糖梯度上，78 900*g*离心4h，自下而上分部收集，每份1mL，用PE Lambda 3B型紫外/可见分光光度计测定各组分在254nm下的紫外吸收值，最高的组分合并，用0.07mol/L PB稀释，经448 000*g*离心1h，沉淀用少量0.07mol/L PB悬浮（0.5～1mL/kg组织），为提纯的病毒制剂。病毒浓度用$E_{260}^{0.1\%}=3.6$[6]来估计。

提纯病毒制剂用PE Lambda 3B型紫外/可见分光光度计在220～320nm范围内进行扫描，检测其紫外吸收。用2%的醋酸铀染色后，在JEM-100CXⅡ电镜下观察。

1.3 抗血清制备

用上述制备的提纯病毒5次免疫2.5kg的雄性家兔。前3次为皮下和肌肉多点注射，剂量为每次约2mg病毒，第一次加等量Freund完全佐剂，随后两次加Freund不完全佐剂，每次间隔1周。第三次免疫2周后进行2次静脉注射，剂量为每次约3mg病毒，间隔1周。末次注射1周后开始采血，以对流免疫电泳方法测定其效价。

1.4 血清学检测方法的建立

1.4.1 异种(单、多克隆)抗体双夹心ELISA (DAS-ELISA)

按Thomas等的方法[3]。用上述制备的抗血清

(1∶1000) 包板，单抗 2H6（由福建省农科院柯冲研究员提供）以 5μg/mL 的浓度来检测，辣根过氧化物酶标记的羊抗鼠（Sigma 公司产品）按 1∶1000 的浓度使用。植株样品按 1∶5（W/V）加入 0.2mol/L 磷酸钾提取缓冲液于研钵中研碎，低速离心的上清液直接加入孔中检测，蔗糖梯度离心后分部收集的组分和提纯病毒，用 0.2mol/L 提取缓冲液稀释后用于检测。底物为邻苯二胺，反应半小时后用 2mol/L 硫酸中止反应，DG-3022A 型酶联免疫检测仪测定 A_{490} 值，高于对照 2 倍判断为阳性。

1.4.2　A 蛋白夹心 ELISA (PAS-ELISA)

按 Edwards 等的方法[7]。包被 A 蛋白浓度为 5μg/mL，辣根过氧化物酶标记的 A 蛋白（HRP-Protein A）稀释 40 倍（Protein A 和 HRP-Protein A 均为上海科欣生物技术研究所产品）。用上述制备的抗血清稀释 1000 倍作为第一抗体，1∶500 作检测。样品处理及其他实验步骤同 DAS-ELISA。

2　结果

2.1　病毒提纯制剂的电镜观察和紫外吸收测定

从人工感染的病株提纯到大量直径为 18～20nm 的球状病毒（图 1）。在改进和优化的提纯方法中，使用室内接种的病株材料，改变病毒释放方法和缩短提取时间，大大地提高了病毒的产量，其产量最高可达 3.4mg/kg 组织。此外，由于提纯时间缩短，减少了病毒的降解，病毒粒体保持完整。提纯的病毒制剂具典型的核蛋白紫外吸收光谱（图 2），最高吸收峰在 257nm 左右，最低吸收在 240nm 左右，$A_{260}/A_{280}=1.3$，与 Thomas 等的报道相近[3]。

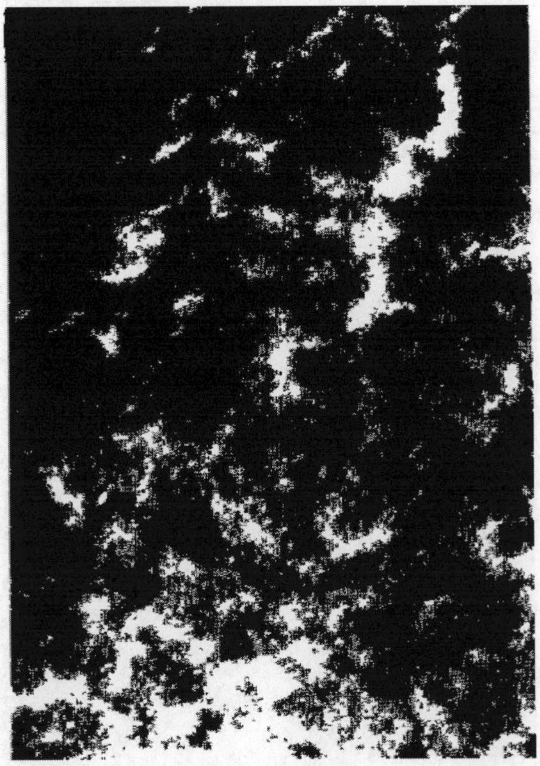

图 1　提纯的 BBTV 粒体（72 000×）

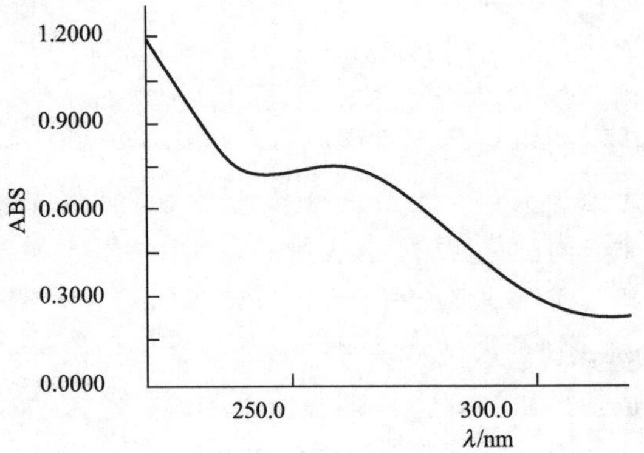

图 2　BBTV 提纯制剂的紫外吸收光谱

在提纯过程中，我们也用 4%、6%、8%、10%、12%及 15%的 PEG（MW∶6 000）和 2% NaCl 沉淀病毒，但用 ELISA 测定表明病毒大部分留在上清液中，不能很好沉淀病毒。

2.2　抗血清制备

经 5 次免疫获得的抗血清，经健康香蕉组织抽提液吸收后，用对流免疫电泳方法测定，结果表明，以末次注射后 10d 采集的抗血清效价最高为 1∶32。

2.3　血清学检测

使用本实验制备的抗血清，建立的 DAS-ELISA 及 PAS-ELISA 检测方法，均可用于检测实验室接种和田间的 BBTV 病株。

两种方法检测提纯病毒（稀释 10 倍）、人工接种的病株、田间病株、花叶病株、带毒和无毒交脉蚜。结果表明，提纯病毒、人工接种的和田间病株样品都显阳性反应，而花叶病株（黄瓜花叶病毒）样品和无毒蚜虫样品均显阴性反应，但 PAS-ELISA 方法不能检测带毒蚜虫样品（表 1）。我们也检测了 BBTV 病株不同部位（包括根、茎、叶中脉和叶片），发现叶中脉的病毒含量最高，其次分别为假茎和叶片，根的病毒含量最低（表 2）。

表 1　不同 BBTV 样品的血清学检测结果

样品	DAS-ELISA	PAS-ELISA
提纯病毒（稀释 10 倍）	+++++	+++
人工接种病株	+++	++
田间病株	++	+
花叶病株	−	−
健康香蕉	−	−
带毒蚜虫	+	−
无毒蚜虫	−	−
0.2mol/L PB	−	−

+、−分别表示阳性和阴性反应

表 2　BBTV 病株不同部位的血清学检测结果

样品	DAS-ELISA	PAS-ELISA
根	++	+
假茎	+++	++
叶中脉	++++	+++
叶片	+++	++
健叶脉	−	−
0.2mol/L PB	−	−

+、−分别表示阳性和阴性反应

3　讨论

由于 BBTV 缺乏易于提纯的替代寄主，而香蕉植株中含有大量的乳汁和多酚类物质，它们和病毒粒体相互干扰影响 BBTV 的提纯[8]，因此 BBTV 的提纯难度较大。所以，在病毒提纯的问题上，只能从提纯过程的各个环节本身去寻找改进的办法，尤其是提纯材料的来源、病毒的充分释放与否，以及在不降低纯度指标条件下尽量地减少病毒在提纯过程中的降解和损失，从而最大限度地提高病毒的提纯产量。在用 ELISA 检测田间病株和实验室人工接种的组培苗时，我们发现室内接种病株的反应比田间病株要强烈得多，说明它的组织病毒含量比田间病株高得多。因此在选择病毒来源时，我们用无病毒组培苗经蚜虫进行人工接种发病的材料代替田间病株。人工接种的材料首先是经过蚜虫生物纯化的，病毒含量高，其次人工接种的病株发病整齐，而且组织幼嫩，多酚和乳汁类物质含量少，因而对病毒提取的干扰小。在 ELISA 监测提纯过程中，我们还发现经过搅拌 2d、静置 2d 后，离心残渣中仍含有大量病毒，这样就导致了病毒粒体丢失和降解从而使产量降低。针对病毒释放问题，我们将提取缓冲液先加氯仿、正丁醇充分乳化，再加入病组织进行病毒释放，ELISA 检测结果表明病组织残渣中病毒含量很少，说明病毒得到比较完全的释放。在超离心浓缩时，我们改用玻璃匀浆器对超离心的沉淀在冰浴中进行较长时间（1～2h）的匀浆，这样既缩短了提纯时间，又避免了病毒在这一期间的降解；在第二轮差速离心中，我们采用蔗糖垫方法，使病毒和大块杂质分开，从而使病毒再悬浮变得更容易。另外，提纯过程的所有操作都保持在 4℃左右的低温进行，尽量减少温度过高对病毒的破坏。通过上述改进，使提纯病毒的产量得以大幅度提高，最高可达到 3.41mg/kg 病组织的水平，而且提纯的时间也显著的缩短，一般可在 2d 内完成。

最近，周仲驹等（1996）报道 BBTV 存在 2 个株系，即 S（重型）和 M（轻型）株系，采用台湾的单克隆抗体未能检测出 M 株系的 1 个毒株[9]。所以，仅用单克隆抗体进行检测存在被漏检的可能。于是，我们在血清学检测中，建立了 DAS-ELISA 和 PAS-ELISA 2 种方法。同时，我们还对病株不同部位进行检测，结果发现病叶中脉病毒浓度最高，叶片和假茎次之；所以，在进行田间检测时，建议用叶脉，在检测组培苗时，可用整个叶片作为检测材料。此外，尽管我们对 BBTV 的提纯方法进行了较大改进，但与一般病毒提纯程序相比仍是相当烦琐，而且病毒产量还是相当低（最高才 3.41mg/kg 组织）。近年来，随着分子生物学技术的发展和应用，BBTV 基因组有几个片段的序列已被测定，于是发展分子探针、PCR 方法进行 BBTV 检测是可行，而且也是必要的。

致谢　福建省热带作物科学研究所何忠春副研究员、厦门华侨亚热带植物引种园龚进兴副研究员，对本研究给予大力支持；福建省农科院柯冲研究员提供 BBTV 单克隆抗体。谨此致谢！

参考文献

[1] 周仲驹. 香蕉束顶病的生物学、病原学、流行学和防治研究. 福建农业大学博士论文，1994，94

[2] Wu RY, Su HJ. Purification and characterization of *Banana bunchy top virus*. J Phyopathol, 1990, 128: 137-145

[3] Thomas JE, Dietzgen RG. Purification, characterization and serological detection of virus-like particles associated with banana bunchy top disease in Australia. J Gen Virol, 1991, 72: 217-224

[4] Harding RM. Burns TM, Dale JL. Virus-like particles associated with banana bunchy top disease contain small single-stranded DNA. J Gen Virol, 1991, 72: 225-230

[5] 叶旭东，杨辉，吴如健等. 香蕉束顶病毒的提纯. 福建省农科院

学报，1993，8:1-4
[6] Chu PW，Helms K. Novel virus-like particles containing circular single-stranded DNAs，associated with subterranean clover stunt disease. Virology，1988，167：38-49
[7] Edwards ML，Cooper JI. Plant virus detection using a new form of indirect ELISA. J Virol Methods，1985，11：309-319
[8] Dale JL. Banana bunchy top：an economieally important tropical plant virus disease. Adv Virus Res，1987，33：302-325
[9] 周仲驹，林奇英. 谢联辉等. 香蕉束顶病毒株系的研究. 植物病理学报，1996，26：63-68

香蕉束顶病毒株系的研究*

周仲驹，林奇英，谢联辉，徐平东

（福建农业大学植物病毒研究所，福建福州 350002）

摘 要：采自福建各地蕉区的不同香蕉束顶病毒株类型之间致病性和介体蚜虫的传病率有明显的差异，进一步依其在香蕉品种台湾蕉和 Williams 上的反应、香蕉交脉蚜的传病率、毒株类型之间的交互保护和血清学测定结果等，把香蕉束顶病毒区分为 BBTV-S 重型和 BB TV-M（轻型）两个株系。BBTV-M 和 BBTV-S 均能引致香蕉叶片上的青筋症状，两者在血清学上有密切关系，但 BBTV-M 仅引致植株产生少量青筋，而 BBTV-S 除引致香蕉植株上有大量青筋之外，还引致严重矮化、束顶以及轻度黄化，BBTV-M 的潜育期较 BBTV-S 明显长，香蕉交脉蚜对 BBTV-S 的传病率大大高于对 BBTV-M 的传病率，BBTV-M 对 BBTV-S 有强的保护作用。

关键词：香蕉束顶病毒；株系

Studies on the strains of *Banana bunchy top virus*

ZHOU Zhong-ju，LIN Qi-ying，XIE Lian-hui，XU Ping-dong

（Institute of Plant Virology，Fujian Agricultural University，Fuzhou 350002）

Abstract：It was found that the pathogenicity and the aphid transmission rate of BBTV varied obviously with different isolate groups from the banana-growing areas in Fujian. Two virus strains，i. e. severe strain（BBTV-S）and mild strain（BBTV-M）were further distinguished based on their different symptoms expression on cvs. Taiwanjiao and Williams，transmission rate by *Pentalonia nigronervosa*，cross protection between different isolates and results of serological detection. Both BBTV-M and BBTV-S strains caused green streaks symptoms on banana leaves and had a close serological relationship. However，BBTV-M only intrigued a few mild green streaks，while BBTV-S caused a lot of obvious green streaks，severe stunting and bunchy and slight yellowing. Latent period of BBTV-M was obviously longer than that of BBTV-S. Transmission rate of BBTV-S by *P. nigronervosa* was much higher than that of BBTV-M. BBTV-M had a strong protective effect against BBTV-S with in diseased banana plants.

Key words：*Banana bunchy top virus*；Strain

香蕉束顶病（banana bunchy top）是香蕉的重要病害，它威胁着世界上包括我国在内约 1/4 左右

植物病理学报，1996，26（1）：38-63

收稿日期：1994-10-14

* 基金项目：福建省科学技术委员会资助项目。台湾大学苏鸿基教授提供 BBTV 单抗抗体和试剂盒，特此致谢。

蕉区的香蕉生产[1-3]，其病原尽管目前有不同的看法，但多认为是直径 18～20nm 的球状病毒即香蕉束顶病毒（BBTV）[1,4-7]，有关该病毒的株系区分问题有许多争论。有人根据蕉麻束顶病毒（*Abaca bunchy top virus*，ABTV）的生物学性质与 BBTV 的生物学性质相似、BBTV 能侵染蕉麻引致与 ABTV 的相似症状，而 ABTV 不侵染香蕉等，认为 ABTV 系 BBTV 的一个株系，称为蕉麻株系（abaca strain），另外把香蕉上的 BBTV 称为香蕉株系（banana strain）[8]，但 ABTV 和 BBTV 的实质性关系至今尚未见有进一步的研究报道。

在自然感染的香蕉束顶病株中，曾报道有症状轻重的差异、病株症状的减轻和恢复以及症状很轻微的病株对带毒蚜虫的接种有一定的抵抗作用等现象。对此，有人即推测认为 BBTV 有轻型株系（mild strain）或弱化株系（attenuated strain）的存在[9]，此后尚未见有进一步的研究报道。作者在研究 BBTV 的过程中，发现不同 BBTV 毒株类群之间不仅有症状轻重的差异，而且根据其症状表现、介体蚜虫的传病率、血清学和交互保护的测定结果可以 BBTV 区分为重型（severe strain，BBTV-S）和轻型株系（mild strain，BBTV-M）。本文报道有关结果。

1 材料和方法

1.1 供试材料

毒源的选择：1989～1992 年从福建省各地蕉区采回香蕉束顶病病株样本累计 144 个。每次取回样本时，经盆钵或温、网室内种植，根据香蕉品种类型及其症状严重程度初步归类后，共选有代表性的 10 个样本进行香蕉交脉蚜的蚜传接种，其中症状严重的 6 个，症状轻微的 4 个。根据在台湾蕉上的症状严重程度，并参考利用台湾大学苏鸿基教授提供的 BBTV 单克隆抗体试剂盒的测定结果，选症状最为典型且严重，单抗测定反应阳性的毒株 1 个（称 S 毒株），症状轻微、单抗测定反应阳性的毒株（M_1 毒株）和反应阴性的毒株（M_2 毒株）各 1 个，再加上症状很轻但香蕉交脉蚜不能成功传播的病株（病毒分离物）（称 NtM 毒株）作供试毒源用于进一步试验测定。

供试昆虫取用室内繁殖保存的香蕉交脉蚜（*Pentalonia nigronervosa*）无毒群体。

供试植物除特别标明外，均为台湾蕉无毒吸芽苗和组培苗以及 Williams 无毒组培苗。

1.2 症状表现、传病率及品种反应试验

症状观察在毒源材料上以及香蕉交脉蚜传播接种的材料上进行。

传病率试验则将无毒香蕉交脉蚜分别放在 S、M_1 和 M_2 毒株上饲毒 48h，后移入供试台湾蕉品种上接种，每株 1 头、3 头、5 头、10 头、15 头和 20 头，除 1 头、3 头、5 头处理各接种 20 株外，其余均接种 6 株，后每隔 5d 观察记载一次发病情况。

品种反应试验则将同样饲毒 48h 的香蕉交脉蚜，分别接种在台湾蕉和 Williams 品种的组培苗上，每株接种 20 头，每毒株接种 5 株，之后隔 5d 观察记载一次发病情况。

1.3 交互保护试验

采用台湾蕉和 Williams 无毒组培苗进行接种测定，即在苗高 18～20cm 时先接种 M_1、M_2 或 S 毒株，20d 可见症状时接种 M_1 和 M_2 毒株，而 M_1 M_2 毒株则在 60d 可见症状时接种 S 毒株，每处理接种 5 株，每株接种带 S 毒株香蕉交脉蚜 20 头，M_1、M_2 毒株则为每株 40 头，NtM 毒株则在吸芽苗繁殖至 30～50cm 高时，分别接种 S 和 M_1 毒株，各接种 4 株。S 毒株同样每株接种 20 头带毒蚜虫，M_1 毒株则每株 40 头，接种后每隔 5d 观察一次症状表现情况。

1.4 血清学测定

采用前述制备的 S 毒株的抗血清（Ab）[1]，以 ELISA 间接法检测 4 个毒株的 18～20nm 球状病毒粒体的存在及其相互关系；采用抗血清 Ab 结合 BBTV 的单克隆抗体（作第二抗体），以 ELISA 双夹心法测定四个毒株的存在及其相互关系。酶标记抗体为辣根过氧化物酶标记的羊抗兔（鼠）IgG，底物为邻苯二胺，读 490nm 波长的光密度值。

2 结果与分析

2.1 不同毒株的症状表现和传病率

观察和接种测定结果（表 1 和表 2）中，可将症状分为重型和轻型。从福建蕉区所获的 144 个病株样本中，仅有 4 个样本表现轻型症状，占 2.78% 且这 4 个样本均采自漳州蕉区，品种均为台湾蕉，而表现重型症状的有 140 个，占 97.22%，分别来自漳州、厦门、泉州和莆田等不同蕉区（表 1）。

表 1 144 种香蕉束顶病病株样本的盆栽和室内观察结果

来源	数量	重型症状	轻型症状
漳州地区	98	94	4
厦门市	8	8	0
泉州市	8	8	0
莆田市	30	30	0

10 个样本的进一步测定结果（表 2 中），4 个轻型毒株与 6 个重型毒株之间的症状表现有明显的差异，而重型毒株之间或轻型毒株之间未见有明显的差异；6 个重型毒株均可由香蕉交脉蚜传播，但 4 个轻型毒株中则有 1 个毒株（NtM）由香蕉交脉蚜的传病试验一直未能成功；轻型毒株的 OD 值均不同程度地低于各重型毒株，且有一个毒株（M_2）与台湾 BBTV 单抗抗体反应呈阴性。

表 2 10 个香蕉束顶病病株样本的症状表现、蚜虫传播试验和血清学测定结果

编号	症状特点	香蕉交脉蚜的传播试验结果	台湾 BBTV 单抗试剂盒的测定结果（OD 值/结果）
1(S)	叶片背景青筋明显、植株严重矮化、束顶明显，有轻度黄化	+	0.53/+++
2		+	0.58/+++
3		+	0.49/+++
4		+	0.62/+++
5		+	0.52/+++
6		+	0.50/+++
7(M_1)	仅叶片背面主脉上少数几条青筋	+	0.42/++
8(M_2)		+	0.07/−
9		+	0.45/++
10(NtM)		−	0.29/++
11	无病香蕉（CK1）		0.04/−
12	缓冲液（CK2）		0.05/−

重型症状在前文[10]已作了描述，轻型症状即在病株叶片背面主脉上可见有数量极少、零星分布的若干条“青筋”，有时在叶片背面主脉之外也有少量青筋，但远比重型症状少得多。植株并不表现黄化，也未见有明显的矮化。在田间的整个生长期中，也未见有明显的矮化、黄化和束顶等症状。在日平均温度 20～30℃条件下，在台湾蕉组培苗上的潜育期可达 50～65d，平均约为 57d；而相应重型症状的潜育期为 15～20d，平均仅为 18d。

S、M_1 和 M_2 三个毒株传病率的测定结果（表 3）表明：在同样的获毒时间内，香蕉交脉蚜传播 S 毒株的传病率明显高于 M_1 和 M_2 毒株，而对 M_1 和 M_2 毒株的传病率基本相同。

表 3 香蕉交脉蚜对 BBTV-S、M_1 和 M_2 三个毒株的传病率*

接毒虫数株	接种株数	发病株数/发病率/%		
		S 毒株	M_1 毒株	M_2 毒株
1	20	2/10.0	1/5.0	1/5.0
3	20	7/35.0	2/10.0	2/10.0
5	20	13/65.0	3/15.0	3/15.0
10	6	6/100	3/50.0	3/50.0
15	6	6/100	4/66.7	3/50.0
20	6	6/100	4/66.7	4/66.7
40	6		6/100	6/100

* 获毒时间均为 48h，供试品种均为台湾蕉无毒组培苗

2.2 交互保护试验

根据 BBTV 不同毒株在台湾蕉和 Williams 品种上的症状轻重之别，可以判别轻型毒株对重型毒株的保护作用程度。试验测定结果（表 4）中，先接种 S 毒株后再接种 M_1 和 M_2 毒株的病株一直表现 S 毒株的症状；而先接种 M_1 和 M_2 毒株后接种 S 毒株的病株，有 80%一直表现明显的轻型症状，其余有 20%在第二次接种后 25d 开始表现重型症状，而在正常情况下，无病组培苗每株接种 20 头带毒（S 毒株）香蕉交脉蚜，则 100%表现症状，且潜育期平均仅为 18d。这说明 M_1 和 M_2 毒株对 S 毒株有较强的保护作用。

表 4 BBTV-S 和 M_1、M_2 毒株的交互保护试验结果

香蕉品种	第一次接种毒株	第二次接种毒株	最后显示症状*（轻型重型）/%
台湾蕉	S	M_1	0/100
	S	M_2	0/100
	M_1	S	80/20
	M_2	S	80/20
Williams	S	M_1	0/100
	S	M_2	0/100
	M_1	S	80/20
	M_2	S	80/20

* 每处理各接种 5 株

进一步根据香蕉交脉蚜的传病能力测定 NtM 毒株对 M_1 和 S 毒株的保护作用程度。测定结果（表 5）中，NtM 病株上接种 M_1 毒株 60d，虽然症状未观察到有明显变化，但有 75%的病株可为香蕉交脉蚜所回接传染引致无病株发病，而接种 S 毒株 25d 后有 1 株开始表现重型症状，这说明 NtM 对 S 毒株也有较强的保护作用，而对 M_1 毒株的保护作用较弱，M_1 与 NtM 毒株间的关系似乎还相当复杂。

表 5　BBTV-NtM 毒析对 S 和 M_1 毒株的保护作用测定结果*

NtM 病株数	接种毒株	最后表现毒株/数量	
4	S	S+NtM/1	NtM/3
4	M_1	M_1+NtM/3	NtM/1

* 接毒虫数为 20 头/株

2.3　血清学测定

采用 S 毒株的抗血清检测 S、M_1、M_2 和 NtM 毒株的结果（表 6）均呈阳性反应。采用来自台湾的单克隆抗体试剂盒检测以及多抗血清结合台湾的单抗（Mab）检测结果（表 6）中，与 S、M_1 和 NtM 毒株均呈阳性反应，而与 M_2 毒株则呈阴性反应。这些结果表明这四个毒株之间存在着明显的血清学关系，而 M_2 毒株可能不具备有台湾 Mab 所对应的抗原决定簇。

表 6　BBTV 四个毒株的血清学检测结果

毒株	S 毒株的抗血清 S(Ab)	台湾 BBTV 单抗试剂盒	Ab+Mab
S	0.56/+*	0.53/+	0.50/+
M_1	0.52/+	0.42/+	0.47/+
M_2	0.37/+	0.07/+	0.04/+
NtM	0.32/+	0.29/+	0.22/−
健株对照(CK)	0.09/−	0.04/−	0.02/−
缓冲液对照	0.07/−	0.05/−	0.05/−

* OD 值结果，490nm 波长的 OD 值；+、−分别表示阳性和阴性反应

综合分析对 BBTV 四个毒株的传病率、症状表现、交互保护作用以及血清学测定结果表明：BBTV 在自然侵染发病的香蕉病株中，存在着不同的 BBTV 毒株类群，其中有些毒株之间表现有致病性（引致轻重不同症状）的差异，有些则表现与其介体香蕉交脉蚜的亲和能力（介体传病率不同）的差异，而另一些则存在着衣壳蛋白结构组成（抗原决定簇）的差异。根据这些差异，把引致症状严重、介体传病率高、轻型毒株对之有保护作用的 S 毒株类型称为重型株系（BBTV-S），而把引致症状轻、介体传病率低、对 S 毒株有保护作用的 M_1 和 M_2 毒株类型称为轻型株系（BBTV-M），对于 NtM 因香蕉交脉蚜介体无传染能力，推测可能系其他毒株的变异所致，故暂不进行区分株系。

3　讨论

我们的研究结果不仅证实了自然感染的香蕉束顶病株中有症状轻重差异的报道，而且经生物学测定结果表明：症状轻重的差异相当明显而且稳定，两个症状类型病株的传染性也有明显差异，香蕉交脉蚜对“重型”毒株的传染性极高，而“轻型”毒株的传染性较低，加上轻型毒株对重型毒株有强的保护作用，因此，本研究首次确立了 BBTV 两个株系的存在，证实了前人有关株系分化的推测[3,8]，鉴于株系的区分主要应是致病性上的差异，而 M_2 毒株利用台湾的 Mab 抗体未能检测出，可能系抗原决定簇上的差异，该毒株的其他特性与 M_1 毒株基本相同，因此均归在轻型株系之中。至于 NtM 毒株，有可能系其他可蚜传毒株的突变产物，已丧失了蚜传特性，因此，其归属有待更系统的研究之后再予确定较为妥当。此外，本研究中所用的毒株均源于福建省蕉区，采样数量和范围还相当有限，所以从更大范围内甚至不同国家之间更系统地比较和深入研究 BBTV 的株系区分和致病性分化现象有可能取得更有意义的结果。其次，该病毒存在株系分化的现象，且轻型株系对重型株系有强的保护作用，这就从另一个方面提供了人们去寻找控制香蕉束顶病的机会，值得进一步研究。

参 考 文 献

[1] 周仲驹，谢联辉，林奇英等. 福建省科协首届青年学术年会-中国科协首届青年学术年会卫星会议论文集. 福州：福建科学技术出版社，1992，727-731
[2] 周仲驹，林奇英，谢联辉等. 香蕉束顶病的研究Ⅰ. 病害的发生、流行与分布. 福建农学院学报，1993，22(3)：305-310
[3] Dale JL. Banana bunchy top, an economically important tropical plant virus disease . Advances in Virus Res, 1987, 33: 302-325
[4] 叶旭东，杨辉 . 香蕉束顶病毒的提纯. 福建省农科院学报，1993，2(2)：1-4
[5] Harding RM, Burns TM, Dale JL. Virus-like particles associated with banana bunchy top disease contain small single-stranded DNA. J Gen Viro, 1991, 72: 225-230
[6] Thomas JE, Dietzgen RG. Purification, characterization and serological detection of virus-like particles associated with banana bunehy top disease in Australia. J Gen Viro, 1991, 72: 217-224
[7] Wu RY, Su HJ. Purification and characterization of *Banana bunchy top virus*. Phytopathology, 1990, 128: 137-145
[8] Simmonds NW. Bananas. 2nd. London: Longman, 1982, 394-400
[9] Sharma SR. *Banana bunchy top virus*. Int J Tropical Plant Diseases, 1988, 19-41
[10] 周仲驹，林奇英，谢联辉. 香蕉束顶病的研究Ⅱ. 病害的症状、传播及其特性. 福建农学院学报，1993，22(4)：428-432

我国香蕉束顶病的流行趋势与控制对策*

周仲驹，谢联辉，林奇英，陈启建

（福建农业大学植物病毒研究所，福建福州　350002）

摘　要：香蕉束顶病在我国福建、广东、广西、海南和云南等几大蕉区均有发生，部分蕉区为害严重。由于毒源和传毒介体香蕉交脉蚜的广泛存在，且目前生产上大面积种植的香蕉品种多为高度感病品种，蕉农种植带病毒而未发病的吸芽苗或带病毒的组培苗的现象也普遍存在。因此，在今后3～5年或相当长两个时期内，倘若不及时采取有效的防治措施，香蕉束项病无疑仍将继续流行甚至严重流行，引致重大的经济损失。

在北纬20°～23°以南地区，通过广泛地采用一年制种植和栽培技术，并切实保证利用无病毒蕉苗，可望基本控制香蕉束顶病在这些地区的危害。而在其他新的香蕉种植区和小规模无病区，预防尤为重要，必须确保绝对利用无病种苗，同时密切注意病害的发展动向，以便及时采取措施。在病区，则务必全面实施以利用无病种苗、铲除毒源病株和控制介体香蕉交脉蚜传染等一套综合防治措施，而从中长期角度看，培育抗病品种或寻找有效的病毒治疗剂则更为重要。

关键词：香蕉束顶病；流行趋势；控制对策

Epidemic trend of banana bunchy top and its control strategy in China

ZHOU Zhong-ju，XIE Lian-hui，LIN Qi-ying，CHEN Qi-jian

（Institute of Plant Virology，Fujian Agricultural University，Fuzhou　350002）

Abstract：It has been found that banana bunchy top distributed in the banana-growing areas of Fujian，Guangdong，Guangxi，Hainan and Yunnan，China. The disease is causing serious losses in at least some of the areas. The virus sources and its vector *Pertalonia nigronervosa* are considerably common. The commercial banana varieties or cultivars are shown to be highly susceptible. It is also considerably common that the farmers grow their plantation with infected banana suckers although still symptomless and/or infected micropropagated banana plantlets. These factors are highly favourable to the epidemic of the disease. It is therefore predicted that the disease will still be prevalent or epidemic in some of the areas in 3-5 years or a considerably oonger period if no effective control compaign is launched.

However，the disease can be controlled effectively by planting banana plantations annually in the areas south to 20°-23°N and adopting absolute virus-free micropropagated banana plantlets. In

---

刘仪．植物病毒与病毒病防治研究．北京：中国农业科学技术出版社，1997，161-167

* 基金项目：福建省科学技术委员会资助项目

other new banana—growing areas or small virus-free areas, preventive measures should be adopted in combination with using virus-free suckers or plantlets. In infected areas, it is the only strategy to carry out a set of integrated control measures including using virus-free plantlets, rouging the infected plants in time and persistently and dilling the vector aphis in due course. For the long term purpose, it should be vital to screen and/or breed for resistant varieties and look for effective therapeutical agents.

Key words：banana bunchy top；epidemic trend；control strategy

香蕉是我国热带和亚热带地区的重要果树之一，主要集中种植于北纬 18°～20°区，特别是福建、广东、广西、海南、云南和四川等省（区），主要种植的类型是香蕉类，包括有香蕉（AAA）、大蕉（ABB）、粉蕉（ABB）和龙牙蕉（AAB）等不同类型。其中粉蕉和龙牙蕉仅少量种植，大蕉虽因抗寒性较香蕉（AAA）强而分布较广，但其主要是近似半野生式栽培，仅占我国全年香蕉总产量的一小部分，相反最大量栽种的是香蕉（AAA），据统计目前全国种植面积约在 20 万公顷，并有逐年增加种植面积的趋势。

香蕉在栽培过程中，深受病毒病的为害，尤其是香蕉束顶病（banana bunchy top）和香蕉花叶心腐病（banana mosaic and heart rot）等。其中以香蕉束顶病具最大的经济重要性，是过去一个时期内和目前我国香蕉的头号病害，虽然发病率从零星至 30%～50%不等，严重者在 70%～80%，若以 10%～20%的平均发病率算，则全国 20 万公顷香蕉，按每吨香蕉价格 1500 元计，每年便因此损失 5 亿～10 亿元人民币的香蕉产值。因此，如何将香蕉束顶病的发病率控制在允许的水平内，对我国的香蕉生产和发展具有重要的意义。本文结合作者近年来对香蕉束顶病流行规律的研究结果，对其在我国大陆的流行趋势作一估测，提出相应的控制对策，并对存在的一些问题进行讨论。

1　香蕉束顶病在我国的流行特点

根据我们对香蕉束顶病的研究结果以及前人有关的记载，可以看出该病的流行有如下 4 个特点。

1.1　具有巨大的毁灭性

已经明确：香蕉束顶病的病原为直径 18～20nm 的球状病毒[1-4]，病毒可分为重型和轻型株系[5]。轻型株系目前仅在局部蕉区有发理，所致的损失较小。重型株系的分布则极为广泛，在孕穗期前侵染发病的均引致 100%或近乎 100%的损失，在孕穗期后 10～20d 见发病的焦株（丛）虽仍能结果，但果指细小，品味极差，基本无经济价值（表 1)。因此，香蕉束顶病一旦流行成灾，则具有巨大的毁灭性。

表 1　田间香蕉束顶病所致损失的调查结果

株系类型	发病时期	产量/(kg/株) (范围/平均)	品质	损失/% (范围/平均)
重型	苗期—现苗期	0		100
重型	现蕾—孕穗	70%植株能	果指细小，品质	—100
			结少量果	差，无经济价值
重型	孕穗后(10～20d)	0～10.0/7.4	果细小，品味差	58.5～100/66.1
轻型	苗期	14.5～17.8/16.2	果指细小，品味	21.6～24.3/23，6
无病株（CK）		18.5～23.5/21.2		

1.2　具有很强的“传染性”

香蕉束顶病毒可由带毒蕉苗和香蕉交脉蚜（*Pentalonia nigronervosa*）传播。香蕉交脉蚜传毒为持久性方式，传毒率高，介体蚜虫一旦获毒后，传毒时间长[6-8]，而且介体蚜虫繁殖率也高，只要环境条件适合，在很短的时间内即可以产生数量很大的种群[6,7,9,10]。因此，病毒的扩散潜能很大，传染性很强。

此外，当香蕉植株受病毒侵染发病后，病株不能结果或果实品质极差，失去经济价值，但病株分蘖力强，常长出大量的病吸芽。鉴于种苗检疫法规和执法体制的不健全，一些蕉农和不法苗贩子将大量的病苗贩运到外地卖给其他蕉农种植，致使许多新植的蕉园当年病害暴发成灾，这种现象在组培苗大量普及应用之前尤为常见。目前在部分组培苗生产管理体制不健全的地区，组培苗带病毒的现象也常有发生。

1.3　病害发生的一定过程和暴发性

大量的调查研究结果表明：香蕉束顶病的流行有一定的过程，而这一过程的长短，即病害增长的速率有不同（图 1）。其中，有些蕉园的病害发展速度呈典型的“J”型曲线，即在最初的 2～3 年中，病害发病率的年累计增长较慢，而当病害积累到一定程度之后，发病率的年累计增长则极为迅速（图 1a）。这种类型的蕉园多为管理极为粗放，病害开始发生时，往往不引起注意，待到病害快速增长时，无论是否采取措施，均已是措手不及了。相反，在另一些蕉园，发病率增长较为缓慢（图 1b）。这类型蕉园多为管理较精细，能较及时铲除病株，并有效地控制香蕉交脉蚜的蔓延，但发病率仍在不断增长。一旦毒源累计到一定的数量，且有一定的传播介体蚜虫种群的配合，则病害很快暴发流行。

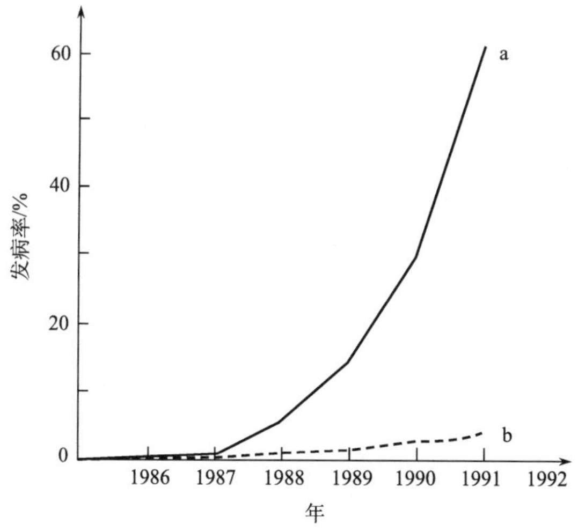

图 1　香蕉束顶病在福建莆田新蕉区始发流行的两种特征曲线

1.4　病害暴发流行的“迁移性”

由于香蕉束顶病有很强的传染性，病害一旦在一个地区暴发流行，经过蕉农一段时间的努力，要么将病害控制在一定的水平，要么放弃种植香蕉。而同时，由于病害时常随种苗的传带或由于其他一些不明的机制，在一些新的香蕉产区暴发流行，而这种现象又常在许多蕉区不断地重演。因此，病害的暴发流行显得颇有“迁移性”。

2　香蕉束顶病在我国的流行趋势

香蕉束顶病在我国大陆的最早发生记载于1954 年的漳州地区，几乎在同一时期也在广东、广西和云南的香蕉主产区流行[11,12]，那时香蕉束顶病的来源已难予追踪，但此后就一直在这些地区的蕉区发生和为害。70 年代末和 80 年代初以后，香蕉种植面积迅速增加，种植地区范围大为扩大，病害也因此随种苗调运散布到全国各主要香蕉种植区。在各省区，也陆续研究获得了一些防治措施[13-15]，但在蕉区，目前香蕉多分散种植，难以统一采取措施，且不少蕉农由于种种原因，认识不到病害发生的一定过程，直等到病害已严重发生，才引起注意，而且有许多蕉农所采取的措施缺乏规范性，甚至有些蕉农对几分地的蕉园无所谓，靠“天”吃饭，所以每年仍因此病引致重大的经济损失。

目前，香蕉束顶病的毒源已遍布我国所有香蕉型品种的主要种植区，现有大面积种植的一香蕉品种多高度感病[6,13,16]，且香蕉育种难度大，短期内难有抗性强的品种予以替代，介体香蕉交脉蚜在这些地区不仅普遍存在，还时常猖獗发生[6,9,10]。因此，在今后的 3～5 年乃至更长的一段时间内，能否控制住香蕉束顶病的流行便取决于当地农业主管部门以及蕉农的认识水平和重视程度。在北纬20°～23°以南的地区，光温水平高，香蕉结果成熟期较短，一般在种植的一年内可以结果收获，因此，在这些地区若能广泛地实行一年制种植和栽培技术，并确保利用无病毒蕉苗，则在这些地区，香蕉束顶病可望基本得以控制[6,10]，否则病害仍将是香蕉生产中的一个重要问题。在北纬 20°～23°以北和低纬度较高海拔地区，倘若逐步实现种苗的无病化，并且在较大范围内的蕉农能够主动配合，及时地不断铲除病株，逐步减少香蕉束顶病的毒源数量，则病害可望得以控制，不会引致较大的经济损失。倘若对病害的防治不及时采取强化措施，病害无疑将继续发生甚至仍然严重流行，引致较为严重的经济损失。

3 香蕉束顶病的控制对策

3.1 通过改变香蕉栽培模式控制香蕉束顶病

香蕉是一年生的草本植物，在传统的栽培模式中，一次种植多年甚至几十年才更园。随着组培技术的发展和广泛应用，种苗的来源已变得极为容易，成本也较低，可以改变传统的多年更园模式为一年一茬，收获后将所有的蕉头全部铲除。尤其在我国的北纬20°～23°以南的香蕉种植区，光温水平高，香蕉结果成熟期较短，一般在种植的一年内可以结果收获：因此，在这些地区，通过广泛地实行一年制种植和栽培技术，并确保利用无病毒蕉苗，是这些地区控制香蕉束顶病的首选办法。

3.2 预防为主，综合防治

国内外的大量研究已经表明：香蕉束顶病主要发生于香蕉上，还少量发生于粉蕉、大蕉以及龙牙蕉类香蕉上，至今尚未发现有其他寄主植物[6-8]。其传统方式包括种苗带病和介体香蕉交脉蚜传播，至今也未证实有其他蚜虫介体存在[12]。在大量种植的香蕉类型品种中，尚未发现有理想的抗病品种可供利用，也未找到可供商品化应用的理想的病毒治疗药剂。所以至今香蕉束顶病的防治也只能以“预防为主，综合防治”的基本策略作为指导思想。

在新的香蕉种植区和无病区，预防尤为重要，必须确保百分之百的利用无病种苗，同时密切注意病害的发展动向，万一少量传入香蕉束顶病，通过对病株的及时、彻底地处理，并结合控制香蕉交脉蚜的传染，就可避免病害的流行，确保香蕉生产的高产和稳产。

在病区，全面实施以利用无病种苗、铲除毒源病株和控制介体香蕉交脉蚜传染等一套综合防治措施是目前唯一可行的办法。这套措施在国内的许多蕉区均已取得了成功。但是在不同的蕉区，由于香蕉品种、栽培、气候和生态条件、蕉农的认识、发病程度等有不同，因此，有关措施在实施的细节和时间上应有所不同。根据这套措施的要点和细节，我们将之进一步总结为“及早察别，铲前喷药；铲杀结合，铲后清园；适时巧治，防蚜治病；补种健苗，精心管理”等项措施[6,15]。利用这套措施，可以使得病蕉园的香蕉束顶病的发病率逐年降低，以确保香蕉的高产和稳产。

4 讨论

4.1 关于香蕉束顶病流行和有效控制的社会背景条件

任何植物病害的大流行均有其特定的生态条件，而形成这些有利病害流行的生态条件的因素中，均有其特定的社会背景条件。香蕉束顶病也不例外，它是一个历史十分悠久的重要病毒病，国内外都曾引致重大的经济损失，而且病害的大流行都与香蕉种植面积的大发展有直接的关系，即在大发展香蕉的过程中，忽略了种苗带病的重要问题。大量的调查研究结果已经表明，哪怕种苗的带毒率极低，经过3～5年的发展之后，都可发展到足以毁灭香蕉产业的程度。然而尽管有历史上许多惨痛的经验教训，但都未能使新发展区有足够的超前意识和进行防范的思想准备，而都是到了病害大流行时，才认识到病害的严重性和开始寻找相应的措施，但均已措手不及了。

就目前我国大陆蕉区香蕉束顶病广泛流行的情况下，虽组织了一些财力着手进行研究以明确其流行规律和寻找有效措施，但目前尚无针对香蕉束顶病的有效治疗剂，且无理想的抗病品种，蕉农多小规模种植，因此难以统一采取综合防治措施。这似乎一方面对植物病理学家提出了更高的要求，另一方面则更值得我们从影响香蕉束顶病流行和有效控制的社会背景条件上去寻找解决途径。

4.2 关于利用无病种苗问题

理论上，利用无病种苗是香蕉束顶病防治以至整个香蕉生产中的一个关键环节之一，实际的经验也予以证明。带病的种苗一旦种植后，不仅本身发病表现症状，更重要的也常为一般蕉农所忽视的是，这些病株一旦成为蕉园中新的传染源，短短一个发病周期中，就可能出现几倍甚至几十倍以上的病株，相反，若能百分之百地利用无病种苗，并配合采取措施铲除蕉园外一定范围的毒源病株和防止香蕉交脉蚜的传染，则在一定范围内可成为香蕉束顶病的无病区。

在1989年之前，国内外尚未见香蕉束顶病毒有效检测技术问世之前，利用无病种苗只能依靠从无病区采种，或通过较长时间的症状观察，后者还具有一定的危险性，但无论如何，这种方法于20世纪20～30年代在澳大利亚就取得了巨大的成功[7]。相反，在70年代之后的十多年中，福建省乃至我国的其他一些蕉区，病害相继大流行的原因之一是缺少有效的病毒检测技术，但更重要的则是在大发展香蕉时违背了科学的决策原则，大量地采用带病蕉苗。最近的若干年中，国内外各种检测技术相继问世[2-4,6,17]，虽然在病毒检测的技术本身，尚有一些问题有待进一步解决，但我们认为现有这些技术应用中的关键是如何科学地应用好这些检测技术。

我们多年的研究结果表明，我国的香蕉病毒病问题除香蕉束顶病外，还有香蕉花叶心腐病等其他病毒病。因此，将香蕉多种病毒看作是一个目标系统，针对各种病毒，采取相应的各种检测手段，包括生物学、血清学、电镜、PCR以及核酸探针等，淘汰带病毒母株，筛选无病毒母株，建立无病毒香蕉母本园，进而用于无病毒香蕉苗的培育和种质资源的交换，而显得更为重要和紧迫。不单纯停留在对组培苗进行抽检。相反，有了可靠的无病毒香蕉母株，只要遵循规范的无病毒组培苗生产程序，则能生产出无病毒的、优质的香蕉组培苗来。

另一方面，无病毒种苗的利用也受到来自社会、经济和政策法规等因素的影响。首先是社会方面，尤其是农民的可接受程度。农民固有的思想比较狭隘，经验比较局限，分不清病苗与无病苗之间的差异，往往种上病苗，引起重大损失，都不知道是种苗带病所致。这方面在通过宣传、示范一段时间后，情况会有改变，即需要一定的过程。其次是经济方面的影响，要培育优质无病毒种苗，无疑价格较高，相反，劣、病则价格较低，甚至极为便宜，许多农民只图眼前利益，甚易上当受骗，当然这些问题的本质是法规的问题，从香蕉产业健康发展的角度看，本身就不容许有故意生产和销售病、劣蕉苗的现象。为此作者认为：法规的有无以及是否真正地执行，是我国香蕉产业发展中包括利用无病毒蕉苗控制香蕉病毒问题的关键。只有通过相关法规的建设及实践，我们的香蕉产业的发展才能走上健康的道路。

4.3 关于寻找新的更为简单的防治措施的问题

香蕉束顶病的防治研究已有近百年的历史，在历史上有一些成功的经验，这些成功的事例均是基于病害的传播和流行特点所设计出来的措施[7,8,13-15]。随着此病毒研究的不断深入以及现代科学技术在香蕉病毒研究中的应用，可望不久的将来，在利用“抗性”品种或病毒“治疗剂”等控制香蕉束顶病的研究有新的突破。

有关品种抗性差异是一个客观存在的事实，尤其品种类型之间的差异甚为明显，但由于生产上栽培的香蕉，基本不产生种子，故采用传统的方法进行抗性育种无法成为实现。但随着细胞水平研究的深入，从细胞水平上进行选育抗性品系已成为可能，尤其是通过选择体细胞的突变体，已在香蕉抗巴拿巴枯萎病（*Fusarium oxysporum* f. sp. *cubense*）的抗性育种取得了成功[18]，这就极大地鼓舞人们从体细胞变异、诱变以至原生质体融合等方面去寻找可能的抗性育种机会，若这方面能取得成功其前景将是极为美好的。

其次，该病毒在株系分化的现象，且轻型株系对重型株系有强的保护作用[5]，这就从另一个方面提供了人们去寻找控制香蕉束顶病的机会。

此外，随着现代分子生物学技术尤其是基因重组技术的广泛应用，若有关香蕉细胞转化系统的研究能取得成功，并能从大蕉和粉蕉等抗性较强的蕉类中分离出抗性基因，或找出病毒本身中“有用”基因，并转移到香蕉栽培品种中，由此也可能使香蕉束顶病的防治产生重要转机。

4.4 关于防治香蕉束顶病的同时兼顾防治其他病毒病的问题

有关的研究已经发现：香蕉束顶病还时常与香蕉花叶心腐病混合发生，尤其是大量应用香蕉组培苗之后，香蕉花叶心腐病的发生更为严重[16,19,20]，这在我国台湾也有类似的现象[18]。在作者的田间调查中，福建省有些蕉园香蕉花叶心腐病的发病率竟高达70%～80%，而一般蕉园中均比较零星发生。在我国其他省（区）的一些蕉区，该病已发生比较严重[16,20]。有关香蕉花叶心腐病的发生规律与香蕉束顶病有些相似，但不完全相同。因此，在着手进行香蕉束顶病的防治时，也考虑如何同时控制或预防香蕉花叶腐病等其他病毒病的发生对于我国的香蕉生产将具有积极的意义。

参考文献

[1] 周仲驹，谢联辉，林奇英等. 福建省科协首届青年学术年会-中国科协首届青年学术年会卫星会议论文集. 福州：福科学技术出版社，1992，727-731

[2] Harding RM, Burns TM, Dale JL. Virus-like particles associated with banana bunchy top disease contain small single-stranded

DNA. J Gen Viro，1991，72：225-230

[3] Thomas JE，Dietzgen RG. Purification，characterization and serological detection of virus-like particles associated with banana bunchy top disease in Australia. J Gen Viro，1991，72：217-224

[4] Wu RY，Su HJ. Purification and characterization of *Banana bunchy top virus* and their use in enzyme-linked immunosorbent assay. J Phytopathology，1990，128：203-208

[5] 周仲驹，林奇英，谢联辉等．香蕉束顶病株系的研究．植物病理学报．植物病理学报，1996，26(1)：63-68

[6] 周仲驹．香蕉束顶病的生物学、病原学、流行学和防治研究．福建农业大学博士学位论文，1994

[7] Dale JL. Banana bunchy top，an economically important tropical plant virus disease. Advances in Virus Research，1987，33：302-325

[8] Sharma SR. *Banana bunchy top virus*. International Journal of Tropical Plant Diseases，1988，19-41

[9] 孙茂林，吴文伟，陈静等．香蕉交脉蚜及其防治研究．植物保护学报，1992，19(4)：358-372

[10] 周仲驹，林奇英，谢联辉等．香蕉束顶病的研究Ⅲ．传毒介体香蕉交脉蚜的发生规律．福建农业大学学报，1995，24 (1)：32-38

[11] 中国农科院果树所．中国果树病虫志．北京：农业出版社，1960，709-710

[12] 农业部植保局．中国农作物主要病虫害及其防治．北京：农业出版社，1959，375-376

[13] 孙茂林，张云发，华秋瑾．香蕉束顶病流行学及综合防治技术研究．西南农业学报，1991，4(1)：78-81

[14] 欧阳浩，程秋蓉，江文浩等．香蕉束顶病的发生及防治．广西农业科学，1985，2：45-47

[15] 周仲驹，林奇英，谢联辉等．香蕉束顶病的研究Ⅳ．病害的防治．福建农业大学学报，1996，25(1)：44-49

[16] Zhou ZJ，Xie LH. Status of banana diseases in China. Fruits，1992，47(6)：715-721

[17] 孙茂林，和春育，庄俊英等．香蕉束顶病毒单克隆抗体的制备及其应用西南农业学报，1992，5(3)：76-79

[18] Hwang SC. Banana diseases in Asia and the pacific. INIBAP Network for Asia and the Pacific，France. 1991，73-83

[19] 肖火根，高乔婉，张曙光等．香蕉试管苗黄瓜花叶病毒检疫检验技术研究．中国病毒学，1995，(3)：254-257

[20] 周广泉，邹琦丽，蒋冬荣等．香蕉束顶病和花叶心腐病的快速测定技术研究．广西植物，1991，11(1)：77-81

香蕉束顶病毒的寄主及其在病害流行中的作用

周仲驹[1]，徐平东[2]，陈启建[1]，林奇英[1]，谢联辉[1]

（1 福建农业大学植物病毒研究所，福建福州　350002；
2 国家植物引种隔离检疫基地，福建厦门　361002）

摘　要：接种测定结果表明：香蕉、粉芭蕉和大蕉等是香蕉束顶病毒的寄主，但美人蕉、芋头、艳山姜、芭蕉芋、姜黄、长春花、甜瓜等其他 24 种供试植物不是该病毒的寄主。研究结果还认为：在福建省香蕉产区，香蕉束顶病流行的主要侵染源为香蕉病株，而粉芭蕉和大蕉等病株则可在病区中病害的长期定殖和流行起重要的作用。本文还讨论了这些研究结果对该病害的流行学和防治的重要性。

关键词：香蕉束顶病毒；寄主；流行与防治

Hosts of *Banana bunchy top virus* and their significance in the disease epidemics in Fujian, China

ZHOU Zhong-ju[1], XU Ping-dong[2], CHEN Qi-jian[1], LIN Qi-ying[1], XIE Lian-hui[1]

(1 Institute of Plant Virology, Fujian Agricultural University, Fuzhou　350002;
2 National Plant Introduction Quarantine Base, Xiamen　361002)

Abstract: Inoculation tests showed that a Fujian isolate of the *Banana bunchy top virus* could infect various bananas including *Musa nana* (Xiangjiao), *M. paradisiaca* (Fenjiao) and *M. sapientum* (Dajiao), however, it could not infect 24 other plants tested at the same inoculation pressure. These plants were *Canna indica*, *Colocasia esculenta*, *Achasma zerwbet*, *Canna edulis*, *Curcuma domestica*, *Catharanthus roseus* and *Cucumis melo* etc., some of which were previously doubted to be hosts of BBTV. Virus from infected Xiangjiao cultivars was the major source of the disease epidemics in Fujian, China, whereas infected plants of Fenjiao and Dajiao could have a long-term effect on the habitation of the disease in a given area. The significance of the present results on the epidemiology and control of the disease was also discussed.

Key words: *Banana bunchy top virus*; Host; Epidemic and control

香蕉束顶病毒（*Banana bunchy top virus*, BBTV）是世界上危害香蕉最重要的病毒，它威胁着包括我国在内的约 1/4 香蕉产区的香蕉生产[1,2]。有关其寄主范围国际上曾有一些研究报道，并得到广泛引用[3,4]，但目前有详尽接种实验结果并明确肯定的只有芭蕉科，尤其是芭蕉属（*Musa*）下的

植物病理学报，1998，28（1）：67-71
收稿日期：1997-05-28

一些种，它们是香蕉（*M. nana*）、*M. ensete*、大蕉（*M. sapientum*）、粉芭蕉（*M. paradisiaca*）、*M. banksii*、麻蕉（*M. textilis*）、野蕉（*M. balbisiana*）和小野果蕉（*M. acuminata*）等[1,5]。Vakili[4]曾报道美人蕉（*Canna* sp.）上具有类似香蕉束顶病的症状，但 Magee 更早时则已在美人蕉上进行了大量的接种试验，而未取得成功[4,6]。Rao（1980）曾报道可利用多种蚜虫将香蕉束顶病传至黄瓜、甜瓜、长春花和一种三七草（*Gynura aurantiaca*）上，引起矮化、黄化和脉明症状；并且叶片靠接能将病害传至长春花上[7]。另外，还有报道芋头（*Colocasia esculenta*）能作为 BBTV 的无症状寄主和病毒的自然存贮地[8]。由于芋头在许多蕉区广泛存在，甚至在广大热带和亚热带地区蕉园广为套种，在蕉园外也常有大量的野生芋头存在，且芋头本身就是 BBTV 传播介体-香蕉交脉蚜（*Pentalonia nigronervosa*）的寄主之一，因此这个报道在 BBTV 的流行学上具有极大的重要性，而引起国际香蕉界的广泛注意[9,10]，但至今尚未见有进一步证实的报道。此外，国内外已证实芭蕉属的一些种是 BBTV 的寄主[3,9,11]，但它们在病害流行中的作用也一直未予明确。因此我们在对福建蕉区蕉园生态以及病害发生规律等研究的基础上，进一步对一些可疑的病毒寄主，特别是蕉园内外病毒介体蚜虫的一些寄主进行反复接种测定，确定其是否为 BBTV 的寄主，并分析有关病毒寄主在病害流行中的作用。

1　材料和方法

1.1　供试材料

供试毒源为 BBTV 重型株系（BBTV-S）的典型毒株[6]。供试介体为香蕉交脉蚜。供试植物总计 29 种（品种），即除表 2 所列的 13 种外，还有番茄（*Lycopersicum esculentum*）、烟草（*Nicotiana tabacum*）、曼陀罗（*Datura stramonium*）、千日红（*Gomphrena globosa*）、苋色藜（*Chenopodium amaranticolor*）、马齿苋（*Portulaca oleracea*）、龙葵（*Solanum nigrum*）、水稻（台中 1 号）（*Oryza sativa* cv. *Taichung Native* No. 1）、甘蔗（*Saccharum officinarum* cv. F134）、玉米（*Zea mays*）、高粱（*Sorghum vulgare*）、豌豆（*Pisum sativum*）、蚕豆（*Vicia faba*）、菜豆（*Phaseolus vulgaris*）、蟋蟀草（*Eleusine indica*）和黄瓜（*Cucumis sativus*）等，其中除部分源自福建农业大学园艺场、漳州市农科所和漳州天宝蕉区外，其余源于福建农业大学植物病毒研究所。

1.2　寄主范围的测定

将供试植物盆栽种植，当供试植株长出 1～2 片叶时，分别接上在香蕉病株上饲养繁殖的带毒香蕉交脉蚜，每株接 30 头，除特别注明外，每种植物接 3～4 头不等，放在养虫笼中观察 10d。分别记载香蕉交脉蚜在各供试植物上的生存情况，后用毛笔扫去所有可见香蕉交脉蚜，每株供试植物上再分 2 批（分别为 30 头株和 40 头株）接种带毒香蕉交脉蚜共 70 头，强迫其取食，10d 后若尚有存活香蕉交脉蚜则用 40%乐果 1000 倍杀死全部蚜虫。盆栽观察 7 个月至一年时间不等。

回接试验依不同供试植物的生长期分别在接种后 30d、60d、90d 或 120d 进行。回接时，无毒香蕉交脉蚜的获“毒”取食时间为 24h，后以 50 头为单位接种无病的香蕉品种 Williams 3～4 片叶的小苗上，每株接种植物回接 2～3 株香蕉小苗后盆栽观察 6 个月。

试验先后分 6 批进行，每批测定 4～6 种（品种），接种时每批以 Williams 品种为对照。回接时以无毒香蕉交脉蚜“接种”Williams 小苗为对照。

接种的 29 个植物种（品种）用抗血清检测 BBTV 存在的可能性。其中台湾蕉、米蕉、粉芭蕉、大蕉、番茄、美人蕉、烟草、曼陀罗、长春花、千日红、苋色藜、马齿苋、龙葵、水稻、甘蔗、玉米、高粱、豌豆、蚕豆、菜豆、蟋蟀草、黄瓜、姜、甜瓜和姜黄等 25 种（品种）用作者自己制备的抗血清（简称 Ab）进行检测，测定方法为 ELISA 间接法；而 Williams、芋头、芭蕉芋和艳山姜等 4 种（品种）则采用抗血清 Ab 结合 BBTV 的单克隆抗体（Mab）作第 2 抗体进行测定，测定方法为双抗体夹心法[2]。

1.3　病毒寄主在病害流行中的作用分析

通过对香蕉交脉蚜在不同寄主的获毒和传病能力的测定，结合田间和病区调查结果、香蕉品种抗性的测定结果以及其他有关病害发生流行的研究结果，综合比较分析 BBTV 有关寄主在病害流行中的作用。

2 结果与分析

2.1 传病介体香蕉交脉蚜在不同植物上的生存情况

测定结果（表1）表明：在供试的11个植物种（品种）中，香蕉交脉蚜可以在其上繁殖的有香蕉（台湾蕉、Williams 和米蕉）、粉芭蕉、大蕉、美人蕉、芋头、姜、芭蕉芋、艳山姜、姜黄等9种（品种），但其繁殖率有明显的差异。而在番茄、烟草、曼陀罗、长春花、千日红、苋色藜、马齿苋、龙葵、水稻（台中1号）、甘蔗（F134）、玉米、高粱、豌豆、蚕豆、菜豆、蟋蟀草、黄瓜、甜瓜等18种植物上均不能繁殖，且接种的香蕉交脉蚜在24h之内即开始死亡，至72h已近全部死亡。

表1 香蕉交脉蚜在11个供试植物种（品种）上的生存情况

供试植物种（品种）	接种虫数	存活虫数		
		接种后2d	接种后4d	接种后10d
香蕉（台湾蕉）（*Musa nana* cv. * Taiwanjiao）	30	74	94	179
香蕉（*M. nana* cv. Williams）	30	76	97	187
香蕉（米蕉）（*M. nana* cv. Mijiao）	30	55	75	99
粉芭蕉（粉蕉）（*M. paradisiaca*，Fenjiao）	30	40	43	70
大蕉（*M. sapientum*，Dajiao）	30	37	45	65
美人蕉（*Canna indica*）	30	36	46	70
芭蕉芋（*Canna edulis*）	30	38	45	79
艳山姜（*Achasma zerwbet*）	30	39	47	75
姜（*Zingiber officina*）	30	39	44	72
芋头（*Colocasia esculenta*）	30	40	48	82
姜黄（*Curcuma domestica*）	30	41	49	82

2.2 香蕉束顶病的寄主范围

接种和回接测定结果（表2）表明：香蕉（台湾蕉、Williams 和米蕉）、大蕉、粉芭蕉等系BBTV的寄主，而美人蕉、芋头、姜、艳山姜、芭蕉芋、姜黄等尽管是香蕉交脉蚜的寄主，但它们均不是BBTV的寄主，长春花、甜瓜和番茄等其他18种植物也不是BBTV的寄主。

血清学的测定结果（表2）同样证明了香蕉（台湾蕉、Williams 和米蕉）、大蕉、粉芭蕉等均是BBTV的寄主，而芋头、美人蕉和姜等24个接种植物上的ELISA检测结果均为阴性，进一步证实它们不是BBTV的寄主。

2.3 病毒寄主在病害流行中的作用

BBTV可以侵染香蕉、粉芭蕉和大蕉，但其侵染发病率差异很大，即3个不同香蕉种（品种）类型抗病性差异明显。香蕉型品种对BBTV高度感病（作者，未发表资料），在田间，台湾蕉、天宝蕉、龙溪8号、墨西哥3号和4号、漳选1号和3号等香蕉品种（品系）均可见有不同程度发病，发病率最高可达70%～80%，甚至100%。接种测定结果表明，粉芭蕉和大蕉则高度抗病，田间仅在一些老病区能见少数典型病株。且BBTV介体香蕉交脉蚜在香蕉品种上的繁殖率大大高于粉芭蕉和大蕉上的繁殖率，介体香蕉交脉蚜从香蕉型品种（台湾蕉、Willams 和龙溪8号等）病株上的获毒率远远高于粉芭蕉和大芭蕉上的获毒率（表3）。这些结果表明，香蕉型品种的病株比粉芭蕉和大蕉病株作为介体香蕉交脉蚜更为有效的毒源，而在常年病害的流行中起主要的毒源作用。

表2 香蕉束顶病毒寄主范围的测定结果

供试植物	发病/接种株数	发病/回接株数	潜育期/d（范围/平均）	症状表现*	A_{490}值/结果
香蕉（台湾蕉）（*Musa nana* cv. Taiwanjiao）	3/3	3/3	15～20/18	GS（+++），SS &	0.59/+
香蕉（*M. nana* cv. Williams）	3/3	3/3	15～21/19	GS（++），SS &B，MY	0.65** /+
香蕉（米蕉）（*M. nana* cv. Mijiao）	1/3	3/9	45	GS（++），SS &B，MY	0.32/+
粉芭蕉（粉蕉）（*M. paradisiaca*）	1/10	1/10	75	GS（+）	0.29/+
大蕉（柴蕉）（*M. sapientum*）	1/10	1/10	80	GS（+）	0.27/+
美人蕉（*Canna indica*）	0/3	0/9			0.03/−
芭蕉芋（*Canna edulis*）	0/3	0/9			0.01** /−
艳山姜（*Achasma zerwbet*）	0/3	0/9			1.00** /−
姜（*Zingiber officinalis*）	0/3	0/9			0.08/−

续表

供试植物	发病/接种株数	发病/回接株数	潜育期/d（范围/平均）	症状表现*	A_{490}值/结果
芋头（*Colocasia esculenta*）	0/3	0/9			0.00**/—
姜黄（*Curcuma domestica*）	0/3	0/9			0.06/—
长春花（*Catharanthus roseus*）	0/3	0/9			0.02/—
甜瓜（*Cucumis melo*）	0/4	0/8			0.05/—

* GS（+++），青筋（多）；GS（++，+），少量青筋；SS&B，严重矮化和束顶；MY，轻度黄化

** DAS-ELISA 所用的单克隆抗体由台湾的 SuHJ 教授惠赠

表 3 BBTV 介体香蕉交脉蚜从不同香蕉种（类型）病株中获毒率的比较

不同香蕉种（品种）病株	接种蚜虫数量/发病率/%		
香蕉（台湾蕉）（*M. nana* cv. Taiwanjiao）	20/100	50/100	—
香蕉（龙溪 8 号）（*M. nana* cv. LongxiNo. 8）	20/100	50/100	—
香蕉（*M. nana* cv. Williams）	20/100	50/100	—
粉芭蕉（*M. paradisiaca*）	20/0	50/10	100/10
大蕉（*M. sapientum*）	20/0	50/10	100/10

另一方面，粉芭蕉和大蕉的耐寒性和适应性远比香蕉型品种强，无性繁殖的能力也更强，分布更广，在福建省的许多蕉区呈半野生或野生状态。尽管香蕉交脉蚜从粉芭蕉和大蕉病株上的获毒率很低，但仍能够获毒，并成功传播到香蕉型品种上，表现典型的病害症状。根据这些结果认为，在福建蕉区，香蕉束顶病流行的主要侵染源来自香蕉型品种的病株，而粉芭蕉和大蕉上的病株，则对病区中 BBTV 的长期定殖起主要作用。且一旦 BBTV 在一些地区的粉芭蕉和大蕉上定植成功，则要在该地区将 BBTV 彻底铲除则难度甚大。

3 讨论与结论

接种测定结果表明：香蕉、粉芭蕉和大蕉是 BBTV 的寄主，而美人蕉、芋头、姜、艳山姜、芭蕉芋、姜黄、长春花、甜瓜等不是 BBTV 的寄主。芋头是广大亚热带、热带地区蕉园内外广泛种植或套种的作物之一，且是 BBTV 传毒介体香蕉交脉蚜的寄主之一。印度 Ram 等曾报道指出芋头是 BBTV 的无症寄主[8]，而本研究结果排除了芋头作为福建省香蕉产区 BBTV 寄主的可能性。本研究结果还表明，尽管美人蕉、姜、艳山姜、芭蕉芋、姜黄等是 BBTV 介体香蕉交脉蚜的寄主，但不是 BBTV 病毒本身的寄主，而排除了作为 BBTV 直接侵染来源的可能性。

前人的研究结果认为：BBTV 的流行学相对比较简单，在空间上，病害主要由带病毒种苗和介体香蕉交脉蚜传播，而在时间上则存在于其一年生的香蕉寄主上[9]。作者的研究结果表：BBTV 侵入香蕉后在香蕉植株上的病害潜育期长短取决于香蕉品种的类型以及环境温度等因素，其长短差异很大。在夏季温度下，在粉芭蕉和大蕉上的潜育期较长，可长达 75d，而在香蕉品种上则相对较短，受侵染的组织培养苗的潜育期可短至 15d，在吸芽苗上为 19d；而在冬季和初春季，温度较低，在香蕉型品种或粉芭蕉和大蕉上均可长达 7 个月之久。此外，在多年生的老蕉园，病害的潜育期可更长，甚至在一些香蕉头上可长期潜伏，只有在合适条件下，再生吸芽后才可表现典型的症状。正是这些常不易为蕉农所注意的病小吸芽，特别是在香蕉交脉蚜的发生高峰期中存活的小病吸芽，可以成为 BBTV 在蕉园中扩散和蔓延的极为有效的病毒侵染来源。这种现象使得 BBTV 在老蕉园中的流行和蔓延显得更为复杂，同时也使得从老病蕉园中彻底地铲除 BBTV 有很大的难度。

此外，粉芭蕉和大蕉是 BBTV 的寄主，在一些病老蕉区的蕉园内外可见粉芭蕉和大蕉上的典型病株。这些病株与人工接种发病的病株一样，其症状常常很不明显，生命力仍极强，可在蕉区长期存活，即使蕉农简单地采取砍除病株的办法，一般也难予彻底铲除这些病株。因此在香蕉产区 BBTV 一旦侵染粉芭蕉和/或大蕉成功，粉芭蕉和大蕉上的 BBTV 就有可能成为病区 BBTV 长期定殖的病毒储藏寄主而在病害的长期流行中起重要的作用，这将无疑给 BBTV 的有效控制增加了更大的困难，值得引起我们的重视。

致谢 本研究获福建省科委资助（编号 89-Z-2）。台湾大学苏鸿基教授提供 BBTV 单抗抗体，本校

张大鹏副教授和廖镜思教授分别协助鉴定部分植物种和香蕉种（品种），植物保护专业92届毕业生聂河兴同志参加部分工作，特此致谢。

参考文献

[1] 周仲驹，谢联辉，林奇英等. 福建省科协首届青年学术年会-中国科协首届青年学术年会卫星会议论文集. 福州：福建科学技术出版社，1992，727-731

[2] 周仲驹，林奇英，谢联辉等. 香蕉束顶病毒株系的研究. 植物病理学报，1996，26(1)：63-68

[3] 中国农科院果树所. 中国果树病虫志. 北京：农业出版社，1960，709-710

[4] Vakili NG. Bunchy top disease of banana in the central highlands of South Vietnam. Plant Disease Report，1969，53：634-638

[5] Simmonds NW. Bananas. 2nd. London：Longman，1982，394-400

[6] Magee CJP. Transmission studies on the *Banana bunchy top virus*. J Austr Inst Agric Sci，1940，6：109-110

[7] Rao DG. Studies on a new strain of *Banana mosaic virus* in South India. *In*：Proceeding of National Seminar on Banana Production Technology Coimbatore，1980，142-143

[8] Ram RD，Summanwar AS. *Colocasia esculanta*（L.）Schott. A reservoir of bunchy top disease of banana. Current Science，1984，53：145-146

[9] Dale JL. Banana bunchy top：an economically. Important tropical plant virus disease. Adv Virus Res，1987，33：302-325

[10] Manser PD. Bunchy top disease of plantain. FAO Plant Protection Bull，1982，30：78-79

[11] Thomas JE. Banana diseases in Asia and the pacific. INIBAP Network for Asia and the Pacific. France，1991，144-155

香蕉束顶病毒基因克隆和病毒检测

郑　杰，吴祖建，林奇英，谢联辉

（福建农林大学植物病毒研究所，福建福州　350002）

摘　要：对福建香蕉束顶病毒（BBTV）DNA-1及外壳蛋白（CP）基因的克隆及序列分析的结果表明，BBTV的DNA-1含有1104nt，DNA-1上有一个大ORF可能编码复制相关蛋白。DNA-1序列与亚洲组分及南太平洋组分的DNA-1序列同源性分别为97.1%和90.3%。*CP*基因由510nt组成，与亚洲组分和南太平洋组分的核酸同源性分别为98.0%和93.5%。序列分析表明，福建BBTV分离物亦属于亚洲组分。核酸分子杂交和PCR是目前应用于病毒检测灵敏度较高的两种方法。利用DNA-1、*CP*基因的两对特异引物用PCR方法进行病毒的检测，均可检测到相当于500ng病叶里的病毒。而用地高辛标记的DNA探针进行杂交检测，虽然其灵敏度较PCR的低，但也可检测到相当于80μg的病叶里的病毒。

关键词：香蕉束顶病毒；序列分析；分子检测

中图分类号：S432.4⁺1　**文献标识码**：A

Molecular cloning of *Banana bunchy top virus* of Fujian isolate and virus detection

ZHENG Jie, WU Zu-jian, LIN Qi-ying, XIE Lian-hui

(Institute of Plant Virology, Fujian Agriculture and Forestry University, Fuzhou　350002)

Abstract: The DNA-1 and the capsid protein (CP) gene of *Banana bunchy top virus* (BBTV) Fujian isolate (BBTV-FJ) were cloned and sequenced. The DNA-lof BBTV-FJ is 1104nt in length. There is a large ORF in the viral sense which encodes a replication protein based on the presence of the dNTP-binding motif. The full nucleotide sequence homology of DNA-I between Fujian isolate and the South Pacific group is about 90.3%, while the homologies between Fujian isolate and the isolates in Asia group range from 95.8% to 97.5%. The CP gene of BBTV-FJ is 510nt in length and shares identities of 93.5% and 98.0% with South Pacific group and Asia group, respectively, at the nucleotide level. It's obvious that the Fujian isolate belongs to the Asia group. PCR and dot-blot hybridization assays were developed for virus detection. PCR is by far the most sensitive method for the detection of BBTV, with the lower limit of 500ng banana leaf tissues. Dot-blot hybridization assay was adapted using a Digoxigenin-labeled probe prepared by PCR. The sensitivity of this method was 80μg banana leaf tissues.

Key words: *Banana bunchy top virus*; sequence analysis; molecular detection

---

福建农业大学学报，2001，30（增刊）：199（研究简报）

收稿日期：2001-07-01

香蕉束顶病毒分子生物学研究进展*

郑　杰，吴祖建，周仲驹，林奇英，谢联辉

（福建农林大学植物病毒研究所，福建福州　350002）

摘　要：由香蕉束顶病毒（BBTV）引起的香蕉束顶病是香蕉的重要病害。近年来，香蕉束顶病毒分子生物学研究进展相当迅速。本文通过对香蕉束顶病毒基因组结构、病毒的复制与转录、各地香蕉束顶病毒分离物的同源性以及香蕉束顶病毒可能的分类地位作一综述。

关键词：香蕉束顶病毒；分子生物学

中图分类号：S435　**文献标识码**：A　**文章编号**：1006-7817-（2001）S-0032-07

Research advances on molecular biology of *Banana bunchy top virus*

ZHENG Jie，WU Zu-jian，ZHOU Zhong-ju，LIN Qi-ying，XIE Lian-hui

(Institute of Plant Virology，Fujian Agriculture and Forestry University，Fuzhou　350002)

Abstract：Banana bunchy top disease (BBTD) caused by *Banana bunchy top virus* is the most severity viral disease of banana. Recently progress has been made in the molecular biology research on *Banana bunchy top virus*. In this paper the research on BBTV genome，viral replication and transcription is summarized. And the sequence identities between those isolates from different areaes and virus possible taxonomic status are also discussed.

Key words：*Banana bunchy top virus*；molecular biology

由香蕉束顶病毒（*Banana bunchy top virus*，BBTV）引起的香蕉束顶病（banana bunchy top disease，BBTD）是香蕉的毁灭性病害。该病自1889年在斐济首次报道以来，已在亚洲、南太平洋、澳洲、非洲某些国家普遍蔓延，在美洲还未见报道[1]。

1　生物学特性

BBTV侵染的植株明显矮化，病后植株新生叶一片比一片小、直，植株呈束顶状，叶片边缘轻度黄化，略向上卷曲，假茎、叶柄、叶主脉背面有断断续续长短不一的浓绿色的条斑即青筋，这与韧皮部及维管束周围成分修饰有关，在电镜下可见病叶韧皮部细胞有不同程度的坏死，并有球状粒体聚集[1-3]。

BBTV除可通过侵染植物的吸芽传播，还可通过香蕉交脉蚜（*Pentalonia nigronervosa*）以持久方式传染，但不经卵传播[1,3,4]。

目前明确的香蕉束顶病毒寄主只有芭蕉科尤其是芭蕉属下的一些种，它们是香蕉（*Musa nana*）、

福建农业大学学报．2001，30（增刊）：32-38

收稿日期：2001-07-01

* 基金项目：福建省自然科学基金资助项目

M. ensete、大蕉（*M. sapientum*）、*M. sinensis*、粉芭蕉（*M. paradisiaca*）、*M. banksff*、蕉麻（*M. textilis*）、野蕉（*M. balbisiana*）、小野果蕉（*M. acuminata*）等，而姜、芋不是香蕉束顶病毒的寄主[2,4]。

Harding 等[5]、Thomas 等[6]、周仲驹等[2]分别由病株分离到 18～20nm 等轴二十面体的病毒粒体，并证明其与香蕉束顶病相关，并且各地病毒分离物血清学上相关[6]。病毒粒体外壳蛋白约 20kD，至少含 6 个约 1kb 的环状单链 DNA[7-10]。

2　BBTV 基因组结构

BBTV 基因组至少有 6 个约 1kb 的环状 DNA 分子，并且每个 cssDNA 都有相似的组织方式（图 1)。

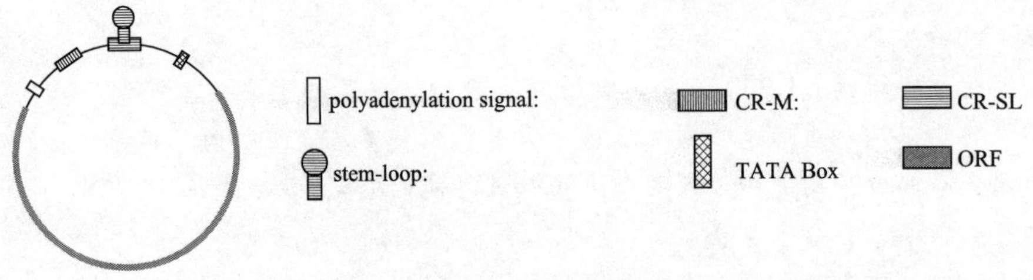

图 1　BBTV 基因组组织方式[8]

2.1　非编码区

2.1.1　茎环共同区(stem-loop common region，CR-SL)

在所克隆的 BBTV 病毒 DNA 中，均含有保守的发夹结构[5,8,11,12]。发夹包含一个富含 G—C 的茎及序列与椰子叶片衰败病毒（*Coconut foliar decay virus*，CFDV）[13]、蚕豆坏死黄化病毒（*Faba bean necrotic yellows virus*，FBNYV）[14]、双生病毒[15]一致的 TANTATTAC 的、保守 loop 环。研究表明病毒基因组 loop 参与病毒复制[16]，并且 loop 序列中都包含了 TACCC，该序列为小麦矮缩双生病毒（*Wheat dwarf geminivirus*）DNA 合成的起始位点[8,17]。CR-SL 区则包括该发夹结构以及其 5′端 25nt、3′端 13nt 的 69 个核苷酸[8]。

2.1.2　主要共同区（major common region，CR-M)

在 CR-SL 区的 5′端、ORF 的 3′端的非编码区高度保守[18]。CR-M 区长 65～92nt，而 DNA-1 可能缺失最初的 26 个核酸[8]。CR-M 可分成 3 个区：Ⅰ区（1～55nt)、Ⅱ区（56～74nt)、Ⅲ区（75～92nt)[19]。Ⅰ区中有 2 个长 16nt 的核酸片段（AT-ACAAc/gACa/gCTATGA）重复，但这种重复有多大意义，目前还不清楚。Ⅲ区为高度保守的 GC 富含区并可形成 1 个发夹结构，loop 序列为保守的 GAA[8]。GC 富含区与动物细胞、病毒的启动子 Spl 结合位点、玉米线条病毒（*Maiz streak geminivirus*）右向转录启动子相似[8,20]，并且 GC 区位于病毒 DNA 引物 5′端起始位点上游，与细菌质粒单链合成起始信号（single-strand initiation sign，ssi 信号）相似，因此 CR-M 区可能参与了 BBTV 的复制、转录、装配调控[19]。

2.1.3　启动子元件

在 BBTV DNA1、3～6 中启动子 TATA 框（CTATa/ta/tAt/aA）位于 ORF 起始密码子的 5′端[8,9]。而 DNA-2 的 ORF 可能使用与其他组分不同的 TATA 框（CAATAATTA)[21]，但也有可能 DNA-2 的 ORF 的 TATA 框为位于起始密码子 3′端的 CTATAAATA[8]。

通过对 DNA-6 缺失突变，表明 DNA-6 的翻译起始位点的上游 239nt 是启动子转录活性所必需的，而启动子端的 CR-M 区及附近的 227nt 对启动子有抑制效应，可能 CR-M 区及附近的 227nt 含有保守的末端终止信号或是下游调节元件。DNA-6 基因间区翻译起始位点的上游 147nt 含有 TATA 框及与顺式元件 G-box、Ⅰ-box 同源的序列。G-box 核心可与植物转录因子结合，且对植物激素（如脱落酸、乙烯）敏感。Ⅰ-box（GATAAG)、G-box 及 TATA 框功能上与 rbcS 基因启动子一致。而茎环区的 3′端 56nt 序列至少贡献了一半的启动子活性。该区的 10p 序列 CATGACGTCA 与根瘤菌 T-DNA 启动子 3′端 ocs-element 同源，其中 TGACG 框（ASF-1）是 CaMV 35S 启动子 as-Ⅰ元件中的串联重复单位。as-Ⅰ元件使基因能在根组织中表达，可结合烟草核因子 ASI，并且可与其他顺式元件协同作用，而 ACGTCA 框则与植物组蛋白启动子的六核苷框同源，该框亦存在于其他ssDNA植物病毒，表明这些病毒转录调控机制进化的复杂性。组蛋白基因在细胞周期的S期特异表达表明这种六核苷框与在未分化、分裂细胞中较高的启动子活性相关[22]。

2.1.4 转录终止子元件

末端腺苷酸转移酶［poly（A）聚合酶］所识别的poly（A）加尾信号Aa/tTAAa/t位于ORF终止密码子附近[8,9,11]，加尾信号后有10～17nt的GT富含区，且该区有TTG序列。另外，Beetham等[21,23]还在BBTV DNA各组分中，鉴定了1个上游元件（C/A/ T）TGTAA，该序列与其他植物DNA病毒（如CaMV）的上游元件T（A/T）TGTA相似，并且与多聚腺苷酸的位置、效率有关。这些序列与ORF相关，可能是转录有效终止的活性所必需[8]。

2.2 开放阅读框（open reading frame，ORF）

对已克隆的BBTV ssDNA的ORF分析表明：在病毒链DNA上都有1个编码蛋白大于10kD的ORF，并且5′端有TATA框，3′端有1～2个加尾信号[8,21,24]。

澳大利亚分离物DNA-1、夏威夷分离物DNA-1的ORF都含有dNTP结合框GGEGKT[9,24]，可能编码复制起始蛋白（replication initiator protein，Rep）[16]。Yeh等[12]、Wu等[11]报道了3个台湾病毒分离物DNA，这些成分有相似的结构，但Burns等[8]认为这些成分不是BBTV基因组的必要成分。Wu等所报道的DNA-Ⅰ、DNA-Ⅱ 2个成分[11]都可能编码复制相关蛋白，但这2个蛋白互不相同，且与澳大利亚DNA-1序列无明显同源性。而Yeh等[12]所报道的DNA-2如果序列作些改动，则可能编码与DNA-Ⅰ相似的复制相关蛋白。另外，澳大利亚DNA-1还编码1个约5kD功能未知的蛋白质[23]，该ORF位于编码Rep的ORF内。

Wanitchakorn等[10]通过对BBTV外壳蛋白N端序列测定及对DNA-3的表达克隆产物免疫反应，证明BBTV DNA-3编码19.3kD的外壳蛋白。另外，BBTV DNA-4上有约351nt的ORF，可能编码13.74kD的蛋白质，蛋白N端的30个疏水氨基酸残基，可形成β-折叠穿膜区。类似的疏水区亦存在与侵染谷物的双生病毒运动蛋白（V1蛋白）相似，因此该蛋白可能参与了病毒细胞间运动[8,25]。DNA-5是BBTV 6个组分中最高效的自身引物结合组分。根据其核酸序列推导的18.97kD基因表达产物含有与动物DNA病毒成视网膜细胞瘤（retinoblastoma，Rb）结合相似蛋白共有的LXLXE框。这一Rb结合框亦存在于双生病毒亚组Ⅰ RepA的早期基因编码产物。可能DNA-5基因产物在BBTV侵染后最先翻译，并创造病毒DNA复制、转录所需的细胞环境[22]。因此，DNA-4、DNA-5很可能在病毒侵染过程中起重要作用。DNA-6可能编码17.4kD的蛋白，该蛋白可与细胞核、运动蛋白相互作用，可能是细胞核穿梭蛋白（nuclear shuttle protein），而澳大利亚分离物、DNA-2可能编码10kD的蛋白，且与已知的蛋白无明显序列同源性，也不存在与已知功能相关的框架结构[8,11]。

3 病毒的复制与转录

3.1 病毒的复制

BBTV病毒在蚜虫体内不能复制，而在香蕉的不同部位，复制水平不同[3]。病毒在接种位点短暂复制后，运动到假茎、球茎、根、新叶，并在新叶中高水平复制，而接种前形成叶中虽含病毒，但累积、复制并不明显[3]。Beetham等[23]认为BBTV在香蕉的韧皮部伴胞细胞中复制。

BBTV侵染香蕉后，基因组DNA可形成单体、双体、多体，而在蚜虫体内却没有这种现象，而双生病毒在滚环复制中也会产生这样的中间分子，且这些分子可进行分子内重组，因此BBTV亦可能以滚环方式复制[3,26]。ssDNA病毒复制时先以病毒DNA为模板，合成引物，并进行互补链的合成，再连接环化，以dsDNA进行滚环复制。为了从dsDNA合成单链病毒DNA，需在病毒链DNA上产生一个缺口，以互补链为模板，缺口3′端进行链延伸，置换出病毒链，复制完成后病毒链DNA被特异剪切，然后重新连接成环状单链DNA。

Hafner等[19]发现BBTV在体外可通过自身引物进行双链DNA的合成。通过克隆得到与ssDNA的CR-M区互补的内源DNA引物（约80nt），引物起始于CR-M的Ⅱ区，但位点略有不同，大多数引物终止于一个二核苷区，引物序列与BBTV DNA-5同源，且DNA-5的含量亦高于其他组分，表明DNA-5蛋白可能参与BBTV的早期侵染，由于内源引物起始于CR-M区，且CR-MⅢ区与细菌质粒单链合成起始信号相似，可能CR-M区指导引物的合成。BBTV引物5′端位置可变，可能是由于BBTV以自身编码的蛋白（如引发酶）指导RNA引物的合成，该20～40nt的引物再引发DNA聚合酶进行DNA引物的合成，但是实验中却未发现RNA与BBTV相关，但也有可能RNA引物在病毒装配前除去，而引物有相对确定的终端，预示CR-M区的DNA片段可能是病毒装配信号。

与双生病毒滚环复制相关蛋白相似，BBTV DNA-1编码的Rep蛋白，参与滚环复制的起始、终止作用。Rep具有特异剪切、连接活性。Rep能在ssDNA的loop序列核苷酸的+7、+8位之间特异切割（TANTATT↓AC），产生缺口，然后Rep共价结合于切割产生的DNA 5′端，复制结束后，还可催化复制的线状DNA连接形成ssDNA环状基因组[16]。

3.2 病毒的转录

病毒基因组ssDNA进入寄主细胞后，转化成dsDNA才能进行转录、翻译[19]。澳大利亚BBTV分离物DNA-1病毒链含2个ORF：ORF-M（major ORF）和ORF-Ⅰ（internal ORF），ORF-Ⅰ完全位于ORF-M内。ORF-M编码Rep，且没有3′端非编码区，poly（A）尾紧接于终止密码子3′端，poly（A）由位于编码区的加尾信号AATAA、GT富含区（且含TTG序列）及上游元件A/TT-GTA控制[8,23]。ORF-Ⅰ编码约5kD的蛋白，转录的mRNA有较长的非编码区：曲poly（A）信号与终止密码子重叠，该转录本利用ORF-M的5′端、3′端信号进行转录后加工，但该、蛋白功能未知，推测其可能参与*Rep*基因的表达调控[23]。其他BBTV DNA的转录本与DNA-1的ORF-M的转录本有相似的结构，但DNA-2、DNA-4有较长的非编码区，两者的ORF较小（分别为264nt、351nt），这种长非编码区可能与mRNA的稳定性及功能有关[21]。

4 BBTV的同源性

Karan等通过对DNA-1、DNA-6的序列比较及对DNA-2-DNA-5的RFLP模式研究，认为DNA-1-DNA-6作为BBTV的必要成分而普遍存在于各地分离物，并将BBTV分离物分成2个地理组：亚洲组（包括我国台湾、菲律宾、越南等）、南太平洋组（包括斐济、西萨摩亚、汤加、澳大利亚、印度、埃及、布隆迪等）[18,23]。

亚洲组与南太平洋组之间的序列、CR-M、CR-SL、ORF差异较大，而组分内差异较小，另外，亚洲组内比南太平洋组内分化程度大[18]。因此BBTV可能有2个侵染源，一个在亚洲，一个在南太平洋，且这2个侵染源分化时间较长，因为澳洲分离物之间序列差异小，且斐济与澳洲序列只相差1%，而亚洲、澳洲BBTV序列相差可达10%。南太平洋分离物有较小的差异，可能有较近的共同祖先，可能来源于单一BBTV，经南太平洋（斐济）传入澳洲，再经南亚传到非洲；而亚洲组则可能有多个BBTV株系[18, 27]。

5 香蕉束顶病毒分类地位的探讨

BBTV粒体为等轴二十面体，通过蚜虫以持久方式传染，外壳蛋白约20kD，至少含6个约1.1kb环状单链DNA，每个病毒DNA（除DNA-2外）均有1个大ORF[1,5,9]。因此BBTV不同于已描述的单链植物病毒组一双生病毒组（单粒体或双粒体，叶蝉或白粉虱传毒，外壳蛋白26～34kD，1～2个2.7kb的cssDNA，DNA链上有6个ORF)[15]。BBTV与地三叶草矮化病毒（*Subterranean clover stunt virus*，SCSV）、椰子叶衰败病毒（*Coconut foliar decay virus*，CFDV）。蚕豆坏死黄化病毒（*Faba bean necrotic yellows virus*，FBNYV）、紫云英矮缩病毒（*Milk vetch dwarf virus*，MVDV）相似。这些病毒粒体均为等轴二十面体，直径约20nm，除CFDV以叶蝉传毒以外，其他均通过蚜虫以持久方式传染，外壳蛋白约20kD，复制酶约33kD，基因组为多组分（约1kb的cssDNA），有相似的基因组织方式，每个DNA都含有1个大ORF，且ORF 5′端都有茎环结构，且loop的九核苷序列一致[8,13,28-30]。在已克隆的SCSV 7个约0.85～0.88kb的DNA中，有2个编码互不相同的复制相关蛋白；目前已测序的1个CFDV ssDNA片段长约1.29kb，亦可能编码复制酶；FBNYV DNA-1（约1kb）亦编码约33kD的复制酶；而MVDV还未见序列报道[4,13,31]。1995年ICTV将这些植物病毒归入环生病毒科（*Circovirusdae*)，其中还包括动物病毒猪环生病毒（*Porcine circovirus*，PCV）、鸡贫血病毒（*Chicken anaemia virus*，CAV）、鹦鹉喙和羽毛病病毒

(*Psittacine beak and feather diseased virus*, PBFDV)。上述植物、动物病毒的共性仅为它们都是等轴粒体，基因组为 cssDNA，但基因组织却显著不同（动物病毒为单个含多个 ORF 的 cssDNA)[32]，因此有必要将这些植物病毒从中划分出来，成立一个新的植物病毒科[8, 9]。

6 结束语

虽然近年来 BBTV 的研究取得很大进展，但仍存在很多问题有待于进一步解决。如 BBTV 有多少个组分，是否有多个复制酶参与病毒复制，各组分编码的蛋白及其作用，病毒一寄主相互作用，亚洲、南太平洋组分之间的生物学差异，及 BBTV 起源等。相信随着对 BBTV 研究的深入，有可能为病害的综合症状、流行监测、株系变化等提供依据，最终达到对病害的控制。

参考文献

[1] Dale JL. Banana bunchy top: an economically important tropical plant virus disease. Advances in Virus Research, 1987, 33: 301-325

[2] 周仲驹，徐平东，陈启建等. 香蕉束顶病毒的寄主及其在病害流行中的作用研究. 植物病理学报，1998，28(1)：67-71

[3] Hafner GJ, Harding RM, Dale JL. Movement and transmission of *Banana bunchy top virus* DNA component one in bananas. J Gen Virol, 1995, 76: 2279-2285

[4] Hu JS, Wang M, Sether D, et al. Use of polymerase chain reaction (PCR) to study transmission of *Banana bunchy top virus* by the banana aphid (*Pentalonia nigronervosa*). Ann Appl Biol, 1996, 128: 55-64

[5] Harding RM, Burns TM, Dale JL. Virus-like particles associated with banana bunchy top disease contain small single-stranded DNA. J Gen Virol, 1991, 72: 225-230

[6] Thomas JE, Dietzgen RG. Purification, characterization and serological detection of virus-like particles associated with banana bunchy top disease in Australia. J Gen Virol, 1991, 72:217-224

[7] Burns TM, Harding RM, Dale JL. Evidence that *Banana bunchy top virus* has a multiple component genome. Arch Virol, 1994, 137: 371-380

[8] Burns TM, Harding RM, Dale JL. The genome organization of *Banana bunchy top virus*: analysis of six ssDNA components. J Gen Virol, 1995, 76: 1471-1482

[9] Harding RM, Burns TM, Hafner G, et al. Nucleotide sequence of one component of the *Banana bunchy top virus* genome contains a putative replicase gene. J Gen Virol, 1993, 74: 323-328

[10] Wanitchakorn R, Harding RM, Dale JL. *Banana bunchy top virus* DNA-3 encodes the viral coat protein. Arch Virol, 1997, 142: 1673-1680

[11] Wu RY, You LR, Song TS. Nucleotide sequences of two circular single-stranded DNAs associated with *Banana bunchy top virus*. Phytopathology, 1994, 84: 952-958

[12] Yeh HH, Su HJ, Chao YC. Genome characterization and identification of viral-associated dsDNA component of *Banana bunchy top virus*. Virology, 1994, 198: 645-652

[13] Rohde W, Randles JW, Langridge P, et al. Nucleotide sequence of a circular single-stranded DNA associated with *Coconut foliar decay virus*. Virology, 1990, 176: 648-651

[14] Katul L, Maiss E, Vetten HJ. Sequence analysis of a *Faba bean necrotic yellows virus* DNA component containing a putative replicase gene. J Gen Virol, 1995, 76:475-479

[15] Lazarowitz SG. Geminiviruses: genome structure and gene function. Critical Reviews in Plant Science, 1992, 11: 327-349

[16] Hafner GJ, Stafford MR, Wolter LC, et al. Nicking and joining activity of *Banana bunchy top virus* replication protein in vitro. J Gen Viroi, 1997, 78: 1795-1799

[17] Heyrayd F, Matzeit V, Kammann M, et al. Identification of the initiation sequence for viral strand DNA synthesis of *Wheat dwarf virus*. EMBO Journal, 1993, 12:4445-4452

[18] Karan M, Harding RM, Dale JL. Evidence for two groups of *Banana bunchy top virus* isolates. J Gen Virol, 1994, 75: 3541-3546

[19] Hafner GJ, Harding RM, Dale JL. A DNA primer associated with *Banana bunchy top virus*. J Gen Virol, 1997, 78: 479-486

[20] Fenoll C, Schwarz JJ, Black DM, et al. The intergenic region of *Maize streak virus* contains a GC-rich element that activates rightward transcription and binds maize nuclear factors. Plant Molecular Biology, 1990, 15: 865-877

[21] Beetham PR, Harding RM, Dale JL. *Banana bunchy top virus* DNA-2 t06 are monocistronic. ArchVirol, 1999, 144:89-105

[22] Dugdale B, Beetham PR, Becker DK, et al. Promoter activity associated with the intergenic regions of *Banana bunchy top virus* DNA-1 to-6 in transgenic tobacco and banana cells. J Gen Virol, 1998, 79:2301-2311

[23] Beetham PR, Hafner GJ, Harding RM, et al. Two mRNAs are transcribed from *Banana bunchy top virus* DNA-1. J Gen Virol, 1997, 78:229-236

[24] Xie WS, Hu JS. Molecular cloning, sequence analysis and detection of *Banana bunchy top virus* in Hawaii. Phytopathology, 1995, 85: 339-347

[25] Boulton MI, Pallaghy CK, Chatani M, et al. Replication of *Maize streak virus* mutants in maize protoplasts : evidence for a movement protein. Virology, 1993, 192: 85-93

[26] Slomka MJ, Buck KW, Coutts RHA. Characterization of multimeric DNA forms associated with *Tomato golden mosaic virus* infection. Arch Virol, 1988, 100: 99-108

[27] Karan M, Harding RM, Dale JL. Association of *Banana bunchy top virus* DNA components 2 to 6 with -bunchy top disease. Plant Pathology On-line,1997, 0624

[28] Chu PWG, Keese P, Qiu BS, et al. Novel ssDNA genome organization of a new plant virus. Ⅷth International Congress of

Virology, Berlin, August, 1990

[29] Chu PWG, Keese P, Qiu BS, et al. Putative full-length clones of the genomic DNA segments of subterranean, *Clover stunt virus* ANK1 identification of the segment coding for the viral coat protein. Virus Research, 1993, 27: 161-171

[30] Katul L, Vetten HJr, Maise E, et al. Characterization and serology of virus-like particles associated with faba bean necrotic xe'ilows. Ann Appl Biol, 1993, 123: 629-647

[31] Boevinki J, Chu PWG, Keese P. Sequence of subterranean *Clover stunt virus* DNA: affinities with the geminiviruses. Virology, 1995, 203: 354-361

[32] Todd D, Niagro FD, Ritdhie BWM, et al. Comparison of three animal virus with circular single stranded DNA genomes. Arch Virol, 1991, 117:129-135

Ⅺ 柑橘病毒

发展了一组柑橘速衰病毒（*Citrus tristeza virus*, CTV）的诊断检测技术。①采用改进的 SDS-PAGE 方法从感染 CTV 的墨西哥酸橙病株中检测到一种特异蛋白，并证明这种蛋白是墨西哥酸橙在 CTV 侵染胁迫下编码产生的一种病程相关蛋白。因此，可应用这种方法作为诊断墨西哥酸橙感染 CTV 的一种有效的辅助检测方法。②采用 CTV 多克隆抗体发展的 Western 杂交技术，可以检测到感染 CTV 的柑橘或墨西哥酸橙植株内的 4 种蛋白，并可通过这些特异性蛋白条带，区分 CTV 的不同分离物或株系。③采用原位免疫测定（*in situ* immunoassay）技术检测柑橘速衰病毒。④应用 CTV 特异抗体和双抗预反应可提高直接组织印迹法检测柑橘速衰病毒。此外，还就橘蚜传播 CTV 的生物学特性与柑橘速衰病的流行学及带毒蚜的分子生物学检测等的研究作了综述。

Detection of a pathogenesis related protein associated with *Citrus tristeza virus* infection in mexican lime plants

LIN You-jian[1], RUNDELL Phyllis A.[2], XIE Lian-hui[1], POWELL Charles A.[2]

(1 Institute of Plant Virology, Fujian Agricultural University, Fuzhou 350002;
2 Indian River Research and Education Center, University of Florida, Fort Pierce 34945)

Abstract: A specific protein with a relative molecular mass of approximately 13 000 was detected in the total protein extracts from Mexican lime plants infected with severe or mild isolates of *Citrus tristeza virus* (CTV) by a modified sodium dodecyl sulfate-polyacrylamide gelelectrophoresis (SDS-PAGE) procedure. However, this specific protein was not detected in healthy plants. There were no differences among these specific proteins from Mexican lime seedlings infected with mild or severe isolates of CTV. Further analysis of the specific protein with Western blotting techniques and CTV specific antibodies showed that the specific protein did not react with CTV coat protein specific polyclonal or monoclonal antibodies, 1052 and 3DF1. It is suggested that the specific protein is a pathogenesis-related (PR) protein encoded by the Mexican lime plants infected with CTV. The results also indicated that the detection of this PR protein with the SDS-PAGE procedure is a useful biochemical method for detection of CTV in Mexican lime plants when the specific antibodies of CTV are not available.

Key words: pathogenesis-related protein; *Citrus tristeza virus*; sodium dodecyl sulfate-polyacrylamide gel electrophoresis

感染柑橘速衰病毒的墨西哥酸橙病株中病程相关蛋白的检测

林尤剑[1]，RUNDELL Phyllis A.[2]，谢联辉[1]，POWELL Charles A.[2]

(1 福建农业大学植物病毒研究所，福建福州 350002;
2 佛罗里达大学印第安娜河研究和教育中心，Fort Pierce 34945)

摘　要：应用改进的十二烷基硫酸钠-聚丙烯酰胺凝胶电泳（SDS-PAGE）方法从感染柑橘速衰病毒（CTV）强株系和弱株系的墨西哥酸橙病株中检测到一种分子质量约为13kD的特异蛋白，而在健株中未能检测到，该蛋白电泳谱带没有差异。应用Western杂交技术进一步分析表明，这种蛋白不与CTV特异的多克隆抗体1052和3DF1单克隆抗体反应。这暗示着该蛋白是墨西哥酸橙在CTV侵染胁迫条件下编码产生的一种病程相关蛋白。研究结果也表明，应用SDS-PAGE方法检测这一特异蛋白，可作为诊断墨西哥酸橙植株感染CTV的一种有效的分子生物学辅助检

福建农业大学学报，2000，29（2）：187-192
收稿日期：1999-09-06

测方法。

关键词：病程相关蛋白；柑橘速衰病毒；十二烷基硫酸钠-聚丙烯酰胺凝胶电泳
中图分类号：S4324+ 1 **文献标识码**：A

Pathogenesis-related (PR) proteins are a family of host-encoded proteins induced under stress situations. Viruses and viroid-induced PR proteins on many host plants including citrus have been studied[1, 2]. PR proteins, with relative molecular mass of about 14 000 and 23 000, encoded by citrus plants were detected in exocort is viroid (CEV d) infected Etrog citron plants and Pineapple sweet orange plants[1]. However, no PR proteins that were associated with *Citrus tristeza virus* (CTV) have been reported from CTV infected *Citrus* plants[3-8]. Because some PR proteins have glucanase, peroxidase, protease or chitinase activities, PR proteins may be related to the development of the symptoms of the diseases or the resistance of host plants to the diseases[2, 9].

CTV is the cause of the most serious viral disease (*Citrus tristeza*) of citrus worldwide[3, 9, 10]. It causes decline, vein clearing, stunting, stem pitting and seedling yellows of citrus plants depending on the virus isolate and the variety of citrus[3, 4, 11, 12]. Efforts have been made to detect and control CTV since the 1950′s[3, 4, 8, 11, 12]. However, the pathogenic mechanism of CTV or the resistance mechanism of citrus plants to CTV infections is not well understood. Whether there are PR proteins induced by infection of CTV in *Citrus* plants, and whether there is a relationship between the PR proteins and the development of symptoms of CTV is not known. In order to investigate these problems, a modified sodium dodecyl sulfate polyacrylamide gelelectrophoresis (SDS-PAGE) procedure was conducted to detect PR proteins in CTV infected citrus plants. Mexican lime [*Citrus aurantif olia* (Christm.) Swingle], a variety of *Citrus* sensitive to CTV , was chosen as host plant for the experiment.

1 Materials and methods

1.1 Virus isolates

Three isolates, one severe and two mild, of CTV , maintained in a quarantine greenhouse at the University of Florida, Indian River Research and Education Center, Fort Pierce, Florida, were used in this study. Isolate T -36 was collected from a sweet orange [*Citrus sinensis* (L.) Osbeck] tree on sour orange (*C. aurantium* L.) root stock affected by quick decline near Winter Garden, FL. T-36 produces severe vein clearing, stunting, and stem pitting on Mexican lime, mild seedling yellowing symptoms on Eureka lemon or sour orange seedlings, and quick decline of sweet orange trees on sour orange root stock. Isolate T-26 produces very mild vein-clearing symptoms on Mexican lime, did not produce SY symptoms or decline of trees on sour orange root stock. Isolate T-4 causes strong vein-clearing, stunting and stem pitting in Mexican lime, no visible decline on sweet orange, on sour orange and no seedling yellow symptoms[8, 12, 13]. The isolates of CTV used in this study were propagated in Mexican lime seedlings by graft inoculation. The presence of CTV in all plants used in this study was confirmed by ELISA.

1.2 Total protein extractions

Total protein extracts were prepared from leaf veins of Mexican lime seedlings that were healthy or infected with CTV. Leaf veins (0.2g) from young shoots were sliced into small pieces and ground into powder with liquid nitrogen in a mortal and pestle. After adding 2mL of cracking buffer (62.5mmol/L Tris buffer, 20g/L SDS, glycerol with volume fraction of 10%, mercaptoethanol with volume fraction of 5% , 100mmol/L dithiothreitol (DTT) , and 1g/L bromophenol blue, pH6.8) to each sample, they were ground again. The liquid (1.5mL) was centrifuged at 12 000*g* for 2 minutes. The supernatants were collected and boiled at 90℃ for 5 to 10 minutes. The extracts were stored at 220℃ until analyzed[1,5,10].

1.3 SDS-PAGE

A SDS-PAGE procedure[1,2,5,6,10] was performed to determine if PR proteins were associated with CTV infections. The procedure was modified by using 3.5mol/L Tris buffer (pH8.0) to prepare the resolving gel instead of 1.5mol/L Tris buffer (pH8.8). The acrylamide stock solution was 29g of acrylamide and 1g of bisacrylamide (29 : 1) in water. Gels in different concentrations of acrylamide (120g/L, 150g/L, 170g/L and 100g/L) were used to evaluate the effect of gel concentrations on the detection of PR-proteins in the total protein extracts from CTV infected or healthy plants. 5μL of total protein extracts for each sample was used to resolve the proteins with a modular mini-protein Ⅱ electrophoresis System (Bio-Rad) and electrophoresis buffer (25mmol/L Tris, 250mmol/L glycine and 1g/L SDS, pH8.3). The initial voltage for the electrophoresis was 50V for 15 minutes and the running voltage was 100V for 3-4h at room temperature. Protein ladders (relative molecular mass of 10 000 to 200 000, Life-Technologies™) or pre-stained SDS-PAGE standards (Broad range, cat. 161-0318, Bio-Rad) were used as relative molecular mass markers. Proteins were visualized by staining the gelovernight with 0.5g/L Coomasie brilliant blue G-250 and destained with destaining solution (45mL of isopropanol, 45mL of water and 20mL of glacial acetic acid).

1.4 Western blot analysis

After SDS-PAGE, proteins were electrobloted on nitrocellu lose transfer membrane (Nitro ME, Micron Separations Inc.) or pure nitrocellu lose membrane (Trans-blot transfer medium, Bio-Rad laboratories) with a minitrans-blot cell system (Bio-Rad) and electrobloting buffer (25mmol/L Tris-HCl, 192mmol/L glycine and methanol with a volume fraction of 20%, pH8.3). The membranes were blocked with BLO TTO solution (20mmol/L Tris-HCl, 50mmol/L sodium chloride, 50g/L of dry nonfatmilk, Tween with a volume fraction of 0.05%) at room temperature for 1-2h. After incubating with CTV specific PCA 1052 or Mab 3DF1 for 2-15h, the blots were treated with alkaline phosphatase conjugated goat anti-mouse Ig (H+L) -AP (for Mab 3DF1) or alkaline phosphatase conjugatd goat anti-rabbit IgG (for PCA 1052) for 2-6h. The reaction was developed by NBT -BCIP substrate mixture [66μL of 0.3mg/mL nitro-blue tetrazolium (NTB) and 33μL of 0.15mg/mL 5-bromo-4-chloro-3-indolyl phosphate (BC IP) in 10mL of 0.1mol/L $NaHCO_3$ buffer][2,4,6,8,13].

2 Results

2.1 Detection of a specific protein from CTV infected Mexican lime plants

A specific protein of approximately 13 000 in relative molecular mass was detected in the total protein extracts from Mexican lime plants that were infected with CTV isolates T-36, T26 and T-4. The protein was absent in healthy Mexican lime plants (Fig. 1, Fig. 2, Fig. 3). There were no differences between the specific protein bands from different Mexican lime seedlings that were infected with the different isolates of CTV.

2.2 Effects of gels on the detection of the specific protein

The gels prepared with different buffers or when prepared at different concentrations influenced the detection of the specific protein in the total protein extracts from CTV infected Mexican lime plants. Gels in 150 to 200g/L, prepared with 3.5mol/L Tris buffer (pH8.0), effectively detected the specific protein in the total protein extracts from CTV infected Mexican lime plants (Fig. 1, Fig. 2, Fig. 3). Gels at 80 to 120g/L, prepared with 3.5mol/L Tris buffer (pH8.0) or 1.5mol/L Tris buffer (pH8.8), failed to detect the specific protein in the Total protein extracts from CTV infected Mexican lime plants. Gels at 150 to 200g/L, prepared with 1.5mol/L Tris buffer (pH8.8), failed to detect the specific protein too.

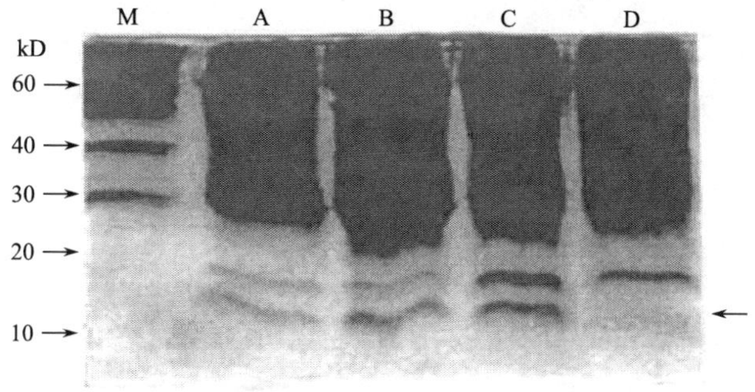

Fig. 1 SDS-PAGE (200g/L polyacrylamide) of the total proteins extracted from Mexican lime trees infected with different isolates of CTV, respectively

Lane A is from T-36 isolate; lane B is from T-26 isolate; lane C is from T-4 and lane D is from healthy. Arrow on right shows the pathogenesis-related protein of about 13 000 induced by CTV infections. M is relative molecular mass of protein ladders.

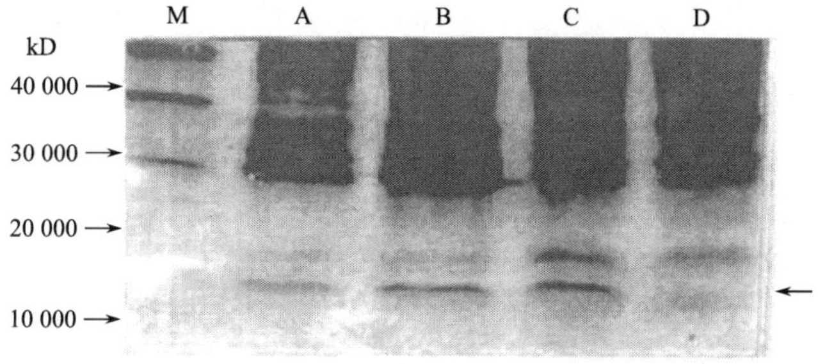

Fig. 2 SDS-PAGE (170g/L polyacrylamide) of the total proteins extracted from Mexican lime trees infected with different isolates of CTV, respectively

Lane A is from T-36 isolate; lane B is from T-26 isolate; lane C is from T-4 and lane D is from healthy. Arrow on right shows the pathogenesis-related protein of about 13000 induced by CTV infections. M is relative molecular mass of protein ladders.

2.3 Western blot analysis

Western blotting analysis of the Total proteins extracted from the CTV -infected Mexican lime plants showed that the specific protein with a relative molecular mass of 13 000 did not react with CTV PCA 1052 and Mab 3DF1. CTV coat proteins (CP) in the same total protein extracts from the CTV infected Mexican lime plants reacted with both of the CTV specific antibodies. The relative molecular mass of the CP that reacted with PCA 1052 were about 25 000, 24 000 and 21 000, respectively (Fig. 4). The 3DF1 only detected the 25 000 protein of CTV CP proteins.

3 Discussion

The analysis of the proteins from CTV infected Mexican lime seedlings with the SDS-PAGE procedure and Western blotting techniques revealed that a specific protein of approximately 13 000 in relative molecular mass was present in CTV infected Mexican lime plants, but absent in healthy plants. The specific protein did not react with CTV specific polyclonal or monoclonal antibodies, while the CTV coat proteins of about 25kD, 24kD and 21kD, respectively, reacted with both, the PCA 1052 and Mab 3DF1. From above results, it is suggested that the specific protein in CTV-infected Mexican lime plants is not a CTV coat

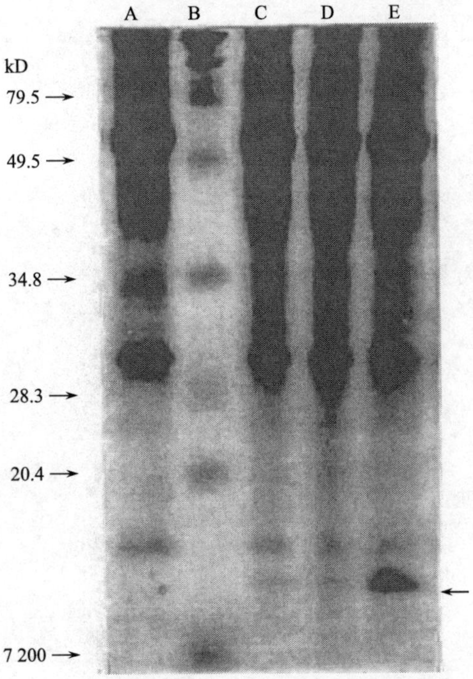

Fig. 3　SDS-PAGE (150g/L polyacrylamide) of the total proteins extracted from Mexican lime trees infected with different isolates of CTV, respectively

Lane A is from healthy; lane B is marker of relative molecular mass; lane C is from T-36; lane D Is from T-26 and lane E is from T-4. Arrow on rights hows the pathogenesis-related protein of about 13kD induced by CTV infections

protein (CP) or fragments of CTV CP, but is a pathogenesis-related (PR) protein induced by CTV infection in Mexican lime plants.

The results also indicated that the detection of the PR protein in infected Mexican lime plants with the modified SDS-PAGE procedure is a useful biochemical method for the detection of CTV in Mexican lime plants. When the specific antibodies of CTV are not available, CTV can be detected by the detection of the PR protein in infected Mexican lime plants with the SDS-PAGE procedure. However, whether the specific PR protein is also induced in other varieties of citrus when they are infected with CTV is not known. Further study is needed to determine whether the specific PR protein is induced in other varieties of citrus by CTV and the role of the PR protein on the development of CTV symptoms or the resistance of citrus to CTV infections. A comparison of PR proteins induced by CTV infection with those induced by exocort is viroid (CEV d) or other pathogens is also needed.

The modification of SDS-PAGE procedure, in which the gels were prepared with 3.5mol/L Tris buffer instead of with 1.5mol/L Tris buffer, greatly increased the ability of the gels to resolve small relative molecular mass proteins from a total protein extract of citrus plants.

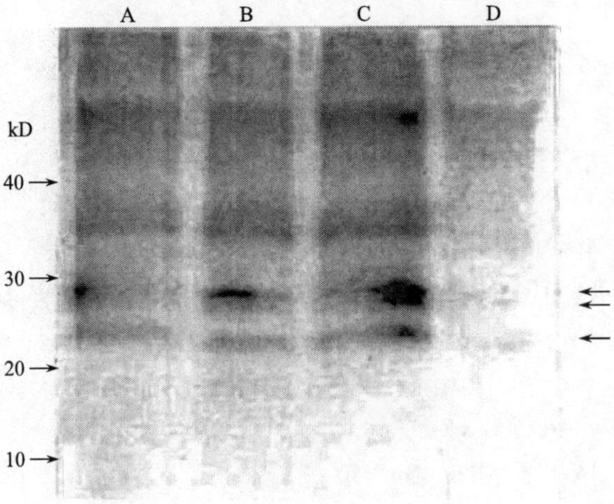

Fig. 4　Western blotting of total proteins from Mexican lime plants that were healthy or infected with different isolates of CTV, after electrophoretic analysis in 150g/L polyacrylamide gels. The CTV polyclonal antibody used was 1052

Lane A is from T-36; lane B is from T-26; lane C is from T-4 and lane D is from healthy. Arrows on right show the CTV coat proteins that reacted with CTV polyclonal antibody 1052. The protein markers are indicated on left

References

[1] Legrand M, Kauffmann S, Geoffroy P, et al. Biological function of pathogenesis related proteins: four PR-proteins of tobacco are chitinases. PNAS, 1988, 4: 6750-6754

[2] Perisleitao TM, Romer OJ, Duran-Vila N. Detection of pathogenesis related proteins associated with viroid infection in citrus. IOCV. Proceeding of 12th Conf Riverside, CA: IOCV, 1993, 196-201

[3] Bar-Joseph M, Garnseys M, Gonsalves D, et al. The use of enzyme-linked immunosorbent assay for the detection of *Citrus tristeza virus*. Phytopathology, 1979, 69(2): 190-194

[4] Bar-Joseph M, Marcus R, Leer F. The continuous challenge of *Citrus tristeza virus* control. Annu Rev Phytopathol, 1989, 27: 297-316

[5] Derrickk S, Lee RF, Brlansky RH, et al. Proteins associated with citrus blight. Plant Disease, 1990,74(2): 168-170

[6] Guerr IJ, Moreno P, Lee RF. Identification of *Citrus tristeza virus* strains by peptide maps of virion coat protein. Phytopathology, 1990, 90(8): 692-698

[7] Moreno P, Guerr IJ, Ortiz J. Alteration of bark proteins associated with *Citrus tristeza virus* (CTV) infection on susceptible citrus species and scion-rootstock combinations. J Phytopathol, 1989, 125(1): 55-66

[8] Nikolaeva OV, Karaseva V, Powellc A, et al. Mapping of epitopes for *Citrus tristeza virus*-specific monoclonal antibodies using bacterially expressed coat protein fragments. Phytopathology, 1996, 86(9): 974-979

[9] Bol JF, Linthorst JM, Cornelisen BJC. Plant pathogenesis-related proteins induced by virus infection. Ann Rev Phytopathol, 1990, 28: 113-138

[10] Conejero V, Semancil JS. Analysis of the proteins include plant extracts by polyacrylamide slab gel electrophoresis. Phytopathology, 1977, 67(12): 1424-1426

[11] Garnseys M, Gonsalves D, Purcifull DE. Rapid diagnosis of *Citrus tristeza virus* infections by sodium dodecyl sulfate-immuno diffusion procedures. Phytopathology, 1978, 68(1): 88-95

[12] Penam R, Lee RF. Serological technique for detection of *Citrus tristeza virus*. J Virol Methods, 1991, 34(2): 311-331

[13] Permar TA, Garmseys M, Gumpfd J, et al. A monoclonal antibody that discriminates strains of *Citrus tristeza virus*. Phytopathology, 1990, 80(3): 224-228

Development of western blotting procedure for using polyclonal antibodies to study the proteins of *Citrus tristeza virus*

LIN You-jian[1], XIE Lian-hui[1], RUNDELL Phyllis A.[2], POWELL Charles A.[2]

(1 Institute of Plant Virology, Fujian Agricultural University, Fuzhou 350002;
2 Indiana River Research and Education Center, University of Florida, Fort Pierce 34945)

Abstract: A non-back-ground reaction Western blot procedure for using polyclonal antibodies to study the proteins of *Citrus tristeza virus* (CTV) was developed. The results showed four proteins, named P1, P2, P3 and P4, of CTV were detected in Mexican lime or *Citrus excelsa* plants that were infected with CTV by the Western blot procedure with CTV rabbit polyclonal antibodies, 1212 and 1052. No non-specific-back-ground reactions were detected in the healthy or diseased plants. The patterns of specific proteins of different isolates of CTV in different hosts were different. The P1, P2 and P3 proteins were observed in Mexican lime seedlings infected with 6 isolates of CTV by 1212 and 1052. Antibody 1052 detected a weak P4 band in blots from Mexican lime seedlings infected with the severe isolates, T36, T3 and Mm2, but not the mild isolates, T30, T26 and T4. Antibody 1212 does not detect P4. In *Citrus excelsa*, both the 1212 and 1052 antibodies detected P1 in trees infected with all isolates. P2 was detected in trees infected with T3, T26, T4 or M m2, but not in trees infected with T30 and T36. P3 was detected in trees infected with T36, T3, T26, T4 and M m2, but not T30. The molecular weights of P1, P2, P3, and P4 of CTV in most plants were about 25kD, 24kD, 21kD and 18kD, respectively. The molecular weights of P1 and P3 of T36 in *Citrus excelsa* plants were about 27kD and 22kD, respectively, a little larger than that of other isolates in both the Mexican lime and *Citrus excelsa* plants. Molecular weights of the P1, P2 and P3 were the same as those of CP, CP1 and CP2 detected by monoclonal antibodies. Therefore, the P1, P2 and P3 are probably the CTV coat proteins, CP, CP1 and CP2, respectively. The nature of P4 is unknown The results also indicated that the Western blot procedure is a useful tool for studying CTV with CTV specific polyclonal antibodies. With the Western blot procedure, different isolates or strains of CTV could be distinguished by analysis of the specific protein patterns of the virus in infected host plants.

Key words: Western blotting; polyclonal antibodies; *Citrus tristeza virus*; protein

应用改进的多克隆抗体 Western 杂交技术研究柑橘速衰病毒蛋白

林尤剑[1]，谢联辉[1] RUNDELL，Phyllis A.[2]，POWELL，Charles A[2].

（1 福建农业大学植物病毒研究所，福建福州 350002；
2 佛罗里达大学印第安娜河研究和教育中心，Fort Pierce 34945）

摘 要：本文利用多克隆抗体发展了一种无背景的 Western blotting 技术并用于研究柑橘速衰病

植物病理学报，2000，30 (3)：250-256
收稿日期：1999-07-15（研究简报） 修回日期：1999-11-02

毒（CTV）的蛋白。结果表明，利用 CTV 兔多克隆抗体 1212 和 1052 发展的 Western Blotting 技术可以检测到感染 CTV 的墨西哥酸橙或 *Citrus excelsa* 植株内 CTV 的 4 种蛋白 P1、P2、P3 和 P4。在健株或病株内杂交反应均无非特异性背景。从不同寄主上分离到的 CTV 不同分离物的蛋白条带是不同的。利用 1212 和 1052 抗体均可以检测到感染 6 个 CTV 分离物的墨西哥酸橙幼苗内的 P1、P2 和 P3。利用 1052 抗体能检测到感染严重型分离物 T36、T3 和 Mm2 的墨西哥酸橙幼苗内微弱的 P4，但感染轻型分离物 T30、T26 和 T4 的幼苗内则检测不到。利用 1212 抗检测不到 P4。在 *C. excelsa* 内，1212 和 1052 抗体均能检测到感染所有分离物的病株内的 P1。在感染 T3、T26、T4 或 Mm2 的病株内能检测到 P2，但在感染 T30 和 36 分离物的病株内则检测不到。在感染 T36、T3、T26、T4 和 Mm2 的病株内可检测到 P3，但在感染 T30 的病株内则检测不到。在大多数植物内，P1、P2、P3 和 P4 的分子量分别约为 25kD、24kD、21kD 和 18kD。在感染 T36 分离物的 *C. excelsa* 植株体内，P1 和 P3 的分子量分别约为 27kD 和 22kD，比感染其他分离物的 *C. excelsa* 和墨西哥酸橙内的 P1 和 P3 分子质量略大。P1、P2 和 P3 的分子量与利用单克隆抗体检测的 CP，CP1 和 CP2 的分子量相等。因此，P1、P2 和 P3 可能是 CTV 的外壳蛋白 CP、CP1 和 CP2。P4 的特性不清楚。研究结果也表明，利用特异性的多克隆抗体进行的 Western 杂交技术是研究 CTV 的一种有用的技术。应用该技术，病株内不同的 CTV 分离物或株系就可以通过特异性蛋白条带区分开来。

关键词： Western 杂交技术；多克隆抗体；柑橘速衰病毒；蛋白
中图分类号： S436.661.12 **文献标识码：** A

Western blotting analysis has become a useful tool for studying plant viruses with polyclonal antisera or monoclonal antibodies. Its principle is to separate proteins from virus infected plants by polyacrylamide gel electrophoresis (SDS-PAGE), transfer the proteins to nitrocellulose membrane, and probe the proteins with virus-specific polyclonal or monoclonal antibodies. The protein-antibody reactions are detected with enzyme-labeled secondary antibodies[1]. Western blotting analysis can sensitively detect viruses, evaluate the characteristics of polyclonal anti-bodies or monoclonal antibodies and study the patterns of peptides of coat proteins or other proteins of plant viruses[1-3].

The Western blotting procedure has been used to study the coat proteins of CTV[1,4,5], evaluate the characteristics of CTV specific-monoclonal antibodies[2], and compare the patterns of peptides of coat proteins of different isolates or strains of CTV[5,6]. It was reported that one to three coat proteins between 21kD and 28kD were present in Western blotting probed with different polyclonal or monoclonal antibodies[1,4-7]. Western blotting analysis of the peptides of purified CTV coat proteins with monoclonal antibodies showed that CTV isolates differing in biological properties and dsRNA profiles as well as isolates having similar biological behavior and the same dsRNA profiles could be distinguished[1,6-8].

Polyclonal antibodies are widely used in serological studies of plant viruses with serological Methods because they are easier to be obtained and have the ability to recognize the antigens of different strains or isolates of the same virus[9,10]. The main problem with polyclonal antibodies in Western blotting tests is that non-specific-back-ground reactions or false positive reactions frequently occur when unpurified protein samples from virus infected plants are used. In order to utilize polyclonal antibodies in Western blotting procedures, it is necessary to look for effective methods to eliminate the non-specific-back-ground reactions.

Herein, we present a method for eliminating the back ground reaction so that the Western blotting procedure can be used to study citrus tristeza virus with polyclonal antibodies.

1 Materials and Methods

1.1 Virus isolates

Six isolates of CTV (T36, T3, T30, T26, T4 and Mm2) were selected for the experiments. T36 and T3 are severe isolates that cause decline symptoms on sweet orange [*Citrus senensis* (L.) Osbeck] trees on sour orange (*C. aurantium* L.) root stock, severe veinclearing, stunting, and stem pitting on Mexican lime [*C. aurantifolia* (Christm.) Swingle], and mild SY symptoms on Eureka lemon and sour orange seedlings. They are reactive to CTV monoclonal antibodies MCA 13 and 17G11 in ELISA tests[2,10]. T30, T26and T4 are mild isolates of CTV that produce mild symptoms on Mexican lime, do not cause decline of trees on sour orange root stock, and are only reactive to monoclonal antibody 17G11, but not to MCA 13[2,10]. The isolate Mm2 is an artificial mixture of isolates T36, T3, T30, T26, and T4. It reacts with MCA 13 and 17G11 in ELISA tests. All isolates were inoculated to *C. excelsa* on rough lemon (*C. janbhiri* Lush) root stock and/or to Mexican lime.

1.2 Antibody sources

Two rabbit polyclonal antibodies(Pab), 1212 and 1052, were used in the experiments. The antibodies, provided by Dr. S. M. Garnsey, were generated against purified virions of the T36 isolate of CTV.

1.3 Total protein extractions

Total protein extractions were prepared from *C. excelsa* trees on rough lemon root stock And Mexican limes infected with different isolates of CTV. Healthy *C. excelsa* trees on rough lemon root stock and healthy Mexican lime seedlings were used as negative controls. Leaf veins (0.5g) of citrus plants were sliced into small pieces and ground into powder in liquid nitrogen. Samples were extracted with 2mL of 62.5mmol/L Tris buffer (pH6.8) containing 2% SDS, 10% glycerol, 100mmol/L dithiothreitol (DTT), 5% mercaptoethanol and 0.1% bromophenol blue[2,6,8]. The solutions were centrifuged at 12 000r/min in for 3 minutes with a micro-centrifuge (Microfuge Beckman). The supernatants were collected and boiled for 5 minutes. The extract were stored at 20℃ until analysis.

1.4 SDS-PAGE

Total proteins of citrus plants that were healthy or infected with CTV were resolved by electrophoresis in 15% polyacrylamide slab gels with Bio-Rad modular mini-protein Ⅱ electrophoresis system and electrophoresis buffer (25mmol/L Tris, 250mmol/L glycine and 0.1% SDS, pH8.3). Bio-Rad prestained SDS-PA GE standards (broad range) were used as molecular weight markers (aprotinin, 7.2kD; lysozyme, 20.4kD; soybean trypsin inhibitor, 28.3kD; ovalbumin, 49.5kD; bovine serum albumin, 79.5kD; galactosidase, 115kD; and myosin, 208kD).

1.5 Western blotting procedures

Two procedures were compared with each other in the experiments. Procedure 1 (normal procedure) was as previously described[3-6]. Procedure 2 was a modified form of Procedure 1. The main difference between the procedures was that the polyclonal antibodies were diluted with HS-BLOTTO (BLOTTO containing healthy sap) solution in Procedure and with BLOTTO in Procedure 1. In Procedure 2, after electrophoresis, the proteins in the gel were Transferred to a pure nitrocellulose membrane (Trans-Blot transfer Medium, Bio-Rad Laboratoreis 2000 Alfred Noble Dr., Hercules, CA 94547) with Bio-Rad mini-trans-blot system and electoblotting buffer (25mmol/L Tris, 192mmol/L glycine and 20% methanol, pH8.3) at 100V, 350mA for 1h. The blot (nitrocellulose membrane) was washed with 100mL of TTBS buffer (20mmol/L Tris, 0.5mol/L sodium chloride and 0.05% Tween 20, pH7.5) for 10 minutes, and incubated with BLOTTO solution at room temperature for 30 minutes. with gentle shaking. Then the blot was incubated with 30mL CTV specific polyclonal antibodies at 1 ∶ 2000 dilution in freshly prepared HS-BLOTTO solution (30mL extraction of 0.5g tissues of Healthy citrus plants with TTBS buffer, and 1.5g of dried nonfat milk) overnight. The blot was then rinsed a few times with distilled water and three times with 100mL TTBS buffer for 5minutes each time. Then the blot was incubated with BLOTTO for 10 minutes and with 30mL alkaline phosphatase conjugated goat anti-rabbit IgG at 1 ∶ 20 000 dilution in BLOTTO for 2 to 5h. There actions were detected by incubating the blot with freshly prepared NBT - BC IP substrate (66μL of 0.3mg/mL nitro-blue tetrazolium and 33μL of 0.15mg/mL 5-bromo-4-chloro-3-indolyl phosphate in 10mL of 0.1mol/L $NaHCO_3$ buffer, pH9.8) for 5 to 20 minutes. Procedure 1 was identical except BLOTTO was used instead of HS-BLOTTO.

2 Result s

2.1 Effects of Procedure 2 on reducing non-specific reactions

Protein reactions to polyclonal antibodies, 1212 and 1052 in Western blotting (Fig. 1A, Fig. 2A, Fig. 3A, B) showed that there were no non-specific background reactions in the tests by Procedure2. There were strong non - specific background reactions in the healthy and infected samples by Procedure1 (Fig. 1B, Fig. 2B) . The non-specific background reactions (Procedure1) in the healthy and infected plant samples were similar to the specific reactions in infected plant sample that made it difficult to determine positive reactions.

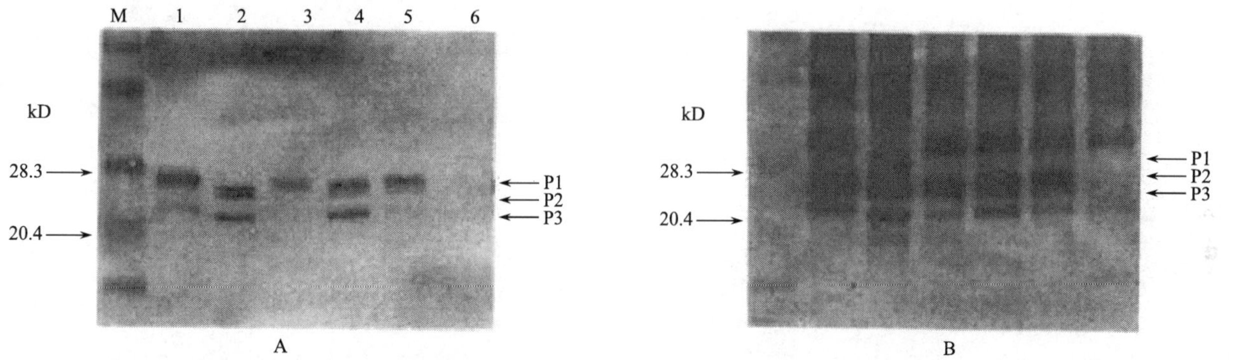

Fig. 1 Western blotting of total proteins from *C. excelsa* plants that were healthy or infected with different isolates of CTV after electrophoretic analysis in 15% polyacrylamide gels

A. the immobilized proteins were treated with CTV polyclonal antibody 1212 by Procedure 2; B. the immobilized proteins were treated with CTV polyclonal antibody 1212 by Procedure 1. Lane 1, decline isolate T36; lane 2, severe isolate T3; lane 3, mild isolate T30; lane 4, mild isolate T26; lane 5, mild isolate T4 and lane 6, healthy plant tissue; M , protein marker

2.2 Specific protein patterns of different CTV isolates in hosts

The patterns (Fig. 1A, Fig. 2A, Fig. 3) of the specific proteins that were reactive to CTV polyclonal antibodies, 1212 and 1052, in the citrus plants infected with different CTV isolates were observed by the non-background reaction Western blotting procedure (Procedure 2) . Three specific protein bands, designated P1, P2, and P3, with molecular weights of about 25kD, 24kD and 21kD, respectively, were detected in Mexican lime seedlings infected with all the isolates of CTV. Another small protein, designated P4, with molecular weight of about 18kD, was detected in T36, T3 and Mm2, but not in T30, T26 and T4 in infected plants. P1 and P3 had strong reactions while P2 and P4 had weak reactions to 1052 and 1212 in Mexican lime (Fig. 3) .

In *C. excelsa* plants, P1, P2 and P3 were also

detected in infected plants by 1212 and 1052, but the patterns were different with different isolates of CTV. P1 was detected in *C. excelsa* infected by all isolates used in the experiments. P2 was detected in T3, T26, T4 and Mm2, but not in T36 or T30 infected *C. excelsa* plants. P3 was detected in T36, T3, T26, T4 and Mm2, but not in T30 infected *C. excelsa* plants. The reactions of P3 in T4 and P2 in T26 and T4 infected plants were weak, while the reactions of P1 in plants infected with all isolates and the P3 in plants infected with T3, T26 and Mm2 were strong. The molecular weights of the specific proteins in *C. excelsa* plants containing different CTV isolates were also different. P1 and P3 in T36 infected *C. excelsa* plants were about 27kD and 22kD, a little larger than that from the T30, T26, T4 and Mm2 isolates infected *C. excelsa* plants (Fig. 1A, Fig. 2A).

3　Discussion

The results showed that the non-back-ground reaction Western blotting procedure could completely eliminate the non-specific reactions induced by host plant proteins in Western blotting tests with CTV polyclonal antibodies. The non-background reaction Western blotting procedure could be a useful tool for studying CTV since severe isolates and mild isolates of CTV could be distinguished by the analysis of the specific proteins of the isolates in infected host plants.

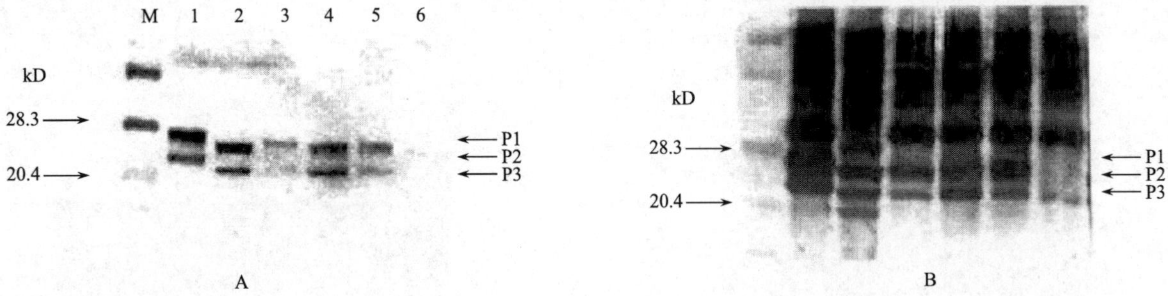

Fig. 2　Western blotting of total proteins from *C. excelsa* plants that were healthy or infected with different isolates of CTV after electrophoretic analysis in 15% polyacrylamide gels

A. the immobilized proteins were treated with CTV polyclonal antibody 1052 by Procedure 2; B. the immobilized proteins were treated with CTV polyclonal antibody1052 by Procedure 1. Lane 1, decline isolate T36; lane2, severe isolate T3; lane 3, mild isolate T30; lane 4, mild isolate T26; lane 5, mild isolate T4 and lane 6, healthy plant tissue; M. protein marker

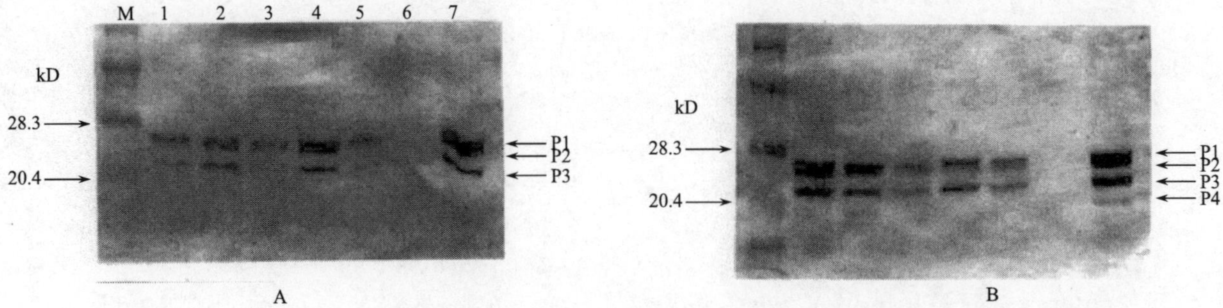

Fig. 3　Western blotting of total proteins from Mexican lime seedlings that were healthy or infected with different isolates of CTV after electrophoretic analysis in 15% polyacrylamide gels

A. the immobilized proteins were treated with CTV polyclonal antibody 1212 by Procedure 2; B. the immobilized proteins were treated with CTV polyclonal antibody 1052 by Procedure 2. Lane1. decline isolate T36; lane 2. severe isolate T3; lane 3. mild isolate T30; lane 4. mild isolate T26; lane 5. mild isolate T4; lane 6. healthy pant tissue and lane 7, isolate Mm2; M. protein marker

P1, P2 and P3 are probably different forms of CTV coat proteins since proteins of similar molecular weights are detected by Western blotting procedures using CTV specific monoclonal antibodies, 3DF1 and MCA 13. The same samples of the experiments were resolved by 15% polyacryamide slab gel and analyzed by normal Western blotting procedure with CTV specific monoclonal antibodies, 3DF1 and MCA 13. The nature of P4 is unknown, but it may be useful to distinguish severe isolates and mild isolates of CTV.

The results also indicated that the same isolates of CTV in different host plants had different patterns of specific proteins detected by CTV polyclonal antibodies. For example, the T36 expressed four specific proteins (P1, P2, P3, and P4) in Mexican lime plants, but it only had two, P1 and P3, in *C. excelsa* plants. The influences of host plants on the expression of CTV genes need to be further investigated.

References

[1] Rocha-Pena M, Leer F. Serological technique for detection of *Citrus tristeza virus*. J Virol Methods, 1991, 34: 311-331

[2] Nikolaevao V, Karaseva V, Powellc A, et al. Mapping of epitopes foe *Citrus tristeza* virus-specific monoclonal antibodies using bacterially expressed coat protein fragments. Phytopathology, 1996, 86: 974- 979

[3] Nikolaevao V, Karaseva V, Gumpfd J, et al. Production of polyclonal antisera to the coat protein of *Citrus tristeza virus* expressed in *Escherichia coli*: application for immunodiagnosis. Phytopathology, 1995, 85: 691-694

[4] Guerri J, Moreno P, Leer F. Identification of *Citrus tristeza virus* strains by peptide maps of virion coat protein. Phytopathology, 1990, 90: 692-698

[5] Leer F, Calvertl A, Nagel J, et al. *Citrus tristeza virus*: characterization of coat proteins. Phytopathology, 1988, 78: 1221-1226

[6] Leer F, Calvertl A. Polypeptide mapping of *Citrus tristeza virus* strains. Phytophylactica, 1987, 19: 205-210

[7] Stillp E, Huntert J, Rocha -Penama, et al. Western blot as a rapid method for the immuno-detection and classification of *Citrus tristeza* virus isolates. Phytopathology, 1990, 80

[8] Nikolaevao V, Karaseva V, Powell CA, et al. Modulation of the antigenic reactivity of the *Citrus tristeza virus* coat protein. J Immunol Methods, 1997, 205: 97-105

[9] Dietzgen RG, Franck RIB. Nonspecific binding of immunoglobulins to coat proteins of certain plant virus in immunoblots and indirect ELISA. J Virol Methods, 1987, 15: 159-164

[10] Permart A, Garnseys M, Gumpfd J, et al. A monoclonal antibody that discriminates strains of *Citrus tristeza virus*. Phytopathology, 1990, 80: 224-288

In situ immunoassay for detection of *Citrus tristeza virus*

LIN You-jian[1], RUNDELL Phyllis A.[2], XIE Lian-hui[1], POWELL Charles A.[2]

(1 Department of Plant Protection, Fujian Agricultural University, Fuzhou 350002;
2 Indian River Research and Education Center, University of Florida, Fort Pierce 34945)

Abstract: An *in situ* immunoassay (ISIA) is described for detection of *Citrus tristeza virus* (CTV). Sections from stems, petioles, or leaf veins of citrus plants that were healthy or infected with CTV were fixed with 70% ethanol and incubated with specific polyclonal antiserum (PCA) 1212 or with monoclonal antibodies (MAbs) MCA13 or 17G11. Bound antibodies were labeled with enzyme-conjugated species-specific secondary antibodies and exposed to a substrate mixture (nitroblue tetrazolium and 5-bromo-4-chloro-3-indolyl phosphate). Presence of CTV antigens was indicated by the development of a purple color, which could be visualized by light microscopy, in the phloem tissues of infected citrus plants. No purple color was observed in the phloem tissues of healthy plants. All isolates used in this study, both severe and mild, were detected by ISIA with the PCA 1212 and the broad spectrum MAb 17G11, but only severe isolates were detected by the strain selective MAb MCA13. Location of CTV antigens could be determined directly and accurately by ISIA in both fresh tissues and samples stored in plastic bags at 4℃ or frozen for 4 weeks. Sensitivity of ISIA for detecting CTV in infected plants compared favorably with that of direct tissue blot immunoassay (DTBIA). ISIA is a simple, rapid, specific, and practical procedure for CTV identification applicable to both research and diagnostic needs.

key words: diagnosis, serology

Citrus trsteza virus (CTV) causes the most serious viral disease of citrus worldwide[1]. The virus has flexuous threadlike particles 2000nm in length and 11nm in diameter[1]. CTV infection causes a diverse range of symptoms in citrus depending on the host and virus isolates. The most common, economically important symptoms are decline or death of trees grafted on sour orange rootstock and/or stem pitting of the scion irrespective of the rootstock. Some strains of CTV produce mild symptoms only in Mexican lime and do not cause decline or stem pitting[2].

Early detection of CTV in budwood sources is one of the most effective control strategies for CTV. Many efforts have been made to find better methods to detect CTV[1-6]. Use of enzyme-labeled antibodies in serological assays has provided diagnostic probes with a high level of sensitivity, stability, low cost, and safety for detection and identification of CTV[4,5,7]. A number of different serological methods have been developed for detecting CTV. They include sodium dodecyl sulfate (SDS)-immunodiffusion[3,7,8], serologically specific electron microscopy (SSEM)[8], SSEM-gold labeled assay[8], enzyme-linked immunosorbent assay (ELISA)[1,5,7,9-11], radioimmunosorbent assay (RISA) (14), in situ immunofluorescence (ISIF) (4), Western blot assay[5,12,13], dotimmunobinding as-

Plant Disease, 2000, 84 (9): 937-940
Accepted for publication 24 May 2000

say[11,14], and direct tissue blotimmunoassay (DTBIA)[4]. Recently, bacterially expressed coat protein fragments have been used to produce CTV-specific antibodies[15], and strain-specific serological assays to diagnose CTV infection have been developed [2,15-17]. Except for ISIF, these procedures cannot directly detect CTV within the infected plants[5]. However, ISIF needed fluorescent dye and fluorescence microscopy, and occasionally it gave false positives because host components fluoresced with the use of some dyes[5,18].

This paper describes an ISIA for directly detecting CTV without use of fluorescent dyes. It is a simple and specific procedure that detects CTV in infected citrus plants in about 2h, and the most costly equipment needed was a light microscope.

1 Materials and Methods

1.1 Virus isolates and plant materials

Six isolates of CTV, maintained in a quarantine greenhouse at the Indian River Research and Education Center, Fort Pierce, FL, were used in this study. The T-36 isolate, described earlier[6,18], is a severe isolate causing veinclearing, stunting, and stem pitting on Mexican lime [*Citrus aurantifolia* (Christm.) Swingle], mild seedling yellows (SY) symptoms on Eureka lemon [*C. limon* (L.) Burrm. f.] and sour orange seedlings, and a decline reaction in sweet orange trees on sour orange rootstock. Isolates T-30, T-26, and T-4, described by Rosner *et al.*[6], are mild isolates. T-30 and T-26 cause mild symptoms on Mexican lime, but no SY or decline symptoms on sour orange rootstock. Isolate T-4 causes strong veinclearing in Mexican lime, no visible decline in sweet orange on sour orange rootstock, and no SY symptoms[3,6,18]. Isolate T-3, another severe isolate, causes severe symptoms on Mexican lime, a decline reaction in sweet orange on sour orange rootstock, and SY symptoms on Eureka lemon and sour orange seedlings[3,6,18]. Isolate MM2 was obtained by budding sources of T-36, T-30, T-26, T-4, and T-3 together into a Mexican lime seedling.

Stems, petioles, and leaf veins of young new shoots or mature shoots of citrus plants, either infected with CTV or healthy, were used for ISIA experiments and DTBIA tests. Main leaf veins and petioles of young new shoots were used to prepare extractions for ELISA experiments.

1.2 Antisera

One polyclonal antiserum (PCA), 1212, and two monoclonal antibodies (MAbs), 17G11 and MCA13, were compared. The PCA 1212 was generated in rabbits against purified virions of an Australian CTV isolate causing stem pitting in orange (S. M. Garnsey, personal communication) and was kindly provided by S. M. Garnsey. The IgG from PCA 1212 was used (1μg/mL) for coating the wells of microtiter plates for ELISA and for reacting with antigens of CTV in ISIA. The CTV-MAb 17G11 was generated against the virions of both the T36 isolate and the B185 isolate. It is reactive to most isolates of CTV and is specific to an epitope in the intact CTV coat protein. The MCA13 was generated against severe CTV isolate T36 and was described earlier[2]. Thus, MCA13 reacts with most severe sources of CTV but does not react with mild isolates from Florida[2,4]. The 17G11 or MCA13 was used as the second (detecting) antibody in ELISA and the primary antibody in ISIA and DTBIA tests.

The labeled secondary antibodies, alkaline phosphatase conjugated goat antimouse Ig (H+L)-AP and alkaline phosphatase conjugated goat antirabbit IgG, were from Southern Biotechnology Associates, Inc., Birmingham, AL, and Sigma Chemical Co., St. Louis, MO, respectively.

1.3 *In situ* immunoassay (ISIA)

Sections 100μm to 200μm thick were cut, using a new razor blade, from fresh stems, petioles, or veins from healthy or infected citrus plants. There were four to six replicates for each sample. Sections were transferred with forceps to 24-well plastic plates (Corning Glass Works, Corning, NY) and fixed with 300μL to 1000μL of 70% ethanol for 5 minutes to 20 minutes at room temperature (longer exposure reduced sensitivity). After the alcohol was removed using a pipette, the sections were incubated with 300μL to 500μL of specific antibodies, 17G11 (undiluted cell culture fluid), MCA13 or PCA 1212 (at 1μg/mL concentration in PBST-B) for 30 minutes to 60 minutes at 37℃. The PBST-B contained 0.15mol/L sodium chloride, 0.015mol/L sodium phosphate, pH7.0, 0.05% Tween 20, and 3% fetal bovine serum or bovine serum albumin. The sections were washed with PBST-PVP (PBST with 2% polyvinylpyrrolidone, Ave. F. W. 40 000, Fisherbiotech, Fair Lawn, NJ) for 5 to 10min, and incubated with 300μL to 500μL of enzyme-labeled secondary antibodies at 37℃ for 30minutes to 60 minutes. Alkaline phosphatase conjugated goat antimouse Ig (H+L) -AP was used for sections exposed to 17G11 or MCA13, and alkaline phosphatase conjugated goat antirabbit IgG was used for sections exposed to IgG of 1212. The sections were washed again with PBST-PVP for 5minutes to 10 minutes and with TTBS buffer (20mmol/L, Tris (hydroxy-methyl) aminomethane, 500mmol/L sodium chloride, and 0.05% Tween 20, pH7.5) for 5minutes to 10 minutes. Sections were then incubated with 300μL to 500μL of a freshly prepared NBT-BCIP substrate mixture (66μL of nitroblue tetrazolium at 0.3mg/mL and 33μL of 5-bromo-4-chloro-3-indolyl phosphate at 0.15mg/mL, in 10mL of 0.1mol/L sodium carbonate buffer, pH9.8) for 5minutes to 15 minutes. After stopping the reaction by removing the substrate solution and adding 500μL to 1000μL of water to each well, the sections were transferred to a glass slice with forceps and observed under a light microscope at ×100 magnification. The development of a purple color in the phloem tissue cells of citrus was considered a positive reaction. Sections in which no purple color developed were considered negative.

The purpose of using PCA 1212 in this test was to determine if different sources of CTV antibody are suitable for ISIA. Sections from the same stems of different infected source plants, severe isolate-infected plants, and mild isolate-infected plants were used in the test to compare the effects of different antibodies, PCA 1212, MAbs 17G11 and MCA13, on the detection of CTV.

To investigate the effect of storage of samples on ISIA, samples of healthy or infected citrus plants in greenhouse and field were placed in plastic bags and kept under room temperature, refrigerated (4℃), or frozen (−20℃) for 1, 7, 14, 21, and 30 days. Stored samples were tested with the ISIA using MAb 17G11.

Samples from the same young flushes of healthy and CTV-infected plants were used to compare ISIA with DTBIA and ELISA procedures using MAbs 17G11 and MCA13. The direct tissue blots on nitrocellulose for DTBIA were made first, and sections for ISIA were then made from the same tissues with a razor blade. The remaining tissues were used to prepare extractions for ELISA.

1.4 ELISA

Indirect double antibody sandwich (I-DAS) ELISA[1,6,7] was used in this study initially to diagnose CTV-infected citrus plants and to do a comparison with ISIA. IgG of PCA 1212 was used as coating antibody. The previously described MAbs, 17G11 and MCA13, were used as intermediate antibodies. The labeled secondary antibodies were as described above. Extractions were prepared for ELISA from 0.5g of leaf midveins or bark from stems with 5mL of 1× PBST buffer. Wells of Immulon 2 microtiter plates (Dynatech, Chantilly, VA) were coated with 100μL of PCA 1212 at 1μg/mL in 0.02mol/L sodium carbonate buffer (pH9.6) and incubated overnight at 4℃. Plates were washed with PBS-PVP three times; 3 minutes each time. One hundred microliters of the sample extracts were loaded into each well. Plates were incubated for 4h at 37℃, washed with PBST-PVP three times as above, and incubated with 100μL of either undiluted cell culture fluid of MAb 17G11 or MCA13 at 1μg/mL in PBST overnight at 4℃. After washing with PBST three times, plates were incubated with 100μL of alkaline phosphatase conjugated goat antimouse Ig (H+L) -AP at a 1∶2000 dilution in PBST-PVP for 4h at 37℃, and washed with PBST-PVP three times. Substrate reactions (*p*-nitrophenyl phosphate) (Sigma) at 1mg/mL in 0.1mol/L diethanolamine buffer, pH9.8) were allowed to develop at room temperature and absorbance values (415nm) were determined using a Bio-Rad 3550 reader (Bio-Rad Laboratories, Richmond, CA). A positive reaction, recorded as "+", was defined as an OD_{415nm} greater than 2.5 times that of the healthy control.

1.5 DTBIA

Direct tissue blot immunoassay was a modified procedure of the methods described by Garnsey et al.[4]. Tissue blots were made from stems and leaf petioles of healthy or infected citrus plants as described above. A smooth fresh cut was made with a razor blade, and the cut surface was pressed gently and evenly to the nitrocellulose membrane (Bio-Rad Labo-ratories, Hercules, CA). Blots were allowed to dry for 10minutes to 30minutes, incubated with MAb 17G11 (undiluted cell culture fluid) or MCA13 (at 1μg/mL in PBST-B) for 2h, and rinsed with PBST buffer for 10 minutes. The blots were labeled with enzyme conjugate, goat anti-mouse Ig (H+L) at a dilution recommended by the manufacturer, for 1h to 2h at 37℃, rinsed with PBST-PVP and then with TTBS, each for 10minuter. Incubating the blots with freshly prepared NBT-BCIP substrate for 5minuter to 20 minuter developed the reactions. After stopping the reaction by putting the blots in water in a petri dish, the blots were observed under a light microscope at a 10 to 25 magnification. Development of area with intense purple color located at phloem tissue cells was considered a positive reaction. Blots where no purple color developed were considered negative.

2 Results

2.1 Detection of CTV by ISIA

Under ×100 magnification, purple color in phloem tissue of CTV-infected citrus plants was clearly visible. Usually, the purple color was present in different groups of phloem cells around the xylem tissues (Fig. 1A, B). Sections prepared from old stems or leaf veins of infected plants had fewer purple spots in the phloem tissues (Fig. 1B) than those from sections of young stems or leaf veins (Fig. 1A). Under ×400 magnification, the purple color was seen at the internal edge of phloem cells (Fig. 1C), but it was not present in sections from healthy plants (Fig. 1D).

2.2 Distribution of CTV antigens in citrus tissues

Longitudinal and transverse sections of stems and leaf veins were made from infected plants and assayed with ISIA to investigate the distribution of CTV in the leaf veins and stems of infected plants. The CTV antigens were distributed throughout the phloem tissues of leaf veins and the young stems (Fig. 1A, B, E, F). There were fewer positive spots in the anterior part of main leaf veins than in the middle or bottom part of the same leaf veins.

2.3 Effect of fixing treatment on ISIA

The fixing treatment was a very important step in the ISIA. When the sections were not fixed with alcohol, there was a strong background reaction in both infected and healthy tissues. The length of time sections were fixed in 70% ethanol was critical, the optimal being 5 minutes to 20 minutes; longer fixing reduced sensitivity of the test. The only suitable reagent for fixing sections of tissues for ISIA was 70% ethanol. Attempts to find another fixing solution, such as FAA and formaldehyde solution, were unsuccessful.

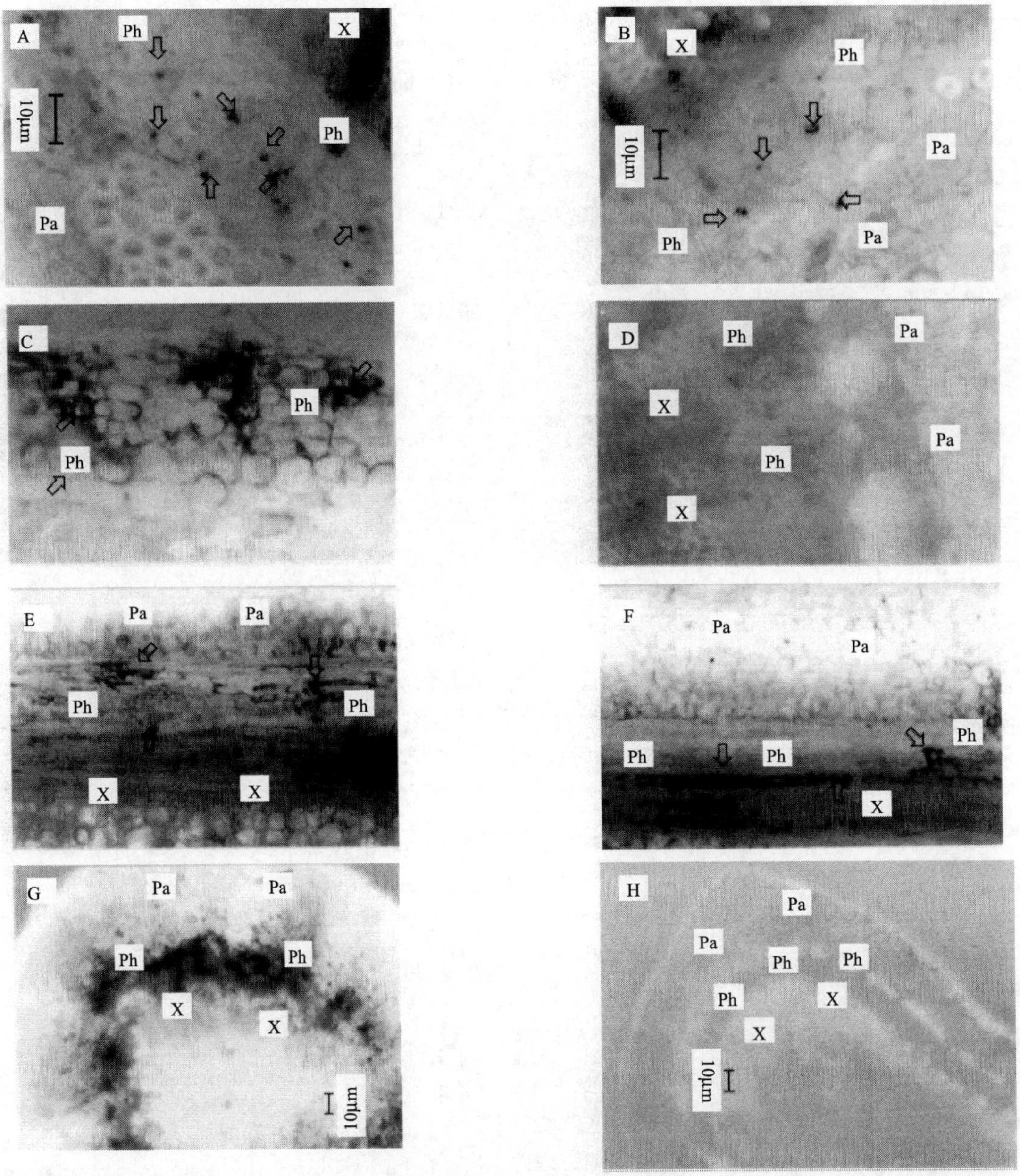

Fig. 1　In situ immunoassay (ISIA) and direct tissue blot immunoassay (DTBIA) to detect *Citrus tristeza virus* (CTV); A. Transverse section of stems of infected plants in ISIA showing purple color reaction spots (arrows) in phloem tissues; B. Transverse section of an old infected stem in ISIA showing a few reaction spots (arrows) in phloem tissues; C. Close-up of the reaction (arrows) of CTV with antibodies in cells of citrus phloem tissues in ISIA (×400); D. Sections of stems of healthy citrus plants in ISIA (× 200); E, F. Longitudinal sections of stems of infected plants in ISIA (×100) showing distribution of CTV (arrows) in the phloem tissues of CTV-infected plants; G. Blots of stems of infected citrus plants in DTBIA showing purple color reactions (arrows); H. Blots of stems of healthy citrus plants in DTBIA.

X. xylem tissues; Pa. parenchyma tissues; Ph. phloem tissues

Table 1 Comparison of enzyme-linked immunosorbent assay (ELISA), direct tissue blot immunoassay (DTBIA), and in situ immunoassay (ISIA) for detection of different isolates of *Citrus tristeza virus* (CTV) with CTV strain-specific antibodies[a]

Isolate	ELISA	MCA13 DTBIA	ISIA	ELISA	17G11 DTBIA	ISIA	Bioassay[b]
T-36	+	+	+	+	+	+	S
T-3	+	+	+	+	+	+	S
T-30	—	—	—	+	+	+	M
T-26	—	—	—	+	+	+	M
T-4	—	—	—	+	+	+	M
MM2	+	+	+	+	+	+	ND
Healthy	—	—	—	—	—	—	0

a. Data indicated in this table were from 30 tests of each procedure used in the experiment.

b. S: stunting and/or decline effects in infected sweet orange on sour orange root stock; M: no symptoms in infected sweet orange on sour orange root stock; ND: not determined, and 0. no reaction

2.4 Comparison of different antibodies

All antibody sources used in this study were suitable for detecting CTV with ISIA. PCA 1212 and MAb 17G11 detected all 40 of 40 samples infected with severe or mild isolates. The CTV MAb MCA13 detected only the severe T-3 and T-36 CTV isolates in ISIA. Those results are the same as those with ELISA and DTBIA. When the PCA 1212 and MAb MCA13 were diluted with PBST buffer, a dark orange nonspecific background reaction was observed in ISIA. When PCA 1212 and MAb MCA13 were diluted with PSBT-B and the sections were washed with PBST-PVP and TTBS, the nonspecific background reaction was not present. MAb 17G11 worked well in ISIA, and no nonspecific background reaction was observed. Since the source of MAb 17G11 was undiluted cell culture fluid, it contained about 15% fetal bovine serum, which apparently blocked nonspecific reactions. PBST-B, used to dilute the other antibodies, contained 3% fetal bovine serum, which apparently played an important role in blocking the nonspecific reactions.

A comparison of ISIA, DTBIA, and ILISA indicated that ISIA results were the same as those obtained with DTBIA (Fig. 1G, H) and ELISA (Table 1) .

2.5 Effects of storage of samples on ISIA

There were no obvious differences among the results from fresh versus stored samples at 4℃ or −20℃ for 1, 7, 14, 21, and 30 days. All infected samples gave a positive result. Also, there were no differences between the fresh samples and samples stored at room temperature for 1 to 3 days.

3 Discussion

Our results show that ISIA is a simple, rapid, and practical procedure for detecting CTV within tissues of infected plants directly and has several advantages for some applications. First, like DTBIA, it requires no extraction of samples, thus eliminating the need for homogenizers, or for tubes and containers to store extracts prior to testing. It overcomes the disadvantage of ISFA[5,18] and easily, directly detects CTV within the tissues of infected plants with a light microscope. Furthermore, it can be completed in 2h to 4h, making it convenient when results are needed within 1 day. The principle of ISIA is similar to that of ELISA, Western blotting, and DTBIA, except that the antigen is detected within tissues of the infected plants without trapping on a solid phase. Therefore, ISIA is a flexible procedure for researchers and diagnosticians. Generally, the incubation periods of the sections with specific antibodies or labeled secondary antibodies can be modified from 30 minutes to several hours, and the washing time may be 5minutes to 10minutes. The only specific equipment needed in the ISIA is a light microscope. With access to CTV-specific antibodies, any laboratory could conduct ISIA to detect CTV. The most unique advantage of ISIA is that it can be used to determine the three-dimensional distribution of CTV within the host. This may have important implications for cross-protection and pathogen-derived resistance studies. The ISIA procedure should also be suitable for detection of other viruses for which antibodies are available.

Acknowledgments

We thank S. M. Gamsey for providing PCA 1212 and MAb MCA13.

Reference

[1] Bar-Joseph M, Gamsey SM, Gonsalves D, et al. The use of enzyme-linked immunosorbent assay for the detection of *Citrus tristeza virus*. Phytopathol-ogy, 1979, 69: 190-194

[2] Permar TA, Garnsey SM, Gumpf DJ, et al. A monoclonal antibody that discriminates strains of *Citrus tristeza virus*. Phytopathology, 1990, 80: 224-228

[3] Garnsey SM, Gonsalves D, Purcifull DE. Rapid diagnosis of *Citrus tristeza virus* infections by sodium dodecyl sulfate-immunodiffusion procedures. Phytopathology, 1978, 68:88-95

[4] Gamsey SM, Permar TA, Cambra M, et al. Direct tissue blot immunoassay (DTBIA) for detection of *Citrus tristeza virus* (CTV). *In*: Proceeding 8th Conference of the International Organization of Citrus Virologists (IOCV), Riverside, CA, 1993, 39-50

[5] Rocha-Pena M, Lee RF. Serological technique for detection of *Citrus tristeza virus*. J Virol Methods, 1991, 34: 311-331

[6] Rosner A, Lee RF, Bar-Joseph M. Differential hybridization with cloned cDNA sequences for detecting a specific isolate of *Citrus tristeza virus*. Phytopatholgy, 1986, 76:820-824

[7] Bar-Joseph M, Gamsey SM, Gonsalves D, et al. Detection of *Citrus tristeza virus*. I. Enzyme-linked immunosorbent assay (ELISA) and SDS-immunodiffusion methods. *In*: Proceeding 8th Conference of the International Organization of Citrus Virologists (IOCV), Riverside, CA, 1980, 1-8

[8] Brlansky RH, Garnsey SM, Lee RF, et al. Application of citrus tristeza virus antisera in labeled antibody, immunoelectron microscopical, and sodium dodecyl sulfate-immunodiffusion tests. *In*: Proceeding 9th Conference of the International Organization of Citrus Virologists (IOCV), Riverside, CA, 1984, 337-342

[9] Cambra M, Camarasa E, Gorris MT, et al. Comparison of different immunosorbent assays for *Citrus tristeza virus* (CTV) using CTV-specific monoclonal and polyclonal antibodies. *In*: Proceeding 11th Conference of the International Organization of Citrus Virologists (IOCV), Riverside, CA, 1991, 38-45

[10] Pappu HR, Pappu SS, Lee RF, et al. The molecular basis for the antigenic diversity of *Citrus tristeza virus*: Implications for virus detection. Proc Fla State Hortic Soc, 1994, 107: 8-12

[11] Rocha-Pena MA, Lee RF, Permar TA, et al. Use of enzyme-linked immunosorbent and dot-immunobinding assay to evaluate two mild strains cross protection experiments after challenge with a severe *Citrus tristeza virus* isolate. *In*: Proceeding 11th Conference of the International Organization of Citrus Virologists (IOCV), Riverside, CA, 1991, 93-102

[12] Guerri J, Moreno P, Lee RF. Identification of *Citrus tristeza virus* strains by peptide maps of virion coat protein. Phytopathology, 1990, 80: 692-698

[13] Lee RF, Calvert LA, Nagel J, et al. *Citrus tristeza virus*: characterization of coat proteins. Phytopathology, 1988, 78: 1221-1226

[14] Rocha-Pena MA, Lee RF, Niblett CL. Development of a dot-immunobinding assay for detection of *Citrus tristeza virus*. J Virol Methods, 1991, 34:297-309

[15] Nikolaeva OV, Karasev AV, Gumpf DJ, et al. Production of polyclonal antisera to the coat protein of *Citrus tristeza virus* expressed in *Escherichia coli*: application for immunodiagnosis. Phytopathology, 1995, 85:691-694

[16] Nikolaeva OV, Karasev AV, Garnsey SM, et al. Serological differentiation of the *Citrus tristeza virus* isolates causing stem pitting in sweet orange. Plant Disease, 1998, 82: 1276-1280

[17] Vela C, Cambra M, Sanz A, et al. Use of specific monoclonal antibodies for diagnosis of *Citrus tristeza virus*. *In*: Proceeding 10th Conference of the International Organization of Citrus Virologists (IOCV), Riverside, CA, 1988, 55-61

[18] Brlansky RH, Lee RF, Garnsey SM. *In situ* immunofluorecence for the detection of *Citrus tristeza virus* inclusion bodies. Plant Disease, 1988, 72: 1039-1041

Prereaction of *Citrus tristeza virus* (CTV) specific antibodies and labeled secondary antibodies increases speed of direct tissue blot immunoassay for CTV

LIN You-jian[2], RUNDELL Phyllis A.[1], XIE Lian-hui[2], POWELL Charles A.[1]

(1 Indian River Research and Education Center, University of Florida, Fort Pierce 34945;
2 Department of Plant Protection, Fujian Agricultural University, Fuzhou 350002)

Abstract: An improved direct tissue blot immunoassay (DTBIA) procedure for detection of *Citrus tristeza virus* (CTV) within 1h is described. Prints of fresh young stems of citrus plants that were infected or not infected with CTV were made by gently and evenly pressing the fresh-cut surface of the stems onto a nitrocellulose membrane. The tissue blots were air-dried for 5 rain, incubated with prereaction solutions of CTV-specific antibodies and labeled secondary antibodies, goat anti-mouse Ig (H+L) -alkaline phosphatase conjugate or goat anti-rabbit IgG alkaline phosphatase conjugate, for up to 20min, rinsed with PBST buffer for 5min, and immersed into an NBT-BCIP substrate solution for 15 to 20min. Then the blots were rinsed in water for a few seconds to stop the reactions, and the results were observed and recorded under a light microscope. All samples from greenhouse plants that were infected with CTV decline inducing isolate T-36 were positive to CTV-specific polyclonal antibody 1212 (PCA 1212) and monoclonal antibodies 17Gll (MAb 17Gll) and MCAI3 (MAb MCA13), whereas samples from greenhouse plants infected with non-decline-inducing isolate T-30 were positive to PCA 1212 and MAb 17G11, but not to MAb MCA13. The noninfected greenhouse plants were negative to all of the antibodies. The improved DTBIA was at least as reliable as other immunological procedures and almost as reliable as polymerase chain reaction for detecting CTV in field trees. The improved DTBIA enables the detection of CTV within 1h by having a prereaction of CTV-specific antibodies and labeled secondary antibodies in solutions before they are applied to the tissue blots. This DTBIA procedure may be useful in detecting other plant viruses and other pathogens such as bacteria and fungi.

Key words: CTV isolates, diagnosis

Direct tissue blot immunoassay (DTBIA), also called tissue-printing immunoassay, is a simple and rapid immunoassay procedure for detection of plant viruses, phytoplasma, and plant components[1-4]. Plant tissue samples are blotted directly onto a nitrocellulose membrane, and the antigens are detected with specific antibodies[2-6]. Because antigens from the cut surface of infected tissue bind directly without dilution by proteins from noninfected cells in other locations, the signals formed in localized areas are strong and easily detected. Even samples that induce weak positive reactions by enzyme linked immunosorbent assay (ELISA) or by other regular immunoblots usually give clear results with DTBIA, since only one group of infected cells is needed to impart a clear

Plant Disease, 2006, 90: 675-679.
Accepted for publication 3 January 2006

signal[2]. Also, DTBIA can provide direct information about distribution of the virus within the host. There are four well-documented basic DTBIA procedures: a direct procedure, an indirect procedure, a direct biotin-streptavidin (BIO/SA) procedure, and an indirect BIO/SA procedure[2]. The indirect procedure, in which the blotted membrane is exposed to unlabeled CTV-specific antibodies and then to commercially prepared alkaline phosphase labeled secondary antibodies (goat antirabbit IgG for polyclonals and goat antimouse Ig [H+L] for monoclonals), is widely employed for the detection of plant viruses because it is convenient to obtain unlabeled virus-specific antibodies and alkaline phosphase-labeled secondary antibodies. The indirect procedure usually provides results within 4 to 7h[1-3], whereas the direct procedure provides results in a shorter time, usually 3 to 5h. However, the direct procedure has the disadvantage that it requires virus-specific antibodies conjugated to alkaline phosphatases that are often not readily available[7].

Garnsey et al. [2] first reported the application of DTBIA to detect *Citrus tristeza virus* (CTV). It has been demonstrated that DTBIA is a reliable and sensitive procedure for detection of CTV[2,4,8]. The sensitivity of DTBIA for CTV detection compares favorably with other immunoassay procedures, or even reverse transcription-polymerase chain reaction (RT-PCR)[2,4,8,9]. However, the assay time and cost are major issues for research and commercial agriculture. Reducing the time required for accurate virus detection would have significance to both researchers and growers because shorter assay times may reduce labor costs. Also, the more rapid the diagnostic procedure, the faster a grower can make decisions to help control. In this paper, we describe an improved DTBIA procedure that enables the detection of CTV within 1h by incubating the blots of samples with prereaction solutions of CTV-specific antibodies and labeled secondary antibodies.

1 Materials and Methods

1.1 Source of virus

The Florida CTV isolates T-36 (decline-inducing isolate, DI) and T-30 (non-decline-inducing isolate, NDI) were used in initial greenhouse tests. The first causes vein clearing, stunting, and stem pitting on Mexican lime (*Citrus aurantifiolia* (Christm.) Swingle) and decline of sweet orange (*C. sinensis* L.) on sour orange (*C. aurantium* L.) rootstock, whereas the latter only causes mild symptoms on Mexican lime and no decline symptoms on sweet orange on sour orange rootstock[10-12]. Each of the CTV isolates was in 10 Mexican lime plants (20 total infected plants). Ten uninfected Mexican lime plants were used as controls. All infected and uninfected plants were maintained in a quarantine greenhouse at the Indian River Research and Education Center, University of Florida, Fort Pierce. In tests of field samples, 50 grapefruit (*C. paradisi* Macf.) and 50 sweet orange trees on sour orange rootstock known to be infected with DI or NDI CTV isolates were the sample sources. Ten uninfected sweet orange and 10 uninfected grapefruit in the greenhouse served as controls.

1.2 Tissue samples and blotting

According to our previous experience, the young stems of CTV-infected plants are the most suitable tissues for detection of CTV with the DTBIA procedure[4]. Thus, all tissue samples used in this test were young stems taken from plants either infected with CTV or noninfected. Tissue blots on nitrocellulose membrane (Bio-Rad Laboratories, Hercules, CA) were made from stems of citrus plants that were infected or noninfected with CTV as described by Garnsey et al. [2].

1.3 Sources of antibodies

CTV-specific polyclonal and monoclonal antibodies (PCA and MAb) were used. The polyclonal antibody was PCA 1212[4] provided by S. M.

Garnsey. The monoclonal antibodies were MAb-17Gll, generated and produced at the Indian River Research and Education Center[4,13], and MAb MCA13[4,10], provided by S. M. Garnsey. Purified IgG was used as antibody sources for PCA 1212 and MAb MCAI3. Undiluted cell-culture fluid was used as the source for MAb 17Gll. The labeled secondary antibodies were goat anti-mouse Ig (H+L) -alkaline phosphatase conjugate (GAM-AP), used to react to CTV MAbs, and goat anti-rabbit IgG alkaline phosphatase conjugate (GAR-AP), used to react to CTV PCA. The GAM-AP and GAR-AP were purchased from Southern Biotechnology Associates, Inc., Birmingham, AL, and Sigma Chemical Co., Saint Louis, MO, respectively.

The prereaction solutions of CTV-specific antibodies, PCA 1212 and MAb MCA-13, and labeled secondary antibodies used for the improved DTBIA procedure were made in PBS buffer (0.15mol/L sodium chloride, 0.015mol/L sodium phosphate, pH7.0) or PBS-B buffer (PBS containing 1% fetal bovine serum [BSA])[2-4]. The prereaction solutions of MAb 17Gll and labeled secondary antibody were made by directly adding GAM-AP into MAb 17Gll cell culture fluid. The concentrations of PCA 1212 and MCA-13 were 1.0μg/mL. The dilutions of GAM-AP were 1/1000 to 1/4000; the dilutions of GAR-AP were 1/5000 to 1/10000.

Dilutions of PCA 1212, MAb MCA-13, GAM-AP, and GAR-AP used for regular DTBIA procedure were prepared in PBS or PBS-B buffer.

1.4 Improved DTBIA procedure

The improved DTBIA procedure was a modification of the one by Garnsey et al[2,4]. Samples were printed on membranes as previously described[2,4]. The blots were air-dried for 5min, incubated with prereaction solutions of CTV-specific antibodies (1.0μg/mL) mixed with labeled secondary antibodies (1/1000 dilution for GAM-AP, 1/5000 dilution for GAR-AP) for 20min, and rinsed with PBST buffer (0.15mol/L sodium chloride, 0.015mol/L sodium phosphate, pH7.0, 0.05% Tween 20) for 5min. Finally, reactions were visualized with NBT-BCIP substrate solution for 15 to 20min. The reactions were stopped by washing the blots in water for a few seconds. The results were observed and recorded under a light microscope at×10 to ×25 magnification. A positive signal was the development of purple color in the region of the blot associated with phloem cells, and a negative reaction was absence of purple color in the whole blot[2,4]. The improved DTBIA procedure had two steps less than the regular DTBIA. Also, the time periods of incubation and rinsing in the improved DTBIA assay were shorter.

The effects of the ratios of CTV-specific antibodies to the labeled secondary antibodies, the incubation period of the blots with the prereaction solution, and the length of storage of the prereaction solution on the detection of CTV with the improved DTBIA procedure were also investigated. For MAb MCA13 or MAb 17G11 and GAM-AP, there were three ratios: 1.0μg/mL to 1/4000 dilution, 1.0μg/mL to 1/2000 dilution, and 1.0μg/mL to 1/1000 dilution. For PCA 1212 and GAR-AR the three ratios were 1.0μg/mL to 1/20000 dilution, 1.0μg/mL to 1/10000 dilution, and 1.0μg/mL to 1/5000 dilution. The treatments of the incubation with the antibody prereaction solutions were 10, 20, 30, or 40min. The treatments of the storage of the prereaction solutions were 5min, 30min, 60min, 24h, and 48h at 4℃ or room temperature. The experiments were conducted twice. There were three replicated blots for each treatment in each test.

1.5 ELISA and RT-PCR

ELISA and RT-PCR were performed as previously described[4].

2 Results

2.1 Detection of CTV by improved DTBIA

With 1.0μg/mL of MAb 17Gll and a 1/1000 dilution of GAM-AP and with 1.0pg/mL of PAC

1212 and a 1/5000 dilution of GAR-AR and 20min prereaction solution incubation, the improved DTBIA procedure gave strong positive signals in all samples infected with CTV isolates T-36 or T-30, but no positive signals in the noninfected control samples. With MAb MCA13 at 1.0μg/mL and a 1/1000 dilution of GAM-AR the improved DTBIA procedure gave positive signals in all samples that were infected with decline-inducing isolate T-36, but not in samples that were infected with nondecline-inducing isolate T-30 or noninfected samples (Tables 1 to 3). This result would be expected since MAb

Table 1 Effect of the ratios of *Citrus tristeza virus* (CTV) -specific antibodies to labeled secondary antibodies in the prereaction solutions on the detection of CTV in improved direct tissue blot immunoassay (DTBIA)

Combination of antibodies[y]	Concentrations of antibodies		Isolate[x]		
			T-36	T-30	Healthy
PCA1212+	PCA1212 (μg/mL)	GAM-AP (dilution)			
GAR-AP	1	1/20000	+-[z]	-	-
	1	1/10000	+	+-	-
	1	1/5000	++	++	-
MAb17G11+	MAb17G11 (μg/mL)	GAM-AP (dilution)			
GAM-AP	Unknown	1/4000	+-	+-	-
	Unknown	1/2000	++	+	-
	Unknown	1/1000	+++	++	-
MAb MCA13+	MAb MCA13 (μg/mL)	GAM-AP (dilution)			
GAM-AP	1	1/4000	-	-	-
	1	1/2000	+	-	-
	1	1/1000	+++	-	-

x. CTV isolates: T36, a Florida decline-inducing isolate; T-30, a Florida non-decline-inducing isolate.

y. PCA 1212, a CTV polyclonal antibody (PAC) generated against purified CTV virions in rabbits. MAb MCA13, a CTV monoclonal antibody (MAb) that reacts with Florida decline-inducing isolates of CTV, but not non-decline-inducing isolates of CTV. MAb-17G11, a CTV broad range monoclonal antibody that reacts with most isolates of CTV. GAR-AR a goat anti-rabbit IgG alkaline phosphatase conjugate; GAM-AR a goat anti-mouse Ig (H+L) -alkaline phosphatase conjugate. The data were from 20-min incubation with the prereaction solutions.

z. Relative signal intensity of improved DTBIA reactions observed under a microscope at ×10 to ×25: - , negative reactions; + -, a few light and vague purple spots; +, weak reactions, a few typical purple spots; ++, strong positive reactions, many typical purple spots; +++, very strong reactions, many typical positive spots arranged in a ring; ++++, strongest positive reactions observed, a dark and continuing purple ring located in the phloem tissue. Results are based on the mean of 10 replications (plants)

MCA13 does not react with T-30. Results from the improved DTBIA procedure in the test were identical to those from the regular DTBIA procedure. The sensitivity of the improved DTBIA procedure with the prereaction solution of 1.0μg/mL CTV-specific antibodies and 1/1000 dilution of labeled secondary antibodies and a 20-min incubation was equal to that of the regular DTBIA procedure. The 1h DTBIA was as reliable as regular DTBIA, ELISA, and PCR in detecting CTV in field sweet oranges and grapefruit trees (Table 4).

2.2 Effect of ratios of CTV-specific antibodies to labeled secondary antibodies on detection sensitivity

The detection sensitivity of the improved DTBIA procedure for CTV was affected by the ratio of CTV-specific antibodies to labeled secondary antibodies. The positive signals increased significantly with increase in concentration of the labeled secondary antibodies used in the solutions containing 1.0μg/mL CTV antibody. When the blots were air-dried for 5min, incubated with prereaction solutions for 20min, rinsed with PBST for 5min, and developed with NBT-BCIP for 15 to 20min, the ratio of 1.0μg/mL to 1/4000 dilution (CTV antibody to labeled secondary antibody) gave the weakest positive signals and sometimes failed to give positive signals. The ratio of 1.0μg/mL to 1/1000 dilution gave the strongest positive signals in all the positive samples, and the ratio of 1.0μg/mL to 1/2000 dilution gave intermediate positive signals. There were no positive signals in any of the negative control samples at any of the CTV antibody and secondary antibody combinations (Table 1).

2.3 Effect of prereaction solution incubation period on detection sensitivity

The prereaction solution incubation period significantly affected the sensitivity of the improved DTBIA procedure. Longer incubation times with the prereaction solution (CTV antibody to labeled secondary antibody: 1.0μg/mL to 1/1000 dilution) in the improved DTBIA test yielded stronger positive signals. Improved DTBIA with a 10-min prereaction solution incubation period did not produce any positive signals in most positive samples in the test; only a few positive samples produced very weak positive signals. With 20 to 40min of prereaction solution incubation, the improved DTBIA detected CTV in all positive samples. The 40-min incubation gave the strongest positive signals in positive samples among the four incubation treatments. However, a 20-min incubation gave strong enough signals for reliable detection of CTV (Table 2).

Table 2 Effect of incubation with the prereaction solutions of *Citrus tristeza virus* (CTV)-specific antibodies and labeled secondary antibodies on the detection of CTV in improved direct tissue blot immunoassay (DTBIA)[w]

Combination of antibodyes[y]	Isolate	Incubation time[x]			
		10min	20min	30min	40min
PCA1212+GAR-AP	T-36	−[z]	++	++	+++
	T-30	+−	++	++	+++
	Healthy	−	−	−	−
MAb17G11+GAM-AP	T-36	+−	+++	+++	++++
	T-30	−	++	++	+++
	Healthy	−	−	−	−
Mab MCA13+GAM-AP	T-36	−	+++	++	++++
	T-30	−	−	−	−
	Healthy	−	−	−	−

w. Data shown here were from the tests using 1.0μg/mL CTV-specific antibodies or MAb 17G11 culture fluid mated with a 1/1000 dilution of GAM-AP or 115 000 dilution of GAR-AR. Prereaction solutions of CTV antibodies and labeled secondary antibodies were prepared with PBS or PBS containing 1% BSA, and used within 30min.

x. Time of incubation with prereaction solutions.

y. PCA 1212, a CTV polyclonal antibody (PAC) generated against purified CTV virions in rabbits.

MAb MCA13, a CTV monoclonal antibody (MAb) that reacts with Florida decline-inducing isolates of CTV, but not non-decline-inducing isolates of CTV. MAb-17G 11, a CTV broad range monoclonal antibody that reacts with most isolates of CTV. GAR-AP. a goat anti-rabbit IgG alkaline phosphatase conjugate; GAM-AP, a goat anti-mouse Ig (H+L)-alkaline phosphatase conjugate. The data were from 20-min incubation with the prereaction solutions.

z. Relative signal intensity of improved DTBIA reactions observed under a microscope at ×10 to ×25: −, negative reactions; +−, a few light and vague purple spots; +, weak reactions, a few typical purple spots; ++, strong positive reactions, many typical purple spots; +++, very strong reactions, many typical positive spots arranged in a ring; ++++, strongest positive reactions observed, a dark and continuing purple ring located in the phloem tissue. Results are based on the mean of 10 replications (plants).

2.4 Effect of storage time of the prereaetion solutions on detection of CTV

Storage of the prereaction solutions of CTV antibodies and labeled secondary antibodies had some effect on the detection of CTV in the improved DTBIA test. The prereaction solutions of CTV antibodies and labeled secondary antibodies after storage for 5 to 60min at 4℃ or room temperature were stable and provided consistent strong sensitivity for the detection of CTV in the improved DTBIA test. However, the detection sensitivity of CTV decreased when prereaction solutions that had been stored for 24 to 48h were used in the 20-min incubation procedure. When the incubation period was extended up to 40min, the prereaction solutions stored 24 to 48h still provided enough sensitivity for detection of CTV in the improved DTBIA test (Table 3).

Table 3 Effect of storage of prereaction solutions on detection of *Citrus tristeza virus* (CTV) in improved direct tissue blot immunoassay (DTBIA)[x]

Combination of antibodies	Incubation time	Isolate	Storage time				
			5min	30min	60min	24h	48h
PC A1212 + GAR-AP[y]	20min	T-36	++[z]	++	++	+−	+
		T-30	++	++	+	+−	+−
		Healthy	−	−	−	−	−
	40min	T-36	+++	+++	+++	++	+++
		T-30	+++	+++	++	++	++
		Healthy	−	−	−	−	−
MAb 17Gll + GAM-AP	20min	T-36	+++	+++	++	+−	+−
		T-30	++	++	+	+−	+
		Healthy	−	−	−	−	−
	40min	T-36	++++	++++	+++	++	+++
		T-30	+++	+++	++	++	++
		Healthy	−	−	−	−	−
MAb MCA13 + GAM-AP	20min	T-36	++++	++	++	+−	+−
		T-30	−	−	−	−	−
		Healthy	−	−	−	−	−
	40min	T-36	+++	+++	+++	++	++
		T-30	−	−	−	−	−
		Healthy	−	−	−	−	−

x. Data shown were from tests of improved DTBIA procedure with 20- and 40-min incubations, respectively. Data from other incubation treatments were not shown.

y. PCA 1212, a CTV polyclonal antibody (PAC) generated against purified CTV virions in rabbits. MAb MCA13, a CTV monoclonal antibody (MAb) that reacts with Florida decline-inducing isolates of CTV, but not non-decline-inducing isolates of CTV. MAb-17G11, a CTV broad range monoclonal antibody that reacts with most isolates of CTV. GAR-AP, a goat anti-rabbit IgG alkaline phosphatase conjugate; GAM-AP. a goat anti-mouse Ig (H+L) -alkaline phosphatase conjugate. The data were from 20-min incubation with the prereaction solutions.

z. Relative signal intensity of improved DTBIA reactions observed under a microscope at ×10 to ×25: −, negative reactions; +− , a few light and vague purple spots; +, weak reactions, a few typical purple spots; ++, strong positive reactions, many typical purple spots; +++, very strong reactions, many typical positive spots arranged in a ring; ++++, strongest positive reactions observed, a dark and continuing purple ring located in the phloem tissue. Results are based on the mean of 10 replications (plants).

Table 4 Comparison of testing costs among the regular and improved direct tissue blot immunoassay (DTBIA), enzyme-linked immunosorbent assay (ELISA), and reverse transcription-polymerase chain reaction (RT-PCR) for detection of *Citrus tristeza virus* (CTV) in field grapefruit and sweet orange trees

Detection procedure	Sample[u]				Cost for 100 sample[v]	
	DISO[w]	NDI SO[x]	DI GF[y]	NDI GF[z]	Supplies	Supplies+labor
ELISA	90	100	85	90	$70	$190
RT-PCR	100	100	100	100	$980	$1 280
DTBIA	95	100	95	100	$140	$245
I-DTBIA	95	100	95	100	$200	$300

u. Results are the percentage of 50 field trees in which CTV was detected using CTV-specific antibody MAb 17G11 by I-DTBIA, DTBIA, and ELISA, or by RT-PCR described by Huang *et al.*[4]

v. Costs are calculated on the basis of labor cost at $15/h and supply costs for chemical reagents, enzymes, membranes, disposal plastic containers, and pipette tips. Equipment costs are not included.

w. DI SO, sweet orange on sour orange rootstock infected with a decline-inducing isolate of CTV.

x. NDI SO, sweet orange on sour orange rootstock infected with a non-decline-inducing isolate of CTV.

y. DI GF, grapefruit on sour orange rootstock infected with a decline-inducing isolate of CTV.

z. NDI GF, grapefruit on sour orange rootstock infected with non-decline-inducing isolate of CTV.

Discussion

DTBIA is a reliable and sensitive procedure for detection of CTV. However, it usually requires 3 to 7h to give results in tests using either a direct procedure or an indirect procedure, or even biotinstreptavidin (BIO/SA) procedures (3, 7). We improved the DTBIA by incubating the blots in a solution of CTV-specific antibodies mixed with labeled secondary antibodies. The improved DTBIA (I-DTBIA) procedure can detect CTV within 1h with CTV-specific polyclonal and monoclonal antibodies and commercially available labeled secondary antibodies. Its sensitivity is similar to that of regular DTBIA, ELISA, and PCR (Table 4)[4,8]. In addition, the prereaction solutions of CTV-specific antibodies and labeled secondary antibodies are stable at least 1h. Even after storage for 48h at 4℃ or room temperature, the prereaction solutions still work well for the improved DTBIA procedure when a longer incubation (up to 40min) is employed. The improved DTBIA procedure makes it possible to detect CTV for the purposes of research and diagnosis in 1h.

The major disadvantage of improved DTBIA (I-DTBIA) is that it is more costly in reagents than ELISA or regular DTBIA (Table 4). Although the concentrations, usually 1μg/mL in PBS or PBS-B, of CTV-specific antibodies (IgG) were the same in the improved DTBIA, ELISA, and regular DTBIA tests, the concentrations of labeled secondary antibodies in the improved DTBIA test were higher than in ELISA and regular DTBIA tests. The dilutions were 1/5000 for GAR-AP and 1/1000 for GAM-AP in the improved DTBIA tests. This makes the improved DTBIA procedure cost more for detection of CTV than ELISA and regular DTBIA. The increased chemical cost is mostly offset by reduced cost of labor. Usually, the recommended dilution of GAR-AP for ELISA, DTBIA, and other immunoassays is 1/30000, and that of GAM-AP is 1/5000. When lower concentrations of labeled secondary antibodies were used, for example, GAM-AP 1/4000 or GAR 1/10000 in solutions that containing 1.0pg/mL CTV antibodies, the sensitivity of improved DTBIA for detection of CTV became weaker, and sometimes failed to give positive signals. To make sure the new procedure is sensitive enough and works well for detection of CTV, pretests should be conducted to determine the optimum concentrations of labeled secondary antibodies for the procedure. According to our results, the ideal concentrations are 1/1000 for GAM-AP and 1/5000 for GAR-AR The reasons why the improved DTBIA procedure requires higher concentrations of labeled secondary antibodies than ELISA and DTBIA procedures are not known. It may be related to the free immuno-globulin G (IgG) in the working solutions. It is known that the lower the free IgG in a working solution, the higher the sensitivity of immunoassay for detection of antigens[7].

Both growers and scientists awaiting diagnostic results from the laboratory need the results quickly. They want to know whether their propagating source plant, field plant, survey test plant, or research plant is infected so decisions can be made relative to their business or to confirm or reject hypotheses. Reducing the "waiting time" by 80% has significantly improved our service and research efficiency.

We have shown that mixing the CTV-specific antibody with the AP-conjugated secondary antibody can reduce assay time to 1h without loss of sensitivity or reliability. Hopefully, this DTBIA procedure could be useful for detection of other plant viruses and other pathogens such as bacteria and fungi.

Acknowledgments

We thank S. M. Garnsey for providing PCA1212 and MAb MCA13.

Reference

[1] Cassab GI, Varner JE. Immunocytolocalization of extension in developing soybean seed coats by immunogold-silver staining and by tissue printing on nitrocellulose paper. J. Cell Biol, 1987, 105: 2581-2588

[2] Garnsey SM, Permar TA, Cambra M, et al. Direct tissue blot immunoassay (DTBIA) for detection of *Citrus tristeza virus* (CTV). *In*: Proceeding 12th Conference of the International Organization of Citrus Virologists (IOCV), Riverside, CA, 1993, 39-50

[3] Lin NS, Hsu YH, Hsu HT. Immunological detection of plant viruses and a mycolasmalike organism by direct tissue blotting on nitrocellulose membranes. Phytopathology, 1990, 80: 824-828

[4] Lin Y, Rundell EA, Xie LH, et al. *In situ* immunoassay for detection of *Citrus tristeza virus*. Plant Disease, 2000, 84: 937-940

[5] Bar-Joseph M, Garnsey SM, Gonsalves D, et al. Detection of *Citrus tristeza virus*. I. Enzyme-linked immunosorbent assay (ELISA) and SDS-immunodiffusion methods, *In*: Proceeding 8th Conference of the International Organization of Citrus Virologists (IOCV), Riverside, CA, 1980, 1-8

[6] Vela C, Cambra M, Sanz A, et al. Use of specific monoclonal antibodies for diagnosis of *Citrus tristeza virus*. *In*: Proceeding 10th Conference of the International Organization of Citrus Virologists (IOCV), Riverside, CA, 1988, 55-61

[7] MacKenzie D. Globulin conjugation methods. *In*: Hampton R, Ball E, De Boer S. Serological methods for detection and identification of viral and bacterial plant pathogens: a laboratory manual. St Paul: American Phytopathological Society, 1990, 87-92

[8] Huang Z, Rundell PA, Guan X, et al. Detection and isolate differentiation of *Citrus tristeza virus* in infected field trees based on reverse transcription-polymerase chain reaction. Plant Disease, 2004, 88:625-629

[9] Lin Y, Rundell EA, Powell CA. *In situ* imnmnoassay (ISIA) of field grapefruit trees inoculated with mild isolates of *Citrus tristeza virus* indicates mixed infections with severe isolates. Plant Disease, 2002, 86: 458-461

[10] Permar TA, Garnsey SM, Gumpf DJ, et al. A monoclonal antibody that disciminates strains of *Citrus tristeza virus*. Phytopathology, 1990, 80: 224-228

[11] Rocha-Pena M, Lee RF. Serological technique for detection of *Citrus tristeza virus*. J Virol Methods, 1991, 34: 311-331

[12] Rocha-Pena MA, Lee RF, Niblett CL. Development of a dot-immunobinding assay for detection of *Citrus tristeza virus*. J Virol Methods, 1991, 34: 297-309

[13] Nikolaeva OV, Karasev AV, Powell CA, et al. Modulation of the antigenic reactivity of the *Citrus tristeza virus* coat protein. J Immunological Methods, 1997, 206: 97-105

橘蚜传播柑橘衰退病毒的研究进展

林尤剑[1]，谢联辉[1]，POWELL Charles A.[2]

（1 福建农林大学植物病毒研究所，福建福州　350002；
2 美国佛罗里达大学印第安娜河研究和教育中心，Fort Pierce　35945）

摘　要：就橘蚜传播柑橘衰退病毒（CTV）的传毒特性、传毒率、影响传毒率因素、与柑橘衰退病流行的关系、对混合株系的虫传分离作用以及带毒橘蚜的分子生物学检测等研究进展作一综述。橘蚜传播 CTV 的方式为非循回型半持久式，其从甜橙和墨西哥莱檬植株上传播 CTV 的效率高于棉蚜、橘二叉蚜和绣线菊蚜等蚜虫。橘蚜对 CTV 不同株系的传毒率有所差异，对重型株系的传毒率较轻型株系高。影响传毒率的因素有蚜虫发育虫态、毒源植物、接毒植物和环境条件等。橘蚜与酸橙砧甜橙衰退病的发生与流行，特别是衰退型强株系衰退病的发生与流行有密切相关性，它是甜橙衰退病发生与流行的最主要传播介体。橘蚜对 CTV 具有分离株系的作用，通过单虫传播，可以将混合感染状态的 CTV 不同株系分离而获得纯化株系。检测橘蚜携带 CTV 的分子生物学反转录—聚合酶链式反应技术已建立，并已应用于检测橘蚜等蚜虫的单虫带毒情况。讨论认为，不同发育虫态、毒源植物、接毒植物和环境条件等因素对橘蚜传播 CTV 的影响，特别是毒源植物和温度条件对橘蚜传毒率的影响，及利用橘蚜单虫传播分离 CTV 株系等方面的研究有待进一步加强。

关键词：橘蚜；柑橘衰退病毒

中图分类号：S432.4+1，Q969.36+7.2　**文献标识码**：A

Advances in *Citrus tristeza virus* transmission by brown citrus aphid

LIN You-jian[1]，XIE lian-hui[1]，POWELL Charles A[2].

（1 Institute of Plant Virology，Fujian Agriculture and Forestry University，Fuzhou　350002；
2 Indian River Research and Education Center，University of Florida，Fort Pierce　35945）

Abstract：A review of studies on *Citrus tristeza virus* （CTV） transmission by brown citrus aphid （BrCA） （*Toxoptera citricida* Kirkaldy） is presented . in this paper，focusing on the characteristics and efficiency of CTV transmission，the factors affecting CTV transmission，the relationship between BrCA and the epidemics of CTV ，the role of single BrCA-transmission on the separation of CTV strains and the detect ion of BrCA that is carrying CTV. Studies have confirmed that BrCA is the most efficient vector of CTV between sweet orange or Mexican lime plants. CTV is transmitted semi-persistently in a noncirculative manner by BrCA ，there were differences in transmission rates of CTV isolates and severe isolates of CTV were usually more easily transmit-

福建农业大学学报，2001，30（1）：59-66
收稿日期：1999-09-09

ted than mild isolates of CTV. Factors, including the age or type of BrCa, source plants of CTV, receptor plants being used for CTV transmission and environmental conditions, have effects on CTV transmission by BrCA. BrCA plays a key role in the epidemic of CTV among sweet orange plants with sour orange root stock. Strains of CTV in a mixture of CTV infections can be separated by single BrCA transmission. Reverse transcription polymerase chain reaction technique for the detection of CTV in a single aphid or aphids has been developed. Efforts will be made in the future to determine the effects of factors, especially the source plants of CTV and temperatures, on the CTV transmission efficiency by BrCA , and the separation of CTV strains by single BrCA.

Key words: brown citrus aphid; *Citrus tristeza virus*

橘蚜［*Toxoptera citricida* Kirkaldy，异名*Aphis citricidus*（Kirk），*Myzus citricidus*，*A. aeglis*，*A. nigricans* van der Goot，*A. tavarresi*，*Paratoxoptera argentiniensis*］，又称东方橘蚜，是一种世界性分布的柑橘害虫[1-12]。与棉蚜（*A. gossypii*）、橘二叉蚜（*T. aurantii*）和绣线菊蚜（*A. spriaecola*）等其他衰退病毒介体蚜虫一样，橘蚜不仅通过直接取食为害柑橘，而且传播柑橘衰退病毒（*Citrus tristeza virus*，CTV），导致柑橘衰退病发生流行为害，造成更大经济损失。橘蚜被认为是柑橘衰退病发生流行的主要有效传播介体。Meneghini[13]最早证实橘蚜具有传播 CTV 的能力。此后，多位研究者[4,12,14-21]在不同国家或地区进行的研究，进一步证实了橘蚜具有传播 CTV 的能力。然而，不同作者所报道的橘蚜传毒率差异极大，单虫传播的传毒率为 0～66%，多虫传播的传毒率为 0～91%[12,14,15,17,21,22]。由此，对于橘蚜传播 CTV 的能力问题，有了两种不同的看法。一种认为橘蚜是传播 CTV 的最有效介体；而另一种却认为橘蚜不是传播 CTV 的最有效介体。为了更好地了解橘蚜与 CTV 的关系，为进一步研究和防治柑橘衰退病提供科学依据，本文试就橘蚜传播 CTV 的研究进展作一综述。

1 传毒特性

Meneghini[13]最早提出 CTV 的蚜虫传播方式为半持久式，后来被 Costa 等[15]证实。Kennedy 等[22]认为 CTV 可能由蚜虫口针传播。Retuerma 等[23]指出橘蚜在衰退病株上取食几秒钟，便能获毒并传毒，这说明 CTV 是通过蚜虫口针传播的。但他们这一结论受到质疑。Singh[24]成功地证实橘蚜能够通过穿刺石蜡薄膜从提取的病株汁液中获得 CTV 并传毒，并据此认为 CTV 不是典型的口针传播病毒，而可能是一种非增殖循回型蚜传病毒。Lim 等[25]也认为，CTV 可能为非增殖循回型蚜传病毒。因此，多数学者认为，橘蚜传播 CTV 的方式和棉蚜、橘二叉蚜等蚜虫传播 CTV 的方式一样，均为非循回型半持久方式传播[2,3,26-28]，其获毒时间为 1～24h，持毒时间为 24～48h，传毒时间为 30min～100h。不同的获毒时间对橘蚜传播 CTV 的效率有明显影响。一般地，橘蚜在衰退病株上取食 1h 就可获得病毒，并具有传毒能力。随着获毒取食时间的延长，传毒能力也随之增加：在病株上取食 4h，就可获得很好的传毒效果；如在病株上取食 24h，则可获得最大传毒效果。但对橘蚜进行获毒前饥饿处理，并没有能够增加其传毒能力。与棉蚜等蚜虫一样，获毒橘蚜在健康柑橘植株上传毒取食 24h 后，便失去传毒能力，成为无毒蚜虫[2,3,8,9,26]。

2 传毒率

普遍认为，橘蚜是 CTV 的最有效传播介体。但是，此结论是根据早期田间调查结果得出的。如在巴西，早期的田间调查结果认为，巴西 20 世纪 40 年代发生的柑橘衰退病大流行，造成酸橙砧甜橙（*C. aurantium*）的大量死亡，是由于橘蚜广泛传播该病毒的结果[8,29]。又如，在乌拉圭、秘鲁、智利和哥伦比亚等南美国家，有关的田间调查结果也认为，由于橘蚜在这些国家和地区于 70 年代建立种群之后，CTV 的重型株系才随之开始流行，引起大量柑橘树感病死亡，造成了巨大经济损失[8,30]。Schwarz[18]的田间观察结果认为，田间柑橘衰退病的发病率与植株上的橘蚜数量呈正相关关系。后来，多次的室内虫传试验结果[8,12,21]进一步证实了橘蚜对 CTV 具有较高的传毒能力。但是，不同作者所报道的传毒率有所不同。在橘蚜的单虫传播试验中，有些传毒率为 0 ，而有些则高达 66%；在多虫（3 头以上）传播试验中，有些传毒率也为 0 ，而有些则高达 91％[12,21]。早在 60 年代 Celino 等[16]就指出，橘蚜传播 CTV 的能力强于棉蚜和橘二叉蚜。Balaramen 等[4]也指出，橘蚜在获毒时间和传毒时间各为 24h，每株柑橘用 15 头带毒蚜虫进行传毒时，可获得 100％ 的传毒率。但是直到 90 年代，Yokomi 等[12]在严格的相同条件下所进行的橘蚜与其他蚜虫传播 CTV 的比较试验，才真正提供了有力的证据，说明橘蚜是以甜橙作为毒源植物时，为 CTV 的最有效传播介体。他们的结论是，以甜橙为毒源植物时，橘蚜单虫传播 CTV 的传毒率为 16％，显著高于另一有效传播介体棉蚜的传毒率（1.4％）。而橘二叉蚜和绣线菊蚜等其他蚜虫对 CTV 的传毒率又较棉蚜低[8,10-12,30]。但是，Yokomi 等[12]的试验没有对甜橙以外的其他柑橘品种作为 CTV 的毒源植物对橘蚜的传毒率进行测试，因此，橘蚜是否为其他柑橘品种上 CTV 的最有效传播介体，至今尚未明确，有待于今后进一步研究。

虫传试验结果还表明，橘蚜对 CTV 不同株系的传播效率有所差异。Sharma[19]、Yokomi 等[12]和 Broadbent 等[21]前后进行了橘蚜单虫传播 CTV 不同株系的比较试验。Yokomi 等[12]所测试的 5 个不同株系中，最低传毒率为 1％ ，最高传毒率为 25％；Broadbent 等[21]所测试的 17 个株系中，最低传毒率为 0％ ，最高传毒率为 55％；Sharma[19]所测试的 20 个株系中，橘蚜能有效地传播其中的 12 个株系，而棉蚜仅能传播其中的 5 个株系，绣线菊蚜仅能传播其中的 3 个株系。可见，橘蚜对 CTV 不同株系的传毒率有极大差异。前人的研究结果[4,19]表明，橘蚜能够传播 CTV 的各种株系，即轻型株系和重型株系（包括茎陷点株系和衰退型株系），但其对重型株系的传播具有更高的传毒率，特别是它能够传播“潜伏”侵染的重型株系。因此，橘蚜种群在柑橘果园中的建立与蔓延，是导致 CTV 重型株系迅速发生流行为害的重要原因。相对地，其他蚜虫不容易传播 CTV 的重型株系。

3 影响传毒率的因素

3.1 不同发育虫态

早在 1951 年 Costa 等[15]就注意到了橘蚜不同发育虫态（若虫和成虫）对传播 CTV 效率的影响。他们用同一病毒株系在相同的毒源植物和接毒植物（均为甜橙）条件下，进行了不同发育虫态橘蚜传播 CTV 的比较试验。结果表明，橘蚜成虫和若虫的单虫传毒率没有大的差异，分别为 17％ 和 16％；但在多虫传播中，若虫的传毒率大于成虫，分别为 29％（每株 5 头若虫）、75％（每株 25 头若虫）和 10％（每株 5 头成虫）和 21％（每株 25 头成虫）。后来，Nickle 等[17]又以墨西哥莱檬为毒源植物和接毒植物，比较了橘蚜的若虫、有翅成虫和无翅成虫对 CTV 的传毒能力差异。但他们所得的结果与 Costa 等[15]的结果不完全一致。在单虫传播试验中，若虫的传毒率为 16％，有翅成虫为 25％，无翅成虫为 66％；在多虫（每株 10 头）传播试验中，若虫的传毒率为 83％，有翅成虫为 58％，无翅成虫为 75％；扩大多虫传播（每株 30 头）试验，若虫的传毒率为 58％，成虫为 91％。尽管他们的试验结果不完全一致，但从中可以得出结论，即橘蚜的发育程度或不同虫态对橘蚜传播 CTV 的能力有明显影响。

3.2 毒源植物与接毒植物

Bar-Joseph 等[2]和 Broadbent 等[21]指出，毒源植物和接毒植物的种类或品种对蚜虫传播 CTV 的能力均有影响。已报道的毒源植物和接毒植物包括甜橙、墨西哥莱檬、甜莱檬、柠檬等。其中，毒源植物和接毒植物对棉蚜和绣线菊蚜等蚜虫传播 CTV 效率的影响，已有相当多的报道。如，Bar-Joseph 等[2]以甜橙、克立曼丁红橘、巴勒斯坦甜莱檬和马斯无子葡萄柚等作为毒源植物，对一个蚜易传和不易传的 2 个 CTV 株系进行了蚜虫传播的比较试验。结果表明，以甜橙、克立曼丁红橘、巴勒斯坦甜莱檬和马斯无子葡萄柚分别作为毒源植物时，蚜易传株系的棉蚜传毒率相对较高，分别为 45.4％、42.3％、9.0％ 和 5.2％；而以甜橙和巴勒斯坦甜莱檬作为毒源植物时，蚜不易传株系的棉蚜传毒率则相对较低，分别为 3.4％ 和 0％。又如，一个分离自梅尔柠檬的 CTV 株系，当以埃及酸莱檬作为毒源植物时，可通过棉蚜和绣线菊蚜单虫传播；但当以柠檬或麦丹甜橙作为毒源植物时，则不能通过蚜虫传播。但是，关于毒源植物和接毒植物对橘蚜传毒能力的影响，至今尚缺乏系统研究。不过，从 Costa 等[15,31]、Broadbent 等[21]和 Yokomi 等[12]报道的结果可以看出，毒源植物和接毒植物对橘蚜的传毒率也有明显影响。以甜橙作为毒源植物和接毒植物时，单虫和多虫（3～30 头）的传毒率相对较低，分别为 0～55.0%和 0～50.0%；而以墨西哥莱檬作为毒源植物和接毒植物时，单虫和多虫（3～30 头）的传毒率则相对较高，分别为 16.6% ～ 66.6% 和 58.3% ～ 91.6%。最近，Tsai[32]报道了 8 种不同寄主对橘蚜的发育、存活和繁殖等的影响。毒源植物影响蚜虫传播 CTV 的机理至今尚未明确。

3.3　环境条件

与蚜虫的发育虫态、毒源植物和接毒植物等因素一样，环境条件（主要是温度）对蚜虫传播 CTV 也有明显影响。前人的研究结果一致指出，在高温条件下，蚜虫的传毒能力明显降低。不过，到目前为止，关于环境条件对蚜虫传播 CTV 的影响研究，主要多限于以棉蚜为研究对象。如 Bar-Joseph 等[33]、Komazaki[34,35]和 Norman 等[36]指出，棉蚜在夏季高温条件下对 CTV 的传毒能力明显低于冬季低温条件下。又如，Bar-Joseph 等[37]在人工气候箱严格控制温度条件下，比较了 22℃和 31℃下，棉蚜从感病甜橙传播 CTV 的差异。结果表明，两种温度条件下的蚜虫传毒率分别为 60.8% 和 12.2%。但是，至今尚缺乏其他环境条件影响橘蚜传播 CTV 的研究报道。今后很有必要对此进行系统研究，以明确环境条件各因素对橘蚜传播 CTV 的影响作用，了解橘蚜发生分布与衰退病发生流行的内在机理。温度对蚜虫传毒的影响，主要是作用于感病植株作为毒源植物的适应性和病毒的含量，此外，还可能影响到蚜虫的获毒和传毒取食行为等。在田间，温度还影响到蚜虫的种群数量消长情况，从而影响到田间 CTV 的蚜虫传播和发生流行为害。

4　与柑橘衰退病发生流行的关系

橘蚜与柑橘衰退病发生流行的关系是历来备受人们关注的重要问题，因此，有关的调查研究报道不少。这些调查和研究[6,9,12,19,28]的结论是，橘蚜与酸橙砧甜橙类柑橘衰退病的发生流行有密切正相关关系，它是酸橙砧甜橙 CTV 传播的最有效介体，对酸橙砧甜橙类柑橘衰退病的发生流行起着关键作用。其中所报道的一个典型的例子是，20 世纪 30 年代柑橘衰退病在巴西和阿根廷大暴发后，由于橘蚜向北扩展，并越过亚马逊河的灌木天然屏障，于 1976 年到达委内瑞拉的南部，1979 年在委内瑞拉全境扩展和传播衰退病，于 1980 年，在委内瑞拉便首次发现了速衰型 CTV 株系。当时，委内瑞拉有 3.5 万公顷 650 万株高产柑橘树，几乎都以高度感病的酸橙作砧木。由于橘蚜的大发生，到 1987 年，速衰型柑橘衰退病在委内瑞拉大发生流行，全境约有 600 万株柑橘受到感染，感染株表现出衰退症状，失去投产能力而遭淘汰[8]。最近，在美国佛罗里达州，由该州柑橘苗木注册管理局等部门进行的橘蚜发生与柑橘衰退病发生流行的关系系统跟踪调查，结果表明，自该州于 1995 首次发现有橘蚜发生以来，柑橘衰退病的发生率有了明显增加，其中发病率（90%以上）最高的地区是最早发现有橘蚜发生的 Martin 和 Hendry。且其中 40%以上的感病树，感染的是能够与株系特异性单克隆抗体 MCA 13 反应的强株系。

5　对 CTV 混合株系的虫传分离作用

CTV 具有复杂的株系分化现象[3]。根据其症状表现，可分为重型株系（包括衰退型株系和茎陷点株系）、苗黄株系和轻型株系等[2,3,21]。CTV 的不同株系通常混合侵染柑橘。美国佛罗里达大学有关研究指出，佛罗里达州田间感染的柑橘衰退病树，许多感染有两个或两个以上的 CTV 株系，通常其中既有重型株系，又有轻型株系。CTV 株系的分离与纯化，是研究 CTV 交互保护作用及其利用的基础与关键。虫传分离是分离和纯化植物病毒株系的常用有效方法。因此，利用橘蚜传播，对从田间获得的 CTV 分离物进行株系分离与纯化，已成为橘蚜传播 CTV 研究的重要内容之一。Kano 等[20]最早报道利用橘蚜传播，对 CTV 田间分离物进行株系分离的试验。他们从 15 个衰退病毒田间分离物中获得 20 个不同的虫传分离株系，其中有 4 个虫传分离株系，在生物学特性和血清学反应方面，显然与原来的田间分离株不同。后来，在澳大利亚，Broadbent 等[21]也对 18 个衰退病毒田间分离物进行了橘蚜单虫传播分离株系或亚株系试验，结果分离到 50 个以上的虫传分离株系或亚株系，并对这些虫传分离株系进行生物学测定和内含体含量测定，从而证实了 CTV 的多数田间分离物，均由许多生物学性状不同的株系或亚株系所组成。实践证明，橘蚜虫传分离，特别是单虫传播分离，是分离和纯化混合感染 CTV 株系的有效方法。利用橘蚜传播分离获得纯化株系，进行交互保护作用及其利用研究，将成为今后 CTV 及其防治研究的重要内容之一。

6 橘蚜携带CTV的分子生物学检测

橘蚜传播CTV的能力已为大量生物学试验所证实。但是，采用分子生物学方法直接检测获毒橘蚜体内的病毒，从而评价橘蚜传播CTV能力的研究尚少见报道。Cambra等[38]于1981年报道成功地应用血清学Elisa技术，检测棉蚜和橘二叉蚜等9种CTV的介体或非介体蚜虫在取食过程中获得CTV的情况，但他们没有应用该技术检测橘蚜的带毒情况。该技术不能检测出单头蚜虫携带CTV的情况，只能检测出至少60头以上蚜虫携带CTV的情况。最近，Mehta等[39]建立了一种检测蚜虫是否携带CTV的反转录-聚合酶链式反应（RT-PCR）技术，并成功地用于检测橘蚜、棉蚜和桃蚜等单虫携带CTV情况。该技术的主要步骤是：取在感病柑橘植株上取食24h、48h后的橘蚜或其他蚜虫，置于微型离心管中（每管单虫或多虫），用冷的核酸提取缓冲液进行核酸提取，并经过Gene Releaser（BioVentures产品）纯化处理，醋酸钠乙醇沉淀和体积分数为70%乙醇漂洗，取得CTV -RNA。以提取的病毒RNA为模板，在CTV专化引物作用下合成cDNA。然后再以合成的cDNA为模板，在标准条件下进行PCR扩增，获得病毒PCR产物，从而检测出蚜虫的带毒情况。这一技术的建立，为进一步研究CTV-介体蚜虫-寄主柑橘三者的互作关系和柑橘衰退病的流行学，提供了有效的检测方法。

7 讨论与展望

综上所述，橘蚜传播CTV的研究已取得了很大进展。明确了橘蚜传播CTV的方式为非循回型半持久式，其从甜橙和墨西哥莱檬植株上传播CTV的传毒率高于棉蚜、橘二叉蚜和绣线菊蚜等蚜虫，是甜橙类柑橘衰退病发生与流行的最主要传播介体。但是，关于橘蚜对其他柑橘品种如葡萄柚等衰退病的发生与流行的作用尚缺乏研究。橘蚜对CTV不同株系的传毒率有所差异，对重型株系比对轻型株系具有更高的传毒率。因此，它与衰退型强株系衰退病的发生与流行有着密切的关系。橘蚜的发育虫态、毒源植物、接毒植物和环境条件等因素均对CTV传毒率有影响。那种认为橘蚜不是传播CTV的最有效介体的看法，可能受到试验中所使用的病毒株系、毒源植物、接毒植物，环境条件以及获毒和传毒时间等的影响所致。虽然Yokomi等[12]在同等条件下进行的不同蚜虫传播CTV的比较试验，充分地明确了橘蚜是甜橙CTV的最有效传播介体的结论。但是，至今尚未以甜橙以外的其他柑橘类品种作为毒源植物，并考虑其他因素的影响，而对橘蚜传播衰退病毒的能力进行研究。橘蚜是否是其他柑橘品种CTV的最有效传播介体，至今尚未明确。为了更明确地了解橘蚜的发育虫态、毒源植物、接毒植物和环境条件等各个因素，特别是毒源植物和温度条件对橘蚜传播CTV的影响，今后有必要对其作进一步的系统研究。此外，前人的研究还明确了橘蚜具有分离CTV株系的作用。通过单虫传播，可以将混合感染状态的不同CTV株系分离开来。这充分地证明了CTV存在着株系分化和不同株系混合感染的现象，也为深入研究CTV不同株系的生物学特性和分子生物学特性，利用交互保护作用防治柑橘衰退病提供了非常有用的手段和途径。虽然目前利用橘蚜单虫传播分离CTV株系的研究还非常有限，且缺乏系统性，但相信这一方面的研究将得到进一步加强，并能够对CTV的株系分化、混合感染和交互保护作用等问题有更深入的了解和认识，为利用交互保护作用防治柑橘衰退病找到有效方法。

参考文献

[1] Abate T. The identity and bionomics of insect vectors of tristeza and greening diseases of citrus in Ethiopia. Trop PestMan，1988，34：19- 23

[2] Bar-Joseph M，Raccah B，Loebenstein G. Evaluation of the main variables that affect *Citrus tristeza virus* transmission by aphids. Proc Int Soc Citriculture，1977，3：958- 961

[3] Bar-Joseph M，Marcus RL. The continuing challenge of *Citrus tristeza virus* control. Ann Rev Phytopath，1989，27：291- 316

[4] Balaramen K，Ram A，Krishnan K. Transmission studies with strains of tristeza virus on acid lime. Z Pflanzenke Pflanzen，1979，86：653- 661

[5] Denmark HA. The Brown citrus aphid，*Toxoptera citricida* Kirkaldy (Homoptera：Aphididae). Gainsvill，Florida：Division of Plant Industry. Fla Dept Agric Cons Ser，1978，194

[6] Gottwaldt R，Garnseys M，Yokomir K. Potential for spread of *Citrus tristeza virus* and its vector，the brown citrus aphid. Proceedings of the Annual Meeting of the Florida State Horticultural Society，1994，106：85- 94

[7] Halbert SE, Brown LG. *Toxoptera citricida* Kirkaldy, brown citrus aphid-identification, biology and management strategies. Gainsvill, Florida: Div Plant Industry, Entomol Fla Dept Agric Cons Ser, 1996, 374

[8] Michand JP. A review of the literature on *Toxoptera citricida* Kirkaldy (Homoptera: Aphididae). Fla Entomol, 1998, 81: 37- 61

[9] Rocha-Pena MA, Lee RF, Lastra R, et al. *Citrus tristeza virus* and its aphid vector *Toxoptera citricida*: threats to citrus production in the Carbbean and Central and North America. Plant Disease, 1995, 79 (5): 437- 445

[10] Yokomi RK, Garnseys M. Transmission of *Citrus tristeza virus* by *Aphisgossypii* and *Aphiscitricola* in Florida. Phytophylactica, 1987, 9: 169- 172

[11] Yokomir K, Garmseys M, Lee RF, et al. Use of insect vectors to screen for protecting effects of mild *Citrus tristeza virus* isolates in Florida. Phytophylactica, 1987, 19: 183- 185

[12] Yokomir K, Damsteegtv C. Comparison of *Citrus tristeza virus* transmission efficiency between *Toxoptera citricidus* and *Aphidgossypii*. *In*: Peter DC, Ebster W, Choublercs JA. Proceedings of aphid-plant interaction: population to molecules. Stillwater: Oklahoma State University, 1991, 132: 319

[13] Meneghini M. Sobre a naturalezae transmissibilidade dedocena "tristeza"do scitrus. Biologico, 1948, 12: 285- 287

[14] Costa AS, Gramt TJ, Moreira S. Investagacoes sobre a tristeza vector 2. Conceites edadasadas plantas citricas at riteza. Bragan tia, 1949, 9: 59- 80

[15] Costa AS, Gramt TJ. Studies on transmission of the tristeza virus by the vector, *Aphiscitricidus*. Phytopathology, 1951, 41: 105-113

[16] Celinoc S, Panaligand R, Molinou V. Studies on insect transmission of the tristeza virus in the Philippines. Philipp J Pl Ind, 1966, 31: 89- 93

[17] Nickle O, Klinggau FF. Biologie und massenw echsel der tripischen citrus-blat tlaus *Toxoptera citricidus* in beziehung zu Nutzlingsaktivitat und klima in *Misiones argentinien* (Homoptera: Aphidiae). Entomol Gener, 1985, 10: 231- 240

[18] Schwarzr E. Aphid-borne virus diseases of citrus and their vectors in South Africa. A investigations of the epidemiology of aphid transmissible virus disease of citrus by means of trap plants. S Afr J Agr Sci, 1956, 8: 839-852

[19] Sharmas R. Factors affecting vector transmission of *Citrus tristeza virus* in South Africa. Zentralblatt Fur Mikrobiologie, 1989, 144: 283-294

[20] Kano T, Koizumi N. Proceedings 12th Conference- International Organization of Citrus Virologists (IOCV). Riverside, CA, 1991, 82-85

[21] Broadben TP, Brlansky RH, Indsto J. Biological characterization of Australian isolates of *Citrus tristeza virus* and separation of subisolates by single aphid transmission. Plant Disease, 1996, 80 (3): 329-333

[22] Edyjs K, Daym F, Eastopv F. A conspectus of aphids as vectors of plant viruses. FL, New York: Commonwealth Institute of Biological Control, 1962, 114

[23] Retuermam L, Pricew C. Evidence that tristeza virus is stylet borne. FAO P I Prot Bull, 1972, 20: 111-114

[24] Singha B. Comparative transmission of tristeza virus by aphids acquired from leaves, leaf extracts and bark extracts through stretched parafilm membrane. Ind J Microbio, 1978, 18: 40-43

[25] Limw L, Hagedorj M. *Toxoptera citricidus* (Kirkaldy). Harris KF, Maramorosch K. Aphids as virus vectors. New York: Academic Press, 1977, 237-252

[26] Bar-Joseph M, Ganseys M, Gonsalves D. The closterviroruses: a distinct group of enlong plant virus. Adv Virus Res, 1979, 25: 93-168

[27] Raccah B, Loebenstei G, Singer S. Aphid-transmissibility variants of tristeza virus in infected citrus trees. Phytopathology, 1980, 70: 89- 93

[28] Yokomir K, Lastra R, Stoetzel MB, et al. Establishment of the brown citrus aphid (Homoptera: Aphididae) in General America and the Caribbean Basin and transmission of *Citrus tristeza virus*. Journal of Economic Entomology, 1994, 87 (4): 1078- 1085

[29] Esige O. Aphids in relation to quick decline and tristeza of citrus. Pan Pac Entomol, 1949, 25: 13- 22

[30] Roistacherc N, Bar-Joeph M. Aphid transmission of *Citrus tristeza virus*: a review. Phytophylactica, 1987, 19: 163- 167

[31] Costa AS, Mullerg W, Costa CL. Rearing the tristeza vector *Toxoptera citricida* on squash. *In*: Childs JFL. Proceedings 4th Conference- International Organization of Citrus Virologists (IOCV). Gainesvill: Univ Florida Press, 1968, 32- 35

[32] Tsai JH. Development, survivorship, and reproduction of *Toxoptera citricida* (Kirkaldy) (Homoptera: Aphididae) on eight host plants. Environ Entomol, 1998, 27: 1190- 1195

[33] Bar-Joseph M, Loebenstein G, Oren Y. Use of electron microscopy in an eradication program of new tristeza sources, recently found in Israel. *In*: Erthers W, Cohen LG. Proceedings 6th Conference- International Organization of Citrus Virologists (IOCV). Berkeley: Univ. California, Div Agr Sci, 1974, 83- 85

[34] Komazaki S. Effects of constant temperatures on population growth of three aphid species, *Toxoptera citricidus* (Kirkaldy), *Aphis citricola* van der Goot and *Aphisgossyii* Glover (Homoptera: Aph ididae) on citrus. Appl Entomol Zool, 1982, 17: 75- 81

[35] Komazai S. Growth and reproduction in the first two summer generations of two citrus aphids, *Aphiscitricola* vander Goot and *Toxoptera citricidus* Kirkaldy (Homoptera: Aphididae), under different thermal conditions. Appl Entomol Zool, 1988, 23: 220- 227

[36] Norman H, Sutton RA. Efficiency of mature and immature melon aphis in transmiting tristeza virus. J Econ Entomol, 1969, 62: 1237-1238

[37] Bar-Joseph M, Loebenstein G. Effects of strain, source plant, and temperature on the transmissibility of *Citrus tristeza virus* by the melon aphid. Phytopathology, 1973, 63: 716- 720

[38] Cambra M, Dehermosom A, Moreno P, et al. Use of enzyme-linked immunosorbent assay (ELISA) for detection of *Citrus tristeza virus* (CTV) in different aphid species. Proceedings of the International Society of Citruculture in 1981. Okitsu, Japan: The International Citrus Congress, 1981, 444- 448

[39] Mehta P, Brlanskyr H, Gowda S, et al. Reverse-transcript ion polymerase chain react ion detection of *Citrus tristeza virus* in aphids. Plant Disease, 1977, 81 (9): 1066-1069

Ⅻ　其他病毒

报道了玉米、赛葵、藿香蓟、花椰菜、小米椒、西番莲、菜豆、百合等植物上的一些植物病毒或植原体的诊断检测及相关特性。此外，还报道了水体环境下的植物病毒、细菌病毒以及对虾病毒的诊断鉴定及病害流行特征。

玉米线条病毒V1基因产物的检测及其在大肠杆菌中的表达

周仲驹[1]，LIU Huang-ting[2]，MARGARET I Boulton[2]，JEFFREY W. Davies[2]，谢联辉[1]

（1 福建农业大学植物病毒研究所，福建福州 350002；
2 英国 John Innes 研究所病毒系，Norwich NR4 7UH，UK）

摘 要： 采用改进的样品制备技术和 Western 蛋白印迹分析，较好地检测到玉米线条病毒（MSV）病株中 V1 基因产物。结果还表明：V1 基因产物和病毒外壳蛋白均存在于病株的根部、茎基部、茎部以及表现症状的叶片中。MSV 轻型株系和两个人工突变株系的 V1 基因产物和外壳蛋白表达水平均低于重型株系的表达水平。进一步将 MSV 重型株系 V1 基因克隆到 pAX5＋表达体中，成功地在大肠杆菌中表达了 V1 的基因产物。

关键词： 玉米线条病毒；V1 基因；改进法检测；在大肠杆菌中表达

Detection of *Maize streak virus* V1-gene product in infected maize plants and its expression in *Escherichia coli*

ZHOU Zhong-ju[1]，LIU Huang-ting[2]，MARGARET I Boulton[2]，
JEFFREY W . Davies[2]，XIE Lian-hui[1]

（1 Institute of Plant Virology，Fujian Agricultural University ，Fuzhou 350002）
（2 Department of Virus Research ，John Innes Institute，Norwich NR4 7UH，UK）

Abstract：Routine Western blotting and an improved sample preparation method were used to detect *Maize streak virus*（MSV） V1-gene product （PV1） in infected maize plants. Results showed that PV1 and the virus coat protein（PV2） co-existed in all leaves with symptoms，stem，stem base and roots. The PV1 expression levels of MSV mild strain（MSV-Nm） and two. MSV mutants（MSV-Ns）. MSV V1-gene was successfully cloned with a PCR-mediated cloning strategy into pAX5＋ to form and β-gal-PVl fusion gene and the fusion protein was expressed and obtained from the *E. coli* expression system.

Key words：*Maize steak virus*；V1-gene；improved detection method；expression in *E. coli*

玉米线条病毒（*Maize streak virus*，MSV）主要分布在非洲大陆，在玉米、甘蔗、小米和小麦上引致重要的病害[1]。该病毒是联体病毒科（*Geminiviridae*）病毒的成员之一，是联体病毒属（*Geminivirus*）亚组Ⅰ的代表种，含大小 2.7kb 的单组分的 ssDNA 基因组，该基因组含有两个大、小基因间非编码区[2,3]。计算机辅助分析结果表明，SMV 基因组含有 7 个可编码大于 10kD 蛋白

刘仪．植物病毒与病毒病防治研究．北京：中国农业科学技术出版社，1997，272-277
本研究在英国 John Innes 研究所完成

质的阅读框架，但有关病毒基因转录的研究结果表明：该病毒的转录是双向的，均起始于大的基因间非编码区，且仅发现可能只有4个阅读框架（V1、V2、C1和C2）得以转录。实际上，至今只在染病的玉米植株中检测到其中2个基因（V1和V2）产物，这两个基因分别编码病毒的外壳蛋白（MSV-CP，或称PV2）和推测性的病毒运动蛋白（PVl）[4-6]。

在可检测到的两个基因产物中，PV2的表达水平较高，可以较容易地检测到，而PV1是一种非结构蛋白，其表达水平很低，因此检测的难度较大。最早是通过计算机辅助分析、病株体内提取的mRNA经离体转录以及构建β-半乳糖苷酶（β-gal）融合蛋白等得以检测的，但在Western蛋白印迹分析中，信号很弱[5,6]，难以进一步深入研究该蛋白在玉米病株中的定位。经本研究改进后的样品制备技术和Western蛋白印迹分析取得了较好的检测效果，且检测所需的样品量大为减少，又简单和快速。

计算机辅助及蛋白质同源性分析结果表明，在SMV-V1基因编码蛋白即PV1蛋白的一级结构中，含有一个跨膜结构域，结合MSV突变株在玉米原生质体中复制的研究结果，认为PV1是一种推测性的病毒运动蛋白[4,5]，为了进一步研究该蛋白的功能，需要有足够数量和较高纯度、且有活性的PV1蛋白，尤其是不含融合蛋白的目标蛋白，而将V1基因巧妙地克隆到一些蛋白质的表达载体，并在大肠杆菌（*Escherichia coli*）中表达则认为是获得该纯蛋白的途径之一。对此，Pierre等[9]在John Innes研究所进行了尝试，将MSV-V1基因克隆到了pET-3a载体（NBL公司）中，获得了PV1的表达，但经作者进一步的研究表明：PV1在载体pET- 3a中表达水平极低，且混有一种分子质量大小与PV1相近的蛋白质，因此难以纯化获得足够数量和纯度的PV1蛋白质用于进行其功能的研究。为此，我们对MSV-V1基因进行了再次克隆，并选择了一个新的表达载体pAX5+（NBL公司），该载体含有116kd的β-gal融合蛋白，其融合蛋白部分可用蛋白质内切酶Xa因子特异性地切除，获得完整的目标蛋白。本文报道改进后的Western蛋白印迹分析法对MSV病株中的V1基因产物的检测结果以及将V1基因克隆到pAX5+上及其在大肠杆菌中的表达。

1 材料和方法

1.1 供试材料

供试毒株有MSV尼日利亚重型株系（MSV-Ns）、轻型株系（MSV-Nm）、MSV-V1基因C端人工缺失突变株（MB1574）和V1基因52位氨基酸从天冬氨酸突变为天冬酰胺的点突变株（MB1594）[4,5]。供试玉米品种为Golden Gross Bantam。MSV外壳蛋白抗体（PV2-ab）由病毒系刘焕庭先生等制备提供。V1基因编码的蛋白抗体（PV1-ab）由英国Hull大学（C. J. Woolstn博士等）通过PV1融合蛋白的途径制备和提供的。供试叶蝉（*Cicadulina mbiila*）介体系保存在John Innes研究所病毒系的无毒群体，碱性磷酸酶标记的山羊抗菟IgG购自Sigma公司，pGEM-T载体购自Promega公司，pAXS+购自NBL公司，用于克隆和表达的大肠杆菌菌株分别为DH5a和JM109，预染色分子量标准购自Norvex公司和Bio-rad公司。

1.2 MSV病毒中PV1和PV2的检测

玉米病株的准备按常规方法进行，即将MSV介体叶蝉分别放在各个毒株上过夜取食获毒后，接种于7天苗龄的Golden Cross Bantam苗上，在25±5℃控温、控湿、控光的温室中培养，待发病后分别取样，快速浸入液氮中，后保存于－70℃超低温冰箱中备用，以同样苗龄的健株及其对应部位取样为对照。病毒的提纯参照Mullineaux等的方法[3,6]进行。

Western蛋白印迹分析采用常规方法[7]进行，但对样品的制备作了较大的改进，即样品经液氮处理后，采用自制的Eppendorf离心管玻璃研磨器直接研磨，后加入加样缓冲液，再行研磨，后立即在沸水浴中处理5min，离心20s，吸取上清液，直接加样进行电泳。

1.3 MSV-V1基因的克隆及其在大肠杆菌中的表达

根据MSV-*Ns*基因组的序列及V1基因所在位置，以Pharmacia-LKB基因合成仪合成V3020（即5′-AGTGCGATTCATCCATGGATC C-3′）和V2075（即5′-GACATGGCTAGATCTTTATCCCG-3′）两个引物，采用常规的PCR扩增技术[7]快速合成MVS-V1

基因；其他基因的操作除特别标明外，均参照常规的分子生物学操作手册[7]和 Promega 以及 NBL 公司有关载体的技术手册进行。

2 结果与分析

2.1 MSV 侵染后玉米病株中 PV1 和 PV2 的检测

采用所改进的样品制备法使蛋白质和有关的蛋白酶系统在很短的时间内得以变性，这种方法比文献中所采用的方法[4-6]不仅简单快速，且检测效果较好，10mg 的 MSV 叶片中的 PV1 即可检出其特异性信号。

利用这一检测方法进一步的测定结果表明：MSV-PV1 和 PV2 共存在于病株茎部、茎基部、根部以及所有表现症状的叶片中。在茎尖近生长点的部位，PV1 和 PV2 的表达水平较低，而最高可见叶片内的一个叶片中，则开始可检测到较多的 PV1 和 PV2，且向下直至所有表现症状的叶片中，均有较多的 PV1 和 PV2 的存在，在从上到下的病叶中 PV1 和 PV2 的表达水平表现出相同的趋势（图 1）。此外，在进入花期的病株叶片中，仍可检测出 PV1 和 PV2。这表明：PV1 和 PV2 在病株中相当稳定。

在不同株系和突变株的比较结果中，MSV-Nm、MB1574 和 MB1594 所侵染的玉米病株中的 PV1 和 PV2 的表达水平明显低于其相应的 MSV-Ns 的表达水平（图 2），根据调节加样量的测定结果估计在 10～200 倍以上。

在提纯病毒制剂的检测结果中，未能检测到 PV1 的存在，这进一步证明了 PV1 是 MSV 的一种非结构蛋白。

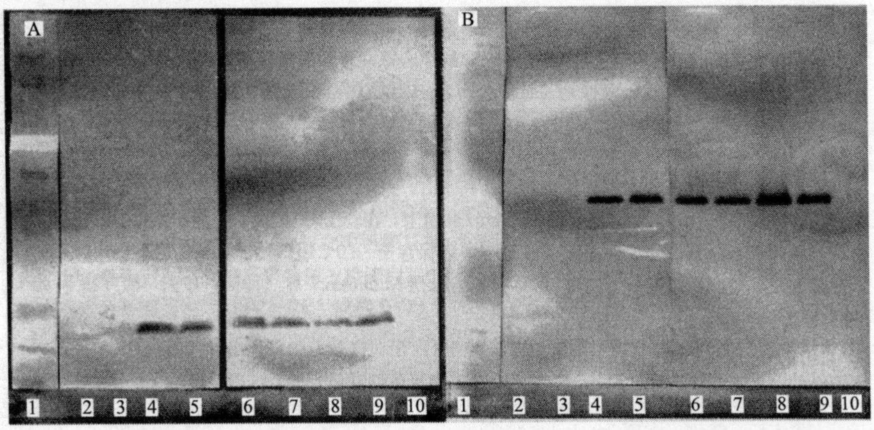

图 1　玉米 MSV 病株不同部位中 PV1（A）和 PV2（B）的蛋白印迹分析结果

1. 预染色分子质量标准（Norvex 公司）；2. 茎尖分生组织；3. 茎尖分生组织外的一个叶片；4. 最高可见叶内的一个叶片；5. 最高可见叶；6. 最高可见叶的下一叶；7. 最高可见叶下第二叶；8. 最高可见叶下第三叶；9. 最高可见叶下第四叶；10. 健叶对照

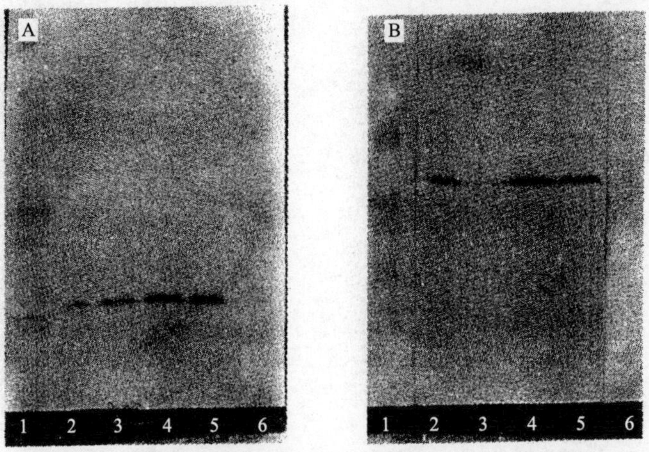

图 2　玉米受 MSV 不同株系和突变株侵染后，叶片中 PVl（A）和 PV2（B）的检测

1. 预染色分子质量标准（Norvex 公司）；2. MB1574；3. MB1594；4. MSV-Nm；5. MSV-Ns；6. 健叶对照

2.2 MSV-V1 基因表达载体的构建

以 V3020 和 V2075 两个引物，利用 PC 扩增技术从含 MSV-Ns 的克隆（MB11）中获得含 MSV-*V*1 基因的 DNA 片段，并快速克隆到 pGEM-T 载体上，经筛选获得含 MSV-*V*1 基因的阳性克隆 pZV2，后用 *Nco* Ⅰ 切开，用 Klenow 酶补平，再用 *Bgl* Ⅱ 切出 MSV-V1 基因片段，连接到经 *Nru* Ⅰ 和 *Bgl* Ⅱ 切开的 pAX5＋载体上，转化大肠杆菌 DH5α：菌株，筛选获得阳性克隆 pZV4-10。后采用 T7 测序试剂盒进行测序确证 MSV-*V*1 基因编码区与表达载体 pAX5＋的连接正确以及所获的 *V*1 基因与先前测定的序列[4-6]相同，至此获得了含 MSV-PV1 基因的表达载体 pZV4-10。

2.3 MSV-PV1 融合蛋白的表达和纯化

经反复比较测定结果表明，含 pZV4-10 克隆的大肠杆菌菌株 JM109 经培养 5～6h 后，加入 1mmol/L 异丙基硫代-β-D-半乳糖苷（IPTG）过夜诱导培养，后低速离心收集菌体，超声波破碎，13 000*g*离心 12min 去除沉淀，通过 1-氨基苯一硫代-β-D-吡喃半乳糖衍生物（APTG）亲和层析柱，可以获得大量的 β-gal-PV1 融合蛋白。进一步的 Western 蛋白印迹分析结果（图 3）表明，所获得的融合蛋白含有 PV1。但受限于时间，从 β-gal-PV1 中释放 PV1 的工作尚待进一步完成。

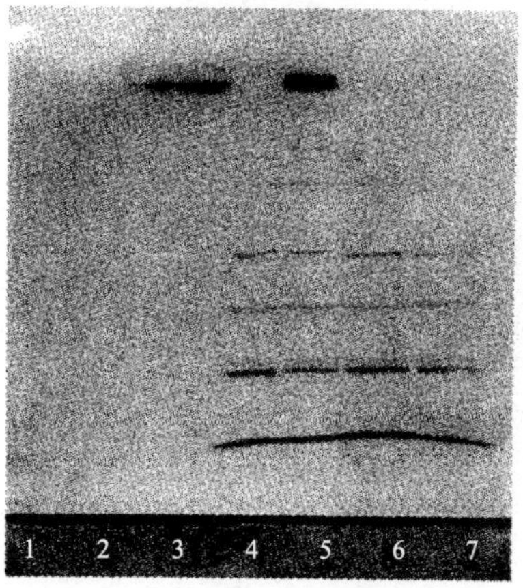

图 3 由 pZV4-10 表达的 β-gal-PV1 融合蛋白的 Western 蛋白印迹分析验证

1. 预染色分子质量标准（Bio-rad 公司）；2，3. 纯化的 β-gal-PV1 融合蛋白；4. 无 IPTG 诱导的 pZV4-10；5. 经 IPTG 诱导的 pZV4-10；6. 经 IPTG 诱导的 pAX5＋（CK1）；7. 无 IPTG 诱导的 pAX5＋（CK2）

3 讨论

前人的研究已经证明，PV1 是 MSV 的一个非结构蛋白，并推测与病毒运动有关[4-6]。本研究通过改进 Western 蛋白印迹分析中的样品制备法，提高了检测的灵敏度，能较好地在 MSV 侵染的玉米病株中检测到 PV1，同时在病毒粒体中检测不到 PV1，进一步证明了 PV1 是 MSV 的一种非结构蛋白。改进了的样品制备法比传统的样品制备法[4,5]简单、快速，且检测效果更好，对其他病毒的蛋白等的检测有重要的借鉴价值。

在 pET-3a 的表达系统中，PV1 对大肠杆菌有毒性，易发生溶菌现象，推测可能与该蛋白的跨膜结构域有关。在 MSV 的重型株系、轻型株系以及两个人工突变株系的比较结果中，重型株系所引致的症状较重，病株严重矮化，线条斑宽度较宽，而轻型株系和突变株系所致病害症状则较轻，线条斑的宽度也较窄，其相应 PV1 的表达水平也有明显的差异，重型株系的 PV1 表达水平明显高于轻型株系和人工突变株系的 PV1 表达水平。对此，Boulton 等[4]曾利用点突变法证明了 MSV 的致病性和症状的表现与其 PV1 基因有关，本研究结果则进一步从基因的蛋白质表达水平上沟通了其致病性与 PV1 和 PV2 的关系。因此，本实验系统提供了一个可供进一步深入研究病毒基因与其寄主相互作用的实验模型系统。

在本研究中，将 MSV-*V*1 基因成功地克隆到 pAX5＋中，并成功地表达和纯化了 β-gal-PV1 融合蛋白。利用这一表达系统，可以利用 APTG 亲和层析柱快速地大量提纯 β-gal- PV1 融合蛋白。当获得 β-gal-PV1 融合蛋白后，只要经过 Xa 因子切割后，再次经过 APTG 亲和层析柱吸附 β-gal 后，便可大量地纯化目标蛋白，以便进一步用于目标蛋白地功能研究，如显微注射。核酸与蛋白质地相互作用等，限于时间，有关地研究尚待继续进行。

此外，鉴于 MSV 是玉米及其他一些禾本科植物地一个具有重要经济意义地病毒，而在我国地广大玉米、小麦和甘蔗产区均未见有 MSV 发生地报道，因此，加强防范，防止该病害传入我国是必要的。

参考文献

[1] Bock KR. Description of Plant Viruses No. 133，CMI/AAB，UK 1974

[2] Murphy FA, Fauquet CM, Bishop DHL, et al. Virus taxonomy: Sixth report of the international committee on taxonomy of viruses. Archives of Virology Supplement, 1995, 10: 158-165

[3] Mullineaux PM, Donson J, Morris-Krsinich BA, et al. The nucleotide sequence of *Maize streak virus* DNA. EMBO J, 1984, 3(13): 3063-3068

[4] Boulton MI, King DI, Donson J, et al. Point substitutions in a promoter-like region and the V1 gene affect the host range and symptoms of *Maize streak virus*. Virology, 1991, 183: 114-121

[5] Boulton MI, Steinkellner H, Donson J, et al. Mutational analysis of the virion-sense genes of *Maize streak virus*. J Gen Virol, 1989, 70: 2309-2323

[6] Mullineaux PM, Boulton MI, Bowyer P, et al. Detection of a non-structural protein of Mr 11 000 encoded by the virion DNA of *Maize streak virus*. Plant Molecular Biology, 1988, 11: 57-66

[7] Morris-Krsinich BA, Mullineaux PM, Donson J, et al. Bidirectional transcription of *Maize streak virus* DNA and identification of the coat protein gene. Nucleic Acids Res, 1985, 13(20): 7237-7256

从福建省杂草赛葵上分离到两种双生病毒

杨彩霞，贾素平，刘　舟，林奇英，谢联辉，吴祖建

（福建农林大学植物病毒研究所，福建福州　350002；
福建农林大学生物农药与化学生物学教育部重点实验室，福建福州　350002）

摘　要：利用PCR方法对田间表现叶背部叶脉增生的2个赛葵病样进行检测，得到病毒分离物Fz1和Fs1，部分序列表明均为粉虱传双生病毒（whitefly-transmitted geminivirus，WTGV）。Blast结果显示两序列均与番木瓜曲叶病毒（AJ558122和AY650283）部分序列同源性最高，为93%。利用DNA-MAN6.0软件对Fz1和Fs1等21个序列分析，两序列同源性达97%，与番木瓜曲叶病毒同源性为89%。进一步利用PHYLIP软件对上述序列构建进化树，Fz1和Fs1与番木瓜曲叶病毒（AJ558122和AY650283）形成一个分支。以上结果说明两者可能是番木瓜曲叶病毒的同一个分离物。

关键词：赛葵；番木瓜曲叶病毒；PCR；序列分析

中文分类号：S432.41　**文献标识码**：A

Detection of white fly-transmitted *Geminiviruses* in *Malvastrum coromandelianum* in Fujian, China

YANG Cai-xia, JIA Su-ping, LIU Zhou, LIN Qi-ying, XIE Lian-hui, WU Zu-jian

(Institute of Plant Virology, Fujian Agriculture and Forestry University, Fuzhou　350002;
Key Laboratory of Biopesticide and Chemical Biology, Ministry of Education,
Fujian Agriculture and Forestry University, Fuzhou　350002)

Abstract: Two virus samples collected from *Malvastrum coromandelianum* showing nerves swell in Fujian were detected with PCR and the results showed that both virus samples were infected by whitefly-transmitted geminiviruses (WTGV). Blast results indicated that they showed 93% identity to partial sequence of *Papaya leaf curl virus* (AJ558122 and AY650283). The 21 sequences were analyzed by DNA-MAN6.0, Fz1 and Fs1 showed 97% nucleotide sequence identity and they showed 89% nucleotide sequence identity to papaya leaf curl virus. We also used the PHILIP biosoft to construct phylogenetic dendrograms, the result also showed the two fragments and papaya leaf curl virus were in the same branch. All results implied that the WTGV from *Malvastrum coromandelianum* in Fujian may be an isolate of *Papaya leaf curl virus*.

Key words: *Malvastrum coromandelianum*; *Papaya leaf curl virus*; PCR; sequence analysis

粉虱传双生病毒（WTGV）是一类具有孪生颗粒形态的植物DNA病毒，由烟粉虱（*Bemisia tabaci*）

中国农学通报，2006，22（增刊）：156-159

传播。该类病毒分类上属双生病毒科（*Geminiviridae*）的菜豆金色花叶病毒属（*Begomovirus*），病毒基因组为单链环状DNA，大小为2.5～3.0kb。大多WTG含2个DNA组分，即DNA-A和DNA-B，但是也有少数病毒为单组分基因组[1]。

WTGV一般发生在热带、亚热带地区，寄主范围广，病毒基因组变异快，已经在39个国家的多种作物上造成毁灭性危害[2]。我国已在广西、广东、云南、海南等地的烟草、番茄、南瓜等作物以及多种杂草上发现了多种粉虱传双生病毒（WTGV）[3-10]。在福建地区，虽然龚祖埙[11]和谢联辉[12]先后报道了在烟草上发生曲叶病毒病并且怀疑是双生病毒侵染所致，但缺少分子生物学证据。由于福建亚热带气候条件适合烟粉虱的繁殖和WTGV病害的发生、蔓延，为明确双生病毒福建地区是否存在以及其在我国杂草上的分布及危害情况，我们对福建地区两个表现典型双生病毒症状的杂草赛葵（*Malvastrum coromandelianum*）样品进行了检测。

本文报道了从福建杂草赛葵上分离到两种双生病毒。

1 材料和方法

1.1 毒源

杂草赛葵分别采自福建地区，田间症状为典型的叶背部叶脉增生。

1.2 试剂和仪器

dNTPs、*Taq* 酶、pMD18-T载体、DNA分子质量标准均购自TaKaRa公司，UltraClean™ 15 DNA Purification Kit 购自 MO BIO，琼脂糖购自 BBI，Thermocyder型PCR仪为Biometris公司产品。全自动凝胶成像系统为GENE GENIUS公司产品。

1.3 植物总DNA的提取

采用CTAB法提取植物样品的总DNA，参照谢艳等的方法[4]。

1.4 PCR扩增、克隆及序列测定

根据周雪平等[4]报道的根据双生病毒基因间隔区及外壳蛋白保守序列设计的引物PA和PB，扩增DNA-A部分区域，并进行克隆和序列测定。PCR扩增条件如下：94℃预变性2min，94℃变性1min，53℃退火45sec，72℃延伸1min，循环35次，最后72℃延伸5min。PCR产物经1%的琼脂糖凝胶电泳后，DNA片段回收纯化后，克隆到pMD18-T载体上。序列测定由原上海博亚生物有限公司完成。

1.5 序列分析

利用NCBI中的BLAST程序对得到的DNA部分序列进行同源性搜索；在此基础上，利用DNA-MAN Version 6.0（Lynnon Biosoft，Quebec，Canada）进行序列分析。多序列比对采用ClustalX方法，采用PHYLIP软件（http：//evolution.genetics.washington.edu/phylip.html.）的最大似然法（Maximum Likelihood methods）构建无根树。用于序列比较和进化分析的病毒有：广东番木瓜曲叶病毒（*Papaya leaf curl Guangdong virus*-［GD2］，PaLCuGV-［GD2］，AJ558122），中国番木瓜曲叶病毒广州分离物（*Papaya leaf curl China virus*-［85］，PaLCu CNV-［85］，AY650283），越南番茄曲叶病毒（*Tomato leaf curl virus*-vietnam，ToLCVV，AF264063），假马鞭曲叶病毒（*Stachytarpheta leaf curl virus*，StaLCV，AJ810161），广东番茄曲叶病毒（*Tomato leaf curl Guangdong virus*，ToLCGDV，AY602166），中国胜红蓟黄脉病毒（*Ageraturm yellow vein China virus*，AYVCNV，AJ971254），胜红蓟曲叶病毒（*Ageraturm leaf curl virus*-［G52］，ALCV，AJ851005），Kokhran棉花曲叶病毒-［806b］（*Cotton leaf curl Kokhran virus*-［806b］，CLCuKV，AJ002449），中国番茄黄化曲叶病毒（*Tomato yellow leaf curl China virus*，TYLCCNV，AJ971524），中国番茄黄化曲叶病毒（*Tomato yellow leaf curl China virus*-［Y303］，TYLCCNV-［Y303］，AJ971523），赛葵黄脉病毒（*Malvastrum yellow vein virus*-［47］，MYVV-［47］，AJ457824），云南赛葵黄脉病毒（*Malvastrum yellow vein Yunnan virus*-［Y280］，MYVYNV-［280］，AJ971504），中国番木瓜曲叶病毒G30分离物（*Papaya leaf curl virus*-［G30］，PaLCuCNV-［30］，AJ558117），云南烟草曲叶病毒（*Tobacco leaf curl Yunnan virus*-［Y283］，TbLCYNV-［Y283］，AJ971509），云南烟草曲茎病毒（*Tobacco curly shoot virus*-［Y132］，TbCSYNV-［132］，

AJ512771)，云南烟草曲叶病毒（*Tobacco leaf curl Yunnan virus*-［Y131］，TbLCYNV-［Y131］，AJ512760)，津巴布韦烟草曲叶病毒（*Tobacco leaf curl Zimbabwe virus*，TbLCZV，AF350330)，孟加拉胡椒曲叶病毒（*Pepper leaf curl Bangladesh virus*，PepLCBV，AF314531)，中国黄花捻花叶病毒（*Sida yellow mosaic China virus*，SiYMCNV，AJ810096)。

2 结果分析

2.1 田间症状

赛葵是福建地区常见的杂草，散生于干热草坡、荒地、路旁，终年开花。该种靠其多年生地下根为优势侵染农田，排挤其他植物，从而广泛存在。田间受病毒侵染的植株，叶子显示叶7脉增厚(图1)。

A

B

图1 受侵染的赛葵背部脉肿症状

A. Fz1 样品；B. Fs1 样品

2.2 PCR检测结果

利用PA和PB，扩增得到一条约500bp的特异性条带，而健康对照无此产物。测序结果表明，Fz1为511nt(GenBank登录号DQ359119)，Fs1为513nt(GenBank登录号DQ359120)。

由于所用的PCR引物A（PA）和引物B（PB）位于粉虱传双生病毒DNA-A基因高度保守的区域（共同区序列和外壳蛋白基因序列）中，扩增到的特异片段基本上可以代表整个病毒基因组的特性[6]，因此我们可以通过对Fz1和Fs1的分析来初步探索全基因组序列的分子特征。

2.3 扩增片段的序列分析

利用NCBI中Blast程序分析，结果显示：与两个序列有同源关系的病毒均属双生病毒科菜豆金色花叶病毒属，其中同源率超过90%的病毒有广东番木瓜曲叶病毒GD2分离物（*Papaya leaf curl Guangdong virus*-［GD2］isolate，AJ558122）和中国番木瓜曲叶病毒广州分离物（*Papaya leaf curl China virus*-Guangzhou isolate，AY650283)。两特异片段均具有典型的双生病毒DNA-A的非编码区（intergenic region，IR）和外壳蛋白基因的部分序列，说明我们扩增到的两条特异片段均为粉虱传双生病毒，从而从分子水平上初证明了表现叶脉增生病症的杂草赛葵上存在双生病毒。

我们利用DNA-MAN Version 6.0，对已报道的可以侵染赛葵的双生病毒以及其他的中国报道的WTG核苷酸序列进行同源性分析（图2)，结果显示Fz1与Fs1的同源性为97%。两者与番木瓜曲叶病毒的同源性最高，为89%。根据双生病毒分类命名原则，全基因组的核苷酸序列同源性高于89%则为同一种病毒，推测Fz1和Fs1可能是番木瓜曲叶病毒的不同分离物。

为进一步明确Fz1和Fs1与其他双生病毒的亲缘关系，我们利用PHYLIP软件对上述21种WTG构建了系统进化树（图3)。从图3可以看出，我们从赛葵上分离到的两个病毒，与广东番木瓜曲叶病毒GD2分离物（*Papaya leaf curl Guangdong virus*-［GD2］isolate，AJ558122）和中国番木瓜曲叶病毒广州分离物（*Papaya leaf curl China virus-Guangzhou isolate*，AY650283）形成一簇，说明其与番木瓜曲叶病毒关系最近。这一结果与上述 Blast 以及同源性分析结果一致。因此，我们推测，从赛葵上分离到的两个病毒可能与番木瓜曲叶病毒属于同一个种，不同的株系。现正进行全基因组序列的测定，以进一步验证这个推测。

3　讨论

利用双生病毒的通用引物，对采自福建的 2 个赛葵病样进行 PCR 检测，克隆、测序表明两样品均为粉虱传双生病毒。对扩增片段序列分析表明，两者均与番木瓜曲叶病毒关系最近，可能同属一类病毒。现正对两病毒进行全序列测定，以进一步明确其种类。

赛葵是福建地区常见的杂草，我们从福州和石狮地区的赛葵病株样上都检测到番木瓜曲叶病毒，说明这类病毒可能在福建地区普遍存在。杂草赛葵作为重要的中间寄主，很可能把该病毒传播到其他农作物上，特别是番木瓜上。近年来，在福建适合种植番木瓜的地区，栽培面积逐年扩大，一旦发生病害，必然对番木瓜的生产造成了毁灭性的危害。鉴于番木瓜等作物的经济重要性，我们将继续对番木瓜曲叶病毒进行调查和鉴定，对于福建地区番木瓜病毒病防治具有重要的意义。

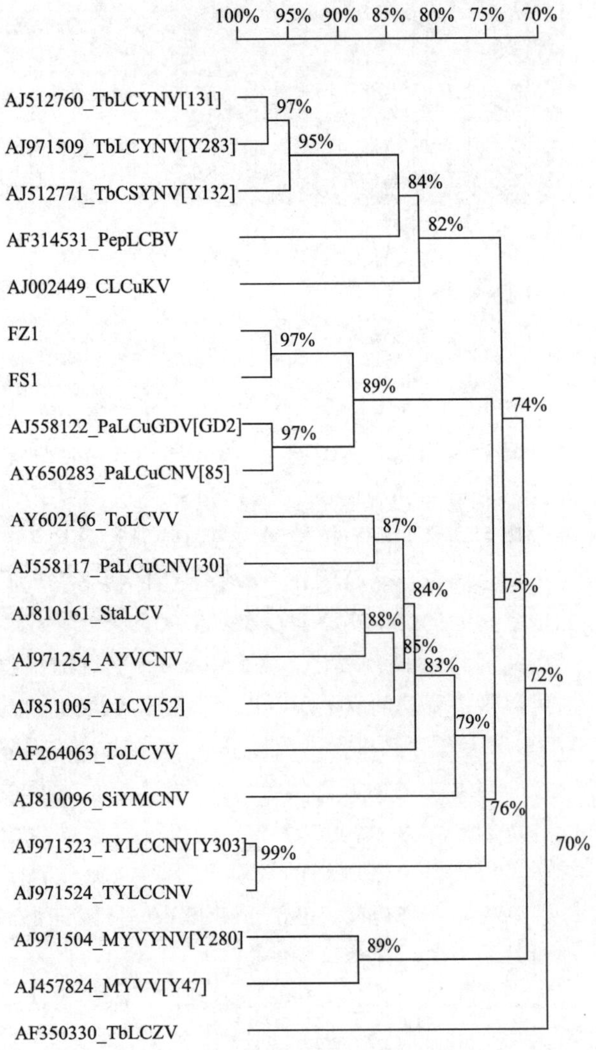

图 2　基于双生病毒部分 DNA-A 核苷酸序，用 DNA-MAN6.0 进行的同源性分析

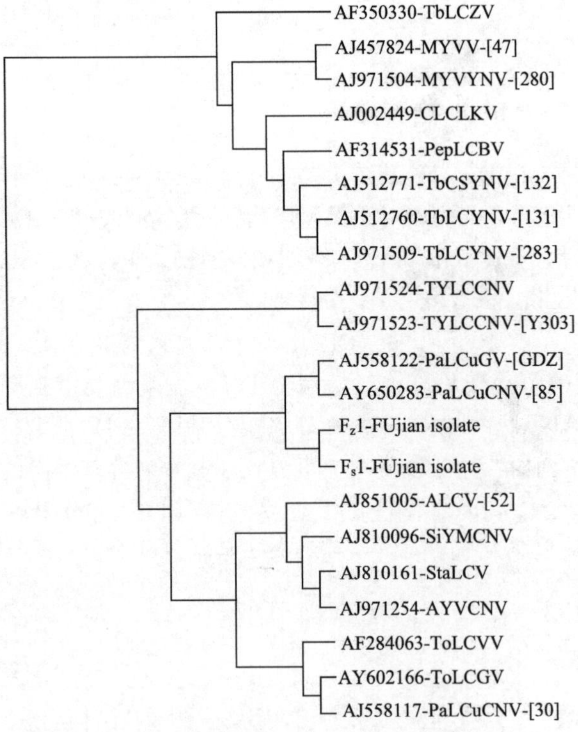

图 3　基于双生病毒部分 DNA-A 核苷酸序列，用 ClustalX1.83 和 PHYLIP 软件的最大似然法构建的无根树

采用 Bootstraping 法对进化树进行评估，数据分析了 1000 次

参考文献

[1] Harrison B D, Robinson D J. Natural genomic and antigenic variation in whitefly-transmitted geminiviruses (*Begomoviruses*). Annu Rev Phytopathol, 1999, 37: 369-398

[2] Moffat A S. Plant pathology: *Geminiviruses* emerge as serious crop threat. Science, 1999, 286:1835

[3] Zhou X P, Liu Y L, Robinson D J, et al. Four DNA-A variants among Pakistani isolates of *Cotton leaf curl virus* and their affinities to DNA-A of geminivirus isolates from okra. Journal of General Virology, 1998, 79(4): 915-923

[4] 谢艳，张仲凯，李正和等. 粉虱传双生病毒的 TAS-ELISA 及 PCR 快速检测. 植物病理学报，2002，32(2)：182-186

[5] 谢艳，周雪平，张仲凯等. 从云南分离的烟草曲顶病毒为菜豆金色花叶病毒属的一个新种. 科学通报，2001. 46(17)：1459-1462

[6] 刘玉乐，蔡健和，李冬玲等. 中国番茄黄化曲叶病毒　双生病毒的一个新种. 中国科学(C辑)，1998，28(2)：148-153

[7] 洪益国，蔡健和，王小凤等. 中国南瓜曲叶病毒：一个双生病毒新种. 中国科学(B辑)，1994，24(6)：608-613

[8] 洪益国，蔡健和，王小凤等. 烟草曲叶双生病毒分子进化的初步研究. 科学通报，1994，39(2)：165-168

[9] 蔡健和，洪益国，黄福新等. 中国南瓜曲叶双生病毒的生物学、血清学和分子杂交的研究. 中国病毒学，1994，9(3)：222-225.

[10] 蔡健和，王小凤，黄福新等. 烟草曲叶病毒的研究. Ⅰ. 广西分离物的生物学特性和血清学反应. 微生物学报，1993，33(3)：166-169.

[11] 龚祖埙等. 我国第一例双联病毒—烟草曲叶病毒的分离和电镜检定. 科学通报，1982，27(22)：1393

[12] 谢联辉，林奇英，谢莉妍. 福建烟草病毒种群及其发生频率的研究. 中国烟草学报，1994，2(1)：25-32

Molecular characterization of *Malvastrum leaf curl Guangdong virus* isolated from Fujian, China*

MUGIIRA Roy B.[1], WU Jian-bing[1], WU Zu-jian[2], LI Gui-xin[1], ZHOU Xue-ping[1]

(1 Institute of Biotechnology, Zhejiang University, Hangzhou 310029;
2 Institute of Plant Virology, Fujian Agriculture and Forest University, Fuzhou 350002)

Abstract: Six virus isolates (FJ1 - FJ6) were obtained from *Malvastrum coromandelianum* plants showing leaf curl and vein banding symptoms in Fujian Province, China. Partial viral DNA fragment, approximately 500bp long was amplified from all the six isolates by PCR using the degenera te primer pair PA /PB, specific for begom oviruses (Family, *Geminiviridae*) . The partial fragments shared the highest nucleotide sequence identity (90%- 93%) with the previously reported *Malvastrum leaf curl Guangdong virus* (MLCuGdV) . Isolate FJ3 was randomly selected for cloning and sequencing the complete viral genomic DNA. FJ3 complete DNA was 2 765 nucleotides long with all the characteristic features of a begomovirus genomic organization and shared 93% nucleotide sequence identity with the previously described MLCuGdV isolate from Guangdong, and was therefore considered to be an isolate of MLCuGdV. In phylogenetic analysis, FJ3 showed low affinity to other reported Malvastrum-infecting begom oviruses except MLCuGdV. Instead, it showed high affinity and clusters together with papaya-infecting begom oviruses isolated from the same agro-ecological zone of South China. Further comparisons of amino acid sequences of encoded proteins indicate that FJ3 is a chimericmolecule that has arisen by interspecific recombination between Papaya leaf curl China virus or *Papaya leaf curl Guangdong virus* as the major parent and other unidentified ancestors as minor parents.

Key words: *Malvastrum leaf curl Guangdong virus*; *Malvastrum coromandelianum*; sequence; recombination; Fujian

从福建分离的广东赛葵曲叶病毒的分子特征

MUGIIRA Roy B.[1]，吴剑丙[1]，吴祖建[2]，李桂新[1]，周雪平[1]

(1 浙江大学生物技术研究所，浙江杭州 310029；2 福建农林大学植物病毒研究所，福建福州 350002)

摘　要：从中国福建省表现曲叶和脉突症状的赛葵上分离到病毒分离物 FJ1～FJ6。利用菜豆金色花叶病毒属病毒的特异性简并引物 PA / PB，在所有 6 个分离物中都分离到了约 500bp 长度的病毒部分 DNA 片段。这些 DNA 片段与已报道的广东赛葵曲叶病毒（*Malvastrum leaf curl Guangdong virus*，MLCuGdV）的核苷酸序列同源性高达 90%～93%。随机挑选 FJ3 分离物进

植物病理学报，2008，38 (3)：258-262

收稿日期：2007-05-28　修回日期：2008-02-19

* 基金项目：国家自然科学基金（30471137）

行全基因组DNA的克隆测序。结果表明，FJ3 DNA全长2765个核苷酸，具有典型的双生病毒科病毒的基因组结构特征，与MLCuGdV的同源性为92.9%，表明FJ3是MLCuGdV的一个分离物。系统进化分析表明，除了MLCuGdV，FJ3与其他赛葵上分离到的双生病毒的亲缘关系都较远，而与分离自中国南方番木瓜上的双生病毒聚成簇，有较近的亲缘关系。进一步比较分析各蛋白编码的氨基酸序列发现，FJ3可能是一个种间重组分子，它可能是由中国番木瓜曲叶病毒或广东番木瓜曲叶病毒和另外的未知病毒重组产生的。

关键词：广东赛葵曲叶病毒；赛葵；序列；重组；福建

中图分类号：S432.41 **文献标识码**：A **文章编号**：0412-0914（2008）03-0258-05

Geminiviruses（Family，*Geminiviridae*）are characterized by their circular single stranded DNA genomes，encapsidated in twinned icosahedra particles and are emerging as important plant pathogens，which cause significant crop losses throughout the world[1-3]. The most economically important geminiviruses belong to the genus Begomovirus，many of which have bipartite genome organization with two circular DNA components，referred to as DNA -A and DNA -B [4]. A number of begomoviruses have a single genomic DNA component (monopartite) resembling the DNA -A of their bipartite counterparts and a novel satellite DNA component，designated as DNAβ has been found associated with some monopartite begomoviruses[5-8].

Recently，four distinct monopartite begomoviruses have been isolated from *M. coromandelianum*，a perennial weed plant species that grows widely in fields within the agro-ecological zone of South China[9-12]. Leaf curl and vein banding symptoms were found wide spread among *M. coromandelianum* plants in Fujian Province，South China，and based on the symptoms expression，a begomovirus was suspected to be the cause agent. A molecular diagnosis was carried out to identify and characterize the specific viral pathogen responsible.

1 Materials and Methods

1.1 Sample collection

Leaf samples were collected from *M. coromandelianum* plants showing leaf curl and vein banding symptoms in different locations within Fujian Province of China in March 2005. The samples were transported to the virus laboratory of the Biotechnology Institute，Zhejiang University and labeled FJ1，FJ2，FJ3，FJ4，FJ5 and FJ6.

1.2 Viral DNA cloning and sequencing

Total nucleic acids were extracted from symptom atic leaves using the CTAB method as described by Xie et al[13] and the degenerate primer pair PA / PB was used to amplify partial，approximately 500bp viral DNA fragments as described by Zhou *et al*[14]. Sequences of primers used for PCR are shown in Table 1. Products of PCR amplification were cloned into pMD18-T vector（TaKaRa Biotechnology [Dalian] Co. Ltd.），and sequenced using the automated model 3700 DNA sequencing system（Perkin-Elemer Applied Biosystems Inc.，Foster City，CA，USA）. Based on the analysis of the partial viral DNA sequences，the previously designed primer pair GD6 *Bam*HⅠF/GD6 *Bam*HⅠR[12] was used to amplify the complete viral DNA from randomly selected FJ3 isolate. The complete viral DNA fragment，approximately 2.7kb long was cloned into pMD18-T vector and sequenced. Attempts were made to amplify either the full (1.3kb) or partial (750bp) fragments of the putative satellite DNAβ by PCR from all the samples using previously designed primers β01/β02[15] and β01 /BetaR1[16].

1.3 Sequence analysis

Sequence data were assembled and analyzed with the aid of the DNA Star software version 6.0 (DNA Star Inc.，Madison，W I，USA）and DNAMAN version 5.2.2 programs（Lynnon Biosoft，

Quebec, Canada) . Multiple sequence alignments were performed with CLUSTALV multiple sequence alignment program (MegAlign) in DNA Star, and similarity searches were performed using NCBI BLAST program (http: //www. ncbi. nlm. nih. gov/BLAST) . Phylogenetic trees were generated using the Neighbor-joining method available in DNAMAN.

Table 1 Nucleotide sequences of primers used for PCR

Primer	Sequence 5′-3′
PA	TAATA TTACCKGWKGVCCSC
PB	TGGACYTTRCAWGGBCCTTCACA
GD 6B am HI/F	GGATCCACTTGTGAACGAGTTTCC
GD 6B am HI/R	GGATCCCACATTTTTGAAGCAAAAC
β01	GGTACCACTACGCTACGCAGCAGCC
β02	GGTACCTACCCTCCCAGGGGTACAC
BetaR1	GACGATCARATACAVCAVCA

R =A /G, W =A /T, B = G /C /T, Y = C /T, V =A /C /G.

The following previously reported begomoviruses were used for nucleotide sequence comparison with FJ3 and phylogenetic analysis: *Ageratum leaf curl virus* (ALCuV, AJ851005) , *Ageratum yellow vein virus* (AYVV, X74516) , *Euphorbia leaf curl virus* (EuLCV, AJ558121) , *Malvastrum leaf curl virus* (MLCV, AJ971263) , *Malvastrum yellow vein virus* (MYVV, AJ457824) , *Malvastrum yellow vein Yunnan virus* (MYV YNV, AJ786711) , *Papaya leaf curl China virus* (PaLCuCNV, AY650283), *Papaya leaf curl Guangdong virus* (PaLCuGdV, AJ558122), *Soybean crinkle leaf virus* (SbCLV, AB 050781), *Tomato leaf curl Guangdong virus* (ToLCGdV, A Y602166), *Tobacco leaf curl Yunnan virus* (TbL CYNV, AJ566744), *Tomato leaf curl Philippines virus* (ToLCPV, AB 050597), *Malvastrum leaf curl Guangdong virus* (ML CuGdV, AM 236779), *Starchytarpheta leaf curl virus* (StaLCV, AJ810156) and *Tomato leaf curl Vietnam virus* (ToLCVV, AF264063) .

2 Results

Partial viral DNA fragments (500bp) were amplified from six Malvastrum leaf samples from Fujian by PCR with the degenerate primer pair PA/ PB and then sequenced (Accession numbers AM 503099-104) . Comparison of their nucleotide sequences and those of other reported begomoviruses show that they share 94% - 99% sequence identity among them and, 90% - 93% sequence identity with the previously reported isolate GD6 of ML CuGdV (AM 236779) , indicating that the samples might be infected by isolates of MLCuGdV.

The complete genomic DNA fragment of the randomly selected isolate FJ3 was amplified by PCR using primer pair GD 6 *Bam*H Ⅰ / F and GD 6*Bam*H Ⅰ / R and then sequenced. FJ3 DNA was 2765 nucleotides (nt) long and had a typical genomic organization of other begomoviruses with two ORFs [AV 2 and AV 1 (CP)] in the virion-sense DNA and four ORFs [AC1 (Rep) to AC4] in the complementary sense DNA, separated by an intergenic region (IR) (AM 503104). The IR comprised 252 nt with a putative stem-loop structure containing the conserved nonanucleotide sequence TAATATTAC on which maps the nicking site for the initiation of rolling circle replication; a TATA motif (at 2 713 - 2 716 n t) and iterated GGTACC motifs at position 2670 -2675 and 2703-2708 nt on the 5′ side of the TATA motif. Together, these features define the origin of DNA replication for all geminiviruses.

Sequence comparisons showed that FJ3 DNA had the highest nucleotide sequence identity (93%) with ML CuGdV. In further analysis of individual encoded proteins, FJ3 had the highest amino acid sequence identity (>93%) with ML-CuGdV for AV1, AV2, AC1, AC3 and AC4, and PaLCuGdV for AC2 (92. 6%) . Excluding ML-CuGdV, the individual encoded proteins of FJ3 shared the highest sequence homology with those of PaL CuGdV and PaL CuCNV (Table 2), previously isolated in South China. The AC4 ORF of FJ3 had the highest homology (82. 3%) with those of TbLCYNV and ToLCPV. Phylogenetic analysis showed that isolate FJ3 had low affinity to other Malvastrum-infecting begom oviruses except MLCuGdV, but had high affinity to and clustered together with previously reported papaya-infecting begomoviruses isolated in South China (Fig. 1) .

The begomovirus satellite DNAβ molecule was not detected in any of the samples by PCR using primers specific for DNAβ molecules.

3 Discussion

The genomic DNA of virus isolate FJ3 shares 93% nucleotide sequence identity with that of ML CuGdV. According to the revised criteria for species demarcation and naming of geminiviruses[4], virus isolates sharing more that 89% nucleotide sequence identity are considered to be isolates of the same virus species. Thus virus isolate FJ3 is an isolate of MLCuGdV.

MLCuGdV - [FJ3] shares the highest amino acid sequence identity with PaL CuGdV and PaL CuCNV for the AV 1, AV 2, AC1, AC2 and AC3 ORFs. The AC4 of MLCuGdV- [FJ3] shares the highest amino acid sequence identity with those of ToLCPV and TbLCYNV (Table 2) . Although the percentages of identity between the AC4 ORF of these three viruses is not sufficiently high (82.3%) to constitute a recombination event, it indicates that they may share a common ancestry. MLCuGdV - [FJ3] genome is therefore a chimeric molecule that may have arisen by interspecific recombination between PaLCuGdV or PaLCuCNV as major parents and other unidentified ancestors as minor parents.

Phylogenetic analysis show that MLCuGdV isolates have high affinity to and clusters together with papaya-infecting begomoviruses isolated in the same region of South China, whereas they have low affinity to other Malvastrum-infecting begomoviruses (Fig. 1) . This indicates that phylogenetic affinities among begomoviruses depend largely on a shared geographical proximity than a common host range.

Acknowledgement This work was supported by the National Natural Science Foundation of China (Grant No. 30471137) .

Table 2 Percentages of nucleotide and amino acid sequence identities between the FJ 3 and other closely related begomoviruses

Virus	Nucleotide				Amino acids			
	DNA	IR	AV1	AV2	AC1	AC2	AC3	AC4
MLCuGdV	92.9	91.7	98.1	98.3	93.4	89.6	94.0	95.8
PaLCGdV	84.4	40.5	94.9	94.8	87.0	92.6	91.0	71.9
PaLCuCNV	82.9	54.8	96.5	94.8	87.3	91.1	90.3	70.8
TbLCYNV	71.3	40.9	79.7	75.9	86.2	70.4	71.6	82.3
ToLCPV	71.6	37.7	82.5	46.6	84.2	69.6	68.4	82.3
ToLCGdV	72.6	38.5	93.8	78.4	78.9	69.6	72.4	42.3
StaLCV	73.9	33.7	90.3	75.9	84.7	65.7	74.6	79.2
ToLCVV	70.7	38.5	94.6	77.6	78.7	65.2	60.4	37.1
ShCLV	73.0	38.9	89.9	79.3	80.1	74.4	72.4	76.0
AYVV	74.3	35.7	89.1	77.6	86.9	65.9	70.1	75.3
ALCuV	74.3	37.3	94.9	77.6	82.8	67.2	75.4	70.1
EuLCV	68.0	36.9	80.5	67.5	82.2	60.4	66.4	71.9
MLCV	69.1	38.6	67.5	74.1	79.3	72.6	73.4	71.9
MYVV	66.8	38.9	80.1	65.2	77.6	61.5	62.7	43.3
MYVYNV	65.3	42.9	79.7	64.3	77.4	60.0	61.9	44.3

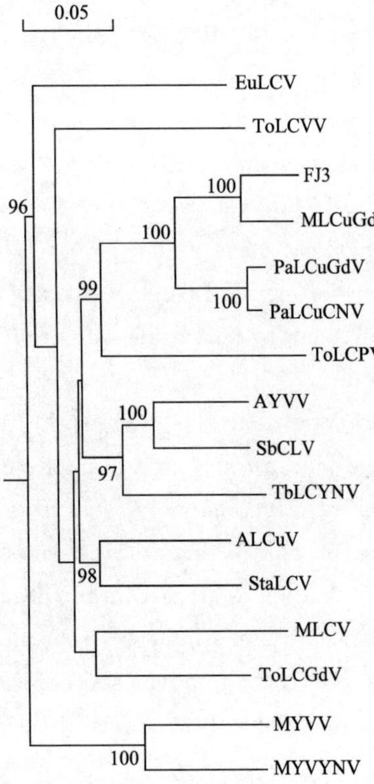

Fig. 1 Phylogenetic tree between isolate FJ3 and other previously reported begomoviruses

The tree was generated using the neighbor-joining method available in DNAMAN, bootstrapped 1000 times. Figures at the nodes show the bootstrapping value (>90%) supporting the branch at that particular node

References

[1] Varma A, Malathi VG. Emerging geminivirus problems: a serious threat to crop production. Annals of Applied Biology, 2003, 142(2): 145-164

[2] Boulton M. Geminiviruses: major threats to world agriculture. Annals of Applied Biology, 2003, 142(2): 142-143

[3] Mansoor S, Briddon R W, Zafar Y, et al. Geminivirus disease complexes: an emerging threat. Trends in Plant Science, 2003, 8(3): 128-134

[4] Fauquet CM, Bisaro DM, Briddon RW, et al. Revision of taxonomic criteria for species demarcation in the family *Geminiviridae*, and an updated list of *Begomovirus* species. Archives of Virology, 2003, 148(2): 405-421

[5] Briddon RW, Bull SE, Amin I, et al. Diversity of DNAβ, a satellite molecule associated with some monopartite *Begomoviruses*. Virology, 2003, 312(1): 106-121

[6] Saunders K, Bedford ID, Briddon RW. Aunique virus complex causes Ageratum yellow vein disease. Proceedings of the National Academy of Sciences of the United States of America, 2000, 97(12): 6890-6895

[7] Zhou XP, Xie Y, Tao XR, et al. Characterization of DNAβ associated with *Begomoviruses* in China and evidence for co-evolution with their cognate viral DNA-A. Journal of General Virology, 2003, 84(1): 237-247

[8] Bull SE, TsaiW S, Briddon RW, et al. Diversity of *Begomovirus* DNAβ satellites of non-malvaceous plants in east and South East Asia-Brief report. Archives of Virology, 2004, 149(6): 1193-1200

[9] Huang JF, Zhou XP. Molecular characterization of two distinct *Begomoviruses* from *Ageratum conyzoides* and *Malvastrum coromandelianum* in China. Journal of Phytopathology, 2006, 154(11-12): 648-653

[10] Jiang T, Zhou XP. Molecular characterization of a distinct *Begomovirus* species and its associated satellite DNA isolated from *Malvastrum coromandelianum* in China. Virus Genes, 2005, 31(1): 43-48

[11] Zhou XP, Xie Y, Pan Y, et al. *Malvastrum yellow vein virus*, a new *Begomovirus* species associated with satellite DNA molecule. Chinese Science Bulletin, 2003, 48(20): 2205-2209

[12] Wu J, Mugiira RB, Zhou XP. *Malvastrum leaf curl Guangdong virus* is a distinct monopartite *Begomovirus*. Plant Pathology, 2007, 56(5): 771-776

[13] Xie Y, Zhou XP, Zhang ZK, et al. *Tobacco curly shoot virus* isolated in Yunnan is a distinct species of *Begomovirus*. Chinese Science Bulletin, 2002, 47(3): 197-200

[14] Zhou XP, Xie Y, Zhang ZK. Molecular characterization of a distinct *Begomovirus* infecting tobacco in Yunnan, China. Archives of Virology, 2001, 146(8): 1599-1606

[15] Briddon RW, Bull SE, Mansoor S, et al. Universal primers for the PCR-mediated amplification of DNAβ, amolecule associated with some monopartite *Begomoviruses*. Molecular Biotechnology, 2002, 20(3):315-318

[16] Wu J, Zhou XP. *Siegesbeckia yellow vein virus* is a distinct *Begomovirus* with a satellite DNA molecule. Archives of Virology, 2007, 151(4): 791-796

Molecular characterization of a distinct *Begomovirus* species isolated from *Emilia sonchifolia*

YANG Cai-xia, CUI Gui-jing, ZHANG Jie, WENG Xiao-fu, XIE Lian-hui, WU Zu-jian

(Key Laboratory of Biopesticide and Chemical Biology, Ministry of Education,
Fujian Agriculture and Forestry University, Fuzhou 350002;
Institute of Plant Virology, Fujian Agriculture and Forestry University, Fuzhou 350002)

Summary: Samples of *Emilia sonchifolia* leaves showing conspicuous yellow veins were collected in the Chinese province of Fujian. A specific 500bp product was consistently amplified from total DNA extracts from symptomatic leaves with universal primers designed to amplify portions of the intergenic region and *AV2* gene of begomoviral DNA-A component. Comparison of partial DNA sequences revealed that these samples were infected by the same virus, thus an isolate denoted Fz1 was selected for further sequence analysis. The complete sequence of Fz1 comprised 2725 nucleotides with typical genomic organization of begomoviral DNA-A. Fz1was most closely related to *Vernonia yellow vein virus* (VeYVV- [IN: Mad: 05], AM182232), with 76.7% nucleotide sequence identity. In line with the demarcation criteria for identifying *Begomovirus* species, Fz1 is considered as a distinct *Begomovirus*, for which the name *Emilia yellow vein virus* (EmYVV) is proposed. This appears to be the first report of a begomovirus infecting *Emilia sonchifolia*.

Key words: *Emilia yellow vein virus*; *Begomovirus*; *Emilia sonchifolia*; DNA-A; cloning; sequencing

INTRODUCTION

Geminiviruses are single-stranded DNA viruses with geminate particle morphology. They are classified into four genera (*Mastrevirus*, *Curtovirus*, *Topocuvirus* and *Begomovirus*) on the basis of host range, insect vector and genome organization[1]. Most geminiviruses belong to the genus *Begomovirus*, are transmitted exclusively by the whitefly *Bemisia tabaci* and infect only dicotyledonous plants. *Begomoviruses* inflict significant economic yield losses to many crops in tropical and subtropical regions of the world, consequent to the worldwide increase in the population and distribution of the whitefly vector and global movement of plant materials[2,3].

In China, many begomoviruses have been recorded from different hosts, such as tobacco, papaya, tomato, *Ageratum conyzoides*, *Alternanthera philoxeroides* and *Sida acuta*[4-9]. Thus, to secure more data on the genomic variation and evolution of Chinese begomoviruses, surveys for their presence on a range of plant species were carried out since 2004 in Fujian province. To this aim, samples were collected from different plant species showing severe dwarfing, vein thickening, leaf curl and yellow vein symptoms. Among these, there were symptomatic plants of *Emilia sonchifolia*, a widely distributed weed in Fujian province, in which no begomovirus infection has ever been detected. In this paper, we report the molecular characterization of a seemingly new Begomovirus

Journal of Plant Pathology, 2008, 90 (3), 475-478

species associated with diseased *E. sonchifolia*.

1 Materials and Methods

Virus sources and DNA extraction. Naturally infected *E. sonchifolia* plants with yellow vein symptoms (Fig. 1) were observed in the Zhangzhou region of Fujian province, from six of which leaf samples (Fz1Fz6) were collected in 2006. Viral DNA was extracted from all samples as described by Xie *et al*[10].

Fig. 1　Yellow vein symptoms in *Emilia sonchifolia*

1.1 PCR and Sequence Determination

Total DNA was extracted from symptomatic leaves according to Xie et al[10]. PCR amplification using the degenerate primers PA and PB[11], designed to amplify part of the intergenic region and *AV2* gene of the begomovirus DNA-A component. PCR products were purified, cloned and sequenced. Based on the determined sequences, the primers Fz1-F (5′-TGTGGGATCCGCTACTAAACG-3′) and Fz1-R (5′-CGGATCCCACATTTTCTGATGTG-3′) were designed and used to amplify the rest of the DNA-A-like molecule. PCR products were then cloned into pMD18-T vector (*TaKaRa* Biotechnology, China), and sequenced by Takara Biotechnology. PCR was also used to search for a possible DNA-B component with primers PCRc1/PBL1v2040 [12] and for DNAb component with primers Beta01/Beta02[13].

1.2 Sequence Analysis

Sequence data were assembled and analyzed with the aid of DNAStar Software (DNASTARUSA). Pairwise percentage nucleotide identity was calculated using ClustalV in the DNASTAR package. Phylogenetic trees were constructed using full optimal alignment in the ClustalX version 1.83 Software[14] and neighbor-joining method with 1000 bootstrap replications available in the MEGA version 4.0[15]. The following geminivirus sequences [virus names according to Fauquet *et al*[16], abbreviations and accession Nos. in brackets] were used for comparisons and phylogenetic analyses: *Ageratum yellow vein virus* (AYVCNV-Hn- [CN: Hn2: 01], AJ495813); *Ageratum yellow vein Hualian virus* (AYVHuV-His- [TW: His: Tom: 03], DQ866124); *Ageratum yellow vein virus-Taiwan* (AYVTV-TW- [TW: Tai: 99] AF307861); *Papaya leaf curl China virus* (PaLCuCNV-Pap-[CN: Gx4: Age: 024: 02], AJ811914); *Sida yellow mosaic China virus* (SiYMCNV. [CN: Hn8: 03], AJ810096); *Tobacco leaf curl Japan virus* (TbLCJV- [JR3], AB079689); *Tomato leaf curl Taiwan virus-B* (ToLCTWV-B- [TW: Hua: GT6: 05], DQ866123); *Tomato leaf curl Taiwan virus* (ToLCTWV- [TW], U88692); *Tobacco curly shoot virus* (TbCSV- [CN: Yn1: 99], AF240675), *Tobacco curly shoot virus* (TbCSV- [CN: Yn35: 01], AJ420318); *Tobacco curly shoot virus* (TbCSV- [CN: Yn282: Age: 03], AJ971266); *Tomato yellow leaf curl Guangdong virus* (ToLCGuV- [CN: Gz3: 03], AY602166); *Tomato yellow leaf curl Thailand virus* (TYLCTHV-A [TH: 2], AF141922); *Tomato yellow leaf curl Thailand virus* (TYLCTHV-B

[CN: Yn72: 02], AJ495812); *Tomato yellow leaf curl China virus-Chuxiong* (TYLCCNVChu [CN: Yn295: Tob: 05], AM260703); Vernonia yellow vein virus (VeYVV- [IN: Mad: 05], AM182232).

2 Results

2.1 Genomic Organization of *Emilia begomovirus*

Partial DNA-A fragments of 500bp were amplified using the degenerate primers PA and PB from all six *E. sonchifolia* samples (Fz1-Fz6); these were sequenced and the sequences deposited under accession Nos. EU377539 toEU377544.

Nucleotide sequence alignment of the partial DNAA fragments showed that they share a high nucleotide sequence identity (99.54%) and have the highest nucleotide sequence identity (76.11%-76.13%) with Vernonia yellow vein virus (VeYVV- [IN: Mad: 05]), a partly characterized virus, whose DNA-A sequence is available from GenBank under the accession No. AM182232. Isolates Fz1 was thus selected for complete DNA sequencing, yielding a sequence 2725 nucleotide in size (Accession No. EU377539), with a genomic organization typical of begomoviruses, i.e. two ORFs (AV1 and AV2) in the virion-sense DNA and four ORFs (AC1 to AC4) in the complementary-sense DNA, separated by an intergenic region (IR). The IR of Fz1 had a putative stem-loop structure containing the conserved nonanucleotide sequence TAATATTAC on which maps the nicking site for the initiation of rolling circle replication.

2.2 Affinity of DNA-A with that of other Begomoviruses

Sequence similarity search was done with the Blast program (http://www.ncbi.nlm.nih.gov/). Nucleotide sequence analysis showed that Fz1 DNA-A was most closely related to VeYVV- [IN: Mad: 05] (76.7%), but less than 74% nucleotide sequence identity was found with other begomoviruses reported. The IR of Fz1 was most related to that of VeYVV- [IN: Mad: 05] with 72.4% sequence identity. The highest amino acid sequence identities of the predicted gene products was found with VeYVV- [IN: Mad: 05] for AV1 (88.3%) and AC3 (77.6%), TYLCCNV-Chu [CN: Yn295: Tob: 05] for the AV2 (76.5%), TbLCJV- [JR3] for the AC2 (68.5%), ToLCTWV-B [TW: Hua: GT6: 05] for the AC4 (85.6%), and AYVHuV-His [TW: His: Tom: 03] for AC1 (82.0%) (Table 1).

Table 1 Percent nucleotide and amino acid sequence identities between Fz1 and the most closely related begomoviruses

Virus	DNA[a]	IR[a]	AV1[b]	AV2[b]	AC1[b]	AC2[b]	AC3[b]	AC4[b]
AYVCNV-Hn [CN: Hn2: 01]	71.9	63.4	80.2	63.5	79.9	60.7	65.7	78.4
AYVTV-TW [TW: Tai: 99]	66.0	46.3	81.7	73.0	65.5	59.3	67.2	36.5
AYVHuV-His [TW: His: Tom: 03]	73.4	66.9	82.5	70.4	82.0	56.3	63.4	83.5
PaLCuCNV-Pap [CN: Gx4: Age: 024: 02]	72.1	52.9	81.3	72.2	81.1	57.0	64.9	82.5
SiYMCNV- [CN: Hn8: 03]	68.6	57.2	79.0	66.1	72.0	60.7	64.2	44.8
TbCSV- [CN: Yn1: 99]	71.0	58.0	77.3	70.4	74.4	54.5	67.9	84.5
TbCSV- [CN: Yn35: 01]	72.0	57.6	77.0	69.6	79.3	54.5	70.1	84.5
TbCSV- [CN: Yn282: Age: 03]	71.9	57.6	77.0	68.7	79.0	54.5	70.1	82.8
TbLCJV- [JR3]	67.7	36.2	70.8	63.5	74.4	68.5	66.4	70.1
ToLCGuV- [Cn: Gz3: 03]	73.7	67.3	81.3	73.9	79.0	58.5	68.7	83.5
ToLCTWV-B [TW: Hua: GT6: 05]	72.7	60.7	80.2	68.1	79.6	60.7	67.2	85.6
ToLCTWV- [TW]	71.4	50.2	80.2	69.9	77.1	60.7	67.2	83.5
TYLCCNV-Chu [CN: Yn295: Tob: 05]	72.7	58.0	80.1	76.5	78.7	59.0	66.4	84.5
TYLCTHV-A [TH: 2]	69.5	54.9	76.2	66.0	76.8	52.6	67.2	82.8
TYLCTHV-B [CN: Yn72; 02]	71.6	57.6	77.3	71.4	79.0	56.7	65.7	81.8
VeYVV- [IN: Mad: 05]	76.7	72.4	88.3	70.4	77.1	61.5	77.6	79.4

a. Nucleotide sequence identity; b. Amino acid sequence identity

The phylogenetic relationship of the DNA-A nucleotideand AV1 amino acid sequences of Fz1 and somebegomoviruses are shown in Fig. 2. Fz1 clustered to gether with VeYVV- [IN: Mad: 05] in the phylogenetic tree based on complete DNA-A sequences (Fig. 2A). A similar relationship appeared in the phylogenetic tree based on the AV1 amino acid sequence (Fig. 2B)

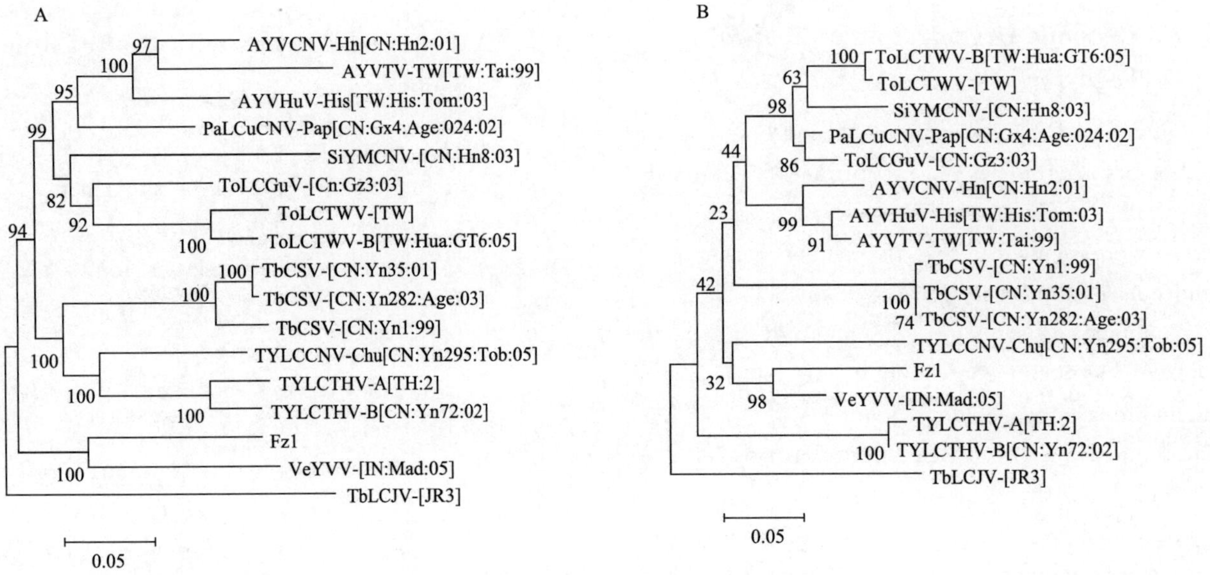

Fig. 2 Phylogenetic trees based on DNA-A sequences (A) and the coat protein amino acid sequences (B) of Fz1 and other previously reported begomoviruses. The tree was constructed by the full optimal alignment in the CLUSTAL _ X1. 83 and the neighborjoining method with 1000 bootstrap replications available in the MEGA4. 0. Numbers at the nodes indicate the percentages of identical branches obtained by bootstrapping

3 Discussion

Weeds are potential sources of primary inoculums of viruses and play an important role in their persistence and spread[17]. *E. sonchifolia*, a weed widely distributed in southern China, is common in the Zhangzhou region of Fujian province where many plants show yellow vein symptoms.

Molecular characterization showed that begomoviruses were associated with *E. sonchifolia* yellow vein disease. The full-length DNA-A of the selected isolate Fz1 had less than 76. 7% similarity with previously reported begomoviruses, but shared the highest nucleotide sequenceidentity (76. 7%). with VeYVV- [IN: Mad: 05] . The relationship dendrograms confirmed that Fz1 is most closely related to VeYVV- [IN: Mad: 05], and much less to other begomoviruses. In general, the complete nucleotide sequence identity of DNA-A between two distinct begomoviruses is less than 89%, and strains of a virus must have sequence identity higher than 89% [1]. Following these criteria, Fz1 can be regarded as a distinct virus species for which the name emilia yellow vein virus (EmYVV) is proposed. To our knowledge, this is first report of a begomoviruses infecting *E. sonchifolia*.

In order to detect the possible DNA-B and satellite DNA β components of EmYVV, primers specific for the DNA-B and DNA β were used for PCR, but no amplified product was detected, suggesting that EmYVV is a monopartite begomovirus species. However, infectivity tests with cloned sequences are necessary to confirm the monopartite nature of EmYVV.

Acknowledgements

This work was supported by the Ministry of

Science and Technology, China, Basic Research Project (2006FY111000-02), Fujian Provincial Department of Science and Technology (2007L2002) and the Education Department of Fujian Province (Grant No. JA025226) . We thank Professor Xueping Zhou, Institute of Biotechnology, Zhejiang University, for useful discussion and critically reading the manuscript.

References

[1] Fauquet CM, Stanley J. Revising the way we conceive and name viruses below the species level: a review of geminivirus taxonomy calls for new standardized isolate descriptors. Archives of Virology, 2005, 150: 2151-2179

[2] Rojas MR, Hagen C, Lucas WJ, et al. Exploiting chinks in the plant's armor: evolution and emergence of geminiviruses. Annual Review of Phytopathology, 2005, 43: 361-394

[3] Seal SE, van den Bosch F, Jeger MJ. Factors influencing begomovirus evolution and their increasing global significance: implications for sustainable control. Critical Reviews in Plant Sciences, 2006, 25: 23-46

[4] Wang XY, Xie Y, Zhou XP. Molecular characterization of two distinct begomoviruses from papaya in China. Virus Genes, 2004, 29: 303-309

[5] Li ZH, Zhou XP, Zhang X, et al. Molecular characterization of tomato- infecting begomoviruses in Yunnan, China. Archives of Virology, 2004, 149: 1721-1732

[6] Li ZH, Xie Y, Zhou XP. Tobacco curly shoot virus DNA β is not necessary for infection but intensifies symptoms in a host-dependent manner. Phytopathology, 2005, 95: 902-908

[7] Jiang T, Zhou XP. First report of *Malvastrum yellow vein virus* infecting *Ageratum conyzoides*. Plant Pathology, 2004, 53: 799

[8] Guo XJ, Zhou XP. Molecular characterization of *Alternanthera yellow vein virus*: a new begomovirus species infecting *Alternanthera philoxeroides*. Journal of Phytopathology, 2005, 153: 694-696

[9] Xiong Q, Guo XJ, Che HY, et al. Molecular characterization of a distinct begomovirus species and its associated satellite DNA molecule infecting *Sida acuta* in China. Journal of Phytopathology, 2005, 153: 264-268

[10] Xie Y, Zhou XP, Li ZH, et al. Identification of a novel DNA molecule associated with *Tobacco leaf curl virus*. Chinese Science Bulletin, 2002, 47: 1273-1276

[11] Zhou XP, Xie Y, Zhang ZK. Molecular characterization of a distinct begomovirus infecting tobacco in Yunnan, China. Archives of Virology, 2001, 146: 1599-1606

[12] Rojas MR, Gilbertson RL, Russell DR, et al. Use of degenerate primers in the polymerase chain reaction to detect whitefly transmitted geminiviruses. Plant Disease, 1993, 77: 340-347

[13] Zhou XP, Xie Y, Peng Y, et al. *Malvastrum yellow vein virus*, a new begomovirus species associated with satellite DNA molecule. Chinese Science Bulletin, 2003, 48: 2205-2209

[14] Thompson JD, Gibson TJ, Plewniak F, et al. The ClustalX windows interface: flexible strategies for multiple sequence alignment aided by quality analysis tools. Nucleic Acids Research, 1997, 25: 4876-4882.

[15] Tamura K, Dudley J, Nei M, et al. MEGA4: molecular evolutionary genetics analysis (MEGA) software version 4.0. Molecular Biology and Evolution, 2007, 24: 1596-1599

[16] Fauquet CM, Briddon RW, Brown JK, et al. Geminivirus strain demarcation and nomenclature. Archives of Virology, 2008, 153: 783-821

[17] Hallan V, Saxena S, Singh BP. Ageratum, croton and malvastrum harbour geminiviruses: evidence through PCR amplification. World Journal of Microbiology and Biotechnology, 1998, 14: 931-932

Mixed infection of two begomoviruses in *Malvastrum coromandelianum* in Fujian, China

YANG Cai-xia, JAI Su-ping, LIU Zhou, XIE Lian-hui, WU Zu-jian

(Key Laboratory of Biopesticide and Chemical Biology, Ministry of Education, Fujian Agriculture and Forestry University, Fuzhou 350002; Institute of Plant Virology, Fujian Agriculture and Forestry University, Fuzhou 350002)

Abstract: Virus isolates were obtained from three *Malvastrum coromandelianum* plants showing vein thickening symptoms in Fujian Province, China. A fragment of approximately 500bp was amplified from all the samples by PCR using the special degenerate primer pair PA/PB for begomoviruses. Sequence differences among the partial DNA-A fragments revealed that all three samples contained two virus isolates. Isolate I and isolate II share the highest nucleotide sequence identity (98%-99%), respectively, with *Malvastrum leafcurl* Guangdong virus (MLCuGdV) and *Ageratum yellow vein virus* (AYVV). The complete nucleotide sequences of Fs1 and Fs2 isolates representing each virus were determined to be 2741 and 2756 nucleotides, respectively. Alignment and phylogenetic analysis showed that the complete DNA-A sequences of Fs1 and Fs2 were most closely to those of MLCuGdV (AM503104) and AYVV (AB100305), with 90.4% and 93.3% nucleotide sequence identity, respectively. Fs1 and Fs2 are considered therefore to be isolates of MLCuGdV and AYVV, respectively. This is the first report of AYVV in *M. coromandelianum*.

Key words: *Begomovirus*; *Malvastrum coromandelianum*, Fujian; *Malvastrum leaf curl Guangdong virus*; *Ageratum yellow vein virus*; mixed infection

Introduction

Viruses of the family *Geminiviridae* are characterized by their geminate particles that encapsidate a circular single-stranded DNA genome. They are classified into four genera (*Mastrevirus*, *Curtovirus*, *Topocuvirus* and *Begomovirus*) on the basis of host range, insect vector and genome organization[1,2]. Members of the genus Begomovirus, which are transmitted by the whitefly *Bemisia tabaci*, infect dicotyledonous plants and cause significant economic yield losses of many crops throughout tropical and sub-tropical regions of the world[2-4].

In China, diseases caused by begomoviruses cause a serious threat to crops such as tobacco, squash, papaya and tomato in Yunnan and Guangxi provinces[5-9]. Furthermore, weeds such as *Ageratum conyzoides*, *Alternanthera philoxeroides*, *Euphorbia pulcherrima*, *Sida acuta* and *Malvasirum coromandelianum* showing vein yellowing, yellow mosaic and vein thickening symptoms have been found to be infected by begomoviruses[10-14]. Weeds have been reported to be potential sources of primary inocula of viruses and play an important role in the persistence and spread of the viruses[15].

Journal of Phytopathology, 2008, 156, 553-555

Received October 17, 2007; accepted December 13, 2007

Malvasirum coromandelianum is a widely distributed weed in Fujian Province, from which we have been collecting samples showing vein thickening symptoms since 2004. Here, we describe the occurrence of begomovirus co-infection and the molecular characterization of the isolates found in *M. coromandelianum*.

1 Materials and Methods

1.1 Virus sources and DNA Extraction

Three samples of *M. coromandelianum* showing vein thickening symptoms were collected in Fujian Province, Southeast China. Viral DNA from the samples was extracted as described by Xie *et al* [16].

1.2 PCR and Sequence Determination

Total plant DNA extracted from leaves of symptomatic plants was used as the template for PCR amplification using the degenerate primer pair PA and PB [5], which was designed to amplify part of the intergenic region (IR) and *AV2* gene of the DNA-A component. PCR products were purified, cloned and sequenced. Based on the determined sequences, the primer pair Fs1FL-F (5′-ACAGAATG-TACAAAAGCCCTGA-3′) / Fs1FL-R (5-ATCT-GCTGGTCGCTTCGACAT-3′) and Fs2FL-F (5′-GGTGGATCCTCTTTT GAACGAG-3′) /Fs2FL-R (GGATCCCACATGTTTAAAATAATACTTG) was designed and used to amplify the rest of the DNA-A-like molecule. PCR products were then cloned into pMD18-T Vector (Takara Biotechnology Co. Ltd, Dalian, China), and sequenced by Takara. PCR was applied to search for a DNA-B with primer pair PCRc1 /PBL1v2040[17] and DNAb with primer pair Beta01 /Beta02[10].

1.3 Sequence Analysis

Sequence data were assembled and analysed with the aid of DNASTAR Software (DNAStar Inc, Madison, WI, USA) and DNAMAN version 6.0 (Lynnon Biosoft, Quebec, Canada). Pair-wise percentage nucleotide identity was calculated using CLUSTLV in the DNASTAR package. Phylogenetic trees were constructed using full optimal alignment and the neighbour-joining method with 1000 bootstrap replications available in the DNAMAN. All the sequences used in DNA-A nucleotide comparison and in phylogenetic analysis were obtained from the GenBank (Table 1).

Table 1 GenBank accession numbers of selected begomovirus sequences used in this study

Begomoviruses	Accession number	Abbreviation
Soybean crinkle leaf virus- [Japan]	AB050781	SbCLV- [JR]
Ageratum yellow vein virus- [Tomato]	AB100305	AYVV- [Tom]
Tobacco leaf curl Yunnan virus- [Y3]	AF240674	TbLCYNV- [Y3]
Ageratum yellow vein Taiwan virus	AF307861	AYVTV- [Tai]
Ageratum yellow vein Taiwan virus - [TaiPD]	AF327902	AYVTV- [TaiPD]
Malvastrum yellow vein virus- [Y47]	AJ457824	MYVV- [Y47]
Ageratum yellow vein China virus- [Hn2]	AJ495813	AYVCNV- [Hn2]
Papaya leaf curl China virus- [G30]	AJ558117	PaLCuCNV- [G30]
Papaya leaf curl Guangdong virus- [GD2]	AJ558122	PaLCuGdV- [GD2]
Papaya leaf curl China virus- [G2]	AJ558123	PaLCuCNV- [G2]
Sida yellow mosaic virus- [China]	AJ810096	SiYMCNV- [Hn8]
Ageratum leaf curl virus- [G52]	AJ851005	ALCuV- [G52]
Tomato yellow leaf curl China virus- [Y193]	AJ971524	TYLCCNV- [Y193]
Sida leaf curl virus- [Hn57]	AM050730	SiLCuV- [Hn57]
Malvastrum leaf curl Guangdong virus- [GD6]	AM236779	MLCuGdV- [GD6]

Continued

Begomoviruses	Accession number	Abbreviation
Malvastrum leaf curl Guangdong virus-［GD9］	AM236780	MLCuGdV-［GD9］
Malvastrum leaf curl Guangdong virus-［FJ3］	AM503104	MLCuGdV-［FJ3］
Papaya leaf curl China virus-［GZ］	AY650283	PaLCuCNV-［GZ］
Tomato leaf curl virus-Taiwan	U88692	TLCuV-［Tai］

2 Results and Discussion

2.1 Genomic organization of DNA-A

Partial DNA fragments of 500bp were amplified using the degenerate primers PA and PB from the three *M. coromandelianum* samples (F1-F3) and thensequenced (EF200955-EF200960).

Sequence differences among the partial DNA-A fragments revealed that each sample contained two types of virus isolate. Type I (Fs1, Fs3 and Fs5) shared the highest nucleotide sequence identity (98%～99%) with malvastrum leaf curl Guangdong virus (MLCuGdV), while type Ⅱ (Fs4, Fs5 and Fs6) shared highest nucleotide sequence identity (98% ～ 99%) with ageratum yellow vein virus (AYVV). Isolates Fs1 and Fs2 representing each type were, respectively, selected for cloning and sequencing of the complete genome; the complete sequences of Fs1 and Fs2 were determined to be 2741 nucleotides (EF554783) and 2756 nucleotides (EF554784) in length, respectively. Organization of open reading frames (ORFs) in both Fs1 and Fs2 were similar to those of other begomoviruses, with two (AV1 and AV2) in the virion-sense DNA and four (AC1 to AC4) in the complementary-sense DNA, separated by an IR. The IR of Fs1 and Fs2 comprised 270nt and 339nt, with a putative stem-loop structure containing the conserved nonanucleotide sequence TAATATTAC on which maps the nicking site for the initiation of rolling circle replication.

Sequence identities between the DNA-A of Fs1 and Fs2 were only 71.7%, suggesting that each represented a different virus species. Fs1 and Fs2 shared the highestamino acid sequence identity for coat protein (89.5%), while relatively lower sequence identities were found for AV2 and AC1-AC4 (62.2%-82.8%).

2.2 Affinities of DNA-A to other begomoviruses

Sequence similarity searches were performed with the blast program(http: //www. nchi. nlm. Nih. gov/). Fs1DNA-A was most closely related to MLCuGdV-［FJ3］(90.4%). The AV1, AV2, AC1, AC2 and AC3 ORFs of Fs1 shared the highest identities (89.8%-99.6%) with MLCuGdV-［FJ3］. The IR of Fs1 was most related to that of TLCuGdV-［G2］ with 63.0% sequence identities. The AC4 ORF of Fs1 has high amino acids sequence identity (74.1%) with that of MLCuGdV-［GD6］. The complete nucleotide sequence of Fs2 DNA-A and its deductive ORF AC1 had the highest identity (89.7%) with AYVV-［Tom］. Fs2 is most related to Ageratum yellow vein Taiwan virus (AYVTV) -［Tai］ when comparing IR, AV1, AV2 and AC2 with 80.6%-100% identities. The AC3 and AC4 ORF of Fs2 is most related to that of Ageratum yellow vein China virus (AYVCV) -［Hn2］ and AYVTV-［TaiPD］, sharing 96.3% and 95.8% nucleotide sequence identities, respectively. The phylogenetic relationship of the DNA-A sequences of Fs1 and Fs2 and some begomoviruses are shown in Fig. 1. Fs1 clustered together with MLCuGdV-［FJ3］, MLCuGdV-［GD6］ and LCuGdV-［GD9］, whereas Fs2 clustered together ith AYVV-［Tom］, AYVTV-［Tai］ and AYVTV-［TaiPD］(Fig. 1).

Begomoviruses are classified on the basis of genome sequences, especially that of DNA-A [3]. In general, the complete nucleotide sequence identity between two distinct begomoviruses is less than 89%, and strains of a virus must have sequence identity more than 89%[2]. Following this criterion, Fs1 and Fs2 are considered to be isolates of MLCuGdV and AYVV, respectively.

Co-infection of MLCuGdV and AYVV were found in all the three *M. coromandelianum* samples. This is the first report of AYVV in *M. coromandelianum*.

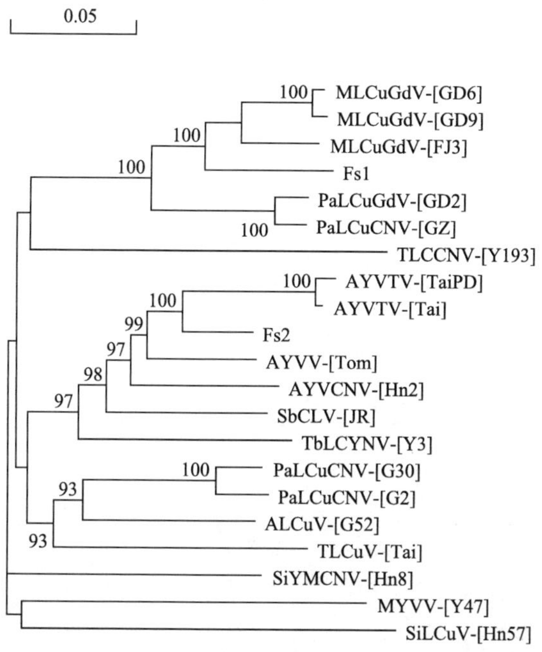

Fig. 1 Phylogenetic tree based on DNA-A sequences of Fs1, Fs2 and other previously reported begomoviruses. The tree was constructed by the neighbour-joining method in DNAMAN software with bootstrap 1000 repetitions. Figures at the nodes show the bootstrapping value (>90%) supporting the branch at that particular node

The DNA-B and satellite DNAb component were not detected in any of the samples by PCR using primers specific for the molecules.

Acknowledgements

This work was supported by a grant from the Education Department of Fujian Province (No. JA025226). We thank Professor Xueping Zhou, Institute of Biotechnology, Zhejiang University, for useful discussion and critically reading the manuscript.

References

[1] Padidam M, Beachy RN, Fauquet CM. Classification and identification of geminiviruses using sequence comparisons. J Gen Virol, 1995, 76: 249-263

[2] Fauquet CM, Bisaro DM, Briddon RW, et al. Revision of taxonomic criteria for species demarcation in the *Geminiviridae* family, and an updated list of begomovirus species. Arch Viro, 2003, 148: 405-421

[3] Harrison BD, Robinson DJ. Natural genomic and antigenic variation in whitefly-transmitted geminiviruses (*Begomoviruses*). Annu Rev Phytopathol, 1999, 37: 369-398

[4] Mansoor S, Briddon RW, Zafar Y, et al. Geminivirus disease complexes: an emerging threat. Trends Plant Sci, 2003, 8: 128-134

[5] Zhou XP, Xie Y, Zhang ZK. Molecular characterization of a distinct begomovirus infecting tobacco in Yunnan, China. Arch Virol, 2001, 146: 1599-1606

[6] Xie Y, Zhou XP. Molecular characterization of squash leaf curl Yunnan virus, a new begomovirus and evidence for recombination. Arch Virol, 2003, 148: 2047-2054

[7] Li ZH, Zhou XP, Zhang X, et al. Molecular characterization of tomato- infecting begomoviruses in Yunnan, China. Arch Virol, 2004, 149: 1721-1732

[8] Li ZH, Xie Y, Zhou XP. *Tobacco curly shoot virus* DNA β is not necessary for infection but intensifies symptoms in a host-dependent manner. Phytopathology, 2005, 95: 902-908

[9] Wang XY, Xie Y, Zhou XP. Molecular characterization of two distinct begomoviruses from papaya in China. Virus Genes, 2004, 29: 303-309

[10] Zhou XP, Xie Y, Peng Y, et al. *Malvastrum yellow vein virus*, a new begomovirus species associated with satellite DNA molecule. Chin Sci Bull, 2003, 48: 2205-2209

[11] Jiang T, Zhou XP. First report of *Malvastrum yellow vein virus* infecting *Ageratum conyzoides*. *Plant* Pathol, 2004, 53: 799

[12] Ma XY, Cai JH, Li GX, et al. Molecular characterization of a distinct begomovirus infecting *Euphorbia pulcherrima* in China. J Phytopathol, 2004, 152: 215-218

[13] Guo X, Zhou X. Molecular Characterization of *Alternanthera yellow vein virus*: a new *Begomovirus* Species Infecting *Alternanthera philoxeroides*. J Phytopathology, 2005, 153: 694-696

[14] Xiong Q, Guo XJ, Che HY, et al. Molecular characterization of a distinct *Begomovirus* species and its associated satellite DNA molecule infecting *Sida acuta* in China. J Phytopathology, 2005, 153: 264-268

[15] Hallan V, Saxena S, Singh BP. Ageratum, croton and malvastrum harbour geminiviruses: evidence through PCR amplification. World J Microbiol Bio, 1998, 14: 931-932

[16] Xie Y, Zhou XP, Li ZH, et al. (2002) Identification of a novel DNA molecule associated with *Tobacco leaf curl virus*. Chin Sci Bull, 2002, 47: 1273-1276

[17] Rojas MR, Gilbertson RL, Russell DR, et al. Use of degenerate primers in the polymerase chain reaction to detect whitefly transmitted geminiviruses. Plant Diseases, 1993, 77 (3): 340-347

花椰菜花叶病毒（CaMV）的基因表达调控

王海河，周仲驹，谢联辉

（福建农业大学植物病毒研究所，福建福州 350002）

摘　要：花椰菜花叶病毒（CaMV）是一种具有重要经济价值和生物学意义的植物双链 DNA 病毒，它有 7 个开放阅读框（ORF），其中 6 个可各自编码一种蛋白产物。35s 启动子区域含有 3 个转录因户专一的结合位点；RNA 多腺苷化位点具有 AAUAAA 特征序列，它和其上游序列对 35S RNA 的加工和翻译有影响作用；下游 ORF Ⅰ 在转录激活因子存在时可被翻译。由此表明，CaMV 的表达调控表现在不同调控机制互作的基础之上。

关键词：花椰菜花叶病毒；基因表达；调控

The gene expression and regulation of *Cauliflower mosaic virus* (CaMV)

WANG Hai-he，ZHOU Zhong-ju，XIE Lian-hui

（Institute of Plant Virology，Fujian Agricultural University，Fuzhou 350002）

Abstract：*Cauliflower mosaic virus* is one of the dsDNA plant viruses of importance to economic value and biology. It has seven open reading frames（ORFs），Six of which encode six specific proteins. The 35S promoter region includes three subregions，the binding sites of three transcription factors. RNA polyadenylation site possessing AAUAAA characteristies sequence and its upstream sequence have effects on the processing and translation of the 35S RNA. The downstream ORF Ⅰ can be translated when transcription activators are present. Thus，theses suggested that the expression regulation of CaMV is based on the interaction between different regulation mechanisms.

Key words：*Cauliflower mosaic virus*（CaMV）；gene expression；regulation

花椰菜花叶病毒（*Cauliflower mosaic virus*，CaMV）是一种直径为 50nm 的植物双链 DNA 病毒。它像逆转录病毒一样，依靠逆转录酶完成自己基因组复制，但它却不把自身 DNA 序列整合到寄主染色体之内，而是以大约 1000 个微染色体（minichromosome）的形式聚集在寄主细胞核内[1]。特别是其表达调控机制与高等植物有许多相似之处，加之其结构比较简单，已逐渐成为研究生物表达调控的模式材料。如果研究清楚其逆转录的复制循环过程，对于中心法则的改进和完善有重要的理论意义。尤其是它的 35S 启动子具有很广的适应性，不但可以在双子叶植物而且可在单子叶植物和某些原核生物中表达[2-4]。因此，对于研究其表达调控机制就有很重要的作用。如果人们弄清楚 35S 启动子的结构，对于转录所要求的特殊序列（顺式作用因子），与之作用的蛋白因子（反式作用

微生物学杂志，1999，19（1）：34-40

收稿日期：1998-12-07

因子），就可以人工改造和组装可以满足特定目的高效强启动子，使得目前还难以在不同生物间表达的有益产物可以在所需要的生物载体中得以表达。这些成就都必将对农业、轻工业和医药卫生等方面的发展产生巨大的推动作用。

本文就 CaMV 的表达策略、RNA 加工以及多聚腺苷酸［polyadenyli acid，poly（A）］形成、蛋白表达作以简要评述，试图从分子水平上对 CaMV 的复制、转录和翻译的调控予以探讨。

1　CaMV 的复制循环

目前，所了解的 CaMV 复制周期可以总结如下（图 1）：含有缺口的病毒粒体 DNA 分子进入植

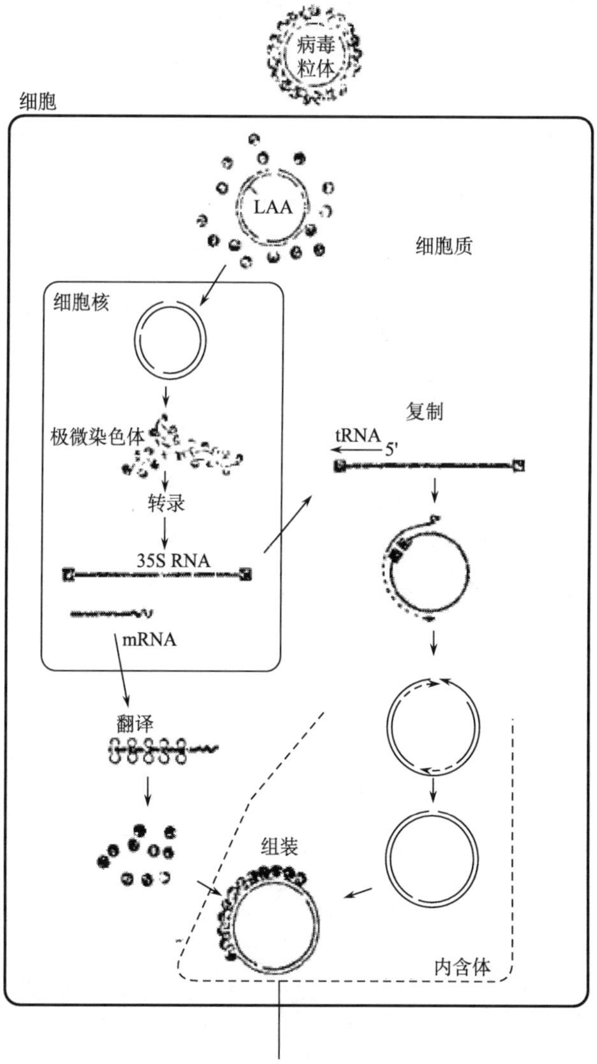

图 1　CaMV 的复制循环
引自 Turner 等[5]

物细胞，并向核移动，在核内缺口被封闭，从而产生一个超螺旋的分子，然后与寄主蛋白结合成为一种微染色体结构，在极微染色体内，CaMV 的（—）链 DNA 被寄主 RNA 聚合酶Ⅱ转录成 mRNA，mRNA 转移至细胞质后翻译成为蛋白质。ssRNA 产生也在核内合成。对 CaMV 复制所提出的模式与动物逆转录病毒的反转录过程相似。CaMV（—）链 DNA 的合成是由寄主细胞蛋氨酸转运 RNA（$tRNA^{met}$）所启动的，$tRNA^{met}$能够与 35S RNA 中的一段 14 个核苷酸序列（与 $tRNA^{met}$ 互补）杂交，这个序列位于 35SRNA 下游大约 600nt 的地方，并靠近 CaMV 的一个序列缺口。反转录前进至 35S RNA 5′端产生一个小的（—）链 CaMV DNA 片段（称强中止 DNA，SS），此片段仍共价结合在 tRNA 引物上[5]。因为 35S RNA 有一个 180bp 的正向重复末端序列，强中止 DNA 能使 RNA 模板成为环状，在反转录酶作用下继续完成 DNA（—）链的复制。

研究还表明，在逆转录合成 DNA（—）链时，DNA（—）链上有 2 个起始合成 DNA（—）链的位点。一般而言，DNA（+）链的合成是由富含 G 的序列启动的，这个序列靠近病毒 DNA 的缺口的地方。当 DNA（—）链作为合成 DNA（+）链的模板时，同样失去 tRNA 逆转录引物时，就会在复制过程中形成缺陷性线状 ssDNA，其中某些只有一个起始 DNA（+）链位点的 ssDNA 具有与 CaMV DNA 相似的结构，有些还具有一定的侵染性。从开环 DNA 和 CaMV 超螺旋 DNA 的关系来看，缺陷型 DNA（+）链的合成在 CaMV 复制循环中起重要的调节作用[6]。在复制周期的最后，在 CaMV 病毒粒子 DNA 的每一个缺口处发生链的重叠，这是在逆转录酶的作用下从特定链上发生链转位（strand-switch）的结果。

2　CaMV 的表达策略

CaMV 的基因组结构为开口双链环状 DNA 分子，第 1 条链上有一个缺口，而第 2 条链上有 2 个缺口。缺口是由 3 股 DNA 组成的短的区域，每股的 5′端是在一个固定的位置上，可是 3′端长度不等，有 5～40 个核苷酸，这些核苷酸在靠近缺口的地方产生一个搭接的部分称翼片（flap），核糖核酸与这些缺口相连，它们被认为是 DNA 复制的起点[7]。CaMV DNA 含有 2 个启动子，其中 35S 启动子指导合成基因组前面作为逆转录的模板 35S RNA 的同时又有可能合成大多数病毒基因产物的 mRNA。除了这 2 种 RNA 外，其余的 RNA 功能

还不清楚。近年研究表明 22SRNA 可编码聚合酶和一个多聚蛋白[1]。

19S 和 35S RNA3′端的形成由同样的多聚 A 因子控制。现在认为 CaMV 有 7 个开放阅读框（ORF）（图 2），其中 6 个可以编码蛋白产物，分别为系统侵染功能蛋白（SYS）、昆虫传播因子（ITF）、DNA 结合蛋白（DBP）、结构蛋白（GAG）、聚合酶/蛋白酶（POL/PRO）和转录激活因子（TAV）（表 1）。

表 1　CaMV6 个开放阅读框架（ORF）的产物及其功能

阅读框	编码产物	功能
ORF Ⅰ	SYS	为一种运动蛋白，与病毒的系统侵染有关[8]
ORF Ⅱ	ITF	分子质量 18kD，参与蚜虫的传播[9]
ORF Ⅲ	DBP	为一种 DNA 结合蛋白，具半胱氨酸酶活性。与病毒核酸的折叠和被衣壳包装有关[10]
ORF Ⅳ	GAG	分子质量 57kD，功能蛋白多肽，后被加工为分子质量 43kD 的外壳蛋白，具 ss DNA 结合特性[11]
ORF Ⅴ	POL/PRO	编码聚合酶和蛋白酶，其中的天冬氨酸蛋白酶与外壳蛋白的成熟有关[12]
ORF Ⅵ	TAV	分子质量 62kD，是植物体内亚细胞内含体的成分，还具有转录激活因子的功能[9]

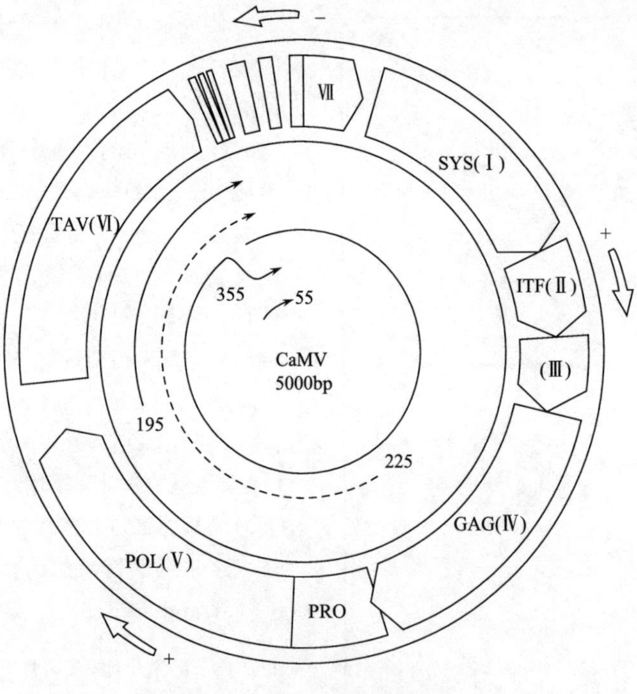

图 2　CaMV 的基因组图谱

阅读框及其产物均标出，参阅表 1。35S RNA 为复制中间物（RI）又是一个多顺反子；SSRNA 为一未知功能的强终止 RNA；22S RNA 为编码聚合酶和一多聚蛋白；19S RNA 作为 TAV 的 mRNA。35S RNA 和 ss RNA 由同一启动子转录。外面的箭头分别表示正链（+）和负链（−）DNA 合成的起始。引自 Futterer 等[9]

3　CaMV 转录水平上的调控

3.1　从 35S 启动子处的转录

像其他原核启动子一样，35S CaMV 由许多顺式作用因一子组成，这些因子通过和细胞反式作用因子结合而影响启动子的活性；同时这些因子之间或与其他因子之间也可以相互作用[9]。研究发现这些因子分别在转基因植物中有控制不同的组织和不同发育阶段的特性；它们还有促使外源基因在转基因植物中产生组成型表达的功能[13]。35S 启动子含有决定转录起始位点的富含 AT 碱基对的序列（TATAbox）和 2 个主要区域 A、B（图 3）。区域 A（−90～−46）是在根部表达所必需的区域；区域B（－343～－90）是在叶部表达所必需的。这些功能由转β-葡萄糖苷酶（Gus）基因烟草植株表达所证实[14]。区域B又包括5个亚区域B1～B5。同时研究发现它们之间有共同作用或相互作用的情况[15-18]。在转基因植物中，35S启动子整个B区域比任一个B亚区域对下游序列的正常表达作用更重要。这表明主要的B区顺式因子位于亚区域间交界部位，从而导致亚区域间的互作[13]。

目前通过足迹法（用RNA聚合酶保护其结合位点序列从而避免DNAase Ⅰ水解，然后经电泳和放射自显影得到被保护区域的序列的方法，统称为footprinting）分离了至少3种启动子结合蛋白因子作用位点：转录激活作用结合因子（ASF-1）与区域A中的as-1区域结合，as-1区域含有TGACG重复序列，这些序列通过缺失突变分析表明为ASF-1的作用部位[19]。转录因子ASF-2与Bl区域的GATA重复序列相互作用[20]，这个GATA基元在光敏型启动子中为一保守区域。同样CA-rich区域因子（CAF）与B3区域中功能还未完全明确的CA-rich序列相互作用。

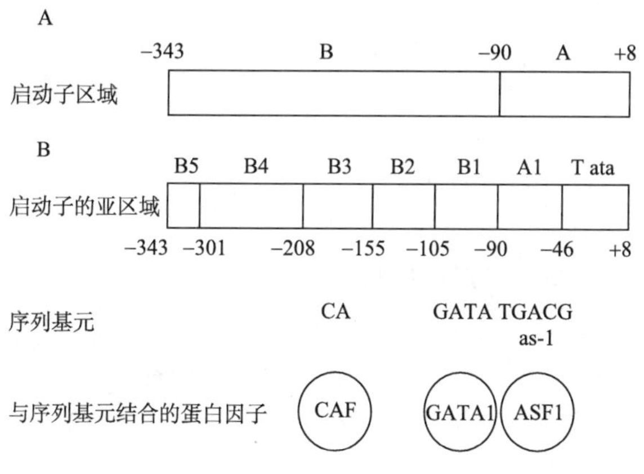

图3 CaMV 35S启动子的结构

A. 启动子区域图谱；B. 区域B的亚区域及蛋白因子和它们的作用位点序列特征。引自Thomason等[9]

人们用含有as-1序列的寡核苷酸探针去筛选烟草的cDNA文库，编码特异性结合as-1序列的结合蛋白之中，TGAla含转录因子家族所具有的亮氨酸拉链区域的基本结构特征。最明显的是胚乳动物的CREB（环腺苷酸反应结合因子）和小麦HBP-1因子[21]，它们结合作用的DNA序列部位同样含有TGACG[22]，因此认为TGAla可能和ASFI是同一反式作用因子。

在一个良好的体外表达体系中，分析转录因子比在活体内研究更为方便。Yamazak等[23]采用麦胚转录体系，Katagiri[24]应用已弄清特性的Hela细胞核提取物体系研究TGAla因子的功能。在2种体系中，从*E. coli*重组体分离纯化的TGAla刺激由35S启动子改造成的启动子的转录和2个as-1拷贝的转录，而在TGACG区有突变的对照启动子没有转录活性。2种体系的实验结果都表明TGAla可增加前起始复合物的数目。Qin等[25]应用Gus指示基因证明，水杨酸可以通过作用于as-1因子而立即激活35S RNA的转录。

3.2 从19s启动子开始的转录

与35S启动子相比，19S启动子缺少上游强增强子区域。在短期表达体系中，分离的19S启动子的转录活性只是35S启动子的1%[26]。显然在活体内，它可能是由35S启动子的增强子促进转录。烟草细胞悬浮液培养的体外培养体系证明19S启动子有比较简单和需要较少转录因子的特性[27]。

3.3 RNA的加工和poly(A)化

虽然已证明CaMV卫星DNA由剪切过的RNA逆转录过程产生，但RNA剪切似乎不是CaMV基因组或其他病毒复制所特有的。相似剪切证据在玄参花叶病毒（FMV）中也已有报道[28]。

不象已知其他的植物病毒，CaMV的poly（A）位点包含一个完整的AAUAAA序列，这个序列对于RNA 3′端的精确切除和AAUAAA下游18个A的添加有很重要的作用。有趣的是，与大多数已知的动物mRNA相比，加尾位点下游的序列对RNA加工没有影响[29]。这种情况在至少2种非病毒的植物的poly（A）加工位点rbcs-E7和ocs中存在[9]。相应的，AAUAA的上游序列也十分重要，如果缺失其上游30个核普酸，3′端的加尾频率会降到8%。缺失其上游更远处序列会减少50%的加工[30]。而转录起点处序列对加工不是必须的。

CaMV的复制和其他类逆转录病毒或逆转录病毒一样包含3′端冗余序列产生。重复的序列包含间poly（A）信号。这些信号对3′端作用，而不对5′端作用产生mRNA。在CaMV中，这种不对5′端作用的情况依赖启动子和poly（A）之间的距离[29]。随机给5′端Cap位点（加帽位点）上游的R区插入一些序列会增加CaMV加尾位点被识别的机会：当Cap位点和poly（A）加工位点相距

360bp 时，识别率高达 96%。有趣的是，当 5′端间 poly（A）加尾信号不完整时，会产生 180bp 的不知功能的 ssRNA[29]。

4 翻译水平上的调控

已知 CaMV 的基因组可以编码 7 种蛋白产物。其中 6 种蛋白的功能已经有较明确的研究报道（表 1）。据间接证据表明，ORF Ⅶ也可以表达[9]。从受侵植物中分离的 mRNA 体外翻译证明只有 ORF Ⅵ的产物，通过杂交筛选发现也有 ORF Ⅴ产物的一部分。蛋白产物Ⅵ是由一个 19S 的正常单顺反子 mRNA 编码；ORF Ⅴ中也许存在这个单顺反子的一部分亚基因组 mRNA。此外，其他产物由 35S 这个多顺反子编码。这种 mRNA 在原核细胞中十分少见，它的翻译需特殊机制[6]。直到现在，35S RNA 在体外表达系统中还未发现有任何表达产物。人们通过把 CaMV 的 ORF 序列和报告基因融合并转化到植物原生质体中来研究其表达产物。已发现 35S RNA 后第一个较长的 ORF 的翻译受前面 60nt（35S RNA 的前导序列）的强烈抑制[31]。这个前导序列含有许多短的 ORF，通过软件分析表明，可以形成一个稳定的茎—环结构，这种结构在花椰菜花叶病毒属的成员中是保守的。甚至在亲缘关系很远的杆状 DNA 病毒组（*Badnavirus*）中也存在[32]。这种抑制在某些寄主植物的原生质体中会弱一些[33]。在这些原生质体中，一种有活性的翻译机制似乎是：核糖体从一个引导区转换到另一个引导区。这种机制被称为核糖体转位（ribosomes shunt），它要求引导区 3′和 5′端有顺式作用因子存在。如果在此区城插入一个长的含有 AUG 的序列并不影响核糖体转位。另一种机制是核糖体可以到达基因组内部区域的翻译起点[9]。传统的扫描机制（scanning mechanism）不能解释这种现象[33,34]。通过核糖体转位机制可以翻译所有 CaMV 的 ORF。同时存在另一种翻译 ORFⅠ的机制，即由 19S 调节子编码的转录激活因子（TAV）可以使下游多顺反子 mRNA 翻译[35]。TAV 引起的活化是与下游 ORF 序列专化的，不需要特异的顺式作用因子。至少在含 2 个报告基因 ORF 的人工构建体系中证明，TAV 对下游的翻译活化功能受上游第一个短报告基因序列的大大激活[36]。

研究表明，TAV 不诱导核糖体与 mRNA 的中间序列结合或核糖体转位，但它可以作用于核糖体使其越过或翻译被活化的报告基因的上游区域[36]。TAV 很可能是通过和核糖体或起始因子相互作用而改变翻译机制，并也可能影响细胞 mRNA 的翻译。研究发现，TAV 在转基因植物中的表达导致表型效应[37-39]。关于这种效应是由细胞的翻译机制还是由 TAV 蛋白产物调节的具体情况还不清楚。

总之，在 CaMV 35S RNA 的翻译过程中包含至少 2 种非传统的翻译机制[6]。核糖体转位需要顺式作用因子和细胞因子（尤其是 TAV 的参与）跨越有二级结构或含 AUG 的引导序列，使核糖体到达 ORF Ⅶ。由此看来，TAV 改变了翻译机制使得核糖体不但可以翻译 ORF Ⅶ，而且可以翻译更下游的 ORFⅠ。

在逆转录病毒中，以移码方式从编码结构蛋白和酶的重叠。ORF 中翻译出一个融合蛋白，如抗原性结构蛋白和逆转录酶融合蛋白（gag-pol）。虽然 CaMV 中也会有重叠 ORF[40]，但 CaMV 不遵从这种机制。相反，CaMV 的 *pol* 基因在植物细胞和酵母中与 *gag* 基因是分别独立翻译的，而移码方式只是用来从 Ty 反转录转座子（retrotransposon）中翻译 pol-gag 融合蛋白[41]。

5 CaMV 基因表达调控的特点

研究表明，CaMV 的表达调控机制表现在不同水平上。35S 启动子含有一个顺式作用因子使它可以结合不同的转录激活因子达到转录水平上的调控；poly（A）加尾过程需要至少 3 种序列特征：AAUAAA 基元序列（motif）和 2 个上游序列区域。翻译同样也受几种途径控制。翻译的起始复合物（寄主和病毒共同编码）含有促进和抑制的因子，通过它们之间的互作使病毒可以在不同寄主中特异表达。这些因子在 CaMV 的复制循环过程中的具体作用方式还不清楚。

虽然 35S 启动子的适应性很强，并在体外转录翻译体系中总表现为组成型表达[9]，但 CaMV 在寄上体内复制时，不同寄上，不同组织积累的 RNA 和 DNA 种类和数量不同[42,43]，而且它的自然寄主只限于十字花科植物[33]，由此看来 CaMV 的复制似乎是由寄主控制的。

6 存在问题与展望

虽然目前对于 CaMV 的 35S 启动子的结构有了一定的了解，但对于其表达所需要的各种作用因子还不完全清楚，特别是 CaMV 和寄主专化性的机理还很不清楚，因为这种作用包含着许多寄主成分的参与。因此，这方面仍然需要进一步的研究。此外，对于35S启动子区域所包含的几个小的阅读框的作用还未研究透彻；同时对35S启动子区域的特定序列功能以及与之作用的蛋白因子关系的研究还处于初级阶段，需要继续进行大量的工作。

如果CaMV的复制表达过程研究透彻了，必将对其他DNA和RNA病毒乃至高等植物的表达调控有重要的启迪作用。尤其是对于35S启动子的每一个亚结构区域的序列作用、与其作用的蛋白因子、这些因子的活性位点氨基酸序列及其特定的高级结构和它们之间的相互作用有了充分的了解，那么人们就可以根据自己的意愿进行有目的地设计和组装高效启动子，使目前还难以在不同生物间表达的有益基因产物可在所期望的生物载体中进行高效表达。这些成就必将对农业、轻工业和医药卫生等方面的发展产生巨大的推动作用。

参考文献

[1] Hohn T, Fütterer J. Pararetroviruses and retroviruses: a comparison of expression strategies. Seminars in Virology, 1991, 2: 55-69

[2] Terada R, Shimamoto K. Expression of *CaMV35S-GUS* gene in transgenic rice plants. Mol Gen Genet, 1990, 220, 389-392

[3] Battraw MJ, Hall TC. Histochemical analysis of CaMV 35S promoter-beta-glucuronidase gene expression in transgenic rice plants. Plant Mol Biol, 1990, 15: 527-538

[4] Assad F, Signer ER. *Cauliflower mosaic virus* P35S promoter activity in *E. coli*. Molec Gen Genet, 1990, 223: 517-520

[5] Turner DS, Covey SN. A putative primer for the replication of *Cauliflower mosaic virus* by reverse transcription is virion-associated. FEBS Lett, 1984, 165, 285-289

[6] Turner DS, Covey SN. Reverse transcription products generated by defective plus-strand synthesis during *Cauliflower mosaic virus* replication. Virus Res, 1993, 28(2): 171-185

[7] Guilley H, Richards KE, Jonard G. Observations concerning the discontinuous DNAs of *Cauliflower mosaic virus*. EMBO J, 1983, 2(2): 277-282

[8] Tsuge S, Kobayashi K, Nakayashiki H, et al. Replication of *Cauliflower mosaic virus* ORF Ⅰ mutants in turnip protoplasts. Ann Phytopathol Soc Jpn, 1994, 60: 27-35

[9] Fütterer J, Hohn T. Role of an upstream open reading frame in the translation of polycistronic mRNAs in plant cells. Nucl Acids Res, 1992, 20: 3851-3857

[10] Dautel S, Guidasci T, Piqué M, et al. The full-length product of *Cauliflower mosaic virus* open reading frame Ⅲ is associated with the viral particle. Virology, 1994, 202: 1043-1045

[11] Thompson SR, Melcher U. Coat protein of *Cauliflower mosaic virus* binds to ssDNA. J Gen Virol. 1993, 74: 1141-1148

[12] Guidasci T, Mougeot JL, Lebeurier G, et al. Processing of the minor capsid protein of the *Cauliflower mosaic virus* requires a cysteine proteinase. Research in Virology, 1992, 143, 361-370

[13] Benfey PN, Chua NH. The *Cauliflower mosaic virus* 35S promoter: combinatorial regulation of transcription in plants. Science, 1990, 250: 959-966

[14] Benfey PN, Ren L, Chua NH. The CaMV 35S enhancer contains at least two domains which can confer different developmental and tissue-specific expression patterns. EMBO J, 1989, 8: 2195-2202

[15] Fang RX, Nagy F, Sivabramaniam S, et al. Multiple cis regulatory elements for maximal expression of the *Cauliflower mosaic virus* 35S promoter in transgenic plants. Plant Cell, 1989, 1: 141-50

[16] Benfey PN, Ren L, Chua NH. Tissue-specific expression from CaMV 35S enhancer subdomains in early stages of plant development. EMBO J, 1990, 9: 1677-1684

[17] Benfey PN, Ren L, Chua NH. Combinatorial and synergistic properties of CaMV 35S subdomains. EMBO J, 1990, 9: 1685-1696

[18] Odell JT, Knowlton S, Lin W, et al. Properties of an isolated transcription stimulating sequence derived from the *Cauliflower mosaic virus* 35S promoter. Plant Mol Biol, 1988, 10: 263-272

[19] Lam E, Benfey PN, Gilmartin PM, et al. Site-specific mutations alter *in vitro* factor binding and change promoter expression pattern in transgenic plants. PNAS, 1989, 86(20): 7890-7894

[20] Lam E, Chua NH. ASF-2: a factor that binds to the *Cauliflower mosaic virus* 35S promoter and a conserved GATA motif in cab promoters. Plant Cell, 1989, 1: 1147-1156

[21] Mikami K, Sakamoto A, Takase H, et al. Wheat nuclear protein HBP-1 binds to the hexameric sequence in the promoter of various plant genes. Nucleic Acids Res, 1989, 17: 9707-9717

[22] Katagiri F, Lam E, Chua NH. Two tobacco DNA-binding proteins with homology to the nuclear factor CREB. Nature, 1989, 340: 727-730

[23] Yamazaki K, Katagiri F, Imaseki H, et al. TGA1a, a tobacco DNA-binding protein, increases the rate of preinitiation complex formation in a plant *in vitro* transcription system. PNAS, 1990, 87: 7035-7039

[24] Katagiri F, Yamazaki K, Horikoshi M, et al. A plant DNA-binding protein increases the number of active preinitiation complexes in a human *in vitro* transcription system. Genes Dev, 1990, 4: 1899-1909

[25] Qin XF, Holuigue L, Horvath DM, et al. Immediate Early Transcription Activation by Salicylic Acid via the *Cauliflower mosaic virus* as-1 Element. Plant Cell, 1994, 6: 863-874

[26] Lawton MA, Tierney MA, Nakamura I, et al. Expression of a soybean β-conclycinin gene under the control of the *Cauliflower Mosaic Virus* 35S and 19S promoters in transformed petunia tissues . Plant Molecular Biology, 1987,9(4):315-324

[27] Cooke R, Penon P. *In vitro* transcription from *Cauliflower mosaic virus* promoters by a cell-free extract from tobacco cells. Plant Mol Biol, 1990, 14: 391-405

[28] Scholthof HB, Wu FC, Richins RD, et al. A naturally occurring deletion mutant of *Figwort mosaic virus* (*Caulimovirus*) is generated by RNA splicing. Virology, 1991, 184 (1): 290-298

[29] Sanfacon H, Hohn T. Proximity to the promoter inhibits recognition of *Cauliflower mosaic virus* polyadenylation signal. Natrue, 1990, 346:81-84

[30] Sanfacon H, Brodman P, Hohn T. A dissection of the *Cauliflower mosaic virus* polyadenylation signal. Genes Dev, 1991, 5: 141-149

[31] Baughman G, Howell SH. *Cauliflower mosaic virus* 35S RNA leader region inhibits translation of downstream genes. Virology, 1988, 167(1): 125-135

[32] Hay JM, Jones MC, Blackebrough ML, et al. An analysis of the sequence of an infectious clone of *Rice tungro bacilliform virus*, a plant pararetrovirus. Nucleic Acids Res, 1991, 19: 2615-2621

[33] Fütterer J, Gordon K, Pfeiffer P, et al. Differential inhibition of downstream gene expression by the *Cauliflower mosaic virus* 35S RNA leader. Virus Genes, 1989, 3: 45-55

[34] Fütterer J, Gordon K, Sanfacon H, et al. Positive and negative control of translation by the leader sequence of *Cauliflower mosaic virus* pregenomic 35S RNA. EMBO J, 1990, 9: 1697-1707

[35] Bonneville JM, Sanfacon H, Fütterer J, et al. Post-transcriptional transactivation in *Cauliflower mosaic virus*. Cell, 1989, 59: 135-1143

[36] Fütterer J, Hohn T. Translation of a polycistronic mRNA in the presence of the *Cauliflower mosaic virus* transactivator protein. EMBO J, 1991, 10: 3887-3896

[37] Baughmann GA, Jacobs JD, Howell SH. *Cauliflower mosaic virus* gene Ⅵ produces a symptomatic phenotype in transgenic tobacco plants. PNAS, 1988, 85: 733-737

[38] Takahashi H, Shimamoto K, Ehara Y. *Cauliflower mosaic virus* gene Ⅵ causes growth suppression, development of necrotic spots and expression of defense related genes in transgenic tobacco plants. Mol Gen Genet, 1989, 216: 188-194

[39] Goldberg KB, Kiernan J, Shepherd RJ. A disease syndrome associated with expression of gene Ⅵ of *Caulimoviruses* may be a nonhost reaction. Mol Plant-Microbe Interact, 1991, 4: 182-189

[40] Schultze M, Hohn T, Jiricny J. The reverse transcriptase gene of *Cauliflower mosaic virus* is translated separately from the capsid gene. EMBO J, 1990, 9: 1177-1185

[41] Wurch T, Guidasci T, Geldreich A, et al. The *Cauliflower mosaic virus* reverse transcriptase is not produced by the mechanism of ribosomal frameshifting in *Saccharomyces cerevisiae*. Virology, 1991, 180(2): 837-841

[42] Covey SN, Turner DS, Lucy AP, et al. Host regulation of the *Cauliflower mosaic virus* multiplication cycle. PNAS, 1990, 87: 1633-1637

[43] Saunders K, Lucy AP, Covey SN. Susceptibility of *Brassica* species to *Cauliflower mosaic virus* infection is related to a specific stage in the virus multiplication cycle. J Gen Virol, 1990, 71: 1641-1647

福建长汀小米椒病毒病的病原鉴定

王明霞[1]，张谷曼[1]，谢联辉[2]

（1 福建农学院园艺系，福建福州 350002；2 福建农学院植物保护系，福建福州 350002）

摘　要：1987～1988 年从小米椒的主要产地长汀县采回具有花叶、叶片斑驳、皱缩、畸形、叶脉肿大、黄化、小叶和侧枝丛生等病株的标样 189 份，经 5 科 10 种鉴别寄主的传染性试验、血压清学反应（酶联免疫吸附测试）和电子显微镜观察，鉴定出 4 种小米椒病毒病原：马铃薯 X 病毒（PVX）、马铃薯 Y 病毒（PVY）、烟草花叶病毒（TMV）和黄瓜花叶病毒（CMV），其中复合感染的样本占 42.9%，病毒病原为 PVX、PVY 2 种或 PVX、PVY、TMV 3 种病毒的复合感染，其中以 PVX、PVY、TMV 3 种病毒感染占优势，为 29.75%，是为害小米椒的主要毒源种类；单独侵染的样本 88 份，占 46.6%，其中 PVX 18.1、PVY 13.9%、TMV 9.06%、CMV 5.5%；未知病原样本 20 份占 10.6%。

关键词：小米椒；马铃薯 X 病毒；马铃薯 Y 病毒；烟草花叶病毒；黄瓜花叶病毒；病原鉴定

Identification of the pathogens of virus of pod pepper in Changting, Fujian

WANG Ming-xia[1], ZHANG Gu-man[1], XIE Lian-hui[2]

(1 Department of Horticulture, Fujian Agricultural College, Fuzhou 350002;
2 Department of Plant Protection, Fujian Agricultural College, Fuzhou 350002)

Abstract: During 1987-1988, 189 sample with mosaic, mottle, leaf distortion, crinkle, vein swelling, yellow, little leaf or witches were obtained from the major production area of pod pepper in Changting County. The 189 samples of the affected pod pepper were tested on the basis of virus infectivity test, serological reaction (Enzyme-link Immunosorbent assay) and virus particle morphology. *Potato virus X* (PVX), *Potato virus Y* (PVY), *Tobacco mosaic virus* (TMV) and *Cucumber mosaic virus* (CMV) were identified. Among the total samples , 81 samples were infected mixedly by two kinds of virus, PVX, and PVY, or three kinds of virus, PVX, PVY and TMV , with average incidence of 42.2%. Three kinds of mixed infection of PVX, PVY, TMV were predominant viruses with average incidences of 29.75%. Eight-nine samples were infected singly by PVX, PVY, TMV or CMV, 18.1% samples by PVX, 13.9% by PVY, 9.06% by TMV, 5.5% by CMV, respectively. Besides, 10.7% of samples remained unknown.

Key words: pod pepper; *Potato virus X*; *Potato virus Y*; *Tobacco mosaic virus*; *Cucumber mosaic virus*; identification of pathogens

福建农学院学报，1981，20（1）：34-40
收稿日期：1990-07-03

据国外报道辣椒病毒病有20多种，其中发生比较普遍的有马铃薯Y病毒（*Potato virus Y*，PVY）、烟草蚀纹病毒（*Tobacco etch virus*，TEV）、烟草花叶病毒（*Tobacco mosaic virus*，TMV）、黄瓜花叶病毒（*Cucumber mosaic virus*，CMV）、番茄斑萎病毒（*Tomato spotted wilt virus*，TSWV）、苜蓿花叶病毒（*Alfalfa mosaic virus*，AMV）和马铃薯X病毒（*Potato virus X*，PVX）[1,2]。美国20世纪60～70年代对辣椒病毒病做了大量研究，发生最普遍、危害最严重的为TEV和PVY[3]。我国到目前为止鉴定和分离的辣椒病毒病毒源种类有CMV、TMV，芜菁花叶病毒（*Turnip mosaic virus*，TuMV）\辣椒脉斑驳病毒（*Pepper veinal mottle virus*，PVMV）、TEV、PVX、PVY、蚕豆萎蔫病毒（*Broad bean wilt virus*，BbWV）等[4-8]。

小米椒又名朝天椒，属辣椒（*Capsicum annuum*）的1个品种，主要作为提炼辣油的原料，是我省出口创汇品种之一。其病毒危害和其他辣椒一样发病率高、损失大，严重限制了小米椒的生产和出口。据我省小米椒主要生产地长汀县统计，近年来由于病毒病引起的减产一般年份为25%，严重年份达50%，有时甚至整丘大田颗粒无收。20世纪70年代初，我省云霄、长汀两县从美国引进小米椒品种，种植面积达上万亩，开始2～3年内经济效益很好，后病毒病日趋严重，产量下降，种植面积逐年减少，1987～1988两年我们调查云霄县几乎没有种植，长汀县面积减少到2000亩左右。由此可见，小米椒病毒病在我省发生普遍且十分严重，为了探明福建省小米椒病毒病种类及毒源类型，使抗病育种具有针对性，我们从1987年开始对福建省小米椒病毒病进行了毒源类型的鉴定工作。

1 材料与方法

1.1 小米椒病毒病的调查

1987年3月至1988年7月，在长汀县城郊、南山、河田等地（共42块田地，约10亩）进行了病毒病的调查，采用5点取样法，每块田调查50株，不足100株的小块田全部调查，记载发病情况。

1.2 小米椒病毒病的样本鉴定

在调查过程中随时采集毒源样本189个，记录样本病害症状，同时冷冻保存毒源，将采回的每种样本分为2份。1份将病叶剪碎，按1：3（W/V）加入0.01mol/L pH7.2的磷酸缓冲液，研磨制备接种物，加少量600目金刚砂，用毛刷蘸取病法液分别摩擦接种2～3叶期的心叶烟（*Nicotiana glutinosa*）、普通烟（*N. tabacum*）、曼陀罗（*Datura stramonium*）、千日红（*Gomphrena globaso*）、番茄（*Lycopersium esculentum*）、黄瓜（*Cucumis sativus*）、苋色藜（*Chenopodium amaranticolor*）、昆诺藜（*Lycoprtsium esculentum*）、豇豆（*Vigmna sinensis*）、牵牛花（*Petunia* sp.）等5科10种鉴别寄主上，每种植物接种4株，培育于本院植物病毒研究的防虫网室内，定期观察记载。对上述有反应的寄主均以浸渍负染制片，在JEM 1200CX，JEM100CX型电镜下观察病毒粒体形态，并进行血清学试验（酶联免疫吸附测试，ELISA）检测病毒类型。根据所引起症状的特点，所类似的分离物归类，每类选出一个分离物作为病原鉴定的代表株。

另1份样本用于血清学测定，按1：1比例在样本中加入0.01mol/L pH7.2的磷酸缓冲液，在研钵中磨细成糨糊状，双层纱布过滤后离心15min（4000r/min）。取上清液分别与PVY、PVX、TMV、CMV抗血清进行反应，方法为ELISA间接法。上述抗血清由农业部植物检疫实验所血清室提供。

1.3 病毒提纯

接种后，选择在千日红上表现为枯斑反应的样本一分离物Ⅰ作为病原提纯的对象。从千日红上取下单斑进行了3次分离、纯化，并繁殖保存于系统感染的原寄主-长汀小米椒上。

然后从发病的小米椒上取病叶200g，植物组织冷冻，加磷酸柠檬酸盐缓冲液200mL（pH7.2，0.2mol/L），二乙醚50mL，四氯化碳50mL和巯基酸盐加到含量的0.1%，用捣碎机捣碎，3层纱布过滤，经一系列差速离心制备病毒悬浮液[9]。提纯共进行3次。

1.4 病毒粒体形态观察

将从千日红上单斑分离后提纯的病毒制剂，及在鉴别寄主上表现症状病株的新鲜病组织叶片的浸渍汁，用2%的PTA（磷钨酸）负染制备铜网，电镜观察。将一些表现典型症状的鉴别寄主及小米椒病叶，经超薄切片后，2.5%磷钨酸负染，电镜观察。

1.5 体外抗性测定（分离物Ⅰ）

纯化温度（TIP）、稀释限点（DEP）、体外存活期（LIV）的测定按常规方法进行测定植物为千日红，各设对照。每项测定用寄主植物4株，重复2次，3天后进行观察记载。

1.6 抗血清制备及效价测定

用经电镜观察及血清学测定已被确认的PVX提纯液作免疫抗原，加等量不完全Freund佐剂乳化，在家兔后腿作肌肉注射，每周1次，共4次。前2次注射量为4mL（各2mL），后2次注射量为6mL（各3mL），最后1次注射后1个月用耳静脉采血取抗血清，按琼脂免疫双扩散法和酶联免疫吸附法测定效价，以健株为对照。

2 结果与分析

2.1 症状类型及其比例

在田间小米椒的症状表现主要有前期的花叶、黄化斑驳、植株顶部叶片开始变小，后期表现4种类型：①花叶型：叶形正常或变小，叶面颜色黄绿，镶嵌斑驳，有的形成环斑和条斑坏死；②畸叶型：叶片畸形，皱缩、细长叶脉肿大；③矮化小叶型：植株明显矮化、叶片变小，侧枝丛生；④黄化型：植株整株变黄，叶片变小，叶片、花蕾较少。将所采的189份病害样本，按各种症状的份数，折算成百分比，列于表1。

表1 小米椒症状类型及其比例

症状类型	1987		1988		总数	总百分比/%
	份数	比例数/%	份数	比例数/%		
花叶型	41	46.6	36	35.6	77	40.8
畸叶型	29	33	52	51.5	81	42.9
矮化小叶型	11	12.5	9	8.9	20	10.6
黄化型	7	7.95	4	3.96	11	5.8
合计	88	100	101	100	189	100

从表1可以看出，所采的4种症状类型中，以畸叶型和花叶型为主，各占42.9%和40.8%；其次为矮化小叶类，占10.6%；黄化类较少，仅占5.8%。

2.2 病毒病发生情况

根据2年来在福建省长汀县的调查，小米椒病毒病一般从5月上旬开始发生，以后逐渐加重，到7月上中旬发病率一般为15%～17%，7月中旬到8月下旬，因气温较高，处于隐症状态，病情变化不大，9～10月份病害达到最高峰，病株率达31%。这是因为前期高温下病毒增殖量大，病情急剧增加的结果。

连作地发病比轮作地重。据我们调查，连作地发病率为37%，病情指数为29.1；轮作地发病率为28%，病情指数为20.8。小米椒田周围种植烤烟的比种其他非茄科作物的重。周围种植烤烟的，发病率为36%，病指为30.2，而周围种其他非茄科作物的发病率为23.4%，病情指数为15.61。

从总的情况看，小米椒生产田发病率不一致，重病地有的高达80%以上，轻病地则在10%以下，一般发病率为20%～35%。

2.3 生物学鉴定结果

根据所采到的189份病害标样在鉴别寄主上的反应列为7类情况（表2）。

2.4 血清学鉴定结果

根据189份样本的血清学（ELISA反应间接法），列于表3。

2.5 体外抗性测定结果

分离物Ⅰ（PVX）的病叶粗提液常规的物理三属性测定结果为TIP 75℃，DEP 10^{-6}～10^{-5}，LIV 14d（在室温下平均约25℃左右）。

2.6 抗体制备及抗血清效价测定

以分离物Ⅰ的病叶提纯液为抗原，经家兔免疫，得到相应的抗血清，并测定其效价。ELISA测得效价为1∶4000，琼脂双扩散法测得效价为1∶80。

表 2　小米椒病毒各类及其寄主反应

反应类型	寄主反应										病毒形态
	心叶烟 *NG*	普通烟 *NT*	曼陀罗 *DS*	千日红 *GG*	番茄 *LE*	黄瓜 *CS*	苋色藜 *CA*	昆诺藜 *CG*	豇豆 *VS*	牵牛花 *PS*	
Ⅰ	SM	SM	SM	LN	SM	O	LN	O	O	O	FR
Ⅱ	SM1	SM1	O	O	SM	O	LN	LN	O	VG	FR
Ⅲ	LN	SM/LN	LN	O	SM	O	LN	O	LR	O	R
Ⅳ	SM	SM	SM	SM	SM	SM	O	O	LN	SM	Sp
Ⅴ	SM	SM	SM	LN	SM	O	LN	LN	O	VG	TFR
Ⅵ	SM	SM/LN	SM/LN	SM/LN	DL	SM	LN	O	O	O	FR，R
Ⅶ	O	O	O	O	O	O	O	O	O	O	U

NG：*N. glutinosa*，NT：*N. tabacum*，DS：*D. stramonium*，GG：*G. globosa*，LE：*L. esculentum*，CS：*C. satvus*，CA：*C. amarantlcolor*，CG：*C. quinoa*，VS：*V. sinensis*，PS：*Petunia* sp. SM：花叶；SM1：斑驳；LN：枯斑；VG：叶脉浓绿；LR：局部小红点；DL：畸形/皱缩；O：未反应；FR：线状；R：杆状；Sp：球状；TFR：两种线状；U：未知

表 3　小米椒病毒种类及抗血清反应

病毒种类	血清学反应				总数	百分比/%
	1987 夏		1988 夏			
	样本/%		样本/%			
PVX	17	19.30	17	16.80	34	17.99
PVY	15	17.05	11	10.89	26	13.76
TMV	9	10.23	8	7.92	17	8.99
CMV	7	7.95	4	3.96	11	5.82
PVX+PVY	8	9.09	16	15.84	24	12.70
PVX+PVY+TMV	21	23.86	36	35.64	57	30.20
未知	11	12.50	9	8.90	20	10.60
合计	88	100	101	100	189	100

2.7　病毒病原鉴定结果

189 个样本分为 6 种类型和 1 种未知类型。

第Ⅰ类：单一侵染型病株，即病株为一种病毒侵染。从小米椒系统花叶、斑驳上得到的分离物Ⅰ，在鉴别寄主千日红上表现局部枯斑（图 1A），曼陀罗上产生花叶斑驳，系统感染的小米椒叶片提纯的抗原，在电镜下观察，病毒粒体为软线状，长宽约 550nm×13nm（图 1B），超薄切片可清晰看到细胞内的线状病毒，与 PVX 抗血清在 ELISA 试验中呈阳性反应。根据上述性状，该类型被鉴定为马铃薯 X 病毒，占样本总数的 18.1%，是危害小米椒的主要毒源之一。

第Ⅱ类：单一侵染型病株小米椒上表现严重斑驳（图 1C），鉴别寄主曼陀罗上不感病，苋色藜、昆诺藜上产生局部病斑，牵牛花上出现叶脉浓绿症状用浸出负染法制片，电镜下观察，病毒粒体为软线条状，长宽约（730～790）nm×13nm（图 1D），超薄切片可看到细胞内线状病毒，与 PVX 抗血清在 ELISA 试验中呈阳性反应根据上述特点该类型属于马铃薯 Y 病毒，占样本总数的 13.9%。

第Ⅲ类：单一侵染型病株，小米椒上表现为叶片变小，褪绿成黄色斑驳，叶片顶部呈鼠尾状鉴别寄主心叶烟、苋色藜、曼陀罗上产生枯斑，普通烟上产生花叶，黄瓜上无症状浸出负染制片，电镜观察，病毒粒体直杆状，长约 280～300nm。与 TMV 抗血清呈阳性反应。根据上述性状，该类型属于烟草花叶病毒，占样本总数的 9.6%。

第Ⅳ类：单一侵染型病株，小米椒上表现为黄化，即叶片变小、黄化，在鉴别寄主心叶烟、普通

烟和番茄上产生花叶，在苋色藜和豇豆上产生枯斑症状9（图1E），与TMV抗血清在试验中呈阳性反应，小米椒病叶超薄切片，电镜观察，病毒粒体球状，直径约28nm。根据上述症状，该类型属于黄瓜花叶病毒，占样本总数的5.5%。

第Ⅴ类：复合侵染型病株，小米椒病株叶片表现严重斑驳、皱缩、畸形等症状接种千日红、昆诺黎均出现枯斑，经电镜观察和血清学鉴定为PVX和PVY。此类病株是由马铃薯X病毒和马铃薯Y病毒混合感染，占样本总数的12.47%。

第Ⅵ类：复合侵染型病株，小米椒上表现为叶片畸形、脉肿、线叶、斑驳等（图1F），接种千日红、苋色藜、昆诺黎均出现枯斑，从这些枯斑中得到的分离物，经电镜观察和血清学鉴定分别为马铃薯X病毒、马铃薯Y病毒和烟草花叶病毒。此类病株是由PVX、PVY和TMV混合感染所致，占样本总数的29.75%，是危害小米椒的主要病毒病原之一，复合侵染加重了对寄主的危害。

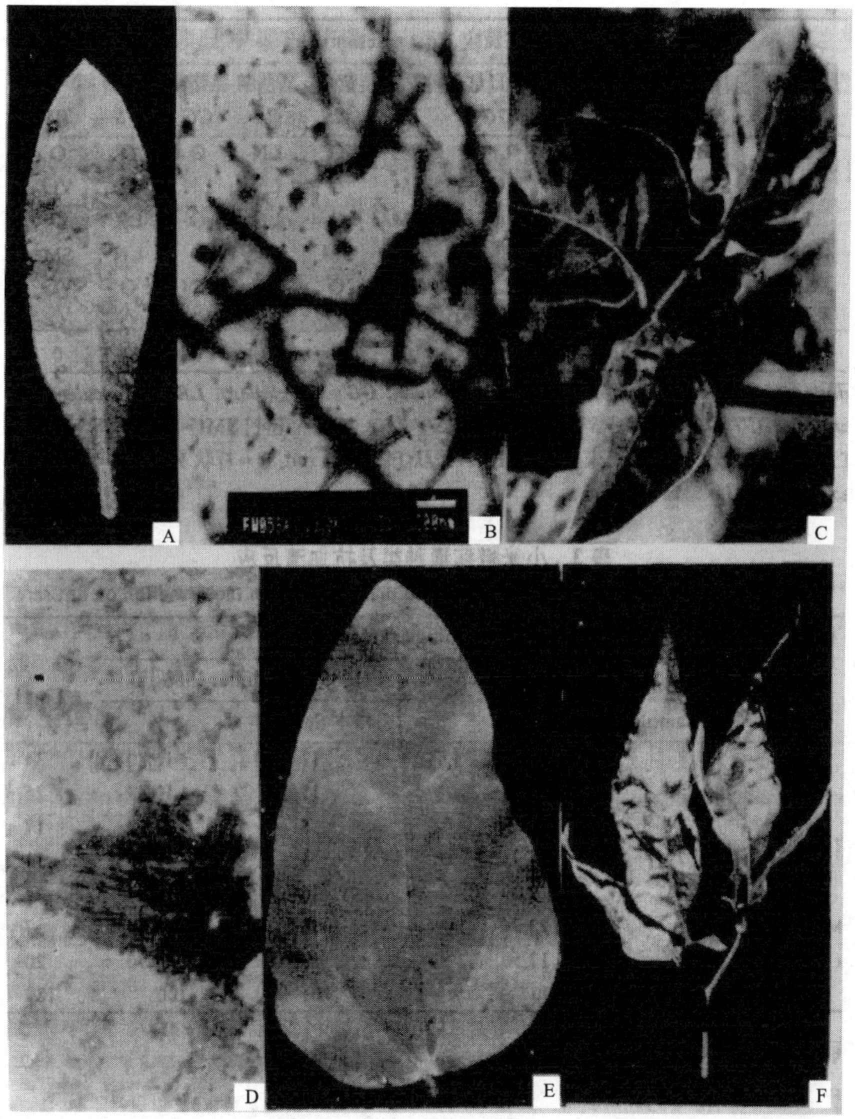

图1 福建小米椒病毒病原

A. 千日红局部枯斑；B. 小米椒病叶提纯，示PVX粒体；C. 小米椒病叶PVY侵染，严重斑驳；D. 苋色藜枯斑叶片，示PVY粒体×60 000；E. 豇豆局部小红点；F. 小米椒病叶畸形，脉肿，由PVX+PVY+TMV侵染

第Ⅶ类：有些小米椒的症状表现为植株严重矮化，叶片明显变小，侧枝丛生，即前述的小叶型。将此病株叶片榨出液摩擦接种于千日红、苋色藜、番茄、虹豆等鉴别寄主上未获成功，病原未知这类病株占样本的10.7%。

3 讨论

通过2年来的调查研分，我们发现，PVX、PVY和TMV 3种病毒及PVX+PVY 2种病毒的复合感染是危害小米椒的主要类型，两者占样本总数的42.9%，复合侵染使病害的症状表现更为严重，如叶片畸形、扭曲、线叶、脉肿等几种病毒感染目前似有增加的趋势，我们分析可能有几种原因：①小米椒品种单一；②土壤连作；③小米椒田周围种植大量烤烟，而烤烟受多种病毒侵染，增加了初侵染源，这些都增加了复合侵染的可能性。复合侵染是个值得注意的动向，它往往加重了对寄主的危害，使产量损失更大。

从目前国内外辣椒的研究资料看，由PVX侵染辣椒的正式报导很少，而我省长汀县种植的小米椒上为什么分离到相对多的PVX呢？这是个值得探讨的问题。据国外报道辣椒田周围的烟和番茄都能作为初侵染源传播PVX到辣椒上[10]，福建栽培的烟草和番茄已分离到PVX[11,12]。而长汀县正是烟区，小米椒田周围也有种植番茄的，也许这是原因之一。

马铃茄X病毒是危害小米椒的主要病原，单独侵染的病株占18.1%，复合侵染中也都存在着PVX，因此，我省小米椒的抗病毒育种应主要针对PVX。

参考文献

[1] Rogozzino A. Pathogenic viruses on pepper in CampaniaⅡ. Cucumber mosaic virus; *Alfalfa mosaic virus*; *Broad bean vascular wilt virus*; mixed infection. Rivista Della Orto Florafruticostura Intaliano, 1983, 67(1): 35-53

[2] Milbrath GM, Cook AA. The occurrence of *Pepper vein mottle virus* on *Chilli* in India. Mysere J Agri Sci, 1971, 13(4): 445-448

[3] Benner CP. Identification and incidence of pepper viruses in Northestern Gerogia. Plant Disease, 1985, 69(110): 999-1001

[4] 李兴红，曹寿先. 引起辣椒花叶、枯顶的一个病毒分离物的鉴定. 植物病理学报，1988，18(3)：143-148

[5] 房德纯，韦石泉，王振东. 辣椒的烟草蚀纹病毒(TEV)鉴定初报. 微生物学杂志，1986，6(4)：32-34

[6] 刘富春，罗锡英，欧阳本友. 辣椒病毒病毒源类型鉴定. 湖南农业科学，1985，1：28-30

[7] 何显志，高乔婉，骆学海等. 广州郊区辣椒花叶病病原病毒鉴定. 华南农学院学报，1982，3(3)：73-86

[8] 黄丽华. 长沙郊区辣椒病毒病毒源类型的初步鉴定. 湖南农学院学报，1982，4：62-68

[9] 方中达. 植病研究方法. 北京：农业出版社，1979，268

[10] Bassert MJ. Breeding vegetable crops. Westport: AVI Publishing Co. Inc., 1986, 67-134

[11] 林奇英，谢联辉. 福建番茄病毒病的病原鉴定. 武夷科学，1986，6：275-278

[12] 谢联辉，林奇英，曾鸣棋等. 福建烟草病毒病原鉴定初报. 福建农学院学报，1985，14(2)：116

西番莲死顶病病原病毒鉴定*

徐平东[1,2]，李　梅[1]，林奇英[2]，谢联辉[2]

（1 厦门华侨亚热带植物引种园国家植物引种隔离检疫基地，福建厦门　361002；
2 福建农业大学植物病毒研究所，福建福州　350002）

摘　要：鉴定结果表明，引起福建南部地区杂交种西番莲（*Passiflora coerulera* ×*P. edults* var. *flavicarpa*）死顶的病原病毒为黄瓜花叶病毒（*Cucmber mosaic cucumovirus*，CMV）的一个分离物。该分离物能通过摩擦接种侵染供试 13 科 33 种（或品种）植物中的 11 科 54 种（或品种）；能够由桃蚜（*Myzus perstcae*）以非持久方式传播；失毒温度为 50～55℃。稀释终点为 10^{-4}～10^{-3}，体外存活期为 2～3d。提纯病毒粒体球状，直径为 24～26nm。外壳蛋白亚基由条多肽链组成，分子量约为 27kD。从受侵染植物组织中提取 dsRNA，电泳鉴定结果表明，该病毒 PE2 的核酸由 5 个组分组成，即含有卫星 RNA。用该分离物提纯物制备的抗血清，经琼脂双扩散测定效价为 1∶256。该分离物与 CMV 抗血清具密切的血清学关系，而与西番莲木质化病毒（PF-WV），紫果西番莲花叶病毒（GMV）、西番莲黄花叶病毒（PFYMV）及烟草花叶毒病（TMV）等 4 种病毒的抗血清无血清学关系。

关键词：西番莲；死顶；黄瓜花叶病毒

中图法分类号：S436

Etiological identification of tip necrosis disease in passionfruit

XU Ping-dong[1,2]，LI Mei[1]，LIN Qi-ying[2]，XIE Lian-hui[2]

（1 National Plant Introduction Quarantine Base，Xiamen Overseas Chinese Subtropical Plant Introduction Garden，Xiamen　361002；
2 Institute of Plant Virology，Fujian Agricultural University，Fuzhou　350002）

Abstract：One virus isolate obtained from the tip necrosis disease in Possum Purple passionfruit（*Passiflora coerulera* ×*P. edults* var. *flazhcarpa*）growing in South Fujian，China，was identified as cucumber mosaic virus（CMV）on the basis of biological properties，particle morphology and serology of the virus isolate. The virus isolate infected 59 species（or varieties）of 11 families from 63 species（or varieties）of 13 families and was transmitted *Myzus persicae* in a non-persistent manner. The thermal inactivation point for the virus isolate was 50-55℃，the dilution end point 1∶（10^{-4}-10^{-3}），and the longevity in vitro 2-3 days. The electron microscopic exa-

热带作物学报，1997，18（2）：77-84
收稿日期：1996-11-06
* 基金项目：福建省自然科学基金资助项目

mination of the purified virus preparation showed isometric particles of about 24-26nm in diameter. The subunit of the coat protein was measured by SDS-PAGE and the molecular weight was about 27kD. The double-stranded RNA analysis indicated that the virus isolate had five RNA components. The antiserum obtained had a homologous titer of 1∶256 in gel diffusion tests. The virus isolate produced positive reaction to CMV antiserum and negative reaction to antisera of passionfruit woodiness virus (PFW V), *Granadilla mosaic virus* (GMV), *Passionfruit yellow mosaic virus* (PFYMV), and *Tobacco mosaic virus* (TMV) in protein A Sandwich ELISA (PAS-E L ISA).

Key words: *Passiflora edulis*; tip necrosis; *Cucumber mosaic virus*

西番莲（*Passiflora coerulera*）是一种分布广泛的多年生热带、亚热带水果。近年来，在我国大陆的发展十分迅速，被列为我国南部地区开发的一种重要水果。但是，在西番莲生产中，严重受到病毒及类似病毒病害的危害[1]；其中分布最广、危害最重的有：西番莲木质化病毒（*Passion fruit woodiness potyvirus*，PFWV）和黄瓜花叶病毒（*Cucumber mosaic cucumovirus*，CMV）。PFWV 和 CMV 均可导致西番莲花叶、环斑花叶和果实木质化等症状[1]。在澳大利亚还发现 PFWV 引起西番莲死顶症状[2]。作者在调查福建西番莲病毒病发生情况时，从福建南部地区种植的杂交种西番莲（*Passiflora coerulera*×*P. edulzs* var. *flavicarpa*）采集到引起死顶症状的一个病毒分离物。本文报道对该分离物的分离鉴定结果。

1 材料与方法

1.1 毒源及其纯化

1991-12 自福建省热带作物研究所种植的台农 1 号杂交种西番莲（*Passiflora coerulera* × *P. edulis* var. *flavicarpa*）表现死顶症状（图1A）的病株分离到一个病毒分离物 PE2，经苋色藜（*Chenopodium amaranticolor*）5 次单斑分离，单斑接种到普通烟草（*Nicotiana tadacum* Havana 38）上，待出现症状后回接紫果西番莲（*P. edulis*)、杂交种西番莲均表现死顶症状。在普通烟草上繁殖，置于隔离检疫温室内，供试验用。

1.2 寄主范围测定

感病普通烟病叶，按 1/20～1/10（W/V）比例，加入 0.025mol/L PB（含 0.02mol/L Na-DIECA，pH7.2）研磨，汁液摩擦接种 13 科 63 种（或品种）植物，置于隔离检疫温室内（20～24℃）观察记载症状表现。每种供试植物接种 3～5 株，观察 1 个月，不表现症状的回接苋色藜。测定重复 3 次。

1.3 蚜传试验

人工饲养无毒桃蚜（*Myzus perstcae*）若虫饥饿 2～3h，在普通烟病叶上饲毒 5min，再转到紫果西番莲和龙珠果（*P. foetida*）健株上，每株接种 10 头 24h 后喷施乐呆杀死蚜虫。以无毒蚜处理作对照。

1.4 病毒物理性质测定

按常规方法测定失：毒温度、稀释终点、体外存活期。毒源材料为普通烟系统显症叶片，测定寄主植物为苋色藜。同定重复 3 次。

1.5 病毒提纯、紫外吸收及电镜观察

初提纯参考 Lot 等的方法[3]，并作适当修改。进一步提纯，采用 10%～40%蔗糖梯度离心。采集接种两周的普通烟病叶，100g 叶组织加 100mL 0.5mol/L 柠檬酸缓冲液（含 5mmol/L Na_2EDTA 和 0.5% 巯基乙醇，pH6.5），低温捣碎、匀浆，加 100mL 氯仿搅拌 30 s。低速离心（12 000*g*，10min），取水相，加 10%（W/V）PEG（MW∶6000）和 0.1mol/L NaCl 在 0 ～ 40℃ 下搅拌 40min，低速离心 12 000*g*，10min，沉淀加 50mL 5mmol/L 硼酸缓冲液（含 0.5mmol/LNa_2EDTA 和 2% Triton X -100，pH9.0）悬浮，0～4℃下搅拌 30min。悬液低速离心（16 000*g*，15min），上清液经 20% 蔗糖垫离心（Hitachi P42A 转头，40 000r/min，1.5h）。沉淀加 2mL 5mmol/L硼酸缓

冲液（含 0.5mmol/L Na_2EDTA，pH9.0）悬浮。悬液经 10%～40% 蔗糖梯度离心（Hitachi RPS40T 转头，25 000r/min，2h），收集乳白色病毒带，超离心脱糖，沉淀用少量 0.01mol/L PB（pH7.0）悬浮，即为病毒提纯液。提纯病毒用 Beckman DU8 型紫外/可见光分光光度计在 220～320nm 波长范围内进行扫描，检测病毒的紫外吸收。蘸取提纯病毒悬液的铜网经 2%醋酸铀染色后，JEM-100CX Ⅱ 型透射电镜观察病毒粒体形态。

1.6 病毒外壳蛋白分子质量测定

采用浓缩胶浓度为 5%、分离胶浓度为 15%的不连 SDS-聚丙烯酰胺凝胶电泳（SDS-PAGE）方法。标准蛋白为中科院上海生物化学研究所东风生化试剂厂产品，分子质量为磷酸化酶 B（94kD），牛血清白蛋白（67kD），肌动蛋白（13kD），碳酸酐酶（30kD）和烟草花叶病毒外壳蛋白(17.5kD)。样品处理及电泳：将提纯病毒和标准蛋白分别与等体积的样品缓冲液（1mol/L Tris，pH6.8，0.625mL；甘油 1.0mL；0.2%溴酚蓝 0.20mL；0.2mol/L EDTA 150μL；去离子水 6.65mL；巯基乙醇 0.40mL；20%SDS 1.00mL)混匀，煮沸 3～4min，离心 2min，上样，15 mA 稳流电泳，当溴酚蓝移至胶底边约1cm时，停止电泳，考马斯亮蓝 R-250 染色。

1.7 血清学试验

抗血清制备：用经 0.2%甲醛固定的提纯病毒作抗原，对 2.5kg 雄性家兔进行 2 次肌肉或皮下注射，1 次静脉注射。肌肉或皮下注射，每次病毒量为 1mg，第 1 次加等体积的完全福氏佐剂，第 2 次加不完全福氏佐剂。静脉注射病毒量为 2mg。第 1 次和第 2 次皮下或肌肉注射间隔 1 周。第 2 次皮下或肌肉注射 2 周后进行静脉注射。末次注射 1 周后采血，以琼脂双扩散方法测定其效价。

琼脂双扩散试验：按常规方法进行。

A 蛋白夹心 ELISA（PAS-ELISA）测定：PAS-ELISA 按 Edwards 和 Cooper（1985）的方法[4]。烟草花叶病毒（TMV）抗血清由农业部植检实验所张成良研究员惠赠；PFWV 抗血清由台湾中兴大学叶锡东教授惠赠；紫果西番莲花叶病毒（GMV）、西番莲黄花叶病毒（PFYMV）抗血清由巴西利亚大学 Kitajima 教授惠赠；CMV 抗血清由作者制备。A 蛋白及辣根过氧化酶标记的 A 蛋白为上海科欣生物技术研究所产品。包被用 A 蛋白浓度为 5μg/mL，酶标 A 蛋白稀释 40～60 倍。DG-3022A 型酶联免疫检测仪波长 450nm 检测。

1.8 感染组织中病毒 dsRNA 提取

参照 Valverde 等的方法[5]并略加修改。采集接种 7～10d 的普通烟（cv. Xanthi-NC）病叶 5g，加 10mL 2×STE（0.2mol/L NaCl，10mmol/L Tris，2mmol/L Na_2EDTA，pH6.8），1mL10% SDS，0.1mL 巯基乙醇，10mL 水饱和酚，10mL 氯仿/异戊醇（21∶1），混合后温和振荡 30min，7000r/min，离心 15min. 上清液用乙醇调至含量为 16%，注入经含 16 %乙醇的 1×STE 平衡过的纤维素（CF-11，2.5g）柱中，用 120mL 含 16%乙醇的 1×STE 洗柱，弃去洗脱液，再用不含乙醇的 1×STE 洗脱，弃去最初的2～3mL洗脱液，收集随后的 10～15mL 洗脱液，加 25～30mL 无水乙醇，0.5mL 3.0mol/L 乙酸钠（pH5.0）置 －20℃ 3h或过夜，10 000r/min 离心 30min，沉淀自然干燥，用 150～200μL 样品缓冲液（2×TAE，含 20%甘油和 0.01 溴酚蓝）。1.0%琼脂糖平板电泳，电泳缓冲液为 1×TAE（10mmol/L Tris，20mmol/L NaAc 1mmol/L EDTA，pH7.8），60V，3h。健康叶片同步处理作对照，以 DNA/*Hin*d Ⅲ作标准分子量参照。

2 结果

2.1 病毒的寄主范围

摩擦接种 13 科 63 种（或品种）植物，分离物 PE2 能侵染西番莲科、葵科、茄科、葫芦科、豆科、夹竹桃科、苋科、菊科、番杏科、胡麻科、唇形科等 11 科的 54 种（或品种）植物（表 1）。分离物 PE2 在心叶烟及西番莲科的多种植物上产生死顶症状（图 1B～F）。

表 1　分离物 PE2 的寄生范围及症状反应

供试植物	寄主反应		供试植物	寄主反应	
	局部	系统		局部	系统
苋色藜（*Chenopodtum amaranticolor*）	NLL	—	金鱼草（*Anlirrhinum mayus*）	—	—
昆诺藜（*C. quinoa*）	NLL	—	蚕豆（*Victa faba*）	—	—
灰藜（*C. album*）	NLL	—	豌豆（*Pisum saticum*）		
墙藜（*C. morale*）	NLL	—	cv. green-foast	NLL	—
甜菜（*Deta vulgaris*）	—	M	豇豆（*Vigna unguiculata*）		
紫果西番莲（*Passiflora edulis*）	—	TN	cv. Black eye	NLL	—
黄果西番莲（*P. edulis* var. *flavicarpa*）	—	TN，Y，M，Mal	cv. 黑种二尺	NLL	—
杂交种西番莲（*Passiflora coerulera* × *P. edults* var. *flavicarpa*）	—	TN，M，Mal	cv. 长泰豇豆	NLL	—
龙珠果（*P. foetida*）	CLL	TN，M	大豆（*Glycine max*）		
大果西番莲（*P. quadragularis*）	—	TN	cv. 诱变 33	CLL	—
毛西番莲（*P. mollissima*）	—	TN	菜豆（*Phaseolus vulgaris*）		
转心莲（*P. caerulea*）	CLL	TN，M	cv. Bountiful	—	—
心叶烟（*Nicotiana glutinosa*）	CLL	TN，M	cv. Top crop	—	—
普通烟（*N. tobacum*）			长序菜豆（*P. lathyroides*）	—	—
cv. Havana 38	—	M	绿豆（*Vigna radiata*）		
cv. Samsum-NN	—	M	cv. M7A	NLL	—
cv. Turkish	—	M	望江南（*Cassia occidenalalis*）	NLL	—
cv，white Burley	—	M	决明（*C. lora*）	—	—
cv Xanthi-*NC*	—	M	深红三叶草（*Triforltum incarnalum*）	—	—
cv. 黄苗榆	—	M	黄瓜（*Cucumis salivus*）		
cv. 亮黄烟	—	M	cv. 长青黄瓜	CLL	M
本氏烟（*N. benthamiana*）	—	TN，S，D	cv. 二青黄瓜	CLL	M，D
德氏烟（*N. debneyt*）	CLL	M	西葫芦（*cucurbila pepo*）	CLL	M，S，D
克氏烟（*N. clevelandu*）	—	M，S，Mal，D	笋瓜（*Cucurbila maxima*）		
黄花烟（*N. ruslica*）	CLL	M，D	cv. Buffer cup	—	M，S，D
假酸浆（*Nicandra physalotdes*）	CLL	M，Mal	丝瓜（*Luffa cylindrica*）	CLL	D
曼陀萝（*Dalura stramomum*）	—	M	胶苦瓜（*Momordicabalsamina*）	NLL	D
番茄（*Lycopersicon esculentum*）			大白菜（*Brasstca campestris ssp. pehnensis*）cv. 夏洋白菜	—	—
cv. Momor	—	LN，S	千日红（*Comphrena globosa*）	NLL	M，Mal
cv. 苹果青番茄	—	LN，S	老枪谷（*Amaranthus caudalus*）	—	—
cv. 直房丛生番茄	—	LN	莴苴（*Lactuca sativa*）	—	M，Mal
辣椒（*Capsicum frulescens*）	—	M，Mal	百日菊（*Zinnia elegans*）	—	M
大椒（*C. annum*）	—	M，Mal	番杏（*Tetragonia expansa*）	CLL	—
洋酸浆（*Physalis flordana*）	—	M	长春花（*Calharanlhuusroseus*）	—	M
矮牵牛（*Peluma hybrida*）	—	M	白芝麻（*Sesamum indicum*）	—	D
龙葵（*Solanum ntgrum*）	—	M	罗勒（*Ocimum basilicum*）	—	M，Mal，D

CLL. 局部退绿斑；D. 全株死亡；LN. 叶片变窄；M. 花叶；Mal. 畸形；mM. 轻症花叶；NLL. 局部坏死斑；RS. 环斑；S. 矮化；TN. 顶枯（死顶）；VN. 叶脉坏死；Y. 黄化；+. 隐症侵染；-. 不侵染

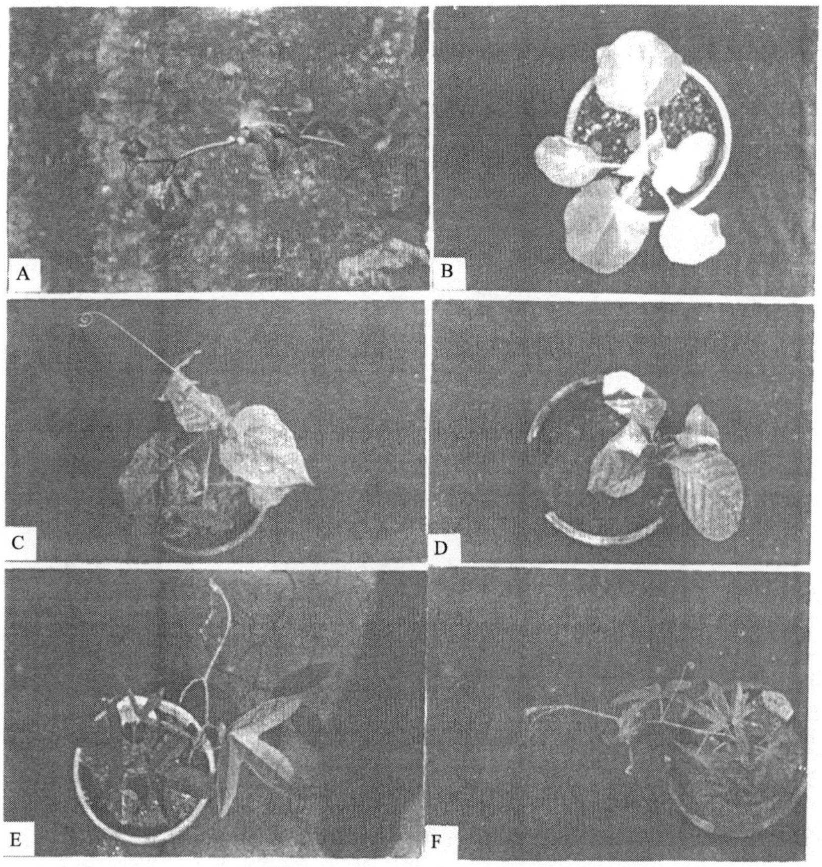

图 1 西番莲病毒病的症状表现

A. 杂交种西番莲的田间死顶症状；B. 心叶烟的死顶症状；C. 龙珠果的死顶症状；D. 大果西番莲的死顶症状；E. 毛番莲的死顶症状；F. 转心莲的死顶症状

2.2 蚜传试验结果

分离物 PE2 能通过桃蚜以非持久方式传播(表 2)。

表 2 桃蚜传毒试验结果

毒源植物	试验植物	病毒分离物	对照
普通烟	紫果西番莲	6/10	0/10
普通烟	龙珠果	8/10	0/10

注：①饲毒时间为 5min；②传毒时间为 2.4h；③接种植物为 10 株。每株 10 头蚜虫；④表中数值表示发病株数/接种株数

2.3 物理性质测定结果

分离物 PE2 的失毒温度为 50～55℃，稀释终点为 10^{-4}～10^{-3}，体外存活期为 2～3d。

2.4 病毒提纯、粒体

经 PEG 沉淀、蔗糖垫离心、蔗糖梯度离心，获得较为纯化的病毒。提纯病毒用 BeckmanDU8 型紫外/可见光分光光度计进行扫描呈典型的核蛋白吸收曲线。最低吸收在 296nm，最高吸收在 257nm。$A_{260}/A_{280}=1.72$，与文献报道的 CMV A_{260}/A_{280} 平均 1.70 相近。该提纯方法病毒产量约为 783mg/kg 鲜叶组织，提纯病毒在 JEM-100CX Ⅱ型透射电镜下观察，粒体球状，直径约 24～26nm (图 2)。

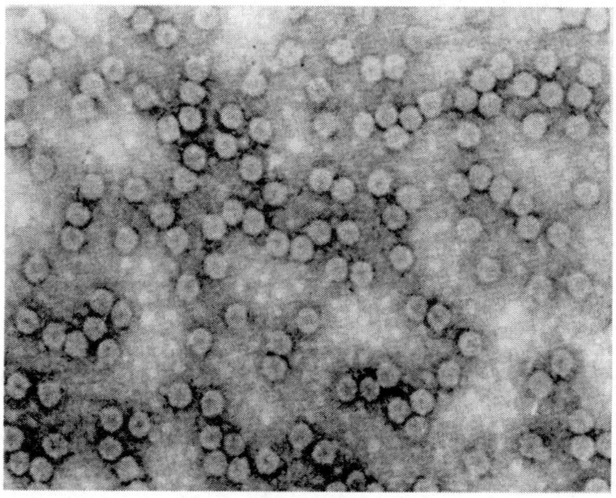

图 2 2%醋酸铀染色的提纯病毒 (15 000×)

2.5 病毒外壳蛋白亚基分子质量测定

经 SDS-PAGF 测定，分离物 PE2 外壳蛋白为单一组分，由标准分子质量推算病毒外壳蛋白亚基分子质量约为 27kD。

2.6 血清学关系测定结果

抗血清效价测定：用分离物 PE2 提纯物免疫家兔制备的抗血清，经琼脂双扩散测定，效价1：256。

血清学关系：在 PAS-ELISA 测定中，分离物 PE2 与 CMV 抗血清显阳性反应；而与 TMV、PFWV、GMV、PFYMV 等 4 种病毒的抗血清显阴性反应（表 3）。

表 3　分离物 PE2 的 PAS-ELISA 测定结果（A_{450}）

试验次数	抗原[b]	抗血清[a]				
		CMV	TMV	PFWV	GMV	PFYMV
	healthy	0.00	0.00	0.00	0.01	0.01
	passionfruit	0.00	0.00	0.00	0.00	0.00
2	buffer	0.85	0.00	0.01	0.01	0.00
	PE2（tobacco）healthy tobacco	0.00	0.00	0.00	0.01	0.01
	buffer	0.00	0.00	0.00	0.00	0.00

a. 6 种抗血清作一抗时均稀释 5000 倍，作二抗时均稀释 1000 倍；b. 抗原稀释 20 倍（稀释液为 PBS，含 0.05%Tween-20，2%PVP，PH7.4）

在琼脂双扩散试验中，分离物 PE2 和 CMV-Fuy（由农业部植物检疫实验所张成良、张作芳研究员提供）与 PE2 抗血清及 CMV-Fuy 抗血清（作者制备）均形成清晰的沉淀带。

2.7 感染组织中病毒 dsRNA

病组织中提取到的 dsRNA 经电泳检测具 5 条 dsRNA 带，而在健康普通烟叶对照中则无任何 dsRNA 带。说明分离物 PE2 的核酸含有 5 个组分，即含有卫星 RNA。

3 讨论

根据病毒生物学特性、粒体形态和血清学性质，分离物 PE2 被鉴定为 CMV 的一个分离物。关于 CMV 自然侵染西番莲，在国内外均有报道[7]。但是报道的症状类型主要是花叶、环斑花叶和果实木质化[7,8]。在澳大利亚的昆士兰中部发现一个 PFWV 株系导致紫果西番莲死顶且植株严重矮化不结果[8]。Pares 等在澳大利亚的新南威尔士栽培的接种过弱毒 PFWV 的紫果西番莲严重死顶，并从病株分离到一个 CMV 分离物，他们推测死顶症状由 CMV 引起[9]。我们在田间发现死顶病株中也有果实木质化症状，但不严重。我们从田间采集病株进行分离鉴定时，没能从病株分离到 PFWV，同时我们通过回接紫果西番莲、杂交种西番莲在温室条件下（20～24℃），该分离物仍然导致死顶症状。并且从测定寄主范围时发现该分离物能使多种寄主植物产生死顶或全株死亡（表 1，图 1B～F）。所以可以确定西番莲死顶症状由该分离物引起。从感染该分离物的普通烟组织中提取 dsRNA 分析结果表明，该分离物 PE2 的核酸包含 5 个组分，即存在卫星 RNA。由 CMV 卫星 RNA 引起植物的坏死，已有报道在番茄等植物上发生[10]；但由卫星 RNA 引起西番莲死顶尚未报道。

参考文献

[1] Kitajima EW, Chegas CM, Crestani OA. Virus and mycoplasma associated diseases of passion fruit in Brazil. Fit-Opatol Bras, 1986, 11: 409-932

[2] Creber RS. *Passion fruit woodiness virus as* the cause of passion vine blight disease. Qd J Agric Anim Sei, 1966, 23: 533-538

[3] Lot H, Marrow I, Quiot JB. Contribution a pectude du virus de la mosaique du concomre (CMV). Ⅱ. Methode de purification rapide du virus. Ann Phytopathol, 1972, 4: 25-38

[4] Edwards ML, Cooper JI. Plant virus detection using a new form of indirection ELISA. J Virol Methods, 1985, 11: 309-319

[5] Valverde RA, Nameth ST, Jordan KL. Analvsts of double-stranded RNA for plant virus diagnosis. Plant Disease, 1990, 74: 255-258

[6] Francki RBI, Mossop DW, Hatta T. *Cucumber mosaic virus*.

In: CMI/AAB descriptions of plant viruses. 1979, 213

[7] Taylor RH, Kimble KA. Two unrelated viruses which causes woodiness of passion fruit (*Passiflora edulis* Sims.). Aust J Agric Res, 1964, 15: 560-570

[8] 徐平东，柯冲. 福建省西番莲病毒病的发生及其病原鉴定. 福建省农科院学报，1990，5(2)：47-55

[9] Pares RD, Martin AB, Fitzell RD. Virus induced tip necrosis of passinfruit (*Passaflora edulas* Sims.). Australia Plant Pathology, 1985, 19: 76-78

[10] Kaper JM, Waterworth HE. *Cucumber mosaic virus* associated RNA5: causal agent for tomato necrosis. Science, 1977, 196: 429-931

RT-PCR检测南方菜豆花叶病毒*

李尉民[1]，HULL Roger[2]，张成良[1]，谢联辉[3]

（1 农业部植物检疫实验所，北京 100029；2 John Innes Centre，Norwich Research Park，Norwich NR4 7UH，UK；3 福建农业大学植物病毒研究所，福建福州 350002）

摘　要：根据南方菜豆花叶病毒（SBMV）两株系B和C的核酸序列设计两对引物，利用RT-PCR可以特异地区分纯化的和0.2g病叶中的两株系，RT-PCR检测SBMV-B的灵敏度为10pg。

关键词：南方菜豆花叶病毒；检测

Detection of *Southern bean mosaic virus*（SBMV）by RT-PCR

LI Wei-min[1]，HULL Roger[2]，ZHANG Cheng-liang[1]，XIE Lian-hui[3]

（1 Institute of Plant Quarantine，Ministry of Agriculture，Beijing　100029；2 John Innes Centre，Norwich Research Park，Norwich NR4 7UH，UK；3 Institute of Plant Virology，Fujian Agricultural University，Fuzhou　350002）

Abstract：According to the nucleotide sequences of *Southern bean mosaic virus*（SBMV），two pairs of primers were designed. Strain B and strain C of SBMV extracted from 0.2g infected leaves could be differentiated by RT-PCR. The sensitivity of RT-PCR for detecting SBMV-B virus was 10pg.

Key words：*Southern bean mosaic virus*；detection；RT-PCR

RT-PCR即聚合酶链式反应，正在越来越广泛地用于核酸分子的检测，从理论上讲，PCR可以检出一个分子的DNA。但绝大多数植物病毒核酸是RNA，要应用PCR技术进行检测，就需先将RNA翻转录成DNA，再用DNA聚合酶扩增，这就是RT-PCR，即反转录聚合酶链式反应。南方菜豆花叶病毒（*Southern bean mosaic virus*，SBMV）是南方菜豆花叶病毒属（*Sobemovirus*）的典型成员，主要有两个株系：SBMV-B和SBMV-C，分别危害菜豆和豇豆，分布于美洲和非洲，被列入中国进境植物检疫危险性有害生物二类名录中。血清学方法不能区分SBMV-B和SBMV-C，两者核酸序列同源性只有55%，但可以用RT-PCR方法鉴别。

1　材料和方法

1.1　毒源及寄主

南方菜豆花叶病毒毒源来自英国John Innes Centre，由Roger Hull教授提供[1]。将SBMV-B和SBMV-C分别接种于菜豆（*Phaseolus vulgaris* cv. Prince）和豇豆（*Vigna unguiculata* cv. Blackeye）上，用于纯化病毒或作为检测材料。

1.2　病毒纯化

采集接种后2～3周的病叶在2倍体积的0.1mol/L，pH5.0的醋酸钠缓冲液中匀浆，过滤，

中国进出境动植检，1997，1：28-30

*　基金项目：本课题为居里夫人奖学金资助项目

离心（10 000r/min，10min，Sorvall GSA rotor）去沉淀，上清加10% PEG6000，1% NaCl和Triton-X100，搅拌1h，离心（10 000r/min，10min，Sorvall GSA rotor）后将沉淀悬浮于100mmol/L，pH5.0的醋酸钠缓冲液中，离心（10 000r/min，10min，Sorvall GSA rotor）去沉淀，上清加氯化铯至密度达到1.37g/mL进行梯度离心（36 000r/min，17.5h，15℃，Backman Type 40 rotor），取病毒带在100mmol/L，pH5.0的醋酸钠缓冲液中透析。

1.3 病毒RNA的抽提

在纯化病毒中加10%的PEG6000，0.1mol/L NaCl，静置1h后离心，沉淀悬浮于pH7.2的10mmol/L Tris-HCl，加10mmol/L EDTA和1% SDS，加等体积的苯酚，振荡，离心，液相再用苯酚抽提直至无或极少有蛋白遗留，用等体积的冷乙醚洗2～3次，取下层液相加1/20体积，pH6.0的3mol/L醋酸钠和2.5体积的乙醇过夜，离心，沉淀悬浮于10mmol/L Tris-HCl，1mmol/L EDTA，pH7.2。

1.4 病健植物组织中RNA的抽提

在液氮中研磨10个直径8mm的叶圆片，悬浮在500μL 65℃，0.1mol/L LiCl，100mmol/L Tri-HCl，pH8.0，10mmol/L EDTA，1% SDS；用1∶1的苯酚抽提，再用1∶1的苯酚-氯仿（24∶1）抽提，在液相中加1体积的4mol/L LiCl，4℃过夜离心，沉淀悬浮于250μL水中，加1/10体积，pH5.2的3mol/L醋酸钠缓冲液和2体积乙醇，－20℃过夜或－80℃ 30min，离心10min，将沉淀悬浮于15μL水中。

1.5 引物

根据Othman和Hull报道的核酸序列[2,3]，设计SBMV-B的5′端引物为：5′-ATT CACAGGAA-CAAAATGGCC-3′（nt398～nt418），3′端引物为：5′-TCCATGAGCTATCGTTTCC-3′（nt90～nt108）；根据Wu等报道的核酸序列[4]，设计SB-MV-C的5′端引物为；5′-GGA CATAAT-GAAGTGC-3′（nt1508～nt1523），3′端引物为：5′-GCTTGTTGGGCTTGGC3′（nt220～nt235）。引物在英国John Innes Centre的Pharmacia-LKB Gene Assembler上合成。

1.6 cDNA的合成

在小离心管中加1～5g RNA，1μL RNA guard（Rnase Inhibitor，Pharmacia Biotech）0.5μL去离子甲酰胺，100 pmol或10ng引物，加水至10μL，混匀后65℃孵育15min，转至冰上5min，加4μL 5×First Strand Buffer（GibcoBRL），2μL 0.1mol/L DTT（GibcoBRL），1μL 1.25mmol/L dNTP（Ultrapure dNTP Set，Pharmacia），100U SuperScript TM RT（GibcoBRL）。加水至20μL，37℃孵育90min，最后再65℃孵育10min。

1.7 PCR

在小离心管中加1μL cDNA模板，2μL Tbr DNA Polymerase 10×Buffer（NBL Gene Sciences），2μL 1.25mmol/L dNTP（Ultrapure dNTP Set，Pharmacia），100 pmol 5′端引物，100 pmol 3′端引物，0.5μL Tbr DNA Polymerase（5U/μL，NBL Gene Sciences），加水至20μL。PCR温度循环是：94℃，45s；55℃，45s；72℃，90s；共33个循环。

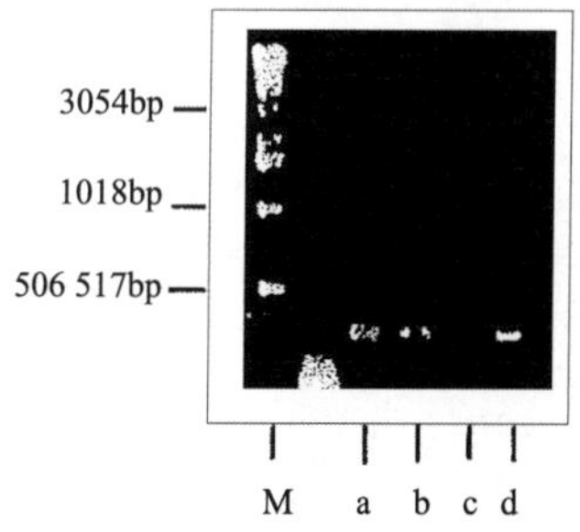

图1 RT-PCR产物1抽提自叶片的RNA作模板

M. 标准大小的DNA；a. 10ng；b. 1ng；c. 0.1ng；d. 0.01ng

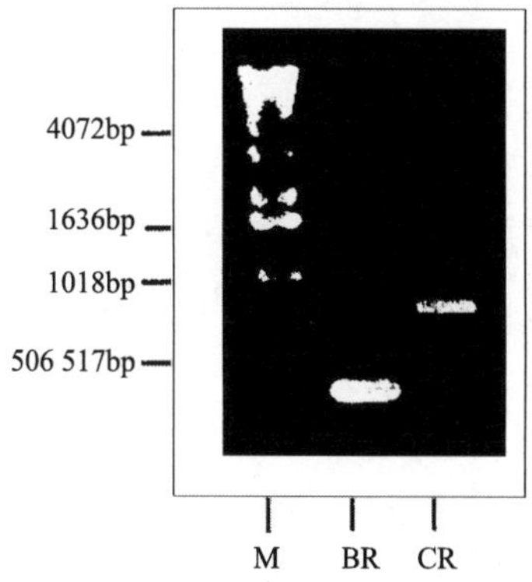

图2 RT-PCR产物1抽提自纯化病毒的RNA作模板

M. 标准大小的DNA；BR. SBMV-B RNA；CR. SBMV-C RNA

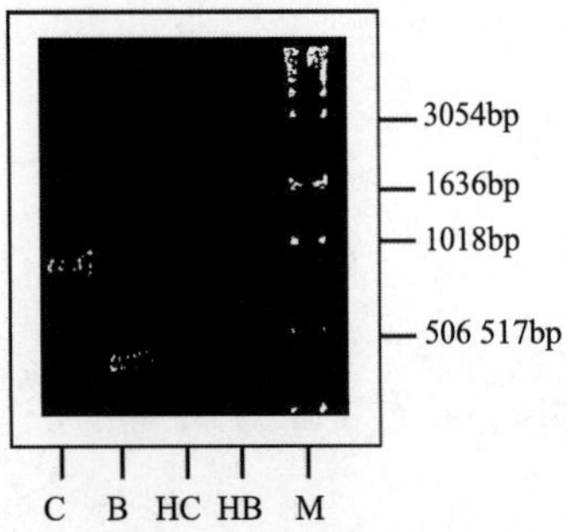

图 3　RT-PCR 产物 1 SBMV-B RNA 作模板
M. 标准大小的 DNA；HB. 健康菜豆；HC. 健康豇豆；B. 感染 SBMV-B 的菜豆；C. 感染 SBMV -C 的豇豆

2　结果与讨论

感染 SBMV 的菜豆和豇豆中病毒的浓度相对浓度较高，提纯时在氯化铯梯度中形成一条病毒带，SBMV-B 和 SBMV-C 的纯化产量分别为 245.3μg/g 病叶和 1227.9μg/g 病叶。每毫克纯化病毒可抽提 SBMV-B 和 SBMV-C 的 RNA 量分别为 100μg 和 120μg。每毫克叶片可抽提 RNA 0.35～0.48μg。cDNA 的合成有两条途径：用随机引物或用 3′端特异引物。本实验采用随机引物获得了较好的结果。

2.1　感病菜豆和豇豆叶片中 SBMV-B 和 SBMV-C 的特异扩增

取 0.2g 健康的和分别接种了 SBMV-B 和 SBMV-C 的菜豆和豇豆叶片，抽提 RNA 作模板，用随机引物合成 cDNA。在每个样品中都加入 SBMV-B 和 SBMV-C 的两对引物进行 PCR 扩增。图 1 是 RT-PCR 的实验结果：在琼脂糖电泳胶上可见 SBMV-B 和 SBMV-C 的特异 PCR 扩增带。SBMV-B 的特异带正如所预料的，但 SBMV-C 的特异带较所预计的 1.3kb 稍小一些，这可能是由于 SBMV-C 核酸的二级结构限制了 cDNA 合成的长度。

2.2　纯化病毒 RNA 的 RT-PCR

扩增用从纯化病毒中抽提的 SBMV-B 和 SBMV-C 病毒 RNA 作模板，用随机引物合成 cDNA，在每个样品中都加入 SBMV-B 和 SBMV-C 的两对引物进行 PCR 扩增，结果如图 2 所示，在琼脂糖电泳胶上可见 SBMV-B 和 SBMV-C 的特异 PCR 扩增带。对用从纯化病毒中抽提的 SBMV-B RNA 还进行了定量 RT-PCR 扩增，实验结果见图 3。RT-PCR 可扩增 10pg 的 SBMV-B 病毒 RNA 的特异片断。

从以上实验结果可以看出 RT-PCR 可用于 SBMV 的检测，不但检测特异性很高，可区分 SBMV-B 和 SBMV-C 两株系，而且还具有很高的灵敏度，可推广应用于口岸进出境植物检疫。

参 考 文 献

[1] Hull R. Sobemovirus. *In*: Virus taxonomy. Sixth Report of the International Committee on Taxonomy of Viruses. Archives of Virology Supplement10. New York: Springer-Verlag. 1995, 376-378

[2] Othman Y. Molecular studies of *Southern bean mosaic virus*. PhD. Thesis UEA, 1994

[3] Othman Y, Hull R. Nucleotide sequence of the bean strain of *Southern bean mosaic virus*. Virology, 1995, 206(1): 287-297

[4] Wu FS, Rinehart CA , Kaesberg P. Sequence and organization of *Southern bean mosaic virus* genomic RNA. Virology, 1987, 161(1): 73-80

南方菜豆花叶病毒菜豆株系在非寄主植物豇豆中的运动*

李尉民[1]，HULL Roger[2]，张成良[1]，谢联辉[3]

(1 农业部植物检疫实验所，北京 100029；2 John Innes Centre，Norwich Research Park，Norwich NR4 7UH，UK；3 福建农业大学植物病毒研究所，福建福州 350002)

摘 要：南方菜豆花叶病毒主要有两株：SBMV-B 和 SBMV-C，血清学方法不能予以区分。根据报道的核酸序列设计特异引物进行 RT-PCR，分别克隆两株系的特异片断制备地高辛标记的特异 RNA 探针，进行体内原位杂交，结果证明 SBMV-C 可以帮助 SBMV-B 在其非寄主植物豇豆中做细胞间的运动。

关键词：南方菜豆花叶病毒；探针；体内原位杂交

The movement of SBMV-B helped by SBMV-C in its nonpermissive host: *Vigna unguiculata* cv. blackeye

LI Wei-min[1], HULL Roger[2], ZHANG Cheng-ling[1], XIE Lian-hui[3]

(1 Institute of Plant Quarantine, Ministry of Agriculture, Beijing 100029;
2 John Innes Centre, Norwich Research Park, Norwich NR4 7UH, UK;
3 Institute of Plant Virology, Fujian Agricultural University, Fuzhou 350002)

Abstract: There two main strains of *Southern bean mosaic virus* (SBMV): SBMV-B and SBMV-C. As serological techniques could not distinguish them, specific fragments of the nucleic acid of the two strains were cloned and the specific radioactive digoxigenin-UTP labeled cRNA were prepared. In situ hybridization showed the complementation of SBMV-B by SBMV-C in cowpea (*Vigna unguiculata* cv. Blackeye), which is a nonpermissive of SBMV-B, for cell-to-cell movement.

Key words: *Southern bean mosaic virus* (SBMV); probe; *in situ* hybridization

南方菜豆花叶病毒（*Southern bean mosaic virus*，SBMV）是南方菜豆花叶病毒属（*Sobemovirus*）的典型成员[1]，有两个典型株型即菜豆株系（SBMV-B）和豇豆株系（SBMV-C），主要分布于非洲和美洲，危害菜豆和豇豆，被列入中国对外检疫危险有害生物Ⅱ类名录中。

SBMV-B 只侵染菜豆（*Phaseolus yulgaris*）而不能侵染豇豆（*Vigna unguiculata*）。据 Barker 1988 年报道[2]，用免疫荧光实验证明 SBMV-B 接种豇豆可造成接种叶的有限侵染（subliminal infection），即不产生症状，仅能回收到非常微量的病毒。SBMV-C 除可无症有限侵染菜豆品种 Pinto 外，不侵染其他任何菜豆，但可在菜豆的原生质中复制。SBMV 株系的寄主特异性可能是由于其非寄主植物细胞间运动的限制。*Sunn-hemp mosaic virus*（SHMV）在与 SBMV-C 同时接种菜豆时，

刘仪．植物病毒与病毒病防治研究．北京：中国农业科学技术出版社，1997，310-315

SBMV-C可在其非寄主菜豆中进行细胞间的运动，但不能运动到维管束从而长距离运动。Othman[3]的RT-PCR实验表明SBMV-C可帮助SBMV-B在菜豆中做系统性运动，而SBMV-B则只能帮助SBMV-C在豇豆中做细胞间运动。本实验的目的就是进行体内原位杂交对SBMV-B和SBMV-C的互补运动进行定位，但血清学方法不能区分SBMV-B和SBMV-C，而两株系的核酸序列同源性只有55%，因此可以制备两株系特异的cDNA探针和RNA探针。

1　材料和方法

1.1　病毒的纯化

南方菜豆花叶病毒的毒源来自Rroger Hull教授的收藏。将病毒繁殖于菜豆或豇豆，两周后采摘病叶，按照Hull（1977）的方法采用差速离心和密度梯度离心，最后将病毒悬浮于pH5.0 100mmol/L醋酸钠缓冲液。

1.2　引物

根据报道的序列设计SBMV-B的5′端引物为：5′-GCT（*Xba*Ⅰ酶切位点）CTA GAC ATT GTC GAA GCA TTG GTC-3′，3′端引物为：5′-TCC CCC（*Sma*Ⅰ酶切位点）GGG TCC GAG GAG GAC CAA TGC TTC-3′，SBMV-C的5′端引物为：5′-GCT（*Xba*Ⅰ酶切位点）CTA GAT TCA TGA TTT ATG AGA CAT TG-3′，3′端引物为：5′-TCC CCC（*Sma*Ⅰ酶切位点）GGG TCC ACT ACA GAG TAG GTA C-3′。

1.3　病毒核酸的抽提

在纯化病毒中加10%（W/V）的PEG6000和0.1mol/L的NaCl静置1h离心，沉淀悬浮于10mmol/L Tris-HCl，pH7.2，加10mmol/L EGTA和1% SDS，加等体积的苯酚，振荡后静置10min，离心，用苯酚再次抽提至无蛋白遗留在两相界面，用等体积的乙醚洗液相2～3次，收集下层液体加1/20的pH6.0，3mol/L醋酸钠和2.5倍体积的乙醇置−20℃过夜，离心沉淀RNA，最后将沉淀悬浮于10mmol/L Tris-HCl，1mmol/L EDTA，pH7.2。

1.4　反转录

取1～5μg RNA1，1μL RNA guard（RNase Inhibitor，Pharmacia Biotech），0.5μL去离子，100pmol或10ng引物，加水至10μL，65℃孵育15min，置冰上5min。离心，加4μL 5×First Strand Buffer（GieoBRL），2L 0.1mol/L DTT（GicoBRL），1μL 1.25mmol/L dNTP（Ultrapure dNTP Set，Pharmacia），100U SuperScript RT（GicoBRL）。加水至20μL，37℃孵育90min，65℃孵育10min。

1.5　PCR

取1μL反转录cDNA，加2μL *Tbr* DNA聚合酶10×Buffer（NBL Gene Sciences），2μL 1.25mmol/L dNTP，100pmol引物，2.5U *Tbr* DNA聚合酶（NBL Gene Sciences），加水至20μL。温度循环为：94℃ 45s，55℃ 45s，72℃ 90s，33个循环。

1.6　克隆

将PCR产物在琼脂糖上电泳，利用Wizard PCR Preps DNA Purification System（Promega）回收DNA，连同载体Bluescript用*Sma*Ⅰ和*Xba*Ⅰ酶切，再电泳回收DNA，用T4 DNA连接酶连接，转化大肠杆菌，筛选含插入片断的质粒。

1.7　DNA测序

用Prism Ready Reaction DyeDeoxy Terminator Cycle Sequencing Kit建议反应，在ABI Model 373 A DNA Sequencer上自动测序。

1.8　RNA探针的制备

使用Boehringer Mannheim Bioehemica的DIG RNA Labelling Kit，根据使用说明用SP6和T7 RNA聚合酶进行体外转译将地高辛-UTP标记到RNA上，最后将RNA探针进行碳酸水解。

1.9　Northern blotting

将RNA胶在0.05mol/L NaOH/1.5mol/L NaCl中浸泡30min，0.5mol/L Tris-HCl（pH 7.4）/1.5mol/L NaCl中浸泡20min，20× SSC中浸泡45min，而后按常规方法将RNA转移到尼龙HybondN膜上，最后用UV固定。

1.10　膜上杂交

电泳RNA后Northern转移至膜上，用UV

固定，在杂交缓冲液（20mL 含 10mL 20× SSC，4mL 105 blocking reagent，0.2mL 10% *N*-lauroylsarcosine，0.04mL10% SDS，0.76mL H_2O）中预杂交。68℃至少 1h。换含加热变性的 RNA 探针 100ng/mL，68℃孵育 6h，用 2×SSC，0.1 %SDS 洗两次每次 5min，再用 0.1×SSC，0.1%SDS 在 68℃洗 2 次，每次 15min。最后用 ELISA 检测。

1.11 体内原位杂交

（1）样品处理的切片。将样品固定、脱水、包埋于 Paraplast X-tra 中，切片置于包被了 Poly- L-Lysine 的玻片上。

（2）切片预处理。将切片依次浸入下列溶液中：Histo- Clear，10min；100% 乙醇，10min；95%。乙醇/0.85% 氯化钠，30s；85% 乙醇/0.85%氯化钠，30s；50%乙醇/0.85%氯化钠，30s；30%乙醇/0.85%氯化钠，30s；0.85%氯化钠，30s；PBS，2min；Pronse，10min 1% Glysine，1× PBS，2min；4% 甲醛，2min；1× PBS，2min；0.5%乙酸，0.1mol/L，三乙醇胺，10min；1×PBS，2min；30%乙醇/0.85%氯化钠，30s；50%乙醇/0.85%氯化钠，30s；85%乙醇/0.85%氯化钠，30s；95%乙醇/0.85%氯化钠，30s；l00%乙醇，30s；100%乙醇，2min。

（3）杂交（以下所述为 1 个玻片的量）。取 0.6μL RNA 探针 80℃加热 2min 后置冰上，加 39.4μL 杂交缓冲液：16μL 去离子甲酰胺；4μL 10×杂交盐溶液（3mol/L NaCl，0.1mol/L Tris-HCl，pH6.8，0.1mol/L PB，50mmol/L EDTA）；10.6μL H_2O；8μL 50% 硫酸葡聚糖；0.4μL 100mg/mL tRNA；0.4μL 100×denhardts。将玻片晾干，加上述探针溶液 40μL，加盖玻片，50℃过夜。

（4）洗涤。将上述玻片浸入洗涤缓冲液（2×SSC，50%甲酰胺）置 50℃ 30min，换两次新的洗涤缓冲液置 50℃ 90min，再用 1×NTE（10×NTE：5mol/L NaCl，100mmol/L Tris- HCl pH7.5，10mmol/L EDTA）置 37℃洗两次，每次5min；接着浸入 0.02mg/mL RNAse A，1×NTE，置 37℃ 30min，再用 1×NTE 置室温洗两次，每次 5min，再洗涤缓冲液置 50℃洗 90min，用 1×SSC 置室温洗 2min，最后用 1×PBS 洗 5min。

（5）ELISA 检测。将上述玻片在下述溶液中孵育：缓冲液 1，15min；缓冲液 2，2h；缓冲液 3，1h；缓冲液 4，1h。用，缓冲液 3 洗 4 次，每次 20min；最后浸入缓冲液 1 中 5min，缓冲液 5 中 5min。（缓冲液 1：100mmol/L Tris-HCl，pH 7.5，150mmol/L NaCl；缓冲液 2：缓冲液 1 含 0.5% blocking reagent；缓冲液 3：缓冲液 1 含 1%BSA，0.3% Triton-X-100；缓冲液 4：缓冲液 3 含 Anti-DID-AP，1∶3000；缓冲液 5：100mmol/L Tris-HCl，100mmol/L NaCl，50mmol/L $MgCl_2$，pH9.5，缓冲液 6：每 10mL 缓冲液 5 含 15∶1 BCIP 和 25∶1 NBT）。

（6）结果的观察。将上述玻片在下述溶液中各处理 5 分钟：H_2O、70%乙醇、95%乙醇、100%乙醇、100% 乙醇、Histo-Clear、Histo-Clear、100%乙醇、100%．乙醇、95%乙醇、70%乙醇、50% 乙醇、30% 乙醇、0.85% NaCl，而后在 0.1% fluorescent brightener 28 中浸 1h，最后放入水中 10s，取出后晾干，加 Entellan 盖上盖玻片置荧光显微镜下观察。

2 结果与讨论

SBMV 两株系在菜豆中和豇豆中的含量较高，经氯化铯梯度纯化病毒的产量分别为 245.3μg/g、1227.9μg/g。从纯化病毒中抽提的 RNA 产量分别为 100μg/mg 和 120μg/mg，从病叶片中抽提的 RNA 产量分别为 0.35μg/mg 和 0.48μg/g。

对于 cDNA 的合成，采用随机引物得到了较好的结果。SBMV-B 的 PCR 产物较预料的稍小一点，这可能是由病毒 RNA 的二级结构，没能合成较好的 cDNA 模板的缘敌。SBMV-C 的 PCR 产物和所设想的相似。克隆后筛选到含 SBMV-B 特异插入片断的 Gb6 和含 SBMV -C 特异插入片断的 D5。经序列测定前者定位到 SBMV-B 的 nt52～nt418（328bp），后者定位到 SBMV-C 的 nt4b～nt950（904bp），两者均含有 *Sma* Ⅰ 和 *Xba* Ⅰ 的酶切位点，这一点还被酶切结果证实。

根据序列测定 SBMV-B 和 SBMV-C 的特异 PCR 片断的互补链分别被克隆到了 T3 和 T7 启动子下游，因此将 Gb6 和 D5 用 *Sma* Ⅰ 和 *Xba* Ⅰ 酶切线性化，再用 T3 和 T7 聚合酶在体外转译，以地高辛标高的 UTP 为底物，合成 RNA 探针。地高辛标记的 RNA 探针再与目标 RNA 杂交，最后用抗地高辛的碱性磷酸酶标记的抗体进行检测，碱性磷酸酶催化底物 BCIP 和 NBT 反应产生暗蓝色。

SBMV-B 和 SBMV-C 的特异地高辛标记的 RNA 探针的产量分别为 20μg/mg 和 25μg/mg 线性化的克隆 DNA，将其电泳可见到清晰的带。

用 SBMV-B 和 SBMV-C 的特异地高辛标记的 RNA 探针与 Northern 杂交膜杂交，结果表明其特异性很高。将 RNA 探针进行碳酸水解与不水解所得结果基本相似。杂交所用 SBMV-B 和 SBMV-C 探针的量分别为 360ng/mL 和 440ng/mL 杂交溶液。

当第一对子叶展平时，在菜豆（*Phaseolus vulgaris* cv. Prince）的一片叶的半边接种 1μg SBMV-B 和 10μg SBMV-C，在豇豆的一片叶的半边接种 10μg SBMV-B 和 1μg SBMV-C（这是 Othman 的 RT-PCR 实验证明互补运动的最佳比例）[4]。5d 后用 ELISA 筛选感病的植株，虽然抗血清不能区分两株系，但至少可以检测出帮助者。

接种后 12d、14d、22d 和 29d 取叶片样品固定、脱水、包埋、切片，用 RNA 探针作体内原位杂交，同时做 Northern blotting 和膜上杂交。Northern blotting 的结果没有证实 Othman 的 RT-PCR 实验结果[4]。体内原位杂交的结果如彩图所示。接种后 12d、14d、22d 和 29d 的结果没有显著的差别。正如所预料的，在同时接种了 SBMV-B 和 SBMV-C 的菜豆和豇豆上分别检测到了 SBMV-B 和 SBMV-C 的高效率的系统侵染。但是仅在豇豆的接种叶的非接种半边叶中检出了 SBMV-B，证实了 SBMV-C 可以帮助 SBMV-B 在其非寄主植物豇豆中做细胞间的运动，没能证明 Othman 的 RT-PCR 结果[4]：SBMV-B 可以帮助 SBMV-C 在其非寄主植物菜豆中做细胞间的运动，同时 SBMV-C 可以帮助 SBMV-B 在其非寄主植物豇豆中做系统的运动。这可能是因为体内原位杂交的灵敏度不如 RT-PCR 高，但即使 SBMV-C 确实可以帮助 SBMV-B 在其非寄主植物豇豆中做系统的运动，其运动效率也较低。最近已发展出体内原位 PCR 的方法和设备，据报道其灵敏度非常高，今后可以进行体内原位 PCR 来研究 SBMV-B 和 SBMV-C 的互补运动得出更科学的结论。

参考文献

[1] Hull R. Sobemovirus. *In*: Virus taxonomy. Sixth Report of the International Committee on Taxonomy of Viruses. Archives of Virology Supplement10. New York: Springer-Verlag. 1995, 376-378

[2] Barker G. An investigation into the host range of strains of *Southern bean mosaic virus*. Undergraduate thesis UEA, 1988

[3] Othman Y. Molecular studies on southern bean mosaic virus. PhD thesis UEA, 1994

[4] Othman Y, Hull R. Nucleotide sequence of the bean strain of *Southern bean mosaic virus*. Virology, 1995, 206 (1): 287-297

南方菜豆花叶病毒（SBMV）两典型株系特异cDNA和RNA探针的制备及应用

李尉民[1]，HULL Roger[2]，张成良[1]，谢联辉[3]

（1 农业部植物检疫实验所，北京 100029；2 John Innes Centre，Norwich Research Park，Norwich NR4 7UH，UK；3 福建农业大学植物病毒研究所，福建福州 350002）

摘 要：南方菜豆花叶病毒（SBMV）主要有2株系：菜豆株系（SBMV-B）和豇豆株系（SBMV-C），血清学方法不能予以区分。根据已报道的核酸序列设计了2对特异引物，进行RT-PCR扩增并克隆到载体Bluescript中，序列测定予以证实后利用随机引物法合成放射性cDNA探针，再进行体外转译合成地高辛UTP标记的RNA探针。2种探针均可分别特异地检测Northern blotting膜上的SBMV-B和SBMV-C。RNA探针检测SBMV-B和SBMV-C灵敏度分别为：0.1μg和0.01μg。

关键词：南方菜豆花叶病毒；探针

The application and preparation of the strain specific cDNA and RNA probes of *Southern Bean mosaic virus*

LI Wei-min[1]，HULL Roger[2]，ZHANG Cheng-liang[1]，XIE Lian-hui[3]

（1 Institute of Plant Quarantine，Ministry of Agriculture，Beijing 100029；
2 John Innes Center，Norwich Research Park，Norwich NR4 7UH，UK；
3 Institute of Plant Virology，Fujian Agricultural University，Fuzhou 350002）

Abstract：As serological techniques could not distinguish SBMV-B and SBMV-C，two type strains of *Southern bean mosaic virus*，the fragments of the nucleic acid of the two strains were cloned and the specific radioactive cDNA and digoxgen in-UTP labeled RNA probes were prepared. Both of the probes could specifically detect SBMV-B SBMV-C respectively on northern blot，as little as 0.1μg of SBMV-B and 0.01μg of SBMV-C were visualized.

Key words：*Southern bean mosaic virus*（SBMV）；Probe

南方菜豆花叶病毒（*Southern bean mosaic virus*，SBMV）是南方菜豆花叶病毒属（*Sobemovirus*）的典型成员[1]，有2个典型株系即菜豆株系（SBMV-B）和豇豆株系（SBMV-C），主要分布于非洲和美洲，危害菜豆和豇豆[2]，被列入中国对外检疫危险性有害生物Ⅱ类名录中。血清学方法不能区分SBMV-B和SBMV-C，而2株系的核酸序列同源性仅有55%[3,4]，只有制备核酸探针才能予以区别。

植物病理学报，1998. 28（3）：243-247
收稿日期：1997-04-21

1　材料和方法

1.1　病毒的纯化

南方菜豆花叶病毒的毒源来自 Roger Hull 教授的收藏。将病毒繁殖于菜豆（*Phaseolus vulgaris* cv. Prince）或豇豆（*Vigna unguiculata* cv. Blackeye）上，按照 Hull（1985）[5]的方法纯化。

1.2　引物

根据报道的序列，设计 SBMV-B 的 5′端引物为：5′-GCTCTAGACATTGTCGAAGCATTGGTC-3′，3′端引物为：5′-TCCCCCGGGTCCGAGGAGGACCAATGCTTC-3′，SBMV-C 的 5′端引物为：5′-GCTCTA GATTCATGATTTATGAGACATTG-3′，3′端引物为：5′-TCCCCCGGGTCCACTACAGAGTAGGTAC-3′。

1.3　病毒核酸的抽提

仿 Zimmern 和 Patino（1975）[6]的方法，先用 1%SDS 裂解病毒粒体，再用苯酚-氯仿抽提。

1.4　病健植物组织 RNA 的抽提

将 10 个直径为 8mm 的叶碟放入液氮中研磨，加 500μL 65℃ 0.1mol/L LiCl，100mmol/L Tris-HCl，pH 8.0，10mmol/L EDTA，1% SDS，用等体积苯酚抽提，再用 1 ∶ 1 体积的氯仿-苯酚（24 ∶ 1）抽提；在液相中加 1 体积的 4mol/L LiCl 4℃过夜，离心，将沉淀悬浮于 250μL H_2O 中，加 1/10 体积的 3mol/L 醋酸钠 pH 5.2，两倍体积的乙醇－20℃过夜或－80℃ 30min；离心，沉淀悬浮 15μL H_2O 中。

1.5　反转录

用随机引物和 GicoBRL 的 SuperScript RT 反转录酶，除再加入 Pharmacia Biotech 的 RNA guard 外，按使用说明反转录。

1.6　PCR

用 NBL Gene Sciences 的 *Tbr* DNA 聚合酶，按使用说明扩增，条件为：94℃ 45s，55℃ 45s，72℃ 90s，33 个循环。

1.7　克隆

将 PCR 产物在琼脂糖上电泳，利用 Promega 的 Wizard PCR Preps DNA Purification System 回收 DNA，连同载体 Bluescript 用 *Sma* Ⅰ 和 *Xba* Ⅰ 酶切，再电泳回收 DNA，用 T4 DNA 连接酶连接，转化大肠杆菌，筛选含插入片断的质粒。

1.8　DNA 测序

在 ABIModel 373A DNASequencer 上自动测序。

1.9　Northern Blotting

按常规方法[7]将 RNA 转移到尼龙 Hybond-N 膜上，最后用 UV 固定。

1.10　放射性 DNA 探针的制备

酶切克隆 DNA 释放插入片段，电泳并回收插入片断，按常规随机引物合成法制备[5]。

1.11　RNA 探针的制备

使用 Boeh ringerM annheim Biochemica 的 DIG RNA Labelling Kit，根据使用说明用 SP6 和 T7 RNA 聚合酶进行体外转译将地高辛-UTP 标记到 RNA 上。

1.12　膜上杂交

1.12.1　DNA/RNA 杂交

将 RNA 点在尼龙膜上或电泳 RNA 后转移至膜上，用 UV 固定，在杂交缓冲液（6×SSC，5×Denhardts，0.5% SDS，100μg/mL ssDNA）中预杂交，65℃ 1h 或过夜。加热变性放射性 DNA 探针后加入预杂交缓冲液，过夜，用 2×SSC，0.1%SDS 或 0.1×SSC，0.1% SDS 在 65℃洗 4 次，每次 30min，放射自显影。

1.12.2　RNA/RNA 杂交

将 RNA 点在尼龙膜上或电泳 RNA 后转移至膜上，用 UV 固定，在杂交缓冲液（20mL 含 10mL 20×SSC，4mL 10% blocking reagent，0.2mL 10% *N*-lauroylsar-cosine，0.04mL 10% SDS，0.76mL H_2O）中预杂交，68℃至少 1h。加变性的 RNA 探针 100ng/mL，68℃ 6h，用 2×SSC，0.1%SDS 洗 2 次，每次 5min，再用 0.1×SSC，0.1% SDS 在 68℃洗 2 次，每次 15min。最后用 ELISA 检测。

2 结果与讨论

南方菜豆花叶病毒 B、C 2 株系在菜豆和豇豆中的含量较高，经氯化铯梯度纯化产量分别为 245.3μg/g 和 1227.9μg/ g。从纯化病毒中抽提的 RNA 产量分别为 100μg/g 和 120μg/mg，从病叶片中抽提的 RNA 产量分别为 0.35μg/mg 和 0.48μg/mg。

SBMV-B 的 PCR 产物较预料的稍小一点，这可能是由于病毒 RNA 的二级结构，没能合成较好的 cDNA 模板的缘故。SBMV-C 的 PCR 产物和所设想的相似。克隆后筛选到含 SBMV-B 特异插入片断的 Gb6 和含 SBMV-C 特异插入片断的 D5。序列测定结果表明插入的 SBMV-B 片段为 52～418 nt（328 bp），插入的 SBMV-C 片段为 46～950 nt（904bp），两者均含有 *Sma* Ⅰ 和 *Xba* Ⅰ 的酶切位点，这一点还被酶切结果证实。

2.1 放射性 DNA 探针

用 *Sma* Ⅰ 和 *Xba* Ⅰ 切克隆 Gb6 和 D5，将插入片断电泳纯化并用随机引物合成法合成放射性 DNA 探针。Northern blotting 膜上杂交结果表明，所制备的 SBMV-B 和 SBMV-C 的放射性 DNA 探针具有非常高的特异性（图 1）。

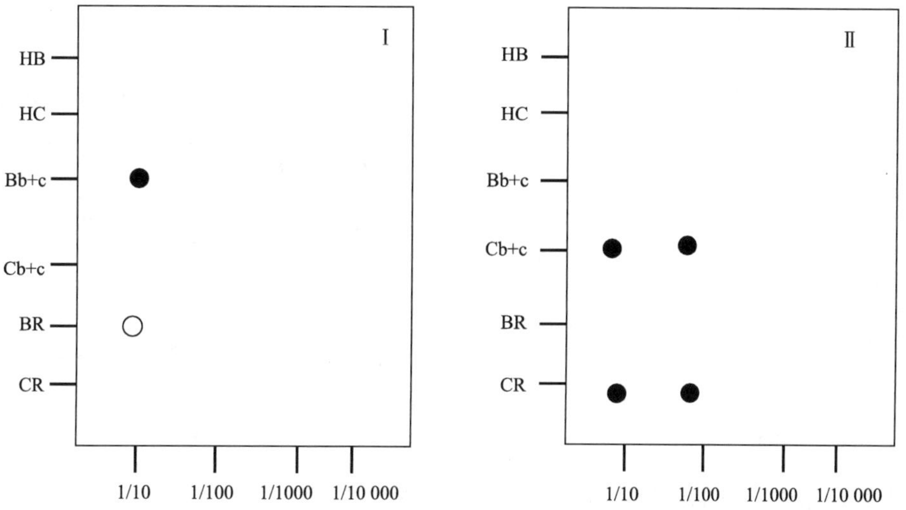

图 1 SBMV-B（Ⅰ）和 SBMV-C（Ⅱ）放射 cDNA 探针的 Northern blot ting

M. 标准大小的 RNA；HB. 健康菜豆；HC. 健康豇豆；B. 接种 SBMV-B 的菜豆；C. 接种 SBMV-C 的豇豆；BR. SBMV-B RNA；CR. SBMV-C RNA；Bb＋ c. 接种 0.001mg SBMV-B 和 0.01mg SBMV-C 的菜豆；Cb＋ c. 接种 0.001mg SBMV-C 和 0.01mg SBMV-B 的豇豆

2.2 地高辛- UTP 标记的 RNA 探针

序列测定结果表明 SBMV-B 和 SBMV-C 特异 PCR 片断的互补链分别被克隆到了 T3 和 T7 启动子下游，因此将 Gb6 和 D5 用 *Sma* Ⅰ 和 *Xba* Ⅰ 酶切线性化，再分别用 T3 和 T7 聚合酶在体外转译，以地高辛标记的 UTP 为底物，合成 RNA 探针。地高辛标记的 RNA 探针与目标 RNA 杂交，最后用抗地高辛碱性磷酸酶标记的抗体进行检测，碱性磷酸酶催化底物 BCIP 和 NBT 反应产生暗蓝色。

SBMV-B 和 SBMV-C 特异地高辛标记的 RNA 探针的产量分别为 20μg/μg 和 25μg/μg，将其电泳可见到清晰的带（图 2）。用 SBMV-B 和 SBMV-C 特异地高辛标记 RNA 探针与 Northern blotting 膜上的 SBMV-B 和 SBMV-C 杂交结果，如图 3 所示。

结果表明其特异性很高。将 RNA 探针进行碳酸水解与不水解所得结果基本相似。杂交所用 SBMV-B 和 SBMV-C 探针的量分别为 360ng/mL 和 440ng/mL 杂交溶液。对 SBMV-B 和 SBMV-C 特异地高辛标记 RNA 探针与 Northern blotting 膜上的 SBMV-B 和 SBMV-C 杂交还进行了定量，结果见图 4。SBMV-B 和 SBMV-C RNA 探针可分别检测出 0.1μg SBMV-B，0.01μg SBMV-C。

从以上实验结果可以看出，本实验所研制的放射性 cDNA 探针和非放射性地高辛标记的 RNA 探

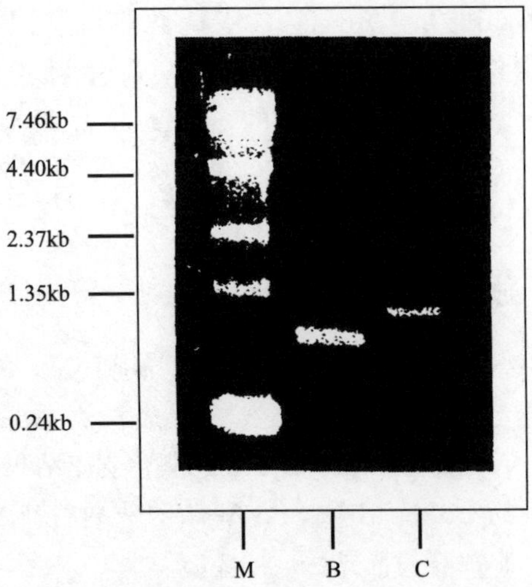

图 2　地高辛标记的 RNA 探针的电泳

M. RNA 标准；B. SBMV-B 探针；C. SBMV-C 探针

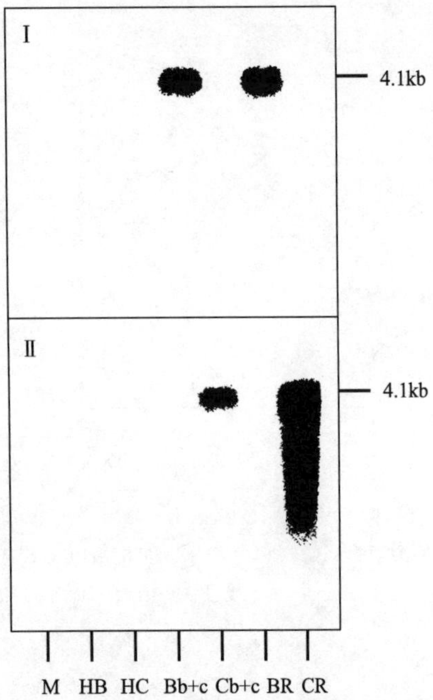

图 3　SBMV-B（Ⅰ）和 SBMV-C（Ⅱ）地高辛标记的 RNA 探针的 Northern blotting 杂交

M. 标准大小的 RNA；HB. 健康菜豆；HC. 健康豇豆；BR. SBMV-B RNA；CR. SBMV-C RNA；Bb＋c. 接种 0.001mg SBMV-B 和 0.01mg SBMV-C 的菜豆；Cb＋c. 接种 0.001mg SBMV-C 和 0.01mg SBMV-B 的豇豆

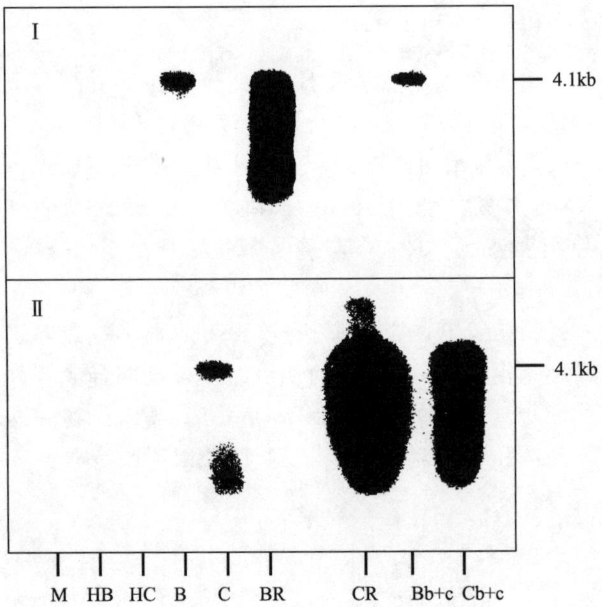

图 4　地高辛标记的 SBMV-B（Ⅰ）和 SBMV-C（Ⅱ）RNA 探针与 RNA dot blot

杂交 HB. 健康菜豆；HC. 健康豇豆；BR. SBMV-B RNA. CR. SBMV-C RNA；Bb＋c. 接种 0.001mg SBMV-B 和 0.01mg SBMV-C 的菜豆；Cb＋c. 接 0.001mg SBMV-C 和 0.01mg SBMV-B 的豇豆。(稀释度：1/10＝100ng)

针均可用于区分南方菜豆花叶病毒 B、C 2 株系的检测，其检测特异性很强，灵敏度也较高。但从实际应用来看，非放射性地高辛标记的 RNA 探针更易于推广，不仅因为其不需放射性保护，而且 RNA 和 RNA 的杂交结合强度比 DNA 和 RNA 杂交高，更适合检测核酸为正意 RNA 的南方菜豆花叶病毒。

参考文献

[1] Hull R. Archives of Virology Supplement 10. New York: Spring-Verlag Wien, 1995, 376-378

[2] Segal OP. Encyclopedia of Virology, Vol. 3. New York: Academic Press, 1994, 1346-1352

[3] Othman Y, Hull R. Nucleotide sequence of the bean strain of *Southern bean mosaic virus*. Virology, 1995, 206(1): 287-297

[4] Wu SX, Rinehart CA, Kaesberg P. Sequence and organization of *Southern bean mosaic virus* genomic RNA. Virology, 1987, 161(1): 73-80

[5] Hull R. *In*: Mahy BWJ. Virology: a protocol approach. Oxford: IRL Press Oxford, 1985, 1-24

[6] Yerkes WD, Patino G, The severe *Bean mosaic virus*, a new bean virus from Mexico. Phytopathology, 1960, 50: 334-338

[7] Sambrook J, Russell DW, et al. *In*: Molecular Cloning: A Laboratory Manual. 2nd. New York: Cold Spring Harbor, 1989

First report of *Ageratum yellow vein virus* causing tobacco leaf curl disease in Fujian Province, China

LIU Zhou, YANG Cai-xia, JIA Su-ping, ZHANG Peng-cheng, XIE Li-yan, XIE Lian-hui, LIN Qi-ying, WU Zu-jian

(Institute of Plant Virology, Fujian Agriculture and Forestry University, Fuzhou 350002; Key Laboratory of Biopesticide and Chemical Biology, Ministry of Education, Fujian Agriculture and Forestry University, Fuzhou 350002)

A leaf curling disease was observed on 7% of tobacco plants during December 2005 in research plots in the Cangshan District of Fuzhou, Fujian, China. Tobacco plants were infested with *Bemisia tabaci*, suggesting begomovirus etiology. To identify possible begomoviruses, total DNA was extracted from four symptomatic leaf samples (F1, F2, F3, and F4). The degenerate primers PA and PB were used to amplify part of the intergenic region and AV2 gene of DNA-A-like molecules (3). A 500-bp DNA fragment was amplified by PCR from all four samples. The PCR products were cloned and sequenced (GenBank Accession Nos. EF531601, EF531603 and EF527823). Alignment of the 500bp sequences for the four isolates indicated that they shared 98.5% to 99.6% nt identity, suggesting that the plants were all infected by the same virus. Overlapping primers TV-Full-F (5′-GGATCCTCTTTTGAACGAGTTTCC-3′) and TV-Full-R (5′-GGATCCCACATGTTTAAAATAATAC-3′) were then designed to amplify the full-length DNA-A from sample F2. The sequence was 2754 nucleotides long (GenBank Accession No. EF527823). A comparison with other begomoviruses indicated the F2 DNA-A had the highest nucleotide sequence identity (95.7%) with *Ageratum yellow vein virus* (AYVV; GenBank Accession No. X74516) from Singapore. To further test whether DNAβ was associated with the four viral isolates, a universal DNAβ primer pair (beta 01 and beta 02) was used [1]. An amplicon of approximately 1.3kb was obtained from all samples. The DNAβ molecule from F2 was then cloned and sequenced. F2 DNA β was 1345 nucleotides long (GenBank Accession No. EF527824), sharing the highest nucleotide sequence identity with the DNAβ of *Tomato leaf curl virus* (97.2%) from Taiwan (GenBank Accession No. AJ542495) and AYVV (88.8%) from Singapore (GenBank Accession No. AJ252072). The disease agent was transmitted to *Nicotiana tabacum*, *N. glutinosa*, *Ageratum conyzoides*, *Oxalis corymbosa*, and *Phyllanthus urinaria* plants by whiteflies (*B. tabaci*) when field infected virus isolate F2 was used as inoculum. In *N. tabacum* and *N. glutinosa* plants, yellow vein symptoms were initially observed in young leaves. However, these symptoms disappeared later during infection and vein swelling and downward leaf curling symptoms in *N. tabacum* and vein swelling and upward leaf curling in *N. glutinosa* were observed. In *A. conyzoides*, *O. corymbosa*, and *P. urinaria* plants, typical yellow vein symptoms were observed. The presence of the virus and DNAβ in symptomatic plants was verified by PCR with primer pairs TV-Full-F/TV-Full-R and beta 01/beta 02, respectively. The above sequence and whitefly transmission results confirmed that the tobacco samples were infected by AYVV. In China, *Tobacco leaf curl Yunnan virus*, *Tobacco curly shoot virus*, and *Tomato yellow*

Plant Disease, 2008, 92 (1): 177

leaf curl China virus were reported to be associated with tobacco leaf curl disease [2,3]. To our knowledge, this is the first report of AYVV infecting tobacco in China. *A. conyzoides* is a widely distributed weed in south China and AYVV was reported in *A. conyzoides* in Hainan Island, China [4]. Therefore, this virus may pose a serious threat to tobacco production in south China.

References

[1] Zhou XP, Xie Y, Tao XR, et al. Fauquet Characterization of DNA β associated with begomoviruses in China and evidence for co-evolution with their cognate viral DNA-A. J Gen Virol, 2003, 84: 237-247

[2] Li ZH, Xie Y, Zhou XP. *Tobacco curly shoot virus* DNA β is not necessary for infection but intensifies symptoms in a host-dependent manner. Phytopathology, 2005, 95: 902-908

[3] Zhou XP, Xie Y, Zhang ZK. Molecular characterization of a distinct *Begomovirus* infecting tobacco in Yunnan, China. Arch Virol, 2001, 146: 1599-1606

[4] Xiong Q, Fan S, Wu J, et al. Ageratum yellow vein. China virus is a distinct *Begomovirus* species associated with a. DNA beta molecule. Phytopathology, 2007, 97: 405-411

Molecular variability of *Hop stunt viroid*: identification of a unique variant with a tandem 15-nucleotide repeat from naturally infected plum tree

YANG Yuan-Ai [1,2], WANG Hong-Qing [2], WU Zu-Jian [2], CHENG Zhuo-Min [1], LI Shi-Fang [1]

(1 State Key Laboratory for Biology of Plant Diseases and Insect Pests, Institute of Plant Protection, Chinese Academy of Agricultural Sciences, Beijing 100094;
2 Department of Fruit Science, College of Agronomy and Biotechnology, China Agricultural University, Beijing 100094;
3 Institute of Plant Virology, Fujian Agriculture and Forestry University, Fuzhou 350002)

Abstract: For this study, 68 plum samples were collected from 12 provinces of China. Low molecular weight RNAs were extracted and used for dot-blot, reverse transcription polymerase chain reaction (RT-PCR), return-polyacrylamide gel electrophoresis, and biological indexing using cucumber. Results showed that 15 out of the 68 plum samples were positive for *Hop stunt viroid* (HSVd). Four positive samples were selected for cloning and sequence analysis. Results indicated that most HSVd sequences from the plum in China had 1-3 nucleotide changes from the closest HSVd in GenBank. In addition, the sample PB21 (cv. 'Friar') collected from Hebei province had one sequence with a 15-nt duplication (named HSVd D-15) at the 244/245 position in the lower central region. By biological indexing, cucumber seedlings, an indicator plant for HSVd, were inoculated with RNAs directly extracted from the original plum source (PB21, cv. 'Friar'). Nucleotide sequencing analysis of the progeny showed that HSVd, but not HSVd-D15, was recovered from inoculated cucumbers. Although very unlikely, the possibility that this extra sequence was the result of a PCR artifact cannot be completely ruled out.

Key words: *Hop stunt viroid*; plum; recombination; intramolecular recombination; sequence repeat

1 Introduction

Viroids are the smallest known plant pathogens, consisting of a noncoding, singlestranded, 246-475nt circular RNA that is autonomously replicated by enlisting host-encoded proteins[1], mediated through specific conformations[2,3]. *Hop stunt viroid* (HSVd) belongs to the *Pospiviroidae* family and is found in a wide range of hosts, including hop, cucumber, grapevine, citrus, plum, peach, pear [4], apricot, and almond[5,6].

Genome enlargement has been reported in only two known viroids, Coconut cadang-cadang viroid (CCCVd), and Citrus exocortis viroid (CEVd). A series of terminal repeats containing 41, 50, 55, and 100 nucleotides were detected that were unique to CCCVd [7]. Unusual variants of CEVd D-92, D-104 from a hybrid tomato (*Lycopersicon esculentum* Mill. × *Lycopersicon peruvianum*)[8,9] and CEVd D-96 from eggplant [10], have been reported. Recently, the transmission of CEVd D-92 and D-104 to *Gynura aurantiaca* demonstrated that other plant species were also capable of processing and replicating these structures. Two additional en-

Biochem Genet, 2008, 46: 113-123
Received: 8 February 2007 Accepted: 23 August 2007 Published online: 7 March 2008

larged CEVd variants (D-87 and D-76) and three transient forms (D-38, D-40, and D-43) from hybrid tomato have been reported recently[11].

This report describes the molecular variability of *Hop stunt viroid* (HSVd) present in plum trees of different regions in China and an unusual variant of HSVd, temporarily named HSVd D-15, which originated from a natural host plum.

2 Materials and Methods

2.1 Plant and Viroid Sources

The 68 plum samples were collected from12 provinces of China. The samples consisted of six leaf samples (Nos. PL1-PL6) and 62 bark samples (Nos. PB1-PB62) (Table 1).

2.2 Preparation of low molecular weight RNAs

Low molecular weight RNAs were extracted according to Li *et al*. (1995)[12]. In brief, 2g of tissue was powdered in liquid nitrogen, extracted with 4mL of 1mol/L K_2HPO_4 containing 0.1% 2-mercaptoethanol, and homogenized with 4 mL phenol : chloroform (1 : 1, v/v). After eliminating polysaccharides by 2-methoxyethanol extraction and CTAB precipitation, 2mol/L LiCl was used to precipitate low molecular weight RNAs. The resulting preparation was dissolved in 20μL distilled water.

2.3 Dot-blot hybridization

RNA extracts of 2μL and diluted plasmid controls were heated for 15min at 65℃, quickly chilled on ice, and applied to nylon membranes (Hybond-N^+ Amersham Biosciences). These were hybridized overnight at 50℃ using a HSVd-specific DNA probe labeled with digoxigenin using the DIG High Prime DNA Labeling and Detection Starter Kit 1 (Roche).

2.4 RT-PCR amplification, cloning, and sequencing

In order to detect and clone viroids from the plum and inoculated cucumber plants, RT-PCR primers were designed according to the HSVd sequence from the plum, based on acc. no. D13764 (Table 2). The primers lie in the strictly central conserved region (CCR) of HSVd and contain the unique endonuclease restriction site *Sma* Ⅰ (underlined in Table 2). Reverse transcription was conducted using 3μL RNA extract, 4μL M-MLV 5 × buffer, 4μL 2.5mmol/L dNTPs, 2U/μL RNasin, 1μL R1 primer (20μmol/L), and 10U/μL M-MLV reverse transcriptase. Water was added to a final volume of 20μL. The cDNA synthesis was conducted at room temperature for 10min and 42℃ for 1h.

The PCR reaction utilized 25μL 2× *Taq* PCR MasterMix, 1μL of each primer pair (R2 and F3; 20μmol/L), and 3μL first-strand cDNA reaction mixture. Water was added to a final volume of 50μL. PCR parameters consisted of 94℃ for 5min and 30 cycles of 94℃ for 30s, 53℃ for 30s, and 72℃ for 30s, with a final extension step of 72℃ for 7min. After RT-PCR, electrophoresis confirmed the presence of a PCR product of the expected size. The products were purified with the PCR purification kit (Tiangen). The resulting fragments were cloned into a pGEM-T vector (Promega) and transformed into *E. coli* DH5α. The cDNA clones from all isolates were identified by restriction analysis. Selected clones were sequenced using an automated DNA sequencer (ABI Prism 3730XL DNA Analyzer) and analyzed by DNAman Version 5.2.2.

Table 1 Sources of plum samples

Collection location (City or Province)	Number of samples	Sample number and cultivara[a]
Beijing	6	PL1 Dahongmeigui; PL2 Friar; PL3 Qiuji; PL4 Lanbaoshi; PL5 Dashizaosheng; PL6 Ruby
Inner Mongolia	14	PB1-PB14 Dazili
Hubei	1	PB15 Unknown
Hebei	6	PB16 Lanbaoshi; PB17 Tianlizi; PB18 Suanlizi; PB19 Unknown; PB20 Ruby; PB21 Friar
Shandong	2	PB22-PB23 Huanglizi
Heilongjiang	2	PB24 Mudanjiang 1; PB25 Mudanjiang 3
Shanxi	12	PB26 Ribenzaohong; PB27 Australia 14; PB28 Benmei; PB29 Banunu; PB30 Ruby; PB31 Qiuji; PB32 Australia 14; PB33 Angeleno; PB34 Lü mei; PB35 Queen gold; PB36-37 Benli
Guangxi	1	PB38 Unknown
Xinjiang	3	PB39-41 Huanglizi
Shanxi	10	PB42 Suilenghong; PB43 Misili; PB44 Dahongli; PB45 Aodeluoda; PB46 Xianfeng; PB47 Hongrouli; PB48 Queen rose; PB49 Friar; PB50 LI 6; PB51 Dashizaosheng
Jilin	10	PB52 Jilin 1; PB53 Wanhong; PB54-55 Tianlizi; PB56-57 Huanglizi; PB58 Wanhong; PB59 Jilin 1; PB60 Huanglizi; PB61 Dandongzajiao 1
Fujian	1	PB62 Sutaixianli

a PL, plum leaf. PB, plum bark

2.5 R-PAGE

RNA extracts were separated by return-polyacrylamide gel electrophoresis (RPAGE) under nondenaturing and denaturing conditions, and revealed by silver staining [12].

2.6 Biological Indexing

Cucumber (*Cucumis sativus* L. Suyo) seedlings of the cotyledon stage were inoculated with low molecular weight RNA extracted from plum, dissolved at various concentrations in 100mmol/L Tris-HCl; pH7.5, 10mmol/L EDTA.

2.7 Prediction of the secondary structure of viroid RNA

The predicted secondary structures of minimum free energy for the viroid RNAs were analyzed using an Mfold RNA folding package available on the Internet (Mfold version 3.0, http://www.bioinfo.rpi.edu/applications/mfold/old/rna/form3.cgi, or version 0.01, http://www.bibiserv.techfak.uni-bielefeld.de/mfold/).

3 Results

3.1 Dot-blot hybridization

Dot-blot hybridization revealed that 15 of the 68 plum samples were positive for HSVd (Fig. 1). The positives included one leaf sample (PL5) and 14 bark samples (PB2, 6, 14, 16, 18, 19, 21, 45, 48, 53, 55, 56, 57, 61), collected from Beijing, Inner Mongolia, Hebei, Xinjiang and Shanxi provinces in China.

Table 2 Primer sequence of HSVd for RT-PCR

Primers	Polarity	Sequence[a]	Position	RE
RT- R1	−	5′-GCTGGATTCTGAGAAGAGTT-3′	106-87	
PCR- R2	−	5′-AA CCCGGGGCTCCTTTCTCA-3′	84-67	SmaI
PCR- F3	+	5′-AA CCCGGGGCAACTCTTCTC-3′	79-96	SmaI

a Underlining indicates the unique endonuclease restriction site *Sma* I

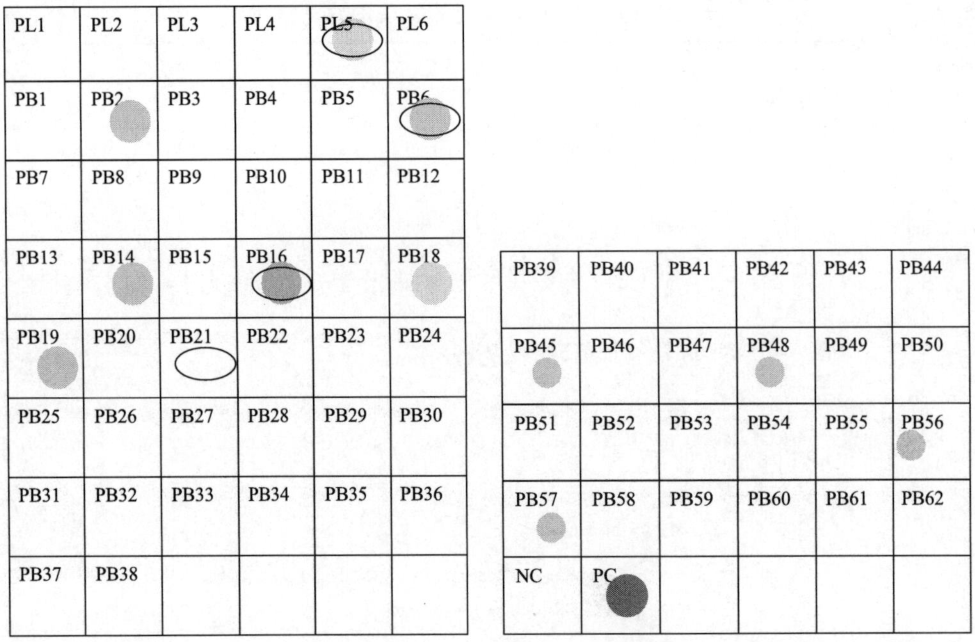

Fig. 1 Dot-blot hybridization with a DIG-labeled cDNA probe against HSVd in the plum. Circled samples are those selected for RT-PCR, cloning, and sequence analysis. NC is the healthy control and PC is the pGEM-T-HSVd cDNA control

3.2 Cloning and sequence analysis

Four positive samples were selected for cloning and sequence analysis. Five independent cDNA clones were sequenced for each sample (Table 3). After comparing the sequence obtained from this isolate with the previously reported HSVd in GenBank, we found that most HSVd sequences from the plum in China had 1-3 nucleotide changes from the HSVd sequence in GenBank. However, in one sample PB21 (cv. 'Friar') collected from Hebei province, a sequence with a 15 nt duplication (named HSVd D-15) at the 244/245 position was found in the lower part of the central region. More clones from this sample were selected for sequence analysis. Thirteen individual clones were sequenced; in addition to eight normal HSVd clones, five enlarged HSVd D-15 clones were obtained. The five D-15 clones all displayed a 15nt duplication at the 244/245 position (Fig. 2). The result of *Sma* I restriction enzyme analysis showed that a unit length cDNA fragment of HSVd D-15 migrated slower than normal HSVd unit length cDNA (Fig. 3). Multiple alignment analysis of the two different sequences of HSVd D-15 (A and B) with the sequence of HSVd from the sample PB21 (acc. no. EF076831) is shown in Fig. 4.

Table 3 Analysis of HSVd sequence variants obtained using the HSVd in GenBank

Province	Variety	Number of clones	Accession No.	Size /nt	Closest HSVd variant	Nucleotide difference from closest sequence
Beijing	Dashizaosheng	5	DQ648600	297	Y09345[a]	$G^{107}\rightarrow A$
			DQ648601	297	Y09345	$C^{59}\rightarrow T$, $G^{107}\rightarrow A$
Inner Mongolia	Unknow n	5	EF076822	297	AY425171[b]	$G^{111}\rightarrow T$
			EF076823	297	AY425171	$G^{107}\rightarrow A$, $G^{114}\rightarrow A$
			EF076824	297	Y09345	$G^{107}\rightarrow A$
			EF076825	297	AY425171	$G^{49}\rightarrow A$, $^{107}\rightarrow A$, $T^{238}\rightarrow C$

Continuted

Province	Variety	Number of clones	Accession No.	Size /nt	Closest HSVd variant	Nucleotide difference from closest sequence
Hebei	Lanbaoshi	5	EF076826	298	Y09345	$-^{46}\rightarrow A$, $G^{107}\rightarrow A$, $T^{135}\rightarrow C$
			EF076827	297	Y09345	$A^{110}\rightarrow G$
			EF076828	297	AY425171	$G^{107}\rightarrow A$
			EF076829	298	Y09345	$-^{102}\rightarrow T$, $G^{107}\rightarrow A$
			EF076830	297	Y09345	$T^{18}\rightarrow C$, $G^{107}\rightarrow A$, $A^{160}\rightarrow G$
Hebei	Friar	8	EF076831	297	Y09345	-
			EF076832	297	Y09345	$G^{107}\rightarrow A$, $A^{118}\rightarrow C$, $A^{209}\rightarrow G$
			EF076833	297	Y09345	$G^{107}\rightarrow A$, $T^{171}\rightarrow C$,
			EF076834	297	AJ297830[c]	-
			EF076835	297	Y09345	$G^{107}\rightarrow A$, $T^{237}\rightarrow C$,
		5	NOT YET	312		15 nt at 244/245 position
			NOT YET	312		15 nt at 244/245 position

a. Kofalvi et al. 1997; GenBank acc. no. Y09345 is the sequence of HSVd from apricot

b. Lee et al. 2003; GenBank acc. no. AY425171 is the sequence of HSVd from plum

c. Amari et al. 2001; GenBank acc. no. AJ297830 is the sequence of HSVd from apricot

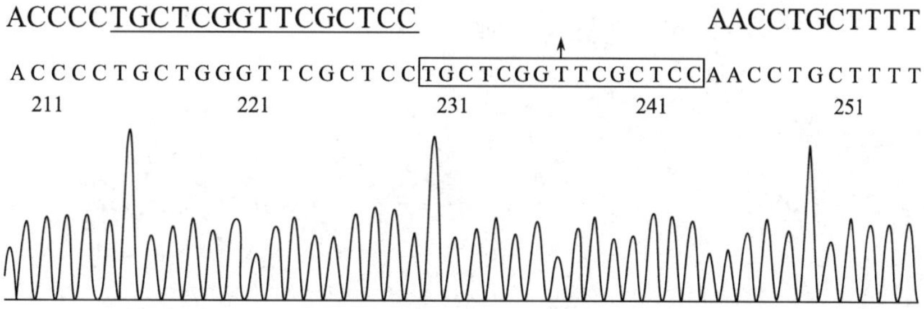

Fig. 2 Sequencing data of HSVd D-15 identified in the plum ‘Friar’ . The normal sequence is shown across the top in bold black letters. The underlined sequence shows the 15nt repeat. The HSVd D-15 sequence is below the normal sequence. Boxed portion indicates a 15nt duplication at the position between 244 and 245 in the normal

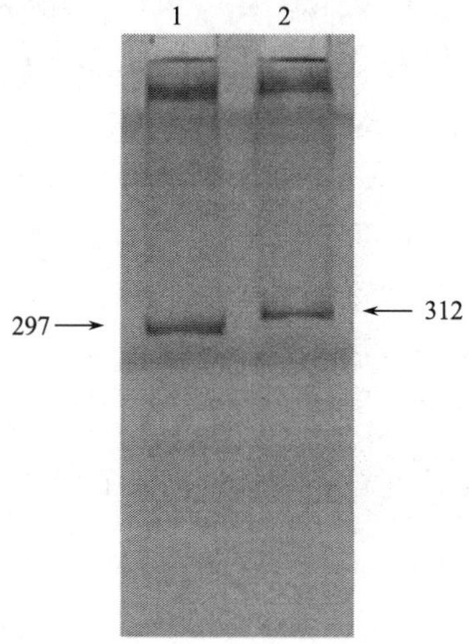

Fig. 3 *Sma* Ⅰ restriction digestion analysis of recombinant plasmid DNA containing HSVd cDNA. The recombinant plasmid DNA was digested with *Sma* Ⅰ, electrophoresed in 8% PAGE, and stained with silver. Lane 1, pGEM-T-HSVd. Lane 2, pGEM-T-HSVd D-15

3.3 R-PAGE analysis

In order to detect the HSVd circular RNA structure, RNA extracts were obtained from the plum samples PB6, PB16, PB19, and PB21 and electrophoresed in 5% polyacrylamide gel using R-PAGE protocol. The results indicated that only one band corresponding to the normal class of circular HSVd molecule was detectable in all the samples, including PB21 (cv. ‘Friar’), from which HSVd D-15 was successfully amplified (Fig. 5). It is likely that the concentration or the replication of HSVdD-15 in the original plum tissue was too low to detect it directly by R-PAGE analysis.

```
EF076831     CTGGGGAATTCTCGAGTTGCCGCAAAAGGCATGCAAAGAAAAAAACTAGGCAGGG    55
HSVdD-15A    CTGGGGAATTCTCGAGTTGCCGCAAAAGGCATGCAAAGAAAAAAACTAGGCAGGG    55
HSVdD-15B    CTGGGGAATTCTCGAGTTGCCGCAAAAGGCATGCAAAGAAAAAAACTAGGCAGGG    55
Consensus    ctggggaattctcgagttgccgcaaa ggcatgcaaagaaaaaaactaggcaggg

EF076831     AGGCGCTTACCTGAGAAAGGAGCCCCGGGGCAACTCTTCTCAGAATCCAGCGAGA   110
HSVdD-15A    AGGCGCTTACCTGAGAAAGGAGCCCCGGGGCAACTCTTCTCAGAATCCAGCAAGA   110
HSVdD-15B    AGGCGCTTACCTGAGAAAGGAGCCCCGGGGCAACTCTTCTCAGAATCCAGCAAGA   110
Consensus    aggcgcttacctgagaaaggagccccggggcaactcttctcagaatccagc aga

EF076831     GGCGTGGAGAGAGGGCCGCGGTGCTCTGGAGTAGAGGCTCTGCCTTCGAAACACC   165
HSVdD-15A    GGCGTGGAGAGAGGGCCGCGGTGCTCTGGAGTAGAGGCTCTGCCTTCGAAACACC   165
HSVdD-15B    GGCGTGGAGAGAGGGCCGCGGTGCTCTGGAGTAGAGGCTCTGCCTTCGAAACACC   165
Consensus    ggcgtggagagagggccgcggtgctctggagtagaggctctgccttcgaaacacc

EF076831     ATCGATCGTCCCTTCTTCTTTACCTTCTTCTGGGTCTTCTTGGAGACGCGACCGG   220
HSVdD-15A    ATCGATCGTCCCTTCTTCTTTACCTTCTTCTGGGTCTTCTTGGAGACGCGACCGG   220
HSVdD-15B    ATCGATCGTCCCTTCTTCTTTACCTTCTTCTGGGTCTTCTTGGAGACGCGACCGG   220
Consensus    atcgatcgtcccttcttctttaccttcttctggctcttcttggagacgcgaccgg

EF076831     TGGCACCCCTGCTCGGTTCGCTCC...............AACCTGCTTTTGTTCT   260
HSVdD-15A    TGGCACCCCTGCTCGGTTCGCTCCTGCTCGGTTCGCTCCAACCTGCTTTTGTTCT   275
HSVdD-15B    TGGCACCCCTGCTCGGTTCGCTCCTGCTCGGTTCGCTCCAACCTGCTTTTGTTCT   275
Consensus    tggcacccctgctcggttcgctcc               aacctgcttttgttct

EF076831     ATCTGCGCCTCTGCCGCGGATCCTCTCTTGAGCCCCT                     297
HSVdD-15A    ATCTGCGCCTCTGCCGCGGATCCTCTCTTGAGCCCCT                     312
HSVdD-15B    ATCTGCGCCTCTGCCGCGGATCCTCTCTTGAGCCCCT                     312
Consensus    atctgcgcctct ccgcggatcctctcttgagcccct
```

Fig. 4　Multiple alignment analysis of two types of HSVd D-15（A and B）with the normal HSVd. Shaded portions indicate a 15nt duplication at the position between 244 and 245 in the normal sequence

3.4　Biological indexing

In order to investigate their biological properties further，cucumber seedlings were inoculated with RNA directly extracted from the original plum source（PL5，PB6，PB16，PB21）. Approximately six weeks post inoculation，the cucumber showed obvious symptoms；i. e.，the leaf blades became small and undulated，and their edges turned downward. Internodes from the younger parts of infected plants were shorter than those of healthy plants，and the whole plant had become stunted. Symptoms of the cucumbers inoculated with RNA directly extracted from PB21 were similar to those of PL5，PB6，and PB16. Then the low molecular weight RNA was extracted from symptomatic leaves of cucumbers inoculated with PB21 and analyzed for the presence of HSVd D-15 using dot-blot，RT-PCR，cloning，and sequencing. We have screened 50 independent HSVd cDNA clones by *Sma* Ⅰ digestion assay，but only HSVd of normal size was detectable. We have also sequenced four cDNA clones from the progeny propagated in cucumber. The sequences are compared with those in the original source（i. e.，plum cv. ‘Friar’）in Table 4. Fig. 5 Detection of the HSVd circular RNA structure directly from plums by R-PAGE and silver staining. Lane 1，Apple scar skin viroid（ASSVd）. Lane 2，Coleus blumei viroid（CBVd）. Lane 3，healthy plum control. Lane 4，plum PB6. Lane 5，plum PB16. Lane 6，plum PB19. Lane 7，plum PB21（cv. ‘Friar’）. HSVd D-15 was amplified from the sample PB21，but no additional band was detectable

Table 4　Comparison of the progeny sequences of HSVd propagated in cucumber and in the original plum（cv.‘Friar’）

Host	Clone	Number of Clones	Size（nt）	Closest HSVd Variant	Nucleotide Difference from Closest Sequence
Cucumber	C1	2	297	EF076831	C59→A，G60→A，G107→A
	C2	1	297	EF076831	C59→A，G107→C，T190→C
	C3	1	297	EF076831	C59→T，C102→A，A209→G

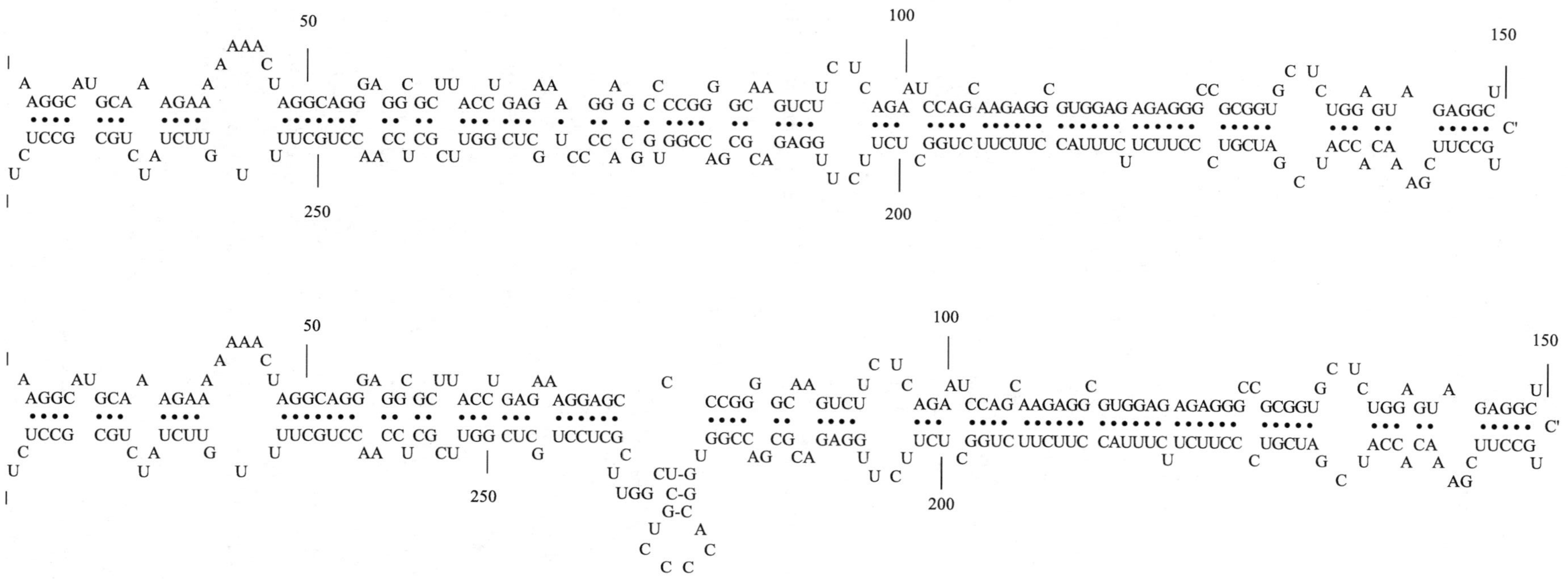

Fig. 5 Predicted rodilike secondary structures(Mfold version 3. 0)of the normal HSVd(A) and HSVd D-15(B). The blue and red sequences show the 15 nt repeat. Note that the predicted overall secondary structure is stably maintained in HSVd D-15

Nucleotide Sequences and Secondary Structure of HSVd and HSVd D-15. The predicted secondary structure of minimum free energy was the highly basepaired rodlike structural characteristic of HSVd and HSVd D-15 (Fig. 5). The overall base pairing of the molecule seemed to be stably maintained in HSVd D-15, except for the region corresponding to the duplicated sequence.

4 Discussion

The results of cloning and sequence analysis showed a certain degree of sequence variation for plum isolates of HSVd in China. Most HSVd sequences from the plum had 1-3 nucleotide changes, as compared with the closest HSVd in GenBank; however, they were not differentiated from the other stone fruit isolates reported in other parts of the world[13-15]. In fact, the sequence of HSVd (acc. No. EF076831 and EF076834) from plum (cv. 'Friar') was identical with the one from apricot (acc. No. Y09345 and AJ297830) in Spain and Turkey, respectively. All results suggest that there is no clear relationship among the type of sequence variation, host specificity, and geographic origin in HSVd plum isolates.

The exact process of HSVd D-15 generation is unknown. Genome enlargement observed in CEVd and CCCVd has helped to identify the mechanisms responsible for genome enlargement in viroids. Since HSVd D-15 was not stably maintained in cucumber, it would be suggested that this is a poor host for HSVd D-15 or that HSVd D-15 could not effectively compete with HSVd in the setting of a mixed infection. Moreover, "elongated" forms of CEVd were reported in plants that had been inoculated for an extensive period of time. The other possibility is that two months of cucumber infection could not sustain or build up a high titer of HSVd D- 15. It is well accepted, however, that a similar event takes place on HSVd from fruit trees during long incubation periods and that long incubation under cultivation produces variable mutations in viruses and viroid populations. Although very unlikely, the possibility that this extra sequence was the result of a PCR artifact cannot be completely ruled out.

To our knowledge, this is the first report of HSVd duplication. Further investigation is required to obtain purified HSVd D-15 from the plum (cv. 'Friar') and to examine its biological properties.

Acknowledgments

This work was supported by grants from the National Basic Research and Development Program of China (973 Program) (No. 2006CB100203), Beijing Natural Science Foundation of China (No. 6072022), National Science Foundation of China (30771403), and Opening Project of State Key Laboratory for Biology of Plant Diseases and Insect Pests, Institute of Plant Protection, Chinese Academy of Agricultural Sciences. We thank Prof. Jia Kegong and Miss Guo Shufang at the Fruit Science Experimental Station of China Agricultural University in Linzhang County in Hebei province, for their kindly help in collecting plum samples, and Prof. Teruo Sano at Hirosaki University of Japan for his valuable comments and the critical reading of this manuscript.

References

[1] Flores R, Di Serio F, Herna ndez C. Viroids: the noncoding genomes. Semin Virol, 1997, 8: 65-73

[2] Owens RA, Hammond RW, Gardner RC, et al. Site-specific mutagenesis of *Potato spindle tuber viroid* cDNA: alterations within premelting region 2 that abolish infectivity. Plant Mol Biol, 1986, 6: 179-192

[3] Visvader JE, Forster AC, Symons RH. Infectivity and *in vitro* mutagenesis of monomeric cDNA clones of *Citrus exocortis viroid* indicates the site of processing of viroid precursors. Nucleic Acids Res, 1985, 13: 5843-5856

[4] Shikata E. New viroids from Japan. Semin Virol, 1990, 1: 107-115

[5] Astruc N, Marcos JF, Macquaire G, et al. Studies on the diagnosis of *Hop stunt viroid* in fruit trees: identification of new hosts and application of a nucleic acid extraction procedure based on non-organic solvents. Eur J Plant Pathol, 1996, 102: 837-846

[6] Canizares MC, Marcos JF, Pallas V. Molecular characterization of an almond isolate of *Hop stunt viroid* (HSVd) and conditions for eliminating spurious hybridization in its diagnostics in almond samples. Eur J Plant Pathol, 1999, 105: 553-558

[7] Haseloff J, Mohamed NA, Symons RH. Viroid RNAs of cadang-cadang disease of coconuts. Nature, 1982, 299:316 321

[8] Semancik JS, Duran-Vila N. Viroids in plants: shadows and footprints of a primitive RNA. *In*: Domingo E, Webster R, Holland J. Origin and Evolution of Viruses. San Diego: Academic Press , 1999, 37-64

[9] Semancik JS, Szychowski JA, Rakowski AG, et al. A stable 436 nucleotide variant of *Citrus exocortis viroid* produced by terminal repeats. J Gen Virol, 1994,75: 727-732

[10] Fadda Z, Daro's JA, Flores R, et al. Identification in eggplant of a variant of *Citrus exocortis viroid* (CEVd) with a 96 nucleotide duplication in the right terminal region of the rod-like secondary structure. Virus Res, 2003, 97: 145-149

[11] Szychowski JA, Vidalakis G, Semancik JS. Host-directed processing of *Citrus exocortis* viroid. J Gen Virol, 2005, 86: 473-477

[12] Li SF, Onodera S, Sano T, et al. Gene diagnosis of viroids: comparisons of return-PAGE and hybridization using DIG-labelled DNA and RNA probes for practical diagnosis of hop stunt, citrus exocortis and apple scar skin viroids in their natural host plants. Ann Phytopath Soc Japan,1995, 61: 381-390

[13] Sano T, Hataya T, Terai Y, et al. *Hop stunt viroid* strains from dapple fruit disease of plum and peach in Japan. J Gen Virol, 1989, 70: 1311-1319

[14] Kofalvi SA, Marcos JF, Canizares MC, et al. *Hop stunt viroid* (HSVd) sequence variants from *Prunus* species: evidence for recombination between HSVd isolates. J Gen Virol, 1997, 78: 3177-3186

[15] Amari K, Gomez G, Myrta A, et al. The molecular characterization of 16 new sequence variants of *Hop stunt viroid* reveals the existence of invariable regions and a conserved hammerhead-like structure on the viroid molecule. J Gen Virol, 2001, 82: 953-962

Identification and characterization of a new coleviroid (CbVd-5)

HOU Wan-ying [1], SANO Teruo [2], LI Feng [1], WU Zu-jian [3], Li Li[1], LI Shi-fang [1]

(1 State Key Laboratory of Biology of Plant Diseases and Insect Pests, Institute of Plant Protection, Chinese Academy of Agricultural Sciences, Beijing 100193;

2 Department of Plant Pathology, Faculty of Agriculture and Life Science, Hirosaki University, Hirosaki 036-8561;

3 Institute of Plant Virology, Fujian Agriculture and Forestry University, Fuzhou 350002)

Abstract: A viroid-like RNA was detected from coleus (*Coleus blumei*) in China. It consisted of 274 nucleotides and had 66% sequence identity with a member of the closest known viroid species. The predicted secondary structure is rod-shaped with extensive base pairing, and it has the conserved region characteristic of the genus Coleviroid. Two terminal sequences that are highly conserved among some members of the genus were also identified. The viroid-like RNA was successfully transmitted to coleus by slash-inoculation. This viroid was identified as a new member of the genus Coleviroid, and we tentatively propose the name Coleus blumei viroid 5 (CbVd-5).

Viroids are the smallest known pathogens in plants. They replicate autonomously in susceptible hosts and can cause diseases with significant agricultural implications. These single-stranded, non-protein-encoding, circular, small RNA molecules can fold into a rod-like structure, and viroids appear to rely entirely on host factors for their replication [1-3]. Previous studies have linked the existence of viroids with pathogenesis, and infection sometimes causes serious disease problems for crops and fruit trees [4,5]. Several ornamental plants, including coleus (*Coleus blumei*), are known to be infected by viroids. To date, only viroids belonging to the genus Coleviroid are known to infect coleus. All of the coleus viroids share a common central conserved region (CCR) and are the members of the family Pospiviroidae [6-8].

Coleus blumei viroid 1 (CbVd-1) was first reported in commercial yellow Coleus in Brazil and was later detected from a variety of Coleus cultivated in many countries including China and Japan [9-15]. The incidence of CbVd-1 is quite high, ranging from 16% to 68% in the same cultivar (cv.), and sometimes the infection rate is 100%. CbVd-1 is transmissible from coleus to coleus by mechanical and graft inoculation or through the seeds[16]. Its infection can be either asymptomatic or result in symptoms including dwarfing or slight chlorosis, depending on the cultivar[9,13,16]. In addition, members of three other distinct viroid species, CbVd-2, CbVd-3 and CbVd-4, have also been detected from coleus in Germany [17,18] However, the geographical distribution of CbVd-2, -3, and -4 has not yet been investigated widely, and information is limited, especially on CbVd-4, for which only the nucleotide sequence has been deposited in a DNA database. Here, we report the molecular and biological characterization of a member of a new viroid species in the genus Coleviroid isolated from coleus in China.

In April 2007, a total of 20 symptomless coleus plants (cv. Sukang) were collected from Tianjin in China. Lowmolecular-weight RNAs were extracted for the analysis of viroid infection according to

Arch Virol, 2009, 154 (2): 315-320

Received: 24 August 2008 Accepted: 11 November 2008

procedures described by Li et al.[19]. RNA extracts were separated using twodimensional polyacrylamide gel electrophoresis (2DPAGE) under non-denaturing and denaturing conditions and stained with silver[20]. In one of the samples, we detected two RNA bands suggestive of circular, viroid-like RNA (Fig. 1Ⅰa). The smaller one (arrow in

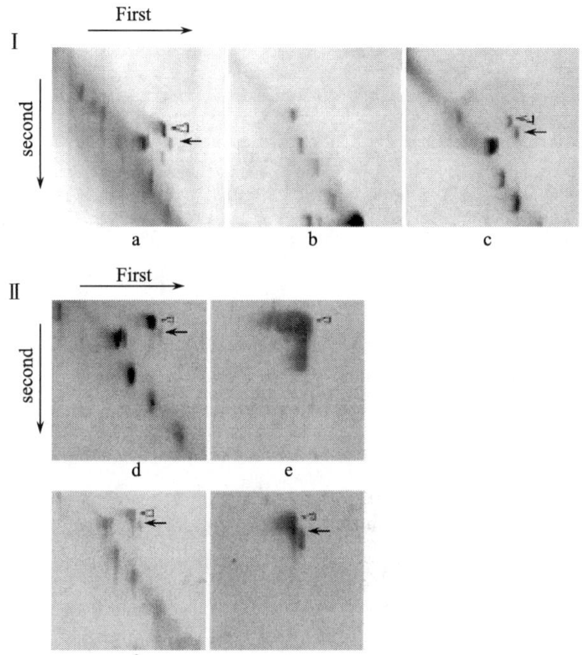

Fig. 1 Ⅰ 2D-PAGE analysis of RNA extracts from coleus plants. A coleus (cv. Sukang) collected in Tianjin, China. b Healthy coleus seedling. c coleus seedling 3 months after artificial inoculation with the RNA extract from the original Coleus (cv. Sukang). Two viroidlike RNA bands are indicated by an arrow and a white arrowhead, respectively. Horizontal and vertical arrows with first or second indicate the direction of electrophoresis for the "first" and the "second" dimension, respectively. Ⅱ 2D-PAGE and northern hybridization analysis of RNA isolated from a coleus seedling artificially infected with an RNA extract from Coleus (cv. Sukang). d and f 2DPAGE analysis of RNA extract from Coleus seedling 1 year after inoculation of the RNA extract from Coleus (cv. Sukang). Gels were stained with silver. e Northern hybridization of (d) using a DIGlabeled cRNA probe for CbVd-5. g Northern hybridization of (f) using DIG-labeled cRNA probes for CbVd-5 plus CbVd-1. The arrow indicates CbVd-1, and the white arrowhead indicates CbVd-5. Horizontal and vertical arrows with "first" or "second" indicate the direction of electrophoresis for the first and the second dimension, respectively.

Fig. 1Ⅰa) was identified as CbVd-1 based on the migration rate in the 2DPAGE and also on the result from Northern analysis (data not shown), the larger band (white arrowhead in Fig. 1Ⅰa) is ca. 20-30 nucleotides (nt) larger than CbVd-1 (ca. 250 nt) and is apparently different from CbVd-1.

A major characteristic of viroids is infectivity; i. e., replication in suitable host plants[2,4,5]. We therefore carried out slash-inoculation using low-molecular-weight RNAs extracted from the coleus (cv. Sukang) plant into viroid-free coleus seedlings. Cucumber (Cucumis sativus cv. Suyo) seedlings at the cotyledon stage were also inoculated with the RNAs by mechanical inoculation. Control plants were inoculated with 100mmol/L Tris HCl-10 mmol/L EDTA (pH7.5). All of the plants were maintained at 28℃ in a greenhouse. Three months later, leaf samples were collected and analyzed for infection with viroid-like RNAs using 2D PAGE. Two similar RNA bands with the properties of single-stranded circular RNA were again detected in the coleus seedlings inoculated with the low-molecular-weight RNA extract (Fig. 1Ⅰc). The corresponding bands were not detectable in the viroid-free Coleus seedlings (Fig. 1Ⅰb) or the inoculated cucumber seedlings (data not shown), indicating that the larger viroid-like RNA can be mechanically transmitted to, and replicate in, coleus.

A set of universal primers specific for all of the known CbVds was designed for cloning and sequencing of the newly detected viroid-like RNA in coleus. CbVd R (5′-CGCTGCCAGGGAACCCAGGT-3′) was used as the primer for reverse transcription (RT), and this primer, together with the forward primer (CbVd F) (5′-GCTGCAACGGAATYCAGKGC-3′), was used for the polymerase chain reaction (PCR). RT-PCR was performed as described previously[21]. Low-molecular-weight RNAs extracted from coleus were used as the template. PCR products were electrophoresed in 2% agarose gel, stained with ethidium bromide and visualized under UV light. A PCR product with a size of ca. 270bp was cloned into the pGEM-T vector (pGEM-T Vector System, Promega) and introduced into *E. coli* DH5α by transformation. Selected clones were sequenced using an automated DNA sequencer (ABI Prism 3730XL DNA Analyzer). The nucleotide sequences obtained were sent to the DNA Data Bank of Japan (DDBJ) (National Institute of Genetics, Shizuoka, Japan) for BLAST homology search.

Some clones obtained using the universal primers matched almost completely to the known CbVd1 sequence, but others showed only limited sequence identity to the known CbVds. Based on the latter sequences, we designed a new set of primers, CbVd5R (50-AATTGAGGTCAAACCTCTTT-30) and CbVd5F (50-GACTA GAACAGTAGTAAAGA-30). These primer sequences were designed from the newly detected sequences by arranging them to connect with each other in a tail-to-tail orientation. They were used for the RT-PCR amplification of the possible new coleusviroids. RT-PCR, cloning and sequencing of the complete RNA were performed as described above.

Using the primers CbVd5R and CbVd5F, a PCR product with a size of ca. 270bp was successfully amplified from the original coleus samples (cv. Sukang) and also from the Coleus seedling artificially infected with the RNA extracts. The size of the PCR product is consistent with what we first estimated from 2D-PAGE analysis. A total 20 cDNA clones were sequenced. All of the sequences consisted of 274 nucleotides with minor sequence variations, which will be appear in the GenBank databases with the accession numbers FJ151370-FJ151372. Hereafter, we tentatively named it Coleus blumei viroid 5 (CbVd-5).

The RNA sequence of CbVd-5 (database accession FJ151370) is composed of 52A (18.97%), 66U (24.45%), 80G (29.19%), and 76C (27.37%) and shares 66.0% sequence homology with CbVd-1bv (database accession number X95366), 60.1% with CbVd-4rl (database accession number X97202), and 52.9% with CbVd-3rl[17] (database accession number X95364). Molecular phylogenetic analysis was performed using ClustalW (available on the internet at http://www.ddbj.nig.ac.jp/searches-e.html), and the tree was drawn using TreeView (ver. 3.1). The analysis revealed that CbVd-5 is located between CbVd-1/CbVd4 and CbVd-2/ CbVd-3 (Fig. 2).

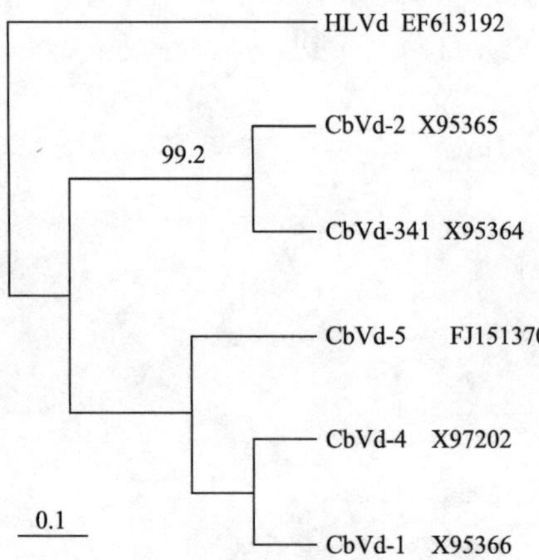

Fig. 2　A phylogenetic tree of *Coleus blumei* viroids. Branches with bootstrap support less than 70% were collapsed. Numbers in the branches indicate bootstrap support from NJ (1000 replicates). The new *Coleus blumei* viroid identified in this report is designated in the figure as CbVd-5. Hop latent viroid (HLVd) was used as an out-group

The sequence was analyzed for putative translation products in both the plus and minus strands, with AUG and GUG as possible initiation codons, using CLC Combined.

Workbench (http://www.clcbio.com/index.php?id=28). Putative open reading frames were identified, but significant homologies were not detected in BLAST searches (data not shown). Therefore, like other viroids, the genome presumably does not encode any polypeptides[1,2].

A predicted secondary structure of minimum free energy for CbVd-5 was drawn using the CLC Combined Workbench. The 274nt sequence has the potential to form a rodlike structure with a high degree of base pairing, like all of the known viroids. We compared the secondary structure with those of all of the known CbVds. The CCR (the red letters in Fig. 3) was highly conserved among the CbVds, but only CbVd-5 showed a unique nucleotide substitution at position 53, in which G in

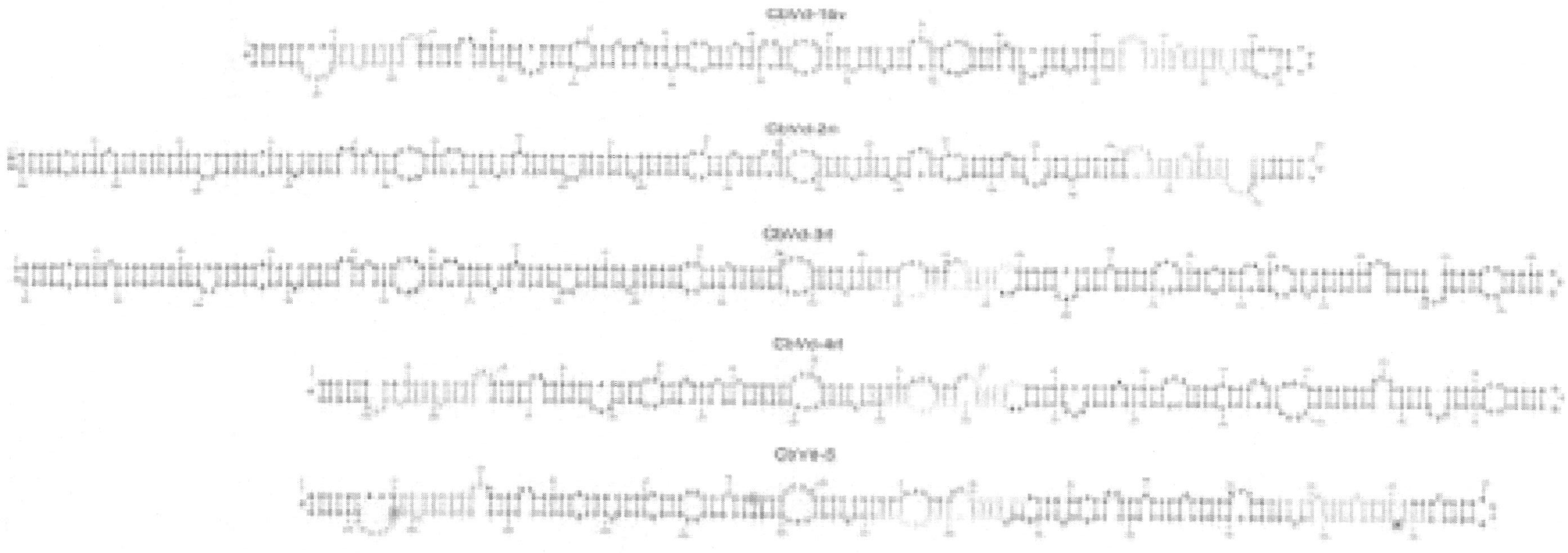

Fig. 3 Comparison of the predicted rod-like secondary structures of CbVd-5 and members of the known CbVd species in the genus oleviroid. Colored sequences were conserved in all or among some of the Coleviroid members. Red sequences are the CCR of members of the genus Coleviroid. Pink sequences are also conserved among CbVd-3, CbVd-4 and CbVd-5, at the right boundary of CCR. Green sequences are conserved among CbVd-1, CbVd-4 and CbVd-5, at the terminal left region. Blue sequences are conserved among Cb-Vd-1, CbVd-2 and CbVd-5, at the terminal right region. Unique nucleotide substitutions found in CbVd-5 within in the CCR, the semi-conserved sequence in the terminal left and the terminal right regions are boxed. The nucleotide sequences of the known coleviroids were obtained from GenBank; CbVd-1bv (X52960), CbVd-2rl (X95365), CbVd-3rl (X95364), and CbVd-4rl (X97202) (color in online version)

CbVds -1 to -4 was replaced by C in CbVd-5. The right boundary sequences of the upper (7-nt) and the lower (14-nt) strand of the CCR were also conserved among CbVd-3, -4 and -5 (the pink letters in Fig. 3).

In addition to the CCR, two conserved sequences were also identified in the terminal left and the terminal right regions (the green and the blue letters in Fig. 3, respectively), in which sequence was conserved among some, but not all, CbVds. That in the terminal left region was conserved among CbVd-1, -4 and -5 (the green letters in Fig. 3); on the other hand, that in the terminal right region was conserved among CbVd-1, -2 and -5 (the blue letters in Fig. 3). It should be noted that only CbVd-1 and -5 shared both sequences. In the genus Coleviroid, it was already pointed out that the terminal conserved region (TCR) was found only in the two largest members, CbVd-2 and CbVd-3 [4,7]. The conserved sequence in the terminal left region of CbVd-1, -4 and -5 (the green letters in Fig. 3), found in this analysis, may be a different type of terminal conserved region for the three smaller members of the genus; i. e., the equivalent element for TCR of the two largest members.

Using a digoxigenin (DIG) -labeled cRNA probe for CbVd-5, we examined the infection of the viroid in theoriginal coleus plant and the artificially infected coleus seedling. The RNA extract was separated in 2D-PAGE and was contact-blotted to a nylon membrane (Hybond-N?, Amersham Biosciences) overnight at room temperature [22]. After blotting, the gel was stained with silver (Fig. 1IId, f), and the nylon membrane was hybridized with DIG-labeled cRNA probes for CbVd-5 only or CbVd-1 plus CbVd-5. Hybridization was performed using DIG RNA Labeling Kit and Detection Starter Kit 1 (Roche). Northern analysis clearly showed that the small one hybridized with CbVd-1 and the larger one (ca. 270-nt) hybridized with the CbVd-5 probe. Since the result was the same, only the data from the artificially infected coleus seedlings are shown in Fig. 1IIe and g, which confirmed that CbVd-5 can be mechanically transmitted to, and replicate in, coleus.

Taking into consideration the unique nucleotide sequence, a predicted rod-like secondary structure, the conserved regions in the molecule and the ability to replication coleus plants, the 274-nt viroid detected from coleus (cv. Sukang) in China was identified as a member o a new CbVd species in the genus Coleviroid. Since four CbVds have been reported so far, although CbVd-4 was recorded only in the DNA database, it should be appropriate to propose the name Coleus blumei viroid 5 (CbVd-5) for the species.

CbVd-5 shared the CCR for members of the genus Coleviroid and two additional semi-conserved sequences at the left and the right terminal regions of the predicted secondary structure. Neither terminal sequence was conserved among all members of the genus. It should be noted that the CCR and the conserved sequences were interrupted by blocks of unique sequences that are quite different from each other among the species. The result seems to indicate that CbVd-5 was also created by extensive recombination or by natural shuffling of putative Coleus viroid ancestors [18].

The CCR is known to be an important structural element for pospiviroid replication; i. e., processing and ligation[23,24]. The nucleotide substitution (G53 ? C) found in CCR of CbVd-5 (boxed sequence, Fig. 3) may have some influence on the replication of CbVd-5. In addition, other nucleotide substitutions were found in the semi-conserved terminal left (G262 ? A) and the terminal right (U152 ? A) sequences. The terminal right and/or the terminal left region of the genus Pospiviroid is/are responsible for the regulation of pathogenicity and accumulation/replication of the viroid [25,26]. The concentration of CbVd-5 was similar to that of CbVd-1 in the early stage of infection but reached a higher level than CbVd-1 in the later stage (unpublished data). Since CbVd-1 and CbVd -5 share the two terminal sequences, the difference in the sequence may be correlated to the different accumulation patterns. The Coleus viroids may provide a suitable system for the molecular dissection of viroid replication and pathogenicity, and also of viroid evolution.

Given the small number of plants tested, we have not yet identified how CbVd-5 infection influences the growth of Coleus, which will require further investigation. Further study will also be essential to understand the distribution of CbVd-5 in the world commercial coleus industry.

Acknowledgments

We thank Prof. Roger Hull for his critical reading of this manuscript, Ling-Xiao Mu, graduate student from Shenyang Agricultural University, for his valuable advice on artwork and Qian-Fu Su, graduate student from Jilin University, for his sample collection. This work was supported by grants from the National Basic Research and Development Program of China (973 Program) (No. 2006CB100203 and 2009CB119200), the Beijing Natural Science Foundation of China (No. 6072022), the National Natural Science Foundation of China (No. 30771403), and the Opening Project of State Key Laboratory for Biology of Plant Diseases and Insect Pests, Institute of Plant Protection, Chinese Academy of Agricultural Sciences. This work was also supported in part by a Grant-in Aid for Scientific Research B18380028 from Japan Society for the Promotion of Science, and JSPS's FY2008 Bilateral Joint Projects between Japan and China-NSFC (30811140157).

References

[1] Daro's J, Elena S, Flores R. Viroids: an Ariadne's thread into the RNA labyrinth. EMBO Rep 2006, 7: 593-598

[2] Diener TO. The viroids. New York: Plenum Press, 1987

[3] Diener TO. The viroid: biological oddity or evolutionary fossil. Adv Virus Res, 2001, 57: 137-184

[4] Hadidi A, Semancik J, Flores R. Viroids. *In*: Semancik J. Viroid pathogenesis. CSIRO S P, USA, 2003, 61-65

[5] Semancik J. viroids and viroid-like pathogens. Boca Raton: CRC press, 1987

[6] Fauquet CM, Mayo MA, Maniloff J. Virus taxonomy. Eighth Report of the International Committee on Taxonomy of Viruses, 2005, 1259

[7] Flores R, Randles JW, Bar-Joseph M. A proposed scheme for viroid classification and nomenclature. Arch Virol, 1998, 143: 623-629

[8] Keese P, Symons R. Domains in viroids: evidence of intermolecular RNA rearrangements and their contribution to viroid evolution. PNAS, 1985, 82: 4582-4586

[9] Fonseca M, Boiteux L, Singh R. A small viroid in *Coleus* species from Brazil. Fitopatol Bras, 1989, 14: 94-96

[10] Fonseca ME, Marcellino LH, Kitajima EW. Nucleotide sequence of the original Brazilian isolate of *Coleus yellow viroid* from Solenostemon scutellarioides and infectivity of its complementary DNA. J Gen Virol, 1994, 75: 1447-1449

[11] Ishiguro A, Sano T, Harada Y. Nucleotide sequence and host range of coleus viroid isolated from coleus (*Coleus blumei* Benth) in Japan. Ann Phytopathol Soc Jpn, 1996, 62: 84-86

[12] Li SF, Su Q, Guo R . First report of *Coleus blumei viroid* from coleus in China. Plant Pathol, 2006,55:565

[13] Spieker R. A new sequence variant of *Coleus blumei viroid* 1 from the *Coleus blumei* cultivar 'Rainbow Gold'. Arch Virol, 1996, 141: 2153-2161

[14] Spieker R, Haas B, Charng Y. Primary and secondary structure of a new viroid 'species' (CbVd 1) present in the *Coleus blumei* cultivar 'Bienvenue'. Nucleic Acids Res, 1990, 18: 3998

[15] Su Q, Li SF, Sano T. Detection and molecular characterization of *Coleus blumei viroid* in China. Acta Phytopathologica Sinica, 2006, 36: 226-231

[16] Singh R, Boucher A, Singh A. High incidence of transmission and occurrence of viroid in commercial seeds of Coleus in Canada. Plant Disease, 1991, 75: 184-187

[17] Spieker R, Marinkovic S, Sanger H. A new sequence variant of *Coleus blumei viroid* 3 from the coleus blumei cultivar 'Fairway Ruby'. Arch Virol, 1996, 141: 1377-1386

[18] Spieker R. *In vitro*-generated 'inverse' chimeric *Coleus blumei viroids* evolve *in vivo* into infectious RNA replicons. J Gen Virol, 1996, 77: 2839-2846

[19] Li SF, Onodera S, Sano T. Gene diagnosis of viroids: Comparisons of return-PAGE and hybridization using DIGlabelled DNA and RNA probes for practical diagnosis of hop stunt, citrus exocortis and *Apple scar skin viroids* in their natural host plants. Ann Phytopath Soc Japan, 1995, 61: 381-390

[20] Schumacher J, Randles JW, Riesner D. A two-dimensional electrophoretic technique for the detection of circular viroids and virusoids. Anal Biochem, 1983, 135: 288-295

[21] Yang YA, Wang HQ, Wu ZJ, et al. Molecular variability of *Hop stunt viroid*: identification of a unique variant with a tandem 15-nucleotide repeat from naturally infected plum tree. Biochem Genet, 2008, 46: 113-123

[22] Machida S, Shibuya M, Sano T. Enrichment of viroid small RNAs by hybridization selection using biotinylated RNA transcripts to analyze viroid induced RNA silencing. J Gen Pl Pathol, 2008, 74: 203-207

[23] Diener TO. Viroid processing: a model involving the central

conserved region and hairpin I. PNAS, 1986, 83: 58-62

[24] Gas ME, Hernandez C, Flores R, Daròs JA. Processing of nuclear viroids *in vivo*: an interplay between RNA conformations. PLoS Pathog, 2007, 3 (11): e182. doi: 10.1371/journal.ppat.0030182

[25] Sano T, Candresee T, Hammond R. Identification of multiple structural domains regulating viroid pathogenicity. PNAS, 1992, 89: 10104-10108

[26] Sano T, Ishiguro A. Viability and pathogenicity of inter subgroup viroid chimeras suggest possible involvement of the terminal right region in replication. Virology, 1998, 240: 238-244

Molecular characterization of *Grapevine yellow speckle viroid*-2 (GYSVd-2)

JIANG Dong-mei [1,2], ZHANG Zhi-xiang [1], Wu Zu-jian [2], Guo Rui [1], WANG Hong-qing [3], FAN Pei-ge [4], LI Shi-fang [1]

(1 State Key Laboratory of Biology of Plant Diseases and Insect Pests, Institute of Plant Protection, Chinese Academy of Agricultural Sciences, Beijing 100193;
2 Institute of Plant Virology, Fujian Agriculture and Forestry University, Fuzhou 350002;
3 Department of Fruit Science, College of Agronomy and Biotechnology, China Agricultural University, Beijing 100193
4. Institute of Botany, Chinese Academy of Sciences, Beijing 100093)

Abstract: *Grapevine yellow speckle viroid*-2 (GYSVd-2) is a viroid found only in grapevines in China and Australia. Here, we report the molecular characterization of GYSVd-2 isolated from three grapevine varieties in China. A total of 90 cDNA clones were sequenced including 30 cDNA clones obtained from each of the Black Olympia, Zaoyu, and Thomson Seedless isolates. Sequencing analysis identified 20, 18, and 12 different sequence variants from the 3 isolates, respectively. Furthermore, each of the isolates included one predominant sequence variant. Compared to the Australian variant of GYSVd-2 (Accession number: NC _ 003612), the Black Olympia variant was identical and the Zaoyu variant contained one substitution. In contrast, the Thomson Seedless isolate significantly varied from the Australian variant with three substitutions, two insertions, and four deletions. In silico structure analysis predicted that the variations were clustered in the terminal left, the pathogenicity, and the variable region of the predicted secondary structure of GYSVd-2.

Key words: *Grapevine yellow speckle viroid*-2; genetic variation; sequencing analysis; secondary structure

1 Introduction

Viroids are small, circular, single-stranded RNA molecules that range in size from 246 to 475 nucleotides (nts). Viroids replicate in host plants and act as phytopathogenic agents; however, unlike viruses, viroids do not code for proteins. Viroids are the smallest known plant pathogens and are responsible for several economically significant crop diseases[1]. Viroids are classified into two families: Pospiviroidae, which is composed of species with a central conserved region (CCR) that do not contain a hammerhead ribozyme, and Avsunviroidae, a family composed of species lacking a CCR but containing a hammerhead ribozyme that is able to self-cleave both strands of the viroid[2].

Up to now, five viroids have been identified with the ability to infect grapevines: Hop stunt viroid (HSVd) [3], Citrus exocortis viroid (CEVd) [4], Australian grapevine viroid (AGVd) [5], and two Grapevine yellow speckle viroids (GYSVd-1 and GYSVd-2) [6,7]. Grapevine viroids have been divided into three genera based on sequence homology of their CCRs [8]. GYSVd-1, GYSVd-2, and AGVd are classified in the Apscaviroid group, whereas

Virus Genes, 2009, 38 (3): 515-520
Received: 31 December 2008 Accepted: 12 February 2009

HSVd-g [9] and CEVd-g are classified in the Hostuviroid and Pospiviroid groups, respectively [10]. Mixed infections involving these viroids in cultivated grapevines is common, and in general, grapevine viroids produce very few, if any, disease symptoms, thereby allowing these viroids to replicate in a host unnoticed. However, of the five types of grapevine viroids identified, GYSVd-1 and GYSVd-2 are associated with disease symptoms such as yellow speckle, which was originally identified under hot greenhouse conditions in Australia [6,7,11].

GYSVd-2 is composed of 363 nts and was first detected in Australia when the grapevine cultivar 'Kyoto' was grafted onto the 'Dogridge' rootstock and subsequently became infected with yellow speckle disease [6]. GYSVd-2 is the most closely related viroid to GYSVd-1 with an overall sequence similarity of 73%, which accounts for the cross-hybridization that occurs between the two species [7]. Although GYSVd-2 RNA can be separated from other grapevine viroid RNA of similar size, including GYSVd-1, separation occurs only after prolonged electrophoresis under denaturing conditions[7]. Until now, GYSVd-2 has only been identified in grapevines from Australia and China [6,12].

Due to the low infection rate of cultivated grapevines by GYSVd-2, little is known about this viroid. The present work characterizes GYSVd-2 isolates collected from three different grapevine varieties in China to provide new information regarding the population diversity and the genetic variation of the viroid. Differences in viroid sequences identified among isolates from grapevines in China as well as in comparison with an Australian GYSVd- 2 isolate indicate a novel isolate has been identified in Xinjiang, China, distinct from the other isolates collected from Beijing, China, and Australia.

2 Materials and methods

2.1 Viroid sources

From 2006 to 2008, young leaves of 89 grapevine samples from different grape varieties were collected from Xinjiang autonomous region, Shenyang, Fujian, and Beijing, China. They were detected by dot-blot or Northern hybridization using DIG-labeled GYSVd-1 riboprobe followed by RT-PCR using GYSVd-2 specific primers.

2.2 Isolation and extraction of GYSVd-2

Low molecular weight RNAs were extracted according to Li *et al.* [13]. Briefly, 5g of tissue were treated with liquid nitrogen, extracted with 10mL of 1mol/L K2HPO4 containing 0.1% b-mercaptoethanol, and homogenized with 10mL phenol: chloroform (1 : 1, V/V). To eliminate polysaccharides present, extraction with 2-methoxyethanol and Cetyltrimethyl Ammonium Bromide (CTAB) precipitation were performed, followed by treatment with 2mol/L LiCl to isolate the soluble fraction and collect the low molecular weight RNAs. The resulting preparation was dissolved in 30μL of distilled water.

2.3 Reverse transcription-polymerase chain reaction (RTPCR)

Using RT-PCR, cDNAs were generated from viroid RNA. Briefly, template (1μL) was mixed with 0.5μL (20 pmol) of primer GYSVd-2-P2 (5′-ACTAGTCCGAGGACCTTTTC TAGCGCTC-3′, complementary to nucleotides 166-187) and distilled water, then heated at 98℃ for 5min, and quenched in ice water for more than 2min. Then 1μL of 2.5 (mmol/L dNTPs, 1μL (200U) MMuLV reverse transcriptase (Promega), 2μL MMLV 59 reaction buffer, 0.25μL (40U) Recombinant RNasin ribonuclease inhibitor, and distilled water were added to the RT mixture for a final volume of 10μL. The resulting mixture was incubated at 42℃ for 60min, then at 98℃ for 5min. After the RT reaction, 5μL of the reverse transcription solution was mixed with 25μL 29 PCR Ex *Taq* Mix, 18μL distilled water, and 1μL (20pmol) each of primers GYSVd-2-P1 (5′-ACTAG-TACTTTCTTCT ATCTCCGAAGC-3′, homologous to nucleotides 188-208) and GYSVd-2-P2 (5′-ACTAGTCCGAGGACCTTTTCT AGCGCTC-3′) to yield a final reaction volume of 50μL. The cycling parameters for PCR amplification consisted of one cycle of heat denaturation at 94℃ for 5min, 30 amplification cycles of 94℃ for 30s, 56℃ for 30s, and 72℃ for 30s, and a final elongation step at 72℃ for 5min.

2.4 Cloning and sequencing

After RT-PCR, electrophoresis confirmed the presence of the expected PCR products before they were purified using a PCR purification kit (Tiangen). The resulting fragments were cloned into the pMD18-T vector (TaKaRa) and transformed into *E. coli* DH5α. Recombinant DNA clones containing a 363-bp insert were identified by restriction analysis. Selected clones were sequenced using an automated DNA sequencer (ABI PRISMTM 3730XL DNA Analyzer) and analyzed by DNAMAN Version 5.2.2.

2.5 Sequencing analysis and determination of secondary structures

Sequences were aligned with the Australian GYSVd-2 sequence deposited in the GenBank database (Accession number: NC _ 003612) using Clustal W (Ver. 1.83). Possible secondary structures were calculated using the CLC RNA Workbench package (Version 3.0.1, http://www.clcrnaworkbench.com/).

3 Result

3.1 Genetic diversity of GYSVd-2 within each isolate of Black Olympia, Zaoyu, and thomson seedless

GYSVd-2 was positive in only three samples of the 89 grapevine samples examined, i.e., one each from the cultivars Black Olympia, Zaoyu, and Thomson Seedless. The Black Olympia and Zaoyu samples were collected from the same grapevine nursery in Beijing, while the Thomson Seedless sample was collected from a grapevine tree from the Xinjiang autonomous region estimated to be older than 150 years. Thirty cDNA clones were chosen randomly from each of the three isolates, and a total of 90 independent cDNA clones were sequenced. Of them, a total of 50 sequence variants were identified. The variants detected in the Black Olympia isolate included one predominant sequence variant, Bv1 (363nt) and 19 singletons (Fig. 1, left). In the Zaoyu isolate, one predominant sequence variant, Zv1 (363nt) was identified along with 17 singletons (Fig. 1, middle). In the Thomson Seedless isolates, one predominant sequence variant, Tv1 (361nt) was detected along with 11 singletons (Fig. 1, right). Each of the three isolates consisted of one predominant sequence variant which occupied 37%, 43%, or 63% of the sequences determined in each isolate (Fig. 1). The overall sequence homology within each isolate was high, for example, the homology between the 20 sequence variants of Black Olympia isolate was 98.90%-99.72%. Based on the identification of one predominant sequence variant in each of the isolates (i.e., Bv1, Zv1, and Tv1), we hypothesize that all the three GYSVd-2 isolates form a quasispecies with one predominant sequence [11,12,14-17].

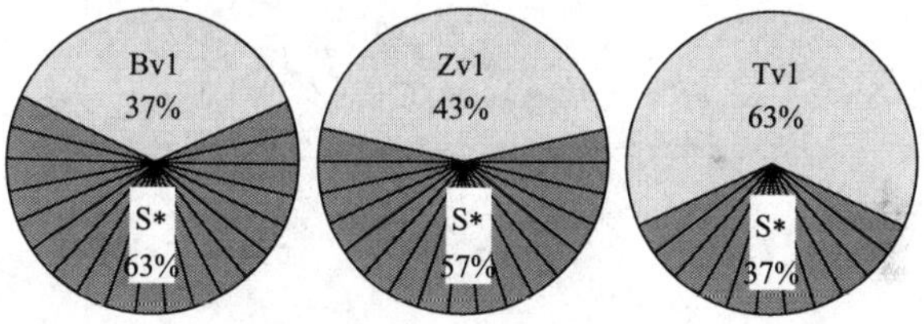

Fig. 1 GYSVd-2 variants from the three different grape varieties (Black Olympia, Zaoyu, and Thomson Seedless) in China. Thirty each of independent cDNA clones, respectively, from each of the three isolates, in total of 90, were sequenced. One predominant sequence was identified for each: Bv1 for Black Olympia, Zv1 for Zaoyu, and Tv1 for Thomson Seedless. The percentage of variants associated with singletons (S*) are also indicated in dark gray.

3.2 Genetic diversity among GYSVd-2 isolates from different grapevine varieties

When the sequences of Bv1, Zv1, and Tv1 were aligned with the GYSVd-2 sequence derived from an Australian grapevine (Accession number: NC _ 003612), zero, one, and nine positions showed differences, resulting in an overall sequence homology of 100%, 99.72%, and 98.34%, respectively, in each case. The high degree of homology for the Black Olympia and Zaoyu predominant variants, except at position 300 (A_{300}→G) for Zv1, was consistent with the origination of the two isolates from the same nursery yard in Beijing. We hypothesize that Bv1 and Zv1 have the same origin and were geographically separated rather recently. In contrast, the predominant sequence of the Thomson Seedless isolate, Tv1, differed from the Australian isolate with three substitutions at positions 300 (A_{300}→G), 361 (C_{361}→T), and 362 (T_{362}→C), along with two insertions at positions 134 ($-_{134}$→A) and 147 ($-_{147}$→T), and four deletions at positions 15 (T_{15}→-), 349 (C_{349}→-), 350 (G_{350}→-), and 357 (G_{357}→-) (Fig. 2). The substitution at position 300 (A_{300}→G) is the same as the one identified in the Zaoyu isolate. Given the greater number of differences identified in Tv1 versus the Australian sequence variant, Bv1 and Zv1, it appears that Tv1 is a more isolated viroid variant, consistent with its collection from a 150-year-old grapevine tree growing in Xinjiang.

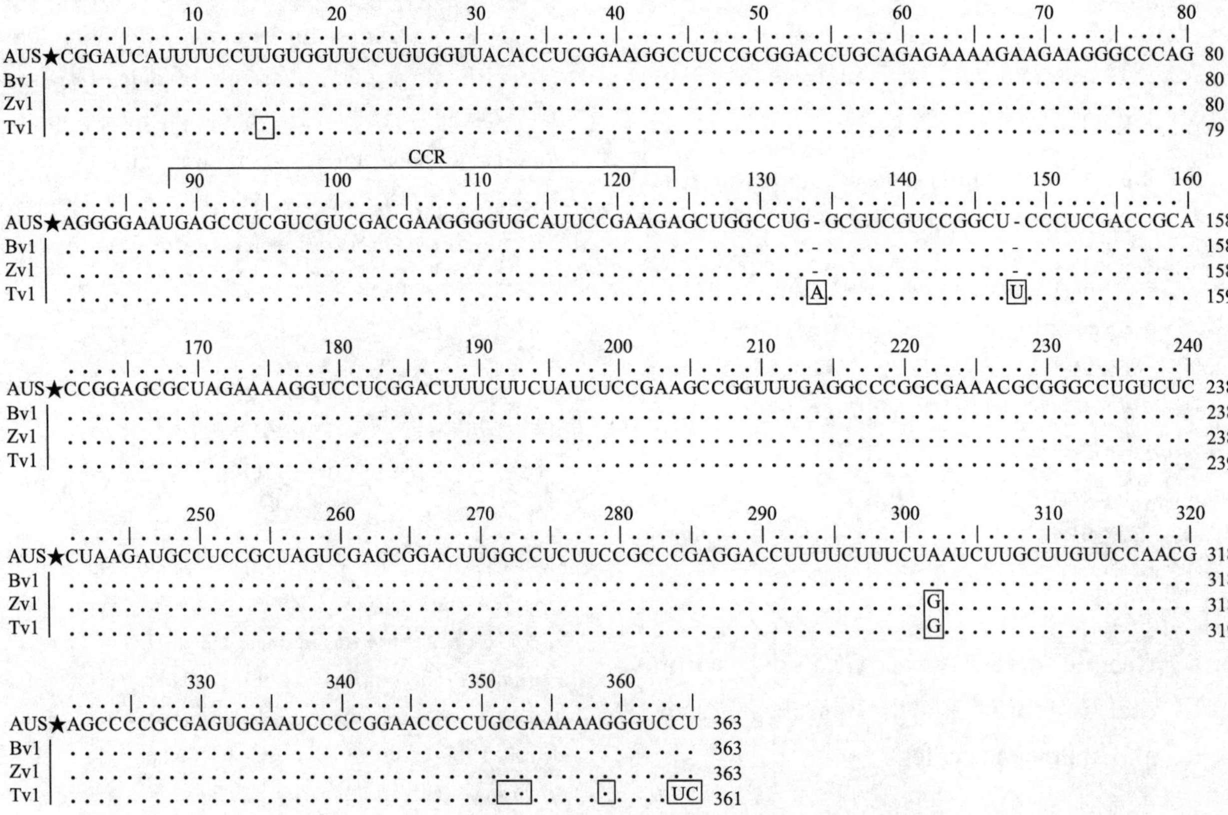

Fig. 2　Sequence alignment of GYSVd-2 variants isolated from grapevines in China and Australia. Sequences of viroids isolated from different grapevines in China versus a previously published GYSVd-2 sequence from a grapevine in Australia (Accession number: NC_003612). The position mutations of specific sequence variants are boxed and the CCR domain is labeled above the sequence. (AUS: Australia, Bv1: China (Black Olympia), Zv1: China (Zaoyu), Tv1: China (Thomson Seedless)

3.3　Effects of genetic diversity on predicted secondary structures

Most of the variations found in the three GYSVd-2 isolates from China were clustered in the terminal left (TL) region, the pathogenicity-associated region (P), and the variable (V) region of the viroid-predicted secondary structure. Variations were not found in the CCR (from 84-120nt) or in the terminal conserved region (TCR) of the TL region (Fig. 3) . In silico analysis of the predicted secondary structures of the variants suggested that some of the sequence variants could influence the viroid structure. Specifically, the two mutations at positions 134 and 147 of the Thomson Seedless (Tv1) variant were predicted to affect the predicted secondary structure (Fig. 3) . In silico structure analysis also revealed that the P domain of GYSVd-2 is purine rich in the upper strand and uridine rich in the bottom strand.

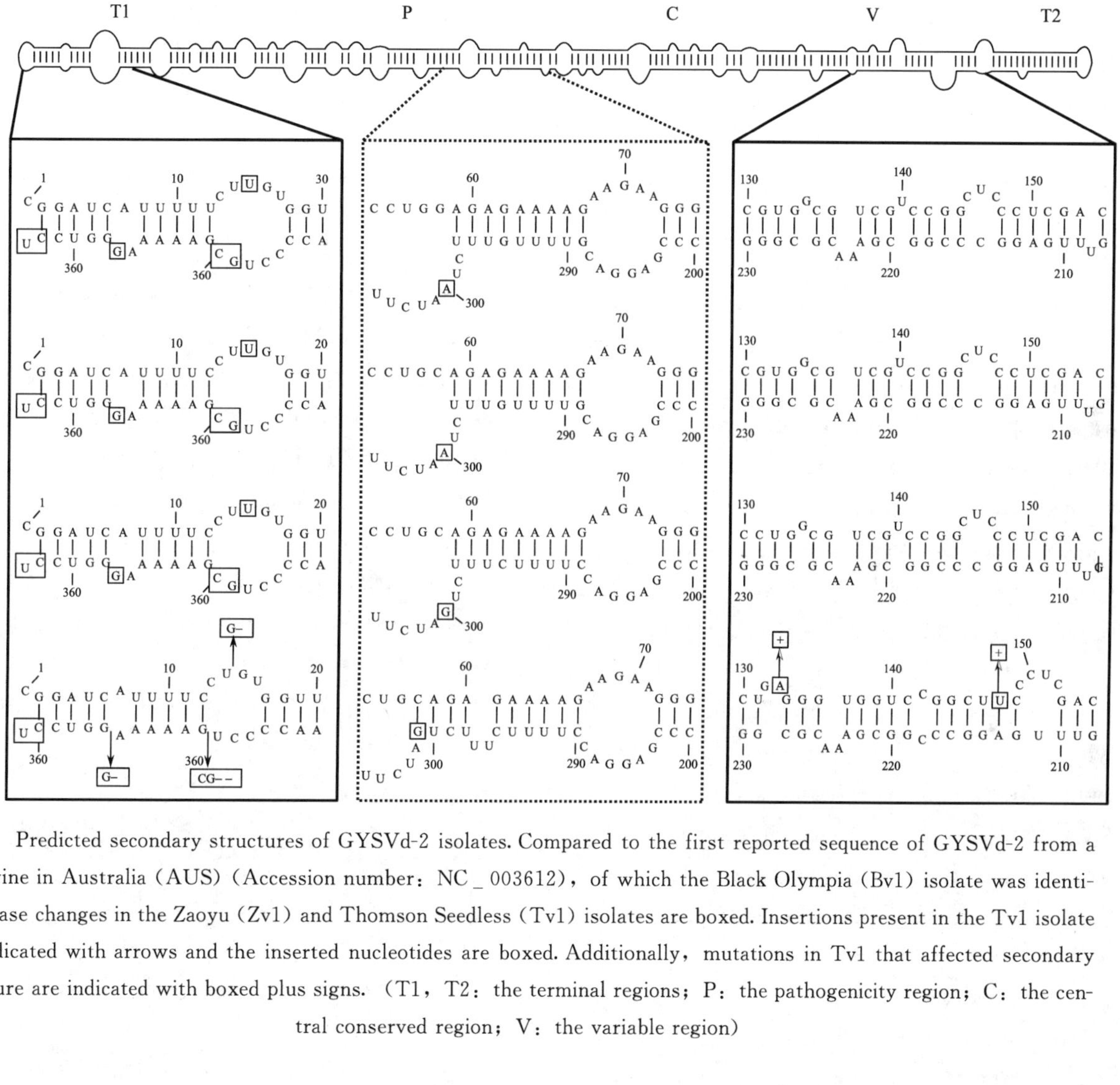

Fig. 3 Predicted secondary structures of GYSVd-2 isolates. Compared to the first reported sequence of GYSVd-2 from a grapevine in Australia (AUS) (Accession number: NC _ 003612), of which the Black Olympia (Bv1) isolate was identical, base changes in the Zaoyu (Zv1) and Thomson Seedless (Tv1) isolates are boxed. Insertions present in the Tv1 isolate are indicated with arrows and the inserted nucleotides are boxed. Additionally, mutations in Tv1 that affected secondary structure are indicated with boxed plus signs. (T1, T2: the terminal regions; P: the pathogenicity region; C: the central conserved region; V: the variable region)

4 Discussion

Here, we present, for the first time, the population diversity and genetic variations of the viroid, GYSVd-2, identified from three isolates (Black Olympia, Zaoyu, and Thomson Seedless) collected from grapevines in China. In total of 90 cDNA clones, 30 each of independent cDNA clones from the 3 isolates were sequenced. Twenty sequence variants from Black Olympia, 18 sequence variants from Zaoyu, and 12 sequence variants from Thomson Seedless, in total of 50, were identified. Although it is possible that the singletons identified could represent PCR artifacts, we hypothesize that they are naturally occurring mutations for the following reasons. First, the frequency of error resulting from Ex-Taq DNA polymerase ranges from 10-4 to 10-5 [18]. Second, most of the mutations were identified multiple times in different cDNA clones. For example, all the sequence variants showed an A to G substitution at nucleotide 300 in both the Thomson Seedless and the

Australian isolates [7]. Additionally, most of the single mutation sites were located in the TL, P, and V domains of GYSVd-2, and not in the strictly conserved regions of the CCR and the TCR of Apscaviroid, supporting the hypothesis that these mutations are naturally occurring.

Sequence alignments between the variants isolated from grapevines in Australia and China demonstrate that GYSVd-2 isolates from different countries do not necessarily display regional disparity and variety-specific sequence variants. For example, Bv1, the predominant sequence of Black Olympia, was identical to the Australian sequence and represented the first reported variant of the Australian isolate. Since Black Olympia and Zaoyu isolates were collected from the same grapevine nursery in Beijing, and the homology between the Black Olympia, Zaoyu, and the Australian isolate were similar, it appears that they derived from a common ancestor. In contrast, sequence variations were found at nine different positions in the Thomson Seedless isolate versus the other grapevine varieties. Interestingly, six out of the nine single site mutations were located in the TL region (Fig. 3). This is in contrast with previous studies that have found the TCR of Apscaviroid species (CNNGNGGUUCCUGUGG) to be highly conserved in the TL region [19-21]. This difference may be explained by the fact that the Thomson Seedless isolate was collected from a grapevine tree estimated to be older than 150 years, which is predicted to have survived by its own root given the absence of any records of grafting or top-working manipulations. Therefore, the increased number of mutations in a region otherwise found to be highly conserved is consistent with the extended period of isolation experienced by this grapevine tree that grows in a latitude and climate distinct from the other grapevine varieties analyzed.

The most stable secondary structures for the three predominant variants (Bv1, Zv1, and Tv1) were derived based on energy calculations. We also reconfirmed that the P domain of GYSVd-2 is purine rich in the upper strand and uridine rich in the bottom strand, resulting in a relatively high sequence homology between the P domain of GYSVd-2 and the P domains of other viroids[8]. Like other RNAs, the predicted secondary structure of GYSVd-2 contains many loops and bulges flanked by double-stranded helices, the biological functions of which are mostly unknown. Recent studies have demonstrated that the loops/ bulges in the rod-shaped secondary structure of the viroid serve as major functional motifs that likely interact with cellular factors to accomplish various aspects of replication and systemic trafficking during infection [22]. Compared to the Australian variant, most of the variations found in the Chinese isolates were located in the TL and P domains of the secondary structure, which may have some influence on the secondary structure of the GYSVd-2 viroid, particularly with respect to replication and pathogenicity of the viroid. However, these possibilities would require further investigation. Among the nucleotide positions that did exhibit substitutions, the $A_{300} \rightarrow G$ substitution in Zv1 was not predicted to influence secondary structure, although when other base changes were present in Tv1, changes in the secondary structure were predicted (Fig. 4). We

```
                                   TCR
                        CNNGNGGUUCCUGUGG
ASSVd★ - - -GGUAAACAC   CGUGCGGUUCCUGUGG UU
AUS   ★CGGAUC.UUUU.     .U..U...........  ..
Bv1      CGGAUC.UUUU.   .U..U...........  ..
Zv1 China CGGAUC.UUUU.  .U..U...........  ..
Tv1      CGGAUC.UUUU.   .U..U...........  ..
```

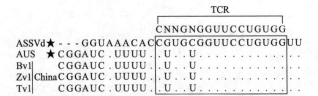

Fig. 4　Analysis of the terminal conserved region (TCR) of GYSVd-2 isolates in the Apscaviroid group. The sequence proximal to the 30 end of the motif is highly conserved while considerable variability is found in the nucleotides near the 50 terminus as evidenced in the three "N" nts in the five terminal positions[22]. Sequences from viroids isolated from different grapevines in China are compared with a previously published GYSVd-2 sequence from a grapevine in Australia (AUS*) (Accession number: NC _ 003612) and a previously published ASSVd sequence (ASSVd) (Accession number: NC 001340). (Abbreviation of the sample names such as "Bv1" was described in the text. Samples with asterisk (w) indicate those obtained from GenBank.)

hypothesize that this might be due to reciprocity among the bases.

Characterization of the genetic structure and variation of a viroid population is important to understand the dissemination and evolution of a viroid family. With the advent of molecular virology, many viroid populations have been characterized including AFCVd, HSVd, CEVd, GYSVd-1, and AGVd[15,16,19,23-25 27-29]. Given the limited distribution of GYSVd-2 in the world, very little is known about GYSVd-2 at the molecular level prior to this study. For example, GYSVd-2 was previously detected in 11 out of 27 grapevines characterized from Australia [30]. However, GYSVd-2 varieties present in China were not previously reported [12]. Recently, an intensive survey in Japan of 111 different grapevine cultivars in three different nursery yards and eight cultivars in several commercial vine yards have been investigated, however, GYSVd-2 has not been detected (T. Sano, personal communication).

An unusually high GYSVd-2 infection rate in Australian grapevines, combined with the unique sequence variations identified in this study of GYSVd-2 Xinjiang isolates, provide additional information regarding the biology of GYSVd-2. Insights into the GYSVd-2 viroid can also provide a possible model for the biology of other grapevine viroids which have expanded their distribution among the world viticulture. As a result, more extensive surveys on grapevine viroids present in Xinjiang, China, are now underway.

GenBank accession numbers

GenBank accession numbers for the sequence variants identified for GYSVd-2 isolated from China are FJ490172-FJ490175 and FJ597915-FJ597947.

Acknowledgments

This work was supported by grants from the National Basic Research and Development Program of China (973 Program) (No. 2009CB119200 and No. 2006 CB100203), the National Natural Science Foundation of China (No. 30771403), the Beijing Natural Science Foundation of China (No. 6072022), the National Key Technologies Research and Development Program (No. 2006 BAD08A14), the National High Technology Research and Development Program (863 Program) (No. 2006AA10Z432) and the Opening Project of State Key Laboratory for Biology of Plant Diseases and Insect Pests, Institute of Plant Protection, Chinese Academy of Agricultural Sciences. This work was also supported by NSFC-JSPS Joint Research Project between China and Japan (30811140157). We specially thank Prof. Teruo Sano at Hirosaki University of Japan for his valuable comments and the critical reading of this manuscript.

Open Access

References

[1] Fauquet CM, Mayo MA, Maniloff J, et al. Virus taxonomy. Eighth Report of the International Committee on Taxonomy of Viruses. San Diego: Elsevier, 2005, 1145-1160

[2] Koltunow AM, Rezaian MA. A scheme for viroid classification. Intervirology, 1989, 30, 194-201

[3] Sano T, Ohshima K, Hataya T, et al. A Viroid resembling *Hop stunt viroid* in grapevines from Europe, the United States and Japan. J Gen Virol 1986, 67, 1673-1678

[4] Garcia-Arenal F, Pallas V, Flores R. The sequence of a viroid from grapevine closely related to severe isolates of citrus exocortis viroid. Nucleic Acids Res. 1987, 15(10): 4203-4210

[5] Rezaian MA. *Australian grapevine viroid*-evidence for extensive recombination between viroids. Nucleic Acids Res. 1990, 18, 1813-1818

[6] Koltunow AM, Rezaian MA. *Grapevine yellow speckle viroid*: structural features of a new viroid group. Nucleic Acids Res. 1988,16, 849-864

[7] Koltunow AM, Rezaian MA. Grapevine viroid 1B, a new member of the apple scar skin viroid group contains the left terminal region of tomato planta macho viroid. Virology, 1989, 170, 575-578

[8] Keese P, Symons RH. Domains in viroids: evidence of intermo-

lecular RNA rearrangements and their contribution to viroid evolution. PNAS,1985, 82, 4582-4586

[9] Sano T, Ohshima K, Hataya T, et al. A viroid-like RNA isolated from Grapevine Has High Sequence Homology with Hop Stunt Viroid. J Gen Virol 1985, 66, 333. 338S

[10] Elena SF, Dopazo J, Flores R, et al. Phylogeny of viroids, viroidlike satellite RNAs, and the viroidlike domain of hepatitis delta virus RNA. PNAS, 1991 88(13):5631-5634

[11] Taylor RH, Woodham RC. Grapevine yellow speckle: a newly recognized graft-transmissible disease of Vitis. Aust J Agric Res, 1972, 23, 447-452

[12] Li SF, Guo R, Peng S, et al. Grapevine yellow speckle viroid 1 and grapevine yellow speckle viroid 2 isolates from China. Journal of Plant Pathology, 2007,89: S76

[13] Li SF, Onodera S, Sano T, et al. Gene diagnosis of viroids: Comparison of return-PAGE and hybridization using DIG-labeled DNA and RNA probes for practical diagnosis of hop stunt, citrus exocortis and apple scar skin viroids in their natural host plants. Ann Phytopath Soc Japan,1995,61:381-390

[14] Codoner FM, Daros JA, Sole RV, et al. The fittest versus the flattest: experimental confirmation of the quasispecies effect with subviral pathogens. PLoS Pathog, 2006, 2(12), e136

[15] Sano T, Isono S. Matsuki K, et al. Vegetative propagation and its possible role as a genetic bottleneck in the shaping of the apple fruit crinkle viroid populations in apple and hop plants. Virus Genes, 2008, 37, 298-303

[16] Jiang DM, Peng S, Wu ZJ, et al. Genetic diversity and phylogenetic analysis of Australian Grapevine Viroid (AGVd) isolated from different grapevines in China. Virus Genes, 2009, 38, 178-183

[17] Ambrós S, Hern ndez C, Desvignes JC, et al. Genomic structure of three phenotypically different isolates of peach latent mosaic viroid: implications of the existence of constraints limiting the heterogeneity of viroid quasispecies. J Virol, 1998, 72, 7397-7406

[18] Bracho MA, Moya A, Barrio E. Contribution of Taq polymerase-induced errors to the estimation of RNA virus diversity. J Gen Virol, 1998, 79, 2921-2928

[19] Polivka H, Staub U, Gross H J. Variation of viroid profiles in individual grapevine plants. : novel grapevine yellow speckle viroid. 1 mutants show alterations of hairpin. J Gen Virol, 1996, 77, 155-161

[20] Dingley AJ, Steger G, Esters B, et al. Structural characterization of the 69-nt left terminal domain of the potato spindle tuber viroid by NMR and thermodynamic analysis. J Mol Biol, 2003, 334, 751-767

[21] Semancik JS, Vidalakis G. The question of Citrus viroid IV as a Cocadviroid. Arch Virol, 2005,150, 1059

[22] Zhong X, Archual AJ, Amin AA, et al. A genomic map of viroid RNA motifs critical for replication and systemic trafficking. Plant Cell, 2008, 20, 35-47

[23] Palacio-Bielsa J. Romero-Durban N. Duran-Vila, characterization of citrus HSVd isolates. Arch Virol 2004, 149, 537-552

[24] Sano T, Mimura R, Ohshima K. Phylogenetic analysis of hop and grapevine isolates of *Hop stunt viroid* supports a grapevine origin for hop stunt disease. Virus Genes, 2001 ,22, 53

[25] Gandia M, Rubio L, Palacio A, et al. Genetic variation and population structure of an isolate of *Citrus exocortis viroid* (CEVd) and of the progenies of two infectious sequence variants. Arch Virol, 2005, 50, 1945-1957.

[26] Foissac X, Duran-Vila N. Characterisation of two citrus apscaviroids isolated in Spain. Arch Virol, 2000, 145, 1975-1983

[27] Visvader JE, Symons RH. Eleven new sequence variants of citrus exocortis viroid and the correlation of sequence with pathogenicity. Nucleic Acids Res, 1985, 13, 2907-2920

[28] Szychowski JA, Credi R, Reanwarakorn K, et al. Population diversity in grapevine yellow speckle viroid-1 and the relationship to disease expression. Virology, 1998, 248, 432-444

[29] Elleuch A, Fakhfakh H, Pelchat M, et al. Sequencing of *Australian grapevine viroid* and *Yellow speckle viroid* isolated from a tunisian grapevine without passage in an indicator plant. Eur J Plant Pathol, 2002, 108, 815-820

[30] Kolunow AM, Krake LR, Johnson SD, et al. Two related viroids cause grapevine yellow speckle disease independently. J Gen Virol,1989, 70, 3411-3419

Genetic diversity and phylogenetic analysis of *Australian grapevine viroid* (AGVd) isolated from different grapevines in China

JIANG Dong-mei [1], PENG Shan [2], WU Zu-jian [1], CHENG Zhuo-min [2], LI Shi-fang [2]

(1 Institute of Plant Virology, Fujian Agriculture and Forestry University, Fuzhou 350002;
2 State Key Laboratory of Biology of Plant Diseases and Insect Pests, Institute of Plant Protection, Chinese Academy of Agricultural Sciences, Beijing 100193)

Abstract: *Australian grapevine viroid* (AGVd) is found in only three countries in the world. Here, the genetic diversity and phylogenetic relationships of AGVd isolates from three different grape varieties (Thomson Seedless, Jingchuan and Zaoyu) in China were studied. A hundred of independent cDNA clones from each of the three isolates, in total of 300, were sequenced. We identified 29 sequence variants including two predominant ones in Thomson Seedless, and 48 each including a unique predominant one in Jingchuan and Zaoyu. In silico structure analysis revealed that base changes were clustered in the left terminal domain of the predicted secondary structure in all three isolates. Further, these changes were shown to affect their secondary structures to varying degrees. Genetic diversity and phylogenetic analysis of four predominant sequence variants from this study, plus four others from Australia and Tunisia, revealed obvious regional disparity and variety-specificity in AGVd.

Key words: *Australian grapevine viroid*; phylogenetic analysis; sequencing analysis; secondary structure

1 Introduction

Viroids are small (246-475 nucleotides) covalently closed single-stranded RNAs. Like viruses, viroids replicate in host plants and act as phytopathogenic agents; however, unlike viruses they do not code for proteins. Viroids are classified into two families: Pospiviroidae, composed of species with a central conserved region (CCR) and no hammerhead ribozymes, and Avsunviroidae, composed of species lacking CCR but able to self-cleave in both polarity strands through hammerhead ribozymes[1].

So far, Australian grapevine viroid (AGVd), Citrus exocortis viroid (CEVd), Hop stunt viroid (HSVd), Grapevine yellow speckle viroid 1 (GYSVd1), and Grapevine yellow speckle viroid 2 (GYSVd2) have been isolated from grapevines[2-4]. AGVd is 369 nt in length and was first described in Australia [2]. It contains the entire central conserved region (CCR) of the apple scar skin viroid group and is a member of the genus Apscaviroid, family Pospiviroidae. AGVd has only been isolated from grapevines and its entire sequence can be divided into regions, each with a high sequence similarity with segments from Potato spindle tuber viroid (PSTVd), Apple scar skin viroid (ASSVd), CEVd and GYSVd[5]. So far, AGVd has only been reported in Australia, Tunisia and China [2,6,7], and could be distinguished from other viroids by a

Virus Genes, 2009, 38: 178-183
Received: 27 July 2008 Accepted: 12 November 2008 Published online: 30 November 2008

combination of its electrophoretic properties, its ability to replicate in cucumber and in tomato, and its lack of hybridization to other viroid probes [5]. Considering present research, we know that grapevines are the only natural host of AGVd, and the relationship of AGVd to grapevine diseases is unclear[2].

The genetic diversity and variability of AGVd has not been documented and few reports on AGVd have been published. The present work describes the molecular characterization of AGVd isolates from three grape varieties in China and provides information regarding the variability found within each isolate. The variability among isolates from China, Australia and Tunisia was also studied.

2 Materials and Methods

2.1 Viroid sources

From 2006 to 2007, young leaves of more than 130 samples from different grape varieties were collected from Xinjiang autonomous region and Beijing, China.

2.2 Isolation and extraction of AGVd

Low molecular weight RNAs were extracted according to Li et al. [8]. In brief, 5g of tissue were powdered in liquid nitrogen, extracted with 10mL of 1 mol/LK_2HPO_4 containing 0.1% b-mercaptoethanol and homogenized with 10mL phenol: chloroform (1 : 1, V/V). After eliminating polysaccharides by 2-methoxyethanol extraction and CTAB precipitation, 2mol/L LiCl was used to precipitate low molecular weight RNAs. The resulting preparation was dissolved in 30μL of distilled water.

2.3 Reverse transcription-polymerase chain reaction (RT-PCR)

cDNA was generated from viroid RNA by RT-PCR. Template liquid (1μL) was mixed with 0.5μL (20pmol) of primer AGVd P8 (5′-CCCTGCAGGTTTCGCCAGCAAGCGC-3′, complementary to nucleotides 222-224.) and distilled water, heated at 98℃ for 5min, and quenched in ice water for more than 2min. One microliter of 2.5mmol/L (each) dNTPs, 1μL (200U) MMuLV reverse transcriptase (Promega), 2μL M-MLV 5×Reaction Buffer, 0.25μL (40U) Recombinant RNasin ribonuclease inhibitor and distilled water were added to the RT mixture to yield a final volume of 10μL. The resulting mixture was incubated at 42℃ for 60min, and at 98℃ for 5min. After the RT reaction, 5μL of the reverse transcription solution was mixed with 25μL 2×PCR Ex-TaqMix, 18μL distilled water and 1μL (20pmol) each of primers AGVd P7 (5′-ACCTGCAGGGAAGCTAGCTGGGTC-3′, homologous to nucleotides 239-260.) and AGVd P8 (5′-CCCTGCAGGT TTCGCCAGCAAGCGC-3′) to yield a final reaction volume of 50μL. The cycling parameters for the PCR amplification consisted of one cycle of heat denaturation at 94℃ for 5min, 30 amplification cycles at 94℃ for 30s, 56℃ for 30s, and 72℃ for 30s. The final elongation step was conducted for 5min at 72℃.

2.4 Cloning and sequencing

After RT-PCR, electrophoresis confirmed the presence of a PCR product of the expected size. The products were purified with the PCR purification kit (Tiangen). The resulting fragments were cloned into a pGEM-T vector (Promega) and were transformed into *E. coli* DH5α. Recombinant DNA clones containing a 369bp insert were identified by restriction analysis. The selected clones were sequenced using an automated DNA sequencer (ABI PRISMTM 3730XL DNA Analyzer) and analyzed by DNAMAN Version 5.2.2.

2.5 Phylogenetic analysis and determination of secondary structures

The sequences were aligned with those of the other AGVd sequences deposited in the GenBank databases using the Clustal W (Ver. 1.83) program, and phylogenetic analysis were performed using neighbor joining (NJ) and maximum parsimony (MP) methods (the Molecular Evolutionary Genetics Analysis [MEGA] software[9]. Phylogenetic tree was drawn with TreeView 68 K (Ver. 1. 5. 1) . Possible secondary structures were calculated with the CLC RNA Workbench package downloaded from the World Wide Web (version 3. 0. 1, http: //www. clcrnaworkbench. com/) .

3 Results

3.1 Genetic diversity of AGVd within each isolate of Thomson seedless, Jingchuan and Zaoyu

Of the more than 130 samples examined, AGVd was dotblot or northern hybridization positive in three samples: i. e. , Thomson Seedless was collected from Xinjiang autonomous region, and Jingchuan and Zaoyu were collected from a grapevine nursery in Beijing. Complementary DNA of AGVd was reverse transcribed and amplified by PCR for cloning. A hundred cDNA clones were chosen randomly from each isolate and a total 300 independent cDNA clones were sequenced. From them, a total of 125 sequence variants were detected: i. e. , 29 from Thomson Seedless, 48 from Jingchuan and 48 from Zaoyu. The 29 sequence variants of Thomson Seedless consisted of eight types of major sequence variants (Tv1-Tv8) and 21 singletons. The major sequence variants in this text mean the sequence variants being comprised of at least two cDNA clones. Two types of variants (Tv1 = 33% and Tv2 = 32%) were predominant in this population (Fig. 1, left) . The 48 sequence variants of Jingchuan consisted of five types of major sequence variants (Jv1-Jv5) and 43 singletons, and only one (Jv1 = 43%) was predominant (Fig. 1, middle) . The 48 sequence variants of Zaoyu consisted of seven types of major sequence variants (Zv1-Zv7) and 40 singletons, and only one (Zv1 = 46%) was predominant (Fig. 1, right) . These results suggested that the genetic diversity was lower, that means only one was predominant, in the latter two isolates. For example, the overall sequence homology among the 48 sequence variants of Jingchuan isolate was 98. 64%-99. 73% . The predominant sequences from each isolate (Tv1, Tv2, Jv1, and Zv1) were therefore presumed the representative of each population, suggesting that each isolate was a mixture of RNA species, in agreement with the quasispecies concept [10, 11], described for many RNA viruses.

3.2 Genetic diversity among isolates from different grapevine varieties and different countries

When aligned, the predominant sequences from the Thomson Seedless, Jingchuan and Zaoyu isolates showed nucleotide differences of 1-6 bases and homologies ranging from 98. 38% to 99. 73%. The predominant sequence variants from each isolate showed specific variations. For example, the predominant variants of Thomson Seedless, Jingchuan and Zaoyu could be discriminated by the combination of the nucleotides at the positions 11 and 15, in which (- and A) in Thomson Seedless, (- and U) in Jingchuan, and (A and U) in Zaoyu (Fig. 2) . Comparison of the predominant sequences of the three Chinese isolates with those from Australia and Tunisia also revealed seven characteristic variations in the Chinese isolates: $A_{28}\rightarrow T$; $T_{30}\rightarrow A$; $C_{47}\rightarrow G$, $G_{48}\rightarrow C$; $A_{55}\rightarrow -$; $-_{322}\rightarrow C$ and $G_{351}\rightarrow A$. In addition to these, Jingchuan isolate showed additional A to T substitution at the position 15 ($A_{15}\rightarrow T$), and Zaoyu isolate also showed two mutations at the positions 11 and 15 ($-_{11}\rightarrow A$ and $A_{15}\rightarrow T$) (Fig. 2, boxed sequences). The isolate from Thomson Seedless was more similar to those from Tunisia and Australia.

3.3 Phylogenetic analysis

A phylogenetic analysis was carried out on the four predominant sequence variants isolated from Thomson Seedless, Jingchuan and Zaoyu, (Tv1, Tv2, Jv1 and Zv1) and four others previously reported in Australia and Tunisia [2, 6]. As shown in Fig. 3, AGVd variants from China can be clearly distinguished from the two others from Australia and Tunisia. Further, Jingchuan and Zaoyu variants, both collected from Beijing, showed a closer relationship with each other than with variants of Thomson Seedless collected from Xinjiang province. It was again confirmed that Thomson Seedless isolate is more closely related to Tunisian and Australian isolates.

3.4 Genetic diversity on proposed secondary structure

Most of the variations found in the three AGVd isolates in China were clustered in the left terminal domain including the terminal conserved sequence (TCR) and the pathogenicity domain (P) of the predicted secondary structure (Fig. 2). Variations were not found in the CCR [5], at the positions 82-123, of the molecule (Fig. 2). In silico analysis on the predicted secondary structures of the variants suggested that some of the sequence variations could have some influence on the structure. For example, two mutations found at the positions 11 and 15 of Zaoyu (Zv1) variant, as well as the other two mutations found at the positions 28 and 30 of Thomson Seedless (Tv1, Tv2), Jingchuan (Jv1) and Zaoyu (Zv1) variants, could have changed their predicted secondary structures (Fig. 4).

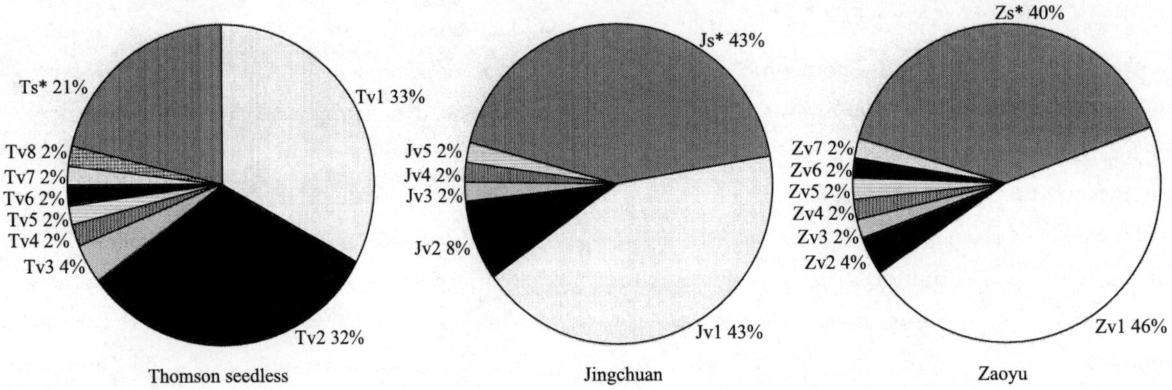

Fig. 1　AGVd variants from the three different grape varieties (Thomson seedless, Jingchuan and Zaoyu) in China. A hundred of independent cDNA clones from each of the three isolates, in total of 300, were sequenced. We identified 29 sequence variants including two predominant ones (Tv1 and Tv2) in Thomson Seedless, and 48 each including a unique predominant one in Jingchuan (Jv1) and Zaoyu (Zv1). (Tvn: variants from Thomson seedless. Jvn: variants from Jingchuan. Zvn: variants from Zaoyu. S* : Singleton sequences.)

4 Discussion

The genetic structure of viroid populations must be characterized to understand their evolution. Many reports describe the characterization of viroid populations such as HSVd, CEVd, GYSVd1 and PLMVd [12-20], but this is the first report on the genetic diversity and phylogenetic analysis of AGVd. Here, a hundred of independent cDNA clones from each of the three isolates, in total of 300, were sequenced. There were 125 sequence variants different from each other and we identified 29 sequence variants including two predominant ones in Thomson Seedless, and 48 each including a unique predominant one in Jingchuan and Zaoyu. Although we cannot rule out the possibility that the singleton sequences were the result of PCR artifacts, it is likely that they are naturally occurring mutations for the following reasons: First, the frequency of error resulting from Ex-Taq polymerase is only about 10 : 4-10 : 5[21]. Second, most of the changed bases emerged multiple times in different cDNA clones. For example, at least five sequence variants changed from A to T at the position of the 63rd nt in the Jingchuan isolate. Additionally, most changes were located in the TL and P domains and they never occurred in strictly conserved regions, including the CCR and the consensus sequence of TCR, indicating that they were naturally occurring mutations. To be conservative, however, we submitted only the 20 predominant sequences to GenBank. In addition, the TCR domain of all the variants presented a conserved sequence in accord with previous reports [17, 22, 23], and the observations support the low genetic diversity found in the Terminal Left domain (Fig. 5).

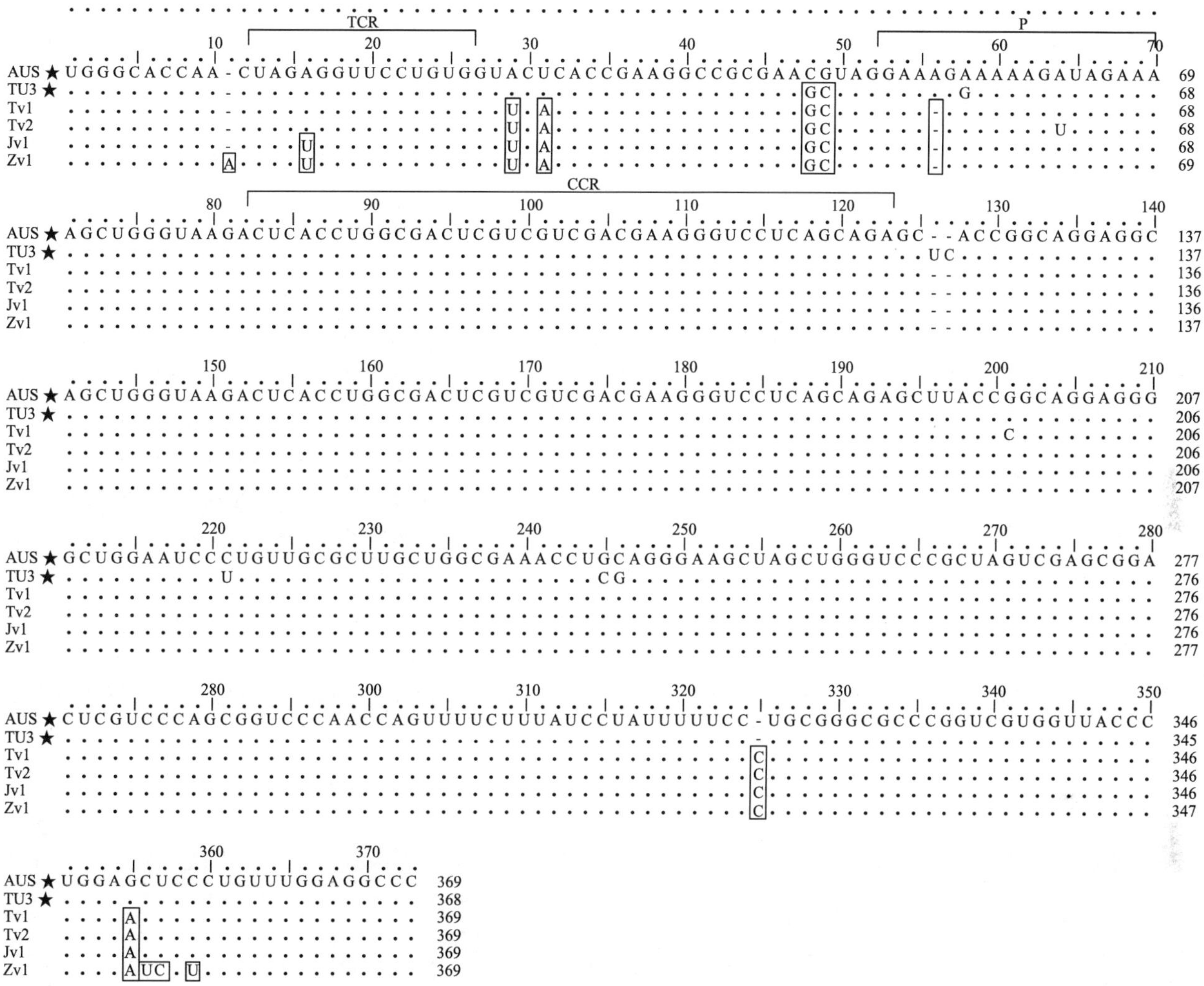

Fig. 2 Sequence alignment of AGVd variants isolated from grapevines in China, Australia and Tunisia. Isolates from different grape varieties and different countries displayed specific sequence variants and the CCR domain and the consensus sequence of TCR of all the variants presented conserved sequences. Abbreviation of the sample names such as "Tv1" were described in the text. Samples with asterisk (w) indicate those obtained from GenBank. AUS Australia; TU3 Tunisia; Tv1, Tv2: China (Thomson Seedless); Jv1: China (Jingchuan) and Zv1: China (Zaoyu)

The V and P domains of most variants were highly variable, supporting the idea that the variability of viroids of the family *Pospiviroidae* is mainly found in these two domains[24]. Sequence alignment among the variants from Tunisia and Australia also showed that isolates from different countries displayed specific sequence variants. For example, all the sequence variants from the three Chinese isolates showed the seven variations: $A_{28} \rightarrow T$; $T_{30} \rightarrow A$; $CG_{47,48} \rightarrow GC$; $A_{55} \rightarrow -$; $-_{322} \rightarrow C$ and $G_{351} \rightarrow A$. These differences suggest sequence variants from different countries may be shaped from different ancestors. In addition, isolates from different grape varieties also displayed specific sequence variants. An additional variation from A to T ($A_{15} \rightarrow T$) was found in the Jingchuan and Zaoyu isolates at the position 15, and another one isolate was also found in the Zaoyu variant at the position

11 ($-_{11}$→A) . Thomson Seedless isolate was from a grapevine that has never been grafted and is more than 100 years old. Jingchuan and Zaoyu isolates were collected from the same grapevine nursery in Beijing. From this, we believe that Jingchuan and Zaoyu isolates have close affinity and may have evolved from Thomson Seedless isolate.

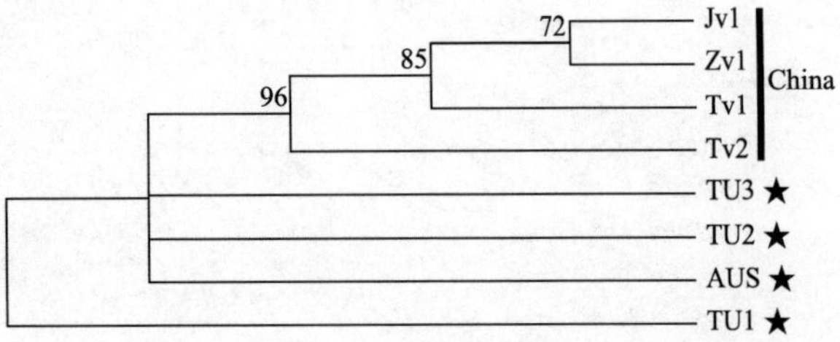

Fig. 3 A phylogenetic tree of 8 sequence variants of AGVd from Australia, Tunisia and China using MEGA 4 program. Branches with bootstrap support less than 70% were collapsed. Numerical numbers in the branches indicate bootstrap support from NJ (100 replicates, 1000 seeds) . AGVd variants from China could be clearly distinguished from the variants from Australia and Tunisia, and Jingchuan and Zaoyu variants, both collected from Beijing, showed a closer relationship with each other than with variants of Thomson Seedless collected from Xinjiang province. Abbreviation of the sample names such as "Tv1" were described in the text. Samples with asterisk (w) indicate those obtained from GenBank. AUS Australia, TU1-TU3 Tunisia, Jv1 China (Jingchuan) Zv1 China (Zaoyu), Tv1 and Tv2 China (Thomson Seedless)

The results of phylogenetic analysis showed that AGVd variants from China could be clearly distinguished from the variants of Australia and Tunisia, and the result also showed that Jiangchuan and Zaoyu variants, both collected from Beijing, showed a closer relationship with each other than with variants of Thomson Seedless collected from Xinjiang province. The result revealed obvious regional disparity and variety-specificity in AGVd.

The most stable secondary structures, in terms of energy, were predicted for the three predominant variants from China and the AGVd variant from Australia, which is the first reported variant. Comparing to the variant from Australia, most of the variations in the three Chinese isolates were located in the terminal left and the pathogenicity domains of the secondary structure, which may have some influence on their secondary structures. Possibly, these changes to the secondary structure affected the pathogenicity of the viroid, and this possible connection needs further biological testing. Among the changed bases, A_{15}→T in Jv1 did not influence the secondary structure, however, when $-_{11}$→A and A_{15}→T simultaneously happened in Zv1, the structure was changed (Fig. 4) . This might be due to reciprocity among the bases.

Our results confirmed that AGVd follows the quasispecies model and we verified existence of regional disparity and variety-specificity in AGVd. We obtained many AGVd cDNA clones, however, their infectivity remains to be determined by further biological testing and study.

GenBank accession numbers GenBank accession numbers for the predominant sequence variants within AGVd isolate of Thomson Seedless Jingchuan and Zaoyu are Q362908-DQ362915; EU74 3601-EU743605 and EU743606-EU743612, respectively.

Acknowledgments

This work was supported by grants from the National Basic Research and Development Program of China (973 Program) (No. 2006CB100203 and No. 2009CB119200), the National Natural Science Foundation of China (No. 30771403) and the Beijing Natural Science Foundation of China (No. 6072022), and the Opening Project of State Key Laboratory for Biology of Plant Diseases and Insect Pests, Institute of Plant Protection, Chinese Academy of Agricultural Sciences. This work was also supported by NSFC-JSPS Joint Research Project between China and Japan (30811140157) . We specially thank Prof. Teruo Sano at Hirosaki University of Japan for his valuable comments and the critical reading of this manuscript. We also thank

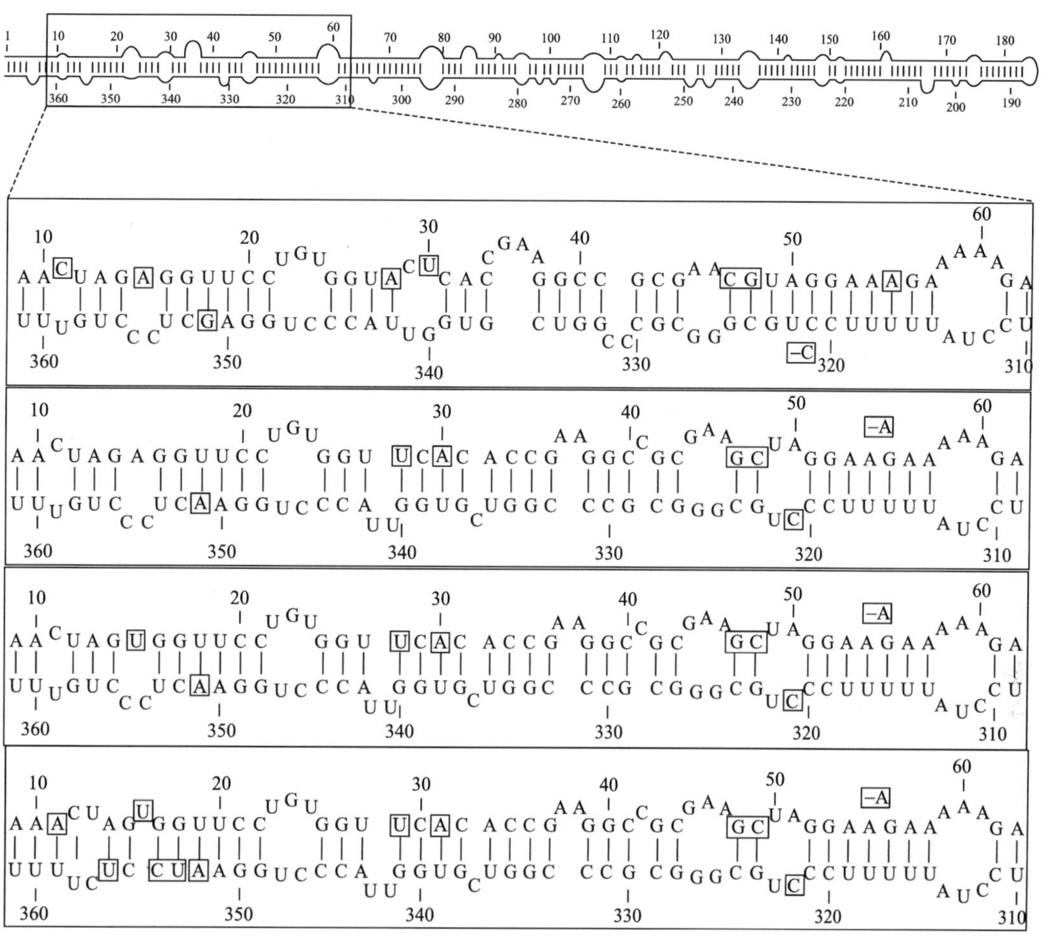

Fig. 4 Predicted secondary structure of AGVd isolates. Compared to AUS, the first reported sequence of AGVd, base changes in Thomson Seedless (Tv1), Jingchuan (Jv1) and Zaoyu (Zv1) isolates affected the secondary structure, as shown in the boxes above. Abbreviation of the sample names such as "Tv1" were described in the text. Samples with asterisk (w) indicate those obtained from GenBank

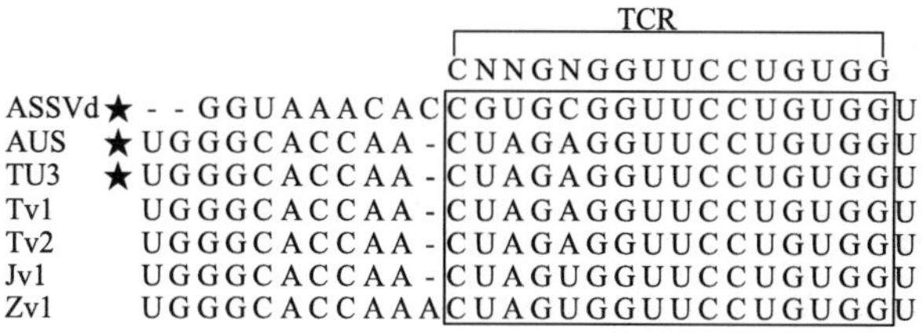

Fig. 5 Analysis of the TCR (Terminal Conserved Region) domain of AGVd isolates in the Apscaviroid group. The sequence proximal to the 3′ end of the motif is highly conserved while considerable variability is found in the nucleotides near the 5′ terminus as evidenced in the three "N" nts in the five terminal positions[22]. Abbreviation of the sample names such as "Tv1" were described in the text. Samples with asterisk (w) indicate those obtained from GenBank. (AUS: Australia TU3: Tunisia Tv1, Tv2: China (Thomson Seedless) . Jv1: China (Jingchuan) and Zv1: China (Zaoyu)

Mr. Lingxiao Mu, graduate student of Shenyang Agricultural University, for his assistance in artwork preparation.

References

[1] Fauquet CM, Mayo MA, Maniloff J, et al. Virus taxonomy. Eighth Report of the International Committee on Taxonomy of Viruses. San Diego: Elsevier, 2005,1145-1160

[2] Rezaian MA, Koltunow AM, Krake LR . Isolation of three viroids and a circular RNA from grapevines. J Gen Virol, 1988, 69: 413-422

[3] Szychowski JA, Goheen AC, Semancik JS. Mechanical transmission and rootstock reservoirs as factors in the widespread distribution of viroids in grapevines. J Am Enol, 1988, 39: 213-216

[4]Koltunow AM , Rezaian MA. A scheme for viroid classification. Intervirology, 1989, 30: 194-201

[5] Rezaian MA . Australian grapevine viroid—evidence for exten-

sive recombination between viroids. Nucleic Acids Res, 1990, 18: 1813-1818

[6] Elleuch A, Fakhfakh H, Pelchat M, et al. Sequencing of Australian grapevine viroid and yellow speckle viroid isolated from a tunisian grapevine without passage in an indicator plant. Eur J Plant Pathol 2002, 108: 815-820

[7] Li SF, Guo R, Tsuji M, Sano T. First reports of two grapevine viroids in China and the possible detection of a third. Plant Pathol, 2006,55: 564

[8] Li SF, Onodera S, Sano T, et al. Gene diagnosis of viroids: comparison of return-PAGE and hybridization using DIG-labeled DNA and RNA probes for practical diagnosis of hop stunt, citrus exocortis and apple scar skin viroids in their natural host plants. Ann Phytopath Soc Japan, 1995, 61: 381-390

[9] Iijima A. Occurrence of a new viroid-like disease, apple fruit crinkle. Shokubutsu Boeki, 1990,44: 130-132

[10] Domingo E, Holland JJ. RNA virus mutations and fitness for survival. Annu Rev Microbiol 1997, 51: 151-178

[11] Domingo C, Conejero V, Vera P. Genes encoding acidic and basic class III β-1,3-glucanases are expressed in tomato plants upon viroid infection. Plant Mol Biol, 1994, 24: 725-732

[12] Gandia M, Rubio L, Palacio A, et al. Genetic variation and population structure of an isolate of *Citrus exocortis viroid* (CEVd) and of the progenies of two infectious sequence variants. Arch Virol, 2005, 50: 1945-1957

[13] Ambrós S, Desvignes JC, Llacer G, et al. Pear blister canker viroid: sequence variability and casual role in pear blister canker disease. J Gen Virol, 1995, 76: 2625-2629

[14] Ambrós S, Hernández C, Desvignes JC, et al. Genomic structure of three phenotypically different isolates of peach latent mosaic viroid: implications of the existence of constraints limiting the heterogeneity of viroid quasispecies. J Virol, 1998, 72: 7397-7406

[15] Palacio B, Romero-Durban J, Duran-Vila N. Characterization of citrus HSVd isolates. Arch Virol, 2004, 149: 537-552

[16] Foissac X, Duran-Vila N. Characterisation of two citrus apscaviroids isolated in Spain. Arch Virol, 2000, 145: 1975-1983

[17] Polivka H, Staub U, Gross HJ. Variation of viroid profiles in individual grapevine plants: novel grapevine yellow speckle viroid. 1 mutants show alterations of hairpin. J Gen Virol, 1996, 77: 155-161

[18] Sano T, Mimura R, Ohshima K. phylogenetic analysis of hop and grapevine isolates of hop stunt viroid supports a grapevine origin for hop stunt disease. Virus Genes, 2001, 22: 53

[19] Xu WX, Hong N, Wang GP, et al. Population structure and genetic diversity within peach latent mosaic viroid field isolates from peach showing three symptoms. J Phytopathol, 2008, 156(9): 565-572

[20] Visvader JE, Symons RH. Eleven new sequence variants of citrus exocortis viroid and the correlation of sequence with pathogenicity. Nucleic Acids Res, 1985, 13: 2907-2920

[21] Bracho MA, Moya A, Barrio E. Contribution of *Taq* polymerase-induced errors to the estimation of RNA virus diversity. J Gen Virol, 1998, 79: 2921-2928

[22] Dingley AJ, Steger G, Esters B, et al. Structural characterization of the 69-nt left terminal domain of the potato spindle tuber viroid by NMR and thermodynamic analysis. J Mol Biol, 2003, 334: 751-767

[23] Semancik JS, Vidalakis G. The question of citrus viroid IV as a cocadviroid . Arch Virol, 2005,150: 1059

[24] Keese P, Symons RH. Domains in viroids: evidence of intermolecular RNA rearrangements and their contribution to viroid evolution. PNAS, 1985, 82: 4582-4586

百合扁茎簇叶病的病原体观察

林奇英，谢莉妍，谢联辉

（福建农学院植物病毒研究室，福建福州　350002）

百合是世界名花，中国传统名卉，但据作者在福州和兰州所见，由于受扁茎簇叶病的为害，使生长受到严重影响。主要症状表现是病株梢部宽扁如带，株型变矮，其上簇生小叶，花形变小，有的花瓣变绿，影响观赏价值和经济价值。将病株和健株的叶片，分别于叶脉处剪取 1mm×（1～2）mm 的小块，按常规方法进行固定，包埋和超薄切片，以 2% 醋酸铀、柠檬酸铅双重染色，后在 JEM-7 型电子显微镜下观察。结果在病株叶片的韧皮部筛管细胞中见有大量球状和近球状的类菌原体（MLOs），其直径在 830～1400nm，而对照健株叶片未见有这种菌体。

林奇英等曾报道过烟草扁茎簇叶病，而百合扁茎簇叶病则迄今于国内外未见报告，其传播途径和防治方法有待进一步研究。

植物病理学报，1989，19（2）：78（研究简报）

水体环境的植物病毒及其生态效应

郑耀通，林奇英，谢联辉

（福建农业大学植物病毒研究所，福建福州 350002）

摘　要：本文讨论了水体环境中植物病毒的浓缩、检测技术及可能来源，存在状态及其生态效应，以及水传植物病毒病的重要性和对农业生产的潜在危险性。

关键词：水体；植物病毒；生态效应

分类号：S432.41；X172　**文献标识码**：A　**文章编号**：1003-5125（2000）01-0001-07

人和动物病毒污染水体的研究已有多年，并取得了可喜的成果，其研究已从单纯的环境监测和卫生评价向机制和规律等纵深方向发展。分子生物学方法已深入到水病毒学领域，利用基因探针和扩增技术检测水体病毒已成为重要的研究方法[1]。然而针对水体植物病毒污染及其环境效应的研究就显得很薄弱。事实上水体中也有众多的植物病毒，并有可能导致严重的植物病毒病流行，如1994年福建省三明地区因“5.2”大洪水，水中带有大量的烟草病毒，导致烟草花叶病大爆发，仅宁化县就损失烟叶10多万担。本文将讨论水体植物病毒的浓缩、检测及可能来源，存在的状态，以及介水传播植物病毒病、特别是那些缺乏介体但高稳定性和侵染性植物病毒的重要性。

1　水体环境中植物病毒的浓缩和检测

检测水体病毒，水样浓缩是关键。人与动物病毒的浓缩已有不少的方法[2]，如微孔滤膜吸附技术；多价金属氢氧化物或盐沉淀；玻璃粉或不溶多聚电解质吸附；透析袋浸泡于高分子吸水剂中脱水以及超速离心、冷冻、超滤、电泳等。理想的浓缩水体病毒方法应具有回收率高且稳定；不受水质尤其是浊度的限制；可处理大量的水样；操作过程简易、价廉且尽可能快和适于现场应用等优点。早期的纱布包法和目前常用的膜吸附-洗脱法、正负电荷玻璃粉吸附-洗涤法等均不能满足上述要求。浓缩水体植物病毒曾用多孔滤膜过滤[3]、超速离心浓缩少量水样甚至低速离心浓缩植物病毒[4-8]。我们在选择浓缩水体病毒的方法时，如能优化病毒聚集吸附及分散条件，采用简易的化学聚凝法，显得十分有意义。就条件而言，该法无需昂贵的不锈钢过滤装置和空气压缩机，也省去进口的阳电滤膜，还可避免水样浊度对有过滤程序浓缩方法的制约，避免堵塞滤膜、耗时过长并造成大量病毒丢失，无法处理大量水样的缺陷。若能优化规范聚凝浓缩条件，化学聚凝法对一般基层病毒学实验室研究水体病毒不失为理想的首选方法。

检测水体植物病毒，多采用指示植物法，如将浓缩水样摩擦接种于昆诺藜（*Chenopodium quinoa*）[3-5,7,9-12]、苋色藜（*C. amaranticolor*）[4,10,13]、墙生藜（*C. murale*）、心叶烟（*Nicotiana glutinosa*）和克利夫兰烟（*N. clevelandii*）[4,13]。指示植物法检测可靠且能反映病毒侵染活性，但所需时间较长，有时还很难找到指示植物，并受环境条件限制和影响较大。如用病毒抗体，葡萄球菌A蛋白及其酶标记物组成酶联免疫吸附试验（SPA-ELISA）检测，就兼有ELISA的优点，同时又克服其缺点，并且其灵敏度和特异性均有提高，是目前较理想的检测植物病毒方法[14]。另外采用葡萄球菌协同凝集试验（SA-test）检测植物病毒，简单省时且灵敏度高，既不需要纯化抗体，也不需要自己制备酶标抗体及第二种动物特异抗体，就可得到很好的结果，还可制备成可长期保存和使用的固相金葡菌抗体，易于商品化推广。如能通过组织培

中国病毒学，2000，15（1）：1-7

收稿日期：1998-09-18　修回日期：1998-12-21

养，建立病毒的离体培养体系与之配套的接种方法，并系统研究接种侵染后培养物所表现出来规律性的形态学、病毒学等方面的效应，可望建立一类似指示植物鉴定但却比其高效经济的离体鉴定系统。目前应用的PCR法快速敏感，常规PCR的发展如简并引物PCR，可根据同属植物病毒的同源序列设计引物来对病毒进行鉴定及分子生物学研究，但其技术复杂，花费昂贵且不能确定阳性结果是否具有侵染性。若将PCR方法同植物病毒组织培养法或指示植物检测法相结合，就能同时发挥两者的优势，是植物病毒检测的发展方向。另外由于所取水样有限及指示植物的选择性和浓缩方法的缺陷，水体环境中植物病毒的种类和数量可能远远高于目前我们检测到的规模，并且针对浓缩水体中植物病毒介体（如线虫、真菌及休眠孢子）以了解水体被植物病毒污染的状况，显然还没有引起足够的重视。

2 水体环境中植物病毒的来源

了解水体植物病毒的来源，是明确植物病毒污染水体的途径及切断污染源的基础，也是控制水体不受或少受植物病毒污染的前提。水体植物病毒可能来自感病植物根的释放、受损或腐烂植物残体及污水废物。植物病毒从侵染植物根释放，最初发现烟草坏死病毒 、烟草花叶病毒可由植物根释放到环境水体中[15]。黄瓜坏死病毒、碧冬茄星状花叶病毒（*Petunia asteroid mosaic virus*）、番茄丛矮病毒、烟草花叶病毒、南方菜豆花叶病毒均可从种植感染植物的农田退水中分离到[16]。黄瓜坏死病毒、南方菜豆花叶病毒、番茄丛矮病毒即使在浓度很低的情况下也能释放到无土壤的营养液中，由此说明 这些病毒能够从未受损、非坏死的植物根释放到环境中[16]。后来研究表明番茄丛矮病毒[17,18]、香石竹环斑病毒[19]、番茄花叶病毒和黄瓜绿斑驳花叶病毒[20]、建兰环斑病毒、烟草脆裂病毒[21]等均有类似现象。从植物病残体中释放病毒已在实验室和自然条件下得到证实，感染番茄花叶病毒的番茄[22,23]和感染有黄瓜绿斑驳花叶病毒的葫芦[24]残体，很久以来 就已知道是下季作物的重要毒源。水体植物病毒的另一个重要来源是污水废物，Tomlinson（ 1984）最先认识到污水废物是植物病毒的重要毒源。Kegler（1984）还指出通过污水废物、人粪尿传播植物病毒的可能性。

3 水体环境中植物病毒的生态

水体病毒是环境病毒学的核心，其基础是病毒生态学，它研究病毒离开宿主后在水环境中的生存、传播及消长现象和规律；探讨病毒与环境相互作用机理以及病毒传播对人类和社会的影响。水体病毒作为水环境生态系统中的一个组成部分，其生存与水质因子密切相关。条件适宜时，病毒存活时间长；反之，病毒发生变异，以适应新环境或者因环境条件变化过于剧烈，病毒被灭活。影响水体中病毒存活的因素很多，也很复杂。归纳起来主要有：①水温。这是自然条件下影响病毒存活诸多因素中最重要的因素。大多数动植物病毒不耐热，但对低温不敏感。不同病毒对温度的敏感性不一样，这同病毒本身结构和特性有关。值得注意的是地下水水温低且不见阳光，其中的病毒存活时间较其他水体长，这对大量病毒通过土壤远距离传播并导致地下水污染显得十分重要。②病毒对固体悬浮物质的吸附以及病毒粒体本身彼此间的聚集。吸附和聚集是病毒在水体中长期存活而不被灭活的一个十分重要的因素 ，这方面研究最多，其中限制病毒传播的一个重要因素就是病毒对土壤颗粒的吸附[25,26]。影响病毒对土壤颗粒的吸附因素已进行了广泛的研究[27-30]。病毒的吸附明显决定于病毒本身的特性，如病毒粒体蛋白质结构、等电点和粒径。Dowd等[31]研究表明，病毒的等电点可作为确定病毒吸附性能的首选因素，而当病毒粒体粒径大于60nm时，病毒粒径特性对吸附效果影响不大。病毒的吸附也取决于吸附物质如有机颗粒、金属阳离子氢氧化物沉淀物的物理化学特性[25]。Sobsey等研究发现 ，不同pH的黏土及有机化合物可有效地吸附病毒，特别是在低pH环境下更为明显。吸附和聚集保护了水体病毒的灭活作用，同时给水消毒学带来了困难，也给水体中病毒的监测造成误差。③水质化学因素的影响。水体中含有的某些可溶性化学物质也明显影响病毒的活性，如洗涤剂、氨、微生物代谢产物及其他能影响病毒生存的物质，它们在水环境中的存在都能影响病毒的存活。④生物因素。某些微生物群落及高等水生生物可产生影响病毒活性的物质，阻止病毒的生存或直接吞食病毒。迄今为止，水环境中病毒生态及灭活机理研究多以动物病毒为研究对象，针对植物病毒的研究不多，但植物病毒具有相似的结构与核蛋白组成，其生存规律也应该类似于动物病毒。

Piazolla（1986）发现水体中的植物病毒可由低速离心浓缩，如果水样经预过滤，以去除病毒赖以吸附的载体颗粒物质，单位体积水样形成的枯斑数将大大减少。这表明植物病毒也能吸附到某些颗粒物质表面。现已明确水体中的病毒多数情况是聚集或吸附到固体颗粒，如陶土、硅酸盐或有机物碎片、细菌和藻类等物体上。聚集或吸附作用大大减少了植物病毒的灭活几率，这是植物病毒离开寄主后在水环境中存活的重要原因。植物病毒在水环境中的聚集或吸附到颗粒物质而被保护也已被证实[32]。另外植物残体的存在也具有保护 植物病毒的作用[22]。反映烟草花叶病毒属（*Tobamovirus*）成员在土壤中的稳定性和持留性，主要是由于这类病毒存在于植物残体中而使其侵染率大大增加，如黄瓜绿斑驳花叶病毒[24]、番茄花叶病毒[23]；而栽培措施和耕作等人为干预，加速了植物残体的腐烂，可减少下季作物的病毒病发病率[23]。聚集和吸附作用保护植物病毒免受物理及化学因子的灭活作用不仅仅存在于土壤环境中，也同样存在于水体环境中。不少学者能从水体中分离到在外界环境中相当不稳定的黄瓜花叶病毒，主要是由于病毒吸附和被沉淀所保护。植物病毒对有机或无机物质的吸附强度随不同的植物病毒、不同性质的吸附物质、不同的环境条件（如 pH 和盐）及是否有其他物质存在等而异。但迄今为止，我们对植物病毒在水环境中的生存条件、灭活机理、消长规律等还知之甚少，而这是控制介水传播植物病毒的基础，因此，对植物病毒和水环境构成的生态系统中植物病毒的生态学研究，将是今后环境病毒学研究的一个重要发展方向。

一般而言，存在于水体中的植物病毒有可能导致植物病毒病，给农业生产带来不良影响。然而某些低等植物（藻类）病毒却有望用于有害藻类的微生物防治，如蓝藻病毒（也叫噬蓝藻体 、噬藻体），真核藻病毒和病毒类粒子（VLPs）[33]。早在20世纪70年代就对原核藻病毒进行了较细致的研究，如溶解鞘丝藻属（*Lyngbya*）、织线藻属（*Plectonema*）、席藻属（*Phormidium*）三类藻分布最广的“LPP型”噬藻体；感染组囊藻（*Anacystis nidulans*）和聚球藻属（*Synechococcus*）的“AS型”噬藻体，已有多年的研究积累，并已用于消除水中的藻类[34]；真核藻病毒或 VLPs 虽自70年代初发现至今已有多年，但进展不大，然而最近几年来已引起人们的普遍关注，这与 VLPs 在水体中具有特殊的生态意义有关。目前利用藻类病毒对水华的控制和抑制有毒藻类的生长正越来越受到关注，相信随着对藻类病毒研究的不断深入，利用病毒控制日益严重的由于含氮、磷化合物排放急剧增加而导致水体富营养化而出现的水华现象会有突破性进展[33]。

4　已从水体环境中分离到的植物病毒

纵观水体植物病毒的研究，已从水体中分离到的杆状或线状病毒有烟草花叶病毒属（*Tobamovirus*）的黄瓜绿斑驳花叶病毒[35,38]（引起黄瓜、西瓜和甜瓜重大经济损失的病害），烟草花叶病毒[5,7,10,13,36~38]（广泛侵染茄科植物和多种果蔬、经济植物，也使许多观赏植物隐潜感染），番茄花叶病毒[11,37,38]（导致番茄花叶病且具广泛寄主），长叶车前花叶病毒（*Ribgrass mosaic virus*）[38]（在车前上引起斑驳、条纹和环斑，烟草上引起坏死）；烟草脆裂病毒属（*Tobravirus*）的烟草脆裂病毒[38]（引起烟叶等多种作物和水仙、牡丹等多种花卉发病）；马铃薯 Y 病毒属（*Potyvirus*）的马铃薯 Y 病毒（引起马铃薯等多种植物发病），玉米矮花叶病毒，李痘病毒，烟草蚀纹病毒（引起马铃薯暗脉花叶病、辣椒斑驳病和烟草蚀纹病），西瓜花叶病毒 1 号[6,39]；黄症病毒属（*Luteovirus*）的大麦黄矮病毒[39]（产生大、小麦黄矮病，玉米红叶病）；香石竹潜隐病毒属（*Carla virus*）的马铃薯 S 病毒[39]（产生马铃薯轻花叶病）；马铃薯 X 病毒属（*Potexvirus*）的西格河病毒（Sieg River virus）等[4]。分离到的球状病毒有坏死病毒属（*Necrovirus*）的烟草坏死病毒[3,5]（导致大豆坏死病、哈密瓜坏死病），苋色藜坏死病毒[3]；番茄丛矮病毒属（*Tombusvirus*）的番茄丛矮病毒[3,39]，葡萄潜隐病毒（*Grapevine latent virus*）和碧冬茄星状花叶病毒（*Petunia ast eroid mosaic virus*）[5,12]，拉托河病毒（*Lato River virus*）[7]（有3～5科植物受感染，引起花叶或坏死），内卡河病毒（*Neckar River virus*）[38]（有 3～9 科植物受感染，引起叶片系统褪绿或局部坏死）；香石竹斑驳病毒属（*Carmovirus*）的香石竹斑驳病毒[4]；黄瓜花叶病毒属（*Cucumovirus*）的黄瓜花叶病毒[6,7,36,37]，苜蓿花叶病毒属（*Alfamovirus*）的苜蓿花叶病毒[6,39]以及归属不明的小西葫芦黄花叶病毒（*Zucchini yellow mosaic virus*）[6]等。对分离监测水环境中由线虫、真菌传播的植物病毒还没有

引起重视 。事实上线虫的 5 个属能传播大约 20 多种植物病毒，其中长针线虫科（Longidoridae）的一些属，如长针线虫属（*Longidorus*）、异长针线虫属（*Paralongidorus*）及剑线虫属（*Xiphenema*）的一些种主要传多面体病毒，如：烟草环斑病毒、番茄环斑病毒、覆盆子环斑病毒、番茄黑环病毒、樱桃卷叶病毒、椰子花叶病毒、葡萄扇叶病毒和其他一些病毒如南芥菜花叶病毒、菊芋意潜病毒、桑环斑病毒、草莓潜环斑病毒等。而毛刺线虫属（*Trichodorus*）和异毛刺线虫属（*Paratrichodorus*）线虫能传播病烟草脆裂病毒、辣椒环斑病毒和豌豆早枯病毒。为害植物根系的油壶菌（*Olpidium*）至少可以传播黄瓜坏死病毒、烟草坏死病毒、烟草坏死卫星病毒、甜瓜坏死斑病毒、红三叶草坏死花叶病毒、莴苣巨脉病毒、烟草矮化病毒等 13 种植物病毒。另一种真菌，禾谷多粘菌（*Polymyxa graminis*）能携带大麦黄花叶病毒、甜菜坏死黄脉病毒、水稻条纹坏死病毒、花生丛簇病毒、燕麦花叶病毒 、小麦土传花叶病毒等 10 多种植物病毒。马铃薯粉痂菌（*Spongospora subterranea*）能携带马铃薯帚顶病毒、马铃薯 X 病毒、水田芥黄斑病毒等 4 种植物病毒。另外甜菜多粘菌能传甜菜土传病毒、蚕豆坏死病毒等 3 种植物病毒。这些植物病毒有些明显存在于真菌休眠孢子和游动孢子内，另一些则存在于孢子的表面。可能使其在水体环境中的生存能力也因此而异 。依靠线虫、真菌等病毒介体，这些植物病毒能在水环境中长期生存，并可远距离迁移，不仅因为介体的保护而大大提高了在环境中的生存能力，而且也能远距离传播。同时目前对线虫、真菌传毒研究不多，也不够深入，可能由这些介体传播的植物病毒比我们现在了解的要多。因此水体环境中的植物病毒种类和数量可能远比我们想象的要多，且不一定只有在体外稳定的病毒才能在水体中存活。

5 水体植物病毒对农业生产的潜在威险性

水体中植物病毒对农业生产的潜在威胁到底有多大，有时很难作出估计，但病毒通过植物根或种子侵染植物已得到肯定。早在 1898 年 Beijerinck 就在《传染活液》论著中对烟草花叶病毒通过烟草根吸收已作了详细论述，后来的研究主要针对其介体是真菌或线虫的土传病毒。现已知道许多植物病毒侵染无需介体的参与，用病毒悬液喷淋健康植物根而使其感染的例子已很多，如烟草花叶病毒、马铃薯 X 病毒、番茄丛矮病毒[40]、番茄花叶病毒和建兰环斑病毒[22]、红三叶草坏死花叶病毒、牛膝菊花叶病毒（*Galinsoga mosaic virus*）[41]、香石竹环斑病毒[24]、藜草花叶病毒（*Sowbane mosaic virus*）、南方菜豆花叶病毒、香石竹斑驳病毒[42]等。番茄花叶病毒和黄瓜绿斑驳花叶病毒可通过营养膜技术从营养液中吸收[24]，在消毒的砂中感染番茄丛矮病毒、香石竹环斑病毒比在消毒的营养液中更有效，说明病毒可通过受伤的根须或在根生长过程中形成的微伤进入植物。侵染红三叶草坏死花叶病毒可因芸苔油壶菌（*Olpidium brassicae*）游动孢子的存在而增加，但没有这种真菌也能引起侵染。菜豆种子暴露于病毒感染的土壤或含病毒的液体能获得南方菜豆花叶病毒[42]，种子表皮破损感染病毒率远高于完好的种子，也说明植物病毒侵染发芽种子的机制 无需介体的参与。所有这一切都增加了植物感染水体植物病毒的概率。

6 结语

植物病毒在水体环境中的数量可能相当大，甚至可在少量水样中检测到，而且因受试植物的选择性及检测病毒的机制如机械传染率等原因，水体中的植物病毒仅仅只有很小一部分被检测到。从水体中分离的植物病毒大多具有某些共性：缺乏能使其长距离传播的空中介体；在侵染植物体内大量增殖；从感染植物根中大量释放，非常稳定；可通过根侵染植物而无需介体的参与，具有广泛的寄主范围；一旦感染植物很容易通过机械接触或重新通过土壤传播邻近的植物。因此即使是非常少量的病毒粒体，一旦由植物根释放并通过水体也能引起远距离传播，在自然条件下局限区域的植物病毒（如番茄花叶病毒）的远距离传播，已说明少量感染植物也可导致严重的病毒病流行[22]。这类病毒的实际寄主范围可能比我们了解的要广得多。病毒进入动物或人体的消化道后，由于其高稳定性，在脊椎动物的消化道中不会被灭活，也可导致远距离传播。人类的活动如灌溉、施用液态人粪尿、食用生蔬菜和水果、堆积农业废物和园艺废品等均可促进这类水体植物病毒的传播。

水体环境植物病毒学的研究在我国还没有引起足够的重视，目前还没起步或刚刚起步。然而研究开发简易准确的水体植物病毒浓缩和检测方法、植物病毒在水体环境中的生态学及对农业生产的危险因素预测等已十分迫切。研究植物病毒在水体中的迁移、生存和富集规律、灭活条件，是对水体植物病毒消毒净化并防止因污水灌溉及污泥农用、施用人粪尿和水灾而导致植物病毒病流行的基础。防止水源被病毒污染及灌溉用水的有效灭活或去除植物病毒的净化工艺研究，是防止介水传播植物病毒病大规模流行的主要手段。另外对传毒介体（如线虫和真菌）在水环境中的迁移、存活和富集规律，及其传病作用的研究，通过监测水体中的线虫、真菌及其休眠孢子，以了解水体被植物病毒污染的状况和传播植物病毒的可能隐患，已经十分必要。

参 考 文 献

[1] Joseph L. Viruses and environment. New York: Academic Press, 1978, 203-226

[2] 比顿 G. 环境病毒学导论. 王小平. 北京：中国环境出版社，1986，98 -113

[3] Tomlinson JA, Faithfull EM, Webb MTW. Chemopodium necrosis: a distance tive strain of *Tobacco necrosis virus* isolated from river water. Ann Appl Biol, 1983, 102 (1): 135-147

[4] Koenig R, Lesemann DE. Plant viruses in German rivers and lakes. 1. Tombasviruses, a potervirus and carnation mottle virus. Phytopathology, 1985, 112 (1): 105-116

[5] Fuch E, Gruntzig M. On the occurrence of plant pathogenic viruses in water in the region of Halle. Archives of Phytopathology and Plant Protection, 1994, 28 (2): 133-141

[6] Erdiller G, Akara B. Plant viruses in Ankara rivers and lakes. Journal of Turkish Phytopathology, 1994, 23 (3): 119-126

[7] Piazzolla P, Castellano MA, Stradis AD. Presence of plant viruses in some rivers of southern Italy. J Phytopathol Z, 1986, 116 (3): 244-246

[8] Polak Z. *Tobacco rattle virus* is isolated from surface waters in the Czech Republic. Ochana Rostlin, 1994, 30 (2): 91-97

[9] Tomlinson JA. Studies on the occurrence of *Tomato bushy stunt virus* in English rivers. Ann Appl Biol, 1984, 104 (3): 485-495

[10] Plese N, Juretic N, Mamula D. Plant viruses in soil and water of forest ecosystems in Croatia. Phyton, 1996, 36 (1): 135-143

[11] Jacobi V, Castello JD. Isolation of *Tomato mosaic virus* from waters draining forest stands in New York State. Phytopathology, 1991, 81 (10): 1112-1117

[12] Fuchs E, Schlufter C, Kegler H. Occurrence of a plant virus in the northern sea. Archives of Phytopathology and Protection, 1996, 30 (4): 365-366

[13] Tosic M, Tosic D. Occurrence of *Tobacco mosaic virus* in water of the Danube and Sava rivers. Phytopathol Z, 1984, 109 (3): 200-202

[14] 陆家珏，张成良，张作芳等. A蛋白酶联法检测植物病毒的研究. 检物检疫，1990，4 (3)：161-163

[15] Yarwood GE. Release and preservation of virus by boots. Phytopathology, 1960, 50 (1): 111-114

[16] Smith PR, Campbeu RN. Isolation of plant viruses from surface water. Phytopathology, 1969, 59 (15): 1678-1687

[17] Kerler G, Kleinthempel H, Kegler H. Investigation on the soil transmissibility of *Tomato bushy stunt virus*. Arch Phytopathol Pflanzenschutz, 1980, 16 (2): 73-76

[18] Kleinhempel H, Gruber G. Transmission of *Tomato bushy stunt virus* without vectors. Acta Phytopathol Acad Sci Hung, 1982, 15 (3): 107-111

[19] Kegler G, Kerler H. On vectorless transmission of plant pathogenic viruses. Arch Phytopathol Pflanzenschutz, 1981, 17 (5): 307-323

[20] Kegler H, Klein H, Empel H, et al. Evidence of infectious plant viruses after passage through the rodents alimentary tract. Arch Phytopathol Pflanzenschutz, 1984, 20 (2): 189-193

[21] Barchend G, Kegler H. Detection of *Tobacco rattle virus* in soil. Arch Phtopathol Pflanzenschutz, 1984, 20 (1): 97-100

[22] Broadbent L. The epidemiology of tomato mosaic XI. seed-transmission of TMV. Ann Appl Biol, 1965, 55 (2): 177-205

[23] Lanter JM, Goode MJ, Mcguire JM. Persistence of *Tomato mosaic virus* in tomato debris and soil under field conditions. Plant Disease, 1982, 66 (7): 552 -555

[24] Rao ALN, Varma A. Transmission studies with *Cucumber green mottle mosaic virus*. Phytopathol Z, 1984, 109 (4): 325-331

[25] Gerba CP, Yates MV, Yates SR. Quantitation of factors controlling viral and bacterial transport in the subsurface. *In*: Hursted CJ. Modeling of the environmental fate of microorganism. American Society for Microbiology, Washington D C. 1991, 77-88

[26] Yates MV, Yates SR. Modeling microbial fate in the subsurface environment. Crit Rev Environ Control, 1988, 17 (2): 307-344

[27] Burge WD, Enkiri NK. Virus adsorption by five soils. J Environ Qual, 1978, 7 (1): 73-76

[28] Goyal SM, Gerba CP. Comparative adsorption of enterviruses, simian rot virus and selected bacteriophages to soil. Appl Environ Microbiol, 1979, 38 (1): 241-247

[29] Moore RS, Tatlor DH, Sturman LS, et al. Poliovirus adsorption by 34minerals and soils. Appl Environ Microbiol, 1981, 42 (3): 936-975

[30] Moore RS, Tayler DH, Reddy MM. Adsorption of reovirus byminerals and soils. Appl Environ Microbiol, 1982, 44 (2): 825-859

[31] Dowd SE, Pillai SD. Delineating the specific influence of virus isoelectric point and size on virus adsorption and transport through sandy soils. J Virol, 1998, 64 (2): 405-410

[32] Koenig R, Gibbs A. Serological relationships among *Tombusvirus*. J Gen Virol, 1986, 67 (1): 75-82

[33] 赵以军，石正丽. 真核藻类的病毒和病毒类粒子. 中国病毒

学，1996，11 (2)：93-102

[34] 罗明典. 病毒应用于农业的一些进展. 病毒学杂志，1986，1 (3)：3-12

[35] Vani S，Varma A. Properties of *Cucumber green mottle mosaic virus* isolat ed from water of river Jamuna. India Phytopathology，1993，46 (2)：118-122

[36] Polak Z，Branisova H. Plant virus isolations from water of an irrigation ditch. Ochrana Rost lin，1992，28 (3)：167-169

[37] Polak Z. Plant virus isolated from surface waters in the Czech Republic. Zachradnictvi，1995，31 (3)：113-119

[38] Mamula D，Plese N. Juretic N. Plant viruses in soil and water in Croatia. Periodicum Biologorum，1994，96 (4)：381-382

[39] Pocsai E，Horvath J. The occurrence of plant virus in water. Nŏvényvédelem，1997，33 (2)：69-76

[40] Roberts FM. The infection of plant by viruses through boots. Ann Appl Biol，1950，37 (3)：385-396

[41] Shukla DD，Shanks GJ. Mechanical transmission of Galinsoga mosaic virus in soil. Aust J Biol Sci，1979，32 (3)：267-276

[42] Tekle DS，Morris TJ. Transmission of *Southern bean mosaic virus* from s oil to bean seeds. Plant Disease，1981，65 (7)：599-600

PV_1、B. fp 在不同水样及温度条件下的灭活动力学研究*

郑耀通[1,2]，林奇英[2]，谢联辉[2]

（1 福建农林大学资源与环境学院，福建福州 350002；2 福建农林大学植物病毒研究所，福建福州 350002）

摘 要：研究了脊髓灰质炎病毒（*Poliovirus*$_1$，PV_1）、脆弱拟杆菌噬菌体（Bacteriophage infecting *bacteroides fragilis*，B. fp）在不同水样（自来水、超纯水、闽江水、生活污水和滤膜过滤除菌生活污水），不同温度（4℃、20℃、35℃）条件下的灭活动力学。结果显示：温度是导致病毒灭活的重要因素，温度升高，病毒灭活速率加快。同时，某些水质因子也明显影响病毒的灭活。实验结果还表明，在任一实验生存条件下，B. fp 的灭活速率都比 PV_1 低，表明 B. fp 是一个更合适的用于指示水体病毒污染程度与灭活效率的指示生物。

关键词：PV_1；B. fp；水体环境；灭活；动力学

CLC Q939； X17

Inactivation dynamics of PV_1 and B. fp in different water samples under various temperature conditions

ZHENG Yao-tong[1,2]，LING Qi-ying[2]，XIE Lian-hui[2]

(1 College of Resource and Environment, Fujian Agriculture and Forestry University, Fuzhou 350002;
2 Institute of Plant Virology, Fujian Agriculture and Forestry University, Fuzhou 350002)

Abstract: Using batch experiment system, the inactivation dynamics of *Poliovirus*$_1$ (PV_1) and Bacteriophage infecting *bacteroides fragilis* (B. fp) in different water samples (tap water、superpure water、Min River water、sewage and sterile sewage by ultrafilm) and under different temperature conditions were studied in this paper. The results showed that the temperature was an important factor to cause virus's inactivation and the water quality factors also affected the virus's survival. The results also showed that B. fp can survive longer time in the water samples at all temperature conditions than that of PV_1. So that B. fp was a more suitable indictor organism as virus pollution and inactivation indictors. Fig 4 , Tab 2 , Ref 21

Keywords: PV_1; B. fp; water environment; inactivation; dynamics

水体病毒污染与灭活指示物研究已有近 80 年历史，然而至今尚未有一个理想的指示物。粪大肠杆菌及粪链球菌是两个重要的给水生物学指标，然而对水体病毒却难有指示作用，因为他们同病毒对物理、化学因子的抗性显著不同，其来源也不同而且还会在水环境中增殖[1]。大肠杆菌噬菌体曾用作指示生物[2,3]，然而因同寄主细菌间缺乏特异性[4,5]，及其在水环境中与寄主细胞间的生态关系

应用与环境生物学报，2004，10（6）：794-797

收稿日期：2003208211　修回日期：2003212230

* 基金项目：福建省科技计划（R-98-17）

相当复杂等原因，也不是一个理想的指示物[6-9]。因此寻找更合理的水体病毒污染程度与灭活效果的指示物已很迫切。国外研究表明脆弱拟杆菌噬菌体（Bacteriophage of infecting *bacteroides fragilis*，B. fp）作为指示物相对更为合理和准确[9-14]。B. fp 作为病毒指示物，在我国还没有引起足够的重视，有必要开展对我国典型水环境中存在的脆弱拟杆菌噬菌体作为病毒污染与灭活指示物，其科学合理性进行研究。本文对 B. fp 以及肠道病毒模式种 PV_1 在不同水环境与温度条件下的灭活动力学及存活时间的差异性进行了研究，以期对我国应用 B. fp 作为病毒污染与灭活指示物的可靠性进行评估。

1 材料与方法

1.1 病毒及其定量方法

PV_1 疫苗株：某卫生防疫站赠送。在 Hep-2 细胞中于 RPMI 1640（Gibco 产品，含 L-谷氨酰胺、25mmol/L HEPES 生物缓冲剂及 10%胎牛血清）基质中繁殖后，经反复 3 次冻融后离心收集病毒作为实验用病毒，空斑形成单位法（PFU）定量[15]。

脆弱拟杆菌噬菌体（B. fp）：本实验室分离纯化，寄主为我国典型感病人群盲肠分离的脆弱拟杆菌 BH_8（*Bacteroides fragilis*，BH_8），购于国内某医科大学，碱性焦性没食子酸厌氧罐法细菌培养，双夹层琼脂法噬菌体定量[16]。

1.2 实验水样

分别为自来水、超纯水、闽江水、生活污水和膜过滤除菌生活污水。其中自来水直接取于实验室，经加入总浓度为 0.004%硫代硫酸钠脱氯处理后备用；超纯水由超纯水机制得；闽江水取于本校门口河段；生活污水取于福州市内河；滤膜除菌污水由原生活污水经 0.22μm 滤膜过滤；各水样的理化特性见表 1。

表 1 病毒灭活动力学实验所用水样特性

水样	pH	生化需氧量/[$\rho(BOD_5)$/(mg/L)]	电导率/[ρ(CON)/(μs/cm)]	悬浮性固体/[ρ(SS)/(mg/L)]	细菌总数/[n(CFU)/L]
自来水	6.54	0.39	363	11	2.1×10^2
闽江水	6.61	10.7	214	24.5	4.8×10^5
生活污水	6.36	176.8	576	64.2	9.3×10^7
灭菌生活污水	6.43	84.3	327	6.2	0
超纯水	6.19	0	20	0	0

1.3 灭活实验

在两个 500mL 灭菌三角瓶中分别装入 300mL 各实验水样，加入 2 种病毒贮备液至终浓度约为 n（pfu）/mL＝6.7×10^5，摇均后各取出 3mL 于－20℃保存作为 t_0 时水样的病毒浓度 N_0。将三角瓶恒温于 4℃、20℃、35℃，约 1500lx 光照强度，12h 光照与黑暗循环的生化培养箱中，每隔一定时间 t 取样测定 t 时的病毒含量 N_t，以 log（N_t/N_0）表示病毒存活率，将 lg（N_t/N_0）与相应时间作直线回归，求得回归方程，根据此方程导出病毒在不同条件下的比灭活速度及灭活 99%病毒所需的时间 T_{99} 值[17]，以比较病毒在不同条件下的存活时间与灭活动力学差异，每一处理设 2 个重复取平均值。

2 结果与分析

2.1 病毒在自来水及超纯水中的灭活动力学

结果显示：4℃条件下，B. fp 在自来水和超纯水中经过 50d 后仅分别灭活 1.21lg 和 1.06lg；而 PV_1 则分别灭活 2.13lg 和 2.61lg（图 1，图 2）。灭活 99%病毒所需的预测时间分别要 92d、50d；85d、41d（表 2）。此条件下，B. fp 和 PV_1 灭活存在显著性差异（P＝0.001）。室温条件下，PV_1 在自来水中 35d 内灭活 3.28lg，在超纯水中在 25d 内灭活 3.49lg。而 B. fp 则在自来水中 50d 内灭活 3.41lg，超纯水中在 45d 内灭活 4.65lg。PV_1 和 B. fp 在自来水中的 T_{99} 分别为2d、30d，而在超纯水中则是 14d、19d。在两种水样中的灭活都有显著性差异（P＝0.01，0.03）。在 35℃条件下，病毒灭活速率提高（图 1，图 2；表 2），在自来水及超纯水中的 T_{99} 分别为 B. fp 需 11d 和 7d，而 PV_1 都只要 5d（表 2）。在自来水中二者存活具显著性差别（P＝0. 003），而在蒸馏水中却没有。

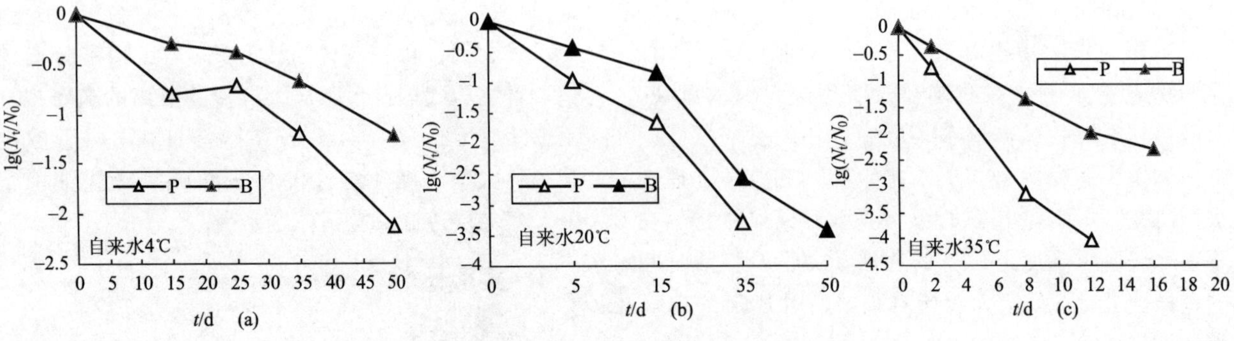

图 1　在不同温度条件下病毒在自来水中的灭活动力学

P 表示 PV_1，B 表示 B. fp，下同

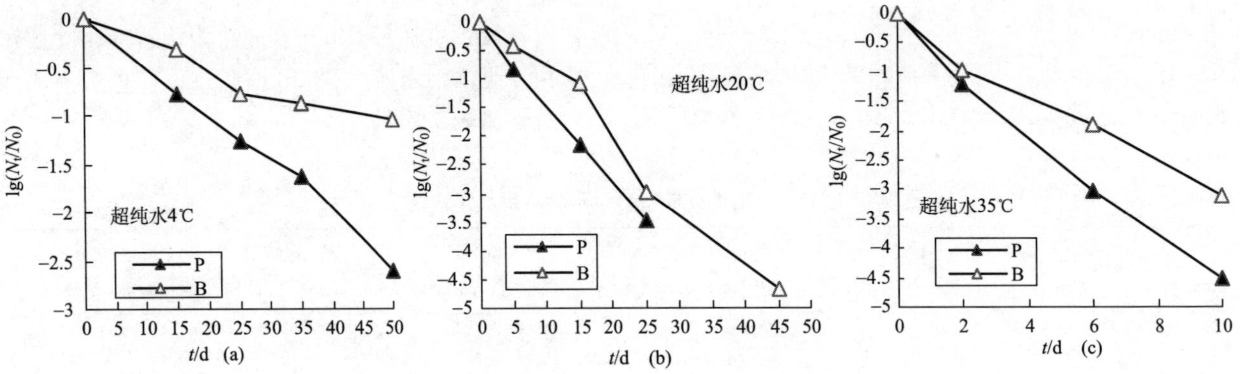

图 2　在不同温度条件下病毒在超纯水中的灭活动力学

2. 2　病毒在闽江水中的灭活动力学

病毒在闽江水中的存活规律也是 B. fp 比 PV_1 稳定。4℃时，在 50d 内 PV_1 及 B. fp 分别灭活 2. 41lg 和 1. 12lg（图 3）。其 T_{99} 分别需 20d、86d，两病毒灭活具有显著性不同（P＝0. 00）。在室温条件下，PV_1 和 B. fp 分别在 30d 和 40d 内减少 4. 83lg 和 4. 91lg（图 3），T_{99} 分别为 13d、17d，二者灭活也有显著性差异（P＝0. 012）。当水温 35℃时，病毒灭活速率提高，PV_1、B. fp 灭活速率分别从 4℃的－0. 04498、－0. 02339（lg/d）上升到－0. 48155、－0. 24429（lg/d）。PV_1 在 8d 内灭活 3. 71lg，B. fp 则在 16d 内灭活 3. 91lg（图 3）。

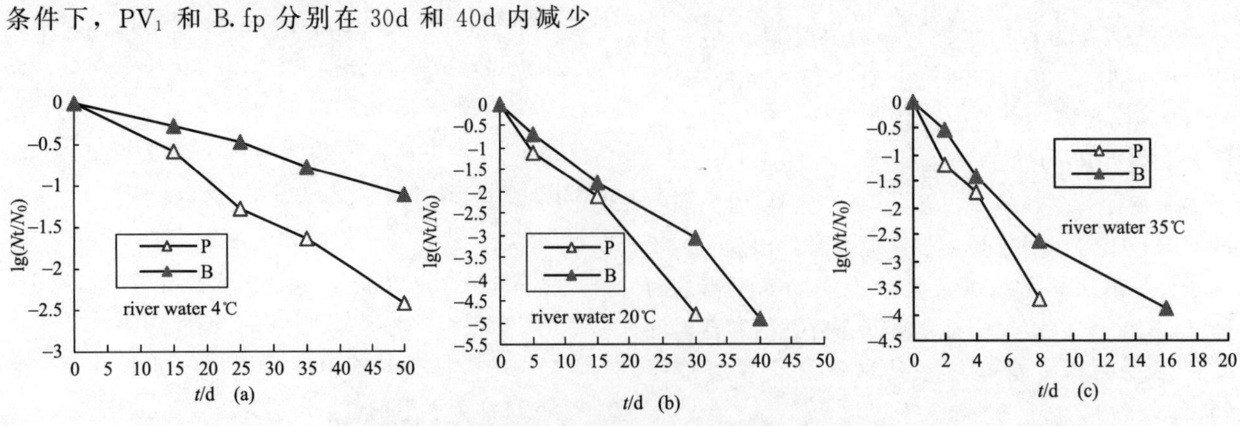

图 3　不同温度条件下病毒在闽江水中的灭活动力学

2.3 病毒在生活废水及微孔滤膜过滤除菌生活污水中的灭活动力学

实验结果显示，当污水经滤膜过滤除菌后，病毒存活时间延长（图 4）。4℃时，B. fp 在生活污水与膜过滤生活污水中的 T_{99} 分别要 57d 和 75d；而 PV_1 的 T_{99} 则是 34d 和 41d（表 2），两病毒灭活速率显著不同（P＝0.001）。在 20℃条件下，PV_1、B. fp 在污水及膜过滤污水中的比灭活速率分别为 －0.5094、－0.3796（d）；－0.2612 和 －0.0614（d），其 T_{99} 则要 9d、12d；18d、19d，灭活也都有显著性差异（P＝0.001，0.003）。当水体温度为 35℃时，两病毒的比灭活速率分别升高到 －1.3880、－1.0604（d）；－1.1193、－0.5699（d），分别经过 3d、4d；4d、8d 使病毒灭活 99％（表 2，图 4）。在此条件下，病毒灭活差异也有显著性（P＝0.001，0.002）。

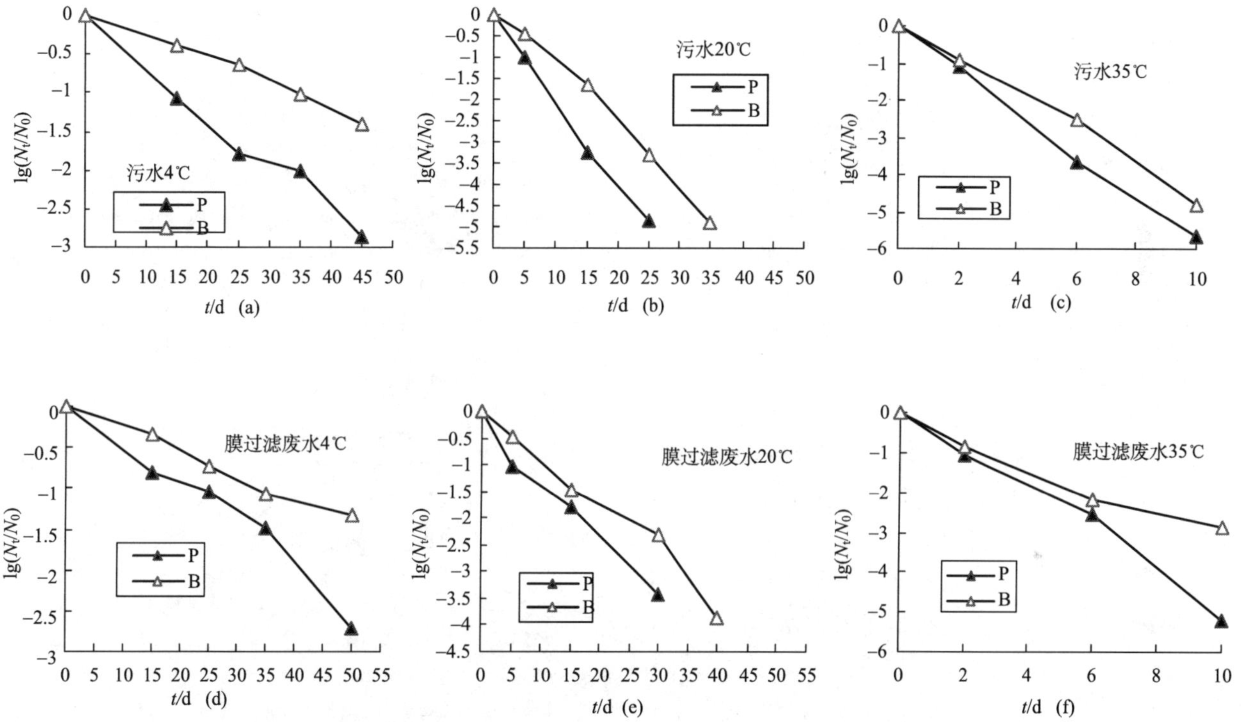

图 4 不同温度条件下病毒在生活污水与膜过滤除菌生活废水中的灭活动力学

表 2 在不同水体环境及温度条件下病毒比灭活速率及其 T_{99} 预测*

t/℃	病毒类型	自来水 r	自来水 T_{99}	自来水 R^2	自来水 P	超纯水 r	超纯水 T_{99}	超纯水 R^2	超纯水 P	闽江水 r	闽江水 T_{99}	闽江水 R^2	闽江水 P	生活污水 r	生活污水 T_{99}	生活污水 R^2	生活污水 P	膜过滤除菌生活污水 r	膜过滤除菌生活污水 T_{99}	膜过滤除菌生活污水 R^2	膜过滤除菌生活污水 P
4℃	PV_1	－0.090	51.2	0.939	0.002	－0.112	41.1	0.974	0.001	－0.104	20.1	0.984	0.000	－0.136	33.9	0.961	0.001	－0.112	41	0.974	0.001
	B. fp	－0.050	91.7	0.948	0.004	－0.054	85.1	0.961	0.000	－0.054	85.0	0.969	0.001	－0.081	57.2	0.925	0.002	－0.061	75.1	0.961	0.001
20℃	PV_1	－0.217	21.2	0.957	0.002	－0.320	14.4	0.965	0.01	－0.358	12.8	0.976	0.01	－0.509	9.04	0.982	0.027	－0.261	17.6	0.977	0.015
	B. fp	－0.154	29.8	0.990	0.001	－0.250	18.5	0.985	0.002	－0.274	16.8	0.976	0.004	－0.380	12.1	0.969	0.013	－0.243	19.1	0.997	0.003
35℃	PV_1	－0.891	5.2	0.888	0.004	－1.014	4.5	0.981	0.035	－1.11	4.2	0.965	0.045	－1.39	3.3	0.968	0.023	－1.12	4.1	0.972	0.024
	B. fp	－0.414	11.1	0.960	0.000	－0.635	7.3	0.946	0.013	－0.563	8.2	0.966	0.001	－1.06	4.3	0.971	0.032	－0.570	8.1	0.968	0.002

r 表示病毒比灭活速率；T_{99} 表示灭活 99.9％病毒所需的时间；R^2 表示决定系数；P 表示显著程度

3　讨论

类似于其他研究者对 PV_1 在不同水环境中的灭活规律[18-20]，温度是影响病毒存活的重要因素。在自来水中 PV_1 的灭活速率分别从 4℃ 的 0.0398lg/d 升高到 35℃的 0.3865lg/d，提高了近 10 倍。预测灭活 99%病毒（T_{99}）所需的时间从 50d 减少到 5d。B. fp 在环境水体中的存活规律尚未见报道，本文研究结果显示：温度也同样是 B. fp 存活时间的重要影响因素，其灭活速率从 4℃ 的 0.0218lg/d 升高到 35℃ 的 0.1798lg/d，而其 T_{99} 则从 92d 减少到 11d，两种病毒在其他水体中的灭活受温度的影响规律也类似。

实验结果还显示，在任一水体环境中 B. fp 的存活都比 PV_1 长，说明 B. fp 是一个更为合理的用于指示水体病毒存活规律的指示生物。这可能同 B. fp 是由双链 DNA 组成有关，因为双链 DNA 一旦受到破坏，可因寄主细胞的修复机制而恢复。人类细胞不仅可以修复嘧啶二聚体，而且还可以修复较大范围的 DNA 损伤[21]，B. fp 在水环境中是否也存在着这种修复机制尚未可知。同时，DNA 病毒核酸可在水环境中存活更长的时间，因其 DNAase 需要协同因素才能激活且比 RNAase 因温度升高而更快失去活性。

除了温度是影响病毒在水体环境中生存时间的主要因素外，病毒在一定温度的不同水体中，其比灭活速率也不同，说明某些水质因子也对病毒的灭活起作用。病毒在 5 种不同水质理化特性的水体中灭活，具有基本相似的特点，即在任一实验温度下，在自来水中的存活时间总是最长（表 2）。比较 5 种水样的水质差别，主要是自来水中含有较高浓度的可溶性盐及较低的有机质含量和细菌总数，由此认为，水环境的离子强度对病毒的存活具有有利的作用，而有机物及生物污染则不利于病毒存活。在任一实验温度下，病毒在生活废水中的灭活都最快，这同生活污水含有最高的有机物质及细菌总数有着必然的联系。从生活污水经微孔滤膜过滤除菌后病毒存活时间延长这种现象说明，水体中的生物污染因素确实影响着病毒在水环境中存活。而超纯水因为不含离子又没有悬浮性物质存在，但也没有对病毒具有灭活作用的因子存在，因此病毒存活介于之间。

在不同的温度下，病毒的灭活机制可能略有不同，如在低温（4℃）时，病毒在灭菌生活污水中的灭活速率均比在闽江水中快，可能原因是生活污水中本身含有的某些化学物质在起作用，这些化学物质也有可能是原先生活污水中生物起源的物质。在室温（20℃）或中温（35℃）条件下，病毒在闽江水中的灭活速率均比在灭菌生活废水中快，可能是由于细菌在高温下大量增殖，产生某些对病毒生存不利的物质，从而加快病毒的灭活。5 种水样的理化特性显示，生活污水也含有相当高的可溶性盐浓度，为什么没有像在自来水中那样给予病毒保护作用，这种机制有待于进一步研究。

参考文献

[1] Berg G, Dahing RO, Brown GA. Validity of fecal coliforms, total coliforms and fecal streptococci as indicators of viruses in chlorinated primary sewage effluents. Appl Environ Microbiol, 1978, 36: 880-884
[2] Iawpr C. Study group on health related water microbiology. Bacteriophages as model viruses in water quality control. Water Researchh, 1991, 25: 529-545
[3] Havelaar AH, Vanolphen M, Drost YC. F-specific RNA bacteriophages are adequate model organism for enteric viruses in freshwater. Appl Environ Microbiol, 1993, 59: 2956-2962
[4] Goyal SM. Methods in phage ecology. *In*: Goyal SM, Gerba CP, Bitto G. Phage Ecology. New York: John Wiley Sons Inc, 1987, 267-287
[5] Rhodes MW, Kator HI. Use of Salmonella typhimiurium WG49 to enumerate male-specific coliphages in an estuary and watershed subject to no point pollution. Water Research, 1991, 25: 1315-1323
[6] Paymeny P, Franco E. Clostridium perfringens and somatic coliphages as indicators of the efficiency of drinking water treatment for viruses and protozoan cysts. Appl Environ Microbiol, 1993, 59: 2418-2424
[7] Stetler RE, Williams FP. Pretreatment to reduce somatic salmonella phage interference with FRNA coliphage assays: successful use in a one-year survey of vulnerable ground-water. Letters in Applied Microbiology, 1996, 23: 49-54
[8] Woody MA, Oliver DO. Effects of temperature and host cell growth phage on replication of F-specific RNA coliphage Qβ. Appl Environ Microbiol, 1995, 61: 1520-1526
[9] Scott TM, Rose JB, Jenkins TM. Microbial source tracking: current methodology and future directions. Appl Environ Microbiol, 2002, 68: 5796-5803
[10] Araujo RM, Puig A, Lasobras J, et al. Phages of enteric bacteria in fresh water with different levels of faecal pollution. J Appl Microbiol, 1997, 82: 281-286
[11] Armon RR, Araujo Y, Kott F. Bacteriophages of enteric bacteria in drinking water, comparison of their distribution in two countries. J App Microbiol, 1997, 83: 627-633
[12] Grabow WOK, Neubrech TE, Holtzhausen CS. Bacteroides

fragilis and Escherichia coli bacteriophages: excretion by humans and animals. Water Science Technology, 1995, 31 (5-6):223-230

[13] Jofre J, Olle E, Ribas F. Potential usefulness of bacteriophages that infecting *Bacteroides fragilis* as model organisms for monitoring virus removal in drinking water treatment plants. Appl Environ Microbiol, 1995, 61: 3227-3231

[14] Sun ZP, Levi Y, Kiene L. Quantification of bacteriophages of Bacteroides fragilis in environmental water samples of Seine River. Water Air and Soil Pollution, 1997, 96: 175-183

[15] 戴华生. 病毒学实验诊断技术资料专辑. 江西: 江西省出版事业管理局, 1980

[16] 余茂效, 司樨东. 噬菌体实验技术. 北京: 科学出版社, 1991

[17] Gu KD, Zhang ShB, Tang F, Wang JL. Comparison of inactivation of poliovirus in water by ozone, chlorine and chorine dioxide. Chin J Appl Environ Biol, 1999, 5: 34-37

[18] Jansons J, Edmonds LW, Speight B. Survival of virus in ground water. Appl Environ Microbiol, 1989, 49: 778-782

[19] Yahya MT, Cluff CB, Gerba CP. Virus removal by slow filtration and nanofiltration. Wat Sci Tech, 1993, 27: 409-412

[20] Dimmock NJ. Difference between the thermal inactivation of picornaviruses at high and low temperatures. Virology, 1967, 31: 338-341

[21] Bernstein C. Ageing, sex, and DNA repair. New York: Academic Press, 1991

Two novel bacteriophages of thermophilic bacteria isolated from deep-sea hydrothermal fields

LIU Bin[1,2], WU Sui-jie[2], SONG Qing[2], ZHANG Xiao-bo[2], XIE Lian-hui[1]

(1 Institute of Plant Virology, Fujian Agriculture and Forestry University, Fuzhou 350002;
2 Key Laboratory of Marine Biogenetic Resources, Third Institute of Oceanography, State Oceanic Administration, Xiamen 361005)

Abstract: Bacteriophages of thermophiles are of great interest due to their important roles in many biogeochemical and ecological processes. However, no virion has been isolated from deep-sea thermophilic bacteria to date. In this investigation, two lytic bacteriophages (termed *Bacillus* virus W1and *Geobacillus* virus E1) of thermophilic bacteria were purified from deep-sea hydrothermal fields in the Pacific for the first time. *Bacillus* virus W1 (BVW1) obtained from *Bacillus* sp. W13, had a long tail (300nm in length and 15nm in width) and a hexagonal head (70nm in diameter). Another virus, *Geobacillus* virus E1 (GVE1) from *Geobacillus* sp. E26323, was a typical Siphoviridae phage with a hexagonal head (130nm in diameter) and a tail (180nm in length and 30nm in width). The two phages contained double-stranded genomic DNAs. The genomic DNA sizes of BVW1and GVE1 were estimated to be about 18kb and 41kb, respectively. Based on SDS-PAGE of purified virions, six major proteins were revealed for each of the two phages. The findings in our study will be very helpful to realize the effect of virus on thermophiles as well as the communities in deep-sea hydrothermal fields.

Viruses of thermophiles and extreme thermophiles are of great interest because they can serve as model systems for understanding the biochemistry and molecular biology required for life at high temperatures. They can influence many biogeochemical and ecological processes[1-8]. To date, of the approximately 5100 known viruses, only a few viruses have been isolated from thermophilic bacteria and archaea. Most isolates of thermophilic viruses or bacteriophages come from several thermophiles including *Bacillus stearothermophilus*, *Thermus scotoductus*, and *Thermus thermophilus* of bacteria and some genera of archaea such as *Sulfolobus* and *Thermoproteus*[3,9-13]. So far, however, bacteriophages infecting thermophilic bacteria have not been studied extensively. Based on the reported studies, thermophilic bacteriophages are obtained from hot springs, mud pots, and solfataric fields throughout the world on land[9,14,15]. But no bacteriophage has been isolated from deep-sea thermophilic bacteria.

In this study, two phages of thermophilic bacteria from deep-sea hydrothermal fields were purified for the first time. They were typical phages with a hexagonal head and a tail. But one of them had a long tail. The results showed that they contained double-stranded genomic DNAs.

Current Microbiology, 2006, 53 (2): 163-166
Received: 23 December 2005 Accepted: 18 April 2006

1 Materials and Methods

1.1 Samples and Strains

Deep-sea samples (sea water and sediments) were obtained from east-Pacific and west-Pacific hydrothermal fields. The sea water was collected from east-Pacific (12°42′29″N, 104°02′01″W) at a depth of 3083m in November 2003. The sediments were obtained from west-Pacific (19°24′08″N, 148°44′79″E) at a depth of 5060m in May 2002. The sediment (approx. 15g) was suspended with 30mL sterilized MJ synthetic seawater in 100mL glass bottle[16]. The suspension and sea water were cultured at 65 ℃ for 1-3 days in the modified TM medium containing (per liter): tryptone, 8 g; yeast extract, 4g; NaCl, 30g; MgCl, $6H_2O$, 2g; $CaCl_2$ $2H_2O$, 0.73 g and agar 15g. The pH was adjusted to 7.0. The colonies were picked and further purified by inoculation in fresh liquid medium at 65℃ for three times. The 16S rRNA gene was amplified by PCR using primers 27F (5′-AGAGTTTGATC-CTGGCTCAG-3′) and 1492R (5′-GGTTACCTT-GTTACGACTT-3′) with the genomic DNA of strains[17]. The PCR product was cloned into pMD-18T vector (Takala, Japan) and sequenced by Shanghai Sangon Biological Engineering Technology and Service in China. Homology was analyzed in GenBank with the Blast program.

1.2 Isolation, Infection, and Purification of Virus Particles

During the cultures of the two thermophilic bacterial strains W13 and E26323, phage plaques were observed. Phage plaques were picked one by one and subjected to phage plaque assay by the soft agar overlap technique[10]. The phage and its host strain were mixed with 2.7mL of 0.7% TM agar, using the uninfected host strain as the negative control for checking bacteriocin reactions to confirm the validity of plaques. Subsequently, they were overlaid on the base layer containing 20mL of 1.5% TM agar, followed by incubation for 20h at 65℃. The phage plaque assay was repeated three times.

In order to obtain large amount of phages, the strains W13 and E26323 were infected by their corresponding phages in 200mL TM medium, respectively. At the late exponential phase, the bacterial cells and debris were spun down at 5000*g*. The virus particles were purified from the supernatant as described by Geslin *et al.*[12]. After centrifugation at 10 000*g* for 20min at 4℃, the virus particles were precipitated from the supernatant with 100g/L of PEG 6000 in 1mol/L NaCl overnight at 4℃ under gentle stirring. The precipitate was collected by centrifugation at 15 200*g* for 75min at 4℃, well drained, and resuspended in TE buffer (10mmol/L Tris-HCl, 1mmol/L EDTA, pH 8.0). After a low-speed centrifugation at 3000*g* for 10min at 4℃ to remove residual cell debris, virions were purified by centrifugation in a CsCl (1.5g/mL) buoyant density gradient at 220 000*g* for 24h or by 10% to 30% sucrose gradient centrifugation in a Beckman SW27 for 20min at 20 000r/min (11). The virus particles were resuspended in TE buffer and stored at −70℃ until use. Virus samples, after negative staining with 3% uranyl acetate, were examined under transmission electron microscope (JEOL JEM-1010) for purity[1].

To identify the host ranges of the two phages, thermophilic bacteria isolated from similar environments and different geographical locations were, respectively, infected by BVW1 and GVE1[18].

1.3 Effect of Temperature on Phage Production and Stability

To study the effect of temperature on phage production, 0.5mL of strains W13 or E26323 were, respectively, infected with BVW1 or GVE1 at MOI (multiplicity of infection) of 0.01. After incubation at room temperature for 20min, they were cultured at different temperatures (60℃, 70℃, or 80℃) in 100mL TM medium. Then PFU (Plaqueforming unit) /mL was assessed by the soft agar technique[10]. To investigate the thermostability of phages, the BVW 1and GVE 1were pre-incubated in TM medium at 60℃, 70℃, or 80℃ for 30min, respectively. Subsequently the survival phages were assayed by the soft agar technique[10].

1.4 Extraction and Digestion of Virus Genomic DNA

The viral genomic DNA was extracted from the purified virions as previously described by Geslin *et al.*[12]. Virus pellets were gently resuspended in TNE buffer (100mmol/L Tris-HCl, 50mmol/L NaCl, 50mmol/L EDTA, pH8.0), followed by mixing with lysis buffer (1% SDS, 1% laurylsarkosyl, and 0.1g/L DNase-free Rnase). After incubation for 30min at room temperature, proteinase K was added at 1mg/mL and further incubated for 1h at 56℃. The lysate was treated with an equal volume of phenol-chloroform (1 : 1) and chloroform. Subsequently, the DNA was precipitated from the aqueous phase by 0.8 volume of isopropanol, followed by centrifugation at 18 000*g* for 15min. After wash with 70% ethanol, the air-dried DNA pellet was dissolved in TE buffer. To estimate the size of virus genome, the viral genomic DNA was digested with *Bam*H Ⅰ and *Hin*dⅢ, respectively.

1.5 Protein Analysis

The purified virus particles were dissolved in the loading buffer for sodium dodecyl sulfate (SDS) -polyacrylamide gel electrophoresis. After heating at 95℃ for 5min, the samples were subjected to electrophoresis in 12% SDS-PAGE gel, followed by staining with Coomassie brilliant blue R250 (Sigma)[18].

2 Results and Discussion

2.1 Virus Isolation and Purification of Thermophilic Bacteria from Deep-Sea Hydrothermal Fields

During the cultures of thermophilic strains W13 and E26323 isolated from west-Pacific and east-Pacific hydrothermal fields, phage plaques were observed, respectively. The two strains, therefore, were further characterized. Based on the neighbor-joining analysis of 16S rDNA sequence, the strains W13 and E26323 were assigned to *Bacillus* sp. W13 (GenBank accession number AY583457) and *Geobacillus* sp. E26323 (GenBank accession number DQ225186), respectively. They were aerobic, rodshaped, and spore-forming thermophilic bacteria, which could grow within a temperature range of 45-85℃ with an optimum at 65-70℃.

To confirm the infectivity of these phages, they were subjected to phage plaque assays at 65℃ with their corresponding host strains for three times. Every time, the phage plaques were observed, suggesting that the two phages were lytic. The two thermophilic phages, termed *Bacillus* virus W1 (BVW1) from *Bacillus* sp. W13 and *Geobacillus* virus E1 (GVE1) from *Geobacillus* sp. E26323, were purified, respectively. The results showed that BVW1, had a long tail (300nm in length and 15nm in width) and a hexagonal head (70nm in diameter) (Fig. 1A). Another virus GVE1 was a typical Siphoviridae phage with a hexagonal head (130nm in diameter) and a tail (180nm in length and 30nm in width) (Fig. 1B).

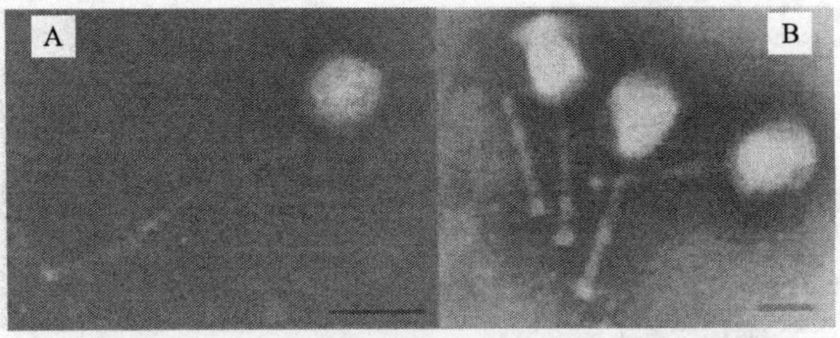

Fig. 1 Electron micrographs of virus particles of *Bacillus* virus W1 (BVW1) from *Bacillus* sp. W13 (A) and *Geobacillus* virus E1 (GVE1) from *Geobacillus* sp. E26323 (B). Scale bars = 100nm

In an attempt to identify the host ranges of the two phages, some thermophlic bacteria from deep-sea hydrothermal fields and hot springs were, respectively, infected by BVW1and GVE1(Table 1). The results showed that BVW1and GVE 1 only infected *Bacillus* sp. W13 and *Geobacillus* sp. E26323, respectively, indicating that they had narrow host ranges (Table 1).

Table 1 Host ranges of BW1 and GVE1

Bacterial strains	Sensitivity of BVW1	Sensitivity of GVE1
Bacillus sp. W13	+	—
Bacillus sp. WPD616	—	—
Bacillus Pallidus DSM3670	—	—
Bacillus thermoalophilus DSM 6866	—	—
Bacillus thermoleovorans SH	—	—
Geobacillus sp. E26323	—	+
Geobacillus stearothermophilus E2711	—	—
Geobacillus stearothermophilus B31	—	—
Geobacillus sp.	—	—
Thermus sp. E26	—	—

+and—represent "sensitive" and "non-sensitive," respectively

To evaluate the effect of temperature on phage production, *Bacillus* sp. W13 and *Geobacillus* sp. E26323, the optimal growth temperatures of which were 68℃ and 65℃, respectively, were infected by their corresponding phage, followed by incubation at different temperatures. The results indicated that the maximal productions of two phages were obtained at 60℃. Thermostability assays showed that BVW1and GVE1 were most stable at 60℃. However, the survivals of two phages dramatically decreased with the increase of temperature.

2.2 Analyses of Virus Genomic DNAs and Proteins

The genomic DNAs of the two phages were isolated from purified virions. It was found that they contained double-stranded DNAs. After digestion by *Bam*H Ⅰ or *Hind* Ⅲ, the sizes of genomic DNAs from BVW1 and GVE1 were estimated to be 18kb (Fig. 2 A1, A2) and 41kb (Fig. 2 B1, B2), respectively.

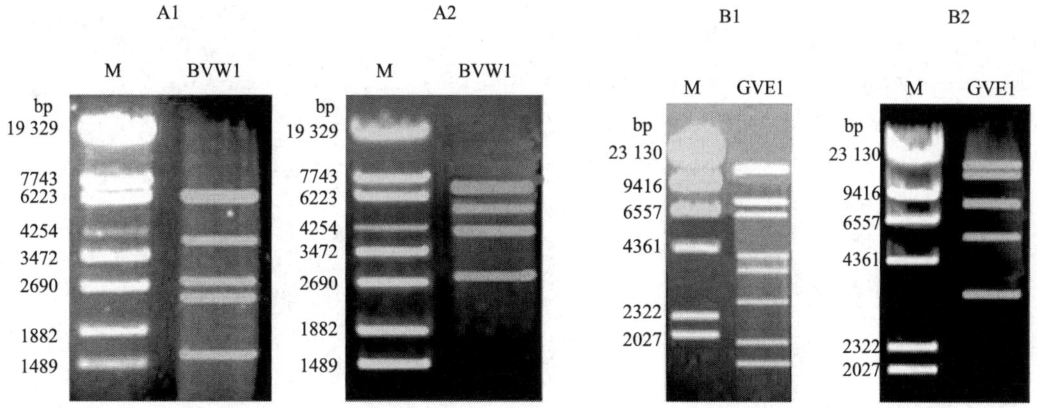

Fig. 2 The viral genomic DNAs of *Bacillus* virus W1 (BVW 1) from *Bacillus* sp. W13 (A1, A2) and *Geobacillus* virus E1 (GVE1) from *Geobacillus* sp. E26323 (B1, B2). They were digested, respectively, by *Bam*H Ⅰ (Aland B1) or *Hind* Ⅲ (A2 and B2) prior to electrophoresis. M. DNA marker

The proteins of purified viorions were separated on SDS-PAGE. The results revealed that the protein patterns of BVW1contain ed six major bands of polypeptides with estimated masses of 32kD, 45kD, 50kD, 57kD, 60kD, and 70kD (Fig. 3A). On the other hand, the GVE1had six major proteins with estimated masses of 34kD, 37kD, 43kD, 60kD, 66kD, and 100kD, which were different from those of BVW1 (Fig. 3B).

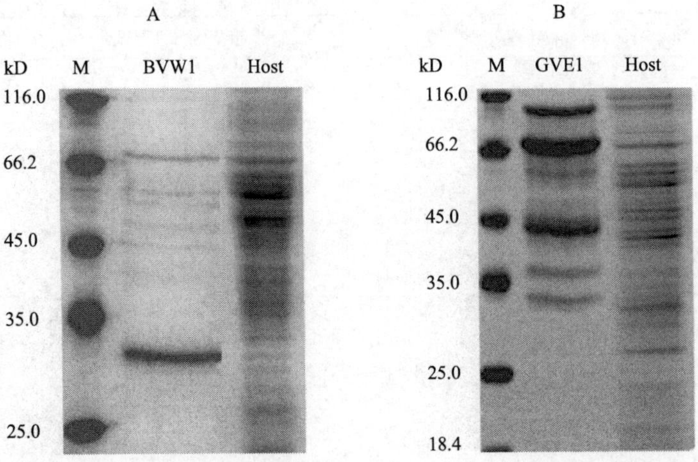

Fig. 3 SDS-PAGE of purified virions and their corresponding hosts.
A. *Bacillus* virus W1 (BVW1) and *Bacillus* sp. W13. B. *Geobacillus* virus E1 (GVE1) and *Geobacillus* sp. E26323. M. protein marker

There have been some reports on bacteriophages infecting thermophiles, which were almost obtained from hot springs, mud pots, and solfataric fields on land. So far, however, no bacteriophage of thermophilic bacteria was isolated from deep-sea hydrothermal fields. In this investigation, two novel lytic phages were purified from deep-sea thermophilic bacteria for the first time. Deep-sea hydrothermal vents are special fields, in which the bacteria were the primary producers of a food web[19]. Therefore, the bacteriophages in these fields might play very important roles in the vent communities. In addition, the two thermophilic phages purified in this study could be good candidates for the construction of vectors in thermophiles. This would facilitate the function analyses of genes from thermophiles and extreme thermophiles. In this context, the lytic phages found in the deep-sea hydrothermal fields merit further study.

Acknowledgments

This work was financially supported by National Natural Science Foundation of China (40576076) and China Ocean Mineral Resources R & D Association (DY105-02-04-05).

References

[1] Bettstetter M, Peng X, Garrett RA, et al. AFV1, a novel virus infecting hyperthermophilic archaea of the genus *Acidianus*. Virology, 2003, 315: 68-79

[2] Fuhrman JA. Marine viruses and their biogeochemical and ecological effects. Nature, 1999, 399: 541-548

[3] Prangishvili D, Stedman KM, Zillig W. Viruses of the extremely *Thermophilic archaeon* Sulfolobus. Trends Microbiol, 2001, 9: 39-42

[4] Prangishvili D, Zillig W. Viruses of the Archaea. *In*: Brenner S, Miller JH. Encyclopedia of Genetics. Vol, 4. San Diego: Academic Press, 2002, 2114-2116

[5] Rice G, Stedman K, Snyder J, et al. Viruses from extreme thermalenvironments. PNAS, 2001, 98: 13341-13345

[6] Suttle A. Viruses in the sea. Nature, 2005, 437: 356-361

[7] Zillig W, Prangishvili D, Schleper C, et al. Viruses, plasmids and other genetic elements of thermophilic and hyperthermophilic Archaea. FEMS Microbiol Rev, 1996, 18: 225-236

[8] Zillig W, Arnold HP, Holz I, et al. Genetic elements in the extremely *Thermophilic archaeon* Sulfolobus. Extremophiles, 1998, 2: 131-140

[9] Rice G, Tang L, Stedman K, et al. The structure of a *Thermophilic archaeal* virus shows a double-stranded DNA viral capsid type that spans all domains of life. PNAS, 2004, 101: 7716-7720

[10] Epstein T, Campbell A. Production and purification of the thermophilic bacteriophage TP-84. Appl Microbiol, 1974, 29: 219-223

[11] Sakaki T, Oshima K. Isolation and characterization of a bacteriophage infectious to an extreme ehermophile, *Thermus thermophilus* HB8. J Virol, 1974, 15: 1449-1453

[12] Geslin C, Romancer ML, Erauso G, et al. PAV1, the first virus-like particle isolated from a hyperthermophilic euryarchaeote, "*Pyrococcus abyssi*". J Bacteriol, 2003, 185: 3888-3894

[13] Blondal T, Thorisdottir A, Unnsteinsdottir U, et al. Isolation and characterization of a thermostable RNA ligase 1 from a *Thermus scotoductus* bacteriophage TS2126 with good single-

stranded DNA ligation properties. Nucleic Acids Res, 2005, 33: 135-142

[14] Rachel R, Bettstetter M, Hedlund BP, et al. Remarkable morphological diversity of viruses and virus-like particles in terrestrial hot environments. Arch Virol, 2002, 147: 2419-2429

[15] Prangishvili D. Evolutionary insights from studies on viruses from hot habitats. Res Microbiol, 2003, 154: 289-294

[16] Park KH, Kim TJ, Cheong TK, et al. Structure, specificity and function of cyclomaltodextrinase, a multispecific enzyme of the a-amylase family. Biochim Biophys Acta, 2000, 1478: 165-185

[17] Delong EF. Archaea in coastal marine environments. PNAS, 1992, 89: 5685-5689

[18] Xiang XY, Chen LM, Huang XX, et al. Sulfobus tendchongensis spindle-shaped virus STSV1: virus-host interactions and genomic features, J Virol,2005,79: 8677-8686

[19] Campbell A. The future of bacteriophage biology. Nature, 2003, 4: 471-477

Deep-sea thermophilic *Geobacillus* bacteriophage GVE2 transcriptional profile and proteomic characterization of virions

LIU Bin [1,2], ZHANG Xiao-bo[2]

(1 Institute of Plant Virology and College of Food Science, Fujian Agriculture and Forestry University, Fuzhou 350002; 2 Key Laboratory of Marine Biogenetic Resources, Third Institute of Oceanography, State Oceanic Administration, Xiamen 361005)

Abstract: Thermophilic bacteria and viruses represent novel sources of genetic materials and enzymes with great potential for use in industry and biotechnology. In this study, GVE2, a virulent tailed *Siphoviridae* bacteriophage infecting deep-sea thermophilic *Geobacillus* sp. E263, was characterized. The bacteriophage contained a 40863-bp linear double-stranded genomic DNA with 62 presumptive open reading frames (ORFs). A viral DNA microarray was developed to monitor the viral gene transcription program. Microarray analysis indicated that 74.2% of the presumptive ORFs were expressed. The structural proteins of purified GVE2 virions were identified by mass spectrometric analysis. The purified virions contained six protein bands. Of the newly retrieved proteins, VP371 was further characterized. The immuno-electron microscopy indicated that VP371 protein was a component of the viral capsid. Transcriptional analyses and proteomic characterization of GVE2 would be helpful to understand the complex host-virus interaction during virus infection.

Key words: thermophilic *Geobacillus*; bacteriophage; transcription; proteomics

1 Introduction

In marine waters, viruses infecting bacteria and archaea are extremely abundant, with an estimate of 10^7/mL. Viruses play important roles in effecting the microbially dominated cycling of carbon, nitrogen and phosphorus in the world's oceans, and influence many biogeochemical and ecological processes [1,2]. They continue to be vehicles for genetic events, from the evolution of photosynthesis to the emergence of pathogens[3-6]. Moreover they are of great importance to understanding of genetic transfer, diversity and evolution of life on earth [7-9]. Thermophilic viruses also promise to be a novel source of genetic material and enzymes with great potential for use in biotechnology[10]. However, of the viruses, the least understood are thermophilic viruses, which infect thermophiles. Viruses from thermophiles and extreme thermophiles are good materials for studying the biochemistry and molecular biology of life at high temperatures[11]. Based on the reported studies, most of thermophilic archaeal and bacterial viruses are obtained from hot springs, mud pots and solfataric fields throughout the world in the land[11]. Few thermophilic viruses are isolated and characterized from deep-sea hydrothermal vents, geysers on the seafloor, other than PAV1, a virus-like particle isolated from a deep-sea organism[12]. However, based on estimates made using epifluos-

Appl Microbiol Biotechnol, 2008, 80: 697-707

Received: 2008-2-26 Revised: 2008-6-9 Accepted: 2008-6-10 Published online: 2008-7-18 cence microscopy, viral abundances were observed at active hydrothermal vents[13,14]. In the deep-sea hydrothermal vents, thermophilic chemosynthetic prokaryotes exploit the vent chemicals to obtain energy for their growth, other organisms at the environment are supported by in site production by chemosynthetic prokaryotes[15]. Although primary production within deep-sea hydrothermal vents is chemosynthetic, much of the microbial biomass is likely heterotrophic prokaryotes. The high biomass of animals at hydrothermal vents incorporates some of the microbial production through grazing[15]. In the hydrothermal vents, the significant affect in carbon cycling and community composition come from thermophilic viruses, which are a major cause of vent thermophiles' mortality[16]. In this context, the characterization and interaction between thermophilic microbial inhabitants and viruses in deep-sea hydrothermal vents will be of great importance to reveal the origin of ecosystems on the sea floor, the extent of the subsurface biosphere, the driving forces of evolution and the origin of life on the earth[16,17].

During its infection process, the bacteriophage is known to encounter and attach to the bacterial surface by the tip of its tail, to pour the phage DNA into host cell, and to regulate host macromolecular synthesis by modifying host transcription and translation machinery and making it serve the needs of the virus transcription, translation and replication. Proteins from thermophilic bacteria are particularly amenable to structural studies of large complexes involved in DNA replication, DNA transcription, and RNA translation[18]. Thus, transcriptomic and proteomic analyses of thermophilic phage-encoded genes and proteins and other components of thermophilic bacteria would be helpful to understand the complex host-virus interaction during virus infection. As demonstrated in our previous study, the GVE2, a virulent tailed *Siphoviridae* bacteriophage isolated from deep-sea thermophilic *Geobacillus sp.* E263, contained a 40863-bp linear double-stranded genomic DNA with 62 presumptive ORFs (GenBank accession number DQ453159). In this investigation, the GVE2 was further characterized to reveal its transcriptional profile and proteome of purified virions.

2 Materials and Methods

2.1 Virus purification

The strain *Geobacillus* sp. E263 (China General Microbiological Culture Collection Center accession no. CGMCC1.7046), which could grow within a temperature range of 45-80℃ with an optimum at 60-65℃, was infected by its corresponding phages in 200mL TM medium at 65℃. At the late exponential phase, cell debris in liquid culture were observe, the bacterial cells and debris were spun down at 5000 *g*. The virus particles were purified from the supernatant according to reports by Geslin[12] and Epstein and Campbell[19].

2.2 real-time PCR

The viral genomic DNA was extracted from the purified virions as described by Geslin[12]. Real-time PCR of intracellular viral DNA was performed using the synthesized GVE2-specific primers and TaqMan fluorogenic probe. Oligonucleotide primers and TaqMan probes were designed using Primer Express Program (Perkin-Elmer Applied Biosystems). The sense and antisense primers were 5′-CGTATTTTTGCGACTAAGGAGTTG-3′ and 5′-AACCCATTTGATCGAACTAACCA-3′, respectively. The TaqMan probe was Fam 5′-CCGCTCACGAGCCGAACCAGAAGCGG-3′ Tamra. The intracellular viral DNA at 0h p.i. was used as the normalization control.

Real-time PCR reaction was carried out in ABI7500 (Applied Biosystems, USA). The reaction mixture (25μL) consisted of viral DNA aliquot, 200nmol/L of each primer, 100nmol/L of TaqMan probe, and 1×PCR reaction buffer containing DNA polymerase. PCR amplification was performed for 2min at 50℃, followed by 45 cycles of 45s at 95℃, 45s at 52℃ and 45s at 72℃.

2.3 Construction of virus DNA microarray

A DNA microarray containing 82 DNA fragments of the viral genome was constructed following a PCR-based microarray method as previously described[20]. Briefly, specific primer sets were designed to amplify approximately 500-bp fragment each using viral genome as template (A1). All PCR products showing a single band of the appropriate size by gel electrophoresis were purified, and reconstituted in TE buffer at a final concentration of about 500μg/mL for spotting in triplicates onto the silylated-glass slides (CEL Associates, Inc. USA) using a microarrayer (Smart Arrayer 48, CapitalBio) (A2). Eight DNA fragments from yeast genome and a randomly synthesized DNA fragment (Hex) were included as exogenous positive controls to normalize the microarray date. Distilled water was used as negative controls (A2).

2.4 Isolation of total RNAs and labeling of cDNA

Total RNAs were isolated from the uninfected and phage-infected *Geobacillus* sp. E263 cells at 4h postinfection using Bacterial RNA Isolation kit (Invitrogen) according to the manufacturer's protocol. The cDNAs were synthesized from 50μg aliquots of purified RNAs with random hexamer primer mixture and incorporated indirectly with Cy5 or Cy3 monofunctional reaction dyes (Amersham Biosciences, England). Briefly, the cDNAs were first labeled with aminoallyl-dUTP (Label Star Array kit, cDNA labeling moduLe, QIAGEN) and purified with QIAquick Spin columns (QIAquick PCR purification kit, QIAGEN) following the manufacturer's recommendations. The aminoallyl cDNAs were then coupled with Cy5 or Cy3 monofunctional dyes and purified with MinElute Spin columns (Label Star Array kit, cDNA cleanup moduLe, QIAGEN) according to the manufacturer's instructions. The cDNAs from uninfected *Geobacillus* sp. E263 were labeled with Cy5 and the cDNAs from phage-infected *Geobacillus* sp. E263 labeled with Cy3.

2.5 Microarray hybridization and analysis

The Cy5- or Cy3-dUTP-labeled cDNAs were resuspended in hybridization solution [3 × SSC (0.45mol/L NaCl and 0.045mol/L sodium citrate), 0.2% sodium dodecyl sulfate (SDS), 5 × Denhart's, 25% formamide] and hybridized with the microarrays for 16h to 18h at 42℃. Then the microarrays were rinsed several times following the standard method [20,21]: once with 2 × SSC and 0.1% SDS at room temperature for 20min, once with 0.2 × SSC and 0.1% SDS at room temperature for 20min, twice with 0.2 × SSC and 0.1% SDS at 55℃ for 20min with slight shaking, and once with 0.2 × SSC and 0.05 × SSC at room temperature. Following the washing steps, the microarrays were dried by low-speed centrifugation (500g for 5min), and immediately scanned using a GenePix 4000B array scanner (Axon Instruments, Inc.). Images obtained from scanning were analyzed by GenePix Pro 4.0 array analysis software (Axon Instruments, Inc.) [20,22].

2.6 SDS-PAGE and mass Spectrometric analysis of purified virions

The purified virus particles were dissolved in the loading buffer for SDS-polyacrylamide gel electrophoresis[23]. After heating at 95℃ for 5min, the samples were subjected to electrophoresis in 12% SDS-PAGE gel, followed by staining with Coomassie brilliant blue R-250 (Sigma) and the major protein band excised. The gel slice was cut into small pieces, destained by using 50% acetonitrile in 25mmol/L ammonium bicarbonate (pH7.9) and desiccated. Ten to fifteen microliters of trypsin (Promega) in 25mmol/L ammonium bicarbonate (pH7.9) was added to the dehydrated gel slices and allowed to incubate overnight at 37℃. The digestion was stopped by the addition of 20μL of 50% acetonitrile in 25mmol/L ammonium bicarbonate (pH7.9) with 1% trifluoroacetic acid (TFA). The matrix for matrix-assisted laser desorption ionization - time of flight (MALDI-TOF) was prepared by mixing twice-recrystallized α-cyano-4-hydroxycinnamic acid in 50% acetonitrile. Two microliters of the mixtures were subjected to the mass spectrometer after drying. The mass spectra were recorded by using a MALDI-TOF mass spectrometer (Bruker Autoflex). Monoisotopic peptide masses from MALDI-TOF MS were queried against the GVE2 ORF databases established in this study by Mascot program (Matrix Science Ltd, London)[24,25].

2.7 Recombinant expression of viral vp371 gene in *E. coli*

The vp371 gene was amplified using the synthesized forward primer 5′-TG*TGGATCC*ATGCCGAAGGAA TTACGT-3′ with *Bam*HⅠ site (italic) and the reverse primer 5′ - CTG*CTCGAG*TTAA GCAAGTTGTACTTCACC-3′ with *Xho*Ⅰ site (italic). Then the amplified DNA fragment was cloned into the pGEX-4T-2 vector (Amersham, Sweden) downstream of glutathione S-transferase (GST). The recombinant plasmid containing the vp371 gene was confirmed by sequencing.

After incubation in Luria broth (LB) at 37℃ overnight, the bacterium containing the vp371 gene and the control (vector only) were inoculated into new media at a ratio of 1: 100. When the OD_{600} was 0.6-1.0, the bacteria were induced with 0.5mmol/L IPTG (BBI, Canada) and grew for an additional 4h at 37℃. The whole cell protein of induced and non-induced bacteria was analyzed by SDS-PAGE.

The recombinant bacterium was inoculated and induced in 1000mL LB medium. The induced bacterium was spun down (4000×*g*) at 4℃ and resuspended in ice-cold phosphate buffered saline (PBS) containing 0.1mmol/L PMSF (BBI, Canada), followed by sonication for 90s on ice. The sonicate was mixed with glutathione-agarose beads (Sigma) and incubated at 4℃ for 2h. After rinse with ice-cold PBS, the beads were incubated in reducing buffer (50mmol/L Tris-HCl, 10mmol/L reduced glutathione, pH8.0) at room temperature for 10min. The supernatant, after centrifugation at 1000×*g* for 5min, was collected and analyzed by SDS-PAGE. Protein concentrations were measured by the Bradford method[26].

2.8 Antibody preparation of VP371 protein

The purified GST-VP371 fusion protein was used as antigen to immunize mice by intradermal injection once every 2 weeks over an 8-week period. 5μg of antigen was mixed with an equal volume of Freund' s complete adjuvant for the first injection. Subsequent injections were conducted using 5μg of antigen mixed with an equal volume of Freund' s incomplete adjuvant (Sigma, America). Four days after the last injection, mice were exsanguinated, and antisera collected. The titers of the antisera were 1 : 50,000 as determined by enzyme-linked immunosorbent assay (ELISA) [27]. The immunoglobulin (IgG) fraction was purified by protein A-Sepharose (BioRad, America)[28]. The optimal dilution of purified IgG was 1 : 1000 as determined by ELISA. Horseradish peroxidase (HRP) conjugated goat anti-mouse IgG was obtained from Sigma. Antigen was replaced by PBS in negative control assays.

2.9 Western blotting analysis of VP371

The phage-infected *Geobacillus* sp. E263 cells at different time (0h, 1h, 2h, 4h, 6h and 8h post-infection) were analyzed in a 12% SDS-PAGE gel. Then the proteins, visualized using Coomassie brilliant blue staining, were transferred onto a nitrocellulose membrane (Bio-Rad) in electroblotting buffer (25mmol/L Tris, 190mmol/L glycine, 20% methanol) at 70 V for 2h. The membrane was immersed in blocking buffer (3% BSA, 20mmol/L Tris, 0.9% NaCl, 0.1% Tween 20, pH7.2) at 4℃ overnight, followed by incubation with anti-GST-VP371 IgG for 2h. Subsequently, the membrane was incubated in HRP-conjugated goat anti-mouse IgG (Sigma, America) for 1h and detected with substrate solution (4-chloro-1-naphthol, Sigma).

2.10 Transcriptional analysis of VP371 gene by RT-PCR

Total RNAs were extracted from phage-infected *Geobacillus* sp. E263 at different time (0h, 1h,

2h, 4h, 6h and 8h post-infection) using Trizol Max Bacterial RNA Isolation Kit (Invitrogen) according to the manufacturer's instruction. The cDNAs were synthesized from 50μg aliquots of purified RNAs with random hexamer primer mixture as described above. Subsequently RT-PCR was performed with vp371 gene-specific primers (forward primer 5′-ATGCCGAAGGAATTACGT-3′ and reverse primer 5′-TTAAGCAAGTTG TACTTCACC-3′).

2.11 Localization of VP371 protein by immunoelectron microscopy

The purified virions were mounted onto the formvar-coated and carbon-stabilized nickel grids. Then the grids were blocked with 2% AURION BSA-CTM (Electron Microscopy Sciences) for 1h, followed by incubation with the anti-GST-VP371 IgG for 2h. After washing three times with 1× PBS, the grids were incubated with goat anti-mouse IgG conjugated with 10nm colloid gold (Electron Microscopy Sciences) for 1h. The grids were further washed two times with 1×PBS and briefly stained with 2% phosphotungstic acid (pH7.0) for 1min. The specimens were examined under the transmission electron microscope (JEOL 100 CXII, Japan). In the control experiments, the primary antibody was replaced by pre-immune mouse serum and mouse anti-GST antibody, respectively[25].

2.12 Microarray data accession number

The transcriptional profile of GVE2 genes has been submitted to the GenBank GEO database under accession number GSE5577.

3 Results

3.1 Transcriptional profile of GVE2 genes

To investigate the transcriptional profile of GVE2 genes, the relative quantification of intracellular viral DNA from GVE2-infected *Geobacillus* sp. E263 cells were determined by using real-time PCR technique. The results indicated that the viral DNA was first detected at 1h, postinfection (p. i.) and maximally at 6h p. i. (Fig 1a), suggesting that the viral DNA began to be replicated at 1h p. i.

Based on the results of real-time PCR (Fig. 1a), the viral genes were identified by DNA microarray with Cy5- or Cy3-dUTP-labeled cDNAs prepared from uninfected and GVE2-infected *Geobacillus* sp. E263 at 4h p. i.. As shown in Fig 1b, after hybridization with Cy5-dUTP-labeled cDNAs from uninfected *Geobacillus* sp. E263 as well as Cy3- dUTP-labeled yeast cDNAs and Hex DNA, there was no signal except for the positive controls. However, when the Cy3-dUTP-labeled cDNAs from GVE2-infected *Geobacillus* sp. E263 at 4h p. i. was used, many spots produced positive signals significantly above the background (Fig. 1c), while no signal appeared for the Cy5-dUTP-labeled cDNAs from uninfected *Geobacillus* sp. E263., indicating that the positive signals represented the GVE2 gene transcripts detectable by DNA microarray. The DNA fragments, detected to be positive in the reverse transcripts at 4h p. i., contained 74.2% of the presumptive GVE2 ORFs (Fig. 1c, A3). As predicted functional genes (A3), we detected expression of 19 predicted functional genes by DNA microarray, representing genes encoding the viral structure proteins (ORF3, 5, 8, 12, 15 and 20), the bacterial structure proteins (ORF4, 18, 19 and 24), the bacterial regulatory protein (ORF59), the proteins involved in DNA replication, recombination, repair and package (ORF1, 2, 7, 39, 40 and 44) and the transcription proteins (ORF27 and 32). The remaining ORFs were unassigned.

Analysis of the transcription date allowed us to confirm annotation of some overlapping ORFs. On another hand, 25.8% of GVE2 ORFs were either beyond the limit of detection at 4h p. i. or not transcribed. Analyses of the transcriptions revealed that many of the unknown ORFs were expressed and therefore likely to be functional.

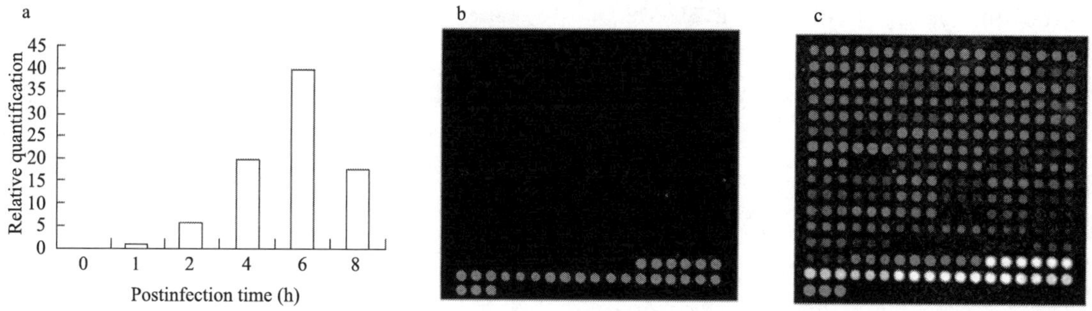

Fig. 1 GVE2 gene transcription analysis. The intracellular viral DNA from GVE2- infected *Geobacillus* sp. E263 was quantified by real-time PCR (a). The GVE2 DNA microarray was hybridized with Cy5/Cy3-dUTP-labeled cDNAs, which was extracted from uninfected *Geobacillus* sp. E263 (b) and GVE2-infected *Geobacillus* sp. E263 at 4h p. i. (c), respectively. Twenty seven spots at the end of each image showed the positive controls

3.2 Proteomic Characterization of GVE2

SDS-PAGE analysis of purified virions revealed that the GVE2 contained six major bands of polypeptides with estimated masses of 100kD, 70kD, 58kD, 42kD, 37kD and 33kD, respectively (Fig. 2a). The six major proteins were identified by MALDI-TOF mass spectrometry (MS). After searching with tryptic peptide masses of each protein in the GVE2 ORF database, reliable matches to the GVE2 proteins, covering 11% to 40 % of amino acid sequences, were obtained for the six bands (A3). As an example for the MS analysis, the identification of band 4 was shown in Fig 2b. Based on searching against the GVE2 ORF database with the MS data, the band 4 was identified to be the protein encoded by ORF5 (termed as vp371 gene).

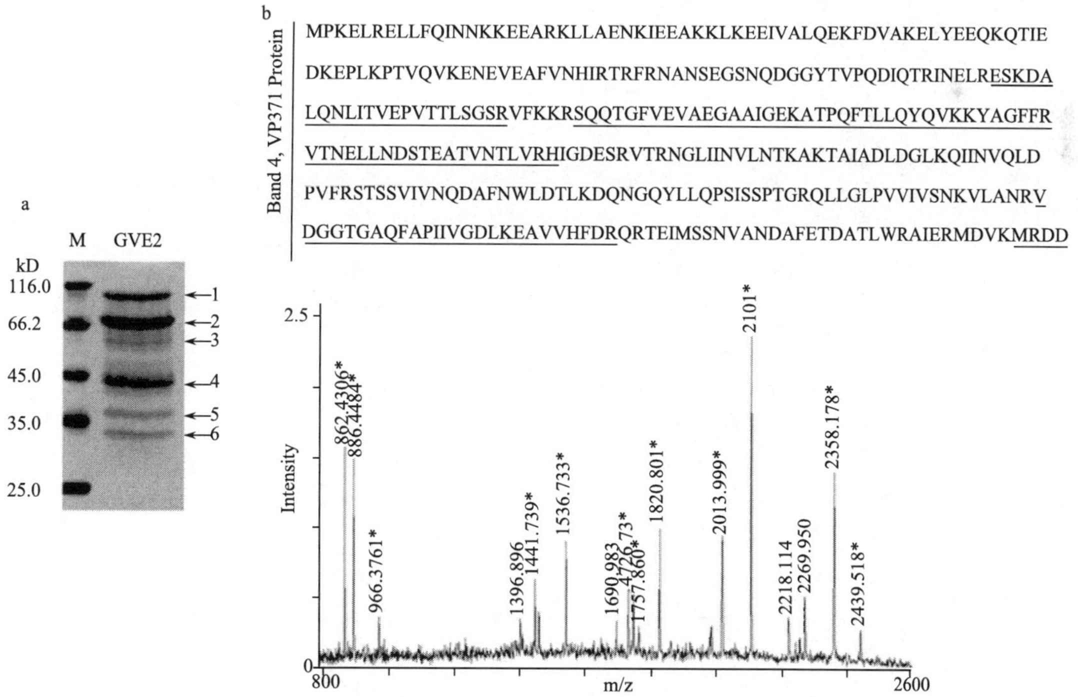

Fig. 2 Proteomic analysis of purified GVE2 virions. a. SDS-PAGE of proteins from purified GVE2 virions, followed by staining with Coomassie brilliant blue R-250. Numbers indicated the excised bands for mass spectrometric analysis. M. protein molecular marker (kD). b. MALDI-TOF MS spectrum of band 4. Peptides were produced by in-gel tryptic digestion. The peptide masses were used for the GVE2 ORF database search and retrieved the vp371 gene (ORF 5). Tryptic peptides that mapped to the protein sequence encoded by the vp371 gene within a mass accuracy of 100 ppm were indicated by a solid underline

In order to confirm the MALDI-TOF MS data, the presumptive vp371 gene was further characterized. The vp371 gene was expressed as a GST fusion protein in *E. coli*. A band corresponding to the GST-VP371 fusion protein was found in the induced recombinant bacteria (Fig. 3a, lane4) . The recombinant GST-VP371 protein was purified using affinity chromatography (Fig. 3a, lane 5) and subjected to antibody preparation. Western blot analysis showed that the polyclonal mouse anti-GST-VP371 antibody reacted strongly with band 4 in the GVE2-infected *Geobacillus* sp. E263 at 2h, 4h, 6h and 8h p. i. (Fig. 3b), while no blot signal was observed when mouse anti-GST antibody was used as the primary antibody, indicating that band 4 was the product encoded by the vp371 gene.

RT-PCR was used to detect the vp371 gene-specific transcript in the total RNAs extracted from GVE2-infected *Geobacillus* sp. E263. The results revealed that the vp371 gene transcript was first detected at 1h p. i. and continued to be detected up to 4h p. i. (Fig. 3c) .

The similarity analysis revealed that the vp371 gene was predicted to encode a phage major capsid protein. The immuno-electron microscopy results showed that the gold particles were observed clearly surrounding the capsids of GVE2 virions (Fig. 3d), but no gold particle could be observed in the control assays (data not shown) . These data provided direct evidence that the VP371 protein was a major capsid protein of GVE2.

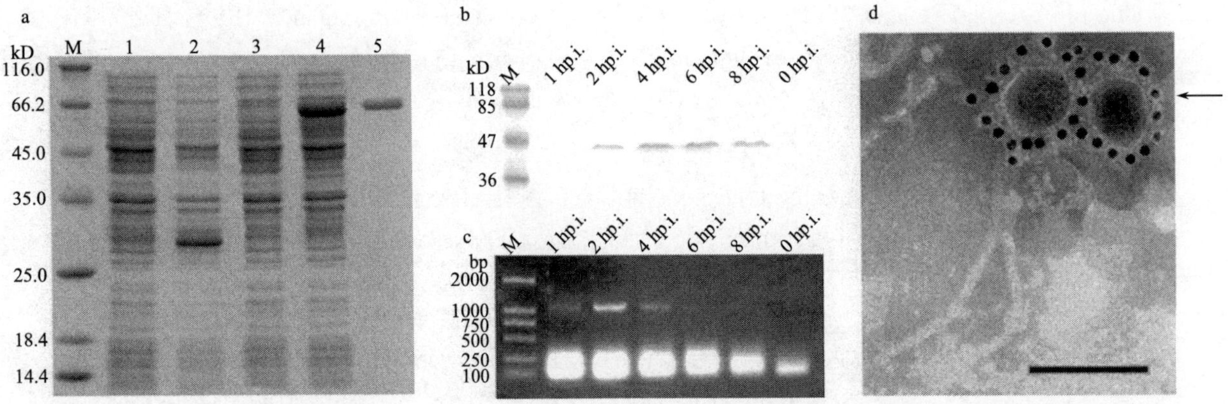

Fig. 3 Characterization of VP371 protein. a. SDS PAGE of expressed and purified protein encoded by vp371 gene. Lanes M, protein marker; 1, total proteins from control bacterium (vector only), non-induced; 2, total proteins from control bacterium (vector only), induced; 3, total proteins from recombinant bacterium (containing VP371 gene), non-induced; 4, total proteins from recombinant bacterium (containing VP371 gene), induced; 5, purified GST-VP371 fusion protein. b. Western blot of GVE2-infected *Geobacillus* sp. E263 at 0h, 1h, 2h, 4h, 6h and 8h post-infection with VP371-specific antibody. c. Temporal analysis of vp371 transcription by RT-PCR. d. Localization of GVE2 VP371 protein by immunoelectron microscopy with anti-VP371 IgG and gold-labeled secondary antibody. The arrow indicated gold particles. Scale bar, 100nm

4 Discussion

Deep-sea hydrothermal vents, first discovered in 1977, contain the complex ecosystems entirely dependent on microbial chemoautotrophic production, the discovery of which greatly expands our understanding of the limits to life on the globe. In these deep-sea vent ecosystems, the thermophilic chemosynthetic prokaryotes that extract energy from reduced inorganic compounds are found to be the primary producers [5,15]. Large animals populate the sulfide mounds and the surrounding bare lava, living on the energy harnessed by these thermophiles. Therefore, thermophiles, some of which are symbiotic, form the basis of the food chain in the deep-sea hydrothermal vents [16]. However, as the important agents for thermophiles' mortality, the thermophilic viruses infecting thermophiles are considered to be the major players in ecological and geochemical processes in the deep-sea vent ecosystems. GVE2 is a lytic tailed *Siphoviridae* bacteriophage, isolated from deep-sea thermophilic *Geobacillus* sp. E263. To date, very few thermophilic viruses are isolated from deep-sea hydrothermal vents. In this context, the GVE2, on the basis of transcriptional analyses and proteomic characterization as revealed in this study, is a good candidate for realizing the roles of viruses in the deep-sea vent ecosystems, and will be helpful to understand the host-virus interaction during virus infection.

DNA microarray technology has been successfully used to study the gene transcriptional profiles and temporal kinetics of several viruses[20], which can offer investigators an opportunity to simultaneously monitor the expression of a large number of genes in the context of their biological system. In the present study, the GVE2 microarray was established. The results showed that microarray was a powerful and useful tool for the rapid analysis of the gene transcriptional profile of thermophilic bacteriophages during virus infection.

As indicated by proteomic analysis, the purified GVE2 virions contained six major structural proteins. These viral structural proteins might play very important roles in virus infection, such as recognition and attachment to receptors in the host cell surface, as well as virus assembly in host cells. Therefore they merited further study to elucidate the virus assembly and to realize the viral infection process by investigating the interactions between the GVE2 structural proteins and host receptors. The protein-protein interactions and structural biology studies would contribute to these aspects. In addition, thermophilic bacteria and viruses represent novel sources of genetic materials and enzymes with great potential for use in industry and biotechnology. Up to data, however, there is no suitable virus vector for the genetic manipulation and recombinant expression of foreign genes in thermophiles. The GVE2, containing a smaller genome in the reported thermophilic viruses, promises to be a good candidate to develop a virus vector for the delivery of nucleic acids to thermophiles. The transcriptional and proteomic data of GVE2 as revealed in this investigation contributed the overall information of viral gene transcription and expression and would facilitate to develop a vector using GVE2.

Appendices

Table 1 bViral DNA fragments spotted on the microarray

Spot	Position in the genome[a]	ORF	Forward primer	Reverse primer
S1	1-500	1	ATTACAAGAGCAGTCATCG	AGTACGCATCGCAATATGCA
S2	501-1000	1, 2	CAGACTACATTAAATGCAC	TGAATAATTGAAAGTCGGTC
S3	1001-1500	2	TTGTCGGCAACATCTTCGG	GTACTGATATTCGGTATAGC
S4	1501-2003	2	GTGTCAAAAGTGATCGACC	ACAGTGATCCAACCTTGT
S5	2004-2494	2	CACGCCCGGCGCTGTCGT	GGAAAAATCGCGTCAGACG
S6	2501-2994	3	GAAACGAGACGGTGGACATG	GGTCAAAGGTTACGGACG
S7	3001-3502	3	ACTGGCTTGTCTGTCCGG	TGACGTTGACATTGAACTTA
S8	3503-4001	3	TCCTACGGGCAGATATTA	AGACGCGGCGCTCATTGC
S9	4002-4500	4	GTCATTGCAATGGCAGGCG	TTTGTTCCAACAGTTCACGT
S10	4501-5006	5	TCAACAACAAGAAGGAAGAA	GCGGAAGAAGCCAGCGTA
S11	5007-5507	5	GTCACAAACGAACTGTTAA	CCCACAACGTAGCGTCAG
S12	5508-6000	6, 7	CGTGCTATCGAGCGCATGG	AATCGGACGCACTTGGTCAG
S13	6001-6512	8, 9	TTACAAAGTATCCTAGCCC	GCAAGCGCCTGTGCTTCT
S14	6514-7000	10, 11	CCCGAAGCGGACGGGTGA	ATATGGCAACCCCAACTC

Continuted

Spot	Position in the genome[a]	ORF	Forward primer	Reverse primer
S15	7001-7500	12	CGAAAGTTCGAGACATTTA	CACTGATTCCCCACGGGTG
S16	7501-7983	12，13	GAGCCGACGACGCAGACGC	TGCACCTCGACGAAAAAAGC
S17	7984-8500	14	AGACGAGCCAAGCCAGCC	GTCCCTCGCTGATTTCTCCG
S18	8501-9000	15	AATATAGAGCGTTTCAGCG	CACTAGTGCCATGTCTTCGC
S19	9001-9500	15	GCTGATACTGTATCAGCGG	TTTGTGAGTTCATCGAATTT
S20	9501-10002	15	ATCGCTTCAAAACTCCGGTG	CGAAAAACTGCTTAATAC
S21	10001-10500	15	GCAATACGTGGAACAATAT	TGTGGAAATAGCCGATTTA
S22	10501-10989	15	GCGGTAAACGCAGCAAAATC	CAGGATATTGCGCAAGGCG
S23	10990-11501	15	AAAAACTACGCTAAAACATCC	CCTCAGCCAGTCGCTTGT
S24	11502-12000	15	CCAAGCGAAAGACAGCTCA	CCACGATGTGAACTCCGAT
S25	12001-12500	15	GCAACATCCATGCAGGAGA	CGTTTCGATGATGGTTCCA
S26	12501-12999	16	GAACAATATGGGATAAAATT	ACACACGCGGGTCAATGTC
S27	13001-13508	17	ACCGTTAAAAATTACGTTCA	GCGCCGCATAATCGCCTT
S28	13510-14000	18	CACAAGGGGATTATGCCAAA	CATCATCTGTTACCATTACC
S29	14001-14499	18	GGGAAAATAGCGGAAGTGTA	GGCAAAATCTAAAAATCT
S30	14501-15000	18	TTTGGAGTTCGTTACTGCGC	TGACCGGAGCAACCGTCA
S31	15001-15500	19	GTATTTCGGAAGTGGATTAG	GAGGCTTCTTTTGTTTTAT
S32	15501-16000	19	ACCTGTATAAGGAGGCTTCT	ATCTTTTATTTTGTTTGGTG
S33	16001-16500	19	ACTACTAATAAAGTGAATAT	CTAAACTCAATCCTTAAAA
S34	16501-17000	19	ATTATCTAACCAAACAGGAG	CGATTAACATGATATGTTA
S35	17001-17504	20	TAGCAGTTTTCTACAAAAAA	GTACCGGTAAGCACGAAGG
S36	17506-17993	20	CGACTTCACATACGAAATCG	AAATGACGTAAACAGTGTCAC
S37	18001-18500	20	GTTAGGCATCGACATCACGG	CTCACCCATCTCGCTGTT
S38	18501-19010	20	GGGTGAGTGCAGATAGCTTG	ATAGTTTCTCGCTTGAATTC
S39	19011-19500	21	GGGATACTGCTTACGGTAC	TGGGACATTTGATTTTTTAG
S40	19501-20009	22，23	ATTAGAAAATCAAGAAAAGG	CATACAGCGCATATTGAAGC
S41	20010-20500	24	GGGTTGGTTCGGTGGCAAC	TTTCGGTCAAAACGGCTGGC
S42	20501-21050	25	GGTTATTCATCGACTCGAAC	TTGGTGGTTCTGTCGTGGCG
S43	21051-21497	25	AGGAAACGGCAAAAGAATCA	CTCCACATTAAAACAGCT
S44	21498-21999	25，26	ACCTTACGCTTGTCGATCAG	TTTTTTCACTAAAAAAGAAC
S45	22001-22550	26	CAAATTGCTTTTTAAAATCC	CCATCATCAGCGAGTCGCTA
S46	22551-23010	26	GCGGTGGATGATTGTTCA	TTTATTGCTTCAGACGTTCG
S47	23011-23488	26，27	TACAAGTCCAACACAGACCT	GAAAGATGAAGAAAATCG
S48	23489-23989	27	CTGAATCGTTTCATGGAATAC	AGCTGGATACAGCAGCCGG
S49	23999-24494	28，29	TTCTTCATTAGATGTTCAAC	CGCTGTGTACAGCCTTGCG
S50	24495-24988	30	TTTCTTTGCATACATCTCCT	CGTGTTTATGTTGCTTGT
S51	24993-25514	31	CGCGTGATATTGAAAACCA	TGGCACCCACTCCCCGCC
S52	25516-25990	32	ACAGCCGAAGGCAAAAAAT	ATAGGCGCGAGATAGGTAGA
S53	25993-26498	33	GGCGAACTACGGAACGGCTG	CCCTACCGTCGGCGCAGG
S54	26499-27009	34	GGTTAGGAAAGGAGGTGAGA	GGATTGTGCGGCGACGT
S55	27011-27500	35	CAAACAAAAGTGGACAAGC	TCACTAGTAACTCCGAGCAA
S56	27501-28040	36	ATACGAAGTCATTGAACGCG	GGCATGTTTTCATCGCTCAC
S57	28041-28501	37	GATTGATATGAGGGATGAC	TGATCTTCGTAGTCCAGTTT

Continuted

Spot	Position in the genome[a]	ORF	Forward primer	Reverse primer
S58	28511-29005	38	GGTTGGACTGAAGGGCATA	GTCGCTTTTTGTTTTGGTT
S59	29006-29500	39	TACATCCGTTTACGAGATG	ACTCTTTGGTCTTCACTTTT
S60	29501-30005	39	TTATCGCGGAGTTTTTAGCG	TGTGCGTCCCAAGTGTTCA
S61	30006-30500	40	GCACAAGTTGAGCAATTGG	GTCAATGCCGCTTAATCCT
S62	30501-31022	40	ACAGGATTTAAAGGGCTT	CAGGACAATGATCGGGACG
S63	31024-31567	41	CCACAACTGAACCGGGCG	GGACAAGTCTAATGTGCT
S64	31567-32038	42	GATTACGTAGTTAGGCGAT	CGATTCGGGAGAGTATCC
S65	32036-32530	43	GTCATAAAATGGTTCTCCT	AAAATCCCGATCCTGGTGC
S66	32523-33031	43	GGGATTTTGCTGATTGG	CGGCCGTCAACCGCGACA
S67	33034-33548	44	GTTGCAAACCCGCAGCTAT	CTCGCCTCTCTCCGCGCC
S68	33549-33998	45	ATGCTCATGCGGGATTTTG	TTCGAGAATTTCACGTGT
S69	34001-34494	45, 46	TTTGGTGGCGAAGACGTTC	GGGCGTTTTTTATGTATGC
S70	34495-35000	46, 47	GCTGTATGGGTGAGAAAAAC	TGAATGCTGATATAGTGTC
S71	35001-35530	48, 49	AAAAGAAGGTGCAGGAAGTG	CTGATCTATAATTGACTCTC
S72	35531-35997	49, 50	TTTATAGACTTATTCGATTG	ATGGCGTCACAAGGTACA
S73	35983-36450	51, 52	CCACCTTGTGACGCCATTG	TTCTGCGTGATTTTCTACC
S74	36451-36980	53, 54	AAGGGCAGCGCAGGGAAA	TGTGTCTGTGTCGTGCATCG
S75	36981-37500	55	CAAGAGTACCAGCGCTATGT	GGCGGCCGAACACCGACA
S76	37494-37965	56	AGCTCCGCTTCAACTTACA	TGGGCTACCATATGCGTC
S77	37966-38493	56	ACAATGCGACTTGGATGTC	CGAGCTTCTTCTTTTCCTC
S78	38494-38987	57, 58	TCGGTTGAAATATTGGACA	CGACGTATTCTTCCCATA
S79	38988-39532	58	GATGGGGAATGGTTTTAC	CGGGGTGTCTGGGTTTTTT
S80	39521-40027	59	CCCAGACACCCCGTTCATTT	TTTATGCCAAGGCTTCAGT
S81	40029-40501	60, 61	TGGAACAGATGTCTTGCC	TGAATCAATATCACAGT
S82	40503-40863	62	CCTGATTGTAGATTTGTTT	GCTTCTTCTCTTTCAAGC
Y1	894-1415	Yeast DNA	ACTTACACAGGCCATACATTAGAA	AGGGCAGTGCGAGTTACAAGTCAT
Y2	3375-3936	Yeast DNA	CCATACCTCCCCAGCATCAT	GGTTTATTGTCCCTTGGTTATCG
Y3	14100-14641	Yeast DNA	GGACGTGGCCAGGTAGGT	CTTCGGAGCTTATCGTATCTTCT
Y4	29172-29751	Yeast DNA	CGGCATTTCAGCAAGGTAACTA	CAAAAAGGGAAAGCTCTGATGC
Y5	175378-175914	Yeast DNA	ACGACGCCAGAGGACATTATTACA	GCTTGGCGCATTATCGAATATCG
Y6	177101-177625	Yeast DNA	CTGATCAAGCCGCTGTATTTAT	TCTGAGACTTGTGTTGTCCAAA-CAAGA
Y7	198338-198852	Yeast DNA	GAGGCGCGTGTGCTGAAAGTAAA	ACCACGAAGAAACCACGAAGAAAA
Y8	200457-201001	Yeast DNA	CTGTATGATGTTGAGCGGAAGAT	CATGAAGGCAAATATACTGAAAAC
Hex	synthesized DNA fragment		5′-GTCACATGCGATGGATCGAGCTCCTTTATCATCGTTCCCACCTTAATGCA-3′	

a Position indicated the ORF in the GVE2 or yeast genome from start codon to stop codon

Table 2　DNA microarray

	1	2	3	4	5	6	7	8	9	10	11	12	13	14	15	16	17	18
1	S1	S1	S1	S13	S13	S13	S2	S2	S2	S14	S14	S14	S3	S3	S3	S15	S15	S15
2	S4	S4	S4	S16	S16	S16	S5	S5	S5	S17	S17	S17	S6	S6	S6	S18	S18	S18
3	S7	S7	S7	S19	S19	S19	S8	S8	S8	S20	S20	S20	S9	S9	S9	S21	S21	S21
4	S10	S10	S10	S22	S22	S22	S11	S11	S11	S23	S23	S23	S12	S12	S12	S24	S24	S24
5	S25	S25	S25	S37	S37	S37	S26	S26	S26	S38	S38	S38	S27	S27	S27	S39	S39	S39
6	S28	S28	S28	S40	S40	S40	S29	S29	S29	S41	S41	S41	S30	S30	S30	S42	S42	S42
7	S31	S31	S31	S43	S43	S43	S32	S32	S32	S44	S44	S44	S33	S33	S33	S45	S45	S45
8	S34	S34	S34	S46	S46	S46	S35	S35	S35	S47	S47	S47	S36	S36	S36	S48	S48	S48
9	S49	S49	S49	S61	S61	S61	S50	S50	S50	S62	S62	S62	S51	S51	S51	S63	S63	S63
10	S52	S52	S52	S64	S64	S64	S53	S53	S53	S65	S65	S65	S54	S54	S54	S66	S66	S66
11	S55	S55	S55	S67	S67	S67	S56	S56	S56	S68	S68	S68	S57	S57	S57	S69	S69	S69
12	S58	S58	S58	S70	S70	S70	S59	S59	S59	S71	S71	S71	S60	S60	S60	S72	S72	S72
13	S73	S73	S73	S74	S74	S74	S75	S75	S75	S76	S76	S76	S77	S77	S77	S78	S78	S78
14	S79	S79	S79	S80	S80	S80	S81	S81	S81	S82	S82	S82	Y1	Y1	Y1	Y2	Y2	Y2
15	Y3	Y3	Y3	Y4	Y4	Y4	Y5	Y5	Y5	Y6	Y6	Y6	Y7	Y7	Y7	Y8	Y8	Y8
16	Hex	Hex	Hex	H_2O	H_2O	H_2O												

Table 3　Listing of potentially expressed ORFs in GVE2

ORF	Product position (length [aa[a]])	Predicted function/feature	Transcription at 4h p. i.[b]	Identification by MS[c]
1	134-745 [204]	Putative phage terminase small subunit	Yes	
2	745-2445 [567]	Putative phage terminase large subunit	Yes	
3	2461-3693 [411]	Putative phage portal protein	Yes	
4	3693-4421 [243]	Putative CLp peptidase	Yes	
5	4467-5579 [371]	Phage major capsid protein	Yes	Band 4 and 6
6	5624-5767 [48]		Yes	
7	5767-6051 [95]	Phage QLRG family, putative DNA packaging protein	Yes	
8	6051-6377 [109]	Putative phage head-tail adaptor	Yes	
9	6599-6087 [171]		Yes	
10	6373-6750 [126]		Yes	
11	6746-7072 [109]		Yes	
12	7072-7656 [195]	Putative phage major tail protein	Yes	
13	7663-8004 [114]		Yes	
14	7979-8203 [75]		Yes	
15	8218-12462 [1415]	Putative phage tail tape measure protein	Yes	Band 3
16	12859-12728 [44]		Yes	
17	12462-13265 [268]		Yes	
18	13286-15454 [723]	Putative IMP dehydrogenase / GMP reductase, pectin lyase	Yes	
19	16989-15502 [495]	Putative *O*-antigen polymerase, membrane protein	Yes	Band 1
20	17162-19315 [718]	Putative phageminor structural protein	Yes	Band 2
21	19322-19567 [83]		Yes	
22	19593-19808 [72]		No	
23	19808-20065 [86]		No	
24	20065-20763 [233]	Putative *N*-acetylmuramoyl -L-alanine amidase, Cell wall hydrolase	Yes	
25	20864-21661 [266]		Yes	

Continuted

ORF	Product position (length [aa^{a}])	Predicted function/feature	Transcription at 4h p. i.^{b}	Identification by MS^{c}
26	23276-21888 [462]	Putative recombinase, resolvase	No	Band 3
27	24036-23350 [228]	Putative S24-like peptidase	Yes	
28	24105-24269 [55]		Yes	
29	24254-24445 [64]		No	
30	24675-24851 [59]		Yes	
31	24823-25644 [274]		Yes	Band 2
32	25644-25913 [90]	Putative SpoVT/ AbrB-like transcriptional regulator AbrB	Yes	
33	26307-25990 [189]		Yes	
34	26521-26715 [65]		Yes	
35	26690-27274 [195]	Siphovirus Gp157	Yes	Band 5
36	27274-28071 [266]		Yes	
37	28055-28201 [49]		Yes	
38	28386-29183 [288]		Yes	
39	29125-29973 [283]	Putative phage replicative protein	Yes	
40	29973-31277 [435]	Putative DnaB-like helicase	Yes	
41	31277-31483 [69]		Yes	
42	31491-32186 [232]	Putative DNA directed RNA polymerase specialized sigma subunit	No	
43	32186-32749 [188]		No	
44	32808-33290 [161]	Putative ssDNA binding protein	Yes	
45	33900-34418 [173]		No	
46	34500-34742 [81]		No	
47	34769-35029 [87]		Yes	
48	35029-35256 [76]		Yes	
49	35243-35704 [154]		No	
50	35717-35878 [54]		No	
51	35891-36274 [128]		Yes	
52	36274-36426 [51]		Yes	
53	36426-36713 [96]		No	
54	36734-36955 [74]		No	
55	36963-37388 [142]		No	
56	37397-38188 [264]	Putative thymidylate synthase	No	
57	38506-38790 [95]		No	
58	38849-39268 [140]		No	
59	39255-39767 [171]	Putative regulatory protein	Yes	
60	40260-40406 [49]		Yes	
61	40270-39965 [102]		Yes	
62	40455-40604 [50]		Yes	

a. aa, amino acid

b. The gene transcript was detected at 4h postinfection (p. i.) by GVE2 DNA microarray

c. The ORF was matched with the protein band in the SDS-PAGE profile of purified GVE2 virions by mass spectrometry

Acknowledgements

This work was financially supported by China Ocean Mineral Resources R & D Association (DYXM-115-02-2-15), National Natural Science Foundation of China (40576076) and Hi-Tech Research and Development Program of China (863 program of China) (2007AA091407) .

References

[1] Fuhrman JA. Marine viruses and their biogeochemical and ecological effects. Nature, 1999, 399 (6736): 541-548

[2] Suttle CA. Viruses in the sea. Nature, 2005, 437(7057): 356-361

[3] Carl Z. Did DNA come from viruses. Science, 2006, 312: 870-872
[4] Caroline ASH, Stella H, Marc L, et al. Paradigms in the virosphere. Science, 2006, 312: 869
[5] van Dover CL, German CR, Speer KG, et al. Evolution and biogeography of deep-sea vent and seep invertebrates. Science, 2002, 295 (5558): 1253-1257
[6] Nakagawa S, Takaki Y, Shimamura S, et al. Deep-sea vent ε-proteobacterial genomes provide insights into emergence of pathogens. PNAS, 2007, 104: 12146-12150
[7] Campbell A. The future of bacteriophage biology. Nat Rev Genet, 2003, 4 (6): 471-477
[8] Prangishvili D, Garrett RA, Koonin EV. Evolutionary genomics of archaeal viruses: unique viral genomes in the third domain of life. Virus Res, 2006, 117 (1): 52-67
[9] Zillig W, Arnold HP, Holz I, et al. Genetic elements in the extremely thermophilic archaeon Sulfolobus. Extremophiles, 1998, 2 (3): 131-140
[10] Blondal T, Hjorleifsdottir SH, Fridjonsson OF, et al. Discovery and characterization of a thermostable bacteriophage RNA ligase homologous to T4 RNA ligase 1. Nucleic Acids Res, 2003, 31: 7247-7254
[11] Rice G, Stedman K, Snyder J, et al. Viruses from extreme thermal environments. PNAS, 2001, 98 (23): 13341-13345
[12] Geslin C, Romancer ML, Erauso G, et al. PAV1, the first virus-like particle isolated from a hyperthermophilic euryarchaeote, *Pyrococcus abyssi*. J Bacteriol, 2003, 185 (13): 3888-3894
[13] Juniper SK, Bird DF, Summit M, et al. Bacterial and viral abundances in hydrothermal eventplumes over northern Gorda Ridge. Deep-Sea Research PartII, 1998, 45 (12):2739-2749
[14] Ortmann AC, Suttle CA. High abundances of viruses in a deep-sea hydrothermal vent system indicates viral mediated microbial mortality. Deep Sea Research Part I, 2005, 52: 1515-1527
[15] Karl DM. Ecology of free-living, hydrothermal vent microbial communities. *In*: Karl DM. Microbiology of deep-sea hydrothermal vents. Boca Raton: CRC Press, 1995, 35-126
[16] Reysenbach AL, Skock E. Merging Genomes with Geochemistry in Hydrothermal Ecosystems. Science, 2002, 296: 1077-1082
[17] Rice G, Tang L, Stedman K, et al. The structure of a thermophilic archaeal virus shows a double-stranded DNA viral capsid type that spans all domains of life. PNAS, 2004, 101: 7716-7720
[18] Naryshkina T, Liu J, Florens L, et al. *Thermus thermophilus* bacteriophage phiYS40 genome and proteomic characterization of virions. J Mol Biol, 2006, 364 (4): 667-677
[19] Epstein I, Campbell LL. Production and purification of the thermophilic bacteriophage TP-84. Appl Microbiol, 1975, 29: 219-223
[20] Dang TL, Yasuike M, Hirono I, et al. Transcription program of red sea bream iridovirus as revealed by DNA microarrays. J Virol, 2005, 79: 15151-15164
[21] Bowtell D, Sambrook J. DNA microarrays: a molecular cloning manual. NewYork: Cold Spring Harbor Laboratory Press, 2002
[22] Long AD, Mangalam HJ, Chan BY, et al. Improved statistical inference from DNA microarray data using analysis of variance and a Bayesian statistical framework. Analysis of global gene expression in Escherichia coli K12. J Biol Chem, 2001, 276: 19937-19944
[23] Liu B, Wu S, Song Q, et al. Two novel bacteriophages of thermophilic bacteria isolated from deep-sea hydrothermal fields. Curr Microbiol, 2006, 53 (2): 163-166
[24] Xiang XY, Chen LM, Huang XX, et al. *Sulfolobus tengchongensis spindle-shaped virus* STSV1: virus-host interactions and genomic features. J Virol, 2005, 79 (14): 8677-8686
[25] Zhang X, Huang C, Tang X, et al. Identification of structural proteins from *Shrimp white spot syndrome virus* (WSSV) by 2DE-MS. Proteins, 2004, 55 (2): 229-235
[26] Bradford MM. A rapid and sensitive method for the quantitation of microgram quantities of protein utilizing the principle of protein-dye binding. Anal Biochem, 1976, 72: 248-254
[27] Harlow E, Lane D. Antibodies-a laboratory manual. New York: Cold Spring Harbor Laboratory Press, 1988
[28] Sambrook J, Russell DW. Molecular cloning: a laboratory manual. 3rd. New York: Cold Spring Harbor Laboratory Press, 2001

福州地区对虾暴发性白斑病的病原鉴定

郭银汉[1]，林诗发[1]，杨小强[2]，谢联辉[1]

（1 福建农业大学植物病毒研究所，福建福州　350002；
2 福州市海洋生物工程研究开发中心，福建福州　350026）

摘　要：1997～1998 年在福州对虾养殖病害区的调查和采样结果表明，该地区的病害主要为暴发性白斑病。显微镜观察、抑菌和人工感染试验表明，病害的致病病原为病毒。现已分离到其主要致病病毒——一种具囊膜的子弹状的病毒。

关键词：对虾；白斑病；致病病原；病原鉴定

中图分类号：S945.1+9　**文献标识码**：A

Pathogen identification of explosive shrimp white spot disease in fuzhou

GUO Yin-han[1], LIN Shi-fa[1], YANG Xiao-qiang[2], XIE Lian-hui[1]

(1 Institute of Plant Virology, Fujian Agricultural University, Fuzhou　350002;
2 Fuzhou Marine Biotechnological Research and Development Center, Fuzhou　350026)

Abstract: Investigation and sampling were conducted to detect shrimp disease in Fuzhou in 1997-1998. The results showed that the local dominating shrimp disease was an explosive white spot disease, and according to microscopy observation, anti-bacteria and artificial infection tests, its pathogen was virus, which was further isolated and appeared to be bullet-shaped and enveloped.

Key words: shrimp; white spot disease; infective pathogen; pathogen identification

对虾白斑病是对虾养殖中的多发病害，以前发生的白斑病主要是由细菌引起的，在发病后期，有的白斑变为黑斑，故又称白黑斑病[1-3]。从 1992 年起，一种新的白斑病开始在东南亚地区流行，它的主要症状为病虾甲壳上出现白斑，同时发病的对虾活力下降，摄食减少或停止摄食。这种病一旦发生几乎无药可治，通常 1 周左右对虾全部死亡。对于这种白斑病的病原有不少报道[4-10]，基本上认为是一种无包含体杆状病毒所致。

对虾养殖是福建省沿海地区的一个重要产业，自 1992 年发生大面积暴发性病害以来，产量大减，严重挫伤了虾农的积极性。为尽早解决这一问题，笔者于 1997～1998 年对福州地区各对虾养殖场进行跟踪调查和采样分析，发现当地的对虾病害与近年来东南亚普遍流行的对虾白斑病特征相似，突出地表现为病害呈暴发性，死亡率高，病虾甲壳出现白斑，染病个体应激性下降等，因此将福州地区的对虾病害称之为暴发性白斑病。

福建农业大学学报，2000，29（1）：90-94
收稿日期：1999-05-10

1　材料与方法

1.1　供试样品

1997年6月20日至1998年9月30日从福州地区15个对虾养殖场共采集到不同养殖季节、养殖池的样品28份，其中斑节对虾（*Penaeus monodon*）14份、长毛对虾（*P. penicillatus*）7份、短沟对虾（*P. semisulcatus*）4份、刀额新对虾（*Metapenaeusensis*）1份和长臂白虾（*Exopalaemon carinicauda*）2份，每份不少于5条，样品虾体长3～12cm不等。上述样品于－70℃保存，备用。

1.2　供试无毒虾

分别从不同育苗场进苗，不同来源的虾苗完全隔离饲养。虾苗入池前经$KMnO_4$冲洗，以除去虾苗表面的病原。养殖池为水泥池，建于密封的养殖室内。养殖用水由近海抽入，经沉淀池沉淀2d以上，然后经二级沙滤进入清水池，再经400目的水袋过滤进入实验室蓄水池。蓄水池内的海水用有效Cl质量浓度为0.05g/L的漂白粉消毒12h以上。使用前加入适量的$Na_2S_2O_3$中和残留的Cl养殖过程中，养殖池内全天充气，保证供氧。所有器具专池专用，用前用后均经过消毒。饵料采用配合饵料或高温蒸煮过的鲜活饵料。养殖池每天吸污1～2次，并定期（每月）加入HCHO等化学试剂进行池内消毒。定期从各池内抽样。应用光镜组织病理、电镜细胞病理和3种已知对虾病毒的PCR试剂盒等方法检测样品携带病原的情况。选取长3～5cm的不带病毒的健康对虾作为人工感染的无毒虾。

1.3　人工感染

选取同池的大小相近的自养无毒虾分为若干试验组。每组10条，暂养于90 L的塑料桶中，充气，保证供氧，每日吸污换水。一组作为对照组，其他为感染组。每日投喂2次，对照组投喂配合饵料，感染组一次投喂配合饵料，另一次则投喂病虾样品的头胸部或混有纯化病毒的配合饵料。每次投喂量约为总生物量的10％。水温维持在24～28℃，盐度维持在20‰～25‰。定时监测、记录接种的无毒虾的健康情况，将濒死的个体冷冻或用于电镜观察。每组观测时间为20d。

1.4　抑菌试验

预测试验结果表明，土霉素的MIC（最低抑菌质量浓度）为3.0mg/mL。将人工感染试验的对照组和感染组各增设一组，在消毒海水中分别加入终质量浓度为4.5mg/L的土霉素，其他处理与人工感染试验相同。

1.5　病毒粗提纯

将去除甲壳的病虾头胸部加4倍的TENP缓冲液（0.05mol/L Tris-HCl、0.01mol/L EDTA、0.1mol/L NaCl、1mmol/L PMSF，pH8.0），冰浴匀浆，匀浆液7000*g*离心15min，弃去沉淀取上清，50000*g*离心2h，保留沉淀作为病毒的粗提纯物。取少许沉淀悬浮于TE缓冲液（10mmol/L Tris-HCl、1mmol/L EDTA，pH 8.0），负染观察。其余沉淀直接用于人工感染试验。

1.6　电镜观察

1.6.1　负染

取上述病毒粗提纯物10 L滴于覆有Formav膜的铜网上，3～5min后用滤纸吸去多余液体，滴20g/L的磷钨酸钠染色3～5min，吸去多余染液，于室温晾干，置透射电子显微镜（TEM）观察。

1.6.2　超薄切片

取症状明显病虾的胃和肝胰腺，切成$1mm^3$的小块，30g/L戊二醛固定，20g/L锇酸后固定，梯度丙酮脱水，Spurr Mixture包埋，常规切片染色，TEM观察。

2　结果与讨论

2.1　病害症状分析

采集的28份样品（表1）按其所在养殖池的养殖情况可分成3类：（A）采样后，原养殖池无病情恶化，8份；（B）采样时，养殖池已基本绝塘，只采到个别无症健康虾或野杂虾，5份；（C）采样后，病情继续恶化，约1周时间绝塘或提前收虾，15份。C组大部分样品的头胸甲有不同程度的白斑（大小和形状略有差异），空胃或半空胃。据查，发病时B组样品所在养殖池也有C组样品类似的症状。

表 1 样品症状和说明

编号	时间	养殖种类	发病面积/hm^2	样品类型	症状表现
1	1997-06-20	斑节对虾	1.0	C	7～8cm 头胸甲白斑，浮头，活力差
2	1997-06-21	斑节对虾	0.6	C	7～8cm，头胸甲白斑，肝胰腺白浊
3	1997-06-24	斑节对虾	1.0	C	7～8cm，红尾，有的白斑
4	1997-07-09	斑节对虾	0.9	C	8～10cm，头胸甲白斑，红尾
5	1997-07-19	斑节对虾	1.7	B	6～8cm，基本绝塘，饵料网获无症虾
6	1997-08-15	长毛对虾	2.0	B	3cm，基本绝塘，饵料网上获无症虾
7	1997-11-24	斑节对虾	0.7	A	12cm，浮游，活力差
8	1998-05-20	短沟对虾	0.2	A	3cm，浮头
9	1998-05-21	斑节对虾	0.5	A	4cm，环游
10	1998-06-22	斑节对虾	1.7	C	混养 12cm，很多虾跳到岸上死亡，有的白斑
11	1998-06-22	斑节对虾	1.0	B	4cm，绝塘，仅获长臂白虾
12	1998-06-23	短沟对虾	0.9	C	9～11cm，混养，头胸甲白斑，空胃
13	1998-06-23	斑节对虾	0.9	C	6cm，头胸甲白斑
14	1998-06-25	斑节短沟	1.3	C	混养，4cm，甲壳白斑，断触角，浮头
15	1998-06-27	短沟对虾	0.0	A	8cm，痉挛
16	1998-06-29	斑节对虾	0.8	A	7～8cm，混养，浮头
17	1998-07-16	斑节对虾	0.1	C	7cm，头胸甲白斑，烂鳃
18	1998-08-02	长毛对虾	0.4	A	6～8cm，无症，突然死亡
19	1998-08-26	长毛对虾	0.4	A	8～10cm，浮头
20	1998-09-04	长毛对虾	1.7	A	混养，5～6cm，断触角，浮头，尾红，甲壳有点状斑
21	1998-09-04	斑节对虾	0.1	C	10cm，头胸甲白斑，浮头，黑鳃，烂尾
22	1998-09-08	长毛对虾	0.1	A	9cm，浮头
23	1998-09-10	斑节对虾	1.0	B	6cm，基本绝塘，饵料网上获无症虾
24	1998-09-12	短沟对虾	0.3	C	6cm，头胸甲白斑
25	1998-09-14	长毛对虾	0.2	C	3cm，头胸甲白斑，体白，尾红
26	1998-09-20	长毛对虾	1.7	B	3cm，绝塘，仅在饵料网上获无症长臂白虾
27	1998-09-28	长毛对虾	0.1	C	3cm，头胸甲白斑
28	1998-09-30	刀额对虾	0.7	A	3～5cm，体白，活力差，生长缓慢，不断死虾

用病虾样品直接进行人工感染试验。A 组对虾健康，不感病，可认为原病害是水质、气候等非侵染因子造成；C 组感病，与原病害同症，应为侵染性因子造成，如细菌、真菌和病毒等；B 组结果与 A 组相似，可能采集到的样品是养殖池内仅存的抗病虾或未感染虾。选取 C 组样品作为试验样品。

表 2 白斑病病原的人工感染试验

处理	样品编号	潜育期/d	达 80%死亡率的时间/d	总死亡率/%	总病程/d
对照组		0	—	0	—
试验组	1	1	5	100	5
	2	1	7	100	9
	3	1	3	100	13
	4	4	9	100	9
	10	4	6	100	10
	12	4	5	100	5
	13	2	6	100	6
	14	1	7	10	10
	17	4	11	100	14
	21	1	10	100	15
	24	3	7	90	11
	25	2	4	100	6
	27	2	3	100	5

2.2 毒力试验

将 C 组中接种无毒虾后致病病程短、致死率高的样品作为筛选高致病力病原的试验对象。一般选取生物学接种试验中病程小于 15d，死亡率大于 80%的试验组。对应于表 1，如表 2 中所示的 13 个样品符合要求。

2.3 病原的初步鉴定

根据人工感染的结果，病虾表面光洁，未见有真菌和细菌感染的特征；用消毒过的牙签在甲壳下的鳃丝表面刮取一些物质，涂抹在载玻片上，光镜观察，也未见真菌菌丝体和寄生虫；用 4.5mg/L 的土霉素处理，未能抑制白斑病病原的致病作用（表 3）。因此，可以排除真菌和细菌作为病原感染的可能性。

表 3 土霉素对人工感染的影响

处理	平均死亡率/%	平均病程/d
对照组	0	—
土霉素对照组	0	—
感染组	100	8.7
土霉素感染组	100	7.3

分别取人工感染试验中症状明显病虾的新鲜组织，固定包埋，制成超薄切片，TEM 观察。病虾组织细胞存在大量子弹状有囊膜的病毒粒体（图 1，图 2）。在不同病虾样品的组织细胞中观察到相似的病毒颗粒，可能是同种病毒粒体。初步诊断造成病害的侵染性病原为病毒。

2.4 病毒性病原的确定

2.4.1 病毒纯化

采用表 2 高致病力的 13 种样品接种发病的无毒虾（人工感染病虾）为毒源，分别提取获得病毒分离物，负染观察，可见类似形态的病毒粒体（图 3，图 4）。

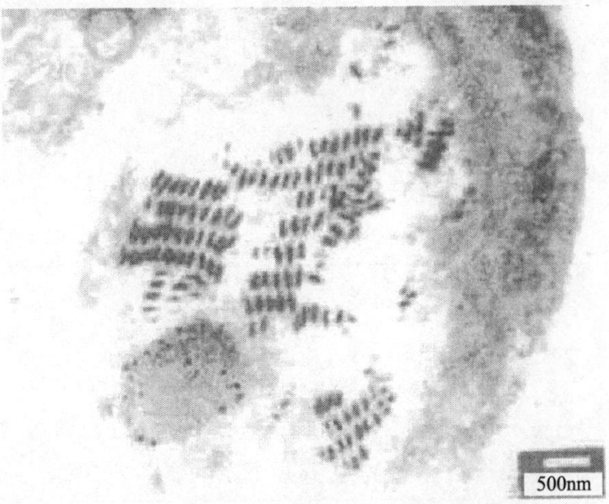

图 1 长毛对虾胃细胞质中大量的子弹状病毒

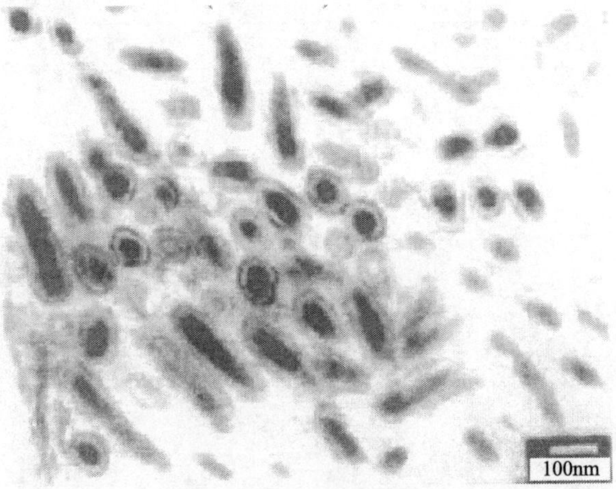

图 2 长毛对虾胃细胞质中白斑病病毒的形态

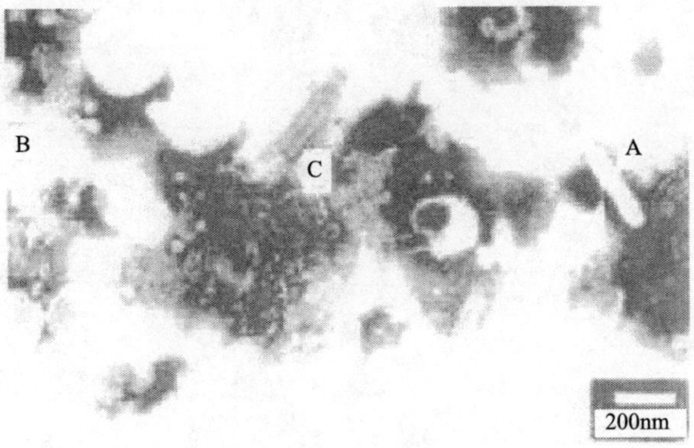

图 3 病毒粗提纯物

A. 完整的病毒粒体；B. 外膜松散的病毒粒体；C. 失去囊膜的病毒核衣壳

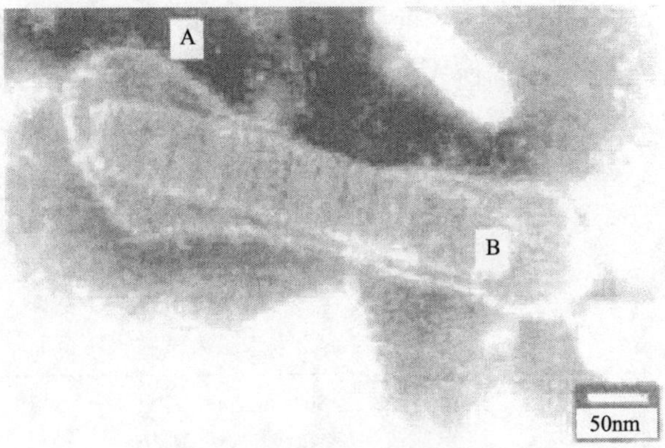

图 4 外膜松散的囊膜病毒

A. 松散的囊膜；B. 核衣壳

2.4.2 回接试验

上述分离物采用人工感染试验的方法接种无毒虾，结果感染组呈现相同症状，无毒虾相继发病死亡，基本上每条感染致死的对虾的甲壳上均可见白斑，并且在发病前摄食减少，应激性下降，肝胰腺白浊肿大。感染组发病的潜育期一般小于3d，病程很短，多在1周左右即死亡大部分，死亡率接近100%。从这批感染组的无毒虾中可重新分离到同样的病毒粒体。

根据上述试验结果可以确定，福州地区对虾暴发性白斑病的致病病原是病毒。从症状、病程和病毒的形态特征看，各样品的病原应是同一种病毒，但由于目前还缺乏准确有效的分子检测手段，对病毒的分类和归属有待进一步研究。

致谢 在调查取样和试验研究过程中，得到福州市海洋生物工程研究开发中心万百源主任的大力支持，张诚同志参加部分工作，谨此致谢。

参考文献

[1] 高振亮．中国对虾白黑斑病防治技术研究．齐鲁渔业，1992，3：15-17

[2] 徐启家，刘梦侠．中国对虾白黑斑病的初步观察．齐鲁渔业，1987，3：38-40

[3] 孟庆显，俞开康．中国对虾新发现的两种疾病．鱼病简讯，1986，1：33-34

[4] 陈细法，陈平，吴定虎等．养殖对虾一种新杆状病毒的研究．中国科学(C辑)，1997，27 (5)：415-420

[5] Yang F，Wang W，Chen RZ，et al. A simple and efficient method for purification of prawn baculovirus DNA. J Virol Method，1997，67：1-4

[6] 黄捷，宋晓玲，于佳等．杆状病毒性的皮下及造血组织坏死——对虾暴发性流行病的病原和病理学研究．海洋水产研究，1995，16 (1)：1-10

[7] 黄捷，于佳，宋晓玲等．对虾皮下及造血组织坏死杆状病毒的精细结构、核酸、多肽及血清学研究．海洋水产研究，1995，16 (1)：11-23

[8] 彭宝珍，任家鸣，沈菊英等．急性致死性对虾病的杆状病毒病原研究．病毒学报，1995，11 (2)：151-157

[9] 张红卫，王金星，于士广等．山东中国对虾暴发病病原体的研究．海洋科学，1995，1：5-7

[10] 国际翔，王丽霞，李文清等．辽宁沿海养殖对虾爆发性病害的病因分析．电子显微学报，1994，5：355

福州地区对虾白斑病病毒的超微结构

郭银汉[1]，林诗发[1]，杨小强[2]，张 诚[2]，谢联辉[1]

（1 福建农业大学植物病毒研究所，福建福州 350002；
2 福州市海洋生物工程研究开发中心，福建福州 350026）

摘 要：在福州地区分离到一种高致病性的白斑病病毒，该病毒仅存在于细胞质中，完整的病毒粒子有囊膜，一端略圆，一端稍尖，直径约为 80～100nm，囊膜与核衣壳之间的间隙约为 20～25nm。该病毒在细胞内不形成包含体，但有些可形成封入体。负染观察到的病毒核衣壳呈直杆状，但长度和直径相差较大，最长的病毒超过 600nm。这些特征与其他已报道的白斑病病毒有所不同，因此暂将它称为“对虾白斑病病毒福州分离株”。

关键词：对虾白斑病病毒；福州分离株；超微结构

中图分类号：S945.19 **文献标识码**：A **文献编号**：1003-5125（2000）03-0277-08

Ultrastructure of Fuzhou isolate of shrimp white spot disease virus

GUO Yin-han[1], LIN Shi-fa[1], YANG Xiao-qiang[2], ZHANG Cheng[2], XIE Lian-hui[1]

(1 Institute of Plant Virology, Fujian Agricultural University, Fuzhou 350002;
2 Fuzhou Marine Biotech nological Research and Development Center, Fuzhou 350026)

Abstract: A high virulent isolate of *White spot disease virus* has been got in Fuzhou. The virion is in cytoplasm. Intact virion is enveloped and bullet-shaped, d=80-100nm. There is no inclusion body in cell, but sometime a particular structure named occlusion-body (some virions are occluded by membrane) in cytoplasm. Nucleocapsid, observed by negative stain, is rod-shaped, and it s length and width are various. It is possible that the isolate is different from other isolates of *White spot disease virus*, so the isolate is named "Fuzhou isolate of *White spot disease virus*".

Key words: *Shrimp white spot disease virus*; Fuzhou isolate; ultrastructure

病毒性白斑病是目前世界上危害最广，致病性最强的对虾病害之一。其主要特征是对虾甲壳上出现白斑，感病个体活力差，摄食量下降。目前，对于白斑病病毒病原的性质等研究已有报道[1-4]，并已获得几种不同地区的病毒“株系”。

对虾养殖是福建沿海地区的一个重要产业，1992 年起发生大规模流行性病害以来，产量大幅度下降，至今仍在低谷中徘徊。为尽早解决对虾病害问题，我们以福州地区为立足点，对福建对虾病害的病原进行了研究。

1997～1998 年，从福州地区各对虾养殖场采

中国病毒学，2000，15（3）：277-284
收稿日期：1999-05-04 修回日期：1999-10-26

集了多组病虾样品。病虾的主要特征为甲壳白斑，发病时摄食减少或停止摄食，应激性下降；从个体发病到大面积群体感染的间隔时间短，多数养殖池一旦发生病害即无收成。上述特征与近年来国内外普遍流行的病毒性白斑病相同。经人工感染实验和病原回接实验证实，病害的主要致病病原为病毒。现已分离到该病害的一种致病病毒，并对其流行病学进行了细致深入的研究。本文主要报道该病毒的超微结构。

1 材料与方法

1.1 样品来源

自1997年6月20日至1998年9月30日，从福州地区15个对虾养殖场共采集到不同养殖季节、不同养殖池的多种白斑病对虾样品（斑节对虾、长毛对虾和短沟对虾），样品虾体长3～12cm不等。上述样品−70℃保存，备用。

1.2 病毒提取

将去除甲壳的病虾头胸部加入4倍（W/V）的TENP缓冲液（50mmol/L Tris-HCl，10mmol/L EDTA，100mmol/L NaCl，1mmol/L PMSF，pH8.0），冰浴匀浆，匀浆液7000*g*离心30min，取上清，10 000*g*离心30min，取上清，50 000*g*离心2h，保留沉淀作为病毒的粗提纯物。取少许沉淀悬浮于TE缓冲液（pH8.0），负染观察。其余沉淀直接用于人工感染实验。

1.3 实验对虾

分别从不同育苗场进苗，不同来源的虾苗完全隔离饲养。虾苗入池前经高锰酸钾冲洗，以除去虾苗表面的病原。养殖池为水泥池，建于密封的养殖室内。养殖用水由近海抽入，经沉淀池沉淀两天以上，然后经二级沙滤进入清水池，再经400目的水袋过滤进入实验室蓄水池。蓄水池内的海水用有效氯浓度为50mg/L的漂白粉消毒12h以上，以杀灭其中所有病原微生物；使用前加入适量硫代硫酸钠，中和残留的氯。养殖过程中，养殖池内全天充气，保证供氧；所有器具专池专用，使用前后均经过消毒；饵料采用配合饵料或高温蒸煮过的鲜活饵料；养殖池每天吸污换水1～2次，并定期（每月）加入甲醛等化学试剂进行池内消毒；定期从各池内抽样，应用光镜、电镜和PCR等方法检测样品携带病原的情况。选取3～5cm的健康对虾作为人工感染的实验对虾。饲养的对虾品种有：长毛对虾、刀额新对虾、短沟对虾和斑节对虾。

1.4 人工感染

选取同池的大小相近的自养健康长毛对虾60条，分为六组，每组10条，两组为对照组，四组为感染组，暂养于90L的塑料桶中，充气，保证供氧，每日吸污换水。暂养7d后，饥饿过夜。对照组投喂配合饵料，感染组投喂以1∶10（W/W）混入粗提纯病毒的配合饵料，每日投喂两次，投喂量约为总生物量的10％。水温维持在24～28℃，盐度维持在20‰～25‰。定时监测、记录实验对虾的健康情况，将濒死的实验对虾用于电镜观察。每组观测时间为20d。

1.5 超薄切片

用病毒提取物感染实验对虾，待症状表现明显时取胃和肝胰腺，切成1mm^{3}的小块，3％戊二醛固定，2％锇酸后固定，梯度丙酮脱水，Spurr mixture包埋，70℃聚合24h，常规切片染色，J EM-1200型透射电子显微镜（TEM）观察。

1.6 负染色

取粗提纯病毒10μL，滴加于覆有Formav膜的铜网上，3～5min后，用滤纸吸去多余液体，滴加2％的磷钨酸钠染色3～5min，吸去多余染液，于室温晾干，TEM观察。

2 结果与讨论

2.1 人工感染

人工感染后，感染组对虾相继出现摄食减少，应激性下降，肝胰腺白浊肿大等症状，继而死亡，每条病虾的甲壳上均可见不同程度的白斑。感染组发病的潜育期一般少于3d，病程很短，多在一周左右，总死亡率达100％。对照组实验对虾健康，在观测时间内无异常死亡。从感染组对虾中可再次分离到该病毒。根据“柯赫法则”，可以确定该病毒是白斑病的致病病毒。

2.2 细胞的病理变化

健康实验对虾的细胞结构完整（图1），细胞器形态正常：核膜清晰可辨，外膜波浪状，内膜平坦，其上附有高电子密度的异染色质；胞质中有内嵴清晰的线粒体，板状的粗面内质网，泡状的滑面内质网以及大量的核糖体等细胞器。细胞内无病毒粒子。

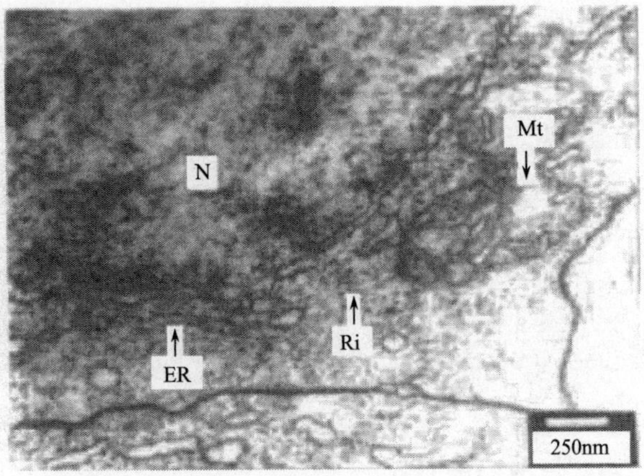

图 1　正常对虾肝胰腺细胞
N. 细胞核；Mt. 线粒体；ER. 内质网；Ri. 核糖体（×20 000）

实验对虾发病后，组织细胞出现线粒体形变（图 2），细胞结构崩解（图 3，图 4），内质网髓样病变（图 5）等明显的病理变化。同时，胞内出现大量病毒，除少数游离（图 5）外，大部分病毒相互聚集，形成一个个“病毒群”（图 7）。病变细胞不形成包含体，病毒仅分布于细胞质中，未见于细胞核。

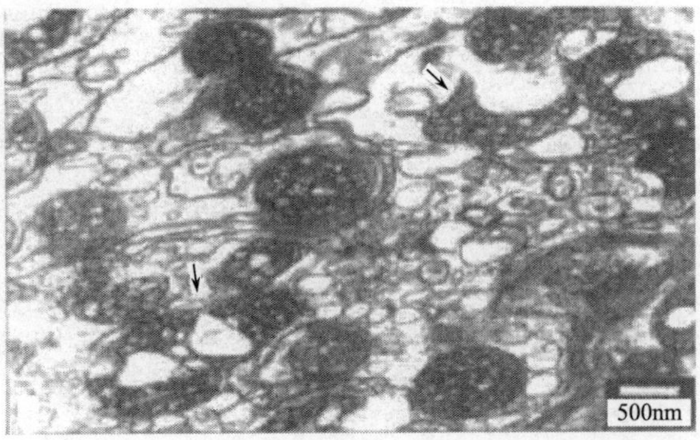

图 2　人工感染后感染细胞出现线粒体形变（×10 000）

通常，病毒的排列方式是病毒鉴定的依据之一。该病毒在病毒群中的排列方式差异很大，有的无序（图 7），有的则排列整齐，呈结晶状（图 8）。我们把同一个病毒群中，以相同规律排列的病毒群体称为“簇”。通常，一个大的病毒群中会有几个病毒簇（图 8A、B、C），一个病毒簇里的病毒一般按同一方向排列。

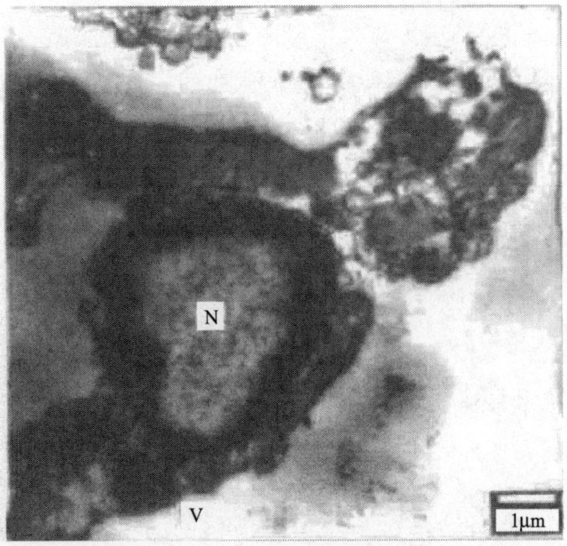

图 3　人工感染后细胞结构遭到破坏，细胞核暴露在外；细胞核旁有一个封入体，内有很多病毒粒子（×6000）

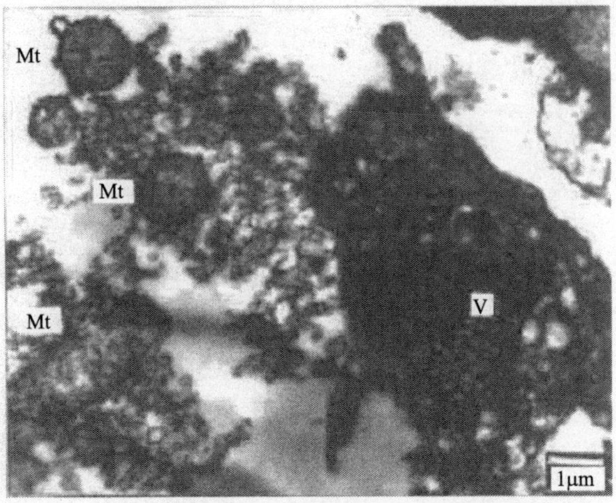

图 4　人工感染后细胞结构遭到破坏，很多线粒体散布在细胞外；未解体的细胞部分有一些游离的病毒粒子（×6000）

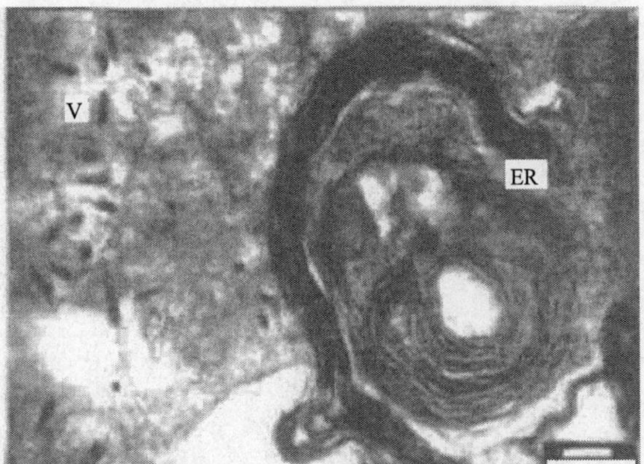

图 5　内质网髓样病变，旁边有一些游离的病毒粒子（×20 000）

表 1 对虾白斑病的人工感染试验

	样品组号	达 80%死亡率的时间/d	总死亡率/%	总病程/d
对照组	1	—	0	—
	2	—	0	—
感染组	1	5	100	5
	2	7	100	9
	3	6	100	6
	4	7	100	10

2.3 病毒封入体的超微结构

在病变细胞的胞质中，常常出现几个或很多个病毒粒子被胞质膜包起来的现象，这与张立人[4]等报道的中国对虾非包涵体杆状病毒感染产生的封入体相似，因此，暂将这种膜结构称之为“封入体”。封入体通常没有固定形状（图 6），有的为单层膜，有的为多层膜。个别的封入体形状规则，如椭圆形。封入体大小差异很大，小的不足 1μm，大的接近 10μm。封入体中未见以特定晶格方式排列的蛋白基质，只有病毒粒子（有囊膜病毒粒子或无囊膜病毒粒子）和正常的细胞基质，有的还内含一些病毒装配组件。

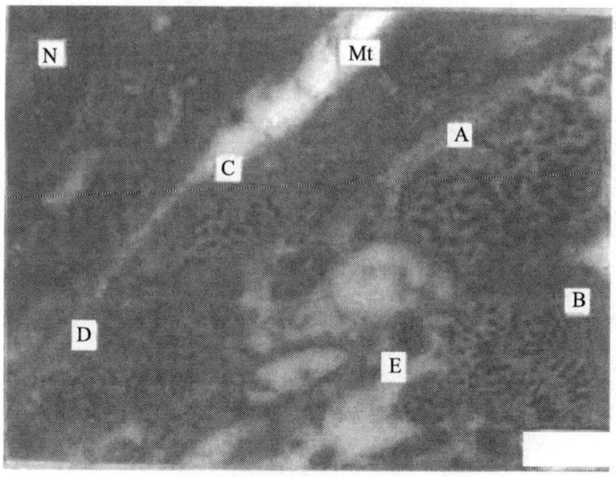

图 6 细胞核旁多个封入体，有的含囊膜病毒（A），有的含无囊膜病毒（B，C，D，E）（×15 000）

2.4 病毒粒子的超微结构

超薄切片上观察到的病毒粒子似呈弹状，一端略圆，一端稍尖，直径约 80～100nm，核衣壳外被囊膜（图 9）。由于切片上很难看到病毒的全长，因此病毒的长度难以估算，超薄切片上观察到的最长的病毒长 330nm。病毒有双层囊膜，外层囊膜与核衣壳之间的空隙宽约 20～25nm（图 10）。也有一些病毒无囊膜（图 6），是病毒未完成装配的结果。

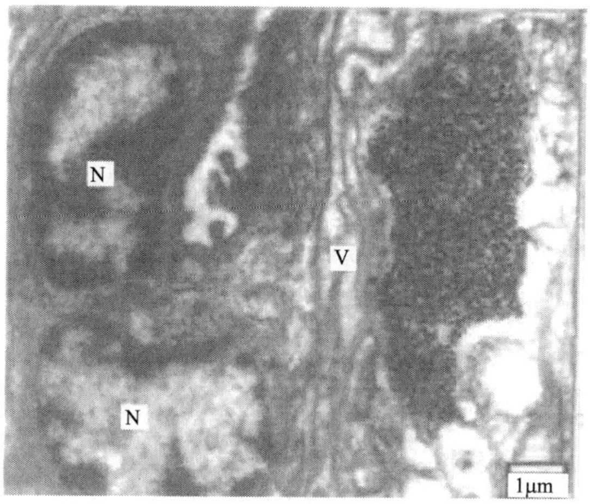

图 7 细胞质中的一个大病毒群（×5000）

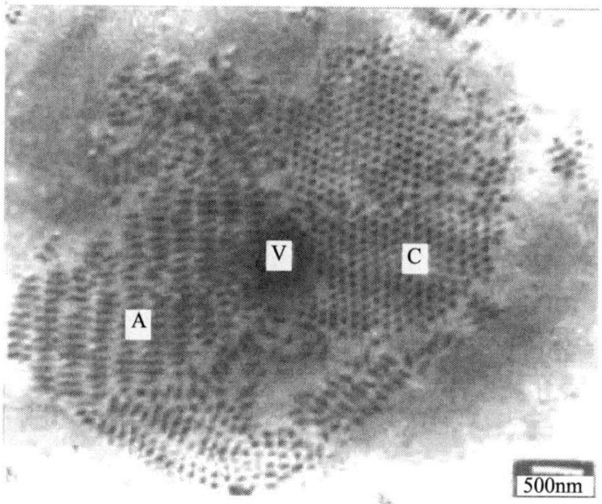

图 8 病毒粒子在一个病毒群中规则排列，并形成几个病毒簇（×10 000）

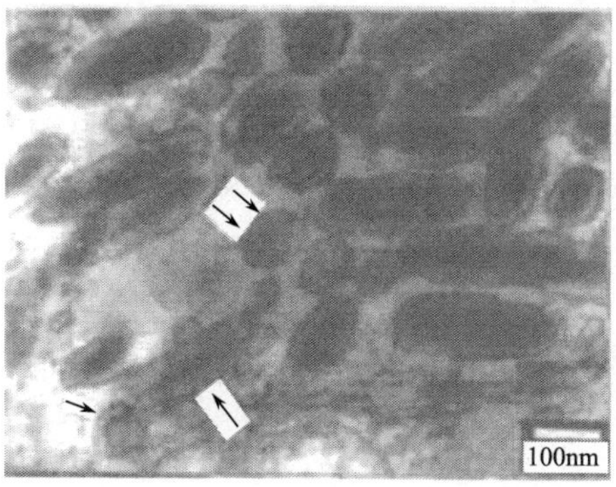

图 9 空衣壳（↑）、无核心病毒（↑↑）和正常病毒粒子的形态和大小（×50 000）

负染观察病毒的粗提纯液可看到该病毒的三种形态组成。第一种是结构完整的病毒粒子（图 11），呈弹状，囊膜结构致密，外缘较平滑，较尖

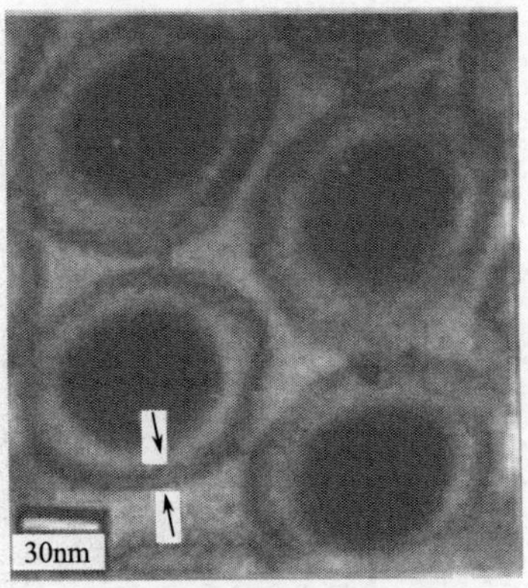

图 10　病毒粒子的精细结构（箭头所示处为双层囊膜）（×174 000）

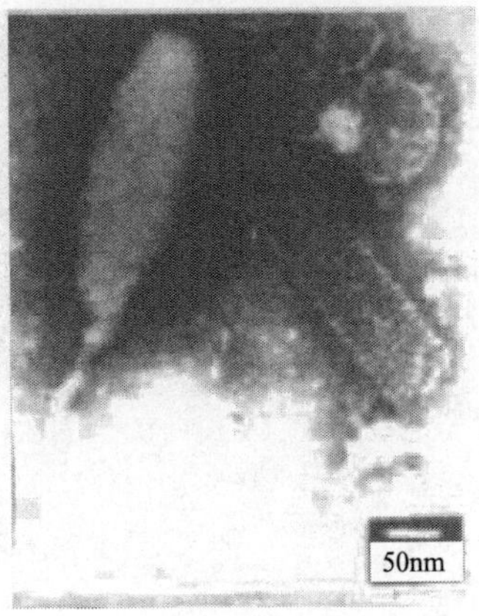

图 11　一个完整的病毒粒子（可见精细的粒子轮廓及尾）和一个病毒核衣壳（×80 000）

的一端有尾。病毒粒子（不包括尾部）长约为 270～280nm，最大直径约为 80～100nm，尾长约 500～600nm。第二种是外膜松散的囊膜病毒，外缘不规则，内部核衣壳结构清晰可见（图 12）。第三种是失去囊膜的病毒，即病毒核衣壳。粒子呈直杆状，有的粒子两端钝圆（图 13），有的一端钝圆，一端平齐（图 14），还有的一端或两端有断裂的痕迹，估计是提纯过程中造成的结构损伤。

负染观察到的完整囊膜病毒比囊膜松散的病毒或病毒核衣壳略小，估计是负染液无法渗入完整的囊膜，但可以渗入松散的囊膜并使核衣壳染色，同时使病毒粒子增大。

病毒的衣壳粒呈螺旋状排列（图 15），在电镜照片上形成清晰的网状条纹，网线交错形成菱形，长对角线与衣壳长轴平行。核衣壳上有明显的深色横纹，横纹与衣壳的长轴垂直，呈等距离间隔。横纹宽度约为 5nm ，间距约为 20nm。每两条深色横纹中间有一条约 10nm 宽的灰带。深色横纹和灰带之间有约 2.5nm 的亮带。基本上在两条深色横纹之间刚好容纳一排完整的菱形。结构示意图见图 16 。

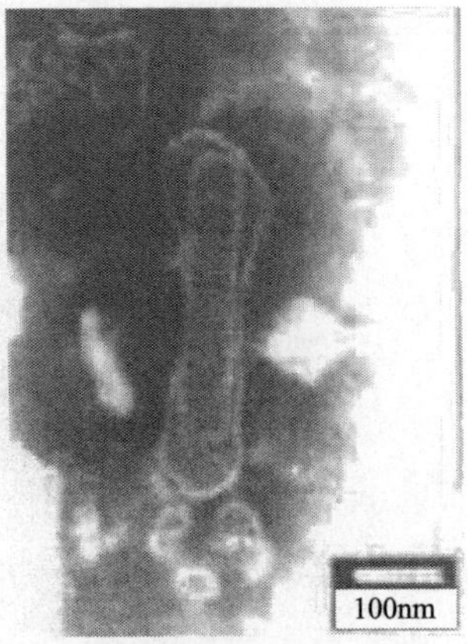

图 12　外膜松散的病毒粒子，可见内部核衣壳的精细结构（×60 000）

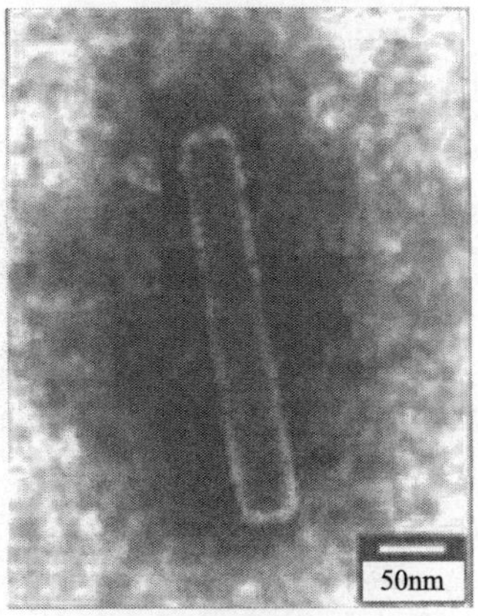

图 13　两端钝圆的病毒核衣壳（×60 000）

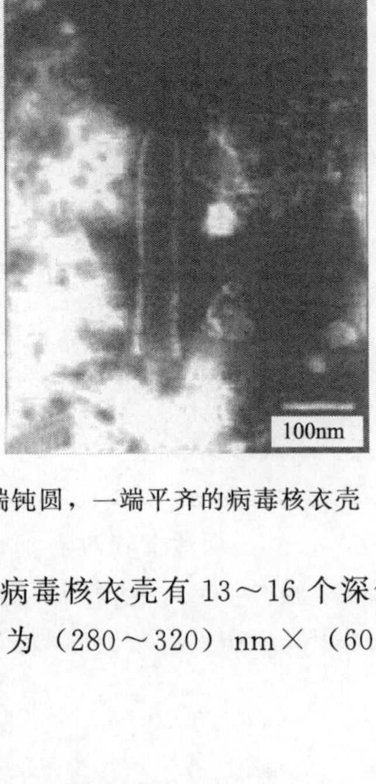

图 14　一端钝圆，一端平齐的病毒核衣壳（×60 000）

大部分病毒核衣壳有 13～16 个深色横纹，核衣壳大小约为（280～320）nm×（60～75）nm；

图 15 （负染）病毒核衣壳的精细结构（×160 000）

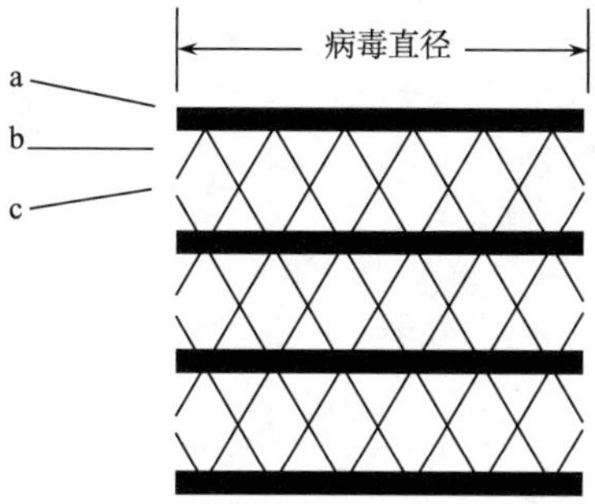

图 16 白斑病病毒衣壳精细结构示意图

a. 深色横纹；b. 亮带；c. 灰带

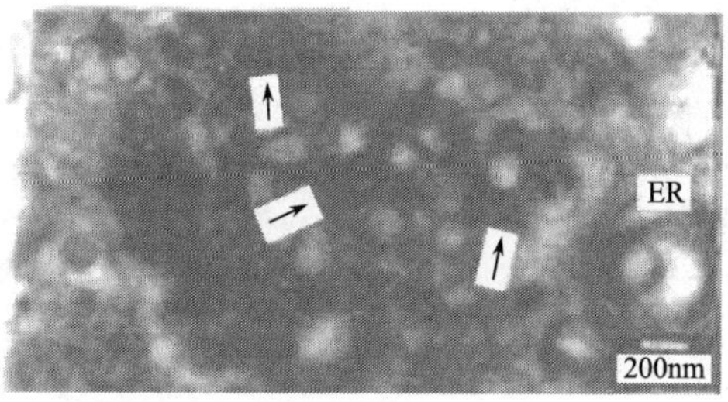

图 17 共囊膜病毒（×20 000）

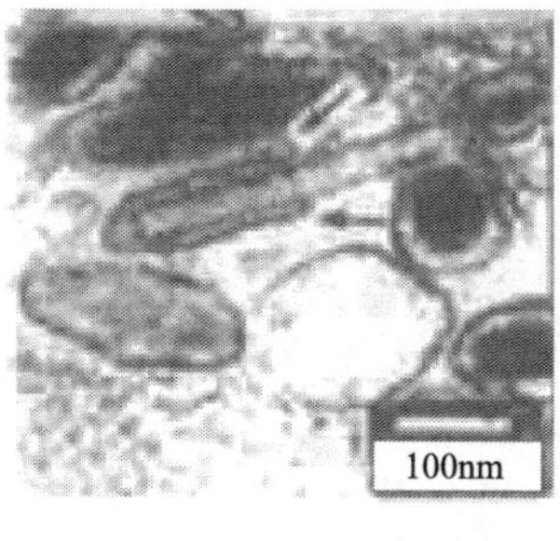

图 18 正在装入囊膜的空衣壳（×50 000）

少数核衣壳的长度和直径差异较大，有的特别细，直径只有 40nm，有的特别长，超过 600nm（29 条

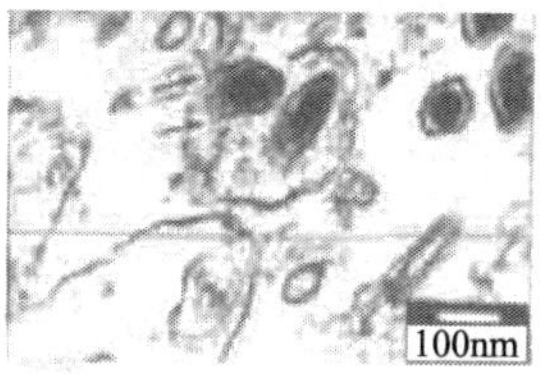

图 19 正在装入囊膜的核衣壳（×40 000）

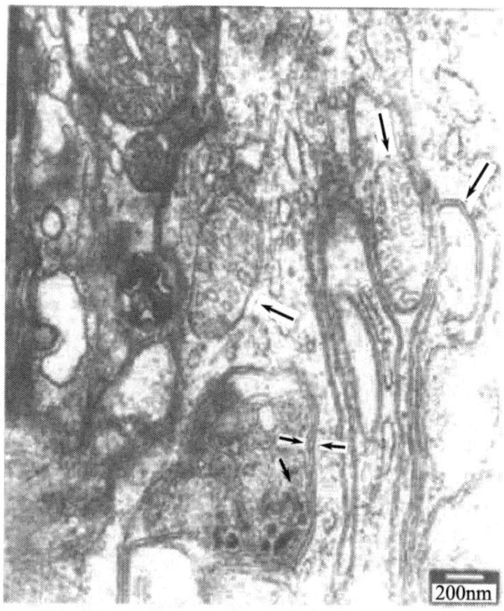

图 20 病毒装配区的双膜封入体和病变线粒体（×20 000）

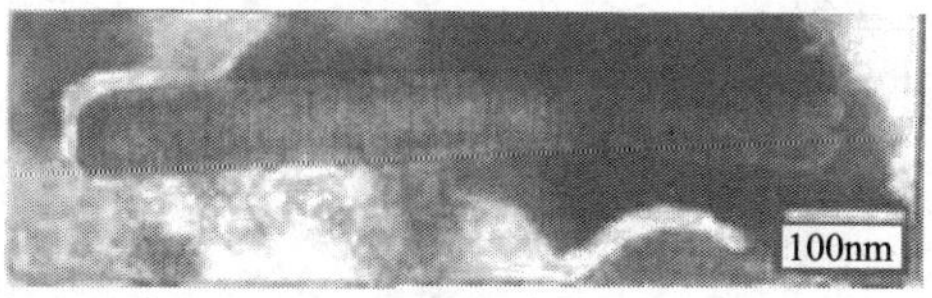

图 21 625nm 长的核衣壳（×80 000）

深色横纹）（图 21）。

2.5 病毒的装配

在病变细胞的胞质区域，可见大量的核衣壳、囊膜材料和装配好的病毒粒子（图 6）；有时还可见一些空衣壳（图 9）、无核心病毒（图 9，图 20），以及正在包被囊膜的空衣壳、核衣壳（图 9，图 18，图 19）和装入两个核衣壳的共囊膜病毒（图 17）。其特征与核型多角体的病毒发生基质（virogenic stroma）相似，估计是病毒装配的场所。其中，很多病毒装配区域的线粒体数目明显增多，并发生形变，原有的膜结构被破坏（图 20 粗箭头所示），附近的封入体有明显的双层膜，形状大小都与线粒体有些相似（图 20）。因此，线粒体

可能与病毒装配有密切的关系，囊膜和封入体膜可能一部分来源于线粒体膜。

封入体与病毒装配可能也有密切联系。超微病理研究观察到的无囊膜病毒粒子（核衣壳）均聚集成群、正在形成（图 6B，C）或已形成封入体（图 6D，E）；其中有的封入体内还有一些空衣壳（图 6C，D）。有囊膜病毒粒子形成的封入体内也常有一些病毒装配组件（图 6A），多为用于形成囊膜的空泡膜（胞质膜）。

由于所有病毒粒子和病毒装配组件均出现在细胞质中，可以确定，胞质是病毒装配和成熟的场所。至于形成封入体是否是病毒装配的必经步骤，囊膜蛋白和封入体膜上的膜嵌蛋白是否为同种物质，游离的病毒是否源于封入体解体，以及病毒或病毒核衣壳的规则排列是否在病毒装配过程中有某种特定的意义等问题，仍需进一步研究。

从福州分离到的这种白斑病病毒与其他有报道的白斑病病毒有很多共同之处：它们均造成对虾的暴发性死亡，突出的症状表现为甲壳白斑；它们的形态相似，都为弹状（又称杆状），衣壳均呈螺旋对称；感染细胞均不形成包含体。这些特点表明，它们之间可能存在较近的亲缘关系。但它们也有很多不同，前者分布于细胞质中，而后者存在于细胞核中[2-10]；而且，病毒的超微结构也略有差异，尤其是对于特别长的病毒核衣壳，以前从未有类似的报道。根据上述特点，它们可能是同属异种病毒或同种病毒不同株系，暂称之为“对虾白斑病病毒福州分离株”。

致谢　本文研究工作得到福州海洋生物工程研究开发中心万百源主任的大力支持，在此特别致谢。

参 考 文 献

[1] Yang F, Wang W, Chen RZ, et al. A simple and efficient method for purification of prawn baculovirus DNA. J Virol Method, 1997, 67: 1-4

[2] 黄捷，宋晓玲，于佳等．杆状病毒性的皮下及造血组织坏死-对虾暴发性流行病的病原和病理学研究．海洋水产研究，1995，16 (1)：1-10

[3] 王金星，刘昌彬，张红卫等．中国对虾暴发性流行病病原体研究Ⅱ．病原体的分离纯化．海洋学报，1997，19 (2)：95

[4] 张建红，陈棣华，肖连春等．中国对虾非包涵体杆状病毒在体内的感染与发生．中国病毒学，1994，9 (4)：362 -365

[5] 陈细法，陈平，吴定虎等．养殖对虾一种新杆状病毒的研究．中国科学(C辑)，1997，27 (5)：415-420

[6] 国际翔，王丽霞，李文清等．辽宁沿海养殖对虾爆发性病害的病因分析．电子显微学报，1994，5：355

[7] 彭宝珍，任家鸣，沈菊英等．急性致死性对虾病的杆状病毒病原研究．病毒学报，1995，11 (2)：151-157

[8] 汝少国，姜明，李永祺等．中国对虾杆状病毒垂直传播途径的初步探讨．水产学报，1998，22 (1)：49-55

[9] 吴友吕，王方国，洪健．长毛对虾杆状病毒病研究．电子显微学报，1994，5：356

[10] 李霞，刘淑范，李华等．大连地区中国对虾暴发性流行病病理学研究．中国水产科学，1997，4 (1)：52-59

[11] 殷震，刘景华．动物病毒学．第二版．北京：科学出版社，1997，11

对虾白斑病毒病的流行病学

郭银汉[1]，林诗发[1]，杨小强[2]，张　诚[2]，谢联辉[1]

（1 福建农业大学植物病毒研究所，福建福州　350002；
2 福州市海洋生物工程研究开发中心，福建福州　350026）

摘　要：在福州地区分离到一种高致病性的白斑病病毒，该病毒致病性强，可感染不同品种、不同生长期和不同形体大小的个体引发的病害潜育期短、病程短、死亡率高。病害覆盖面积广，发病时间大多集中在6月和9月，其中以6月中下旬最为集中。以长毛对虾为对象测定温度与侵染性关系，结果表明，高温可促进发病，低温可延缓发病并延长病程；在长毛对虾生长的适温范围（8～32 ℃）内，病毒均可侵染并造成寄主发病。病毒的感染途径主要是经口感染，通过摄食饵料和携带病原的病弱个体等方式传播，正常情况下，不会经水传播。

关键词：对虾白斑病病毒；流行病学

中图分类号：S94514+1/94514+9　**文献标识码**：A

Epidemiology of white spot viral disease of shrimp

GUO Yin-han[1], LIN Shi-fa[1], YANG Xiao-qiang[2], ZHANG Cheng[2], XIE Lian-hui[1]

(1 Institute of plant Virology, Fujian Agricultural University, Fuzhou　350002;
2 Fuzhou Marine Biotech nological Research and Development Center, Fuzhou　350026)

Abstract: A high virulent virus of white spot disease was got in Fuzhou. The virus can infect different species of shrimp with different growth periods and sizes. The average incubation period and course of the disease is short, and the mortality is high. The disease is all over Fuzhou, and mainly occurred in June and September. Experiment of artificial infection shows, in the wide range of temperature (8-32 ℃) that is appropriate for growth of *Penaeus penicillatus*, the virus can infect shrimp. The transmission is mainly though feed, including alive feed and ill shrimp with virion. However, in general, water can not transmit virion.

Key words: white spot viral disease of shrimp; epidemiology

对虾养殖是福建沿海地区的一个重要产业，自1992年起发生大规模流行性病害以来，产量大幅度下降，至今仍在低谷中徘徊。为尽早解决对虾病害问题，以福州地区为立足点，对福建省对虾病害的病原进行了研究。

1997～1999年，从福州地区各对虾养殖场采集了多组病虾样品。病虾的主要特征为对虾甲壳上出现白斑，感染个体活力差，摄食量下降。病害病

中山大学学报（自然科学版），2000，39（增刊）：190-194
收稿时期：1999-09-15

程短，死亡率高。上述特征与近年来国内外普遍流行的病毒性白斑病相同[1-7]。经人工感染实验和病原回接实验证实，该病害的主要致病病原为病毒。现已分离到该病害的一种致病病毒，并对其流行病学进行了初步的研究。

1　材料与方法

1.1　样品来源

1997～1998 年从福州地区 15 个对虾养殖场采集到不同养殖季节、不同养殖池的多种白斑病对虾样品（斑节对虾、长毛对虾和短沟对虾），样品虾体长 2～12 cm，上述样品－70 ℃保存，备用。

1.2　病毒提取

将去除甲壳的病虾头胸部加入 4 倍（W/V）的缓冲液 TENP（500mmol/L Tris-HCl，10mmol/L EDTA，100mmol/L NaCl，1mmol/L PMSF，pH8.0），冰浴匀浆，匀浆液 7000*g* 离心 30min，取上清，50 000*g* 离心 2h，保留沉淀作为病毒的粗提纯物。取少许沉淀悬浮于 TE 缓冲液（pH8.0），负染观察。其余沉淀直接用于人工感染实验。

1.3　实验对虾

分别从不同育苗场进苗，不同来源的虾苗完全隔离饲养，虾苗入池前经高锰酸钾冲洗，以除去虾苗表面的病原。养殖池为水泥地，建于密封的养殖室内。养殖用水由近海抽入，经沉淀池沉淀两天以上，然后经二级沙滤进入清水池，再经 400 目的水袋过滤进入实验室蓄水池。蓄水池内的海水用有效氯浓度为 50×10^{-6} 的漂白粉消毒 12h 以上，以杀灭其中所有病原微生物；使用前加入适量硫代硫酸钠，中和残留的氯。饵料采用配合饵料或高温蒸煮过的鲜活饵料；养殖池每天吸污 1～2 次，并定期（每月）加入甲醛等化学试剂进行池内消毒：定期从各池内抽样，应用光镜、电镜和 PCR 等方法检测样品携带病原的情况，选取 3～5 cm 的健康对虾作为人工感染的实验对虾，饲养的对虾品种有长毛对虾、短沟对虾和斑节对虾。

1.4　病毒感染实验

选取同池的大小相近的自养健康对虾 60 条，分为 6 组，每组 10 条，2 组为对照组，4 组为感染组，暂养于 90L 的塑料桶中，充气，保证供氧，每天吸污换水。暂养 7d 后，饥饿过夜。控温，维持水温恒定，盐度维持在 20‰～25‰定时监测、记录实验对虾的健康情况，将濒死的实验对虾用于电镜观察，每组观测时间为 20d.

（1）投喂感染。对照组投喂配合饵料，感染组投喂以 1∶10（W/W）混入粗提纯病毒的配合饵料，每天投喂 2 次，投喂量约为总生物量的 10%。

（2）浸泡感染。对照组和感染组均投喂配合饵料，将病毒粗提液用消毒海水稀释到终浓度为 20mg/ L，以此海水养殖感染组对虾 20d，观察感染组对虾的健康状况。

收集病程在 7d 以内的投喂感染组的“生活废水”，吸污除去块状的残饵、粪便，用以感染组对虾的养殖。对照组和感染组均投喂配合饵料。实验持续 1 个月。

1.5　不同温度的感染实验

按照投喂感染实验的方法，设置 5 个不同温度范围的感染组，每个温度范围 4 组，记录实验对虾发病死亡的时间。

2　结果与讨论

2.1　病原

从各种表现白斑病症状的对虾样品中分离到一种病毒，将病毒粗提取物以投喂方法感染健康的实验对虾，可造成对虾感病，呈现相同症状。从感染组对虾中再次分离到该病毒（图 1）根据“柯赫法则”，要以确定该病毒是白斑病的致病病毒，细胞病理观察表明，该病毒似子弹状（图 2），只见于细胞质中（图 3）。

图 1　负染观察到的纯化病毒核衣壳

2.2　病害特征

2.2.1　症状

对虾病毒性白斑病是一种病程短，死亡率高的暴发性流行病害，患病对虾症状明显主要特征为头

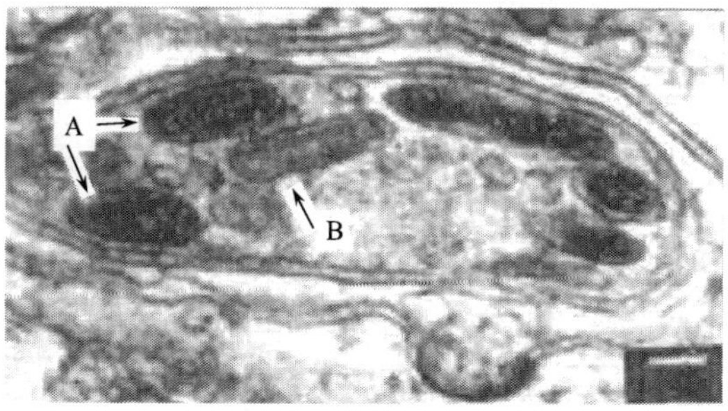

图 2 类似子弹状的病毒粒子
A. 正常的病毒粒子；B. 无核心的病毒粒子

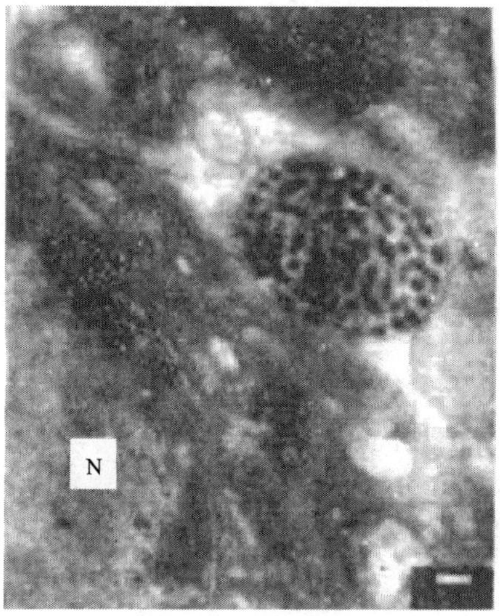

图 3 细胞质中的病毒群

胸甲白斑，发病时摄食少或停止摄食，应激性下降，体色由澄清转为浑浊，幼虾常出现肝胰腺白浊肿大、红尾、严重者通体发白。

2.2.2 病害分布

病害覆盖福州地区沿海各对虾养殖地区，发病池塘和无病池塘交错分布，无明显规律可循。发病池塘的比例高于无病池塘。通常头年丰产的池塘，次年发病的概率很大。可能是由于池底的富营养化导致水质恶化。

2.2.3 发病时间

1997～1998 年，福州地区对虾白斑病发生有 2 个高峰期（图 4），第 1 次发生在 6 月，第 2 次发生在 9 月。最集中的时间是 6 月中下旬。发病高峰期并不是在养殖期间气温最高的时节，而多是气温变化较大的时候或台风之后，可能是因为水环境变化比较剧烈，促进了病害的发生。

2.2.4 寄主范围

福州地区的主要对虾养殖品种为斑节对虾、长

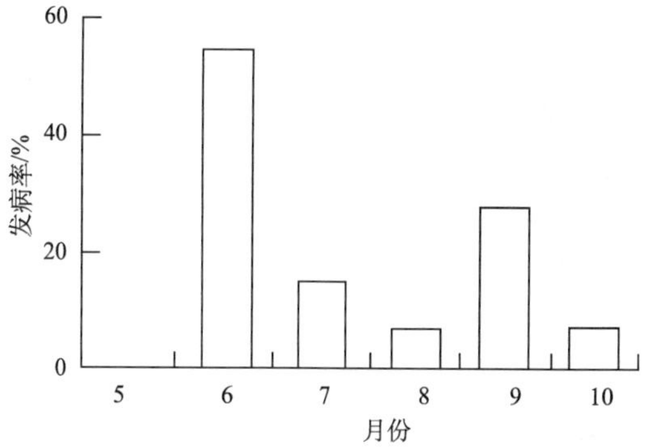

图 4 1997～1998 年福州地区对虾病毒性白斑发生的时间分布图

毛对虾和短沟对虾，3 个养殖品种均能感染白斑病，病症和病程没有明显差异。人工感染的结果与此相似。可见，这 3 种对虾品种均为感病品种。该病毒有广泛的寄主范围。

2.2.5 个体差异

从各养殖场收集到的病虾样品体长 2～12cm，生长期 20d 到 4 个月；人工感染实验中，不同体长（2～12cm）和生长期（1～7 个月）的个体均可感病。在采样调查过程中发现，虾龄小的个体病程略短，虾龄长的病程略长，此结果与人工感染的实验结果相符，这表明对虾在个体成熟过程中抗病力有所增强。但由于对虾的免疫系统很低级，因此发育程度造成的抗病性差异并不明显。在自然养殖的池塘中，通常大的个体先发病，小的个体后发病；但人工感染实验中，不同大小的个体感病性没有明显的差别。这是因为池塘中大的个体抢食病弱个体的几率大，而人工感染实验中，人为造成的不同个体获食毒源的几率基本相同，因此没有感病次序的差别。

2.2.6 温度

温度对病毒侵染性和对虾的耐病性有明显的影响。病害调查结果表明，病害发生时各养殖池的水温都在 25℃以上，不同温度下，对虾感病的病程也有差别。其中，人工投喂感染实验的结果如表 1。这一结果表明，高温可促进对虾感病和发病。以长毛对虾为实验动物的低温感染实验表明，在水温低达 8～9℃时，白斑病病毒仍可侵染对虾，造成对虾发病。这与黄海水产所报道[8]的中国对虾感染 HHNBV 发病死亡的最低温度（17～18℃）相差较大。尚不能确定是寄主品种的影响，还是病毒种类的影响。

表 1　温度对对虾白斑病病毒人工感染的影响

对虾累积死亡率/%	θ/ ℃				
	30～32	27～30	24～27	20～24	15～20
0	0	0	0	0	0
20	2.3	2.8	3.3	3.8	5.3
40	3.5	4.3	6.3	8.0	7.5
60	5.3	5.0	9.5	9.5	9.8
80	5.8	7.3	13.3	14.8	14.8
100	7.3	9.3	15.8	18.8	22.3

感染死亡时间/d

2.2.7　平均潜育期和病程

根据各养殖场病害发生的调查结果，对虾白斑病的平均潜育期少于1周，病程少于2周，大部分养殖池从发现大量死虾时起到基本绝池，时间不超过1周。温度在25 ℃以上的工人投感染组的平均潜育期为2.2d，平均病程11d。

2.3　传播途径

白斑病病毒主要是通过摄食发病或死亡个体传播的，也有一些是通过苗种或鲜活饵料引入的。

2.3.1　虾苗

已有多家报道证实白斑病病毒可垂直传播，即通过苗种引入传播。在对福州地区获得的这种白斑病病毒的研究中，发现有2个养殖池里的短沟对虾感染了白斑病，经鉴定病虾体内含有病毒。这2个养殖池的虾苗来自同一苗场，并且这批对虾是严格按照实验对虾养殖方法进行养殖的，不同苗源的相邻养殖池在完全相同的养殖条件下并没有感病，抽样也未发现病毒，因此可以确定，病毒来自于苗种。

2.3.2　食物

食物是虾池内传播病毒最主要的渠道。除了可能摄食携带病毒的鲜活饵料外，对虾还时常摄食病弱个体，一旦摄食到携带病毒的个体，就形成病害传播的链式反应，使病害迅速传播开来。

2.3.3　水

水也被认为是病毒传播的可能渠道之一，但2组感染实验证明，水在白斑病毒的传播过程中并非介体，第1组实验，将投喂感染组的生活废水经简单的吸污处理后，用于健康实验对虾的浸泡感染；第2组实验，将实验对虾浸泡于20mg/L的病毒悬液中进行感染，结果2组实验取得相同的结果；用于感染的实验对虾全部健康，无病症表现，未检测出病毒，这一结果说明，在养殖过程中，即使海水中有少量病毒，也不足以造成对虾感染，水不是白斑病病毒传播的主要媒介。

参 考 文 献

[1] 陈细法，陈平，吴定虎等．养殖对虾一种新杆状病毒的研究．中国科学(C辑)，1997，27 (5)：415-420

[2] 国际翔，王丽霞，李文清等．辽宁沿海养殖对虾暴发性病害病因分析．电子显微学报，1994，5：355

[3] 黄捷，宋晓玲，于佳等．杆状病毒性的皮下及造血组织坏死-对虾暴发性流行病的病原和病理学研究．海洋水产研究，1995，16 (1)：1-10

[4]黄捷，于佳，宋晓玲等．对虾皮下及造血组织坏死杆状病毒的精细结构、核酸、多肽及血清学研究．海洋水产研究，1995，16 (1)：11-23

[5] 彭宝珍，任家鸣，沈菊英等．急性致死性对虾病的杆状病毒病原研究．病毒学报，1995，11 (2)：151-157

[6]张红卫，王金星，于士广等．山东中国对虾暴发病病原体的研究．海洋科学，1995，1：5-7

[7] Yang F，Wang W，Chen RZ，et al. A simple and efficient method for purification of prawn baculovirus DNA. J Virol Method，1997，67：1-4

[8] 宋晓玲，黄捷，王崇明等．皮下及造血组织坏死杆状病毒对中国对虾亲虾的人工感染．水产学报，1996，20 (4)：374-378

附　　录

1. 教材与专著

[1] 林传光，曾士迈，褚菊澂，李学书，谢联辉. 植物免疫学. 北京：农业出版社，1961

[2] 梁训生，谢联辉. 植物病毒学. 北京：农业出版社，1994

[3] 谢联辉. 水稻病害. 北京：中国农业出版社，1997

[4] 谢联辉，林奇英，吴祖建. 植物病毒名称及其归属. 北京：中国农业出版社，1999

[5] 谢联辉. 水稻病毒：病理学与分子生物学. 福州：福建科学技术出版社，2001

[6] 谢联辉，林奇英. 植物病毒学（第二版）. 北京：中国农业出版社，2004

[7] 谢联辉. 普通植物病理学. 北京：科学出版社，2006

[8] 谢联辉. 植物病原病毒学. 北京：中国农业出版社，2008

2. 参编书目

[1] 谢联辉. 水稻病毒病测报方法. 农作物主要病虫测报办法. 农业部作物病虫测报总站. 北京：农业出版社，1981，27-39

[2] 谢联辉，林奇英. 我国水稻病毒病的发生和防治. 中国水稻病虫综合防治进展. 曾昭慧. 杭州：浙江科学技术出版社，1988，255-264

[3] 张学博，谢联辉. 甘蔗病害. 见：金善宝. 中国农业百科全书·农作物卷. 北京：农业出版社，1991，182-183

[4] 谢联辉，林奇英. 水稻病毒病. 见：方中达. 中国农业百科全书·植物病理学卷. 北京：农业出版社，1996，427-430

[5] 徐学荣，张巨勇，谢联辉. 见：汪同三、张守一、王崇举. 第十章可持续发展通道与预警，21世纪数量经济学. 重庆：重庆出版社，2005，69-80

[6] 孙恢鸿，沈瑛，许志刚，谢联辉，林含新. 水稻品种抗病性及其利用. 见：李振歧、商鸿生. 中国农作物抗病性及其利用. 北京：中国农业出版社，2005，263-327

[7] 陈启建，谢联辉. 植物病毒疫苗的研究与实践. 见：邱德文. 植物免疫与植物疫苗——研究与实践. 北京：科学出版社，2008，19-32

[8] 郭银汉. 对虾病毒病的诊断检测. 见：苏永全. 虾类的健康养殖. 北京：海洋出版社，1998，192-197

[9] 孙慧，吴祖建，林奇英，谢联辉. 大型真菌抗烟草花叶病毒（TMV）活性的初步筛选. 见：喻子牛. 微生物农药及其产业化. 北京：科学出版社，2000，199-206

[10] 蒋继宏，吴祖建，谢荔岩，谢联辉，林奇英. 双稠哌啶类生物碱的高效毛细管电泳分离. 见：喻子牛. 微生物农药及其产业化. 北京：科学出版社，2000，219-223

3. 论文目录

[1] 谢联辉，林德槛. 引起水稻瘟兜的一种细菌性病害——稿头瘟. 福建农业科技，1977，2：37-39

[2] 谢联辉，林奇英. 水稻黄矮病中长期预测简报. 农业科技简讯，1977，4：13-16

[3] 陈昭炫，谢联辉，林奇英，胡方平. 水稻类普矮病研究初报. 中国农业科学，1978，3：79-83

[4] 谢联辉，林奇英. 水稻黄矮病的流行预测和验证. 植物保护，1979，5（5）：33-37

[5] 谢联辉，陈昭炫，林奇英. 水稻簇矮病研究 Ⅰ. 簇矮病——水稻上的一种新的病毒病. 植物病理学报，1979，9（2）：93-100

[6] 谢联辉，陈昭炫，林奇英. 水稻病毒病化学治疗试验初报. 病毒学集刊，1979，44-48

[7] 谢联辉，林奇英. 锯齿叶矮缩病在我国水稻上的发现. 植物病理学报，1980，10（1）：59-64

[8] 谢联辉. 水稻病毒病流行预测研究的几个问题. 福建农学院学报，1980，9（1）：43-50

[9] Xie Lianhui，Lin Qiying. Studies on bunchy stunt disease of rice，a new virus disease of rice plant. Chinese Science Bulletin，1980，25（9）：785-789

[10] Xie Lianhui，Lin Qiying. Rice ragged stunt disease，a new record of rice virus disease in China. Chinese Science Bulletin，1980，25（11）：960-963

[11] 谢联辉，林奇英. 水稻黄叶病和矮缩病流行预测研究. 福建农学院学报，1980，9 (2)：32-43
[12] 谢联辉，林奇英，黄金星. 水稻矮缩病的两个新特征. 植物保护，1981，7 (6)：14
[13] Xie LH，Lin QY，Guo JR. A new insect vector of *Rice dwarf virus*. Int Rice Res Newsl，1981，6 (5)：14
[14] 谢联辉，林奇英. 水稻品种对病毒病的抗性研究. 福建农学院学报，1982，11 (2)：15-18
[15] 谢联辉，林奇英. 水稻东格鲁病（球状病毒）在我国的发生. 福建农学院学报，1982，11 (3)：15-23
[16] 谢联辉，林奇英，郭景荣. 传带水稻矮缩病毒的二点黑尾叶蝉. 福建农业科技，1982，3：24，50
[17] 谢联辉，林奇英，朱其亮. 水稻簇矮病的研究Ⅱ. 病害的分布、损失、寄主和越冬. 植物病理学报，1982，12 (4)：16-20
[18] Xie LH，Lin QY. Properties and concentratations of *Rice bunchy stunt virus*. Int Rice Res Newsl，1982，7 (2)：6-7
[19] 谢联辉，林奇英. 水稻簇矮病的研究Ⅲ. 病毒的体外抗性及其在寄主体内的分布. 植物病理学报，1983，13 (3)：15-19
[20] 谢联辉，林奇英. 福建水稻病毒病的诊断鉴定及其综合治理意见. 福建农业科技，1983，5：26-27
[21] 林奇英，谢联辉，朱其亮. 水稻橙叶病的研究. 福建农学院学报，1983，12 (3)：195-201
[22] 谢联辉，林奇英，朱其亮，赖桂炳，陈南周，黄茂进，陈时明. 福建水稻东格鲁病发生和防治研究. 福建农学院学报，1983，12 (4)：275-284
[23] 谢联辉. 近年来我国新发现的水稻病毒病. 植物保护，1984，10 (3)：2-3
[24] 谢联辉，林奇英，刘万年. 福建甘薯丛枝病的病原体研究. 福建农学院学报，1984，13 (1)：85-88
[25] 谢联辉，林奇英，谢黎明，赖桂炳. 水稻簇矮病的研究Ⅳ. 病害的发生发展和防治试验. 植物病理学报，1984，14 (1)：33-38
[26] 林奇英，谢联辉，王桦. 水稻品种对东格鲁病及其介体昆虫的抗性研究. 福建农业科技，1984，4：34-35
[27] 林奇英，谢联辉，郭景荣. 光照和食料对黑尾叶蝉生长繁殖及其传播水稻东格鲁病能力的影响. 福建农学院学报，1984，13 (3)：193-199
[28] 谢联辉，林奇英，王少峰. 水稻锯齿叶矮缩病毒抗血清的制备及其应用. 植物病理学报，1984，14 (3)：147-151
[29] 谢联辉，林奇英. 我国水稻病毒病研究的进展. 中国农业科学，1984，6：58-65
[30] 林奇英，谢联辉，陈宇航，谢莉妍，郭景荣. 水稻齿矮病毒寄主范围的研究. 植物病理学报，1984，14 (4)：247-248 [研究简报]
[31] 林奇英，谢联辉. 水稻黄萎病的病原体研究. 福建农学院学报，1985，14 (2)：103-108
[32] 林奇英，谢联辉，谢莉妍. 水稻黄萎病的发生及其防治. 福建农业科技，1985，4：12-13
[33] 谢联辉，林奇英，曾鸿棋，汤坤元. 福建烟草病毒病病原鉴定初报. 福建农学院学报，1985，14 (2)：116 [研究简报]
[34] Xie LH. Research on rice virus diseases in China. Tropical Agriculture Research Series，1986，19：45-50
[35] 林奇英，谢联辉. 福建番茄病毒病的病原鉴定. 武夷科学，1986，6：275-278
[36] 林奇英，谢联辉，谢莉妍，陶卉. 烟草扁茎簇叶病的病原体. 中国农业科学，1986，3：92 [研究通讯]
[37] 林奇英，谢莉妍，谢联辉，黄白清. 甘薯丛枝病的化疗试验. 福建农业科技，1986，3：25
[38] 谢联辉，林奇英. 热带水稻和豆科作物病毒病国际讨论会简介. 病毒学杂志，1987，1：85-88
[39] 谢联辉，林奇英，黄如娟. 水仙病毒病原鉴定初报. 云南农业大学学报，1987，2：113 [研究简报]
[40] 谢联辉，林奇英，段永平. 我国水稻病毒病的回顾与前瞻. 病虫测报，1987，1：41
[41] 林奇英，谢联辉，黄如娟，谢莉妍. 烟草品种对病毒病的抗性鉴定. 中国烟草，1987，3：16-17
[42] 周仲驹，林奇英，谢联辉，王桦. 甘蔗褪绿线条病研究Ⅰ. 病名、症状、病情和传播. 福建农学院学报，1987，16 (2)：111-116
[43] 周仲驹，林奇英，谢联辉，彭时尧. 我国甘蔗白叶病的发生及其病原体的电镜观察. 福建农学院学报，1987，16 (2)：165-168
[44] 周仲驹，谢联辉，林奇英，蔡小汀，王桦. 福建蔗区甘蔗斐济病毒的鉴定. 病毒学报，1987，3 (3)：302-304
[45] 范永坚，周仲驹，林奇英，谢联辉，难波成任，山下修一，土居养二. 中国几种水稻病毒病超薄切片的电镜观察. 日本植物病理学会报，1987，53 (3)：24-25 [摘要]
[46] Duan YP，Hibino H. Improved method of purifying *Rice tungro spherical virus*. IRRN，1988，13 (5)：30-31
[47] Xie LH，Lin QY，Zhou ZJ，Song XG，Huang LJ. The pathogen of rice grassy stunt and its strains in China. 5th International Congress of Plant Pathology Abstracts of Papers，Kyoto，Japan，1988，383
[48] 陈宇航，周仲驹，林奇英，谢联辉. 甘蔗花叶病毒株系研究初报. 福建农学院学报，1988，17 (1)：44-48

[49] 谢联辉，林奇英，段永平. 烟草花叶病的有效激抗剂的筛选. 福建农学院学报，1988，17 (4)：371-372
[50] 周仲驹，林奇英，谢联辉. 甘蔗病毒病及其类似病害的研究现状及其进展. 四川甘蔗，1988，2：28-34
[51] 林奇英，唐乐尘，谢联辉. 水稻暂黄病流行预测与通径分析. 福建农学院学报，1989，18 (1)：37-41
[52] 林奇英，谢莉妍，谢联辉. 百合扁茎簇叶病的病原体观察. 植物病理学报，1989，19 (2)：78 [研究简报]
[53] 周仲驹，黄如娟，林奇英，谢联辉，陈宇航. 甘蔗花叶病的发生及甘蔗品种的抗性. 福建农学院学报，1989，18 (4)：520-525
[54] 彭时尧，周仲驹，林奇英，谢联辉. 甘蔗叶片感染甘蔗花叶病毒后 ATPase 活性定位和超微结构变化. 植物病理学报，1989，19 (2)：69-73
[55] 谢联辉，林奇英. 中国水仙病毒病的病原学研究. 中国农业科学，1990，23 (2)：89-90 [研究通讯]
[56] 谢联辉，郑祥洋，林奇英. 水仙潜隐病毒病病原鉴定. 云南农业大学学报，1990，5 (1)：17-20
[57] 郑祥洋，林奇英，谢联辉. 水仙上分离出的烟草脆裂病毒的鉴定. 福建农学院学报，1990，19 (1)：58-63
[58] 林奇英，谢联辉，周仲驹，谢莉妍，吴祖建. 水稻条纹叶枯病的研究Ⅰ. 病害的分布和损失. 福建农学院学报，1990，19 (4)：421-425
[59] 周仲驹，林奇英，谢联辉. 甘蔗花叶病毒株系研究现状. 四川甘蔗，1990，3：1-7
[60] Lin Xing，Wang Youyi，Zhang Wenzhen，Xu Jinyui，Lin Qiying，Xie Lianhui. Amino acid component in protein of *Rice dwarf virus* (RDV) and laser Raman spectrum. ICLLS' 90，1990，452-454
[61] 林奇英，谢联辉，谢莉妍，周仲驹，宋秀高. 水稻条纹叶枯病的研究Ⅱ. 病害的症状和传播. 福建农学院学报，1991，20 (1)：24-28
[62] 谢联辉，周仲驹，林奇英，宋秀高，谢莉妍. 水稻条纹叶枯病的研究Ⅲ. 病害的病原性质. 福建农学院学报，1991，20 (2)：144-149
[63] 谢联辉，郑祥洋，林奇英. 水仙病毒血清学研究Ⅰ. 水仙黄条病毒抗血清的制备及其应用. 中国病毒学，1991，6 (4)：344-348
[64] 林奇英，谢联辉，谢莉妍. 水稻簇矮病毒的提纯及其性质. 中国农业科学，1991，24 (4)：52-57
[65] 王明霞，张谷曼，谢联辉. 福建长汀小米椒病毒病的病原鉴定. 福建农学院学报，1991，20 (1)：34-40
[66] 周仲驹，施木田，林奇英，谢联辉. 甘蔗花叶病在钾镁不同施用水平下对甘蔗产质的影响. 植物保护学报，1991，18 (3)：288 [研究简报]
[67] 周仲驹，林奇英，谢联辉，彭时尧. 甘蔗褪绿线条病的研究Ⅱ. 病原形态及其所致甘蔗叶片的超微结构变化. 福建农学院学报，1991，20 (3)：276-280
[68] 唐乐尘，林奇英，谢联辉，吴祖建. 植物病理学文献计算机检索系统研究. 福建农学院学报，1991，20 (3)：291-296
[69] 施木田，周仲驹，林奇英，谢联辉. 受甘蔗花叶病毒侵染后甘蔗叶片及其叶绿体中 ATPase 活性的变化. 福建农学院学报，1991，20 (3)：357-360
[70] 周仲驹，林奇英，谢联辉. 水稻东格鲁杆状病毒在我国的发生. 植物病理学报，1992，22 (1)：15-18
[71] 周仲驹，林奇英，谢联辉，彭时尧. 水稻条纹叶枯病的研究Ⅳ. 病叶细胞的病理变化. 福建农学院学报，1992，21 (2)：157-162
[72] 周仲驹，谢联辉，林奇英，陈启建. 香蕉束顶病的病原研究. 福建省科协首届青年学术年会—中国科协首届青年学术年会卫星会议论文集. 福州：福建科学技术出版社，1992，727-731
[73] Zhou ZJ，Xie LH，Lin QY. Epidemiology of *Banana bunchy top virus* in China's continent. 5th International Plant Virus Epidemiology Symposium，Virus，Vectors and the Environment，Valenzano (BARI)，Italy，27-31 July，1992，149-150
[74] Xie LH，Lin QY，Wu ZJ. Diagnosis，monitoring and control strategy of rice virus diseases in China's continent. 5th International Plant Virus Epidemiology Symposium，Virus，Vectors and the Environment，Valenzano (BARI)，Italy，27-31 July，1992，235-236
[75] 谢联辉. 面向生产实际，开展病害研究. 中国科学院院刊，1993，8 (1)：61-62
[76] 胡翠凤，谢联辉，林奇英. 激抗剂协调处理对烟草花叶病的防治效应. 福建农学院学报，1993，22 (2)：183-187
[77] 谢联辉. 水稻病毒与检疫问题. 植物检疫，1993，7 (4)：305
[78] Lin QY，Xie LH，Chen ZX. *Rice bunchy stunt virus*，a new member of Phytoreovirus group. 6th International Congress of Plant Pathology Abstrcts of Papers，Montreal，Quebec，Canada (July 28-August 6，1993)，1993，303
[79] Xie LH，Lin QY，Zheng XY，Wu ZJ. The pathogen identification of narcissus virus diseases in China. 6th International Congress of Plant Pathology Abstrcts of Papers，Montreal，Quebec，Canada (July 28-August 6，1993)，1993，303

[80] Zhou ZJ, Xie LH, Lin QY, Chen QJ. A study on banana virus diseases in China. 6th International Congress of Plant Pathology Abstrcts of Papers, Montreal, Quebec, Canada (July 28-August 6, 1993), 1993, 303

[81] 谢联辉，林奇英，谢莉妍，赖桂炳. 水稻簇矮病的研究Ⅴ. 病害的年际变化. 植物病理学报，1993，23 (3)：253-258

[82] 周仲驹，林奇英，谢联辉，陈启建，郑国璋，吴黄泉. 香蕉束顶病的研究Ⅰ. 病害的发生、流行与分布. 福建农学院学报，1993，22 (3)：305-310

[83] 周仲驹，陈启建，林奇英，谢联辉. 香蕉束顶病的研究Ⅱ. 病害的症状、传播及其特性. 福建农学院学报，1993，22 (4)：428-432

[84] Zhou Zhongju, Xie Lianhui, Lin Qiying. An introduction of studies on *Banana bunchy top virus* in Fujian, current banana research and development in China. Collected papers submitted to the 3rd Meeting of the INIBAP/ASPNET Regional Advisory Comittee and China and INIBAP/ASPNET RAC Meeting, September 6-9, SCAU, Guangzhou, China, 1993, 14-18

[85] 林奇英，谢联辉，谢莉妍. 水稻簇矮病的研究Ⅵ. 水稻种质对病毒的抗性评价. 植物病理学报，1993，23 (4)：305-308

[86] Zhou ZJ, Xie LH. Status of banana diseases in China. Fruits, 1992, 47 (6): 715-721

[87] 林奇英，谢联辉，谢莉妍，吴祖建，周仲驹. 中菲两种水稻病毒病的比较研究Ⅱ. 水稻草状矮化病的病原学. 农业科学集刊，1993，1：203-206

[88] 林奇英，谢联辉，谢莉妍，王明锦. 中菲两种水稻病毒病的比较研究Ⅲ. 水稻草状矮化病毒的株系. 农业科学集刊，1993，1：207-210

[89] 林奇英，谢联辉，谢莉妍，林金嫩. 中菲两种水稻病毒病的比较研究Ⅳ. 水稻东格鲁病毒的株系. 农业科学集刊，1993，1：211-214

[90] 吴祖建，林奇英，谢联辉，谢莉妍，宋秀高. 中菲两种水稻病毒病的比较研究Ⅴ. 水稻种质对病毒及其介体的抗性. 福建农业大学学报，1993，23 (1)：58-62

[91] 林奇英，谢联辉，谢莉妍，吴祖建. 烟草带毒种子及其脱毒处理. 福建烟草，1994，2：27-29

[92] 林奇英，谢联辉，谢莉妍，吴祖建，周仲驹. 中菲两种水稻病毒病的比较研究Ⅰ. 水稻东格鲁病的病原学. 中国农业科学，1994，27 (2)：1-6

[93] 林奇英，谢联辉，谢荔石，林星，王由义. 水稻簇矮病的研究Ⅶ. 病毒的光谱特性. 植物病理学报，1994，24 (1)：5-9

[94] Zhou ZJ, Peng SY, Xie LH. Cytochemical localization of ATPase and ultrastructural changes in the infected sugarcane leaves by mosaic virus. Current Trends in Sugarcane Pathology, 1994, 289-296

[95] 谢联辉，林奇英，吴祖建，周仲驹，段永平. 中国水稻病毒病的诊断，监测和防治对策. 福建农业大学学报，1994，23 (3)：280-285

[96] 谢联辉，林奇英，谢莉妍，段永平，周仲驹，胡翠凤. 福建烟草病毒种群及其发生频率的研究. 中国烟草学报，1994，2 (1)：25-32

[97] 吴祖建，林奇英，谢联辉. 农杆菌介导的病毒侵染方法在禾本科植物转化上研究进展. 福建农业大学学报，1994，23 (4)：411-415

[98] 周仲驹，林奇英，谢联辉，陈启建. 香蕉束顶病的研究Ⅲ. 传毒介体香蕉交脉蚜的发生规律. 福建农业大学学报，1995，24 (1)：32-38

[99] 徐平东，谢联辉. 黄瓜花叶病毒分子生物学研究进展. 山东大学学报（自然科学版），1995，29 (增刊)：30-36

[100] 吴祖建，林奇英，李本金，张丽丽，谢联辉. 水稻品种对黄叶病的抗性鉴定. 上海农学院学报，1995，13 (增刊)：58-64

[101] 吴祖建，林奇英，林奇田，肖银玉，谢联辉. 水稻矮缩病毒的提纯和抗血清制备. 福建省科协第二届青年学术年会-中国科协第二届青年学术年会卫星会议论文集. 福州：福建科学技术出版社，1995，600-604

[102] 谢莉妍，吴祖建，林奇英，谢联辉. 植物呼肠孤病毒的基因组结构和功能. 福建省科协第二届青年学术年会-中国科协第二届青年学术年会卫星会议论文集. 福州：福建科学技术出版社，1995，605-608

[103] 张广志，谢联辉. 香蕉束顶病毒的提纯. 福建省科协第二届青年学术年会—中国科协第二届青年学术年会卫星会议论文集. 福州：福建科学技术出版社，1995，609-612

[104] 林含新，吴祖建，林奇英，谢联辉. 应用 F (ab)$'_2$-ELISA 和单克隆抗体检测水稻条纹病毒. 福建省科协第二届青年学术年会—中国科协第二届青年学术年会卫星会议论文集. 福州：福建科学技术出版社，1995，613-616

[105] 鲁国东，黄大年，陶全洲，杨炜，谢联辉. 以 Cosmid 质粒为载体的稻瘟病菌转化体系的建立及病菌基因文库的构建. 中国水稻科学，1995，9 (3)：156-160

[106] 吴祖建，谢联辉，大村敏博，石川浩一，日比启野行. 中国福建省产イネ萎缩ウイルス (RDV-F) と日本产普通系 (RDV-O) の性状の比较. 日本植物病理学会报，1995，61 (3)：272 [摘要]

[107] 周仲驹，林奇英，谢联辉，徐平东. 香蕉束顶病株系的研究. 植物病理学报，1996，25 (1)：63-68

[108] 周仲驹，林奇英，谢联辉，陈启建，吴祖建，黄国穗，蒋家富，郑国璋. 香蕉束顶病的研究Ⅳ. 病害的防治. 福建农业大学学报，1996，25 (1)：44-49

[109] 林含新，谢联辉. RFLP 在植物类菌原体鉴定和分类中的应用. 微生物学通报，1996，23 (2)：98-101

[110] 杨文定，吴祖建，王苏燕，刘伟平，叶寅，谢联辉，田波. 表达反义核酶 RNA 的转基因水稻对矮缩病毒复制和症状的抑制作用. 中国病毒学，1996，11 (3)：277-283

[111] Xie Lianhui，Lin Qiyin，Xie Liyan，Chen Zhaoxuan. *Rice bunchy stunt virus*：a new member of *Phytoreoviruses*. Journal of Fujian Agricultural University，1996，25 (3)：312-319

[112] 林含新，林奇英，谢联辉. 水仙病毒病及其研究进展. 植物检疫，1996，10 (4)：227-229

[113] 徐平东，张广志，周仲驹，李梅，沈春奇，庄西卿，林奇英，谢联辉. 香蕉束顶病毒的提纯和血清学研究. 热带作物学报，1996，17 (2)：42-46

[114] 王宗华，陈昭炫，谢联辉. 福建菌物资源研究与利用现状、问题及对策. 福建农业大学学报，1996，25 (1)：446-449

[115] 李尉民，Roger Hull，张成良，谢联辉. RT-PCR 检测南方菜豆花叶病毒. 中国进出口动植检，1997，30 (1)：28-30

[116] 徐平东，李梅，林奇英，谢联辉. 我国黄瓜花叶病毒及其病害研究进展. 见：刘仪. 植物病毒与病毒病防治研究. 北京：中国农业科学技术出版社，1997，13-22

[117] 李尉民，张成良，谢联辉. 植物病毒分类的历史、现状与展望. 见：刘仪. 植物病毒与病毒病防治研究. 北京：中国农业科学技术出版社，1997，131-137

[118] 周仲驹，谢联辉，林奇英，陈启建. 我国香蕉束顶病的流行趋势与控制对策. 见：刘仪. 植物病毒与病毒病防治研究. 北京：中国农业科学技术出版社，1997，161-167

[119] 林含新，吴祖建，林奇英，谢联辉. 水稻品种对水稻条纹病毒的抗性鉴定及其作用机制研究初报. 见：刘仪. 植物病毒与病毒病防治研究. 北京：中国农业科学技术出版社，1997，188-192

[120] 周仲驹，Liu H，Boulton MI，Davis JW，谢联辉. 玉米线条病毒 V1 基因产物的检测及其在大肠杆菌中的表达. 见：刘仪. 植物病毒与病毒病防治研究. 北京：中国农业科学技术出版社，1997，272-277

[121] 李尉民，Roger Hull，张成良，谢联辉. 南方菜豆花叶病毒菜豆株系在非寄主植物豇豆中的运动. 见：刘仪. 植物病毒与病毒病防治研究. 北京：中国农业科学技术出版社，1997，310-315

[122] 鲁国东，王宗华，谢联辉. 稻瘟病菌分子遗传学研究进展. 福建农业大学学报，1997，26 (1)：56-63

[123] 徐平东，李梅，林奇英，谢联辉. 应用 A 蛋白夹心酶联免疫吸附法鉴定黄瓜花叶病毒血清组. 福建农业大学学报，1997，26 (1)：64-69

[124] 徐平东，李梅，林奇英，谢联辉. 西番莲死顶病病原病毒鉴定. 热带作物学报，1997，18 (2)：77-84

[125] 周仲驹，黄志宏，郑国璋，林奇英，谢联辉. 香蕉束顶病的研究Ⅴ. 病株的空间分布型及其抽样. 福建农业大学学报，1997，26 (2)：177-181

[126] 鲁国东，黄大年，谢联辉. 稻瘟病菌的电击转化. 福建农业大学学报，1997，26 (3)：298-302

[127] 王宗华，郑学勤，谢联辉，张学博，陈守仁，黄俊生. 稻瘟病菌生理小种 RAPD 分析及其与马唐瘟的差异. 热带作物学报，1997，18 (2)：92-97

[128] 周仲驹，杨建设，陈启建，林奇英，谢联辉，刘国坤. 香蕉束顶病无公害抑制剂的筛选研究. 全国青年农业科学学术年报 (A 卷). 北京：中国农业科学技术出版社，1997，304-308

[129] 徐平东，谢联辉. 黄化丝状病毒属 (*Closterovirus*) 病毒及其分子生物学研究进展. 中国病毒学，1997，12 (3)：193-202

[130] 林含新，林奇英，谢联辉. 水稻条纹病毒分子生物学研究进展. 中国病毒学，1997，12 (3)：203-209

[131] Hu FP，Young JM，Triggs CM，Wilkie JP. Pathogenic relationships of subspecies of *Acidovorax avenae*. Australasian Plant Pathology，1997，26：227-238

[132] Hu FP，Young JM，Stead DE，Goto M. Transfer of *Pseudomonas cissicola* (Takimoto 1939) Burkholder 1984 to the *Genus Xanthomonas*. International Journal of Systematic Bacteriology，1997，47 (1)：228-230

[133] Young JM，Garden I，Ren XZ，Hu FP. Genomic and phenotypic characterization of the bacterium causing bright of kiwifruit in New Zealand. Plant Pathology，1997，48：857-864

[134] 徐平东，李梅，林奇英，谢联辉. 黄瓜花叶病毒两亚组分离物寄主反应和血清学性质比较研究. 植物病理学报，1997，27（4）：353-360

[135] 王宗华，鲁国东，谢联辉，单卫星，李振歧. 对植物病原真菌群体遗传研究范畴及其意义的认识. 植物病理学报，1998，28（1）：5-9

[136] 周仲驹，徐平东，陈启建，林奇英，谢联辉. 香蕉束顶病毒的寄主及其在病害流行中的作用. 植物病理学报，1998，28（1）：67-71

[137] 王宗华，王宝华，鲁国东，谢联辉. 稻瘟病菌侵入前发育的生物学及分子调控机制. 见：刘仪. 植物病理学研究. 北京：中国农业科学技术出版社，1998，65-69

[138] 周仲驹，谢联辉，林奇英，王桦. 我国甘蔗病毒及类似病害的发生、诊断和防治对策. 见：刘仪. 植物病理学研究. 北京：中国农业科学技术出版社，1998，40-43

[139] 徐平东，谢联辉. 黄瓜花叶病毒亚组研究进展. 福建农业大学学报，1998，27（1）：82-91

[140] 陈启建，周仲驹，林奇英，谢联辉. 甘蔗花叶病毒的提纯及抗血清的制备. 甘蔗，1998，5（1）：19-21

[141] 徐平东，沈春奇，林奇英，谢联辉. 黄瓜花叶病毒亚组Ⅰ和Ⅱ分离物的形态和理化性质研究. 见：刘仪. 植物病害研究与防治. 北京：中国农业科学技术出版社，1998，201-203

[142] 周叶方，胡方平，叶谊，谢联辉. 水稻细菌性条斑菌胞外产物的性状. 福建农业大学学报，1998，27（2）：185-190

[143] 胡方平，方敦煌，Young John，谢联辉. 中国猕猴桃细菌性花腐病菌的鉴定. 植物病理学报，1998，28（2）：175-181

[144] 李尉民，Roger Hull，张成良，谢联辉. 南方菜豆花叶病毒（SBMV）两典型株系特异cDNA和RNA探针的制备及应用. 植物病理学报，1998，28（3）：243-248

[145] 林奇田，林含新，吴祖建，林奇英，谢联辉. 水稻条纹病毒外壳蛋白和病害特异蛋白在寄主体内的积累. 福建农业大学学报，1998，27（3）：322-326

[146] 王宗华，鲁国东，赵志颖，王宝华，张学博，谢联辉，王艳丽，袁筱萍，沈瑛. 福建稻瘟病菌群体遗传结构及其变异规律. 中国农业科学，1998，31（5）：7-12

[147] 鲁国东，王宗华，郑学勤，谢联辉. cDNA文库和PCR技术相结合的方法克隆目的基因. 农业生物技术学报，1998，6（3）：257-262

[148] 鲁国东，郑学勤，陈守才，谢联辉. 稻瘟病菌3-磷酸甘油醛脱氢酶基因（*gpd*）的克隆及序列分析. 热带作物学报，1998，19（4）：83-89

[149] Lu Guodong，Wang Zonghua，Xie Lianhui，Zheng Xueqin. Rapid cloning full-length cDNA of the glyceraldehyde-3-phosphate dehydrogenase gene（*gpd*）from *Magnaporthe grisea*. Journal of Zhejiang Agricultural University，1998，24（5）：468-474

[150] Wang Zonghua，Lu Guodong，Wang Baohua，Zhao Zhiying，Xie Lianhui，Shen Ying，Zhu Lihuang. The homology and genetic lineage relationship of *Magnaporthe grisea* defined by POR6 and MGR586. Journal of Zhejiang Agricultural University，1998，24（5）：481-486

[151] 林丽明，吴祖建，谢荔岩，林奇英，谢联辉. 水稻草矮病毒与品种抗性的互作. 福建农业大学学报，1998，27（4）：444-448

[152] Hu FP，Young JM，Fletcher MJ. Preliminary description of biocidal（syringomycin）activity in fluorescent plant pathogenic *Pseudomonas* species. J Appl Microbiol，1998，85（2）：365-371

[153] Hu FP，Young JM. Biocidal activity in plant pathogenic *Acidovorax*，*Burkholderia*，*Herbaspirillum*，*Ralstonia* and *Xanthomonas* spp. J Appl Microbiol，1998，84（2）：263-271

[154] 王海河，谢联辉. 植物病毒RNA间重组的研究现状. 福建农业大学学报，1999，28（1）：47-53

[155] 王海河，周仲驹，谢联辉. 花椰菜花叶病毒（CaMV）的基因表达调控. 微生物学杂志，1999，19（1）：34-40

[156] 方敦煌，胡方平，谢联辉. 福建省建宁县中华猕猴桃细菌性花腐病的初步调查研究. 福建农业大学学报，1999，28（1）：54-58

[157] 张春嵋，吴祖建，林奇英，谢联辉. 植物抗病基因的研究进展. 生物技术通报，1999，15（1）：22-27

[158] 张春嵋，王建生，邵碧英，吴祖建，林奇英，谢联辉. 鳖病原细菌的分离鉴定及胞外产物的初步分析. 福建农业大学学报，1999，28（1）：90-95

[159] 徐平东，李梅，林奇英，谢联辉. 侵染西番莲属（*Passiflora*）植物的五个黄瓜花叶病毒分离物的特性比较. 中国病毒学，1999，14（1）：73-79

[160] 刘利华，林奇英，谢华安，谢联辉. 病程相关蛋白与植物抗病性. 福建农业学报，1999，2（4）：53-56

[161] 徐平东，周仲驹，林奇英，谢联辉. 黄瓜花叶病毒亚组Ⅰ和Ⅱ分离物外壳蛋白基因的序列分析与比较. 病毒学报，1999，15（2）：164-171

[162] 林丽明，吴祖建，谢荔岩，林奇英，谢联辉. 水稻草矮病毒特异蛋白抗血清的制备及其应用. 植物病理学报，1999，29（2）：126-131

[163] Hu FP，Young JM，Jones DS. Evidence that bacterial blight of kiwifruit，caused by a *Pseudomonas* sp.，was introduced into New Zealand from China. J Phytopathology，1999，147：89-97

[164] Lin Hanxin，Lin Qitian，Wu Zujian，Lin Qiying，Xie Lianhui. Purification and serology of disease- specific protein of *Rice stripe virus*. Virologica Sinica，1999，14（3）：222-229

[165] Lin Hanxin，Wei Taiyuan，Wu Zujian，Lin Qiying，Xie Lianhui. Molecular variability in coat protein and disease-specific protein genes among seven isolates of *Rice stripe virus* in China. Abstracts for the Ⅺth International Congress of Virology. 1999. 8. Australia. Sydney：1999，235-236

[166] 张春嵋，吴祖建，林奇英，谢联辉. 纤细病毒属病毒的分子生物学研究进展. 福建农业大学学报，1999，28（4）：445-451

[167] Lin Hanxin，Lin Qitian，Wu Zujian，Lin Qiying，Xie Lianhui. Characterization of proteins and nucleic acid of *Rice stripe virus*. Virologca Sinica，1999，14（4）：333-352

[168] 郑耀通，林奇英，谢联辉. 水体环境的植物病毒及其生态效应. 中国病毒学，2000，15（1）：1-7

[169] 魏太云，林含新，吴祖建，林奇英，谢联辉. 应用 PCR-RFLP 及 PCR-SSCP 技术研究我国水稻条纹病毒 RNA4 基因间隔区的变异. 农业生物技术学报，2000，8（1）：41-44

[170] Guo Yinhan，Lin Shifa，Yang Xiaoqiang，Xie Lianhui. 对虾白斑病的流行病学. 中山大学学报（自然科学版），2000，39（增刊）：190-194

[171] 鲁国东，王宝华，赵志颖，郑学勤，谢联辉，王宗华. 福建稻瘟菌群体遗传多样性 RAPD 分析. 福建农业大学学报，2000，29（1）：54-59

[172] 郭银汉，林诗发，杨小强，谢联辉. 福州地区对虾暴发性白斑病的病原鉴定. 福建农业大学学报，2000，29（1）：90-94

[173] 魏太云，林含新，吴祖建，林奇英，谢联辉. 水稻条纹病毒两个分离物 RNA4 基因间隔区的序列比较. 中国病毒学，2000，15（2）：156-162

[174] 张春嵋，吴祖建，林奇英，谢联辉. 水稻草矮病毒核衣壳蛋白基因克隆及在大肠杆菌中的表达. 中国病毒学，2000，15（2）：200-203

[175] 王海河，蒋继宏，吴祖建，林奇英，谢联辉. 黄瓜花叶病毒 M 株系 RNA3 的变异分析及全长克隆的构建. 农业生物技术学报，2000，8（2）：180-185

[176] 魏太云，林含新，吴祖建，林奇英，谢联辉. PCR-SSCP 技术在植物病毒学上的应用. 福建农业大学学报，2000，29（2）：181-186

[177] 林尤剑，Rundell PA，谢联辉，Powell CA. 感染柑橘速衰病毒的墨西哥酸橙病株中病程相关蛋白的检测. 福建农业大学学报，2000，29（2）：187-192

[178] 王宝华，鲁国东，张学博，谢联辉，王宗华，袁筱萍，沈英. 福建省稻瘟菌的育性及其交配型. 福建农业大学学报，2000，29（2）：193-196

[179] 林尤剑，谢联辉，Rundell PA，Powell CA. 应用改进的多克隆抗体 Western blot 技术研究柑橘速衰病毒蛋白（英文）. 植物病理学报，2000，30（3）：250-256

[180] 李利君，周仲驹，谢联辉. 利用斑点杂交法和 RT-PCR 技术检测甘蔗花叶病毒. 福建农业大学学报，2000，29（3）：342-345

[181] Lin Youjian，Rundell PA，Xie Lianhui，Powell CA. *In situ* immunoassay for detection of *Citrus tristeza virus*. Plant Disease，2000，84（9）：937-940

[182] Han Shengcheng，Wu Zujian，Yang Huaiyi，Wang Rong，Yie Yin，Xie Lianhui，Tien Po. Ribozyme-mediated resistance to *Rice dwarf virus* and the transgene silencing in the progeny of transgenic rice plants. Transgenic Research，2000，9（2）：195-203

[183] 郭银汉，林诗发，杨小强，张诚，谢联辉. 福州地区对虾白斑病病毒的超微结构. 中国病毒学，2000，15（3）：277-284
[184] 于群，魏太云，林含新，吴祖建，林奇英，谢联辉. 水稻条纹病毒北京双桥（RSV-SQ）分离物RNA4片段序列分析. 农业生物技术学报，2000，8（3）：225-228
[185] 刘利华，吴祖建，林奇英，谢联辉. 水稻条纹叶枯病细胞病理变化的观察. 植物病理学报，2000，30（4）：306-311
[186] 张春嵋，林奇英，谢联辉. 水稻草矮病毒血清学和分子检测方法的比较. 中国病毒学，2000，15（4）：361-366
[187] 林含新，林奇田，魏太云，吴祖建，林奇英，谢联辉. 水稻品种对水稻条纹病毒及其介体灰飞虱的抗性鉴定. 福建农业大学学报，2000，29（4）：453-458
[188] 吴刚，吴祖建，谢联辉. 水稻东格鲁病研究进展. 福建农业大学学报，2000，29（4）：459-464
[189] Wang Haihe，Xie Lianhui，Lin Qiying，Xu Pingdong. Complete nucleotide sequences of RNA3 from *Cucumber mosaic virus*（CMV）isolates PE and XB and their transcription *in vitro*. The 1st Asian Conference on Plant Pathology. Beijing：China Agricultural Scientech Press，2000，104
[190] Zhang Chunmei，Lin Qiying，Xie Lianhui. Construction of plant expression vector containing nucleocapsid protein genes of *Rice grassy stunt virus* and transformation of rice. The 1st Asian Conference on Plant Pathology. Beijing：China Agricultural Scientech Press，2000，124
[191] 林含新，魏太云，吴祖建，林奇英，谢联辉. 我国水稻条纹病毒一个强致病性分离物的RNA4序列测定与分析. 微生物学报，2001，41（1）：25-30
[192] 林含新，魏太云，吴祖建，林奇英，谢联辉. 水稻条纹病毒外壳蛋白基因和病害特异性蛋白基因的克隆和序列分析. 福建农业大学学报，2001，30（1）：53-58
[193] 林尤剑，谢联辉，Powell CA. 橘蚜传播柑橘衰退病毒的研究进展. 福建农业大学学报，2001，30（1）：59-66
[194] 王海河，林奇英，谢联辉，吴祖建. 黄瓜花叶病毒三个毒株对烟草细胞内防御酶系统及细胞膜通透性的影响. 植物病理学报，2001，31（1）：43-49
[195] 李利君，周仲驹，谢联辉. 甘蔗花叶病毒3′端基因的克隆及外壳蛋白序列分析比较. 中国病毒学，2001，16（1）：45-50
[196] 张春嵋，谢荔岩，林奇英，谢联辉. 水稻草矮病毒*NS6*基因在大肠杆菌中的表达及植物表达载体的构建. 病毒学报，2001，17（1）：90-92
[197] 孙慧，吴祖建，谢联辉，林奇英. 杨树菇（*Agrocybe aegetita*）中一种抑制TMV侵染的蛋白质纯化及部分特征. 生物化学与生物物理学报，2001，33（3）：351-354
[198] 林含新，魏太云，吴祖建，林奇英，谢联辉. 应用PCR-SSCP技术快速检测我国水稻条纹病毒的分子变异. 中国病毒学，2001，16（2）：166-169
[199] 魏太云，林含新，吴祖建，林奇英，谢联辉. 水稻条纹病毒RNA4基因间隔区的分子变异. 病毒学报，2001，17（2）：144-149，203
[200] 王海河，谢联辉，林奇英. 黄瓜花叶病毒西番莲分离物RNA3的cDNA全长克隆及序列分析. 福建农业大学学报，2001，30（2）：191-198
[201] 吴丽萍，吴祖建. 农杆菌介导的遗传转化在花生上的应用及前景. 福建农业科技，2001，2：16-18
[202] 谢联辉，魏太云，林含新，吴祖建，林奇英. 水稻条纹病毒的分子生物学. 福建农业大学学报，2001，30（3）：269-279
[203] 邵碧英，吴祖建，林奇英，谢联辉. 烟草花叶病毒弱毒株的筛选及其交互保护作用. 福建农业大学学报，2001，30（3）：297-303
[204] 王海河，谢联辉，林奇英. 黄瓜花叶病毒香蕉株系（CMV-Xb）RNA3 cDNA的克隆和序列分析. 中国病毒学，2001，16（3）：217-221
[205] 王盛，吴祖建，林奇英，谢联辉. 甘薯羽状斑驳病毒研究进展. 福建农业大学学报，2001，30（增刊）：2-9
[206] 林芩，吴祖建，林奇英，谢联辉. 甘薯脱毒研究进展. 福建农业大学学报，2001，30（增刊）：10-14
[207] 邵碧英，吴祖建，林奇英，谢联辉. 烟草花叶病毒弱毒株的致弱机理及交互保护作用机理. 福建农业大学学报，2001，30（增刊）：19-28
[208] 郑杰，吴祖建，周仲驹，林奇英，谢联辉. 香蕉束顶病毒研究进展. 福建农业大学学报，2001，30（增刊）：32-38
[209] 张铮，吴祖建，谢联辉. 植物细胞程序性死亡. 福建农业大学学报，2001，30（增刊）：45-53
[210] 方芳，吴祖建. 类病毒的分子结构及其复制. 福建农业大学学报，2001，30（增刊）：61-66

[211] 林芩，吴祖建，林奇英，谢联辉. 甘薯分生组织培养配方的筛选. 福建农业大学学报，2001，30（增刊）：81-83
[212] 明艳林，吴祖建，谢联辉. 水稻条纹病毒 CP、SP 进入叶绿体与褪绿症状的关系. 福建农业大学学报，2001，30（增刊）：147（简报）
[213] 魏太云，林含新，吴祖建，林奇英，谢联辉. 寄主植物与昆虫介体中水稻条纹病毒的检测. 福建农业大学学报，2001，30（增刊）：165-170
[214] 吴兴泉，吴祖建，谢联辉，林奇英. 核酸斑点杂交检测马铃薯 X 病毒. 福建农业大学学报，2001，30（增刊）：191-193
[215] 林毅，张文增，林奇英. 13 种（科）植物种蛋白质提取物的抗 TMV 活性. 福建农业大学学报，2001，30（增刊）：211-212
[216] 林毅，吴祖建，林奇英，谢联辉. 核糖体失活蛋白及其对植物病毒病的控制. 福建农业大学学报，2001，30（增刊）：222-227
[217] 欧阳迪莎，谢联辉，施祖美，吴祖建. 植物病害与持续农业. 福建农业大学学报（社会科学版），2001，4（增刊）：5-9
[218] 张春嵋，吴祖建，林丽明，林奇英，谢联辉. 水稻草状矮化病毒沙县分离株基因组第六片断的序列分析. 植物病理学报，2001，31（4）：301-305
[219] 魏太云，林含新，谢联辉. PCR-SSCP 分析条件的优化. 福建农业大学学报（自然科学版），2002，31（1）：22-25
[220] 沈建国，翟梅枝，林奇英，谢联辉. 我国植物源农药研究进展. 福建农业大学学报（自然科学版），2002，31（1）：26-31
[221] 付鸣佳，吴祖建，林奇英，谢联辉. 美洲商陆抗病毒蛋白研究进展. 生物技术通讯，2002，13（1）：66-71
[222] 林琳，何志勇，杨冠珍，谢联辉，吴松刚，吴祥甫. 人胎盘 TRAIL 基因的克隆和在大肠杆菌中的表达. 药物生物技术，2002，9（1）：12-15
[223] 邵碧英，吴祖建，林奇英，谢联辉. 烟草花叶病毒强、弱毒株对烟草植株的影响. 中国烟草科学，2002，1：43-46
[224] 林琳，谢必峰，杨冠珍，施巧琴，林奇英，谢联辉，吴松刚，吴祥甫. 扩展青霉 PF898 碱性脂肪 cDNA 的克隆及序列分析. 中国生物化学与分子生物学报，2002，18（1）：32-37
[225] 翟梅枝，沈建国，林奇英，谢联辉. 中药生物碱成分的毛细管电泳分析. 西北林学院学报，2002，17（1）：55-59
[226] 林含新，魏太云，吴祖建，林奇英，谢联辉. 我国水稻条纹病毒 7 个分离物的致病性和化学特性比较. 福建农林大学学报（自然科学版），2002，31（2）：164-167
[227] 金凤媚，林丽明，吴祖建，林奇英. 纤细病毒属病毒病害特异蛋白的研究进展. 福建农业大学学报，2002，17（1）：26-28
[228] 孙慧，吴祖建，林奇英，谢联辉. 小分子植物病毒抑制物质研究进展. 福建农林大学学报（自然科学版），2002，31（3）：311-316
[229] 吴兴泉，吴祖建，谢联辉，林奇英. 马铃薯 S 病毒外壳蛋白基因的克隆与原核表达. 中国病毒学，2002，17（3）：248-251
[230] 付鸣佳，吴祖建，林奇英，谢联辉. 榆黄蘑中一种抗病毒蛋白的纯化及其抗 TMV 和 HBV 的活性. 中国病毒学，2002，17（4）：350-353
[231] 王盛，吴祖建，林奇英，谢联辉. 珊瑚藻藻红蛋白分离纯化技术及光谱学特性. 福建农林大学学报（自然科学版），2002，31（4）：495-499
[232] 付鸣佳，林健清，吴祖建，林奇英，谢联辉. 杏鲍菇抗烟草花叶病毒蛋白的筛选. 微生物学报，2003，43（1）：29-34
[233] 魏太云，林含新，谢联辉. 酵母双杂交系统在植物病毒学上的应用. 福建农林大学学报（自然科学版），2003，32（1）：50-54
[234] 徐学荣，吴祖建，林奇英，谢联辉. 不同类型土壤作物混合种植布局优化模型. 农业系统科学与综合研究，2003，19（1）：63-65
[235] 魏太云，王辉，林含新，吴祖建，林奇英，谢联辉. 我国水稻条纹病毒 RNA3 片断序列分析——纤细病毒属重配的又一证据. 生物化学与生物物理学报，2003，35（1）：97-102
[236] 刘国坤，谢联辉，林奇英，吴祖建. 介体线虫传播植物病毒专化性的研究进展. 福建农林大学学报（自然科学版），2003，32（1）：55-61
[237] 林丽明，吴祖建，林奇英，谢联辉. 水稻草矮病毒基因组 vRNA3 *NS3* 基因的克隆、序列分析. 农业生物技术学报，2003，11（2）：187-191
[238] 徐学荣，吴祖建，张巨勇，谢联辉. 可持续发展通道及预警研究. 数学的实践与认识，2003，33（2）：31-35

[239] 刘国坤，谢联辉，林奇英，吴祖建，陈启建. 15种植物的单宁提取物对烟草花叶病毒（TMV）的抑制作用. 植物病理学报，2003，33（3）：279-283
[240] 刘国坤，吴祖建，谢联辉，林奇英，陈启建. 植物单宁对烟草花叶病毒的抑制活性. 福建农林大学学报（自然科学版），2003，32（3），292-295
[241] 陈启建，刘国坤，吴祖建，林奇英，谢联辉. 三叶鬼针草中黄酮甙对烟草花叶病毒的抑制作用. 福建农林大学学报（自然科学版），2003，32（2）：184-191
[242] 翟梅枝，李晓明，林奇英，谢联辉. 核桃叶抑菌成分的提取及其抑菌活性. 西北林学院学报，2003，18（4）：89-91
[243] 魏太云，林含新，吴祖建，林奇英，谢联辉. 我国水稻条纹病毒种群遗传结构初步分析. 植物病理学报，2003，33（3）：284-285
[244] 魏太云，林含新，吴祖建，林奇英，谢联辉. 水稻条纹病毒 *NS2* 基因遗传多样性分析. 中国生物化学与分子生物学报，2003，19（5）：600-605
[245] 魏太云，林含新，吴祖建，林奇英，谢联辉. Comparison of the RNA2 segments between Chinese isolates and Japanese isolates of *Rice stripe virus*. 中国病毒学，2003，18（4）：381-386
[246] 魏太云，林含新，吴祖建，林奇英，谢联辉. 水稻条纹病毒 RNA4 基因间隔区序列分析——混合侵染及基因组重组证据. 微生物学报，2003，43（5）：577-585
[247] 翟梅枝，杨秀萍，林奇英，谢联辉，刘路. 核桃叶提取物对杨毒蛾生物活性的研究. 西北林学院学报，2003，18（2）：65-67
[248] 顾晓军. 谢联辉. 21世纪我国农药发展的若干思考. 世界科技研究与发展，2003，25（2）：13-20
[249] 徐学荣，俞明，蔡艺，谢联辉. 福建生态省建设的评价指标体系初探. 农业系统科学与综合研究，2003，19（2）：89-92
[250] 徐学荣，林奇英，施祖美，谢联辉. 科学组织农药使用确保生态环境安全. 农业现代化研究，2003，24（增刊）：127-129
[251] 林琳，施巧琴，郭小玲，吴松刚，吴祥甫，谢联辉. 扩展青霉碱性脂肪酶的纯化及 N 端氨基酸序列分析. 厦门大学学报（自然科学版），2003，30（5）：600-604
[252] 邵碧英，吴祖建，林奇英，谢联辉. 烟草花叶病毒及其弱毒株基因组的 cDNA 克隆和序列分析. 植物病理学报，2003，33（4）：296-301
[253] 林光美，侯长红. 太子参生产质量管理规范（GAP）的初步探讨. 福建农林大学学报（哲学社会科学版），2003，6（2）：51-54
[254] 林丽明，张春嵋，谢荔岩，吴祖建，谢联辉. 农杆菌介导的水稻草矮病毒 *NS6* 基因的转化. 福建农林大学学报（自然科学版），2003，32（3）：288-291
[255] 明艳林，李梅，郑国华，吴祖建. RT-PCR 检测齿兰环斑病毒技术的建立. 福建农林大学学报（自然科学版），2003，32（3）：345-347
[256] 邵碧英，吴祖建，林奇英，谢联辉. 烟草花叶病毒复制酶介导抗性的研究进展. 生物技术通讯，2003，14（5）：416-418
[257] 徐学荣，姜培红，林奇英，施祖美，谢联辉. 整合农药企业与资源利用效率问题的博弈分析. 运筹与管理，2003，12（5）：81-84
[258] 谢联辉. 21世纪我国植物保护问题的若干思考. 中国农业科技导报，2003，27（5）：5-7
[259] 刘振宇，林奇英，谢联辉. 环境相容性农药发展的必然性和可能途径. 世界科技研究与发展，2003，5：11-16
[260] 林毅，陈国强，吴祖建，林奇英，谢联辉. 绞股蓝抗 TMV 蛋白的分离及编码基因的序列分析. 农业生物技术学报，2003，11（4）：365-369
[261] 林毅，林奇英，谢联辉. 绞股蓝核糖体失活蛋白的分离、克隆与表达. 分子植物育种，2003，1（5/6）：759-761
[262] 林毅，吴祖建，谢联辉，林奇英. 抗病虫基因新资源：绞股蓝核糖体失活蛋白基因. 分子植物育种，2003，1（5/6）：763-765
[263] 欧阳迪莎，施祖美，吴祖建，林卿，徐学荣，谢联辉. 植物病害与粮食安全. 农业环境与发展，2003，6：24-26
[264] 林毅，陈国强，吴祖建，谢联辉，林奇英. 利用核糖体失活蛋白控制植物病虫害. 云南农业大学学报，2003，18（4）：52-56
[265] 林毅，陈国强，吴祖建，谢联辉，林奇英. 绞股蓝核糖体失活蛋白的信号肽和上游非编码区. 云南农业大学学报，2003，18（4）：63-66

[266] 魏太云，林含新，谢联辉．植物病毒分子群体遗传学研究进展．福建农林大学学报（自然科学版），2003，32（4）：453-457
[267] 吴丽萍，吴祖建，林奇英，谢联辉．毛头鬼伞（*Coprinus comatus*）中一种碱性蛋白的纯化及其活性．微生物学报，2003，43（6）：793-798
[268] 吴兴泉，陈士华，吴祖建，林奇英，谢联辉．马铃薯A病毒CP基因的克隆与序列分析．植物保护，2003，29（5）：25-28
[269] 孙慧，吴祖建，林奇英，谢联辉．小分子植物病毒抑制物质研究进展．福建农林大学学报（自然科学版），2003，32（3）：311-316
[270] 姜培红，徐学荣，谢联辉．县级植保站绩效综合评价．福建农林大学学报（哲学社会科学版），2003，6（增刊）：85-88
[271] 王盛，钟伏弟，吴祖建，谢联辉，林奇英．抗病虫基因新资源：海洋绿藻孔石莼凝集素基因．分子植物育种，2004，2（1）：153-155
[272] 王盛，钟伏弟，吴祖建，林奇英，谢联辉．一种新的藻红蛋白的亚基组成分析．福建农林大学学报（自然科学版），2004，33（1）：68-71
[273] 刘振宇，吴祖建，林奇英，谢联辉．羊栖菜多酚氧化酶特性．福建农林大学学报（自然科学版），2004，33（1）：56-59
[274] 林丽明，吴祖建，林奇英，谢联辉．农杆菌介导获得转水稻草矮病毒*NS3*基因水稻植株．福建农林大学学报（自然科学版），2004，33（1）：60-63
[275] Wang Sheng，Zhong Fu-di，Zhang Yong-jiang，Wu Zu-jian，Lin Qi-ying，Xie Lian-hui. Molecular characterization of a new lectin from the marine alga *Ulva pertusa*. Acta Biochimica et Biophysica Sincia，2004，36（2）：111-117
[276] 林毅，陈国强，吴祖建，林奇英，谢联辉．快速获得葫芦科核糖体失活蛋白新基因．农业生物技术学报，2004，12（1）：8-12
[277] 陈宁，吴祖建，林奇英，谢联辉．灰树花中一种抗烟草花叶病毒蛋白质的纯化及其性质．生物化学与生物物理进展，2004，31（3）：283-286
[278] 程兆榜，杨荣明，周益军，范永坚，谢联辉．关于水稻条纹叶枯病防治策略的思考．江苏农业科学，2003，（增刊）：3-5
[279] 魏太云，林含新，吴祖建，林奇英，谢联辉．水稻条纹病毒中国分离物和日本分离物RNA1片断序列比较．植物病理学报，2004，34（2）：141-145
[280] 金凤媚，林丽明，吴祖建，林奇英．转RGSV-SP基因水稻植株的再生．中国病毒学，2004，19（2）：146-148
[281] 郑耀通，林奇英，谢联辉．天然砂与修饰砂对病毒的吸附与去除．中国病毒学，2004，19（2）：163-167
[282] 徐学荣，林奇英，谢联辉．绿色食品生产经营中的风险及其管理．农业系统科学与综合研究，2004，20（2）：103-106
[283] 徐学荣，欧阳迪莎，林奇英，施祖美，谢联辉．农产品的价格和需求对无公害植保技术使用的影响．农业系统科学与综合研究，2004，20（1）：16-19
[284] 王盛，钟伏弟，吴祖建，林奇英，谢联辉．R-藻红蛋白免疫荧光探针标记方法的探索．福建农林大学学报（自然科学版），2004，33（2）：206-209
[285] 欧阳迪莎，徐学荣，林卿，谢联辉．优化有害生物管理，提升我国农产品竞争力．中国农业科技导报，2004，6（3）：54-56
[286] 魏太云，林含新，吴祖建，林奇英，谢联辉．中国水稻条纹病毒两个亚种群代表性分离物全基因组核苷酸序列分析．中国农业科学，2004，37（6）：846-850
[287] 林丽明，吴祖建，金凤媚，谢荔岩，谢联辉．水稻草矮病毒在水稻原生质体中的表达．微生物学报，2004，44（4）：530-532
[288] 欧阳迪莎，徐学荣，林卿，谢联辉．农作物有害生物化学防治的外部性思考．农业现代化研究，2004，25（增刊）：78-80
[289] 王盛，钟伏弟，吴祖建，林奇英，谢联辉．珊瑚藻R-藻红蛋白*repA*和*repB*基因全长cDNA克隆与序列分析．中国生物化学与分子生物学报，2004，20（4）：428-433
[290] 郑耀通，林奇英，谢联辉．TMV在不同水体与温度条件下的灭活动力学．中国病毒学，2004，19（4）：315-319
[291] 祝雯，林志铿，吴祖建，林奇英，谢联辉．河蚬中活性蛋白CFp-a的分离纯化及其活性．中国水产科学，2004，11

(4)：349-353
[292] 林毅，吴祖建，谢联辉，林奇英. 绞股蓝RIP基因双子叶植物表达载体的构建及其对烟草叶盘的转化. 江西农业大学学报，2004，26 (4)：589-592
[293] 林毅，陈国强，吴祖建，谢联辉，林奇英. C端缺失和完整的绞股蓝核糖体失活蛋白在大肠杆菌中的表达. 江西农业大学学报，2004，26 (4)：593-595
[294] 翟梅枝，高芳銮，沈建国，林奇英，谢联辉. 抗TMV的植物筛选及提取条件对抗病毒物质活性的影响. 西北农林科技大学学报，2004，32 (7)：45-49
[295] 刘国坤，陈启建，吴祖建，林奇英，谢联辉. 13种植物提取物对烟草花叶病毒的活性. 福建农林大学学报 (自然科学版)，2004，33 (3)：295-299
[296] 陈启建，刘国坤，吴祖建，谢联辉，林奇英. 26种植物提取物抗烟草花叶病毒的活性. 福建农林大学学报 (自然科学版)，2004，33 (3)：300-303
[297] 吴兴泉，陈士华，魏广彪，吴祖建，谢联辉. 福建马铃薯A病毒的分子鉴定及检测技术. 农业生物技术学报，2004，12 (1)：90-95
[298] 周莉娟，郑伟文，谢联辉. *gfp/luxAB*双标记载体在抗线虫菌株BC2000中的转化及表达检测. 农业生物技术学报，2004，12 (5)：573-577
[299] Wang Sheng，Zhong Fu-di，Wu Zu-jian Lin Qi-ying，Xie Lian-hui. Cloning and sequencing the γsubunit of R-phycoerythrin from *Corallina officinalis*. Acta Botanica Sinica，2004，46 (10)：1135-1140
[300] Lin Li-ming，Wu Zu-jian，Xie Lian-hui，Lin Qi-ying. Gene cloning and expression of the *NS3* gene of *Rice grassy stunt virus* and its antiserum preparation. Chinese Journal of Agriculture Biotechnology，2004，1 (1)：49-54
[301] 吴丽萍，吴祖建，林奇英，谢联辉. 一种食用菌提取物y3对烟草花叶病毒的钝化作用及其机制. 中国病毒学，2004，19 (1)：54-57
[302] 郑耀通，林奇英，谢联辉. PV_1、B. fp在不同水样及温度条件下的灭活动力学. 应用与环境生物学报，2004，10 (6)：794-797
[303] 王盛，钟伏弟，吴祖建，林奇英，谢联辉. 珊瑚藻藻红蛋白α亚基脱辅基蛋白基因克隆与序列分析. 农业生物技术学报，2004，12 (6)：733-734
[304] 沈建国，谢荔岩，翟梅枝，林奇英，谢联辉. 杨梅叶提取物抗烟草花叶病毒活性及其化学成分初步研究. 福建农林大学学报 (自然科学版)，2004，33 (4)：441-443
[305] 杨小山，欧阳迪莎，徐学荣，吴祖建，金德凌. 可持续植保对消除绿色壁垒的可行性分析及对策. 福建农林大学学报 (社会哲学版)，2005，8 (1)：65-68
[306] 沈建国，谢荔岩，张正坤，谢联辉，林奇英. 一种植物提取物对CMV、PVY^N及其昆虫介体的作用. 中国农学通报，2005，21 (5)：341-343
[307] 付鸣佳，谢荔岩，吴祖建，林奇英，谢联辉. 抗病毒蛋白抑制植物病毒的应用前景. 生命科学研究，2005，9 (1)：1-5
[308] 林毅，谢荔岩，陈国强，吴祖建，谢联辉，林奇英. 绞股蓝核糖体失活蛋白家族编码基因的5个cDNA及其下游非编码区. 植物学通报，2005，22 (2)：163-168
[309] 付鸣佳，吴祖建，林奇英，谢联辉. 金针菇中蛋白质含量的变化和其中一个蛋白质的生物活性. 应用与环境生物学报，2005，11 (1)：40-44
[310] 刘振宇，谢荔岩，吴祖建，林奇英，谢联辉. 孔石莼质体蓝素氨基酸序列分析和分子进化. 分子植物育种，2005，3 (2)：203-208
[311] 刘振宇，谢荔岩，吴祖建，林奇英，谢联辉. 孔石莼 (*Ulva pertusa*) 中一种抗TMV活性蛋白的纯化及其特性. 植物病理学报，2005，35 (3)：256-261
[312] 陈启建，刘国坤，吴祖建，谢联辉，林奇英. 大蒜精油对烟草花叶病毒的抑制作用. 福建农林大学学报 (自然科学版)，2005，34 (1)：30-33
[313] 连玲丽，吴祖建，段永平，谢联辉. 线虫寄生菌巴斯德杆菌的生物多样性研究进展，福建农林大学学报 (自然科学版)，2005，34 (1)：37-42
[314] 欧阳迪莎，何敦春，王庆，林卿，谢联辉. 农业保险与可持续植保. 福建农林大学学报 (哲学社会学科版)，2005，8 (2)：26-29
[315] 林白雪，黄志强，谢联辉. 海洋细菌活性物质的研究进展. 微生物学报，2005，45 (4)：657-660

[316] 吴兴泉，陈士华，魏广彪，吴祖建，谢联辉. 福建马铃薯S病毒的分子鉴定及发生情况. 植物保护学报，2005，32 (2)：133-137

[317] 李凡，杨金广，谭冠林，吴祖建，林奇英，陈海如，谢联辉. 云南水稻条纹病毒病害特异性蛋白基因及基因间隔趋序列分析. 中国食用菌，2005，24 (增刊)：14-18

[318] 王盛，钟伏弟，吴祖建，林奇英，谢联辉. 珊瑚藻藻红蛋白β亚基脱辅基蛋白基因克隆与序列分析，福建农林大学学报 (自然科学版)，2005，34 (3)：334-338

[319] 欧阳迪莎，何敦春，杨小山，林卿，谢联辉. 植物病害管理中的政府行为. 中国农业科技导报，2005，7 (3)：38-41

[320] 范国成，吴祖建，黄明年，练君，梁栋，林奇英，谢联辉. 水稻瘤矮病毒基因组S9片断的基因结构特征. 中国病毒学，2005，20 (5)：539-542

[321] 谢联辉，林奇英，徐学荣. 植病经济与病害生态治理. 中国农业大学学报，2005，10 (4)：39-42

[322] 何敦春，王林萍，欧阳迪莎. 植保技术与食品安全. 中国农业科技导报，2005，7 (6)：16-19

[323] 范国成，吴祖建，林奇英，谢联辉. 水稻瘤矮病毒基因组S8片断全序列测定及其结构分析. 农业生物技术学报，2005，13 (5)：679-683

[324] 陈来，吴祖建，傅国胜，林奇英，谢联辉. 灰飞虱胚胎组织细胞的分离和原代培养技术. 昆虫学报，2005，48 (3)：455-459

[325] 何敦春，王林萍，欧阳迪莎. 闽台植保合作的若干思考. 台湾农业探索，2005，4：15-17

[326] 张居念，林河通，谢联辉，林奇英. 龙眼焦腐病菌及其生物学特性. 福建农林大学学报 (自然科学版)，2005，34 (4)：425-429

[327] 周丽娟，郑伟文，谢联辉. 线虫拮抗菌BC2000的分子鉴定及其GFP标记菌的生物学特性. 福建农林大学学报 (自然科学版)，2005，34 (4)：430-433

[328] 李凡，杨金广，吴祖建，林奇英，陈海如，谢联辉. 水稻条纹病毒病害特异性蛋白基因克隆及其与纤细病毒属成员的亲缘关系分析. 植物病理学报，2005，35 (增刊)：135-136

[329] 林娇芬，林河通，谢联辉，林奇英，陈绍军，赵云峰. 柿叶的化学成分、药理作用、临床应用及开发利用. 食品与发酵工业，2005，31 (7)：90-96

[330] 章松柏，吴祖建，段永平，谢联辉，林奇英. 单引物法同时克隆RDV基因组片段S11、S12及其序列分析. 贵州农业科学，2005，33 (6)：27-29

[331] 章松柏，吴祖建，段永平，谢联辉，林奇英. 水稻矮缩病毒的检测和介体传毒能力初步分析. 安徽农业科学，2005，33 (12)：2263-2264，2287

[332] 章松柏，吴祖建，段永平，谢联辉，林奇英. 一种实用的双链RNA病毒基因组克隆方法. 长江大学学报 (自然科学版)，2005，2 (2)：71-73

[333] 沈建国，谢荔岩，吴祖建，谢联辉，林奇英. 药用植物提取物抗烟草花叶病毒活性的研究. 中草药，2006，37 (2)：259-261

[334] 刘振宇，吴祖建，林奇英，谢联辉. 孔石莼质体蓝素的柱色谱纯化及其对其N端氨基酸序列的分析测定. 色谱，2006，24 (3)：275-278

[335] 刘振宇，谢荔岩，吴祖建，林奇英，谢联辉. 海藻蛋白质提取物对香蕉炭疽病的抑制作用. 福建农林大学学报 (自然科学版)，2006，35 (1)：21-23

[336] 刘国坤，陈启建，吴祖建，林奇英，谢联辉. 丹皮酚对烟草花叶病毒的抑制作用. 福建农林大学学报 (自然科学版)，2006，35 (1)：17-20

[337] 何敦春，王林萍，欧阳迪莎，谢联辉. 休闲经济与海峡西岸经济区建设. 福建农林大学学报 (社会科学版)，2006，9 (1)：21-25

[338] 李凡，杨金广，吴祖建，林奇英，陈海如，谢联辉. 水稻条纹病毒云南分离物*CP*基因克隆及序列比较分析. 云南农业大学学报，2006，21 (1)：48-51

[339] 沈硕，谢荔岩，林奇英，谢联辉. 组织培养技术在植物病理方面的应用研究进展. 中国农学通报，2006，22 (增刊)：150-155

[340] 杨彩霞，贾素平，刘舟，林奇英，谢联辉，吴祖建. 从福建省杂草赛葵上检测到粉虱传双生病毒. 中国农学通报，2006，22 (增刊)：156-159

[341] Youjian Lin, Phyllis A Rundell, Lianhui Xie, Charles A Powell. Prereaction of *Citrus tristeza virus* (CTV) specific antibodies and labeled secondary antibodies increases speed of direct tissue blot immunoassay for CTV. Plant Disease,

2006，90：675-679

[342] Youjian Lin，Charles A Powell. Visualization of the distribution pattern of *Citrus tristeza virus* in leaves of Mexican Lime. Hortscience，2006，41（3）：725-728

[343] 王林萍，林奇英. 跨国农药公司企业社会责任的特点及对中国的启示. 科技与产业，2006，6（10）：11-16

[344] 陈启建，刘国坤，吴祖建，谢联辉，林奇英. 大蒜挥发油抗病毒花叶病毒机理. 福建农业学报，2006，21（1）：24-27

[345] 何敦春，张福山，欧阳迪莎，杨小山，王林萍. 植保技术与食品安全中政府与农户行为的博弈分析. 中国农业科技导报，2006，8（6）：71-75

[346] Liu Bin，Wang Yiqian，Zhang Xiaobo. Characterization of a recombinant maltogenic amylase from deep sea thermophilic *Bacillus* sp. *WPD616*. Enzyme and Microbial Technology，2006，39：805-810

[347] Liu Bin，Wu Sujie，Song Qing，Zhang Xiaobo，Xie Lianhui. Two novel bacteriophages of thermophilic bacteria isolated from deep-sea hydrothermal fields. Current Microbiology，2006，53：163-166

[348] Liu Bin，Li Hebin，Wu Sujie，Song Qing，Zhang Xiaobo，Xie Lianhui. A simple and rapid method for the differentiation and identification of thermophilic bacteria. Can J Microbiol，2006，52：753-758

[349] 李凡，林奇英，陈海如，谢联辉. 幽影病毒属病毒的研究现状与展望. 微生物学报，2006，46（6）：1033-1037

[350] 刘伟，谢联辉. 芽孢杆菌对感染蔓割病甘薯活性氧代谢的效应. 福建农林大学学报（自然科学版），2006，35（6）：569-572

[351] Huang HN，Hua YY，Bao GR，Xie LH. The quantification of monacolin K in some red yeast rice from Fujian province and the comparison of the other product. Chem Pharm Bull，2006，54（5）：687-689

[352] 李凡，林奇英，陈海如，谢联辉. 幽影病毒引起的几种主要植物病害. 微生物学通报，2006，33（3）：151-556

[353] 方敦煌，吴祖建，邓云龙，扬波，林奇英. 防治烟草赤星病拮抗根际芽孢杆菌的筛选. 植物病理学报，2006，36（6）：555-561

[354] 方敦煌，吴祖建，邓云龙，邓建华，林奇英. 烟草赤星病拮抗菌株 B75 产生抗菌物质的条件. 中国生物防治，2006，22（3）：244-247

[355] 吴兴泉，谭晓荣，陈士华，谢联辉. 马铃薯卷叶病毒福建分离物的基因克隆与序列分析. 河南农业大学学报，2006，40（4）：391-393

[356] 黄宇翔，吴祖建，柯昉，刘金燕. 组织培养技术筛选香石竹低玻璃化无性系初报. 中国农学通报，2006，22（8）：88-90

[357] 陈爱香，吴祖建. 水稻条纹病毒云南分离物 NS2 蛋白基因的分子变异. 河南农业科学，2006，7：54-58

[358] 张居念，林河通，谢联辉，林奇英，王宗华. 龙眼果实潜伏性病原真菌的初步研究. 热带作物学报，2006，27（4）：78-82

[359] 张福山，徐学荣，林奇英，谢联辉. 植物保护对粮食安全的影响分析. 中国农学通报，2006，22（12）：505-510

[360] 王林萍，林奇英，谢联辉. 化工企业的社会责任探讨. 商业时代，2006，28：84-86

[361] 侯长红，林光美，施祖美，谢联辉. 植病经济的内涵与研究方法评述. 福建农林大学学报（哲学社会科学版），2006，9（4）：33-36

[362] 李凌绪，翟梅枝，林奇英，谢联辉. 海藻乙醇提取物抗真菌活性. 福建农林大学学报（自然科学版），2006，35（4）：342-345

[363] 黄志强，林白雪，谢联辉. 产碱性蛋白酶海洋细菌的筛选与鉴定. 福建农林大学学报（自然科学版），2006，35（4）：416-420

[364] 王林萍，徐学荣，林奇英，谢联辉. 论农药企业的社会责任. 科技和产业，2006，6（2）：17-20

[365] 沈建国，张正坤，吴祖建，谢联辉，林奇英. 臭椿抗烟草花叶病毒活性物质的提取及其初步分离. 中国生物防治，2006，23（4）：348-352

[366] Chun Yukang，Tadashi Miayata，Wu Gang. Xie Lianhui. Effects of enzyme inhibitors on acetylcholinesterase and detoxification enzymes in *Propylaea japonica* and *Lipaphis erysimi*. Proceedings of 5th International Workshop on Management of the Diamondback Moth and Other Crucifer Insect Pest，Beijing，2006

[367] 吴艳兵，谢荔岩，谢联辉，林奇英. 毛头鬼伞（*Coprinus comatus*）多糖的理化性质及体外抗氧化活性. 激光生物学报，2007，16（4）：438-442

[368] 谢东扬，祝雯，吴祖建，林奇英，谢联辉. 灵芝金属硫蛋白基因的克隆及序列分析. 中国农学通报，2007，23（5）：

87-90

[369] 王林萍，徐学荣，林奇英，谢联辉. 农药企业社会责任认知度调查分析. 商业时代，2007，15：62-64

[370] 张福山，徐学荣，林奇英，谢联辉. 培育植保生态文化促进可持续农业发展. 福建农林大学学报（哲学社会科学版），2007，10（2）：64-66，114

[371] 沈建国，张正坤，吴祖建，谢联辉，林奇英. 臭椿和鸦胆子抗烟草花叶病毒作用研究. 中国中药杂志，2007，32（1）：27-29

[372] 何敦春，王林萍，欧阳迪莎. 植保技术使用对食品安全的风险. 农业环境与发展，2007，24（1）：54-56，74

[373] 王林萍，施婵娟，林奇英. 农药企业社会责任指标体系与评价方法. 技术经济，2007，26（9）：98-102，122

[374] 连玲丽，谢荔岩，许曼琳，林奇英. 芽孢杆菌对青枯病菌-根结线虫复合侵染病害的生物防治. 浙江大学学报：农业与生命科学版，2007，33（2）：190-196

[375] 王林萍，林奇英. 化工行业的社会责任关怀. 环境与可持续发展，2007，2：37-39

[376] 胡志坚，陈华，庞春艳，郑玲，林奇英. 微囊藻毒素 LR 促肝癌过程 p53、p16 基因 mRNA 表达. 福建医科大学学报，2007，41（1）：36-38，65

[377] 胡志坚，陈华，庞春艳，林奇英. 微囊藻毒素对肝细胞凋亡相关基因表达的影响. 中华预防医学杂志，2007，41（1）：13-16

[378] 谢东扬，祝雯，吴祖建，林奇英，谢联辉. 灵芝中一种新的脱氧核糖核酸的纯化及特征. 福建农林大学学报（自然科学版），2007，36（5）：486-490

[379] 路炳声，黄志强，林白雪，谢联辉. 海洋氧化短杆菌 15E 产碱性蛋白酶的发酵条件. 福建农林大学学报（自然科学版），2007，36（6）：591-595

[380] 杨小山，徐学荣，谢联辉，林奇英. 农药管理能力和水平的综合评价指标体系与评价方法. 福建农林大学学报（哲学社会科学版），2007，10（5）：57-60

[381] 何敦春. 科学家秘书的艺术. 福建教育学院学报，2007，10：21-23

[382] 庄军，林奇英. 泊松分布在生物学中的应用. 激光生物学报，2007，16（5）：655-658

[383] Xu You-ping，Zheng Lu-ping，Xu Qiu-fang，Wang Chang-chun，Zhou Xue-ping，Wu Zu-jian，Cai Xin-zhong. Efficiency for gene silencing induction in *Nicotiana* species by a viral satellite DNA vector. Journal of Integrative Plant Biology，2007，49（12）：1726-1733

[384] Wu Zu-jian，Ouyang Ming-an，Wang Cong-zhou，Zhang Zheng-kun，Shen Jian-guo. Anti-*Tobacco mosaic virus*（TMV）triterpenoid saponins from the leaves of *Ilex oblonga*. J Agric Food Chem，2007，55（5）：1712-1717

[385] Wu Zu-jian，Ouyang Ming-an，Wang Cong-zhou，Zhang Zheng-kun. Six new triterpenoid saponins from the leaves of *Ilex oblonga* and their inhibitory activities against TMV replication. Chem Pharm Bull，2007，55（3）：422-427

[386] Zhang Zheng-kun，Ouyang Ming-an，Wu Zu-jian，Lin Qi-ying，Xie Lian-hui. Structure-activity relationship of triterpenes and triterpenoid glycosides against *Tobacco mosaic virus*. Planta Med，2007，73：1457-1463

[387] Ouyang Ming-an，Huang Jiang，Tan Qing-wei. Neolignan and lignan glycosides from branch bark of *Davidia involucrata*. J Asian Nat Prod Res，2007，9（6）：487-492

[388] Ouyang Ming-an，Chen Pei-qing，Wang Si-bing. Water-soluble phenylpropanoid constituents from aerial roots of *Ficus microcarpa*. Nat Prod Res，2007，21（9）：269-274

[389] Ouyang Ming-an，Wang Cong-zhou，Wang Si-bing. Water-soluble constituents from the leaves of *Ilex oblonga*. J Asian Nat Prod Res，2007，9（4）：399-405

[390] Wu Gang，Tadashi Miyata，Chun Yukang，Xie Lianhui. Insecticide toxicity and synergism by enzyme inhibitors in 18 species of pest insects and natural enemies in crucifer vegetable crops. Pest Management Science，2007，63：500-510

[391] Zhang Yihui，Tadashi Miyata，Wu Zhujian，Wu Gang，Xie Lianhui. Hydrolysis of acetylthiocholine iodide and reactivation of phoxim-inhibited acetylcholinesterase by pralidoxime chloride，obidoxime chloride and trimedoxime. Arch Toxicol，2007，81：785-792

[392] 鹿连明，秦梅玲，谢荔岩，林奇英，吴祖建，谢联辉. 利用酵母双杂交系统研究水稻条纹病毒三个功能蛋白的互作. 美国农业科学与技术，2007，1（1）：5-11

[393] 丁新伦，谢荔岩，林奇英，吴祖建，谢联辉. 水稻条纹病毒胁迫下抗、感病水稻品种胼胝质的沉积. 植物保护学报，2008，35（1）：19-22

[394] 连玲丽，谢荔岩，林奇英，谢联辉. 芽孢杆菌三种抗菌素基因的杂交检测. 激光生物学报，2008，17（1）：81-85

[395] 程兆榜，任春梅，周益军，范永坚，谢联辉. 水稻条纹病毒不同地区分离物的致病性研究. 植物病理学报，2008，38 (2)：126-131

[396] 林白雪，黄志强，谢联辉. 海洋氧化短杆菌15E碱性蛋白酶的酶学性质. 福建农林大学学报（自然科学版），2008，37 (2)：158-161

[397] 胡树泉，徐学荣，周卫川，张辉，宁昭玉. 红火蚁在中国的潜在地理分布预测模型. 福建农林大学学报（自然科学版），2008，37 (2)：205-209

[398] 杨小山，刘建成，林奇英. 中国农业面源污染的制度根源及其控制对策. 福建论坛，2008，3：25-28

[399] Liu Fang，Tadashi Miyata，Li Chunwei，Wu Zhujian，Wu Gang，Zhao Shixi，Xie Lianhui. Effects of temperature on fitness costs，insecticide susceptibility and heat shock protein 70 in insecticide-resistant and susceptible *Plutella xylostella*. Pesticide Biochemistry Physiology，2008，91：45-52

[400] Roy B Mugiira，吴剑丙，吴祖建，李桂新，周雪平. 从福建分离的广东赛葵曲叶病毒的分子特征. 植物病理学报，2008，38 (3)：258-262

[401] 林董，郑璐平，谢荔岩，吴祖建，林奇英，谢联辉. GFP与水稻条纹病毒病害特异蛋白的融合基因在sf9昆虫细胞中的表达. 植物病理学报，2008，38 (3)：271-276

[402] 林董，何柳，谢荔岩，吴祖建，林奇英，谢联辉. RSV编码的4种蛋白在“AcMNPV-sf9昆虫细胞”体系中的重组表达. 福建农林大学学报（自然科学版），2008，37 (3)：269-274

[403] 陈启建，欧阳明安，谢联辉，林奇英. 银胶菊（*Parthenium hysterophorus*）中抗TMV活性成分的分离及活性测定. 激光生物学报，2008，17 (4)：544-548

[404] 丁新伦，张孟倩，谢荔岩，林奇英，吴祖建，谢联辉. 实时荧光定量PCR检测RSV胁迫下抗病、感病水稻中与脱落酸相关基因的差异表达. 激光生物学报，2008，17 (4)：464-469

[405] 高芳銮，范国成，谢荔岩，黄美英，吴祖建. 呼肠孤病毒科的系统发育分析. 激光生物学报，2008，17 (4)：486-490

[406] 鹿连明，林丽明，谢荔岩，林奇英，吴祖建，谢联辉. 水稻条纹病毒CP与叶绿体Rubisco SSU引导肽融合基因的构建及其原核表达. 农业生物技术学报，2008，16 (3)：530-536

[407] 鹿连明，秦梅玲，王萍，兰汉红，牛晓庆，谢荔岩，吴祖建，谢联辉. 利用免疫共沉淀技术研究RSV CP、SP和NSvc4三个蛋白的互作情况. 农业生物技术学报，2008，16 (5)：891-897

[408] 吴艳兵，颜振敏，谢荔岩，林奇英，谢联辉. 天然抗烟草花叶病毒大分子物质研究进展. 微生物学通报，2008，35 (7)：1096-1101

[409] 杨金广，方振兴，张孟倩，徐飞，王文婷，谢荔岩，林奇英，吴祖建，谢联辉. 应用real-time RT-PCR鉴定2个水稻品种（品系）对水稻条纹病毒的抗性差异. 华南农业大学学报，2008，29 (3)：25-28

[410] 杨金广，王文婷，丁新伦，郭利娟，方振兴，谢荔岩，林奇英，吴祖建，谢联辉. 水稻条纹病毒与水稻互作中的生长素调控. 农业生物技术学报，2008，16 (4)：628-634

[411] 张晓婷，谢荔岩，林奇英，吴祖建，谢联辉. Pathway tools可视化分析水稻基因表达谱. 激光生物学报，2008，17 (3)：371-377

[412] 张正坤，沈建国，谢荔岩，谢联辉，林奇英. 鸦胆子素D对烟草抗烟草花叶病毒的诱导抗性和保护作用. 科技导报，2008，26 (8)：31-36

[413] 张正坤，吴祖建，沈建国，谢联辉，林奇英. 烟草花叶病毒运动蛋白的表达及特异性抗体制备. 福建农林大学学报（自然科学版），2008，37 (3)：265-268

[414] 祝雯，谢东扬，林奇英，谢联辉，吴祖建. 杨树菇中一种脱氧核糖核酸酶的纯化及其性质. 中国生物制品学杂志，2008，21 (10)：869-872

[415] Wu Gang，Lin Yongwen，Tadashi Miyata. Jiang Shuren，Xie Lianhui. Positive correlation of methamidophos resistance between *Lipaphis erysimi* and *Diaeretilla rapae* (M'Intosh) and effects of methamidophos ingested by host insect on the parasitoid. Insect Science，2008，15：186-188

[416] Yang JG，Dang YG，Li GY，Guo LJ，Wang WT，Tan QW，Lin QY，Wu ZJ，Xie LH. Anti-viral activity of *Ailanthus altissima* crude extract on *Rice stripe virus* in rice suspension cells. Phytoparasitica，2008，36 (4)：405-408

[417] Shen Jianguo，Zhang Zhengkun，Wu Zujian，Ouyang Mingan，Xie Lianhui，Lin Qiying. Antiphytoviral activity of bruceine-D from *Brucea javanica* seeds. Pest Manag Sci，2008，64：191-196

[418] Wu Zujian，Ouyang Mingan，Wang Shibin. Two new phenolic water soluble constituents from branch bark of *Davidia*

involucrate. Nat Prod Res，2008，22（6）：483-488

[419] Yang CX，Cui GJ，Zhang J，Weng XF，Xie LH，Wu ZJ. Molecular characterization of a distinct begomovirus species isolated from *Emilia sonchifolia*. Journal of Plant Pathology，2008，90（3）：475-478

[420] Yang C，Jia S，Liu Z，Cui G，Xie L，Wu Z. Mixed Infection of two *Begomoviruses* in *Malvastrum coromandelianum* in Fujian，China. J Phytopathology，2008，156：553-555

[421] Wu Zujian，Ouyang Mingan，Su Renkuan，Kuo Yuehhsiung. Two new *Cerebrosides* and anthraquinone derivatives from the marine fungus *Aspergillus niger*. Chinese Journal of Chemistry，2008，26（4）：759-764

[422] Yang Yuan-ai，Wang Hong-qing，Wu Zu-jian，Cheng Zhuo-min，Li Shi-fang. Molecular variability of hop stunt viroid：identification of a unique variant with a tandem 15-nucleotide repeat from naturally infected plum tree. Biochem Genet，2008，46：113-123

[423] Zhu Yue-hui，Jiang Jian-guo，Chen Qian. Characterization of cDNA of lycopene β-cyclase responsible for a high level of β-carotene accumulation in *Dunaliella salina*. Biochem Cell Biology，2008，86：285-292

[424] Zhu Yue-hui，Jiang Jian-guo，Chen Qian. Influence of daily collection and culture medium recycling on the growth and β-carotene yield of *Dunaliella salina*. J Agric Food Chem，2008，56：4027-4031

[425] 吴丽萍，吴祖建，林奇英，谢联辉. 毛头鬼伞（*Coprinus comatus*）中一种抗病毒蛋白 y3 特性和氨基酸序列分析. 中国生物化学与分子生物学报，2008，24（7）：597-603

[426] 郑璐平，谢荔岩，姚锦爱，钟伏弟，林奇英，吴祖建，谢联辉. 孔石莼凝集素蛋白基因的克隆与表达. 激光生物学报，2008，17（6）：762-767

[427] 连玲丽，谢荔岩，段永平，林奇英，吴祖建. 线虫寄生菌巴斯德杆菌遗传多样性分析. 微生物学通报，2008，35（7）：1039-1044

[428] 徐学荣，张福山，谢联辉. 植物保护的风险及其管理. 农业系统科学与综合研究，2008，24（2）：148-152

[429] 谭庆伟，吴祖建，欧阳明安. 臭椿化学成分及生物活性研究进展. 天然产物研究与开发，2008，4：748-755

[430] 韩芳，张颖滨，吴祖建，吴云锋. 菜豆荚斑驳病毒的 RT-PCR 检测及其传毒介体研究. 西北农业学报，2008，17（5）：94-97

[431] Wu Zu-jian，Ouyang Ming-an，Su Ren-kuan，Kuo Yueh-hsiung. Two new cerebrosides and anthraquinone derivatives from the marine fungus *Aspergillus niger*. Chinese Journal of Chemistry，2008，26（4）：759-764

[432] J. G. Yang，Y. G. Dang，G. Y. Li，L. J. Guo，W. T. Wang，Q. W. Tan，Q. Y. Lin，Z. J. Wu，L. H. Xie. Anti-viral activity of *Ailanthus altissima crude extract on Rice stripe virus* in rice suspension cells. Phytoparasitica，2008，36（4）：405-408

[433] Z. Liu，C. X. Yang，S. P. Jia，P. C. Zhang，L. Y. Xie. L. H. Xie，Q. Y. Lin，Z. J. Wu. First Report of Ageratum yellow vein virus causing tobacco leaf curl disease in Fujian province，China. Plant Disease，2008，92（1）：177

[434] Yuan-ai Yang，Hong-qing Wang，Zu-jian Wu，Zhuo-min Cheng，Shi-fang Li. Molecular variability of *Hop stunt viroid*：identification of a unique variant with a tandem 15-nucleotide repeat from naturally infected plum tree. Biochem Genet，2008，46：113-123

[435] 林董，连超超，肖文艳，谢荔岩，吴祖建. 甘草乙醇浸提取液诱导肝癌 SMMC-7721 细胞凋亡的研究. 激光生物学报，2009，18（3）：287-290

[436] Dongmei Jiang，Shan Peng，Zujian Wu，Zhuomin Cheng，Shifang Li. Genetic diversity and phylogenetic analysis of *Australian grapevine viroid*（AGVd）isolated from different grapevines in China. Virus Genes，2009，38：178-183

[437] Zu-jian Wu，Ming-an Ouyang，Qing-wei Tan. New asperxanthone and asperbiphenyl from the marine fungus *Aspergillus* sp. Pest Manag Sci，2009，65（1）：60-65

[438] Wan-ying Hou，Teruo Sano，Feng Li，Zu-jian Wu，Li Li，Shi-fang Li. Identification and characterization of a new coleviroid（CbVd-5）. Arch Virol，2009，154（2）：315-320

[439] Qi-jian Chen，Ming-an Ouyang，Qing-wei Tan，Zheng-kun Zhang，Zu-jian Wu，Qi-ying Lin. Constituents from the seeds of *Brucea javanica* with inhibitory activity of *Tobacco mosaic virus*. Journal of Asian Natural Products Research，2009，11（5）：1-9

[440] Tai-yun Wei，Jin-guang Yang，Fu-long Liao，Fang-luan Gao，Lian-ming Lu，Xiao-ting Zhang，Fan Li，Zu-jian Wu，Qi-yin Lin，Lian-hui Xie，Han-xin Lin. Genetic diversity and population structure of *Rice stripe virus* in China. Journal of General Virology，2009，90，1025-1034

[441] Dongmei Jiang, Zhixiang Zhang, Zujian Wu, Rui Guo, Hongqing Wang, Peige Fan, Shifang Li. Molecular characterization of *Grapevine yellow speckle viroid*-2 (GYSVd-2). Virus Genes, 2009, 38 (3): 515-520

[442] Lianming Lu, Zhenguo Du, Meiling Qin, Ping Wang, Hanhong Lan, Xiaoqing Niu, Dongsheng Jia, Liyan Xie, Qiying Lin, Lianhui Xie, Zujian Wu. Pc4, a putative movement protein of *Rice stripe virus*, interacts with a type Ⅰ DnaJ protein and a small Hsp of rice. Virus Genes, 2009, 38: 320-327

4. 博士后

[1] 蒋继宏（谢联辉，林奇英）. 植物中抗病毒活性物质的分离及其作用机制研究，2000

[2] 张巨勇（谢联辉，林奇英）. IPM采用的经济学分析〔专著：有害生物综合治理（IPM）的经济学分析. 北京：中国农业出版社，2004〕，2001

[3] 李凡（谢联辉，林奇英）. 烟草丛顶病的病原物及其分子生物学，2006

[4] 林河通（谢联辉，林奇英）. 真菌侵染所致龙眼果实采后病害的研究，2008

[5] 吴刚（谢联辉，林奇英）. 菜田害虫和天敌抗药性进化趋势，2008

5. 博士

[1] 周仲驹（谢联辉）. 香蕉束顶病的生物学、病原学、流行学和防治研究，1994

[2] 吴祖建（谢联辉）. 水稻病毒病诊断、监测和防治系统的研究，1996

[3] 鲁国东（谢联辉）. 稻瘟病菌转化体系的建立及三磷酸甘油醛脱氢酶基因的克隆，1996

[4] 徐平东（谢联辉）. 中国黄瓜花叶病毒的亚组及其性质研究，1997

[5] 李尉民（谢联辉）. 南方菜豆花叶病毒株系特异性检测、互补运动研究和菜豆株系 5′端的克隆②，1997

[6] 王宗华（谢联辉）. 福建稻瘟菌的群体遗传规律，1997

[7] 胡方平（谢联辉）. 非荧光植物假单胞菌的分类和鉴定②，1997

[8] 林含新（谢联辉）. 水稻条纹病毒的病原性质、致病性分化及分子变异①②，1999

[9] 张春媚（林奇英，谢联辉）. 水稻草状矮化病毒基因组 RNA4-6 的分子生物学②，1999

[10] 刘利华（林奇英，谢联辉）. 三种水稻病毒病的细胞病理学，1999

[11] 王海河（谢联辉，林奇英）. 黄瓜花叶病毒三个株系引起烟草的病生理、细胞病理和 RNA3 的克隆，2000

[12] 孙慧（林奇英，谢联辉）. 抗植物病毒（TMV）活性的大型真菌的筛选和抗病毒蛋白的纯化及其性质，2000

[13] 郭银汉（谢联辉）. 福州地区对虾病毒病的病原诊断及流行病学，2001

[14] 林琳（谢联辉）. 扩展青霉 PF898 碱性脂肪酶基因的克隆与表达②，2001

[15] 邵碧英（林奇英，谢联辉）. 烟草花叶病毒弱毒疫苗的研制及其分子生物学，2001

[16] 林丽明（谢联辉，林奇英）. 水稻草矮病毒基因组 RNA1-3 的分子生物学②，2002

[17] 郑耀通（林奇英，谢联辉）. 闽江流域福州区段水体环境病毒污染、存活规律与灭活处理（专著：环境病毒学. 北京：化学工业出版社，2006），2002

[18] 吴兴泉（谢联辉，林奇英）. 福建马铃薯病毒的分子鉴定与检测技术，2002

[19] 傅鸣佳（林奇英，谢联辉）. 食用菌抗病毒蛋白特性、基因克隆，2002

[20] 王盛（林奇英，谢联辉）. 珊瑚藻藻红蛋白分离纯化及相关特性，2002

[21] 魏太云（谢联辉，林奇英）. 水稻条纹病毒的基因组结构及其分子群体遗传②，2003

[22] 翟梅枝（林奇英，谢联辉）. 植物次生物质的抗病活性及构效分析，2003

[23] 刘国坤（谢联辉，林奇英）. 植物源小分子物质对烟草花叶病毒及四种植物病原真菌的抑制作用，2003

[24] 林毅（林奇英，谢联辉）. 绞股蓝核糖体失活蛋白的分离、克隆与表达，2003

[25] 何红（胡方平，谢联辉）. 辣椒内生枯草芽孢杆菌（*Bacillus subtilis*）防病促生作用的研究，2003

[26] 徐学荣（谢联辉，林奇英）. 植保生态经济系统的分析与优化②，2004

[27] 吴丽萍（林奇英，谢联辉）. 两种食用菌活性蛋白的分离纯化及其抗病特性，2004

[28] 刘振宇（林奇英，谢联辉）. 海藻中两种与植物抗病相关铜结合蛋白的分离、特性和基因特征，2004

[29] 祝雯（谢联辉，林奇英）. 河蚬（*Corbicula fluminea*）活性糖蛋白和多糖的分离纯化及其抗病特性，2004

---

① 全国百篇优秀博士学位论文

② 福建省优秀博士学位论文

[30] 欧阳迪莎（谢联辉，林卿）. 可持续农业中的植物病害管理②，2005
[31] 洪荣标（谢联辉，林奇英）. 滨海湿地入侵植物的生态经济和生态安全管理，2005
[32] 周莉娟（谢联辉）. GTP在根结线虫（*Meloidogyne incogita*）拮抗菌 *Alcaligenes faecalis* 研究中的应用，2005
[33] 沈建国（林奇英，谢联辉）. 两种药用植物对植物病毒及三种介体昆虫的生物活性，2005
[34] 刘伟（谢联辉）. 芽孢杆菌（*Bacillus* spp.）拮抗菌株的筛选及TasA基因研究，2006
[35] 刘斌（谢联辉，章晓波）. 高温噬菌体分子特征及热稳定麦芽糖基淀粉酶的性质，2006
[36] 黄宏南（谢联辉，林奇英）. 福建红曲的活性物质及其医疗保健效应，2006
[37] 郑冬梅（赵士熙，谢联辉）. 中国生物农药产业发展研究〔专著：中国生物农药产业发展研究. 北京：海洋出版社，2006〕，2006
[38] 林董（谢联辉，林奇英）. RSV五个基因及GFP-CP、GFP-SP融合基因在sf9昆虫细胞中的表达，2007
[39] 王林萍（谢联辉，林奇英）. 农药企业社会责任体系之构建，2007
[40] 张福山（林奇英，谢联辉）. 植物保护对中国粮食生产安全影响的研究，2007
[41] 连玲丽（谢联辉，林奇英）. 芽孢杆菌的生防菌株筛选及其抑病机理，2007
[42] 方敦煌（谢联辉，林奇英）. 防治烟草赤星病根际芽孢杆菌的筛选及其抗菌物质研究，2007
[43] 吴艳兵（林奇英，谢联辉）. 毛头鬼伞（*Coprinus comatus*）多糖的分离纯化及其抗烟草花叶病毒（TMV）作用机制，2007
[44] 陈启建（林奇英，谢联辉）. 金鸡菊（*Coreopsis drummondii*）和小白菊（*Parthenium hysterophorus*）抗烟草花叶病毒活性研究，2007
[45] 张晓婷（谢联辉，林奇英）. 水稻感染水稻条纹病毒后的基因转录谱和蛋白质表达谱，2008
[46] 丁新伦（谢联辉，林奇英）. 脱落酸在水稻条纹病毒与寄主水稻互作的研究，2008
[47] 杨金广（谢联辉，林奇英）. 水稻条纹病毒与寄主水稻互作中的生长素调控，2008
[48] 鹿连明（谢联辉，林奇英）. 利用酵母双杂交系统研究水稻条纹病毒与寄主水稻间的互作，2008
[49] 范国成（谢联辉，林奇英）. 水稻瘤矮病毒病毒样颗粒组装及Pns12蛋白的亚细胞定位，2008
[50] 杨小山（谢联辉，林奇英）. 农药环境经济管理的主体行为及政策构思，2008
[51] 张正坤（林奇英，谢联辉）. 鸦胆子活性物质抗烟草花叶病毒的作用机理及构效关系，2008

6. 硕士

[1] 陈宇航（谢联辉）. 甘蔗花叶病毒株系的研究，1986
[2] 周仲驹（谢联辉）. 甘蔗褪绿线条病和斐济病的初步研究，1986
[3] 郑祥洋（谢联辉）. 福建水仙病毒病的类型及其病原鉴定，1988
[4] 胡翠凤（谢联辉）. 应用激抗剂防治烟草花叶病的研究，1988
[5] 王明霞（张谷曼，谢联辉）. 福建省小米椒病毒病原的初步鉴定及品种抗性初测，1989
[6] 徐平东（柯冲）. 福建省西番莲病毒病的研究，1989
[7] 宋秀高（谢联辉）. 我国水稻条纹叶枯病的研究，1990
[8] 吴祖建（谢联辉）. 水稻病毒病诊断咨询专家系统的研究，1991
[9] 林含新（林奇英）. 我国水稻条纹病毒的两个分离物，1995
[10] 张广志（谢联辉）. 香蕉束顶病毒的提纯与检测，1995
[11] 周叶方（谢联辉，胡方平）. 水稻细菌性条斑病菌（*Xanthomonas oryzae* pv. *oryzicola*），1996
[12] 方敦煌（谢联辉，胡方平）. 中国猕猴桃细菌性花腐病，1996
[13] 林丽明（谢联辉，林奇英）. 水稻草矮病S-蛋白与品种抗性的互作，1998
[14] 林奇田（林奇英，谢联辉）. 水稻条纹病毒病特异蛋白和病毒外壳蛋白及其血清学，1998
[15] 权立宏（林奇英，谢联辉）. 丝瓜花叶病害的研究，1998
[16] 林芩（林奇英，谢联辉）. 甘薯茎尖脱毒培养技术，1999
[17] 王盛（谢联辉，林奇英）. 福建甘薯羽状斑驳病毒的鉴定，1999
[18] 李利君（谢联辉，周仲驹）. 甘蔗花叶病毒3′端基因克隆及病毒分子检测，1999
[19] 张铮（谢联辉，吴祖建）. TMV诱导心叶烟细胞程序性死亡，2000
[20] 吴刚（谢联辉）. 烟草花叶病毒灭活因子的初步研究，2000
[21] 魏太云（林奇英）. 我国水稻条纹病毒RNA4基因间隔区的分子变异，2000

[22] 郑杰（吴祖建）. 香蕉束顶病毒基因克隆及病毒分子检测，2000
[23] 祝雯（谢联辉）. 马铃薯Y病毒的核酸点杂交检测试剂盒的研制，2001
[24] 张晓鹏（林奇英）. 闽江福州段水体病毒的检测，2001
[25] 明艳林（吴祖建）. 水稻条纹病毒在原生质体内的复制与表达，2001
[26] 于群（吴祖建）. 水稻条纹病毒 *CP*、*SP* 基因转化水稻及 RNA4 序列分析，2002
[27] 张永江（谢联辉）. 海藻凝集素的筛选、纯化及其性质，2002
[28] 陈宁（林奇英）. 灰树花中一种抗病毒蛋白的纯化及其性质，2002
[29] 金凤媚（林奇英）. 水稻草矮病毒 *SP* 基因转化水稻及其在水稻原生质体内的转录和表达，2003
[30] 王辉（谢联辉）. 水稻条纹病毒 *NS3* 基因的分子变异及其抗血清的制备，2003
[31] 侯长红（施祖美，谢联辉）. 植病经济与可持续发展——兼论福建省植病经济建设，2003
[32] 陈启建（谢联辉）. 植物源抗烟草花叶病毒活性物质的筛选及其作用机制，2003
[33] 方芳（吴祖建）. 杏鲍菇和云柚菇中抗病毒蛋白的分离纯化、理化性质及其生物活性，2003
[34] 钟伏弟（吴祖建）. 珊瑚藻 R-藻红蛋白的分子生物学，2003
[35] 陈爱香（谢联辉）. 水稻条纹病毒 *NS2* 基因的分子变异及其原核表达，2004
[36] 林健清（谢联辉）. 水稻草矮病毒 *SP* 基因转化水稻及其抗性分析，2004
[37] 廖富荣（林奇英）. 水稻条纹病毒及其介体灰飞虱的遗传多样性，2004
[38] 陈来（吴祖建）. 灰飞虱（*Laodelphax Striatellus Fallen*）四种组织原代培养及其 cDNA RAPD 分析，2004
[39] 范国成（吴祖建）. 水稻瘤矮病毒部分基因组片段的克隆及序列分析，2004
[40] 章松柏（段永平）. 水稻矮缩病毒的检测及部分基因的比较分析，2004
[41] 陈国强（谢联辉）. 绞股蓝（*Gynostemma pentaphyllum*）核糖体失活蛋白转基因水稻的表达，2004
[42] 李凌绪（林奇英）. 海藻提取物的制备与抗病活性，2004
[43] 林董（吴祖建）. 抗肿瘤活性物质体外筛选及其机制初探，2004
[44] 丁新伦（段永平）. 水稻齿叶矮缩病毒基因组 S8 和 S10 片段的原核表达及抗血清制备，2005
[45] 程文金（吴祖建）. 水稻条纹病毒 RNA4 基因间隔区分子变异与致病性关系，2005
[46] 邱美强（吴祖建）. 水稻条纹病毒代表分离物致病性与部分基因分子变异，2005
[47] 魏广彪（谢联辉）. 马铃薯卷叶病毒的分子鉴定与检测技术，2005
[48] 黄宇翔（吴祖建）. 无病毒香石竹组培玻璃化控制研究，2005
[49] 姜培红（徐学荣）. 影响农药使用的经济因素分析——以福建省为例，2005
[50] 王庆（谢联辉，林卿）. 加入 WTO 后植物病虫害防治的生态经济分析，2005
[51] 于敬沂（林奇英）. 几种海藻多糖的提取及其抗氧化、抗病毒（TMV）活性研究，2005
[52] 许曼琳（谢联辉，段永平）. 枯草芽孢杆菌抑菌作用及编码蛋白 TasA 的基因克隆及表达，2005
[53] 陈良华（谢联辉）. 藻红蛋白荧光标记技术及在烟草花叶病毒检测上的应用，2005
[54] 刘振国（谢联辉）. 赛葵上双生病毒的分子鉴定，2006
[55] 季英华（谢联辉）. 水稻品种对水稻条纹病毒及其介体的抗性机制，2006
[56] 黄梓奇（段永平）. 利用水稻矮缩病毒研发核酸分子量 MARKER，2006
[57] 林宇巍（段永平）. 水稻矮缩病毒 *Pns10* 和 *Pns11* 基因的原核表达及抗血清制备，2006
[58] 肖冬来（吴祖建）. 不同传毒能力灰飞虱群体的 mRNA 差异分析，2006
[59] 高芳銮（吴祖建）. 水稻瘤矮病毒 *P8*、*Pns10* 基因的原核表达及生物信息学分析，2006
[60] 韩凤英（谢联辉）. 抗烟草花叶病毒海洋细菌的分离鉴定及发酵产物的活性，2006
[61] 黄小恩（谢联辉）. 番木瓜环斑病毒 *HC-Pro*、*NIb* 和 *CP* 基因的原核表达及其抗体制备，2006
[62] 林志铿（吴祖建）. 两种植物病毒胶体金免疫层析检测试剂盒的研制，2006
[63] 陈雅明（吴祖建）. 三种植物病毒 ELISA 检测试剂盒的研制及其应用，2006
[64] 王小婷（徐学荣）. 农药企业绩效及其综合评价，2006
[65] 王昌伟（林奇英）. 紫孢侧耳漆酶同工酶的生物化学与分子生物学研究，2006
[66] 王强（林奇英）. 鸦胆子加工制剂的初步研制及其在植物上的残留动态，2006
[67] 黄志强（谢联辉）. 产碱性蛋白酶海洋细菌的筛选及其基因克隆，2006
[68] 陈衡（吴祖建）. R-藻红蛋白介导的 PDT 对肿瘤的作用，2006
[69] 蔡桂琴（谢联辉）. 福州养殖鲍一种病毒的初步鉴定，2007

[70] 刘舟（吴祖建）. 胜红蓟黄脉病毒福建烟草分离物 F2 及其编码的 *C5* 基因的分子鉴定，2007
[71] 黄美英（吴祖建）. 水稻瘤矮病毒 *P8* 和 *Pns10* 基因在 sf9 昆虫细胞中的表达，2007
[72] 贾素平（吴祖建）. 福建省四种双联病毒的分子鉴定，2007
[73] 张颖滨（吴祖建）. 菜豆荚斑驳病毒的鉴定和传毒介体的研究，2007
[74] 吴建国（吴祖建）. 水稻矮缩病毒胁迫下的水稻基因表达谱分析，2007
[75] 罗金水（谢联辉）. 两种兰花病毒的生物学特性及其抗血清的制备与应用，2007
[76] 方振兴（吴祖建）. 水稻条纹病毒侵染水稻悬浮细胞后的植物生长素检测，2007
[77] 蒋丽娟（吴祖建）. 水稻矮缩病毒在水稻悬浮细胞中的表达动态，2007
[78] 党迎国（吴祖建）. 臭椿粗提物对水稻条纹病毒在水稻悬浮细胞中的作用机制，2007
[79] 郑璐平（吴祖建）. 番茄抗叶霉菌相关基因的鉴定及 TRV 16K 基因的功能分析，2007
[80] 何敦春（王林萍）. 植保技术与农产品质量案例中主体行为的博弈分析，2007
[81] 谭庆伟（吴祖建）. 臭椿抗烟草花叶病毒活性物质的分离与结构鉴定，2007
[82] 秦梅玲（谢联辉）. 水稻条纹病毒 NSvc4 与两个水稻蛋白的互作研究，2008
[83] 吴美爱（谢联辉）. 水稻齿叶矮缩病毒三个分离物 S6-S10 片段的基因结构特征分析，2008
[84] 赵萍（谢联辉）. OsRac1 的抗体制备及其在水稻感染 RSV 前后表达变化研究，2008
[85] 杜振国（吴祖建）. RDV 侵染后水稻 miRNA 转录谱的研究和对两个核仁基因的定量，2008
[86] 潘贤（吴祖建）. 大豆花叶病毒外壳蛋白基因扩增及病害调查，2008
[87] 郭利娟（吴祖建）. 水稻条纹病毒基因在寄主体内的 mRNA 表达分析，2008
[88] 邓凤林（吴祖建）. 中国番茄黄化曲叶病毒及其卫星 DNAβ 编码的 RNA 沉默抑制子的作用机理，2008
[89] 宁昭玉（魏远竹）. 桔小实蝇对福建省危害的经济损失评估与风险评价，2008
[90] 胡树泉（徐学荣）. 外来生物红火蚁在福建危害的风险及损失评估，2008
[91] 陈路劼（吴祖建）. 降解纤维素嗜热菌的筛选及其功能基因克隆，2008
[92] 许星（林奇英）. 三种食用菌的抗烟草花叶病毒（TMV）活性研究，2008
[93] 毕燕（吴祖建）. 鸦胆子粗提物、臭椿粗提物和 Y-D 对 TMV、CMV-RNA 的抑制作用，2008
[94] 何灿兵（吴祖建）. 六角仙［*Rostellularia procumbens*（L.）Nees］抗烟草花叶病毒生物活性，2008